Mathematische Statistik I

Parametrische Verfahren bei festem Stichprobenumfang

Von Dr. rer. nat. Hermann Witting
o. Professor an der Universität Freiburg i. Br.

Mit zahlreichen Beispielen und Aufgaben

B. G. Teubner Stuttgart 1985

Prof. Dr. rer. nat. Hermann Witting

Geboren 1927 in Braunschweig. Von 1946 bis 1951 Studium der Mathematik und Physik an der Technischen Hochschule Braunschweig und an der Universität Freiburg. 1953 Promotion und 1957 Habilitation an der Universität Freiburg. Von 1954 bis 1958 wissenschaftlicher Assistent an der Universität Freiburg. Von 1958 bis 1959 Research Fellow an der University of California, Berkeley. Von 1959 bis 1961 Dozent an der Universität Freiburg. Von 1961 bis 1962 Gastprofessor an der ETH Zürich und pers. o. Professor an der Technischen Hochschule Karlsruhe. Von 1962 bis 1972 o. Professor an der Universität Münster. Seit 1972 o. Professor an der Universität Freiburg. Seit 1968 Fellow des Institute of Mathematical Statistics. Seit 1981 o. Mitglied der Heidelberger Akademie der Wissenschaften.

CIP-Kurztitelaufnahme der Deutschen Bibliothek

Witting, Hermann:
Mathematische Statistik / Hermann Witting. –
Stuttgart : Teubner

I. Parametrische Verfahren bei festem
Stichprobenumfang. – 1985.
ISBN 3-519-02026-2

Printed in Germany
Satz: Schmitt u. Köhler, Würzburg
Druck und buchbinderische Verarbeitung: Passavia Druckerei GmbH, Passau

Vorwort

Empirische Forschung ist heutzutage ohne die Verwendung von Schlußweisen der Statistik nicht mehr denkbar. Dementsprechend existiert eine umfangreiche statistische Lehrbuchliteratur, die sich jedoch bis auf wenige Ausnahmen in eine der folgenden vier Gruppen einordnen läßt: 1) Einführende Lehrbücher auf mathematisch elementarem Niveau, 2) Bücher, die sich an den mathematisch weniger geschulten Anwender richten und in denen Verfahren der Statistik lediglich beschrieben bzw. aus der Sicht des Praktikers kommentiert werden, 3) Monographien über engbegrenzte Spezialgebiete, 4) Werke, die in mathematisch-abstrakter Behandlung allgemeine Theorien statistischer Entscheidungen entwickeln. Während die Bücher der ersten beiden Kategorien kaum Verständnis etwa dafür wecken können, wie die speziellen Modellannahmen in ein statistisches Verfahren eingehen oder welches Konstruktionsprinzip einem bestimmten Verfahren zugrunde liegt, setzen umgekehrt die Bücher der beiden letztgenannten Gruppen – ebenso wie Originalliteratur – ein derartiges Verständnis wie zumeist auch eine Vertrautheit mit den umfangreichen technischen Hilfsmitteln der Mathematischen Statistik bereits voraus.

Dieser umfangreichen Literatur steht nur eine vergleichsweise geringe Zahl solcher Bücher gegenüber, die sich an Leser wenden, die zwar noch keinerlei Kenntnisse auf dem Gebiet der Mathematischen Statistik besitzen, die aber über eine mathematische Grundausbildung etwa in dem Umfang verfügen, wie sie an den Universitäten im deutschsprachigen Raum bis zum Vordiplom vermittelt wird. In dem zweibändigen Werk, dessen erster Teil nunmehr vorliegt, werden auf mittlerer mathematischer Ebene Standardfragestellungen der Statistik behandelt. Insbesondere sollen zu intuitiv naheliegenden Optimalitätskriterien konkrete Test- und Schätzverfahren vermöge geeigneter Konstruktionsprinzipien hergeleitet werden. Deren theoretische Fundierung samt einiger neuerer Fortentwicklungen sollen bis zu einem solchen Grade behandelt werden, der ein problemloseres Einarbeiten in die Originalliteratur ermöglicht. Ziel ist es dabei, ein Grundverständnis für statistische Vorgehensweisen wie auch für den Anwendungsbereich der einzelnen Verfahren zu vermitteln. Demgemäß wurde versucht, das statistisch Wesentliche aus dem zweifellos erforderlichen mathematischen Formalismus herauszuheben. Diesem Zweck dienen u. a. die Präambeln zu den einzelnen Unterabschnitten wie auch die zahlreichen Beispiele. Dennoch scheint es in einem Lehrbuch notwendig, Abhängigkeiten von Parametern usw. in den Formeln zum Ausdruck zu bringen und nicht Eleganz der Formeln auf Kosten der Verständlichkeit zu erzwingen.

Die Mathematische Statistik ist selbstverständlich innerhalb der Mathematik kein isoliertes Gebilde. Sie besitzt vielmehr zahlreiche Querverbindungen und zwar nicht nur zur Wahrscheinlichkeits- und Maßtheorie, sondern ebenso etwa zur Spiel- und Optimierungstheorie wie auch zur Funktionalanalysis. Das vorliegende Buch versucht, zu diesen Disziplinen in einigen kurzen Abschnitten bzw. Anmerkungen Brücken zu schlagen. Mit diesen sollen insbesondere spezielle Sprech- und Vorgehensweisen der Statistik verständlich gemacht werden.

Der vorliegende Band ist gleichermaßen zum Gebrauch neben Vorlesungen wie zum Selbststudium konzipiert. Sein Inhalt geht wesentlich über denjenigen einer einsemestrigen Vorlesung hinaus. Er ermöglicht somit dem Dozenten in vielfältiger Weise, den Stoff in einer seinen Intentionen entsprechenden Weise auszuwählen. Er gestattet aber auch dem Studierenden, sich selbständig in weitere Fragestellungen einzuarbeiten. Trotz seines Umfanges erhebt es natürlich nicht den Anspruch, alle wesentlichen Teilgebiete der Mathematischen Statistik abzudecken, auch nicht in dem durch den Untertitel abgesteckten Rahmen. Es enthält jedoch diejenigen Dinge, die man als Standardrüstzeug bezeichnen könnte.

Während Band II den asymptotischen, nichtparametrischen bzw. sequentiellen Methoden und damit vorwiegend neueren Fragestellungen gewidmet ist, orientiert sich der in Band I behandelte Stoff an den Verfahren der klassischen Statistik. Viele dieser Methoden wurden im ersten Drittel dieses Jahrhunderts entwickelt und gehen auf die englische Statistik-Schule, speziell auf R.A. Fisher zurück; sie lassen sich heutzutage im Anschluß an die Arbeiten von J. Neyman und A. Wald als Lösungen mathematischer Optimierungsprobleme charakterisieren. Dies erfordert es, die diversen Optimalitätskriterien zu präzisieren und die wichigsten derjenigen Verteilungsklassen zu diskutieren, in denen die entsprechenden Optimierungsaufgaben gelöst werden können. Unter den letzteren befinden sich zunächst einmal die relativ konkreten klassischen linearen Modelle. Diese sind nicht nur für die Praxis, sondern auch – wie sich in Band II zeigen wird – für die Theorie und zwar als Limesmodelle der asymptotischen Statistik von besonderer Bedeutung. Unter ihnen findet man aber auch die relativ allgemeinen $\mathbb{L}_1$- bzw. $\mathbb{L}_2$-differenzierbaren Verteilungsklassen, welche gerade auf die Entwicklung einer lokalen Test- bzw. Schätztheorie zugeschnitten sind. Zwischen diesen beiden Modellklassen liegen die Exponentialfamilien, die dank ihres speziellen Bildungsgesetzes eine globale Theorie ermöglichen.

Kapitel 1 diskutiert die allgemeinen Begriffsbildungen der Statistik, erörtert die optimierungs- und spieltheoretischen Aspekte statistischer Lösungsansätze und behandelt die oben angesprochenen Verteilungsklassen. Kapitel 2 enthält die finite Theorie der statistischen Test- und Schätzverfahren, so weit sie sich auf parametrische Verteilungsannahmen bezieht und ohne zusätzliche Reduktionskriterien, also allein mit optimierungstheoretischen Hilfsmitteln entwickelt werden kann. Kapitel 3 diskutiert die beiden wichtigsten Reduktionskriterien, nämlich diejenigen durch Suffizienz bzw. Invarianz. Diese gestatten es etwa, Nebenparameter bei Testproblemen zu eliminieren und so – wie für viele sonstige statistische Probleme – explizite optimale Lösungen anzugeben. Kapitel 4 schließlich behandelt neben dem klassischen Gauß-Markov-Schätzer und dem F-Test der linearen Hypothese (samt den korrespondierenden Konfidenzellipsoiden sowie einigen multivariaten Verallgemeinerungen) auch Varianzkomponentenmodelle.

Neben vielem, was sich auch in anderen Lehrbüchern findet, enthält das Buch verschiedene Dinge, die sonst nicht behandelt werden. Hierzu gehört etwa die Diskussion dualer Optimierungsaufgaben, wie sie für die Behandlung statistischer Problemstellungen von zentraler Bedeutung ist. Es erschien angebracht, Kenntnisse hierüber nicht als bekannt vorauszusetzen, sondern in dem benötigten Umfang eigens zu entwickeln. Dieses umso mehr, als die Standardliteratur hierzu – etwa wegen der starken Berücksichtigung des Simplexverfahrens – andersartig ausgerichtet und somit nur bedingt als Referenz geeignet ist. In Kapitel 2 werden diese optimierungstheoretischen Methoden in starkem Maße angewendet und zwar auch schon bei vergleichsweise einfachen Aussagen wie dem Neyman-Pearson-Lemma. Damit wird der Leser schon früh mit diesen bei komplizierteren Fragestellungen unerläßlichen Techniken vertraut gemacht. Einen ganz anderen Aspekt bilden die in Abschnitt 1.8 systematisch behandelten $\mathbb{L}_r$-differenzierbaren Verteilungsklassen. Durch diese werden die früher üblichen, häufig länglichen und unschönen Regularitätsvoraussetzungen bei vielen statistischen Fragestellungen vermieden. Weiter ist die Behandlung von Konfidenzschätzern zu erwähnen, bei der nicht nur die übliche Korrespondenz mit Testfamilien erörtert wird. Vielmehr werden auch spezielle Fragen diskutiert, etwa der genaue Zusammenhang zwischen Familien invarianter Tests und äquivarianten Konfidenzschätzern. Der Begriff der Robustheit wird in der Literatur in verschiedenartiger und nicht immer präziser Form verwendet. Abschnitt 2.3 enthält eine mathematisch strenge Einführung in diesen wichtigen Fragenkreis, wobei dem finiten Rahmen entsprechend nur die Robustheit von Tests behandelt werden kann. Die Abschnitte 3.3 und 3.4 enthalten die Herleitung der wichtigsten bedingten Tests einschließlich der zu ihnen äquivalenten klassischen Tests in Normalverteilungsmodellen. Bei der Diskussion invarianter Verfahren wurde bewußt vermieden, eine abstrakte Form des Satzes von Hunt-Stein aufzunehmen, da der hierzu erforderliche formale Aufwand zu groß gewesen wäre. Statt dessen wurde die ursprüngliche Version für Tests – zusammen mit einer ausführlichen Diskussion der $\mathfrak{P}$-fast invarianten Statistiken – sowie als schätztheoretisches Analogon der Satz von Girshick-Savage dargestellt. Letzterer wird sowohl für quadratische wie auch für dreiwertige Verlustfunktionen bewiesen; damit werden Pitman-Schätzer wie auch M-Schätzer als Minimax-Lösungen charakterisiert. Ein weiterer Punkt ist schließlich die Behandlung von Varianzkomponentenmodellen, die heutzutage bei biologisch-medizinischen und vielen anderen, etwa technischen Anwendungen von besonderer Bedeutung sind. Dabei wird – meines Wissens erstmals in Lehrbuchform – die Seely-Theorie dargestellt, und zwar sowohl unter Normalverteilungs- wie unter Momentenannahmen.

Zur Behandlung aus realen Situationen kommender, im allgemeinen komplexerer statistischer Fragestellungen kann ein Lehrbuch wie das vorliegende nur das erforderliche Rüstzeug und wichtige Bausteine zu ihrer Lösung liefern. Zur Diskussion derartiger Probleme gehören sicher weitere Aspekte: So ist etwa die mathematische Frage der Anwendbarkeit eines speziellen Modells für das betreffende substanzwissenschaftliche Problem zu diskutieren. Dies ist auch der Grund, warum von der Erörterung „aus der Praxis stammender" Beispiele abgesehen wurde. Ebenso konnten numerische Aspekte nicht behandelt werden, auch nicht solche, die primär statistischer Natur sind wie der des zur Erzielung einer gewissen Genauigkeit erforderlichen Stichprobenumfangs. Um jedoch deren Bedeutung zu betonen, wurde eine Reihe numerischer Beispiele und Aufgaben aufgenommen.

Kenntnisse der Wahrscheinlichkeitstheorie einschließlich ihrer maß- und integrationstheoretischen Grundlagen werden in dem Umfang vorausgesetzt, wie sie heutzutage an den meisten Hochschulen in regelmäßigen Vorlesungen vermittelt werden; nur die Theorie der Lebesgue-Zerlegung und darauf aufbauend diejenigen der bedingten Erwartungswerte wird ihrer Bedeutung für die Statistik wegen in der hier benötigten Form entwickelt. Um das Verwenden spezieller wahrscheinlichkeitstheoretischer Hilfsmittel bei Beweisführungen zu erleichtern und dem Leser das Nachschlagen neben der Lektüre des Haupttextes zu ermöglichen, sind in einem kurzen Anhang die verwendeten Begriffe und Aussagen stichwortartig mit den entsprechenden Literaturangaben zusammengestellt. Wegen der Vielzahl der angesprochenen Fragenkreise mußte in der Regel von Zitaten der Originalliteratur abgesehen werden; es sei jedoch auf die im Literaturverzeichnis angegebenen Bücher hingewiesen, die zahlreiche Literaturangaben enthalten.

Ohne die tatkräftige Unterstützung treuer Helfer wäre mir die Fertigstellung dieses Buches nicht möglich gewesen. In erster Linie habe ich meinen langjährigen Mitarbeitern U. Müller-Funk und F. Pukelsheim zu danken: in zahlreichen Diskussionen haben sie mir viele Anregungen gegeben, die das Buch in wichtigen Punkten beeinflußt haben; ebenso hat ihre konstruktive Kritik verschiedener Entwürfe zu wesentlichen Verbesserungen geführt. Herrn M. Kohlberger danke ich für die Durchsicht größerer Teile des Manuskripts und die Vereinfachung mehrerer Beweise. Fräulein G. Bernhard bin ich für zahlreiche Hinweise auf Ungereimtheiten sowie ihre Unterstützung und Sorgfalt beim Lesen der umfangreichen und schwierigen Korrekturen äußerst dankbar. Darüber hinaus danke ich verschiedenen meiner früheren Schüler, insbesondere den Herren O. Krafft und H. Rieder, für wertvolle Hinweise. Mein besonderer Dank gilt schließlich all denen, die trotz vieler sonstiger Arbeit – häufig an Abenden und Wochenenden – das Manuskript samt Entwürfen geschrieben haben, insbesondere Fräulein U. Schuler und Frau M. Schüler. Nicht zuletzt danke ich dem Verlag für die Ermunterung, die früher als Leitfäden erschienenen Darstellungen zu Lehrbüchern auszubauen und sie in der vorliegenden ansprechenden Form erscheinen zu lassen.

Freiburg, im Juli 1985 H. Witting

Inhalt

1 Statistische Entscheidungen und Verteilungsklassen 1

1.1 Statistische Entscheidungen 1
1.1.1 Problemstellung 1
1.1.2 Verteilungsannahme 4
1.1.3 Entscheidungsraum; Verlust- und Risikofunktion 11
1.2 Schätz- und Testprobleme 17
1.2.1 Quantilfunktion 18
1.2.2 Punktschätzer 23
1.2.3 Tests; Gütefunktionen 35
1.2.4 Tests bei Normalverteilungen mit geschätzten Nebenparametern 45
1.2.5 Entscheidungskerne und deren Vergleichbarkeit 50
1.3 Optimierungstheoretische Formulierung statistischer Entscheidungsprobleme 55
1.3.1 Unverzerrtheit bei Schätz- und Testproblemen 56
1.3.2 Lagrange-Funktion und duale Optimierungsprobleme 62
1.3.3 Ein einfacher Dualitätssatz 71
1.4 Spieltheoretische Formulierung statistischer Entscheidungsprobleme 75
1.4.1 Zweipersonen-Nullsummenspiele 76
1.4.2 Entscheidungsregeln; Minimax- und Bayes-Optimalität 82
1.5 Lineare Modelle und Normalverteilungsfamilien 89
1.5.1 Lineare Modelle, qualitative und quantitative Faktoren 91
1.5.2 Mehrdimensionale Normalverteilungen 95
1.5.3 Lineare Modelle mit Normalverteilungsannahme 102
1.6 Dominierte Klassen; Bedingte Verteilungen 104
1.6.1 Lebesgue-Zerlegung, Dichtequotient, Dichte 104
1.6.2 Bedingungskerne 114
1.6.3 Faktorisierung 119
1.6.4 Bedingungskerne bei Dominiertheit; bedingte Dichten 127
1.6.5 Dominierte Klassen und ihre Dichten 130
1.6.6 Abstandsmaße für Dichten; Dominiertheit und Separabilität 135
1.7 Exponentialfamilien 143
1.7.1 Definition und Beispiele 143
1.7.2 Analytische Eigenschaften 150
1.7.3 Informationsmatrix und Mittelwertparametrisierung 153
1.7.4 Bedingte Verteilungen 159
1.8 $\mathbb{L}_r$-differenzierbare Verteilungsklassen 162
1.8.1 $\mathbb{L}_1$-Differenzierbarkeit und Differentiation von Gütefunktionen 163
1.8.2 $\mathbb{L}_1$-Differenzierbarkeit einparametriger Verteilungsklassen 168

1.8.3 $\mathbb{L}_r$-Differenzierbarkeit k-parametriger Verteilungsklassen 173
1.8.4 Bedingungen für $\mathbb{L}_r$-Differenzierbarkeit; Informationsmatrix 179

2 Test- und Schätzprobleme als Optimierungsaufgaben 188

2.1 Einführung in die Neyman-Pearson-Theorie 188
2.1.1 Signifikanztests 188
2.1.2 Testen einfacher Hypothesen: Neyman-Pearson-Lemma 192
2.1.3 Ein- und Zweistichprobentests bei Normalverteilungen 200
2.1.4 Einige Existenzaussagen über optimale Tests 204
2.2 Optimale einseitige Tests bei einparametrigen Verteilungsklassen 209
2.2.1 Einseitige Tests bei isotonem Dichtequotienten 210
2.2.2 Stochastisch geordnete Verteilungsklassen 213
2.2.3 Einige spezielle Verteilungsklassen 217
2.2.4 Lokal beste einseitige Tests 221
2.3 Übergang von einfachen Hypothesen zu robusten Tests 227
2.3.1 Bayes- und Minimax-Tests für einfache Hypothesen 227
2.3.2 Ungünstigste Paare zum Testen zusammengesetzter Hypothesen 234
2.3.3 Robustifizierte Tests für einfache Hypothesen 241
2.3.4 Robustifizierte Tests bei isotonem Dichtequotienten 251
2.4 Optimale zweiseitige Tests bei einparametrigen Verteilungsklassen 254
2.4.1 Verallgemeinertes Fundamentallemma 254
2.4.2 Zweiseitige Tests in einparametrigen Exponentialfamilien 256
2.4.3 Lokal beste zweiseitige Tests 264
2.5 Optimale Tests und ungünstigste a priori Verteilungen 267
2.5.1 Optimale Signifikanztests 267
2.5.2 Reduktion zusammengesetzter Hypothesen auf einfache Hypothesen . 274
2.5.3 Bayes- und Minimax-Tests für zusammengesetzte Hypothesen 281
2.6 Optimale Bereichsschätzfunktionen 289
2.7 Optimale Punktschätzfunktionen 299
2.7.1 Erwartungstreue Schätzer mit endlichen Varianzen 299
2.7.2 Verallgemeinerungen der Cramér-Rao-Ungleichung 310
2.7.3 Bayes- und Minimax-Schätzer 321

3 Reduktionsprinzipien: Suffizienz und Invarianz 329

3.1 Suffiziente σ-Algebren und suffiziente Statistiken 329
3.1.1 Einführende Überlegungen und Beispiele 330
3.1.2 Definition und Übergang zu Bedingungskernen 334
3.1.3 Suffizienz bei dominierten Klassen; Neyman-Kriterium 343
3.1.4 Erste Anwendungen in der Statistik 348
3.2 Vollständige Verteilungsklassen 353
3.2.1 Definition; Anwendung in der Schätztheorie 353
3.2.2 Exponentialfamilien und Klassen von Produktmaßen 355
3.2.3 Minimalsuffizienz und Vollständigkeit 361

3.3 Optimale Tests in mehrparametrigen Exponentialfamilien 365
3.3.1 Tests mit Neyman-Struktur 367
3.3.2 Bedingte Tests in Exponentialfamilien 373
3.3.3 Die Tests von Fisher und McNemar 379
3.3.4 Konfidenzschätzer bei mehrparametrigen Exponentialfamilien 386
3.4 Ein- und zweiseitige Tests bei Normalverteilungen 387
3.4.1 Transformation auf nicht-bedingte Tests 388
3.4.2 Tests zur Prüfung von Varianzen 391
3.4.3 t-Tests in linearen Modellen 393
3.4.4 t-Tests zur Prüfung von Mittelwerten 396
3.4.5 t-Tests zur Prüfung von Regressions- und Korrelationskoeffizienten . . 397
3.5 Reduktion durch Invarianz 401
3.5.1 Invariante Entscheidungsprobleme 401
3.5.2 Maximalinvariante Statistiken 406
3.5.3 Einige invariante Tests und äquivariante Bereichsschätzer 414
3.5.4 $\mathfrak{P}$-fast invariante Statistiken 423
3.5.5 Der Satz von Hunt-Stein 428
3.5.6 Pitman-Schätzer 436
3.5.7 Der Satz von Girshick-Savage 446

4 Lineare Modelle und multivariate Verfahren 452

4.1 Schätztheorie in linearen Modellen 452
4.1.1 Kleinste-Quadrate-Schätzer; Satz von Gauß-Markov 452
4.1.2 Aitken-Schätzer und linear schätzbare Funktionale 458
4.2 Tests und Konfidenzschätzer bei linearen Hypothesen 461
4.2.1 F-Tests und Konfidenzellipsoide 462
4.2.2 Varianzanalyse 469
4.2.3 Regressions- und Kovarianzanalyse 473
4.3 Varianzkomponenten-Modelle 479
4.3.1 Problemstellung und Hilfsmittel 479
4.3.2 Varianzkomponenten-Modelle als Exponentialfamilien 484
4.3.3 Schätzen und Testen in Varianzkomponenten-Modellen 491
4.4 Elemente der multivariaten Analyse 498
4.4.1 Multivariate lineare Modelle 498
4.4.2 Hotelling T^2-Test 504

Anhang A: Wahrscheinlichkeitstheoretische Grundlagen in Stichworten 512

Hinweise zur Lehrbuchliteratur 527

Sachverzeichnis 529

Hinweise für den Leser

In Kapitel 1 werden neben der Entwicklung der Grundbegriffe die wichtigsten später benötigten Hilfsmittel bereitgestellt. Demgemäß können einzelne Abschnitte beim ersten Lesen übergangen werden. Dies gilt etwa für 1.3.2–3 oder die technischen Details in 1.4.2, die nur zur Behandlung von Testproblemen vermöge der dualen Optimierungsaufgaben in 2.4.1 oder 2.5.1–3 bzw. für die Behandlung von Bayes-Verfahren in 2.5.3, 2.7.3 oder 3.5.6 benötigt werden. Entsprechendes gilt für die Abschnitte 1.8.3–4, die zwar bereits zur Diskussion der Cramér-Rao- und verwandter Ungleichungen in 2.7.1–2 verwendet werden, die im übrigen aber erst in Band II voll zum Tragen kommen. Demgegenüber werden die Abschnitte 1.8.1–2 bereits zum Verständnis der in 2.2.4 und 2.4.3 entwickelten Theorie lokal optimaler Tests benötigt.

Die in 1.6.2–4 entwickelten Begriffe Bedingungskern und bedingte Verteilungen sind auf die Theorie der Suffizienz bzw. der bedingten Tests, also auf die Abschnitte 3.1–4 ausgerichtet. Eine gewisse Vertrautheit mit bedingten Erwartungswerten wird vorausgesetzt; diese werden deshalb auch bereits in den Abschnitten 1.2.3, 1.4.2 und 1.5.2 verwendet, bevor ihre wesentlichen Eigenschaften – ausgerichtet auf die späteren Notwendigkeiten – in 1.6.2 nochmals skizziert werden. Dabei sei erwähnt, daß bei bedingten Erwartungswerten, Dichtequotienten und sonstigen Radon-Nikodym-Ableitungen stets mit Repräsentanten und nicht mit Äquivalenzklassen gearbeitet wird.

σ-Algebren über Grundgesamtheiten Θ, $\mathfrak{E}$, Δ, ... werden häufig kurz mit $\mathfrak{A}_\Theta$, $\mathfrak{A}_\mathfrak{E}$, $\mathfrak{A}_\Delta$, ... bezeichnet, ohne sie im einzelnen zu präzisieren. Über $\mathbb{R}^n$ wird, wenn nichts anderes angegeben, stets die Borel-σ-Algebra $\mathbb{B}^n$ verwendet. Verteilungen über $(\mathbb{R}^n, \mathbb{B}^n)$ werden vielfach mit ihren Verteilungsfunktionen identifiziert und demgemäß mit demselben Symbol belegt. Dabei werden die gemeinsame Verteilung von Zufallsgrößen $X_1, \ldots, X_n$ vorzugsweise mit P, die (Rand-)Verteilungen mit $F_1, \ldots, F_n$ sowie die jeweiligen Dichten mit p bzw. $f_1, \ldots, f_n$ bezeichnet.

In der Regel wird zwischen Zeilen- und Spaltenvektoren nur im Zusammenhang mit Matrizenoperationen unterschieden.

Das Symbol ∇ wird ausschließlich für Differentiationen nach einem Parameter verwendet. So wird mit $\nabla\gamma(\vartheta_0)$ die übliche Differentiation einer Funktion $\gamma: \Theta \to \mathbb{R}^l$ eines Parameters ϑ nach ihrem Argument an einer Stelle ϑ_0, mit $\nabla_i \gamma(\vartheta_0)$ diejenige nach der i-ten Komponente eines k-dimensionalen Parameters $\vartheta = (\vartheta_1, \ldots, \vartheta_k)$ bezeichnet. Entsprechend schreiben wir $\nabla g(x, \vartheta_0)$ bzw. $\nabla_i g(x, \vartheta_0)$ für die totale bzw. i-te partielle Ableitung nach dem Parameter an der Stelle ϑ_0 (bei jeweils fester Stichprobenvariabler x). Analog verwenden wir die Notation $(\nabla g^\top(x, \vartheta_0))^\top = (\nabla_i g_j(x, \vartheta_0))$ für die Jacobi-Matrix einer Funktion $\vartheta \mapsto g(x, \vartheta)$ an der Stelle ϑ_0. Soll betont werden, daß es sich um die Ableitung nach ϑ handelt, schreiben wir etwa auch $\nabla_\vartheta g(x, \vartheta_0)$ statt $\nabla g(x, \vartheta_0)$.

Für die Differentiation nach der Stichprobenvariablen verwenden wir das Symbol ∂. Wir schreiben also etwa $\partial f(x_0)$ oder auch $f'(x_0)$ bzw. $\partial_j f(x_0)$ für die gewöhnliche bzw. partielle Ableitung sowie $(\partial_j f_i(x_0))$ oder auch $(\partial_x f(x_0))$ für die Jacobi-Matrix einer Funktion $x \mapsto f(x)$ an der Stelle x_0.

Funktionen T auf $\mathfrak{X}$ bzw. g auf $\mathfrak{X} \times \Theta$ werden gelegentlich kurz mit $T(x)$ bzw. $g(x, \vartheta)$, letztere auch mit $g_\vartheta(x)$ bezeichnet, wenn hierdurch die Ausdrucksweise vereinfacht wird. Ist X eine Zufallsgröße, so schreiben wir für $T \circ X$ auch $T(X)$, wenn dies an der betreffenden Stelle zweckmäßig erscheint.

Durchgängig wurden die folgenden Abkürzungen verwendet:

DQ	Dichtequotient	ML	Maximum Likelihood
EW	Erwartungswert	st.u.	stochastisch unabhängig
VF	Verteilungsfunktion	f.a.	fast alle
WS	Wahrscheinlichkeit	f.s.	fast sicher
ZG	Zufallsgröße	f.ü.	fast überall

Im übrigen wurde versucht, für gleichartige Begriffe in den verschiedenen Kapiteln nach Möglichkeit dieselben oder verwandte Symbole zu verwenden. So wurden Entscheidungskerne, Entscheidungsfunktionen, Tests, Schätzer bzw. Bereichsschätzer über dem Stichprobenraum $(\mathfrak{X}, \mathfrak{B})$ vorzugsweise mit δ, e, φ, g bzw. C sowie Tests und Schätzer über dem Wertebereich $(\mathfrak{T}, \mathfrak{D})$ einer durch das Problem vorgezeichneten Statistik T vorzugsweise mit ψ bzw. h bezeichnet. Funktionale auf dem Parameterraum Θ werden meist mit γ bezeichnet. Für eine detaillierte Listung der verwendeten Symbole sei auf das Symbolverzeichnis verwiesen.

Es werden die in der reellen Analysis üblichen Konventionen benutzt:

$$\pm\infty + d = \pm\infty \quad \text{für } d \in \mathbb{R}; \qquad \pm\infty \cdot 0 = 0; \qquad \pm\infty \cdot c = \pm\infty \quad \text{für } c > 0.$$

Innerhalb der vier Kapitel werden Definitionen, Sätze, Hilfssätze, Korollare und Beispiele unabhängig von ihrem Charakter fortlaufend numeriert. Entsprechend bedeuten 3.1.4 den Unterabschnitt 4 aus Abschnitt 1 von Kapitel 3, (3.1.4) die Formel 4 aus Abschnitt 1 von Kapitel 3 sowie A 3.1 den Unterabschnitt 1 aus Abschnitt 3 des wahrscheinlichkeitstheoretischen Anhangs. Mit Kap. 5, ..., Kap. 8 wird auf die einschlägigen Passagen in Band II verwiesen.

Symbolverzeichnis

$a_{\mathbf{H}}$, $a_{\mathbf{K}}$	Entscheidung zugunsten von **H**, **K**
$C(\cdot)$	Bereichsschätzer
$Cov(X, Y)$, $Cov_\vartheta(X, Y)$	Kovarianz von X und Y, unter ϑ
$C(F)$	Menge der Stetigkeitsstellen von F
$D(F)$	Menge der Unstetigkeitsstellen von F
$(D_\leqslant)$, $(D_=)$, $(\tilde{D})$, $(\bar{D})$, ...	Dualprobleme, S. 65 ff, S. 268 ff
$d(\cdot,\cdot)$, $d_r(\cdot,\cdot)$	Metriken, S. 135 ff
e $\quad (\neq \mathrm{e} := 2{,}71828\ldots)$	Entscheidungsfunktion
EX, $E_\vartheta X$	EW von X, unter ϑ
$E_{\mathfrak{Q}\vartheta}\,\varphi$	$E_{\pi\vartheta}\,\varphi$, unabhängig von $\pi \in \mathfrak{Q}$
$E_\vartheta(g\|\mathfrak{C})$, $E_\vartheta(g\|C)$,	
$E_\vartheta(g\|V)$, $E_\vartheta(g\|V=v)$	bedingte EW unter P_ϑ, S. 114 ff, S. 119 ff, S. 329
$E_\bullet(g\|\mathfrak{C})$, $E_\bullet(g\|V=v)$	bedingte EW, unabhängig von ϑ
$E_{\mathbf{J}}(g\|\mathfrak{C})$, $E_{\mathbf{J}}(g\|V=v)$	bedingte EW, unabhängig von $\vartheta \in \mathbf{J}$
F, $F^{(n)}$	VF, WS-Maß (zur VF F), n-faches Produktmaß
$\hat{F}_x$, $\hat{F}$	empirische VF, S. 23
F^{-1}, $\hat{F}^{-1}$	Quantifunktion, empirische, S. 18 ff, S. 28
$\mathrm{F}_{s,r}$, $\mathrm{F}_{s,r}(\delta^2)$	zentrale F-Verteilung, nichtzentrale, S. 46, S. 218
$\mathrm{F}_{s,r;\alpha}$	α-Fraktil der zentralen F-Verteilung, S. 46
$f_\vartheta(\cdot)$, $f(\cdot,\vartheta)$	Dichten von F_ϑ
$g(\cdot)$	Schätzer
$g(\mathfrak{E})$	von $\mathfrak{E}$ erzeugte Gruppe
H	(Null-)Hypothese
$H(\cdot,\cdot)$	Hellinger-Abstand, S. 136
$I(f)$, $\tilde{I}(f)$, $\check{I}(f)$	S. 181 f
id, $\mathrm{id}_{\mathfrak{T}}$	Identität, auf $\mathfrak{T}$
$\mathrm{Im}\,\xi$	Imaginärteil von ξ
J	Rand der Hypothesen
$J(\vartheta_0)$	(Fisher-) Information an der Stelle ϑ_0, S. 155, S. 181
K	(Gegen-)Hypothese
$K(\cdot)$	Kumulantentransformation, S. 149
$K(\cdot,\cdot)$	Bedingungskern, S. 116
L, $L_{\vartheta_0,\vartheta}$	DQ von P_ϑ bzgl. P_{ϑ_0}, S.112, S. 163
L'_{ϑ_0}	punktweise Ableitung von $\vartheta \mapsto L_{\vartheta_0,\vartheta}$ an der Stelle ϑ_0, S. 154
$\dot{L}_{\vartheta_0}$, $\ddot{L}_{\vartheta_0}$	$\mathbb{L}_r(\vartheta_0)$-Ableitung von $\mathfrak{P}$, zweifache Ableitung, S.164, S.165, S.174
$L^{(i)}_{\vartheta_0}$	i-fache Ableitung, S. 311
$l_{\vartheta_0,\vartheta}$	DQ von P^T_ϑ bzgl. $P^T_{\vartheta_0}$, S. 172

$\dot{l}_{\vartheta_0}$, $\ddot{l}_{\vartheta_0}$	$\mathbb{L}_r(\vartheta_0)$-Ableitung von $\mathfrak{P}^T$, zweifache Ableitung
med F, med X	Median von F, X, S. 22
$o(\cdot)$	Landau-Symbol [Für $b_n > 0$: $a_n = o(b_n) :\Leftrightarrow \lim \lvert a_n\rvert b_n^{-1} = 0$]
$O(\cdot)$	Landau-Symbol [Für $b_n > 0$: $a_n = O(b_n) :\Leftrightarrow \sup \lvert a_n\rvert b_n^{-1} < \infty$]
$\hat{o}(\cdot)$	Nullschätzer
$(P_\leqslant)$, $(P_=)$, $(\tilde{P})$, $(\bar{P})$, ...	Primalprobleme, S. 62ff, S. 267ff
P, P_ϑ, P_ϑ^T, $P_\vartheta^{\mathfrak{C}}$	WS-Maße, S. 4, S. 15, S. 518
P_α	α-Fraktil von P, S. 41
$P_\vartheta(\cdot\|\mathfrak{C})$, $P_\vartheta(\cdot\|C)$, $P_\vartheta(\cdot\|V)$, $P_\vartheta(\cdot\|V=v)$	Bedingungskerne, S. 115ff, S. 119ff, S. 329
$P_\vartheta^{U\|\mathfrak{C}}$, $P_\vartheta^{U\|V=v}$, ...	Bedingungskerne, S. 118ff
$P_\bullet(\cdot\|\mathfrak{C})$, $P_\bullet^{U\|\mathfrak{C}}$, ...	Bedingungskerne, unabhängig von ϑ
$P_{\mathbf{J}}^{U\|\mathfrak{C}}$, ...	Bedingungskerne, unabhängig von $\vartheta \in \mathbf{J}$
$P_{\eta\bullet}^{U\|V=v}$, $P_{\mathbf{K}(\eta)}^{U\|V=v}$	S. 374, S. 369
Proj$(x\|\mathfrak{L}_k)$	Projektion von x auf $\mathfrak{L}_k$
$p_\vartheta(\cdot)$, $p(\cdot,\vartheta)$, $p_\vartheta^X(\cdot)$, $p_\vartheta^T(\cdot)$	WS-Dichten, von $\mathbb{P}_\vartheta^X$, P_ϑ^T
$\dot{p}_{\vartheta_0}(\cdot;r)$, $\ddot{p}_{\vartheta_0}(\cdot;r)$, $p_{\vartheta_0}^{(i)}(\cdot;r)$	$\mathbb{L}_r(\mu)$-Ableitung von $\vartheta \mapsto p_\vartheta$, zweifache, i-fache, S. 185f
$p_\vartheta^{U\|V=v}$, $p_\bullet^{U\|V=v}$	bedingte Dichte, unabhängig von ϑ
$R(\cdot,\cdot)$	Risikofunktion S. 51; Auszahlungsfunktion S. 79
$R(\varrho,\cdot)$, $R_{\lambda,\varkappa}(\cdot)$	Bayes-Risiko
$R^*(\cdot)$	Minimax-Risiko
R_ϱ^x	a posteriori Risiko, S. 86, S. 321
$r(\cdot,\cdot)$	S. 63, S. 76, S. 233
Re ξ	Realteil von ξ
sgn x	Vorzeichen von x, sgn $0 := 0$
t_r, $\mathrm{t}_r(\delta)$	zentrale t-Verteilung, nichtzentrale, S. 46, S. 221
$\mathrm{t}_{r;\alpha}$	α-Fraktil der zentralen t-Verteilung, S. 46
$U(\vartheta_0)$, $U_\varepsilon(\vartheta_0)$	Umgebung von ϑ_0, ε-Umgebung
u_α	α-Fraktil der $\mathfrak{N}(0,1)$-Verteilung, S. 41
$Var\,X$, $Var_\vartheta\,X$	Varianz von X, unter ϑ
vec $\mathscr{A}$	S. 481
$\mathfrak{A}$, $\mathfrak{B}$, $\mathfrak{C}$, $\mathfrak{D}$, $\mathfrak{G}$, $\mathfrak{H}$	σ-Algebren über Ω, $\mathfrak{X}$, $\mathfrak{Y}$, $\mathfrak{T}$, $\mathfrak{U}$, $\mathfrak{B}$
$\mathfrak{A}_\Theta$, $\mathfrak{A}_\Delta$, $\mathfrak{A}_\mathfrak{Q}$, $\mathfrak{A}_\mathfrak{Y}$, ...	σ-Algebren über Θ, Δ, $\mathfrak{Q}$, $\mathfrak{Y}$, ...
$\mathfrak{B}_T^\mathfrak{T}$	finale σ-Algebra, S. 407
$\mathfrak{B}(n,\pi)$	Binomialverteilung, S. 111
$\mathfrak{B}(n,\pi)_\alpha$	α-Fraktil von $\mathfrak{B}(n,\pi)$, S. 41
$\mathfrak{B}^-(n,\pi)$	negative Binomialverteilung, S. 17
$\mathfrak{C}(\mathfrak{Q})$	σ-Algebra der gegenüber $\mathfrak{Q}$ invarianten Mengen, S. 127
$\mathfrak{C}_{1-\alpha}$, $\mathfrak{C}_{1-\alpha,1-\alpha}$	Mengen von Bereichsschätzern, S. 292
$\mathfrak{E}$	Menge aller Entscheidungsfunktionen bzw. Schätzer, S. 11, S. 321
$\mathfrak{E}_\gamma(\vartheta_0)$, $\mathfrak{E}_\gamma$, $\overline{\mathfrak{E}}_\gamma$, $\mathfrak{E}(\mathfrak{Q})$	S. 57, S. 57, S. 300, S. 436
$\mathfrak{F}$, $\mathfrak{F}^{(n)}$	Mengen von Verteilungen bzw. von VF, $\{F^{(n)}: F \in \mathfrak{F}\}$
$\mathfrak{F}_C$, $\mathfrak{F}_\mu$	S. 359, S. 358

$\mathfrak{G}(\lambda)$	gedächtnislose Verteilung, S. 7
$\mathfrak{H}(N, M, n)$	hypergeometrische Verteilung, S. 15
$\mathfrak{I}$	Menge aller invarianten Entscheidungskerne, S. 405
$\mathfrak{K}$	Menge aller Entscheidungskerne, S. 51
$\mathfrak{L}, \mathfrak{L}_k, \mathfrak{L}(c_1, \ldots, c_k)$	linearer Teilraum, der Dimension k, von $c_1, \ldots, c_k$ erzeugt
$\mathfrak{L}(X), \mathfrak{L}_\vartheta(X)$	Verteilung von X, unter ϑ
$\mathfrak{M}$	Menge der a priori Verteilungen, S. 83, S. 324, S. 446
$\mathfrak{M}(\mathfrak{X}, \mathfrak{B}), \mathfrak{M}^1(\mathfrak{X}, \mathfrak{B})$	Menge aller Maße über $(\mathfrak{X}, \mathfrak{B})$, WS-Maße
$\mathfrak{M}^e(\mathfrak{X}, \mathfrak{B}), \mathfrak{M}^\sigma(\mathfrak{X}, \mathfrak{B})$	Menge aller endlichen Maße, σ-endlichen Maße
$\mathfrak{M}(n; \pi_1, \ldots, \pi_k)$	Multinomialverteilung, S. 111
$\mathfrak{N}(\mu, \sigma^2), \mathfrak{N}(\mu, \mathscr{S})$	Normalverteilung, S. 32, S. 98
$\mathfrak{N}(\mu_1, \mu_2; \sigma_1^2, \sigma_2^2, \varrho)$	zweidimensionale Normalverteilung, S. 99
$\mathfrak{P}, \mathfrak{P}^T, \mathfrak{P}^{\mathfrak{C}}$	Verteilungsklassen, $\{P^T : P \in \mathfrak{P}\}, \{P^{\mathfrak{C}} : P \in \mathfrak{P}\}$
$\mathfrak{P}_{\mathbf{H}}, \mathfrak{P}_{\mathbf{J}}, \mathfrak{P}_{\mathbf{K}}$	Verteilungsklassen zu **H**, **J**, **K**
$\mathfrak{P}(\lambda)$	Poissonverteilung, S. 111
$\mathfrak{Q}$	Gruppe meßbarer Transformationen
$\bar{\mathfrak{Q}}, \check{\mathfrak{Q}}, \mathfrak{Q}^*, \mathfrak{Q}_e, \mathfrak{Q}(\gamma')$	S. 402, S. 403, S. 411, S. 420f
$\mathfrak{Q}\vartheta, \mathfrak{Q}x$	$\mathfrak{Q}$-Bahnen von ϑ bzw. x, S. 405, S. 406
$\mathfrak{R}(\vartheta_1, \vartheta_2)$	Rechteck-Verteilung, S. 34
$\mathfrak{S}_m$	Permutationsgruppe, S. 28
$\mathfrak{T}, \mathfrak{U}, \mathfrak{V}$	Wertebereiche von Statistiken T, U, V
$(\mathfrak{X}, \mathfrak{B}, P)$	WS-Raum
$(\mathfrak{X}, \mathfrak{B}, \mathfrak{P})$	statistischer Raum
$\mathbb{B}, \mathbb{B}^k, \bar{\mathbb{B}}, \bar{\mathbb{B}}^k$	Borel-σ-Algebra über $\mathbb{R}, \mathbb{R}^k, \bar{\mathbb{R}}, \bar{\mathbb{R}}^k$
$\mathbb{C}, \mathbb{C}^k$	Menge der komplexen Zahlen, $\bigtimes_{i=1}^{k} \mathbb{C}$
$\mathbb{F}$	Funktionensysteme
$\mathbb{G}, \mathbb{G}^k, \bar{\mathbb{G}}^k$	System der endlichen Intervallsummen über $\mathbb{R}, \mathbb{R}^k, \bar{\mathbb{R}}^k$
$\mathbb{L}_r(\mu), \mathbb{L}_r^k(\mu)$	S. 163, S. 174
$\mathbb{N}, \mathbb{N}_0$	$\{1, 2, \ldots\}, \{0, 1, \ldots\}$
$\mathbb{P}$	WS-Maß über $(\Omega, \mathfrak{A})$
$\mathbb{P}^{X \mid \mathfrak{C}}, \mathbb{P}_{\cdot}^{X \mid \mathfrak{C}}, \mathbb{P}_{\mathbf{J}}^{X \mid T=t}, \ldots$	Bedingungskerne, S. 117, S. 329
$\mathbb{R}, \mathbb{Q}, \mathbb{Z}$	Menge der reellen, rationalen, ganzen Zahlen
$\mathbb{R}^k, \bar{\mathbb{R}}^k$	k-dimensionaler reeller Raum, kompaktifizierter $\mathbb{R}^k$
$\mathbb{R}_+^k$	$:= \{x = (x_1, \ldots, x_k): x_j \geqslant 0 \quad \forall j = 1, \ldots, k\}$
$\mathbb{R}^{n \times k}$	Menge der $n \times k$-Matrizen
$\mathbb{R}_{\text{sym}}^{k \times k}, \mathbb{R}_{\text{p.s.}}^{k \times k}, \mathbb{R}_{\text{p.d.}}^{k \times k}, \mathbb{R}_{\text{orth}}^{k \times k}, \mathbb{R}_{\text{n.e.}}^{k \times k}$,	Fußnote, S. 96
$\mathscr{C}$	Design-Matrix, S. 453
$\mathscr{C}\!\mathit{ov}\, X$	Kovarianzmatrix von X
$\mathscr{D}$	Diagonalmatrix
$\mathscr{I}_n$	$n \times n$-Einheitsmatrix
$\mathscr{J}(\vartheta_0)$	(Fisher-)Informationsmatrix, S. 154, S. 181
$\mathscr{J}_s, \bar{\mathscr{J}}_s, \mathscr{K}_s$	S. 484

$\mathcal{O}$, $\mathcal{O}_m$, $\mathcal{O}_n$	Nullmatrizen
$\mathcal{P}$	Matrix der Projektion auf $\mathfrak{L}_k$
$\mathcal{Q}$, $\mathcal{T}$	(orthogonale) Matrizen
$\mathcal{S}$	Kovarianzmatrix
$\hat{\mathcal{S}}$	Schätzer von $\mathcal{S}$
$\mathcal{X}$, $\mathcal{Y}$	Matrizen von ZG X_{ij}, Y_{ij}
x, y	Matrizen von Realisierungen x_{ij}, y_{ij}
α	(zugelassene) Fehler-WS 1. Art
$B_{\varkappa, \lambda}$	Beta-Verteilung, S. 49
$B(\varkappa, \lambda)$	Beta-Integral, S. 49
$\beta(\cdot)$, β	Gütefunktion, Schärfe, S. 39
γ, Γ	Funktional auf Θ, Wertebereich von γ
Γ	Matrix von Regressionsparametern γ_{ij}
$\Gamma_{\varkappa, \sigma}$	Gamma-Verteilung, S. 17
$\Gamma(\varkappa)$	Gamma-Integral, S. 17
$\gamma(\cdot)$, $\bar{\gamma}$	Randomisierung, konstante Randomisierung
$\hat{\gamma}$, $\hat{\vartheta}$, ...	Schätzer von γ, ϑ, ...
Δ	Entscheidungsraum, Differenz $\vartheta - \vartheta_0$
$\delta(x, A) = \delta_x(A)$	Entscheidungskern, S. 50f
δ_{ij}	Kronecker-Symbol
ε_x	Einpunktmaß, S. 51
ζ, Z, Z_*	natürlicher Parameter, Parameterraum, natürlicher Parameterraum einer Exponentialfamilie, S. 149
$Z(\eta)$, Z_η	S. 367
η, ξ	weitere Parameter
ϑ, Θ, θ,	Parameter, Parameterraum, als ZG aufgefaßter Parameter
$\varkappa$	Modellparameter, (a priori) Verteilung
$\Lambda(\cdot, \cdot)$, Λ_0, Λ_1	Verlustfunktion, Verluste
λ	(a priori) Verteilung, Haar-Maß
$\lambda\!\!\lambda$, $\lambda\!\!\lambda^k$	Lebesgue-Maß über $(\mathbb{R}, \mathbb{B})$, $(\mathbb{R}^k, \mathbb{B}^k)$
μ	dominierendes Maß, Mittelwert, Mittelwertvektor
μ-ess-sup	S. 105
$\hat{\mu}$, $\hat{\gamma}$	Schätzer von μ, γ, S. 453
$\hat{\bar{\mu}}$, $\tilde{\mu}$, $\tilde{\bar{\mu}}$	Schätzer von μ, S. 461
ν	dominierendes Maß, Modellparameter
π $(\neq \pi := 3{,}14159\ldots)$	Transformation, Projektion
π, π_j	Parameter der Binomial-(Multinomial-) Verteilung
ϱ	Korrelationskoeffizient, a priori Verteilung, Modellparameter
σ	Skalenparameter, Projektion: $\sigma(u, v) = u$
$\hat{\sigma}^2$, $\bar{\sigma}^2$	Schätzer von σ^2, S. 16, S. 24
$\sigma(\mathfrak{E})$	von $\mathfrak{E}$ erzeugte σ-Algebra
τ	Transformation, Projektion: $\tau(u, v) = v$
φ	Test über $(\mathfrak{X}, \mathfrak{B})$

Φ	Menge aller Tests über $(\mathfrak{X}, \mathfrak{B})$
$\Phi_\alpha, \Phi_{\alpha,\alpha}, \Phi(\alpha), \Phi_\alpha(\mathfrak{Q})$	Menge aller α-Niveau Tests, aller unverfälschten α-Niveau Tests, aller α-ähnlichen Tests, aller invarianten α-Niveau Tests, S. 59 ff, S. 426
ϕ	VF der $\mathfrak{N}(0,1)$-Verteilung
χ, X	Mittelwertfunktional, Wertebereich von χ
$\chi_r^2, \chi_r^2(\delta^2)$	zentrale χ^2-Verteilung, nichtzentrale, S. 46, S. 218
$\chi^2_{r;\alpha}$	α-Fraktil der zentralen χ^2-Verteilung, S. 46
ψ	Test über $(\mathfrak{T}, \mathfrak{D})$
Ψ	Menge aller Tests über $(\mathfrak{T}, \mathfrak{D})$
$(\Omega, \mathfrak{A}, \mathbb{P})$	zugrundeliegender WS-Raum
$\forall, \exists, :=, :\Leftrightarrow, \Rightarrow, \Leftrightarrow$	übliche logische Symbole
$\square$	Beweis-, Beispiel-Ende
$\in, \notin, \subset, \cap, \cup, ^c, \setminus, \times$	übliche Mengenoperationen
AB	$:= A \cap B$
$A + B$	$:= A \cup B$, falls $AB = \emptyset$
$A - B$	$:= A \setminus B$, falls $B \subset A$
$A \triangle B$	$:= AB^c + A^cB$
$\mathring{A}, \bar{A}, \partial A$	offener Kern, Abschluß, Rand
B_v	$:= \{u: (u, v) \in B\}$
$-B$	$:= \{u: -u \in B\}$
(a, b)	$:= \{x: a < x < b\}$, $a, b \in \overline{\mathbb{R}}$
$(a, b]$	$:= \{x: a_i < x_i \leqslant b_i, i = 1, \ldots, k\}$, $a, b \in \overline{\mathbb{R}}^k$
$(a, b]^k$	$:= \bigtimes_{i=1}^k (a, b]$, $a, b \in \overline{\mathbb{R}}$
$\mathfrak{B}_1 \otimes \mathfrak{B}_2, \bigotimes \mathfrak{B}_i$	Produkt-σ-Algebren
$\mathfrak{Y}\mathfrak{B}$	Spur-σ-Algebra
$\emptyset, \mathbf{P}(\mathfrak{X})$	leere Menge, Potenzmenge
$\mathbb{1}_B(x)$	$:= 1$ bzw. 0 für $x \in B$ bzw. $x \notin B$
$\mathbb{1}_n$	$:= (1, \ldots, 1)^\top \in \mathbb{R}^n$
$q_i, q_\cdot, q_{ij}, q_{i\cdot}, q_{\cdot\cdot}$	S. 90 f
$x_{ij}, x_{i\cdot}, \bar{x}_{i\cdot}, x_{\cdot\cdot}, \bar{x}_{\cdot\cdot}$	S. 90
$\mathfrak{L}_1 + \mathfrak{L}_2, \mathfrak{L}_1 \oplus \mathfrak{L}_2$	Summe zweier linearer Räume, orthogonale Summe
$\mathfrak{L}^\perp$	orthogonales Komplement
(a_{ij})	Matrix
$\mathscr{A}_{ij}$	Matrixelement; Untermatrix
$\mathscr{A}^\top, \mathscr{A}^{-1}$	Transponierte, Inverse einer Matrix
$\lvert\mathscr{A}\rvert = \det \mathscr{A}$	Determinante von $\mathscr{A}$
$\operatorname{Rg} \mathscr{A}, \operatorname{Sp} \mathscr{A}$	Rang, Spur von $\mathscr{A}$
$\lVert\mathscr{A}\rVert$	Matrizennorm, S. 481
$\lVert h\rVert_{\mathbb{L}_r(v)}$	$\mathbb{L}_r(v)$-Norm, S. 163
$\lVert h\rVert_{\mathbb{L}_r^k(v)}$	$\mathbb{L}_r^k(v)$-Norm, S. 174

$\langle \cdot, \cdot \rangle$	Bilinearform, Skalarprodukt
$\mathscr{A} \leqslant \mathscr{B}$	Löwner-Ordnung, S. 59
$\mathscr{A} \otimes \mathscr{B}$, $x \otimes y$	Kronecker-Produkte, S. 482
$x \leqslant y$	$x_j \leqslant y_j$, $j = 1, \ldots, n$
$[x]$	größte ganze Zahl $\leqslant x$
$\lvert x \rvert$	$:= \sqrt{\sum x_j^2}$
$a \wedge b$	$:= \min\{a, b\}$
$a \vee b$	$:= \max\{a, b\}$
$a \approx b$	a ungefähr gleich b
$x \mapsto f(x)$	x wird abgebildet in $f(x)$
$f \circ g$	Komposition von f und g
f^{-1}	Umkehrabbildung von f
$T^{-1}(D)$	$:= \{x \colon T(x) \in D\}$
$T^{-1}(\mathfrak{D})$	$:= \{T^{-1}(D) \colon D \in \mathfrak{D}\}$
f_v	$u \mapsto f_v(u) := f(u, v)$
$f^{+}(x)$	$:= \max\{0, f(x)\}$
$f^{-}(x)$	$:= \max\{0, -f(x)\}$
$F(x+0)$	$:= \lim_{h \downarrow 0} F(x+h)$
$F(x-0)$	$:= \lim_{h \downarrow 0} F(x-h)$
$\nabla, \nabla_\vartheta, \nabla_i$	Differentiation nach Parameter, nach ϑ, nach i-ter Komponente
∇^k, $\nabla^{(k)}$	k-fache Differentiation nach ϑ
$\nabla\nabla^\top$	Matrix der zweiten Ableitungen
$(\nabla_i \gamma_j(\vartheta)) = (\nabla \gamma^\top(\vartheta))^\top$	Jacobi-Matrix von $\vartheta \mapsto \gamma(\vartheta)$
∂, ∂_x, ∂_i	Differentiation nach Stichprobenvariabler, nach x, nach i-ter Komponente
$(\partial_i f_j(x))$	Jacobi-Matrix von $x \mapsto f(x)$
$\to$	konvergiert gegen
$\uparrow, \downarrow$	konvergiert isoton bzw. antiton gegen
(a_n)	Folge
$x_\uparrow$, $x_{\uparrow j}$	Ordnungsstatistiken, S. 30, S. 29
$X_1 \succcurlyeq X_2$, $X_1 \succcurlyeq X_2$	S. 215
$h \succcurlyeq 0$	S. 65
$f \geqslant g$	$f(x) \geqslant g(x) \quad \forall x \in \mathfrak{X}$
$f \geqslant g$	S. 213
$f \in \mathfrak{B}$	f ist $\mathfrak{B}$-meßbar
$\#$	Zählmaß, S. 111
$\mu_1 \otimes \mu_2$, $\bigotimes \mu_i$, $\mu^{(n)}$	Produktmaße, S. 520
$P_1 * P_2$, $*P_i$	Faltungsmaße, S. 522
$\nu \perp \mu$	ν ist μ-singulär, S. 515
$\nu \ll \mu$	ν dominiert durch μ, S. 515
$\nu \equiv \mu$	ν und μ äquivalent, S. 515

$d\nu/d\mu$	Radon-Nikodym-Ableitung, S. 110
ψ^+, ψ^-	Positiv-, Negativteil der Jordan-Hahn-Zerlegung von ψ, S. 514
$\lvert\psi\rvert(\cdot)$	Totalvariationsmaß, S. 515
$\lVert\psi\rVert$	Totalvariation von ψ, S. 136
$[\mu]$, $[\mathfrak{P}]$	μ-f.ü., $\mathfrak{P}$-f.ü., S. 514, S. 340
$\xrightarrow[\mathbb{P}]{}$	Konvergenz nach $\mathbb{P}$-WS, S. 522
$\xrightarrow[\mathbb{L}_r]{}$	Konvergenz in $\mathbb{L}_r$, S. 522
$\xrightarrow[\mathfrak{L}]{}$	Verteilungskonvergenz, S. 523

1 Statistische Entscheidungen und Verteilungsklassen

1.1 Statistische Entscheidungen

1.1.1 Problemstellung

Statistische Fragestellungen treten in allen Bereichen wissenschaftlicher Forschung auf und zwar typischerweise dann, wenn ein Modell zur Beschreibung oder Untersuchung eines empirischen Vorgangs an Hand von Beobachtungen überprüft oder durch die Bestimmung von Parametern an die Realität angepaßt werden soll. Wenn auch das Wort Statistik dabei nicht immer in derselben Bedeutung gebraucht wird, so ist doch wohl allen Auffassungen gemeinsam, daß es sich um die Betrachtung von Daten handelt, die zumindest teilweise als „zufallsabhängig" angesehen werden können. „Zufallsabhängig" heißt dabei, daß die diesen Daten zugrundeliegenden Vorgänge von verschiedenen, uns im einzelnen unzugänglichen und sich überlagernden Einflüssen abhängen. Um die Zufallsabhängigkeit in einem mathematischen Modell erfassen zu können, verwendet man die Begriffsbildungen der Wahrscheinlichkeitstheorie (WS-Theorie).

Unter Mathematischer Statistik versteht man die Untersuchung von Modellen sowie die Herleitung bzw. Begründung von Verfahren zur Auswertung von Beobachtungsdaten. Um den Gegenstand dieses Gebietes etwas genauer zu umreißen, greifen wir zur Erläuterung der Grundproblematik aus der Vielzahl möglicher Fragestellungen die folgende heraus: Zur Heilung einer bestimmten Krankheit wurde eine neue Behandlungsmethode I entwickelt. Um eine Aussage über ihre Qualität zu bekommen, wurde sie bei 10 Patienten angewendet. Dabei trat in 8 Fällen ein Heilerfolg ein, in 2 Fällen ergab sich ein Mißerfolg. Läßt sich nun aufgrund dieser 10 Überprüfungen bereits sagen, daß die neue Methode I häufiger zum Erfolg führt als eine herkömmliche Methode II, deren Heilungschance erfahrungsgemäß 65% beträgt? Der für die Statistik spezifische Aspekt ist die Tatsache, daß das Eintreten von Erfolg oder Nichterfolg bei einer einzelnen Überprüfung nicht nur von der Qualität der Heilmethode, sondern auch von sehr vielen anderen zufälligen Einflüssen abhängt. Bei unserer Aussage über die Qualität der neu entwickelten Methode müssen wir daher die Tatsache berücksichtigen, daß wir zur Überprüfung der Behandlung auch 10 andere Versuchspersonen hätten herausgreifen können, bei denen sich 9 Erfolge einstellen könnten, oder auch nur 6.

Die Verwendung der WS-Theorie ermöglicht es, solche auch gefühlsmäßig unsicheren Entscheidungen zum Gegenstand mathematischer Überlegungen zu machen. Das geschieht dadurch, daß wir die Beobachtungen als Realisierungen von Zufallsgrößen (ZG) auffassen und damit unterstellen, daß sich der Vorgang durch eine WS-Verteilung beschreiben läßt (*Grundannahme der Mathematischen Statistik*). In obigem Beispiel werden wir ZG $X_1, \ldots, X_{10}$ verwenden, die nur zwei Werte annehmen können, nämlich 1 (für Erfolg) und 0 (für Mißerfolg). Ein besonders einfaches Modell ergibt sich, wenn zwei Voraussetzungen erfüllt sind: Zum einen sollen die Einzelbeobachtungen $x_1, \ldots, x_{10}$ als unabhängig angesehen werden können in dem Sinne, daß sie aus sich gegenseitig nicht beeinflussenden Versuchsausführungen stammen; dann lassen sich nämlich die ZG $X_1, \ldots, X_{10}$ als stochastisch unabhängig (st.u.) ansehen, so daß die gemeinsame Verteilung von $X = (X_1, \ldots, X_{10})$ das Produktmaß der (Rand-) Verteilungen der einzelnen X_j ist. Zum anderen sollen die Einzelbeobachtungen $x_1, \ldots, x_{10}$ als Ergebnisse von Wiederholungen ein und desselben Versuchs aufgefaßt werden können in dem Sinne, daß die Versuchsbedingungen jeweils die gleichen sind; dann kann man die ZG X_j als $\mathfrak{B}(1, \pi)$-verteilt mit demselben π annehmen, wobei durch den uns unbekannten Verteilungsparameter π die Qualität der neu entwickelten Behandlungsmethode I erfaßt wird. Sind beide Voraussetzungen erfüllt, so ist die Verteilung des Tupels $X = (X_1, \ldots, X_{10})$ das Produktmaß von 10 gleichen $\mathfrak{B}(1, \pi)$-Verteilungen und damit speziell die Gesamtzahl der Erfolge, also $\sum X_j$, $\mathfrak{B}(10, \pi)$-verteilt. Wir wollen ein solches Modell in den folgenden drei Beispielen als gerechtfertigt ansehen.

Eine Aussage über die unbekannte Verteilung von X oder den unbekannten Verteilungsparameter aufgrund einer zufallsabhängigen Beobachtung – in obigem Beispiel also aufgrund des beobachteten Tupels $x = (x_1, \ldots, x_{10})$ mit $\sum x_j = 8$ – heißt eine *statistische Entscheidung*. Folglich ist eine Vorschrift anzugeben, aus der zu jedem möglichen Versuchsausgang die zu treffende Entscheidung abzulesen ist. Dies sollte vor Ausführung des Experiments erfolgen, damit man sich bei der Auswahl der Vorschrift nicht vom Ergebnis beeinflussen läßt.

Beispiel 1.1 (Schätzproblem) Für die zugrundeliegende Fragestellung interessiere der Zahlenwert der Erfolgs-WS π. Dieser ist also aufgrund der vorliegenden (zufallsabhängigen) Beobachtung $x = (x_1, \ldots, x_{10})$ zu „schätzen", etwa mit der Schätzfunktion $g_1(x) := \bar{x} := \sum x_j/10$, $x \in \mathfrak{X} := \{0, 1\}^{10}$. Andere mögliche Schätzfunktionen sind der Durchschnitt über jede zweite Beobachtung $g_2(x) := (x_2 + \ldots + x_{10})/5$ oder die erste Beobachtung $g_3(x) := x_1$. Haben 8 der 10 Überprüfungen zum Erfolg geführt, so ergibt sich also bei Verwenden von g_1 die Schätzung 0,8; dagegen würde bei g_2 und g_3 der Zahlenwert von der (gefühlsmäßig nicht relevanten) Reihenfolge der Erfolge abhängen. □

Beispiel 1.2 (Bereichsschätzproblem) In vielen Fällen ist es realistischer, eine Schätzung in Form eines Intervalls $[\underline{\pi}(x), \bar{\pi}(x)]$ oder allgemeiner einer Teilmenge $C(x) \subset [0, 1]$ anzugeben, welche die unbekannte Erfolgs-WS π überdeckt. Da $\bar{x} = 0{,}8$ nach Beispiel 1.1 eine Punktschätzung für π ist und bei st.u. $\mathfrak{B}(1, \pi)$-verteilten ZG $Var\,\bar{X} = \pi(1-\pi)/10 \approx \bar{x}(1-\bar{x})/10 = 0{,}016$ gilt, lautet bei festem $k > 0$ eine naheliegende Bereichsschätzung

$$C(x) = [\bar{x} - k\sqrt{\bar{x}(1-\bar{x})/10},\ \bar{x} + k\sqrt{\bar{x}(1-\bar{x})/10}] \approx [0{,}8 - 0{,}13k,\ 0{,}8 + 0{,}13k].$$

Dabei ist für großes k die Entscheidung $\pi \in C(x)$ mit großer WS richtig; dafür ist aber das Intervall $C(x)$ relativ groß und die Aussage $\pi \in C(x)$ damit wenig präzise. Entsprechend ist für kleinere k die Aussage $\pi \in C(x)$ vergleichsweise informativ, aber mit größerer WS falsch. □

Beispiel 1.3 (Testproblem) Es interessiere nicht so sehr der Zahlenwert π selbst, sondern nur, ob die Erfolgs-WS π der neu entwickelten Methode I größer ist als z.B. 0,65 (etwa die Erfolgs-WS der bisher benutzten Methode II) oder nicht. In diesem Fall gibt es also zwei mögliche Entscheidungen, nämlich entweder zugunsten der Hypothese $\mathbf{H}: \pi \leqslant 0{,}65$ oder zugunsten der Hypothese $\mathbf{K}: \pi > 0{,}65$. Eine naheliegende Testfunktion ist in diesem Falle eine solche, die sich für **K** entscheidet, wenn die Zahl $\sum x_j$ der Erfolge bei den 10 Überprüfungen hinreichend groß ist, etwa $\geqslant 8$. Weitere, bei den vorliegenden Hypothesen gefühlsmäßig jedoch weniger sinnvolle Testfunktionen sind z.B. diejenigen, bei denen man eine Entscheidung zugunsten von **K** trifft, wenn $(x_2 + \ldots + x_{10})/5 \geqslant 0{,}65$ oder wenn $x_1 = x_2 = x_3 = 1$ ist. □

Die mathematischen Überlegungen sind natürlich von dem speziellen Beispiel weitgehend unabhängig. So lassen sich die Überlegungen auf andere Situationen übertragen, z.B. wenn die Qualität einer neu entwickelten Methode I zur Herstellung einer bestimmten chemischen Legierung mit der einer herkömmlichen Methode II verglichen werden soll. Es ist deshalb zweckmäßig, allgemein von *Versuchseinheiten* (Patient, Rohmaterial, ...) zu sprechen, auf die eine bestimmte *Behandlung* (Heilmethode, Produktionsverfahren, ...) angewendet wird.

Das in den obigen Beispielen verwendete Binomialmodell ist insofern speziell, als nur zwei Ergebnisse als Versuchsausgang möglich sind. Auf solche Modelle wird man zwangsweise bei einer groben Klassifikation der Versuchsergebnisse geführt (z.B. in Erfolg oder Mißerfolg). Bei einer feineren Klassifikation (in abzählbar oder gar kontinuierlich viele Möglichkeiten) ist die Modellbildung nicht so klar vorgezeichnet. Für verschiedene Fragestellungen – etwa zur Beschreibung der Brenndauer einer Glühlampe oder der Gewichtszunahme eines Versuchstiers – ist es nämlich notwendig, den Behandlungserfolg graduell auszudrücken. In solchen Situationen wäre eine nachträgliche Einteilung der Ergebnisse in zwei oder auch in einige wenige Gruppen zur Anwendung obiger Modelle mit einem Verlust an Information über die Qualität der Behandlungsmethode verbunden. Natürlich sind wegen der beschränkten Meßgenauigkeit alle beobachteten ZG – auch solche, die quantitativer Natur sind, – diskret verteilt. Mathematisch ist es jedoch vielfach zweckmäßig, als Modell stetig verteilte ZG zu verwenden, da die Handhabung stetiger Verteilungen analytisch einfacher ist als diejenige komplizierter diskreter Verteilungen.

Wie schon obige Diskussionen für $n = 10$ zeigen, benötigt man grundsätzlich zur Durchführung statistischer Entscheidungen keine Mindestzahl von Überprüfungen; jedoch wird im allgemeinen eine bestimmte statistische Genauigkeit, etwa eine maximal zugelassene Irrtums-WS, nur bei hinreichend großem n eingehalten werden können. In der Regel läßt sich nämlich mit wachsendem n die Genauigkeit eines sinnvollen statistischen Verfahrens steigern.

Durch die Einbettung des Problems in einen ws-theoretischen Rahmen wird die Unsicherheit statistischer Entscheidungen natürlich nicht aufgehoben, wohl aber quantitativ erfaßbar. So spiegelt sich etwa in Beispiel 1.3 die Unsicherheit bei der Entscheidung zugunsten von **K**, wenn n Beobachtungen $x_1, \ldots, x_n$ zugrundeliegen und $\sum x_j$ hinreichend groß ist, in der Streuung $\pi(1-\pi)/n$ der relativen Erfolgszahlen $\bar{X} = \sum X_j/n$ wider, und diese wird mit wachsendem n kleiner. Das ist auch der Grund dafür, daß man im täglichen Leben gefühlsmäßig bei 80 Erfolgen aus 100 Überprüfungen mit sehr viel größerer Sicherheit eine (statistische) Entscheidung trifft als mit 8 Erfolgen aus 10 Überprüfungen, obwohl die relative Häufigkeit für Erfolg die gleiche ist. Zum Beispiel ist es – wenn auch nur mit sehr kleiner WS – durchaus möglich, daß bei $\pi = 0{,}5$ alle 10 Überprüfungen zu Erfolgen führen. In diesem Fall liefert aber jede der Testfunktionen aus Beispiel 1.3 die Entscheidung „I ist besser als II", obwohl sie falsch ist. Das mathematische Modell ermöglicht es jedoch, zu obigen Entscheidungsfunktionen die WS für derartige falsche Entscheidungen zu berechnen.

Die ws-theoretische Modellierung erlaubt es aber nicht nur, die Güte einer vorliegenden Entscheidungsvorschrift zahlenmäßig anzugeben; sie ermöglicht auch die Formulierung von Optimalitätskriterien. Tatsächlich ist die Bestimmung *optimaler statistischer Entscheidungsverfahren*, also von Lösungen geeigneter Optimierungsaufgaben, ein wesentlicher Gegenstand der Mathematischen Statistik.

1.1.2 Verteilungsannahme

In 1.1.1 wurde bereits dargelegt, daß jeder statistischen Entscheidung ein Datenmaterial zugrundeliegt. Dieses denken wir uns zu einer *Beobachtung* x zusammengefaßt, die wir als Realisierung einer ZG X auffassen. Es soll also x Funktionswert $X(\omega)$ einer meßbaren Funktion X sein, die auf einem WS-Raum $(\Omega, \mathfrak{A}, \mathbb{P})$ definiert ist und die Werte in einem meßbaren Raum $(\mathfrak{X}, \mathfrak{B})$ annimmt. $(\mathfrak{X}, \mathfrak{B})$ heißt auch *Stichprobenraum*, x *Stichprobe* zur ZG X. Mit der *Verteilung* $P := \mathbb{P}^X$ der ZG X, also dem gemäß

$$P(B) := \mathbb{P}^X(B) := \mathbb{P}(X^{-1}(B)), \qquad B \in \mathfrak{B}, \tag{1.1.1}$$

über $(\mathfrak{X}, \mathfrak{B})$ definierten Bildmaß von $\mathbb{P}$ unter X, wird $(\mathfrak{X}, \mathfrak{B})$ ebenfalls zu einem WS-Raum $(\mathfrak{X}, \mathfrak{B}, P)$.

Für das statistische Entscheidungsproblem interessiert nicht so sehr die ZG X als vielmehr deren Verteilung P, da durch diese die Bewertung der Ereignisse $B \in \mathfrak{B}$ entsprechend der Möglichkeit ihres Eintretens erfolgt. Dennoch wäre es unzweckmäßig, auf die Verwendung von ZG zu verzichten[1]) und allein mit den Verteilungen P über $(\mathfrak{X}, \mathfrak{B})$ zu arbeiten. Bei jedem konkreten Problem gehen wir nämlich von einer zufallsabhängigen Beobachtung x aus, für die eine ZG X eine anschaulichere Beschreibung ist als eine Verteilung P. Insbesondere lassen sich Modellannahmen über die Verteilung P mit Hilfe von ZG einfacher formulieren, wie sich auch die Art der Versuchsausführung – z.B. die Stichprobenentnahme – in ZG besser widerspiegelt.

Im Gegensatz zu den Fragestellungen der WS-Theorie ist es ein spezifischer Aspekt der Mathematischen Statistik, daß die zugrundeliegende Verteilung P als unbekannt anzusehen und aufgrund der Beobachtung x eine Aussage über P zu machen ist. Häufig wird man jedoch gewisse Vorinformationen darüber haben, welche Verteilungen überhaupt in Frage kommen, so daß nicht innerhalb der Klasse $\mathfrak{M}^1(\mathfrak{X}, \mathfrak{B})$ aller WS-Maße über $(\mathfrak{X}, \mathfrak{B})$, sondern nur innerhalb einer geeigneten Teilklasse $\mathfrak{P} \subset \mathfrak{M}^1(\mathfrak{X}, \mathfrak{B})$ eine Entscheidung zu treffen ist. So gingen wir in den Beispielen 1.1–3 davon aus, daß die Annahme st.u. $\mathfrak{B}(1, \pi)$-verteilter ZG $X_1, \ldots, X_n$ mit unbekanntem $\pi \in [0, 1]$ gerechtfertigt war. Demgemäß war dort $\mathfrak{P}$ zu wählen als Klasse aller n-fachen Produkte von $\mathfrak{B}(1, \pi)$-Verteilungen mit demselben π. In jedem konkreten Problem formuliert man deshalb

---

[1]) Urbildraum $(\Omega, \mathfrak{A}, \mathbb{P})$ und Abbildungsvorschrift $X(\cdot)$ werden jedoch nicht explizit angegeben. Deren Existenz ist durch Koordinatendarstellung gesichert, also durch $(\Omega, \mathfrak{A}, \mathbb{P}) := (\mathfrak{X}, \mathfrak{B}, P)$ und $X(\omega) := \omega$.

zunächst – unter Verwendung der vorhandenen Kenntnisse und Vorstellungen – ein spezielles Modell, welches den tatsächlich zugrundeliegenden Sachverhalt beschreiben oder zumindest hinreichend gut approximieren soll.

Definition 1.4 *Unter einer* Verteilungsannahme *versteht man die Auszeichnung einer Klasse* $\mathfrak{P}$ *von Verteilungen über einem Stichprobenraum* $(\mathfrak{X}, \mathfrak{B})$. $(\mathfrak{X}, \mathfrak{B}, \mathfrak{P})$ *heißt auch ein* statistischer Raum.

Ist diese Verteilungsannahme $\mathfrak{P}$ eng, ist also nur zwischen „wenigen" Verteilungen zu entscheiden, so läßt sich die in der Beobachtung x enthaltene „Information" vergleichsweise gezielt verwenden und eine genaue Aussage treffen. Jedoch ist der Wert einer solchen Aussage gegebenenfalls gering, wenn nämlich die tatsächlich zugrundeliegende Verteilung P unter denjenigen der Annahme auch nicht angenähert vorkommt; in einem solchen Fall ist das speziell gewählte Modell nicht gerechtfertigt. Umgekehrt ermöglicht eine relativ weite Verteilungsannahme natürlich eine bessere Approximation der tatsächlich zugrundeliegenden Verteilung; die unter einer weiten Verteilungsannahme getroffene Entscheidung ist meist aber auch weniger genau. Man wird deshalb in jedem praktischen Problem abwägen müssen, ob eine enge Verteilungsannahme möglich oder eine weite Verteilungsannahme notwendig ist. Die in einer realen Situation getroffene Entscheidung hängt also nicht nur von der Beobachtung x, sondern auch von der Verteilungsannahme $\mathfrak{P}$ ab. Somit kommt der Verteilungsannahme eine grundlegende Bedeutung zu.

Aus technischen Gründen indiziert man die Elemente $P \in \mathfrak{P}$ häufig durch einen *Parameter* ϑ. Die Gesamtheit Θ der zugelassenen Parameterwerte heißt der *Parameterraum*. Unter einer *Parametrisierung* einer Klasse $\mathfrak{P} \subset \mathfrak{M}^1(\mathfrak{X}, \mathfrak{B})$ verstehen wir demgemäß eine bijektive Abbildung von einem Parameterraum Θ auf $\mathfrak{P}$. Das Bild von ϑ bezeichnen wir mit P_ϑ. Ist X eine ZG mit der Verteilung P_ϑ, so schreiben wir für die Verteilung, Erwartungswert (EW), Varianz, Verteilungsfunktion (VF), Dichte und WS auch $\mathfrak{L}_\vartheta(X)$, $E_\vartheta X$, $Var_\vartheta X$, F_ϑ, p_ϑ bzw. $P_\vartheta(B)$. Solche Parametrisierungen sind stets möglich – man wähle etwa $\vartheta = P$ und demgemäß $\Theta = \mathfrak{P}$ – und überdies auf verschiedene Weise. Eine Verteilungsklasse $\mathfrak{P} = \{P_\vartheta : \vartheta \in \Theta\}$ heißt *k-parametrig*, wenn sie sich zwanglos[1]) durch einen k-dimensionalen Parameter ϑ parametrisieren läßt. Ist der Parameter ϑ von der Form $\vartheta = (\vartheta_1, \vartheta_2)$ und interessiert letztlich nur die Komponente ϑ_1, so nennt man ϑ_1 den *Hauptparameter* und ϑ_2 den *Nebenparameter*.

Allgemeiner interessiert von einer Verteilungsklasse $\mathfrak{P}$ – parametrisiert oder nicht – oft nur der Wert $\gamma(P)$ eines *Funktionals*[2]) $\gamma: \mathfrak{P} \to \Gamma$ an der Stelle der unbekannten Verteilung P, etwa der Mittelwert einer Verteilung P. Um begrifflich zwischen einem (die Verteilung

---

[1]) Formal ist etwa auch die Klasse aller k-dimensionalen Verteilungen durch einen eindimensionalen Parameter charakterisierbar, da eine VF als rechtsseitig stetige Funktion bereits durch die Werte auf einer abzählbaren dichten Menge bestimmt ist und sich $[0,1]^{\mathbb{N}}$ bijektiv auf das Einheitsintervall abbilden läßt. Derartige „Parametrisierungen" besitzen jedoch nur theoretisches Interesse und sollen hier ausgeschlossen bleiben.

[2]) Wir verwenden das Wort Funktional also für Funktionen γ auf $\mathfrak{P}$ bzw. Θ, die überdies stets $\mathbb{R}^l$-wertig, $l \geqslant 1$, sein sollen; wir sprechen auch von einem *l-dimensionalen Funktional*.

P festlegenden) Parameter ϑ und dem Wert $\gamma(P)$ eines Funktionals an der Stelle der unbekannten Verteilung P unterscheiden zu können, sprechen wir im zweiten Fall auch kurz vom Wert[1]) $\gamma(P)$ eines Funktionals γ auf $\mathfrak{P}$. Ist speziell die Verteilungsklasse parametrisiert, so lesen wir γ auch auf dem Parameterraum und schreiben für $\gamma(P_\vartheta)$ kurz $\gamma(\vartheta)$, fassen dann γ also als eine Abbildung von Θ nach Γ auf.

Beispiel 1.5 a) In den Beispielen 1.1–3 wurde als Modell eine ZG $X = (X_1, \ldots, X_n)$ verwendet, bei der $X_1, \ldots, X_n$ st.u. und $\mathfrak{B}(1, \pi)$-verteilt sind mit unbekanntem $\pi \in [0, 1]$. Hier ist $\mathfrak{P}$ die Klasse der n-dimensionalen Produktmaße $\bigotimes \mathfrak{B}(1, \pi)$, $\pi \in [0, 1]$, so daß sich als kanonische Parametrisierung diejenige durch den Parameter $\vartheta = \pi$ mit dem Parameterraum $\Theta = [0, 1]$ anbietet. Mit $t = \sum x_j$ für $x \in \mathfrak{X} = \{0, 1\}^n$ gilt

$$\mathbb{P}_\vartheta(X = x) = \pi^t (1 - \pi)^{n-t}, \qquad \vartheta = \pi. \tag{1.1.2}$$

Vom praktischen Standpunkt aus interessieren häufig nur die Werte $\pi \in (0, 1)$. Eine andere, später zweckmäßige Parametrisierung besteht dann in der Wahl von $\vartheta = \log[\pi/(1 - \pi)]$. Hierbei ist $\Theta = \mathbb{R}$ und statt (1.1.2) gilt

$$\mathbb{P}_\vartheta(X = x) = \exp[\vartheta t]\,(1 + e^\vartheta)^{-n}, \qquad \vartheta = \log \frac{\pi}{1 - \pi}. \tag{1.1.3}$$

b) Eine Sendung von N Stücken eines serienmäßig hergestellten Fabrikats enthalte eine unbekannte Zahl M fehlerhafter Exemplare. Um die Qualität der Sendung zu überprüfen, wird eine „Zufallsstichprobe vom Umfang n" entnommen[2]). Das j-te Exemplar kann fehlerhaft sein ($x_j = 1$) oder heil ($x_j = 0$). Der Stichprobenraum $(\mathfrak{X}, \mathfrak{B})$ ist somit der gleiche wie in Teil a). Auch benutzen wir wieder $\mathfrak{B}(1, \pi)$-verteilte ZG X_j, wobei nun $\pi = M/N$ die WS für die Entnahme eines defekten Exemplars ist. Die ZG $X_1, \ldots, X_n$ sind jetzt aber st. abhängig, da sich durch die Entnahme eines Stücks (ohne Zurücklegen) der relative Anteil defekter Exemplare ändert. Die gemeinsame Verteilung von $X_1, \ldots, X_n$ ist somit für $0 < t := \sum x_j < n$ gegeben durch

$$\mathbb{P}_\vartheta(X = x) = \frac{M}{N} \cdots \frac{M - t + 1}{N - t + 1} \, \frac{N - M}{N - t} \cdots \frac{N - M - n + t + 1}{N - n + 1}, \qquad \vartheta = M. \tag{1.1.4}$$

Der Parameter ϑ ist hier die Anzahl M fehlerhafter Exemplare oder äquivalent die relative Anzahl $\pi = M/N$, der Parameterraum somit $\Theta = \{0, 1, \ldots, N\}$ bzw. $\Theta = \{0, 1/N, \ldots, 1\}$.
Würde man jedes Exemplar nach der Überprüfung zurücklegen, so wäre wie in Teil a) ein Modell mit st.u. $\mathfrak{B}(1, \pi)$-verteilten ZG $X_1, \ldots, X_n$ zu wählen, jedoch mit $\pi = M/N$. Es sei bereits hier angemerkt, daß sich (1.1.2) auch aus (1.1.4) für $N \to \infty$ mit $M/N \to \pi$ ergibt. Ein derartiger Grenzübergang rechtfertigt die Sprechweise von einer „unendlichen Grundgesamtheit". Die Stichprobenentnahme aus einer „unendlichen Grundgesamtheit" führt also auf dasselbe Modell wie die Entnahme aus einer endlichen Grundgesamtheit mit Zurücklegen. □

Wie diese Beispiele zeigen, ergibt sich bei diskret verteilten ZG die Verteilungsannahme häufig zwangsläufig. Demgegenüber ist bei Problemen mit stetig verteilten ZG die Verteilungsannahme vielfach nicht vorgezeichnet.

---

[1]) In der Literatur nennt man auch $\gamma(P)$ und $\gamma(\vartheta)$ meist wieder kurz einen Parameter, speziell einen l-dimensionalen Parameter, falls $\Gamma \subset \mathbb{R}^l$ ist.

[2]) Hierunter versteht man das Ergebnis einer „zufälligen" Entnahme von n Elementen (Ziehen ohne Zurücklegen). Dabei ist die „zufällige" Entnahme eines Elements aus einer endlichen Grundgesamtheit vom Umfang N eine solche, bei der alle N Möglichkeiten die gleiche WS haben.

Beispiel 1.6 Um die Brenndauer von Glühbirnen einer bestimmten Serienproduktion zu überprüfen, werden n Glühbirnen „zufällig" ausgewählt und überprüft. Jede Beobachtung ist also ein n-Tupel (nicht-negativer) reeller Zahlen $x = (x_1, \ldots, x_n)$ und ein adäquater Stichprobenraum folglich $(\mathfrak{X}, \mathfrak{B}) = ([0, \infty)^n, [0, \infty)^n \mathbb{B}^n)$ oder auch $(\mathfrak{X}, \mathfrak{B}) = (\mathbb{R}^n, \mathbb{B}^n)$. Dabei bezeichnet $\mathbb{B}^n$ das System der Borelmengen des $\mathbb{R}^n$ und $[0, \infty)^n \mathbb{B}^n$ dasjenige der Borelmengen von $[0, \infty)^n$. Sind nun die Versuche so angelegt, d.h. die Glühbirnen so ausgewählt, daß sich ihre Brenndauern als Realisierungen st.u. ZG $X_1, \ldots, X_n$ mit der gleichen Verteilung auffassen lassen, so besteht die Verteilungsannahme aus Produktmaßen mit gleichen Randverteilungen. Eine vergleichsweise enge Verteilungsannahme ergibt sich, wenn man – etwa aufgrund früherer Erfahrungen – eine $\lambda\!\!\lambda$-Dichte

$$f_\vartheta(z) = \lambda e^{-\lambda z} \mathbb{1}_{(0, \infty)}(z), \qquad \vartheta = \lambda, \tag{1.1.5}$$

annimmt, wobei also nur $\lambda > 0$ unbekannt ist. Eine derartige Verteilung würde sich jedoch nur beschränkt zur Beschreibung der zufälligen Brenndauer eignen. Einerseits würden nämlich Glühbirnen mit einer derartigen Verteilung nicht „altern", denn die diesen Sachverhalt beschreibenden bedingten WS sind gemäß

$$\mathbb{P}_\vartheta(X_j > s + t \mid X_j > t) = \frac{\mathbb{P}_\vartheta(X_j > s + t)}{\mathbb{P}_\vartheta(X_j > t)} = \frac{e^{-\lambda(s+t)}}{e^{-\lambda t}} = e^{-\lambda s} = \mathbb{P}_\vartheta(X_j > s) \tag{1.1.6}$$

unabhängig von $t > 0$ und zwar für alle $s > 0$, $\lambda > 0$; eine Verteilung mit (1.1.5) heißt deshalb auch *gedächtnislose Verteilung* $\mathfrak{G}(\lambda)$. Andererseits widerspricht es unseren Modellvorstellungen, daß die $\lambda\!\!\lambda$-Dichte (1.1.5) ihre größten Werte für kleine Argumente z annimmt. Als sinnvollere Verteilungsannahme erscheint deshalb diejenige von $\lambda\!\!\lambda$-Dichten

$$f_\vartheta(z) = \varkappa\lambda(\lambda z)^{\varkappa-1} \exp[-(\lambda z)^\varkappa] \, \mathbb{1}_{(0, \infty)}(z), \qquad \vartheta = (\lambda, \varkappa), \tag{1.1.7}$$

wobei $\lambda > 0$ und $\varkappa \geqslant 1$ unbekannt sind. In der Praxis üblich ist sogar eine dreiparametrige Verteilungsannahme, nämlich diejenige von *Weibull-Verteilungen* mit $\lambda\!\!\lambda$-Dichten

$$f_\vartheta(z) = \varkappa\lambda[\lambda(z - \mu)]^{\varkappa-1} \exp[-\lambda^\varkappa(z - \mu)^\varkappa] \, \mathbb{1}_{(\mu, \infty)}(z), \qquad \vartheta = (\mu, \lambda, \varkappa), \tag{1.1.8}$$

wobei $\mu \geqslant 0$, $\lambda > 0$, $\varkappa \geqslant 1$ unbekannt sind. Zwar läßt sich die tatsächlich zugrundeliegende Verteilung durch eine Dichte der Form (1.1.7) oder gar durch eine Dichte (1.1.8) wesentlich besser approximieren als durch eine solche der Form (1.1.5); dennoch benutzt man häufig die Verteilung (1.1.5) für die Lebensdauer von Bauelementen, da sie sich erheblich einfacher handhaben läßt als solche der Form (1.1.7) oder (1.1.8).

Umgekehrt mag für eine spezielle Fragestellung selbst die Annahme der dreiparametrigen Klasse von Weibull-Verteilungen oder einer anderen parametrischen Klasse nicht weit genug sein. In einem solchen Fall bietet sich die – nur mit Hilfe von VF parametrisierbare – Klasse aller eingipfligen auf $(0, \infty)$ konzentrierten $\lambda\!\!\lambda$-stetigen Verteilungen an. □

Beispiel 1.7 Eine physikalische Messung werde n-mal durchgeführt. Die Meßergebnisse $x_1, \ldots, x_n$ mögen als Realisierungen st.u. ZG $X_1, \ldots, X_n$ mit derselben Verteilung aufgefaßt werden können. In der Fehlertheorie wird üblicherweise $\mathfrak{L}_\vartheta(X_j) = \mathfrak{N}(\mu, \sigma^2)$ angenommen, wobei $\vartheta = (\mu, \sigma^2) \in \Theta := \mathbb{R} \times (0, \infty)$ ist. In diesem Fall hätten wir also eine relativ enge Verteilungsannahme, nämlich eine zweiparametrige Klasse von Normalverteilungen.

Modelle dieser Form sind z.B. auch bei medizinischen Behandlungen von Bedeutung, wenn man unterstellt, daß die unbekannte Wirkung μ einer Behandlung durch einen zufallsabhängigen Fehler W überlagert wird. Ist für diesen zwar nicht die Annahme einer Normalverteilung, wohl aber diejenige einer stetigen Verteilung mit Mittelwert 0 gerechtfertigt, so ergibt sich als Verteilungsannahme ein *Lokationsmodell* oder eine *Translationsfamilie* mit VF

$$F_\vartheta(z) = F(z - \mu), \qquad \vartheta = \mu, \tag{1.1.9}$$

wobei $\mu \in \mathbb{R}$ eine unbekannte Zahl und F eine als bekannt angesehene VF mit[1]) $\int z\,\mathrm{d}F = 0$ ist. Daneben betrachtet man noch *Lokations-Skalenmodelle* mit VF

$$F_\vartheta(z) = F\left(\frac{z-\mu}{\sigma}\right), \qquad \vartheta = (\mu, \sigma), \tag{1.1.10}$$

bei denen $\mu \in \mathbb{R}$ und $\sigma > 0$ unbekannt sowie die VF F bekannt sind. Damit der *Lageparameter* μ und der *Skalenparameter* σ eindeutig festgelegt sind, wird $EW = \int z\,\mathrm{d}F = 0$ und $Var\,W = \int z^2\,\mathrm{d}F = 1$ angenommen. Bei Modellen dieser Art entsprechen die Beobachtungen $x_1, \ldots, x_n$ ZG $Z = \mu + W$ bzw. $Z = \mu + \sigma W$, wobei μ die Wirkung, F die Gestalt der Verteilung und im zweiten Fall σ die Meßungenauigkeit beschreiben.

Ist auch die VF F als unbekannt anzusehen, so sind (1.1.9) mit $\vartheta = (\mu, F)$ und (1.1.10) mit $\vartheta = (\mu, \sigma, F)$ Beispiele für *nichtparametrische Verteilungsklassen*[2]), bei denen also auch die unbekannte VF F Teil des Parameters ist. In solchen Fällen lassen sich die einzelnen Elemente von $\mathfrak{P}$ nicht mehr in natürlicher Weise durch einen ein- oder mehrdimensionalen Parameter charakterisieren.

In dem hier gewählten Kontext wären bei (1.1.10) μ der Hauptparameter, σ und F dagegen die Nebenparameter. Würde primär die Meßungenauigkeit interessieren, so wäre σ der Hauptparameter. □

Wie die Beispiele 1.6 und 1.7 gezeigt haben, kann sich aus der praktischen Situation heraus die Notwendigkeit ergeben, eine nichtparametrische Verteilungsannahme zuzulassen. Ob dies bei einem konkreten Problem notwendig oder ob eine spezielle parametrische Verteilungsannahme – in Beispiel 1.6 diejenige von gedächtnislosen oder von Weibull-Verteilungen, in Beispiel 1.7 diejenige von Normalverteilungen – gerechtfertigt ist, kann nur aufgrund der jeweiligen Situation beurteilt werden. In diesem Zusammenhang sollte nochmals betont werden, daß letztlich keine dieser speziell angenommenen Verteilungen exakt, sondern höchstens näherungsweise auftritt. Neben der speziellen parametrischen oder nichtparametrischen Annahme für die Verteilungen der $X_1, \ldots, X_n$ ist auch diejenige der st. Unabhängigkeit der ZG ein Teil der Verteilungsannahme. Die Eignung eines Modells bei vorliegenden Beobachtungen $x_1, \ldots, x_n$ läßt sich übrigens auch durch speziell hierfür entwickelte *Anpassungstests* überprüfen.

Viele Anwendungen statistischer Verfahren beziehen sich auf Situationen, in denen Versuchseinheiten, die „zufällig" einem als homogen[3]) vorausgesetzten Ausgangsmaterial entnommen sind, einer oder mehreren Behandlungen unterworfen werden, und zwar unter gleichen oder verschiedenen Versuchsbedingungen. So betrachtet Beispiel 1.8 eine Situation, in der ein und dieselbe Behandlung unter verschiedenen, durch die Werte

---

[1]) Da eine eindimensionale Verteilung P nach A 8.3 durch ihre VF F bestimmt ist, schreiben wir auch $\int z\,\mathrm{d}F$ für $\int z\,\mathrm{d}P$. Die Forderung $\int z\,\mathrm{d}F = 0$ besagt dann gerade, daß $EW = 0$ ist, daß also die Messungen keinen systematischen Fehler aufweisen.

[2]) Dies ist eine Sprechweise für solche Verteilungsklassen, bei denen typischerweise mit VF und nicht nur mit einem endlich-dimensionalen Parameter parametrisiert wird; vgl. Kap. 7.

[3]) Bekannte Inhomogenitäten des Ausgangsmaterials, etwa unterschiedliche Anfangsgewichte, lassen sich vielfach als unterschiedliche Versuchsbedingungen auffassen und somit durch eine Regression berücksichtigen; vgl. Beispiel 1.8.

$s_1, \ldots, s_n$ einer reellen Veränderlichen s charakterisierte Versuchsbedingungen angewendet wird. Liegt eine Abhängigkeit des Mittelwerts einer (reellwertigen) ZG Z von einer (reell- oder vektorwertigen) Größe s vor, die bei den einzelnen Versuchswiederholungen beliebig vorgebbare Werte annimmt, so spricht man allgemein von einer *Regression von Z über s*. Ist diese Abhängigkeit von s linear, so nennt man die Regression *linear*, andernfalls *nichtlinear*. s heißt *Regressionsvariable* oder auch unabhängige Veränderliche.

Beispiel 1.8 (Lineare Regression) Um den quantitativen Einfluß eines Düngemittels auf das Wachstum einer bestimmten Pflanzensorte zu untersuchen, wird das Düngemittel auf n (als gleichwertig angesehene) Versuchsflächen in unterschiedlichen Dosen $s_1, \ldots, s_n$ ausgebracht. Die zu den zugehörigen Beobachtungen $x_1, \ldots, x_n$ führenden Versuche seien voneinander unabhängig durchgeführt; außerdem sei aufgrund umfangreicher Erfahrungen eine Normalverteilungsannahme gerechtfertigt derart, daß der unterschiedliche Zusatz des Düngemittels keinen Einfluß auf die Streuung hat. Schließlich sei im interessierenden Bereich der unabhängigen Veränderlichen s eine lineare Regression über s gerechtfertigt. Dann besteht die Verteilungsannahme aus st. u. ZG $X_1, \ldots, X_n$ mit $\mathfrak{L}(X_j) = \mathfrak{N}(\mu + \varkappa s_j, \sigma^2)$, $j = 1, \ldots, n$, d.h. dem dreidimensionalen Parameter[1]) $\vartheta = (\mu, \varkappa, \sigma^2) \in \mathbb{R}^2 \times (0, \infty)$. □

Im Gegensatz hierzu behandelt das folgende Beispiel eine Situation, in der unter sonst konstanten Bedingungen auf die Versuchseinheiten zwei verschiedene Behandlungen mit unbekannten Qualitäten μ und ν angewendet werden. Man spricht in diesem Fall von einem *Zweistichprobenproblem*. Bei den Beispielen 1.6–7 handelt es sich um *Einstichprobenprobleme*: $X_1, \ldots, X_n$ sind st. u. und genügen derselben Verteilung. $x = (x_1, \ldots, x_n)$ heißt dann auch eine *Stichprobe vom Umfang n*. Ist dagegen $X = (X_{11}, \ldots, X_{1n_1}, \ldots, X_{m1}, \ldots, X_{mn_m})$, $n_1 + \ldots + n_m = n$, und genügen die st. u. ZG X_{ij} einer von $j = 1, \ldots, n_i$ unabhängigen Verteilung und zwar für jedes $i = 1, \ldots, m$, so sprechen wir von einem *m-Stichprobenproblem*; $x = (x_{11}, \ldots, x_{1n_1}, \ldots, x_{m1}, \ldots, x_{mn_m})$ heißt dann auch *vereinigte Stichprobe*.

Beispiel 1.9 (Zweistichprobenproblem) Es sollen die Auswirkungen zweier verschiedener Düngemittel I und II auf das Wachstum einer bestimmten Pflanzensorte miteinander verglichen werden; dabei interessiere nur die erzielte Gewichtszunahme der Frucht. Zur Verfügung stehen n_1 Ergebnisse $x_{11}, \ldots, x_{1n_1}$ beim Zusatz I und n_2 Ergebnisse $x_{21}, \ldots, x_{2n_2}$ beim Zusatz II, wobei die Überprüfungen als voneinander unabhängig angesehen werden können. Überdies möge wie in Beispiel 1.8 die Annahme normalverteilter ZG mit derselben Varianz σ^2 gerechtfertigt sein. Dann ist das adäquate Modell eine $(n_1 + n_2)$-dimensionale ZG $X = (X_{11}, \ldots, X_{1n_1}, X_{21}, \ldots, X_{2n_2})$ mit st. u. Komponenten X_{ij} und $\mathfrak{L}_\vartheta(X_{1j}) = \mathfrak{N}(\mu, \sigma^2)$, $j = 1, \ldots, n_1$ bzw. $\mathfrak{L}_\vartheta(X_{2j}) = \mathfrak{N}(\nu, \sigma^2)$, $j = 1, \ldots, n_2$. Die Verteilung von X ist also das Produkt der Randverteilungen und somit durch den dreidimensionalen Parameter $\vartheta = (\mu, \nu, \sigma^2)$ charakterisiert. Also ist $(\mathfrak{X}, \mathfrak{B}) = (\mathbb{R}^{n_1+n_2}, \mathbb{B}^{n_1+n_2})$ und $\Theta = \mathbb{R}^2 \times (0, \infty)$. Die Annahme gleicher Varianz bei beiden Stichproben besagt, daß sich die verschiedenen Düngemittel – oder allgemeiner die verschiedenen Behandlungen – nur in unterschiedlichen Mittelwerten auswirken. Ein solches Lokationsmodell vereinfacht viele Untersuchungen und ist insbesondere bei Mehrstichprobenproblemen häufig Voraussetzung zur Anwendbarkeit der Verfahren der klassischen Statistik. □

[1]) Es ist zweckmäßig und üblich, bei Normalverteilungsmodellen und allgemeiner bei Modellen mit endlichen zweiten Momenten – abweichend von beliebigen Skalenmodellen, vgl. etwa (1.1.10) – die Streuung σ^2 und nicht die Standardabweichung σ oder einen anderen Skalenparameter zur Parametrisierung zu verwenden; vgl. auch Beispiel 1.21.

Der Vergleich zweier Behandlungen I und II, deren Qualitäten durch reelle Zahlen μ bzw. ν beschrieben werden können, läßt sich auf verschiedene Weisen durchführen. Zum einen kann wie in den Beispielen 1.1–3 von der bislang benutzten Behandlung II ein umfangreiches Material vorliegen, so daß es gerechtfertigt ist, ν als bekannt anzusehen. Soll dann aufgrund von $n := n_1$ unabhängigen Überprüfungen $x_{11}, \ldots, x_{1n_1}$ der neu entwickelten Behandlung I mit unbekanntem $\mu \in \mathbb{R}$ eine Aussage über den Qualitätsunterschied $\mu - \nu$ gemacht werden, so handelt es sich um ein Einstichprobenproblem mit $n = n_1$. Liegen dagegen wie in Beispiel 1.9 auch über die Qualität der Behandlung II nur n_2 Beobachtungen $x_{21}, \ldots, x_{2n_2}$ vor (wobei n_2 nicht so groß ist, daß man das Stichprobenmittel $\bar{x}_{2.} := \sum x_{2j}/n_2$ bereits als Mittelwert ν der Verteilung benutzen kann), so handelt es sich um ein Zweistichprobenproblem. Um eine derartige Aussage aufgrund *unabhängiger Stichproben*, d.h. von $n_1 + n_2$ unabhängigen Überprüfungen der Methoden I bzw. II treffen zu können, ist ein genügend umfangreiches homogenes Ausgangsmaterial erforderlich, aus dem die $n_1 + n_2$ Versuchseinheiten „zufällig“ entnommen werden.

Häufig gibt es aber kein derartig homogenes Ausgangsmaterial, wohl aber ein solches, in dem je zwei Versuchseinheiten als gleichwertig [1]) angesehen werden können. Fassen wir jeweils zwei derartige Versuchseinheiten zu einem Paar zusammen und wenden die Behandlung I auf die eine, die Behandlung II auf die andere Versuchseinheit eines Paares an, so ist (abgesehen von zufälligen Schwankungen) die Differenz der Versuchsergebnisse auf die Unterschiede in den Qualitäten von I und II, nicht dagegen auf eine solche im Ausgangsmaterial zurückzuführen. In dieser Weise seien die Behandlungen I und II bei n „zufällig“ entnommenen Paaren durchgeführt und die Ergebnisse der Anwendungen von I und II auf die Versuchseinheiten des j-ten Paares mit x_{1j} und x_{2j} bezeichnet. Vielfach können dann $x_1 := x_{11} - x_{21}, \ldots, x_n := x_{1n} - x_{2n}$ als Realisierungen st. u. ZG $X_1, \ldots, X_n$ mit derselben Verteilung angesehen und als Grundlage für eine Aussage über den allein interessierenden Qualitätsunterschied $\vartheta = \mu - \nu$ benutzt werden. Bei dieser Form der Stichprobenentnahme handelt es sich um ein Einstichprobenproblem mit den ZG $X_1, \ldots, X_n$. In diesem Fall spricht man auch von einem Problem mit *verbundenen Stichproben* oder von einem *paarweisen Vergleich*.

Eine weitere wichtige Anwendung eines derartigen *Versuchsplans* mit verbundenen Stichproben ergibt sich in solchen Situationen, in denen die Wirkung einer Behandlung relativ rasch abklingt; dann kann man beide Methoden nacheinander auf jede von n

[1]) Ein typisches Beispiel wäre etwa der Vergleich zweier verschiedener Augenbehandlungen. Da die Augen verschiedener Patienten häufig nicht als homogene Versuchseinheiten benutzt werden können, wohl aber die beiden Augen eines Patienten, wird man bei verschiedenen Patienten (bei denen diese Voraussetzung zutrifft) die eine Behandlung auf das eine Auge, die andere auf das andere Auge anwenden. Zweckmäßigerweise wird man die beiden Behandlungen auf die beiden Versuchseinheiten eines Paares nicht systematisch anwenden (d.h. nicht jeweils die i-te Behandlung auf die i-te Versuchseinheit, $i = 1,2$). Vielmehr wird man einen *randomisierten Versuchsplan* anwenden, bei dem für jedes Paar „zufällig“ festgelegt wird, welche Behandlung auf das rechte bzw. linke Auge angewendet wird. Mit einem derartigen Versuchsplan lassen sich eventuell doch vorhandene systematische Unterschiede zwischen den Versuchseinheiten eines Paares weitgehend eliminieren.

„zufällig" entnommenen Versuchseinheiten anwenden und die Differenz der Beobachtungswerte als Realisierungen st. u. ZG mit derselben (stetigen) Verteilung ansehen. Um einen systematischen Fehler zu vermeiden, wird man die Reihenfolge der Anwendung der Methoden I und II bei jedem Paar zufällig mit WS 1/2 wählen. Durch geeignete Verallgemeinerungen ist auch der Vergleich von m Behandlungen möglich, wenn die zur Verfügung stehenden Versuchseinheiten zwar nicht generell, wohl aber innerhalb von Blöcken zu je m Einheiten als homogen angesehen werden können.

Abschließend sei betont, daß in diesem Buch weder Fragen der Versuchsplanung noch solche des Ziehens von Stichproben behandelt werden sollen[1]). Vielmehr wird unterstellt, daß die Art der Versuchsausführung bereits in dem zugrundegelegten Modell seinen Niederschlag gefunden hat.

1.1.3 Entscheidungsraum; Verlust- und Risikofunktion

Bei ein und demselben Modell können verschiedene statistische Fragestellungen interessieren. Deshalb ist – wie in 1.1.1 bereits betont – neben der Präzisierung der Verteilungsannahme bei einem statistischen Entscheidungsproblem auch die Gesamtheit Δ der möglichen Aussagen zu formulieren, zwischen denen entschieden werden soll. Lösung des statistischen Problems ist dann eine Vorschrift, die jeder möglichen Beobachtung x eindeutig eine Entscheidung a zuordnet.

Definition 1.10 *Die Gesamtheit Δ der bei einem statistischen Entscheidungsproblem möglichen Aussagen mit einer darüber erklärten σ-Algebra $\mathfrak{A}_\Delta$ nennt man den* Entscheidungsraum $(\Delta, \mathfrak{A}_\Delta)$; *die Elemente $a \in \Delta$ heißen* Entscheidungen. *Unter einer (nicht-randomisierten)* Entscheidungsfunktion *e versteht man eine meßbare Abbildung des Stichprobenraums $(\mathfrak{X}, \mathfrak{B})$ in den Entscheidungsraum $(\Delta, \mathfrak{A}_\Delta)$. Die Menge aller derartigen meßbaren Abbildungen von $(\mathfrak{X}, \mathfrak{B})$ nach $(\Delta, \mathfrak{A}_\Delta)$ werden wir mit $\mathfrak{E}$ bezeichnen.*

Liegt eine Verteilungsannahme $\mathfrak{P} = \{P_\vartheta\colon \vartheta \in \Theta\}$ zugrunde und interessiert insbesondere der Wert $\gamma(\vartheta)$ eines l-dimensionalen Funktionals $\gamma\colon \Theta \to \Gamma$, so ist $(\Delta, \mathfrak{A}_\Delta) = (\Gamma, \Gamma\mathbb{B}^l)$ und eine – in diesem Fall als Schätzfunktion oder kurz als Schätzer bezeichnete – Entscheidungsfunktion eine meßbare Abbildung von $(\mathfrak{X}, \mathfrak{B})$ in $(\Gamma, \Gamma\mathbb{B}^l)$. Interessiert dagegen eine Bereichsschätzung von $\gamma(\vartheta)$ aufgrund der Beobachtung x, so ist Δ die Potenzmenge von Γ mit einer durch die Vorgehensweise in 2.6 vorgezeichneten σ-Algebra $\mathfrak{A}_\Delta$. Bei einem Testproblem mit den beiden Hypothesen **H** und **K** ist schließlich $\Delta = \{a_\mathbf{H}, a_\mathbf{K}\}$ mit der Potenzmenge als σ-Algebra, wenn wir für die Entscheidungen zugunsten von **H** bzw. **K** kurz $a_\mathbf{H}$ bzw. $a_\mathbf{K}$ schreiben; wegen spezieller Entscheidungsfunktionen vgl. die Beispiele 1.1–3.

Es wird sich zeigen, daß die mathematische Behandlung von Schätz- und Testproblemen in mancher Hinsicht verschieden ist. Dieses liegt nicht nur an der Verschiedenartigkeit der

---

[1]) Zu diesen Gebieten vgl. etwa die Bücher von O. Krafft: Lineare Statistische Modelle und Optimale Versuchspläne, Göttingen, 1978, bzw. C.M. Cassel, C.E. Särndal, J.H. Wretman: Foundations of Inference in Survey Sampling, New York, 1977.

Entscheidungsräume, sondern auch daran, daß Fehlentscheidungen unterschiedliche Konsequenzen haben und demgemäß unterschiedlich bewertet werden. Man wird deshalb bei jedem Entscheidungsproblem versuchen, die Konsequenzen einer Fehlentscheidung zahlenmäßig zu bewerten. Allerdings können hierbei nur solche Schäden berücksichtigt werden, die ihrer Natur nach quantitativ erfaßbar sind.

Definition 1.11 *Zugrunde liege ein statistisches Entscheidungsproblem mit Verteilungsannahme*[1]) $\mathfrak{P} = \{P_\vartheta : \vartheta \in \Theta\}$ *und Entscheidungsraum* $(\Delta, \mathfrak{A}_\Delta)$. *Dann versteht man unter der* Verlustfunktion Λ *eine Funktion* $\Lambda: \Theta \times \Delta \to [0, \infty)$, *die für jedes* $\vartheta \in \Theta$ *eine* $\mathfrak{A}_\Delta$*-meßbare Funktion von a ist. Dabei bezeichnet* $\Lambda(\vartheta, a)$ *den Verlust, den man bei Treffen der Entscheidung a und Vorliegen der Verteilung* P_ϑ *erleidet.*

Wir nehmen hier überdies $\Lambda(\vartheta, a) = 0$ an, falls a eine für den Parameterwert ϑ richtige Entscheidung ist[2]). Die stärkere Forderung, daß $\Lambda(\vartheta, a) = 0$ genau dann gilt, falls a eine für den Parameterwert ϑ richtige Entscheidung ist, werden wir hier nicht stellen, um die Neyman-Pearson-Formulierung des Testproblems, vgl. Definitionen 1.56–1.60, als Spezialfall unserer Überlegungen auffassen zu können. $\Lambda(\vartheta, a)$ „mißt" also die Abweichung der richtigen von der tatsächlich getroffenen Entscheidung. Die Bestimmung einer die realen Verhältnisse wiedergebenden Verlustfunktion ist außerordentlich schwierig, da die Konsequenzen einer Fehlentscheidung von sehr vielfältiger und schwer zu übersehender Natur sind. So ist man meist gezwungen, mit gewissen Approximationen zu arbeiten. Diese wird man nach Möglichkeit so wählen, daß sie sich analytisch leicht handhaben lassen.

Schätzen von $\gamma(\vartheta) \in \mathbb{R}$: Typischerweise wird ein kleiner Fehler bei einer Fehlentscheidung nur geringen Schaden anrichten; ein großer Fehler dagegen kann zu einem erheblich größeren Verlust führen. Setzt man die Abbildung $\Lambda(\vartheta, \cdot): \Gamma \to [0, \infty)$ für jedes $\vartheta \in \Theta$ als zweimal stetig differenzierbar voraus, so gilt wegen $\Lambda(\vartheta, \gamma(\vartheta)) = 0$ und $\Lambda(\vartheta, a) \geqslant 0$ $\forall a \in \Delta$ zunächst einmal[3]) $\partial\Lambda(\vartheta, \gamma(\vartheta)) = 0$ und damit für $a \approx \gamma(\vartheta)$ die Taylor-Approximation

$$\Lambda(\vartheta, a) \approx H(\vartheta)(a - \gamma(\vartheta))^2, \qquad H(\vartheta) := \frac{1}{2}\partial^2\Lambda(\vartheta, \gamma(\vartheta)) \geqslant 0. \tag{1.1.11}$$

Deshalb benutzt man vielfach die (einfachere) *Gauß-Verlustfunktion*

$$\Lambda(\vartheta, a) = (a - \gamma(\vartheta))^2, \tag{1.1.12}$$

---

[1]) Die Annahme einer parametrisierten Klasse stellt hier wie bei entsprechenden späteren Definitionen keine Einschränkung dar; man setze etwa $\vartheta = P$ und $\Theta = \mathfrak{P}$. Wir werden deshalb z.B. auch für die mit ein und derselben beschränkten Funktion $\varphi: (\mathfrak{X}, \mathfrak{B}) \to (\mathbb{R}, \mathbb{B})$ auf Θ bzw. auf $\mathfrak{P}$ definierten Funktionen $\vartheta \mapsto E_\vartheta \varphi$ bzw. $P \mapsto E_P \varphi$ das gleiche Symbol und die gleiche Bezeichnung verwenden.

[2]) Zumindest für die drei vornehmlich behandelten Probleme des Punkt- und Bereichsschätzens sowie des Testens ist klar, ob eine Entscheidung $a \in \Delta$ bei Zugrundeliegen einer Verteilung P_ϑ richtig oder falsch ist.

[3]) $\partial\Lambda(\vartheta, a)$ bezeichne hier die Ableitung der Funktion $\Lambda(\vartheta, \cdot)$ an der Stelle a.

die ein (quadratisches) Anwachsen des Verlustes mit dem Fehler wiedergibt. Viele Aussagen der Schätztheorie lassen sich allgemeiner für Verlustfunktionen beweisen, die für jedes $\vartheta \in \Theta$ konvexe Funktionen von $a - \gamma(\vartheta)$ sind.

Bereichsschätzer von $\gamma(\vartheta)$: Hier liegt es nahe, den Verlust bei der Entscheidung $A \subset \Gamma$ anzusetzen gemäß [1])

$$\Lambda(\vartheta, A) = 0 \quad \text{für } \gamma(\vartheta) \in A, \qquad \Lambda(\vartheta, A) = 1 \quad \text{für } \gamma(\vartheta) \notin A. \tag{1.1.13}$$

Bei dieser Wahl besteht offenbar ein direkter Zusammenhang zum Punktschätzen, wenn man dort die folgende, von (1.1.11–12) allerdings wesentlich verschiedene Wahl der Verlustfunktion trifft: Bei beliebigem, aber festem $\varepsilon > 0$ sei

$$\Lambda(\vartheta, a) = 0 \quad \text{für } |a - \gamma(\vartheta)| \leqslant \varepsilon, \qquad \Lambda(\vartheta, a) = 1 \quad \text{für } |a - \gamma(\vartheta)| > \varepsilon. \tag{1.1.14}$$

Dieselben Verluste ergeben sich nämlich bei (1.1.13) für $A = [\gamma(\vartheta) - \varepsilon, \gamma(\vartheta) + \varepsilon]$.

Test zweier Hypothesen H und K: Nimmt man der obigen Konvention entsprechend $\Lambda(\vartheta, a_{\mathbf{K}}) = 0$ für $\vartheta \in \mathbf{K}$ und $\Lambda(\vartheta, a_{\mathbf{H}}) = 0$ für $\vartheta \in \mathbf{H}$ an, so lautet die Verlustfunktion

$$\Lambda(\vartheta, a_{\mathbf{K}}) = \begin{cases} \Lambda_0(\vartheta) & \text{für } \vartheta \in \mathbf{H} \\ 0 & \text{für } \vartheta \in \mathbf{K}, \end{cases} \qquad \Lambda(\vartheta, a_{\mathbf{H}}) = \begin{cases} 0 & \text{für } \vartheta \in \mathbf{H} \\ \Lambda_1(\vartheta) & \text{für } \vartheta \in \mathbf{K}. \end{cases} \tag{1.1.15}$$

Dabei sind Λ_0, Λ_1 auf **H** bzw. **K** definierte nicht-negative Funktionen, die man als isotone Funktionen des „Abstands“ $\varrho(\vartheta, a_{\mathbf{K}})$ bzw. $\varrho(\vartheta, a_{\mathbf{H}})$ der zugrundeliegenden Verteilung P_ϑ von der jeweils falschen Hypothese ansehen kann.

Häufig ist es wenigstens näherungsweise gerechtfertigt, alle Fehlentscheidungen zugunsten von **K** bei Vorliegen von $\vartheta \in \mathbf{H}$ sowie diejenigen zugunsten von **H** bei Vorliegen von $\vartheta \in \mathbf{K}$ gleich zu bewerten, also $\Lambda_0(\vartheta) \equiv \Lambda_0$ und $\Lambda_1(\vartheta) \equiv \Lambda_1$ konstant zu setzen. Dann ergibt sich die *Neyman-Pearson-Verlustfunktion*

$$\Lambda(\vartheta, a_{\mathbf{K}}) = \begin{cases} \Lambda_0 & \text{für } \vartheta \in \mathbf{H} \\ 0 & \text{für } \vartheta \in \mathbf{K}, \end{cases} \qquad \Lambda(\vartheta, a_{\mathbf{H}}) = \begin{cases} 0 & \text{für } \vartheta \in \mathbf{H} \\ \Lambda_1 & \text{für } \vartheta \in \mathbf{K}. \end{cases} \tag{1.1.16}$$

Bei der Bewertung einer Entscheidungsfunktion e interessiert nicht so sehr die Güte bei einer einzelnen Anwendung – also der zufallsabhängige Verlust $\Lambda(\vartheta, e(x))$ bei der aufgrund der Beobachtung x getroffenen Entscheidung $e(x)$ – als vielmehr der unter den Verteilungen P_ϑ, $\vartheta \in \Theta$, erwartete Verlust

$$R(\vartheta, e) = E_\vartheta \Lambda(\vartheta, e) \doteq \int \Lambda(\vartheta, e(x))\, \mathrm{d}P_\vartheta(x). \tag{1.1.17}$$

Speziell ergibt sich bei einer Schätzfunktion g eines Wertes $\gamma(\vartheta) \in \Gamma \subset \mathbb{R}$ und der Gauß-Verlustfunktion die erwartete quadratische Abweichung

$$R(\vartheta, g) = E_\vartheta (g - \gamma(\vartheta))^2. \tag{1.1.18}$$

---

[1]) Die Wahl von $A = \Gamma$ führt also bei jedem $\vartheta \in \Theta$ zum Verlust 0. Es ist somit bei der späteren Formulierung des Entscheidungsproblems notwendig, Nebenbedingungen an die Größe von A oder an die Überdeckungs-WS von Werten $\gamma' \in \Gamma$ hinzuzunehmen, um zu einer nicht-trivialen Lösung des Entscheidungsproblems zu kommen; vgl. 2.6.

Demgegenüber ergibt sich bei einem Test d – also einer zweiwertigen Funktion, bei der die Entscheidung zugunsten von $\mathbf{K}$ über einer Menge $S \in \mathfrak{B}$ und zugunsten von $\mathbf{H}$ demgemäß über der Menge $S^c \in \mathfrak{B}$ getroffen wird – und Verwenden der Neyman-Pearson-Verlustfunktion im wesentlichen die WS für Fehlentscheidungen

$$R(\vartheta, d) = \Lambda_0 P_\vartheta(S) \quad \text{für } \vartheta \in \mathbf{H}, \qquad R(\vartheta, d) = \Lambda_1 P_\vartheta(S^c) \quad \text{für } \vartheta \in \mathbf{K}. \quad (1.1.19)$$

Verwendet man dagegen beim Bereichsschätzen eines Werts $\gamma(\vartheta)$ die Verlustfunktion (1.1.13), so ergibt sich als erwarteter Verlust die WS, daß die Teilmenge $C(x)$ den gesuchten Wert $\gamma(\vartheta)$ nicht überdeckt, also

$$R(\vartheta, C) = P_\vartheta(\{x: C(x) \not\ni \gamma(\vartheta)\}). \quad (1.1.20)$$

Das Auftreten von WS wie in (1.1.19) macht es plausibel, daß auch zwischen der Theorie der Bereichsschätzer und der Testtheorie ein enger Zusammenhang besteht. Deshalb werden wir uns zunächst nur mit Punktschätz- und Testproblemen beschäftigen und auf Bereichsschätzprobleme erst in 2.6 zurückkommen.

Da der erwartete Verlust allen Güte- und Optimalitätsbetrachtungen zugrundeliegt, ist es gerechtfertigt, für die durch (1.1.17) eingeführte Funktion eine neue Bezeichnung einzuführen.

Definition 1.12 *Zugrunde liege ein statistisches Entscheidungsproblem mit Verteilungsannahme* $\mathfrak{P} = \{P_\vartheta: \vartheta \in \Theta\}$, *Entscheidungsraum* $(\Delta, \mathfrak{A}_\Delta)$, *Verlustfunktion* $\Lambda: \Theta \times \Delta \to [0, \infty)$ *und* $\mathfrak{E}$ *als Gesamtheit aller möglichen Entscheidungsfunktionen. Dann versteht man unter der* Risikofunktion R *die durch* (1.1.17) *definierte Funktion* $R: \Theta \times \mathfrak{E} \to [0, \infty]$.

Mit der Spezifizierung der Verlustfunktion ist ein statistisches Entscheidungsproblem – bestehend aus einem statistischen Raum $(\mathfrak{X}, \mathfrak{B}, \mathfrak{P})$, einem Entscheidungsraum $(\Delta, \mathfrak{A}_\Delta)$ und einer Verlustfunktion Λ – vollständig beschrieben. Jeder Entscheidungsfunktion e wird durch die Risikofunktion R ein *Gütemaß* zugeordnet, nämlich die Funktion $R(\cdot, e)$. Dieses ist durch geeignete Wahl einer Entscheidungsfunktion $e^* \in \mathfrak{E}$ möglichst klein zu halten. Auf die hierbei mit der Abhängigkeit von ϑ verbundenen Schwierigkeiten und die Möglichkeiten zu ihrer Überwindung werden wir in 1.2.5 zurückkommen.

Üblicherweise verwendet man beim Schätzen eines Werts $\gamma(\vartheta) \in \mathbb{R}$ bzw. beim Testen zweier Hypothesen die Gauß- bzw. Neyman-Pearson-Verlustfunktion, so daß also die Güte einer Schätz- bzw. Testfunktion durch die erwartete quadratische Abweichung (1.1.18) bzw. durch die WS von Fehlentscheidungen gemäß (1.1.19) bewertet wird. Bevor wir uns in 1.2 mit einigen Grundbegriffen der so präzisierten Schätz- bzw. Testtheorie vertraut machen, soll noch eine wichtige Sprechweise eingeführt werden.

Wie auch die Beispiele 1.1–3 bereits gezeigt haben, wird man bei jedem statistischen Entscheidungsproblem die Beobachtung x zum Wert $T(x)$ einer geeigneten Funktion T zusammenfassen. Demgemäß haben (meßbare) Abbildungen T des Stichprobenraums $(\mathfrak{X}, \mathfrak{B})$ in einen (meßbaren) Raum [1] $(\mathfrak{T}, \mathfrak{D})$, zumeist ein $(\mathbb{R}^k, \mathbb{B}^k)$, eine zentrale Bedeutung.

---

[1]) Ist T reell- oder vektorwertig, so benutzen wir über $\mathfrak{T}$ als σ-Algebra $\mathfrak{D} = \mathfrak{T}\mathbb{B}$ bzw. $\mathfrak{D} = \mathfrak{T}\mathbb{B}^k$. Allgemein bietet sich (bei vorgegebenem T) die größte σ-Algebra über $\mathfrak{T} = T(\mathfrak{X})$ an, bezüglich der T eine meßbare Abbildung von $(\mathfrak{X}, \mathfrak{B})$ in $(\mathfrak{T}, \mathfrak{D})$ ist, also $\mathfrak{D} = \mathfrak{B}_T^{\mathfrak{T}} := \{D: D \subset \mathfrak{T}, T^{-1}(D) \in \mathfrak{B}\}$.

Derartige Abbildungen heißen deshalb auch [1]) *Statistiken.* Mit X ist dann $T(X) := T \circ X$ wieder eine ZG und zwar mit der Verteilung $\mathbb{P}_\vartheta^{T(X)} = P_\vartheta^T$, also dem Bildmaß von P_ϑ unter T gemäß

$$P_\vartheta^T(D) := P_\vartheta(T^{-1}(D)), \quad D \in \mathfrak{D}. \tag{1.1.21}$$

Da wir stets von dem Raum $(\mathfrak{X}, \mathfrak{B})$ bzw. der Verteilung P_ϑ ausgehen, schreiben wir für eine ZG $T(X)$ häufig auch kurz T, für deren Verteilung, EW, ... kurz $\mathfrak{L}_\vartheta(T)$, $E_\vartheta T$, ... und für die Gesamtheit der durch $T(X)$ über dem Wertebereich $(\mathfrak{T}, \mathfrak{D})$ induzierten Verteilungen $\mathfrak{P}^T = \{P_\vartheta^T : \vartheta \in \Theta\}$.

Beispiel 1.13 In Beispiel 1.5a sind $X_1, \ldots, X_n$ st.u. ZG mit der gleichen $\mathfrak{B}(1, \pi)$-Verteilung, $\vartheta = \pi \in [0,1]$. Wegen der st. Unabhängigkeit wird es nur auf die Gesamtzahl der Erfolge $T(x) = \sum x_j$ ankommen, nicht aber auf deren Reihenfolge. Für $T(X) = \sum X_j$ gilt dann bekanntlich $\mathfrak{L}_\vartheta(T) = \mathfrak{B}(n, \pi)$ mit

$$E_\vartheta T = n\pi, \qquad Var_\vartheta T = n\pi(1-\pi). \tag{1.1.22}$$

$\mathfrak{P}^T$ ist die Klasse aller $\mathfrak{B}(n, \pi)$-Verteilungen, $\pi \in [0,1]$. Analog gibt es in Beispiel 1.5b $\binom{n}{t}$ Punkte $x = (x_1, \ldots, x_n)$ mit $\sum x_j = t$. Bezeichnet $T(x) = \sum x_j$ die Gesamtzahl defekter Exemplare in der Stichprobe $x = (x_1, \ldots, x_n)$, so gilt hier also mit $t := T(x)$ für $\max\{0, M-N+n\} \leqslant t \leqslant \min\{M, n\}$

$$\mathbb{P}_\vartheta(T(X) = t) = \binom{n}{t} \mathbb{P}_\vartheta(X = x) = \frac{\binom{M}{t}\binom{N-M}{n-t}}{\binom{N}{n}}, \qquad \vartheta = M.$$

$T(X) = \sum X_j$ genügt somit einer hypergeometrischen Verteilung $\mathfrak{L}_\vartheta(T) = \mathfrak{H}(N, M, n)$, $M \in \{0, 1, \ldots, N\}$, und es gilt

$$E_\vartheta T = n\frac{M}{N}, \qquad Var_\vartheta T = n\frac{M}{N}\left(1 - \frac{M}{N}\right)\frac{N-n}{N-1}. \tag{1.1.23}$$

Im Vergleich zum Binomialmodell mit $\pi = M/N$ hat also T im hypergeometrischen Modell denselben EW, aber dem Faktor $(N-n)/(N-1)$ entsprechend eine kleinere Varianz. In dieser Verringerung spiegelt sich wider, daß das hypergeometrische Modell „Ziehen ohne Zurücklegen" informativer ist als das Binomialmodell „Ziehen mit Zurücklegen". □

Von besonderem Interesse sind solche Statistiken T, bei denen $T(x)$ die gesamte – oder zumindest die für das betreffende Problem relevante – in x enthaltene Information über die zugrundeliegende Verteilung P_ϑ enthält. In jedem dieser beiden Fälle wird man sich auf Entscheidungsfunktionen beschränken, die von x nur über $T(x)$ abhängen. Allgemein spricht man von einer *Datenreduktion* oder genauer von einer *Reduktion auf eine Statistik T*, wenn man sich auf Entscheidungsfunktionen e beschränkt, die über einer (vorgegebenen) Statistik T *meßbar faktorisieren*, für die also gilt $e = h \circ T$ mit geeignetem $h: (\mathfrak{T}, \mathfrak{D}) \to (\Delta, \mathfrak{A}_\Delta)$. Im folgenden sind beide soeben angesprochenen Reduktionen von

[1]) Der Einfachheit halber bezeichnen wir auf $\mathfrak{X}$ definierte Funktionen T gelegentlich kurz mit $T(x)$ und sprechen dann auch bei der durch $T(x) = \sum x_j$ definierten Statistik T kurz von der Statistik $T(x) = \sum x_j$.

Interesse. Zum einen wird man generell bestrebt sein, ein Problem soweit zu reduzieren, wie es ohne Verlust an Information möglich ist. Eine solche Situation liegt etwa in Beispiel 1.13 vor. Allgemein ist dies sicher dann der Fall, wenn es zu jeder Entscheidungsfunktion $e \in \mathfrak{E}$ eine über T meßbar faktorisierende Entscheidungsfunktion $\tilde{e} \in \mathfrak{E}$ gibt mit $R(\cdot, e) = R(\cdot, \tilde{e})$. Dann ist nämlich bereits die Kenntnis von $T(x)$ „hinreichend" dafür, die statistische Entscheidung genauso gut wie aufgrund der vollständigen Kenntnis von x durchführen zu können („Reduktion durch Suffizienz"; vgl. 3.1). In einem solchen Fall wird damit also die Gesamtheit aller Risikofunktionen nicht (wesentlich) verkleinert.

Vielfach interessieren jedoch gerade Datenreduktionen mit einem gewissen, für die spezielle Fragestellung aber nicht relevanten Informationsverlust über den zugrundeliegenden Parameter ϑ, um die Gesamtheit der Risikofunktionen geeignet zu verkleinern. Ist etwa ein statistisches Problem in einem noch geeignet zu präzisierenden Sinne „invariant" gegenüber gewissen Transformationen, so liegt es nahe, sich auf „invariante" Entscheidungsfunktionen zu beschränken. Als solche werden sich diejenigen erweisen, die über einer geeignet zu definierenden „maximalinvarianten" Statistik T meßbar faktorisieren („Reduktion durch Invarianz"; vgl. 3.5).

Beispiel 1.14 $X_1, \ldots, X_n$ seien st. u. ZG mit derselben eindimensionalen Verteilung F_ϑ.

a) (Fehlertheorie; vgl. Beispiel 1.7) Sei $F_\vartheta = \mathfrak{N}(\mu, \sigma^2)$, $\vartheta = (\mu, \sigma^2) \in \mathbb{R} \times (0, \infty)$. Für diesen Fall wird in 3.1 gezeigt, daß es ohne Informationsverlust möglich ist, sich auf die zweidimensionale Statistik $T(x) = (\bar{x}, \hat{\sigma}^2(x))$, zu beschränken. Dabei bezeichnet $\bar{x}$ das *Stichprobenmittel* und $\hat{\sigma}^2(x) := \sum(x_j - \bar{x})^2/(n-1)$ die *Stichprobenstreuung*. Mit der Restriktion auf die Klasse aller über T faktorisierenden Entscheidungsfunktionen ist also keine Reduktion im Parameterraum und damit keine Verkleinerung der Gesamtheit aller Risikofunktionen verbunden. Dieses zeigt sich auch darin, daß die Verteilung von $T(X)$ weiterhin von μ und σ^2 echt abhängt. Wie sich in Korollar 1.44 zeigen wird, sind nämlich $\bar{X}$ und $\hat{\sigma}^2(X)$ st. u. und es gilt

$$\mathfrak{L}_\vartheta(\sqrt{n}(\bar{X} - \mu)/\sigma) = \mathfrak{N}(0,1) \quad \text{bzw.} \quad \mathfrak{L}_\vartheta(\sum (X_j - \bar{X})^2/\sigma^2) = \chi^2_{n-1} \qquad \forall \vartheta \in \mathbb{R} \times (0, \infty).$$

b) Unter der gleichen Verteilungsannahme wie in a) impliziert die Reduktion auf die eindimensionale Statistik $T(x) = \sqrt{n}(\bar{x} - \mu_0)/\hat{\sigma}(x)$ bei bekanntem $\mu_0 \in \mathbb{R}$ eine solche im Parameterraum und damit einen gewissen Verlust an Information über den Parameter $\vartheta = (\mu, \sigma^2)$. Wie ebenfalls in Korollar 1.44 genauer gezeigt werden wird, hängt nämlich die Verteilung von $T(X)$ nur noch von dem eindimensionalen Funktional $\gamma(\vartheta) = (\mu - \mu_0)/\sigma$ ab. Für verschiedene Fragestellungen, etwa das Testen der Hypothesen $\mathbf{H}\colon \mu \leqslant \mu_0$, $\mathbf{K}\colon \mu > \mu_0$ bei unbekanntem Nebenparameter $\sigma^2 > 0$, bleibt jedoch die „relevante Information" erhalten. Deshalb erscheint einerseits die Reduktion auf $T(x)$ gerechtfertigt; andererseits gibt es (zumindest bei den von uns betrachteten Verlustfunktionen) in der Teilmenge $\tilde{\mathfrak{E}}$ aller über T meßbar faktorisierenden Entscheidungsfunktionen im Gegensatz zu $\mathfrak{E}$ ein gleichmäßig bestes Element.

c) Sei allgemeiner[1]) $F_\vartheta(z) = F((z - \mu)/\sigma)$, $\vartheta = (\mu, \sigma^2) \in \mathbb{R} \times (0, \infty)$, d.h. es liege wie in Beispiel 1.7 ein Lokations-Skalenmodell zugrunde. Dann beruht ein klassischer Test für die Hypothesen $\mathbf{H}\colon \mu \leqslant \mu_0$, $\mathbf{K}\colon \mu > \mu_0$ auf der Prüfgröße $T(x) = \sum \operatorname{sgn}(x_j - \mu_0)$, wobei $\operatorname{sgn} 0 := 0$ und $\mu_0 \in \mathbb{R}$ bekannt

---

[1]) Für k-dimensionale VF und die ihnen gemäß A8.3 korrespondierenden WS-Maße wird häufig dasselbe Symbol verwendet.

ist. Dieser *Zeichentest* verwertet also von der Beobachtung x_j nur das Vorzeichen $\operatorname{sgn}(x_j - \mu_0)$. Mit der Reduktion von x auf $T(x)$ ist ebenfalls eine solche im Parameterraum verbunden, nämlich auf das eindimensionale Funktional $\gamma(\vartheta) = \pi := \mathbb{P}_\vartheta(X_j > \mu_0)$. Offenbar gilt $\mathfrak{L}_\vartheta(T(X)) = \mathfrak{B}(n, \pi)$. □

Aufgabe 1.1 In den Beispielen 1.5 und 1.13 wurden zur Bestimmung eines Anteils π fehlerhafter Exemplare die *direkte Stichprobenentnahme* mit und ohne Zurücklegen diskutiert. Bei der *inversen Stichprobenentnahme* mit Zurücklegen entnimmt man solange Elemente, bis die Gesamtzahl der defekten Exemplare einen vorgegebenen Wert m erreicht; sei T die hierbei beobachtete Anzahl heiler Elemente. Man zeige: T besitzt eine *negative Binomialverteilung* $\mathfrak{B}^-(m, \pi)$, d.h. für $t = 0,1, \ldots$ gilt:

$$P_\vartheta(T = t) = \binom{t+m-1}{t} \pi^m (1-\pi)^t, \quad E_\vartheta T = m(1-\pi)/\pi, \quad Var_\vartheta T = m(1-\pi)/\pi^2, \quad \vartheta = \pi \in (0,1).$$

Aufgabe 1.2 Die *Gamma-Verteilung* $\Gamma_{\varkappa,\sigma} \in \mathfrak{M}^1(\mathbb{R}, \mathbb{B})$, $\varkappa, \sigma > 0$, ist definiert durch ihre $\lambda\!\!\lambda$-Dichte

$$f_{\varkappa,\sigma}(x) = (\Gamma(\varkappa)\sigma^\varkappa)^{-1} x^{\varkappa-1} e^{-x/\sigma} \mathbb{1}_{(0,\infty)}(x), \qquad \Gamma(\varkappa) := \int_0^\infty x^{\varkappa-1} e^{-x} dx.$$

Man zeige:

a) Für $\mathfrak{L}_{\varkappa,\sigma}(X) = \Gamma_{\varkappa,\sigma}$ gilt: $E_{\varkappa,\sigma} X = \varkappa\sigma$, $Var_{\varkappa,\sigma} X = \varkappa\sigma^2$ und $E_{\varkappa,\sigma} X^k = \sigma^k \Gamma(\varkappa + k)/\Gamma(\varkappa)$ für $k > -\varkappa$.

b) Für $\varkappa = n/2$, $\sigma = 2$ bzw. $\varkappa = 1$, $\sigma = 1/\lambda$ erhält man eine χ^2_n- bzw. $\mathfrak{G}(\lambda)$-Verteilung. Ist X Weibull $(\mu, \lambda, \varkappa)$-verteilt, so genügt $[\lambda(X - \mu)]^\varkappa$ einer $\mathfrak{G}(1)$-Verteilung.

c) Die charakteristische Funktion von $\Gamma_{\varkappa,\sigma}$ ist $\varphi_{\varkappa,\sigma}(t) = (1 - i\sigma t)^{-\varkappa}$. Ist X_j eine $\Gamma_{\varkappa_j,\sigma}$-verteilte ZG, $j = 1, \ldots, n$, so folgt $\sum X_j$ einer $\Gamma_{\sum \varkappa_j,\sigma}$-Verteilung.

Aufgabe 1.3 Sei X eine reellwertige ZG mit $\mathbb{P}(X > s + t \mid X > t) = \mathbb{P}(X > s)$ $\forall s, t > 0$ und $\mathbb{P}(X > t) > 0$ $\exists t > 0$. Man zeige: X ist $\mathfrak{G}(\lambda)$-verteilt für ein $\lambda > 0$.

Aufgabe 1.4 Sei $(\mathfrak{X}, \mathfrak{B})$ ein meßbarer Raum, T: $\mathfrak{X} \to \mathfrak{T}$ eine Abbildung und $\mathfrak{B}^{\mathfrak{T}}_T := \{D \subset \mathfrak{T}: T^{-1}(D) \in \mathfrak{B}\}$ die größte σ-Algebra, bzgl. der T meßbar ist. Man zeige: Es gilt $T^{-1}(\mathfrak{B}^{\mathfrak{T}}_T) = \mathfrak{B}$, falls $\{x\} \in T^{-1}(\mathfrak{B}^{\mathfrak{T}}_T)$ $\forall x \in \mathfrak{X}$. (Eine echte Teil-$\sigma$-Algebra von $\mathfrak{B}$, die alle einelementigen Mengen enthält, kann also nicht auf diese Weise durch eine Abbildung induziert werden.)

1.2 Schätz- und Testprobleme

Im Vordergrund werden später nicht so sehr Ergebnisse einer allgemeinen statistischen Entscheidungstheorie stehen als vielmehr Aussagen über die drei für die Anwendungen wichtigsten Teilgebiete der Mathematischen Statistik, nämlich die Theorie der Punktschätzer, diejenige der Bereichsschätzer sowie die Testtheorie. Wie in 1.1.3 erwähnt, lassen sich diese drei Fragestellungen formal nicht strikt gegeneinander abgrenzen; speziell läßt sich die Theorie der Bereichsschätzer – wie in 2.6 gezeigt werden wird – bei Zugrundelegen der üblichen Verlustfunktion auf die Testtheorie zurückführen. Demgemäß sollen in 1.2.2–4 die Behandlung des Punktschätzens eines Parameters bzw. des Testens zweier Hypothesen durch die Diskussion mehrerer Beispiele sowie die Einführung einiger Grundbegriffe vorbereitet werden. Im Fall des Testens wird sogleich die aus methodischen Gründen erforderliche Verallgemeinerung auf randomisierte Testfunktionen vorgenommen. Um auch andere statistische Fragestellungen behandeln und einige allgemein gültige Aussagen beweisen zu können, werden in 1.2.5 noch beliebige Entscheidungsprobleme formuliert und demgemäß allgemeine Entscheidungskerne eingeführt. Zugleich werden dort die Gesichtspunkte herausgearbeitet, die bei der Auszeichnung optimaler Entscheidungsverfahren eine Rolle spielen. Zunächst soll der häufig benötigte Begriff eines Quantils einer eindimensionalen Verteilung in 1.2.1 eingeführt werden.

1.2.1 Quantilfunktion

Eine eindimensionale Verteilung P läßt sich nicht nur durch ihre VF F charakterisieren. Eine Beschreibung ist auch dadurch möglich, daß man für jeden Wert $y \in (0,1)$ – oder zumindest für die Werte y einer abzählbar dichten Teilmenge – die Stelle $\gamma_y = \gamma_y(F)$ angibt, welche die Gesamt-WS 1 aufteilt in einen Anteil y unterhalb und einen Anteil $1-y$ oberhalb dieser Stelle. Ist etwa F stetig und strikt isoton mit Umkehrabbildung F^{-1}, so ist $\gamma_y(F)$ eindeutig bestimmt und zwar zu $F^{-1}(y)$; vgl. Abb. 1. Ist jedoch F nicht stetig oder nicht strikt isoton, so braucht eine derartige Stelle $\gamma_y(F)$ weder zu existieren noch eindeutig bestimmt zu sein; vgl. Abb. 2. Ein möglicher Ersatz besteht dann in der Angabe eines *y-Quantils*, d.h. einer Stelle $\gamma_y = \gamma_y(F)$ mit der Eigenschaft

$$\mathbb{P}(X \leqslant \gamma_y) \geqslant y, \qquad \mathbb{P}(X \geqslant \gamma_y) \geqslant 1-y; \tag{1.2.1}$$

dabei bezeichnet X eine gemäß F verteilte ZG. Eine solche Stelle existiert stets, ist aber nicht eindeutig bestimmt. Deshalb betrachtet man z.B. die kleinste dieser Stellen, wegen $\mathbb{P}(X \leqslant x) = F(x)$ also

$$F^{-1}(y) := \inf\{x\colon F(x) \geqslant y\} = \sup\{x\colon F(x) < y\} \qquad \forall y \in (0,1). \tag{1.2.2}$$

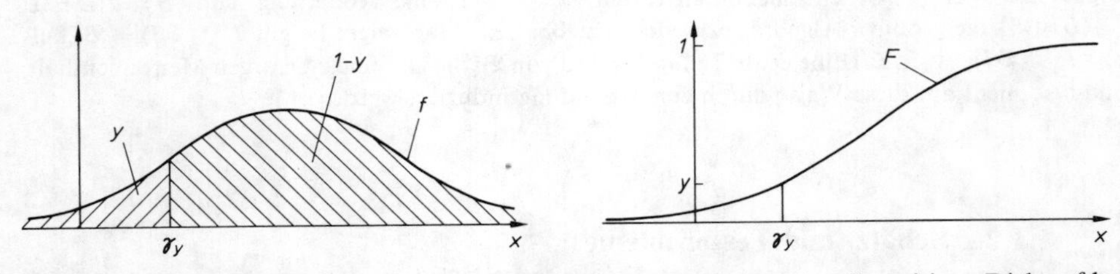

Abb. 1 Zur Definition eines y-Quantils $\gamma_y(F)$ bei Vorliegen einer überall positiven Dichte f bzw. einer stetigen und strikt isotonen VF F.

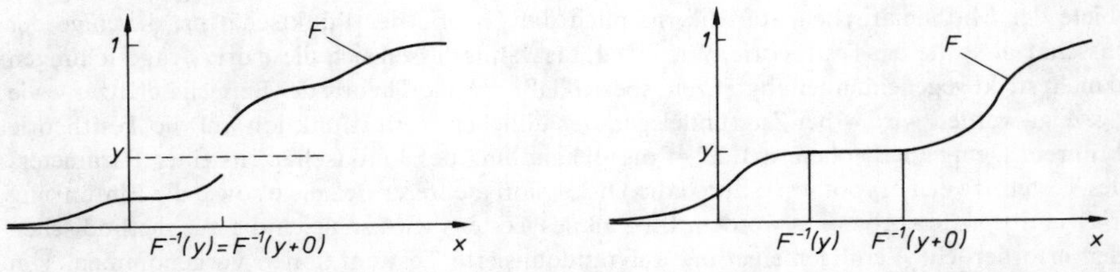

Abb. 2 Zur Definition von $F^{-1}(y)$ bei Vorliegen von Sprungstellen ($y \notin F(\mathfrak{X})$) bzw. Konstanzbereichen ($F^{-1}(y) < F^{-1}(y+0)$).

Eine andere Möglichkeit wäre die Angabe der größten dieser Stellen, wegen $\mathbb{P}(X \geqslant x) = 1 - F(x-0)$ und $\sup\{x\colon F(x-0) \leqslant y\} = \sup\{x\colon F(x) \leqslant y\}$ also

$$\tilde{F}^{-1}(y) := \inf\{x\colon F(x) > y\} = \sup\{x\colon F(x) \leqslant y\} \qquad \forall y \in (0,1). \tag{1.2.3}$$

Der folgende Hilfssatz besagt, daß die linksseitige bzw. rechtsseitige Stetigkeit der Funktionen F^{-1} bzw. $\tilde{F}^{-1}$ nur von der Isotonie von F und der speziellen Definitionsvorschrift (1.2.2) bzw. (1.2.3) abhängt. Irrelevant dagegen ist, ob F gemäß A8.0 durch $F(x) := \mathbb{P}(X \leqslant x)$, $x \in \mathbb{R}$, als rechtsseitig stetige Funktion oder – wie gelegentlich in der Literatur – gemäß $F(x) := \mathbb{P}(X < x)$, $x \in \mathbb{R}$, als linksseitig stetige Funktion gewählt wurde. Die Aussage gilt also auch, wenn an den Sprungstellen der Funktionswert von F gleich einer beliebigen Konvexkombination der rechtsseitigen und linksseitigen Limiten wäre.

Hilfssatz 1.15 $F\colon \mathbb{R} \to [0,1]$ *sei eine isotone Funktion mit* $\lim_{x \to -\infty} F(x) = 0$ *und* $\lim_{x \to +\infty} F(x) = 1$. *Dann gilt:*

a) *Die durch* (1.2.2) *definierte Funktion* F^{-1} *ist isoton und linksseitig stetig.*

b) *Die durch* (1.2.3) *definierte Funktion* $\tilde{F}^{-1}$ *ist isoton und rechtsseitig stetig.*

c) $$\tilde{F}^{-1}(y) = F^{-1}(y+0) \qquad \forall y \in (0,1). \tag{1.2.4}$$

d) $$F^{-1}(y) = \tilde{F}^{-1}(y-0) \qquad \forall y \in (0,1). \tag{1.2.5}$$

Beweis: a) Aus der Isotonie von F folgt unmittelbar diejenige von F^{-1}.

Zum Nachweis der linksseitigen Stetigkeit von F^{-1} seien $y_n \in (0,1)$ für $n \in \mathbb{N}_0$ mit $y_n \uparrow y_0$ und $x_n := F^{-1}(y_n)$. Dann folgt aus der Isotonie von F^{-1} zunächst $x_n \uparrow \lim x_n =: \tilde{x} \leqslant x_0$ sowie aus (1.2.2)

$$F(x_n - \varepsilon) < y_n \leqslant F(x_n + \varepsilon) \qquad \forall \varepsilon > 0 \qquad \forall n \in \mathbb{N}_0. \tag{1.2.6}$$

Wäre nun $\tilde{x} < x_0$, so würde für $\varepsilon \in (0, (x_0 - \tilde{x})/2)$ wegen $x_n + \varepsilon \leqslant \tilde{x} + \varepsilon < x_0 - \varepsilon$ gelten

$$y_n \leqslant F(x_n + \varepsilon) \leqslant F(x_0 - \varepsilon) < y_0.$$

Dies führt zum Widerspruch gemäß $y_0 = \lim y_n \leqslant F(x_0 - \varepsilon) < y_0$. Also gilt $x_n \uparrow x_0$, d.h. $F^{-1}(y_n) \uparrow F^{-1}(y_0)$ für $y_n \uparrow y_0$. b) folgt analog.

c) Zum Nachweis von $\tilde{F}^{-1}(y) = \lim_{h \downarrow 0} F^{-1}(y+h)$ erhält man aus (1.2.2–3) zunächst

$$F^{-1}(y+h) = \inf\{x\colon F(x) \geqslant y+h\} \geqslant \inf\{x\colon F(x) > y\} = \tilde{F}^{-1}(y), \qquad h > 0.$$

Sei $\varepsilon > 0$. Dann ist wegen (1.2.3) $F(\tilde{F}^{-1}(y) + \varepsilon)$ echt größer als y. Mit $h := F(\tilde{F}^{-1}(y) + \varepsilon) - y > 0$ gilt also $F(\tilde{F}^{-1}(y) + \varepsilon) = y + h$ und wegen (1.2.2) auch $\tilde{F}^{-1}(y) + \varepsilon \geqslant F^{-1}(y+h)$. d) beweist man analog. □

Offenbar reicht es wegen (1.2.4) bzw. (1.2.5) eine der beiden Funktionen zu betrachten, etwa F^{-1}. Darüberhinaus ist es zweckmäßig, die Definition von F^{-1} auf die Argumente $y = 0$ und $y = 1$ auszudehnen und zwar derart, daß $[F^{-1}(0), F^{-1}(1)]$ das kleinste abgeschlossene Intervall $I \subset \bar{\mathbb{R}}$ ist mit $P(I) = 1$.

Definition 1.16 *Bezeichnet F die Verteilungsfunktion einer eindimensionalen Verteilung $P \in \mathfrak{M}^1(\mathbb{R}, \mathbb{B})$, so heißt die durch $F^{-1}: [0,1] \to \overline{\mathbb{R}}$,*

$$F^{-1}(y) := \begin{cases} \sup\{x: F(x) = 0\} & \textit{für } y = 0 \\ \inf\{x: F(x) \geqslant y\} & \textit{für } y \in (0,1) \\ \inf\{x: F(x) = 1\} & \textit{für } y = 1, \end{cases}$$

definierte Funktion Quantilfunktion, Pseudoinverse *oder auch* verallgemeinerte Inverse von F.

Bevor wir auf die statistische Bedeutung der y-Quantile $\gamma_y(F)$ zurückkommen, soll in zwei Hilfssätzen noch der enge Zusammenhang diskutiert werden, der zwischen F und F^{-1} besteht. Der erste verallgemeinert die für stetige und streng isotone F gültige Beziehung

$$F^{-1}(y) = x \Leftrightarrow F(x) = y. \tag{1.2.7}$$

Dabei besagt (1.2.8), daß F durch die Quantilfunktion F^{-1} bestimmt ist. Alle Aussagen zusammen rechtfertigen es, $y \mapsto F^{-1}(y)$ als verallgemeinerte Umkehrabbildung von $x \mapsto F(x)$ zu bezeichnen. Entsprechende Aussagen gelten für $y \mapsto \tilde{F}^{-1}(y)$.

Hilfssatz 1.17 *F sei eine eindimensionale* VF *und F^{-1} die in Definition* 1.16 *eingeführte Quantilfunktion. Dann gilt:*

$$\begin{array}{lll} \text{a)} & F(x) \geqslant y \Leftrightarrow x \geqslant F^{-1}(y) & \forall y \in [0,1] \quad \forall x \in \mathbb{R} \\ \text{b)} & F(x-0) \leqslant y \Leftrightarrow x \leqslant F^{-1}(y+0) & \forall y \in (0,1) \quad \forall x \in \mathbb{R} \\ \text{c)} & F(x) = \sup\{y \in [0,1]: F^{-1}(y) \leqslant x\} & \forall x \in \mathbb{R} \\ \text{d)} & F(x-0) = \inf\{y \in (0,1): F^{-1}(y+0) \geqslant x\} & \forall x < F^{-1}(1) \\ \text{e)} & F(F^{-1}(y)-0) \leqslant y \leqslant F(F^{-1}(y)) & \forall y \in [0,1] \\ \text{f)} & F^{-1}(F(x)) \leqslant x \leqslant F^{-1}(F(x)+0) & \forall x \in \mathbb{R}. \end{array} \tag{1.2.8}$$

Beweis: Seien $y \in (0,1)$ und $x \in \mathbb{R}$; die Randpunkte sind gesondert zu betrachten.
a) ergibt sich aus (1.2.2), b) dann gemäß

$$F(x-0) \leqslant y \Leftrightarrow F(x-\varepsilon) < y+\varepsilon \quad \forall \varepsilon > 0 \Leftrightarrow x-\varepsilon < F^{-1}(y+\varepsilon) \quad \forall \varepsilon > 0 \Leftrightarrow x \leqslant F^{-1}(y+0).$$

c) folgt aus a), d) aus b), sowie e) und f) aus a) und b). □

Aus (1.2.2–3) folgt auch, daß die Unstetigkeitsstellen von F und F^{-1} eng mit den „Konstanzwerten" von F^{-1} bzw. F verknüpft sind; vgl. Abb. 2. Hierzu sei

$$D(F) := \{x \in \mathbb{R}: F \text{ unstetig in } x\},$$

$$K(F) := \{y \in \mathbb{R}: \exists x_1 \neq x_2: F(x_1) = y = F(x_2)\}.$$

Wegen der Isotonie von F gilt: $x \in D(F)$ ist äquivalent zu $F(x-0) < F(x+0)$, d.h. x ist eine Sprungstelle von F; $y \in K(F)$ besagt, daß $I(y) := F^{-1}(\{y\})$ ein nicht-entartetes Intervall ist und zwar mit $F(x) = y \quad \forall x \in I(y)$.

Hilfssatz 1.18 *F sei eine eindimensionale* VF *und F^{-1} ihre Quantilfunktion. Dann gilt:*
a) *F^{-1} ist genau dann im Punkt $y \in (0,1)$ unstetig, wenn es ein nicht-ausgeartetes Intervall $[x, x+h)$ gibt mit $F(x) = F(x+h-0) = y$. Dabei gilt $h = F^{-1}(y+0) - F^{-1}(y-0)$, falls $[x, x+h)$ das größte Intervall ist. Speziell folgt*

$$y \in D(F^{-1}) \quad \Leftrightarrow \quad y \in K(F). \tag{1.2.9}$$

b) *F ist genau dann im Punkt $x \in \mathfrak{X}$ unstetig, wenn es ein nicht-ausgeartetes Intervall $(y-h, y]$ gibt mit $F^{-1}(y-h+0) = F^{-1}(y) = x$. Dabei gilt $h = F(x+0) - F(x-0)$, falls $(y-h, y]$ das größte derartige Intervall ist. Speziell folgt*

$$x \in D(F) \quad \Leftrightarrow \quad x \in K(F^{-1}). \tag{1.2.10}$$

Beweis: a) Nach Hilfssatz 1.17 und (1.2.2) ist $F^{-1}(y+0) = F^{-1}(y) + h$ bei $h > 0$ äquivalent mit

$$\sup\{x \in \mathbb{R}: F(x-0) \leqslant y\} = \inf\{x \in \mathbb{R}: F(x) \geqslant y\} + h;$$

dieses wiederum gilt genau dann, wenn es ein $x \in \mathbb{R}$ gibt mit $F(x+h-0) \leqslant y \leqslant F(x)$ oder wegen der Isotonie von F mit $F(x) = F(x+h-0) = y$. b) folgt analog. □

Anmerkung Die Aussagen von Hilfssatz 1.18 bleiben richtig, wenn man F und F^{-1} an ihren Sprungstellen unter Erhaltung der Isotonie abändert.

Beispiel 1.19 Zu einer diskreten Verteilung über $\mathbb{R}$ mit dem endlichen Träger $\{v_1, \ldots, v_n\}$ und den zugehörigen WS $\{p_1, \ldots, p_n\}$ lautet die VF

$$F(x) = \sum_{i=1}^{n} p_i \, \mathbb{1}_{[v_i, \infty)}(x), \qquad x \in \mathbb{R}.$$

Dies ist eine Sprungfunktion mit den Sprunghöhen p_i an den Stellen v_i, $i = 1, \ldots, n$. Demgemäß ist auch die Quantilfunktion

$$F^{-1}(y) = \begin{cases} v_1 & \text{für } y = 0, \\ \sum_{i=1}^{n} v_i \, \mathbb{1}_{(q_{i-1}, q_i]}(y) & \text{für } y > 0, \end{cases} \qquad q_i := \sum_{j \leqslant i} p_j, \quad q_0 := 0,$$

eine Sprungfunktion und zwar mit Sprüngen der Höhen $v_{i+1} - v_i$ an den Stellen q_i, $i = 1, \ldots, n-1$. Dabei sei o.E. $v_1 < \ldots < v_n$. Insbesondere ist $F^{-1}(y)$ stets einer der Werte $v_1, \ldots, v_n$, nämlich $F^{-1}(y) = v_i$, falls $q_{i-1} < y \leqslant q_i$.
Entsprechend lautet die durch (1.2.3) definierte Umkehrabbildung

$$\tilde{F}^{-1}(y) = \begin{cases} \sum_{i=1}^{n} v_i \, \mathbb{1}_{[q_{i-1}, q_i)}(y) & \text{für } y < 1, \\ v_n & \text{für } y = 1, \end{cases} \qquad q_i := \sum_{j \leqslant i} p_j, \quad q_0 := 0.$$

Es gilt also $F^{-1}(y) = \tilde{F}^{-1}(y)$ für alle Stetigkeitsstellen y von F^{-1} bzw. $\tilde{F}^{-1}$; an den Sprungstellen ist F^{-1} linksseitig, $\tilde{F}^{-1}$ rechtsseitig stetig. Andere Fixierungen ergeben sich durch Abänderungen an den Sprungstellen. □

Wie aus der Motivierung und Diskussion der Funktionen $y \mapsto F^{-1}(y)$ und $y \mapsto \tilde{F}^{-1}(y)$ bereits hervorgeht, gibt es für jedes $y \in (0,1)$ stets ein y-Quantil von F, d.h. einen Wert $\gamma_y = \gamma_y(F)$ mit (1.2.1) oder äquivalent mit

$$F(\gamma_y - 0) \leqslant y \leqslant F(\gamma_y). \tag{1.2.11}$$

Offenbar sind $F^{-1}(y)$ und $\tilde{F}^{-1}(y)$ spezielle y-Quantile: Hilfssatz 1.17e und die hierzu analoge Aussage für $\tilde{F}^{-1}(y) = F^{-1}(y+0)$ besagen gerade

$$F(F^{-1}(y) - 0) \leqslant y \leqslant F(F^{-1}(y)),$$
$$F(F^{-1}(y+0) - 0) \leqslant y \leqslant F(F^{-1}(y+0)).$$

Dabei sind $F^{-1}(y)$ und $F^{-1}(y+0)$ gemäß (1.2.2–3) das kleinste bzw. größte y-Quantil von F. Also ist γ_y Lösung von (1.2.11) genau dann wenn gilt

$$\gamma_y \in [F^{-1}(y), F^{-1}(y+0)]. \tag{1.2.12}$$

Somit ist das y-Quantil eindeutig bestimmt, falls $y \notin D(F^{-1})$, d.h. nach Hilfssatz 1.18, falls $y \notin K(F)$ gilt. Bei der Definition der Quantilfunktion haben wir uns auf den linken Eckpunkt des Intervalls (1.2.12) festgelegt, was für theoretische Zwecke ausreichend ist. Bei mehr praktisch orientierten Fragestellungen ist es jedoch vielfach zweckmäßiger, den Mittelpunkt des Intervalls (1.2.12) zu wählen, also als y-Quantil zu definieren

$$\gamma_y(F) = \frac{1}{2}[F^{-1}(y) + F^{-1}(y+0)], \quad y \in (0,1). \tag{1.2.13}$$

Beispiel 1.20 Für die Anwendungen von besonderem Interesse sind die y-Quantile mit $y = 1/2$ bzw. mit $y = 1/4$ und $y = 3/4$.

a) Sei $P \in \mathfrak{M}^1(\mathbb{R}, \mathbb{B})$ mit VF F. Dann heißt jeder Wert $\gamma_{1/2}(F)$ *Median der Verteilung* P (kurz: med F). Aus Symmetriegründen ist die Fixierung

$$\operatorname{med} F = \frac{1}{2}\left[F^{-1}\left(\frac{1}{2}\right) + F^{-1}\left(\frac{1}{2} + 0\right)\right] \tag{1.2.14}$$

sinnvoll; wir sprechen bei dieser kurz von *dem Median*. Ist X eine ZG mit VF F, so schreiben wir für med F auch med X. Entsprechend gilt $\operatorname{med}_\vartheta X := \operatorname{med} F_\vartheta$.

Ist P eine bzgl. $m \in \mathbb{R}$ symmetrische Verteilung, so ist med $F = m$; insbesondere ist dann der Median gleich dem Mittelwert, falls letzterer existiert und endlich ist.

b) Ist $P \in \mathfrak{M}^1(\mathbb{R}, \mathbb{B})$ mit VF F, so heißt jeder Wert $\gamma_{1/4} = \gamma_{1/4}(F)$ *erstes* und jeder Wert $\gamma_{3/4} = \gamma_{3/4}(F)$ *drittes Quartil der Verteilung* P. Auch bei diesen ist häufig eine symmetrische Fixierung sinnvoll, z.B. durch

$$\gamma_{1/4}(F) = \frac{1}{2}\left[F^{-1}\left(\frac{1}{4}\right) + F^{-1}\left(\frac{1}{4} + 0\right)\right], \quad \gamma_{3/4}(F) = \frac{1}{2}\left[F^{-1}\left(\frac{3}{4}\right) + F^{-1}\left(\frac{3}{4} + 0\right)\right]. \tag{1.2.15}$$

Andere sinnvolle Präzisierungen ergeben sich, wenn man etwa $\gamma_{1/4}(F)$ als linksseitigen und $\gamma_{3/4}(F)$ als rechtsseitigen Grenzwert (oder umgekehrt) wählt. In jedem solchen Fall heißt $\gamma_{3/4}(F) - \gamma_{1/4}(F)$ *Quartilabstand der Verteilung* P. □

Wie eingangs erwähnt eignen sich Quantile zur Beschreibung der Gestalt eindimensionaler Verteilungen. Sie können deshalb auch als Substitute der Momente (Mittelwert, Streuung, ...) angesehen werden. So kann etwa jeder Median wie der Mittelwert als Lageparameter verwendet werden. Quantile besitzen jedoch gegenüber Momenten den Vorteil, daß sie stets existieren. Z.B. läßt sich der Parameter μ einer Translationsfamilie von Cauchy-Verteilungen mit $\lambda\!\!\lambda$-Dichten $f_\vartheta(x) = \pi^{-1}[1+(x-\mu)^2]^{-1}$, $\vartheta = \mu \in \mathbb{R}$, stets als Median, nicht aber als Mittelwert interpretieren. Aber auch Skalenparameter lassen sich durch Quantile ausdrücken. So wird die „Breite" einer Verteilung nicht nur durch die Standardabweichung $\sigma := \sqrt{\int (x-\mu)^2 \mathrm{d}P}$, $\mu := \int x \mathrm{d}P$, sondern z.B. auch durch den Quartilabstand beschrieben. Allgemeiner gilt dies bei jedem $\alpha \in (0,1)$ für den etwa durch $F^{-1}(1-\alpha) - F^{-1}(\alpha+0)$ präzisierten *α-Quantilabstand*, wobei die Existenz von Momenten 2. Ordnung nicht benötigt wird. Quantile haben gegenüber Momenten den Vorteil, daß sie gegenüber beliebigen streng isotonen Transformationen τ äquivariant sind, d.h. es gilt: $\gamma_y(\tau F) = \tau\gamma_y(F)$. Speziell lassen sich für das Lokations-Skalenmodell (1.1.10) die Quantilfunktion, der Median, ... von F_ϑ durch die entsprechenden Größen von F ausdrücken gemäß

$$F_\vartheta^{-1}(y) = \inf\left\{x\colon F\left(\frac{x-\mu}{\sigma}\right) \geqslant y\right\} = \inf\{\mu + \sigma z\colon F(z) \geqslant y\} = \mu + \sigma F^{-1}(y). \qquad (1.2.16)$$

1.2.2 Punktschätzer

Wie in Beispiel 1.1 bereits angedeutet wurde, bestehen viele statistische Fragestellungen darin, aufgrund der vorliegenden Beobachtung x den Wert ϑ des zugrundeliegenden Parameters oder allgemeiner den Wert $\gamma(\vartheta)$ eines Funktionals γ auf Θ zu bestimmen. Man spricht dann von einem *Schätzproblem* oder genauer von einem *Punktschätzproblem*, da die Lösung in der Angabe eines Punktes des Parameterraums Θ oder allgemeiner des Wertebereichs $\gamma(\Theta)$ besteht. Bei den folgenden Überlegungen steht die Gewinnung intuitiv naheliegender Schätzer im Vordergrund. Die Frage, ob diese Schätzer auch „gut" sind, d.h. sich etwa auf eine kleine Umgebung von ϑ bzw. von $\gamma(\vartheta)$ konzentrieren, wird später diskutiert werden.

Häufig liegen eindimensionale Verteilungen zugrunde, so daß die VF F als Parameter ϑ gewählt werden kann. Dann bietet sich als Schätzer für F aufgrund der Beobachtung $x = (x_1, \ldots, x_n)$ – etwa nach dem Satz von Glivenko-Cantelli A7.8 – die *empirische Verteilungsfunktion* an, also die Abbildung[1])

$$x = (x_1, \ldots, x_n) \mapsto \hat{F}_x(z) := \frac{1}{n} \sum_{j=1}^{n} \mathbb{1}_{[x_j, \infty)}(z), \quad z \in \mathbb{R}. \qquad (1.2.17)$$

Interessiert nicht die gesamte VF F, sondern nur der Wert $\gamma(F)$ eines Funktionals $\gamma(\cdot)$, so ist es naheliegend, als Schätzer die Statistik $x \mapsto \gamma(\hat{F}_x)$ zu verwenden. Entsprechendes gilt

---

[1]) Zur Entlastung der Symbolik schreiben wir vielfach auch kurz $\hat{F}(z)$ statt $\hat{F}_x(z)$ oder $\hat{F}(x; z)$ bzw. bei asymptotischen Fragestellungen, vgl. Kap. 5, $\hat{F}_n$ für $\hat{F}_n(x; z)$.

für anderweitig parametrisierte Teilklassen von VF wie auch für solche k-dimensionaler Verteilungen.

Beispiel 1.21 $X_1, \ldots, X_n$ seien st. u. ZG mit derselben eindimensionalen VF $F \in \{F_\vartheta\colon \vartheta \in \Theta\}$, für die endliche zweite Momente existieren,

$$\mu(\vartheta) := \int z \, \mathrm{d}F_\vartheta(z), \qquad \sigma^2(\vartheta) := \int (z - \mu(\vartheta))^2 \, \mathrm{d}F_\vartheta(z).$$

Dann kann man den Mittelwert $\mu(\vartheta)$ und die Streuung $\sigma^2(\vartheta)$ dadurch schätzen, daß man die unbekannte VF F_ϑ durch die aus den Beobachtungen $x_1, \ldots, x_n$ gewonnene empirische VF $\hat{F}_x$ ersetzt, also durch das Stichprobenmittel bzw. durch die (um den Faktor $(n-1)/n$ modifizierte) Stichprobenstreuung

$$g_1(x) = \int z \, \mathrm{d}\hat{F}_x(z) = \frac{1}{n} \sum x_j =: \bar{x}, \qquad g_2(x) = \int (z - \bar{x})^2 \, \mathrm{d}\hat{F}_x(z) = \frac{1}{n} \sum (x_j - \bar{x})^2 =: \bar{\sigma}^2(x).$$

Auch wenn $\bar{x}$ und $\bar{\sigma}^2(x)$ bei jeder Verteilungsannahme mit endlichen zweiten Momenten verwendet werden können, so hängt deren Güte doch wesentlich von der speziellen Verteilungsannahme ab. □

Schon dieses Beispiel zeigt jedoch, daß die Definition eines Punktschätzers g für ein Funktional $\gamma(\cdot)$ als meßbare Abbildung von $(\mathfrak{X}, \mathfrak{B})$ nach $(\Gamma, \mathfrak{A}_\Gamma)$ mit $\Gamma = \gamma(\Theta)$ zu eng wäre. Ist nämlich speziell F_ϑ die VF einer $\mathfrak{B}(1, \pi)$-Verteilung, $\vartheta = \pi \in (0,1)$, und $\gamma(\vartheta) \equiv \vartheta$, so nimmt $g_1(x) = \bar{x}$ unter jedem $\vartheta \in \Theta$ mit positiver WS jeden der Werte $0, 1/n, \ldots, 1$ an, und diese bilden *keine* Teilmenge von Θ.

Aus technischen Gründen muß man also in allen derartigen Fällen als Schätzer auch solche Funktionen zulassen, die den Stichprobenraum in eine geeignete (meßbare) Obermenge Γ von $\gamma(\Theta)$ abbilden. Andere zunächst denkbare Vorgehensweisen, etwa die Erweiterung des Parameterraums oder die Abänderung des Bildungsgesetzes des Schätzers, sind zumeist methodisch nicht zweckmäßig, da hierdurch in der Regel sonstige nützliche Eigenschaften verlorengehen.

Definition 1.22 *Es seien $(\mathfrak{X}, \mathfrak{B}, \mathfrak{P})$ ein statistischer Raum mit $\mathfrak{P} = \{P_\vartheta\colon \vartheta \in \Theta\}$, $\gamma\colon \Theta \to \Gamma$ ein Funktional, wobei Γ eine geeignete meßbare Obermenge*[1] *von $\gamma(\Theta)$ ist. Dann versteht man unter einer* Schätzfunktion *oder kurz unter einem* Schätzer für $\gamma(\vartheta)$ *eine meßbare Abbildung g von $(\mathfrak{X}, \mathfrak{B})$ nach $(\Gamma, \mathfrak{A}_\Gamma)$. Der der Beobachtung x zugeordnete Funktionswert $g(x)$ heißt* Schätzung für $\gamma(\vartheta)$.

Bei der Beurteilung der Güte eines Schätzers g wie allgemeiner bei derjenigen einer statistischen Entscheidungsfunktion kommt es nicht so sehr auf den einzelnen Wert $g(x)$ als vielmehr auf die Verteilung $\mathfrak{L}_\vartheta(g)$ an. Diese sollte für jeden Wert $\vartheta \in \Theta$ möglichst stark um den gesuchten Wert $\gamma(\vartheta)$ konzentriert sein. Zum einen sollte also $\gamma(\vartheta)$ die „Lage" von $\mathfrak{L}_\vartheta(g)$ beschreiben, d.h. als Lageparameter von $\mathfrak{L}_\vartheta(g)$ dienen können; zum anderen sollte eine kleine Umgebung von $\gamma(\vartheta)$ unter $\mathfrak{L}_\vartheta(g)$ bereits eine möglichst große WS tragen. Auf

[1]) Ist $\gamma(\Theta)$ Teilmenge eines $\mathbb{R}^l$ (oder allgemeiner eines topologischen linearen Raumes), so ist meist Γ die abgeschlossene konvexe Hülle von $\gamma(\Theta)$. Jedoch benötigt man etwa bei Verwenden linearer Schätzmethoden als Γ die lineare Hülle von $\gamma(\Theta)$, also $\Gamma = \mathbb{R}$ bei $\gamma(\Theta) = [0, \infty)$; vgl. Aufg. 4.15b.

die zweite Forderung werden wir später bei der Präzisierung der verschiedenen Optimalitätsbegriffe zurückkommen. Die erste dieser Forderungen, also die nach der richtigen „Zentrierung" von $\mathfrak{L}_\vartheta(g)$ durch $\gamma(\vartheta)$, läßt sich mathematisch auf verschiedene Weise fassen.

Ist $\gamma(\Theta) \subset \mathbb{R}^l$, so besteht eine mögliche Präzisierung darin, daß g *erwartungstreu für* γ ist im Sinne von

$$E_\vartheta g = \gamma(\vartheta) \qquad \forall \vartheta \in \Theta. \tag{1.2.18}$$

Bei hinreichend oftmaliger unabhängiger Anwendung des Schätzers unter der Verteilung P_ϑ soll also der Durchschnitt der Schätzungen den gesuchten Wert $\gamma(\vartheta)$ beliebig gut approximieren. Diese Nebenbedingung erscheint sinnvoll, da ein Schätzer g auch bei geringer Varianz unbrauchbar ist, wenn er eine große *Verzerrung* $E_\vartheta g - \gamma(\vartheta)$ besitzt. Ein Funktional $\gamma: \Theta \to \Gamma$ heißt *erwartungstreu schätzbar* oder kurz *schätzbar*, wenn es eine Funktion $g: (\mathfrak{X}, \mathfrak{B}) \to (\Gamma, \mathfrak{A}_\Gamma)$ gibt mit (1.2.18). In Beispiel 1.21 etwa ist $g_1(x) = \bar{x}$ erwartungstreu für $\mu(\cdot)$; jedoch ist $g_2(x) = \bar{\sigma}^2(x)$ nicht erwartungstreu für $\sigma^2(\cdot)$, denn bei Existenz von μ und σ^2 gilt stets

$$E_\vartheta \sum (X_j - \bar{X})^2 = E_\vartheta \sum (X_j - \mu)^2 - n E_\vartheta (\bar{X} - \mu)^2 = n\sigma^2 - n\sigma^2/n = (n-1)\sigma^2. \tag{1.2.19}$$

Im Spezialfall $\Gamma \subset \mathbb{R}$ ist eine andere mögliche Präzisierung der richtigen Zentrierung von $g(\cdot)$ die der Mediantreue. Dabei heißt $g(\cdot)$ *mediantreu für* $\gamma: \Theta \to \mathbb{R}$, wenn es eine Fixierung von $\operatorname{med}_\vartheta g$ gibt mit

$$\operatorname{med}_\vartheta g = \gamma(\vartheta) \qquad \forall \vartheta \in \Theta. \tag{1.2.20}$$

Diese Forderung besagt, daß bei vielen unabhängigen Anwendungen eines derartigen Schätzers unter P_ϑ ungefähr die Hälfte der Schätzungen über und die andere Hälfte unter dem gesuchten Wert $\gamma(\vartheta)$ liegt. Mit anderen Worten: Im Fall einer stetigen Verteilung soll für jedes $\vartheta \in \Theta$ die zufallsabhängige Schätzung $g(x)$ mit P_ϑ-WS 1/2 oberhalb und mit P_ϑ-WS 1/2 unterhalb von $\gamma(\vartheta)$ liegen [1]):

$$P_\vartheta(g \geqslant \gamma(\vartheta)) = P_\vartheta(g \leqslant \gamma(\vartheta)) = 1/2 \qquad \forall \vartheta \in \Theta. \tag{1.2.21}$$

Beispiel 1.23 In Beispiel 1.21 seien speziell $X_1, \ldots, X_n$ st. u. $\mathfrak{N}(\mu, \sigma^2)$-verteilte ZG mit unbekanntem $\vartheta = (\mu, \sigma^2) \in \mathbb{R} \times (0, \infty)$, $n \geqslant 2$. Dann besitzt $\sum (X_j - \bar{X})^2/\sigma^2$ eine λ-stetige Verteilung mit positiver Dichte über $(0, \infty)$. Diese ist offenbar unabhängig von $(\mu, \sigma^2) \in \mathbb{R} \times (0, \infty)$ und zwar eine χ^2_{n-1}-Verteilung; vgl. Definition 1.43 und Korollar 1.44c. Also gilt für $g(x) := \sum (x_j - \bar{x})^2/\operatorname{med} \chi^2_{n-1}$

$$P_\vartheta(g \geqslant \sigma^2) = P_\vartheta(g \leqslant \sigma^2) = 1/2 \qquad \forall \vartheta = (\mu, \sigma^2) \in \mathbb{R} \times (0, \infty).$$

$g(x)$ ist somit ein mediantreuer [2]) Schätzer für σ^2. □

---

[1]) Unter speziellen Voraussetzungen lassen sich derartige Schätzer explizit angeben, wenn man die Abbildungen $x \mapsto C(x) := (-\infty, g(x)]$ bzw. $x \mapsto C(x) := [g(x), +\infty)$ als geeignet präzisierte Bereichsschätzer im Sinne von 2.6 auffaßt.

[2]) Man beachte jedoch, daß $\operatorname{med} \chi^2_{n-1}$ für kleine $n \in \mathbb{N}$ nur aus Vertafelungen entnommen bzw. nur aufgrund asymptotischer Approximationen für große n numerisch angegeben werden kann.

Generell ist ein reellwertiger Schätzer g mediantreu für ein Funktional $\gamma: \Theta \to \mathbb{R}$, falls $\mathfrak{L}_\vartheta(g)$ für jedes $\vartheta \in \Theta$ symmetrisch ist bzgl. $\gamma(\vartheta)$; g ist dann auch erwartungstreu für $\gamma(\cdot)$, falls $E_\vartheta g \in \mathbb{R} \quad \forall \vartheta \in \Theta$ gilt.

Erwartungstreue ist in der Regel einfacher zu verifizieren als Mediantreue; auch läßt sich meist mit erwartungstreuen Schätzern leichter arbeiten. Demgegenüber sind erwartungstreue Schätzer lediglich gegenüber affinen Transformationen, mediantreue Schätzer dagegen auch gegenüber beliebigen streng isotonen Transformationen äquivariant.

Beispiel 1.24 a) In Beispiel 1.21 mit $F_\vartheta = \mathfrak{B}(1, \pi)$, $\vartheta = \pi \in (0,1)$, ist $g(x) = \bar{x}$ erwartungstreu für $\vartheta = \pi$. Jedoch ist $\gamma(g(x)) = \bar{x}(1-\bar{x})$ nicht erwartungstreu für $\gamma(\vartheta) = \pi(1-\pi)$: Wegen $E_\vartheta X_i X_j = \pi$ bzw. π^2 für $i = j$ bzw. $i \neq j$ gilt nämlich

$$E_\vartheta \bar{X}(1-\bar{X}) = \frac{1}{n^2} E_\vartheta \left[n \sum_i X_i - \sum_{i \neq j} X_i X_j - \sum_j X_j^2 \right] = \frac{1}{n^2} [n^2 \pi - n(n-1)\pi^2 - n\pi] = \frac{n-1}{n} \pi(1-\pi).$$

Für $n \geq 2$ ist jedoch auch $\pi(1-\pi)$ erwartungstreu schätzbar und zwar durch $\hat{\sigma}^2(x) = \dfrac{n}{n-1} \bar{x}(1-\bar{x})$.

b) In Beispiel 1.21 ist stets $\sigma^2(\cdot)$ erwartungstreu schätzbar, falls $n \geq 2$ ist, und zwar wegen (1.2.19) durch $\hat{\sigma}^2(x) = \sum (x_j - \bar{x})^2/(n-1)$. Dagegen ist $\tilde{\gamma}(\hat{\sigma}^2(x)) = \sqrt{\sum (x_j - \bar{x})^2/(n-1)}$ nicht erwartungstreu für $\tilde{\gamma}(\sigma^2) = \sqrt{\sigma^2} = \sigma$, wie sich unmittelbar aus dem Zusatz zur Jensen-Ungleichung A5.0 ergibt. Für $\mathfrak{N}(\mu, \sigma^2)$-verteilte ZG beträgt die Verzerrung, wie man leicht verifiziert,

$$E_\vartheta \tilde{\gamma}(\hat{\sigma}^2(X)) - \sigma = \sigma[c(n-1) - 1], \qquad c(n) := \Gamma\left(\frac{n+1}{2}\right) \Big/ \left(\sqrt{\frac{n}{2}}\, \Gamma\left(\frac{n}{2}\right)\right).$$

c) In Beispiel 1.23 ist wegen der strengen Isotonie der durch $\gamma(z) = \sqrt{z}$ definierten Abbildung $\gamma: [0, \infty) \to [0, \infty)$ auch $\gamma(g(x)) = \sqrt{\sum (x_j - \bar{x})^2/\operatorname{med} \chi^2_{n-1}}$ ein mediantreuer Schätzer für $\gamma(\sigma^2) = \sigma$. □

Bei Erwartungs- und Mediantreue handelt es sich um finite Eigenschaften, d.h. um solche, die bei Zugrundeliegen einer Beobachtung $x = (x_1, \ldots, x_n)$ mit festem Stichprobenumfang $n \in \mathbb{N}$ gelten. Im Gegensatz zu diesen bleiben asymptotische Eigenschaften, also solche für $n \to \infty$, beim Übergang von $g(\cdot)$ als Schätzer für ϑ zu $\gamma(g(\cdot))$ als Schätzer für $\gamma(\vartheta)$ häufig erhalten, falls $\gamma(\cdot)$ die hierzu erforderlichen Regularitätseigenschaften besitzt. Dieses läßt sich auch in den Beispielen 1.23 und 1.24 leicht verifizieren. Deshalb ist es vielfach gerechtfertigt, Schätzer für $\gamma(\vartheta)$ aus solchen für ϑ zu gewinnen.

Wir wollen nun die wichtigsten heuristisch naheliegenden Typen von Schätzern etwas näher diskutieren, nämlich V-Statistiken und die mit diesen verwandten U-Statistiken, L-Statistiken sowie Maximum-Likelihood-Schätzer und die diese verallgemeinernden M-Statistiken. Dabei bezeichnet F nicht nur eine (unbekannte) VF, sondern auch die ihr gemäß A8.3 korrespondierende Verteilung über $(\mathbb{R}, \mathbb{B})$.

V- und U-Statistiken: In Beispiel 1.21 wurden für zwei spezielle Funktionale $\vartheta \mapsto \gamma(F_\vartheta)$ dadurch Schätzer gewonnen, daß man F_ϑ durch die empirische VF $\hat{F}_x$ ersetzt. Dieses

Prinzip ist allgemein dann anwendbar, wenn γ für jede empirische VF erklärt ist. Speziell ist dies der Fall, wenn $\gamma(\cdot)$ mit geeignetem meßbarem $\psi\colon \mathbb{R}^m \to \mathbb{R}$ von der Form[1]) ist

$$\gamma(F) = \int \ldots \int \psi(z_1, \ldots, z_m) \, \mathrm{d}F(z_1) \ldots \mathrm{d}F(z_m). \tag{1.2.22}$$

Die entsprechende Statistik $x \mapsto \gamma(\hat{F}_x)$ wird als V-*Statistik* bezeichnet, also

$$\gamma(\hat{F}_x) = \int \ldots \int \psi(z_1, \ldots, z_k) \, \mathrm{d}\hat{F}_x(z_1) \ldots \mathrm{d}\hat{F}_x(z_m) = \frac{1}{n^m} \sum_{i_1=1}^{n} \ldots \sum_{i_m=1}^{n} \psi(x_{i_1}, \ldots, x_{i_m}). \tag{1.2.23}$$

Für $m = 1$ und $\psi(z) = z$ ergibt sich nach Beispiel 1.21 gerade das Stichprobenmittel $\bar{x}$. Allgemein läßt sich so das r-te Moment $\gamma(F) = \int z^r \mathrm{d}F(z)$, $r \in \mathbb{N}$, einer Verteilung F durch das *r-te Stichprobenmoment* schätzen, also durch

$$\gamma(\hat{F}_x) = \int z^r \mathrm{d}\hat{F}_x(z) = \frac{1}{n} \sum_{j=1}^{n} x_j^r.$$

Für $m = 2$ und $\psi(z_1, z_2) = z_1^2 - z_1 z_2$ ergibt sich aus (1.2.22)

$$\gamma(F) = \iint \psi(z_1, z_2) \, \mathrm{d}F(z_1) \, \mathrm{d}F(z_2) = \int z^2 \mathrm{d}F(z) - \left(\int z \mathrm{d}F(z)\right)^2 = \int (z - \mu)^2 \mathrm{d}F(z),$$

wobei wieder $\mu := \mu(F) := \int z \mathrm{d}F(z)$ ist. Die zugehörige V-Statistik lautet also

$$\gamma(\hat{F}_x) = \frac{1}{n^2} \sum_{i=1}^{n} \sum_{j=1}^{n} (x_i^2 - x_i x_j) = \frac{1}{n} \sum_{i=1}^{n} x_i^2 - \frac{1}{n} \sum_{i=1}^{n} x_i \frac{1}{n} \sum_{j=1}^{n} x_j = \frac{1}{n} \sum_{j=1}^{n} (x_j - \bar{x})^2 = \bar{\sigma}^2(x).$$

Wie dieses Beispiel zeigt, sind V-Statistiken (1.2.23) für $m \geqslant 2$ keine erwartungstreuen Schätzer für Funktionale der Form (1.2.22). Dennoch sind solche Funktionale erwartungstreu schätzbar, nämlich durch diejenigen Statistiken, die aus (1.2.23) durch Beschränkung auf die Summanden mit $i_j \neq i_l$ für $j \neq l$ hervorgehen. Für solche Summanden gilt nämlich

$$E\psi(X_{i_1}, \ldots, X_{i_m}) = \int \ldots \int \psi(z_1, \ldots, z_m) \, \mathrm{d}F(z_1) \ldots \mathrm{d}F(z_m). \tag{1.2.24}$$

Somit sind die mit den V-Statistiken eng verwandten U-*Statistiken*[2])

$$\tilde{\gamma}(\hat{F}_x) = \frac{1}{n(n-1) \ldots (n-m+1)} \sum_{i_j \neq i_l \text{ für } j \neq l} \ldots \sum \psi(x_{i_1}, \ldots, x_{i_m}) \tag{1.2.25}$$

erwartungstreue Schätzer für $\gamma(F)$. ψ heißt ein *Kern der Länge m* für das Funktional γ.

---

[1]) Liegen nicht eindimensionale, sondern l-dimensionale oder allgemeiner $\mathfrak{X}$-wertige ZG mit beliebigem $\mathfrak{X}$ zugrunde, so hat man $\psi\colon \mathbb{R}^m \to \mathbb{R}$ durch $\psi\colon \mathbb{R}^{lm} \to \mathbb{R}$ oder durch $\psi\colon \bigtimes_{i=1}^{m} \mathfrak{X} \to \mathbb{R}$ und die eindimensionalen VF F bzw. $\hat{F}_x$ durch die entsprechenden l-dimensionalen VF F bzw. $\hat{F}_x$ oder durch die Verteilung P bzw. die analog (1.2.17) erklärte *empirische Verteilung* $\hat{P}$ zu ersetzen.

[2]) Die Bezeichnung U-Statistik rührt her von „unbiased" (erwartungstreu); die Bezeichnung V-Statistik erklärt sich aus dem Bestreben, die zu den U-Statistiken (1.2.25) verwandten Statistiken (1.2.23) auch mit einem verwandten Symbol zu belegen.

Dabei wird stets $\psi \in \mathbb{L}_1(F^{(m)}) \quad \forall F \in \mathfrak{F}$ vorausgesetzt, wenn $\mathfrak{F}$ die betrachtete Klasse von VF ist. Werden auch Aussagen über die Varianz gemacht, so wird auch $\psi \in \mathbb{L}_2(F^{(m)}) \quad \forall F \in \mathfrak{F}$ benötigt; vgl. 3.2.2.

Bezeichnet $\mathfrak{S}_m$ die Gruppe der $m!$ Permutationen von $(1, \ldots, m)$, so läßt sich ψ stets symmetrisieren gemäß

$$\chi(x_1, \ldots, x_m) = \frac{1}{m!} \sum_{(i_1, \ldots, i_m) \in \mathfrak{S}_m} \ldots \sum \psi(x_{i_1}, \ldots, x_{i_m}). \tag{1.2.26}$$

Folglich kann eine U-Statistik immer in der Form geschrieben werden

$$\tilde{\gamma}(\hat{F}_x) = \frac{1}{\binom{n}{m}} \sum_{1 \leqslant i_1 < \ldots < i_m \leqslant n} \ldots \sum \chi(x_{i_1}, \ldots, x_{i_m}), \tag{1.2.27}$$

wobei also χ ein symmetrischer Kern ist, d.h. eine Abbildung $\chi: \mathbb{R}^m \to \mathbb{R}$ mit

$$\chi(x_{i_1}, \ldots, x_{i_m}) = \chi(x_1, \ldots, x_m) \qquad \forall (i_1, \ldots, i_m) \in \mathfrak{S}_m. \tag{1.2.28}$$

Beispiel 1.25 Für $\psi(z_1, z_2) = z_1^2 - z_1 z_2$ ergab sich als V-Statistik $\gamma(\hat{F}_x) = \bar{\sigma}^2(x)$. Durch Symmetrisierung gemäß (1.2.26) folgt

$$\chi(x_1, x_2) = \frac{1}{2}\,[\psi(x_1, x_2) + \psi(x_2, x_1)] = \frac{1}{2}\,(x_1 - x_2)^2$$

und damit als U-Statistik (1.2.27) die für σ^2 erwartungstreue Statistik

$$\tilde{\gamma}(\hat{F}_x) = \frac{1}{\binom{n}{2}} \sum_{i<j} \chi(x_i, x_j) = \frac{1}{n(n-1)} \sum_{i<j} [x_i^2 - 2x_i x_j + x_j^2]$$

$$= \frac{1}{n(n-1)} \left[\sum_i x_i^2 (n-i) - \sum_{i \neq j} x_i x_j + \sum_j x_j^2 (j-1)\right] = \frac{1}{n-1} \sum_j (x_j - \bar{x})^2 = \hat{\sigma}^2(x). \square$$

L-Statistiken: Wie am Schluß von 1.2.1 betont wurde, eignen sich neben Momenten besonders auch Quantile zur Beschreibung eindimensionaler Verteilungen. So ist es vielfach zweckmäßig, als Lageparameter den Median und nicht den Mittelwert zu verwenden. Aufgrund ihres Bildungsgesetzes liegt es nahe, den Median oder allgemeiner y-Quantile $F^{-1}(y)$ als Funktionale der Quantilfunktion F^{-1} und nicht als solche der VF F aufzufassen. Demgemäß bietet sich als Schätzer der Stichprobenmedian bzw. die Statistik $x \mapsto \hat{F}_x^{-1}(y)$ an. Dabei sei daran erinnert, daß die empirische VF gemäß (1.2.17) jeder Realisierung $x = (x_1, \ldots, x_n)$ die VF einer diskreten Verteilung zuordnet, nämlich derjenigen, die in jedem der Punkte $x_1, \ldots, x_n$ die WS $1/n$ hat. Folglich gilt gemäß Beispiel 1.19 für die *empirische Quantilfunktion* $\hat{F}_x^{-1}$

$$x = (x_1, \ldots, x_n) \mapsto \hat{F}_x^{-1}(y) := \begin{cases} x_{\uparrow 1} & \text{für } y = 0 \\ \sum_{i=1}^{n} x_{\uparrow i}\, \mathbb{1}_{(\frac{i-1}{n}, \frac{i}{n}]}(y) & \text{für } y > 0\,. \end{cases} \tag{1.2.29}$$

Dabei wird zur Entlastung der Symbolik wie bei empirischen VF statt $\hat{F}_x^{-1}(y)$ oder $\hat{F}^{-1}(x; y)$ später vielfach auch kurz $\hat{F}^{-1}(y)$ geschrieben; $x_{\uparrow 1}, \ldots, x_{\uparrow n}$ bezeichnen die nach wachsender Größe geordneten (und im Moment der Einfachheit halber als voneinander verschieden angenommenen) Beobachtungen $x_1, \ldots, x_n$. Wie bei VF übertragen sich alle Begriffsbildungen von Quantilfunktionen auf empirische Quantilfunktionen. Insbesondere ist analog (1.2.12) ein *empirisches y-Quantil* definiert als eine beliebige (gegebenenfalls auch zufallsabhängige) Konvexkombination von $\hat{F}_x^{-1}(y)$ und $\hat{F}_x^{-1}(y+0)$; von besonderer Bedeutung ist das arithmetische Mittel

$$\gamma_y(\hat{F}_x) = \frac{1}{2}\,[\hat{F}_x^{-1}(y) + \hat{F}_x^{-1}(y+0)]\,. \tag{1.2.30}$$

Beispiel 1.26 Der Median einer eindimensionalen Verteilung F wurde in Beispiel 1.20 definiert gemäß (1.2.14). Ein naheliegender Schätzer ist folglich der *Stichproben-Median*

$$x = (x_1, \ldots, x_n) \mapsto \operatorname{med} x = \frac{1}{2}\left[\hat{F}_x^{-1}\left(\frac{1}{2}\right) + \hat{F}_x^{-1}\left(\frac{1}{2} + 0\right)\right]. \tag{1.2.31}$$

Ist $n \in \mathbb{N}$ ungerade, etwa $n = 2m + 1$ mit $m \in \mathbb{N}$, so gilt wegen

$$\frac{m}{2m+1} < \frac{1}{2} < \frac{m+1}{2m+1} \quad \text{nach (1.2.29)} \quad \hat{F}_x^{-1}\left(\frac{1}{2}\right) = \hat{F}_x^{-1}\left(\frac{1}{2} + 0\right) = x_{\uparrow m+1}\,.$$

Ist dagegen $n \in \mathbb{N}$ gerade, etwa $n = 2m$ mit $m \in \mathbb{N}$, so gilt nach (1.2.29)

$$\hat{F}_x^{-1}\left(\frac{1}{2}\right) = x_{\uparrow m} < x_{\uparrow m+1} = \hat{F}_x^{-1}\left(\frac{1}{2} + 0\right).$$

Für den Stichproben-Median in der Fixierung (1.2.31) gilt also

$$\operatorname{med} x = x_{\uparrow m+1} \quad \text{für } n = 2m+1 \qquad \text{bzw.} \quad \operatorname{med} x = \frac{1}{2}(x_{\uparrow m} + x_{\uparrow m+1}) \quad \text{für } n = 2m\,.$$

Neben $\bar{x} = \sum x_j/n$ läßt sich also auch med x als Schätzer von Lageparametern verwenden. Dabei hat med x gegenüber $\bar{x}$ den Vorteil, daß sein Wert invariant ist gegenüber Änderungen der einzelnen x_j, sofern $x_j <$ med x bzw. $x_j >$ med x erhalten bleibt. Somit ist med x im Gegensatz zu $\bar{x}$ weitgehend unempfindlich gegenüber einzelnen Meßfehlern. Dagegen hat $\bar{x}$ unter vielen Verteilungsannahmen den kleineren erwarteten Verlust als med x und ist leichter handhabbar. □

Allgemeiner seien nun $y_1, \ldots, y_m \in (0,1)$ sowie $c_1, \ldots, c_m \in \mathbb{R}$ vorgegebene Zahlen und das zu schätzende Funktional definiert durch

$$\gamma(F) = \sum_{l=1}^{m} c_l F^{-1}(y_l)\,. \tag{1.2.32}$$

Der sich zwanglos anbietende Schätzer $x \mapsto \gamma(\hat{F}_x)$ lautet dann

$$\gamma(\hat{F}_x) = \sum_{l=1}^{m} c_l \hat{F}_x^{-1}(y_l)\,. \tag{1.2.33}$$

Je nach Fragestellung können $F^{-1}(y_l)$ bzw. $\hat{F}_x^{-1}(y_l)$ auch durch Konvexkombinationen von $F^{-1}(y_l)$ und $F^{-1}(y_l + 0)$ bzw. von $\hat{F}_x^{-1}(y_l)$ und $\hat{F}_x^{-1}(y_l + 0)$, letztere also gemäß

(1.2.29) durch Werte $x_{\uparrow i}$, ersetzt werden. Die durch $T_i(x) = x_{\uparrow i}$ definierte Abbildung $T_i\colon \mathbb{R}^n \to \mathbb{R}$ heißt *i-te geordnete Statistik*, die Abbildung $T = (T_1, \ldots, T_n)\colon \mathbb{R}^n \to \mathbb{R}^n$ mit den Werten $T(x) = x_\uparrow := (x_{\uparrow 1}, \ldots, x_{\uparrow n})$ auch kurz *geordnete Statistik* oder *Ordnungsstatistik*. Nach (1.2.29) sind also $\hat{F}_x^{-1}(y_i)$ und $\hat{F}_x^{-1}(y_i + 0)$ Werte von geordneten Statistiken. Deshalb heißt (1.2.33) oder allgemeiner jede Statistik der Form

$$S(x) = \sum_{i=1}^{n} \tilde{c}_i x_{\uparrow i}, \quad \tilde{c}_i \in \mathbb{R}, \quad i = 1, \ldots, n, \tag{1.2.34}$$

eine *Linearkombination von geordneten Statistiken* oder kurz eine L-*Statistik*.

Beispiel 1.27 Wird gemäß Beispiel 1.20b der Quartilabstand z.B. definiert durch $\gamma(F) = F^{-1}(3/4 + 0) - F^{-1}(1/4)$, so ist ein naheliegender Schätzer

$$\gamma(\hat{F}_x) = \hat{F}_x^{-1}\left(\frac{3}{4} + 0\right) - \hat{F}_x^{-1}\left(\frac{1}{4}\right).$$

Bei $4m < n < 4(m+1)$ mit $m \in \mathbb{N}$, also bei

$$\frac{m}{n} < \frac{1}{4} < \frac{m+1}{n} \quad \text{bzw.} \quad \frac{n-m-1}{n} < \frac{3}{4} < \frac{n-m}{n},$$

ist $$\hat{F}_x^{-1}\left(\frac{1}{4}\right) = \hat{F}_x^{-1}\left(\frac{1}{4} + 0\right) = x_{\uparrow m+1} \quad \text{und} \quad \hat{F}_x^{-1}\left(\frac{3}{4}\right) = \hat{F}_x^{-1}\left(\frac{3}{4} + 0\right) = x_{\uparrow n-m}.$$

Ist dagegen $n = 4m$ mit $m \in \mathbb{N}$, so gilt

$$\hat{F}_x^{-1}\left(\frac{1}{4}\right) = x_{\uparrow m} < x_{\uparrow m+1} = \hat{F}_x^{-1}\left(\frac{1}{4} + 0\right), \quad \hat{F}_x^{-1}\left(\frac{3}{4}\right) = x_{\uparrow 3m} < x_{\uparrow 3m+1} = \hat{F}_x^{-1}\left(\frac{3}{4} + 0\right).$$

Folglich ergeben sich als *Stichproben-Quartilabstand* die L-Statistiken

$$\gamma(\hat{F}_x) = x_{\uparrow n-m} - x_{\uparrow m+1} \quad \text{für } n \neq 4m \quad \text{bzw.} \quad \gamma(\hat{F}_x) = x_{\uparrow 3m+1} - x_{\uparrow m} \quad \text{für } n = 4m. \qquad \square$$

Zwei weitere für die Anwendungen wichtige L-Statistiken enthält das

Beispiel 1.28 Für $n \in \mathbb{N}$ und $\alpha \in (0, 1/2)$ ist das α-*getrimmte Mittel* definiert durch

$$\gamma(\hat{F}_x) = \frac{1}{n-2k} \sum_{i=k+1}^{n-k} x_{\uparrow i}, \quad k := [\alpha n]. \tag{1.2.35}$$

Bei dieser Mittelbildung werden die k größten und die k kleinsten Beobachtungen – und damit insbesondere solche Werte, die durch große Meßfehler zustande gekommen sind – nicht berücksichtigt. Ähnlich haben auf das α-*Winsorisierte Mittel*

$$\gamma(\hat{F}_x) = \frac{1}{n}\left[k x_{\uparrow k} + \sum_{i=k+1}^{n-k} x_{\uparrow i} + k x_{\uparrow n-k+1}\right], \quad k := [\alpha n] \tag{1.2.36}$$

die extremen Beobachtungen $x_{\uparrow 1}, \ldots, x_{\uparrow k-1}$ bzw. $x_{\uparrow n-k+2}, \ldots, x_{\uparrow n}$ keinen oder nur einen geringeren Einfluß als auf das Stichprobenmittel $\bar{x}$. $\square$

Maximum-Likelihood-Schätzer: Bisher wurden Funktionale der Form $F \mapsto \gamma(F)$ bzw. $F \mapsto \gamma(F^{-1})$ betrachtet und Schätzer dadurch gewonnen, daß man die VF F durch die empirische VF $\hat{F}_x$ bzw. die Quantilfunktion F^{-1} durch die empirische Quantilfunktion

$\hat{F}_x^{-1}$ ersetzt. Dabei wurde keine spezielle Verteilungsannahme verwendet. In diesem Band werden jedoch sonst vornehmlich parametrische Verteilungsklassen behandelt. In solchen Fällen ist es plausibel, Schätzmethoden zu verwenden, die auf die spezielle Verteilungsannahme zugeschnitten sind. Konkret heißt dies, daß nicht die ganze VF F (bzw. die ganze Quantilfunktion F^{-1}) zu schätzen ist, sondern nur der (von der speziellen Parametrisierung abhängige) Wert des Parameters $\vartheta \in \Theta$. Die wichtigste derartige Vorgehensweise ist das sogenannte Maximum-Likelihood-Prinzip (ML-Prinzip). Es geht in seinem Ansatz auf C.F. Gauß zurück und wurde in seiner heutigen Allgemeinheit von R.A. Fisher entwickelt. Es setzt eine *dominierte Verteilungsklasse* $\mathfrak{P} = \{P_\vartheta : \vartheta \in \Theta\}$ voraus. Unter einer solchen soll vorläufig[1]) eine Klasse $\mathfrak{P} \subset \mathfrak{M}^1(\mathfrak{X}, \mathfrak{B})$ verstanden werden, bei der P_ϑ für jedes $\vartheta \in \Theta$ entweder eine diskrete Verteilung oder eine Verteilung mit einer (bereits aus der elementaren WS-Theorie bekannten) WS-Dichte ist. Im ersten Fall wird also P_ϑ beschrieben durch die (ebenfalls als WS-*Dichte* bezeichnete) WS-Funktion $p(x, \vartheta) := P_\vartheta(\{x\})$, $x \in \mathfrak{X}' \subset \mathfrak{X}$, $\mathfrak{X}'$ abzählbar, im zweiten Fall durch eine $\lambda\!\!\lambda^n$-Dichte $p(x, \vartheta) := p_\vartheta(x)$ und zwar gemäß

$$P_\vartheta(B) = \sum_{x \in B} p(x, \vartheta), \quad B \subset \mathfrak{X}', \quad \text{bzw.} \quad P_\vartheta(B) = \int_B p(x, \vartheta)\, \mathrm{d}\lambda\!\!\lambda^n(x), \quad B \in \mathbb{B}^n.$$

Das ML-Prinzip geht nun davon aus, daß man typischerweise Werte beobachtet, die – bzw. deren Umgebungen – eine „große WS" tragen. Demgemäß verwendet man bei Vorliegen einer Beobachtung x als Schätzung für den unbekannten Parameter ϑ einen Wert $\hat{\vartheta}(x) \in \Theta$, unter dem x eine maximale Dichte erhält. Hierzu hat man die *Likelihood-Funktion* $p(x, \cdot): \Theta \to \mathbb{R}$ zu maximieren. Jeder Wert $\hat{\vartheta}(x) \in \Theta$, der eine Lösung t ist der Gleichung

$$p(x, t) = \sup_{\vartheta \in \Theta} p(x, \vartheta), \tag{1.2.37}$$

heißt eine *Maximum-Likelihood-Schätzung* (kurz: ML-Schätzung) für den Parameter $\vartheta \in \Theta$. Im allgemeinen wird eine solche Lösung nur dann existieren, wenn der Parameterraum abgeschlossen ist. In vielen Beispielen ist dieses nicht der Fall; doch läßt sich häufig die Abbildung $\vartheta \mapsto p(x, \vartheta)$ stetig auf die abgeschlossene Hülle $\bar{\Theta}$ von $\Theta \subset \mathbb{R}^k$ fortsetzen. In solchen Situationen wird man $\hat{\vartheta}(x)$ auch dann als Lösung ansprechen, wenn das Supremum in einem Punkt $\hat{\vartheta}(x) \in \bar{\Theta} - \Theta$ angenommen wird. Demgemäß heißt eine (meßbare) Funktion $\hat{\vartheta}: (\mathfrak{X}, \mathfrak{B}) \to (\bar{\Theta}, \mathfrak{A}_{\bar{\Theta}})$ ein *Maximum-Likelihood-Schätzer* (kurz: ML-Schätzer) für $\vartheta \in \Theta$, wenn $\hat{\vartheta}(x)$ in diesem Sinn für jedes $x \in \mathfrak{X}$ eine Lösung von (1.2.37) ist[2]).

Ist $\Theta \subset \mathbb{R}^k$ und $p(x, \cdot)$ partiell nach $\vartheta_1, \ldots, \vartheta_k$ differenzierbar, so wird man versuchen, eine Lösung t von (1.2.37) aus den *Likelihood-Gleichungen*[3])

$$\nabla_i \log p(x, t) = 0, \quad i = 1, \ldots, k, \tag{1.2.38}$$

---

[1]) Zur allgemeinen Definition dominierter Klassen und ihrer Dichten, für die Maximum-Likelihood-Schätzer analog erklärt sind, vgl. 1.6.5.

[2]) Zur Frage der Existenz meßbarer Lösungen von (1.2.37) bzw. (1.2.38) vgl. Kap. 5.

[3]) Zur Notation im Zusammenhang mit Differentiationen sei auf die Legende verwiesen.

zu gewinnen. Diese Gleichungen können jedoch mehrere Lösungen haben, die nicht einmal alle zu relativen Maxima führen; andererseits können aber auch wie erwähnt Lösungen von (1.2.37) auf dem Rande von Θ liegen und brauchen somit nicht durch (1.2.38) erfaßt zu werden.

Die folgenden beiden Beispiele behandeln Verteilungsannahmen, bei denen st. u. ZG $X_1, \ldots, X_n$ mit derselben Dichte $f(z, \vartheta)$ zugrundeliegen. In allen solchen Fällen hat man in den Gleichungen (1.2.37+38) als $p(x, \vartheta)$ die gemeinsame Dichte $\prod f(x_j, \vartheta)$ zu wählen. Diese Beispiele zeigen sowohl die Zweckmäßigkeit, in den Likelihood-Gleichungen (1.2.38) die logarithmischen Ableitungen zu verwenden, wie auch als Likelihood-Schätzer Abbildungen in $\bar{\Theta}$ und nicht nur solche in Θ zuzulassen.

Beispiel 1.29 $X_1, \ldots, X_n$ seien st. u. $\mathfrak{B}(1, \pi)$-verteilte ZG, $\vartheta = \pi \in (0,1)$. Dann ist $p(x, \vartheta) = \pi^{\sum x_j}(1-\pi)^{n-\sum x_j}$, $x := (x_1, \ldots, x_n) \in \mathfrak{X} = \{0,1\}^n$. Für festes $x \in \mathfrak{X}$ ist $p(x, \cdot)$ stetig. Ist $0 < \sum x_j < n$, so nimmt $p(x, \cdot)$ wegen $p(x, \pi) \to 0$ für $\pi \to 0$ bzw. $\pi \to 1$ also notwendig das Supremum an; wegen der Differenzierbarkeit von $p(x, \cdot)$ ergibt sich aus (1.2.38) als Likelihood-Schätzung $\hat{\pi}(x) = \sum x_j / n = \bar{x}$. Ist dagegen $\sum x_j = 0$ bzw. $\sum x_j = n$, so ist $p(x, \pi) = (1-\pi)^n$ bzw. $p(x, \pi) = \pi^n$; diese Funktionen nehmen für $\pi \in (0,1)$ ihr Supremum nicht an, wohl aber für $\pi \in [0,1]$ und zwar für $\pi = 0$ bzw. $\pi = 1$, also ebenfalls für $\hat{\pi}(x) = \bar{x}$. □

Beispiel 1.30 $X_1, \ldots, X_n$ seien st. u. $\mathfrak{N}(\mu, \sigma^2)$-verteilte ZG, also mit der gemeinsamen $\lambda\!\!\lambda^n$-Dichte

$$p(x, \vartheta) = \left(\frac{1}{\sqrt{2\pi\sigma^2}}\right)^n \exp\left[-\frac{\sum (x_j - \mu)^2}{2\sigma^2}\right], \quad \vartheta = (\mu, \sigma^2) \in \mathbb{R} \times (0, \infty).$$

Bei festem $\sigma^2 > 0$ ist $p(x, \cdot)$ maximal, falls $\hat{\mu}(x) \in \mathbb{R}$ Lösung t ist von

$$\sum (x_j - t)^2 = \min_{\mu \in \mathbb{R}} \sum (x_j - \mu)^2. \tag{1.2.39}$$

Die ML-Schätzung für $\mu \in \mathbb{R}$ stimmt hier also mit der nach der *Methode der kleinsten Quadrate* ermittelten Lösung $\hat{\mu}(x)$ von (1.2.39) überein. Auf diese werden wir in allgemeinerem Rahmen in 4.1 näher eingehen.

Um die ML-Schätzung für σ^2 zu bestimmen, hat man die Likelihood-Funktion $p(x, \cdot)$ bei $\mu = \hat{\mu}(x)$ durch geeignete Wahl von σ^2 zu maximieren. Für $\sum (x_j - \hat{\mu}(x))^2 > 0$ gibt es aus Stetigkeitsgründen eine Likelihood-Schätzung, da $p(x, \vartheta) \to 0$ für $\sigma^2 \to 0$ und $\sigma^2 \to \infty$ gilt. Wegen der Differenzierbarkeit von $p(x, \vartheta)$ ergibt sie sich aus (1.2.38) zu $\bar{\sigma}^2(x) = \sum (x_j - \hat{\mu}(x))^2 / n$. Im Gegensatz zu $\hat{\mu}(x)$ stimmt also $\bar{\sigma}^2(x)$ nur bis auf den Faktor $(n-1)/n$ mit dem erwartungstreuen Schätzer $\hat{\sigma}^2(x)$ aus Beispiel 1.24b überein.

Ist dagegen $\sum (x_j - \hat{\mu}(x))^2 = 0$, also $(x_j - \hat{\mu}(x))^2 = 0 \quad \forall j = 1, \ldots, n$ und damit $x_1 = \ldots = x_n$, so gilt $p(x, \vartheta) = (2\pi\sigma^2)^{-n/2}$. Diese Funktion nimmt für $\sigma^2 \in (0, \infty)$ ihr Supremum nicht an, wohl aber für $\sigma^2 \in [0, \infty)$ und zwar in $\sigma^2 = 0$. □

Ist nicht der Parameter ϑ selber, sondern der Wert $\gamma(\vartheta)$ eines Funktionals zu schätzen, so liegt es wie bei der Motivierung von V- und L-Statistiken nahe, die ebenfalls als ML-Schätzer bezeichnete Abbildung $\hat{\gamma}(x) := \gamma(\hat{\vartheta}(x))$ zu verwenden. Diese Sprechweise ist besonders deshalb gerechtfertigt, weil ML-Schätzer bei Umparametrisierungen äquivariant sind. Dies beinhaltet der

Satz 1.31 *$\mathfrak{P} = \{P_\vartheta : \vartheta \in \Theta\}$ sei eine dominierte Verteilungsklasse mit Dichten $p(x, \vartheta)$. Weiter seien $\gamma: \Theta \to \Gamma$ eine bijektive Abbildung mit der Umkehrabbildung $\vartheta: \Gamma \to \Theta$ und $\tilde{p}(x, \gamma)$ die gemäß $\tilde{p}(x, \gamma) := p(x, \vartheta(\gamma))$, $\gamma \in \Gamma$, gewonnene Dichte. Dann gilt:*

a) $\hat{\vartheta}(x)$ *ist* ML-*Schätzer von* $\vartheta \in \Theta$ *genau dann, wenn* $\hat{\gamma}(x) = \gamma(\hat{\vartheta}(x))$ ML-*Schätzer von* $\gamma \in \Gamma$ *ist.*

Ist zusätzlich $\Theta \subset \mathbb{R}^k$ *offen und* $\gamma: \Theta \to \Gamma$ *stetig differenzierbar mit nicht-singulärer Jacobi-Matrix* $\mathscr{G}(\vartheta) := (\nabla_\vartheta \gamma^\top(\vartheta))^\top$, *also* $|\mathscr{G}(\vartheta)| \neq 0 \quad \forall \vartheta \in \Theta$, *so gilt:*

b) $\hat{\vartheta}(x)$ *ist Lösung der Likelihood-Gleichung* $\nabla_\vartheta \log p(x, \hat{\vartheta}(x)) = 0$ *genau dann, wenn* $\hat{\gamma}(x) = \gamma(\hat{\vartheta}(x))$ *Lösung der Likelihood-Gleichung* $\nabla_\gamma \log \tilde{p}(x, \hat{\gamma}(x)) = 0$ *ist.*

Beweis: a) Aus der Bijektivität von $\gamma(\cdot)$ folgt, daß $\gamma \mapsto \tilde{p}(x, \gamma)$ sein Supremum genau für $\hat{\gamma}(x) = \gamma(\hat{\vartheta}(x))$ annimmt, wenn dies bei $\vartheta \mapsto p(x, \vartheta)$ für $\hat{\vartheta}(x)$ der Fall ist.

b) Wegen $\nabla_\vartheta \log p(x, \cdot) = \nabla_\vartheta \gamma^\top \nabla_\gamma \log \tilde{p}(x, \cdot) = \mathscr{G}^\top(\vartheta) \nabla_\gamma \log \tilde{p}(x, \cdot)$ und $|\mathscr{G}(\vartheta)| \neq 0 \quad \forall \vartheta \in \Theta$ gilt $\nabla_\gamma \log \tilde{p}(x, \hat{\gamma}(x)) = 0$ genau dann, wenn $\nabla_\vartheta \log p(x, \hat{\vartheta}(x)) = 0$ ist. □

Die bisherigen Ausführungen über ML-Schätzer dienten lediglich der Erläuterung des Prinzips; die bei den Anwendungen auftretenden Schwierigkeiten (Suprema an den Rändern, insbesondere wenn diese eine positive WS tragen) wurden dabei bewußt ausgeklammert. Diese Schwierigkeiten lassen sich im Rahmen spezieller Verteilungsklassen (insbesondere von Exponentialfamilien) bzw. von asymptotischen Betrachtungen gut handhaben. Wir werden hierauf in Beispiel 3.41 bzw. in Kap. 5+6 zurückkommen.

M-Statistiken: Liegen speziell st. u. ZG $X_1, \ldots, X_n$ mit derselben Dichte $f(z, \vartheta)$ zugrunde und ist ϑ ein eindimensionaler Parameter, so lautet die Likelihood-Gleichung mit $\chi(z, \vartheta) := \nabla \log f(z, \vartheta)$ und der empirischen VF $\hat{F}_x(\cdot)$

$$\frac{1}{n} \sum_{j=1}^{n} \chi(x_j, t) = \int \chi(z, t) \, \mathrm{d}\hat{F}_x(z) = 0 .$$

Auf Gleichungen dieser Form trifft man häufig in der Mathematischen Statistik. Die Werte $\gamma(F)$ vieler reellwertiger Funktionale γ eindimensionaler VF F sind nämlich vermöge geeigneter Funktionen $\chi: \mathbb{R} \times \mathbb{R} \to \mathbb{R}$ definiert als Lösungen t von Gleichungen der Form

$$\int \chi(z, t) \, \mathrm{d}F(z) = 0 . \tag{1.2.40}$$

In solchen Fällen liegt es nahe, $\gamma(F)$ zu schätzen durch $\gamma(\hat{F}_x)$, also (bei festem x) durch eine Lösung t der Gleichung

$$\int \chi(z, t) \, \mathrm{d}\hat{F}_x(z) = 0 . \tag{1.2.41}$$

Da derartige Gleichungen vielfach durch Maximierung oder Minimierung von Ausdrücken der Form $\int \varrho(z, t) \, \mathrm{d}F(z)$ bzw. $\int \varrho(z, t) \, \mathrm{d}\hat{F}_x(z)$ gewonnen werden, nennt man ein Funktional $F \mapsto \gamma(F)$, bei dem $\gamma(F)$ eine Lösung ist von (1.2.40), auch ein M-*Funktional* und eine Statistik $x \mapsto \gamma(\hat{F}_x)$ mit $\gamma(\hat{F}_x)$ gemäß (1.2.41) eine M-*Statistik*. Wir beschränken uns hier auf die Diskussion solcher Fälle, in denen χ eine Funktion der Differenz ihrer beiden Argumente ist, in denen es also eine Funktion $\psi: \mathbb{R} \to \mathbb{R}$ gibt mit $\chi(z, t) = \psi(z - t)$.

Beispiel 1.32 Sei $\psi(z) = z$. Dann lauten (1.2.40) bzw. (1.2.41)

$$\int (z - t) \, \mathrm{d}F(z) = 0 \quad \text{bzw.} \quad \int (z - t) \, \mathrm{d}\hat{F}_x(z) = \frac{1}{n} \sum_{j=1}^{n} (x_j - t) = 0 .$$

Diese Gleichungen besitzen eindeutig bestimmte Lösungen, nämlich

$$\gamma(F) = \int z \,\mathrm{d}F(z) \quad \text{bzw.} \quad \gamma(\hat{F}_x) = \int z \,\mathrm{d}\hat{F}_x(z) = \sum_{j=1}^{n} x_j/n = \bar{x}.$$

Das M-Funktional $\gamma(F) = \int z \,\mathrm{d}F(z)$ und die M-Statistik $\gamma(\hat{F}_x) = \bar{x}$ sind somit diejenigen Funktionale bzw. Statistiken, welche die verallgemeinerten Abweichungsquadrate minimieren, also die Abbildungen

$$t \mapsto \int (z-t)^2 \,\mathrm{d}F(z) \quad \text{bzw.} \quad t \mapsto \int (z-t)^2 \,\mathrm{d}\hat{F}_x(z) = \frac{1}{n} \sum_{j=1}^{n} (x_j - t)^2.$$

Dabei ist $\varrho(z, t)$ das euklidische Abstandsquadrat $(z-t)^2$. □

Dieses Beispiel ist insofern nicht typisch, als im allgemeinen Lösungen t der Gleichung

$$\int \psi(z-t) \,\mathrm{d}F(z) = 0 \tag{1.2.42}$$

weder existieren noch eindeutig bestimmt sind. In vielen Fällen ist jedoch $\psi: \mathbb{R} \to \mathbb{R}$ isoton und damit $t \mapsto \int \psi(z-t) \,\mathrm{d}F(z)$ antiton. Dann lassen sich wie bei der Definition von γ-Quantilen in 1.2.1 verallgemeinerte Lösungen von (1.2.42) dadurch gewinnen, daß man in Analogie zu (1.2.2–3) definiert

$$\begin{aligned} \gamma_l(F) &:= \sup\{t: \int \psi(z-t) \,\mathrm{d}F(z) > 0\} = \inf\{t: \int \psi(z-t) \,\mathrm{d}F(z) \leqslant 0\}, \\ \gamma_r(F) &:= \inf\{t: \int \psi(z-t) \,\mathrm{d}F(z) < 0\} = \sup\{t: \int \psi(z-t) \,\mathrm{d}F(z) \geqslant 0\} \end{aligned} \tag{1.2.43}$$

und unter einer verallgemeinerten Lösung $\gamma(F)$ von (1.2.42) eine beliebige Konvexkombination von $\gamma_l(F)$ und $\gamma_r(F)$ versteht. Dabei gilt wegen der Antitonie der Abbildung $t \mapsto \int \psi(z-t) \,\mathrm{d}F(z)$ stets $\gamma_l(F) \leqslant \gamma_r(F)$.

Analog versteht man unter einer verallgemeinerten Lösung der Gleichung

$$\int \psi(z-t) \,\mathrm{d}\hat{F}_x(z) = \frac{1}{n} \sum_{j=1}^{n} \psi(x_j - t) = 0 \tag{1.2.44}$$

einen jeden Wert $\gamma(\hat{F}_x) \in [\gamma_l(\hat{F}_x), \gamma_r(\hat{F}_x)]$, also eine beliebige, auch zufallsabhängige[1]) Konvexkombination der gemäß (1.2.43) durch

$$\gamma_l(\hat{F}_x) = \sup\left\{t: \sum_{j=1}^{n} \psi(x_j - t) > 0\right\} \quad \text{und} \quad \gamma_r(\hat{F}_x) = \inf\left\{t: \sum_{j=1}^{n} \psi(x_j - t) < 0\right\}$$

definierten Statistiken.

Beispiel 1.33 Sei $\psi(z) = \operatorname{sgn} z$, wobei $\operatorname{sgn} 0 := 0$ ist. Dann wird das zugehörige M-Funktional $\gamma(F)$ definiert als verallgemeinerte Lösung von

$$\int \operatorname{sgn}(z-t) \,\mathrm{d}F(z) = \int_{(t,\infty)} \mathrm{d}F(z) - \int_{(-\infty,t)} \mathrm{d}F(z) = 1 - F(t) - F(t-0) = 0.$$

[1]) Solche sind z.B. zur Erweiterung der Überlegungen in 2.6 auf randomisierte Bereichsschätzer zweckmäßig. Bezeichnet U eine vom Beobachtungsvektor X st. u. $\mathfrak{R}(0,1)$-verteilte ZG, so setzt man $\gamma(\hat{F}_x) = (1-U)\gamma_l(\hat{F}_x) + U\gamma_r(\hat{F}_x)$. Dabei ist eine *Rechteck-Verteilung* $\mathfrak{R}(a,b) \in \mathfrak{M}^1(\mathbb{R}, \mathbb{B})$ definiert durch ihre λ-Dichte $f_{a,b}(x) = (b-a)^{-1} \mathbb{1}_{[a,b]}(x)$, $a < b$. Da $\{a\}$ und $\{b\}$ λ-Nullmengen sind, kann der Träger $[a,b]$ auch durch $[a,b)$, $(a,b]$ bzw. (a,b) ersetzt werden.

Da die nachstehenden Extrema bereits durch die Werte von F an den Stetigkeitsstellen festgelegt sind, gilt

$$\gamma_l(F) = \sup\{t: 1 - F(t) - F(t-0) > 0\} = \sup\{t: F(t) < 1/2\} = \inf\{t: F(t) \geqslant 1/2\} = F^{-1}\left(\frac{1}{2}\right)$$

$$\gamma_r(F) = \inf\{t: 1 - F(t) - F(t-0) < 0\} = \inf\{t: F(t) > 1/2\} = \sup\{t: F(t) \leqslant 1/2\} = F^{-1}\left(\frac{1}{2}+0\right).$$

Das M-Funktional $[\gamma_l(F) + \gamma_r(F)]/2$ und die M-Statistik $[\gamma_l(\hat{F}_x) + \gamma_r(\hat{F}_x)]/2$ fallen also mit dem Median der Verteilung F bzw. mit dem Stichprobenmedian zusammen. Beide Größen lassen sich motivieren als solche Funktionale bzw. Statistiken, welche die durchschnittlichen Abweichungsbeträge minimieren, also die Abbildungen

$$t \mapsto \int |z-t| \,\mathrm{d}F(z) \quad \text{bzw.} \quad t \mapsto \int |z-t| \,\mathrm{d}\hat{F}_x(z) = \frac{1}{n} \sum_{j=1}^{n} |x_j - t|.$$

In diesem Fall ist somit $\varrho(z,t)$ der euklidische Abstand $|z-t|$. □

Selbstverständlich kann man sich auch hier wieder auf parametrische Teilklassen $\{F_\vartheta: \vartheta \in \Theta \subset \mathbb{R}^k\}$ beschränken. Dann ergeben sich wegen der Injektivität der Parametrisierung als verallgemeinerte Lösungen von (1.2.44) Schätzer für den jeweiligen k-dimensionalen Parameter. Dabei kann man für den Definitionsbereich der Verteilungen bzw. für den Parameterraum auch allgemeinere als euklidische Räume und allgemeinere reellwertige Funktionen $\chi(z,t)$ als solche der speziellen Form $\psi(z-t)$ zulassen.

1.2.3 Tests; Gütefunktionen

Wie in Beispiel 1.3 interessiert häufig bei einer statistischen Fragestellung nicht so sehr die gesamte zugrundeliegende Verteilung, sondern nur, ob sie eine gewisse Eigenschaft erfüllt oder nicht. Wurde etwa eine neue Behandlungsmethode I entwickelt, so möchte man aufgrund einer Beobachtung x sagen, ob diese Methode I besser ist als eine bisher benutzte Methode II. Man hat also zwischen den beiden Hypothesen „I ist nicht besser als II" und „I ist besser als II" zu entscheiden. Allgemein versteht man unter einer *Hypothese* **H** eine Aussage über den zugrundeliegenden Parameter bzw. über die zugrundeliegende Verteilung. Dabei soll die Teilmenge des Parameterraums, für die **H** erfüllt ist, mit demselben Symbol **H** und diejenige von $\mathfrak{P}$ mit $\mathfrak{P}_{\mathbf{H}}$ bezeichnet werden. Eine Hypothese **H** heißt *einfach*, wenn $\mathfrak{P}_{\mathbf{H}}$ einelementig ist, andernfalls *zusammengesetzt*.

Soll aufgrund einer Beobachtung x entschieden werden, welche von zwei[1]) Hypothesen **H** und **K** erfüllt ist, so spricht man von einem *Testproblem*. Der Entscheidungsraum für ein derartiges Testproblem besteht also aus den beiden Elementen $a_{\mathbf{H}}$ und $a_{\mathbf{K}}$, wobei $a_{\mathbf{H}}$ bzw. $a_{\mathbf{K}}$ die Entscheidung zugunsten von **H** bzw. **K** bezeichnen. Somit ist ein (nichtrandomisierter) Test bereits durch die (meßbare) Teilmenge S derjenigen Punkte $x \in \mathfrak{X}$

---

[1]) Bei einem Testproblem setzen wir stets voraus, daß genau eine der beiden Hypothesen erfüllt ist, daß also $\mathfrak{P}_{\mathbf{H}}$ und $\mathfrak{P}_{\mathbf{K}}$ disjunkt sind mit $\mathfrak{P}_{\mathbf{H}} + \mathfrak{P}_{\mathbf{K}} = \mathfrak{P}$; im übrigen vgl. Fußnote 2), S. 12.

bestimmt, bei denen man sich für **K** entscheidet. Ein *nicht-randomisierter Test* ist also eine zweiwertige Funktion

$$d(x) = \begin{cases} a_{\mathbf{K}} & \text{für } x \in S \\ a_{\mathbf{H}} & \text{für } x \in S^c. \end{cases} \tag{1.2.45}$$

Die einfachsten Testprobleme sind solche mit Hypothesen der Form

$$\mathbf{H}\colon \vartheta \le \vartheta_0,\ \mathbf{K}\colon \vartheta > \vartheta_0 \quad \text{bzw.} \quad \mathbf{H}\colon \vartheta = \vartheta_0,\ \mathbf{K}\colon \vartheta \neq \vartheta_0, \tag{1.2.46}$$

bei denen ϑ ein eindimensionaler Parameter und ϑ_0 ein bekannter Wert ist. Man nennt derartige Hypothesen bzw. Testprobleme auch *einseitig* bzw. *zweiseitig*. Bei der Lösung derartiger Probleme liegt es nahe, den unbekannten Parameter ϑ durch eine Statistik T zu schätzen und Tests dann so festzulegen, daß man sich für **H** oder **K** entscheidet, je nachdem ob mit geeigneten reellwertigen c bzw. $c_1 < c_2$ gilt

$$T(x) \leqslant c \quad \text{oder} \quad T(x) > c \quad \text{bzw.} \quad T(x) \in [c_1, c_2] \quad \text{oder} \quad T(x) \notin [c_1, c_2]. \tag{1.2.47}$$

Solche Tests sind also von der Form (1.2.45) mit $S = \{x\colon T(x) > c\}$ bzw. $S = \{x\colon T(x) < c_1\} \cup \{x\colon T(x) > c_2\}$.

Bei einem Test gibt es somit zwei mögliche Arten von Fehlentscheidungen: *Fehler* 1. *Art* – das sind Entscheidungen für **K**, obwohl **H** richtig ist – und *Fehler* 2. *Art* – das sind Entscheidungen für **H**, obwohl **K** richtig ist. Die WS für beide Fehlerarten lassen sich also etwa durch die WS ausdrücken, sich unter der Verteilung P_ϑ zugunsten von **K** zu entscheiden. Man nennt deshalb die durch

$$\beta\colon \Theta \to \mathbb{R}, \qquad \beta(\vartheta) = P_\vartheta(S) \tag{1.2.48}$$

definierte Funktion *Gütefunktion des nicht-randomisierten Tests* (1.2.45). Für $\vartheta \in \mathbf{H}$ beschreibt also $\beta(\vartheta)$ die Fehler-WS 1. Art und für $\vartheta \in \mathbf{K}$ die WS für eine richtige Entscheidung zugunsten von **K**.

	$a_{\mathbf{H}}$	$a_{\mathbf{K}}$
$\vartheta \in \mathbf{H}$	keine Fehler	Fehler 1. Art
$\vartheta \in \mathbf{K}$	Fehler 2. Art	keine Fehler

Von besonderem Interesse sind Tests, deren WS für Fehler 1. Art eine vorgegebene „kleine" *Irrtumswahrscheinlichkeit* $\alpha \in (0, 1)$ nicht überschreiten und unter dieser Nebenbedingung die WS für Fehler 2. Art minimieren. Da die Fehler-WS 1. und 2. Art in einem solchen Falle unterschiedlich behandelt werden, kommt es bei einer derartigen Formulierung eines Testproblems darauf an, welche der beiden Hypothesen als **H** und welche als **K** gewählt wird; hierauf werden wir in 2.1.1 eingehen.

Beispiel 1.34 (Gauß-Tests) $X_1, \ldots, X_n$ seien st. u. $\mathfrak{N}(\mu, \sigma_0^2)$-verteilte ZG mit unbekanntem $\mu \in \mathbb{R}$; $\sigma_0^2 > 0$ sei bekannt. (Durch den unbekannten Parameter $\vartheta = \mu$ werde etwa die Güte eines Heil- oder

Herstellungsverfahrens beschrieben.) Ist μ_0 ein ebenfalls bekannter Wert – wie in Beispiel 1.3 etwa aufgrund umfangreicher früherer Beobachtungen –, so interessieren die Hypothesen

$$\mathbf{H}\colon \mu \leqslant \mu_0\,,\ \mathbf{K}\colon \mu > \mu_0 \quad \text{bzw.} \quad \mathbf{H}\colon \mu = \mu_0\,,\ \mathbf{K}\colon \mu \neq \mu_0$$

Ein naheliegender Schätzer für die Abweichung $\mu - \mu_0$ ist $\bar{x} - \mu_0$; die Statistik $T(x) = \sqrt{n}(\bar{x} - \mu_0)/\sigma_0$ mißt also die relative Abweichung – bezogen auf die Standardabweichung $\sigma_0/\sqrt{n}$ von $\bar{X} - \mu_0$. Demgemäß wird man sich für $\mathbf{K}: \mu > \mu_0$ bzw. $\mathbf{K}: \mu \neq \mu_0$ entscheiden, wenn $T(x)$ bzw. $|T(x)|$ hinreichend groß ist, andernfalls für $\mathbf{H}: \mu \leqslant \mu_0$ bzw. $\mathbf{H}: \mu = \mu_0$. Der nicht-randomisierte Test ist also bei geeignetem $c \in \mathbb{R}$ bestimmt durch $S = \{x\colon T(x) > c\}$ bzw. aus Symmetriegründen durch $S = \{x\colon |T(x)| > c\}$. Wegen $\mathfrak{L}_\mu(\sqrt{n}(\bar{X} - \mu)/\sigma_0) = \mathfrak{N}(0,1)$ gilt für die Gütefunktion, wenn ϕ die VF der $\mathfrak{N}(0,1)$-Verteilung bezeichnet, im ein- bzw. zweiseitigen Fall

$$\beta_1(\mu) = P_\mu(T(X) > c) = P_\mu\left(\sqrt{n}\,\frac{\bar{X} - \mu}{\sigma_0} > c - \sqrt{n}\,\frac{\mu - \mu_0}{\sigma_0}\right) = \phi\left(\sqrt{n}\,\frac{\mu - \mu_0}{\sigma_0} - c\right) \tag{1.2.49}$$

$$\beta_2(\mu) = P_\mu(|T(X)| > c) = \phi\left(\sqrt{n}\,\frac{\mu - \mu_0}{\sigma_0} - c\right) + \phi\left(-\sqrt{n}\,\frac{\mu - \mu_0}{\sigma_0} - c\right). \tag{1.2.50}$$

β_1 und β_2 sind in Abhängigkeit von μ bzw. $|\mu - \mu_0|$ streng isoton. Die zugelassene Irrtums-WS α wird also dadurch ausgeschöpft, daß man c wählt gemäß $\beta_1(\mu_0) = \phi(-c) = \alpha$ bzw. $\beta_2(\mu_0) = 2\phi(-c) = \alpha$. Die so präzisierten Tests heißen *einseitiger* bzw. *zweiseitiger Gauß-Test*. □

Beispiel 1.35 (Nicht-randomisierter Binomialtest) $X_1, \ldots, X_n$ seien st. u. $\mathfrak{B}(1,\pi)$-verteilte ZG mit unbekanntem Parameter $\vartheta = \pi \in [0,1]$; wie in Beispiel 1.3 sei $\pi_0 \in (0,1)$ ein bekannter Wert. Zur Entscheidung zwischen

$$\mathbf{H}\colon \pi \leqslant \pi_0\,,\ \mathbf{K}\colon \pi > \pi_0 \quad \text{bzw.} \quad \mathbf{H}\colon \pi = \pi_0\,,\ \mathbf{K}\colon \pi \neq \pi_0$$

„mißt" $\bar{x} - \pi_0$ oder äquivalent $T(x) = \sum x_j$ die Abweichung von der Hypothese $\mathbf{H}$. Somit ist die bei geeigneten c bzw. c_1 und c_2 mit $S = \{x\colon T(x) > c\}$ bzw. $S = \{x\colon c_1 < T(x) < c_2\}$ gebildete Funktion (1.2.45) ein sinnvoller, wenn auch im zweiten Fall nicht notwendig optimaler Test. Im Gegensatz zu Beispiel 1.34 läßt sich jetzt jedoch eine zugelassene Irrtums-WS α im allgemeinen nicht ausschöpfen. Man kann nämlich o.E. c bzw. c_1 und c_2 auf die ganzzahligen Werte $-1, 0, 1, \ldots, n, n+1$ beschränken, so daß den beliebig vorgebbaren Werten $\alpha \in (0,1)$ nur endlich viele Werte c bzw. c_1, c_2 gegenüber stehen. □

Dieses Beispiel legt es nahe, den Begriff eines nicht-randomisierten Tests zu verallgemeinern. Hierzu ist es zweckmäßig, in (1.2.45) formal $a_\mathbf{K} = 1$ und $a_\mathbf{H} = 0$ zu setzen und den Wert

$$\varphi(x) = \mathbb{1}_S(x) \quad \text{für } x \in \mathfrak{X}\,, \quad \text{also} \quad \varphi(x) = \begin{cases} 1 & \text{für } x \in S \\ 0 & \text{für } x \in S^c \end{cases} \tag{1.2.51}$$

dieser Indikatorfunktion $\mathbb{1}_S$ als WS zu interpretieren, mit der die Entscheidung $a_\mathbf{K}$ getroffen wird. Diese Interpretation steht im Einklang mit der Entscheidungsvorschrift (1.2.45) und läßt sich ausdehnen auf die Werte $\varphi(x)$ einer jeden anderen meßbaren Abbildung φ, die nur Werte zwischen 0 und 1 annimmt. Die Gesamtheit dieser Abbildungen $\varphi\colon (\mathfrak{X}, \mathfrak{B}) \to ([0,1], [0,1]\,\mathbb{B})$ ist offensichtlich konvex und enthält die Gesamtheit aller nicht-randomisierten Tests (1.2.51) als echte Teilmenge; auch wird sie sich in 2.1.4 als in geeignetem Sinne kompakt erweisen. Dank dieser Erweiterung wird es später nicht nur vielfach möglich sein, eine vorgegebene Irrtums-WS auszuschöpfen, sondern auch die Existenz von – in noch zu präzisierendem Sinne – optimalen Tests zu zeigen.

Definition 1.36 *Unter einem* randomisierten Test *oder kurz unter einem* Test *versteht man eine meßbare Abbildung* φ *des Stichprobenraums* $(\mathfrak{X}, \mathfrak{B})$ *in das (meßbare) Einheitsintervall* $([0,1], [0,1]\,\mathbb{B})$. *Dabei gibt* $\varphi(x)$ *die* WS *an, mit der bei Vorliegen der Beobachtung* x *die Entscheidung* $a_{\mathbf{K}}$ *zu treffen ist*[1]). *Die Menge aller Tests* φ *auf* $(\mathfrak{X}, \mathfrak{B})$ *bezeichnen wir mit* Φ.

Offenbar ist vermöge der Zuordnung (1.2.51) jeder nicht-randomisierte Test ein Test im Sinne dieser Definition. Insbesondere führen einseitige Hypothesen $\mathbf{H}: \vartheta \leqslant \vartheta_0, \mathbf{K}: \vartheta > \vartheta_0$ vielfach zu *einseitigen Tests mit* 0-1-*Gestalt*, d.h. zu Tests der Form

$$\varphi(x) = \mathbb{1}_{(c,\infty]}(T(x)) + \gamma(x)\,\mathbb{1}_{\{c\}}(T(x)) = \begin{cases} 1 & \text{für } T(x) > c \\ \gamma(x) & \text{für } T(x) = c \\ 0 & \text{für } T(x) < c\,. \end{cases} \tag{1.2.52}$$

Dabei ist T eine $\overline{\mathbb{R}}$-wertige Statistik, c eine reelle Zahl und γ eine (meßbare) Abbildung von $\{T = c\}$ in $[0,1]$. Die *Prüfgröße* T „prüft" also durch Vergleich[2]) des Wertes $T(x)$, der aufgrund der zufälligen Beobachtung x errechnet wurde, mit dem *kritischen Wert* c, ob eine Verteilung aus **K** zugrundeliegt oder eine solche aus **H**: Wenn $T(x) > c$ oder $T(x) < c$ ist, entscheidet man sich wie bei einem nicht-randomisierten Test zugunsten von **K** bzw. **H**. Ist jedoch $T(x) = c$, so liefert das Experiment keine klare Entscheidung zugunsten von **K** oder **H**; in diesem Fall trifft man eine vom Ausgang eines zusätzlichen Hilfsexperiments (Auswürfeln, Benutzen einer Tabelle von Zufallszahlen[3]) oder dergleichen) abhängende *randomisierte Entscheidung*. Dieses Hilfsexperiment hat man so anzulegen, daß es ein Ereignis mit WS $\gamma := \gamma(x)$ enthält (*Randomisierung nach einer* $\mathfrak{B}(1,\gamma)$-*Verteilung*); tritt dann dieses Ereignis ein, so trifft man die Entscheidung $a_{\mathbf{K}}$, andernfalls $a_{\mathbf{H}}$. Ob man sich also bei Vorliegen einer Beobachtung x mit $T(x) = c$, speziell also bei einer Beobachtung x mit $\varphi(x) \in (0,1)$, letztlich für $a_{\mathbf{K}}$ oder $a_{\mathbf{H}}$ entscheidet, hängt somit vom Ausgang dieses Hilfsexperiments ab. Entsprechend führen zweiseitige Hypothesen $\mathbf{H}: \vartheta = \vartheta_0, \mathbf{K}: \vartheta \neq \vartheta_0$

---

[1]) Wir nehmen hier die Anwendungsvorschrift randomisierter Entscheidungsfunktionen mit in die Definition, obwohl sie vom rein mathematischen Standpunkt aus nicht dazugehört. Entsprechendes gilt für die Definitionen 1.49 in 1.2.5.

[2]) Prüfgröße und kritischer Wert eines Tests sind nicht eindeutig bestimmt. Ist z.B. $h: \overline{\mathbb{R}} \to \overline{\mathbb{R}}$ streng isoton, so ist $T(x) > c \Leftrightarrow h(T(x)) > h(c)$. Wir sprechen deshalb bei c auch vom *kritischen Wert zur Prüfgröße* T.

[3]) Unter einer Tabelle von (Pseudo-)Zufallszahlen versteht man eine Vertafelung von letztlich deterministisch erzeugten Zahlen, die sich angenähert wie die Realisierungen $\mathfrak{R}(0,1)$-verteilter ZG $U_1, \ldots, U_n$ (mit großem n, z.B. $n = 10^4$) verhalten. Das Hilfsexperiment besteht dann darin, aus dieser eine Zahl u „zufällig" zu entnehmen. u kann dann (angenähert) als Realisierung einer $\mathfrak{R}(0,1)$-verteilten ZG aufgefaßt werden, so daß eine Entnahme einer Zahl u mit $u \leqslant \gamma$ (näherungsweise) die WS γ hat. Man trifft also die Entscheidung $a_{\mathbf{K}}$ oder $a_{\mathbf{H}}$, je nachdem ob $u \leqslant \gamma$ oder $u > \gamma$ ist. Vertafelungen findet man etwa in D.B. Owen [1].

häufig zu *zweiseitigen Tests mit* 0-1-*Gestalt*,

$$\varphi(x) = \mathbb{1}_{[-\infty, c_1)}(T(x)) + \mathbb{1}_{(c_2, \infty]}(T(x)) + \sum_{l=1}^{2} \gamma_l(x)\, \mathbb{1}_{\{c_l\}}(T(x)), \qquad (1.2.53)$$

bei denen für $T(x) \in \{c_1, c_2\}$ eine randomisierte Entscheidung zu treffen ist. (Bei Tests der Form (1.2.53) wird stets $c_1 < c_2$ oder $\gamma_1(x) + \gamma_2(x) \leqslant 1$ bei $c_1 = c_2$ vorausgesetzt.)

Auch bei randomisierten Tests lassen sich die WS für Fehler 1. und 2. Art bzw. die WS für richtige Entscheidungen durch Werte ein und derselben Funktion ausdrücken, der somit zentrale Bedeutung zukommt:

Definition 1.37 *Gegeben sei eine Verteilungsklasse* [1] $\mathfrak{P} = \{P_\vartheta \colon \vartheta \in \Theta\}$. *Dann versteht man unter der* Gütefunktion eines Tests φ *die durch*

$$\beta\colon \Theta \to [0,1], \qquad \beta(\vartheta) = E_\vartheta \varphi, \qquad (1.2.54)$$

definierte Funktion. Dabei gibt $\beta(\vartheta)$ *die* WS *an, mit der bei Vorliegen der Verteilung* P_ϑ *die Entscheidung* $a_{\mathbf{K}}$ *getroffen wird. Insbesondere bezeichnet* $\beta(\vartheta)$ *für* $\vartheta \in \mathbf{H}$ *die* Fehlerwahrscheinlichkeit 1. Art *und* $1 - \beta(\vartheta)$ *für* $\vartheta \in \mathbf{K}$ *die* Fehlerwahrscheinlichkeit 2. Art. $\beta(\vartheta)$ *für* $\vartheta \in \mathbf{K}$ *heißt auch* Schärfe des Tests φ.

Es soll nun gezeigt werden, daß es durch das Zulassen randomisierter Tests etwa für das einseitige Testproblem aus Beispiel 1.35 möglich ist, durch geeignete Wahl des kritischen Werts c und der als konstant angenommenen Randomisierung $\bar{\gamma}$ eine vorgegebene Irrtums-WS $\alpha \in (0,1)$ auszuschöpfen. Dies gilt allgemeiner für einseitige Tests der Form (1.2.52). Für diese lautet nämlich die Gütefunktion

$$\beta(\vartheta) = E_\vartheta \varphi = P_\vartheta(T > c) + \int_{\{T=c\}} \gamma(x)\, \mathrm{d}P_\vartheta, \quad \vartheta \in \Theta. \qquad (1.2.55)$$

Sollen nun die Fehler 1. Art eine vorgegebene Irrtums-WS $\alpha \in (0,1)$ einhalten, so kann c nicht zu klein und dann die (meßbare) Funktion $\gamma\colon \{T=c\} \to [0,1]$ nicht zu groß gewählt werden. Unter diesen Nebenbedingungen ist jedoch c zu minimieren bzw. $\gamma(\cdot)$ zu maximieren, um die Fehler-WS 2. Art möglichst klein zu machen. Ist $\mathfrak{P}$ eine einparametrige Klasse und die Gütefunktion isoton, so lassen sich c und $\gamma(\cdot)$ vielfach unter einer einzigen Verteilung $P_0 \in \mathfrak{P}_{\mathbf{H}}$ festlegen. $\mathfrak{L}_{P_0}(T)$ heißt auch *Prüfverteilung*. Es soll nun gezeigt werden, daß es sogar bei Beschränkung auf *Tests mit konstanter Randomisierung* [2] $\bar{\gamma} \in [0,1]$ stets möglich ist, die Gültigkeit von $E_{P_0} \varphi = \alpha$ zu erreichen.

Satz 1.38 *Es seien* P_0 *ein* WS-*Maß auf* $(\mathfrak{X}, \mathfrak{B})$, $T\colon (\mathfrak{X}, \mathfrak{B}) \to (\bar{\mathbb{R}}, \bar{\mathbb{B}})$ *eine meßbare Funktion mit* $P_0(|T| = \infty) = 0$, F *die* VF *von* P_0^T *sowie* $\alpha \in (0,1)$. *Dann existiert ein Test der Form* $\varphi(x) = \mathbb{1}_{(c,\infty]}(T(x)) + \bar{\gamma}\, \mathbb{1}_{\{c\}}(T(x))$ *mit* $E_0 \varphi := \int \varphi(x)\, \mathrm{d}P_0 = \alpha$. *Dabei lassen sich* $c \in \mathbb{R}$ *und* $\bar{\gamma} \in [0,1]$ *explizit angeben, nämlich gemäß* [3]

---

[1]) Im Hinblick auf die hier folgenden Beispiele wie auch für die in Kap. 2–4 zu entwickelnde Theorie legen wir dieser Definition eine parametrisierte Klasse zugrunde; vgl. auch Fußnote 1), S. 12.

[2]) Man beachte, daß ein Test der Form (1.2.52), der auf dem Randomisierungsbereich $\{T = c\}$ genau die Werte 0 und 1 annimmt, nicht-konstante Randomisierung $\gamma(\cdot)$ hat, aber nicht-randomisiert ist.

[3]) Sind Werte $c \in \bar{\mathbb{R}}$ zugelassen, so läßt sich die Festsetzung (1.2.56) auch für $\alpha = 0$ wählen; bei $\alpha = 1$ setze man $c = \sup\{t\colon P_0(T \leqslant t) = 0\}$; vgl. auch Definition 1.16.

$$c = \inf\{t: P_0(T>t) \leqslant \alpha\} = F^{-1}(1-\alpha), \tag{1.2.56}$$

$$\bar{\gamma} = \begin{cases} \dfrac{\alpha - P_0(T>c)}{P_0(T=c)} & \text{für } P_0(T=c)>0 \\ 0 & \text{für } P_0(T=c)=0\,. \end{cases} \tag{1.2.57}$$

Insbesondere ist der Test φ nicht-randomisiert wählbar, falls gilt $P_0(T=c)=0$. Ist T nicht-negativ, so gilt $c \geqslant 0$.

Beweis: Die Bedingung $E_0\varphi = P_0(T>c) + \bar{\gamma}P_0(T=c) = \alpha$ ist wegen $\bar{\gamma}\in[0,1]$ genau dann erfüllt, wenn gilt

$$P_0(T>c) \leqslant \alpha \leqslant P_0(T \geqslant c) \quad \text{oder äquivalent} \quad F(c-0) \leqslant 1-\alpha \leqslant F(c). \tag{1.2.58}$$

Nach (1.2.11) existiert ein derartiger Wert stets, nämlich $c = F^{-1}(1-\alpha)$. Mit $\bar{\gamma}$ gemäß (1.2.57) ist dann die Forderung $E_0\varphi = \int \varphi(x)\,\mathrm{d}P_0 = \alpha$ erfüllt. Für $P_0(T=c)=0$ folgt nämlich aus (1.2.58) $P_0(T>c) = P_0(T \geqslant c) = \alpha$ und damit für jedes $\bar{\gamma}\in[0,1]$

$$\int \varphi(x)\,\mathrm{d}P_0 = P_0(T>c) + \bar{\gamma}P_0(T=c) = P_0(T>c) = \alpha\,.$$

Es kann somit $\bar{\gamma}=0$ und folglich der Test nicht-randomisiert gewählt werden. Im Fall $P_0(T=c)>0$ folgt aus (1.2.57) wegen (1.2.58) sowohl $\bar{\gamma}\in[0,1]$ als auch

$$\int \varphi(x)\,\mathrm{d}P_0 = P_0(T>c) + \frac{\alpha - P_0(T>c)}{P_0(T=c)}\,P_0(T=c) = \alpha\,. \qquad \square$$

Mit randomisierten Tests kann also stets eine vorgegebene Irrtums-WS ausgeschöpft werden. Dabei gibt $\int \gamma(x)\,\mathbb{1}_{\{T=c\}}\,\mathrm{d}P$ bzw. $\bar{\gamma}P(\{T=c\})$ den durch Zulassen randomisierter Tests bedingten Gütegewinn wieder. Aus (1.2.57–58) folgt auch, wann ein Test der Form (1.2.52) mit konstanter Randomisierung bei $E_0\varphi = \alpha$ und $P_0(T=c)>0$ nicht-randomisiert gewählt werden kann:

$$\varphi(x) = \mathbb{1}_{(c,\infty]}(T(x)) \Leftrightarrow \bar{\gamma}=0 \Leftrightarrow \exists c \in \mathbb{R}: P_0(T>c)=\alpha, \tag{1.2.59}$$

$$\varphi(x) = \mathbb{1}_{[c,\infty]}(T(x)) \Leftrightarrow \bar{\gamma}=1 \Leftrightarrow \exists c \in \mathbb{R}: P_0(T \geqslant c)=\alpha\,. \tag{1.2.60}$$

Neben den einseitigen Hypothesen $\mathbf{H}: \vartheta \leqslant \vartheta_0$, $\mathbf{K}: \vartheta > \vartheta_0$ interessieren auch diejenigen mit „vertauschten Richtungen", also $\mathbf{H}: \vartheta \geqslant \vartheta_0$, $\mathbf{K}: \vartheta < \vartheta_0$. Bei diesen werden kleine Werte der Prüfgröße $T(x)$ aus (1.2.52) zur Entscheidung zugunsten von $\mathbf{K}$ führen, also wird

$$\varphi(x) = \mathbb{1}_{[-\infty,c)}(T(x)) + \gamma(x)\,\mathbb{1}_{\{c\}}(T(x)) \tag{1.2.61}$$

ein sinnvoller Test sein. Bezeichnet F die VF der eindimensionalen Verteilung $P := P_0^T$, so nennt man deshalb für $\alpha\in(0,1)$

$$F^{-1}(1-\alpha) = \inf\{x: P((x,\infty)) \leqslant \alpha\} \quad \text{bzw.} \quad F^{-1}(\alpha+0) = \sup\{x: P((-\infty,x)) \leqslant \alpha\} \tag{1.2.62}$$

oberes bzw. *unteres α-Fraktil der Verteilung P*. Da jedoch die Tests überwiegend in der Form (1.2.52) geschrieben werden, heißt das obere α-Fraktil auch kurz *α-Fraktil der*

Verteilung P und wird mit P_α bezeichnet, also $P_\alpha := F^{-1}(1-\alpha)$. So bezeichnen wir etwa das α-Fraktil der $\mathfrak{B}(n, \pi_0)$-Verteilung mit $\mathfrak{B}(n, \pi_0)_\alpha$. Das α-Fraktil P_α einer Verteilung P ist also der kleinste Wert x, oberhalb dessen höchstens die P-WS α liegt. Insbesondere gilt wegen (1.2.11)

$$P((P_\alpha, \infty)) \leqslant \alpha \leqslant P([P_\alpha, \infty)). \tag{1.2.63}$$

Ist speziell F stetig und streng isoton, fällt also die Quantilfunktion mit der üblichen Umkehrabbildung zusammen, so gilt für das α-Fraktil P_α

$$F^{-1}(1-\alpha) = P_\alpha \Leftrightarrow F(P_\alpha) = 1 - \alpha \Leftrightarrow P((P_\alpha, \infty)) = \alpha. \tag{1.2.64}$$

Für das α-Fraktil der $\mathfrak{N}(0,1)$-Verteilung schreiben wir auch kurz u_α; es gilt also $P(W > \mathrm{u}_\alpha) = \alpha$ bzw. $\phi(\mathrm{u}_\alpha) = 1 - \alpha$, wenn $\mathfrak{L}(W) = \mathfrak{N}(0,1)$ bzw. ϕ die VF der $\mathfrak{N}(0,1)$-Verteilung ist.

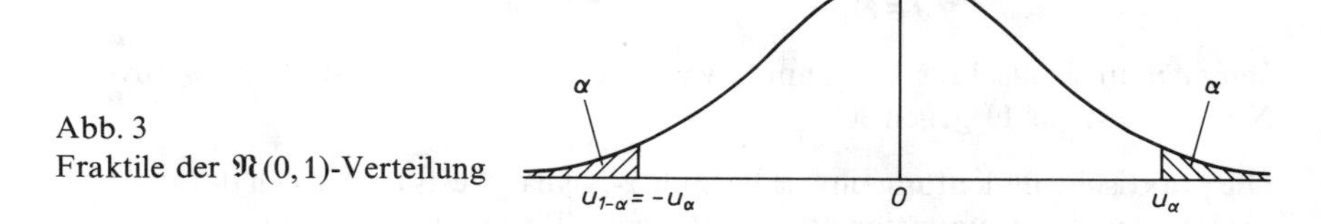

Abb. 3
Fraktile der $\mathfrak{N}(0,1)$-Verteilung

Für die unteren und oberen α-Fraktile $\mathrm{u}_{1-\alpha}$ bzw. u_α der $\mathfrak{N}(0,1)$-Verteilung gilt aus Symmetriegründen $\mathrm{u}_{1-\alpha} = -\mathrm{u}_\alpha$; vgl. Abb. 3. Entsprechendes gilt selbstverständlich *nicht* für die Fraktile der $\mathfrak{B}(n, \pi_0)$-Verteilung.

Vermöge oberer und unterer Fraktile lassen sich nicht nur einseitige Tests, sondern auch viele zweiseitige Tests – wenn auch nicht notwendig „optimal" – festlegen. Bei konstanter Randomisierung lauten nämlich die Tests (1.2.53)

$$\varphi(x) = \mathbb{1}_{[-\infty, c_1)}(T(x)) + \mathbb{1}_{(c_2, \infty]}(T(x)) + \sum_{l=1}^{2} \bar{\gamma}_l \, \mathbb{1}_{\{c_l\}}(T(x)). \tag{1.2.65}$$

Diese Tests lassen sich auffassen als Summe der beiden einseitigen Tests

$$\begin{aligned} \varphi_1(x) &= \mathbb{1}_{[-\infty, c_1)}(T(x)) + \bar{\gamma}_1 \, \mathbb{1}_{\{c_1\}}(T(x)), \\ \varphi_2(x) &= \mathbb{1}_{(c_2, \infty]}(T(x)) + \bar{\gamma}_2 \, \mathbb{1}_{\{c_2\}}(T(x)). \end{aligned} \tag{1.2.66}$$

Demgemäß kann man die Bedingung $E_0 \varphi = \alpha$ dadurch erfüllen, daß man fordert

$$\begin{aligned} E_0 \varphi_1 &= P_0(T < c_1) + \bar{\gamma}_1 P_0(T = c_1) = \alpha/2, \\ E_0 \varphi_2 &= P_0(T > c_2) + \bar{\gamma}_2 P_0(T = c_2) = \alpha/2. \end{aligned} \tag{1.2.67}$$

Da φ_1 und φ_2 von der Form (1.2.52) bzw. (1.2.61) sind, lassen sich $(c_1, \bar{\gamma}_1)$ und $(c_2, \bar{\gamma}_2)$ analog (1.2.56–57) festlegen, also c_1 als unteres und c_2 als oberes $\alpha/2$-Fraktil.

Für die praktische Bestimmung derartiger ein- und zweiseitiger Tests mittels einer Prüfgröße T ist die folgende Interpretation nützlich: Man ordnet die Punkte $x \in \mathfrak{X}$ entsprechend der auf dem Stichprobenraum durch die Prüfgröße T induzierten Präferenzordnung

$$x' \succ x \Leftrightarrow T(x') > T(x) \tag{1.2.68}$$

nach fallenden bzw. steigenden Werten von $T(x)$ und zwar solange, bis die zugelassene Irrtums-WS α (im einseitigen Fall) bzw. $\alpha/2$ (bei den Tests φ_1 und φ_2 im zweiseitigen Fall) ausgeschöpft ist. Punkte x und x' mit $T(x) = T(x')$ werden dabei gleichartig behandelt. Die unsymmetrische Behandlung der Fehler 1. und 2. Art rechtfertigt die

Definition 1.39 *Seien* **H** *und* **K** *zwei Hypothesen sowie* $\alpha \in (0,1)$. *Dann heißt ein Test* φ *mit*

$$E_\vartheta \varphi \leqslant \alpha \quad \forall \vartheta \in \mathbf{H} \tag{1.2.69}$$

ein Test zum Niveau α für **H** *oder kurz ein* α-Niveau Test für **H**. *Ein Test* φ *mit*

$$E_\vartheta \varphi \leqslant \alpha \quad \forall \vartheta \in \mathbf{H}, \qquad E_\vartheta \varphi \geqslant \alpha \quad \forall \vartheta \in \mathbf{K} \tag{1.2.70}$$

heißt ein unverfälschter Test zum Niveau α für **H** gegen **K** *oder kurz ein* unverfälschter α-Niveau Test für **H** gegen **K**.

Die praktische Bedeutung unverfälschter α-Niveau Tests ergibt sich daraus, daß bei ihnen die Entscheidung zugunsten von **K** unter einer Verteilung $\vartheta \in \mathbf{K}$ mit mindestens derjenigen WS getroffen wird, die unter Verteilungen $\vartheta \in \mathbf{H}$ hierfür zugelassen ist.

Wie diese Begriffe basieren auch die meisten sonstigen Güte- und Optimalitätskriterien der Testtheorie auf der Gütefunktion. Die folgenden beiden Beispiele wie auch die Beispiele aus 1.2.4 sollen zeigen, daß sich aus ihr die Eignung eines Tests für ein vorgegebenes Testproblem ablesen läßt. Dabei spiegelt Beispiel 1.40 die Abhängigkeit der Prüfgröße von den Hypothesen, Beispiel 1.45 diejenige von der Verteilungsannahme und Beispiel 1.41 den Gütegewinn wider, der sich durch Zulassen randomisierter Tests erreichen läßt.

Beispiel 1.40 (Einseitige und zweiseitige Tests) $X_1, \ldots, X_n$ seien st. u. $\mathfrak{N}(\mu, \sigma_0^2)$-verteilte ZG mit unbekanntem $\mu \in \mathbb{R}$ und bekanntem $\sigma_0^2 > 0$.

a) (Einseitige Tests). Aufgrund der Beobachtungen $x_1, \ldots, x_n$ sei zu entscheiden, ob die Güte μ besser ist als ein vorgegebener Wert μ_0 oder nicht, ob also gilt $\mathbf{H}: \mu \leqslant \mu_0$ oder $\mathbf{K}: \mu > \mu_0$. Ein naheliegender Test wurde bereits im Beispiel 1.34 angegeben, nämlich der einseitige Test $\varphi_1(x) = \mathbb{1}_{\{T > c\}}(x)$ mit der Prüfgröße $T(x) = \sqrt{n}(\bar{x} - \mu_0)/\sigma_0$. Dabei kann wegen der Stetigkeit von $\mathfrak{L}_\mu(T)$ auf Randomisierung verzichtet werden. Somit wird durch (1.2.49) die Gütefunktion für den einseitigen Test φ_1 angegeben. Wählt man wegen der Isotonie $c = \mathrm{u}_\alpha$, so ist φ_1 ein unverfälschter α-Niveau Test für **H** gegen **K**; vgl. Abb. 4.

b) (Zweiseitige Tests). Aufgrund der Beobachtungen $x_1, \ldots, x_n$ sei zu entscheiden, ob die Güte μ gleich einem vorgegebenen Wert μ_0 ist oder nicht, ob also gilt $\mathbf{H}: \mu = \mu_0$ oder $\mathbf{K}: \mu \neq \mu_0$. Ein naheliegender Test ist der in Beispiel 1.34 angegebene zweiseitige Test $\varphi_2(x) = \mathbb{1}_{(c,\infty)}(|T(x)|)$ mit der Prüfgröße $T(x) = \sqrt{n}(\bar{x} - \mu_0)/\sigma_0$. Wegen $\mathfrak{L}_\mu(\sqrt{n}(\bar{X} - \mu)/\sigma_0) = \mathfrak{N}(0,1)$ kann wieder auf Randomisierung verzichtet werden und für die Gütefunktion gilt (1.2.50).

Bezeichnet ϕ' die λ-Dichte der $\mathfrak{N}(0,1)$-Verteilung, so ergibt sich

$$\nabla\beta_2(\mu) = \frac{\sqrt{n}}{\sigma_0}\left[\phi'\left(\sqrt{n}\,\frac{\mu-\mu_0}{\sigma_0} - c\right) - \phi'\left(-\sqrt{n}\,\frac{\mu-\mu_0}{\sigma_0} - c\right)\right]$$

und damit $\nabla\beta_2(\mu) > 0$ für $\mu > \mu_0$ bzw. $\nabla\beta_2(\mu) < 0$ für $\mu < \mu_0$. Wählt man also c gemäß $\beta_2(\mu_0) = 2\phi(-c) = \alpha$, d.h. als $\alpha/2$-Fraktil $u_{\alpha/2}$ der $\mathfrak{N}(0,1)$-Verteilung, so ist φ_2 ein unverfälschter α-Niveau Test für das zweiseitige Testproblem $\mathbf{H}: \mu = \mu_0$ gegen $\mathbf{K}: \mu \neq \mu_0$; vgl. Abb. 4.

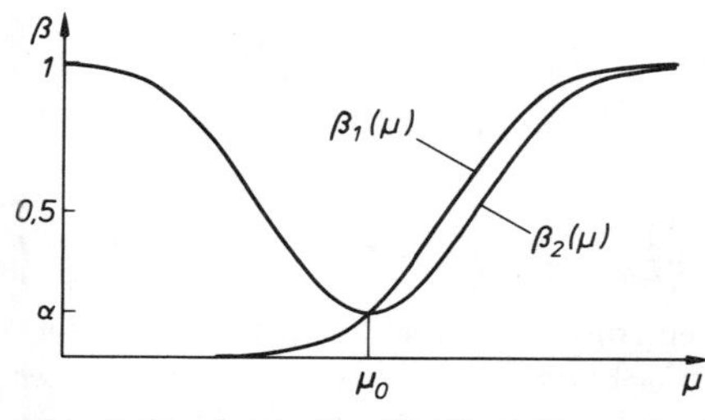

Abb. 4 Vergleich der Gütefunktionen des einseitigen und zweiseitigen Tests; ($\alpha = 0{,}16$, $\sqrt{n}/\sigma_0 = 2$, $\mu_0 = 2$).

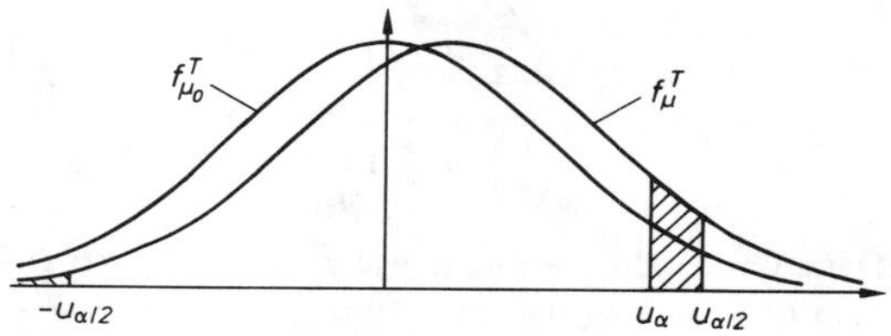

Abb. 5 Zum Schärfevergleich des einseitigen und zweiseitigen Tests. Für $\mu > 0$ ist $P_\mu(u_\alpha < T < u_{\alpha/2}) > P_\mu(T < -u_{\alpha/2})$; $\alpha = 0{,}05$.

c) (Vergleich) Formal läßt sich φ_2 nicht nur zum Prüfen der zweiseitigen, sondern auch zum Prüfen der einseitigen Hypothesen und entsprechend φ_1 nicht nur zum Prüfen der einseitigen, sondern auch zum Prüfen der zweiseitigen Hypothesen anwenden. Jedoch geben die Gütefunktionen die unterschiedlichen Fehler-WS der beiden Tests für die jeweiligen Hypothesen wieder; vgl. Abb. 4. Wählt man nämlich die jeweilige Konstante c gemäß $\beta_1(\mu_0) = \alpha$ bzw. $\beta_2(\mu_0) = \alpha$, also als u_α bzw. $u_{\alpha/2}$, so gilt[1])

$$\alpha = E_{\mu_0}\varphi_1 = E_{\mu_0}\varphi_2 < E_\mu\varphi_2 < E_\mu\varphi_1 \quad \text{für } \mu > \mu_0, \tag{1.2.71}$$

$$E_\mu\varphi_1 < E_{\mu_0}\varphi_1 = \alpha = E_{\mu_0}\varphi_2 < E_\mu\varphi_2 \quad \text{für } \mu < \mu_0. \tag{1.2.72}$$

Zum Prüfen der einseitigen Hypothesen $\mathbf{H}: \mu \leqslant \mu_0$, $\mathbf{K}: \mu > \mu_0$ ist also der einseitige Test φ_1 geeigneter als der zweiseitige Test φ_2, da φ_1 ein unverfälschter α-Niveau Test ist, φ_2 dagegen über $\mathbf{H}_2: \mu < \mu_0$ das vorgegebene α-Niveau nicht einhält. Entsprechend ist der zweiseitige Test φ_2 auf das Prüfen der zweiseitigen Hypothesen $\mathbf{H}: \mu = \mu_0$, $\mathbf{K}: \mu \neq \mu_0$ zugeschnitten. Er ist ein unverfälschter α-Niveau Test, während φ_1 über $\mathbf{K}_1: \mu < \mu_0$ nicht unverfälscht ist. □

Beispiel 1.41 (Nicht-randomisierter und randomisierter Binomialtest). Es seien $X_1, \ldots, X_n$ st. u. $\mathfrak{B}(1,\pi)$-verteilte ZG, $\pi \in [0,1]$ unbekannt und $\pi_0 \in (0,1)$ bekannt.

a) (Einseitiger Test). Gesucht ist ein Test für $\mathbf{H}: \pi \leqslant \pi_0$ gegen $\mathbf{K}: \pi > \pi_0$. Wie in Beispiel 1.35 ist es intuitiv naheliegend, sich für $\mathbf{K}$ (große WS π) zu entscheiden, wenn $\sum x_j$ hinreichend groß ist (große Häufigkeiten), d.h. wenn mit geeignetem $c \in \{-1, \ldots, n+1\}$ gilt $\sum x_j > c$. Um eine zugelassene Irrtums-WS $\alpha \in (0,1)$ ausschöpfen und geeignete Optimalitätskriterien erfüllen zu können, werden

[1]) Die zweite Ungleichung (1.2.71) läßt sich anhand von Abb. 5 veranschaulichen. Ein strenger Beweis folgt aus der Optimalität von φ_1 für $\mathbf{H}: \mu = \mu_0$ gegen $\mathbf{K}: \mu > \mu_0$, vgl. 2.1.2.

wir auf der Menge $\{x: \sum x_j = c\}$ randomisierte Entscheidungen zulassen. Beschränkung auf konstante Randomisierung $\bar{\gamma} \in [0,1]$ führt zum *einseitigen Binomialtest*

$$\varphi(x) = \mathbb{1}_{(c,n]}(\sum x_j) + \bar{\gamma}\, \mathbb{1}_{\{c\}}(\sum x_j) = \begin{cases} 1 & \text{für } \sum x_j > c \\ \bar{\gamma} & \text{für } \sum x_j = c \\ 0 & \text{für } \sum x_j < c\,. \end{cases} \tag{1.2.73}$$

Für diesen lautet die Gütefunktion wegen $\mathfrak{L}_\pi(\sum X_j) = \mathfrak{B}(n,\pi)$ bzw. weil der erste Summand die Ableitung $\binom{n}{c}(n-c)\,\pi^c(1-\pi)^{n-c-1}$ besitzt,

$$\begin{aligned} \beta_{c,\bar{\gamma}}(\pi) &= \sum_{t=c+1}^{n} \binom{n}{t} \pi^t (1-\pi)^{n-t} + \bar{\gamma} \binom{n}{c} \pi^c (1-\pi)^{n-c} \\ &= \binom{n}{c}(n-c) \int_0^\pi s^c (1-s)^{n-c-1}\, \mathrm{d}s + \bar{\gamma}\binom{n}{c} \pi^c (1-\pi)^{n-c}. \end{aligned} \tag{1.2.74}$$

Diese Gütefunktionen sind, wie man etwa durch Differentiation nach π leicht verifiziert, für jedes Paar $(c, \bar{\gamma})$ isoton (und sogar streng isoton, sofern es sich nicht um diejenigen der Tests $\varphi \equiv 0$ oder $\varphi \equiv 1$ handelt). Somit läßt sich gemäß Satz 1.38 eine vorgegebene Irrtums-WS $\alpha \in (0,1)$ ausschöpfen und zwar ist mit $\vartheta_0 = \pi_0$

$$c = \inf\{t: \mathbb{P}_{\vartheta_0}(\sum X_j > t) \leqslant \alpha\} = \mathfrak{B}(n,\pi_0)_\alpha, \qquad \bar{\gamma} = \frac{\alpha - \mathbb{P}_{\vartheta_0}(\sum X_j > c)}{\mathbb{P}_{\vartheta_0}(\sum X_j = c)}. \tag{1.2.75}$$

Der jeweils zweite Summand in (1.2.74) gibt gerade den Gütegewinn an, der durch Zulassen randomisierter Tests erzielt wird.

Zu jedem Punkt $(\pi_0, \alpha) \in (0,1) \times (0,1)$ gibt es genau eine Gütefunktion $\beta_{c,\bar{\gamma}}(\cdot)$ mit $\beta_{c,\bar{\gamma}}(\pi_0) = \alpha$. (1.2.73) ist nämlich äquivalent mit

$$\varphi(x) = \bar{\gamma}\, \mathbb{1}_{(c-1,n]}(\sum x_j) + (1-\bar{\gamma})\, \mathbb{1}_{(c,n]}(\sum x_j), \tag{1.2.76}$$

so daß $\beta_{c,\bar{\gamma}}(\cdot)$ die Konvexkombination der Gütefunktionen der beiden nicht-randomisierten Tests $\mathbb{1}_{(c-1,n]}(\sum x_j)$ und $\mathbb{1}_{(c,n]}(\sum x_j)$ ist (vgl. Abb. 6).

Wegen der (strengen) Isotonie von $\beta_{c,\bar{\gamma}}(\cdot)$ ist der durch $\beta_{c,\bar{\gamma}}(\pi_0) = \alpha$ festgelegte einseitige Binomialtest ein (strikt) unverfälschter α-Niveau Test für die einseitigen Hypothesen $\mathbf{H}: \pi \leqslant \pi_0$, $\mathbf{K}: \pi > \pi_0$. Dagegen wäre der einseitige nicht-randomisierte Binomialtest $\varphi = \mathbb{1}_S$ mit $S = \{x: \sum x_j > c\}$ wegen der Stetigkeit der Gütefunktion bei $\mathbb{P}_{\pi_0}(\sum X_j > c) < \alpha$ nicht unverfälscht.

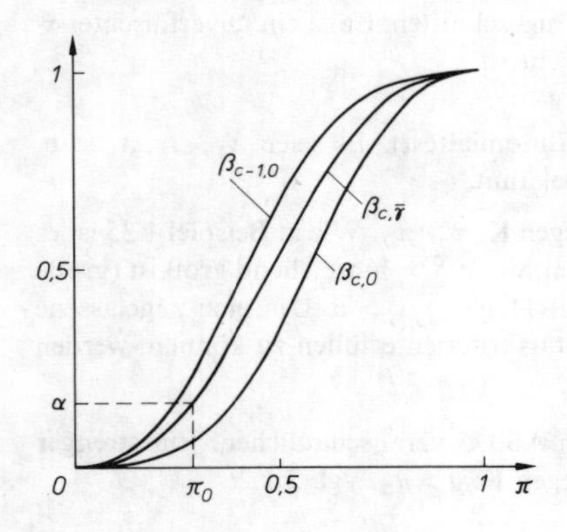

Abb. 6
Gütefunktionen $\beta_{c,0}(\cdot)$ und $\beta_{c-1,0}(\cdot)$ zweier nicht-randomisierter Tests und $\beta_{c,\bar{\gamma}}(\cdot)$ des durch die Forderung $\beta_{c,\bar{\gamma}}(\pi_0) = \alpha$ festgelegten randomisierten Tests (1.2.73). ($n = 6$, $c = 3$, $\bar{\gamma} = 0{,}6$)

b) (Zweiseitiger Test) Für das Testproblem $\mathbf{H}: \pi = \pi_0$, $\mathbf{K}: \pi \neq \pi_0$ ist

$$\varphi(x) = \mathbb{1}_{[0,c_1)}(\sum x_j) + \mathbb{1}_{(c_2,n]}(\sum x_j) + \sum_{l=1}^{2} \bar{\gamma}_l \mathbb{1}_{\{c_l\}}(\sum x_j) \tag{1.2.77}$$

ein naheliegender Test. Da sich die Gütefunktion analog (1.2.74) darstellen läßt, ist sie ebenfalls differenzierbar. Somit folgt aus

$$\beta(\pi_0) \leqslant \alpha, \qquad \beta(\pi) \geqslant \alpha \quad \forall \pi \neq \pi_0, \tag{1.2.78}$$

also aus der (globalen) Unverfälschtheit zum Niveau α, daß φ auch ein *lokal unverfälschter α-Niveau Test* ist im Sinne von

$$\beta(\pi_0) = \alpha, \qquad \nabla\beta(\pi_0) = 0. \tag{1.2.79}$$

Wir werden in 2.4.2 zeigen, daß es stets Paare $(c_1, \bar{\gamma}_1)$, $(c_2, \bar{\gamma}_2)$ gibt, die (1.2.79) und dann auch (1.2.78) erfüllen. Jedoch ist deren praktische Bestimmung für $\pi_0 \neq 1/2$ relativ kompliziert. Man faßt deshalb häufig den Test (1.2.77) als Summe der beiden einseitigen Tests (1.2.66) mit $T(x) = \sum x_j$ auf und legt c_1 und c_2 als unteres bzw. oberes $\alpha/2$-Fraktil fest. Damit erfüllt der Test (1.2.77) die Bedingung $\beta(\pi_0) = E_{\pi_0} \varphi(X) = \alpha$, im allgemeinen jedoch nicht die Bedingungen

$$\nabla\beta(\pi_0) = 0 \quad \text{bzw.} \quad \beta(\pi) \geqslant \alpha \quad \forall \pi \neq \pi_0. \tag{1.2.80}$$

Diese lokale bzw. globale Unverfälschtheit des so festgelegten Tests gilt jedoch bei $\pi_0 = 1/2$, weil dann die Prüfgröße $\sum X_j$ symmetrisch um ihren Mittelwert $n/2$ verteilt ist. □

1.2.4 Tests bei Normalverteilungen mit geschätzten Nebenparametern

Den Beispielen in 1.2.3 lagen einparametrige Verteilungsklassen zugrunde, z. B. die Klasse der Produktmaße von n gleichen $\mathfrak{N}(\mu, \sigma^2)$-Verteilungen mit unbekanntem $\mu \in \mathbb{R}$ und bekanntem $\sigma^2 = \sigma_0^2 > 0$. In den meisten Anwendungen wird man jedoch auch $\sigma^2 > 0$ als unbekannt anzusehen haben. Dann handelt es sich bei den Hypothesen

$$\mathbf{H}: \mu \leqslant \mu_0, \ \mathbf{K}: \mu > \mu_0 \quad \text{bzw.} \quad \mathbf{H}: \mu = \mu_0, \ \mathbf{K}: \mu \neq \mu_0 \tag{1.2.81}$$

um solche für den (eindimensionalen) Hauptparameter μ bei unbekanntem Nebenparameter $\sigma^2 > 0$. Deshalb kann die Prüfgröße $\sqrt{n}(\bar{x} - \mu_0)/\sigma$ des Gauß-Tests nicht mehr allein aufgrund der Beobachtungen berechnet werden. Schätzt man jedoch σ^2 durch $\hat{\sigma}^2(x) = \sum (x_j - \bar{x})^2/(n-1)$, so erweist sich die so modifizierte Prüfgröße unter $\mu = \mu_0$, $\sigma^2 > 0$, als *verteilungsfrei*, d.h. ihre zur Festlegung des kritischen Werts benötigte Verteilung ist unabhängig vom speziellen Wert des Nebenparameters $\sigma^2 > 0$. Auch läßt sich diese Prüfverteilung einfach explizit angeben und später die Optimalität des so resultierenden Tests zeigen. Hierzu werden einige Hilfsmittel über Normalverteilungsmodelle benötigt, die deshalb zunächst hergeleitet werden sollen.

Satz 1.42 *$X_1, \ldots, X_n$ seien* st. u. ZG *mit $\mathfrak{L}(X_j) = \mathfrak{N}(\mu_j, \sigma^2)$, $j = 1, \ldots, n$. Weiter seien $\mathscr{T} \in \mathbb{R}^{n \times n}$ eine orthogonale Matrix und $Y := \mathscr{T}X$ eine n-dimensionale* ZG, *wobei $X = (X_1, \ldots, X_n)^\top$ und $Y = (Y_1, \ldots, Y_n)^\top$ ist. Dann gilt: $Y_1, \ldots, Y_n$ sind* st. u. ZG *mit $\mathfrak{L}(Y_j) = \mathfrak{N}(\nu_j, \sigma^2)$, $j = 1, \ldots, n$, wobei mit $\mu = (\mu_1, \ldots, \mu_n)^\top$ und $\nu = (\nu_1, \ldots, \nu_n)^\top$ gilt $\nu = \mathscr{T}\mu$.*

Beweis: Wegen der Linearität und Orthogonalität der Abbildung $x \mapsto y := \mathscr{T}x$ gilt für die Jacobi-Matrix $\mathscr{B}(y)$ der zugehörigen Umkehrabbildung $|\mathscr{B}(y)| = |\mathscr{T}^{-1}| = 1$. Damit folgt für die $\lambda\!\!\lambda^n$-Dichten nach der Transformationsformel A4.5 bzw. wegen der Invarianz des euklidischen Abstandsquadrats $\sum (y_j - v_j)^2 = \sum (x_j - \mu_j)^2$

$$p_\vartheta^Y(y) = p_\vartheta^X(x(y))\,|\mathscr{B}(y)| = p_\vartheta^X(x(y)) = \left(\frac{1}{\sqrt{2\pi\sigma^2}}\right)^n \exp\left[-\frac{\sum (y_j - v_j)^2}{2\sigma^2}\right]. \quad \square$$

Wählt man speziell $\mathscr{T}$ als eine solche orthogonale $n \times n$-Matrix, in deren erster Zeile die Komponenten von $e^\mathrm{T} = (n^{-1/2}, \ldots, n^{-1/2})$ stehen und bei der die letzten $n-1$ Zeilen geeignet orthogonal ergänzt sind, so gilt

$$\sqrt{n}\,\bar{X} = e^\mathrm{T} X = Y_1, \quad \sum_{j=1}^n (X_j - \bar{X})^2 = \sum_{j=1}^n X_j^2 - n\bar{X}^2 = \sum_{j=1}^n Y_j^2 - Y_1^2 = \sum_{j=2}^n Y_j^2. \tag{1.2.82}$$

Also sind $\bar{X}$ und $\hat{\sigma}^2(X)$ st.u., da sie Funktionen der st.u. ZG Y_1 und $(Y_2, \ldots, Y_n)$ sind. Deshalb läßt sich die Verteilung der durch Schätzen von σ^2 gemäß $\hat{\sigma}^2(X)$ modifizierten Prüfgröße des Gauß-Tests leicht bestimmen.

Definition 1.43 *$W_0, W_1, \ldots, W_r, W_{r+1}, \ldots, W_{r+s}$ seien* st.u. $\mathfrak{N}(0,1)$*-verteilte* ZG. *Dann heißt*[1]:

a) $$\mathfrak{L}\left(\sum_{j=1}^r W_j^2\right) =: \chi_r^2$$

eine (zentrale) χ_r^2-Verteilung mit r Freiheitsgraden,

b) $$\mathfrak{L}\left(\frac{W_0}{\sqrt{\frac{1}{r}\sum_{j=1}^r W_j^2}}\right) =: \mathrm{t}_r$$

eine (zentrale) t_r-Verteilung mit r Freiheitsgraden,

c) $$\mathfrak{L}\left(\frac{\frac{1}{s}\sum_{j=r+1}^{r+s} W_j^2}{\frac{1}{r}\sum_{j=1}^r W_j^2}\right) =: \mathrm{F}_{s,r}$$

eine (zentrale) $\mathrm{F}_{s,r}$-Verteilung mit (s, r)-Freiheitsgraden.

Die α-Fraktile dieser (zentralen) Verteilungen werden mit $\chi^2_{r;\alpha}$, $\mathrm{t}_{r;\alpha}$ bzw. $\mathrm{F}_{s,r;\alpha}$ bezeichnet. Für die unteren und oberen α-Fraktile der (zentralen) t_r-Verteilung gilt aus Symmetriegründen $\mathrm{t}_{r;1-\alpha/2} = -\,\mathrm{t}_{r;\alpha/2}$. Entsprechendes gilt selbstverständlich *nicht* für die Fraktile der χ_r^2- bzw. $\mathrm{F}_{s,r}$-Verteilung.

Aus Teil a) dieser Definition folgt sofort die *Faltungseigenschaft* der (zentralen) χ^2-Verteilungen: $\chi_r^2 * \chi_s^2 = \chi_{r+s}^2$.

---

[1]) Zur Definition der entsprechenden nichtzentralen Verteilungen vgl. Definitionen 2.32 und 2.38.

Mit den Bezeichnungen aus Definition 1.43 ergibt sich das

Korollar 1.44 $X_1, \dots, X_n$ *seien* st.u. ZG *mit derselben* $\mathfrak{N}(\mu, \sigma^2)$-*Verteilung. Dann gilt für jeden Wert* $\vartheta = (\mu, \sigma^2) \in \mathbb{R} \times (0, \infty)$:

a) $\bar{X}$ *und* $\sum (X_j - \bar{X})^2$ *sind* st.u.,

b) $$\mathfrak{L}_\vartheta(\sqrt{n}(\bar{X} - \mu)/\sigma) = \mathfrak{N}(0,1), \tag{1.2.83}$$

c) $$\mathfrak{L}_\vartheta(\sum (X_j - \bar{X})^2/\sigma^2) = \chi^2_{n-1}, \tag{1.2.84}$$

d) $$\mathfrak{L}_\vartheta(\sqrt{n}(\bar{X} - \mu)/\hat{\sigma}(X)) = \mathrm{t}_{n-1}. \tag{1.2.85}$$

Beweis: a) und b) folgen aus Satz 1.42 sowie aus (1.2.82). c) Aus der Orthogonalität von $\mathscr{T} = (t_{jl})$ und aus $t_{1l} = n^{-1/2}$, $l = 1, \dots, n$ folgt

$$\sum_{l=1}^{n} t_{jl} = \begin{cases} \sqrt{n}, & j = 1, \\ 0, & j = 2, \dots, n \end{cases} \quad \text{und damit} \quad v_j = \begin{cases} \sqrt{n}\,\mu, & j = 1, \\ 0, & j = 2, \dots, n. \end{cases}$$

Somit sind $W_2 = Y_2/\sigma, \dots, W_n = Y_n/\sigma$ st.u. $\mathfrak{N}(0,1)$-verteilte ZG, so daß die Behauptung aus (1.2.82) mit Definition 1.43a folgt.

d) Da $W_1 = (Y_1 - \sqrt{n}\,\mu)/\sigma$, $W_2 = Y_2/\sigma, \dots, W_n = Y_n/\sigma$ unter $\vartheta = (\mu, \sigma^2)$ st.u. $\mathfrak{N}(0,1)$-verteilt sind, folgt die Behauptung mit (1.2.82) und Definition 1.43b aus

$$T(X) = \sqrt{n}\,\frac{\bar{X} - \mu}{\hat{\sigma}(X)} = \frac{Y_1 - \sqrt{n}\,\mu}{\sqrt{\frac{1}{n-1}\sum_{j=2}^{n} Y_j^2}} = \frac{(Y_1 - \sqrt{n}\,\mu)/\sigma}{\sqrt{\frac{1}{n-1}\sum_{j=2}^{n} Y_j^2/\sigma^2}} = \frac{W_1}{\sqrt{\frac{1}{n-1}\sum_{j=2}^{n} W_j^2}}. \tag{1.2.86}$$

□

Beispiel 1.45 (t-Test zur Prüfung eines Mittelwerts) $X_1, \dots, X_n$ seien st.u. $\mathfrak{N}(\mu, \sigma^2)$-verteilte ZG, wobei $\vartheta = (\mu, \sigma^2) \in \mathbb{R} \times (0, \infty)$ unbekannt ist; $\mu_0 \in \mathbb{R}$ sei wie in Beispiel 1.40 bekannt. Zur Entscheidung zwischen den Hypothesen (1.2.81) verwendet man die Prüfgröße $T(x) = \sqrt{n}(\bar{x} - \mu_0)/\hat{\sigma}(x)$. Der Test (1.2.45) mit $S = \{x\colon T(x) > \mathrm{t}_{n-1;\alpha}\}$ bzw. $S = \{x\colon |T(x)| > \mathrm{t}_{n-1;\alpha/2}\}$ heißt *einseitiger* bzw. *zweiseitiger (Student-)* t-*Test zur Prüfung eines Mittelwerts.*

a) (Einseitiger Test) Für die Gütefunktion ergibt sich zunächst

$$\beta_1(\vartheta) = \mathbb{P}_\vartheta(T(X) > c) = E_\vartheta \mathbb{P}_\vartheta\left(\sqrt{n}\,\frac{\bar{X} - \mu_0}{\hat{\sigma}(X)} > c \,\middle|\, \hat{\sigma} = s\right), \qquad \vartheta = (\mu, \sigma^2).$$

Hier ist es – vgl. auch die Einsetzungsregel 1.129 – in intuitiv naheliegender Weise gerechtfertigt, den Integranden durch „Einsetzen" von $\hat{\sigma} = s$ und Ausnutzen der st. Unabhängigkeit von $\bar{X}$ und $\hat{\sigma}(X)$ zu vereinfachen und so auf die Gütefunktion (1.2.49) des einseitigen Gauß-Tests zu reduzieren gemäß

$$\mathbb{P}_\vartheta\left(\sqrt{n}\,\frac{\bar{X} - \mu_0}{\hat{\sigma}(X)} > c \,\middle|\, \hat{\sigma} = s\right) = \mathbb{P}_\vartheta\left(\sqrt{n}\,\frac{\bar{X} - \mu_0}{\sigma} > c\,\frac{s}{\sigma}\right) = \phi\left(\sqrt{n}\,\frac{\mu - \mu_0}{\sigma} - c\,\frac{s}{\sigma}\right).$$

Damit lautet die Gütefunktion des einseitigen t-Tests

$$\beta_1(\vartheta) = \int \phi\left(\sqrt{n}\,\frac{\mu - \mu_0}{\sigma} - c\,\frac{s}{\sigma}\right) \mathrm{d}P_\vartheta^{\hat{\sigma}}(s), \quad \vartheta = (\mu, \sigma^2). \tag{1.2.87}$$

Hier ist der Integrand für jedes Paar (s^2, σ^2) und damit das Integral für jedes $\sigma^2 > 0$ eine streng isotone Funktion von μ; für $\mu = \mu_0$ hängt $\beta_1(\mu_0, \sigma^2) = \int \phi\left(-c\,\frac{s}{\sigma}\right) \mathrm{d}P_\vartheta^{\hat\sigma}(s)$ nicht mehr von σ^2 ab, da die Verteilung von $\hat\sigma/\sigma$ unabhängig von $\sigma > 0$ ist. Somit folgt aus $\beta_1(\mu_0, \sigma^2) = \alpha\ \forall \sigma^2 > 0$, daß der einseitige Student-t-Test bei unbekanntem $\sigma^2 > 0$ ein unverfälschter α-Niveau Test ist für $\mathbf{H}\colon \mu \leqslant \mu_0$ gegen $\mathbf{K}\colon \mu > \mu_0$, (jedoch kein unverfälschter α-Niveau Test für $\mathbf{H}\colon \mu = \mu_0$, $\mathbf{K}\colon \mu \neq \mu_0$).
b) (Zweiseitiger Test) Analog a) gilt für die Gütefunktion

$$\beta_2(\vartheta) = \mathbb{P}_\vartheta(|T(X)| > c) = E_\vartheta \mathbb{P}_\vartheta\left(\sqrt{n}\,\frac{|\overline{X} - \mu|}{\hat\sigma(X)} > c \,\middle|\, \hat\sigma = s\right) \tag{1.2.88}$$

$$= \int \left[\phi\left(\sqrt{n}\,\frac{\mu - \mu_0}{\sigma} - c\,\frac{s}{\sigma}\right) + \phi\left(-\sqrt{n}\,\frac{\mu - \mu_0}{\sigma} - c\,\frac{s}{\sigma}\right)\right] \mathrm{d}P_\vartheta^{\hat\sigma}(s), \qquad \vartheta = (\mu, \sigma^2).$$

Dabei ist der Integrand für jedes Paar (s^2, σ^2) und damit das Integral für jedes $\sigma^2 > 0$ in Abhängigkeit von μ wie (1.2.50) eine streng isotone Funktion für $\mu > \mu_0$ und eine streng antitone Funktion für $\mu < \mu_0$; also ist der zweiseitige Student-t-Test bei unbekanntem $\sigma^2 > 0$ ein unverfälschter Test für die zweiseitigen Hypothesen $\mathbf{H}\colon \mu = \mu_0$, $\mathbf{K}\colon \mu \neq \mu_0$ (jedoch kein α-Niveau Test für die einseitigen Hypothesen $\mathbf{H}\colon \mu \leqslant \mu_0$, $\mathbf{K}\colon \mu > \mu_0$).
c) (Vergleich mit Gauß-Test) Bei keiner Wahl von $\sigma_0^2 > 0$ hält der zu σ_0^2 gehörende einseitige Gauß-Test eine vorgegebene Irrtums-WS α über $\mathbf{H}\colon \mu \leqslant \mu_0$, $\sigma^2 > 0$ ein. Für diesen folgt nämlich analog (1.2.49) bei jedem $\sigma_0^2 > 0$ unter (μ_0, σ^2)

$$\beta_1(\mu_0, \sigma) = \mathbb{P}_{\mu_0\sigma}\left(\sqrt{n}\,\frac{\overline{X} - \mu_0}{\sigma} > c\,\frac{\sigma_0}{\sigma}\right) = \phi\left(-c\,\frac{\sigma_0}{\sigma}\right) \begin{cases} > \alpha & \text{für } \sigma > \sigma_0 \\ < \alpha & \text{für } \sigma < \sigma_0 . \end{cases} \tag{1.2.89}$$

Entsprechendes gilt für die Gütefunktion der zweiseitigen Tests. Der Vorteil, daß der Student-t-Test im Gegensatz zum Gauß-Test die zugelassene Irrtums-WS auf der ganzen Hypothese $\mathbf{H}$, d.h. für alle Werte $\sigma^2 > 0$, einhält, wird erkauft durch eine geringere Güte gegenüber demjenigen Gauß-Test, der dem jeweils betrachteten Wert σ^2 entspricht. Aus den Sätzen 2.24 bzw. 2.70 wird nämlich folgen, daß der einseitige (bzw. zweiseitige) Gauß-Test die Fehler-WS 2. Art gleichmäßig minimiert und zwar unter allen (unverfälschten) α-Niveau Tests für die jeweiligen Hypothesen bei festem σ^2. Der einseitige (bzw. zweiseitige) Student-t-Test ist ein unverfälschter α-Niveau Test; somit folgt für die Gütefunktion des Gauß-Tests, daß sie über $\mathbf{K}$ stets größer ist als diejenige des jeweiligen t-Tests. □

Entsprechendes gilt, wenn man an Stelle von (1.2.81) die Hypothesen

$$\mathbf{H}\colon \sigma^2 \leqslant \sigma_0^2,\ \mathbf{K}\colon \sigma^2 > \sigma_0^2 \quad \text{bzw.} \quad \mathbf{H}\colon \sigma^2 = \sigma_0^2,\ \mathbf{K}\colon \sigma^2 \neq \sigma_0^2 \tag{1.2.90}$$

bei unbekanntem $\mu \in \mathbb{R}$ betrachtet. Solche Testprobleme sind z.B. von Bedeutung, wenn nicht so sehr die Qualität selber als vielmehr die Qualitätsschwankung eines neu entwickelten Herstellungsverfahrens interessiert.

Beispiel 1.46 (χ^2-Test zur Prüfung einer Varianz) $X_1, \ldots, X_n$ seien st.u. $\mathfrak{N}(\mu, \sigma^2)$-verteilte ZG, wobei $\vartheta = (\mu, \sigma^2) \in \mathbb{R} \times (0, \infty)$ unbekannt ist; $\sigma_0^2 > 0$ sei bekannt. Als Prüfgröße für die Hypothesen (1.2.90) bietet sich an $T(x) = \sum (x_j - \bar{x})^2/\sigma_0^2$. Wegen $\mathfrak{L}_\vartheta(T(X)) = \chi^2_{n-1}\quad \forall \vartheta \in \mathbb{R} \times \{\sigma_0^2\}$ lassen sich die kritischen Werte für den einseitigen wie den zweiseitigen Fall unabhängig vom Nebenparameter $\mu \in \mathbb{R}$ festlegen und zwar gemäß $c = \chi^2_{n-1;\alpha}$ bzw. (angenähert) gemäß $c_1 = \chi^2_{n-1;1-\alpha/2}$ bzw. $c_2 = \chi^2_{n-1;\alpha/2}$.

a) (Einseitiger Test) $\varphi(x) = \mathbb{1}_S(x)$ mit $S = \{T > \chi^2_{n-1;\alpha}\}$ ist ein unverfälschter α-Niveau-Test für die einseitigen Hypothesen. Bezeichnet nämlich G_{n-1} die VF der zentralen χ^2_{n-1}-Verteilung, so ist die Gütefunktion gemäß

$$\beta_1(\vartheta) = \mathbb{P}_\vartheta(T(X) > \chi^2_{n-1;\alpha}) = \mathbb{P}_\vartheta\left(\frac{\sum(X_j - \bar{X})^2}{\sigma^2} > \frac{\sigma_0^2}{\sigma^2}\chi^2_{n-1;\alpha}\right) = 1 - G_{n-1}\left(\frac{\sigma_0^2}{\sigma^2}\chi^2_{n-1;\alpha}\right) \quad (1.2.91)$$

für jedes $\mu \in \mathbb{R}$ eine strikt isotone Funktion von σ^2 mit $\beta_1(\vartheta) = \alpha \quad \forall \vartheta \in \mathbb{R} \times \{\sigma_0^2\}$.

b) (Zweiseitiger Test) $\varphi(x) = \mathbb{1}_S(x)$ mit $S = \{T < c_1\} \cup \{T > c_2\}$ ist ein α-Niveau Test für die zweiseitigen Hypothesen, der jedoch wegen der Unsymmetrie der χ^2_{n-1}-Verteilung nicht in Strenge unverfälscht ist.

c) (Vergleich mit dem χ^2_n-Test bei bekanntem Mittelwert) Wäre $\mu = \mu_0$ bekannt, so würde man die Prüfgröße $T_0(x) = \sum(x_j - \mu_0)^2/\sigma_0^2$ benutzen, da $T_0(x)$ im Vergleich zu $T(x)$ die unter der engeren Verteilungsannahme größere „Information" über den Mittelwert verwendet. Wegen $\mathfrak{L}_\vartheta(T_0(X)) = \chi^2_n$ für $\vartheta = (\mu_0, \sigma_0^2)$ lauten die entsprechenden kritischen Werte $c = \chi^2_{n;\alpha}$ bzw. $c_1 = \chi^2_{n;1-\alpha/2}$, $c_2 = \chi^2_{n;\alpha/2}$. In 2.1.3 wird sich der mit dem Wert μ_0 gebildete einseitige χ^2_n-Test unter der engeren Verteilungsannahme als optimal für die einseitigen Hypothesen erweisen; demgemäß hat der χ^2_{n-1}-Test für diesen Wert μ_0 eine geringere Schärfe als der zugehörige χ^2_n-Test, hält dafür aber die zugelassene Irrtums-WS α über der ganzen Hypothese $\mathbf{H}$: $\sigma^2 \leqslant \sigma_0^2$, $\mu \in \mathbb{R}$ ein. Entsprechendes gilt für den zweiseitigen Test. □

Testprobleme mit Nebenparametern ergeben sich auch bei den meisten Mehrstichprobenproblemen. Dabei tritt häufig die F-Verteilung als Prüfverteilung, d. h. als Verteilung der Prüfgröße auf dem „Rand" der Hypothesen **H** und **K** auf.

Beispiel 1.47 (F-Test zum Vergleich zweier Varianzen) $X_{11}, \ldots, X_{1n_1}, X_{21}, \ldots, X_{2n_2}$ seien st. u. ZG mit $\mathfrak{L}_\vartheta(X_{ij}) = \mathfrak{N}(\mu_i, \sigma_i^2)$ für $j = 1, \ldots, n_i$, $n_i \geqslant 2$, $i = 1, 2$, und $\vartheta = (\mu_1, \mu_2, \sigma_1^2, \sigma_2^2) \in \mathbb{R}^2 \times (0, \infty)^2$. Es interessieren α-Niveau Tests für die Hypothesen

$$\mathbf{H}: \sigma_1^2 \leqslant \sigma_2^2, \ \mathbf{K}: \sigma_1^2 > \sigma_2^2 \quad \text{bzw.} \quad \mathbf{H}: \sigma_1^2 = \sigma_2^2, \ \mathbf{K}: \sigma_1^2 \neq \sigma_2^2$$

bei unbekannten $\mu_1, \mu_2 \in \mathbb{R}$. Als Prüfgröße liegt hier

$$T(x) = \frac{1}{n_1 - 1}\sum(x_{1j} - \bar{x}_{1\cdot})^2 \Big/ \frac{1}{n_2 - 1}\sum(x_{2j} - \bar{x}_{2\cdot})^2$$

nahe; dabei bezeichnet $\bar{x}_{1\cdot} := \sum x_{1j}/n_1$ bzw. $\bar{x}_{2\cdot} := \sum x_{2j}/n_2$ das Stichprobenmittel der ersten bzw. zweiten Stichprobe. Die Prüfverteilung ist hier eine (zentrale) $\mathrm{F}_{n_1-1, n_2-1}$-Verteilung und zwar unabhängig vom speziellen Wert $\vartheta = (\mu_1, \mu_2, \sigma_1^2, \sigma_2^2)$, falls $\sigma_1^2 = \sigma_2^2$ ist. Demgemäß lassen sich analog Beispiel 1.46 die kritischen Werte des einseitigen Tests als α-Fraktil und diejenigen des zweiseitigen Tests (angenähert) als unteres bzw. oberes $\alpha/2$-Fraktil wählen; ebenso wie dort verifiziert man das Einhalten des Niveaus sowie im einseitigen (bzw. zweiseitigen) Fall die (angenäherte) Unverfälschtheit. □

Anmerkung 1.48 (Zentrale) F-Verteilungen lassen sich auch durch Beta-Verteilungen ausdrücken. Dabei ist die *$B_{\varkappa,\lambda}$-Verteilung*, $\varkappa > 0$, $\lambda > 0$, definiert durch ihre $\lambda\!\!\!\lambda$-Dichte

$$f_{\varkappa,\lambda}(x) = \frac{x^{\varkappa-1}(1-x)^{\lambda-1}}{B(\varkappa, \lambda)} \mathbb{1}_{(0,1)}(x), \quad B(\varkappa, \lambda) := \int_0^1 x^{\varkappa-1}(1-x)^{\lambda-1}\mathrm{d}x = \frac{\Gamma(\varkappa)\,\Gamma(\lambda)}{\Gamma(\varkappa+\lambda)}.$$

Für $\varkappa = s/2$, $\lambda = r/2$ mit $s, r \in \mathbb{N}$ ist dies, wie man leicht verifiziert, die Verteilung von $\sum_{j=r+1}^{r+s} W_j^2 / \sum_{j=1}^{r+s} W_j^2$, wenn $W_1, \ldots, W_{r+s}$ wieder st.u. $\mathfrak{N}(0,1)$-verteilte ZG sind. Somit besteht der folgende enge Zusammenhang zwischen der $B_{s/2,r/2}$-Verteilung und der (zentralen) $F_{s,r}$-Verteilung:

$$\mathfrak{L}(X) = F_{s,r} \Rightarrow \mathfrak{L}\left(\frac{r}{sX+r}\right) = B_{r/2,s/2} \quad \text{bzw.} \quad \mathfrak{L}(Y) = B_{s/2,r/2} \Rightarrow \mathfrak{L}\left(\frac{rY}{s-sY}\right) = F_{s,r}.$$

Gilt nämlich etwa $\mathfrak{L}(X) = F_{s,r}$, so ist X verteilungsgleich mit $\frac{1}{s}\sum_{j=r+1}^{r+s} W_j^2 \Big/ \frac{1}{r}\sum_{j=1}^{r} W_j^2$, also $\frac{r}{sX+r}$ mit $\sum_{j=1}^{r} W_j^2 \Big/ \sum_{j=1}^{r+s} W_j^2$. Trivialerweise gilt

$$\mathfrak{L}(Y) = B_{s/2,r/2} \Rightarrow \mathfrak{L}(1-Y) = B_{r/2,s/2}.$$

1.2.5 Entscheidungskerne und deren Vergleichbarkeit

Um die Güte zweier Tests bzw. Schätzer beurteilen zu können, ist es notwendig, jedem solchen statistischen Verfahren ein Gütemaß zuzuordnen und diese dann in einem geeignet zu präzisierenden Sinne zu vergleichen. Da die dabei zu beachtenden Gesichtspunkte genereller Natur sind, führen wir in Verallgemeinerung von Entscheidungsfunktionen zunächst noch Entscheidungskerne ein. Diese haben gegenüber den ersten nicht nur den Vorzug, (randomisierte) Tests zu umfassen; sie bilden auch eine konvexe Gesamtheit – ein Aspekt, der beim Nachweis der Existenz optimaler Lösungen wegen der Verwendung von Hilfsmitteln der konvexen Analysis von Bedeutung ist. Diese Eigenschaft besitzt nämlich im allgemeinen – zumindest bei nicht-konvexem Entscheidungsraum Δ – die Klasse der (nicht-randomisierten) Entscheidungsfunktionen nicht.

Im Fall des Testens zweier Hypothesen **H** und **K** wurden randomisierte Entscheidungen vermöge von Testfunktionen φ: $(\mathfrak{X}, \mathfrak{B}) \to ([0,1], [0,1]\mathbb{B})$ beschrieben: Bei Vorliegen der Beobachtung $x \in \mathfrak{X}$ sollte mit den WS $\varphi(x)$ bzw. $1-\varphi(x)$ die Entscheidung $a_{\mathbf{K}}$ bzw. $a_{\mathbf{H}}$ getroffen werden. Bezeichnet $\mathfrak{A}_\Delta$ die Potenzmenge des Entscheidungsraums $\Delta = \{a_{\mathbf{H}}, a_{\mathbf{K}}\}$, so läßt sich dies auch so ausdrücken: Die durch $\delta(x, \{a_{\mathbf{K}}\}) := \varphi(x)$ und $\delta(x, \{a_{\mathbf{H}}\}) := 1 - \varphi(x)$ definierte Funktion $\delta: \mathfrak{X} \times \mathfrak{A}_\Delta \to [0,1]$ ist ein *Markov-Kern von* $(\mathfrak{X}, \mathfrak{B})$ *nach* $(\Delta, \mathfrak{A}_\Delta)$, d.h. es ist

$$\delta(\cdot, A) \quad \mathfrak{B}\text{-}meßbar \quad \forall A \in \mathfrak{A}_\Delta, \tag{1.2.92}$$

$$\delta(x, \cdot) \in \mathfrak{M}^1(\Delta, \mathfrak{A}_\Delta) \quad \forall x \in \mathfrak{X}. \tag{1.2.93}$$

In dieser Form lassen sich randomisierte Entscheidungsfunktionen auch bei beliebigen Entscheidungsräumen $(\Delta, \mathfrak{A}_\Delta)$ einführen. Deren Gesamtheit ist dann – wie oben bereits erwähnt – konvex, d.h. mit δ_1 und δ_2 ist $\delta := c\delta_1 + (1-c)\delta_2$ für jedes $c \in [0,1]$ wieder ein Markov-Kern.

Definition 1.49 *Unter einer* randomisierten Entscheidungsfunktion *oder kurz unter einem* Entscheidungskern *versteht man einen Markov-Kern δ von $(\mathfrak{X}, \mathfrak{B})$ nach $(\Delta, \mathfrak{A}_\Delta)$. Dabei ist $\delta(x, A)$ derart zu interpretieren, daß bei Vorliegen der Beobachtung x die*

Entscheidung mit der WS $\delta_x(A) := \delta(x, A)$ *nach* A *fällt*[1]). *Die Menge aller Entscheidungskerne von* $(\mathfrak{X}, \mathfrak{B})$ *nach* $(\Delta, \mathfrak{A}_\Delta)$ *bezeichnen wir mit* $\mathfrak{K}$.

Der Entscheidungsfunktion $e \in \mathfrak{E}$ entspricht der spezielle Entscheidungskern

$$(x, A) \mapsto \varepsilon_{e(x)}(A) := \mathbb{1}_A(e(x)) . \tag{1.2.94}$$

Dies ist bei festem $x \in \mathfrak{X}$ die Einpunktverteilung mit dem Träger $e(x)$, so daß bei Verwenden von (1.2.94) die Entscheidung $e(x)$ zu treffen[2]) ist.
Aus der Markov-Kern-Eigenschaft der Funktion δ ergibt sich, daß

$$Q_{\vartheta,\delta}(A) := Q_\vartheta(\delta, A) := E_\vartheta \delta(X, A), \quad A \in \mathfrak{A}_\Delta \tag{1.2.95}$$

existiert und für jedes $\vartheta \in \Theta$ und jedes $\delta \in \mathfrak{K}$ eine Verteilung über $(\Delta, \mathfrak{A}_\Delta)$ ist. Entsprechend der Interpretationsvorschrift des Entscheidungskerns δ gibt (1.2.95) die WS dafür an, daß bei Verwenden von δ und Vorliegen der Verteilung P_ϑ die zweistufig gewonnene Entscheidung nach A fällt. (In diesem Sinne läßt sich auch $\delta(x, A)$ als „bedingte" WS auffassen, daß bei gegebenem $x \in \mathfrak{X}$ eine Entscheidung aus A getroffen wird.) Nach 1.1.3 ist zur Beurteilung der Güte eines statistischen Verfahrens eine Verlustfunktion $\Lambda: \Theta \times \Delta \to [0, \infty)$ erforderlich. Dabei interessiert auch bei Entscheidungskernen $\delta \in \mathfrak{K}$ wie bei Entscheidungsfunktionen $e \in \mathfrak{E}$ weniger der bei einer einzelnen Anwendung eintretende als der unter der Verteilung P_ϑ erwartete Verlust, also wegen A6.6 die Größe

$$R(\vartheta, \delta) = \int \Lambda(\vartheta, a) \, \mathrm{d}Q_{\vartheta,\delta}(a) = \iint \Lambda(\vartheta, a) \, \mathrm{d}\delta_x(a) \, \mathrm{d}P_\vartheta(x) . \tag{1.2.96}$$

Definition 1.50 *Zugrunde liege ein statistisches Entscheidungsproblem mit Verteilungsannahme* $\mathfrak{P} = \{P_\vartheta : \vartheta \in \Theta\}$, *Entscheidungsraum* Δ, *Verlustfunktion* Λ *und Gesamtheit* $\mathfrak{K}$ *aller Entscheidungskerne. Dann versteht man unter der* Risikofunktion R *oder kurz unter dem* Risiko *die durch* (1.2.96) *definierte Funktion* $R: \Theta \times \mathfrak{K} \to [0, \infty]$. *Dabei gibt* $R(\vartheta, \delta)$ *den bei Benutzen des Entscheidungskerns* δ *und Vorliegen der Verteilung* P_ϑ *erwarteten Verlust an.*

Im Spezialfall des Testens ist $\varphi(x) = \delta(x, \{a_\mathbf{K}\})$ die WS, mit der bei Vorliegen von x die Entscheidung zugunsten von **K** getroffen wird; also ist $\vartheta \mapsto E_\vartheta \varphi = Q_\vartheta(\delta, \{a_\mathbf{K}\})$ gerade die

---

[1]) Die in realen Situationen möglicherweise als unbefriedigend empfundene Tatsache, die zu treffende Entscheidung vom Ausgang eines Hilfsexperiments abhängig zu wissen, tritt häufig nur ein, wenn das Experiment keine klare Antwort gegeben hat. Sie läßt sich dadurch umgehen, daß man die Entscheidungsvorschrift auf dem Rand der Bereiche strikter Entscheidungen dahingehend abändert, daß noch weitere Beobachtungen durchzuführen sind und die Entscheidung aufgrund der vergrößerten Stichprobe zu treffen ist. In Verallgemeinerung dieser Überlegungen benutzt man deshalb vielfach statistische Verfahren (Sequentialverfahren, mehrstufige Verfahren und dergleichen), bei denen der Stichprobenumfang von den (bereits erhaltenen) Beobachtungen abhängt; vgl. Kap. 8.

[2]) Für diese Interpretation ist es erforderlich, daß stets gilt $\{e(x)\} \in \mathfrak{A}_\Delta$; die einelementigen Mengen von Δ sind also als meßbar vorauszusetzen.

Gütefunktion des Tests φ. Speziell folgt bei Zugrundeliegen der Neyman-Pearson-Verlustfunktion (1.1.16)

$$R(\vartheta,\varphi)=\int[\Lambda(\vartheta,a_{\mathbf{K}})\,\varphi(x)+\Lambda(\vartheta,a_{\mathbf{H}})\,(1-\varphi(x))]\,\mathrm{d}P_\vartheta(x)$$
$$=\Lambda_0 E_\vartheta\varphi\,\mathbb{1}_{\mathbf{H}}(\vartheta)+\Lambda_1(1-E_\vartheta\varphi)\,\mathbb{1}_{\mathbf{K}}(\vartheta)\,. \tag{1.2.97}$$

Diese Risikofunktion ist also im wesentlichen bereits durch die Gütefunktion $\vartheta\mapsto E_\vartheta\varphi$ bestimmt.

Im Gegensatz zur Testtheorie ist die Verwendung von Entscheidungskernen in der Schätztheorie vielfach nicht notwendig. Sei etwa δ ein *Schätzkern* eines Funktionals $\gamma\colon\Theta\to\Gamma$, also ein Entscheidungskern von $(\mathfrak{X},\mathfrak{B})$ nach $(\Gamma,\mathfrak{A}_\Gamma)$. Ist Γ konvex, so gibt es bei konvexen Verlustfunktionen zu jedem Schätzkern δ einen nicht-schlechteren, nicht-randomisierten Schätzer g. Für $g(x):=\int a\,\mathrm{d}\delta_x(a)$ gilt nämlich nach der Jensen-Ungleichung

$$R(\vartheta,g)=\int\Lambda(\vartheta,g(x))\,\mathrm{d}P_\vartheta(x)=\int\Lambda(\vartheta,\textstyle\int a\,\mathrm{d}\delta_x(a))\,\mathrm{d}P_\vartheta(x)$$
$$\leqslant\int\int\Lambda(\vartheta,a)\,\mathrm{d}\delta_x(a)\,\mathrm{d}P_\vartheta(x)=R(\vartheta,\delta)\,. \tag{1.2.98}$$

Bei vielen Betrachtungen der Schätztheorie kann man sich deshalb o.E. auf nicht-randomisierte Schätzer g beschränken. Speziell bleibt bei dieser Zuordnung Erwartungstreue erhalten. Dabei heißt $\delta\in\mathfrak{K}$ *erwartungstreu für* γ, wenn gilt

$$\int\int a\,\mathrm{d}\delta_x(a)\,\mathrm{d}P_\vartheta(x)=\gamma(\vartheta)\quad\forall\vartheta\in\Theta\,. \tag{1.2.99}$$

Der Interpretationsvorschrift von δ entsprechend läßt sich nämlich $\int a\,\mathrm{d}\delta_x(a)$ als „bedingter" EW und $\int\int a\,\mathrm{d}\delta_x(a)\,\mathrm{d}P_\vartheta(x)$ somit als EW des Schätzers δ interpretieren. Im Spezialfall eines nicht-randomisierten Schätzers g reduziert sich (1.2.99) gemäß (1.2.94) auf (1.2.18) und (1.2.95) auf

$$Q_{\vartheta,\delta}(A)=E_\vartheta\delta(X,A)=E_\vartheta\mathbb{1}_A(g(X))=\mathbb{P}_\vartheta(g(X)\in A)\,. \tag{1.2.100}$$

Nach Einführung des auch Entscheidungsfunktionen umfassenden Begriffs eines Entscheidungskerns sind wir nun in der Lage, die wesentlichen Gesichtspunkte bei der Auszeichnung optimaler Verfahren herauszuarbeiten. Hierzu beachte man, daß jedem $\delta\in\mathfrak{K}$ durch die Risikofunktion als *Gütemaß* die Funktion $R(\cdot,\delta)$ zugeordnet wird. Gilt

$$R(\vartheta,\delta)\leqslant R(\vartheta,\tilde\delta)\quad\forall\vartheta\in\Theta\,,\qquad R(\vartheta,\delta)<R(\vartheta,\tilde\delta)\quad\exists\vartheta\in\Theta\,, \tag{1.2.101}$$

so heißt δ *besser* als $\tilde\delta$ (vgl. Abb. 7). Im allgemeinen wird jedoch zwischen zwei Entscheidungskernen δ_1 und δ_2 keine derartige Relation bestehen, sondern für gewisse Werte ϑ wird $R(\vartheta,\delta_1)$, für andere wiederum $R(\vartheta,\delta_2)$ kleiner sein (vgl. Abb. 7). Von besonderem Interesse sind deshalb *zulässige* Elemente $\delta\in\mathfrak{K}$, d.h. solche, die bzgl. der betrachteten Halbordnung (1.2.101) nicht verbessert werden können. Aus (1.2.101) folgt auch, daß man sich stets auf Teilklassen $\tilde{\mathfrak{K}}\subset\mathfrak{K}$ beschränken kann, die *vollständig* sind in dem Sinne, daß zu jedem Element aus $\mathfrak{K}-\tilde{\mathfrak{K}}$ ein nicht-schlechteres Element in $\tilde{\mathfrak{K}}$ enthalten ist. Speziell kann man sich auf *minimalvollständige Klassen* beschränken, d.h. auf vollständige Klassen, die keine echten vollständigen Teilklassen enthalten. Bei diesen kann man also auf keine Elemente verzichten, ohne die Eigenschaft der Vollständigkeit zu verlieren.

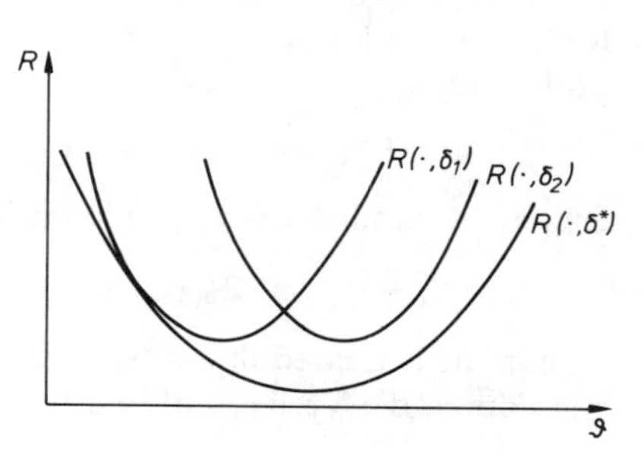

Abb. 7
Zum Vergleich von Entscheidungskernen bei einer Klasse $\tilde{\mathfrak{K}}$ mit gleichmäßig bestem Element δ^*. δ^* ist besser als δ_1 und δ_2, jedoch ist weder δ_1 besser als δ_2 noch δ_2 besser als δ_1 ($\Theta \subset \mathbb{R}$).

In der Gesamtheit $\mathfrak{K}$ *aller* Entscheidungskerne – bzw. in einer (minimal-)vollständigen Teilklasse – existiert im allgemeinen kein gleichmäßig bestes Element δ^*, also kein Element $\delta^* \in \mathfrak{K}$, welches $R(\vartheta, \delta)$ simultan für alle $\vartheta \in \Theta$ minimiert[1]). Ein erstes Prinzip zur Auszeichnung optimaler Elemente besteht deshalb darin, von den (funktionenwertigen) Gütemaßen $R(\cdot, \vartheta)$ zu geeigneten (reellwertigen Pseudo-) Normen $\tilde{R}(\delta)$ überzugehen, durch deren Minimierung sich dann optimale Elemente gewinnen lassen. Sinnvolle Beispiele hierfür sind das maximale sowie das Bayes-Risiko, die aufgrund spieltheoretischer Überlegungen in 1.4.2 eingeführt werden.

Eine Ursache dafür, daß in $\mathfrak{K}$ und damit auch in jeder vollständigen Teilklasse kein gleichmäßig optimales Element existiert, liegt darin, daß es Entscheidungskerne gibt, die einzelne Werte ϑ auf Kosten der anderen zu stark berücksichtigen. Extreme Beispiele hierfür sind die „deterministischen Kerne“ $\delta(x, A) \equiv \mathbb{1}_A(a_0)$, bei denen man unabhängig von der Beobachtung $x \in \mathfrak{X}$ dieselbe Entscheidung a_0 trifft. Das zweite für das folgende wichtige Prinzip zur Auszeichnung optimaler Verfahren besteht deshalb darin, die Menge $\mathfrak{K}$ aller Entscheidungskerne derart zu verkleinern, daß in der Teilgesamtheit $\tilde{\mathfrak{K}}$ ein gleichmäßig bestes Element existiert.

Definition 1.51 *Zugrunde liege ein statistisches Entscheidungsproblem mit Risikofunktion R; $\mathfrak{K}$ bezeichne die Gesamtheit aller möglichen Entscheidungskerne und $\tilde{\mathfrak{K}} \subset \mathfrak{K}$ eine Teilmenge von $\mathfrak{K}$. Dann heißt die Beschränkung auf Entscheidungskerne $\delta \in \tilde{\mathfrak{K}}$ eine* Reduktion auf $\tilde{\mathfrak{K}}$ *und $\delta^* \in \tilde{\mathfrak{K}}$ ein* gleichmäßig bester Entscheidungskern bzgl. $\tilde{\mathfrak{K}}$, *wenn gilt*

$$R(\vartheta, \delta^*) = \inf_{\delta \in \tilde{\mathfrak{K}}} R(\vartheta, \delta) \quad \forall \vartheta \in \Theta. \tag{1.2.102}$$

Gleichmäßig beste Lösungen im Sinne dieser Definition hängen nicht nur von der speziellen Verlustfunktion Λ ab, sondern insbesondere auch von der jeweils betrachteten

[1]) Gibt es etwa für jedes $\vartheta \in \Theta$ genau eine richtige Entscheidung a_ϑ und bezeichnet $\delta_\vartheta \in \mathfrak{K}$ denjenigen Entscheidungskern, bei dem unabhängig von der Beobachtung x die Entscheidung a_ϑ getroffen wird, so gilt $R(\vartheta, \delta_\vartheta) = 0$. Bei $\Lambda(\vartheta, a) > 0$ für $a \neq a_\vartheta$ ist jedoch $R(\vartheta', a_\vartheta) > 0$ für $\vartheta' \neq \vartheta$.

Teilklasse $\tilde{\mathfrak{K}}$. Die beiden wichtigsten Typen derartiger Restriktionen sind die Reduktionen vermöge einer Statistik T und diejenigen auf unverzerrte Verfahren; vgl. 1.3.1. Im vorliegenden Fall interessiert eine Reduktion auf eine Statistik T, wenn mit dieser eine Reduktion im Parameterraum verbunden ist. Der Äquivalenzklasseneinteilung im Stichprobenraum

$$x_1 \sim x_2 :\Leftrightarrow T(x_1) = T(x_2) \tag{1.2.103}$$

entspricht nämlich die folgende im Parameterraum:

$$\vartheta_1 \sim \vartheta_2 :\Leftrightarrow \mathfrak{L}_{\vartheta_1}(T) = \mathfrak{L}_{\vartheta_2}(T). \tag{1.2.104}$$

Ist nun die Datenreduktion bei dem betrachteten Problem gerechtfertigt, wird diese also auch durch die Verlustfunktion berücksichtigt gemäß

$$\vartheta_1 \sim \vartheta_2 \Rightarrow \Lambda(\vartheta_1, \cdot) = \Lambda(\vartheta_2, \cdot), \tag{1.2.105}$$

so impliziert die Reduktion auf T eine Verkleinerung der Gesamtheit der Risikofunktionen. Gibt es nämlich zu jedem Kern $(x, A) \mapsto \delta(x, A)$ einen gleich guten, über T meßbar faktorisierenden Kern $(x, A) \mapsto \sigma(T(x), A)$, so gilt mit (1.2.96) wegen (1.2.104–105)

$$\begin{aligned} R(\vartheta_1, \delta) &= \iint \Lambda(\vartheta_1, a)\,\mathrm{d}\delta_x(a)\,\mathrm{d}P_{\vartheta_1}(x) = \iint \Lambda(\vartheta_1, a)\,\mathrm{d}\sigma_t(a)\,\mathrm{d}P_{\vartheta_1}^T(t) \\ &= \iint \Lambda(\vartheta_2, a)\,\mathrm{d}\sigma_t(a)\,\mathrm{d}P_{\vartheta_2}^T(t) = \iint \Lambda(\vartheta_2, a)\,\mathrm{d}\delta_x(a)\,\mathrm{d}P_{\vartheta_2}(x) = R(\vartheta_2, \delta). \end{aligned} \tag{1.2.106}$$

Die Gesamtheit aller Risikofunktionen wird also durch die Datenreduktion auf eine echte Teilgesamtheit reduziert, sofern (1.2.104) auf Θ eine nicht-triviale Äquivalenzklasseneinteilung induziert.

Auch die in 1.3.1 näher diskutierte *Reduktion durch Unverzerrtheit* besteht aus einer Beschränkung der Klasse aller Entscheidungskerne, nämlich auf diejenigen, bei denen der erwartete Verlust gewisse, in 1.3.1 zu präzisierende Nebenbedingungen erfüllt. Eine derartige Reduktion führt bei den wichtigsten Schätz- bzw. Testproblemen auf solche Teilklassen, die eine optimierungstheoretische Behandlung gestatten; vgl. u.a. 2.2 und 2.4.

Selbstverständlich kann bei ein und demselben Problem sowohl eine Reduktion auf eine Statistik T als auch eine solche durch Unverzerrtheit vorgenommen werden, wie auch die beiden Grundprinzipien, nämlich die Minimierung einer Pseudonorm $\tilde{R}(\cdot)$ und die Optimierung bezüglich Teilklassen $\tilde{\mathfrak{K}}$, kombiniert werden können. Entsprechend diesen verschiedenen möglichen Vorgehensweisen wird man auf eine Vielzahl von Optimalitätsbegriffen geführt. Ein vorgegebenes Verfahren wird natürlich höchstens einzelnen dieser Kriterien genügen. Deshalb wird man eine Optimalitätseigenschaft vielfach nur dahingehend interpretieren, daß das entsprechende Verfahren auf einer „rationalen Basis" und nicht allein auf „reiner Intuition" beruht. Dem trägt Rechnung, daß wir häufig – etwa bei einleitenden oder resümierenden Bemerkungen – kurz von einem „optimalen Verfahren" sprechen, ohne den speziellen Optimalitätsbegriff zu präzisieren. Der Vollständigkeit halber sei schließlich erwähnt, daß ein nach einer dieser Vorgehensweisen gewonnenes optimales Element nicht notwendig zulässig ist im Sinne obiger Definition. Wir werden jedoch auf diese Frage im allgemeinen nicht eingehen; vgl. aber Satz 1.81.

Aufgabe 1.5 Für jede eindimensionale VF F gilt $F \circ F^{-1} \circ F = F$, $F^{-1} \circ F \circ F^{-1} = F^{-1}$.

Aufgabe 1.6 Sei X eine reellwertige ZG mit VF F. Man zeige $m \in \mathbb{R}$ ist ein Median von F genau dann, wenn $\inf_{a \in \mathbb{R}} E_F(|X-a| - |X-m|) = 0$ ist.
Hinweis: Für $a > m$ gilt $E_F(|X-a| - |X-m|) = 2\,[(a-m)(F(m) - \frac{1}{2}) + \int_{(m,a)} (a-x)\,\mathrm{d}F(x)]$.

Aufgabe 1.7 a) Man leite die Konstanten c_n aus Beispiel 1.24b her und berechne $c_1, \ldots, c_{10}$. b) Man zeige $c_n < 1$ und $\lim c_n = 1$ als Anwendung der Jensen-Ungleichung A5.0 bzw. des starken Gesetzes der großen Zahlen A7.8.

Aufgabe 1.8 Man zeige: a) Ist X eine reellwertige ZG mit stetiger VF F, so ist $F(X)$ verteilt gemäß $\mathfrak{R}(0,1)$. b) Ist U eine $\mathfrak{R}(0,1)$-verteilte ZG und F eine eindimensionale VF, so ist $F^{-1}(U)$ verteilt gemäß F.

Aufgabe 1.9 Zur Entscheidung, ob eine Herstellungsmethode I besser ist als eine herkömmliche Methode II (mit der Güte $\mu_0 = 8{,}2$), wurden $n = 20$ unabhängige Überprüfungen durchgeführt mit den Werten 10,4; 8,5; 9,1; 8,2; 7,9; 9,3; 8,7; 10,8; 7,6; 8,0; 9,8; 6,7; 8,9; 10,2; 7,9; 8,5; 7,4; 8,6; 8,5; 9,0. Die Annahme st.u. $\mathfrak{N}(\mu, \sigma^2)$-verteilter ZG sei gerechtfertigt. Welche Entscheidung ergibt sich bei $\alpha = 0{,}025$ aufgrund des einseitigen Gauß-Tests bei $\sigma_0^2 = 1{,}2$ bzw. aufgrund des einseitigen Student-t-Tests?

Aufgabe 1.10 Man diskutiere das Monotonieverhalten der Gütefunktion (1.2.50) des zweiseitigen Gauß-Tests bei wachsendem Stichprobenumfang. Wieviele Beobachtungen sind notwendig, um bei einem 5%-Niveau eine Abweichung von μ_0 um eine Standardabweichung mindestens mit WS 0,85 zu entdecken?

Aufgabe 1.11 $X_1, \ldots, X_n$ seien st.u. ZG mit der gleichen $\lambda\!\!\lambda$-Dichte $1/[\pi(1+(z-\mu)^2)]$, $z \in \mathbb{R}$, $\mu \in \mathbb{R}$. Man zeige: $\bar{X}$ und X_1 haben die gleiche Verteilung, die Schätzfunktionen $\bar{x}$ und x_1 für μ also die gleiche Risikofunktion.

Aufgabe 1.12 Die Forderung der Erwartungstreue kann zu „unbrauchbaren" Schätzern führen: $\mathfrak{P} = \{P_\vartheta : \vartheta > 0\}$ sei die Klasse der verkürzten Poisson-Verteilungen, die definiert sind durch $P_\vartheta(\{x\}) = \lambda^x \mathrm{e}^{-\lambda}/[x!(1-\mathrm{e}^{-\lambda})]$, $x \in \mathbb{N}$, $\vartheta = \lambda$. Man bestimme einen erwartungstreuen Schätzer für $\gamma(\vartheta) = 1 - \mathrm{e}^{-\lambda}$.

Aufgabe 1.13 Man bestimme ML-Schätzer für ϑ bei folgenden Modellen:
a) X_1, X_2 seien st.u. ZG mit derselben $\lambda\!\!\lambda$-Dichte $f_\vartheta(z) = 1/[\pi(1+(z-\mu)^2)]$, $z \in \mathbb{R}$, $\vartheta = \mu \in \mathbb{R}$.
b) $\mathfrak{L}(X) = \mathfrak{H}(N, M, n)$, $\vartheta = M \in \{0, \ldots, N\}$.
c) $X_1, \ldots, X_n$ seien st.u. ZG mit derselben $\lambda\!\!\lambda$-Dichte

$$f_\vartheta(z) = (\sqrt{2}\sigma)^{-1} \exp[-\sqrt{2}\,|z-\mu|/\sigma], \quad \vartheta = (\mu, \sigma) \in \mathbb{R} \times (0, \infty).$$

1.3 Optimierungstheoretische Formulierung statistischer Entscheidungsprobleme

Neben den Reduktionen durch Suffizienz und Invarianz, die in 3.1 bzw. 3.5 näher diskutiert und in den darauf folgenden Abschnitten vielfach angewendet werden, spielt die Reduktion auf unverzerrte Verfahren im folgenden eine wichtige Rolle; vgl. etwa Kap. 2. Durch eine derartige Restriktion wird nämlich einerseits die Gesamtheit aller zugelassenen Entscheidungsverfahren häufig derart eingeschränkt, daß es in der kleineren Klasse ein gleichmäßig bestes Element gibt; andererseits werden Test- und Schätzprobleme so zu Optimierungsproblemen unter Nebenbedingungen und damit einer mathematischen Behandlung zugänglich. In 1.3.1 wird der Begriff eines unverzerrten Verfahrens präzisiert und gezeigt, daß er die Begriffe erwartungstreuer Schätzer bzw. unverfälschter α-Niveau Test umfaßt. Zugleich werden die wichtigsten hiermit verbundenen Optimalitätsbegriffe und Sprechweisen eingeführt. Um den gemeinsamen Kern späterer Überlegungen zu verdeutlichen, werden in 1.3.2 einige optimierungstheoretische Grundbegriffe in der hier benötigten Allgemeinheit entwickelt. Insbesondere werden die Lagrange-Funktion, das (mit einer modifizierten Zielfunktion gebildete) Lagrange-Problem und das duale Optimierungsproblem eingeführt. Zugleich wird die Bedeutung der Gültigkeit des schwachen bzw. starken Dualitätssatzes herausgearbeitet. Dabei spielt der Spezialfall von Optimierungsproblemen mit endlich vielen Nebenbedingungen in Form linearer Gleichungen bzw. linearer Ungleichungen eine besondere Rolle. Bei konkaver Zielfunktion wird für diesen in 1.3.3 der schwache Dualitätssatz bewiesen. Dieser Satz und die aus ihm folgenden testtheoretischen Aussagen in 2.4.1, 2.5.1 und 2.5.3 sind typische Beispiele dafür, wie statistische Optimierungsprobleme vermöge geeignet definierter dualer Probleme untersucht werden können.

1.3.1 Unverzerrtheit bei Schätz- und Testproblemen

Wie in 1.2.5 gezeigt wurde, ist es zweckmäßig, solche statistischen Verfahren von Anfang an auszuschließen, die eine zu starke Präferenz für spezielle Parameterwerte besitzen. Dies leistet die zunächst wenig intuitiv erscheinende

Definition 1.52 *Zugrunde liege ein statistisches Entscheidungsproblem mit Verteilungsannahme $\mathfrak{P} = \{P_\vartheta\colon \vartheta \in \Theta\}$, Entscheidungsraum Δ und Verlustfunktion Λ.*

a) *Ein Entscheidungskern $\delta \in \mathfrak{K}$ heißt* unverzerrt, *wenn gilt*

$$E_\vartheta\left[\int_\Delta \Lambda(\vartheta', a)\,\mathrm{d}\delta_X(a)\right] \geqslant E_\vartheta\left[\int_\Delta \Lambda(\vartheta, a)\,\mathrm{d}\delta_X(a)\right] \quad \forall \vartheta, \vartheta' \in \Theta\colon \vartheta' \neq \vartheta. \tag{1.3.1}$$

Die Gesamtheit der unverzerrten Kerne wird mit $\mathfrak{K}_u$ bezeichnet. Speziell heißt also eine Entscheidungsfunktion $e \in \mathfrak{E}$ unverzerrt, *wenn gilt*

$$E_\vartheta \Lambda(\vartheta', e(X)) \geqslant E_\vartheta \Lambda(\vartheta, e(X)) \quad \forall \vartheta, \vartheta' \in \Theta\colon \vartheta' \neq \vartheta. \tag{1.3.2}$$

b) *$\delta^* \in \mathfrak{K}_u$ heißt ein* gleichmäßig bester unverzerrter Entscheidungskern, *wenn gilt*

$$R(\vartheta, \delta^*) = \inf_{\delta \in \mathfrak{K}_u} R(\vartheta, \delta) \qquad \forall \vartheta \in \Theta.$$

Die nachfolgende Diskussion wird zeigen, daß einige naheliegende – und zum Teil schon in 1.2 erörterte – Begriffsbildungen für Tests und Schätzer in der obigen Definition ihren gemeinsamen Ursprung haben. Die resultierenden statistischen Probleme, d.h. die Suche nach den jeweiligen besten unverzerrten Entscheidungskernen, führen auf mathematische Optimierungsprobleme mit (vielfach linearen) Nebenbedingungen.

A) Schätzen von $\gamma: \Theta \to \mathbb{R}$ bei Gauß-Verlustfunktion Sei $g \in \mathbb{L}_2(\vartheta) \quad \forall \vartheta \in \Theta$ ein Schätzer für γ mit $E_\vartheta g \in \gamma(\Theta) \quad \forall \vartheta \in \Theta$. Dann ist wegen der Minimaleigenschaft des Mittelwerts μ einer eindimensionalen Verteilung mit zweiten Momenten:

$$E(Y-\mu)^2 = \min_{\mu' \in \mathbb{R}} E(Y-\mu')^2 \Leftrightarrow \mu = EY \tag{1.3.3}$$

Unverzerrtheit im Sinne von (1.3.1) äquivalent mit Erwartungstreue im Sinne von (1.2.18). Zum Beweis sei zunächst g erwartungstreu für γ. Dann ist g auch unverzerrt im Sinne der Definition 1.52, denn aus (1.3.3) folgt

$$E_\vartheta(g-\gamma(\vartheta'))^2 \geqslant E_\vartheta(g-\gamma(\vartheta))^2 \quad \forall \vartheta, \vartheta' \in \Theta: \ \vartheta' \neq \vartheta. \tag{1.3.4}$$

Ist umgekehrt g unverzerrt, so folgt aus (1.3.4) wegen $E_\vartheta g \in \gamma(\Theta)$

$$E_\vartheta(g-E_\vartheta g)^2 \geqslant E_\vartheta(g-\gamma(\vartheta))^2 \quad \forall \vartheta \in \Theta$$

und damit ebenfalls aus der Minimaleigenschaft (1.3.3) $E_\vartheta g = \gamma(\vartheta) \quad \forall \vartheta \in \Theta$.
Bei Verwenden der Gauß-Verlustfunktion und $g \in \mathbb{L}_2(\vartheta) \quad \forall \vartheta \in \Theta$ gilt generell

$$E_\vartheta(g-\gamma(\vartheta))^2 = Var_\vartheta g + (E_\vartheta g - \gamma(\vartheta))^2. \tag{1.3.5}$$

Für erwartungstreue Schätzer reduziert sich also die erwartete quadratische Abweichung $E_\vartheta(g-\gamma(\vartheta))^2$ auf die Varianz $Var_\vartheta g$. Dies führt zur

Definition 1.53 *Ein Schätzer g^* für $\gamma: \Theta \to \mathbb{R}$ heißt ein* erwartungstreuer Schätzer mit gleichmäßig kleinster Varianz, *wenn gilt*:

$$Var_\vartheta g^* = \inf_{g \in \mathfrak{E}_\gamma} Var_\vartheta g \quad \forall \vartheta \in \Theta, \tag{1.3.6}$$

$$g^* \in \mathfrak{E}_\gamma := \{g \in \mathfrak{E}: E_\vartheta g = \gamma(\vartheta), \ Var_\vartheta g \in \mathbb{R} \quad \forall \vartheta \in \Theta\}. \tag{1.3.7}$$

Erfolgt die Minimierung der Varianz nur an einer einzigen Stelle $\vartheta_0 \in \Theta$, so spricht man von einem *erwartungstreuen Schätzer mit lokal kleinster Varianz im Punkte* ϑ_0. Ein derartiger *in* ϑ_0 *lokal bester* oder *lokal optimaler erwartungstreuer Schätzer* g^* ist also definiert als Lösung von

$$Var_{\vartheta_0} g^* = \inf_{g \in \mathfrak{E}_\gamma(\vartheta_0)} Var_{\vartheta_0} g, \tag{1.3.8}$$

$$g^* \in \mathfrak{E}_\gamma(\vartheta_0) := \{g \in \mathfrak{E}: E_\vartheta g = \gamma(\vartheta) \quad \forall \vartheta \in \Theta, \ Var_{\vartheta_0} g \in \mathbb{R}\}. \tag{1.3.9}$$

Eine solche Abschwächung gegenüber (1.3.6–7) ist aus mathematischen Gründen naheliegend[1]), da sich im allgemeinen nur eine einzelne Zielfunktion – hier also $g \mapsto Var_{\vartheta_0} g$ – minimieren läßt. Unter speziellen Verteilungsannahmen ist jedoch eine Lösung $g^* \in \mathfrak{E}_\gamma := \bigcap_{\vartheta_0 \in \Theta} \mathfrak{E}_\gamma(\vartheta_0)$ von (1.3.8–9) unabhängig von $\vartheta_0 \in \Theta$, d.h. g^* ein erwartungstreuer Schätzer mit gleichmäßig kleinster Varianz.

---

[1]) Sie ist auch aus statistischen Gründen zweckmäßig, da sie eine Aussage über die Güte eines (beliebigen) erwartungstreuen Schätzers $g \in \mathbb{L}_2(\vartheta_0)$ an der Stelle ϑ_0 ermöglicht, nämlich über den Vergleich von $Var_{\vartheta_0} g$ mit $Var_{\vartheta_0} g^*$.

Analog folgt bei der Verlustfunktion $\Lambda(\vartheta, a) = |a - \gamma(\vartheta)|$, daß Unverzerrtheit im Sinne der Definition 1.52a mit Mediantreue äquivalent ist. Demgemäß nennt man einen Schätzer g^* für ein eindimensionales Funktional γ einen *mediantreuen Schätzer mit gleichmäßig kleinstem Risiko*, wenn gilt:

$$E_\vartheta|g^* - \gamma(\vartheta)| = \inf_{g \in \mathfrak{E}'_\gamma} E_\vartheta|g - \gamma(\vartheta)| \quad \forall \vartheta \in \Theta,$$

$$g^* \in \mathfrak{E}'_\gamma := \{g \in \mathfrak{E} : \mathrm{med}_\vartheta g = \gamma(\vartheta),\ E_\vartheta|g - \gamma(\vartheta)| \in \mathbb{R} \quad \forall \vartheta \in \Theta\}.$$

Entsprechend ist ein mediantreuer Schätzer mit lokal kleinstem Risiko im Punkte $\vartheta_0 \in \Theta$ definiert.

Bei einer Reduktion durch Unverzerrtheit können jedoch auch ,,vernünftige'' Verfahren ausgeschlossen werden. So zeigt das folgende Beispiel, daß sich ohne Beschränkung auf erwartungstreue Schätzer gegebenenfalls ein gleichmäßig kleineres Risiko erzielen läßt; in einem solchen Fall ist also kein erwartungstreuer Schätzer zulässig im Sinne von 1.2.5. Ein entsprechender Sachverhalt kann natürlich auch bei einer Beschränkung auf mediantreue Schätzer vorliegen.

Beispiel 1.54 $X_1, \ldots, X_n$ seien st. u. $\mathfrak{N}(\mu, \sigma^2)$-verteilte ZG, $\vartheta = (\mu, \sigma^2) \in \mathbb{R} \times (0, \infty)$, und es sei $\gamma(\vartheta) = \sigma^2$. Dann ist nach Beispiel 1.24b $\hat{\sigma}^2(x) = \sum (x_j - \bar{x})^2/(n-1)$ ein erwartungstreuer Schätzer und – wie in Beispiel 3.40a gezeigt werden wird – sogar ein solcher mit gleichmäßig kleinster Varianz. Der Schätzer $\tilde{\sigma}^2(x) := \sum (x_j - \bar{x})^2/(n+1)$ besitzt jedoch eine gleichmäßig kleinere erwartete quadratische Abweichung als $\hat{\sigma}^2(x)$. Legt man nämlich $c = c(n)$ derart fest, daß $f(\vartheta) := E_\vartheta[c \sum (X_j - \bar{X})^2 - \sigma^2]^2$ minimal wird, so ergibt sich mit den Bezeichnungen aus (1.2.82) $f(\vartheta) = E_\vartheta\left[c \sum_{j=2}^n Y_j^2 - \sigma^2\right]^2$ und damit durch Differentiation nach c unabhängig von ϑ zunächst die Bestimmungsgleichung

$$E_\vartheta\left[\left(c \sum_{i=2}^n Y_i^2 - \sigma^2\right) \sum_{j=2}^n Y_j^2\right] = c \sum_{j=2}^n E_\vartheta Y_j^4 + c \sum_{2 \le i \ne j \le n}\sum E_\vartheta Y_i^2 Y_j^2 - \sigma^2 \sum_{j=2}^n E_\vartheta Y_j^2 = 0.$$

Hieraus folgt $c = 1/(n+1)$, denn bekanntlich gilt $E_\vartheta Y_j^2 = \sigma^2$ und $E_\vartheta Y_j^4 = 3\sigma^4$. □

Ist allgemeiner γ ein l-dimensionales Funktional, so kann man (1.3.2) komponentenweise anwenden und sich auf die Gesamtheit aller Abbildungen $g = (g_1, \ldots, g_l)^\top$: $(\mathfrak{X}, \mathfrak{B}) \to (\mathbb{R}^l, \mathbb{B}^l)$ beschränken, die (komponentenweise) erwartungstreu sind und eine (endliche) Kovarianzmatrix besitzen. Mit g für γ ist dann auch $u^\top g$ für $u^\top \gamma$ erwartungstreu und zwar für jedes $u \in \mathbb{R}^l$. Deshalb wird man $g^* \in \mathfrak{E}_\gamma$ (gleichmäßig) optimal nennen, wenn $u^\top g^*$ unter allen erwartungstreuen Schätzern für $u^\top \gamma$ gleichmäßig kleinste Varianz hat für jedes $u \in \mathbb{R}^l$, wenn also für alle $\vartheta \in \Theta$ gilt

$$u^\top(\mathscr{Cov}_\vartheta\, g^*)\, u = Var_\vartheta(u^\top g^*) = \inf_{g \in \mathfrak{E}_\gamma} Var_\vartheta(u^\top g) = \inf_{g \in \mathfrak{E}_\gamma} u^\top(\mathscr{Cov}_\vartheta\, g)\, u \quad \forall u \in \mathbb{R}^l. \tag{1.3.10}$$

Diese Beziehung zeigt, daß die Kovarianzmatrix ein geeignetes Maß für die Konzentration einer l-dimensionalen Verteilung ist. Bei Verwenden der für symmetrische, positiv semidefinite $l \times l$-Matrizen gebräuchlichen *Löwner-Ordnung*

$$\mathscr{S} \leqslant \mathscr{T} :\Leftrightarrow u^{\mathrm{T}}(\mathscr{T} - \mathscr{S})\, u \geqslant 0 \quad \forall u \in \mathbb{R}^l$$

schreibt sich (1.3.10) als $\mathscr{C}ov_\vartheta\, g^* \leqslant \mathscr{C}ov_\vartheta\, g \quad \forall g \in \mathfrak{E}_\gamma$. Dies führt zur

Definition 1.55 *Ein Schätzer g^* für $\gamma: \Theta \to \mathbb{R}^l$ heißt ein* erwartungstreuer Schätzer mit gleichmäßig kleinster Kovarianzmatrix, *wenn gilt*

$$\mathscr{C}ov_\vartheta\, g^* = \inf_{g \in \mathfrak{E}_\gamma} \mathscr{C}ov_\vartheta\, g \quad \forall \vartheta \in \Theta, \tag{1.3.11}$$

$$g^* \in \mathfrak{E}_\gamma := \{g \in \mathfrak{E}: E_\vartheta\, g = \gamma(\vartheta),\ \mathscr{C}ov_\vartheta\, g \in \mathbb{R}^{l \times l} \quad \forall \vartheta \in \Theta\}. \tag{1.3.12}$$

B) Tests zweier Hypothesen bei Neyman-Pearson-Verlustfunktion Bei $\Lambda_0 > 0$, $\Lambda_1 > 0$ stimmt die Unverzerrtheit eines Tests φ im Sinne von (1.3.1) mit der Unverfälschtheit zum Niveau $\alpha := \Lambda_1/(\Lambda_0 + \Lambda_1)$ im Sinne von (1.2.70) überein. Zunächst folgt nämlich analog (1.2.97)

$$E_\vartheta \Lambda(\vartheta', \varphi) = \Lambda_0 E_\vartheta \varphi\, \mathbb{1}_{\mathbf{H}}(\vartheta') + \Lambda_1 (1 - E_\vartheta \varphi)\, \mathbb{1}_{\mathbf{K}}(\vartheta').$$

Hieraus ergibt sich für $\vartheta' \in \mathbf{K}$ und $\vartheta \in \mathbf{H}$

$$\Lambda_1(1 - E_\vartheta \varphi) \geqslant \Lambda_0 E_\vartheta \varphi \quad \text{oder} \quad E_\vartheta \varphi \leqslant \alpha \quad \forall \vartheta \in \mathbf{H}.$$

Entsprechend folgt für $\vartheta' \in \mathbf{H}$ und $\vartheta \in \mathbf{K}$

$$\Lambda_0 E_\vartheta \varphi \geqslant \Lambda_1 (1 - E_\vartheta \varphi) \quad \text{oder} \quad E_\vartheta \varphi \geqslant \alpha \quad \forall \vartheta \in \mathbf{K}.$$

Die erste dieser Bedingungen ist definitionsgemäß erfüllt durch α-Niveau Tests, beide Bedingungen zusammen durch unverfälschte α-Niveau Tests. Dieser Sachverhalt führt zu zwei wichtigen Optimalitätsbegriffen:

Beste α-Niveau Tests Unter den Nebenbedingungen $E_\vartheta \varphi \leqslant \alpha \quad \forall \vartheta \in \mathbf{H}$ liegt es nahe, nur die Minimierung der Risikofunktion für $\vartheta \in \mathbf{K}$ zu fordern, also die Maximierung der Gütefunktion über $\mathbf{K}$. Dieses ergibt sich auch formal aus der Optimierungsforderung (1.2.102), wenn man dort $\Lambda_0 = 0$ setzt. In einem solchen Fall wird also die Fehler-WS 1. Art kontrolliert (nämlich durch die Einschränkung auf α-Niveau Tests) und unter dieser Nebenbedingung die Fehler-WS 2. Art minimiert (nämlich durch die Optimierungsforderung).

Definition 1.56 *Ein Test φ^* heißt* gleichmäßig bester α-Niveau Test für $\mathbf{H}$ gegen $\mathbf{K}$, *wenn gilt*

$$E_\vartheta \varphi^* = \sup_{\varphi \in \Phi_\alpha} E_\vartheta \varphi \quad \forall \vartheta \in \mathbf{K}, \tag{1.3.13}$$

$$\varphi^* \in \Phi_\alpha := \{\varphi \in \Phi: E_\vartheta \varphi \leqslant \alpha \quad \forall \vartheta \in \mathbf{H}\}. \tag{1.3.14}$$

Erfolgt die Maximierung der Gütefunktion nur an einer einzigen Stelle $\vartheta_0 \in \mathbf{K}$, so sprechen wir bei φ^* kurz von einem *besten α-Niveau Test für* $\mathbf{H}$ *gegen* $\{\vartheta_0\}$. Eine derartige Abschwächung entspricht derjenigen auf lokal beste erwartungstreue Schätzer in Definition 1.53. Man beachte jedoch, daß ein lokal bester α-Niveau Test gänzlich anders definiert ist; vgl. 2.2.4.

Existiert ein gleichmäßig bester α-Niveau Test für **H** gegen **K**, so ist dieser stets unverfälscht. Für den Test $\tilde{\varphi} \equiv \alpha$ gilt nämlich $\tilde{\varphi} \in \Phi_\alpha$. Damit folgt aus (1.3.13) $E_\vartheta \varphi^* \geqslant E_\vartheta \tilde{\varphi} = \alpha$ $\forall \vartheta \in \mathbf{K}$, also die Unverfälschtheit. Unter vielen einparametrigen Verteilungsannahmen existieren gleichmäßig beste α-Niveau Tests für einseitige Hypothesen der Form $\mathbf{H}$: $\vartheta \leqslant \vartheta_0$, $\mathbf{K}$: $\vartheta > \vartheta_0$ bzw. $\mathbf{H}$: $\vartheta \geqslant \vartheta_0$, $\mathbf{K}$: $\vartheta < \vartheta_0$, typischerweise jedoch nicht bei zweiseitigen Hypothesen der Form $\mathbf{H}$: $\vartheta \in [\vartheta_0, \vartheta_1]$, $\mathbf{K}$: $\vartheta \in [\vartheta_0, \vartheta_1]^c$ oder $\mathbf{H}$: $\vartheta = \vartheta_0$, $\mathbf{K}$: $\vartheta \neq \vartheta_0$. In solchen Situationen ist es naheliegend, sich sogleich auch auf unverfälschte α-Niveau Tests zu beschränken, d.h. auch die Fehler-WS 2. Art zu kontrollieren gemäß $1 - E_\vartheta \varphi \leqslant 1 - \alpha \quad \forall \vartheta \in \mathbf{K}$. Eine derartige Beschränkung auf unverfälschte α-Niveau Tests ist besonders auf zweiseitige Testprobleme zugeschnitten und auf solche in k-parametrigen Verteilungsklassen, $k > 1$. Dann gibt es nämlich vielfach gleichmäßig optimale Lösungen im Sinne der Definition 1.52b, wenn man die Klasse der zugelassenen Tests in dieser Weise einschränkt.

Definition 1.57 *Ein Test φ^* heißt* gleichmäßig bester unverfälschter α-Niveau Test für **H** gegen **K**, *wenn gilt*

$$E_\vartheta \varphi^* = \sup_{\varphi \in \Phi_{\alpha\alpha}} E_\vartheta \varphi \quad \forall \vartheta \in \mathbf{K}, \tag{1.3.15}$$

$$\varphi^* \in \Phi_{\alpha\alpha} := \{\varphi \in \Phi : E_\vartheta \varphi \leqslant \alpha \quad \forall \vartheta \in \mathbf{H}, \quad E_\vartheta \varphi \geqslant \alpha \quad \forall \vartheta \in \mathbf{K}\}. \tag{1.3.16}$$

Existiert weder im Sinne der Definition 1.56 noch im Sinne der Definition 1.57 ein optimaler α-Niveau Test, so ist es häufig sinnvoll, unter allen α-Niveau Tests einen solchen zu suchen, der die minimale Schärfe maximiert. Bei diesem Optimalitätsbegriff werden also die beiden in 1.2.5 erwähnten Grundprinzipien zur Auszeichnung optimaler Entscheidungsverfahren gleichzeitig verwendet.

Definition 1.58 *Ein Test φ^* heißt* Maximin-α-Niveau Test für **H** gegen **K** *oder kurz* Maximin-Test, *wenn gilt*

$$\inf_{\vartheta \in \mathbf{K}} E_\vartheta \varphi^* = \sup_{\varphi \in \Phi_\alpha} \inf_{\vartheta \in \mathbf{K}} E_\vartheta \varphi, \tag{1.3.17}$$

$$\varphi^* \in \Phi_\alpha := \{\varphi \in \Phi : E_\vartheta \varphi \leqslant \alpha \quad \forall \vartheta \in \mathbf{H}\}. \tag{1.3.18}$$

Damit ein nicht-trivialer Maximin-α-Niveau Test existiert, müssen die Hypothesen einen „positiven Abstand" haben. Deshalb ist etwa bei einseitigen Testproblemen $\mathbf{H}$: $\vartheta \leqslant \vartheta_0$, $\mathbf{K}$: $\vartheta > \vartheta_0$ mit beliebigem $\vartheta_1 > \vartheta_0$ ein *Indifferenzbereich* $(\vartheta_0, \vartheta_1)$ einzuführen und demgemäß **K** zu ersetzen durch $\mathbf{K}_1$: $\vartheta \geqslant \vartheta_1$.

Beste α-ähnliche Tests Der Begriff eines unverfälschten α-Niveau Tests impliziert gut handhabbare Nebenbedingungen, wenn Θ eine topologische Struktur hat. Hierzu führen wir zunächst auf dem Raum aller Verteilungen $\mathfrak{M}^1(\mathfrak{X}, \mathfrak{B})$ die Metrik

$$\|P - P'\| = \sup\{|\textstyle\int \varphi \,\mathrm{d}P - \int \varphi \,\mathrm{d}P'| : \varphi \in \Phi\} \tag{1.3.19}$$

ein. Diese ist offenbar für Fragen der Testtheorie besonders geeignet, da dann alle Gütefunktionen in Abhängigkeit von P stetig sind; vgl. auch (1.6.98). Überdies sei $\mathfrak{P} = \{P_\vartheta : \vartheta \in \Theta\}$ *stetig parametrisierbar*, d.h. es seien Θ ein metrischer Raum und die

Abbildung $\vartheta \mapsto P_\vartheta$ stetig bzgl. des Abstands (1.3.19); vgl. 1.6.6. Dann ist auch die Gütefunktion $\vartheta \mapsto E_\vartheta \varphi$ eines jeden Tests $\varphi \in \Phi$ stetig. Insbesondere ist dann jeder für **H** gegen **K** unverfälschte α-Niveau Test auf dem *gemeinsamen Rand* $\mathbf{J} := \overline{\mathbf{H}} \cap \overline{\mathbf{K}}$ *α-ähnlich*[1]) im Sinne von

$$E_\vartheta \varphi = \alpha \quad \forall \vartheta \in \mathbf{J}. \tag{1.3.20}$$

Dieses ergibt sich unmittelbar aus der Forderung (1.2.70) und der Stetigkeit der Abbildung $\vartheta \mapsto E_\vartheta \varphi$, falls $\mathbf{J} \subset \mathring{\Theta}$ gilt. Wir wählen überdies **H** stets als abgeschlossen, so daß insbesondere $\mathbf{J} \subset \overline{\mathbf{H}} = \mathbf{H}$ gilt.

Mit $\Phi(\alpha)$ werde die Menge aller auf **J** α-ähnlichen Tests bezeichnet. Bei $\Lambda_0 > 0$, $\Lambda_1 > 0$ werden dann durch einen im Sinne der Definition 1.52b gleichmäßig besten Test $\varphi^* \in \Phi(\alpha)$ unter allen Tests $\varphi \in \Phi(\alpha)$ die Fehler-WS 1. und 2. Art gleichmäßig minimiert, wobei jedoch eine optimale Lösung nicht von den speziellen Zahlenwerten Λ_0 und Λ_1, sondern nur von $\alpha = \Lambda_1/(\Lambda_0 + \Lambda_1)$ abhängt.

Definition 1.59 *Ein Test φ^* heißt* gleichmäßig bester auf $\mathbf{J} := \overline{\mathbf{H}} \cap \overline{\mathbf{K}}$ α-ähnlicher Test für **H** gegen **K**, *wenn gilt*

$$E_\vartheta \varphi^* = \sup_{\varphi \in \Phi(\alpha)} E_\vartheta \varphi \quad \forall \vartheta \in \mathbf{K}, \qquad E_\vartheta \varphi^* = \inf_{\varphi \in \Phi(\alpha)} E_\vartheta \varphi \quad \forall \vartheta \in \mathbf{H}, \tag{1.3.21}$$

$$\varphi^* \in \Phi(\alpha) := \{\varphi \in \Phi : E_\vartheta \varphi = \alpha \quad \forall \vartheta \in \mathbf{J}\}. \tag{1.3.22}$$

Dieser Optimalitätsbegriff ist auf einseitige Testprobleme zugeschnitten. Eine Lösung von (1.3.21–22) existiert nämlich bei vielen Verteilungsannahmen mit einseitigen Hypothesen $\mathbf{H}: \vartheta \leqslant \vartheta_0$, $\mathbf{K}: \vartheta > \vartheta_0$, da dann $\mathbf{J}: \vartheta = \vartheta_0$ und die Bedingung $E_{\vartheta_0} \varphi = \alpha$ hinreichend einschränkend ist, um in der Teilklasse aller dieser Tests die Existenz eines beide Fehler-WS gleichmäßig minimierenden Tests zu sichern; vgl. Satz 2.24a.

Das gleiche gilt auch für einige zweiseitige Hypothesen der Form $\mathbf{H}: \vartheta \in [\vartheta_0, \vartheta_1]$, $\mathbf{K}: \vartheta \in [\vartheta_0, \vartheta_1]^c$, $\vartheta_0 < \vartheta_1$, für die also $\mathbf{J} = \{\vartheta_0, \vartheta_1\}$ zweielementig ist; vgl. Satz 2.69. Eine derartige Aussage gilt aber im allgemeinen *nicht* für zweiseitige Testprobleme der Form $\mathbf{H}: \vartheta = \vartheta_0$, $\mathbf{K}: \vartheta \neq \vartheta_0$, da dann die Forderung der α-Ähnlichkeit auf $\mathbf{J}: \vartheta = \vartheta_0$ hierfür zu schwach ist. Wir werden jedoch zeigen, daß bei vielen Verteilungsannahmen ein derartiger Test existiert, falls die Bedingung (1.3.20) ergänzt wird durch die Forderung der lokalen Unverfälschtheit im Sinne von (1.2.79), also durch

$$\nabla E_\vartheta \varphi = 0 \quad \forall \vartheta \in \mathbf{J}. \tag{1.3.23}$$

Diese zusätzliche Bedingung ist natürlich nur bei $\mathbf{J} \subset \mathring{\Theta}$ sinnvoll und folgt bei differenzierbarer Gütefunktion in trivialer Weise aus derjenigen der Unverfälschtheit zum Niveau α im Sinne von (1.2.70); sie ergibt sich auch aus der Forderung $E_{\vartheta_0} \varphi = E_{\vartheta_1} \varphi = \alpha$, d.h. aus der α-Ähnlichkeit auf $\mathbf{J} = \{\vartheta_0, \vartheta_1\}$ beim Testen von $\mathbf{H}: \vartheta \in [\vartheta_0, \vartheta_1]$ gegen $\mathbf{K}: \vartheta \in [\vartheta_0, \vartheta_1]^c$ für $\vartheta_1 \to \vartheta_0$.

---

[1]) Die Tests mit (1.3.20) sind für $\vartheta \in \mathbf{J}$ zu allen Tests φ mit $\varphi(x) \equiv \text{const}$ „ähnlich“.

Mit $\Phi(\alpha,\alpha)$ werde die Menge aller im Sinne von (1.3.20+23) auf $\mathbf{J}$ α-ähnlichen, lokal unverfälschten Tests bezeichnet. Der folgende Optimalitätsbegriff ist deshalb auf zweiseitige Testprobleme zugeschnitten. Auch er hängt nicht von den speziellen Zahlenwerten $\Lambda_0 > 0$ bzw. $\Lambda_1 > 0$ ab.

Definition 1.60 *Es sei* $\mathbf{J} := \overline{\mathbf{H}} \cap \overline{\mathbf{K}} \subset \mathring{\Theta}$. *Dann heißt ein Test* φ^* *mit differenzierbarer Gütefunktion* gleichmäßig bester auf $\mathbf{J}$ α-ähnlicher, lokal unverfälschter Test für $\mathbf{H}$ gegen $\mathbf{K}$, *wenn gilt*

$$E_\vartheta \varphi^* = \sup_{\varphi \in \Phi(\alpha,\alpha)} E_\vartheta \varphi \quad \forall \vartheta \in \mathbf{K}, \tag{1.3.24}$$

$$\varphi^* \in \Phi(\alpha,\alpha) := \{\varphi \in \Phi : E_\vartheta \varphi = \alpha, \quad \nabla E_\vartheta \varphi = 0 \quad \forall \vartheta \in \mathbf{J}\}. \tag{1.3.25}$$

1.3.2 Lagrange-Funktion und duale Optimierungsprobleme

Bei den in 1.3.1 eingeführten Schätz- und Testproblemen handelt es sich um Optimierungsaufgaben mit Nebenbedingungen. Um eine konkrete Situation vor Augen zu haben, kann man etwa an die Bestimmung eines besten α-Niveau (bzw. besten auf $\mathbf{H}$ α-ähnlichen) Tests für eine zusammengesetzte Hypothese $\mathbf{H}$ gegen eine einfache Hypothese $\mathbf{K} = \{\vartheta_1\}$ denken oder an diejenige eines lokal besten, für ein Funktional $\gamma: \Theta \to \mathbb{R}$ erwartungstreuen Schätzers. Die beiden Testprobleme lauten

$$\begin{cases} E_{\vartheta_1} \varphi^* = \sup\limits_{\varphi \in \Phi_\alpha} E_{\vartheta_1} \varphi, \\ \varphi^* \in \Phi_\alpha := \{\varphi \in \Phi : E_\vartheta \varphi \leqslant \alpha \quad \forall \vartheta \in \mathbf{H}\}, \end{cases} \quad \text{bzw.} \quad \begin{cases} E_{\vartheta_1} \varphi^* = \sup\limits_{\varphi \in \Phi(\alpha)} E_{\vartheta_1} \varphi, \\ \varphi^* \in \Phi(\alpha) := \{\varphi \in \Phi : E_\vartheta \varphi = \alpha \quad \forall \vartheta \in \mathbf{H}\}; \end{cases}$$

sie sind also Optimierungsprobleme von der Form

$$(P_\leqslant) \begin{cases} f(y^*) = \sup\limits_{y \in B_\leqslant} f(y), \\ y^* \in B_\leqslant := \{y \in C : h(y) \geqslant 0\}, \end{cases} \quad \text{bzw.} \quad (P_=) \begin{cases} f(y^*) = \sup\limits_{y \in B_=} f(y), \\ y^* \in B_= := \{y \in C : h(y) = 0\}. \end{cases}$$

Hierbei wird in naheliegender Weise gesetzt $y = \varphi$, $C = \Phi$, $B_\leqslant = \Phi_\alpha$ bzw. $B_= = \Phi(\alpha)$, $f(\cdot) = E_{\vartheta_1}(\cdot)$ sowie $h(\cdot) = (h_\vartheta(\cdot))_{\vartheta \in \mathbf{H}}$ mit $h_\vartheta(\cdot) = \alpha - E_\vartheta(\cdot)$; dabei ist h eine Abbildung in den linearen Raum $\mathfrak{L} = \mathbb{R}^{\mathbf{H}}$ und $h(y) \geqslant 0$ bzw. $h(y) = 0$ sind komponentenweise definiert gemäß

$$h(y) \geqslant 0 :\Leftrightarrow h_\vartheta(y) \geqslant 0 \quad \forall \vartheta \in \mathbf{H}, \qquad h(y) = 0 :\Leftrightarrow h_\vartheta(y) = 0 \quad \forall \vartheta \in \mathbf{H}.$$

Analog ist die Bestimmung eines in einem Punkte ϑ_0 lokal besten, für ein Funktional $\gamma: \Theta \to \mathbb{R}$ erwartungstreuen Schätzers g^* von der Form $(P_=)$. Wegen $E_{\vartheta_0} g = \gamma(\vartheta_0)$ ist nämlich die Minimierung von $Var_{\vartheta_0} g = E_{\vartheta_0} g^2 - (E_{\vartheta_0} g)^2$ äquivalent mit derjenigen von $E_{\vartheta_0} g^2$, also das Schätzproblem mit der konvexen Optimierungsaufgabe

$$E_{\vartheta_0} g^{*2} = \inf_{g \in \mathfrak{E}_\gamma(\vartheta_0)} E_{\vartheta_0} g^2,$$
$$g^* \in \mathfrak{E}_\gamma(\vartheta_0) := \{g \in \mathfrak{E} : E_\vartheta g = \gamma(\vartheta) \quad \forall \vartheta \in \Theta, E_{\vartheta_0} g^2 < \infty\}.$$

Es ist deshalb zweckmäßig, einige Grundbegriffe der Optimierungstheorie zu erläutern. Bezeichnet (P) eine der Optimierungsaufgaben $(P_{\leqslant})$ oder $(P_{=})$ und B eine der Mengen $B_{\leqslant}$ oder $B_{=}$, so heißt ein Punkt $y \in C$ *zulässig* oder eine *zulässige Lösung für* (P), wenn gilt $y \in B$. Gibt es eine Lösung y^* von (P) – d.h. eine zulässige Lösung, für welche die *Zielfunktion* f das Supremum annimmt –, so heißt y^* auch eine *Optimallösung für* (P). Häufig wird das Supremum nicht angenommen. Dann existieren nur *optimierende Folgen für* (P), d.h. Folgen $(y_n) \subset B$ mit $f(y_n) \to \sup_{y \in B} f(y)$. $w := \sup_{y \in B} f(y)$ heißt auch *Wert von* (P).

Wir betrachten zunächst nur den Spezialfall, daß in $(P_{\leqslant})$ und $(P_{=})$ nur endlich viele Nebenbedingungen vorkommen, daß also etwa $\mathbf{H} = \{1, \ldots, m\}$ endlich ist. Dann läßt sich mit Hilfe des üblichen inneren Produkts[1]) $\langle \cdot, \cdot \rangle$ des $\mathbb{R}^m$, also mit $\langle h(y), z \rangle := \sum_{i=1}^{m} h_i(y) z_i$, und geeignetem $D \subset \mathbb{R}^m$ eine *Lagrange-Funktion* definieren durch

$$r(y,z) := f(y) + \langle h(y), z \rangle, \quad y \in C, \ z \in D. \tag{1.3.26}$$

Die Zweckmäßigkeit eines derartigen, in den Funktionen $h_1, \ldots, h_m$ linearen Ansatzes (1.3.26) läßt sich wie folgt veranschaulichen: Sei zunächst etwa

$$K := \{(u,v) = (h(y), f(y)) : y \in C\} \subset \mathbb{R}^{m+1}$$

konvex und $y_0 \in B$ eine Optimallösung für $(P_{\leqslant})$. Dann gibt es offenbar im Punkte $(u_0, v_0) := (h(y_0), f(y_0))$ eine *Stützhyperebene* H an K, d.h. eine Hyperebene mit $H \cap \bar{K} \neq \emptyset$ derart, daß K ganz auf einer Seite von H liegt. Ist H nicht parallel zur v-Achse, so kann die Gleichung von H mit geeignetem $z \in \mathbb{R}^m$ o.E. angesetzt werden in der Form

$$v + \langle u, z \rangle = v_0 + \langle u_0, z \rangle.$$

Da K unterhalb von H liegt, gilt also

$$v + \langle u, z \rangle \leqslant v_0 + \langle u_0, z \rangle \quad \forall (u,v) \in K$$

und damit nach Definition von K

$$f(y) + \langle h(y), z \rangle \leqslant f(y_0) + \langle h(y_0), z \rangle \quad \forall y \in C$$

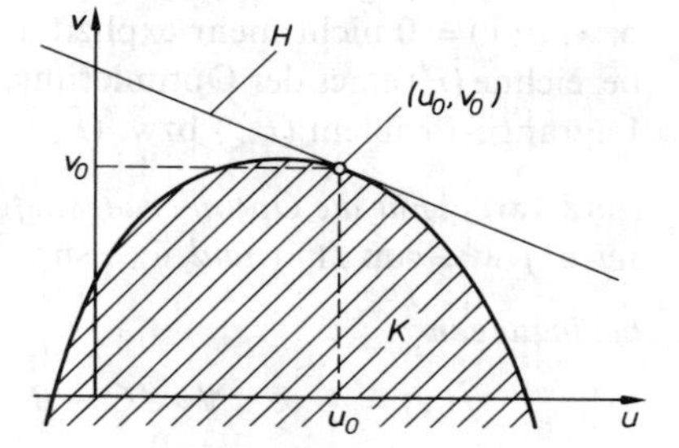

Abb. 8
Stützgerade H an eine konvexe Menge $K \subset \mathbb{R}^2$ im Punkte (u_0, v_0)

---

[1]) Im Rahmen der allgemeinen Ausführungen in 1.3.2 verwenden wir eine koordinatenfreie Schreibweise, also $\langle l, z \rangle$. Bei einer Koordinatendarstellung im $\mathbb{R}^m$ schreiben wir für $\langle l, z \rangle$ auch $l^{\top} z$, speziell für $m = 1$ also lz. Zur Vermeidung einer aufwendigen Symbolik schreiben wir statt $(u^{\top}, v)^{\top}$ auch kurz (u, v) für $u \in \mathbb{R}^m$, $v \in \mathbb{R}$; vgl. etwa S. 73.

oder unter Verwendung der durch (1.3.26) eingeführten Lagrange-Funktion

$$r(y,z) \leqslant r(y_0,z) \quad \forall y \in C \quad \exists z \in \mathbb{R}^m.$$

Diese Beziehung besagt, daß eine Optimallösung von $(P_{\leqslant})$ bei geeigneter Wahl der *Lagrange-Multiplikatoren* $z_1, \ldots, z_m$ unter den Extrema der Funktion $y \mapsto r(y,z)$ ohne Nebenbedingungen gesucht werden kann. Entsprechendes gilt, wenn K nicht konvex ist, wenn es aber im Punkt (u_0, v_0) eine Tangentialhyperebene an K gibt oder zumindest eine Hyperebene derart, daß K wenigstens in der Umgebung von (u_0, v_0) ganz auf der einen Seite von H liegt; dann läßt sich nämlich in analoger Weise ein lokales Extremum y_0 von f unter Nebenbedingungen bei geeigneter Wahl von z als lokales Extremum der Funktion $y \mapsto r(y,z)$ ohne Nebenbedingungen gewinnen. Die Methode der Lagrange Multiplikatoren liefert also, wie aus der Analysis bekannt, notwendige Bedingungen für ein lokales Extremum unter Nebenbedingungen.

Bei diesen Überlegungen sind wir von der Existenz einer optimalen Lösung ausgegangen und haben die spezielle Gestalt der Lagrange-Funktion hergeleitet. Um nun umgekehrt optimale Lösungen mit Hilfe der Lagrange-Funktion charakterisieren zu können, definieren wir die *modifizierte Zielfunktion*

$$\tilde{f}(y) := \inf_{z \in D} r(y,z) = f(y) + \inf_{z \in D} \langle h(y), z \rangle, \qquad y \in C. \tag{1.3.27}$$

Dabei ist $D = \mathbb{R}^m_+$ im Fall $(P_{\leqslant})$ und $D = \mathbb{R}^m$ im Fall $(P_=)$. Wir betrachten dann an Stelle der gegebenen Probleme $(P_{\leqslant})$ bzw. $(P_=)$ die mit den jeweiligen modifizierten Zielfunktionen

$$\tilde{f}_{\leqslant}(y) = f(y) + \inf_{z \in \mathbb{R}^m_+} \langle h(y), z \rangle \quad \text{bzw.} \quad \tilde{f}_=(y) = f(y) + \inf_{z \in \mathbb{R}^m} \langle h(y), z \rangle$$

gebildeten *Lagrange-Probleme*

$$(\tilde{P}_{\leqslant}) \begin{cases} \tilde{f}_{\leqslant}(\tilde{y}) = \sup_{y \in C} \tilde{f}_{\leqslant}(y), \\ \tilde{y} \in C, \end{cases} \quad \text{bzw.} \quad (\tilde{P}_=) \begin{cases} \tilde{f}_=(\tilde{y}) = \sup_{y \in C} \tilde{f}_=(y), \\ \tilde{y} \in C. \end{cases}$$

Diese erweisen sich nämlich mit den gegebenen Optimierungsproblemen als äquivalent und besitzen gegenüber $(P_{\leqslant})$ bzw. $(P_=)$ den Vorteil, daß die Nebenbedingungen $h(y) \geqslant 0$ bzw. $h(y) = 0$ nicht mehr explizit als solche erscheinen. Zum Nachweis der Äquivalenz bezeichne (P) eines der Optimierungsprobleme $(P_{\leqslant})$ bzw. $(P_=)$ und $(\tilde{P})$ das entsprechende Lagrange-Problem $(\tilde{P}_{\leqslant})$ bzw. $(\tilde{P}_=)$.

Satz 1.61 *Für die Optimierungsaufgabe* (P) *sowie das zugehörige Lagrange-Problem* $(\tilde{P})$ *seien*[1]) $w := \sup_{y \in B} f(y)$ *und* $\tilde{w} := \sup_{y \in C} \tilde{f}(y)$. *Dann gilt bei Vorliegen endlich vieler Nebenbedingungen*

a) $\tilde{f}(y) = -\infty \quad \forall y \in C - B,$

b) $\sup_{y \in B} f(y) = \sup_{y \in C} \tilde{f}(y),$

$\tilde{w} > -\infty \Leftrightarrow B \neq \emptyset.$

---

[1]) Für $B = \emptyset$ sei $w = -\infty$; auch sonst verwenden wir die Konvention $\sup \emptyset = -\infty$, $\inf \emptyset = +\infty$.

c) *Für zulässige Elemente* $y^* \in B$ *und* $\tilde{y} \in C$ *gilt*

$$f(y^*) = w \qquad\qquad \Rightarrow \tilde{f}(y^*) = \tilde{w},$$

$$\tilde{f}(\tilde{y}) = \tilde{w} > -\infty \;\Rightarrow\; \tilde{y} \in B,\, f(\tilde{y}) = w.$$

d) *Für Folgen zulässiger Elemente* $(y_n) \subset B$ *bzw.* $(\tilde{y}_n) \subset C$ *gilt*

$$f(y_n) \to w \qquad\qquad \Rightarrow \tilde{f}(y_n) \to \tilde{w},$$

$$\tilde{f}(\tilde{y}_n) \to \tilde{w} > -\infty \;\Rightarrow\; f(\tilde{y}_n) \to w,\; \tilde{y}_n \in B \text{ für hinreichend großes } n.$$

Beweis: Dieser läßt sich für beide Fälle parallel führen, wenn wir mit D weiterhin die Menge $\mathbb{R}_+^m$ bzw. $\mathbb{R}^m$, mit $\tilde{f}$ die Funktionen $\tilde{f}_{\leqslant}$ bzw. $\tilde{f}_=$ sowie mit $\succcurlyeq$ die jeweilige Relation $\geqslant$ bzw. $=$ bezeichnen. Zunächst gilt offenbar in beiden Problemen

$$\langle h(y), z \rangle \geqslant 0 \quad \forall y \in B \quad \forall z \in D \tag{1.3.28}$$

und folglich $r(y,z) \geqslant f(y) \quad \forall y \in B \quad \forall z \in D$. Wegen $0 \in D$ ergibt sich aus (1.3.28)

$$\inf_{z \in D} \langle h(y), z \rangle = 0 \quad \forall y \in B, \qquad \text{d.h.}$$

$$f(y) = \tilde{f}(y) \quad \forall y \in B \qquad \text{und damit} \qquad \sup_{y \in B} f(y) = \sup_{y \in B} \tilde{f}(y) \leqslant \sup_{y \in C} \tilde{f}(y). \tag{1.3.29}$$

a) Für $y \in C - B$ gilt definitionsgemäß $y \in C$ und $h(y) \not\succcurlyeq 0$. Daher gibt es in beiden Fällen ein $z \in D$ mit $\langle h(y), z \rangle < 0$, also wegen $kz \in D \quad \forall k > 0$

$$\inf_{z \in D} \langle h(y), z \rangle = -\infty \quad \forall y \in C - B \qquad \text{und somit} \qquad \tilde{f}(y) = f(y) + \inf_{z \in D} \langle h(y), z \rangle = -\infty.$$

b) Für $w = -\infty$ ist $B = \emptyset$, also nach a) $\tilde{f}(y) = -\infty \quad \forall y \in C$ und deshalb auch $\tilde{w} = -\infty$. Für $w > -\infty$ ist $B \neq \emptyset$, also wegen a) bzw. (1.3.29)

$$\tilde{w} = \sup_{y \in C} \tilde{f}(y) = \sup_{y \in B} \tilde{f}(y) = \sup_{y \in B} f(y) = w.$$

c) Beide Aussagen folgen aus (1.3.29) und a).

d) folgt wie c), wenn man beachtet, daß $\tilde{f}(y_n) > -\infty$ und damit $y_n \in B$ sowie $f(y_n) = \tilde{f}(y_n)$ gilt für alle hinreichend großen n. □

Enthält (P) nur endlich viele Nebenbedingungen und ist $B \neq \emptyset$, so haben also das Optimierungsproblem (P) und das zugehörige Lagrange-Problem $(\tilde{P})$ dieselben optimalen Werte sowie dieselben optimalen Lösungen bzw. im wesentlichen dieselben optimierenden Folgen.

Es ist nun zweckmäßig, den ursprünglichen Problemen $(P_{\leqslant})$ bzw. $(P_=)$ mittels der Lagrange-Probleme $(\tilde{P}_{\leqslant})$ bzw. $(\tilde{P}_=)$ noch duale Extremalprobleme $(D_{\leqslant})$ bzw. $(D_=)$ zuzuordnen, um durch deren Studium Aussagen über die gegebenen Probleme zu beweisen. Definiert man nämlich

$$g(z) := \sup_{y \in C} r(y, z) = \sup_{y \in C} [f(y) + \langle h(y), z \rangle], \qquad z \in D, \tag{1.3.30}$$

so gilt die folgende einfache Abschätzungskette

$$\sup_{y \in B} f(y) \leqslant \sup_{y \in C} \tilde{f}(y) = \sup_{y \in C} \inf_{z \in D} r(y, z) \leqslant \inf_{z \in D} \sup_{y \in C} r(y, z) = \inf_{z \in D} g(z). \tag{1.3.31}$$

Dabei wurde die erste Ungleichung bereits in (1.3.29) gezeigt; die zweite ist trivialerweise erfüllt. Da gemäß Satz 1.61 b in der ersten Ungleichung Gleichheit gilt und dieses auch in der zweiten Ungleichung häufig der Fall ist, erhält man oftmals die Gültigkeit von

$$\sup_{y \in B} f(y) = \sup_{y \in C} \tilde{f}(y) = \sup_{y \in C} \inf_{z \in D} r(y, z) = \inf_{z \in D} \sup_{y \in C} r(y, z) = \inf_{z \in D} g(z). \tag{1.3.32}$$

Vielfach ist nun die Bestimmung von $\inf_{z \in D} g(z)$ leichter als diejenige von $\sup_{y \in B} f(y)$ bzw. von $\sup_{y \in C} \tilde{f}(y)$. Da die Gleichheit (1.3.32) auch zur Gewinnung von Aussagen über die optimale Lösung $y^* \in B$ bzw. über optimierende Folgen $(y_n) \in B$ verwendet werden kann, betrachten wir neben den *primalen Optimierungsaufgaben* $(P_{\leqslant})$ bzw. $(P_{=})$ noch die *dualen Optimierungsaufgaben*

$$(D_{\leqslant}) \left\{ \begin{array}{l} g(z^*) = \inf_{z \in \mathbb{R}^m_+} g(z), \\ z^* \in \mathbb{R}^m_+, \end{array} \right. \qquad \text{bzw.} \qquad (D_{=}) \left\{ \begin{array}{l} g(z^*) = \inf_{z \in \mathbb{R}^m} g(z), \\ z^* \in \mathbb{R}^m. \end{array} \right.$$

Auch bei den später einzuführenden allgemeineren Optimierungsaufgaben besteht häufig ein (1.3.32) entsprechender Zusammenhang. Wir nennen deshalb jeweils die Aussage

$$\sup_{y \in B} f(y) = \inf_{z \in D} g(z) \tag{1.3.33}$$

den *schwachen Dualitätssatz*. Gibt es sogar Punkte $y^* \in B$ und $z^* \in D$ mit

$$f(y^*) = g(z^*), \tag{1.3.34}$$

so sprechen wir von der Gültigkeit des *starken Dualitätssatzes*.

Der Zusammenhang von Primalproblem $(P_{\leqslant})$ und Dualproblem $(D_{\leqslant})$ läßt sich geometrisch veranschaulichen. Sei etwa $m = 1$ und $K = \{(u, v) = (h(y), f(y)) \colon y \in C\} \subset \mathbb{R}^2$ konvex. Dann wird durch $(P_{\leqslant})$ ein Punkt $(u^*, v^*) \in K$ mit $u^* \geqslant 0$ gesucht, dessen zweite Koordinate maximal ist, also in Abb. 9 der Punkt $(u^*, v^*) = (0, f(y^*))$.

Bei gegebenem $y \geqslant 0$ ergibt sich $g(z)$ gemäß (1.3.30) durch Maximierung von $f(y) + zh(y)$ über $y \in C$, d.h. durch Maximierung von $v + zu$ für Punkte $(u, v) \in K$. Nun ist $v + zu = c$ die Gleichung einer Geraden mit der Neigung $-z$ und dem Achsenabschnitt c (auf der v-Achse). Um den Achsenabschnitt zu maximieren, hat man also die Gerade $v + zu = c$ soweit parallel nach oben zu verschieben, bis sie K von oben berührt. Der Achsenabschnitt gibt dann gerade den Wert von $g(z)$ an. Die Lösung des Dualproblems $(D_{\leqslant})$ besteht deshalb aus der Bestimmung derjenigen Neigung, für die dieser

Achsenabschnitt minimal wird. In Abb. 9 ist dies die gestrichelt eingezeichnete Gerade mit der Neigung $-z^*$. Diese berührt aber die Menge K im Punkte $(0, f(y^*))$. Also ist $g(z^*) = f(y^*)$.

Abb. 9 und Abb. 10 machen deutlich, daß auch der schwache Dualitätssatz im allgemeinen nicht gelten wird. Dieses wird aber sicher dann der Fall sein, falls K konvex ist. Deshalb enthalten alle Dualitätssätze Voraussetzungen, die dieses erzwingen.

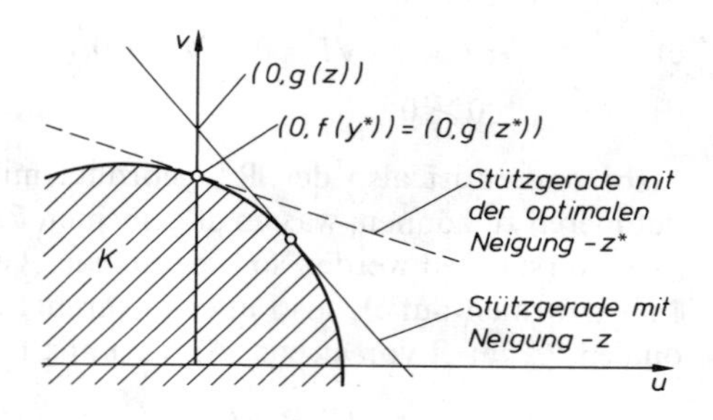

Abb. 9
Geometrische Interpretation des Dualitätssatzes $f(y^*) = g(z^*)$ im Fall $m = 1$.

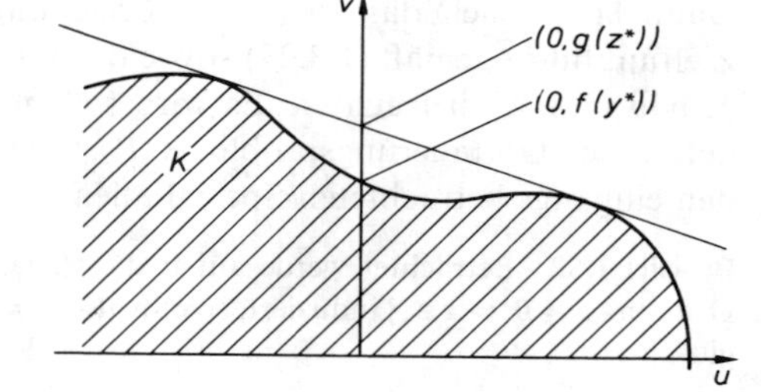

Abb. 10
Veranschaulichung einer „Dualitätslücke“ $g(z^*) - f(y^*) > 0$ im Fall $m = 1$.

Bevor wir in 1.3.3 einen einfachen schwachen Dualitätssatz für derartige Optimierungsprobleme beweisen, wollen wir den Begriff eines Dualproblems noch für eine allgemeinere Klasse von Optimierungsproblemen einführen. Hierzu bemerken wir, daß die Probleme $(P_{\leqslant})$ und $(P_{=})$, $(\tilde{P}_{\leqslant})$ und $(\tilde{P}_{=})$ bzw. $(D_{\leqslant})$ und $(D_{=})$ unter Benutzung von $B := \{y \in C : h(y) \succcurlyeq 0\}$ sowie des bereits verwendeten Symbols $\succcurlyeq$ von folgender Form sind

$$(P)\begin{cases} f(y^*) = \sup\limits_{y \in B} f(y), \\ y^* \in B, \end{cases} \qquad (\tilde{P})\begin{cases} \tilde{f}(\tilde{y}) = \sup\limits_{y \in C} \tilde{f}(y), \\ \tilde{y} \in C, \end{cases} \qquad (D)\begin{cases} g(z^*) = \inf\limits_{z \in D} g(z), \\ z^* \in D, \end{cases} \tag{1.3.35}$$

oder in der später meist benutzten intuitiveren Form

$$(P)\begin{cases} f(y) = \sup\limits_{y}, \\ h(y) \succcurlyeq 0, \\ y \in C, \end{cases} \qquad (\tilde{P})\begin{cases} \tilde{f}(y) = \sup\limits_{y}, \\ \\ y \in C, \end{cases} \qquad (D)\begin{cases} g(z) = \inf\limits_{z}, \\ \\ z \in D. \end{cases} \tag{1.3.36}$$

Hierbei lassen wir für C eine beliebige nicht-leere Menge[1]) und neben $f: C \to \mathbb{R}$ als Funktion h eine Abbildung in einen beliebigen geordneten linearen Raum $(\mathfrak{L}, \succcurlyeq)$ zu. Dabei heißt ein linearer Raum $\mathfrak{L}$ *geordnet*, wenn für $l, s \in \mathfrak{L}$ gilt

a) $\quad l \succcurlyeq s \Leftrightarrow l - s \succcurlyeq 0,$

b) $\quad l + s \succcurlyeq 0 \quad \forall l \succcurlyeq 0 \quad \forall s \succcurlyeq 0,$

c) $\quad \alpha l \succcurlyeq 0 \quad \forall l \succcurlyeq 0 \quad \forall \alpha \geqslant 0,$

d) $\quad 0 \succcurlyeq 0.$

Insbesondere ist also der $\mathbb{R}^m$ geordnet mit den Ordnungsrelationen $\leqslant$ bzw. $=$. Um definieren zu können, was im allgemeinen Fall unter der Menge D und unter dem Symbol $\langle \cdot, \cdot \rangle$ verstanden werden soll, bezeichne $\mathfrak{Z}$ einen linearen Teilraum des Raumes $\mathfrak{L}^*$ aller Linearformen auf $\mathfrak{L}$, also aller linearen Funktionen $z: \mathfrak{L} \to \mathbb{R}$. Dann wird auf diesem dualen Raum $\mathfrak{Z}$ von $\mathfrak{L}$, vgl. Anmerkung 1.69, die folgende *duale Ordnung* induziert

$$z \succcurlyeq z' :\Leftrightarrow z(l) \geqslant z'(l) \quad \forall l \in \mathfrak{L}: l \succcurlyeq 0. \tag{1.3.37}$$

Für die Bilinearform $(l, z) \mapsto z(l)$ schreiben wir auch $\langle l, z \rangle$ und setzen $D := \{z \in \mathfrak{Z}: z \succcurlyeq 0\}$. Dann lassen sich das zu (P) gehörige Lagrange-Problem $(\tilde{P})$ mit der modifizierten Zielfunktion $\tilde{f}$ gemäß (1.3.27) sowie das Dualproblem (D) mit der *dualen Zielfunktion* g gemäß (1.3.30) betrachten. Es wird sich zeigen, daß für die mit diesen Festsetzungen definierten Optimierungsprobleme (P), $(\tilde{P})$ und (D) entsprechende Aussagen gelten wie in den eingangs betrachteten Spezialfällen.

Beispiel 1.62 Betrachtet werde auf $\mathfrak{L}$ die triviale Ordnung $l \succcurlyeq 0 :\Leftrightarrow l = 0$, die auf $\mathfrak{Z}$ die triviale Ordnung $z \succcurlyeq 0 :\Leftrightarrow z \in \mathfrak{Z}$ induziert, so daß also $D = \mathfrak{Z}$ ist. Bezeichnet h eine Abbildung von C in $\mathfrak{L}$, so gilt also

$$B = \{y \in C: h(y) \succcurlyeq 0\} = \{y \in C: h(y) = 0\}$$

und für die Lagrange-Funktion (1.3.26) somit speziell

$$r(y, z) = f(y) \quad y \in B, \quad z \in D. \qquad \square$$

Beispiel 1.63 Seien $(\mathbf{H}, \mathfrak{H})$ ein meßbarer Raum und $\mathfrak{L} \subset \mathbb{R}^{\mathbf{H}}$ die Menge aller beschränkten meßbaren Funktionen auf $(\mathbf{H}, \mathfrak{H})$. Als Dualraum $\mathfrak{Z}$ läßt sich die Menge der endlichen signierten Maße auf $(\mathbf{H}, \mathfrak{H})$ wählen mit der Bilinearform

$$\langle l, \lambda \rangle = \int_{\mathbf{H}} l \,\mathrm{d}\lambda, \quad l \in \mathfrak{L}, \quad \lambda \in \mathfrak{Z}.$$

Die komponentenweise Ordnung

$$l \succcurlyeq 0 :\Leftrightarrow l(\vartheta) \geqslant 0 \quad \forall \vartheta \in \mathbf{H}$$

---

[1]) Bei einem konkret vorliegenden statistischen Problem ist die Menge C nicht eindeutig vorgezeichnet. So hätten wir bei dem eingangs formulierten Testproblem statt von der Menge Φ aller Testfunktionen auch etwa von der Menge $\mathbb{F}$ aller meßbaren und beschränkten Funktionen φ über $(\mathfrak{X}, \mathfrak{B})$ ausgehen und die die Testfunktionen charakterisierende Eigenschaft $0 \leqslant \varphi(x) \leqslant 1 \quad \forall x \in \mathfrak{X}$ als Teil der Nebenbedingung $h(y) \succcurlyeq 0$ auffassen können.

induziert dann die duale Ordnung

$$\lambda \succcurlyeq 0 \Leftrightarrow \lambda(C) \geqslant 0 \quad \forall C \in \mathfrak{H}.$$

Es gilt also $D = \{\lambda \in \mathfrak{Z}: \lambda \succcurlyeq 0\} = \mathfrak{M}^e(\mathbf{H}, \mathfrak{H})$. Analog induziert die triviale Ordnung $l \succcurlyeq 0 :\Leftrightarrow l(\vartheta) = 0 \quad \forall \vartheta \in \mathbf{H}$ die duale Ordnung $\lambda \succcurlyeq 0 \Leftrightarrow \lambda \in \mathfrak{Z}$. □

Beispiel 1.64 a) Sei $\mathfrak{L} = \mathbb{R}^m$, versehen mit der komponentenweisen Ordnung

$$l := (l_1, \ldots, l_m)^\top \succcurlyeq 0 :\Leftrightarrow l_j \geqslant 0 \quad \forall j = 1, \ldots, m.$$

Dann wird auf $\mathfrak{Z} := \mathbb{R}^m$ durch das übliche innere Produkt $\langle l, z \rangle := \sum l_i z_i$ ebenfalls wieder die komponentenweise Ordnung induziert, also gilt $D = \mathbb{R}^m_+$ wegen

$$z := (z_1, \ldots, z_m)^\top \succcurlyeq 0 \Leftrightarrow z_j \geqslant 0 \quad \forall j = 1, \ldots, m.$$

b) Sei $\mathfrak{L} = \mathbb{R}^m$, versehen mit der trivialen Ordnung $l \succcurlyeq 0 :\Leftrightarrow l = 0$. Dann wird auf $\mathfrak{Z} = \mathbb{R}^m$ durch das übliche innere Produkt $\langle l, z \rangle := \sum l_i z_i$ die triviale Ordnung $z \succcurlyeq 0 \Leftrightarrow z \in \mathbb{R}^m$ induziert. Es gilt also $D = \mathbb{R}^m$.

c) Sei $\mathfrak{L} = \mathbb{R}^m$, bei $1 < k < m$ versehen mit der Ordnung

$$l = (l_1, \ldots, l_m)^\top \succcurlyeq 0 :\Leftrightarrow l_1 \geqslant 0, \ldots, l_k \geqslant 0, l_{k+1} = 0, \ldots, l_m = 0.$$

Dann gilt $D = \mathbb{R}^k_+ \times \mathbb{R}^{m-k}$, denn $\langle l, z \rangle := \sum l_i z_i$ induziert auf $\mathfrak{Z} = \mathbb{R}^m$ die Ordnung

$$z \succcurlyeq 0 \Leftrightarrow z_1 \geqslant 0, \ldots, z_k \geqslant 0, \; z_{k+1} \in \mathbb{R}, \ldots, z_m \in \mathbb{R}.$$ □

Auch wenn sich (P), $(\tilde{P})$ und (D) formal wie im eingangs betrachteten Spezialfall formulieren lassen, so sind das Optimierungsproblem (P) und das zugehörige Lagrange-Problem $(\tilde{P})$ nur dann zueinander äquivalent, wenn der Raum $\mathfrak{Z}$ von Linearformen auf $\mathfrak{L}$ hinreichend groß ist in folgendem Sinne: Es soll die auf $\mathfrak{Z}$ induzierte Ordnung (1.3.37) die vorgegebene Ordnung auf $\mathfrak{L}$ derart charakterisieren, daß für alle $l \in \mathfrak{L}$ gilt

$$l \not\succcurlyeq 0 \Rightarrow [\exists z \succcurlyeq 0: \langle l, z \rangle < 0], \tag{1.3.38}$$

oder äquivalent

$$[\forall z \succcurlyeq 0: \langle l, z \rangle \geqslant 0] \Rightarrow l \succcurlyeq 0. \tag{1.3.39}$$

Beispiel 1.65 Die Eigenschaft (1.3.38) ist offenbar erfüllt [1]) in den drei Situationen von Beispiel 1.64. Im Fall a) ist nämlich $l \not\succcurlyeq 0$ äquivalent mit $l_i < 0 \quad \exists i = 1, \ldots, m$, so daß man nur zu wählen braucht $z = (z_1, \ldots, z_m)^\top$ mit $z_j = 1$ bzw. $z_j = 0$ für $j = i$ bzw. $j \neq i$. Im Fall b) ist $l \not\succcurlyeq 0$ äquivalent mit $l_i \neq 0 \quad \exists i = 1, \ldots, m$; in diesem Fall wähle man etwa $z = (z_1, \ldots, z_m)^\top$ mit $z_i = -l_i$ bzw. $z_j = 0$ für $j \neq i$. Entsprechend verfahre man im Fall c). □

Ist die Zusatzbedingung (1.3.38) erfüllt, so beweist man analog Satz 1.61 den

Satz 1.66 *Für die in* (1.3.35–36) *allgemein formulierten Optimierungsaufgaben* (P) *und* $(\tilde{P})$ *gelten die Aussagen von* Satz 1.61, *falls die Voraussetzung* (1.3.38) *erfüllt ist.*

---

[1]) Die Eigenschaft (1.3.38) gilt allgemeiner, falls $\mathfrak{L}$ ein lokal konvexer topologischer Vektorraum, $\mathfrak{Z}$ der Raum aller stetigen linearen Funktionale auf $\mathfrak{L}$ und $\{l \in \mathfrak{L}: l \succcurlyeq 0\}$ abgeschlossen ist; vgl. Aufg. 1.18.

Satz 1.67 *Für die in* (1.3.35–36) *allgemein formulierten Optimierungsaufgaben* (P) *und* (D) *gilt*:

a) (Vergleichssatz) *Sind* y *und* z *zulässige Lösungen von* (P) *bzw.* (D), *so gilt*

$$f(y) \leqslant r(y, z) \leqslant g(z). \tag{1.3.40}$$

b) *Sind* y^* *und* z^* *zulässige Lösungen von* (P) *bzw.* (D), *so gilt*:

$$\left.\begin{array}{l} 1)\ y^* \text{ ist Optimallösung von } (P) \\ 2)\ z^* \text{ ist Optimallösung von } (D) \\ 3)\ \sup\limits_{y \in B} f(y) = \inf\limits_{z \in D} g(z) \end{array}\right\} \Leftrightarrow \quad f(y^*) = g(z^*).$$

c) *Notwendig*[1]) *für* $f(y^*) = g(z^*)$ *ist überdies die Orthogonalitätsbedingung*

$$\langle h(y^*), z^* \rangle = 0. \tag{1.3.41}$$

Beweis: a) folgt aus (1.3.26) mit (1.3.28) sowie aus (1.3.30).
b) Für $y^* \in B$ und $z^* \in D$ ist $f(y^*) = g(z^*)$ wegen (1.3.40) äquivalent damit, daß gilt $f(y^*) = \sup\limits_{y \in B} f(y)$, $g(z^*) = \inf\limits_{z \in D} g(z)$ und die Bedingung 3) erfüllt ist.
c) folgt aus a) und der Definition (1.3.26). □

Beispiel 1.68 Betrachtet werde die Optimierungsaufgabe

$$y_1^2 + y_2^2 = \inf_y, \qquad y_1 + y_2 \geqslant 4, \qquad y_1, y_2 \geqslant 0.$$

Diese ist von der Form $(P_{\leqslant})$ mit $m = 1$, $C = \{(y_1, y_2)\colon\ y_1 \geqslant 0,\ y_2 \geqslant 0\}$, $f(y) = -y_1^2 - y_2^2$, $h(y) = y_1 + y_2 - 4$. Es gilt der starke Dualitätssatz. Hierzu bestimmen wir zunächst die duale Zielfunktion $g(z)$. Diese lautet nach (1.3.30)

$$g(z) = -4z + \sup_{\substack{y_1 \geqslant 0 \\ y_2 \geqslant 0}} [-y_1^2 - y_2^2 + z(y_1 + y_2)] = -4z - \inf_{y_1 \geqslant 0} [y_1^2 - zy_1] - \inf_{y_2 \geqslant 0} [y_2^2 - zy_2].$$

Für $z \geqslant 0$ werden die Infima angenommen bei $y_1 = z/2$ bzw. $y_2 = z/2$, so daß gilt $g(z) = -4z + z^2/2$, $z \geqslant 0$. Als optimale Lösung von $(D_{\leqslant})$ ergibt sich somit $z^* = 4$, d.h. $g(z^*) = -8$. Offenbar ist $y^* = (2,2)$ eine zulässige Lösung von $(P_{\leqslant})$ mit $f(y^*) = -8 = g(z^*)$. Somit ist y^* optimal und es gilt der starke Dualitätssatz (1.3.34). □

Anmerkung 1.69 $\mathfrak{Z}$ ist also nicht notwendig der (algebraische Dual-) Raum *aller* Linearformen auf $\mathfrak{L}$ und auch nicht der (topologische Dual-) Raum *aller stetigen* Linearformen auf $\mathfrak{L}$, im Fall daß $\mathfrak{L}$ ein topologischer Vektorraum ist. Andererseits sollte der Raum $\mathfrak{Z}$ nicht zu klein sein, um die „Reichhaltigkeitseigenschaft“ (1.3.38) zu besitzen.

---

[1]) Wegen (1.3.40) ist $f(y^*) = g(z^*)$ für $y^* \in B$ und $z^* \in D$ äquivalent mit der Gültigkeit von $f(y^*) = r(y^*, z^*)$ und $r(y^*, z^*) = g(z^*)$. Da sich bei den später betrachteten testtheoretischen Anwendungen auch die zweite dieser Bedingungen einfach umformen läßt, führt die Gültigkeit von $f(y^*) = g(z^*)$ dort zu einfachen hinreichenden und notwendigen Bedingungen für die Optimalität von y^*.

Unter schwachen Zusatzvoraussetzungen an $\mathfrak{L}$ und $\mathfrak{Z}$ lassen sich zu einer vorgegebenen Bilinearform $\langle \cdot, \cdot \rangle$ auf $\mathfrak{L} \times \mathfrak{Z}$ immer Topologien auf $\mathfrak{L}$ und $\mathfrak{Z}$ angeben, die $\mathfrak{Z}$ und $\mathfrak{L}$ zu gegenseitigen topologischen Dualräumen machen, nämlich die schwächsten Topologien, bzgl. der alle Funktionen $\langle \cdot, z \rangle$, $z \in \mathfrak{Z}$, bzw. $\langle l, \cdot \rangle$, $l \in \mathfrak{L}$, stetig sind[1]). Somit ist die oben verwendete Sprechweise dualer Raum dadurch gerechtfertigt, daß – bei Zugrundelegen der jeweils richtigen Topologien – $\mathfrak{Z}$ gerade der topologische Dualraum von $\mathfrak{L}$ ist und umgekehrt.

1.3.3 Ein einfacher Dualitätssatz

Grundlage für einen schwachen Dualitätssatz bildet fast immer ein „Trennungssatz" über konvexe Mengen; eine einfache, für unsere Zwecke aber ausreichende Fassung ist die folgende:

Hilfssatz 1.70 (Trennungssatz) *Für $C \subset \mathbb{R}^m$, C konvex, und $z \in \mathbb{R}^m$ mit $z \notin C$ gilt:*

a) *Es gibt eine Hyperebene, die C und z (schwach) trennt, d.h.*

$$\exists b \in \mathbb{R}^m - \{0\}: \inf_{y \in C} b^\top y \geqslant b^\top z. \tag{1.3.42}$$

b) *Ist C zusätzlich abgeschlossen, so gibt es eine Hyperebene, die C und z stark trennt, d.h.*

$$\exists b \in \mathbb{R}^m - \{0\}: \inf_{y \in C} b^\top y > b^\top z. \tag{1.3.43}$$

Beweis: Wir zeigen zunächst b). Da C abgeschlossen und der euklidische Abstand $d(y,z) := |y - z|$ bei festem $z \in \mathbb{R}^m$ eine stetige Funktion von y ist, gibt es ein $y_0 \in C$ mit

$$|z - y_0|^2 \leqslant |z - y|^2 \quad \forall y \in C.$$

Andererseits ist für jedes $y \in C$ auch $\lambda y + (1 - \lambda) y_0 \in C \quad \forall \lambda \in [0,1]$ und damit

$$|z - y_0|^2 \leqslant |z - y_0 - \lambda(y - y_0)|^2 = |z - y_0|^2 - 2\lambda (z - y_0)^\top (y - y_0) + \lambda^2 |y - y_0|^2.$$

Hieraus folgt – und zwar für jedes $y \in C$ –

$$0 \leqslant -2\lambda (z - y_0)^\top (y - y_0) + \lambda^2 |y - y_0|^2 \quad \forall \lambda \in [0,1].$$

Also gilt $(y_0 - z)^\top (y - y_0) \geqslant 0$ oder unter Verwendung von $(y_0 - z)^\top (y_0 - z) > 0$ wegen $y_0 \neq z$

$$(y_0 - z)^\top y \geqslant (y_0 - z)^\top y_0 > (y_0 - z)^\top z \quad \forall y \in C.$$

Mit $b := y_0 - z$ ergibt sich hieraus $\inf_{y \in C} b^\top y = b^\top y_0 > b^\top z$.

a) Der Abschluß $\bar{C}$ von C ist konvex; im Fall $z \notin \bar{C}$ folgt also die Behauptung aus b). Im Fall $z \in \bar{C} - C$ ist z ein Randpunkt von C und somit Limes von Punkten $z_k \in \mathbb{R}^m - \bar{C}$, $k \in \mathbb{N}$. Folglich existiert nach b) zu jedem z_k ein $b_k \in \mathbb{R}^m - \{0\}$ mit

$$\inf_{y \in C} b_k^\top y > b_k^\top z_k.$$

---

[1]) Vgl. A. P. Robertson und W. J. Robertson: Topologische Vektorräume, Mannheim, 1967; §II.3, §IV.3.

Wählt man die b_k o.E. mit $|b_k| = 1$ und b als Grenzwert einer konvergenten Teilfolge von $(b_k)_{k \in \mathbb{N}}$, so folgt (1.3.42). □

Dieser Trennungssatz ermöglicht es, den schwachen Dualitätssatz für solche Optimierungsprobleme zu beweisen, die nur endlich viele Nebenbedingungen enthalten und für die die Menge C aus (1.3.36) konvex ist.

Satz 1.71 *Seien $\mathfrak{Y}$ ein linearer Raum, $C \subset \mathfrak{Y}$ eine konvexe Teilmenge, $f: \mathfrak{Y} \to \mathbb{R}$ eine konkave Funktion, $A: \mathfrak{Y} \to \mathbb{R}^m$ eine lineare Funktion und $c \in \mathbb{R}^m$. Für $z \in \mathbb{R}^m$ sei*

$$g(z) := z^{\mathsf{T}} c + \sup_{y \in C} [f(y) - z^{\mathsf{T}} A(y)]. \tag{1.3.44}$$

a) *Sind Optimierungsprobleme $(P_=)$ und $(D_=)$ definiert durch:*

$$(P_=) \begin{cases} f(y) = \sup\limits_y, \\ A(y) = c, \\ y \in C, \end{cases} \qquad (D_=) \begin{cases} g(z) = \inf\limits_z, \\ \\ z \in \mathbb{R}^m, \end{cases}$$

so sind diese dual im Sinne von 1.3.2. Ist c ein innerer Punkt der Menge $\mathfrak{R} := \{A(y): y \in C\}$, so gilt mit $B_= := \{y \in C: A(y) = c\}$ der schwache Dualitätssatz:

$$\sup_{y \in B_=} f(y) = \inf_{z \in \mathbb{R}^m} g(z). \tag{1.3.45}$$

Ist der Wert in (1.3.45) endlich, so wird das Infimum angenommen, d.h. es gilt:

$$\exists z^* \in \mathbb{R}^m: \ \sup_{y \in B_=} f(y) = g(z^*). \tag{1.3.46}$$

b) *Sind Optimierungsprobleme $(P_\leqslant)$ und $(D_\leqslant)$ definiert durch*

$$(P_\leqslant) \begin{cases} f(y) = \sup\limits_y, \\ A(y) \leqslant c, \\ y \in C, \end{cases} \qquad (D_\leqslant) \begin{cases} g(z) = \inf\limits_z, \\ \\ z \geqslant 0, \end{cases}$$

so sind diese dual im Sinne von 1.3.2. Existiert ein Punkt $y_0 \in C$ mit $A_i(y_0) < c_i$ $\forall i = 1, \ldots, m$, so gilt mit $B_\leqslant := \{y \in C: A(y) \leqslant c\}$ der schwache Dualitätssatz:

$$\sup_{y \in B_\leqslant} f(y) = \inf_{z \geqslant 0} g(z). \tag{1.3.47}$$

Ist der Wert in (1.3.47) endlich, so wird das Infimum angenommen, d.h. es gilt:

$$\exists z^* \geqslant 0: \ \sup_{y \in B_\leqslant} f(y) = g(z^*). \tag{1.3.48}$$

Beweis: Wir führen die Argumentation für a) und b) parallel. Offenbar sind die Optimierungsprobleme von der Form (P) bzw. (D) aus 1.3.2 und zwar mit $\mathfrak{L} = \mathfrak{Z} = \mathbb{R}^m$ und den in Beispiel 1.64a+b diskutierten Halbordnungen. Für $y \in B_=$ und $z \in \mathbb{R}^m$ erhält man nämlich wegen $A(y) = c$

$$f(y) = f(y) + z^{\mathsf{T}}[c - A(y)] \leqslant \sup_{y \in C} [f(y) + z^{\mathsf{T}}[c - A(y)]] = \sup_{y \in C} r(y, z) = g(z)$$

und analog für $y \in B_{\leqslant}$ und $z \in \mathbb{R}_+^m$ wegen $A(y) \leqslant c$

$$f(y) \leqslant f(y) + z^\top[c - A(y)] \leqslant \sup_{y \in C} [f(y) + z^\top[c - A(y)]] = \sup_{y \in C} r(y, z) = g(z).$$

Daraus ergibt sich sofort der jeweilige Vergleichssatz

$$w_= := \sup_{y \in B_=} f(y) \leqslant \inf_{z \in \mathbb{R}^m} g(z), \quad w_{\leqslant} := \sup_{y \in B_{\leqslant}} f(y) \leqslant \inf_{z \geqslant 0} g(z). \tag{1.3.49}$$

In beiden Fällen gilt auch der schwache Dualitätssatz. Wegen der Voraussetzungen in a) bzw. b) sind nämlich die Mengen $B_=$ bzw. $B_{\leqslant}$ nicht leer; deshalb gilt in a) $w_= > -\infty$ bzw. in b) $w_{\leqslant} > -\infty$. Ist nun $w_= = +\infty$ bzw. $w_{\leqslant} = +\infty$, so folgt die Behauptung schon aus (1.3.49).

Ist dagegen $w_= < \infty$ bzw. $w_{\leqslant} < \infty$, so folgt die Behauptung aus einer geeigneten Anwendung des Trennungssatzes 1.70. Im Fall a) kann kein $y \in C$ existieren mit $A(y) = c$ und $f(y) > w_=$ und im Fall b) kein $y \in C$ mit $A(y) \leqslant c$ und $f(y) > w_{\leqslant}$. Für die Mengen

$$K_= := \{(r, \beta) \in \mathbb{R}^{m+1}: \quad \exists y \in C \quad \text{mit} \quad A(y) = r, \ f(y) > \beta\},$$
$$K_{\leqslant} := \{(r, \beta) \in \mathbb{R}^{m+1}: \quad \exists y \in C \quad \text{mit} \quad A(y) \leqslant r, \ f(y) > \beta\},$$

gilt also $(c, w_=) \notin K_=$ bzw. $(c, w_{\leqslant}) \notin K_{\leqslant}$. Aus der Konvexität von C, der Linearität von A und der Konkavität von f ergibt sich, daß $K_=$ und $K_{\leqslant}$ konvexe Teilmengen des $\mathbb{R}^{m+1}$ sind. Nach dem Trennungssatz 1.70a existiert somit bei a) wie b) ein Paar $(z, \gamma) \in \mathbb{R}^{m+1} - \{0\}$ mit

$$[z^\top r + \gamma\beta] \geqslant [z^\top c + \gamma w_=] \quad \forall (r, \beta) \in K_=$$

bzw. $$[z^\top r + \gamma\beta] \geqslant [z^\top c + \gamma w_{\leqslant}] \quad \forall (r, \beta) \in K_{\leqslant}.$$

Hieraus folgt mit dem Grenzübergang $\beta \to -\infty$ im Fall a) $\gamma \leqslant 0$ und mit den Grenzübergängen $\beta \to -\infty$, $r_i \to +\infty \quad \forall i = 1, \ldots, m$ im Fall b) $\gamma \leqslant 0$, $z \geqslant 0$.

Andererseits ergibt sich bei festem $y \in C$ mit $A(y) = r$ und $f(y) > \beta$ aus $\beta \to f(y)$

$$z^\top[A(y) - c] + \gamma[f(y) - w] \geqslant 0, \tag{1.3.50}$$

wobei in Teil a) $w = w_=$ bzw. in Teil b) $w = w_{\leqslant}$ ist.

Im Fall $\gamma < 0$ gilt also für $z^* := -z/\gamma$

$$g(z^*) = z^{*\top} c + \sup_{y \in C} [f(y) - z^{*\top} A(y)] \leqslant w,$$

wobei in Teil a) $z^* \in \mathbb{R}^m$ und $w = w_=$ bzw. in Teil b) $z^* \geqslant 0$ und $w = w_{\leqslant}$ ist. Zusammen mit (1.3.49) folgen also (1.3.45) bzw. (1.3.47).

Im Fall $\gamma = 0$ würde aber aus (1.3.50) folgen

$$z^\top[A(y) - c] \geqslant 0 \quad \forall y \in C,$$

insbesondere in Teil a) wegen der Voraussetzung $c \in \mathring{\mathfrak{R}}$ also $z^\top x \geqslant 0 \quad \forall x \in \mathbb{R}^m$ aus einer Umgebung von $0 \in \mathbb{R}^m$ bzw. in Teil b) wegen der Existenz eines $y \in C$ mit $A_i(y) < c_i$ $\forall i = 1, \ldots, m$ also $z^\top x \geqslant 0 \quad \exists x \in \mathbb{R}^m$ mit $x_i < 0 \quad \forall i = 1, \ldots, m$. In beiden Teilen ergäbe sich $z = 0$ in Widerspruch zur Annahme $(z, \gamma) \neq 0$. □

Beispiel 1.72 (Endliche lineare Programme) Seien $\mathfrak{Y} = \mathbb{R}^n$, $b \in \mathbb{R}^n$, $\mathscr{A} \in \mathbb{R}^{m \times n}$, $c \in \mathbb{R}^m$, $f(y) := b^\top y$, die lineare Abbildung $A: \mathbb{R}^n \to \mathbb{R}^m$ definiert durch $A(y) = \mathscr{A}y$ und C zunächst eine beliebige Teilmenge des $\mathbb{R}^n$. Dann spezialisiert sich das Primalproblem oder *Primalprogramm* $(P_\leqslant)$ zu

$$(P'_\leqslant) \quad b^\top y^* = \sup_{y \in B} b^\top y, \qquad y^* \in B := \{y \in C: \mathscr{A}y \leqslant c\}, \tag{1.3.51}$$

die Lagrange-Funktion zu

$$r(y,z) = b^\top y + (c - \mathscr{A}y)^\top z = b^\top y + c^\top z - z^\top \mathscr{A}y \tag{1.3.52}$$

und damit die Zielfunktion des Dualproblems oder *Dualprogramms* $(D_\leqslant)$ zu

$$g(z) = c^\top z + \sup_{y \in C} (b - \mathscr{A}^\top z)^\top y .$$

Wählt man speziell $C = \{y \in \mathbb{R}^n: y \geqslant 0\}$, also $B = \{y \in \mathbb{R}^n: y \geqslant 0, \mathscr{A}y \leqslant c\}$, so bezeichnet man $(P'_\leqslant)$ als *endliches lineares Programm.* Zur Berechnung von $g(z)$ bei festem z sind dann zwei Fälle zu unterscheiden: Entweder ist $b - \mathscr{A}^\top z \leqslant 0$; dann ist $\sup_{y \in C} (b - \mathscr{A}^\top z)^\top y = 0$ und damit $g(z) = c^\top z$. Oder es ist $b^\top - \mathscr{A}^\top z \nleqslant 0$; dann ist $g(z) = \infty$. Zur Formulierung des Dualprogramms von $(P'_\leqslant)$ interessieren aber nur solche z, die zu einer endlichen oberen Schranke der primalen Zielfunktion führen. Somit beschränken wir uns auf solche z, für die gilt $\mathscr{A}^\top z \geqslant b$ und damit $g(z) = c^\top z$. Als zu $(P'_\leqslant)$ gehöriges Dualprogramm formulieren wir somit

$$(D'_\leqslant) \quad c^\top z^* = \inf_{z \in B'} c^\top z , \quad z^* \in B' := \{z \geqslant 0: \mathscr{A}^\top z \geqslant b\} .$$

In unserer Kurzschreibweise lauten demnach Primal- und Dualprogramm

$$(P'_\leqslant) \begin{cases} b^\top y = \sup\limits_y , \\ \mathscr{A}y \leqslant c , \\ y \geqslant 0 , \end{cases} \qquad (D'_\leqslant) \begin{cases} c^\top z = \inf\limits_z , \\ z \geqslant 0 , \\ \mathscr{A}^\top z \geqslant b . \end{cases} \tag{1.3.53}$$

In diesem Fall verifiziert man übrigens besonders leicht, daß für alle zulässigen $y \in \mathbb{R}^n$ und alle zulässigen $z \in \mathbb{R}^m$ der Vergleichssatz

$$b^\top y \leqslant z^\top \mathscr{A}y \leqslant c^\top z \tag{1.3.54}$$

gilt und zwar mit $b^\top y = c^\top z$ genau dann, wenn

$$y_j > 0 \Rightarrow b_j = (\mathscr{A}^\top z)_j = \sum_i a_{ij} z_i , \quad j = 1, \ldots, n, \tag{1.3.55}$$

$$z_i > 0 \Rightarrow c_i = (\mathscr{A}y)_i = \sum_j a_{ij} y_j , \quad i = 1, \ldots, m . \tag{1.3.56}$$

Nach Satz 1.71 b gilt der schwache Dualitätssatz, falls $(P'_\leqslant)$ eine zulässige Lösung besitzt mit $(\mathscr{A}y)_i < c_i \quad \forall i = 1, \ldots, m$. Aufgrund direkter Überlegungen läßt sich sogar zeigen, daß der starke Dualitätssatz gilt, falls für $(P'_\leqslant)$ und $(D'_\leqslant)$ zulässige Lösungen existieren; vgl. Aufgabe 1.19.

Besitzen die Nebenbedingungen die Form linearer Gleichungen, so lassen sich analog (1.3.53) Primal- und Dualprogramm in der Form

$$(P'_=) \begin{cases} b^\top y = \sup\limits_y , \\ \mathscr{A}y = c , \\ y \geqslant 0 , \end{cases} \qquad (D'_=) \begin{cases} c^\top z = \inf\limits_z , \\ z \in \mathbb{R}^m , \\ \mathscr{A}^\top z \geqslant b \end{cases}$$

schreiben. Ersetzt man die Voraussetzungen von Satz 1.71a durch die Forderung der Existenz zulässiger Lösungen y_0 bzw. z_0, so ergibt sich auch hier der starke Dualitätssatz: man schreibe etwa $\mathscr{A}y = c$ in der Form $\begin{pmatrix} -\mathscr{A} \\ \mathscr{A} \end{pmatrix} y \leqslant \begin{pmatrix} -c \\ c \end{pmatrix}$ und wende darauf den Dualitätssatz für (1.3.30) an. □

Aufgabe 1.14 Für zwei Hypothesen $\mathbf{H}$ und $\mathbf{K}$ sei $\mathbf{J} := \overline{\mathbf{H}} \cap \overline{\mathbf{K}}$. Man zeige: Jede Lösung von (1.3.24–25) ist ein (global) unverfälschter α-Niveau Test für $\mathbf{H}$ gegen $\mathbf{K}$.

Aufgabe 1.15 Wie lautet die Bedingung der Unverzerrtheit (1.3.2) für Bereichsschätzer bei Verwenden der Verlustfunktion (1.1.14)?

Aufgabe 1.16 Sei y eine $\lambda\!\!\lambda$-Dichte mit $\int x y(x) \mathrm{d}\lambda\!\!\lambda = 0$ und $\int x^2 y(x) \mathrm{d}\lambda\!\!\lambda = 1$. Man zeige: Es gilt $\int y^2(x) \mathrm{d}\lambda\!\!\lambda \geqslant 3\sqrt{5}/25$ mit „=" genau dann, wenn $y(x) = (3\sqrt{5}/100)(5 - x^2)\, \mathbb{1}_{(-\sqrt{5}, +\sqrt{5})}(x)$ $[\lambda\!\!\lambda]$.
Hinweis: Maximiere $-\int y^2(x) \mathrm{d}\lambda\!\!\lambda$ für $y \in C$ und $\int (1, x, x^2)^{\mathrm{T}} y(x) \mathrm{d}\lambda\!\!\lambda = (1, 0, 1)^{\mathrm{T}}$, wobei $C = \{y \in \mathfrak{Y}: y(x) \geqslant 0 \;\; [\lambda\!\!\lambda]\}$ und $\mathfrak{Y} = \{y \in \mathbb{L}_2(\lambda\!\!\lambda): \int x^2 y(x) \mathrm{d}\lambda\!\!\lambda < \infty\}$. Die zugehörige Lagrange-Funktion $r(y, z)$ wird bei festem $z = (z_1, z_2, z_3)^{\mathrm{T}} \in \mathbb{R}^3$ maximal für $y(x) = q^+(x)/2$, $q(x) := -z_1 - z_2 x - z_3 x^2$.

Aufgabe 1.17 Sei $H(y) = -\int y(x) \log y(x) \mathrm{d}\lambda\!\!\lambda$ die *Entropie* der $\lambda\!\!\lambda$-Dichte y. Man zeige: Die Dichte der $\mathfrak{N}(0,1)$-Verteilung hat maximale Entropie unter allen positiven $\lambda\!\!\lambda$-Dichten mit $\int x y(x) \mathrm{d}\lambda\!\!\lambda = 0$ und $\int x^2 y(x) \mathrm{d}\lambda\!\!\lambda = 1$.

Aufgabe 1.18 Eine Teilmenge K eines linearen Raumes $\mathfrak{L}$ heißt *Ordnungskegel*, wenn gilt $0 \in K$, $\alpha l \in K \;\; \forall l \in K \;\; \forall \alpha > 0$, $l + k \in K \;\; \forall l, k \in K$. Man zeige:

a) Durch $l \succcurlyeq k \Leftrightarrow l - k \in K$ wird eine bijektive Beziehung zwischen Ordnungen $\succcurlyeq$ auf $\mathfrak{L}$ und Ordnungskegeln $K \in \mathfrak{L}$ hergestellt.

b) Ist $\mathfrak{L}$ ein lokalkonvexer topologischer Vektorraum, $K \subset \mathfrak{L}$ ein abgeschlossener Ordnungskegel und $\mathfrak{Z}$ der (topologische Dual-) Raum aller stetigen linearen Funktionale auf $\mathfrak{L}$, so gilt (1.3.38).

Aufgabe 1.19 Man zeige: a) (Farkas-Alternative) Für alle Matrizen $\mathscr{A} \in \mathbb{R}^{r \times s}$ und Vektoren $c \in \mathbb{R}^r$ gilt: Entweder existiert ein Vektor $y \in \mathbb{R}^s$ mit $\mathscr{A}y = c$ und $y \geqslant 0$, oder es existiert ein Vektor $x \in \mathbb{R}^r$ mit $x^{\mathrm{T}}\mathscr{A} \geqslant 0$ und $x^{\mathrm{T}} c < 0$.

b) Für alle Matrizen $\mathscr{M} \in \mathbb{R}^{r \times r}$ mit $\mathscr{M} = -\mathscr{M}^{\mathrm{T}}$ gibt es einen Vektor $x \in \mathbb{R}^r$ mit $x \geqslant 0$, $\mathscr{M}x \geqslant 0$ und $(0, \ldots, 0,1)^{\mathrm{T}}(\mathscr{M}x + x) > 0$.

c) Für die linearen Programme (1.3.53) gilt der starke Dualitätssatz, falls $(P'_{\leqslant})$ und $(D'_{\leqslant})$ zulässige Lösungen besitzen.

Hinweis zu b): In a) wähle man $\mathscr{A} = (-\mathscr{M}, \mathscr{I}_r) \in \mathbb{R}^{r \times 2r}$ und $c = -(0, \ldots, 0,1)^{\mathrm{T}} \in \mathbb{R}^r$. Hinweis zu c): Bei vorgegebenem $\mathscr{A} \in \mathbb{R}^{m \times n}$ wende man b) an mit $r = n + m + 1$ und

$$\mathscr{M} = \begin{pmatrix} \mathscr{O}_m & -\mathscr{A} & c \\ \mathscr{A}^{\mathrm{T}} & \mathscr{O}_n & -b \\ -c^{\mathrm{T}} & b^{\mathrm{T}} & 0 \end{pmatrix}, \qquad x^{\mathrm{T}} = (y^{\mathrm{T}}, z^{\mathrm{T}}, \gamma).$$

1.4 Spieltheoretische Formulierung statistischer Entscheidungsprobleme

Neben der in 1.3 diskutierten Zurückführung auf ein Optimierungsproblem unter Nebenbedingungen besteht die Möglichkeit, das statistische Entscheidungsproblem als Zweipersonen-Nullsummenspiel aufzufassen. Diese Interpretation gestattet es, in zwangloser Weise vom funktionenwertigen

Gütemaß $R(\cdot, \delta)$ zu einem reellwertigen Gütemaß $\tilde{R}(\delta)$ überzugehen und durch dessen Minimierung optimale Entscheidungskerne $\delta^* \in \mathfrak{K}$ zu gewinnen. Zum besseren Verständnis der auf einem solchen Prinzip beruhenden und in 1.4.2 eingeführten Minimax- und Bayes-Verfahren sollen in 1.4.1 zunächst die Grundideen der Spieltheorie skizziert werden.

1.4.1 Zweipersonen-Nullsummenspiele

Gegeben seien zwei nicht-leere Mengen C und D sowie eine reellwertige Funktion r: $C \times D \to \mathbb{R}$. Dann lassen sich die Elemente $y \in C$ und $z \in D$ als mögliche „Strategien" zweier Spieler I bzw. II sowie $r(y, z)$ als „Gewinn" des Spielers I sowie als „Verlust" des Spielers II auffassen, wenn I die Strategie y und II die Strategie z verwendet. Bei einem derartigen *Zweipersonen-Nullsummenspiel*[1]) (C, D, r) wird nun jeder Spieler versuchen, seine Strategie so zu wählen, daß der eigene Gewinn maximiert (bzw. der eigene Verlust minimiert) wird; dabei haben die Spieler jedoch zu berücksichtigen, daß ihre Gegenspieler die gleichen – für sie also gegensinnigen – Interessen haben. Wäre dem Spieler I die Strategie z des Spielers II bzw. dem Spieler II die Strategie y des Spielers I bekannt, so würden sie zugehörige *Bayes-Strategien* wählen[2]), also Strategien $y_z \in C$ bzw. $z_y \in D$ mit

$$r(y_z, z) = \sup_{y \in C} r(y, z), \tag{1.4.1}$$

$$r(y, z_y) = \inf_{z \in D} r(y, z). \tag{1.4.2}$$

Im allgemeinen wird die Strategie des Gegenspielers jedoch nicht bekannt sein. Dann besteht für jeden Spieler die Möglichkeit, die für ihn ungünstigste Strategie des Gegenspielers in Betracht zu ziehen, und demgemäß eine *Minimax-Strategie* zu wählen[2]), d.h. eine Strategie $y^* \in C$ bzw. $z^* \in D$ mit

$$\inf_{z \in D} r(y^*, z) = \sup_{y \in C} \inf_{z \in D} r(y, z) =: \underline{w}, \tag{1.4.3}$$

$$\sup_{y \in C} r(y, z^*) = \inf_{z \in D} \sup_{y \in C} r(y, z) =: \overline{w}. \tag{1.4.4}$$

Eine Minimax-Strategie y^* maximiert also den Gewinn des Spielers I unter Berücksichtigung der Tatsache, daß sein Gegenspieler II diesen zu minimieren sucht. Somit ist der *untere Spielwert* $\underline{w}$ der Mindestgewinn des Spielers I bei Verwenden der Strategie y^* und zwar unabhängig davon, welche Strategie $z \in D$ der Spieler II benutzt. Entsprechend ist der *obere Spielwert* $\overline{w}$ der Höchstverlust des Spielers II, wenn er die Strategie z^* verwendet und zwar unabhängig von der Strategie $y \in C$ des Spielers I. z^* minimiert also den Verlust des Spielers II bei Berücksichtigung der Tatsache, daß der Spieler I diesen zu maximieren sucht.

---

[1]) $-r(y, z)$ ist also der Gewinn des Spielers II, so daß sich die Gewinne der beiden Spieler stets zu 0 summieren.

[2]) Wir setzen hierbei der Einfachheit halber voraus, daß in (1.4.1–4) die Suprema bzw. Infima angenommen werden, d.h. die Strategien y_z, z_y, y^* bzw. z^* existieren.

Offenbar gilt stets $\underline{w} \leqslant \overline{w}$. Eine besonders einfache Situation liegt vor, wenn $\underline{w} = \overline{w}$ ist *und* Minimax-Strategien existieren, d.h. die Extrema in (1.4.3–4) angenommen werden. Dann geben sich nämlich beide Spieler mit diesen Strategien y^* bzw. z^* zufrieden, denn jedes Abweichen von ihrer Strategie würde dem Gegner die Möglichkeit bieten, seinen Gewinn zu erhöhen. In diesem Sinne lassen sich y^* und z^* als „optimale" Lösungen des zur *Auszahlungsfunktion* $r(y,z)$ gehörenden Zweipersonen-Nullsummenspiels (C, D, r) auffassen. Man nennt deshalb im Fall $\underline{w} = \overline{w}$ das Spiel *definit* und $w := \underline{w} = \overline{w}$ den *Spielwert*. Die „Optimalität" von (y^*, z^*) spiegelt sich in diesem Fall auch in der Tatsache wider, daß (y^*, z^*) ein *Sattelpunkt* der Funktion $r(y,z)$ ist, d.h. ein Punkt mit

$$r(y,z^*) \leqslant r(y^*,z^*) \leqslant r(y^*,z) \quad \forall y \in C \quad \forall z \in D. \tag{1.4.5}$$

Satz 1.73 *(C, D, r) sei ein Zweipersonen-Nullsummenspiel. Dann gilt:*

$$\left.\begin{array}{l} 1)\ y^* \textit{ ist Minimax-Strategie von I} \\ 2)\ z^* \textit{ ist Minimax-Strategie von II} \\ 3)\qquad \underline{w} = \overline{w} \end{array}\right\} \Leftrightarrow (y^*, z^*) \textit{ ist Sattelpunkt von } r.$$

Beweis: „$\Leftarrow$" Aus (1.4.5) folgt trivialerweise

$$\begin{aligned} \overline{w} &= \inf_{z \in D} \sup_{y \in C} r(y,z) \leqslant \sup_{y \in C} r(y,z^*) = r(y^*,z^*) \\ &= \inf_{z \in D} r(y^*,z) \leqslant \sup_{y \in C} \inf_{z \in D} r(y,z) = \underline{w}; \end{aligned}$$

wegen $\underline{w} \leqslant \overline{w}$ gilt also $\underline{w} = \overline{w}$ und damit 1) sowie 2).

„$\Rightarrow$" Aus der Existenz von Minimax-Strategien, d.h. aus (1.4.3–4) folgt

$$\underline{w} = \inf_{z \in D} r(y^*,z) \leqslant r(y^*,z^*) \leqslant \sup_{y \in C} r(y,z^*) = \overline{w} \tag{1.4.6}$$

und damit aus $\underline{w} = \overline{w}$ die Gültigkeit von (1.4.5). □

Bei Zweipersonen-Nullsummenspielen (C, D, r) sind in Anlehnung an 1.3.2 die folgenden Sprechweisen zweckmäßig: Die Gültigkeit von $\underline{w} = \overline{w}$ heißt *schwacher Minimaxsatz*, diejenige von $\underline{w} = \overline{w}$ bei gleichzeitiger Existenz von Minimax-Strategien, also die Existenz eines Sattelpunkts, *starker Minimaxsatz*.

Minimax-Strategien können auch bei $\underline{w} < \overline{w}$ existieren. Zu deren Bestimmung kann man bei vorgegebener Auszahlung $r: C \times D \to \mathbb{R}$ die den Zielfunktionen (1.3.27+30) entsprechenden Funktionen

$$\mathfrak{f}(y) := \inf_{z \in D} r(y,z), \qquad g(z) := \sup_{y \in C} r(y,z) \tag{1.4.7}$$

einführen. Dabei bezeichnet also $\mathfrak{f}(y)$ den Mindestgewinn des Spielers I bei Verwenden der Strategie $y \in C$ und $g(z)$ den Höchstverlust des Spielers II bei Verwenden der Strategie $z \in D$. Dann sind einerseits Minimax-Strategien y^* und z^* der Spieler I bzw. II Lösungen von

$$\mathfrak{f}(y^*) = \sup_{y \in C} \mathfrak{f}(y), \qquad g(z^*) = \inf_{z \in D} g(z). \tag{1.4.8}$$

Andererseits folgt aus (1.4.7) $\sup_{y\in C} \tilde{f}(y) \leqslant \inf_{z\in D} g(z)$ mit $\tilde{f}(y^*) = g(z^*)$ genau dann, wenn y^* und z^* Minimax-Strategien sind *und* das Spiel definit ist. Nach Satz 1.73 ist dies äquivalent damit, daß (y^*, z^*) ein Sattelpunkt von r ist.

Beispiel 1.74 Es seien $C = \{y_1, y_2, y_3\}$, $D = \{z_1, z_2\}$ und $r: C \times D \to \mathbb{R}$ mit $a_{ij} := r(y_i, z_j)$ definiert durch eine 3×2-Matrix $\mathscr{A} = (a_{ij})$. Dabei sei im Fall

a) $$\mathscr{A} = \begin{pmatrix} 0 & -1 \\ -2 & 2 \\ 1 & 0 \end{pmatrix}, \quad \text{also} \quad \tilde{f}(y) = \begin{cases} -1 & \text{für } y = y_1 \\ -2 & \text{für } y = y_2 \\ 0 & \text{für } y = y_3 \end{cases} \quad \text{und} \quad g(z) = \begin{cases} 1 & \text{für } z = z_1 \\ 2 & \text{für } z = z_2 \end{cases}.$$

Folglich sind $y^* = y_3$ bzw. $z^* = z_1$ die (hier eindeutig bestimmten) Minimax-Strategien von I und II. Wegen $\underline{w} = \tilde{f}(y^*) = 0 < 1 = g(z^*) = \overline{w}$ ist aber (y^*, z^*) kein Sattelpunkt; das Spiel ist also nicht definit, d.h. der schwache Minimaxsatz ist nicht gültig. Weiß II, daß I die Minimax-Strategie $y^* = y_3$ verwendet, so ist es für II günstiger, die zugehörige Bayes-Strategie $z_{y^*} = z_2$ und nicht ebenfalls die Minimax-Strategie $z^* = z_1$ zu wählen.

b) $$\mathscr{A} = \begin{pmatrix} 0 & -2 \\ 2 & 0 \\ 1 & -1 \end{pmatrix}, \quad \text{also} \quad \tilde{f}(y) = \begin{cases} -2 & \text{für } y = y_1 \\ 0 & \text{für } y = y_2 \\ -1 & \text{für } y = y_3 \end{cases} \quad \text{und} \quad g(z) = \begin{cases} 2 & \text{für } z = z_1 \\ 0 & \text{für } z = z_2 \end{cases}.$$

Folglich sind die (hier ebenfalls eindeutig bestimmten) Minimax-Strategien $y^* = y_2$ bzw. $z^* = z_2$. Wegen $\underline{w} = \tilde{f}(y^*) = 0 = g(z^*) = \overline{w}$ ist (y^*, z^*) ein Sattelpunkt; das Spiel ist also definit mit dem Spielwert $w = 0$, d.h. der starke Minimaxsatz ist gültig. Für jeden Spieler ist die Minimax-Strategie zugleich die Bayes-Strategie, wenn ihm bekannt ist, daß sein Gegenspieler die Minimax-Strategie verwendet. □

Während in einem definiten Spiel beide Spieler mit ihren Minimax-Strategien in oben genanntem Sinn zufrieden sind, ist die Situation in einem nicht-definiten Spiel anders. Wie auch Beispiel 1.74a zeigt, garantiert nämlich bei $\underline{w} < \overline{w}$ die Berücksichtigung der für Spieler I ungünstigsten Strategie des Gegenspielers, also die Verwendung von y^* gemäß (1.4.3), dem Spieler I nur den Gewinn von $\underline{w}$. Wüßte er aber, daß der Spieler II die Minimax-Strategie z^* benutzt, so könnte er den Gewinn $\overline{w}$ erzielen, indem er an Stelle von y^* die für den Gegenspieler ungünstigste Strategie wählt. Auch auf jede andere Strategie $z \in D$ des Spielers II könnte sich der Spieler I durch Wahl einer zugehörigen Bayes-Strategie y_z einstellen und so einen höheren Gewinn als $\underline{w}$ erzielen, wenn ihm z bekannt wäre. Natürlich wird dies der Gegenspieler nicht ohne weiteres zulassen, sondern seinerseits von der Minimax-Strategie z^* abweichen, um durch Einstellung auf die Strategie des Spielers I seinen Verlust zu verkleinern.

Bei mehrfacher Durchführung eines nicht-definiten Spiels liegt es also für beide Spieler nahe, die Strategie von Spielausführung zu Spielausführung zu verändern, damit sich der Gegenspieler nicht auf die eigene Strategie (durch Wahl der zugehörigen Bayes-Strategie) einstellen kann. In einer mathematischen Theorie läßt sich dies dadurch präzisieren, daß man die Strategien zufällig gemäß geeigneter Verteilungen wählt. Hierzu seien $\mathfrak{C}$ und $\mathfrak{D}$ geeignete σ-Algebren über C bzw. D; außerdem setzen wir voraus, daß die Auszahlungsfunktion $r: C \times D \to \mathbb{R}$ meßbar ist bezüglich der Produkt-σ-Algebra $\mathfrak{C} \otimes \mathfrak{D}$. Wenden dann die Spieler I und II statt der *reinen Strategien* $y \in C$ bzw. $z \in D$ die *gemischten Strategien*

$u \in \mathfrak{U} := \mathfrak{M}^1(C, \mathfrak{C})$ bzw. $v \in \mathfrak{V} := \mathfrak{M}^1(D, \mathfrak{D})$ an und ist $r \geqslant 0$ oder bezüglich $u \otimes v$ integrabel, so stellt

$$R(u,v) := \int_{C \times D} r(y,z) \, \mathrm{d}u \otimes v = \int_C \int_D r(y,z) \, \mathrm{d}v(z) \, \mathrm{d}u(y) \tag{1.4.9}$$

den erwarteten Gewinn des Spielers I bzw. den erwarteten Verlust des Spielers II dar. Da die Wahl der Verteilungen $u \in \mathfrak{U}$ bzw. $v \in \mathfrak{V}$ den Spielern I bzw. II obliegt und $R(u,v)$ die erwartete Auszahlung bei Verwenden der gemischten Strategien $u \in \mathfrak{U}$ und $v \in \mathfrak{V}$ ist, läßt sich die *gemischte Erweiterung* $(\mathfrak{U}, \mathfrak{V}, R)$ wieder als Zweipersonen-Nullsummenspiel auffassen. Damit sind alle für derartige Spiele bereits eingeführten Begriffe erklärt sowie alle Aussagen wie etwa Satz 1.73 auch für gemischte Erweiterungen gültig.

Der Übergang zur gemischten Erweiterung $(\mathfrak{U}, \mathfrak{V}, R)$ wird mathematisch dadurch gerechtfertigt, daß bei dieser häufig der untere und obere Spielwert zusammenfallen oder aber zumindest die Differenz zwischen den Spielwerten verkleinert wird.

Hilfssatz 1.75 *Bezeichnen $\underline{w}$ und $\overline{w}$ den unteren bzw. oberen Spielwert eines Zweipersonen-Nullsummenspiels (C, D, r) und $\underline{W}$ bzw. $\overline{W}$ die durch*

$$\underline{W} := \sup_{u \in \mathfrak{U}} \inf_{v \in \mathfrak{V}} R(u,v) \quad \text{bzw.} \quad \overline{W} := \inf_{v \in \mathfrak{V}} \sup_{u \in \mathfrak{U}} R(u,v) \tag{1.4.10}$$

definierten entsprechenden Größen für die gemischte Erweiterung $(\mathfrak{U}, \mathfrak{V}, R)$, so gilt

$$\underline{w} \leqslant \underline{W} \leqslant \overline{W} \leqslant \overline{w}. \tag{1.4.11}$$

Beweis: Wir zeigen zunächst die Gültigkeit von

$$\inf_{v \in \mathfrak{V}} R(u,v) = \inf_{z \in D} R(u, \varepsilon_z) = \inf_{z \in D} \int_C r(y,z) \, \mathrm{d}u(y) \quad \forall u \in \mathfrak{U}. \tag{1.4.12}$$

Einerseits folgt nämlich aus (1.4.9) für jedes $u \in \mathfrak{U}$

$$R(u,v) = \int_D \int_C r(y,z) \, \mathrm{d}u(y) \, \mathrm{d}v(z) \geqslant \inf_{z \in D} \int_C r(y,z) \, \mathrm{d}u(y) \quad \forall v \in \mathfrak{V}$$

und damit

$$\inf_{v \in \mathfrak{V}} R(u,v) \geqslant \inf_{z \in D} \int_C r(y,z) \, \mathrm{d}u(y);$$

andererseits gilt wegen $\varepsilon_z \in \mathfrak{V} \quad \forall z \in D$ für jedes $u \in \mathfrak{U}$

$$\inf_{v \in \mathfrak{V}} R(u,v) \leqslant \inf_{z \in D} R(u, \varepsilon_z) = \inf_{z \in D} \int_C r(y,z) \, \mathrm{d}u(y)$$

und damit (1.4.12). Hieraus wiederum ergibt sich

$$\begin{aligned} \underline{W} &= \sup_{u \in \mathfrak{U}} \inf_{v \in \mathfrak{V}} R(u,v) \\ &= \sup_{u \in \mathfrak{U}} \inf_{z \in D} \int_C r(y,z) \, \mathrm{d}u(y) \geqslant \sup_{y \in C} \inf_{z \in D} r(y,z) = \underline{w}. \end{aligned}$$

Analog zeigt man $\overline{W} \leqslant \overline{w}$, woraus wegen $\underline{W} \leqslant \overline{W}$ die Behauptung (1.4.11) folgt. □

Um die Existenz eines Sattelpunkts für die gemischte Erweiterung, also die (1.4.5) entsprechende Aussage

$$\inf_{v \in \mathfrak{B}} R(u^*, v) = \sup_{u \in \mathfrak{U}} \inf_{v \in \mathfrak{B}} R(u, v) = R(u^*, v^*) = \inf_{v \in \mathfrak{B}} \sup_{u \in \mathfrak{U}} R(u, v) = \sup_{u \in \mathfrak{U}} R(u, v^*) \tag{1.4.13}$$

wenigstens für einen nicht-trivialen Spezialfall zu beweisen [1]), betrachten wir nun den Fall endlicher Strategiemengen $C = \{y_1, \ldots, y_n\}$ und $D = \{z_1, \ldots, z_m\}$. Für ein derartiges Spiel wird wie in Beispiel 1.74 die Auszahlungsfunktion $r: C \times D \to \mathbb{R}$ durch die Matrix $\mathscr{A} \in \mathbb{R}^{n \times m}$ mit den Elementen $a_{ij} := r(y_i, z_j)$ beschrieben. Man spricht deshalb von einem *Matrixspiel mit Auszahlungsmatrix* $\mathscr{A} \in \mathbb{R}^{n \times m}$. In diesem Fall sind also gemischte Strategien Verteilungen über den endlichen Mengen C bzw. D. Letztere lassen sich durch *stochastische Vektoren* $p \in \mathfrak{P}_n$ bzw. $q \in \mathfrak{P}_m$ beschreiben, d.h. durch Vektoren $p \in \mathbb{R}^n$ bzw. $q \in \mathbb{R}^m$ mit nicht-negativen Komponenten, die sich zu 1 aufaddieren. Identifiziert man die gemischten Strategien mit den sie beschreibenden stochastischen Vektoren, so ist also die gemischte Erweiterung das Zweipersonen-Nullsummenspiel $(\mathfrak{P}_n, \mathfrak{P}_m, A)$ mit der Auszahlungsfunktion

$$A(p, q) = p^{\top} \mathscr{A} q = \sum_{i=1}^{n} \sum_{j=1}^{m} a_{ij} p_i q_j . \tag{1.4.14}$$

Satz 1.76 (von Neumann; Hauptsatz über Matrixspiele) *Sei* $(\mathfrak{P}_n, \mathfrak{P}_m, A)$ *die gemischte Erweiterung eines Matrixspiels mit Auszahlungsmatrix* $\mathscr{A} \in \mathbb{R}^{n \times m}$. *Dann gilt der starke Minimaxsatz, d.h. es gibt gemischte Strategien* $p^* \in \mathfrak{P}_n$ *und* $q^* \in \mathfrak{P}_m$ *mit*

a) $\inf_{q \in \mathfrak{P}_m} p^{*\top} \mathscr{A} q = \sup_{p \in \mathfrak{P}_n} \inf_{q \in \mathfrak{P}_m} p^{\top} \mathscr{A} q,$

b) $\sup_{p \in \mathfrak{P}_n} p^{\top} \mathscr{A} q^* = \inf_{q \in \mathfrak{P}_m} \sup_{p \in \mathfrak{P}_n} p^{\top} \mathscr{A} q,$

c) $\underline{W} = \overline{W}.$

Beweis: $\mathfrak{P}_n^e$ bezeichne die Gesamtheit der Ecken von $\mathfrak{P}_n$, also aller Vektoren $p = (p_1, \ldots, p_n)^{\top}$ mit $p_i = 1$ für genau ein $i = 1, \ldots, n$ und 0 sonst; $\mathfrak{P}_m^e$ sei analog definiert.

a) Durch Spezialisierung von (1.4.12) folgt zunächst die Gültigkeit von

$$\inf_{q \in \mathfrak{P}_m} p^{\top} \mathscr{A} q = \min_{q \in \mathfrak{P}_m^e} p^{\top} \mathscr{A} q = \min_{q \in \mathfrak{P}_m^e} \sum_{i=1}^{n} \sum_{j=1}^{m} a_{ij} p_i q_j = \min_{1 \leqslant j \leqslant m} \sum_{i=1}^{n} a_{ij} p_i \quad \forall p \in \mathfrak{P}_n . \tag{1.4.15}$$

Da $p \mapsto \sum_{i=1}^{n} a_{ij} p_i$ für jedes $j = 1, \ldots, m$ eine stetige Funktion auf $\mathfrak{P}_n$ ist und damit auch $p \mapsto \min_{1 \leqslant j \leqslant m} \sum_{i=1}^{n} a_{ij} p_i$, gibt es wegen der Kompaktheit von $\mathfrak{P}_n$ ein $p^* \in \mathfrak{P}_n$ mit

$$\min_{1 \leqslant j \leqslant m} \sum_{i=1}^{n} a_{ij} p_i^* = \max_{p \in \mathfrak{P}_n} \min_{1 \leqslant j \leqslant m} \sum_{i=1}^{m} a_{ij} p_i . \tag{1.4.16}$$

Dies ist aber gerade die Aussage a); Teil b) folgt analog.

---

[1]) Wegen allgemeinerer Aussagen vgl. etwa §III,2 in B. Rauhut, N. Schmitz, E.-W. Zachow: Spieltheorie, Stuttgart, 1979.

c) Sei $W \in [\underline{W}, \overline{W}]$ und $\mathscr{A}_W := \mathscr{A} - W \mathbb{1}_n \mathbb{1}_m^\top$. Weiter bezeichne K die konvexe und abgeschlossene Menge

$$K := \{\mathscr{A}_W q + p : (p^\top, q^\top)^\top \in \mathfrak{P}_{n+m}\}.$$

Im Fall $0 \in K$ existiert also $(p^\top, q^\top)^\top \in \mathfrak{P}_{n+m}$ mit $0 = \mathscr{A}_W q + p$. Hieraus folgt einerseits $\mathscr{A}_W q = -p \leqslant 0$; andererseits ist $\gamma := \mathbb{1}_m^\top q > 0$, da aus $q = 0$ auch $p = 0$ folgen würde. Mit $q^* := q/\gamma \in \mathfrak{P}_m$ gilt also $\mathscr{A}_W q^* \leqslant 0$, d.h. $\mathscr{A} q^* \leqslant W \mathbb{1}_n$. Für $p \in \mathfrak{P}_n$ folgt daraus $p^\top \mathscr{A} q^* \leqslant W$ und daher

$$\max_{p \in \mathfrak{P}_n} p^\top \mathscr{A} q^* \leqslant W \quad \text{sowie} \quad \overline{W} = \min_{q \in \mathfrak{P}_m} \max_{p \in \mathfrak{P}_n} p^\top \mathscr{A} q \leqslant W.$$

Für $W = \underline{W}$ ergibt sich hieraus $\overline{W} \leqslant \underline{W}$ und damit $\underline{W} = \overline{W}$.
Der verbleibende Fall $0 \notin K$ kann aber nicht auftreten. Nach dem Trennungssatz 1.70b gäbe es dann nämlich ein $b \in \mathbb{R}^n - \{0\}$ mit $b^\top z > 0 \quad \forall z \in K$. Bezeichnen $a_1, \ldots, a_m \in \mathbb{R}^n$ die m Spaltenvektoren von $\mathscr{A}$ und $e_1, \ldots, e_n \in \mathbb{R}^n$ diejenigen der n Spalten von J_n, also die Eckpunkte von $\mathfrak{P}_n$, so gilt

$$b^\top (a_j - W \mathbb{1}_n) > 0, \quad j = 1, \ldots, m, \qquad b^\top e_i = b_i > 0, \quad i = 1, \ldots, n,$$

d.h. $b^\top \mathscr{A} > W b^\top \mathbb{1}_n \mathbb{1}_m^\top$ und $b_1 + \ldots + b_n > 0$. Für $p_0 := b/(b_1 + \ldots + b_n) \in \mathfrak{P}_n$ würde also $p_0^\top \mathscr{A} > W \mathbb{1}_m^\top$ gelten. Daraus ergäbe sich

$$p_0^\top \mathscr{A} q > W \quad \forall q \in \mathfrak{P}_m, \qquad \min_{q \in \mathfrak{P}_m} p_0^\top \mathscr{A} q > W \quad \text{und} \quad \underline{W} = \max_{p \in \mathfrak{P}_n} \min_{q \in \mathfrak{P}_m} p^\top \mathscr{A} q > W$$

in Widerspruch zur Annahme $W \in [\underline{W}, \overline{W}]$. □

Den engen Zusammenhang von Optimierungs- und Spieltheorie zeigt die Tatsache, daß sich Spielwert W und Minimax-Strategien p^* bzw. q^* als Lösungen von Optimierungsaufgaben auffassen und somit entsprechend Beispiel 1.72 aus zwei zueinander dualen linearen Programmen bestimmen lassen, für die der starke Dualitätssatz gilt.

Korollar 1.77 *Sei* $(\mathfrak{P}_n, \mathfrak{P}_m, A)$ *die gemischte Erweiterung eines Matrixspiels mit Auszahlungsmatrix* $\mathscr{A} \in \mathbb{R}^{n \times m}$ *und Spielwert* W. *Dann gilt:*

a) $p^* \in \mathfrak{P}_n$ *ist Minimax-Strategie von* I $\Leftrightarrow$ $p^{*\top} \mathscr{A} \geqslant W \mathbb{1}_m^\top$,

b) $q^* \in \mathfrak{P}_m$ *ist Minimax-Strategie von* II $\Leftrightarrow$ $\mathscr{A} q^* \leqslant W \mathbb{1}_n$.

c) *Spielwert* W *und Minimax-Strategie* p^* *bzw.* q^* *ergeben sich aus den optimalen Lösungen der zueinander dualen linearen Programme*

$$(P^*) \left\{ \begin{aligned} U &= \sup_{U,p}, \\ -\mathscr{A}^\top p + U \mathbb{1}_m &\leqslant 0, \\ \mathbb{1}_n^\top p &= 1, \\ p &\geqslant 0, \end{aligned} \right. \qquad (D^*) \left\{ \begin{aligned} V &= \inf_{V,q}, \\ -\mathscr{A} q + V \mathbb{1}_n &\geqslant 0, \\ \mathbb{1}_m^\top q &= 1, \\ q &\geqslant 0. \end{aligned} \right. \tag{1.4.17}$$

Beweis: a) und analog b): „$\Leftarrow$“ Aus $p^{*\mathsf{T}}\mathscr{A} \geqslant W\mathbb{1}_m^{\mathsf{T}}$ folgt $p^{*\mathsf{T}}\mathscr{A}q \geqslant W\mathbb{1}_m^{\mathsf{T}}q = W$ $\forall q \in \mathfrak{P}_m$ und damit auch $\min_{q\in\mathfrak{P}_m} p^{*\mathsf{T}}\mathscr{A}q \geqslant W$ sowie nach Definition des Spielwerts

$$W = \max_{p\in\mathfrak{P}_n} \min_{q\in\mathfrak{P}_m} p^{\mathsf{T}}\mathscr{A}q \geqslant \min_{q\in\mathfrak{P}_m} p^{*\mathsf{T}}\mathscr{A}q \geqslant W. \tag{1.4.18}$$

„$\Rightarrow$“ Nach Definition von p^* gilt $p^{*\mathsf{T}}\mathscr{A}q \geqslant W \quad \forall q \in \mathfrak{P}_m$, d.h. $p^{*\mathsf{T}}\mathscr{A} \geqslant W\mathbb{1}_m^{\mathsf{T}}$.
c) Nach der Herleitung von a) und b) ist offenbar

$$W = \max\{U: \mathscr{A}^{\mathsf{T}}p^* \geqslant U\mathbb{1}_m\}, \qquad W = \min\{V: \mathscr{A}q^* \leqslant V\mathbb{1}_n\}.$$

Zusammen mit den Eigenschaften $p^* \in \mathfrak{P}_n$ bzw. $q^* \in \mathfrak{P}_m$, also mit $\mathbb{1}_n^{\mathsf{T}}p^* = 1$, $p^* \geqslant 0$ bzw. $\mathbb{1}_m^{\mathsf{T}}q^* = 1$, $q^* \geqslant 0$, führt dies auf die linearen Programme (P^*) und (D^*). □

Wie schon aus der einleitenden Motivierung hervorgeht, sind Bayes-Strategien auf den Fall zugeschnitten, daß die Strategie des Gegenspielers bekannt ist, daß also eine „a priori Kenntnis“ vorliegt. Folglich nennt man eine gemischte Strategie $v_u \in \mathfrak{V}$ des Spielers II eine *Bayes-Strategie zur a priori Verteilung* $u \in \mathfrak{U}$, wenn gilt

$$R(u, v_u) = \inf_{v\in\mathfrak{V}} R(u, v) \tag{1.4.19}$$

und $u^* \in \mathfrak{U}$ eine *ungünstigste a priori Verteilung*, wenn gilt

$$\inf_{v\in\mathfrak{V}} R(u^*, v) = \sup_{u\in\mathfrak{U}} \inf_{v\in\mathfrak{V}} R(u, v). \tag{1.4.20}$$

Eine ungünstigste a priori Verteilung ist also eine Minimax-Strategie des Spielers I. Besonderes Interesse haben solche Situationen, bei denen ein Sattelpunkt vorliegt. Dieser führt zum

Satz 1.78 *Es sei* $(\mathfrak{U}, \mathfrak{V}, R)$ *ein Zweipersonen-Nullsummenspiel, für das der starke Minimaxsatz gilt. Dann ist jede Minimax-Strategie Bayes-Strategie bzgl. einer ungünstigsten a priori Verteilung.*

Beweis: Die Gültigkeit des starken Minimaxsatzes ist äquivalent mit (1.4.13), woraus sich nach Definition einer Bayes-Strategie die Behauptung ergibt. □

1.4.2 Entscheidungsregeln; Minimax- und Bayes-Optimalität

Nach 1.2.5 ist es das Bestreben des Statistikers, durch geeignete Wahl von δ das Gütemaß $R(\cdot, \delta)$ zu minimieren und zwar an der Stelle der zugrundeliegenden – ihm jedoch unbekannten – Verteilung P_ϑ. Unterstellt man, daß ein „Gegenspieler“ des Statistikers, den man üblicherweise kurz die „Natur“ nennt, Einfluß hat auf die Wahl von P_ϑ, so läßt sich das statistische Entscheidungsproblem als Zweipersonen-Nullsummenspiel auffassen. Dabei interpretieren wir die durch

$$r(\vartheta, e) := E_\vartheta \Lambda(\vartheta, e) \tag{1.4.21}$$

definierte Abbildung $r: \Theta \times \mathfrak{E} \to [0, \infty)$ als Auszahlungsfunktion, die Natur als Spieler I und den Statistiker als Spieler II. Bei dieser Interpretation stehen also der Natur die reinen

Strategien $\vartheta \in \Theta$ und dem Statistiker die reinen Strategien $e \in \mathfrak{E}$ zur Verfügung. Um gemischte Strategien betrachten zu können, müssen über Θ bzw. $\mathfrak{E}$ σ-Algebren $\mathfrak{A}_\Theta$ bzw. $\mathfrak{A}_\mathfrak{E}$ definiert sein.

Eine gemischte Strategie der Natur, also ein WS-Maß $u \in \mathfrak{M} := \mathfrak{M}^1(\Theta, \mathfrak{A}_\Theta)$ wird *a priori Verteilung* genannt und im folgenden mit ϱ bezeichnet. Eine gemischte Strategie des Statistikers, also ein WS-Maß $v \in \mathfrak{V} := \mathfrak{M}^1(\mathfrak{E}, \mathfrak{A}_\mathfrak{E})$, heißt eine *Entscheidungsregel*. Die Auszahlungsfunktion (1.4.9) der gemischten Erweiterung lautet dann [1])

$$\tilde{R}(\varrho, v) = \int_\Theta \int_\mathfrak{E} r(\vartheta, e) \, \mathrm{d}v(e) \, \mathrm{d}\varrho(\vartheta). \tag{1.4.22}$$

Es ist nun zweckmäßig und üblich, nicht mit Entscheidungsregeln, sondern mit den in 1.2.5 eingeführten Entscheidungskernen zu arbeiten. Bei Anwendung einer Entscheidungsregel v würde nämlich zunächst völlig unabhängig von der Beobachtung x mittels eines Hilfsexperiments zufällig (und zwar gemäß v) eine Entscheidungsfunktion $e \in \mathfrak{E}$ ausgewählt und mit dieser dann erst vermöge x die endgültige Entscheidung $e(x)$ getroffen. Direkt bezogen auf die Beobachtung x ist dagegen die Verwendung eines Entscheidungskerns $\delta \in \mathfrak{K}$. Bei diesem wird nämlich zunächst aufgrund von x ein WS-Maß $\delta(x, \cdot) \in \mathfrak{M}^1(\Delta, \mathfrak{A}_\Delta)$ bestimmt und dann vermöge eines Hilfsexperiments zufällig (und zwar gemäß $\delta(x, \cdot)$) die endgültige Entscheidung getroffen. Die zweite Vorgehensweise ist offenbar die einfachere, da bei ihr häufig nur dann eine randomisierte Entscheidung zu treffen ist, wenn das Experiment keine klare Antwort gegeben hat, etwa für $x \in \{T = c\}$ bei Tests der Form (1.2.52). Deshalb ist es für die spieltheoretische Interpretation von statistischen Entscheidungsproblemen wichtig, daß eine Bijektion zwischen der Gesamtheit der Entscheidungsregeln v und derjenigen der Entscheidungskerne δ besteht und zwar zunächst einmal in folgendem Sinne: Bei gegebener Beobachtung x wird eine Entscheidung a unter $v \in \mathfrak{V}$ und unter $\delta \in \mathfrak{K}$ mit derselben WS getroffen, und zwar für jedes $x \in \mathfrak{X}$ und jedes $A \in \mathfrak{A}_\Delta$. Wählt man nämlich die σ-Algebra $\mathfrak{A}_\mathfrak{E}$ derart, daß die Abbildung $(e, x) \mapsto e(x)$ produktmeßbar ist, so setze man mit $\pi_x(e) := e(x)$

$$\delta(x, A) = v(\pi_x^{-1}(A)) = v(\{e \in \mathfrak{E} : e(x) \in A\}), \qquad x \in \mathfrak{X}, \quad A \in \mathfrak{A}_\Delta. \tag{1.4.23}$$

Ist etwa $v \in \mathfrak{V}$ vorgegeben, so ist offenbar $\delta \in \mathfrak{K}$; zur Rückrichtung vgl. Satz 1.79. Unter spieltheoretischen Gesichtspunkten ist diese Korrespondenz jedoch insofern unbefriedigend, als sie noch keine Aussage über die Gleichheit der zugehörigen Risikofunktionen macht. Wünschenswert wäre die Gültigkeit von

$$\tilde{R}(\vartheta, v) = \int_\mathfrak{E} \int_\mathfrak{X} \Lambda(\vartheta, e(x)) \, \mathrm{d}P_\vartheta(x) \, \mathrm{d}v(e) = \int_\mathfrak{X} \int_\Delta \Lambda(\vartheta, a) \, \mathrm{d}\delta_x(a) \, \mathrm{d}P_\vartheta(x) = R(\vartheta, \delta) \tag{1.4.24}$$

und zwar für eine möglichst große Klasse von Verlustfunktionen Λ. Unter Zusatzvoraussetzungen [2]) ist es in der Tat möglich, auch diese verschärfte Korrespondenz zu zeigen. Da

---

[1]) Um Verwechselungen mit der durch (1.2.96) definierten Risikofunktion $R(\vartheta, \delta)$ zu vermeiden, schreiben wir $\tilde{R}(\varrho, v)$ statt der durch (1.4.9) nahegelegten Schreibweise $R(\varrho, v)$.

[2]) vgl. etwa H. P. Kirschner: J. Multiv. Anal. **6** (1976), 159–166.

es hier nur auf das Verständnis der Begriffsbildungen ankommt, wollen wir uns darauf beschränken, die Gültigkeit von (1.4.24) nur für den Spezialfall eines abzählbaren Stichprobenraums herzuleiten, in dem sich die beweistechnischen Schwierigkeiten stark vereinfachen.

Satz 1.79 *Bei einem statistischen Entscheidungsproblem mit Stichprobenraum* $(\mathfrak{X}, \mathfrak{B})$, *Entscheidungsraum* $(\Delta, \mathfrak{A}_\Delta)$, *dem Raum* $(\mathfrak{E}, \mathfrak{A}_\mathfrak{E})$ *aller Entscheidungsfunktionen und einer Verlustfunktion* $\Lambda: \Theta \times \Delta \to [0, \infty)$ *seien die folgenden Voraussetzungen erfüllt:*

1) $\mathfrak{X}$ *ist abzählbar,* $\mathfrak{B}$ *die Potenzmenge über* $\mathfrak{X}$;

2) $\mathfrak{E}$ *ist die Menge aller Abbildungen von* $\mathfrak{X}$ *nach* Δ, $\mathfrak{A}_\mathfrak{E}$ *die kleinste* σ*-Algebra über* $\mathfrak{E}$, *bzgl. der die Auswertungsabbildungen* $\pi_x(e) := e(x)$, $x \in \mathfrak{X}$, *meßbar sind;*

3) $\Lambda(\vartheta, \cdot)$ *ist für jedes* $\vartheta \in \Theta$ *eine* $\mathfrak{A}_\Delta$*-meßbare Funktion.*

Dann gilt mit $\mathfrak{V} = \mathfrak{M}^1(\mathfrak{E}, \mathfrak{A}_\mathfrak{E})$ *und* $\mathfrak{K}$ *als Menge aller Entscheidungskerne:*

a) $\quad \forall v \in \mathfrak{V} \quad \exists \delta \in \mathfrak{K}: \quad R(\vartheta, \delta) = \tilde{R}(\vartheta, v) \quad \forall \vartheta \in \Theta,$

b) $\quad \forall \delta \in \mathfrak{K} \quad \exists v \in \mathfrak{V}: \quad \tilde{R}(\vartheta, v) = R(\vartheta, \delta) \quad \forall \vartheta \in \Theta.$

Beweis: Nach Wahl von $\mathfrak{V}$ ist jede Funktion $e \in \mathfrak{E}$ meßbar.
Wir zeigen zunächst, daß für jedes $\vartheta \in \Theta$ mit $\Lambda_\vartheta(a) := \Lambda(\vartheta, a)$ die Abbildung

$$(e, x) \mapsto l_\vartheta(e, x) := \Lambda(\vartheta, e(x)) = \Lambda_\vartheta(\pi_x(e))$$

produktmeßbar ist, daß also gilt $l_\vartheta: (\mathfrak{E} \times \mathfrak{X}, \mathfrak{A}_\mathfrak{E} \otimes \mathfrak{B}) \to ([0, \infty), [0, \infty)\mathbb{B})$.
Wegen 3) und 1) gilt nämlich für $B \in [0, \infty)\mathbb{B}$

$$l_\vartheta^{-1}(B) = \bigcup_x (l_\vartheta^{-1}(B)_x \times \{x\}) = \bigcup_x (\pi_x^{-1}(\Lambda_\vartheta^{-1}(B)) \times \{x\}) \in \mathfrak{A}_\mathfrak{E} \otimes \mathfrak{B}.$$

a) Nach dem Satz von Fubini folgt wegen der Produktmeßbarkeit von l_ϑ sofort

$$\int_\mathfrak{E} \int_\mathfrak{X} \Lambda(\vartheta, e(x))\,\mathrm{d}P_\vartheta(x)\,\mathrm{d}v(e) = \int_\mathfrak{X} \int_\mathfrak{E} \Lambda(\vartheta, e(x))\,\mathrm{d}v(e)\,\mathrm{d}P_\vartheta(x).$$

Definiert man zu gegebenem v den Entscheidungskern δ gemäß (1.4.23), so ergibt sich wegen $v^{\pi_x}(\cdot) = \delta_x(\cdot) \quad \forall x \in \mathfrak{X}$ nach der Transformationsformel A4.5 die Behauptung.
b) Sei umgekehrt $\delta \in \mathfrak{K}$ gegeben. Da $\mathfrak{E} = \Delta^\mathfrak{X}$ und $\mathfrak{A}_\mathfrak{E} = \bigotimes \mathfrak{A}_\Delta$ ist, gibt es nach A6.3 ein WS-Maß $v \in \mathfrak{M}^1(\mathfrak{E}, \mathfrak{A}_\mathfrak{E})$ mit (1.4.23), also mit $v^{\pi_x}(\cdot) = \delta_x(\cdot) \quad \forall x \in \mathfrak{X}$. □

Bisher wurden nur randomisierte Strategien des Statistikers betrachtet. Lassen wir nun auch solche der Natur zu, so ergibt sich durch Mittelung von (1.4.24) bzgl. einer a priori Verteilung $\varrho \in \mathfrak{M} = \mathfrak{M}^1(\Theta, \mathfrak{A}_\Theta)$ als Auszahlungsfunktion (1.4.22)

$$\tilde{R}(\varrho, v) = \int_\Theta \int_\mathfrak{E} r(\vartheta, e)\,\mathrm{d}v(e)\,\mathrm{d}\varrho(\vartheta) = \int_\Theta R(\vartheta, \delta)\,\mathrm{d}\varrho(\vartheta) =: R(\varrho, \delta). \tag{1.4.25}$$

Dabei läßt sich die gemittelte Risikofunktion $R(\varrho, \delta)$ auffassen als Erweiterung der durch (1.2.96) definierten Risikofunktion $R(\vartheta, \delta)$, wenn man ϑ mit dem Einpunktmaß ε_ϑ identifiziert. Wegen der durch (1.4.23–25) bzw. Satz 1.79 dokumentierten Äquivalenz werden wir im folgenden Entscheidungsregeln v mit den zugehörigen Entscheidungskernen δ identifizieren und nur mit der Risikofunktion $R(\vartheta, \delta)$ bzw. $R(\varrho, \delta)$ arbeiten.

Zum Verständnis des folgenden merken wir noch an, daß analog (1.4.12) gilt

$$\sup_{\vartheta \in \Theta} R(\vartheta, \delta) = \sup_{\varrho \in \mathfrak{M}} R(\varrho, \delta). \tag{1.4.26}$$

Hier folgt die Gültigkeit von „ $\geqslant$" unmittelbar aus der Definition von $R(\varrho, \delta)$, und diejenige von „$\leqslant$", wenn man beachtet, daß gilt $\varepsilon_\vartheta \in \mathfrak{M} \quad \forall \vartheta \in \Theta$. Um jedoch die gemittelte Risikofunktion (1.4.25) betrachten zu können, muß

$$R(\varrho, \delta) = \int_\Theta \int_{\mathfrak{X}} \left[\int_\Delta \Lambda(\vartheta, a) \, \mathrm{d}\delta_x(a) \right] \mathrm{d}P_\vartheta(x) \, \mathrm{d}\varrho(\vartheta) \tag{1.4.27}$$

für jeden Entscheidungskern $\delta \in \mathfrak{K}$ erklärt sein. Dieses Integral ist von derselben Form wie dasjenige für nicht-randomisierte Entscheidungsfunktionen e, das wegen (1.1.17) lautet

$$R(\varrho, e) = \int_\Theta \int_{\mathfrak{X}} \Lambda(\vartheta, e(x)) \, \mathrm{d}P_\vartheta(x) \, \mathrm{d}\varrho(\vartheta). \tag{1.4.28}$$

Wir werden uns deshalb bei der Erörterung technischer Details der Einfachheit halber auf den zweiten Fall beziehen. Damit (1.4.28) erklärt ist, muß nicht nur die Verlustfunktion $\Lambda: \Theta \times \Delta \to [0, \infty)$ produktmeßbar, sondern auch die Abbildung $\vartheta \mapsto P_\vartheta(B)$ für jedes $B \in \mathfrak{B}$ eine $\mathfrak{A}_\Theta$-meßbare Funktion sein. Da andererseits $B \mapsto P_\vartheta(B)$ für jedes $\vartheta \in \Theta$ ein WS-Maß über $(\mathfrak{X}, \mathfrak{B})$ ist, muß also die Abbildung $(\vartheta, B) \mapsto P_\vartheta(B)$ in Abhängigkeit von ϑ und B ein Markov-Kern von $(\Theta, \mathfrak{A}_\Theta)$ nach $(\mathfrak{X}, \mathfrak{B})$ im Sinne von (1.2.92–93) sein. Gemäß A6.6 ist dann eindeutig ein WS-Maß[1]) $Q^{X,\theta} \in \mathfrak{M}^1(\mathfrak{X} \times \Theta, \mathfrak{B} \otimes \mathfrak{A}_\Theta)$ definiert derart, daß $\varrho = Q^\theta$ die (zweite) Randverteilung und $P_\vartheta = Q^{X|\theta=\vartheta}$ die bedingte Randverteilung von $Q^{X,\theta}$ bei gegebenem $\theta = \vartheta$ ist; bezeichnet A_ϑ den Schnitt der Menge A an der Stelle ϑ, so ist dies das WS-Maß

$$Q^{X,\theta}(A) = \int_\Theta P_\vartheta(A_\vartheta) \, \mathrm{d}\varrho(\vartheta), \qquad A \in \mathfrak{B} \otimes \mathfrak{A}_\Theta. \tag{1.4.29}$$

Mit diesem läßt sich (1.4.28), ebenfalls nach A6.6, schreiben als

$$R(\varrho, e) = \int_{\mathfrak{X} \times \Theta} \Lambda(\vartheta, e(x)) \, \mathrm{d}Q^{X,\theta}(x, \vartheta). \tag{1.4.30}$$

Durch obige Diskussion ist das statistische Entscheidungsproblem in den spieltheoretischen Rahmen eingeordnet, so daß sich alle Begriffe und Aussagen aus 1.4.1 übertragen lassen. Insbesondere werden zwei Optimalitätsbegriffe nahegelegt, nämlich die Minimax- und die Bayes-Optimalität. Dabei wird der Statistiker ein Minimax-Verfahren verwenden, wenn es das Bestreben hat, sich gegen große Verluste zu schützen, also das maximale Risiko zu minimieren; dagegen wird er ein Bayes-Verfahren verwenden, wenn ihm die gemischte Strategie der Natur bekannt ist.

Definition 1.80 *$\mathfrak{K}$ bezeichne die Gesamtheit aller Entscheidungskerne, $\mathfrak{M}$ diejenige aller a priori Verteilungen und $R(\vartheta, \delta)$ die durch* (1.2.96) *definierte Risikofunktion. Weiter seien $\delta \in \mathfrak{K}$ und $\varrho \in \mathfrak{M}$. Dann heißt:*

---

[1]) Wir schreiben für dieses Maß $Q^{X,\theta}$ (an Stelle von Q wie in A6.6), um den Zusammenhang mit ϱ und P_ϑ, $\vartheta \in \Theta$, (ohne Verwendung von Koordinatenprojektionen) in der suggestiveren Form $\varrho = Q^\theta$, $P_\vartheta = Q^{X|\theta=\vartheta}$ zum Ausdruck bringen zu können.

a) $$R^*(\delta) := \sup_{\vartheta \in \Theta} R(\vartheta, \delta) = \sup_{\varrho \in \mathfrak{M}} R(\varrho, \delta) \tag{1.4.31}$$

das maximale Risiko von δ, $\inf\limits_{\delta \in \mathfrak{K}} R^*(\delta)$ *das* Minimax-Risiko *sowie* $\delta^* \in \mathfrak{K}$ *ein* Minimax-Verfahren *oder* minimax-optimal, *wenn gilt*

$$R^*(\delta^*) = \inf_{\delta \in \mathfrak{K}} R^*(\delta). \tag{1.4.32}$$

b) $$R(\varrho, \delta) := \int_{\Theta} R(\vartheta, \delta)\, \mathrm{d}\varrho(\vartheta) \tag{1.4.33}$$

das bzgl. ϱ *gebildete* Bayes-Risiko von δ, $\inf\limits_{\delta \in \mathfrak{K}} R(\varrho, \delta)$ *das* minimale Bayes-Risiko zur a priori Verteilung ϱ *sowie* $\delta_\varrho \in \mathfrak{K}$ *ein* Bayes-Verfahren zur a priori Verteilung ϱ *oder* Bayes-optimal, *wenn gilt*

$$R(\varrho, \delta_\varrho) = \inf_{\delta \in \mathfrak{K}} R(\varrho, \delta). \tag{1.4.34}$$

Aus diesen Definitionen ergibt sich, daß das Minimax-Risiko (1.4.32) stets größer oder gleich dem minimalen Bayes-Risiko (1.4.34) ist. Aus (1.4.31) folgt nämlich $R^*(\delta) \geqslant R(\varrho, \delta) \quad \forall \varrho \in \mathfrak{M}$ und damit trivialerweise

$$\inf_{\delta \in \mathfrak{K}} R^*(\delta) \geqslant \inf_{\delta \in \mathfrak{K}} R(\varrho, \delta) \qquad \forall \varrho \in \mathfrak{M}. \tag{1.4.35}$$

Die in (1.4.29) verwendete Terminologie legt es nahe, ϑ als Realisierung einer ZG θ, $\varrho = Q^\theta$ als zugehörige Verteilung und $Q^{\theta, X}$ als gemeinsame Verteilung von θ und X aufzufassen. Existiert eine bedingte Verteilung $Q^{\theta | X = x}$ im Sinne von 1.6.3 und interpretiert man ϱ als a priori Bewertung der einzelnen Parameterwerte ϑ, so stellt $Q^{\theta|X=x}$ eine aufgrund der Kenntnis der Beobachtung x modifizierte Bewertung der „Realisierungen" ϑ von θ dar. $Q^{\theta|X=x}$ heißt deshalb auch *a posteriori Verteilung von* θ *bei gegebenem* $X = x$. Existiert eine a posteriori Verteilung, so läßt sich (1.4.30) auch in der Form

$$R(\varrho, e) = \int_{\mathfrak{X}} \int_{\Theta} \Lambda(\vartheta, e(x))\, \mathrm{d}Q^{\theta|X=x}(\vartheta)\, \mathrm{d}Q^X(x) = \int_{\mathfrak{X}} R_\varrho^x(e)\, \mathrm{d}Q^X(x), \tag{1.4.36}$$

schreiben mit dem *a posteriori Risiko*

$$R_\varrho^x(e) := \int_{\Theta} \Lambda(\vartheta, e(x))\, \mathrm{d}Q^{\theta|X=x}(\vartheta). \tag{1.4.37}$$

Existiert nun weiter ein Verfahren $e \in \mathfrak{E}$, das für jedes feste $x \in \mathfrak{X}$ oder zumindest für Q^X-f.a. x das a posteriori Risiko minimiert, dann ist e trivialerweise Bayes-optimal. Gibt es umgekehrt ein Bayes-Verfahren e_ϱ, so minimiert dieses auch für Q^X-f.a. x das a posteriori Risiko. Gäbe es nämlich ein $\tilde{e} \in \mathfrak{E}$ mit $Q^X(B) > 0$, $B := \{x \in \mathfrak{X}\colon R_\varrho^x(\tilde{e}) < R_\varrho^x(e_\varrho)\}$, so würde $e^* := \tilde{e}\mathbb{1}_B + e_\varrho \mathbb{1}_{B^c}$ zu einem kleineren Bayes-Risiko führen als e_ϱ gemäß

$$\begin{aligned} R(\varrho, e_\varrho) &= \int_B R_\varrho^x(e_\varrho)\mathrm{d}Q^X(x) + \int_{B^c} R_\varrho^x(e_\varrho)\mathrm{d}Q^X(x) \\ &> \int_B R_\varrho^x(\tilde{e})\mathrm{d}Q^X(x) + \int_{B^c} R_\varrho^x(e_\varrho)\mathrm{d}Q^X(x) = R(\varrho, e^*). \end{aligned}$$

Ist speziell der Wert $\gamma(\vartheta)$ eines reellwertigen Funktionals γ zu schätzen, so führt die Bestimmung des Bayes-Schätzers bei Zugrundeliegen der Gauß-Verlustfunktion (1.1.12) auf die Minimierung des Integrals

$$\int_{\Theta} (e(x) - \gamma(\vartheta))^2 \,\mathrm{d}Q^{\theta|X=x}(\vartheta) = \int_{\gamma(\Theta)} (e(x) - s)^2 \,\mathrm{d}Q^{\gamma(\theta)|X=x}(s). \tag{1.4.38}$$

Da eine derartige quadratische Abweichung bekanntlich durch den Mittelwert der Verteilung $Q^{\gamma(\theta)|X=x}$ minimiert wird, handelt es sich bei der Bestimmung eines Bayes-Schätzers $e_\varrho(x)$ also letztlich um diejenige der a posteriori Verteilung. Hierauf werden wir in 2.7.3 zurückkommen.

Um Bayes-Verfahren explizit angeben und anwenden zu können, muß ϱ bekannt sein. Dies ist aber im allgemeinen nicht der Fall. Dennoch sind Bayes-Verfahren von Interesse, und zwar in dreierlei Situationen:

Zum einen kann es sein, daß der Statistiker aufgrund seines Vorwissens, also ohne die Versuchsergebnisse zu kennen oder auszuwerten, in unterschiedlichem Grade an die Richtigkeit der einzelnen Werte des Parameters $\vartheta \in \Theta$ glaubt und es ihm gelingt, diese Vorbewertung in Form einer Verteilung $\varrho \in \mathfrak{M}$ auszudrücken. Dann stellt die bzgl. ϱ gemittelte Risikofunktion $R(\varrho, \delta)$ ein reellwertiges Gütemaß des Entscheidungskerns $\delta \in \mathfrak{K}$ dar, das den unter P_ϑ erwarteten Verlust $R(\vartheta, \delta)$ umso mehr berücksichtigt, je stärker man an die Richtigkeit von P_ϑ glaubt. Aus diesem Grunde wurde eine gemischte Strategie der Natur bereits eingangs als a priori Verteilung bezeichnet. In diesem Fall läßt sich die a posteriori Verteilung als Korrektur der a priori Verteilung aufgrund der Kenntnis der Beobachtung x auffassen. Wir werden jedoch auf diese *Bayes-Auffassung* der Statistik hier nicht weiter eingehen.

Eine zweite Möglichkeit zur Verwendung von Bayes-Verfahren liegt dann vor, wenn es eine *ungünstigste a priori Verteilung* ϱ^* gibt in dem Sinne, daß gilt

$$\inf_{\delta \in \mathfrak{K}} R(\varrho^*, \delta) = \sup_{\varrho \in \mathfrak{M}} \inf_{\delta \in \mathfrak{K}} R(\varrho, \delta). \tag{1.4.39}$$

Existiert überdies ein Minimax-Verfahren, d.h. eine Lösung δ^* von

$$\sup_{\varrho \in \mathfrak{M}} R(\varrho, \delta^*) = \inf_{\delta \in \mathfrak{K}} \sup_{\varrho \in \mathfrak{M}} R(\varrho, \delta), \tag{1.4.40}$$

und ist $(\delta^*, \varrho^*) \in \mathfrak{K} \times \mathfrak{M}$ ein Sattelpunkt, so ist nämlich gemäß Satz 1.78 jedes Minimax-Verfahren ein Bayes-Verfahren bezüglich einer ungünstigsten a priori Verteilung. Wir werden diesen Zusammenhang – insbesondere also die Existenz eines Sattelpunkts (ϱ^*, δ^*) – im Spezialfall von Tests unter Verwendung optimierungstheoretischer Überlegungen in 2.5.3 beweisen.

Liegt dagegen kein Sattelpunkt vor und wird auch nicht die Bayes-Auffassung der Statistik vertreten, so läßt sich eine a priori Verteilung $\varrho \in \mathfrak{M}$ noch als weiterer „Parameter" interpretieren. Bei dieser dritten Verwendungsmöglichkeit interessiert man sich dann aber weniger für das einzelne, auf eine spezielle Vorbewertung ϱ zugeschnittene Bayes-Verfahren δ_ϱ als vielmehr für die Klasse $\mathfrak{K}_B \subset \mathfrak{K}$ aller Bayes-Verfahren δ_ϱ, $\varrho \in \mathfrak{M}$. Die Klasse $\mathfrak{K}_B$ dieser Verfahren und ihrer Limiten ist nämlich unter recht allgemeinen Voraussetzungen vollständig im Sinne von 1.2.5. Diese Aussage läßt sich leicht im

Spezialfall von Tests zweier einfacher Hypothesen **H**: $\vartheta = \vartheta_0$, **K**: $\vartheta = \vartheta_1$ veranschaulichen. Dann wird nämlich die Risikofunktion (1.2.97) beschrieben durch den *Risikobereich*

$$\mathfrak{R} = \{(\Lambda_0 E_0 \varphi, \Lambda_1(1 - E_1 \varphi)) : \varphi \in \Phi\}. \tag{1.4.41}$$

Dieser ist offenbar konvex und – wie im Hilfssatz 2.18 gezeigt werden soll – auch abgeschlossen. Speziell entsprechen den Punkten des unteren Randes die zulässigen Tests, also diejenigen Tests $\tilde{\varphi} \in \Phi$, zu denen es keinen besseren Test $\varphi \in \Phi$ gibt im Sinne der

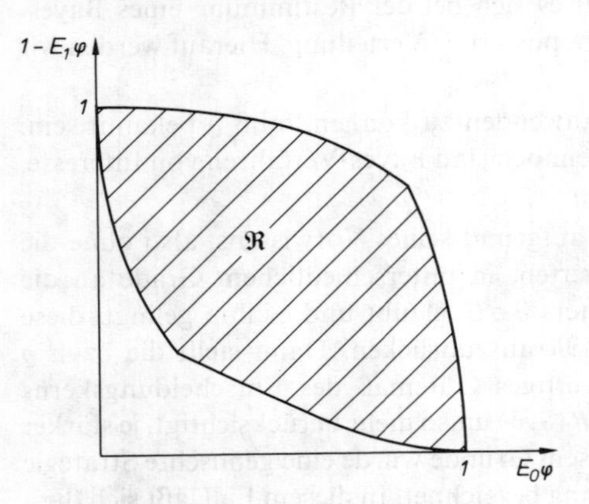

Abb. 11 Risikobereich (1.4.41)

Halbordnung (1.2.101) und die somit allein als optimale Tests in Frage kommen. In jedem dieser Punkte gibt es eine Stützgerade, d.h. Zahlen $\lambda \geqslant 0$ und $\varkappa \geqslant 0$ mit $\lambda + \varkappa = 1$ und

$$\lambda \Lambda_0 E_0 \tilde{\varphi} + \varkappa \Lambda_1 (1 - E_1 \tilde{\varphi}) = \inf_{\varphi \in \Phi} [\lambda \Lambda_0 E_0 \varphi + \varkappa \Lambda_1 (1 - E_1 \varphi)]. \tag{1.4.42}$$

Den Punkten des unteren Randes entsprechen somit die Bayes-Tests $\tilde{\varphi}_{\lambda,\varkappa}$, also die Bayes-Verfahren im Sinne von (1.4.34). Dabei ist die a priori Verteilung gemäß $\varrho = (\lambda, \varkappa)$ bestimmt durch die Neigung der Stützgeraden. Demgemäß ist φ Bayes-Test zur a priori Verteilung ϱ genau dann, wenn er einem solchen Punkt des unteren Randes entspricht, in dem es eine Stützgerade mit einer durch $(\lambda, \varkappa)$ beschriebenen Neigung gibt. Speziell ist φ ein Minimax-Test, wenn φ dem Punkt des unteren Randes mit $\Lambda_0 E_0 \varphi = \Lambda_1 (1 - E_1 \varphi)$ entspricht; vgl. auch Satz 2.51. Abschließend zeigen wir noch, daß zwischen zulässigen Verfahren und Minimax- bzw. Bayes-Verfahren ein enger Zusammenhang besteht.

Satz 1.81 *Bei einem statistischen Entscheidungsproblem mit Risikofunktion $R(\vartheta, \delta)$ gilt:*

a) *Ein eindeutig bestimmtes Minimax-Verfahren $\delta_0 \in \mathfrak{K}$ ist zulässig.*

b) *Besitzt ein zulässiges $\delta_0 \in \mathfrak{K}$ konstantes Risiko, dann ist δ_0 minimax-optimal.*

c) *Ist (Θ, d) ein metrischer Raum, $R(\cdot, \delta)$ stetig für jedes $\delta \in \mathfrak{K}$ und $\varrho \in \mathfrak{M}^1(\Theta, \mathfrak{A}_\Theta)$ eine a priori Verteilung mit Θ als topologischem Träger, dann ist das Bayes-Verfahren δ_ϱ zulässig.*

Beweis: a) Wäre δ_0 nicht zulässig, so gäbe es ein $\delta_1 \in \mathfrak{K}$ mit

$$R(\vartheta, \delta_1) \leqslant R(\vartheta, \delta_0) \quad \forall \vartheta \in \Theta \quad \text{und} \quad R(\vartheta_1, \delta_1) < R(\vartheta_1, \delta_0) \quad \exists \vartheta_1 \in \Theta. \tag{1.4.43}$$

Dann wäre auch δ_1 minimax-optimal in Widerspruch zur Eindeutigkeit.

b) Wäre δ_0 nicht minimax-optimal, so gäbe es ein $\delta_1 \in \mathfrak{R}$ mit

$$\sup_{\vartheta \in \Theta} R(\vartheta, \delta_1) < \sup_{\vartheta \in \Theta} R(\vartheta, \delta_0).$$

Da $R(\cdot, \delta_0)$ konstant ist, wäre $R(\vartheta, \delta_1) < R(\vartheta, \delta_0) \quad \forall \vartheta \in \Theta$, d.h. δ_0 nicht zulässig.

c) Wäre $\delta_0 := \delta_\varrho$ nicht zulässig, so gäbe es ein $\delta_1 \in \mathfrak{R}$ und ein $\vartheta_1 \in \Theta$ mit (1.4.43) und damit wegen der Stetigkeit von $R(\cdot, \delta_1)$ ein $\varepsilon > 0$ und ein $\eta > 0$ mit

$$R(\vartheta, \delta_1) \leqslant R(\vartheta, \delta_0) - \varepsilon \quad \forall \vartheta \in \Theta\colon d(\vartheta, \vartheta_1) < \eta.$$

Hieraus und aus (1.4.43) würde mit (1.4.25) folgen

$$\begin{aligned} R(\varrho, \delta_1) &= \int\limits_{\{\vartheta \in \Theta:\, d(\vartheta, \vartheta_1) < \eta\}} R(\vartheta, \delta_1)\, \mathrm{d}\varrho(\vartheta) + \int\limits_{\{\vartheta \in \Theta:\, d(\vartheta, \vartheta_1) \geqslant \eta\}} R(\vartheta, \delta_1)\, \mathrm{d}\varrho(\vartheta) \\ &\leqslant \int R(\vartheta, \delta_0)\, \mathrm{d}\varrho(\vartheta) - \varepsilon \varrho(\{\vartheta \in \Theta\colon d(\vartheta, \vartheta_1) < \eta\}), \end{aligned}$$

also $R(\varrho, \delta_1) < R(\varrho, \delta_0)$; da Θ als topologischer Träger von ϱ vorausgesetzt wurde, ist nämlich $\varrho(\{\vartheta \in \Theta\colon d(\vartheta, \vartheta_1) < \eta\}) > 0 \quad \forall \eta > 0.$ □

Aufgabe 1.20 Es seien $\mathfrak{X} = \{0,1\}^2 =: \{00, 01, 10, 11\}$ und $\mathfrak{P} = \{P_{\vartheta_0}, P_{\vartheta_1}\}$ gegeben durch $P_\vartheta = \mathfrak{B}(1,\vartheta) \otimes \mathfrak{B}(1,\vartheta)$ mit $\vartheta_0 = 1/2$, $\vartheta_1 = 1/3$. Weiter seien $\Delta = \{a_0, a_1\}$ mit $a_0 = 1/2$, $a_1 = 1/3$ sowie $\Lambda(\vartheta_i, a_j) = \delta_{ij}$, $i, j = 0,1$. Die Entscheidungsfunktionen $e_1, \ldots, e_4$ seien gegeben durch

e \ x	00	01	10	11
e_1	a_1	a_0	a_0	a_0
e_2	a_1	a_0	a_1	a_0
e_3	a_1	a_1	a_0	a_0
e_4	a_1	a_1	a_1	a_0

Man verifiziere für die Konstruktionen im Beweis von Satz 1.79:

a) Die Entscheidungsregel $v = \frac{23}{34}\varepsilon_{e_1} + \frac{11}{34}\varepsilon_{e_4}$ führt zum Test $\varphi = \mathbb{1}_{\{00\}} + \frac{11}{34}\mathbb{1}_{\{01,10\}}$.

b) Der Test φ führt zur Entscheidungsregel $w = \frac{529}{1156}\varepsilon_{e_1} + \frac{253}{1156}(\varepsilon_{e_2} + \varepsilon_{e_3}) + \frac{121}{1156}\varepsilon_{e_4}$.

c) Es gilt $\tilde{R}(\vartheta_i, v) = R(\vartheta_i, \varphi) = \tilde{R}(\vartheta_i, w) = \frac{7}{17}$, $i = 0,1$.

d) φ ist Minimax-Test für $\mathbf{H} = \{\vartheta_0\}$ gegen $\mathbf{K} = \{\vartheta_1\}$.

Aufgabe 1.21 Bei festen $n \in \mathbb{N}$, $\varkappa > 0$ und $\lambda > 0$ seien $\mathfrak{P} = \{\mathfrak{B}(n, \pi)\colon \pi \in [0,1]\}$ und die a priori Verteilung ϱ eine $B_{\varkappa,\lambda}$-Verteilung. Man bestimme die a posteriori Verteilung und den zugehörigen Bayes-Schätzer für π bei Zugrundeliegen einer Gauß-Verlustfunktion.

1.5 Lineare Modelle und Normalverteilungsfamilien

Zur statistischen Analyse gegebener Meß- oder Beobachtungsdaten benötigt man ein Modell, das einerseits so komplex ist, daß es den vorliegenden empirischen Sachverhalt hinreichend genau wiedergibt, andererseits aber auch so einfach, daß es eine mathematische Behandlung gestattet.

Besonders einfache derartige Modelle sind solche, bei denen $X_1, \ldots, X_n$ st. u. reellwertige ZG sind mit $\mathfrak{L}(X_j) = \mathfrak{N}(\mu_j, \sigma^2)$, $j = 1, \ldots, n$, und bei denen der Mittelwertvektor $\mu = (\mu_1, \ldots, \mu_n)^\top$ in einem k-dimensionalen linearen Teilraum $\mathfrak{L}_k$ des $\mathbb{R}^n$ liegt. Derartige Verteilungsannahmen sind analytisch leicht handhabbar und führen deshalb häufig zu explizit angebbaren Verfahren, die wegen ihrer formalen Einfachheit in der praktischen Statistik – trotz der relativ engen Modellannahmen – eine große Rolle spielen.

Diese Modelle gestatten in zweifacher Hinsicht eine kanonische Verallgemeinerung. Zum einen kann man darauf verzichten, daß die ZG $X_1, \ldots, X_n$ eindimensional sind; zum anderen lassen sich verschiedene Aussagen auch ohne Normalverteilungsannahme herleiten. Vielfach kommt es nämlich nur darauf an, daß Mittelwertvektoren und Kovarianzmatrizen Elemente geeigneter linearer Räume bzw. konvexer Kegel sind. Dann handelt es sich also um Modelle, bei denen nur Annahmen über die Momente gemacht werden. Demgemäß stehen – insbesondere in der Schätztheorie – linearen Modellen *mit* Normalverteilungsannahme solche *ohne* Normalverteilungsannahme gegenüber. In der Testtheorie demgegenüber kann auf eine (Normal-)Verteilungsannahme nicht verzichtet werden, da kritische Werte aufgrund maximal zugelassener Irrtums-WS festzulegen sind.

Es sollen deshalb nach einführenden Beispielen in 1.5.1 die wichtigsten Eigenschaften von Kovarianzmatrizen und mehrdimensionalen Normalverteilungen in 1.5.2 zusammengestellt und in 1.5.3 auf das klassische lineare Modell mit Normalverteilungsannahme angewendet werden. Wie später bei der statistischen Untersuchung linearer Modelle mit oder ohne Normalverteilungsannahme wird Matrizenschreibweise verwendet:

Liegen reellwertige Beobachtungen $x_1, \ldots, x_n$ zugrunde, so wird mit x der Spaltenvektor mit den Komponenten $x_1, \ldots, x_n$ abgekürzt, also $x = (x_1, \ldots, x_n)^\top \in \mathbb{R}^n$, wobei wie üblich $\mathscr{A}^\top$ die Transponierte einer Matrix $\mathscr{A}$ charakterisiert. Bezeichnet $X = (X_1, \ldots, X_n)^\top$ eine n-dimensionale ZG, so ist der Mittelwertvektor EX als Vektor der Erwartungswerte EX_i und die Kovarianzmatrix $\mathscr{C}ov\, X$ als Matrix der Kovarianzen $Cov(X_i, X_j)$ definiert. Allgemeiner ist $EXY^\top$ für eine k-dimensionale ZG $X = (X_1, \ldots, X_k)^\top$ und eine l-dimensionale ZG $Y = (Y_1, \ldots, Y_l)^\top$ erklärt als $k \times l$*-Matrix mit den Elementen* $EX_i Y_j$. Entsprechend heißen zwei derartige ZG X und Y *unkorreliert*, wenn mit $\mu := EX \in \mathbb{R}^k$ und $\nu := EY \in \mathbb{R}^l$ gilt $E(X-\mu)(Y-\nu)^\top = 0$, also $Cov(X_i, Y_j) = 0$ für $i = 1, \ldots, k$ bzw. $j = 1, \ldots, l$.

Lineare Teilräume des $\mathbb{R}^n$ mit der Dimension k bezeichnen wir häufig kurz mit $\mathfrak{L}_k$, ohne Basisvektoren explizit anzugeben; für den von m nicht notwendig linear unabhängigen Vektoren $c_1, \ldots, c_m \in \mathbb{R}^n$ aufgespannten Teilraum schreiben wir $\mathfrak{L}(c_1, \ldots, c_m)$. Das orthogonale Komplement eines Teilraums $\mathfrak{L}_h \subset \mathfrak{L}_k$ bezüglich des $\mathfrak{L}_k$ wird gelegentlich auch kurz mit $\mathfrak{L}_{k-h}$ bezeichnet, wenn keine Mißverständnisse möglich sind. Weiter seien $\mathscr{I}_n$ die $n \times n$-Einheitsmatrix sowie $\mathbb{1}_n = (1, \ldots, 1)^\top \in \mathbb{R}^n$ der n-Vektor, dessen Komponenten alle gleich 1 sind.

Für $x = (x_1, \ldots, x_n)^\top$ bezeichne q_i den Einheitsvektor des $\mathbb{R}^n$, dessen Komponenten an der Stelle i gleich 1 und sonst gleich 0 sind. Es gilt also $x = \sum x_i q_i$ und $q_\cdot = \mathbb{1}_n$.

Bei Mehrfachindizierungen, z.B. bei $x = (x_{11}, \ldots, x_{1n_1}, \ldots, x_{m1}, \ldots, x_{mn_m})^\top$, verwenden wir für Summen und Durchschnitte die folgenden Abkürzungen:

$$x_{i\cdot} := \sum_{j=1}^{n_i} x_{ij} \quad \text{und} \quad \bar{x}_{i\cdot} := x_{i\cdot}/n_i \quad \text{für } i = 1, \ldots, m$$

sowie
$$x_{\cdot\cdot} := \sum_{i=1}^{m} \sum_{j=1}^{n_i} x_{ij} = \sum_{i=1}^{m} x_{i\cdot} \quad \text{und} \quad \bar{x}_{\cdot\cdot} := x_{\cdot\cdot}/n,$$

wobei wir für $n_\cdot := \sum_{i=1}^{m} n_i$ kurz n schreiben. Auch hier werden Summationsgrenzen häufig der Einfachheit halber weggelassen, soweit keine Mißverständnisse zu befürchten sind. Bezeichnet bei

Zweifachindizierung q_{ij} den Einheitsvektor des $\mathbb{R}^n$, dessen Komponenten an der der Beobachtung x_{ij} im Beobachtungsvektor x entsprechenden Stelle gleich 1 und sonst gleich 0 sind, so sind $q_{i\cdot}$ und $q_{\cdot\cdot}$ analog erklärt durch Summation der q_{ij} über $j = 1, \ldots, n_i$ bei festem i bzw. über beide Indizes, also $q_{i\cdot} = \sum_j q_{ij}$ und $q_{\cdot\cdot} = \mathbb{1}_n$. Insbesondere gilt $x = \sum\sum x_{ij} q_{ij}$, $n_i = q_{\cdot\cdot}^\top q_{i\cdot} = q_{i\cdot}^\top q_{i\cdot}$ sowie $n = q_{\cdot\cdot}^\top q_{\cdot\cdot}$.

1.5.1 Lineare Modelle, qualitative und quantitative Faktoren

In Beispiel 1.7 gingen wir bei der Präzisierung der Verteilungsannahme eines Einstichprobenproblems von der Modellvorstellung aus, daß die unbekannte Wirkung ein und derselben Behandlung überlagert wird durch den zufallsabhängigen Fehler der einzelnen Versuchsausführungen. Es sollen nun entsprechende Modellannahmen bei komplexeren Situationen diskutiert werden, bei denen also die – hier als reellwertig angenommenen – Beobachtungen durch verschiedene Behandlungen oder unter verschiedenen Versuchsbedingungen gewonnen werden. Gemeinsam ist diesen Modellen, daß die ZG X_j von der Form $X_j = \mu_j + \sigma W_j$ und damit der Vektor $X = (X_1, \ldots, X_n)^\top$ von der Form $X = \mu + \sigma W$ ist. Dabei ist der Mittelwertvektor $\mu = (\mu_1, \ldots, \mu_n)^\top$ Element eines linearen Teilraums niederer Dimension und die Komponenten $W_1, \ldots, W_n$ von W sind st. u. ZG mit derselben Verteilung F, die vielfach als eine $\mathfrak{N}(0,1)$-Verteilung angenommen wird; $\sigma^2 > 0$ ist unbekannt.

Definition 1.82 *Es seien $X = (X_1, \ldots, X_n)$ eine n-dimensionale* ZG *und $\mathfrak{L}_k$ ein k-dimensionaler linearer Teilraum des $\mathbb{R}^n$ mit $k < n$. Dann heißt*

$$X = \mu + \sigma W, \quad \mu \in \mathfrak{L}_k, \quad \sigma^2 > 0 \tag{1.5.1}$$

ein lineares Modell. *Speziell spricht man bei* (1.5.1) *von einem* linearen Modell mit Momentenannahme, *falls die Komponenten $W_1, \ldots, W_n$ von W unkorreliert sind mit $EW_j = 0$, $EW_i W_j = \delta_{ij}$ sowie gegebenenfalls mit vorgegebenen höheren Momenten.* (1.5.1) *heißt ein* lineares Modell mit Normalverteilungsannahme, *falls die Verteilung der W_j eine $\mathfrak{N}(0,1)$-Verteilung ist.*

Häufig ist durch die Problemstellung eine Darstellung der Form

$$\mu = \sum_{i=1}^{k} \gamma_i c_i \tag{1.5.2}$$

für den unbekannten Mittelwertvektor μ vorgezeichnet, wobei $c_1, \ldots, c_k$ bekannte linear unabhängige Vektoren des $\mathbb{R}^n$ mit $\mathfrak{L}_k = \mathfrak{L}(c_1, \ldots, c_k)$ und $\gamma_1, \ldots, \gamma_k$ reellwertige Parameter sind. Dabei messen $\gamma_1, \ldots, \gamma_k$ den Einfluß der die Versuchsausführungen beschreibenden Größen $c_1, \ldots, c_k$. Allgemein nennt man eine Parametrisierung gemäß $\mu = \sum \gamma_i c_i$ eine *lineare Regression.* Für die statistische Auswertung ist es dann nützlich, wenn die Vektoren $c_1, \ldots, c_k$ in zwei Gruppen von zueinander orthogonalen Vektoren $c_1, \ldots, c_h$ und $c_{h+1}, \ldots, c_k$ zerfallen, falls sich also in natürlicher Weise eine orthogonale Zerlegung des $\mathfrak{L}_k$ gemäß

$$\mathfrak{L}_k = \mathfrak{L}_h \oplus \mathfrak{L}_{k-h} \tag{1.5.3}$$

mit $\mathfrak{L}_h = \mathfrak{L}(c_1, \ldots, c_h)$ und $\mathfrak{L}_{k-h} = \mathfrak{L}(c_{h+1}, \ldots, c_k)$ anbietet. Dann sind nämlich $\sum_{i=1}^{h} \gamma_i c_i$ und $\sum_{i=h+1}^{k} \gamma_i c_i$ gerade die Projektionen von $\mu \in \mathfrak{L}_k$ auf den $\mathfrak{L}_h$ bzw. $\mathfrak{L}_{k-h}$, was die Bestimmung von Schätzern und damit häufig diejenige von Prüfgrößen erleichtern wird. Weitere Vorteile orthogonaler Zerlegungen werden sich durch das Zusammenspiel mit der Normalverteilungsannahme ergeben.

In den folgenden Beispielen seien die ZG W_i bzw. W_{ij} bzw. W_{ijl} usw. jeweils st.u. mit derselben Verteilung und endlichen zweiten Momenten.

Beispiel 1.83 (m-Stichprobenproblem) m verschiedene Behandlungen werden dadurch verglichen, daß man sie unabhängig voneinander auf homogene Versuchseinheiten anwendet und zwar die i-te Behandlung n_i mal, $i = 1, \ldots, m$. Bezeichnet[1]) μ_i den Effekt der i-ten Behandlung, so ist

$$X_{ij} = \mu_i + \sigma W_{ij}, \quad \mu_i \in \mathbb{R}, \quad \sigma^2 > 0,$$

für $j = 1, \ldots, n_i$, $i = 1, \ldots, m$. Dieses ist ein lineares Modell mit $k = m$ und $\mathfrak{L}_m = \mathfrak{L}(q_{1\cdot}, \ldots, q_{m\cdot})$, falls $n_i \geqslant 1 \quad \forall i = 1, \ldots, m$ gilt. Für den Mittelwertvektor gilt also

$$\mu = \sum_{i=1}^{m} \mu_i q_{i\cdot}. \tag{1.5.4}$$

Vielfach interessieren nicht so sehr die einzelnen Behandlungseffekte $\mu_1, \ldots, \mu_m$ als vielmehr der mittlere Behandlungseffekt $\bar{\mu}$ und die Effekte $v_i = \mu_i - \bar{\mu}$ der Behandlungsunterschiede. Deshalb schreiben wir statt (1.5.4) häufig auch

$$\mu = \bar{\mu} q_{\cdot\cdot} + \sum_{i=1}^{m} v_i q_{i\cdot}. \tag{1.5.5}$$

Damit der überzählige Parameter eindeutig bestimmt ist, fordern wir, daß $\bar{\mu} q_{\cdot\cdot}$ und $\sum v_i q_{i\cdot}$ zueinander orthogonal sind, daß also gilt $q_{\cdot\cdot}^{\top}(\sum v_i q_{i\cdot}) = \sum v_i n_i = 0$ und damit $\bar{\mu} = \sum n_i \mu_i / n$. wegen $v_i = \mu_i - \bar{\mu}$. Dann können wir $\bar{\mu}$ als *mittleren Behandlungseffekt* und v_i als um den mittleren Effekt bereinigten *Effekt der i-ten Behandlung* interpretieren. Der $\mathfrak{L}_k = \mathfrak{L}_m$ läßt sich also in von der Fragestellung her sinnvoller Weise zerlegen in den $\mathfrak{L}_1 := \mathfrak{L}(q_{\cdot\cdot})$ und dessen orthogonales Komplement $\mathfrak{L}_{m-1} := \{\sum v_i q_{i\cdot} : \sum n_i v_i = 0\}$. Man beachte jedoch, daß die so festgelegten Parameter $\bar{\mu}$ und v_i im Gegensatz zu den ursprünglich im Modell auftretenden Parametern μ_i in (1.5.4) auch von den Behandlungshäufigkeiten des speziellen Versuchs abhängen. □

Beispiel 1.84 (Lineare[2])Regression in einer Variablen) Ein und dieselbe Behandlung werde jeweils einmal unter n verschiedenen, durch reelle Zahlen $s_1, \ldots, s_n$ charakterisierten Versuchsbedingungen angewendet. Demgemäß sei

$$X_j = \mu_j + \sigma W_j, \quad \mu_j = v + \varkappa s_j \in \mathbb{R}, \quad \sigma^2 > 0,$$

für $j = 1, \ldots, n$. Dieses ist ein lineares Modell (1.5.1) mit $k = 2$, falls die vorgegebenen – oder zumindest kontrollierbaren – Größen $s_1, \ldots, s_n$ nicht alle einander gleich, d.h. die Vektoren $\mathbb{1}_n := (1, \ldots, 1)^{\top}$ und $s := (s_1, \ldots, s_n)^{\top}$ linear unabhängig sind. Auch hier gibt es zwanglos eine orthogonale Zerlegung des $\mathfrak{L}_k = \mathfrak{L}_2$, nämlich in den $\mathfrak{L}(\mathbb{1}_n)$ des mittleren Behandlungseffekts und den

---

[1]) Wir verwenden μ_i als Abkürzung für den von j unabhängigen Mittelwert μ_{ij}.

[2]) Im Gegensatz zu (1.5.2) bezieht sich die Linearität hier auf die Abhängigkeit von s.

$\mathfrak{L}(s - \bar{s}\mathbb{1}_n)$ der um die mittleren Einflüsse bereinigten Versuchsbedingungen. Offenbar gilt nämlich mit $\bar{s} := \sum s_j/n$

$$\mu = \nu\mathbb{1}_n + \varkappa s = \bar{\mu}\mathbb{1}_n + \varkappa(s - \bar{s}\mathbb{1}_n) \quad \text{mit} \quad \mathbb{1}_n^\top(s - \bar{s}\mathbb{1}_n) = 0. \qquad \square$$

Die wichtigsten Anwendungen linearer Modelle beziehen sich wie in den Beispielen 1.83 und 1.84 auf Situationen, in denen Versuchseinheiten, die „zufällig" einem als homogen[1]) vorausgesetzten Ausgangsmaterial entnommen sind, einer oder mehreren Behandlungen unterworfen werden, und zwar unter gleichen oder verschiedenen Versuchsbedingungen. Hierbei soll unter einer Behandlung nicht nur eine solche im medizinischen Sinn, sondern auch die „Behandlung" einer technischen Versuchseinheit, also etwa die Herstellung eines bestimmten Seriengutes aus gewissen Rohmaterialien, verstanden werden. Dabei sind die Begriffe Behandlung und Versuchsbedingung nicht scharf gegeneinander abgegrenzt; da sie auch im mathematischen Modell gleichartig eingehen, wollen wir diese Begriffe zu dem eines *Faktors* zusammenfassen. Ihre Berücksichtigung ist häufig dann besonders einfach, wenn sie nur in einer festen Zahl von *Stufen*, d.h. in endlich vielen Intensitäten, auftreten können. Bezeichnet γ_i den (unbekannten) *Effekt* der i-ten Stufe und $\tilde{q}_i$ einen Vektor, dessen Komponenten q_{ij} gleich 1 oder 0 sind, je nachdem ob auf die j-te Versuchseinheit die i-te Behandlung angewendet wurde oder nicht, so ist der Beitrag eines solchen Faktors zu (1.5.2) gleich $\sum \gamma_i \tilde{q}_i$. Demgemäß nennt man einen Faktor *qualitativ*, wenn sein Beitrag zu (1.5.2) ausschließlich mit Hilfe von Vektoren dargestellt werden kann, deren Komponenten gleich 1 oder 0 sind (Beispiel 1.83), andernfalls *quantitativ* (Beispiel 1.84). Um einen konkreten Fall vor Augen zu haben, sollen unter der Versuchseinheit ein Versuchstier (einer bestimmten Rasse, eines bestimmten Alters, eines bestimmten Anfangsgewichts usw.) und unter der Behandlungsmethode ein Vitaminzusatz zur Nahrung verstanden werden. Beobachtet werde die Gewichtszunahme. Bei dieser Behandlung handelt es sich um einen qualitativen Faktor, wenn als Zusatz m verschiedene Vitamine (in jeweils fester Dosis) gegeben werden; γ_i bezeichnet die bei dem i-ten Vitamin erwartete (unbekannte) Gewichtszunahme. Das gleiche Modell ergibt sich bei der Behandlung mit ein und derselben Vitaminsorte in m verschiedenen Dosen, wobei m eine feste vorgegebene Zahl ist. Die Menge des Vitaminzusatzes kann aber auch bei jedem Versuchstier beliebig variiert werden; dann stellt der Vitaminzusatz einen quantitativen Faktor dar. Umgekehrt kann ein seiner Natur nach quantitativer Faktor, wie etwa die Temperatur, auch qualitativ behandelt werden, indem bei den n Versuchsausführungen die möglichen Temperaturwerte von vornherein auf m Temperaturklassen eingeschränkt werden. In Beispiel 1.84 hieße dies, daß unter $s_1, \dots, s_n$ nur m verschiedene vorgegebene Werte hätten auftreten dürfen.

Während sich bei ausschließlich qualitativen Faktoren häufig zwanglos eine orthogonale Zerlegung des Mittelwertvektors ergibt – was die praktische Bestimmung einer Schätzung von $\mu \in \mathfrak{L}_k$ oder die testtheoretische Auswertung eines Beobachtungsmaterials sehr erleichtert –, ist dies bei mehreren quantitativen Faktoren im allgemeinen nicht der Fall.

---

[1]) Bekannte Inhomogenitäten lassen sich vielfach durch eine Regression berücksichtigen; vgl. Fußnote S. 8, die Ausführungen über Kovarianzanalyse in 4.2.3 und auch diejenigen über Blockbildungen in 4.2.2.

Beispiel 1.85 (Zwei qualitative Faktoren ohne Wechselwirkung) m Behandlungen werden dadurch verglichen, daß man sie unabhängig voneinander unter einer von r möglichen Versuchsbedingungen auf homogene Versuchseinheiten anwendet. Dabei sollen zwischen den Behandlungen und Versuchsbedingungen keine Wechselwirkungen bestehen, deren Effekte also additiv seien. Demgemäß gelte[1])

$$X_{ijl} = \mu_{ij} + \sigma W_{ijl}, \qquad \mu_{ij} = \bar{\mu} + v_i + \varkappa_j \in \mathbb{R}, \quad \sigma^2 > 0,$$

für $l = 1, \ldots, n_{ij}$, $i = 1, \ldots, m$, $j = 1, \ldots, r$, d.h. ein lineares Modell mit $k = 1 + (m-1) + (r-1) = m + r - 1$ und dem Mittelwertvektor

$$\mu = \bar{\mu} q_{\cdot\cdot\cdot} + \sum v_i q_{i\cdot\cdot} + \sum \varkappa_j q_{\cdot j\cdot}. \tag{1.5.6}$$

Dabei lassen sich die beiden überzähligen Parameter wieder durch zwei Orthogonalitätsforderungen festlegen, nämlich durch

$$0 = q_{\cdot\cdot\cdot}^{\mathsf{T}} \sum v_i q_{i\cdot\cdot} = \sum v_i n_{i\cdot} = 0, \qquad 0 = q_{\cdot\cdot\cdot}^{\mathsf{T}} \sum \varkappa_j q_{\cdot j\cdot} = \sum \varkappa_j n_{\cdot j},$$

so daß mit $\mu_{ij} = \bar{\mu} + v_i + \varkappa_j$ gilt

$$\bar{\mu} = \sum_i \sum_j n_{ij} \mu_{ij} / n_{\cdot\cdot}, \qquad v_i = \sum_j n_{\cdot j} \mu_{ij} / n_{\cdot\cdot} - \bar{\mu}, \qquad \varkappa_j = \sum_i n_{i\cdot} \mu_{ij} / n_{\cdot\cdot} - \bar{\mu}.$$

Handelt es sich um einen *proportionalen Versuchsplan*[2]), d.h. gilt

$$n_{ij} = \frac{n_{i\cdot} n_{\cdot j}}{n_{\cdot\cdot}} \qquad \forall i = 1, \ldots, m, \quad \forall j = 1, \ldots, r, \tag{1.5.7}$$

so folgt, daß die drei Teilräume $\mathfrak{L}_1 = \mathfrak{L}(q_{\cdot\cdot\cdot})$, $\mathfrak{L}_{m-1} = \mathfrak{L}(\sum v_i q_{i\cdot\cdot} : \sum n_{i\cdot} v_i = 0)$ und $\mathfrak{L}_{r-1} = \mathfrak{L}(\sum \varkappa_j q_{\cdot j\cdot} : \sum n_{\cdot j} \varkappa_j = 0)$ sogar paarweise orthogonal sind wegen

$$(\sum v_i q_{i\cdot\cdot})^{\mathsf{T}} \sum \varkappa_j q_{\cdot j\cdot} = \sum\sum v_i \varkappa_j n_{ij} = (\sum v_i n_{i\cdot})(\sum \varkappa_j n_{\cdot j}) / n_{\cdot\cdot} = 0. \qquad \square$$

Beispiel 1.86 (Ein qualitativer und ein quantitativer Faktor) m Behandlungen werden dadurch verglichen, daß man sie unabhängig von einander unter verschiedenen, durch eine reelle Zahl charakterisierten Versuchsbedingungen miteinander vergleicht. Demgemäß sei

$$X_{ij} = \mu_{ij} + \sigma W_{ij}, \qquad \mu_{ij} = \varrho_i + \varkappa s_{ij} \in \mathbb{R}, \quad \sigma^2 > 0,$$

für $j = 1, \ldots, n_i$, $i = 1, \ldots, m$ mit $n_i \geqslant 1 \quad \forall i = 1, \ldots, m$ und $n_i > 1 \quad \exists i = 1, \ldots, m$. Dieses ist ein lineares Modell mit $k = m + 1$ und $n = n_{\cdot}$, falls $\sum\sum (s_{ij} - \bar{s}_{i\cdot})^2 > 0$. Dann sind nämlich die Vektoren $q_{1\cdot}, \ldots, q_{m\cdot}$, s linear unabhängig und mit $\varrho_i = \bar{\mu} + v_i$, $\sum n_i v_i = 0$, gilt für den Mittelwertvektor

$$\mu = \bar{\mu} q_{\cdot\cdot} + \sum v_i q_{i\cdot} + \varkappa s = (\bar{\mu} + \varkappa \bar{s}_{\cdot\cdot}) q_{\cdot\cdot} + \sum v_i q_{i\cdot} + \varkappa (s - \bar{s}_{\cdot\cdot} q_{\cdot\cdot}).$$

Folglich ist der $\mathfrak{L}_1 = \mathfrak{L}(q_{\cdot\cdot})$ des mittleren Behandlungseffekts zum $\mathfrak{L}_{m-1} = \mathfrak{L}(\sum v_i q_{i\cdot} : \sum n_i v_i = 0)$ der Behandlungsunterschiede und zum $\tilde{\mathfrak{L}}_1 = \mathfrak{L}(s - \bar{s}_{\cdot\cdot} q_{\cdot\cdot})$ der Versuchsbedingungen orthogonal, nicht jedoch die beiden letzteren untereinander.

Es gilt jedoch stets $\mathfrak{L}_k = \mathfrak{L}(q_{1\cdot}, \ldots, q_{m\cdot}) \oplus \mathfrak{L}(s - \sum \bar{s}_{i\cdot} q_{i\cdot})$ und darauf basierend

$$\mu = \sum_i (\varrho_i + \varkappa \bar{s}_{i\cdot}) q_{i\cdot} + \varkappa \left(s - \sum_i \bar{s}_{i\cdot} q_{i\cdot} \right). \qquad \square$$

---

[1]) Wir verwenden μ_{ij} als Abkürzung für den von l unabhängigen Mittelwert μ_{ijl}.

[2]) Allgemein nennt man die Wahl der n_{ij} einen *Versuchsplan*. Dabei erweisen sich proportionale Versuchspläne als in gewisser Hinsicht optimal für das vorliegende Modell. Vgl. etwa §21 in O. Krafft: Lineare Statistische Modelle und optimale Versuchspläne, Göttingen, 1978.

Beispiel 1.87 (Zwei qualitative Faktoren mit Wechselwirkungen) Bei der Beispiel 1.85 zugrundeliegenden Fragestellung gibt es für einen proportionalen Versuchsplan auch dann eine orthogonale Zerlegung des Mittelwertvektors, wenn Wechselwirkungen zwischen den Effekten der beiden Faktoren zugelassen werden. Um diese zu erfassen, schreiben wir für die ZG[1])

$$X_{ijl} = \mu_{ij} + \sigma W_{ijl}, \qquad \mu_{ij} = \bar{\mu} + \nu_i + \varkappa_j + \varrho_{ij} \in \mathbb{R}, \quad \sigma^2 > 0,$$

für $l = 1, \ldots, n_{ij}$, $i = 1, \ldots, m$, $j = 1, \ldots, r$. Durch diesen Ansatz wird der $\mathfrak{L}_k = \mathfrak{L}_{mr}$ des Mittelwertvektors μ zerlegt in einen $\mathfrak{L}_1$ des mittleren Effekts $\bar{\mu} q_{\bullet\bullet\bullet}$, einen $\mathfrak{L}_{m-1}$ des Effekts $\sum_i \nu_i q_{i\bullet\bullet}$ des 1. Faktors, einen $\mathfrak{L}_{r-1}$ des Effekts $\sum_j \varkappa_j q_{\bullet j \bullet}$ des 2. Faktors und einen $\mathfrak{L}_{(m-1)(r-1)}$ des Effekts $\sum_i \sum_j \varrho_{ij} q_{ij\bullet}$ der Wechselwirkungen. Hierzu fordert man über die paarweise Orthogonalität der Räume $\mathfrak{L}_1$, $\mathfrak{L}_{m-1}$ und $\mathfrak{L}_{r-1}$ aus Beispiel 1.85 hinaus, daß der $\mathfrak{L}_{(m-1)(r-1)}$ orthogonal ist zu den Vektoren $q_{i\bullet\bullet}$, $i = 1, \ldots, m$ und $q_{\bullet j \bullet}$, $j = 1, \ldots, r$. Dann werden einerseits wegen $\sum_i q_{i\bullet\bullet} = \sum_j q_{\bullet j\bullet} = q_{\bullet\bullet\bullet}$ weitere $(r + m - 1)$ überzählige Parameter eindeutig festgelegt, insgesamt also die $(r + m + 1)$ überzähligen Parameter $\bar{\mu}$, ν_i, $\varkappa_j$. Andererseits wird damit auch der $\mathfrak{L}_{(m-1)(r-1)}$ orthogonal zu den Räumen $\mathfrak{L}_1$, $\mathfrak{L}_{m-1}$ und $\mathfrak{L}_{r-1}$. Damit lauten die Orthogonalitätsforderungen

$$0 = q_{\bullet\bullet\bullet}^{\mathsf{T}} \sum \nu_i q_{i\bullet\bullet} = \sum n_{i\bullet} \nu_i, \qquad 0 = q_{i\bullet\bullet}^{\mathsf{T}} \sum\sum \varrho_{sj} q_{sj\bullet} = \sum_j n_{ij} \varrho_{ij}, \qquad i = 1, \ldots, m,$$

$$0 = q_{\bullet\bullet\bullet}^{\mathsf{T}} \sum \varkappa_j q_{\bullet j\bullet} = \sum n_{\bullet j} \varkappa_j, \qquad 0 = q_{\bullet j\bullet}^{\mathsf{T}} \sum\sum \varrho_{is} q_{is\bullet} = \sum_i n_{ij} \varrho_{ij}, \qquad j = 1, \ldots, r.$$

Bei einem proportionalen Versuchsplan ergibt sich

$$\bar{\mu} = \sum_i \sum_j n_{ij} \mu_{ij} / n_{\bullet\bullet}, \qquad \nu_i = \sum_j n_{\bullet j} \mu_{ij} / n_{\bullet\bullet} - \bar{\mu},$$

$$\varkappa_j = \sum_i n_{i\bullet} \mu_{ij} / n_{\bullet\bullet} - \bar{\mu}, \qquad \varrho_{ij} = \mu_{ij} - \nu_i - \varkappa_j - \bar{\mu}. \qquad \square$$

1.5.2 Mehrdimensionale Normalverteilungen

Bekanntlich ist eine k-dimensionale Normalverteilung $\mathfrak{N}(\mu, \mathscr{S})$ durch den Mittelwertvektor μ und die Kovarianzmatrix $\mathscr{S}$ bestimmt. Bevor wir auf deren Definition samt wichtigsten Eigenschaften nochmals kurz eingehen, erinnern wir an einige grundlegende Eigenschaften von Mittelwertvektoren und Kovarianzmatrizen. Dabei werden letztere vielfach geschrieben in der Form $\mathscr{S} = E(X - \mu)(X - \mu)^{\mathsf{T}}$, wobei X die betrachtete ZG und $\mu = EX$ ist. Wie üblich bezeichnet $P = \mathbb{P}^X = \mathfrak{L}(X)$ die Verteilung von X.

Hilfssatz 1.88 *Ist X eine k-dimensionale* ZG *mit endlichen* 1. *bzw.* 2. *Momenten und ist $\mathscr{A} \in \mathbb{R}^{l \times k}$ und $b \in \mathbb{R}^l$, so gilt:*

a) $\quad E(\mathscr{A}X + b) = \mathscr{A}EX + b,$

b) $\quad \mathscr{C}ov(\mathscr{A}X + b) = \mathscr{A}(\mathscr{C}ov\, X)\mathscr{A}^{\mathsf{T}}.$

---

[1]) Wir verwenden μ_{ij} als Abkürzung für den von l unabhängigen Mittelwert μ_{ijl}.

Beweis: a) folgt aus der Definition des Erwartungswertvektors und der Linearität des eindimensionalen Erwartungswerts, b) mit $\mu := EX$ gemäß

$$\mathscr{C}ov(\mathscr{A}X+b) = E(\mathscr{A}X+b-(\mathscr{A}\mu+b))(\mathscr{A}X+b-(\mathscr{A}\mu+b))^\top$$
$$= E(\mathscr{A}(X-\mu))(\mathscr{A}(X-\mu))^\top = \mathscr{A}(\mathscr{C}ov\, X)\mathscr{A}^\top. \qquad \square$$

Hilfssatz 1.89 a) *Sind* X_1, X_2 *k-dimensionale* ZG *mit endlichen* 1. *Momenten, so gilt*:

$$E(X_1+X_2) = EX_1 + EX_2.$$

b) *Sind* X_1, X_2 *unkorrelierte k-dimensionale* ZG *mit endlichen* 2. *Momenten, so gilt*:

$$\mathscr{C}ov(X_1+X_2) = \mathscr{C}ov\, X_1 + \mathscr{C}ov\, X_2.$$

c) *Sind X und Y k- bzw. l-dimensionale* ZG *mit endlichen* 2. *Momenten, so gilt*:

$$X, Y \text{ st.u.} \Rightarrow X, Y \textit{ unkorreliert.}$$

Beweis: a) folgt aus der Linearität des Erwartungswerts, b) gemäß

$$\mathscr{C}ov(X_1+X_2) = E(X_1-\mu_1+X_2-\mu_2)(X_1-\mu_1+X_2-\mu_2)^\top$$
$$= \mathscr{C}ov\, X_1 + \mathscr{C}ov\, X_2 + E(X_1-\mu_1)(X_2-\mu_2)^\top + E(X_2-\mu_2)(X_1-\mu_1)^\top$$

aus der Unkorreliertheit und c) aus dem Multiplikationssatz A6.8. $\square$

Mittelwertvektor und Kovarianzmatrix von k-dimensionalen ZG X geben grobe Informationen über die Verteilung $\mathfrak{L}(X)$, nämlich EX über die Lokation von $\mathfrak{L}(X)$ und $\mathscr{C}ov\, X$ über die Streuung der Randverteilungen, über die Korrelation der Komponenten von X sowie über die Dimension des Trägers von $\mathfrak{L}(X)$. Letzteres beinhaltet Teil c) von folgendem Hilfssatz:

Hilfssatz 1.90 a) *Die folgenden drei Aussagen sind äquivalent*:

1) $\mathscr{S} \in \mathbb{R}^{k\times k}$ *ist eine Kovarianzmatrix*;

2) $\mathscr{S} \in \mathbb{R}^{k\times k}$ *ist symmetrisch und positiv semidefinit*[1]), *d.h. es gilt*

$$\mathscr{S} = \mathscr{S}^\top \quad \textit{sowie} \quad u^\top \mathscr{S} u \geqslant 0 \quad \forall u \in \mathbb{R}^k; \tag{1.5.8}$$

3) *Es gibt eine orthogonale Matrix* $\mathscr{Q} \in \mathbb{R}^{k\times k}$ *und eine Diagonalmatrix* $\mathscr{D} \in \mathbb{R}^{k\times k}$ *mit nicht-negativen Diagonalelementen und* $\mathscr{Q}^\top \mathscr{S} \mathscr{Q} = \mathscr{D}\mathscr{D}^\top$.

b) *Zu jeder symmetrischen positiv semidefiniten Matrix* $\mathscr{S} \in \mathbb{R}^{k\times k}$ *gibt es (genau) eine symmetrische positiv semidefinite Matrix* $\mathscr{S}^{1/2} \in \mathbb{R}^{k\times k}$ *mit* $\mathscr{S} = \mathscr{S}^{1/2}\mathscr{S}^{1/2}$. *Es gilt* $\operatorname{Rg} \mathscr{S} = \operatorname{Rg} \mathscr{S}^{1/2}$.

Hat $\mathscr{S}$ *den Rang l, so läßt sich* $\mathscr{S}$ *vermöge einer* $k \times l$*-Matrix* $\mathscr{B}$ *vom Rang l darstellen in der Form* $\mathscr{S} = \mathscr{B}\mathscr{B}^\top$.

---

[1]) Die Gesamtheit der symmetrischen, positiv semidefiniten, positiv definiten, orthogonalen bzw. nicht-entarteten (nicht-singulären) $k \times k$-Matrizen wird im folgenden mit $\mathbb{R}^{k\times k}_{\text{sym}}$, $\mathbb{R}^{k\times k}_{\text{p.s.}}$, $\mathbb{R}^{k\times k}_{\text{p.d.}}$, $\mathbb{R}^{k\times k}_{\text{orth}}$ bzw. $\mathbb{R}^{k\times k}_{\text{n.e.}}$ bezeichnet.

c) *Sei X eine k-dimensionale* ZG *mit* $EX = \mu$ *und* $\mathscr{C}ov\, X = \mathscr{S}$. *Dann gilt* $\operatorname{Rg} \mathscr{S} = r$ *genau dann, wenn* $\mathfrak{L}(X)$ *einen r-dimensionalen affinen Teilraum* $\mathfrak{L}_r'$ *als Träger hat, nämlich* $\mathfrak{L}_r' = \mu + \mathfrak{L}_r$, *wobei* $\mathfrak{L}_r := \{\mathscr{S}y\colon y \in \mathbb{R}^k\}$ *ist. Gilt speziell* $\mu = EX = 0$, *so ist* $\mathfrak{L}_r'$ *ein linearer Teilraum des* $\mathbb{R}^k$.

d) *Jede k-dimensionale* ZG X *mit* $\mathscr{C}ov\, X = \mathscr{S}$ *läßt sich vermöge unkorrelierter* ZG $W_1, \ldots, W_k$ *darstellen in der Form* $X = \mathscr{Q}W$. *Dabei ist* $\mathscr{Q}$ *eine orthogonale* $k \times k$-*Matrix, wobei* $\mathscr{S} = \mathscr{Q}\mathscr{D}^2\mathscr{Q}^\top$ *gilt mit geeigneter Diagonalmatrix* $\mathscr{D}$.

Beweis: a) 1) $\Rightarrow$ 2): Sei X eine k-dimensionale ZG mit $\mu := EX \in \mathbb{R}^k$ und $\mathscr{C}ov\, X = \mathscr{S}$. Dann folgt aus $\mathscr{S} = E(X-\mu)(X-\mu)^\top$ unmittelbar $\mathscr{S} = \mathscr{S}^\top$ und $u^\top \mathscr{S} u = E(u^\top(X-\mu))^2 \geqslant 0 \quad \forall u \in \mathbb{R}^k$.

2) $\Rightarrow$ 3) folgt aus dem Satz von der Hauptachsentransformation.

3) $\Rightarrow$ 1): Mit der Matrix $\mathscr{A} := \mathscr{Q}\mathscr{D} \in \mathbb{R}^{k \times k}$ läßt sich $\mathscr{S}$ darstellen in der Form $\mathscr{S} = \mathscr{A}\mathscr{A}^\top$. Ist dann $W = (W_1, \ldots, W_k)^\top$ ein Vektor st.u. ZG W_j mit $EW_j = 0$, $Var\, W_j = 1$ für $j = 1, \ldots, k$ so gilt $\mathscr{C}ov\, W = \mathscr{I}_k$ und damit für $X := \mathscr{A}W$ nach Hilfssatz 1.88 $\mathscr{C}ov\, X = \mathscr{A}\mathscr{A}^\top = \mathscr{S}$.

b) Mit den Bezeichnungen aus a) setze man $\mathscr{S}^{1/2} = \mathscr{Q}\mathscr{D}\mathscr{Q}^\top$. Sei $\mathscr{D} = (d_{ii}\delta_{ij})$. Wegen $\operatorname{Rg} \mathscr{S} = \operatorname{Rg} \mathscr{D}$ gilt $d_{ii} = 0$ für $i = l+1, \ldots, k$. Dann sind die Elemente der letzten $k-l$ Spalten von $\mathscr{A} := \mathscr{Q}\mathscr{D}$ gleich 0. Bezeichnet $\mathscr{B}$ die $k \times l$-Matrix der ersten l Spalten von $\mathscr{A}$, so gilt $\mathscr{S} = \mathscr{A}\mathscr{A}^\top = \mathscr{B}\mathscr{B}^\top$.

c) Aus $\mathscr{S} = E(X-\mu)(X-\mu)^\top$ folgt $u^\top \mathscr{S} = 0 \Leftrightarrow u^\top \mathscr{S} u = E(u^\top(X-\mu))^2 = 0$ und zwar „$\Leftarrow$" etwa wegen b). Also gilt $\operatorname{Rg} \mathscr{S} = r$ dann und nur dann, wenn es genau $(k-r)$ linear unabhängige Vektoren $u_1, \ldots, u_{k-r} \in \mathbb{R}^k$ gibt mit $E(u_j^\top(X-\mu))^2 = 0 \quad \forall j = 1, \ldots, k-r$; wegen $E(u_j^\top(X-\mu))^2 = 0 \Leftrightarrow \mathbb{P}(u_j^\top(X-\mu) = 0) = 1$ gibt es also genau $k-r$ linear unabhängige Vektoren $u_1, \ldots, u_{k-r} \in \mathbb{R}^k$, auf denen $X - \mu$ $\mathbb{P}$-f.ü. senkrecht steht. Mit $\tilde{\mathfrak{L}}_r := \{z \in \mathbb{R}^k\colon u_j^\top z = 0 \quad \forall j = 1, \ldots, k-r\}$ gilt also $1 = P(\mu + \tilde{\mathfrak{L}}_r)$. Wegen $u_j^\top \mathscr{S} = 0$ und damit $u_j^\top \mathscr{S} y = 0 \quad \forall y \in \mathbb{R}^k \quad \forall j = 1, \ldots, k-r$ gilt $\mathfrak{L}_r \subset \tilde{\mathfrak{L}}_r$; hieraus folgt $\mathfrak{L}_r = \tilde{\mathfrak{L}}_r$, da beides lineare Teilräume des $\mathbb{R}^k$ der Dimension r sind.

d) Mit $\mathscr{Q}$ und $\mathscr{D}$ aus a) hat $W = \mathscr{Q}^\top X$ als Kovarianzmatrix $\mathscr{Q}^\top \mathscr{S} \mathscr{Q} = \mathscr{D}^2$. □

Beispiel 1.91 (Multinomialverteilung) Es seien $\pi_1, \ldots, \pi_k \geqslant 0$ mit $\sum \pi_i = 1$. Sei $\tilde{\pi} = (\sqrt{\pi_1}, \ldots, \sqrt{\pi_k})^\top$, also $\tilde{\pi}^\top \tilde{\pi} = 1$. Dann ist

$$\mathscr{S} = \mathscr{I}_k - \tilde{\pi}\tilde{\pi}^\top = (\delta_{ij} - \sqrt{\pi_i}\sqrt{\pi_j})_{i,j=1,\ldots,k} \tag{1.5.9}$$

offenbar symmetrisch und auch positiv semidefinit, denn es gilt $u^\top \mathscr{S} u = u^\top u - (u^\top \tilde{\pi})(\tilde{\pi}^\top u) = v^\top v - v_k^2 = \sum_{i=1}^{k-1} v_i^2 \geqslant 0 \quad \forall u \in \mathbb{R}^k$. Dabei ist $v = (v_1, \ldots, v_k)^\top := \mathscr{Q}u$ und $\mathscr{Q}$ eine k-reihige orthogonale Matrix, in deren letzter Zeile die Elemente von $\tilde{\pi}^\top$ stehen. Also ist $\mathscr{S}$ die Kovarianzmatrix einer ZG X und es gilt $u^\top \mathscr{S} u = 0$ genau dann, wenn $v_1 = \ldots = v_{k-1} = 0$ ist, wenn also u ein Vielfaches von $\tilde{\pi}$ ist. Folglich ist $\operatorname{Rg} \mathscr{S} = k-1$ und somit $\mathfrak{L}(X)$ auf einen $(k-1)$-dimensionalen affinen Teilraum konzentriert, nämlich auf $\mathfrak{L}_{k-1} := \{x \in \mathbb{R}^k\colon \tilde{\pi}^\top(x-\mu) = 0\}$, wenn μ den Mittelwertvektor von X bezeichnet. $\mathscr{S}$ ist im wesentlichen die Kovarianzmatrix der Multinomialverteilung $\mathfrak{M}(1; \pi_1, \ldots, \pi_k)$, nämlich zur Zerlegung von Ω in $\Omega_1, \ldots, \Omega_k$ gemäß $\sum \Omega_i = \Omega$ mit $P(\Omega_i) = \pi_i \geqslant 0$ für $i = 1, \ldots, k$. Dann ergibt sich zunächst für $Y = (\mathbb{1}_{\Omega_1}, \ldots, \mathbb{1}_{\Omega_k})^\top$ wegen $EY = (\pi_1, \ldots, \pi_k)^\top$ und $EYY^\top = (E\mathbb{1}_{\Omega_i}\mathbb{1}_{\Omega_j}) = (\pi_i\delta_{ij})$ die

Kovarianzmatrix $\mathscr{C}ov\, Y = EYY^\top - EY\, EY^\top = (\pi_i \delta_{ij} - \pi_i \pi_j) = (\pi_i (\delta_{ij} - \pi_j))$. Hieraus folgt für $X := (X_1, \ldots, X_k)^\top$ mit $X_i := Y_i / \sqrt{\pi_i}$, $i = 1, \ldots, k$, die Kovarianzmatrix $\mathscr{C}ov\, X = \mathscr{S}$ wegen $Cov(X_i, X_j) = Cov(Y_i, Y_j)/\sqrt{\pi_i \pi_j} = \delta_{ij} - \sqrt{\pi_i}\sqrt{\pi_j}$, sofern $\pi_i > 0 \quad \forall i = 1, \ldots, k$ gilt.

Wegen $\operatorname{Rg} \mathscr{S} = k - 1$ ist es nach Hilfssatz 1.90c stets möglich, durch eine affine Transformation neue ZG einzuführen, von denen eine $\mathbb{P}$-f.ü. konstant ist, die restlichen $k - 1$ ZG also alle stochastischen Anteile enthalten. Es ist jedoch meist zweckmäßig, mit den gegebenen ZG $Y_1, \ldots, Y_k$ und der Hilfssatz 1.90c entsprechenden affinen Nebenbedingung $\sum Y_i = 1$ f.s. weiterzuarbeiten. □

Bezeichnet $\mathscr{S} = (\sigma_{ij}) \in \mathbb{R}^{k \times k}$ eine Kovarianzmatrix, so gilt notwendig $\sigma_i^2 := \sigma_{ii} \geqslant 0$ $\forall i = 1, \ldots, k$, sowie neben $\sigma_{ij} = \sigma_{ji}$ auch $\sigma_{ij}^2 \leqslant \sigma_i^2 \sigma_j^2 \quad \forall i \neq j$, wie sich unmittelbar aus Hilfssatz 1.90a für $u = q_i$ bzw. $u = \lambda q_i + \varkappa q_j \quad \forall (\lambda, \varkappa) \in \mathbb{R}^2$ ergibt. Diese Bedingungen sind für $k = 2$ offenbar auch hinreichend.

Beispiel 1.92 ($k = 2$) Ist $\operatorname{Rg} \mathscr{S} = 2$, so gilt $\sigma_1^2 > 0$, $\sigma_2^2 > 0$ und $\sigma_{12}^2 < \sigma_1^2 \sigma_2^2$, also $\varrho := \varrho_{12} := \sigma_{12}/\sigma_1 \sigma_2 \in (-1, +1)$. Also ist die Verteilung P einer ZG X mit $\mathscr{S} = \mathscr{C}ov\, X$ nicht (auf einen niedriger-dimensionalen affinen Teilraum) entartet.

Ist $\operatorname{Rg} \mathscr{S} = 1$, so ist $\sigma_1^2 = 0 < \sigma_2^2$ oder $\sigma_2^2 = 0 < \sigma_1^2$ oder $\varrho = \pm 1$ und $\sigma_1^2 > 0, \sigma_2^2 > 0$. Die Verteilung P ist dann auf eine der Geraden $x_1 = \mu_1$ oder $x_2 = \mu_2$ bzw. auf eine Gerade mit positiver (bzw. negativer) Neigung durch den Mittelwert $\mu = (\mu_1, \mu_2)^\top := EX$ konzentriert.

Ist $\operatorname{Rg} \mathscr{S} = 0$, so ist $\sigma_1^2 = \sigma_2^2 = \sigma_{12} = 0$. Es gilt dann $P(\{\mu\}) = 1$, d.h. $X = \mu \quad [\mathbb{P}]$. □

Wir kommen nun zur Diskussion der *k-dimensionalen Normalverteilung* $\mathfrak{N}(\mu, \mathscr{S})$. Diese ist bestimmt durch ihren Mittelwertvektor $\mu \in \mathbb{R}^k$ sowie ihre Kovarianzmatrix $\mathscr{S} \in \mathbb{R}^{k \times k}_{\text{p.s.}}$ und läßt sich auf verschiedene Arten einführen, z.B.:

a) – falls $\mathscr{S}$ nicht-entartet, d.h. $\operatorname{Rg} \mathscr{S} = k$ ist – durch ihre $\lambda\!\!\lambda^k$-Dichte

$$p(x) = \frac{1}{\sqrt{(2\pi)^k |\mathscr{S}|}} \exp\left[-\frac{1}{2} (x - \mu)^\top \mathscr{S}^{-1} (x - \mu) \right] \tag{1.5.10}$$

bzw. – falls $\operatorname{Rg} \mathscr{S} = r < k$ ist – durch ihre entsprechend definierte $\lambda\!\!\lambda^r$-Dichte über dem r-dimensionalen affinen Teilraum, auf den nach Hilfssatz 1.90c die zugehörige k-dimensionale Verteilung konzentriert ist. Für diesen ist die gemäß Hilfssatz 1.88 korrespondierende r-dimensionale Kovarianzmatrix nicht entartet.

b) als Verteilung einer ZG $\mu + \mathscr{A} W$, wenn $\mu \in \mathbb{R}^k$, $W = (W_1, \ldots, W_l)^\top$ ein Vektor von st.u. $\mathfrak{N}(0,1)$-verteilten ZG $W_1, \ldots W_l$ und $\mathscr{A} \in \mathbb{R}^{k \times l}$ mit $\mathscr{A}\mathscr{A}^\top = \mathscr{S}$ ist; vgl. auch Hilfssatz 1.90b bzw. Aufg. 1.27.

c) durch ihre charakteristische Funktion

$$\varphi(t) = \exp\left[\mathrm{i} t^\top \mu - \frac{1}{2} t^\top \mathscr{S} t \right], \quad t \in \mathbb{R}^k. \tag{1.5.11}$$

d) als Verteilung einer k-dimensionalen ZG X, für die $c^\top X$ stets einer eindimensionalen Normalverteilung genügt, für die dann also wegen Hilfssatz 1.88 gilt $\mathfrak{L}(c^\top X) = \mathfrak{N}(c^\top \mu, c^\top \mathscr{S} c) \quad \forall c \in \mathbb{R}^k$.

Im Gegensatz zur klassischen Definition a) benötigen b)–d) keine Voraussetzung über den Rang von $\mathscr{S}$; d) ist durch die Reduktion auf den eindimensionalen Fall und b) für sonstige Beweisführungen besonders geeignet.

Satz 1.93 *Die vier Charakterisierungen einer $\mathfrak{N}(\mu, \mathscr{S})$-Verteilung sind äquivalent.*

Beweis: a) $\Leftrightarrow$ b): Aus b) folgt (1.5.10) bzw. die entsprechende Darstellung der r-dimensionalen Dichte mit der Transformationsformel A4.5 wegen

$$p^W(w) = \prod p^{W_j}(w_j) = \frac{1}{\sqrt{(2\pi)^k}} \exp\left[-\frac{1}{2}\sum w_j^2\right] = \frac{1}{\sqrt{(2\pi)^k}} \exp\left[-\frac{1}{2} w^\top w\right].$$

Die Umkehrung folgt daraus, daß eine Verteilung durch ihre Dichte bestimmt ist.

b) $\Leftrightarrow$ c): Die charakteristische Funktion einer $\mathfrak{N}(0,1)$-Verteilung ist $\exp[-t^2/2]$ und demgemäß diejenige eines Vektors W st. u. $\mathfrak{N}(0,1)$-verteilter ZG $\exp[-\sum t_j^2/2] = \exp[-t^\top t/2]$. Daraus folgt die charakteristische Funktion von $\mu + \mathscr{A}W$ zu

$$\begin{aligned}\varphi^{\mu+\mathscr{A}W}(t) &= E\exp[\mathrm{i}t^\top(\mu+\mathscr{A}W)] = \exp[\mathrm{i}t^\top\mu]\, E\exp[\mathrm{i}(\mathscr{A}^\top t)^\top W]\\ &= \exp[\mathrm{i}t^\top\mu]\exp\left[-\frac{1}{2}(\mathscr{A}^\top t)^\top(\mathscr{A}^\top t)\right] = \exp\left[\mathrm{i}t^\top\mu - \frac{1}{2}t^\top\mathscr{S}t\right],\end{aligned}$$

also (1.5.11). Umgekehrt folgt hieraus mit dem Eindeutigkeitssatz A8.7, daß (1.5.11) eine Verteilung eindeutig festlegt, nämlich diejenige von $\mu + \mathscr{A}W$.

c) $\Leftrightarrow$ d) folgt aus Eigenschaften charakteristischer Funktionen A8.7. Speziell folgt aus c) für beliebiges $t \in \mathbb{R}^k$ mit $t \neq 0$ und $c := t/|t|$

$$\varphi(t) = \varphi(|t|c) = \varphi^{c^\top X}(|t|) = \exp\left[\mathrm{i}c^\top\mu|t| - \frac{1}{2}c^\top\mathscr{S}c|t|^2\right] = \exp\left[\mathrm{i}t^\top\mu - \frac{1}{2}t^\top\mathscr{S}t\right]. \qquad \square$$

Beispiel 1.94 Eine zweidimensionale $\mathfrak{N}(\mu, \mathscr{S})$-Verteilung mit $\operatorname{Rg}\mathscr{S} = 2$, $\mu = (\mu_1, \mu_2)^\top$, $\mathscr{S}$ gemäß Beispiel 1.92 und $\varrho := \sigma_{12}/\sigma_1\sigma_2$ hat nach (1.5.10) die λ^2-Dichte

$$p(x) = \frac{1}{2\pi\sigma_1\sigma_2\sqrt{1-\varrho^2}} \exp\left[-\frac{1}{2(1-\varrho^2)}\left(\frac{(x_1-\mu_1)^2}{\sigma_1^2} - 2\varrho\frac{(x_1-\mu_1)(x_2-\mu_2)}{\sigma_1\sigma_2} + \frac{(x_2-\mu_2)^2}{\sigma_2^2}\right)\right]. \tag{1.5.12}$$

Für diese Verteilung schreiben wir auch $\mathfrak{N}(\mu_1, \mu_2; \sigma_1^2, \sigma_2^2, \varrho)$. Offenbar besitzt eine gemäß (1.5.12) verteilte ZG eine verteilungsgleiche Darstellung gemäß $X = \mu + \mathscr{D}\mathbb{Q}W$, wobei $W = (W_1, W_2)^\top$ eine ZG mit st. u. $\mathfrak{N}(0,1)$-verteilten Komponenten W_1, W_2 ist sowie

$$\mathscr{D} = \begin{pmatrix}\sigma_1 & 0\\ 0 & \sigma_2\end{pmatrix} \quad \text{und} \quad \mathbb{Q} = \frac{1}{\sqrt{1+\gamma^2}}\begin{pmatrix}1 & \gamma\\ \gamma & 1\end{pmatrix} \quad \text{mit} \quad \frac{2\gamma}{1+\gamma^2} = \varrho. \qquad \square$$

Die folgenden beiden Sätze enthalten zwei wichtige Eigenschaften k-dimensionaler $\mathfrak{N}(\mu, \mathscr{S})$-Verteilungen. Dabei besagt Satz 1.95a, daß die Klasse aller mehrdimensionalen Normalverteilungen unter affinen Transformationen invariant ist und daß das Bildmaß bereits durch die Transformation des Mittelwertvektors bzw. der Kovarianzmatrix bestimmt ist.

Satz 1.95 a) *Sei $\mathfrak{L}(X) = \mathfrak{N}(\mu, \mathscr{S})$, $X = (X_1, \ldots, X_k)^\top$. Dann gilt:*

$$\mathscr{A} \in \mathbb{R}^{l\times k},\ b \in \mathbb{R}^l \Rightarrow \mathfrak{L}(\mathscr{A}X + b) = \mathfrak{N}(\mathscr{A}\mu + b, \mathscr{A}\mathscr{S}\mathscr{A}^\top),$$

$$X_1, \ldots, X_k \text{ st. u.} \Leftrightarrow \mathscr{S} \textit{ ist Diagonalmatrix},\ \mathscr{S} = (\sigma_j^2\delta_{ij}).$$

b) *Seien* X_1, X_2 st.u. *k-dimensionale* ZG, $\mathfrak{L}(X_j) = \mathfrak{N}(\mu_j, \mathscr{S}_j)$, $j = 1,2$. *Dann gilt*

$$\mathfrak{L}(X_1 + X_2) = \mathfrak{N}(\mu_1 + \mu_2, \mathscr{S}_1 + \mathscr{S}_2).$$

Beweis: a) Mit X ist auch $\mathscr{A}X + b$ affines Bild eines Vektors st.u. $\mathfrak{N}(0,1)$-verteilter ZG. Also genügt $\mathscr{A}X + b$ einer Normalverteilung und es brauchen nur Mittelwertvektor und Kovarianzmatrix bestimmt zu werden. Die zweite Beziehung ergibt sich mit charakteristischen Funktionen A8.7 wie folgt:

„$\Rightarrow$“: $$\varphi^X(t) = \prod \varphi^{X_j}(t_j) = \exp\left(it^\top \mu - \frac{1}{2} t^\top \mathscr{S} t\right) \quad \text{mit } \mathscr{S} = (\sigma_j^2 \delta_{ij}).$$

„$\Leftarrow$“: $$\varphi^X(t) = \exp\left(i \sum \mu_j t_j - \frac{1}{2} \sum \sigma_j^2 t_j^2\right) = \prod \varphi^{X_j}(t_j).$$

b) folgt mit Hilfe der Eindeutigkeit charakteristischer Funktionen A8.7 aus

$$\varphi^{X_1 + X_2}(t) = E \exp[it^\top(X_1 + X_2)] = \prod \exp\left[it^\top \mu_j - \frac{1}{2} t^\top \mathscr{S}_j t\right]$$
$$= \exp\left[it^\top(\mu_1 + \mu_2) - \frac{1}{2} t^\top(\mathscr{S}_1 + \mathscr{S}_2) t\right]. \qquad \square$$

Korollar 1.96 *Es seien* X_1 *und* X_2 $\mathbb{R}^h$- *bzw.* $\mathbb{R}^l$-*wertige* ZG *mit der gemeinsamen Verteilung* $\mathfrak{L}\begin{pmatrix} X_1 \\ X_2 \end{pmatrix} = \mathfrak{N}\left(\begin{pmatrix} \mu_1 \\ \mu_2 \end{pmatrix}, \begin{pmatrix} \mathscr{S}_{11} & \mathscr{S}_{12} \\ \mathscr{S}_{21} & \mathscr{S}_{22} \end{pmatrix}\right)$. *Dann gilt*:

a) $\mathfrak{L}(X_i) = \mathfrak{N}(\mu_i, \mathscr{S}_{ii}), \quad i = 1,2,$

b) X_1, X_2 st.u. $\Leftrightarrow \mathscr{S}_{12} = \mathscr{O} \Leftrightarrow X_1, X_2$ *unkorreliert.*

Bezeichnet Z eine h-dimensionale ZG und s einen l-dimensionalen Parameter, so spricht man in Verallgemeinerung von Beispiel 1.84 von einer *linearen Regression von* Z *über* s, wenn es einen Vektor $b \in \mathbb{R}^h$ und eine Matrix $\mathscr{C} \in \mathbb{R}^{h \times l}$ gibt mit $EZ = b + \mathscr{C}s$. Der folgende Satz, vgl. 1.6.2–3, besagt nun, daß bei gemeinsamer Normalverteilung der ZG X_1, X_2 die bedingte Randverteilung von X_1 bei gegebenem $X_2 = x_2$ als h-dimensionale Normalverteilung gewählt werden kann, und zwar mit linearer Regression von X_1 über x_2 und konstanter Kovarianzmatrix.

Satz 1.97 *Mit den Bezeichnungen und Voraussetzungen von* Korollar 1.96 *gilt*

$$\mathfrak{L}(X_1 | X_2 = x_2) = \mathfrak{N}(\mu_1 + \mathscr{S}_{12} \mathscr{S}_{22}^{-1}(x_2 - \mu_2),\ \mathscr{S}_{11} - \mathscr{S}_{12} \mathscr{S}_{22}^{-1} \mathscr{S}_{21}) \quad [\mathbb{P}^{X_2}],$$

falls $|\mathscr{S}_{22}| \neq 0$ *ist. Bei* $|\mathscr{S}_{22}| = 0$ *gilt eine entsprechende Aussage nach Einführung von* $r := \operatorname{Rg} \mathscr{S}_{22}$ $\mathbb{P}$-*affin unabhängigen* ZG.

Beweis: Sei zunächst $|\mathscr{S}_{22}| \neq 0$. Nach Korollar 1.96b sind dann $Z_1 := X_1 - \mu_1 - \mathscr{S}_{12} \mathscr{S}_{22}^{-1}(X_2 - \mu_2)$ und $Z_2 := X_2 - \mu_2$ st.u., denn nach Hilfssatz 1.88 und Definition der $\mathscr{S}_{ij}$ gilt

$$E[(X_1 - \mu_1) - \mathscr{S}_{12} \mathscr{S}_{22}^{-1}(X_2 - \mu_2)](X_2 - \mu_2)^\top = \mathscr{S}_{12} - \mathscr{S}_{12} \mathscr{S}_{22}^{-1} \mathscr{S}_{22} = 0.$$

Somit ist nach Satz 1.123 die bedingte Verteilung von Z_1 bei gegebenem $Z_2 = z_2$ unabhängig von z_2 wählbar und zwar gleich der nicht-bedingten Verteilung von Z_1. Diese ist aber nach Satz 1.95a eine h-dimensionale Normalverteilung mit dem Mittelwert $EZ_1 = 0$ und der Kovarianzmatrix

$$\mathscr{Cov}\, Z_1 = \mathscr{S}_{11} - \mathscr{S}_{12}\mathscr{S}_{22}^{-1}\mathscr{S}_{21} - \mathscr{S}_{12}\mathscr{S}_{22}^{-1}\mathscr{S}_{21} + \mathscr{S}_{12}\mathscr{S}_{22}^{-1}\mathscr{S}_{21} = \mathscr{S}_{11} - \mathscr{S}_{12}\mathscr{S}_{22}^{-1}\mathscr{S}_{21}.$$

Hieraus folgt nach Definition von Z_1 und Z_2 sowie mit den Grundeigenschaften bedingter EW und bedingter Verteilungen, vgl. 1.6.3, die Behauptung. □

Da eine k-dimensionale Normalverteilung durch ihren Mittelwertvektor $\mu \in \mathbb{R}^k$ und ihre Kovarianzmatrix $\mathscr{S} \in \mathbb{R}^{k \times k}_{\text{p.s.}}$ bestimmt ist, lassen sich wie für $k = 1$ alle höheren Momente durch μ und $\mathscr{S}$ ausdrücken. Wir benötigen später die folgende Aussage über die vierten Momente:

Satz 1.98 *Sei $\mathfrak{L}(X) = \mathfrak{N}(0, \mathscr{S})$, $X = (X_1, \ldots, X_k)^\top$. Dann gilt mit $\mathscr{A}, \mathscr{B} \in \mathbb{R}^{k \times k}_{\text{sym.}}$*

$$Cov(X^\top \mathscr{A} X, X^\top \mathscr{B} X) = 2\,\mathrm{Sp}(\mathscr{A}\mathscr{S}\mathscr{B}\mathscr{S}). \tag{1.5.13}$$

Beweis: Dieser erfolgt zunächst für $X = W = (W_1, \ldots, W_k)^\top$, $\mathscr{Cov}\, W = \mathscr{I}_k$. Dann sind $W_1, \ldots, W_k$ st.u. $\mathfrak{N}(0,1)$-verteilte ZG, so daß gilt $EW_iW_j = 1$ bzw. $= 0$ für $i = j$ bzw. $i \neq j$ sowie $EW_iW_jW_rW_l = 3$ bzw. 1 bzw. 0 für $i = j = r = l$ bzw. $i = j \neq r = l$, $i = r \neq j = l$, $i = l \neq j = r$ bzw. sonst. Hieraus folgt mit $\mathscr{A} = (a_{ij})$ bzw. $\mathscr{B} = (b_{ij})$

$$EW^\top \mathscr{A} W = \sum_i \sum_j a_{ij} EW_iW_j = \sum_i a_{ii} EW_i^2 = \sum_i a_{ii},$$

$$\begin{aligned} EW^\top \mathscr{A} W W^\top \mathscr{B} W &= \sum_i \sum_j \sum_r \sum_l a_{ij} b_{rl} EW_iW_jW_rW_l \\ &= 3\sum_i a_{ii}b_{ii} + \sum_{i \neq l}\sum a_{ii}b_{ll} + 2\sum_{i \neq j}\sum a_{ij}b_{ij} \\ &= \sum_i a_{ii} \sum_j b_{jj} + 2\sum_i \sum_j a_{ij}b_{ij} \end{aligned}$$

und damit wie behauptet

$$\begin{aligned} Cov(W^\top \mathscr{A} W, W^\top \mathscr{B} W) &= EW^\top \mathscr{A} W W^\top \mathscr{B} W - EW^\top \mathscr{A} W\, EW^\top \mathscr{B} W \\ &= 2\sum_i \sum_j a_{ij}b_{ij} = 2\,\mathrm{Sp}\,(\mathscr{A}\mathscr{B}). \end{aligned} \tag{1.5.14}$$

Ist $\mathscr{S}$ eine beliebige positiv semidefinite $k \times k$-Matrix, so gibt es analog Hilfssatz 1.90 eine Matrix $\mathscr{C} \in \mathbb{R}^{k \times k}$ mit $\mathscr{C}\mathscr{C}^\top = \mathscr{S}$. Für $X = \mathscr{C}W$, $\mathfrak{L}(W) = \mathfrak{N}(0, \mathscr{I}_k)$ gilt also $\mathfrak{L}(X) = \mathfrak{N}(0, \mathscr{C}\mathscr{C}^\top) = \mathfrak{N}(0, \mathscr{S})$ und damit wegen (1.5.14) und $\mathrm{Sp}(\mathscr{F}\mathscr{G}) = \mathrm{Sp}(\mathscr{G}\mathscr{F})$ $\forall \mathscr{F}, \mathscr{G}^\top \in \mathbb{R}^{n \times m}$

$$\begin{aligned} Cov(X^\top \mathscr{A} X, X^\top \mathscr{B} X) &= Cov(W^\top \mathscr{C}^\top \mathscr{A} \mathscr{C} W, W^\top \mathscr{C}^\top \mathscr{B} \mathscr{C} W) = 2\,\mathrm{Sp}(\mathscr{C}^\top \mathscr{A} \mathscr{C} \mathscr{C}^\top \mathscr{B} \mathscr{C}) \\ &= 2\,\mathrm{Sp}(\mathscr{C}^\top \mathscr{A} \mathscr{S} \mathscr{B} \mathscr{C}) = 2\,\mathrm{Sp}(\mathscr{A}\mathscr{S}\mathscr{B}\mathscr{S}). \end{aligned}$$ □

1.5.3 Lineare Modelle mit Normalverteilungsannahme

Unter Verwendung des in 1.5.2 eingeführten Symbols $\mathfrak{N}(\mu, \mathscr{S})$ ist ein durch Definition 1.82 eingeführtes lineares Modell mit Normalverteilungsannahme äquivalent beschrieben durch[1])

$$\mathfrak{L}_{\mu,\sigma^2}(X) = \mathfrak{N}(\mu, \sigma^2 \mathscr{I}_n), \qquad (\mu, \sigma^2) \in \mathfrak{L}_k \times (0, \infty). \tag{1.5.15}$$

Dessen mathematische Behandlung erweist sich als besonders einfach, weil diese spezielle Verteilungsannahme unter orthogonalen Transformationen erhalten bleibt. Mit Satz 1.42 oder 1.95a folgt nämlich aus (1.5.15) für $Y = \mathscr{T}X$ und $v = \mathscr{T}\mu$ bei jeder orthogonalen Matrix $\mathscr{T}$

$$\mathfrak{L}_{v,\sigma^2}(Y) = \mathfrak{N}(v, \sigma^2 \mathscr{I}_n), \qquad (v, \sigma^2) \in \mathscr{T}\mathfrak{L}_k \times (0, \infty). \tag{1.5.16}$$

Bei geeigneter Wahl von $\mathscr{T} \in \mathbb{R}^{n \times n}_{\text{orth}}$ ergibt sich in Verallgemeinerung von Korollar 1.44 das

Korollar 1.99 (Kanonische Darstellung) *Zu jedem linearen Modell* (1.5.15) *gibt es eine orthogonale* $n \times n$*-Matrix* $\mathscr{T}$ *derart, daß für die* ZG $Y = \mathscr{T}X$ *gilt*

$$\mathfrak{L}_{v,\sigma^2}(Y) = \mathfrak{N}(v, \sigma^2 \mathscr{I}_n), \qquad (v, \sigma^2) \in \mathbb{R}^n \times (0, \infty): v_{k+1} = \ldots = v_n = 0. \tag{1.5.17}$$

Insbesondere sind $Y_1, \ldots, Y_k, \sum_{j=k+1}^{n} Y_j^2$ st.u. *mit*

$$\mathfrak{L}_{v,\sigma^2}(Y_j) = \mathfrak{N}(v_j, \sigma^2), \qquad j = 1, \ldots, k, \qquad \mathfrak{L}_{v,\sigma^2}\left(\sum_{j=k+1}^{n} Y_j^2\right) = \sigma^2 \chi^2_{n-k}. \tag{1.5.18}$$

Beweis: Bezeichnet $e_1, \ldots, e_n$ eine Orthonormalbasis des $\mathbb{R}^n$ derart, daß $e_1, \ldots, e_k$ den $\mathfrak{L}_k$ aufspannen, so ergibt sich mit $\mathscr{T} := (e_1, \ldots, e_n)^\top$ gerade $\mathscr{T}\mathfrak{L}_k = \{v \in \mathbb{R}^n: v_{k+1} = \ldots = v_n = 0\}$. Damit folgt die Behauptung aus Satz 1.42 oder 1.95a. Dabei besagt die zweite Aussage (1.5.18), daß $\sum_{j=k+1}^{n} Y_j^2/\sigma^2$ einer zentralen χ^2_{n-k}-Verteilung genügt. □

Beispiel 1.100 (m-Stichprobenproblem) Bei vorgegebenen Zahlen $m \in \mathbb{N}$ und $n_i \in \mathbb{N}$ für $i = 1, \ldots, m$ mit $n := \sum n_i$ seien $X_{i1}, \ldots, X_{in_i}$, $i = 1, \ldots, m$, st.u. ZG mit $\mathfrak{L}(X_{ij}) = \mathfrak{N}(\mu_i, \sigma^2)$, $(\mu_1, \ldots, \mu_m, \sigma^2) \in \mathbb{R}^m \times (0, \infty)$. Dieses ist nach Beispiel 1.83 ein lineares Modell (1.5.15) mit $k = m$. Die kanonische Gestalt (1.5.17) ergibt sich, wenn man stichprobenweise eine orthogonale Transformation gemäß Korollar 1.44 anwendet, wenn man also für $i = 1, \ldots, m$ setzt

$$(Y_{i1}, \ldots, Y_{in_i})^\top = \mathscr{T}_i (X_{i1}, \ldots, X_{in_i})^\top \quad \text{mit} \quad \mathscr{T}_i \in \mathbb{R}^{n_i \times n_i}_{\text{orth}}: Y_{i1} = \sqrt{n_i}\, \bar{X}_{i\cdot}.$$

Dies entspricht einer Transformation $Y = \mathscr{T}X$ mit einer Blockmatrix

$$\mathscr{T} = \begin{pmatrix} \mathscr{T}_1 & \mathcal{O} & \ldots & \mathcal{O} \\ \mathcal{O} & \mathscr{T}_2 & \ldots & \mathcal{O} \\ \vdots & \vdots & & \vdots \\ \mathcal{O} & \mathcal{O} & \ldots & \mathscr{T}_m \end{pmatrix},$$

wobei $\mathscr{T}_i = (t_{lj}^{(i)}) \in \mathbb{R}^{n_i \times n_i}_{\text{orth}}$ ist mit $t_{1j}^{(i)} = \dfrac{1}{\sqrt{n_i}}$ für $j = 1, \ldots, n_i$, $i = 1, \ldots, m$.

---

[1]) Wir nehmen stets $k < n$ an, da in den Anwendungen σ^2 unbekannt ist und somit bei $k = n$ für $n + 1$ Parameter nur n Beobachtungen vorliegen würden.

Wegen der Orthogonalität der $\mathscr{T}_i$ gilt dann für jedes $i = 1, \ldots, m$ nach Korollar 1.44

$$\mathfrak{L}(Y_{i1}) = \mathfrak{N}(\sqrt{n_i}\,\mu_i, \sigma^2) \quad \text{und} \quad \mathfrak{L}(Y_{ij}) = \mathfrak{N}(0, \sigma^2),\; j = 2, \ldots, n_i$$

sowie $\quad Y_{i1} = \sqrt{n_i}\,\overline{X_{i\cdot}} \quad$ und $\quad \sum_{j=2}^{n_i} Y_{ij}^2 = \sum_j (X_{ij} - \overline{X}_{i\cdot})^2 .$

Insbesondere sind für jedes $i = 1, \ldots, m$ also $\overline{X}_{i\cdot}$, $\sum_j (X_{ij} - \overline{X}_{i\cdot})^2$ st.u. mit

$$\mathfrak{L}(\overline{X}_{i\cdot}) = \mathfrak{N}(\mu_i, \sigma^2/n_i), \qquad \mathfrak{L}\Big(\sum_j (X_{ij} - \overline{X}_{i\cdot})^2\Big) = \sigma^2 \chi^2_{n_i - 1} . \tag{1.5.19}$$

Hieraus folgt z.B. für $m = 2$, daß $\overline{X}_{1\cdot} - \overline{X}_{2\cdot}$ und $\sum_j (X_{1j} - \overline{X}_{1\cdot})^2 + \sum_j (X_{2j} - \overline{X}_{2\cdot})^2$ st.u. sind mit

$$\begin{aligned} &\mathfrak{L}\Big(\sqrt{\frac{n_1 n_2}{n_1 + n_2}}\,(\overline{X}_{1\cdot} - \overline{X}_{2\cdot})\Big) = \mathfrak{N}\Big(\sqrt{\frac{n_1 n_2}{n_1 + n_2}}\,(\mu_1 - \mu_2),\, \sigma^2\Big), \\ &\mathfrak{L}\Big(\sum_j (X_{1j} - \overline{X}_{1\cdot})^2 + \sum_j (X_{2j} - \overline{X}_{2\cdot})^2\Big) = \sigma^2 \chi^2_{n_1 + n_2 - 2} . \end{aligned} \tag{1.5.20}$$

□

Beispiel 1.101 (Lineare Regression) Bei vorgegebenen reellen Zahlen $s_1, \ldots, s_n$ mit $\bar{s} := \sum s_j/n$ und $\sum (s_j - \bar{s})^2 > 0$ seien $X_1, \ldots, X_n$ st.u. ZG mit $\mathfrak{L}(X_j) = \mathfrak{N}(\mu + \varkappa s_j, \sigma^2)$, $j = 1, \ldots, n$. Dieses ist nach Beispiel 1.84 ein lineares Modell (1.5.15) mit $k = 2$, wobei der $\mathfrak{L}_2$ aufgespannt wird durch die beiden orthogonalen Einheitsvektoren $e_1 = \mathbb{1}_n/\sqrt{n}$ und $e_2 = (s_1 - \bar{s}, \ldots, s_n - \bar{s})^\top/\sqrt{\sum (s_j - \bar{s})^2}$.
Die kanonische Gestalt (1.5.17) ergibt sich vermöge einer Matrix $\mathscr{T} \in \mathbb{R}^{n \times n}_{\text{orth}}$, in deren ersten beiden Zeilen die Vektoren $e_1^\top$ und $e_2^\top$ stehen. Als kanonisch transformierte ZG ergeben sich also

$$Y_1 = e_1^\top X = \sqrt{n}\,\overline{X}, \quad Y_2 = e_2^\top X = \sum (X_j - \overline{X})(s_j - \bar{s})/\sqrt{\sum (s_j - \bar{s})^2} \quad \text{sowie} \quad Y_3, \ldots, Y_n,$$

für die wegen der Orthogonalität von $\mathscr{T}$ gilt $\mathfrak{L}(Y_j) = \mathfrak{N}(0, \sigma^2)$, $j = 3, \ldots, n$. Insbesondere sind also $\overline{X}$, $\hat{\varkappa}(X) := \sum (X_j - \overline{X})(s_j - \bar{s})/\sum (s_j - \bar{s})^2$ sowie

$$\sum [(X_j - \overline{X}) - \hat{\varkappa}(X)(s_j - \bar{s})]^2 = \sum (X_j - \overline{X})^2 - \hat{\varkappa}^2(X) \sum (s_j - \bar{s})^2 = \sum_{j=1}^n Y_j^2 - Y_1^2 - Y_2^2 = \sum_{j=3}^n Y_j^2$$

st.u. und es gilt mit $\nu := \bar{\mu} + \varkappa \bar{s}$ für jedes $\vartheta = (\bar{\mu}, \varkappa, \sigma^2) \in \mathbb{R}^2 \times (0, \infty)$

$$\begin{aligned} &\mathfrak{L}_\vartheta(\overline{X}) = \mathfrak{N}(\nu, \sigma^2/n), \qquad \mathfrak{L}_\vartheta(\hat{\varkappa}(X)) = \mathfrak{N}\big(\varkappa, \sigma^2/\sqrt{\textstyle\sum (s_j - \bar{s})^2}\big), \\ &\mathfrak{L}_\vartheta\big(\textstyle\sum [(X_j - \overline{X}) - \hat{\varkappa}(X)(s_j - \bar{s})]^2\big) = \sigma^2 \chi^2_{n-2} . \end{aligned}$$

□

Analoge Aussagen folgen für die anderen Beispiele aus 1.5.1.

Aufgabe 1.22 (Drei qualitative Faktoren ohne Wechselwirkungen) X_{ijl} seien st.u. ZG mit $\mathfrak{L}(X_{ijl}) = \mathfrak{N}(\bar{\mu} + \nu_i + \varkappa_j + \varrho_l, \sigma^2)$, $i = 1, \ldots, m_1$, $j = 1, \ldots, m_2$, $l = 1, \ldots, m_3$, $\nu_\cdot = \varkappa_\cdot = \varrho_\cdot = 0$. Man zeige, daß mit $n := m_1 m_2 m_3$, geeignetem $k \in \mathbb{N}$ und geeignetem $\mathfrak{L}_k \subset \mathbb{R}^n$ ein lineares Modell (1.5.15) vorliegt.

Aufgabe 1.23 Man gebe eine zweidimensionale Verteilung an, die keine Normalverteilung ist, aber als Randverteilungen eindimensionale Normalverteilungen besitzt.

Aufgabe 1.24 $X_1, \ldots, X_n$ seien st.u. reellwertige ZG mit der gleichen Verteilung P; es gelte $EX_1^2 < \infty$. Man zeige: Sind $\overline{X}$ und $\hat{\sigma}^2(X)$ st.u., so ist P eine Normalverteilung.
Hinweis: Man leite eine Differentialgleichung für die charakteristische Funktion von P her.

Aufgabe 1.25 Seien $\mathscr{S} \in \mathbb{R}^{k \times k}_{\text{p.d.}}$, $\mathfrak{L}(X) = \mathfrak{N}(\mu, \mathscr{S})$, $\mathscr{A} \in \mathbb{R}^{k \times k}_{\text{sym}}$ und $\chi^2_r(\delta^2)$ die in Definition 2.35a eingeführte nichtzentrale χ^2_r-Verteilung mit dem Nichtzentralitätsparameter δ^2. Man zeige: Es gilt $\mathfrak{L}(X^\top \mathscr{A} X) = \chi^2_r(\delta^2)$ genau dann, wenn gilt $\mathscr{A}\mathscr{S}\mathscr{A} = \mathscr{A}$. In diesem Fall gilt $r = \operatorname{Sp}(\mathscr{A}\mathscr{S}) = \operatorname{Rg}(\mathscr{A})$ und $\delta^2 = \mu^\top \mathscr{A} \mu$.

Aufgabe 1.26 Seien $\mathfrak{L}(X) = \mathfrak{N}(\mu, \sigma^2 \mathscr{I}_k)$ und $\mathscr{A}_1, \ldots, \mathscr{A}_l \in \mathbb{R}^{k \times k}_{\text{sym}}$ mit $\sum \mathscr{A}_i = \mathscr{I}_k$. Man zeige: $X^\top \mathscr{A}_i X / \sigma^2$, $i = 1, \ldots, l$, sind st.u. und $\mathfrak{L}(X^\top \mathscr{A}_i X / \sigma^2) = \chi^2_{r_i}(\delta_i^2)$, $i = 1, \ldots, l$, gilt genau dann, wenn $\sum \operatorname{Rg}(\mathscr{A}_i) = k$ ist; in diesem Fall gilt $r_i = \operatorname{Rg} \mathscr{A}_i$ und $\delta_i^2 = \mu^\top \mathscr{A}_i \mu / \sigma^2$, $i = 1, \ldots, l$.

Hinweis: Für $\mathscr{A}_1, \ldots, \mathscr{A}_l \in \mathbb{R}^{k \times k}_{\text{sym}}$ mit $\sum_{i=1}^{l} \mathscr{A}_i = \mathscr{I}_k$ sind die folgenden drei Aussagen äquivalent:

1) $\mathscr{A}_i$ idempotent $\forall i = 1, \ldots, l$; 2) $\mathscr{A}_i \mathscr{A}_j = 0$ für $1 \leqslant i \neq j \leqslant l$; 3) $\sum_{i=1}^{l} \operatorname{Rg} \mathscr{A}_i = k$.

Aufgabe 1.27 Es seien $\mathscr{S} \in \mathbb{R}^{k \times k}_{\text{p.d.}}$, $l \geqslant k$, $\mathscr{A} \in \mathbb{R}^{k \times l}$ mit $\mathscr{A}\mathscr{A}^\top = \mathscr{S}$ und $W_1, \ldots, W_l$ st.u. $\mathfrak{N}(0,1)$-verteilte ZG. Man zeige: Die Verteilung von $\mu + \mathscr{A} W$ ist eine $\mathfrak{N}(0, \mathscr{S})$-Verteilung im Sinne von (1.5.10) und zwar unabhängig von der speziellen Wahl von l und $\mathscr{A}$.

1.6 Dominierte Klassen; Bedingte Verteilungen

Für die Mathematische Statistik sind Radon-Nikodym-Ableitungen in Form von WS-Dichten und bedingten EW von zentraler Bedeutung. Auch wenn dieses WS-theoretische Begriffe sind und demgemäß grundsätzlich als bekannt vorausgesetzt werden, ist es zweckmäßig, sie nochmals in einer für das folgende geeigneten Form zu diskutieren und zugleich später benutzte Sprechweisen sowie Bezeichnungen einzuführen. Hierzu wird in 1.6.1 die Lebesgue-Zerlegung eines Maßes ν bzgl. eines Maßes μ hergeleitet; sie ermöglicht eine allgemeine Einführung des im folgenden zentralen Begriffs eines Dichtequotienten zweier WS-Maße. Für verschiedene Fragestellungen, etwa für Bayes-Verfahren und bedingte Tests, wird die bedingte Verteilung einer Statistik U bei gegebenem Wert v einer bedingenden Statistik V benötigt. Zu deren Präzisierung werden in 1.6.2–3 bedingte EW und Bedingungskerne sowie deren meßbare Faktorisierungen bzgl. der bedingenden Statistik V eingeführt. Dabei wird in 1.6.3 auch auf die für später wichtige Frage eingegangen, ob bzw. unter welchen Voraussetzungen angenommen werden kann, daß sich die bedingte Verteilung $D \mapsto P(T \in D \mid V = v)$ auf die Menge $\{V = v\}$ konzentriert und ob „die Bedingung $V = v$" zur vereinfachten Berechnung bedingter EW bzw. bedingter WS benutzt werden kann. 1.6.4 zeigt, daß man bei Vorliegen von WS-Dichten mit bedingten EW häufig wie mit den entsprechenden elementar definierten Größen arbeiten kann. Dabei erweisen sich die Präzisierungen von bedingten Randverteilungen und bedingten Dichten als zweckmäßig.

In der Mathematischen Statistik liegen Klassen $\mathfrak{P}$ von Verteilungen zugrunde. Viele Überlegungen werden wesentlich vereinfacht, wenn alle Elemente $P \in \mathfrak{P}$ durch dasselbe σ-endliche Maß μ dominiert werden. In 1.6.5 werden die wichtigsten Eigenschaften derartiger dominierter Verteilungsklassen hergeleitet. Schließlich werden in 1.6.6 Abstandsmaße von Verteilungen eingeführt und diskutiert, die auf den Dichten bzgl. eines dominierenden Maßes beruhen.

Für Funktionen $g\colon (\mathfrak{X}, \mathfrak{B}) \to (\mathbb{R}^k, \mathbb{B}^k)$ schreiben wir kurz $g \in \mathfrak{B}$.

1.6.1 Lebesgue-Zerlegung, Dichtequotient, Dichte

Sind μ und ν σ-endliche Maße über einem meßbaren Raum $(\mathfrak{X}, \mathfrak{B})$, so läßt sich ν in einen μ-stetigen Anteil ν_C und einen μ-singulären Anteil ν_S zerlegen. Dabei kann ν_C als Integral bzgl. μ über eine nicht-negative, endliche Funktion $g \in \mathfrak{B}$ dargestellt werden. Mit einer geeigneten μ-Nullmenge $N \in \mathfrak{B}$ gilt also

$$v(B) = \int_B g(x)\,\mathrm{d}\mu + v_S(B), \qquad v_S(B) := v(BN), \qquad \forall B \in \mathfrak{B}. \tag{1.6.1}$$

Diese *Lebesgue-Zerlegung von v bzgl.* μ ist für die Statistik von zentraler Bedeutung. Sind μ und v WS-Maße P_0 und P_1, so spiegelt nämlich die Funktion $g(x)\mathbb{1}_{N^c}(x) + \infty\mathbb{1}_N(x)$ die „Plausibilität" von P_1 im Vergleich zu P_0 wieder. Die Lebesgue-Zerlegung legt es demgemäß z.B. beim Testen zweier einfacher Hypothesen $\mathbf{H}$: $P = P_0$, $\mathbf{K}$: $P = P_1$ nahe, sich zugunsten von $\mathbf{K}$ zu entscheiden, falls die Beobachtung x aus dem zu P_0 *singulären Bereich* N von P_1 ist oder, bei $x \in N^c$, falls $g(x)$ groß ist. Analog beruhen viele Schätzverfahren letztlich auf der „Plausibilität" der einzelnen Verteilungen.

Der Beweis von (1.6.1) beruht darauf, das vorgegebene Maß $B \mapsto v(B)$ von unten möglichst gut durch ein unbestimmtes Integral $B \mapsto \int_B f(x)\,\mathrm{d}\mu$ zu approximieren. Hierzu liegt es nahe, ein maximales Element der Menge $\Gamma = \{f \in \mathfrak{B}: f \geqslant 0, \int_B f(x)\,\mathrm{d}\mu \leqslant v(B) \quad \forall B \in \mathfrak{B}\}$ zu verwenden, d.h. eine Funktion $g \in \Gamma$ mit $g \geqslant f \quad [\mu] \quad \forall f \in \Gamma$. Wie bei anderen statistischen Fragestellungen, etwa beim Beweis von Satz 1.136a oder in Kap. 8, interessiert dabei nicht das punktweise gebildete Supremum einer überabzählbaren Funktionenmenge Γ, sondern eine $\bar{\mathbb{R}}$-wertige Funktion g mit

$$g \in \mathfrak{B}, \qquad g \geqslant f \quad [\mu] \quad \forall f \in \Gamma \tag{1.6.2}$$

$$h \in \mathfrak{B}, \qquad h \geqslant f \quad [\mu] \quad \forall f \in \Gamma \quad \Rightarrow \quad h \geqslant g \quad [\mu]. \tag{1.6.3}$$

Das so definierte *μ-wesentliche Supremum*[1]) $g := \mu\text{-ess}\sup_{f \in \Gamma} f$ läßt sich als eine Erweiterung des üblichen Begriffs des Supremums auffassen. Ist nämlich Γ eine abzählbare Menge meßbarer Funktionen f über $(\mathfrak{X}, \mathfrak{B})$, so erfüllt die Funktion $g := \sup_{f \in \Gamma} f$ die Forderungen (1.6.2–3). Also ist in diesem Fall $\mu\text{-ess}\sup_{f \in \Gamma} f = \sup_{f \in \Gamma} f \quad [\mu]$, und zwar für jedes σ-endliche Maß μ. Ist dagegen $\mathbb{F}$ eine überabzählbare Menge von Funktionen, etwa $\mathbb{F} = \{\mathbb{1}_{\{x\}}: x \in \mathfrak{X}'\}$ mit überabzählbarem $\mathfrak{X}' \in \mathbb{B}$, so ist das μ-wesentliche Supremum vom üblichen Supremum, etwa bei $(\mathfrak{X}, \mathfrak{B}, \mu) = (\mathbb{R}, \mathbb{B}, \lambda\!\!\lambda)$, $\lambda\!\!\lambda(\mathfrak{X}') > 0$, verschieden, denn in diesem Spezialfall gilt

$$\sup_{f \in \mathbb{F}} f = \mathbb{1}_{\mathfrak{X}'} \neq 0 = \lambda\!\!\lambda\text{-ess}\sup_{f \in \mathbb{F}} f \quad [\lambda\!\!\lambda].$$

Satz 1.102 *Seien $\mu \in \mathfrak{M}^\sigma(\mathfrak{X}, \mathfrak{B})$ und $\mathbb{F}$ eine Familie $\mathfrak{B}$-meßbarer Funktionen f. Dann gilt:*

a) *$g := \mu\text{-ess}\sup_{f \in \mathbb{F}} f$ existiert und ist μ-bestimmt, d.h. mit $g \in \mathfrak{B}$ sind genau diejenigen Funktionen $\tilde{g} \in \mathfrak{B}$ Lösungen von (1.6.2–3) mit $\mu(\{g \neq \tilde{g}\}) = 0$.*

b) *Es gibt eine abzählbare Teilmenge $\{f_n: n \in \mathbb{N}\} \subset \mathbb{F}$ mit*

$$g = \sup_{n \in \mathbb{N}} f_n \quad [\mu]. \tag{1.6.4}$$

---

[1]) Man beachte, daß hiervon abweichend vielfach auch $\|f\|_\infty := \sup\{M: \mu(|f| > M) > 0\}$ als μ-wesentliches Supremum einer Funktion $f \in \mathbb{L}_\infty(\mu)$ bezeichnet wird; vgl. A5.2.

c) *Ist* $\mathbb{F}$ *aufsteigend filtrierend, d.h. existiert für alle* $h, k \in \mathbb{F}$ *ein* $f \in \mathbb{F}$ *mit* $f \geqslant h, f \geqslant k$, *so gibt es eine isotone Folge* $(f_n)_{n \in \mathbb{N}} \subset \mathbb{F}$ *mit*

$$g = \lim_{n \to \infty} f_n \quad [\mu]. \tag{1.6.5}$$

Beweis: O.E. sei $\mu \in \mathfrak{M}^1(\mathfrak{X}, \mathfrak{B})$; andernfalls zerlege man $\mathfrak{X}$ in abzählbar viele Mengen $\mathfrak{X}_j \in \mathfrak{B}$ mit $0 < \mu(\mathfrak{X}_j) < \infty$ und verwende das WS-Maß

$$\nu(B) := \sum_j \frac{\mu(B\mathfrak{X}_j)}{\mu(\mathfrak{X}_j)\, 2^j}, \qquad B \in \mathfrak{B}. \tag{1.6.6}$$

Weiter sei o.E. $|f| \leqslant M < \infty \quad \forall f \in \mathbb{F}$; andernfalls ersetze man die Funktionen $f \in \mathbb{F}$ durch die Funktionen $\tilde{f} := \operatorname{arctg} f$ sowie g durch $\tilde{g} := \operatorname{arctg} g$.

a) Seien $\mathbb{F}'$ die Gesamtheit aller abzählbaren Teilmengen von $\mathbb{F}$,

$$f_G := \sup_{f \in G} f \quad \forall G \in \mathbb{F}' \quad \text{und} \quad \alpha := \sup_{G \in \mathbb{F}'} Ef_G. \tag{1.6.7}$$

Wir zeigen zunächst: Es gibt eine abzählbare Menge $G' \in \mathbb{F}'$ mit $Ef_{G'} = \alpha$. Aus (1.6.7) folgt nämlich die Existenz einer Folge $(G_n) \subset \mathbb{F}'$ mit $Ef_{G_n} \to \alpha$, so daß für $G' := \bigcup G_n$ gilt

$$G' \in \mathbb{F}' \quad \text{und} \quad Ef_{G_n} \leqslant Ef_{G'} \leqslant \alpha \quad \forall n \in \mathbb{N}, \quad \text{also} \quad Ef_{G'} = \alpha. \tag{1.6.8}$$

Die Funktion $g := f_{G'}$ erfüllt (1.6.2): Es ist nämlich nicht nur $g \in \mathfrak{B}$ trivialerweise erfüllt, sondern auch $g \geqslant f \quad [\mu] \quad \forall f \in \mathbb{F}$. Bei festem $f \in \mathbb{F}$ setze man etwa $G := G' \cup \{f\}$, so daß $G \in \mathbb{F}'$,

$$f_G = f_{G'} \vee f = g \vee f \quad \text{und} \quad \alpha = Ef_{G'} = Eg \leqslant E(g \vee f) \leqslant \alpha$$

ist, also $Eg = E(g \vee f)$. Wegen $g \leqslant g \vee f$ folgt hieraus $g = g \vee f \quad [\mu]$, d.h. $f \leqslant g \quad [\mu]$.
g erfüllt auch (1.6.3): Hierzu bezeichnen wir die Elemente von G' mit f_n, $n \in \mathbb{N}$. Gilt dann insbesondere $h \geqslant f_n \quad [\mu] \quad \forall n \in \mathbb{N}$, so ist auch $h \geqslant \sup_{n \in \mathbb{N}} f_n = f_{G'} = g \quad [\mu]$. Also existiert stets ein μ-wesentliches Supremum.
Offenbar erfüllt mit $g_1 \in \mathfrak{B}$ auch jedes $g_2 \in \mathfrak{B}$ mit $g_1 = g_2 \quad [\mu]$ die Bedingungen (1.6.2–3). Sind umgekehrt g_1 und g_2 zwei derartige Funktionen, so folgt aus (1.6.3) $g_1 \geqslant g_2 \quad [\mu]$ und $g_2 \geqslant g_1 \quad [\mu]$, also $g_1 = g_2 \quad [\mu]$.

b) Bezeichnen f_n, $n \in \mathbb{N}$, die Elemente von G' aus (1.6.8), so gilt (1.6.4).

c) Mit $(f_n)_{n \in \mathbb{N}}$ aus b) sei $f_1' := f_1$; dann gibt es ein $f_2' \in \mathbb{F}$ mit $f_2' \geqslant f_2$ und $f_2' \geqslant f_1'$, sowie allgemeiner für jedes $n \in \mathbb{N}$ ein $f_{n+1}' \in \mathbb{F}$ mit $f_{n+1}' \geqslant f_{n+1}$ und $f_{n+1}' \geqslant f_n' \quad \forall n \in \mathbb{N}$. Also ist

$$g = \sup_{n \in \mathbb{N}} f_n \leqslant \sup_{n \in \mathbb{N}} f_n' = \lim_{n \to \infty} f_n' \leqslant \mu\text{-ess}\sup_{f \in \mathbb{F}} f = g \quad [\mu]$$

und damit $g = \lim_{n \to \infty} f_n' \quad [\mu]$, wobei offenbar gilt $f_n' \leqslant f_{n+1}' \quad \forall n \in \mathbb{N}$. □

Satz 1.103 (Lebesgue-Zerlegung) *Es seien* μ *und* ν σ*-endliche Maße über* $(\mathfrak{X}, \mathfrak{B})$. *Dann gilt*:

a) *Es gibt ein* μ*-stetiges Maß* ν_C *und ein* μ*-singuläres Maß* ν_S *mit*

$$\nu(B) = \nu_C(B) + \nu_S(B) \quad \forall B \in \mathfrak{B}. \tag{1.6.9}$$

Bezeichnet $\mathbb{F}$ *die Familie aller* $\mathfrak{B}$*-meßbaren Funktionen* $f \geqslant 0$ *mit* $\int_B f \, d\mu \leqslant \nu(B) \quad \forall B \in \mathfrak{B}$ *und* $g := \mu\text{-ess}\sup_{f \in \mathbb{F}} f$, *so ist* g μ-f.ü. *endlich und* ν_C *wählbar als*

$$\nu_C(B) = \int_B g(x) \, d\mu \quad \forall B \in \mathfrak{B}. \tag{1.6.10}$$

b) *Die Zerlegung* (1.6.9) *ist eindeutig.*

Beweis: a) O.E. seien μ und ν endliche Maße über $(\mathfrak{X}, \mathfrak{B})$; andernfalls wähle man eine Zerlegung $\mathfrak{X} = \sum \mathfrak{X}_j$ mit $\mu(\mathfrak{X}_j) < \infty$, $\nu(\mathfrak{X}_j) < \infty \quad \forall j \in \mathbb{N}$ und betrachte die endlichen Maße $\mu_j(B) := \mu(B\mathfrak{X}_j)$ und $\nu_j(B) := \nu(B\mathfrak{X}_j)$, $B \in \mathfrak{B}$, $j \in \mathbb{N}$.

$\mathbb{F}$ ist aufsteigend filtrierend. Mit $\int_B f_1 \, d\mu \leqslant \nu(B) \quad \forall B \in \mathfrak{B}$, und $\int_B f_2 \, d\mu \leqslant \nu(B) \quad \forall B \in \mathfrak{B}$, gilt nämlich für $f := f_1 \vee f_2$ und jedes $B \in \mathfrak{B}$

$$\int_B f \, d\mu = \int_{B\{f_1 \geqslant f_2\}} f_1 \, d\mu + \int_{B\{f_1 < f_2\}} f_2 \, d\mu \leqslant \nu(B\{f_1 \geqslant f_2\}) + \nu(B\{f_1 < f_2\}) = \nu(B).$$

Nach dem Satz von der monotonen Konvergenz folgt somit wegen Satz 1.102c

$$\nu_C(B) := \int_B g(x) \, d\mu \leqslant \nu(B) \quad \forall B \in \mathfrak{B} \tag{1.6.11}$$

und damit $\nu_C(\mathfrak{X}) < \infty$. Hieraus folgt $0 \leqslant g < \infty \quad [\mu]$ und zwar nach Definition von $\mathbb{F}$ bzw. weil es andernfalls eine Menge $B \in \mathfrak{B}$ geben würde mit $\nu(B) = \infty$. Somit ist die durch (1.6.9) definierte Mengenfunktion ν_S ein endliches Maß über $(\mathfrak{X}, \mathfrak{B})$. Zum Nachweis, daß ν_S singulär bzgl. μ ist, hat man nach A2.8 eine Menge $N \in \mathfrak{B}$ zu konstruieren mit $\mu(N) = 0$ und $\nu_S(N^c) = 0$. Dazu werden für jedes $n \in \mathbb{N}$ wie folgt Mengen $M_n \in \mathfrak{B}$ angegeben mit $\mu(M_n^c) = 0$ und $\nu_S(M_n) < \frac{1}{n}\mu(M_n)$: Für jedes $n \geqslant 1$ und jedes $B \in \mathfrak{B}$ mit $\mu(B) > 0$ gilt:

$$\mathfrak{K}_n(B) := \{G \in \mathfrak{B}\colon G \subset B,\ \nu_S(G) < \frac{1}{n}\mu(G)\} \neq \emptyset. \tag{1.6.12}$$

Andernfalls gäbe es nämlich ein $n \in \mathbb{N}$ und ein $B \in \mathfrak{B}$, so daß für $f_0 := \frac{1}{n} \mathbb{1}_B$ gilt

$$\int_G f_0 \, d\mu = \frac{1}{n} \mu(GB) \leqslant \nu_S(GB) \leqslant \nu_S(G) = \nu(G) - \int_G g \, d\mu \quad \forall G \in \mathfrak{B},$$

und damit $f_0 + g \in \mathbb{F}$, d.h. $g \neq \mu\text{-ess}\sup_{f \in \mathbb{F}} f \quad [\mu]$. Aus (1.6.12) folgt

$$B_1 \subset B_2 \ \Rightarrow\ \mathfrak{K}_n(B_1) \subset \mathfrak{K}_n(B_2), \tag{1.6.13}$$

$$G_j \in \mathfrak{K}_n(B) \quad \forall j, \qquad G_i G_j = \emptyset \quad \forall i \neq j \quad \Rightarrow \quad \sum_j G_j \in \mathfrak{K}_n(B). \tag{1.6.14}$$

Sei nun $n \in \mathbb{N}$ fest. Wegen $\mathfrak{K}_n(\mathfrak{X}) \neq \emptyset$ gibt es ein $G_{1n} \in \mathfrak{K}_n(\mathfrak{X})$ mit

$$\mu(G_{1n}) \geqslant \frac{1}{2} \sup\{\mu(G)\colon G \in \mathfrak{K}_n(\mathfrak{X})\} =: \alpha_{1n}.$$

Ist $\mu(G_{1n}^c) = 0$, so sei $G_{jn} := \emptyset$, $j \geqslant 2$. Andernfalls ist $\mathfrak{K}_n(G_{1n}^c) \neq \emptyset$ und es gibt ein $G_{2n} \in \mathfrak{K}_n(G_{1n}^c)$ mit

$$\mu(G_{2n}) \geqslant \frac{1}{2} \sup\{\mu(G)\colon G \in \mathfrak{K}_n(G_{1n}^c)\} =: \alpha_{2n}.$$

Ist $\mu\left(\bigcap_{j=1}^{2} G_{jn}^c\right) = 0$, so sei $G_{jn} := \emptyset$, $j \geqslant 3$. Andernfalls ist $\mathfrak{K}_n\left(\bigcap_{j=1}^{2} G_{jn}^c\right) \neq \emptyset$ und es gibt ein $G_{3n} \in \mathfrak{K}_n\left(\bigcap_{j=1}^{2} G_{jn}^c\right)$ mit

$$\mu(G_{3n}) \geqslant \frac{1}{2} \sup\left\{\mu(G)\colon G \in \mathfrak{K}_n\left(\bigcap_{j=1}^{2} G_{jn}^c\right)\right\} =: \alpha_{3n}.$$

Analog sei G_{jn} für $j \geqslant 4$ definiert. Für alle $j \geqslant 1$ gilt also nach (1.6.13) $G_{jn} \in \mathfrak{K}_n(\mathfrak{X})$, sofern $G_{jn} \neq \emptyset$ ist, sowie wegen $G_{jn} G_{in} = \emptyset \quad \forall j \neq i$ und $G_{1n} \neq \emptyset$ nach (1.6.14)

$$M_n := \sum_{j=1}^{\infty} G_{jn} \in \mathfrak{K}_n(\mathfrak{X}) \quad \forall n \geqslant 1.$$

Außerdem gilt $\mu(M_n^c) = 0 \quad \forall n \geqslant 1$. Gäbe es nämlich ein $n' \in \mathbb{N}$ mit $\mu(M_{n'}^c) > 0$, so wäre $\mathfrak{K}_{n'}(M_{n'}^c) \neq \emptyset$ und es würde ein $D \in \mathfrak{K}_{n'}(M_{n'}^c)$ existieren, also $\mu(D) > 0$ sein. Auch würde gelten

$$\sum_j \alpha_{jn'} \leqslant \sum_j \mu(G_{jn'}) = \mu(M_{n'}) \leqslant \mu(\mathfrak{X}) < \infty$$

und damit $\alpha_{jn'} \to 0$ für $j \to \infty$. Daraus ergäbe sich ein Widerspruch gemäß

$$2\alpha_{mn'} = \sup\left\{\mu(G)\colon G \in \mathfrak{K}_{n'}\left(\bigcap_{j=1}^{m-1} G_{jn'}^c\right)\right\} \geqslant \sup\{\mu(G)\colon G \in \mathfrak{K}_{n'}(M_{n'}^c)\} \geqslant \mu(D) > 0 \quad \forall m \in \mathbb{N}.$$

Also gilt $\mu(M_n^c) = 0 \quad \forall n \geqslant 1$. Wegen $M_n \in \mathfrak{K}_n(\mathfrak{X})$ folgt hieraus $\nu_S(M_n) < \frac{1}{n}\mu(M_n) = \frac{1}{n}\mu(\mathfrak{X})$ und damit nach dem Lemma von Fatou bzw. wegen der Stetigkeit von μ längs isotoner Folgen für $N := \limsup M_n^c$:

$$\nu_S(N^c) = \nu_S(\liminf M_n) \leqslant \liminf \nu_S(M_n) = 0,$$
$$\nu_S(B) = \nu_S(BN^c) + \nu_S(BN) = \nu_S(BN), \qquad B \in \mathfrak{B},$$
$$\mu(N) = \mu(\limsup M_n^c) = \lim_{n \to \infty} \mu\left(\bigcup_{k \geqslant n} M_k^c\right) = 0.$$

ν_S ist also μ-singulär mit dem singulären Bereich $N = \limsup M_n^c$.

b) Seien $\nu = \nu_C + \nu_S$ und $\nu = \nu'_C + \nu'_S$ zwei Lebesgue-Zerlegungen von ν. Dann folgt aus $\nu_S \neq \nu'_S$ die Existenz einer Menge $B \in \mathfrak{B}$ mit $\mu(B) = 0$ und $\nu_S(B) \neq \nu'_S(B)$, also mit $\nu_C(B) \neq \nu'_C(B)$ in Widerspruch zur μ-Stetigkeit von ν_C bzw. ν'_C. □

Ersetzt man in (1.6.10) die Funktion g durch die endliche Funktion $\tilde{g} := g\,\mathbb{1}_{\{0 \leqslant g < \infty\}} \in \mathfrak{B}$ und definiert man noch eine $[0, \infty]$-wertige Funktion $L \in \mathfrak{B}$ durch

$$L(x) := \tilde{g}(x)\,\mathbb{1}_{N^c}(x) + \infty\,\mathbb{1}_N(x), \qquad x \in \mathfrak{X}, \tag{1.6.15}$$

so ist $\{L = \infty\} = N$ und die Lebesgue-Zerlegung schreibt sich in der Form

$$\nu(B) = \int_B L(x)\,\mathrm{d}\mu + \nu(B\{L = \infty\}) \quad \forall B \in \mathfrak{B}. \tag{1.6.16}$$

Zur Diskussion der Frage, ob bzw. inwieweit eine μ-f.ü. endliche Funktion $L: (\mathfrak{X}, \mathfrak{B}) \to ([0, \infty], [0, \infty]\,\overline{\mathbb{B}})$ als Lösung von (1.6.16) festgelegt ist, betrachten wir zunächst den Spezialfall, daß ν durch μ *dominiert* wird, d.h. daß für jede Menge $B \in \mathfrak{B}$ mit $\mu(B) = 0$ gilt $\nu(B) = 0$ (kurz: $\nu \ll \mu$). Dann ist $\{L = \infty\} = N$ auch eine ν-Nullmenge und (1.6.16) vereinfacht sich zu

$$\nu(B) = \int_B L(x)\,\mathrm{d}\mu \quad \forall B \in \mathfrak{B}. \tag{1.6.17}$$

Die bereits in Satz 1.103 verwendete Sprechweise, ν sei μ-stetig für $\nu \ll \mu$, vgl. auch A2.8, wird gerechtfertigt durch den folgenden, übrigens auch für beliebige $\mu \in \mathfrak{M}(\mathfrak{X}, \mathfrak{B})$ gültigen

Hilfssatz 1.104 (ε-δ-Charakterisierung) *Seien $\mu \in \mathfrak{M}^\sigma(\mathfrak{X}, \mathfrak{B})$ und $\nu \in \mathfrak{M}^e(\mathfrak{X}, \mathfrak{B})$. Dann gilt $\nu \ll \mu$ genau dann, wenn es zu jedem $\varepsilon > 0$ ein $\delta > 0$ gibt derart, daß für alle $B \in \mathfrak{B}$ gilt*

$$\mu(B) \leqslant \delta \Rightarrow \nu(B) \leqslant \varepsilon. \tag{1.6.18}$$

Beweis: Aus (1.6.18) folgt $\mu(B) = 0 \Rightarrow \nu(B) \leqslant \varepsilon \quad \forall \varepsilon > 0$, also $\nu(B) = 0$. Ist umgekehrt (1.6.18) nicht erfüllt, so gibt es ein $\varepsilon > 0$ und eine Folge $(B_n) \subset \mathfrak{B}$ mit

$$\mu(B_n) \leqslant 2^{-n}, \qquad \nu(B_n) > \varepsilon \quad \forall n \in \mathbb{N}.$$

Für $B := \limsup B_n = \bigcap_{n=1}^{\infty} \bigcup_{m=n}^{\infty} B_m$ gilt dann einerseits

$$\mu(B) \leqslant \mu\left(\bigcup_{m=n}^{\infty} B_m\right) \leqslant \sum_{m=n}^{\infty} \mu(B_m) \leqslant \sum_{m=n}^{\infty} 2^{-m} = 2^{-n+1} \quad \forall n \in \mathbb{N},$$

also $\mu(B) = 0$, und andererseits wegen $\nu(\mathfrak{X}) < \infty$

$$\nu(B) = \nu(\limsup B_n) \geqslant \limsup \nu(B_n) \geqslant \varepsilon > 0. \qquad \square$$

Satz 1.105 (Radon-Nikodym) *Es seien μ und ν σ-endliche Maße über $(\mathfrak{X}, \mathfrak{B})$ mit $\nu \ll \mu$. Dann gilt*:

a) *Es gibt eine nicht-negative, endliche Lösung $L \in \mathfrak{B}$ von* (1.6.17).

b) *Die Lösung L von* (1.6.17) *ist μ-bestimmt, d.h. mit L sind genau die nicht-negativen endlichen Funktionen $\tilde{L} \in \mathfrak{B}$ mit $\mu(L \neq \tilde{L}) = 0$ Lösungen von* (1.6.17).

Beweis: a) Für den singulären Bereich N von ν bzgl. μ gilt $\mu(N) = 0$ und damit wegen $\nu \ll \mu$ nun auch $\nu(N) = 0$. Also folgt aus dem Satz über die Lebesgue-Zerlegung die Existenz einer Lösung L von (1.6.17) und zwar mit

$$0 \leqslant L(x) < \infty \quad [\mu]. \tag{1.6.19}$$

Eine überall nicht-negative endliche Lösung von (1.6.17) lautet dann

$$\tilde{L}(x) := L(x)\,\mathbb{1}_{\{0 \leqslant L < \infty\}}(x).$$

b) Mit $L \in \mathfrak{B}$ ist auch jede Funktion $\tilde{L} \in \mathfrak{B}$ mit $\tilde{L} = L \quad [\mu]$ eine Lösung von (1.6.17). Sind umgekehrt L und $\tilde{L}$ Lösungen von (1.6.17), so folgt aus der Annahme $\mu(\{x: L(x) \neq \tilde{L}(x)\}) > 0$ ein Widerspruch zu (1.6.17) und damit die Gültigkeit von $L(x) = \tilde{L}(x) \quad [\mu]$. □

Aus dem Beweis von Satz 1.105b folgt insbesondere die Äquivalenz

$$\int_B \tilde{L}(x)\,\mathrm{d}\mu = \int_B L(x)\,\mathrm{d}\mu \quad \forall B \in \mathfrak{B} \quad \Leftrightarrow \quad \tilde{L}(x) = L(x) \quad [\mu]. \tag{1.6.20}$$

Anmerkung 1.106 a) Jede Lösung L von (1.6.17) heißt *Radon-Nikodym-Ableitung von* ν *bzgl.* μ und wird auch kurz mit $\mathrm{d}\nu/\mathrm{d}\mu$ bezeichnet. Es gilt also

$$\nu(B) = \int_B \frac{\mathrm{d}\nu}{\mathrm{d}\mu}(x)\,\mathrm{d}\mu \qquad \forall B \in \mathfrak{B}. \tag{1.6.21}$$

Allgemeiner nennen wir jede Gleichung der Form (1.6.17) mit vorgegebenen $\mu, \nu \in \mathfrak{M}^\sigma(\mathfrak{X}, \mathfrak{B})$ und $\nu \ll \mu$ eine *Radon-Nikodym-Gleichung*. Dabei berücksichtigt die Sprechweise, eine Lösung L sei μ-bestimmt, stets die jeweiligen Nebenbedingungen, hier also $L \in \mathfrak{B}$ mit $0 \leqslant L(x) < \infty \quad \forall x \in \mathfrak{X}$.

b) Nach Satz 1.105b ist es vom mathematischen Standpunkt aus naheliegend und vielfach üblich, die Radon-Nikodym-Ableitung als Äquivalenzklasse aller μ-f.ü. übereinstimmenden Lösungen von (1.6.17) aufzufassen und für eine spezielle Festlegung L von (1.6.17) auch $L \in \mathrm{d}\nu/\mathrm{d}\mu$ zu schreiben. Wir werden hier jedoch stets mit Repräsentanten arbeiten und demgemäß die Schreibweise $L = \mathrm{d}\nu/\mathrm{d}\mu \quad [\mu]$ verwenden. Dabei bezeichnet L eine spezielle *Festlegung von* $\mathrm{d}\nu/\mathrm{d}\mu$.

c) Ist ν ein signiertes Maß über $(\mathfrak{X}, \mathfrak{B})$ mit der Jordan-Hahn-Zerlegung $\nu = \nu^+ - \nu^-$ und gilt

$$\nu^+(B) = \int_B L^+(x)\,\mathrm{d}\mu \quad \forall B \in \mathfrak{B}, \qquad \nu^-(B) = \int_B L^-(x)\,\mathrm{d}\mu \quad \forall B \in \mathfrak{B},$$

so ist $L(x) := L^+(x) - L^-(x)$ eine μ-bestimmte Lösung von (1.6.17).

Satz 1.107 (Kettenregel) *Es seien* $\mu, \nu \in \mathfrak{M}^\sigma(\mathfrak{X}, \mathfrak{B})$ *mit* $\nu \ll \mu$.

a) *Ist* $g \in \mathfrak{B}$ *derart, daß* $\int g(x)\,\mathrm{d}\nu$ *existiert, so gilt*

$$\int_B g(x)\,\mathrm{d}\nu = \int_B g(x)\,\frac{\mathrm{d}\nu}{\mathrm{d}\mu}(x)\,\mathrm{d}\mu, \qquad B \in \mathfrak{B}. \tag{1.6.22}$$

b) *Ist* $\varkappa \in \mathfrak{M}^\sigma(\mathfrak{X}, \mathfrak{B})$ *mit* $\varkappa \ll \nu \ll \mu$, *so gilt*

$$\frac{\mathrm{d}\varkappa}{\mathrm{d}\mu}(x) = \frac{\mathrm{d}\varkappa}{\mathrm{d}\nu}(x)\,\frac{\mathrm{d}\nu}{\mathrm{d}\mu}(x) \quad [\mu]. \tag{1.6.23}$$

Beweis: a) folgt für $g(x) = \mathbb{1}_G(x)$, $G \in \mathfrak{B}$, aus (1.6.21) und damit für beliebige Funktionen $g \in \mathfrak{B}$ nach dem Aufbau meßbarer Funktionen A3.3.

b) Für $g = \mathrm{d}\varkappa/\mathrm{d}\nu$ folgt aus a) bzw. aus (1.6.21)

$$\int_B \frac{\mathrm{d}\varkappa}{\mathrm{d}\nu}(x)\,\frac{\mathrm{d}\nu}{\mathrm{d}\mu}(x)\,\mathrm{d}\mu = \int_B \frac{\mathrm{d}\varkappa}{\mathrm{d}\nu}(x)\,\mathrm{d}\nu = \varkappa(B) \quad \forall B \in \mathfrak{B}$$

und damit (1.6.23) durch nochmalige Anwendung von (1.6.21). □

Ist speziell $\nu = P$ ein WS-Maß über $(\mathfrak{X}, \mathfrak{B})$ mit $\nu \ll \mu \in \mathfrak{M}^\sigma(\mathfrak{X}, \mathfrak{B})$, so heißt jede nichtnegative endliche Lösung von (1.6.17), also von

$$P(B) = \int_B p(x)\,\mathrm{d}\mu \quad \forall B \in \mathfrak{B}, \tag{1.6.24}$$

eine *Festlegung* bzw. *Version der Dichte von P bzgl.* μ oder kurz eine μ*-Dichte von P*. Wir werden also stets $0 \leqslant p(x) < \infty \quad \forall x \in \mathfrak{X}$ annehmen; eine derartige μ-Dichte ist μ-*bestimmt*.

Ist X eine ZG mit der Verteilung P und g eine $\mathfrak{B}$-meßbare Funktion, für die $Eg = \int g(x)\,\mathrm{d}P$ existiert, so folgt mit (1.6.24) aus Satz 1.107a

$$Eg = \int g(x)\,p(x)\,\mathrm{d}\mu\,. \tag{1.6.25}$$

Beispiel 1.108 (Diskrete Verteilungen) $(\mathfrak{X}, \mathfrak{B})$ sei ein beliebiger meßbarer Raum; $P \in \mathfrak{M}^1(\mathfrak{X}, \mathfrak{B})$ besitze eine abzählbare Trägermenge $\mathfrak{X}' = \{x^1, x^2, \ldots\} \subset \mathfrak{X}$. Dann ist P dominiert durch das *Zählmaß* $\sharp$ *von* $\mathfrak{X}'$, das jeder Menge $B \in \mathfrak{B}$ die Anzahl der in B liegenden Punkte $x^i \in \mathfrak{X}'$ zuordnet,

$$\sharp(B) = \sum_{i:\,x^i \in B} 1 = \sum_i \varepsilon_{x^i}(B)\,, \qquad B \in \mathfrak{B}\,. \tag{1.6.26}$$

Wählt man $\mathfrak{B}$ als Potenzmenge von $\mathfrak{X}$, so ist $\sharp$ σ-endlich, denn es gilt $\mathfrak{X} = \sum_i \{x^i\} + (\mathfrak{X} - \mathfrak{X}')$ mit $\sharp(\{x^i\}) = 1 \quad \forall i \in \mathbb{N}$ und $\sharp(\mathfrak{X} - \mathfrak{X}') = 0$. Mit $N := \mathfrak{X} - \mathfrak{X}'$ folgt, daß N keinen Trägerpunkt von P enthält und damit $P(N) = 0$, also $P \ll \sharp$.
Die $\sharp$-Dichte $p(x)$ ist für $x = x^i$ wegen $\sharp(\{x^i\}) = 1$ eindeutig bestimmt zu $p(x^i) = P(\{x^i\})$; die einzelnen Festlegungen p der $\sharp$-Dichten von P unterscheiden sich somit nur auf der Menge $\mathfrak{X} - \mathfrak{X}'$. Eine kanonische Festlegung der $\sharp$-Dichte von P ist also gerade die Funktion

$$p(x) := P(\{x\}), \qquad x \in \mathfrak{X}' \quad \text{bzw.} \quad p(x) := 0, \qquad x \in \mathfrak{X} - \mathfrak{X}'.$$

Wegen $\sharp(\mathfrak{X} - \mathfrak{X}') = 0$ ergibt sich für jedes $B \in \mathfrak{B}$ und jede $\mathfrak{B}$-meßbare Funktion g, für die Eg existiert,

$$P(B) = \sum_{i:\,x^i \in B} p(x^i), \qquad Eg = \int_{\mathfrak{X}'} g(x)\,p(x)\,\mathrm{d}\sharp = \sum_i g(x^i)\,p(x^i)\,. \tag{1.6.27}$$

Spezialfälle sind etwa Binomialverteilungen $\mathfrak{B}(n, \pi)$ für festes π und n mit

$$\mathfrak{X}' = \{0, 1, \ldots, n\}, \qquad \mathfrak{X} = \mathbb{R}, \qquad p(x) = \binom{n}{x} \pi^x (1-\pi)^{n-x},$$

Multinomialverteilungen $\mathfrak{M}(n; \pi_1, \ldots, \pi_k)$ für festes $(\pi_1, \ldots, \pi_k)$ und n mit

$$\mathfrak{X}' = \left\{(x_1, \ldots, x_k) \in \mathbb{N}_0^k \colon \sum_{i=1}^k x_i = n\right\}, \qquad \mathfrak{X} = \mathbb{R}^k, \qquad p(x) = \frac{n!}{x_1! \ldots x_n!}\, \pi_1^{x_1} \ldots \pi_k^{x_k},$$

oder Poisson-Verteilungen $\mathfrak{P}(\lambda)$ für festes λ und

$$\mathfrak{X}' = \mathbb{N}_0, \qquad \mathfrak{X} = \mathbb{R}, \qquad p(x) = \mathrm{e}^{-\lambda} \lambda^x / x!\,. \qquad \square$$

Beispiel 1.109 ($\lambda\!\!\lambda^k$-stetige Verteilungen) Es seien $(\mathfrak{X}, \mathfrak{B}) = (\mathbb{R}^k, \mathbb{B}^k)$ und P eine $\lambda\!\!\lambda^k$-stetige Verteilung, d.h. $P \in \mathfrak{M}^1(\mathbb{R}^k, \mathbb{B}^k)$ mit $P \ll \lambda\!\!\lambda^k$. Da z.B. jede abzählbare Menge $N \subset \mathbb{R}^k$ eine $\lambda\!\!\lambda^k$-Nullmenge ist, kann jede $\lambda\!\!\lambda^k$-Dichte in abzählbar vielen Punkten abgeändert werden, ohne (1.6.24) oder (1.6.25) zu verletzen. Als auf natürliche Weise ausgezeichnet wird man eine (eindeutig bestimmte) stetige Festlegung[1]) von P ansehen, falls eine solche existiert.

Spezialfälle sind etwa für $k=1$ nicht-ausgeartete Normalverteilungen $\mathfrak{N}(\mu, \sigma^2)$ mit festem $(\mu, \sigma^2) \in \mathbb{R} \times (0, \infty)$, bei $k \in \mathbb{N}$ nicht-ausgeartete k-dimensionale Normalverteilungen $\mathfrak{N}(\mu, \mathscr{S})$ mit festem $(\mu, \mathscr{S}) \in \mathbb{R}^k \times \mathbb{R}^{k \times k}_{\text{p.d.}}$ und $\lambda\!\!\lambda^k$-Dichten (1.5.10) oder bei $k = 1$ gedächtnislose Verteilungen $\mathfrak{G}(\lambda)$ mit festem $\lambda > 0$ und $\lambda\!\!\lambda$-Dichten (1.1.5). □

Seien nun $\nu = P_1$ und $\mu = P_0$ WS-Maße, wobei *nicht* notwendig $P_1 \ll P_0$ gilt. Dann heißt jede Funktion L: $(\mathfrak{X}, \mathfrak{B}) \to ([0, \infty], [0, \infty] \overline{\mathbb{B}})$ mit

$$P_1(B) = \int_B L(x) \, \mathrm{d}P_0 + P_1(B\{L = \infty\}) \qquad \forall B \in \mathfrak{B}, \qquad P_0(L < \infty) = 1 \tag{1.6.28}$$

ein *Dichtequotient von P_1 bzgl. P_0* (kurz: DQ). Bezeichnet nämlich μ ein σ-endliches Maß mit $P_i \ll \mu$, $i = 0, 1$, (z.B. das endliche Maß $\mu := P_0 + P_1$) und bezeichnen $p_i(x)$ μ-Dichten von P_i, $i = 0,1$, so genügt der durch

$$L^*(x) = \frac{p_1(x)}{p_0(x)} \mathbb{1}_{\{p_0 > 0\}}(x) + \infty \, \mathbb{1}_{\{p_0 = 0, p_1 > 0\}}(x) \tag{1.6.29}$$

definierte „Dichtequotient" der Beziehung (1.6.28), denn es gilt

$$\int_B L^*(x) \, \mathrm{d}P_0 + P_1(B\{L^* = \infty\}) = \int_{B\{p_0 > 0\}} \frac{p_1(x)}{p_0(x)} p_0(x) \, \mathrm{d}\mu + P_1(B\{p_0 = 0, p_1 > 0\}) = P_1(B).$$

Die Funktion (1.6.29) ist also stets eine spezielle *Festlegung des* DQ.

Satz 1.110 (Eindeutigkeit und Produkteigenschaft des Dichtequotienten)

a) *Es seien P_0 und P_1 WS-Maße über $(\mathfrak{X}, \mathfrak{B})$. Dann ist der* DQ *$L$ von P_1 bzgl. P_0 durch* (1.6.28) *$(P_0 + P_1)$-bestimmt.*

b) *Für $j = 1, \ldots, n$ seien $P_{j0}, P_{j1} \in \mathfrak{M}^1(\mathfrak{X}_j, \mathfrak{B}_j)$ mit* DQ *L_j. Dann ist*

$$L(x) = \prod_{j=1}^{n} L_j(x_j), \qquad x = (x_1, \ldots, x_n), \tag{1.6.30}$$

eine Festlegung des DQ *von $P_1 := \bigotimes_{j=1}^{n} P_{j1}$ bzgl. $P_0 := \bigotimes_{j=1}^{n} P_{j0}$.*

Beweis: a) Die Lebesgue-Zerlegung (1.6.28) ist äquivalent mit

$$P_1(B\{L < \infty\}) = \int_B L(x) \, \mathrm{d}P_0(x) \quad \forall B \in \mathfrak{B}, \qquad P_0(L = \infty) = 0. \tag{1.6.31}$$

Weiter mögen p_0 und p_1 μ-Dichten von P_0 und P_1 bzgl. eines dominierenden Maßes μ und L^* die spezielle Festlegung (1.6.29) des DQ bezeichnen.

Trivialerweise ist nun mit L^* jede Funktion L: $(\mathfrak{X}, \mathfrak{B}) \to ([0, \infty], [0, \infty] \overline{\mathbb{B}})$ eine Lösung von (1.6.31), für die gilt $L^* = L \quad [P_0 + P_1]$. Zum Nachweis der Umkehrung beachte man

[1]) Gibt es allgemeiner eine im Riemannschen Sinne integrierbare Festlegung p, so können nach A4.4 die Integrale (1.6.24–25) als Riemann-Integral aufgefaßt werden. p ist dann also die aus der klassischen WS-Theorie bekannte WS-Dichte; vgl. auch A4.4.

einerseits, daß L auf $\{p_0 > 0\}$ als Radon-Nikodym-Ableitung des P_0-stetigen Anteils von P_1 bzgl. P_0 P_0-bestimmt ist. Andererseits folgt aus der Eindeutigkeit der Lebesgue-Zerlegung von P_1 bzgl. P_0 für den P_0-singulären Anteil von P_1

$$P_1(B\{L=\infty\}) = P_1(B\{L^*=\infty\}) = P_1(B\{p_0=0<p_1\}) \quad \forall B \in \mathfrak{B},$$

d.h.
$$\{L=\infty\} = \{L^*=\infty\} = \{p_0=0<p_1\} \quad [P_1].$$

Also ist L auf $\{L^*=\infty\} = \{p_0=0<p_1\}$ durch die zweite Beziehung (1.6.31) P_1-bestimmt und damit insgesamt (P_0+P_1)-bestimmt.

b) Für $B := \bigtimes_{j=1}^{n} B_j$ gilt wegen

$$\{x: L(x)=\infty\} = \bigcup_{j=1}^{n} \{x: L_j(x_j)=\infty,\ L_i(x_i)>0 \quad \forall i \neq j\}$$

$$P_1(B) = \prod_{j=1}^{n} P_{j1}(B_j) = \prod_{j=1}^{n} \left[\int_{B_j\{L_j<\infty\}} L_j(x_j)\,\mathrm{d}P_{j0} + P_{j1}(B_j\{L_j=\infty\}) \right]$$
$$= \int_{B\{L<\infty\}} L(x)\,\mathrm{d}P_0 + P_1(B\{L=\infty\}).$$

Mit Standardschlüssen folgt hieraus die Gültigkeit für alle $B \in \mathfrak{B} = \bigotimes_{j=1}^{n} \mathfrak{B}_j$. □

Sind speziell P_0 und P_1 WS-Maße über $(\mathfrak{X}, \mathfrak{B})$ mit $P_1 \ll P_0$, so stimmt der DQ von P_1 bzgl. P_0 mit der P_0-Dichte von P_1 überein und ist P_0-bestimmt.

Beispiel 1.111 a) Es seien $(\mathfrak{X}, \mathfrak{B}) = (\mathbb{R}, \mathbb{B})$, $P_0 = \mathfrak{R}(0,1)$ und $P_1 = \mathfrak{R}(0,\vartheta)$, $\vartheta > 0$, also $p_0(x) = \mathbb{1}_{[0,1]}(x)$ $[\lambda\!\!\lambda]$ und $p_1(x) = \vartheta^{-1}\mathbb{1}_{[0,\vartheta]}(x)$ $[\lambda\!\!\lambda]$. Für $\vartheta > 1$ gilt *nicht* $P_1 \ll P_0$. Festlegungen des DQ von P_1 bzgl. P_0 sind alle Funktionen $L \in \mathfrak{B}$ mit

$$L(x) = L^*(x) := \vartheta^{-1}\mathbb{1}_{[0,1]}(x) + \infty\,\mathbb{1}_{[1,\vartheta]}(x) \quad [\lambda\!\!\lambda] \qquad \text{für } x \in [0,\vartheta]. \tag{1.6.32}$$

Für $\vartheta \in [0,1]$ gilt $P_1 \ll P_0 \ll \lambda\!\!\lambda$. Der DQ stimmt dann mit der $\lambda\!\!\lambda$-Dichte überein.

b) Es seien $(\mathfrak{X}, \mathfrak{B}) = (\mathbb{R}, \mathbb{B})$, $P_0 = \mathfrak{H}(N,M,n)$ und $P_1 = \mathfrak{H}(N,M+1,n)$, $M < \min\{N,n\}$. Dann gilt *nicht* $P_1 \ll P_0$; Festlegungen des DQ von P_1 bzgl. P_0 sind somit alle Funktionen L, die für $x \in \{0,\dots,M+1\}$ übereinstimmen mit der Funktion

$$L^*(x) = \frac{N-M-n+x}{M+1-x}\,\frac{M+1}{N-M}\,\mathbb{1}_{[0,n]}(x) + \infty\,\mathbb{1}_{\{n+1\}}(x). \qquad \square \tag{1.6.33}$$

Anmerkung 1.112 a) Jede Festlegung L des DQ von P_1 bzgl. P_0 ist bei geeigneter Wahl eines dominierenden Maßes μ sowie der μ-Dichten p_0 und p_1 von der speziellen Form (1.6.29). Man setze etwa $\mu := P_0 + P_1$ und

$$p_0(x) := \frac{1}{L(x)+1}\,\mathbb{1}_{\{L<\infty\}}(x), \quad p_1(x) := 1 - p_0(x) = \frac{L(x)}{L(x)+1}\,\mathbb{1}_{\{L<\infty\}}(x) + \mathbb{1}_{\{L=\infty\}}(x).$$

Bezeichnet L einen DQ von P_1 bzgl. P_0 und M einen solchen von P_0 bzgl. P_1, so gilt $M = 1/L$ $[P_0+P_1]$.

b) Der (P_0+P_1)-bestimmte DQ L läßt sich auch durch die (P_0+P_1)-bestimmte Minimalstelle $D_s \in \mathfrak{B}$ der Abbildungen $B \mapsto W_s(B) := sP_0(B) - P_1(B)$ gemäß $\{L > s\} = D_s$ $\forall s \in (0,\infty)$ charakterisieren; vgl. Satz 2.50.

c) Seien $Q_0 \in \mathfrak{M}^e(\mathfrak{X}, \mathfrak{B})$ und Q_1 ein signiertes σ-endliches Maß über $(\mathfrak{X}, \mathfrak{B})$ mit der Jordan-Hahn-Zerlegung $Q_1 = Q_1^+ - Q_1^-$, so sind die DQ L^+ von Q_1^+ bzgl. Q_0 und L^- von Q_1^- bzgl. Q_0 jeweils $Q_0 + |Q_1|$-bestimmt, $|Q_1| := Q_1^+ + Q_1^-$. Das gleiche gilt auch für den DQ $L := L^+ - L^-$ von $Q_1 = Q_1^+ - Q_1^-$ bzgl. Q_0.

1.6.2 Bedingungskerne

Wir kommen nun zur Diskussion bedingter EW. Diese sind bekanntlich wie folgt definiert: Zugrunde liege ein WS-Raum $(\mathfrak{X}, \mathfrak{B}, P)$ (hier meist der Wertebereich einer ZG X, also $P = \mathbb{P}^X$). Weiter seien $g \in \mathfrak{B}$ eine $\bar{\mathbb{R}}$-wertige Funktion, für die $Eg := \int g(x)\, \mathrm{d}P$ existiert, und $\mathfrak{C}$ eine σ-Algebra über $\mathfrak{X}$ mit $\mathfrak{C} \subset \mathfrak{B}$. Dann heißt eine $\bar{\mathbb{R}}$-wertige Funktion k *Festlegung des bedingten Erwartungswerts von g bei gegebenem $\mathfrak{C}$*, wenn $k \in \mathfrak{C}$ ist und wenn die Funktionen k und g gemittelt über die Mengen $C \in \mathfrak{C}$ dieselben Werte besitzen,

$$\int_C g(x)\, \mathrm{d}P = \int_C k(x)\, \mathrm{d}P^{\mathfrak{C}} \qquad \forall C \in \mathfrak{C}. \tag{1.6.34}$$

Diese Gleichung ist von der Form (1.6.17) mit $(\mathfrak{X}, \mathfrak{C}, P^{\mathfrak{C}})$ an Stelle von $(\mathfrak{X}, \mathfrak{B}, \mu)$, $C \mapsto \int_C g(x)\, \mathrm{d}P$ an Stelle von $B \mapsto \nu(B)$ und $k \in \mathfrak{C}$ an Stelle von $L \in \mathfrak{B}$. Folglich gibt es nach dem Satz von Radon-Nikodym stets eine Lösung k von (1.6.34) und diese ist $P^{\mathfrak{C}}$-bestimmt, d.h. mit $k \in \mathfrak{C}$ sind genau diejenigen $\tilde{k} \in \mathfrak{C}$ Lösungen von (1.6.34), für die gilt $P^{\mathfrak{C}}(k \neq \tilde{k}) = 0$. Konventionsgemäß schreiben wir hierfür $k = \tilde{k} \quad [P^{\mathfrak{C}}]$. Kommt es nicht auf eine spezielle Festlegung an, so verwenden wir das Symbol $E(g|\mathfrak{C})$. Für jede einzelne Festlegung k gilt also $k = E(g|\mathfrak{C}) \quad [P^{\mathfrak{C}}]$.

Ist speziell $g = \mathbb{1}_B$, so nennt man eine Lösung k_B von (1.6.34), d.h. von

$$P(BC) = \int_C k_B(x)\, \mathrm{d}P^{\mathfrak{C}} \qquad \forall C \in \mathfrak{C}, \tag{1.6.35}$$

eine *Festlegung der bedingten Wahrscheinlichkeit von B bei gegebenem $\mathfrak{C}$*; es gilt also $k_B = E(\mathbb{1}_B|\mathfrak{C}) \quad [P^{\mathfrak{C}}]$.

Eine zweite Möglichkeit zur Einführung bedingter EW besteht über die folgende Approximationseigenschaft: Wegen $\mathfrak{C} \subset \mathfrak{B}$ ist offenbar $\mathbb{L}_2(\mathfrak{X}, \mathfrak{C}, P^{\mathfrak{C}})$ ein Teilraum von $\mathbb{L}_2(P) := \mathbb{L}_2(\mathfrak{X}, \mathfrak{B}, P)$; vgl. A5.2, Anmerkung 1.106b und Aufg. 1.32. Bei vorgegebener Funktion $g \in \mathbb{L}_2(P)$ stellt sich somit die Frage nach der Existenz und Darstellung einer Funktion $k \in \mathbb{L}_2(\mathfrak{X}, \mathfrak{C}, P^{\mathfrak{C}})$ mit

$$\|g - k\|_{\mathbb{L}_2(P)} = \inf\{\|g - k'\|_{\mathbb{L}_2(P)} : k' \in \mathbb{L}_2(\mathfrak{X}, \mathfrak{C}, P^{\mathfrak{C}})\}. \tag{1.6.36}$$

Satz 1.113 (Minimaleigenschaft des bedingten Erwartungswerts) *Zu vorgegebener Funktion $g \in \mathbb{L}_2(P)$ und vorgegebener σ-Algebra $\mathfrak{C} \subset \mathfrak{B}$ gibt es stets eine Funktion $k \in \mathbb{L}_2(\mathfrak{X}, \mathfrak{C}, P^{\mathfrak{C}})$ mit* (1.6.36). *Diese ist $P^{\mathfrak{C}}$-bestimmt und es gilt*

$$k = E(g|\mathfrak{C}) \quad [P^{\mathfrak{C}}]. \tag{1.6.37}$$

Beweis: Für eine beliebige Funktion $k \in \mathfrak{C}$ gilt

$$\begin{aligned} E(g-k)^2 &= E[(g - E(g|\mathfrak{C})) + (E(g|\mathfrak{C}) - k)]^2 \\ &= E(g - E(g|\mathfrak{C}))^2 + E(E(g|\mathfrak{C}) - k)^2, \end{aligned} \tag{1.6.38}$$

denn wegen $E(E(g|\mathfrak{C})|\mathfrak{C}) = E(g|\mathfrak{C}) \quad [P^{\mathfrak{C}}]$, vgl. auch Satz 1.120g, gilt

$$E(g - E(g|\mathfrak{C}))(E(g|\mathfrak{C}) - k) = E[(E(g|\mathfrak{C}) - k)\, E[(g - E(g|\mathfrak{C}))\,|\mathfrak{C}]] = 0.$$

Die rechte Seite von (1.6.38) wird minimal für $k = E(g|\mathfrak{C}) \quad [P^{\mathfrak{C}}]$. □

Gilt nicht $g \in \mathbb{L}_2(P)$, existiert aber $\int g\, \mathrm{d}P$, so lassen sich für jedes $n \in \mathbb{N}$ durch Verkürzen ZG $g_n \in \mathbb{L}_2(P)$ gewinnen und damit der bedingte EW $E(g|\mathfrak{C})$ als Limes der gemäß Satz 1.113 erklärten bedingten EW $E(g_n|\mathfrak{C})$ definieren.

Obwohl bedingte EW als Lösungen von Radon-Nikodym-Gleichungen oder als Projektionen und nicht als EW bzgl. „bedingter Verteilungen" definiert sind, kann man häufig eine derartige Darstellbarkeit voraussetzen und dann mit bedingten EW ihrer intuitiven Bedeutung entsprechend arbeiten. Zum Nachweis dieser für das folgende wichtigen Eigenschaft soll zunächst gezeigt werden, daß sich die Funktionen k_B, $B \in \mathfrak{B}$, vielfach derart wählen lassen, daß die Abbildung $(x, B) \mapsto k_B(x)$ ein Markov-Kern von $(\mathfrak{X}, \mathfrak{C})$ nach $(\mathfrak{X}, \mathfrak{B})$ im Sinne von (1.2.92–93) und damit $B \mapsto k_B(x)$ bei festem $x \in \mathfrak{X}$ eine Verteilung über $(\mathfrak{X}, \mathfrak{B})$ ist.

Wir beginnen mit der Diskussion von (1.6.34) für ein Atom $C \in \mathfrak{C}$. Über einer solchen Menge ist jede Festlegung k von $E(g|\mathfrak{C})$ gemäß A3.5 konstant und für den Wert c dieser Konstanten folgt aus (1.6.34)

$$c P^{\mathfrak{C}}(C) = \int_C k(x)\, \mathrm{d}P^{\mathfrak{C}} = \int_C g(x)\, \mathrm{d}P. \tag{1.6.39}$$

Also gilt

$$c = \int_C g(x)\, \mathrm{d}P / P(C) \quad \text{für } P(C) > 0; \qquad c \in \bar{\mathbb{R}} \text{ beliebig} \quad \text{für } P(C) = 0.$$

Der bedingte EW ist also der EW von $g \in \mathfrak{B}$ bzgl. der elementar definierten bedingten Verteilung. Erklärt man nämlich bei festem $C \in \mathfrak{C}$ mit $P(C) > 0$ und $B \in \mathfrak{B}$, wie in der elementaren WS-Theorie üblich, letztere durch

$$P(B|C) := P(BC)/P(C), \tag{1.6.40}$$

so ist $P(B|C)$ in Abhängigkeit von $B \in \mathfrak{B}$ ein WS-Maß über $(\mathfrak{X}, \mathfrak{B})$. Folglich ist $\int g(x)\, \mathrm{d}P(x|C)$ bei $P(C) > 0$ erklärt und es gilt

$$E(g|C) := \int_C g(x)\, \mathrm{d}P/P(C) = \int g(x)\, \mathrm{d}P(x|C). \tag{1.6.41}$$

Speziell ergibt sich wie für gewöhnliche EW und WS aus (1.6.41) die Gültigkeit von $P(B|C) = E(\mathbb{1}_B|C)$ sowie aus (1.6.40) diejenige von $P(C|C) = 1$.

Die Beziehung (1.6.39) erlaubt es, Lösungen von (1.6.34) bzw. (1.6.35) in speziellen Situationen (die vielfach allgemeinere zu approximieren gestatten) explizit anzugeben. Dies ist im allgemeinen nicht der Fall, sieht man von den beiden trivialen Fällen $\mathfrak{C} = \{\emptyset, \mathfrak{X}\}$ und $\mathfrak{C} = \mathfrak{B}$ ab, in denen $k = Eg$ bzw. $k = g \quad [P]$ Lösungen von (1.6.34) sind.

Beispiel 1.114 (Elementar definierte bedingte Erwartungswerte $E(g|\mathfrak{C})$) $\mathfrak{C}$ sei eine σ-Algebra über $\mathfrak{X}$, die durch abzählbar viele Atome C_i, $i \in I \subset \mathbb{N}$, erzeugt wird, $\sum C_i = \mathfrak{X}$. Folglich sind die Elemente $C \in \mathfrak{C}$ abzählbare Vereinigungen dieser Atome und eine Funktion k ist nach A3.5 genau dann

$\mathfrak{C}$-meßbar, wenn sie auf den Atomen $C_i \in \mathfrak{C}$ konstant ist, wenn also gilt $k = \sum c_i \mathbb{1}_{C_i}$. Gemäß (1.6.39) folgt dann

$$c_i = \int_{C_i} g(x)\,\mathrm{d}P/P(C_i) \quad \text{für } P(C_i) > 0; \quad c_i \in \overline{\mathbb{R}} \text{ beliebig} \quad \text{für } P(C_i) = 0.$$

Jede Festlegung von $E(g|\mathfrak{C})$ ist also mit geeigneten $c_i \in \overline{\mathbb{R}}$ von der Form

$$k(x) = \sum_{P(C_i)>0} E(g|C_i)\mathbb{1}_{C_i}(x) + \sum_{P(C_i)=0} c_i \mathbb{1}_{C_i}(x). \tag{1.6.42}$$

Speziell ergibt sich für $g = \mathbb{1}_B$ als Festlegung der bedingten WS $E(\mathbb{1}_B|\mathfrak{C})$

$$k_B(x) = \sum_{P(C_i)>0} P(B|C_i)\mathbb{1}_{C_i}(x) + \sum_{P(C_i)=0} c_{iB} \mathbb{1}_{C_i}(x). \tag{1.6.43}$$

Die Abbildung $B \mapsto k_B(x)$ ist im allgemeinen nur für festes $x \in C_i$ mit $P(C_i) > 0$ eine Verteilung über $(\mathfrak{X}, \mathfrak{B})$. Bezeichnet jedoch Q ein (beliebiges festes) WS-Maß über $(\mathfrak{X}, \mathfrak{B})$ und wählt man $c_{iB} = Q(B)$, $B \in \mathfrak{B}$, so ist dies auch für festes $x \in C_i$ mit $P(C_i) = 0$ der Fall. Umgekehrt ergibt sich aus einer derartigen speziellen Festlegung $K(x, B) := k_B(x)$ von (1.6.43) durch Bildung von $\int g(x')\,\mathrm{d}K(x, x')$ wieder eine Version von $E(g|\mathfrak{C})(x)$, sofern $\int g(x')\,\mathrm{d}Q$ existiert. □

Dieses Beispiel ist jedoch in zweifacher Hinsicht nicht typisch: Zum einen gibt es im allgemeinen keine feste Nullmenge, außerhalb deren $E(g|\mathfrak{C})$ bestimmt ist; zum anderen ist $B \mapsto k_B(x)$ für festes $x \in \mathfrak{X}$ im allgemeinen keine Verteilung. Jedoch gibt es auch im nichtelementaren Fall bei vielen Situationen Lösungen k_B von (1.6.35), bei denen $B \mapsto k_B(x)$ für *jedes* $x \in \mathfrak{X}$ eine Verteilung ist.

Definition 1.115 *Gegeben seien ein* WS-*Raum* $(\mathfrak{X}, \mathfrak{B}, P)$ *und eine σ-Algebra* $\mathfrak{C}$ *über* $\mathfrak{X}$ *mit* $\mathfrak{C} \subset \mathfrak{B}$. *Dann heißt eine Abbildung* $(x, B) \mapsto K(x, B)$ *ein* Bedingungskern bei gegebenem $\mathfrak{C}$, *wenn* $x \mapsto K(x, B)$ *für jedes* $B \in \mathfrak{B}$ *eine Festlegung von* $E(\mathbb{1}_B|\mathfrak{C})$ *und wenn* $B \mapsto K(x, B)$ *für jedes* $x \in \mathfrak{X}$ *eine Verteilung über* $(\mathfrak{X}, \mathfrak{B})$ *ist. Bei* $P = \mathbb{P}^X$ *heißt* $(x, B) \mapsto K(x, B)$ *auch ein* Bedingungskern von X bei gegebenem $\mathfrak{C}$.

Ein Bedingungskern heißt vielfach auch eine bedingte Verteilung oder eine reguläre bedingte WS. Wir verwenden die Sprechweise *bedingte Verteilung* (*bei gegebenem* $\mathfrak{C}$) – ihrer intuitiven Bedeutung entsprechend – für den Schnitt eines Bedingungskerns bei festem $x \in \mathfrak{X}$, also für die Verteilung $K_x(\cdot) := K(x, \cdot)$.

Ein Bedingungskern ist somit ein Markov-Kern von $(\mathfrak{X}, \mathfrak{C})$ nach $(\mathfrak{X}, \mathfrak{B})$, der für festes $B \in \mathfrak{B}$ eine Lösung von (1.6.35) ist. Ein beliebiges System von Lösungen $x \mapsto k_B(x)$ der Gleichungen (1.6.35), $B \in \mathfrak{B}$, bildet im allgemeinen *keinen* Bedingungskern, da die Lösungen für jedes $B \in \mathfrak{B}$ gemäß Anmerkung 1.106a nur $P^{\mathfrak{C}}$-bestimmt sind; andererseits ermöglicht jedoch häufig gerade diese Tatsache, durch Abänderung spezieller Versionen auf geeigneten Nullmengen N_B solche Festlegungen $(x, B) \mapsto K(x, B)$ anzugeben, welche die Eigenschaften eines Kerns besitzen. Auch ein solcher Bedingungskern kann offenbar noch auf dem Komplement einer $P^{\mathfrak{C}}$-Nullmenge abgeändert werden, wenn hierbei die Eigenschaft eines Markov-Kerns erhalten bleibt. Wir nennen deshalb jede derartige spezielle Lösung der Gleichungen (1.6.35) eine *Festlegung des Bedingungskerns bei gegebenem* $\mathfrak{C}$ oder kurz einen *Bedingungskern*. Kommt es nicht auf eine spezielle Festlegung an, so schreiben wir für $K(x, B)$ auch $P(B|\mathfrak{C})(x)$ oder, da P meist die Verteilung

$\mathbb{P}^X$ einer ZG X ist, für $P(\cdot\,|\mathfrak{C})(\cdot)$ kurz $\mathbb{P}^{X|\mathfrak{C}}$. Im Sinne von Anmerkung 1.106a ist ein Bedingungskern $\mathbb{P}^{X|\mathfrak{C}}$ $P^{\mathfrak{C}}$-bestimmt, d.h. für jede Festlegung $K(\cdot,\cdot)$ existiert eine $P^{\mathfrak{C}}$-Nullmenge $N\in\mathfrak{C}$ derart, daß auf N^c simultan für alle $B\in\mathfrak{B}$ gilt $K(\cdot,B)=\mathbb{P}^{X|\mathfrak{C}}(B)(\cdot)$.

Beispiel 1.116 Es seien $P\in\mathfrak{M}^1(\mathbb{R},\mathbb{B})$, $g\in\mathbb{B}$ derart, daß $\int g(x)\,\mathrm{d}P$ existiert und $\mathfrak{C}:=\{B\in\mathbb{B}: B=-B\}$ die σ-Algebra der bzgl. 0 symmetrischen Mengen von $\mathbb{B}$.

a) Ist P symmetrisch bzgl. 0, d.h. $P(B)=P(-B)\quad\forall B\in\mathbb{B}$, so ist

$$k(x):=\frac{1}{2}\,[g(x)+g(-x)],\qquad x\in\mathfrak{X},\tag{1.6.44}$$

eine Festlegung von $E(g\,|\mathfrak{C})$. Einerseits ist $k\in\mathbb{B}$ und $k(x)=k(-x)\quad\forall x\in\mathfrak{X}$, also $k\in\mathfrak{C}$; andererseits ist (1.6.34) erfüllt, denn wegen der Symmetrie von C und P gilt

$$\int_C k(x)\,\mathrm{d}P^{\mathfrak{C}}=\int_C k(x)\,\mathrm{d}P=\frac{1}{2}\left[\int_C g(x)\,\mathrm{d}P+\int_C g(-x)\,\mathrm{d}P\right]=\int_C g(x)\,\mathrm{d}P\qquad\forall C\in\mathfrak{C}.$$

Jede andere Festlegung von $E(g\,|\mathfrak{C})$ ergibt sich aus (1.6.44) durch $\mathfrak{C}$-meßbare Abänderung auf einer $P^{\mathfrak{C}}$-Nullmenge, d.h. auf einer bzgl. 0 symmetrischen Menge $N\in\mathbb{B}$ mit $P(N)=0$.
Aus (1.6.44) ergibt sich für $g=\mathbb{1}_B$ als Festlegung der bedingten WS

$$k_B(x)=\frac{1}{2}\,[\mathbb{1}_B(x)+\mathbb{1}_B(-x)],\qquad x\in\mathfrak{X}.\tag{1.6.45}$$

Diese Abbildung $(x,B)\mapsto k_B(x)$ ist offenbar bereits ein Bedingungskern. Bezeichnet k'_B eine andere Festlegung von $E(\mathbb{1}_B|\mathfrak{C})$, so gilt $k'_B(x)=k_B(x)\quad[P^{\mathfrak{C}}]$ für alle $B\in\mathfrak{B}$; die Abbildung $(x,B)\mapsto k'_B(x)$ ist im allgemeinen jedoch kein Markov-Kern; vgl. Aufg. 1.29.

b) Ist $P\ll\mu$ mit μ-Dichte p und bezeichnet μ ein bezüglich 0 symmetrisches Maß, so lautet eine Festlegung von $E(g\,|\mathfrak{C})$

$$k(x)=\frac{p(x)}{p(x)+p(-x)}\,g(x)+\frac{p(-x)}{p(x)+p(-x)}\,g(-x)\quad\text{für } p(x)+p(-x)>0\tag{1.6.46}$$

und 0 (oder beliebig $\mathfrak{C}$-meßbar) sonst. Einerseits ist wieder $k\in\mathbb{B}$ und $k(x)=k(-x)\quad\forall x\in\mathbb{R}$, also $k\in\mathfrak{C}$; andererseits gilt zunächst für die durch $\bar p(x)=\frac{1}{2}(p(x)+p(-x))$ definierte Funktion $\bar p\in\mathfrak{C}$ und analog a) für alle $C\in\mathfrak{C}$

$$\int_C\bar p(x)\,\mathrm{d}\mu^{\mathfrak{C}}=\int_C\bar p(x)\,\mathrm{d}\mu=\frac{1}{2}\left[\int_C p(x)\,\mathrm{d}\mu+\int_C p(-x)\,\mathrm{d}\mu\right]=\int_C p(x)\,\mathrm{d}\mu=P(C).$$

Also ist $\bar p$ eine $\mu^{\mathfrak{C}}$-Dichte von $P^{\mathfrak{C}}$. Damit ergibt sich – ebenfalls analog a) – aus (1.6.46) wegen der Symmetrie von C und μ für alle $C\in\mathfrak{C}$

$$\begin{aligned}\int_C k(x)\,\mathrm{d}P^{\mathfrak{C}}&=\int_C k(x)\,\bar p(x)\,\mathrm{d}\mu=\frac{1}{2}\left[\int_C g(x)\,p(x)\,\mathrm{d}\mu+\int_C g(-x)\,p(-x)\,\mathrm{d}\mu\right]\\&=\int_C g(x)\,p(x)\,\mathrm{d}\mu=\int_C g(x)\,\mathrm{d}P.\end{aligned}$$

Also ist (1.6.46) eine Festlegung von $E(g\,|\mathfrak{C})$. Weitere Versionen ergeben sich einerseits durch andere Festsetzungen von k auf der Menge $\{\bar p=0\}$, z.B. gemäß $k(x):=Eg$, aber auch dadurch, daß man $\bar p$ in (1.6.46) durch eine andere – auf einer $\mu^{\mathfrak{C}}$-Nullmenge $\mathfrak{C}$-meßbar abgeänderte – Festlegung $\tilde p$ der $\mu^{\mathfrak{C}}$-Dichte von $P^{\mathfrak{C}}$ ersetzt.

Ein Bedingungskern $(x, B) \mapsto K(x, B)$ ergibt sich, wenn man in (1.6.46) $g = \mathbb{1}_B$ setzt und diese Definition bei beliebigem, festen $Q \in \mathfrak{M}^1(\mathbb{R}, \mathbb{B})$ ergänzt durch $K(x, B) := Q(B)$ für Werte x mit $p(x) + p(-x) = 0$. Existiert $\int g(x')\,\mathrm{d}Q$, so ergibt sich umgekehrt aus diesem Bedingungskern gemäß

$$k(\cdot) := \int g(x')\,\mathrm{d}K(\cdot, x') \tag{1.6.47}$$

eine Festlegung von $E(g|\mathfrak{C})$. Einerseits gilt nämlich (1.6.46) und andererseits $k(x) = \int g(x')\,\mathrm{d}Q$ für Werte x mit $p(x) + p(-x) = 0$. □

In den Beispielen 1.114 und 1.116 konnten durch geeignete, von $B \in \mathfrak{B}$ abhängende Abänderungen vorliegender Festlegungen k_B von $E(\mathbb{1}_B|\mathfrak{C})$ Versionen $K(\cdot, B)$, $B \in \mathfrak{B}$, angegeben werden, für die $(x, B) \mapsto K(x, B)$ ein Bedingungskern ist. Dies ist allgemeiner immer dann möglich, wenn ein *euklidischer Raum* zugrundeliegt, d.h. ein meßbarer Raum $(\mathfrak{X}, \mathfrak{B})$ mit $\mathfrak{X} \in \mathbb{B}^k$ und $\mathfrak{B} = \mathfrak{X}\,\mathbb{B}^k$, $k \in \mathbb{N}$. Wir formulieren diesen Satz in einer etwas allgemeineren, auf die späteren Anwendungen zugeschnittenen Form. Bei dieser liegt ein beliebiger meßbarer Raum $(\mathfrak{X}, \mathfrak{B})$ zugrunde, der durch eine Statistik U in einen euklidischen Raum $(\mathfrak{U}, \mathfrak{G})$ abgebildet wird. Unter einem *Bedingungskern von U bei gegebenem $\mathfrak{C}$* verstehen wir dann einen Markov-Kern $(x, G) \mapsto \tilde{K}(x, G) =: P^{U|\mathfrak{C}}(G)(x)$ von $(\mathfrak{X}, \mathfrak{C})$ nach $(\mathfrak{U}, \mathfrak{G})$, der bei festem $G \in \mathfrak{G}$ eine Lösung ist der aus (1.6.35) gewonnenen Radon-Nikodym-Gleichung

$$P(U^{-1}(G)\,C) = \int_C P^{U|\mathfrak{C}}(G)\,\mathrm{d}P^{\mathfrak{C}} \qquad \forall C \in \mathfrak{C}\,. \tag{1.6.48}$$

Satz 1.117 *Es seien $P \in \mathfrak{M}^1(\mathfrak{X}, \mathfrak{B})$ und $\mathfrak{C} \subset \mathfrak{B}$ eine σ-Algebra über $\mathfrak{X}$. Weiter seien $(\mathfrak{U}, \mathfrak{G})$ ein euklidischer Raum*[1]) *und U: $(\mathfrak{X}, \mathfrak{B}) \to (\mathfrak{U}, \mathfrak{G})$. Dann gilt:*

a) *Es gibt einen Bedingungskern $P^{U|\mathfrak{C}}$ von U bei gegebenem $\mathfrak{C}$.*

b) *Ist $\tilde{g} \in \mathfrak{G}$ eine Statistik, für die $E\tilde{g}(U) = \int \tilde{g}(u)\,\mathrm{d}P^U$ existiert, so gilt*

$$E(\tilde{g}(U)|\mathfrak{C}) = \int \tilde{g}(u)\,\mathrm{d}P^{U|\mathfrak{C}} \quad [P^{\mathfrak{C}}]. \tag{1.6.49}$$

Beweis: a) läßt sich durch Ausnutzen der Grundeigenschaften von bedingten EW bzw. WS-Maßen wie folgt führen: Seien o.E. $(\mathfrak{U}, \mathfrak{G}) = (\mathbb{R}^k, \mathbb{B}^k)$ und $x \mapsto \tilde{F}_x(z)$ für $z \in \mathbb{Q}^k$ eine beliebige Festlegung des bedingten EW $E(\mathbb{1}_{(-\infty, z]} \circ U|\mathfrak{C})$. Dann läßt sich sukzessive eine (von $z \in \mathbb{Q}^k$ unabhängige) $P^{\mathfrak{C}}$-Nullmenge $N \in \mathfrak{C}$ derart wählen, daß $y \mapsto F_x(y) := \lim_{z \downarrow y} \tilde{F}_x(z)$ für $x \in N^c$ eine VF über $\mathbb{R}^k$ ist. Q_x sei für $x \in N^c$ das gemäß A8.3 zu $F_x(\cdot)$ korrespondierende WS-Maß; für $x \in N$ setze man $Q_x(G) := Q(G)$ für $G \in \mathfrak{G}$, wobei Q ein beliebiges festes WS-Maß über $(\mathfrak{U}, \mathfrak{G})$ ist. Es bezeichne nun $\mathfrak{G}'$ das System aller Mengen $G \in \mathbb{B}^k$ derart, daß der Schnitt $x \mapsto Q_x(G)$ für festes G eine $\mathfrak{C}$-meßbare Lösung von (1.6.34) mit $g = \mathbb{1}_G \circ U$ ist. Dann ist $\mathfrak{G}'$ eine monotone Klasse über $\mathbb{R}^k$, welche das System G^k der endlichen Vereinigungen disjunkter linksseitig offener, rechtsseitig abgeschlossener Intervalle enthält. Nach A1.1 ist somit $\mathfrak{G}' = \mathbb{B}^k$. Also ist $x \mapsto Q_x(G)$ für festes $G \in \mathbb{B}^k$ eine Festlegung der bedingten WS und $G \mapsto Q_x(G)$ für festes $x \in \mathbb{R}^k$ nach Konstruktion ein WS-Maß.

[1]) Die Aussage bleibt gültig, wenn $\mathfrak{U}$ ein polnischer Raum und $\mathfrak{G}$ die zugehörige Borel-σ-Algebra ist; vgl. etwa die im Anhang A genannten Bücher von Bauer, §56.5, und Gänssler-Stute, S. 196.

b) folgt nach dem Aufbau meßbarer Funktionen A3.3. □

Existiert sogar ein Bedingungskern $\mathbb{P}^{X|\mathfrak{C}}$, so geht dieser beim Übergang zu einer Statistik $U: (\mathfrak{X}, \mathfrak{B}) \to (\mathfrak{U}, \mathfrak{G})$ trivialerweise wieder in einen Bedingungskern $P^{U|\mathfrak{C}}$ über.

$$P^{U|\mathfrak{C}}(G) := \mathbb{P}^{X|\mathfrak{C}}(U^{-1}(G)), \quad G \in \mathfrak{G}, \tag{1.6.50}$$

ist nämlich ein Markov-Kern von $(\mathfrak{X}, \mathfrak{C})$ nach $(\mathfrak{U}, \mathfrak{G})$, der für festes $G \in \mathfrak{G}$ eine Lösung ist von (1.6.48). Wegen Satz 1.117a existiert jedoch $P^{U|\mathfrak{C}}$ auch dann, wenn es keinen Bedingungskern $\mathbb{P}^{X|\mathfrak{C}}$ gibt, sofern nur U eine k-dimensionale Statistik ist.

1.6.3 Faktorisierung

Von besonderem Interesse sind Situationen, in denen bedingte EW bzw. Bedingungskerne durch *Bedingen an einer Statistik* $V: (\mathfrak{X}, \mathfrak{B}) \to (\mathfrak{V}, \mathfrak{H})$ gewonnen werden, bei denen also für die bedingende σ-Algebra $\mathfrak{C}$ gilt $\mathfrak{C} = V^{-1}(\mathfrak{H})$. Im allgemeinen ist die σ-Algebra $\mathfrak{H}$ auf dem Wertebereich von V kanonisch vorgezeichnet; wir schreiben deshalb kurz

$$E(g|V) := E(g|V^{-1}(\mathfrak{H})) \quad \text{bzw.} \quad P^{U|V} := P^{U|V^{-1}(\mathfrak{H})}. \tag{1.6.51}$$

Da mit der Beobachtung x auch der Wert $v := V(x)$ bekannt ist, liegt es nahe, solche durch Bedingen an einer Statistik V gewonnene bedingte EW und Bedingungskerne auch auf dem Wertebereich $(\mathfrak{V}, \mathfrak{H})$ der Statistik V und nicht nur auf dem Stichprobenraum $(\mathfrak{X}, \mathfrak{B})$ zu lesen. Dies ermöglicht der

Hilfssatz 1.118 (Faktorisierungslemma) *Es seien* $V: (\mathfrak{X}, \mathfrak{B}) \to (\mathfrak{V}, \mathfrak{H})$, $\mathfrak{C} := V^{-1}(\mathfrak{H})$, *und* k *eine meßbare Abbildung von* $(\mathfrak{X}, \mathfrak{B})$ *in* $(\bar{\mathbb{R}}, \bar{\mathbb{B}})$. *Dann gilt:* k *ist genau dann* $\mathfrak{C}$*-meßbar, wenn es eine meßbare Abbildung* $h: (\mathfrak{V}, \mathfrak{H}) \to (\bar{\mathbb{R}}, \bar{\mathbb{B}})$ *gibt mit* $k = h \circ V$.
Ist $P \in \mathfrak{M}^1(\mathfrak{X}, \mathfrak{B})$, $k \in \mathfrak{C}$ *die Lösung einer Radon-Nikodym-Gleichung und* $h \in \mathfrak{H}$ *die Lösung der aus dieser nach der Transformationsformel gewonnenen Radon-Nikodym-Gleichung, so ist* k *genau dann* $P^{\mathfrak{C}}$*-bestimmt, wenn* h P^V*-bestimmt ist.*

Beweis: Dieser folgt unmittelbar aus dem Aufbau meßbarer Funktionen A3.3. □

Jede Festlegung k des bedingten EW $E(g|V)$ läßt sich also als $V^{-1}(\mathfrak{H})$-meßbare Funktion über V meßbar faktorisieren. Bezeichnet $\tilde{k}$ eine weitere $V^{-1}(\mathfrak{H})$-meßbare Funktion mit $\tilde{k} = \tilde{h} \circ V$ und $\tilde{h} \in \mathfrak{H}$, so gilt offensichtlich mit $\mathfrak{C} := V^{-1}(\mathfrak{H})$

$$k = \tilde{k} \quad [P^{\mathfrak{C}}] \quad \Leftrightarrow \quad h = \tilde{h} \quad [P^V]. \tag{1.6.52}$$

Wegen der Transformationsformel A4.5 ist dann (1.6.34) äquivalent mit

$$\int_{V^{-1}(H)} g(x)\,\mathrm{d}P = \int_H h(v)\,\mathrm{d}P^V \quad \forall H \in \mathfrak{H}. \tag{1.6.53}$$

Durch eine direkte Anwendung des Satzes von Radon-Nikodym wie bei (1.6.34) oder auch durch Benutzen der Existenz von $E(g|V^{-1}(\mathfrak{H}))$ und des Faktorisierungslemmas folgt, daß es stets eine Lösung $h \in \mathfrak{H}$ von (1.6.53) gibt und daß diese P^V-bestimmt ist. Jede derartige Funktion h nennen wir eine *Festlegung des bedingten Erwartungswertes von g bei gegebenem* $V = v$ und bezeichnen sie mit[1]) $v \mapsto E(g \mid V = v)$. Somit gilt

$$E(g \mid V)(x) = k(x) = h(v) = E(g \mid V = v), \qquad v = V(x). \tag{1.6.54}$$

Das Faktorisierungslemma besagt also, daß durch Bedingen an einer Statistik $V: (\mathfrak{X}, \mathfrak{B}) \to (\mathfrak{V}, \mathfrak{H})$ gewonnene bedingte EW sowohl auf dem Definitionsbereich $(\mathfrak{X}, \mathfrak{B})$ wie auch auf dem Wertebereich $(\mathfrak{V}, \mathfrak{H})$ von V gelesen werden können. Im Gegensatz zu $E(g \mid V)$ hängt jedoch $E(g \mid V = v)$ nicht nur von $V^{-1}(\mathfrak{H})$, sondern auch von der speziellen Wahl der Statistik V ab.

Beispiel 1.119 In Beispiel 1.116 wird die σ-Algebra $\mathfrak{C}$ durch die Statistik $V(x) = |x|$ induziert, wenn man auf $\mathfrak{V} = V(\mathbb{R}) = [0, \infty)$ in kanonischer Weise die σ-Algebra $\mathfrak{H} = [0, \infty)\,\mathbb{B}$ verwendet. Somit folgt als Festlegung von $E(g \mid V = v)$ aus (1.6.44) bzw. (1.6.46), jeweils für alle $v \geqslant 0$

$$h(v) = \frac{1}{2}\,[g(v) + g(-v)]$$

bzw.
$$h(v) = \left[\frac{p(v)}{p(v) + p(-v)}\,g(v) + \frac{p(-v)}{p(v) + p(-v)}\,g(-v)\right] \mathbb{1}_{\{v': p(v') + p(-v') > 0\}}(v).$$

Bedingungskerne sowie die über diese mögliche Bestimmung von Festlegungen bedingter Erwartungswerte $E(g \mid V = v)$ ergeben sich wie in Beispiel 1.116.

Die bedingende σ-Algebra $\mathfrak{C}$ wird auch durch die Statistik $\tilde{V}(x) = x^2$ induziert. In diesem Fall ergibt sich für alle $v \geqslant 0$

$$\tilde{h}(v) = \frac{1}{2}\,[g(\sqrt{v}) + g(-\sqrt{v})]$$

bzw.

$$\tilde{h}(v) = \left[\frac{p(\sqrt{v})}{p(\sqrt{v}) + p(-\sqrt{v})}\,g(\sqrt{v}) + \frac{p(-\sqrt{v})}{p(\sqrt{v}) + p(-\sqrt{v})}\,g(-\sqrt{v})\right] \mathbb{1}_{\{v': p(\sqrt{v'}) + p(-\sqrt{v'}) > 0\}}(v).$$

Offenbar gilt $\tilde{h}(\tilde{V}(x)) = h(V(x)) \quad \forall x \in \mathbb{R}$. □

Der Vollständigkeit halber stellen wir noch die wichtigsten Rechenregeln für bedingte EW zusammen, und zwar o. E. für die faktorisierte Form.

Satz 1.120 (Grundeigenschaften bedingter Erwartungswerte) *Es seien* $P \in \mathfrak{M}^1(\mathfrak{X}, \mathfrak{B})$, g, g_i *und* $\tilde{g}$ *reellwertige* $\mathfrak{B}$-*meßbare Funktionen,* $c_i \in \mathbb{R}$ *sowie* V *und* $\tilde{V}$ *Statistiken von* $(\mathfrak{X}, \mathfrak{B})$ *nach* $(\mathfrak{V}, \mathfrak{H})$ *bzw.* $(\tilde{\mathfrak{V}}, \tilde{\mathfrak{H}})$. *Dann gilt, in* e) *und* f) *für* $n \to \infty$:

a) $\qquad Eh(V) = Eg, \qquad$ *falls* $h(v) := E(g \mid V = v)$,

b) $\qquad E(1 \mid V = v) = 1 \quad [P^V]$,

[1]) Man beachte, daß $E(g \mid V = v)$ im allgemeinen *nicht* wie in (1.6.41) der durch das Ereignis $\{V = v\}$ elementar definierte bedingte Erwartungswert ist, sondern der Funktionswert $h(v)$ einer $\mathfrak{H}$-meßbaren Lösung h von (1.6.53). Somit ist es im allgemeinen *nicht* gestattet, die „Bedingung" $V = v$ in $\tilde{g}(U, V)$ bei der Berechnung von $E(\tilde{g}(U, V) \mid V = v)$ zu substituieren, denn dieser ist im allgemeinen verschieden von $E(\tilde{g}(U, v) \mid V = v)$; vgl. jedoch (1.6.65) bzw. (1.6.77).

c) $E\left(\sum_{i=1}^{n} c_i g_i \middle| V=v\right) = \sum_{i=1}^{n} c_i E(g_i | V=v) \quad [P^V]$,

d) $E(g_2 | V=v) \geqslant E(g_1 | V=v) \quad [P^V]$, *falls* $g_2(x) \geqslant g_1(x) \quad [P]$,

e) $E(g_n | V=v) \uparrow E(g | V=v) \quad [P^V]$, *falls* $0 \leqslant g_n(x) \uparrow g(x) \quad [P]$,

f) $E(g_n | V=v) \to E(g | V=v) \quad [P^V]$, *falls* $g_n(x) \to g(x) \quad [P]$
und $\underline{g}(x) \leqslant g_n(x) \leqslant \bar{g}(x) \quad [P]$
mit $E|\underline{g}(X)| < \infty, E|\bar{g}(X)| < \infty$,

g) $E(f(V)g | V=v) = f(v) E(g | V=v) \quad [P^V]$, *falls* $f\colon \mathfrak{V} \to \mathbb{R}$ $\mathfrak{H}$-*meßbar*,

h) $E(E(g|\tilde{V}) | V=v) = E(g | V=v) \quad [P^V]$, *falls* V *über* $\tilde{V}$ *meßbar faktorisiert*,

i) $E(g | V=v) = Eg \quad [P^V]$, *falls* g *und* V st.u.,

j) $E(g\tilde{g} | (V,\tilde{V}) = (v,\tilde{v}))$
$= E(g | V=v)\, E(\tilde{g} | \tilde{V}=\tilde{v}) \quad [P^{V,\tilde{V}}]$, *falls* (g, V) *und* $(\tilde{g}, \tilde{V})$ st.u.,

k) $f(E(g | V=v)) \leqslant E(f(g) | V=v) \quad [P^V]$, *falls* $f\colon \mathbb{R} \to \mathbb{R}$ *konvex sowie* $E|g| < \infty$ *und* $E|f \circ g| < \infty$.

(Bedingte Jensen-Ungleichung) *Diese gilt auch für* $\mathbb{R}^k$-*wertige Funktionen* g; *vgl.* (1.6.66). *Ist* f *strikt konvex, so gilt* „=“ *in* k) *genau dann, wenn mit* $h(v) = E(g | V=v) \quad [P^V]$ *gilt* $g = h \circ V \quad [P]$.

Beweis: Da die angegebenen Festlegungen $\mathfrak{H}$-meßbar sind, ist nur die jeweilige Radon-Nikodym-Gleichung zu verifizieren. Wir tun dies exemplarisch im Fall i): Hier ist zu zeigen, daß die $\mathfrak{H}$-meßbare Funktion $h(v) := Eg$ Lösung von (1.6.53) ist. Wegen der st. Unabhängigkeit von g und V gilt aber nach A4.0 und A6.8

$$\int_{V^{-1}(H)} g(x)\, \mathrm{d}P = E[\mathbb{1}_{V^{-1}(H)} g] = E\mathbb{1}_{V^{-1}(H)} Eg = \int_H Eg\, \mathrm{d}P^V \quad \forall H \in \mathfrak{H}. \qquad \square$$

Es sollen nun noch einige weitere später benötigte Aussagen über bedingte EW hergeleitet werden, z.B. die Abhängigkeit bedingter EW $E_P(h | V=v)$ und $E_\mu(h | V=v)$ vom zugrundeliegenden WS-Maß P bzw. μ. Dabei können wir uns auf den Fall $P \ll \mu$ beschränken. Hierzu benötigen wir, wie sich die μ^V-Dichte eines WS-Maßes P^V aus der μ-Dichte des WS-Maßes P ergibt. Wegen

$$\mu^V(B) = \mu(V^{-1}(B)) = 0 \;\Rightarrow\; P^V(B) = P(V^{-1}(B)) = 0 \tag{1.6.55}$$

und $\mu^V(\mathfrak{V}) = 1$ gilt nämlich $P^V \ll \mu^V$, so daß nach dem Satz von Radon-Nikodym die Existenz einer μ^V-Dichte von P^V gesichert ist. Weiter sollen methodisch hiermit zusammenhängende Aussagen über den DQ beim Übergang zu einer Statistik gewonnen werden.

Satz 1.121 *Es seien* P *und* μ WS-*Maße über* $(\mathfrak{X}, \mathfrak{B})$ *mit* $P \ll \mu$, *sowie* $V\colon (\mathfrak{X}, \mathfrak{B}) \to (\mathfrak{V}, \mathfrak{H})$ *eine Statistik. Dann gilt*:

a) $P^V \ll \mu^V$,

b) $\dfrac{\mathrm{d}P^V}{\mathrm{d}\mu^V}(v) = E_\mu\left(\dfrac{\mathrm{d}P}{\mathrm{d}\mu} \middle| V=v\right) \quad [\mu^V]$,

c) *Ist* $h \in \mathfrak{B}$ *eine Funktion, für die* $E_\mu h$ *existiert, so gilt*

$$E_\mu\left(h \frac{\mathrm{d}P}{\mathrm{d}\mu}\middle| V=v\right) = E_P(h\,|\,V=v)\,\frac{\mathrm{d}P^V}{\mathrm{d}\mu^V}(v) \quad [\mu^V]. \tag{1.6.56}$$

Insbesondere gilt also mit $p := \mathrm{d}P/\mathrm{d}\mu$

$$E_P(h\,|\,V=v) = \frac{E_\mu(hp\,|\,V=v)}{E_\mu(p\,|\,V=v)} \quad [P^V]. \tag{1.6.57}$$

Bezeichnet Q *ein weiteres* WS-*Maß über* $(\mathfrak{X}, \mathfrak{B})$ *mit* $Q \ll \mu$, L *einen* DQ *von* Q *bzgl.* P, L^V *einen* DQ *von* Q^V *bzgl.* P^V *sowie* N *bzw.* N^V *die singulären Bereiche von* Q *bzgl.* P *bzw. von* Q^V *bzgl.* P^V, *so gilt mit* $s(v) := Q(N^c\,|\,V=v)$

d) $$Q(N) = Q^V(N^V) + E_P[L^V(V)(1-s(V))],$$

e) $$E_P(L\,|\,V=v) = L^V(v)\,s(v) \quad [P^V].$$

Beweis: a) folgt aus (1.6.55).

b) Für alle Festlegungen p und p^V von $\mathrm{d}P/\mathrm{d}\mu$ bzw. $\mathrm{d}P^V/\mathrm{d}\mu^V$ gilt

$$\int_{V^{-1}(H)} p(x)\,\mathrm{d}\mu = P(V^{-1}(H)) = P^V(H) = \int_H p^V(v)\,\mathrm{d}\mu^V \quad \forall H \in \mathfrak{H}.$$

c) Nach Definition einer μ-Dichte von P, des bedingten EW $E_p(h\,|\,V=v)$ sowie einer μ^V-Dichte von P^V gilt

$$\int_{V^{-1}(H)} h(x)\,p(x)\,\mathrm{d}\mu = \int_{V^{-1}(H)} h(x)\,\mathrm{d}P = \int_H E_P(h\,|\,V=v)\,\mathrm{d}P^V$$
$$= \int_H E_P(h\,|\,V=v)\,p^V(v)\,\mathrm{d}\mu^V \quad \forall H \in \mathfrak{H}.$$

Damit erfüllt der Integrand der rechten Seite die definierende Beziehung

$$\int_{V^{-1}(H)} h(x)\,p(x)\,\mathrm{d}\mu = \int_H E_\mu(hp\,|\,V=v)\,\mathrm{d}\mu^V \quad \forall H \in \mathfrak{H}.$$

Hieraus folgt (1.6.56) nach (1.6.20) und damit wegen $p^V(v) > 0 \quad [P^V]$ auch (1.6.57).

d) Bezeichnen p und p^V Festlegungen von $\mathrm{d}P/\mathrm{d}\mu$ bzw. $\mathrm{d}P^V/\mathrm{d}\mu^V$, so ist $N = \{p=0\} \quad [\mu]$ und $N^V = \{p^V = 0\} \quad [\mu^V]$. Hierfür gilt $M := V^{-1}(N^V) \subset N \quad [\mu]$, denn aus Satz 1.120a+g bzw. aus Teil b) folgt

$$E_\mu[\mathbb{1}_{\{p^V=0\}}(V)\,p] = E_\mu[\mathbb{1}_{\{p^V=0\}}(V)\,E_\mu(p\,|\,V)] = E_\mu[\mathbb{1}_{\{p^V=0\}}(V)\,p^V(V)] = 0,$$

also $\mathbb{1}_{\{p^V(V)=0\}}(x)\,p(x) = 0 \quad [\mu]$ und somit

$$M = \{x: p^V(V(x)) = 0\} \subset \{x: p(x) = 0\} = N \quad [\mu]. \tag{1.6.58}$$

Mit $\tilde{M} = \{v: p^V(v) = 0\}$ gilt $M = V^{-1}(\tilde{M})$ und $N^V = \tilde{M} \quad [P^V + Q^V]$. Damit ergibt sich nach Definition von $s(v)$

$$Q(N) = Q(NM) + Q(NM^c) = Q(M) + E_Q[\mathbb{1}_{M^c}\,Q(N\,|\,V)] = Q^V(\tilde{M}) + \int_{M^c} (1-s(v))\,\mathrm{d}Q^V$$
$$= Q^V(N^V) + \int (1-s(v))\,L^V(v)\,\mathrm{d}P^V.$$

e) Aus (1.6.56) mit Q an Stelle von P und $q := \mathrm{d}Q/\mathrm{d}\mu$ bzw. $q^V := \mathrm{d}Q^V/\mathrm{d}\mu^V$ folgt

$$E_\mu(\mathbb{1}_{\{p>0\}}\, q \mid V=v) = E_Q(\mathbb{1}_{\{p>0\}} \mid V=v)\, q^V(v) \quad [\mu^V]$$

und somit unter Verwenden von (1.6.29) aus (1.6.57) mit $h(x) = L(x)$

$$E_P(L \mid V=v) = \frac{E_\mu(Lp \mid V=v)}{E_\mu(p \mid V=v)} = \frac{E_\mu(\mathbb{1}_{\{p>0\}}\, q \mid V=v)}{p^V(v)} = \frac{q^V(v)\, s(v)}{p^V(v)} \quad [P^V]. \quad \square$$

Analog bedingten EW kann man auch Bedingungskerne in faktorisierter Darstellung angeben. Hierzu betrachten wir etwa die beiden Statistiken

$$U\colon (\mathfrak{X}, \mathfrak{B}) \to (\mathfrak{U}, \mathfrak{G}), \qquad V\colon (\mathfrak{X}, \mathfrak{B}) \to (\mathfrak{V}, \mathfrak{H}). \tag{1.6.59}$$

Bezeichnet dann $(x, G) \mapsto K(x, G)$ eine Festlegung des Bedingungskernes $P^{U|V} = P^{U|V^{-1}(\mathfrak{H})}$ von U bei gegebenem V, so ist definitionsgemäß $x \mapsto K(x, G)$ bei festem $G \in \mathfrak{G}$ eine $V^{-1}(\mathfrak{H})$-meßbare Funktion und zwar eine Festlegung von $E(\mathbb{1}_G \circ U \mid V)$. Somit gibt es nach dem Faktorisierungslemma 1.118 für jedes feste $G \in \mathfrak{G}$ eine $\mathfrak{H}$-meßbare Abbildung $v \mapsto H(v, G)$ derart, daß $K(\cdot, G) = H(\cdot, G) \circ V$ ist. Wenn das System dieser Funktionen $H(\cdot, G)$, $G \in \mathfrak{G}$, so gewählt werden kann, daß auch $G \mapsto H(v, G)$ für jedes feste v eine Verteilung über $(\mathfrak{U}, \mathfrak{G})$, also $(v, G) \mapsto H(v, G)$ ein Markov-Kern von $(\mathfrak{V}, \mathfrak{H})$ nach $(\mathfrak{U}, \mathfrak{G})$ ist, so nennen wir die Abbildung $(v, G) \mapsto H(v, G)$ eine Festlegung des *Bedingungskerns von U bei gegebenem V = v*. Für eine solche Festlegung schreiben wir auch $(v, G) \mapsto P^{U|V=v}(G)$ und nennen den Schnitt $G \mapsto P^{U|V=v}(G)$ bei festem v eine *bedingte Verteilung von U bei gegebenem V = v*. Wir werden in den Sätzen 1.122 bzw. 1.126 zeigen, daß ein derartiger Bedingungskern stets dann existiert, wenn $(\mathfrak{U}, \mathfrak{G})$ ein euklidischer Raum ist *oder* wenn die gemeinsame Verteilung $P^{U,V}$ eine Dichte $p^{U,V}$ bzgl. eines Produktmaßes $\lambda \otimes \nu \in \mathfrak{M}^\sigma(\mathfrak{U} \times \mathfrak{V}, \mathfrak{G} \otimes \mathfrak{H})$ hat. Beim Beweis hat man zu beachten, daß die (1.6.48) entsprechende Radon-Nikodym-Gleichung offenbar lautet

$$P^{U,V}(G \times H) = P(U^{-1}(G)\, V^{-1}(H)) = \int_H P^{U|V=v}(G)\, \mathrm{d}P^V(v) \quad \forall H \in \mathfrak{H}. \tag{1.6.60}$$

Ein Bedingungskern $(v, G) \mapsto P^{U|V=v}(G)$ ist also dadurch charakterisiert, daß er für festes $G \in \mathfrak{G}$ eine $\mathfrak{H}$-meßbare Lösung von (1.6.60) und für jedes $v \in \mathfrak{V}$ eine Verteilung über $(\mathfrak{U}, \mathfrak{G})$ ist.

Häufig ist es nützlich, neben $P^{U|V=v}$ auch den Bedingungskern $P^{(U,V)|V=v}$ zu betrachten. Unter diesem soll ein Markov-Kern $(v, D) \mapsto P^{(U,V)|V=v}(D)$ von $(\mathfrak{V}, \mathfrak{H})$ nach $(\mathfrak{U} \times \mathfrak{V}, \mathfrak{G} \otimes \mathfrak{H})$ verstanden werden, der bei festem $D \in \mathfrak{G} \otimes \mathfrak{H}$ eine Lösung der ebenfalls (1.6.48) entsprechenden Radon-Nikodym-Gleichung

$$P^{U,V}(D \cap (\mathfrak{U} \times H)) = P((U,V)^{-1}(D) \cap V^{-1}(H)) = \int_H P^{(U,V)|V=v}(D)\, \mathrm{d}P^V(v) \quad \forall H \in \mathfrak{H} \tag{1.6.61}$$

ist. Dabei ergeben sich die bedingten Verteilungen $P^{U|V=v}$ aus den bedingten Verteilungen $P^{(U,V)|V=v}$ wieder als Randverteilungen gemäß

$$P^{U|V=v}(G) = P^{(U,V)|V=v}(G \times \mathfrak{V}), \quad G \in \mathfrak{G}. \tag{1.6.62}$$

Sieht man von der Möglichkeit der Gewinnung von Kernen $(v, G) \mapsto P^{U|V=v}(G)$ bzw. $(v, D) \mapsto P^{(U,V)|V=v}(D)$ aus einem Bedingungskern $\mathbb{P}^{X|\mathfrak{C}}$ analog (1.6.50) ab, so läßt sich deren Existenz auf zwei verschiedene Arten sichern. Zum einen ist dies vermöge „abstrakter" Existenzaussagen analog Satz 1.117 möglich. Die hierzu erforderliche Voraussetzung eines euklidischen Raums $(\mathfrak{U}, \mathfrak{G})$ ist deshalb nicht sehr einschränkend, weil die auftretenden Statistiken U meist ohnehin $\mathbb{R}^k$-wertig sind. Zum anderen lassen sich diese Kerne bei Vorliegen von Dichten $p^{U,V}$ vielfach konstruktiv angeben; vgl. Satz 1.126 bzw. Hilfssatz 1.173. Wie üblich bezeichnen hierbei $D_v := \{u: (u, v) \in D\}$ bzw. $g_v(u) := g(u, v)$ den Schnitt von $D \subset \mathfrak{U} \times \mathfrak{V}$ bzw. $g: \mathfrak{U} \times \mathfrak{V} \to \mathbb{R}$, jeweils bei gegebenem v.

Satz 1.122 *Es seien $P \in \mathfrak{M}^1(\mathfrak{X}, \mathfrak{B})$ sowie U und V Statistiken gemäß* (1.6.59).

a) *Ist $(\mathfrak{U}, \mathfrak{G})$ ein euklidischer*[1]) *Raum, so existiert stets ein Bedingungskern $(v, G) \mapsto P^{U|V=v}(G)$ von U bei gegebenem $V = v$.*

b) *Es existiere ein Bedingungskern $(v, G) \mapsto P^{U|V=v}(G)$ von U bei gegebenem $V = v$. Dann gilt:*

1) $$(v, D) \mapsto P^{(U,V)|V=v}(D) := P^{U|V=v}(D_v) \tag{1.6.63}$$

ist ein Bedingungskern von (U, V) bei gegebenem $V = v$.

2) *Für jede Funktion $g \in \mathfrak{G} \otimes \mathfrak{H}$, für die $Eg(U, V)$ existiert, gilt*

$$E(g(U, V) \mid V = v) = \int_{\mathfrak{U}} g_v(u) \, dP^{U|V=v}(u) \quad [P^V], \tag{1.6.64}$$

$$\int_{G \times H} g(u, v) \, dP^{U,V}(u, v) = \int_H \int_G g_v(u) \, dP^{U|V=v}(u) \, dP^V(v) \quad \forall G \in \mathfrak{G} \quad \forall H \in \mathfrak{H}. \tag{1.6.65}$$

Beweis: a) Dieser erfolgt wie derjenige von Satz 1.117a, wenn man

$$F_x(z) := E(\mathbb{1}_{(-\infty, z]} \circ U \mid \mathfrak{C})(x)$$

ersetzt durch $F_v(z) := E(\mathbb{1}_{(-\infty, z]} \circ U \mid V = v)$.

b1) Wir zeigen, daß (1.6.63) ein Markov-Kern von $(\mathfrak{V}, \mathfrak{H})$ nach $(\mathfrak{U} \times \mathfrak{V}, \mathfrak{G} \otimes \mathfrak{H})$ ist, der für festes D die Radon-Nikodym-Gleichung (1.6.61) löst.

Für festes $D = G \times H \in \mathfrak{G} \otimes \mathfrak{H}$ ist $v \mapsto \tilde{K}(v, D) := P^{U|V=v}(D_v) = P^{U|V=v}(G) \mathbb{1}_H(v)$ eine $\mathfrak{H}$-meßbare Funktion. Diese Eigenschaft gilt auch für Mengen D aus der Mengenalgebra $\alpha(\mathfrak{G} \times \mathfrak{H})$ der endlichen disjunkten Vereinigungen von Mengen der Form $G \times H \in \mathfrak{G} \otimes \mathfrak{H}$. Die Gesamtheit der Mengen $D \in \mathfrak{G} \otimes \mathfrak{H}$, für die $v \mapsto \tilde{K}(v, D)$ eine $\mathfrak{H}$-meßbare Funktion ist, enthält also $\alpha(\mathfrak{G} \times \mathfrak{H})$ und bildet eine monotone Klasse; sie umfaßt also $\mathfrak{G} \otimes \mathfrak{H}$. Da $D \mapsto \tilde{K}(v, D)$ für alle $v \in \mathfrak{V}$ ein WS-Maß über $\mathfrak{G} \otimes \mathfrak{H}$ ist, erweist sich $\tilde{K}$ als Markov-Kern von $(\mathfrak{V}, \mathfrak{H})$ nach $(\mathfrak{U} \times \mathfrak{V}, \mathfrak{G} \otimes \mathfrak{H})$.

Damit sind für jedes feste $H' \in \mathfrak{H}$ die beiden Abbildungen

$$D \mapsto \int_{H'} P^{U|V=v}(D_v) \, dP^V(v) \quad \text{und} \quad D \mapsto P^{U,V}(D \cap (\mathfrak{U} \times H'))$$

---

[1]) vgl. Fußnote S. 118

endliche Maße über $\mathfrak{G} \otimes \mathfrak{H}$. Diese stimmen für Mengen der Form $D = G \times H \in \mathfrak{G} \otimes \mathfrak{H}$ überein, denn nach (1.6.60) gilt für alle $H' \in \mathfrak{H}$

$$\int_{H'} P^{U|V=v}(D_v)\,\mathrm{d}P^V(v) = \int_{HH'} P^{U|V=v}(G)\,\mathrm{d}P^V(v) = P^{U,V}(G \times HH') = P^{U,V}(D \cap (\mathfrak{U} \times H')).$$

Folglich gilt dies auch für alle endlichen disjunkten Vereinigungen derartiger Mengen und damit nach dem Maßerweiterungssatz auch für alle Mengen $D \in \mathfrak{G} \otimes \mathfrak{H}$. Wegen (1.6.61) folgt also mit (1.6.20) die Behauptung.

b2) Für $g = \mathbb{1}_D$ mit $D \in \mathfrak{G} \otimes \mathfrak{H}$ gilt für alle $H' \in \mathfrak{H}$

$$\int_{H'} [\int g_v(u)\,\mathrm{d}P^{U|V=v}(u)]\,\mathrm{d}P^V(v) = \int_{H'} P^{U|V=v}(D_v)\,\mathrm{d}P^V(v) = P^{U,V}(D \cap (\mathfrak{U} \times H'))$$

$$= \int_{V^{-1}(H')} g(U,V)\,\mathrm{d}P.$$

Damit ist $v \mapsto \int g_v(u)\,\mathrm{d}P^{U|V=v}(u)$ eine Version von $E(g(U,V)\,|\,V=v)$. Nach dem Aufbau meßbarer Funktionen ergibt sich die Gültigkeit von (1.6.64) hieraus für beliebige $g \in \mathfrak{G} \otimes \mathfrak{H}$.

Die Beziehung (1.6.65) erhält man aus (1.6.64) mit $\tilde{g} = g\mathbb{1}_{G \times H}$ gemäß

$$\int_{G \times H} g(u,v)\,\mathrm{d}P^{U,V}(u,v) = E\tilde{g}(U,V) = \int E(\tilde{g}(U,V)\,|\,V=v)\,\mathrm{d}P^V(v)$$

$$= \int [\int \tilde{g}_v(u)\,\mathrm{d}P^{U|V=v}(u)]\,\mathrm{d}P^V(v) = \int_H \int_G g_v(u)\,\mathrm{d}P^{U|V=v}(u)\,\mathrm{d}P^V(v). \square$$

Intuitiv liegt es nahe, für die rechte Seite von (1.6.64) $E(g_v(U)\,|\,V=v)$ zu schreiben. Das ist jedoch nicht gerechtfertigt, da sich dieser Ausdruck nicht in der üblichen Weise als bedingter EW präzisieren, d.h. nicht als $\mathfrak{H}$-meßbare Lösung einer Radon-Nikodym-Gleichung gewinnen läßt. Hierzu hätte man nämlich zunächst bei festem $w \in \mathfrak{V}$ eine Festlegung $h_w(v)$ von $E(g_w(U)\,|\,V=v)$ als $\mathfrak{H}$-meßbare Lösung der Radon-Nikodym-Gleichung

$$\int_{V^{-1}(H)} g_w(U)\,\mathrm{d}P = \int_H h_w(v)\,\mathrm{d}P^V(v) \qquad \forall H \in \mathfrak{H}$$

zu bestimmen und dann $E(g_v(U)\,|\,V=v)$ als $h_v(v)$ zu interpretieren. Es lassen sich jedoch leicht Beispiele angeben, in denen $v \mapsto h_v(v)$ *nicht* P^V-f.ü. gleich $v \mapsto \int g_v(u)\,\mathrm{d}P^{U|V=v}(u)$ ist. Hierzu wähle man etwa $(\mathfrak{V}, \mathfrak{H}, P^V)$ derart, daß für alle $v \in \mathfrak{V}$ gilt $\{v\} \in \mathfrak{H}$ mit $P^V(\{v\}) = 0$; weiter sei $g_w(u) = 0 \quad \forall w \in \mathfrak{V}$. Dann ist für festes $w \in \mathfrak{V}$ die Funktion $h_w(v) = \mathbb{1}_{\{w\}}(v)$ wegen $h_w(v) = 0 \quad [P^V]$ eine Festlegung von $v \mapsto E(g_w(U)\,|\,V=v)$. Jedoch gilt

$$h_v(v) = 1 \neq 0 = \int g_v(u)\,\mathrm{d}P^{U|V=v}(u) \quad [P^V].$$

Die angestrebte Aussage ist jedoch trivialerweise richtig, wenn man für $E(g_w(U)\,|\,V=v)$ nur Versionen zuläßt, die sich aus einem Bedingungskern $P^{U|V=v}$ gewinnen lassen gemäß $h_w(v) = \int g_w(u)\,\mathrm{d}P^{U|V=v}(u)$.

Als Anwendung beweisen wir die bedingte Jensen-Ungleichung 1.120k

$$f(E(U\,|\,V=v)) \leqslant E(f(U)\,|\,V=v) \quad [P^V]. \tag{1.6.66}$$

Dabei wurde $U = g$ gesetzt; voraussetzungsgemäß sind U $\mathbb{R}^k$-wertig mit $EU \in \mathbb{R}^k$ sowie f konvex derart, daß $Ef \circ U$ existiert. Dann gibt es nach Satz 1.122 stets eine Version $P^{U|V=v}$ der bedingten Verteilung von U bei gegebenem $V = v$. Mit dieser gilt gemäß (1.6.64)

$$E(U\,|\,V=v) = \int u \,\mathrm{d}P^{U|V=v}(u) \quad [P^V]$$

bzw. $$E(f \circ U\,|\,V=v) = \int f(u)\,\mathrm{d}P^{U|V=v}(u) \quad [P^V].$$

Andererseits folgt mit der Jensen-Ungleichung A5.0 (für jedes feste v)

$$f\left(\int u\,\mathrm{d}P^{U|V=v}(u)\right) \leqslant \int f(u)\,\mathrm{d}P^{U|V=v}(u). \tag{1.6.67}$$

Aus diesen beiden Beziehungen zusammen ergibt sich unmittelbar (1.6.66).

Ist speziell f strikt konvex, so gilt Gleichheit in (1.6.66) genau dann, wenn es eine P^V-Nullmenge $N \in \mathfrak{H}$ gibt mit Gleichheit in (1.6.67) für alle $v \in N^c$. Dieses wiederum ist nach der Jensen-Ungleichung A5.0 genau dann der Fall, wenn es eine P^V-Nullmenge $N \in \mathfrak{H}$ gibt derart, daß $P^{U|V=v}$ für $v \in N^c$ eine Einpunktverteilung ist. Dieses ist dann notwendig diejenige mit dem Träger $\{h(v)\}$, $h(v) := \int u\,\mathrm{d}P^{U|V=v}(u)$. Infolgedessen ist die Gleichheit in (1.6.66) äquivalent mit $P^{U|V=v}(\{h(v)\}) = 1 \quad [P^V]$, wobei $h(v) = E(U\,|\,V=v)\ [P^V]$ ist. Schließlich ergibt sich der Nachweis der Äquivalenz dieser Bedingung mit der in Satz 1.120k behaupteten Bedingung $U = h \circ V \quad [P]$, wenn man setzt $D := \{(h(v), v) \colon v \in \mathfrak{V}\}$ und beachtet $D_v = \{h(v)\}$, (1.6.65) sowie

$$\begin{aligned} P(U = h \circ V) &= \int \mathbb{1}_D(u,v)\,\mathrm{d}P^{U,V}(u,v) = \int \left[\int \mathbb{1}_{D_v}(u)\,\mathrm{d}P^{U|V=v}(u)\right] \mathrm{d}P^V(v) \\ &= \int P^{U|V=v}(\{h(v)\})\,\mathrm{d}P^V(v)\,. \end{aligned}$$

Abschließend geben wir noch ein Kriterium dafür an, daß $P^{U|V=v}$ unabhängig von v wählbar ist. Dies beinhaltet, daß bei Vorliegen von Bedingungskernen wie bei den entsprechenden elementar definierten Größen zwei ZG U und V genau dann st. u. sind, wenn die bedingten Verteilungen $P^{U|V=v}$ P^V-f. ü. mit der (absoluten) Verteilung von U übereinstimmen.

Satz 1.123 *Es seien $P \in \mathfrak{M}^1(\mathfrak{X}, \mathfrak{B})$ sowie U und V Statistiken auf $(\mathfrak{X}, \mathfrak{B})$ mit Werten in $(\mathfrak{U}, \mathfrak{G})$ bzw. $(\mathfrak{V}, \mathfrak{H})$. Gibt es dann einen Bedingungskern $P^{U|V=v}$, so sind die folgenden drei Aussagen äquivalent:*

1) *U und V sind* st. u. *unter P,*
2) *$P^{U|V=v}$ ist unabhängig von v wählbar,*
3) $P^{U|V=v} = P^U \quad [P^V]$.

Beweis: 1) ⇒ 2): Seien U und V st. u. unter P; dann folgt aus (1.6.60)

$$P^U(G)\,P^V(H) = \int_H P^{U|V=v}(G)\,\mathrm{d}P^V \quad \forall G \in \mathfrak{G} \quad \forall H \in \mathfrak{H}\,. \tag{1.6.68}$$

Also ist $P^{U|V=v}$ unabhängig von v wählbar.

2) ⇒ 3): Sei Q eine von v unabhängige Festlegung von $P^{U|V=v}$. Dann folgt aus (1.6.68) $P^U(G)\,P^V(H) = Q(G)\,P^V(H) \quad \forall G \in \mathfrak{G} \quad \forall H \in \mathfrak{H}$, also $Q = P^U$.

3) ⇒ 1): Aus 3) und (1.6.60) folgt $P^{U,V}(G \times H) = P^U(G)\,P^V(H) \quad \forall G \in \mathfrak{G} \quad \forall H \in \mathfrak{H}$. □

1.6.4 Bedingungskerne bei Dominiertheit; bedingte Dichten

Eine zweite Möglichkeit zum Nachweis der Existenz eines Bedingungskerns $(v, G) \mapsto P^{U|V=v}(G)$, die zugleich seine explizite Darstellung liefert, liegt dann vor, wenn die Verteilung $P^{U,V} \in \mathfrak{M}^1(\mathfrak{U} \times \mathfrak{V}, \mathfrak{G} \otimes \mathfrak{H})$ eine Dichte bzgl. eines Produktmaßes $\lambda \otimes \nu$ σ-endlicher Maße besitzt. In einem solchen Fall hat nämlich auch $P^{U|V=v}$ eine „bedingte Dichte" bzgl. λ und diese läßt sich vermöge der vorgegebenen Dichte explizit angeben. Zur Vorbereitung zeigen wir anhand einer später wichtigen Situation, daß sich vielfach bedingte EW explizit angeben lassen, falls die Dichten bekannt sind.

Satz 1.124 *Es seien $P \in \mathfrak{M}^1(\mathfrak{X}, \mathfrak{B})$ und $\mu \in \mathfrak{M}^\sigma(\mathfrak{X}, \mathfrak{B})$ mit $P \ll \mu$, p eine μ-Dichte von P, $\mathfrak{Q}$ eine Gruppe endlicher Ordnung q meßbarer Transformationen π von $(\mathfrak{X}, \mathfrak{B})$ auf sich und*

1) *$\mathfrak{C}(\mathfrak{Q})$ die σ-Algebra der gegenüber $\mathfrak{Q}$ invarianten meßbaren Mengen,*

$$\mathfrak{C}(\mathfrak{Q}) := \{C \in \mathfrak{B} \colon \pi C = C \quad \forall \pi \in \mathfrak{Q}\},$$

2) *μ invariant gegenüber $\mathfrak{Q}$, d.h. $\mu^\pi = \mu \quad \forall \pi \in \mathfrak{Q}$, und $\mu^{\mathfrak{C}(\mathfrak{Q})}$ σ-endlich.*

Dann gilt für alle $g \in \mathfrak{B}$, für die Eg existiert:

a) $\bar{p}(x) := \frac{1}{q} \sum_{\pi \in \mathfrak{Q}} p(\pi x)$ *ist eine $\mu^{\mathfrak{C}(\mathfrak{Q})}$-Dichte von $P^{\mathfrak{C}(\mathfrak{Q})}$ und es gilt*

$$k(x) := \frac{1}{q} \sum_{\pi \in \mathfrak{Q}} \frac{g(\pi x)\, p(\pi x)}{\bar{p}(x)} \mathbb{1}_{\{\bar{p} > 0\}}(x) = E(g \,|\, \mathfrak{C}(\mathfrak{Q})) \quad [P^{\mathfrak{C}(\mathfrak{Q})}]. \tag{1.6.69}$$

b) *Mit beliebigem $Q \in \mathfrak{M}^1(\mathfrak{X}, \mathfrak{B})$ ist ein Bedingungskern gegeben durch*

$$K(x, B) := \frac{1}{q} \sum_{\pi \in \mathfrak{Q}} \frac{\mathbb{1}_B(\pi x)\, p(\pi x)}{\bar{p}(x)} \mathbb{1}_{\{\bar{p} > 0\}}(x) + Q(B)\, \mathbb{1}_{\{\bar{p} = 0\}}(x). \tag{1.6.70}$$

Beweis: a) Offenbar ist $\bar{p} \in \mathfrak{B}$ und $\bar{p} \circ \pi = \bar{p} \quad \forall \pi \in \mathfrak{Q}$, also $\bar{p} \in \mathfrak{C} := \mathfrak{C}(\mathfrak{Q})$. Wegen A4.3, A4.5 sowie 1) und 2) gilt überdies für jedes $C \in \mathfrak{C}$

$$\begin{aligned}\int_C \bar{p}(x)\, d\mu^{\mathfrak{C}} &= \frac{1}{q} \sum_{\pi \in \mathfrak{Q}} \int_C p(\pi x)\, d\mu = \frac{1}{q} \sum_{\pi \in \mathfrak{Q}} \int_{\pi C} p(x)\, d\mu^\pi \\ &= \frac{1}{q} \sum_{\pi \in \mathfrak{Q}} \int_C p(x)\, d\mu = \int_C p(x)\, d\mu = P^{\mathfrak{C}}(C).\end{aligned}$$

Also ist $\bar{p}(x)$ eine $\mu^{\mathfrak{C}}$-Dichte von $P^{\mathfrak{C}}$. Analog ergibt sich $k \in \mathfrak{C}$ sowie

$$\begin{aligned}\int_C k(x)\, dP^{\mathfrak{C}} &= \int_C k(x)\, \bar{p}(x)\, d\mu^{\mathfrak{C}} = \frac{1}{q} \sum_{\pi \in \mathfrak{Q}} \int_C g(\pi x)\, p(\pi x)\, d\mu \\ &= \int_C g(x)\, p(x)\, d\mu = \int_C g(x)\, dP\end{aligned}$$

für jedes $C \in \mathfrak{C}$ und damit wegen (1.6.34) die Behauptung.

b) Wegen a) ist $(x, B) \mapsto K(x, B)$ für jedes $B \in \mathfrak{B}$ eine Festlegung von $E(\mathbb{1}_B | \mathfrak{C})$ und wegen (1.6.69) bzw. $Q \in \mathfrak{M}^1(\mathfrak{X}, \mathfrak{B})$ für jedes $x \in \mathfrak{X}$ eine Verteilung über $(\mathfrak{X}, \mathfrak{B})$. □

Auch die (1.6.69) bzw. (1.6.70) entsprechende faktorisierte Darstellung hat eine ähnlich einfache Gestalt, sofern gewisse Eigenschaften erfüllt sind. Ist nämlich die induzierende Statistik V von der Form $V\colon (\mathfrak{X}, \mathfrak{B}) \to (\mathfrak{X}, \mathfrak{B})$ und läßt sich $\mathfrak{X}$ (bis auf eine μ-Nullmenge N mit $V(N) \subset N$) in disjunkte „Sektoren" $\pi^{-1}M, \pi \in \mathfrak{Q}, M \in \mathfrak{B}$, zerlegen mit $V(x) = \pi x$ für $x \in \pi^{-1}M$, so verifiziert man (vgl. Aufg. 1.36)

$$V^{-1}(\mathfrak{B}) = \mathfrak{C}(\mathfrak{Q}) \quad [\mu], \qquad p^V(v) := \frac{1}{q} \sum_{\pi \in \mathfrak{Q}} p(\pi v) = \frac{\mathrm{d}P^V}{\mathrm{d}\mu^V} \quad [\mu^V],$$
$$h(v) := \frac{1}{q} \sum_{\pi \in \mathfrak{Q}} \frac{g(\pi v)\, p(\pi v)}{p^V(v)} \mathbb{1}_{\{p^V > 0\}}(v) = E(g \mid V = v) \quad [P^V]. \tag{1.6.71}$$

Beispiel 1.125 a) In den Beispielen 1.116 b und 1.119 sind die Voraussetzungen von Satz 1.124 erfüllt, wobei $\mathfrak{Q}$ die durch die Spiegelung am Nullpunkt erzeugte Gruppe und somit $q = 2$ ist. Offenbar ist (1.6.46) von der Form (1.6.69). $\mathfrak{C}(\mathfrak{Q})$ wird induziert durch die Statistiken $V(x) = |x|$ und $\tilde{V}(x) = x^2$. Für $V(x) = |x|$ gilt (1.6.71).

b) $X_1, \ldots, X_n$ seien reellwertige ZG mit der gemeinsamen Verteilung $P = \mathfrak{L}(X_1, \ldots, X_n) \ll \lambda\!\!\lambda^n$ und $\lambda\!\!\lambda^n$-Dichte $p(x)$, $x = (x_1, \ldots, x_n)$. Dann sind ebenfalls die Voraussetzungen von Satz 1.124 erfüllt, nämlich mit der Gruppe $\mathfrak{Q} = \mathfrak{S}_n$ der den Koordinatenpermutationen entsprechenden Transformationen $\pi\colon (\mathbb{R}^n, \mathbb{B}^n) \to (\mathbb{R}^n, \mathbb{B}^n)$ und somit $q = n!$. Folglich ist mit $\mathfrak{C} = \mathfrak{C}(\mathfrak{Q})$

$$\bar{p}(x) = \frac{1}{n!} \sum_{\pi \in \mathfrak{S}_n} p(\pi x) \quad \text{bzw.} \quad k(x) = \frac{1}{n!} \sum_{\pi \in \mathfrak{S}_n} \frac{g(\pi x)\, p(\pi x)}{\bar{p}(x)} \mathbb{1}_{\{\bar{p} > 0\}}(x) \quad [P^{\mathfrak{C}}]. \tag{1.6.72}$$

$\mathfrak{C}$ wird z.B. induziert durch die Statistik $V(x) = x_{\uparrow}$. Mit dieser gilt

$$p^V(v) = \frac{1}{n!} \sum_{\pi \in \mathfrak{S}_n} p(\pi v) \quad \text{bzw.} \quad h(v) = \frac{1}{n!} \sum_{\pi \in \mathfrak{S}_n} \frac{g(\pi v)\, p(\pi v)}{p^V(v)} \mathbb{1}_{\{p^V > 0\}}(v) \quad [P^V]. \; \square \tag{1.6.73}$$

Wir kommen nun zu der bereits bei Satz 1.122 angekündigten zweiten Aussage über die Existenz von Bedingungskernen. Analog Satz 1.124 beruht deren Beweis darauf, beide Seiten der Radon-Nikodym-Gleichung (1.6.53) bei geeignetem dominierenden Maß μ in μ^V-Integrale umzuschreiben und dann durch Anwendung von (1.6.20) eine Festlegung der bedingten EW vermöge vorliegender Dichten konstruktiv zu gewinnen.

Satz 1.126 *Es seien $P \in \mathfrak{M}^1(\mathfrak{X}, \mathfrak{B})$, U und V Statistiken der Form* (1.6.59) *und $P^{U,V} \ll \lambda \otimes \nu$ mit $\lambda \otimes \nu$-Dichten $p^{U,V}(u, v)$ bei σ-endlichen Maßen λ und ν. Weiter bezeichne*

$$p^V(v) := \int_{\mathfrak{U}} p^{U,V}(u, v)\, \mathrm{d}\lambda(u)$$

die Randdichte (bzgl. ν). Schließlich sei die bedingte Dichte (bzgl. λ) $p^{U|V=v}$ definiert durch

$$p^{U|V=v}(u) := p^{U,V}(u, v)/p^V(v) \qquad \text{für } p^V(v) > 0 \tag{1.6.74}$$

und gleich einer beliebigen λ-Dichte sonst. Dann gilt:

a) *Es gibt Bedingungskerne $(v, G) \mapsto P^{U|V=v}(G)$ und $(v, D) \mapsto P^{(U,V)|V=v}(D)$. Diese lassen sich explizit angeben und zwar gilt bei festem v mit $p^V(v) > 0$*

$$P^{U|V=v}(G) = \int_G p^{U|V=v}(u)\, \mathrm{d}\lambda(u) \quad \forall G \in \mathfrak{G}, \tag{1.6.75}$$

$$P^{(U,V)|V=v}(D) = \int_{D_v} p^{U|V=v}(u)\,\mathrm{d}\lambda(u) \quad \forall D \in \mathfrak{G} \otimes \mathfrak{H}. \tag{1.6.76}$$

b) *Für jede Funktion* $g \in \mathfrak{G} \otimes \mathfrak{H}$, *für die* $Eg(U,V)$ *existiert, gilt*

$$E(g(U,V)\,|\,V=v) = \int_{\mathfrak{U}} g_v(u)\,p^{U|V=v}(u)\,\mathrm{d}\lambda(u) \quad [P^V], \tag{1.6.77}$$

$$\int_{G\times H} g(u,v)\,p^{U,V}(u,v)\,\mathrm{d}\lambda\otimes\nu = \int_H \left[\int_G g_v(u)\,p^{U|V=v}(u)\,\mathrm{d}\lambda(u)\right] p^V(v)\,\mathrm{d}\nu(v)$$

$$\forall G \in \mathfrak{G} \quad \forall H \in \mathfrak{H}. \tag{1.6.78}$$

Beweis: a) Ist $g \in \mathfrak{G}\otimes\mathfrak{H}$ derart, daß $Eg(U,V)$ existiert, so ist eine Festlegung von $E(g(U,V)\,|\,V=v)$ gegeben durch

$$h(v) = \frac{\int g(u,v)\,p^{U,V}(u,v)\,\mathrm{d}\lambda(u)}{p^V(v)} = \int g(u,v)\,p^{U|V=v}(u)\,\mathrm{d}\lambda(u) \tag{1.6.79}$$

für $p^V(v) > 0$ und 0 sonst. Es gilt nämlich $h \in \mathfrak{H}$ sowie für alle $H \in \mathfrak{H}$

$$\int_H h(v)\,\mathrm{d}P^V = \int_H h^V(v)\,p^V(v)\,\mathrm{d}\nu = \int_H \int_{\mathfrak{U}} g(u,v)\,p^{U,V}(u,v)\,\mathrm{d}\lambda(u)\,\mathrm{d}\nu(v)$$

$$= \int_{\mathfrak{U}\times H} g(u,v)\,p^{U,V}(u,v)\,\mathrm{d}\lambda\otimes\nu = \int_{V^{-1}(H)} g(U(x),V(x))\,\mathrm{d}P. \tag{1.6.80}$$

Aus (1.6.79) für $g = \mathbb{1}_D$ folgt (1.6.76) und damit (1.6.75).

b) ergibt sich durch Spezialisierung aus Satz 1.122b. □

Beispiel 1.127 (vgl. Beispiel 1.94) Es sei $\mathfrak{L}(U,V) = \mathfrak{N}(\mu_1,\mu_2;\sigma_1^2,\sigma_2^2,\varrho)$ mit $\mu_1 \in \mathbb{R}$, $\mu_2 \in \mathbb{R}$, $\sigma_1^2 > 0$, $\sigma_2^2 > 0$ und $|\varrho| < 1$. Dann ergibt sich

$$p^V(v) = \int p^{U,V}(u,v)\,\mathrm{d}\lambda\!\!\lambda(u) = \frac{1}{\sqrt{2\pi\sigma_2^2}}\exp\left[-\frac{(v-\mu_2)^2}{2\sigma_2^2}\right] \quad [\lambda\!\!\lambda],$$

so daß für die bedingte Dichte $p^{U|V=v}$ gilt

$$p^{U|V=v}(u) = \frac{p^{U,V}(u,v)}{p^V(v)} = \frac{1}{\sqrt{2\pi\sigma_1^2(1-\varrho^2)}}\exp\left[-\frac{1}{2\sigma_1^2(1-\varrho^2)}\left[(u-\mu_1)-\varrho\frac{\sigma_1}{\sigma_2}(v-\mu_2)\right]^2\right] \quad [\lambda\!\!\lambda].$$

Die bedingte Verteilung von U bei gegebenem $V=v$ läßt sich also als $\mathfrak{N}\left(\mu_1+\varrho\,\frac{\sigma_1}{\sigma_2}\,(v-\mu_2),\ \sigma_1^2(1-\varrho^2)\right)$-Verteilung wählen, d.h. als eindimensionale Normalverteilung mit einer in v linearen Regression und einer von v unabhängigen Streuung. Bei $\varrho > 0$ (bzw. $\varrho < 0$) sind U und V *positiv* (bzw. *negativ*) st. *abhängig*, d.h. U nimmt bei gegebenem $V=v$ im Durchschnitt um so größere (bzw. kleinere) Werte an, je größer der Wert von v ist. □

Beispiel 1.128 X und Y seien st.u. ZG mit $\mathfrak{L}(X) = \mathfrak{L}(Y) = \mathfrak{G}(\lambda)$, $\vartheta = \lambda > 0$.

a) $U := X$ und $V := X + Y$ sind st. abhängig, und es gilt $P^{U|V=v} = \mathfrak{R}(0,v)$ $[\lambda\!\!\lambda]$, $v > 0$. Nach der Transformationsformel A4.5 gilt nämlich

$$p^{U,V}(u,v) = \lambda^2 e^{-\lambda v}\,\mathbb{1}_{(0,\infty)}(u)\,\mathbb{1}_{(u,\infty)}(v) \quad [\lambda\!\!\lambda^2] \quad \text{und damit} \quad p^V(v) = \lambda^2 v e^{-\lambda v}\,\mathbb{1}_{(0,\infty)}(v) \quad [\lambda\!\!\lambda].$$

Also ist $p^{U|V=v}(u) = \frac{1}{v}\,\mathbb{1}_{(0,v)}(u)$ $[\lambda\!\!\!\lambda]$, d.h. *nicht* unabhängig von v wählbar.

b) $W := X/(X+Y)$ und $V := X+Y$ sind st.u. und es gilt $P^W = \mathfrak{R}(0,1)$. Nach der Transformationsformel A4.5 gilt nämlich

$$p^{W,V}(w,v) = p^{X,Y}(wv, v(1-w))\,|v| = \lambda^2 e^{-\lambda v} v\,\mathbb{1}_{(0,\infty)}(v)\,\mathbb{1}_{(0,1)}(w) \quad [\lambda\!\!\!\lambda^2].$$

Also ist $p^{W|V=v}(w) = \mathbb{1}_{(0,1)}(w)$ $[\lambda\!\!\!\lambda]$, d.h. unabhängig von v wählbar. □

Die Bedeutung der Existenz von Bedingungskernen beruht einerseits auf der Möglichkeit, Erwartungswerte bzw. Integrale bezüglich $P^{U,V}$ gemäß (1.6.65) bzw. (1.6.78), also iteriert in Verallgemeinerung des Satzes von Fubini zu berechnen. Andererseits rechtfertigen sie, bedingte EW (bzw. bedingte WS) wie die entsprechenden elementar definierten Größen zu berechnen in dem Sinne, daß die zunächst in $E(g(U,V)\,|\,V=v)$ bzw. $P(g(U,V)\in B\,|\,V=v)$ nur symbolisch zu verstehende Schreibweise $V=v$ zur vereinfachten Berechnung im Integranden bzw. Ereignis eingesetzt, d.h. $g(U,V)$ durch $g(U,v)$ ersetzt werden kann. In dieser Weise lassen sich nämlich die Aussagen (1.6.64) bzw. (1.6.77) intepretieren. Die Rechtfertigung eines derartigen „Einsetzens" folgt letztlich daraus, daß $(v,D)\mapsto P^{U|V=v}(D_v)$ unter den Voraussetzungen der Sätze 1.122 oder 1.126 eine Version von $(v,D)\mapsto P^{(U,V)|V=v}(D)$ ist. Damit gilt für $D = \mathfrak{U}\times\{v\}$

$$P^{(U,V)|V=v}(\mathfrak{U}\times\{v\}) = P^{U|V=v}(\mathfrak{U}) = 1 \quad [P^V]. \tag{1.6.81}$$

Die bedingte Verteilung $P^{(U,V)|V=v}$ konzentriert sich also für P^V-f.a. v auf die Menge $\{V=v\}$. Hierauf beruht auch der folgende

Satz 1.129 (Einsetzungsregel) *Es seien $P\in\mathfrak{M}^1(\mathfrak{X},\mathfrak{B})$, U und V Statistiken der Form* (1.6.59), *sowie entweder $(\mathfrak{U},\mathfrak{G})$ ein euklidischer Raum oder $P^{U,V} \ll \lambda\otimes\nu$ mit $\lambda\otimes\nu$-Dichten $p^{U,V}(u,v)$ und σ-endlichen Maßen λ und ν. Weiter sei $g\colon(\mathfrak{U}\times\mathfrak{V},\mathfrak{G}\otimes\mathfrak{H})\to(\mathfrak{Y},\mathfrak{C})$. Sind dann U und V* st.u. *unter P, so gibt es eine P^V-Nullmenge N derart, daß gilt*

$$P^{g(U,V)|V=v}(C) = P^{g(U,v)}(C) \quad \forall C\in\mathfrak{C} \quad \forall v\in N^c. \tag{1.6.82}$$

Beweis: Nach Satz 1.123 ist die st. Unabhängigkeit von U und V unter P äquivalent damit, daß $P^{U|V=v}$ unabhängig von v gewählt werden kann.
Nach (1.6.62) und (1.6.63) gilt nun für $v\in N^c$ simultan für alle C

$$P^{g(U,V)|V=v}(C) = P^{(U,V)|V=v}(g^{-1}(C)) = P^{U|V=v}((g^{-1}(C))_v)$$

und damit wegen $(g^{-1}(C))_v = g_v^{-1}(C)$ und nochmals (1.6.62) für $v\in N^c$ simultan für alle C

$$P^{g(U,V)|V=v}(C) = P^U(g_v^{-1}(C)) = P^{g_v(U)}(C) = P^{g(U,v)}(C). \quad \square$$

1.6.5 Dominierte Klassen und ihre Dichten

Der in 1.6.1 eingeführte Begriff der μ-Dichte eines WS-Maßes P ist besonders dann nützlich, wenn P Element einer Klasse $\mathfrak{P}$ von WS-Maßen ist, die durch dasselbe σ-endliche Maß μ dominiert werden.

Definition 1.130 *Eine Klasse* $\mathfrak{P} = \{P_\vartheta : \vartheta \in \Theta\} \subset \mathfrak{M}^1(\mathfrak{X}, \mathfrak{B})$ *heißt* dominiert, *wenn es ein* σ*-endliches Maß* μ *über* $(\mathfrak{X}, \mathfrak{B})$ *gibt, das jedes* P_ϑ *dominiert in dem Sinne, daß aus* $\mu(N) = 0$, $N \in \mathfrak{B}$, *folgt* $P_\vartheta(N) = 0$ *für jedes* $\vartheta \in \Theta$. *Hierfür schreiben wir auch* $\mathfrak{P} \ll \mu$ *und nennen* $\mathfrak{P}$ μ-stetig.

Die σ-Endlichkeit wird ausschließlich deshalb vorausgesetzt, um über den Satz von Radon-Nikodym die Existenz von μ-Dichten zu sichern. Ist nämlich in diesem Sinne $\mathfrak{P} \ll \mu$, so gibt es für jedes $\vartheta \in \Theta$ eine $\mathfrak{B}$-meßbare Funktion p_ϑ mit

$$P_\vartheta(B) = \int_B p_\vartheta(x)\,\mathrm{d}\mu \quad \forall B \in \mathfrak{B}. \tag{1.6.83}$$

Eine derartige *μ-Dichte von P_ϑ* läßt sich o. E. gemäß $0 \leqslant p_\vartheta(x) < \infty \quad \forall x \in \mathfrak{X}$ wählen und ist μ-bestimmt. Es gilt also $p_\vartheta = \mathrm{d}P_\vartheta/\mathrm{d}\mu \quad [\mu]$.
Ist $g \in \mathfrak{B}$ und existiert $E_\vartheta g = \int g(x)\,\mathrm{d}P_\vartheta$, so gilt nach (1.6.25)

$$E_\vartheta g = \int g(x)\, p_\vartheta(x)\,\mathrm{d}\mu. \tag{1.6.84}$$

Anmerkung 1.131 Jede abzählbare Verteilungsklasse ist dominiert, z. B. durch das mit reellen Zahlen $c_i > 0$, $i \in \mathbb{N}$, $\sum_i c_i = 1$, gebildete WS-Maß

$$v(B) = \sum_i c_i P_i(B) \quad \forall B \in \mathfrak{B}. \tag{1.6.85}$$

Aus $v(B) = 0$ folgt nämlich $P_i(B) = 0 \quad \forall i \in \mathbb{N}$, also $\mathfrak{P} \ll v$. □

Wichtige dominierende Maße sind das Zählmaß für Klassen diskreter Verteilungen auf einem festen k-dimensionalen Gitter $a + b\mathbb{Z}^k$, $a \in \mathbb{R}^k$, $b > 0$, sowie das Lebesgue-Maß für Klassen von Verteilungen auf $(\mathbb{R}^k, \mathbb{B}^k)$. Beide wurden bereits bei der Erläuterung des ML-Prinzips in 1.2.2 herangezogen.

Beispiel 1.132 a) Mit den in Beispiel 1.108 angegebenen Zählmaßen, Dichten und Bezeichnungen sind etwa dominiert:

$$\mathfrak{P} = \{\mathfrak{B}(n, \pi) : \pi \in (0,1)\},$$
$$\mathfrak{P} = \{\mathfrak{M}(n; \pi_1, \ldots, \pi_k) : (\pi_1, \ldots, \pi_k) \in (0,1)^k, \sum_i \pi_i = 1\}, \qquad \mathfrak{P} = \{\mathfrak{P}(\lambda) : \lambda \in (0, \infty)\}.$$

b) Die Klasse $\mathfrak{P}$ aller hypergeometrischen Verteilungen $\mathfrak{H}(N, M, n)$ und damit die Teilklasse aller Verteilungen mit festem N (Umfang der Grundgesamtheit) und festem n (Umfang der Stichprobe) ist dominiert und zwar durch das Zählmaß von $\mathbb{N}_0$. □

Beispiel 1.133 a) Mit $\mu = \lambda\!\!\lambda$ bzw. $\mu = \lambda\!\!\lambda^k$ bzw. $\mu = \lambda\!\!\lambda$ und den in Beispiel 1.109 angegebenen Dichten sind dominiert:

$$\mathfrak{P} = \{\mathfrak{N}(\mu, \sigma^2) : (\mu, \sigma^2) \in \mathbb{R} \times (0, \infty)\},$$
$$\mathfrak{P} = \{\mathfrak{N}(\mu, \mathscr{S}) : (\mu, \mathscr{S}) \in \mathbb{R}^k \times \mathbb{R}^{k \times k}_{\text{p.d.}}\} \quad \text{sowie} \quad \mathfrak{P} = \{\mathfrak{G}(\lambda) : \lambda \in (0, \infty)\}.$$

b) Die Klasse $\mathfrak{P}$ aller Rechteckverteilungen $\mathfrak{R}(0, \vartheta)$, $\vartheta > 0$, ist dominiert durch $\lambda\!\!\lambda$ mit $p_\vartheta(x) = \vartheta^{-1} \mathbb{1}_{[0,\vartheta]}(x)$. □

Häufig ist es zweckmäßig, von einem dominierenden Maß μ zu einem anderen dominierenden Maß ν überzugehen. Wir zeigen deshalb, wie sich μ-Dichten aus ν-Dichten und umgekehrt errechnen, falls $P_\vartheta \ll \mu$ und $P_\vartheta \ll \nu$ gilt. Es reicht, sich auf den Fall $\nu \ll \mu$ zu beschränken.

Korollar 1.134 *Seien P_ϑ, ν, μ Maße über $(\mathfrak{X}, \mathfrak{B})$ mit $P_\vartheta \ll \nu \ll \mu$. Dann gilt:*

$$\text{a)} \quad \frac{\mathrm{d}P_\vartheta}{\mathrm{d}\mu}(x) = \frac{\mathrm{d}P_\vartheta}{\mathrm{d}\nu}(x)\,\frac{\mathrm{d}\nu}{\mathrm{d}\mu}(x) \quad [\mu],$$

$$\text{b)} \quad \frac{\mathrm{d}P_\vartheta}{\mathrm{d}\nu}(x) = \frac{\mathrm{d}P_\vartheta}{\mathrm{d}\mu}(x)\Big/\frac{\mathrm{d}\nu}{\mathrm{d}\mu}(x) \quad [\nu]. \tag{1.6.86}$$

Beweis: a) ist die Kettenregel aus Satz 1.107b mit $\varkappa = P_\vartheta$.
b) Wegen $\nu \ll \mu$ gilt die Gleichheit aus a) auch ν-f.ü.. Aus $\nu(\{\mathrm{d}\nu/\mathrm{d}\mu = 0\}) = 0$ folgt $\mathrm{d}\nu/\mathrm{d}\mu > 0 \quad [\nu]$ und damit b). □

Besitzt $\mathfrak{P}$ ein dominierendes Maß μ mit $\mu(\mathfrak{X}) = \infty$, so läßt sich dieses – und damit auch $\mathfrak{P}$ – gemäß (1.6.6) durch ein WS-Maß ν dominieren. Aus $\nu(B) = 0$ folgt nämlich $\mu(B) = 0$ und damit $P_\vartheta(B) = 0 \quad \forall \vartheta \in \Theta$. Umgekehrt folgt aus $\mu(B) = 0$ auch $\nu(B) = 0$. μ und ν sind also sogar *äquivalent*, d.h. es gilt $\mu(N) = 0 \Leftrightarrow \nu(N) = 0$, kurz: $\mu \equiv \nu$. Aus (1.6.6) bzw. der Kettenregel folgt

$$\frac{\mathrm{d}\mu}{\mathrm{d}\nu}(x) = \sum_j \mu(\mathfrak{X}_j)\, 2^j \mathbb{1}_{\mathfrak{X}_j}(x), \qquad \text{also} \qquad \frac{\mathrm{d}P_\vartheta}{\mathrm{d}\nu}(x) = \sum_j \frac{\mathrm{d}P_\vartheta}{\mathrm{d}\mu}(x)\, \mu(\mathfrak{X}_j)\, 2^j \mathbb{1}_{\mathfrak{X}_j}(x).$$

Die in den Teilen a) der Beispiele 1.132–133 angegebenen Klassen sind solche paarweise äquivalenter Verteilungen, nicht dagegen diejenigen der Teile b). Auch in den Teilen a) wäre die paarweise Äquivalenz – nicht jedoch die Dominiertheit durch die angegebenen Zählmaße – verletzt, wenn man statt der angegebenen Verteilungsklassen diejenigen mit $\pi \in [0,1]$ bzw. $(\pi_1, \ldots, \pi_k) \in [0,1]^k$, $\sum_i \pi_i = 1$, bzw. $\lambda \in [0, \infty)$ zulassen würde.

Das dominierende Maß μ läßt sich stets derart wählen, daß es zur Klasse $\mathfrak{P}$ *äquivalent* ist in dem Sinne, daß jede $\mathfrak{P}$-Nullmenge auch μ-Nullmenge ist. Dabei heißt eine Menge $N \in \mathfrak{B}$ eine $\mathfrak{P}$-*Nullmenge*, wenn gilt $P_\vartheta(N) = 0 \quad \forall \vartheta \in \Theta$. Hierfür schreiben wir auch $\mathfrak{P}(N) = 0$. Entsprechend schreiben wir $\mathfrak{P}(B) = 1$, wenn B das Komplement einer $\mathfrak{P}$-Nullmenge ist. Allgemein heißen zwei Klassen $\mathfrak{P}$ und $\mathfrak{P}'$ *äquivalent*, wenn für jedes $N \in \mathfrak{B}$ gilt

$$\mathfrak{P}(N) = 0 \Leftrightarrow \mathfrak{P}'(N) = 0. \tag{1.6.87}$$

Ist $\mathfrak{P}' \subset \mathfrak{P}$, so ist trivialerweise jede $\mathfrak{P}$-Nullmenge eine $\mathfrak{P}'$-Nullmenge; zum Nachweis der Äquivalenz bei $\mathfrak{P}' \subset \mathfrak{P}$ ist also nur zu zeigen, daß jede $\mathfrak{P}'$-Nullmenge auch eine $\mathfrak{P}$-Nullmenge ist.

Beispiel 1.135 Wie in Beispiel 1.133b sei $\mathfrak{P} = \{P_\vartheta : \vartheta > 0\}$ mit $P_\vartheta = \mathfrak{R}(0, \vartheta)$. Dann sind alle $\lambda\!\!\lambda$-Nullmengen P_ϑ-Nullmengen, desgleichen die – von ϑ abhängende – Menge $\{x : x > \vartheta\}$. Jede $\lambda\!\!\lambda$-Nullmenge ist eine $\mathfrak{P}$-Nullmenge und umgekehrt; $\mathfrak{P}$ ist also mit $\lambda\!\!\lambda$, jedoch mit keinem der P_ϑ äquivalent. Bezeichnet $\mathfrak{P}' = \{P_{\vartheta_1}, P_{\vartheta_2}, \ldots\} \subset \mathfrak{P}$ eine abzählbare Klasse mit $\vartheta_n \to \infty$ für $n \to \infty$, so ist auch jede $\mathfrak{P}'$-Nullmenge eine $\mathfrak{P}$-Nullmenge. Aus $P_{\vartheta_n}(B) = 0$ für alle hinreichend großen n folgt nämlich $P_\vartheta(B) = 0$ für jedes $\vartheta \in (0, \infty)$. $\mathfrak{P}$ und $\mathfrak{P}'$ sind also äquivalent. □

Ist $\mathfrak{P} = \{P_\vartheta : \vartheta \in \Theta\} \ll \mu$, so sind $\mathfrak{P}$ und μ äquivalent, wenn für mindestens ein $\vartheta \in \Theta$ gilt $\mathrm{d}P_\vartheta/\mathrm{d}\mu > 0 \quad [\mu]$ oder wenn für jedes $B \in \mathfrak{B}$ mit $\mu(B) > 0$ wenigstens eine Verteilung P_ϑ existiert, die über B eine μ-f.ü. positive Dichte hat. Dieses ist insbesondere der Fall, wenn $\mathfrak{P}$ die Klasse aller μ-stetigen Verteilungen ist.

Eine wichtige, später benötigte Eigenschaft dominierter Klassen $\mathfrak{P}$ ist, daß es stets eine äquivalente abzählbare Teilklasse $\mathfrak{P}'$ gibt und damit nach Anmerkung 1.131 ein äquivalentes dominierendes Maß v; vgl. Beispiel 1.135.

Satz 1.136 *Es sei* $\mathfrak{P} = \{P_\vartheta : \vartheta \in \Theta\} \subset \mathfrak{M}^1(\mathfrak{X}, \mathfrak{B})$. *Dann gilt:*

a) $\mathfrak{P}$ *dominiert* $\Leftrightarrow$ $\exists \mathfrak{P}' \subset \mathfrak{P}$, $\mathfrak{P}'$ *abzählbar*, $\mathfrak{P}'$ *mit* $\mathfrak{P}$ *äquivalent.*

b) *Ist* $\mathfrak{P}$ *dominiert, so gibt es ein mit* $\mathfrak{P}$ *äquivalentes WS-Maß* v *der Form*

$$v = \sum c_i P_{\vartheta_i}, \qquad c_i > 0, \quad \sum c_i = 1, \qquad P_{\vartheta_i} \in \mathfrak{P}. \tag{1.6.88}$$

Beweis: a) „$\Rightarrow$" Es seien μ ein $\mathfrak{P}$ dominierendes Maß, $p_\vartheta(x)$ für $\vartheta \in \Theta$ eine μ-Dichte von P_ϑ und $q(x) := \mu\text{-ess}\sup_{\vartheta \in \Theta} p_\vartheta(x)$. Dann gibt es nach Satz 1.102 eine abzählbare Teilmenge $\Theta' \subset \Theta$ mit $q(x) = \sup_{\vartheta \in \Theta'} p_\vartheta(x) \quad [\mu]$ und es gilt $p_\vartheta(x) \leqslant q(x) \quad [\mu] \quad \forall \vartheta \in \Theta$. Aus $P_\vartheta(N) = 0 \quad \forall \vartheta \in \Theta'$, also aus $p_\vartheta(x) = 0 \quad [\mu] \quad \forall x \in N \quad \forall \vartheta \in \Theta'$ folgt somit $q(x) = 0 \quad [\mu] \quad \forall x \in N$ und damit $p_\vartheta(x) = 0 \quad [\mu] \quad \forall x \in N \quad \forall \vartheta \in \Theta$. Also sind $\mathfrak{P}' := \{P_\vartheta : \vartheta \in \Theta'\}$ und $\mathfrak{P}$ äquivalent.

„$\Leftarrow$" folgt aus Anmerkung 1.131, b) aus a) und nochmals aus Anmerkung 1.131. □

Bisher wurden nur dominierte Verteilungsklassen betrachtet. Beispiel 1.138 wird zeigen, daß die Klasse aller stetigen Verteilungen über $(\mathbb{R}, \mathbb{B})$ nicht dominiert ist. Hierzu geben wir zunächst in Beispiel 1.137 eine Verteilung an, die stetig, aber nicht λ-stetig ist.

Beispiel 1.137 Die VF F der *Cantor-Verteilung* P über $(0,1)$ wird sukzessive definiert, und zwar im 1. Schritt über $(1/3, 2/3)$, im 2. Schritt über $(1/9, 2/9)$ und $(7/9, 8/9)$ und allgemein im k-ten Schritt über den mittleren Dritteln der verbliebenen 2^{k-1} Intervalle. Den Funktionswert wählen wir dabei über jedem dieser offenen Intervalle konstant gleich dem arithmetischen Mittel der Funktionswerte über den unmittelbar benachbarten Intervallen, über denen F bereits erklärt ist. Wegen $F(0) = 0$, $F(1) = 1$ ergibt sich

$$F(x) = \;1/2 \quad \text{für } 1/3 < x < 2/3$$

$$F(x) = \begin{cases} 1/4 & \text{für } 1/9 < x < 2/9 \\ 3/4 & \text{für } 7/9 < x < 8/9, \end{cases}$$

und allgemein für $k = 1, 2, \ldots$

$$F(x) = \sum_{i=1}^{k-1} \frac{\delta_i}{2^i} + \frac{1}{2^k} \quad \text{für} \quad x \in \left(\sum_{i=1}^{k-1} 2\,\frac{\delta_i}{3^i} + \frac{1}{3^k},\; \sum_{i=1}^{k-1} 2\,\frac{\delta_i}{3^i} + \frac{2}{3^k} \right),$$

wobei $(\delta_1, \ldots, \delta_{k-1})$ alle $(k-1)$-Tupel mit den Komponenten $\delta_i = 0$ oder $\delta_i = 1$ für $i = 1, \ldots, k-1$ durchläuft. Die so definierte Funktion F ist stetig für alle Punkte der offenen Menge

$$B_0 := \bigcup_{k=1}^{\infty} \bigcup_{\substack{\delta_i = 0,1 \\ i = 1, \ldots, k-1}} \left(\sum_{i=1}^{k-1} 2\,\frac{\delta_i}{3^i} + \frac{1}{3^k},\; \sum_{i=1}^{k-1} 2\,\frac{\delta_i}{3^i} + \frac{2}{3^k} \right).$$

F ist auch stetig fortsetzbar auf (0,1) und folglich eine VF, denn bei der sukzessiven Definition der Funktionswerte werden die noch bestehenden Unterschiede zwischen „benachbarten" Funktionswerten fortlaufend halbiert. Die Cantor-Verteilung ist also stetig. Andererseits ergibt sich

$$\lambda(B_0) = \sum_{k=1}^{\infty} \sum_{\substack{\delta_i=0,1 \\ i=1,\ldots,k-1}} \frac{1}{3^k} = \sum_{k=1}^{\infty} \frac{2^{k-1}}{3^k} = 1,$$

$$P(B_0) = \sum_{k=1}^{\infty} \sum_{\substack{\delta_i=0,1 \\ i=1,\ldots,k-1}} \left(F\left(\sum_{i=1}^{k-1} 2\frac{\delta_i}{3^i} + \frac{2}{3^k} - 0 \right) - F\left(\sum_{i=1}^{k-1} 2\frac{\delta_i}{3^i} + \frac{1}{3^k} \right) \right) = 0.$$

Somit gilt $\lambda(B_1) = 0$ und $P(B_1) = 1$, wobei $B_1 := (0,1) - B_0$. P ist also nicht λ-stetig, obwohl P wegen der Stetigkeit von F stetig ist. □

Beispiel 1.138 Die Klasse $\mathfrak{P}$ aller stetigen Verteilungen über $(\mathbb{R}, \mathbb{B})$ ist nicht dominiert. Angenommen, $\mathfrak{P}$ sei dominiert. Dann gibt es nach Satz 1.136b ein mit $\mathfrak{P}$ äquivalentes (und somit $\mathfrak{P}$ dominierendes) WS-Maß ν der Form (1.6.88), das also wegen der Stetigkeit der P_{ϑ_i} selber auch stetig ist. Dieses hat auch eine streng isotone VF F; gäbe es nämlich ein $x \in \mathbb{R}$ und ein $h > 0$ mit $F(x+h) = F(x)$, so könnte ν nicht die $\mathfrak{R}(x, x+h)$-Verteilung dominieren. Mit Hilfe dieser VF F läßt sich nun die Annahme, $\mathfrak{P}$ sei dominiert, auf die entsprechende Annahme über die Klasse aller stetigen Verteilungen über $((0,1), (0,1)\,\mathbb{B})$ zurückführen: Durch F wird nämlich $\mathbb{R}$ auf das Einheitsintervall (0,1) eineindeutig abgebildet. Jeder einelementigen Menge $\{x\} \subset \mathbb{R}$ entspricht also eine einelementige Menge $\{F(x)\} \subset (0,1)$. Da bei dieser Zuordnung nach A3.7 Maße induziert werden, wird die Menge aller stetigen Maße über $(\mathbb{R}, \mathbb{B})$ vermöge F eineindeutig auf die Menge aller stetigen Maße über $((0,1), (0,1)\,\mathbb{B})$ abgebildet. Insbesondere geht jedes dominierende Maß in ein dominierendes Maß über. Andererseits entspricht dem Maß ν aber das Lebesgue-Maß über $((0,1), (0,1)\,\mathbb{B})$, denn es ist

$$\nu(\{x: F(x) \leqslant y\}) = \nu(\{x: x \leqslant F^{-1}(y)\}) = F(F^{-1}(y)) = y, \quad 0 < y < 1.$$

Nach Beispiel 1.137 dominiert aber ν nicht die Cantor-Verteilung. □

Später wird $\mathfrak{P}$ meist als Klasse der Verteilungen P_ϑ einer ZG X aufgefaßt, also $P_\vartheta = \mathbb{P}_\vartheta^X = \mathfrak{L}_\vartheta(X)$. Ist $X = (X_1, \ldots, X_n)$ und sind $X_1, \ldots, X_n$ für jedes $\vartheta \in \Theta$ st. u. ZG, so folgt aus der Dominiertheit der Verteilungen $F_{j,\vartheta} = \mathfrak{L}_\vartheta(X_j)$ für $j = 1, \ldots, n$ diejenige der gemeinsamen Verteilungen $P_\vartheta = \bigotimes_{j=1}^{n} F_{j,\vartheta} = \mathfrak{L}_\vartheta(X_1, \ldots, X_n)$. Entsprechendes gilt für die Faltungen.

Satz 1.139 *Für $j = 1, \ldots, n$ seien $\mathfrak{F}_j := \{F_{j,\vartheta}: \vartheta \in \Theta\}$ durch μ_j dominierte Verteilungsklassen über $(\mathfrak{X}_j, \mathfrak{B}_j)$. Dann gilt:*

a) *Die gemeinsamen Verteilungen $P_\vartheta = F_{1,\vartheta} \otimes \ldots \otimes F_{n,\vartheta}$, $\vartheta \in \Theta$, werden dominiert durch das σ-endliche Maß $\mu = \mu_1 \otimes \ldots \otimes \mu_n$, und die μ-Dichten p_ϑ von P_ϑ lassen sich als Produkt der μ_j-Dichten $f_{j,\vartheta}$ der $F_{j,\vartheta}$, $j = 1, \ldots, n$ wählen:*

$$p_\vartheta(x_1, \ldots, x_n) = \prod_{j=1}^{n} f_{j,\vartheta}(x_j) \quad [\mu] \quad \forall \vartheta \in \Theta. \tag{1.6.89}$$

b) *Ist speziell $(\mathfrak{X}_1, \mathfrak{B}_1) = \ldots = (\mathfrak{X}_n, \mathfrak{B}_n) = (\mathbb{R}^k, \mathbb{B}^k)$ und $F_{j,\vartheta}$ dominiert durch das Lebesgue-Maß λ^k oder das Zählmaß $\#$ eines k-dimensionalen Gitters $\mathfrak{X}'$ mit $0 \in \mathfrak{X}'$, $j = 1, \ldots, n$, so ist* *die Faltung* $Q_\vartheta = F_{1,\vartheta} * \ldots * F_{n,\vartheta}$ *durch* $\lambda\!\!\lambda^k$ *bzw.* $\#$ *dominiert und für die* $\lambda\!\!\lambda^k$*- bzw.* $\#$*-Dichte* q_ϑ *von* Q_ϑ *gilt etwa im Fall* $n = 2$:

$$q_\vartheta(x) = \int f_{1,\vartheta}(y) f_{2,\vartheta}(x-y) \, \mathrm{d}\lambda\!\!\lambda^k(y) \quad \textit{bzw.} \quad q_\vartheta(x) = \sum_{y \in \mathfrak{X}'} f_{1,\vartheta}(y) f_{2,\vartheta}(x-y) \tag{1.6.90}$$

Beweis: a) Sei $\vartheta \in \Theta$ fest und o.E. $n = 2$. Dann wird durch

$$\tilde{P}(B) := \int_B f_1(x_1) f_2(x_2) \, \mathrm{d}\mu, \qquad B \in \mathfrak{B}_1 \otimes \mathfrak{B}_2,$$

ein Maß definiert. Für alle $B_1 \in \mathfrak{B}_1$, $B_2 \in \mathfrak{B}_2$ ist aufgrund des Satzes von Fubini

$$\tilde{P}(B_1 \times B_2) = \int_{B_1 \times B_2} f_1(x_1) f_2(x_2) \, \mathrm{d}\mu = \int_{B_1} f_1(x_1) \, \mathrm{d}\mu_1 \int_{B_2} f_2(x_2) \, \mathrm{d}\mu_2 = P_1(B_1) P_2(B_2).$$

Also stimmt $\tilde{P}$ nach dem Produktmaßsatz A6.3 mit $P = P_1 \otimes P_2$ überein. Somit ist $\tilde{P}$ durch $\mu = \mu_1 \otimes \mu_2$ dominiert und $p(x_1, x_2) := f_1(x_1) f_2(x_2)$ eine μ-Dichte von P. Zu b) vgl. A6.9. □

Beispiel 1.140 $X_1, \ldots, X_n$ seien st. u. $\mathfrak{B}(1,\pi)$-verteilte ZG, $\pi \in [0,1]$. Wählt man als dominierendes Maß μ_j der von $j = 1, \ldots, n$ unabhängigen Randverteilungen $F_{j,\vartheta} = \mathfrak{L}_\vartheta(X_j)$ das Zählmaß der Menge $\{0,1\}$, so ist

$$f_\vartheta(z) = \pi^z (1-\pi)^{1-z}, \qquad \vartheta = \pi,$$

eine Festlegung der μ_j-Dichte von $F_{j,\vartheta}$, $j = 1, \ldots, n$ und somit

$$p_\vartheta(x_1, \ldots, x_n) = \prod_j f_\vartheta(x_j) = \pi^{\sum x_j} (1-\pi)^{n - \sum x_j}, \qquad \vartheta = \pi,$$

eine solche der μ-Dichte der gemeinsamen Verteilung $P_\vartheta = \bigotimes_j F_{j,\vartheta}$. Dabei ist μ das Zählmaß der Menge $\{0,1\}^n$. Die Dichten f_ϑ ändern sich nicht, wenn man an Stelle der μ_j etwa das Zählmaß $\#$ der Menge $\mathbb{N}_0$ nimmt.

Durch vollständige Induktion hinsichtlich n ergibt sich dann

$$q_\vartheta(x) = \binom{n}{x} \pi^x (1-\pi)^{n-x}, \qquad x = 0, \ldots, n, \quad \vartheta = \pi,$$

als Festlegung der $\#$-Dichte der Faltung $Q_\vartheta = \mathop{*}_j F_{j,\vartheta}$, $\vartheta \in [0,1]$. □

Entsprechende Ausdrücke für die Produktdichte $p_\vartheta(x_1, \ldots, x_n)$ bzw. die Faltungsdichte $q_\vartheta(x)$ ergeben sich immer dann, wenn die vorgegebenen Dichten $f_{j,\vartheta}$ bis auf nur von ϑ bzw. x abhängende Faktoren von der Form $\exp[\zeta(\vartheta) T(x_j)]$, $j = 1, \ldots n$, $\vartheta \in \Theta$, sind. Derartige Verteilungsklassen besitzen eine Reihe weiterer nützlicher Eigenschaften und sollen deshalb in 1.7 detailliert untersucht werden.

1.6.6 Abstandsmaße für Dichten; Dominiertheit und Separabilität

Sind P und Q zwei WS-Maße über einem Raum $(\mathfrak{X}, \mathfrak{B})$, so läßt sich auf verschiedene Weise ein Abstand $d(P, Q)$ erklären. Bezeichnen μ ein P und Q dominierendes σ-endliches Maß, etwa $\mu := P + Q$, sowie p und q μ-Dichten von P und Q, so kann man z.B. für jedes

$r \in [1,\infty)$ wegen $p^{1/r}, q^{1/r} \in \mathbb{L}_r(\mu)$ definieren

$$d_r(P,Q) := (\int |p^{1/r} - q^{1/r}|^r \mathrm{d}\mu)^{1/r}. \tag{1.6.91}$$

Offenbar ist $d_r(P,Q)$ vom speziellen dominierenden Maß μ sowie von den speziellen Festlegungen p und q unabhängig. Man schreibt deshalb auch symbolisch

$$d_r(P,Q) := (\int |\mathrm{d}P^{1/r} - \mathrm{d}Q^{1/r}|^r)^{1/r}. \tag{1.6.92}$$

Von besonderem Interesse sind die Spezialfälle $r = 1$ und $r = 2$. Für $r = 1$ ist

$$d_1(P,Q) = \int |p-q|\, d\mu = \int_{\{p>q\}} (p-q)\,\mathrm{d}\mu + \int_{\{q>p\}} (q-p)\,\mathrm{d}\mu = (P-Q)(p>q) + (Q-P)(q>p).$$

Wegen $P(\mathfrak{X}) = Q(\mathfrak{X}) = 1$ gilt $(P-Q)(p>q) = (Q-P)(q>p) = \sup_{B \in \mathfrak{B}} |P(B) - Q(B)|$. Die Größe

$$\|P-Q\| := \sup_{B \in \mathfrak{B}} |P(B) - Q(B)| = \frac{1}{2}\int |p-q|\,\mathrm{d}\mu = \frac{1}{2} d_1(P,Q) \tag{1.6.93}$$

bezeichnet man auch als *Totalvariationsabstand von P und Q*. Für $r = 2$ heißt

$$H(P,Q) := \left[\frac{1}{2}\int (\sqrt{p} - \sqrt{q})^2\,\mathrm{d}\mu\right]^{1/2} = [1 - \int \sqrt{pq}\,\mathrm{d}\mu]^{1/2} = \frac{1}{\sqrt{2}} d_2(P,Q) \tag{1.6.94}$$

Hellinger-Abstand von P und Q. Dabei sind die Vorfaktoren so gewählt, daß gilt

$$0 \leqslant \|P-Q\| \leqslant 1 \quad \text{und} \quad 0 \leqslant H(P,Q) \leqslant 1$$

mit

$$\|P-Q\| = 0 \quad \Leftrightarrow \quad P = Q \quad \Leftrightarrow \quad H(P,Q) = 0$$

und

$$\|P-Q\| = 1 \quad \Leftrightarrow \quad P \perp Q \quad \Leftrightarrow \quad H(P,Q) = 1.$$

Beispiel 1.141 a) Seien $P = \mathfrak{R}(0,1)$ und $Q = \mathfrak{R}(\vartheta, 1+\vartheta)$, $0 < \vartheta \leqslant 1$. Dann ergibt sich aus (1.6.91) mit $\mu = \lambda\!\!\lambda$, $p = \mathbb{1}_{[0,1]}$ und $q = \mathbb{1}_{[\vartheta, 1+\vartheta]}$ für jedes $r \geqslant 1$

$$d_r(P,Q) = (\int |\mathbb{1}_{[0,1]} - \mathbb{1}_{[\vartheta,1+\vartheta]}|^r \mathrm{d}\lambda\!\!\lambda)^{1/r} = (\int (\mathbb{1}_{[0,\vartheta]} + \mathbb{1}_{[1,1+\vartheta]})\,\mathrm{d}\lambda\!\!\lambda)^{1/r} = (2\vartheta)^{1/r}.$$

b) Seien $P = \mathfrak{R}(0,1)$ und $Q = \mathfrak{R}(0,\vartheta)$, $\vartheta > 1$. Dann folgt aus (1.6.91) mit $\mu = \lambda\!\!\lambda$, $p = \mathbb{1}_{[0,1]}$ und $q = \dfrac{1}{\vartheta}\mathbb{1}_{[0,\vartheta]}$ für jedes $r \geqslant 1$

$$d_r(P,Q) = \left(\int \left|\left(1 - \frac{1}{\vartheta^{1/r}}\right)\mathbb{1}_{[0,1]} - \frac{1}{\vartheta^{1/r}}\mathbb{1}_{[1,\vartheta]}\right|^r \mathrm{d}\lambda\!\!\lambda\right)^{1/r}$$

$$= \left(\int \left[\left(1 - \frac{1}{\vartheta^{1/r}}\right)^r \mathbb{1}_{[0,1]} + \frac{1}{\vartheta}\mathbb{1}_{[1,\vartheta]}\right] \mathrm{d}\lambda\!\!\lambda\right)^{1/r} = \left[\left(1 - \frac{1}{\vartheta^{1/r}}\right)^r + \left(1 - \frac{1}{\vartheta}\right)\right]^{1/r}. \qquad \square$$

Hilfssatz 1.142 *Seien $(\mathfrak{X}, \mathfrak{B})$ bzw. $(\mathfrak{X}_j, \mathfrak{B}_j)$ meßbare Räume und $P, Q \in \mathfrak{M}^1(\mathfrak{X}, \mathfrak{B})$ bzw. $P_j, Q_j \in \mathfrak{M}^1(\mathfrak{X}_j, \mathfrak{B}_j)$, $j = 1, \ldots, k$. Dann gilt:*

a) $$H^2(P,Q) \leqslant \|P-Q\| \leqslant \sqrt{2}\, H(P,Q),$$

b) $$1 - H^2\left(\bigotimes_{j=1}^k P_j, \bigotimes_{j=1}^k Q_j\right) = \prod_{j=1}^k [1 - H^2(P_j, Q_j)].$$

Beweis: a) Bezeichnen wieder p und q μ-Dichten von P und Q, so gilt wegen $(\sqrt{p}+\sqrt{q})^2 \leqslant 2p+2q$ und $\int p\,\mathrm{d}\mu = \int q\,\mathrm{d}\mu = 1$ zunächst $\frac{1}{2}\int(\sqrt{p}+\sqrt{q})^2\mathrm{d}\mu \leqslant 2$, also

$$\|P-Q\| = \frac{1}{2}\int|p-q|\,\mathrm{d}\mu = \frac{1}{2}\int(\sqrt{p}+\sqrt{q})\,|(\sqrt{p}-\sqrt{q})|\,\mathrm{d}\mu$$

$$\leqslant\left[\frac{1}{2}\int(\sqrt{p}+\sqrt{q})^2\mathrm{d}\mu\,\frac{1}{2}\int(\sqrt{p}-\sqrt{q})^2\mathrm{d}\mu\right]^{1/2} \leqslant [2H^2(P,Q)]^{1/2} = \sqrt{2}H(P,Q).$$

Andererseits gilt wegen $|p-q| = p+q-2p\wedge q$ und $p\wedge q \leqslant \sqrt{p}\sqrt{q}$

$$\|P-Q\| = \frac{1}{2}\int|p-q|\,\mathrm{d}\mu = 1-\int p\wedge q\,\mathrm{d}\mu \geqslant 1-\int\sqrt{p}\sqrt{q}\,\mathrm{d}\mu = H^2(P,Q).$$

b) Aus der Definition (1.6.94) und dem Satz von Fubini folgt

$$1-H^2(\otimes P_j,\otimes Q_j) = \int\prod\sqrt{p_j}\prod\sqrt{q_j}\,\mathrm{d}\otimes\mu_j = \prod\int\sqrt{p_jq_j}\,\mathrm{d}\mu_j = \prod[1-H^2(P_j,Q_j)].\ \square$$

Insbesondere gilt also für Folgen (P_n), $(Q_n)\subset\mathfrak{M}^1(\mathfrak{X},\mathfrak{B})$

$$\|P_n-Q_n\|\to 0 \quad\Leftrightarrow\quad H(P_n,Q_n)\to 0 \tag{1.6.95}$$

sowie für Folgen k-facher Produktmaße $u_n = \bigotimes_{j=1}^{k} P_{nj}$, $v_n = \bigotimes_{j=1}^{k} Q_{nj}$

$$\|u_n-v_n\|\to 0 \quad\Leftrightarrow\quad \|P_{nj}-Q_{nj}\|\to 0 \quad \forall j=1,\ldots,k. \tag{1.6.96}$$

Für jedes $r\in[1,\infty)$ läßt sich durch (1.6.91) auf dem Raum $\mathfrak{M}^1(\mathfrak{X},\mathfrak{B})$ eine Metrik d_r einführen. (1.6.95) besagt dann, daß die Metriken d_1 und d_2 topologisch äquivalent sind. Die folgende hinreichende Bedingung für $\|P_n-P_0\|\to 0$ ist also zugleich eine solche für $H(P_n,P_0)\to 0$. Wegen der Dominiertheit jeder abzählbaren Menge $\{P_n: n\in\mathbb{N}_0\}\subset\mathfrak{M}^1(\mathfrak{X},\mathfrak{B})$ stellt die Annahme von Dichten keine Einschränkung dar.

Hilfssatz 1.143 (Lemma von Scheffé) *Für $n\in\mathbb{N}_0$ seien $P_n\in\mathfrak{M}^1(\mathfrak{X},\mathfrak{B})$ mit μ-Dichten p_n. Dann gilt bei $n\to\infty$:*

$$p_n\to p_0\quad[\mu]\quad\Rightarrow\quad\int|p_n-p_0|\,\mathrm{d}\mu = 2\,\|P_n-P_0\|\to 0.$$

Beweis: Für $n\in\mathbb{N}$ sei $g_n := p_n-p_0$. Dann gilt $0\leqslant g_n^-\leqslant p_0$ $[\mu]$ und somit wegen $\int p_0\,\mathrm{d}\mu = 1$ nach dem Satz von Lebesgue $\int g_n^-\,\mathrm{d}\mu\to 0$ für $n\to\infty$. Wegen $\int g_n\,\mathrm{d}\mu = \int p_n\mathrm{d}\mu - \int p_0\,\mathrm{d}\mu = 0$ $\forall n\in\mathbb{N}$ folgt hieraus $\int g_n^+\,\mathrm{d}\mu\to 0$ für $n\to\infty$ und somit

$$\int|p_n-p_0|\,\mathrm{d}\mu\leqslant\int|g_n|\,\mathrm{d}\mu = \int g_n^+\,\mathrm{d}\mu+\int g_n^-\,\mathrm{d}\mu\to 0.\qquad\square$$

Für die testtheoretischen Anwendungen ist es wichtig, daß die vorgegebene Klasse $\mathfrak{P}\subset\mathfrak{M}^1(\mathfrak{X},\mathfrak{B})$ vermöge d_1 ein separabler metrischer Raum ist. Bekanntlich heißt ein metrischer Raum $(\mathfrak{Y},d)$ *separabel*, wenn eine abzählbare Teilmenge $\mathfrak{Y}'\subset\mathfrak{Y}$ existiert derart, daß es zu jedem $y\in\mathfrak{Y}$ und jedem $\varepsilon>0$ ein $y'\in\mathfrak{Y}'$ gibt mit $d(y,y')\leqslant\varepsilon$. $\mathfrak{Y}'$ heißt dann auch *separierende Menge von* $\mathfrak{Y}$. Die Beziehung (1.6.93) besagt nun, daß eine durch μ dominierte Verteilungsklasse genau dann separabel ist bzgl. der Totalvariation, wenn die Klasse $\mathbb{F}$ ihrer μ-Dichten separabel ist in $\mathbb{L}_1(\mu)$ mit

$$d(f,f') := \int|f-f'|\,\mathrm{d}\mu,\qquad f,f'\in\mathbb{L}_1(\mu). \tag{1.6.97}$$

Wir wollen nun zeigen, daß letzteres stets dann gilt, wenn die zugrundeliegende σ-Algebra abzählbar erzeugt ist.

Hilfssatz 1.144 *Sei $\mu \in \mathfrak{M}^\sigma(\mathfrak{X}, \mathfrak{B})$ und $\mathfrak{B}$ abzählbar erzeugt. Dann gilt:*

a) *Der Raum $\mathbb{L}_r(\mu)$, $1 \leqslant r < \infty$, ist separabel.*

b) *Jede Menge $\mathbb{F}$ von μ-Dichten ist separabel in $\mathbb{L}_1(\mu)$.*

Beweis: a) Wir können zunächst o.E. μ als endlich annehmen. Durch (1.6.6) ist nämlich zu jedem σ-endlichen Maß μ ein äquivalentes WS-Maß ν gegeben, so daß nach dem Satz von Radon-Nikodym positive endliche Festlegungen $\mathrm{d}\nu/\mathrm{d}\mu$ und $\mathrm{d}\mu/\mathrm{d}\nu$ existieren mit $(\mathrm{d}\nu/\mathrm{d}\mu)(\mathrm{d}\mu/\mathrm{d}\nu) = 1$. Vermöge $g = f(\mathrm{d}\mu/\mathrm{d}\nu)^{1/r}$ wird also wegen $\int |f|^r \mathrm{d}\mu = \int |g|^r (\mathrm{d}\nu/\mathrm{d}\mu)\,\mathrm{d}\mu = \int |g|^r \mathrm{d}\nu$ jedem $f \in \mathbb{L}_r(\mu)$ eindeutig ein $g \in \mathbb{L}_r(\nu)$ zugeordnet. Besitzt $\mathbb{L}_r(\nu)$ eine separierende Menge $\mathbb{L}_r'(\nu)$, so gibt es auch zu $\mathbb{L}_r(\mu)$ eine separierende Menge, nämlich $\mathbb{L}_r'(\mu) := \{f' : f' = g'(\mathrm{d}\nu/\mathrm{d}\mu)^{1/r}, g' \in \mathbb{L}_r'(\nu)\}$, denn es gilt

$$\int |f - f'|^r \mathrm{d}\mu = \int |g - g'|^r (\mathrm{d}\nu/\mathrm{d}\mu)\,\mathrm{d}\mu = \int |g - g'|^r \mathrm{d}\nu\,.$$

Seien also μ ein WS-Maß, $\mathfrak{B}$ abzählbar erzeugt und $\mathfrak{G}$ eine nach A1.1 existierende abzählbare Mengenalgebra mit $\mathfrak{B} = \sigma(\mathfrak{G})$. Entsprechend dem Aufbau meßbarer Funktionen A3.3 zeigen wir:

1) $\{\mathbb{1}_B : B \in \mathfrak{B}\}$ *ist separabel mit der separierenden Menge* $\{\mathbb{1}_G : G \in \mathfrak{G}\}$. Faßt man nämlich $\mu: \mathfrak{B} \to \mathbb{R}$ als Maßerweiterung von $\mu: \mathfrak{G} \to \mathbb{R}$ auf, so gibt es nach dem Approximationslemma A2.4 zu jedem $B \in \mathfrak{B}$ und jedem $\varepsilon > 0$ ein $G \in \mathfrak{G}$ mit

$$\int |\mathbb{1}_B - \mathbb{1}_G|^r \mathrm{d}\mu = \int |\mathbb{1}_B - \mathbb{1}_G|\,\mathrm{d}\mu = \mu(B \triangle G) \leqslant \varepsilon\,.$$

2) $\mathbb{F}_\mu := \{f \in \mathbb{L}_r(\mu) : f \geqslant 0\}$ *ist separabel mit der separierenden Menge*

$$\mathbb{F}_\mu' := \left\{ f' = \sum_{j=1}^{k} c_j \mathbb{1}_{G_j} : c_j \in \mathbb{Q},\ c_j \geqslant 0,\ G_j \in \mathfrak{G},\ j = 1, \ldots, k;\ k \in \mathbb{N} \right\}.$$

Zu jedem $f \in \mathbb{F}_\mu$ und jedem $\varepsilon > 0$ gibt es nämlich eine natürliche Zahl $M = M(\varepsilon) < \infty$ mit $\left(\int\limits_{\{f \geqslant M\}} |f|^r \mathrm{d}\mu \right)^{1/r} \leqslant \varepsilon/3$. Auf $\{f < M\}$ läßt sich aber nach A3.4 die Funktion f gleichmäßig approximieren durch primitive Funktionen

$$\tilde{f}_n := \sum_{j=1}^{M2^n} \frac{j-1}{2^n} \mathbb{1}_{B_{n,j}}, \quad B_{n,j} := \left\{ \frac{j-1}{2^n} \leqslant f < \frac{j}{2^n} \right\};$$

zu jedem $f \in \mathbb{F}_\mu$, $\varepsilon > 0$ und $M < \infty$ gibt es also wegen $\mu(\mathfrak{X}) < \infty$ ein $n = n(\varepsilon, M) < \infty$ mit $\left(\int\limits_{\{f < M\}} |f - \tilde{f}_n|^r \mathrm{d}\mu \right)^{1/r} \leqslant \frac{\varepsilon}{3}$. Da $\tilde{f}_n$ eine endliche Linearkombination von Indikatorfunktionen ist, gibt es nach a) zu $\tilde{f}_n$ ein $f_n' \in \mathbb{F}_\mu'$ mit $(\int |\tilde{f}_n - f_n'|^r \mathrm{d}\mu)^{1/r} \leqslant \frac{\varepsilon}{3}$, nämlich $f_n' = \sum_{j=1}^{M2^n} \frac{j-1}{2^n} \mathbb{1}_{G_{n,j}}$, wobei $G_{n,j} \in \mathfrak{G}$ zu vorgegebenen ε, $M = M(\varepsilon)$, $n = n(\varepsilon, M)$ und obigem $B_{n,j}$ gewählt ist gemäß

$$\mu(B_{n,j} \triangle G_{n,j}) \leqslant \left(\frac{\varepsilon}{3 M^2 2^n} \right)^r.$$

Folglich gibt es zu jedem $\varepsilon > 0$ und jedem $f \in \mathbb{F}_\mu$ ein $f_n' \in \mathbb{F}_\mu'$ mit

$$(\int |f - f_n'|^r \mathrm{d}\mu)^{1/r} \leqslant \Bigl(\int\limits_{\{f \geqslant M\}} |f|^r \mathrm{d}\mu\Bigr)^{1/r} + \Bigl(\int\limits_{\{f < M\}} |f - \tilde{f}_n|^r \mathrm{d}\mu\Bigr)^{1/r} + (\int |\tilde{f}_n - f_n'|^r \mathrm{d}\mu)^{1/r} \leqslant \varepsilon .$$

3) Aus 2) folgt unmittelbar: $\mathbb{L}_r(\mu)$ *ist separabel mit der separierenden Menge*

$$\mathbb{L}_r'(\mu) := \{f' = f_1' - f_2' : f_1', f_2' \in \mathbb{F}_\mu'\}.$$

b) folgt aus a) für $r = 1$, da eine Teilmenge eines separablen metrischen Raumes stets wieder separabel ist. □

Satz 1.145 $\mathfrak{P}$ *sei eine Klasse von* WS-*Maßen über* $(\mathfrak{X}, \mathfrak{B})$. *Dann gilt*:

a) $\mathfrak{P}$ *separabel bzgl.* $d_1 \Rightarrow \mathfrak{P}$ *dominiert.*

b) $\mathfrak{P}$ *dominiert,* $\mathfrak{B}$ *abzählbar erzeugt* $\Rightarrow \mathfrak{P}$ *separabel bzgl.* d_1.

Beweis: a) Ist $\mathfrak{P}$ separabel mit der separierenden Menge $\mathfrak{P}' = \{P_i' : i \in \mathbb{N}\}$, so ist $\mu = \sum P_i'/2^i$ ein $\mathfrak{P}$ dominierendes WS-Maß; aus $\mu(B) = 0$ folgt nämlich $P_i'(B) = 0$ $\forall i \in \mathbb{N}$ und damit wegen der Separabilität auch $P(B) = 0 \quad \forall P \in \mathfrak{P}$.

b) Ist $\mathfrak{B}$ abzählbar erzeugt und $\mathfrak{P}$ dominiert durch ein σ-endliches Maß μ, so ist nach Hilfssatz 1.144 die Menge $\mathbb{F}$ der μ-Dichten von $\mathfrak{P}$ separabel in $\mathbb{L}_1(\mu)$, also wegen (1.6.93) auch die Menge $\mathfrak{P}$ bzgl. d_1. □

Korollar 1.146 *Sei* Θ *ein metrischer Raum und* $\mathfrak{P} = \{P_\vartheta : \vartheta \in \Theta\}$ *eine bzgl.* d_1 *und damit bzgl.* d_2 *stetig parametrisierte*[1]) *Verteilungsklasse. Dann gilt*:

$$\Theta \text{ separabel} \Rightarrow \mathfrak{P} \text{ separabel} \Rightarrow \mathfrak{P} \text{ dominiert}.$$

Beweis: Ist Θ' eine separierende Teilmenge von Θ, so ist $\mathfrak{P}' = \{P_\vartheta : \vartheta \in \Theta'\}$ eine solche von $\mathfrak{P}$. Damit folgt die Behauptung aus Satz 1.145a. □

Während sich für asymptotische Überlegungen der Hellinger-Abstand als zweckmäßig erweisen wird, ist der Totalvariationsabstand für Fragen der Testtheorie besonders geeignet; vgl. (1.3.19). Dies folgt aus dem

Hilfssatz 1.147 *Für* $P, Q \in \mathfrak{M}^1(\mathfrak{X}, \mathfrak{B})$ *gilt*:

$$\|P - Q\| = \sup_{\varphi \in \Phi} |\int \varphi (\mathrm{d}P - \mathrm{d}Q)| = \sup_{\varphi \in \Phi} |E_P\varphi - E_Q\varphi|. \qquad (1.6.98)$$

Beweis: Wegen $\mathbb{1}_B \in \Phi \quad \forall B \in \mathfrak{B}$ folgt $\|P - Q\| \leqslant \sup_{\varphi \in \Phi} |\int \varphi (\mathrm{d}P - \mathrm{d}Q)|$. Bezeichnen p und q wieder μ-Dichten von P und Q, so folgt die Umkehrung aus

$$\int \varphi (\mathrm{d}P - \mathrm{d}Q) = \int \varphi (p - q) \mathrm{d}\mu \leqslant \int\limits_{\{p > q\}} (p - q) \mathrm{d}\mu = (P - Q)(p > q) = \|P - Q\| \quad \text{und}$$

$$\int \varphi (\mathrm{d}P - \mathrm{d}Q) = \int (1 - \varphi)(\mathrm{d}Q - \mathrm{d}P) \leqslant \int\limits_{\{q > p\}} (q - p) \mathrm{d}\mu = (Q - P)(q > p) = \|P - Q\|. \quad \square$$

Die Eigenschaft (1.6.98) ermöglicht es auch, die Stetigkeit von Funktionen auf einer

[1]) Es sei also die Abbildung $\vartheta \mapsto P_\vartheta$ stetig bzgl. der metrischen Topologie auf Θ und d_1 auf $\mathfrak{P}$.

Verteilungsklasse $\mathfrak{P}$ über innere Eigenschaften von $\mathfrak{P}$ und nicht nur über eine (vielleicht willkürliche) Parametrisierung zu erklären. Insbesondere gilt für Gütefunktionen $P \mapsto E_P\varphi$ von Tests $\varphi \in \Phi$ der

Satz 1.148 *Sei $\mathfrak{P} \subset \mathfrak{M}^1(\mathfrak{X}, \mathfrak{B})$ mit der Metrik $d(P, Q) := \|P - Q\|$. Dann gilt:*

a) *Die Gütefunktion $P \mapsto E_P\varphi$ eines jeden Tests $\varphi \in \Phi$ ist stetig.*

b) *Bezeichnen $\mathfrak{P}_\mathbf{H}$, $\mathfrak{P}_\mathbf{K} \subset \mathfrak{P}$ disjunkte Hypothesen und $\overline{\mathfrak{P}}_\mathbf{H}$, $\overline{\mathfrak{P}}_\mathbf{K}$ deren abgeschlossene Hüllen in $\mathfrak{P}$, so ist jeder unverfälschte α-Niveau Test für $\mathbf{H}$ gegen $\mathbf{K}$ auf dem gemeinsamen Rand $\mathfrak{P}_\mathbf{J} := \overline{\mathfrak{P}}_\mathbf{H} \cap \overline{\mathfrak{P}}_\mathbf{K}$ α-ähnlich.*

Beweis: a) Nach dem Beweis zu Hilfssatz 1.147 gilt $|\int \varphi \, \mathrm{d}P - \int \varphi \, \mathrm{d}Q| \leqslant \|P - Q\|$.
b) Aus $E_P\varphi \leqslant \alpha \quad \forall P \in \mathfrak{P}_\mathbf{H}$ und $E_P\varphi \geqslant \alpha \quad \forall P \in \mathfrak{P}_\mathbf{K}$ folgt nach a) $E_P\varphi = \alpha \quad \forall P \in \mathfrak{P}_\mathbf{J}$. □

Ist nun speziell $\mathfrak{P} = \{P_\vartheta : \vartheta \in \Theta\}$ *stetig parametrisiert*, d.h. ist Θ ein metrischer Raum und die Abbildung $\vartheta \mapsto P_\vartheta$ stetig bezüglich des Totalvariationsabstandes, dann ist auch die Gütefunktion $\vartheta \mapsto E_\vartheta\varphi$ eines jeden Tests $\varphi \in \Phi$ wegen (1.6.98) stetig. Insbesondere ist dann wieder jeder für $\mathbf{H}$ gegen $\mathbf{K}$ unverfälschte α-Niveau Test auf dem gemeinsamen Rand $\mathbf{J} := \overline{\mathbf{H}} \cap \overline{\mathbf{K}}$ α-ähnlich.

Bei vielen statistischen Problemen, etwa bei Bayes-Verfahren, werden Verteilungsklassen $\mathfrak{P} = \{P_\vartheta : \vartheta \in \Theta\}$ und eine σ-Algebra $\mathfrak{A}_\Theta$ über Θ benötigt derart, daß die Klasse $\mathfrak{P}$ dominiert ist mit produktmeßbaren Dichten $p(x, \vartheta)$. Deren Existenz ist im wesentlichen äquivalent mit der Forderung, daß die Abbildung $(\vartheta, B) \mapsto P_\vartheta(B)$ ein Kern von $(\Theta, \mathfrak{A}_\Theta)$ nach $(\mathfrak{X}, \mathfrak{B})$ ist.

Satz 1.149 *Es seien $\mathfrak{P} = \{P_\vartheta : \vartheta \in \Theta\} \subset \mathfrak{M}^1(\mathfrak{X}, \mathfrak{B})$ eine dominierte Verteilungsklasse mit μ-Dichten $p(x, \vartheta)$, $\vartheta \in \Theta$. $\mathfrak{A}_\Theta$ bezeichne eine σ-Algebra über Θ. Dann gilt:*

a) *Ist Θ ein separabler metrischer Raum, $\mathfrak{A}_\Theta$ die Borel-σ-Algebra über Θ und $p(x, \cdot)$ für jedes $x \in \mathfrak{X}$ eine stetige Funktion auf Θ, so gilt:*
Die Abbildung $(x, \vartheta) \mapsto p(x, \vartheta)$ ist $\mathfrak{B} \otimes \mathfrak{A}_\Theta$-meßbar.
Die Abbildung $(\vartheta, B) \mapsto P_\vartheta(B)$ ist ein Markov-Kern von $(\Theta, \mathfrak{A}_\Theta)$ nach $(\mathfrak{X}, \mathfrak{B})$.

b) *Es seien $\nu \in \mathfrak{M}^\sigma(\Theta, \mathfrak{A}_\Theta)$, $\mathfrak{B}$ abzählbar erzeugt sowie $(\vartheta, B) \mapsto P_\vartheta(B)$ ein Markov-Kern von $(\Theta, \mathfrak{A}_\Theta)$ nach $(\mathfrak{X}, \mathfrak{B})$. Bezeichnet $\mathfrak{D}$ die Vervollständigung von $\mathfrak{B} \otimes \mathfrak{A}_\Theta$ bzgl. $\mu \otimes \nu$, so existiert eine $\mathfrak{D}$-meßbare Funktion $q(x, \vartheta)$ auf $\mathfrak{X} \times \Theta$ derart, daß $q(\cdot, \vartheta)$ eine Version von $\mathrm{d}P_\vartheta/\mathrm{d}\mu$ ist für jedes $\vartheta \in \Theta$.*

Beweis: a) Bezeichnet Θ' eine separierende Menge von Θ, so gilt mit

$$B_{y,\varepsilon,\vartheta'} := \bigcap_{\tilde{\vartheta} \in \Theta' U_\varepsilon(\vartheta')} \{x \in \mathfrak{X} : p(x, \tilde{\vartheta}) > y + \varepsilon\}$$

nach den vorausgesetzten Eigenschaften von $(x, \vartheta) \mapsto p(x, \vartheta)$

$$\{(x, \vartheta) \in \mathfrak{X} \times \Theta : p(x, \vartheta) > y\} = \bigcup_{\substack{\varepsilon > 0 \\ \varepsilon \in \mathbb{Q}}} \bigcup_{\vartheta' \in \Theta'} B_{y,\varepsilon,\vartheta'} \times U_\varepsilon(\vartheta') \quad \forall y > 0 .$$

Wegen $B_{y,\varepsilon,\vartheta'} \in \mathfrak{B}$ und $U_\varepsilon(\vartheta') \in \mathfrak{A}_\Theta$ folgt damit die erste Behauptung.
Die Grundeigenschaften von Integralen, vgl. A4.2 bzw. A6.5, liefern dann unmittelbar, daß $(\vartheta, B) \mapsto P_\vartheta(B)$ ein Markov-Kern ist.

b) Es seien $\mathfrak{G}$ die Mengenalgebra der endlichen disjunkten Vereinigungen von Mengen der Form $B \times A$, $B \in \mathfrak{B}$, $A \in \mathfrak{A}_\Theta$, also $\mathfrak{B} \otimes \mathfrak{A}_\Theta = \sigma(\mathfrak{G})$, sowie

$$\mathfrak{C} := \{C \in \mathfrak{B} \otimes \mathfrak{A}_\Theta : \vartheta \mapsto \int \mathbb{1}_C(x, \vartheta) \, \mathrm{d}P_\vartheta(x) \quad \text{ist } \mathfrak{A}_\Theta\text{-meßbar}\}.$$

Dann gilt $\mathfrak{C} = \mathfrak{B} \otimes \mathfrak{A}_\Theta$, denn $(\vartheta, B) \mapsto P_\vartheta(B)$ ist ein Markov-Kern und somit zum einen $\mathfrak{G} \subset \mathfrak{C}$; zum anderen ist $\mathfrak{C}$ eine monotone Klasse, und damit nach A1.1

$$\mathfrak{B} \otimes \mathfrak{A}_\Theta = \sigma(\mathfrak{G}) = m(\mathfrak{G}) \subset m(\mathfrak{C}) = \mathfrak{C} \subset \mathfrak{B} \otimes \mathfrak{A}_\Theta.$$

Sei nun $Q \in \mathfrak{M}^\sigma(\mathfrak{X} \times \Theta, \mathfrak{B} \otimes \mathfrak{A}_\Theta)$ analog A6.6 definiert durch

$$Q(C) := \iint \mathbb{1}_C(x, \vartheta) \, \mathrm{d}P_\vartheta(x) \, \mathrm{d}\nu(\vartheta) = \int P_\vartheta(C_\vartheta) \, \mathrm{d}\nu(\vartheta), \qquad C \in \mathfrak{B} \otimes \mathfrak{A}_\Theta.$$

Dann gilt $Q \ll \mu \otimes \nu$, denn für $C \in \mathfrak{C}$ gilt

$$\mu \otimes \nu(C) = \int \mu(C_\vartheta) \, \mathrm{d}\nu(\vartheta) = 0 \quad \Rightarrow \quad \mu(C_\vartheta) = 0 \quad \forall \vartheta \in N_C^c, \; \nu(N_C) = 0$$
$$\Rightarrow \quad P_\vartheta(C_\vartheta) = 0 \quad \forall \vartheta \in N_C^c \quad \Rightarrow \quad Q(C) = \int P_\vartheta(C_\vartheta) \, \mathrm{d}\nu(\vartheta) = 0.$$

Nach dem Satz von Radon-Nikodym existiert daher eine $\mathfrak{B} \otimes \mathfrak{A}_\Theta$-meßbare Funktion q_0 mit

$$Q(C) = \int_C q_0(x, \vartheta) \, \mathrm{d}\mu \otimes \nu \quad \forall C \in \mathfrak{C}.$$

Mit dieser gilt nach dem Satz von Fubini für alle $C \in \mathfrak{C}$

$$\int P_\vartheta(C_\vartheta) \, \mathrm{d}\nu(\vartheta) = Q(C) = \int \left[\int \mathbb{1}_C(x, \vartheta) \, q_0(x, \vartheta) \, \mathrm{d}\mu(x)\right] \mathrm{d}\nu(\vartheta).$$

Setzt man $C = B \times A$, so ergibt sich hieraus für festes $B \in \mathfrak{B}$

$$\int_A P_\vartheta(B) \, \mathrm{d}\nu(\vartheta) = \int_A \int_B q_0(x, \vartheta) \, \mathrm{d}\mu(x) \, \mathrm{d}\nu(\vartheta) \quad \forall A \in \mathfrak{A}_\Theta$$

und damit nach (1.6.20)

$$P_\vartheta(B) = \int_B q_0(x, \vartheta) \, \mathrm{d}\mu(x) \quad \forall \vartheta \in N_B^c, \tag{1.6.99}$$

wobei $N_B \in \mathfrak{A}_\Theta$ mit $\nu(N_B) = 0$ gilt. Da $\mathfrak{B}$ abzählbar erzeugt ist, gibt es eine abzählbare Mengenalgebra $\mathfrak{G}_0$ mit $\mathfrak{B} = \sigma(\mathfrak{G}_0)$. Somit ist $N := \bigcup_{B \in \mathfrak{G}_0} N_B$ eine ν-Nullmenge und aus (1.6.99) folgt zunächst für alle $B \in \mathfrak{G}_0$

$$P_\vartheta(B) = \int_B q_0(x, \vartheta) \, \mathrm{d}\mu(x) \quad \forall \vartheta \in N^c. \tag{1.6.100}$$

Nach dem Maßerweiterungssatz gilt diese Beziehung dann auch für alle $B \in \mathfrak{B}$.
Um aus $q_0 \in \mathfrak{D}$ eine $\mathfrak{D}$-meßbare Funktion q zu erhalten derart, daß q_ϑ für jedes $\vartheta \in \Theta$ eine μ-Dichte von P_ϑ ist, sei $p(x, \vartheta)$ für $\vartheta \in N$ eine μ-Dichte von P_ϑ. Dann ist

$$q(x, \vartheta) := q_0(x, \vartheta) \, \mathbb{1}_{N^c}(\vartheta) + p(x, \vartheta) \, \mathbb{1}_N(\vartheta)$$

wegen $\{(x, \vartheta) : q_0(x, \vartheta) \neq q(x, \vartheta)\} \subset \mathfrak{X} \times N$, $\mu \otimes \nu(\mathfrak{X} \times N) = 0$, eine $\mathfrak{D}$-meßbare Funktion, die wegen (1.6.100) das gewünschte leistet. □

Aufgabe 1.28 Es seien $\mu \in \mathfrak{M}^\sigma(\mathfrak{X}, \mathfrak{B})$ und $\nu \in \mathfrak{M}(\mathfrak{X}, \mathfrak{B})$. Man zeige: Auch wenn ν nicht σ-endlich ist, existiert eine μ-bestimmte Lösung $L \in \mathfrak{B}$ von (1.6.17); jedoch gilt nicht $L(x) < \infty \quad [\mu]$.

Aufgabe 1.29 Es seien $P \in \mathfrak{M}^1(\mathbb{R}, \mathbb{B})$ und $\mathfrak{C} = \{B \in \mathbb{B}: B = -B\}$. Man gebe ein System von Festlegungungen $x \mapsto k_B(x)$ von $E(\mathbb{1}_B|\mathfrak{C})$, $B \in \mathbb{B}$, an derart, daß $(x, B) \mapsto k_B(x)$ kein Markov-Kern ist.

Aufgabe 1.30 Es seien $(\mathfrak{X}, \mathfrak{B}, P)$ ein WS-Raum und $\mathfrak{B}_P$ die kleinste σ-Algebra über $\mathfrak{X}$, die alle P-Nullmengen enthält. Ist g eine $\mathfrak{B}$-meßbare Funktion, für die Eg existiert, so gilt $E(g|\mathfrak{B}_P) = Eg \quad [P]$.
Hinweis: Für jede Funktion $f \in \mathfrak{B}_P$ gibt es eine P-Nullmenge N mit $f(x) = \text{const} \quad \forall x \in N^c$.

Aufgabe 1.31 Man formuliere analog Satz 1.120 die Grundeigenschaften bedingter EW bei Bedingen durch eine σ-Algebra $\mathfrak{C}$ und beweise sie.

Aufgabe 1.32 Über $\mathbb{L}_2 := \mathbb{L}_2(\mathfrak{X}, \mathfrak{B}, P)$ – aufgefaßt als Raum der Äquivalenzklassen g aller P-f. ü. übereinstimmenden Funktionen $\tilde{g} \in \mathfrak{B}$ – ist ein Skalarprodukt erklärt durch $\langle f, g \rangle := E\tilde{f}\tilde{g}$ und eine Norm durch $\|g\| := \langle g, g \rangle^{1/2}$. Mit einer σ-Algebra $\mathfrak{C} \subset \mathfrak{B}$ werde ein Operator Q erklärt durch $Qg = k$, wobei $\tilde{k} = E(\tilde{g}|\mathfrak{C})$ ist. Man zeige:

a) $Q(cf + dg) = cQf + dQg$, $c \in \mathbb{R}$, $d \in \mathbb{R}$.

b) Der Bildbereich von Q ist ein linearer abgeschlossener Teilraum $\mathfrak{L} \subset \mathbb{L}_2$, nämlich der Teilraum derjenigen Äquivalenzklassen, die mindestens einen $\mathfrak{C}$-meßbaren Repräsentanten enthalten. Es gilt $\|Qg\| \leqslant \|g\|$.

c) $\langle Qf, g \rangle = \langle f, Qg \rangle, \qquad QQg = Qg, \qquad \langle Qg, g - Qg \rangle = 0,$

d) $Qg = g$ gilt genau dann, wenn $g \in \mathfrak{L}$ ist.

e) Ist $\mathfrak{D}$ eine σ-Algebra über $\mathfrak{X}$ mit $\mathfrak{D} \subset \mathfrak{C}$ und ein Operator R erklärt durch $Rg = k'$, $\tilde{k}' = E(\tilde{g}|\mathfrak{D})$, so gilt $QRg = RQg = Rg$ und $Q \geqslant R$, d.h. $\langle Qg, g \rangle \geqslant \langle Rg, g \rangle \quad \forall g \in \mathbb{L}_2$.

Aufgabe 1.33 Es seien X und Y st. u. reellwertige ZG sowie $S = X + Y$. Man berechne $E(X|S = s)$, falls gilt

a) $\mathfrak{L}(X) = \mathfrak{B}(n, \pi)$, $\mathfrak{L}(Y) = \mathfrak{B}(m, \pi)$ bzw. b) $\mathfrak{L}(X) = \mathfrak{G}(\lambda)$, $\mathfrak{L}(Y) = \mathfrak{G}(\varkappa)$.

Aufgabe 1.34 Es seien $P \in \mathfrak{M}^1(\mathfrak{X}, \mathfrak{B})$, U und V Statistiken gemäß (1.6.59), $T := (U, V)$ mit $Q := P^T$ und σ bzw. τ die durch $\sigma(u, v) = u$ bzw. $\tau(u, v) = v$ definierten Koordinatenprojektionen. Man verifiziere die Gültigkeit von $P^{U|V=v} = Q^{\sigma|\tau=v} \quad [P^V]$.

Aufgabe 1.35 Es seien U, V, W Statistiken auf $(\mathfrak{X}, \mathfrak{B}, P)$ und es existiere $P^{U|(V,W)=(v,w)}$ sowie $P^{V|W=w}$. Man zeige, daß ein Bedingungskern $P^{(U,V)|W=w}$ existiert und daß sich $P^{U|(V,W)=(v,w)}$ auch interpretieren läßt als $P^{(U|V=v)|W=w}$.
Hinweis: Man verifiziere die Gültigkeit der zu (1.6.60) analogen Radon-Nikodym-Gleichung

$$P^{(U,V)|W=w}(G \times H) = \int_H P^{U|(V,W)=(v,w)}(G) \, \mathrm{d}P^{V|W=w} \quad [P^W] \quad \forall G \in \mathfrak{G} \quad \forall H \in \mathfrak{H}.$$

Aufgabe 1.36 Man verifiziere die Gültigkeit von (1.6.71) unter den dort angegebenen Voraussetzungen.
Hinweis: Man zeige $V^{-1}(B) = \sum_{\pi \in \mathfrak{Q}} \pi^{-1}(BM) \quad [P] \quad \forall B \in \mathfrak{B}$.

Aufgabe 1.37 Man zeige: Eine Familie $\{\varepsilon_\vartheta : \vartheta \in \Theta\}$ von Einpunktverteilungen ist genau dann dominiert, wenn Θ höchstens abzählbar ist.

Aufgabe 1.38 Man zeige, daß das *Cantor-Diskontinuum*, d.h. die $\mathbb{\lambda}$-Nullmenge B_1 aus Beispiel 1.137, überabzählbar ist.

Hinweis: Man charakterisiere die Punkte $x \in B_1$ durch ihre Trialdarstellungen $x = \sum_{i=1}^{\infty} \delta_i / 3^i$, $\delta_i \in \{0, 1, 2\}$.

Aufgabe 1.39 Es seien $P, Q \in \mathfrak{M}^1(\mathfrak{X}, \mathfrak{B})$ und T eine Statistik auf $(\mathfrak{X}, \mathfrak{B})$. Man verifiziere die Gültigkeit von $H^2(P^T, Q^T) \leqslant H^2(P, Q)$.

1.7 Exponentialfamilien

Die wichtigsten parametrischen Verteilungsannahmen sind dominierte Verteilungsklassen, deren Dichten ein einfaches, durch einen Exponentialausdruck bestimmtes Bildungsgesetz haben und so häufig die explizite Angabe optimaler statistischer Verfahren ermöglichen. Andererseits lassen sich allgemeinere Verteilungsklassen vielfach durch derartige Exponentialfamilien approximieren; vgl. Kap. 6.

1.7.1 Definition und Beispiele

Viele Verteilungsklassen besitzen μ-Dichten der Form

$$\frac{\mathrm{d}P_\vartheta}{\mathrm{d}\mu}(x) = A(\vartheta)\, \mathrm{e}^{\langle \zeta(\vartheta), T(x) \rangle} r(x) \quad [\mu], \qquad \vartheta \in \Theta,$$
$$\langle \zeta(\vartheta), T(x) \rangle := \sum_{i=1}^{k} \zeta_i(\vartheta)\, T_i(x), \qquad A(\vartheta) := [\textstyle\int \mathrm{e}^{\langle \zeta(\vartheta), T(x) \rangle} r(x)\, \mathrm{d}\mu]^{-1}. \tag{1.7.1}$$

Definition 1.150 *Eine Klasse* $\mathfrak{P} = \{P_\vartheta : \vartheta \in \Theta\} \subset \mathfrak{M}^1(\mathfrak{X}, \mathfrak{B})$ *heißt eine* Exponentialfamilie, *wenn es ein dominierendes Maß* $\mu \in \mathfrak{M}^\sigma(\mathfrak{X}, \mathfrak{B})$, *eine Zahl* $k \in \mathbb{N}$, *reellwertige Funktionen* $\zeta_1, \ldots, \zeta_k$, A *auf* Θ *und reellwertige* $\mathfrak{B}$-*meßbare Funktionen* $T_1, \ldots, T_k$, r *auf* $\mathfrak{X}$ *gibt mit* (1.7.1).

Nach Definition einer μ-Dichte als nicht-negativer $\mathfrak{B}$-meßbarer Lösung p_ϑ von (1.6.83) kann o. E. $r(x) \geqslant 0 \quad \forall x \in \mathfrak{X}$ und $A(\vartheta) > 0 \quad \forall \vartheta \in \Theta$ angenommen werden. Dabei ist $A(\vartheta)$ durch die sonstigen Funktionen als Normierungsfaktor bestimmt.
Die WS-Maße P_ϑ, $\vartheta \in \Theta$, sind offenbar paarweise wie auch zu dem durch

$$\nu(B) := \int_B r(x)\, \mathrm{d}\mu, \qquad B \in \mathfrak{B}, \tag{1.7.2}$$

definierten Maß ν äquivalent. Aus $P_\vartheta(N) = 0$ für ein $\vartheta \in \Theta$ folgt nämlich

$$A(\vartheta)\, \mathrm{e}^{\langle \zeta(\vartheta), T(x) \rangle} r(x)\, \mathbb{1}_N(x) = 0 \quad [\mu] \quad \text{und damit} \quad r(x)\, \mathbb{1}_N(x) = 0 \quad [\mu],$$

also gemäß (1.7.2) $\nu(N) = 0$ und umgekehrt. Insbesondere gilt

$$P_\vartheta(N) = 0 \quad \exists \vartheta \in \Theta \quad \Leftrightarrow \quad P_\vartheta(N) = 0 \quad \forall \vartheta \in \Theta \quad \Leftrightarrow \quad \mathfrak{P}(N) = 0 \quad \Leftrightarrow \quad \nu(N) = 0.$$

Wir schreiben deshalb auch $f(x) = g(x) \quad [\mathfrak{P}]$ für $f(x) = g(x) \quad [\nu]$.

Mit μ ist auch ν σ-endlich, wie sich aus der Zerlegung $\mathfrak{X} = \sum_{n=0}^{\infty} \{x: n \leqslant r(x) < n+1\}$ ergibt.

Damit besitzen die P_ϑ auch ν-Dichten; diese lauten wegen Korollar 1.134 und (1.7.2)

$$\frac{\mathrm{d}P_\vartheta}{\mathrm{d}\nu}(x) = A(\vartheta)\, \mathrm{e}^{\langle \zeta(\vartheta), T(x)\rangle} \quad [\mathfrak{P}], \qquad \vartheta \in \Theta. \tag{1.7.3}$$

Da somit der Faktor $r(x)$ in (1.7.1) durch ein geeignetes dominierendes Maß berücksichtigt werden kann und $A(\vartheta)$ nur ein Normierungsfaktor ist, werden sich die grundlegenden statistischen Eigenschaften der durch (1.7.1) definierten Klasse $\mathfrak{P}$ allein aus der Gestalt des Exponentialausdrucks $\exp\langle \zeta(\vartheta), T(x)\rangle$ ergeben. Wir nennen deshalb $\mathfrak{P}$ auch eine *k-parametrige Exponentialfamilie in*[1] $\zeta := (\zeta_1, \ldots, \zeta_k)$ *und* $T := (T_1, \ldots, T_k)$, bemerken jedoch, daß ζ und T wie auch k offenbar nicht eindeutig durch $\mathfrak{P}$ bestimmt sind; vgl. hierzu Korollar 1.154.

Beispiel 1.151 Die Klasse $\mathfrak{P}$ aller eindimensionalen $\mathfrak{N}(\mu, \sigma^2)$-Verteilungen, $\vartheta = (\mu, \sigma^2) \in \mathbb{R} \times (0, \infty)$, bildet eine zweiparametrige Exponentialfamilie in $\zeta(\vartheta) = (\mu/\sigma^2, -1/2\sigma^2)$ und $T(x) = (x, x^2)$. $\mathfrak{P}$ ist nämlich durch $\lambda\!\!\lambda$ dominiert, und für die $\lambda\!\!\lambda$-Dichten gilt

$$p_\vartheta(x) = \frac{1}{\sqrt{2\pi\sigma^2}} \exp\left(-\frac{\mu^2}{2\sigma^2}\right) \exp\left[\frac{\mu}{\sigma^2} x - \frac{1}{2\sigma^2} x^2\right] \quad [\lambda\!\!\lambda], \qquad \vartheta = (\mu, \sigma^2).$$

Allgemein bildet die Klasse der Verteilungen von n st. u. ZG $X_1, \ldots, X_n$ mit derselben $\mathfrak{N}(\mu, \sigma^2)$-Verteilung, $\vartheta = (\mu, \sigma^2) \in \mathbb{R} \times (0, \infty)$, eine zweiparametrige Exponentialfamilie in $\zeta(\vartheta) = (\mu/\sigma^2, -1/2\sigma^2)$ und $T(x) = (\sum x_j, \sum x_j^2)$.

Ist dagegen $\mu = \mu_0$ bzw. $\sigma^2 = \sigma_0^2$ bekannt, so ist $\mathfrak{P}$ eine einparametrige Exponentialfamilie in

$$\zeta(\vartheta) = -1/2\sigma^2, \quad T(x) = \sum_{j=1}^{n} (x_j - \mu_0)^2 \quad \text{bzw.} \quad \zeta(\vartheta) = \mu/\sigma_0^2, \quad T(x) = \sum_{j=1}^{n} x_j. \quad \square$$

Beispiel 1.152 Die Klasse $\mathfrak{P}$ aller $\mathfrak{B}(n, \pi)$-Verteilungen, $\vartheta = \pi \in (0,1)$, n fest, bildet eine einparametrige Exponentialfamilie in $\zeta(\vartheta) = \log(\pi/(1-\pi))$ und $T(x) = x$. Bezeichnet nämlich $\#$ das Zählmaß der Menge $\mathfrak{X}' = \{0, 1, \ldots, n\}$, so lauten die $\#$-Dichten

$$p_\vartheta(x) = \binom{n}{x} \pi^x (1-\pi)^{n-x} = \binom{n}{x} (1-\pi)^n \exp\left[x \log \frac{\pi}{1-\pi}\right], \quad \vartheta = \pi \in (0,1).$$

Die Klasse aller $\mathfrak{B}(n, \pi)$-Verteilungen, $\pi \in [0,1]$, n fest, bildet jedoch *keine* Exponentialfamilie, da die Verteilungen nicht paarweise äquivalent sind. Es gilt nämlich z. B.

$$P_0(\{1, \ldots, n-1\}) = P_1(\{1, \ldots, n-1\}) = 0, \text{ aber } P_\vartheta(\{1, \ldots, n-1\}) > 0 \text{ für } \vartheta = \pi \in (0,1). \quad \square$$

Anmerkung: Die Klasse der translatierten gedächtnislosen Verteilungen mit den $\lambda\!\!\lambda$-Dichten $p_\vartheta(x) = \exp[-(x-\vartheta)]\, \mathbb{1}_{[\vartheta, \infty)}(x)$, $\vartheta \in \mathbb{R}$, die in der Literatur häufig auch als (translatierte) Exponentialverteilungen bezeichnet werden, bildet *keine* Exponentialfamilie. Der relevante, nicht

[1]) Um eine überladene Bezeichnungsweise, insbesondere in 3.3, zu vermeiden, wird im folgenden zwischen Zeilen- und Spaltenvektoren nur im Zusammenhang mit Matrizenoperationen unterschieden. Dann bezeichnet z. B. $\zeta^\top(\vartheta)\, T(x)$ gerade das Skalarprodukt $\langle \zeta(\vartheta), T(x)\rangle$ oder $T(x)\, T^\top(x)$ die Matrix mit den Elementen $T_i(x)\, T_j(x)$; vgl. z. B. (1.7.18).

weiter in Funktionen von x und ϑ allein zerlegbare Faktor $\mathbb{1}_{[\vartheta, \infty)}(x)$ besitzt nämlich keine Exponentialgestalt und läßt sich auch nicht in eine solche bringen. Die Behauptung folgt auch daraus, daß die Verteilungen nicht paarweise äquivalent sind. Aus den gleichen Gründen bildet etwa die Klasse der $\mathfrak{R}(0, \vartheta)$-Verteilungen, $\vartheta \in (0, \infty)$, oder die der hypergeometrischen Verteilungen *keine* Exponentialfamilie.

Wie wir in 3.1 zeigen werden, hängen optimale statistische Entscheidungsverfahren bei Exponentialfamilien vielfach nur von der k-dimensionalen Statistik $T = (T_1, \ldots, T_k)$ ab. Man wird deshalb bestrebt sein, die μ-Dichten in (1.7.1) so zu wählen, daß k möglichst klein wird. Wir nennen folglich eine Exponentialfamilie *strikt k-parametrig* – und sprechen auch von der *Parametrigkeit k* –, wenn k das minimale $l \in \mathbb{N}$ ist, für das ein zu $\mathfrak{P}$ äquivalentes Maß ν existiert mit ν-Dichten der Form (1.7.3) und

$$\langle \zeta(\vartheta), T(x) \rangle = \sum_{i=1}^{l} \zeta_i(\vartheta)\, T_i(x).$$

Eine Reduktion von l ist offenbar dann möglich, wenn die Funktionen $\zeta_1, \ldots, \zeta_l$ oder die Statistiken $T_1, \ldots, T_l$ affin abhängig sind; für die Statistiken $T_1, \ldots, T_l$ braucht die affine Abhängigkeit sogar nur auf dem Komplement einer $\mathfrak{P}$-Nullmenge zu gelten. Dabei heißen die Funktionen $\zeta_1, \ldots, \zeta_k$ *affin unabhängig*, falls die Funktionen $1, \zeta_1, \ldots, \zeta_k$ linear unabhängig sind, falls also mit $d \in \mathbb{R}^k$ und $d_0 \in \mathbb{R}$ gilt

$$\langle \zeta(\vartheta), d \rangle = d_0 \quad \forall \vartheta \in \Theta \quad \Rightarrow \quad d = 0,\ d_0 = 0. \tag{1.7.4}$$

Entsprechend nennen wir $T_1, \ldots, T_k$ *$\mathfrak{P}$-affin unabhängig*, wenn sie auf dem Komplement einer jeden $\mathfrak{P}$-Nullmenge affin unabhängig sind, wenn also mit $c \in \mathbb{R}^k$ und $c_0 \in \mathbb{R}$ gilt

$$\langle c, T(x) \rangle = c_0 \quad [\mathfrak{P}] \quad \Rightarrow \quad c = 0,\ c_0 = 0. \tag{1.7.5}$$

In diesem Fall kann nämlich P_ϑ^T nicht auf einen affinen Teilraum $a + \mathfrak{L}$ niederer Dimension r konzentriert sein: Aus $T(x) \in a + \mathfrak{L}$ $[\mathfrak{P}]$ mit $r := \dim \mathfrak{L} < k$ würde nämlich die Existenz eines zu $\mathfrak{L}$ orthogonalen Vektors $c \in \mathbb{R}^k - \{0\}$ folgen mit $\langle c, T(x) - a \rangle = 0$ $[\mathfrak{P}]$ im Widerspruch zu (1.7.5).

Satz 1.153 *Zugrunde liege eine Exponentialfamilie $\mathfrak{P}$. Dann gilt:*

a) *$\mathfrak{P}$ ist genau dann strikt k-parametrig, wenn die ν-Dichten eine Darstellung* (1.7.1) *haben mit affin unabhängigen Funktionen $\zeta_1, \ldots, \zeta_k$ und $\mathfrak{P}$-affin unabhängigen Statistiken $T_1, \ldots, T_k$.*

b) *$T_1, \ldots, T_k$ sind genau dann $\mathfrak{P}$-affin unabhängig, wenn gilt:*

$$\mathscr{C}ov_\vartheta T \quad \text{ist positiv definit} \quad \exists \vartheta \in \Theta. \tag{1.7.6}$$

Beweis: a) Ist $\mathfrak{P}$ strikt k-parametrig, so gestatten die μ-Dichten definitionsgemäß eine Darstellung (1.7.1) vermöge k-dimensionaler Funktionen ζ und T. Dabei sind $\zeta_1, \ldots, \zeta_k$ affin unabhängig und $T_1, \ldots, T_k$ $\mathfrak{P}$-affin unabhängig, da sich andernfalls eine der Funktionen ζ_i oder T_i eliminieren ließe und $\mathfrak{P}$ höchstens strikt $(k-1)$-parametrig wäre. Sind umgekehrt μ-Dichten der Form (1.7.1) mit affin unabhängigen Funktionen $\zeta_1, \ldots, \zeta_k$ und $\mathfrak{P}$-affin unabhängigen Statistiken $T_1, \ldots, T_k$ gegeben, so ist $\mathfrak{P}$ definitionsgemäß strikt l-parametrig mit $l \leqslant k$. Wäre $l < k$, so gäbe es reellwertige Funktionen $\eta_1, \ldots, \eta_l, B$ auf Θ mit $B(\vartheta) > 0 \quad \forall \vartheta \in \Theta$ und $\mathfrak{P}$ affin unabhängige Statistiken $S_1, \ldots, S_l$ sowie eine Statistik g derart, daß für die μ-Dichten gilt

$$\frac{\mathrm{d}P_\vartheta}{\mathrm{d}\mu}(x) = B(\vartheta)\, \mathrm{e}^{\langle \eta(\vartheta), S(x) \rangle} g(x) \quad [\mu].$$

Zum Nachweis von $l \geqslant k$ beachte man zunächst, daß aus der paarweisen Äquivalenz bei festem $\vartheta_0 \in \Theta$ für alle $\vartheta \in \Theta$ folgt

$$\frac{\mathrm{d}P_\vartheta}{\mathrm{d}P_{\vartheta_0}}(x) = \frac{A(\vartheta)}{A(\vartheta_0)}\, \mathrm{e}^{\langle \zeta(\vartheta) - \zeta(\vartheta_0), T(x) \rangle} = \frac{B(\vartheta)}{B(\vartheta_0)}\, \mathrm{e}^{\langle \eta(\vartheta) - \eta(\vartheta_0), S(x) \rangle} \quad [\mathfrak{P}],$$

also

$$\langle \zeta(\vartheta) - \zeta(\vartheta_0), T(x) \rangle = \langle \eta(\vartheta) - \eta(\vartheta_0), S(x) \rangle + \log \frac{B(\vartheta)\, A(\vartheta_0)}{B(\vartheta_0)\, A(\vartheta)} \quad [\mathfrak{P}]. \tag{1.7.7}$$

Andererseits impliziert die affine Unabhängigkeit der Funktionen $\zeta_1, \ldots, \zeta_k$, daß die Vektoren $\zeta(\vartheta) - \zeta(\vartheta_0)$, $\vartheta \in \Theta$, den ganzen k-dimensionalen Raum $\mathbb{R}^k$ aufspannen. Daraus ergibt sich die Existenz von k Punkten $\vartheta_1, \ldots, \vartheta_k \in \Theta$, so daß $\zeta(\vartheta_1) - \zeta(\vartheta_0), \ldots, \zeta(\vartheta_k) - \zeta(\vartheta_0)$ linear unabhängig sind, daß also die $k \times k$-Matrix $\mathscr{A} := (\zeta(\vartheta_1) - \zeta(\vartheta_0), \ldots, \zeta(\vartheta_k) - \zeta(\vartheta_0))^\top$ nicht entartet ist. Mit der $k \times l$-Matrix $\mathscr{C} := (\eta(\vartheta_1) - \eta(\vartheta_0), \ldots, \eta(\vartheta_k) - \eta(\vartheta_0))^\top$, geeignet gewähltem $b \in \mathbb{R}^k$ und geeignetem $N \in \mathfrak{B}$, $\mathfrak{P}(N) = 0$, gilt also

$$\mathscr{A}T(x) = \mathscr{C}S(x) + b \qquad \forall x \in N^c. \tag{1.7.8}$$

Ebenso existieren Punkte $x_0, x_1, \ldots, x_k \in N^c$, so daß die $k \times k$-Matrix $\mathscr{B} := (T(x_1) - T(x_0), \ldots, T(x_k) - T(x_0))$ nicht-entartet ist; andernfalls wären nämlich $T_1, \ldots, T_k$ nicht $\mathfrak{P}$-affin unabhängig. Mit der $l \times k$-Matrix $\mathscr{D} := (S(x_1) - S(x_0), \ldots, S(x_k) - S(x_0))$ folgt dann aus (1.7.5)

$$\mathscr{A}\mathscr{B} = \mathscr{C}\mathscr{D} \tag{1.7.9}$$

und damit $k = \operatorname{Rg} \mathscr{A}\mathscr{B} = \operatorname{Rg} \mathscr{C}\mathscr{D} \leqslant \min\{k, l\} \leqslant l$.

b) folgt aus Hilfssatz 1.90c und der paarweisen Äquivalenz. □

Die Beispiele 1.155–156 und 1.158–159 zeigen, daß sich die Minimalzahl k der Parameter einer Exponentialfamilie meist leicht verifizieren läßt, etwa durch den Nachweis, daß $\zeta_1(\vartheta), \ldots, \zeta_k(\vartheta)$ unabhängig von einander nicht-entartete Intervalle durchlaufen und (1.7.6) erfüllt ist. Dennoch werden wir später häufig auf den Nachweis verzichten, daß $\mathfrak{P}$ strikt k-parametrig ist. Dies ist um so mehr gerechtfertigt, als viele Aussagen über Exponentialfamilien unabhängig von der speziellen Parametrigkeit gelten.

Korollar 1.154 *$\mathfrak{P}$ sei eine strikt k-parametrige Exponentialfamilie in ζ und T. Dann sind ζ bzw. T bis auf nicht ausgeartete affine Transformationen bestimmt bzw. $\mathfrak{P}$-bestimmt.*

Beweis: Gestattet $\mathfrak{P}$ Darstellungen (1.7.3) vermöge k-dimensionaler Funktionen ζ und T sowie η und S, so gibt es nach dem Beweis von Satz 1.153 $k \times k$-Matrizen $\mathscr{A}$ und $\mathscr{C}$ sowie ein $b \in \mathbb{R}^k$ mit (1.7.8). Dabei ist $\mathscr{A}$ und – da sich beide Darstellungen austauschen lassen –

auch $\mathscr{C}$ nicht entartet. Folglich gilt mit der nicht-entarteten $k \times k$-Matrix $\tilde{\mathscr{C}} = \mathscr{A}^{-1}\mathscr{C}$ und geeigneten Vektoren $c, d \in \mathbb{R}^k$ $T(x) = \tilde{\mathscr{C}} S(x) + c$ $[\mathfrak{P}]$ und damit nach (1.7.1) durch Vergleich der Exponenten $\eta = \tilde{\mathscr{C}}^{\mathsf{T}} \zeta + d$. □

Die Funktionen ζ und T sind somit – im Gegensatz zur Parametrigkeit k – nicht eindeutig durch die Exponentialfamilie $\mathfrak{P}$ festgelegt. Dennoch sprechen wir bei $\mathfrak{P}$ von einer *(k-parametrigen) Exponentialfamilie in ζ und T.*

Beispiel 1.155 a) Die Klasse $\mathfrak{P}$ aller k-dimensionalen $\mathfrak{N}(\mu, \mathscr{S}_0)$-Verteilungen mit bekanntem $\mathscr{S}_0 \in \mathbb{R}^{k \times k}_{\text{p.d.}}$ und unbekanntem $\vartheta = \mu \in \mathbb{R}^k$ bildet eine Exponentialfamilie in $\zeta(\vartheta) = \mathscr{S}_0^{-1} \mu$ und $T(x) = x$. Sie besitzen nämlich die $\lambda\!\!\lambda^n$-Dichten (1.5.10), wobei

$$\exp\left[-\frac{1}{2}(x-\mu)^{\mathsf{T}} \mathscr{S}_0^{-1}(x-\mu)\right] = \exp\left[-\frac{1}{2} x^{\mathsf{T}} \mathscr{S}_0^{-1} x + \mu^{\mathsf{T}} \mathscr{S}_0^{-1} x - \frac{1}{2} \mu^{\mathsf{T}} \mathscr{S}_0^{-1} \mu\right], \quad (1.7.10)$$

und damit $\exp \mu^{\mathsf{T}} \mathscr{S}_0^{-1} x = \exp \langle \mathscr{S}_0^{-1} \mu, x \rangle$ der relevante Faktor ist. Nach 1.5.2 gilt $\mathscr{C}ov_\vartheta T = \mathscr{S}_0$. Somit folgt aus $|\mathscr{S}_0| \neq 0$, daß die Funktionen $T_i(x) = x_i$, $i = 1, \ldots, l$, $\mathfrak{P}$-affin unabhängig sind. Da auch die Komponenten von ζ affin unabhängig sind, ist $\mathfrak{P}$ eine strikt k-parametrige Exponentialfamilie in $\zeta(\vartheta) = \mathscr{S}_0^{-1} \mu$ und $T(x) = x$. Wegen $\langle \mathscr{S}_0^{-1} \mu, x \rangle = \langle \mu, \mathscr{S}_0^{-1} x \rangle$ läßt sich $\mathfrak{P}$ aber z.B. auch auffassen als k-parametrige Exponentialfamilie in $\zeta(\vartheta) = \mu$ und $T(x) = \mathscr{S}_0^{-1} x$.

b) Die Klasse aller k-dimensionalen $\mathfrak{N}(\mu, \mathscr{S})$-Verteilungen mit unbekanntem $\vartheta = (\mu, \mathscr{S}) \in \mathbb{R}^k \times \mathbb{R}^{k \times k}_{\text{p.d.}}$ bildet ebenfalls eine Exponentialfamilie. Aus der Umformung (1.7.10) folgt nämlich zunächst, daß $\zeta(\vartheta)$ aus den Komponenten von $(\mathscr{S}^{-1}\mu, -\mathscr{S}^{-1}/2)$ und $T(x)$ gemäß $x^{\mathsf{T}} \mathscr{S}^{-1} x = \operatorname{Sp}(\mathscr{S}^{-1} x x^{\mathsf{T}})$ aus denjenigen von $(x, x x^{\mathsf{T}})$ besteht. Hier sind aber die Komponenten von ζ und T wegen der Symmetrie von $\mathscr{S}^{-1}$ bzw. von $x x^{\mathsf{T}}$ nicht affin bzw. nicht $\mathfrak{P}$-affin unabhängig. Tatsächlich handelt es sich um eine strikt $k(k+3)/2$-parametrige Exponentialfamilie. Bezeichnen nämlich μ_i die Komponenten von μ und $\mathscr{S}_{ij}^{-1}$ die Elemente von $\mathscr{S}^{-1}$, so besteht $\zeta(\cdot)$ z.B. aus den $k(k+3)/2$ affin unabhängigen Funktionen $\zeta_i(\vartheta) = \sum_{j=1}^{k} \mathscr{S}_{ij}^{-1} \mu_j$, $i = 1, \ldots, k$, $\zeta_{ij}(\vartheta) = -\frac{1}{2} \mathscr{S}_{ij}^{-1}$, $1 \leqslant i \leqslant j \leqslant k$ und demgemäß $T(\cdot)$ aus den $k(k+3)/2$ $\mathfrak{P}$-affin unabhängigen Funktionen $T_i(x) = x_i$, $i = 1, \ldots, k$, $T_{ij}(x) = x_i x_j$, $1 \leqslant i \leqslant j \leqslant k$.

c) Ein lineares Modell mit Normalverteilungsannahme (1.5.15) ist eine (strikt) $(k+1)$-parametrige Exponentialfamilie und zwar in

$$\zeta(\vartheta) = \left(\frac{v_1}{\sigma^2}, \ldots, \frac{v_k}{\sigma^2}, -\frac{1}{2\sigma^2}\right) \quad \text{und} \quad T(x) = \left(y_1(x), \ldots, y_k(x), \sum_{j=1}^{n} y_j^2(x)\right). \quad (1.7.11)$$

Dabei bezeichnet $(y_1(x), \ldots, y_n(x))^{\mathsf{T}} := \mathscr{T} x$ die durch die Transformation auf die kanonische Gestalt gemäß Korollar 1.99 eingeführte Statistik und $v := \mathscr{T}\mu = (v_1, \ldots, v_k, 0, \ldots, 0)^{\mathsf{T}}$ den entsprechend transformierten Mittelwertvektor. Die gemeinsame Dichte von (1.5.16) lautet nämlich

$$\begin{aligned} p_\vartheta(x) &= \left(\frac{1}{\sqrt{2\pi\sigma^2}}\right)^n \exp\left[-\sum_{j=1}^{n} \frac{(y_j - v_j)^2}{2\sigma^2}\right] \\ &= \left(\frac{1}{\sqrt{2\pi\sigma^2}}\right)^n \exp\left[-\sum_{j=1}^{k} \frac{v_j^2}{2\sigma^2}\right] \exp\left[\sum_{j=1}^{k} \frac{v_j}{\sigma^2} y_j - \frac{1}{2\sigma^2} \sum_{j=1}^{n} y_j^2\right]. \end{aligned} \quad (1.7.12)$$

Offenbar durchlaufen $\zeta_1(\vartheta), \ldots, \zeta_{k+1}(\vartheta)$ unabhängig von einander nicht-entartete Intervalle; auch sind $T_1, \ldots, T_{k+1}$ $\mathfrak{P}$-affin unabhängig, denn $\mathscr{C}ov_\vartheta T$ ist eine $(k+1) \times (k+1)$-Diagonalmatrix mit den Diagonalelementen $d_{i,i} = \sigma^2$, $i = 1, \ldots, k$ und $d_{k+1,k+1} = 2\sigma^4$. □

Beispiel 1.156 a) Die Klasse $\mathfrak{P}$ aller $\Gamma_{\varkappa,\sigma}$-Verteilungen mit den λ-Dichten

$$p_{\varkappa,\sigma}(x) = (\Gamma(\varkappa)\sigma^{\varkappa})^{-1} x^{\varkappa-1} e^{-x/\sigma} \mathbb{1}_{(0,\infty)}(x), \qquad \vartheta = (\varkappa, \sigma) \in (0,\infty)^2,$$

bildet eine zweiparametrige Exponentialfamilie in $\zeta(\vartheta) = (\varkappa, -\sigma^{-1})$ und $T(x) = (\log x, x)$. Dabei ist $\Gamma(\varkappa)$ der Wert der Γ-Funktion $\Gamma(\varkappa) := \int_0^\infty x^{\varkappa-1} e^{-x} dx$, $\varkappa > 0$.

b) Die Klasse $\mathfrak{P}$ aller $B_{\varkappa,\lambda}$-Verteilungen, vgl. Anmerkung 1.48, mit den λ-Dichten

$$p_{\varkappa,\lambda}(x) = \frac{x^{\varkappa-1}(1-x)^{\lambda-1}}{B(\varkappa,\lambda)} \mathbb{1}_{(0,1)}(x), \qquad \vartheta = (\varkappa, \lambda) \in (0,\infty)^2$$

bildet eine zweiparametrige Exponentialfamilie in $\zeta(\vartheta) = (\varkappa, \lambda)$ und $T(x) = (\log x, \log(1-x))$. □

Wie bereits aus (1.7.3) hervorgeht, wird eine Exponentialfamilie im wesentlichen bereits durch die Statistik $T: (\mathfrak{X}, \mathfrak{B}) \to (\mathbb{R}^k, \mathbb{B}^k)$ und das Maß $\nu \in \mathfrak{M}^\sigma(\mathfrak{X}, \mathfrak{B})$ bestimmt. Aus 3.1.4 wird deshalb folgen, daß man sich häufig auf $(\mathfrak{T}, \mathfrak{D}) = (\mathbb{R}^k, \mathbb{B}^k)$ als Stichprobenraum beschränken kann. Somit ist es für die Anwendungen wichtig, daß die Parametrigkeit k unabhängig vom Stichprobenumfang n ist, falls n st. u. ZG mit derselben Verteilung zugrundeliegen, und daß ein entsprechend modifiziertes Resultat auch bei Mehrstichprobenproblemen gilt. Dies beinhaltet der

Satz 1.157 $X_1, \ldots, X_n$ *seien* st. u. ZG, *deren Verteilungen zu Exponentialfamilien gehören. Dann ist auch die Verteilung von* $X = (X_1, \ldots, X_n)$ *Element einer Exponentialfamilie.*
Ist speziell die Verteilung von X_j *unabhängig von* $j = 1, \ldots, n$ *aus einer k-parametrigen Exponentialfamilie in* ζ *und* T, *so ist auch die Verteilung von* $X = (X_1, \ldots, X_n)$ *Element einer k-parametrigen Exponentialfamilie, nämlich einer solchen in* ζ *und* $T_{(n)}(x) := \sum_{j=1}^n T(x_j)$.
Insbesondere ist in diesem Fall die (strikte) Parametrigkeit unabhängig vom Stichprobenumfang n.

Beweis: Dieser ergibt sich unmittelbar aus Satz 1.139a und Definition 1.150. Im Spezialfall $\mathfrak{L}_\vartheta(X_1) = \ldots = \mathfrak{L}_\vartheta(X_n)$ folgt aus (1.7.1)

$$\frac{d\mathbb{P}_\vartheta^X}{d\mu^n}(x) = \prod_{j=1}^n \frac{d\mathbb{P}_\vartheta^{X_j}}{d\mu}(x_j) = A^n(\vartheta)\, e^{\left\langle \zeta(\vartheta), \sum_{j=1}^n T(x_j)\right\rangle} \prod_{j=1}^n r(x_j) \quad [\mu^n].$$

Wegen $\mathscr{C}ov_\vartheta T_{(n)} = n\,\mathscr{C}ov_\vartheta T$ und Satz 1.153b ändert sich die Parametrigkeit der Exponentialfamilie beim Übergang zu $(X_1, \ldots, X_n)$ nicht. □

Beispiel 1.158 a) $X_1, \ldots, X_n$ seien st. u. ZG mit $\mathfrak{L}_\vartheta(X_j) = \mathfrak{P}(\lambda)$, $j = 1, \ldots, n$, und $\vartheta = \lambda \in (0,\infty)$, also $\mathbb{P}_\vartheta(X = x) = e^{-n\lambda} \lambda^{\sum x_j} / \prod(x_j!)$. Offenbar ist $\mathfrak{P}(\lambda)$ wegen $\lambda^z = \exp[z \log \lambda]$ Element einer (strikt) einparametrigen Exponentialfamilie in $\zeta(\vartheta) = \log \lambda$ und $T(z) = z$ bzw. $\mathfrak{L}_\vartheta(X) = \bigotimes \mathfrak{P}(\lambda)$ einer solchen in $\zeta(\vartheta) = \log \lambda$ und $T(x) = \sum x_j$.

b) $X_{11}, \ldots, X_{1n_1}, X_{21}, \ldots, X_{2n_2}$ seien st. u. ZG mit $\mathfrak{L}_\vartheta(X_{ij}) = \mathfrak{P}(\lambda_i)$, $j = 1, \ldots, n_i$, $i = 1, 2$ und $\vartheta = (\lambda_1, \lambda_2) \in (0,\infty)^2$. Dann sind $(X_{i1}, \ldots, X_{in_i})$ für $i = 1, 2$ st. u. und nach a) sind $\mathfrak{L}_\vartheta(X_{i1}, \ldots, X_{in_i})$ Elemente einparametriger Exponentialfamilien in $\zeta_i(\vartheta) = \log \lambda_i$ und $T_i(x) = \sum_j x_{ij}$, $i = 1, 2$. Die gemeinsame Verteilung $\mathfrak{L}_\vartheta(X)$ gehört also zu einer Exponentialfamilie in $\zeta(\vartheta) = (\log\lambda_1, \log\lambda_2)$ und $T(x) = (\sum x_{1j}, \sum x_{2j})$. Diese ist strikt zweiparametrig, da ζ_1 und ζ_2 affin unabhängig sind und $\mathscr{Cov}_\vartheta T$ positiv definit ist. □

Beispiel 1.159 Die Klasse $\mathfrak{P}$ aller k-dimensionalen $\mathfrak{M}(n; \pi_1, \ldots, \pi_k)$-Verteilungen, $\pi_i > 0$, $i = 1, \ldots, k$, $\sum \pi_i = 1$, n fest, bildet mit $\vartheta = (\pi_1, \ldots, \pi_k)$ eine $(k-1)$-parametrige Exponentialfamilie in $\zeta(\cdot)$ und $T(\cdot)$ mit $\zeta_i(\vartheta) = \log(\pi_i/\pi_k)$ und $T_i(x) = x_i$, $i = 1, \ldots, k$. Wegen $P\left(\left\{x \in \mathbb{N}_0^k\colon \sum_{i=1}^k x_i = n\right\}\right) = 1$ $\forall P \in \mathfrak{P}$ sind die $k-1$ Funktionen $T_i(x) = x_i$, $i = 1, \ldots, k-1$, nicht aber die k Funktionen $T_i(x) = x_i$, $i = 1, \ldots, k$ $\mathfrak{P}$-affin unabhängig. Da auch die Funktionen ζ_i, $i = 1, \ldots, k-1$ affin unabhängig sind, ist $\mathfrak{P}$ strikt $(k-1)$-parametrig. □

Wie bereits im Anschluß an (1.7.1) betont wurde, ist $A(\vartheta)$ lediglich ein Normierungsfaktor. Dieser hängt einerseits wie die Verteilung P_ϑ nur über $\zeta(\vartheta)$ von ϑ ab, ist also mit geeignetem $C(\cdot)$ von der Form $A(\vartheta) = C(\zeta(\vartheta))$; andererseits ist er positiv, also $C(\zeta)$ von der Form

$$C(\zeta) = \exp[-K(\zeta)], \qquad K(\zeta) := \log \int e^{\langle\zeta, T(x)\rangle} \mathrm{d}\nu. \tag{1.7.13}$$

$\mathfrak{P}$ läßt sich also auch durch den *natürlichen Parameter* $\zeta := \zeta(\vartheta) \in Z := \zeta(\Theta) \subset \mathbb{R}^k$ parametrisieren. Insbesondere zur Herleitung analytischer Eigenschaften ist es häufig zweckmäßig, diesen k-dimensionalen Parameter sowie an Stelle des Normierungsfaktors $C(\zeta)$ die durch (1.7.13) definierte *Kumulantentransformation* $K(\zeta)$ zu verwenden. Wir schreiben deshalb die ν-Dichten einer Exponentialfamilie in ζ und T vielfach in der Form

$$\frac{\mathrm{d}P_\zeta}{\mathrm{d}\nu}(x) = C(\zeta)\, e^{\langle\zeta, T(x)\rangle} \quad [\mathfrak{P}] \quad \text{bzw.} \quad \frac{\mathrm{d}P_\zeta}{\mathrm{d}\nu}(x) = e^{\langle\zeta, T(x)\rangle - K(\zeta)} \quad [\mathfrak{P}]. \tag{1.7.14}$$

Satz 1.160 *Ist $\mathfrak{P} = \{P_\vartheta\colon \vartheta \in \Theta\}$ eine k-parametrige Exponentialfamilie in ζ und T, so ist $\mathfrak{P}^T = \{P_\vartheta^T\colon \vartheta \in \Theta\}$ eine k-parametrige Exponentialfamilie in ζ und der Identität*[1]). *Bei Indizierung durch den natürlichen Parameter lauten die ν^T-Dichten $q_\zeta(t)$ von P_ζ^T:*

$$\frac{\mathrm{d}P_\zeta^T}{\mathrm{d}\nu^T}(t) = C(\zeta)\, e^{\langle\zeta, t\rangle} \quad [\mathfrak{P}^T] \quad \text{bzw.} \quad \frac{\mathrm{d}P_\zeta^T}{\mathrm{d}\nu^T}(t) = e^{\langle\zeta, t\rangle - K(\zeta)} \quad [\mathfrak{P}^T]. \tag{1.7.15}$$

Beweis: Nach der Transformationsformel A4.5 und (1.7.3) gilt

$$\int_D q_\zeta(t)\, \mathrm{d}\nu^T = P_\zeta^T(D) = P_\zeta(T^{-1}(D)) = \int_{T^{-1}(D)} C(\zeta)\, e^{\langle\zeta, T(x)\rangle} \mathrm{d}\nu = \int_D C(\zeta)\, e^{\langle\zeta, t\rangle} \mathrm{d}\nu^T \quad \forall D \in \mathbb{B}^k$$

und damit (1.7.15) wegen der ν^T-Bestimmtheit des Integranden. □

Wird eine gegebene Exponentialfamilie unter Verwenden des natürlichen Parameters ζ geschrieben in der Form $\mathfrak{P} = \{P_\zeta\colon \zeta \in Z\}$, so hat man zu beachten, daß Z der Bildbereich $\zeta(\Theta)$ des etwa bei der Modellformulierung verwendeten Parameters ϑ und *nicht* notwendig der natürliche Parameterraum Z_* ist; vgl. Aufg. 1.44 und Beispiel 3.40c. Dabei versteht man unter dem *natürlichen Parameterraum Z_** einer Exponentialfamilie in ζ und T die Gesamtheit aller Punkte $\zeta \in \mathbb{R}^k$ mit $0 < \int e^{\langle\zeta, T(x)\rangle} \mathrm{d}\nu < \infty$. Z_* besteht also aus genau

[1]) Hierfür sagen wir auch: $\mathfrak{P}^T$ sei eine Exponentialfamilie in ζ und $\mathrm{id}_{\mathfrak{T}}$.

den Punkten $\zeta \in \mathbb{R}^k$, für die (1.7.14) bzw. (1.7.15) bei geeigneter Festsetzung von $C(\zeta)$ bzw. $K(\zeta)$ eine ν- bzw. ν^T-Dichte darstellt. Insbesondere ist also stets $\zeta(\Theta) \subset Z_*$. Da $C(\zeta)$ ein Normierungsfaktor ist, läßt sich bei gegebenem $\nu \in \mathfrak{M}^\sigma(\mathfrak{X}, \mathfrak{B})$ umgekehrt die Abbildung $T: (\mathfrak{X}, \mathfrak{B}) \to (\mathbb{R}^k, \mathbb{B}^k)$ auch auffassen als *erzeugende Statistik* der Exponentialfamilie.

Satz 1.161 *Für eine strikt k-parametrige Exponentialfamilie $\mathfrak{P}$ mit natürlichem Parameterraum Z_* gilt:*

a) *Z_* ist konvex und enthält ein nicht-leeres Inneres.*

b) *Die auf Z_* definierte Funktion $\zeta \mapsto K(\zeta)$ ist strikt konvex.*

Beweis: a) Zu zeigen ist, daß aus $\zeta^0 \in Z_*$ und $\zeta^1 \in Z_*$ folgt $\varrho\zeta^0 + (1-\varrho)\zeta^1 \in Z_*$, $0 < \varrho < 1$. Dieses ergibt sich mit der Hölder-Ungleichung gemäß

$$0 < \int e^{\langle \varrho\zeta^0 + (1-\varrho)\zeta^1, T(x)\rangle} d\nu = \int (e^{\langle \zeta^0, T(x)\rangle})^{1/r} (e^{\langle \zeta^1, T(x)\rangle})^{1/s} d\nu$$

$$\leqslant \left(\int e^{\langle \zeta^0, T(x)\rangle} d\nu\right)^{1/r} \left(\int e^{\langle \zeta^1, T(x)\rangle} d\nu\right)^{1/s} < \infty, \quad r = \frac{1}{\varrho},\ s = \frac{1}{1-\varrho}. \tag{1.7.16}$$

Dabei gilt Gleichheit nach A5.4 genau dann, wenn $\exp\langle \zeta^0, T(x)\rangle = \exp\langle \zeta^1, T(x)\rangle$ $[\mathfrak{P}]$ ist. Dieses ist äquivalent mit $\mathfrak{P}(\{x: \langle \zeta^1 - \zeta^0, T(x)\rangle = 0\}^c) = 0$ oder – da $T_1, \ldots, T_k$ $\mathfrak{P}$-affin unabhängig sind – mit $\zeta^0 = \zeta^1$.

Die Forderung der affinen Unabhängigkeit der Funktionen $\zeta_1, \ldots, \zeta_k$ bei einer strikt k-parametrigen Exponentialfamilie in ζ und T impliziert, daß nicht alle Punkte $\zeta = (\zeta_1, \ldots, \zeta_k) \in Z_*$ in einem $(k-1)$-dimensionalen Teilraum liegen. Damit enthält Z_* wegen der Konvexität mindestens ein nicht-degeneriertes k-dimensionales Simplex und damit ein nicht-leeres Inneres.

b) Nach (1.7.16) und Definition von $K(\zeta)$ gilt für $0 < \varrho < 1$

$$K(\varrho\zeta^0 + (1-\varrho)\zeta^1) = \log \int \exp[\langle \varrho\zeta^0 + (1-\varrho)\zeta^1, T(x)\rangle] d\nu \leqslant \varrho K(\zeta^0) + (1-\varrho) K(\zeta^1),$$

wobei wegen a) Gleichheit genau für $\zeta^0 = \zeta^1$ gilt. □

1.7.2 Analytische Eigenschaften

Das einfache Bildungsgesetz (1.7.14) der ν-Dichte $dP_\zeta/d\nu$, insbesondere die einfache analytische Abhängigkeit des Faktors $\exp\langle \zeta, T(x)\rangle$ vom natürlichen Parameter ζ, ermöglicht die Herleitung wichtiger Eigenschaften von Exponentialfamilien. Dabei gehen wir stets von einer offenen nicht-leeren Teilmenge Z des natürlichen Parameterraums Z_* aus, gegebenenfalls von dessen offenen Kern $\mathring{Z}_*$. Insbesondere wird gezeigt, daß unter P_ζ gebildete Erwartungswerte von Statistiken $\varphi \in \mathbb{L}_1(P_\zeta)$ $\forall \zeta \in Z$ – aufgefaßt als Funktionen von $\zeta \in Z$ – beliebig oft differenzierbar sind und daß die Ableitungen nach ζ durch Vertauschen mit der Integration bezüglich ν gewonnen werden können. Dieses ist deshalb nützlich, weil so die einfachen Rechenregeln

$$\nabla e^{\langle \zeta, T(x)\rangle} = T(x)\, e^{\langle \zeta, T(x)\rangle}, \tag{1.7.17}$$

$$\nabla \nabla^\top e^{\langle \zeta, T(x)\rangle} = T(x)\, T^\top(x)\, e^{\langle \zeta, T(x)\rangle}, \tag{1.7.18}$$

$$\nabla_1^{l_1} \ldots \nabla_k^{l_k} e^{\langle \zeta, T(x)\rangle} = T_1^{l_1}(x) \ldots T_k^{l_k}(x)\, e^{\langle \zeta, T(x)\rangle} \quad \forall (l_1, \ldots, l_k) \in \mathbb{N}_0^k \tag{1.7.19}$$

geschlossene Ausdrücke für die Ableitungen von Erwartungswerten liefern. Zum Nachweis der Vertauschbarkeit betrachten wir zunächst beschränkte Funktionen $\varphi \in \mathfrak{B}$ und demgemäß o. E. $Z = \mathring{Z}_*$. Gleichzeitig betrachten wir nur den relevanten Faktor der Dichte (1.7.14), also das Integral $\int \varphi(x) \exp\langle \zeta, T(x) \rangle \, d\nu$, fassen dieses jedoch als Funktion komplexer Variabler $\xi_j = \zeta_j + i\eta_j$, $j = 1, \ldots, k$, mit $\zeta = (\zeta_1, \ldots, \zeta_k) \in \mathring{Z}_*$ auf.

Hilfssatz 1.162 *$\mathfrak{P}$ sei eine k-parametrige Exponentialfamilie in ζ und T mit ν-Dichten der Form* (1.7.14) *und dem natürlichen Parameterraum Z_*. φ sei eine beschränkte reellwertige $\mathfrak{B}$-meßbare Funktion auf $\mathfrak{X}$ und β die für alle $\xi = (\xi_1, \ldots, \xi_k) \in \mathbb{C}^k$ mit* $\operatorname{Re}\xi := (\operatorname{Re}\xi_1, \ldots, \operatorname{Re}\xi_k) \in \mathring{Z}_*$ *durch*

$$\beta(\xi) = \beta(\xi_1, \ldots, \xi_k) = \int \varphi(x) \, e^{\langle \xi, T(x) \rangle} \, d\nu$$

definierte komplexwertige Funktion. Dann gilt für alle ξ mit $\zeta = \operatorname{Re}\xi \in \mathring{Z}_*$:

a) *$\beta(\xi)$ ist holomorph in jeder der komplexen Variablen ξ_j bei festen Werten $\xi_1, \ldots, \xi_{j-1}, \xi_{j+1}, \ldots, \xi_k$.*

b) $$\nabla_j \beta(\xi) = \int \varphi(x) \, T_j(x) \, e^{\langle \xi, T(x) \rangle} \, d\nu, \qquad j = 1, \ldots, k. \tag{1.7.20}$$

Beweis: Sei $|\varphi(x)| \leq M \quad \forall x \in \mathfrak{X}$. Dann ist $\beta(\xi)$ nach A4.1 für Punkte $\xi \in \mathbb{C}^k$ mit $\operatorname{Re}\xi \in Z_*$ definiert wegen $|e^{\langle \xi, T(x) \rangle}| = e^{\langle \zeta, T(x) \rangle}$. Wir betrachten etwa die Abhängigkeit von ξ_1 bei festgehaltenem $\xi_2^0, \ldots, \xi_k^0$. Dann ist $\beta(\xi_1, \xi_2^0, \ldots, \xi_k^0) = \int \exp(\xi_1 T_1(x)) \, \psi(x) \, d\nu$ mit $\psi(x) = \varphi(x) \exp\left(\sum_{j=2}^{k} \xi_j^0 T_j(x) \right)$. Zerlegen wir $\psi(x)$ in Real- und Imaginärteil und diese wieder in positiven und negativen Anteil gemäß

$$\psi(x) = \psi_{\mathrm{Re}}^+(x) - \psi_{\mathrm{Re}}^-(x) + i\psi_{\mathrm{Im}}^+(x) - i\psi_{\mathrm{Im}}^-(x),$$

so sind diese vier Funktionen endlich, da sie betragsmäßig höchstens gleich $M \exp\left(\sum_{j=2}^{k} \zeta_j^0 T_j(x) \right)$ sind. Sie lassen sich also als Radon-Nikodym-Ableitungen von σ-endlichen Maßen $\varkappa_{\mathrm{Re}}^+$, $\varkappa_{\mathrm{Re}}^-$, $\varkappa_{\mathrm{Im}}^+$, bzw. $\varkappa_{\mathrm{Im}}^-$ nach ν auffassen. Demgemäß ist

$$\beta(\xi_1, \xi_2^0, \ldots, \xi_k^0) = \int e^{\xi_1 T_1(x)} d\varkappa_{\mathrm{Re}}^+ - \int e^{\xi_1 T_1(x)} \, d\varkappa_{\mathrm{Re}}^- + i \int e^{\xi_1 T_1(x)} d\varkappa_{\mathrm{Im}}^+ - i \int e^{\xi_1 T_1(x)} d\varkappa_{\mathrm{Im}}^-,$$

und es reicht, einen dieser Terme zu betrachten, den wir kurz mit $\tilde{\beta}(\xi_1) = \int e^{\xi_1 T_1(x)} d\varkappa$ bezeichnen. Der Nachweis, daß er unter unseren Voraussetzungen für jeden beliebigen Punkt ξ_1^0 mit $\operatorname{Re}(\xi_1^0, \ldots, \xi_k^0) = (\zeta_1^0, \ldots, \zeta_k^0) \in \mathring{Z}_*$ im komplexen Sinne, und zwar unter dem Integralzeichen, differenzierbar ist, ergibt sich wie folgt: Wegen $(\zeta_1^0, \ldots, \zeta_k^0) \in \mathring{Z}_*$ gibt es ein $\delta > 0$ mit $(\zeta_1^0 + \delta, \zeta_2^0, \ldots, \zeta_k^0) \in Z_*$ und $(\zeta_1^0 - \delta, \zeta_2^0, \ldots, \zeta_k^0) \in Z_*$. Dann ist $\exp(\xi_1 T_1(x))$ für $|\xi_1 - \xi_1^0| < \delta$ $\varkappa$-integrabel, denn es gilt

$$\int |\exp(\xi_1 T_1(x))| \, d\varkappa \leq M \int \exp\left(\zeta_1 T_1(x) + \sum_{j=2}^{k} \zeta_j^0 T_j(x) \right) d\nu < \infty.$$

Beschränken wir uns also auf Punkte ξ_1 mit $|\xi_1 - \xi_1^0| < \delta$, so gilt

$$\frac{\tilde{\beta}(\xi_1) - \tilde{\beta}(\xi_1^0)}{\xi_1 - \xi_1^0} = \int e^{\xi_1^0 T_1(x)} \, \frac{e^{(\xi_1 - \xi_1^0) T_1(x)} - 1}{\xi_1 - \xi_1^0} \, d\varkappa,$$

wobei der Integrand für $\xi_1 \to \xi_1^0$ gegen $T_1(x) \exp(\xi_1^0 T_1(x))$ strebt. Aus

$$\left| \frac{e^{(\xi_1 - \xi_1^0) T_1(x)} - 1}{\xi_1 - \xi_1^0} \right| = \left| \sum_{m=1}^{\infty} \frac{(\xi_1 - \xi_1^0)^{m-1} T_1^m(x)}{m!} \right| \leqslant \sum_{m=1}^{\infty} \frac{\delta^{m-1} |T_1(x)|^m}{m!} < \frac{e^{\delta |T_1(x)|}}{\delta}$$

folgt, daß der Integrand beschränkt ist durch

$$e^{\zeta_1^0 T_1(x)} \frac{e^{\delta |T_1(x)|}}{\delta} \leqslant \frac{e^{(\zeta_1^0 + \delta) T_1(x)} + e^{(\zeta_1^0 - \delta) T_1(x)}}{\delta},$$

also wegen $(\zeta_1^0 \pm \delta, \zeta_2^0, \ldots, \zeta_k^0) \in Z_*$ durch eine $\varkappa$-integrable Funktion. Nach dem Satz von Lebesgue, auf Real- und Imaginärteil getrennt angewendet, ist also $\tilde{\beta}(\xi_1)$ in jedem derartigen Punkt ξ_1^0 differenzierbar, und zwar unter dem Integralzeichen. □

Korollar 1.163 *Seien Z eine offene Teilmenge von Z_* und $\varphi \in \mathbb{L}_1(P_\zeta)$ $\forall \zeta \in Z$. Dann gilt für die durch $\beta(\zeta) := \int \varphi(x) e^{\langle \zeta, T(x) \rangle} d\nu$ definierte Funktion $\beta: Z \to \mathbb{R}$:*

$$\nabla \beta(\zeta) = \int \varphi(x) T(x) e^{\langle \zeta, T(x) \rangle} d\nu, \tag{1.7.21}$$

$$\nabla \nabla^\top \beta(\zeta) = \int \varphi(x) T(x) T^\top(x) e^{\langle \zeta, T(x) \rangle} d\nu, \tag{1.7.22}$$

$$\nabla_1^{l_1} \ldots \nabla_k^{l_k} \beta(\zeta) = \int \varphi(x) T_1^{l_1}(x) \ldots T_k^{l_k}(x) e^{\langle \zeta, T(x) \rangle} d\nu. \tag{1.7.23}$$

Beweis: Die erste Aussage ergibt sich für beschränkte Funktionen φ aus derjenigen von Hilfssatz 1.162b für $j = 1, \ldots, k$ gemäß der Festsetzung $\nabla := (\nabla_1, \ldots, \nabla_k)^\top$. Ist allgemeiner $\varphi \in \mathfrak{B}$ mit $\int |\varphi(x)| \exp\langle \zeta, T(x) \rangle d\nu < \infty$ $\forall \zeta \in Z$ und der Zerlegung $\varphi = \varphi^+ - \varphi^-$, so lassen sich durch $\varkappa^+(B) := \int_B \varphi^+(x) d\nu$ und $\varkappa^-(B) := \int_B \varphi^-(x) d\nu$, $B \in \mathfrak{B}$, analog (1.7.2) zwei neue Maße $\varkappa^+, \varkappa^- \in \mathfrak{M}^\sigma(\mathfrak{X}, \mathfrak{B})$ einführen. Mit diesen gilt $\beta^+(\xi) := \int \exp\langle \xi, T(x) \rangle d\varkappa^+$ und $\beta^-(\xi) := \int \exp\langle \xi, T(x) \rangle d\varkappa^-$ für alle $\xi \in \mathbb{C}^k$ mit $\operatorname{Re} \xi \in Z$ und damit (1.7.21) nach Hilfssatz 1.162b.

Entsprechend erfolgt der Nachweis der dritten – und damit der zweiten – Aussage. Betrachtet man nämlich o. E. die Differentiation von $\nabla_j \beta(\xi)$ nach ξ_m für $m \neq j$ bzw. $m = j$, so gilt für alle $\xi \in \mathbb{C}^k$ mit $\operatorname{Re} \xi \in \mathring{Z}$

$$\nabla_j \beta(\xi) = \int \varphi(x) e^{\langle \xi, T(x) \rangle} d\varkappa, \qquad \varkappa(B) := \int_B T_j(x) d\nu, \qquad B \in \mathfrak{B}.$$

Auf $\tilde{\beta}(\xi) := \nabla_j \beta(\xi)$ wendet man nun nochmals (1.7.20) mit m statt j an. So ergibt sich die Behauptung für $l_j = l_m = 1$, $l_i = 0$ sonst, falls $m \neq j$ ist, und für $l_j = 2$, $l_i = 0$ sonst, falls $m = j$ ist. Der allgemeine Fall ergibt sich durch vollständige Induktion hinsichtlich $\sum_{j=1}^{k} l_j$. □

Die Zusammenfassung dieser Aussagen führt zu dem überaus nützlichen

Satz 1.164 *$\mathfrak{P}$ sei eine k-parametrige Exponentialfamilie in ζ und T mit ν-Dichten der Form* (1.7.14) *und dem natürlichen Parameterraum Z_*. Dann gilt für alle $\zeta \in \mathring{Z}_*$:*

a) *Die erzeugende Statistik $T = (T_1, \ldots, T_k)^\top$ besitzt Momente beliebiger Ordnung. Die Funktionen $\zeta \mapsto E_\zeta T_1^{l_1} \ldots T_k^{l_k}$, $\zeta \mapsto K(\zeta)$ und $\zeta \mapsto C(\zeta)$ sind beliebig oft differenzierbar.*

Insbesondere gilt für alle $\zeta \in \mathring{Z}_*$

$$E_\zeta T = \nabla K(\zeta) = -\nabla \log C(\zeta), \tag{1.7.24}$$

$$\mathscr{Cov}_\zeta T = \nabla\nabla^\top K(\zeta) = -\nabla\nabla^\top \log C(\zeta), \tag{1.7.25}$$

$$E_\zeta T_1^{l_1} \ldots T_k^{l_k} = C(\zeta)\, \nabla_1^{l_1} \ldots \nabla_k^{l_k} \int e^{\langle \zeta, T(x)\rangle} \mathrm{d}\nu \quad \forall (l_1, \ldots, l_k) \in \mathbb{N}_0^k. \tag{1.7.26}$$

b) *Ist* $\mathfrak{P}$ *strikt k-parametrig, so ist* $\mathscr{Cov}_\zeta T$ *positiv definit* $\forall \zeta \in \mathring{Z}_*$.

c) *Seien* Z *eine offene Teilmenge von* Z_* *und* $\varphi \in \mathbb{L}_1(P_\zeta)$ $\forall \zeta \in Z$. *Dann ist die durch* $\beta(\zeta) := E_\zeta \varphi$ *definierte Funktion* $\beta\colon Z \to \mathbb{R}$ *stetig sowie beliebig oft differenzierbar, und es gilt*

$$\nabla E_\zeta \varphi = E_\zeta \varphi T - E_\zeta \varphi E_\zeta T = \mathscr{Cov}_\zeta(\varphi, T) = E_\zeta(\varphi L'_\zeta), \quad L'_\zeta(x) := \nabla f_\zeta(x)/f_\zeta(x) = T(x) - E_\zeta T,$$

$$\nabla\nabla^\top E_\zeta \varphi = E_\zeta(\varphi L''_\zeta), \quad L''_\zeta(x) := \nabla\nabla^\top f_\zeta(x)/f_\zeta(x) = (T(x) - E_\zeta T)(T(x) - E_\zeta T)^\top - \mathscr{Cov}_\zeta T.$$

Beweis: a) Nach Korollar 1.163 ist $\beta(\zeta) := \int \exp\langle \zeta, T(x)\rangle \mathrm{d}\nu$ für $\zeta \in \mathring{Z}_*$ beliebig oft – unter dem Integralzeichen – nach ζ differenzierbar, woraus sich sofort die Differenzierbarkeit der Funktionen $K(\zeta)$ und $C(\zeta)$ sowie Ausdrücke für deren Ableitungen ergeben. Insbesondere folgt durch Differentiation von $1 = E_\zeta 1 = C(\zeta) \int \exp\langle \zeta, T(x)\rangle \mathrm{d}\nu \quad \forall \zeta \in \mathring{Z}_*$ nach Korollar 1.163 wegen $\nabla K(\zeta) = -\nabla C(\zeta)/C(\zeta)$

$$0 = \nabla C(\zeta) \int e^{\langle \zeta, T(x)\rangle} \mathrm{d}\nu + C(\zeta) \int T(x)\, e^{\langle \zeta, T(x)\rangle} \mathrm{d}\nu = -\nabla K(\zeta)\, E_\zeta 1 + E_\zeta T$$

und hieraus durch nochmalige Differentiation wegen a)

$$0 = -\nabla\nabla^\top K(\zeta) + \nabla E_\zeta T^\top = -\nabla\nabla^\top K(\zeta) - \nabla K(\zeta)\, E_\zeta T^\top + C(\zeta)\, \nabla\nabla^\top \int e^{\langle \zeta, T(x)\rangle} \mathrm{d}\nu$$

$$= -\nabla\nabla^\top K(\zeta) - E_\zeta T E_\zeta T^\top + E_\zeta T T^\top = -\nabla\nabla^\top K(\zeta) + \mathscr{Cov}_\zeta T.$$

Andererseits gilt wegen (1.7.17) und (1.7.20) oder Korollar 1.163

$$E_\zeta T = C(\zeta) \int T(x)\, e^{\langle \zeta, T(x)\rangle} \mathrm{d}\nu = C(\zeta) \int \nabla\, e^{\langle \zeta, T(x)\rangle} \mathrm{d}\nu = C(\zeta)\, \nabla \int e^{\langle \zeta, T(x)\rangle} \mathrm{d}\nu.$$

Analog beweist man (1.7.26) für beliebige $(l_1, \ldots, l_k) \in \mathbb{N}_0^k$ mit (1.7.23).

b) Gäbe es ein $\zeta_0 \in \mathring{Z}_*$ mit $|\mathscr{Cov}_{\zeta_0} T| = 0$, so wären $T_1, \ldots, T_k$ nach Hilfssatz 1.90 wegen der paarweisen Äquivalenz der Maße P_ζ $\mathfrak{P}$-affin abhängig in Widerspruch zur Annahme, daß $\mathfrak{P}$ strikt k-parametrig ist.

c) Analog dem Beweis zu a) ergibt sich mit a)

$$\nabla E_\zeta \varphi = -\nabla K(\zeta)\, E_\zeta \varphi + C(\zeta) \int \varphi(x)\, T(x)\, e^{\langle \zeta, T(x)\rangle} \mathrm{d}\nu = -E_\zeta T E_\zeta \varphi + E_\zeta(\varphi T) = E_\zeta(\varphi L'_\zeta)$$

sowie durch nochmalige Differentiation die zweite Behauptung. □

1.7.3 Informationsmatrix und Mittelwertparametrisierung

Wie in Anmerkung 1.112a betont wurde, läßt sich der DQ zweier Verteilungen P_ϑ und P_{ϑ_0} stets als „Dichtequotient" wählen, bei äquivalenten Verteilungen P_ϑ und P_{ϑ_0} mit μ-Dichten p_ϑ bzw. p_{ϑ_0} also in der Form

$$L_{\vartheta_0, \vartheta}(x) = p_\vartheta(x)/p_{\vartheta_0}(x). \tag{1.7.27}$$

Bei lokalen Betrachtungen in der Umgebung einer festen Stelle ϑ_0 wird dessen Ableitung nach ϑ an der Stelle ϑ_0, bei paarweise äquivalenten Verteilungen also die logarithmische Ableitung der μ-Dichten p_ϑ einschließlich ihrer ersten beiden Momente eine zentrale Rolle spielen. Zur Vorbereitung diesbezüglicher Überlegungen in 1.8 sollen deshalb zunächst – und zwar losgelöst vom Spezialfall von Exponentialfamilien – die für die Differentiation nach einem Parameter $\vartheta \in \Theta \subset \mathbb{R}^k$ wichtigen Begriffe eingeführt und die bereits verwendete Notation geeignet erweitert werden. Der Einfachheit halber machen wir dabei für 1.7.3 die *Pauschalvoraussetzung*, daß es eine Version p_ϑ der μ-Dichten gibt, für die alle auftretenden Ableitungen und Integrale existieren bzw. alle vorkommenden Grenzwertvertauschungen gerechtfertigt sind.

Seien $\Theta \subset \mathbb{R}^k$ und demgemäß $\vartheta = (\vartheta_1, \ldots, \vartheta_k)^\top$. Wie bisher bezeichnen wir die partiellen Ableitungen einer Funktion $\gamma\colon \Theta \to \mathbb{R}$ nach ϑ_j an der Stelle ϑ_0 mit $\nabla_j \gamma(\vartheta_0)$, $j = 1, \ldots, k$, und den aus diesen Größen gebildeten Spaltenvektor, also den Gradienten von γ an der Stelle ϑ_0, mit

$$\nabla\gamma(\vartheta_0) := (\nabla_1 \gamma(\vartheta_0), \ldots, \nabla_k \gamma(\vartheta_0))^\top. \tag{1.7.28}$$

Entsprechend bezeichnen wir die zweite partielle Ableitung von $\gamma\colon \Theta \to \mathbb{R}$ nach ϑ_i und ϑ_j an der Stelle ϑ_0 mit $\nabla_i \nabla_j \gamma(\vartheta_0)$ und die aus diesen Größen gebildete *Hesse-Matrix* mit

$$\nabla\nabla^\top \gamma(\vartheta_0) := (\nabla_i \nabla_j \gamma(\vartheta_0))_{i,j=1,\ldots,k}. \tag{1.7.29}$$

Liegt eine h-dimensionale Funktion $\gamma = (\gamma_1, \ldots, \gamma_h)^\top\colon \Theta \to \mathbb{R}^h$ zugrunde, so erzeugt (1.7.28) aus jeder Komponente γ_i einen Spaltenvektor,

$$\nabla\gamma_i(\vartheta_0) := (\nabla_1 \gamma_i(\vartheta_0), \ldots, \nabla_k \gamma_i(\vartheta_0))^\top.$$

Um die *Jacobi-Matrix*, also die $h \times k$-Funktionalmatrix der Abbildung $\vartheta \mapsto \gamma(\vartheta)$ an der Stelle ϑ_0, vermöge der Gradienten $\nabla\gamma_i(\vartheta_0)$, $i = 1, \ldots, h$, darstellen zu können, hat man γ vor und nach der Differentiation zu transponieren,

$$\mathscr{G}(\vartheta_0) := (\nabla_j \gamma_i(\vartheta_0))_{\substack{i=1,\ldots,h \\ j=1,\ldots,k}} = (\nabla\gamma^\top(\vartheta_0))^\top.$$

Eine (1.7.28–29) entsprechende Bezeichnungsweise verwendet man auch für die an einer festen Stelle ϑ_0 gebildeten Ableitungen einer Funktion $g_\vartheta(x)$. Speziell ergibt sich für die logarithmischen Ableitungen der μ-Dichte $p_\vartheta(x)$ bei festem $x \in \mathfrak{X}$

$$L'_{\vartheta_0}(x) := \nabla \log p_{\vartheta_0}(x) = \nabla p_{\vartheta_0}(x)/p_{\vartheta_0}(x). \tag{1.7.30}$$

In Anbetracht obiger Pauschalvoraussetzung gilt also

$$E_{\vartheta_0} L'_{\vartheta_0} = \int L'_{\vartheta_0}(x) p_{\vartheta_0}(x)\, \mathrm{d}\mu = \int \nabla p_{\vartheta_0}(x)\, \mathrm{d}\mu = \nabla \int p_{\vartheta_0}(x)\, \mathrm{d}\mu = 0. \tag{1.7.31}$$

Sind alle zweiten Momente von L'_{ϑ_0} unter P_{ϑ_0} endlich, so heißt

$$\mathscr{J}(\vartheta_0) := \mathscr{C}ov_{\vartheta_0} L'_{\vartheta_0} = E_{\vartheta_0} L'_{\vartheta_0} L'^\top_{\vartheta_0} \tag{1.7.32}$$

die *(Fisher-)Informationsmatrix* von $\mathfrak{P}$ bzgl. des Parameters ϑ an der Stelle ϑ_0. Diese ist als Kovarianzmatrix stets symmetrisch und positiv semidefinit. Im Fall $k = 1$ schreiben wir für $\mathscr{J}(\vartheta_0)$ auch $J(\vartheta_0)$ und nennen $J(\vartheta_0)$ die *Fisher-Information* von $\mathfrak{P}$ bzgl. ϑ an der Stelle ϑ_0.

Beispiel 1.165 Wie in Beispiel 1.155a sei $\mathfrak{L}_\vartheta(X) = \mathfrak{N}(\mu, \mathscr{S}_0)$, wobei $\mathscr{S}_0 \in \mathbb{R}^{k \times k}_{\text{p.d.}}$ bekannt und $\vartheta = \mu \in \mathbb{R}^k$ unbekannt ist. Dann gilt für alle $(x, \mu) \in \mathbb{R}^k \times \mathbb{R}^k$

$$p_\vartheta(x) = \frac{1}{\sqrt{(2\pi)^k |\mathscr{S}_0|}} \exp\left[-\frac{1}{2}(x-\mu)^\top \mathscr{S}_0^{-1}(x-\mu)\right], \qquad \vartheta = \mu.$$

Wegen $p_\vartheta(x) > 0 \quad \forall (x, \mu) \in \mathbb{R}^k \times \mathbb{R}^k$ gilt paarweise Äquivalenz und

$$\log p_\vartheta(x) = -\frac{1}{2}\log((2\pi)^k |\mathscr{S}_0|) - \frac{1}{2}(x-\mu)^\top \mathscr{S}_0^{-1}(x-\mu)$$

und somit

$$L'_\vartheta(x) = \nabla \log p_\vartheta(x) = \frac{1}{2}\mathscr{S}_0^{-1}(x-\mu) + \frac{1}{2}[(x-\mu)^\top \mathscr{S}_0^{-1}]^\top = \mathscr{S}_0^{-1}(x-\mu),$$

Wegen $E_\vartheta X = \mu$ und $\mathscr{C}ov_\vartheta X = \mathscr{S}_0$ folgt also $E_\vartheta L'_\vartheta(X) = \mathscr{S}_0^{-1} E_\vartheta(X-\mu) = 0$ und für die Informationsmatrix ergibt sich

$$\mathscr{J}(\vartheta) = E_\vartheta L'_\vartheta(X) L'^\top_\vartheta(X) = \mathscr{S}_0^{-1} E_\vartheta(X-\mu)(X-\mu)^\top \mathscr{S}_0^{-1} = \mathscr{S}_0^{-1} \qquad \forall \vartheta = \mu \in \mathbb{R}^k. \qquad \square$$

Für spätere Anwendungen ist es wichtig, daß sich unter der obigen Pauschalvoraussetzung die Informationsmatrix auch vermöge der zweiten logarithmischen Ableitungen der Dichten $p_\vartheta(x)$ ausdrücken läßt:

Satz 1.166 $\mathfrak{P} = \{P_\vartheta : \vartheta \in \Theta\}$ *sei eine k-parametrige dominierte Verteilungsklasse. Die μ-Dichten $p_\vartheta(x)$ seien positiv und für jedes $x \in \mathfrak{X}$ als Funktion von ϑ zweimal stetig differenzierbar*; *weiter seien die Vertauschbarkeitsbedingungen*

$$E_\vartheta \frac{1}{p_\vartheta} \nabla p_\vartheta = 0, \qquad E_\vartheta \frac{1}{p_\vartheta} \nabla\nabla^\top p_\vartheta = 0 \tag{1.7.33}$$

für jedes $\vartheta \in \mathring{\Theta}$ erfüllt. Dann gilt

$$\mathscr{J}(\vartheta) = -E_\vartheta \nabla\nabla^\top \log p_\vartheta \qquad \forall \vartheta \in \mathring{\Theta}. \tag{1.7.34}$$

Beweis: Sei $\vartheta \in \mathring{\Theta}$ fest. Dann folgt durch komponentenweise Anwendung der Regel für die Differentiation eines Quotienten bei festem $x \in \mathfrak{X}$

$$\nabla\nabla^\top \log p_\vartheta(x) = \nabla\left[\frac{1}{p_\vartheta(x)} \nabla^\top p_\vartheta(x)\right] = \frac{1}{p_\vartheta(x)} \nabla\nabla^\top p_\vartheta(x) - \frac{1}{p_\vartheta^2(x)} \nabla p_\vartheta(x) \nabla^\top p_\vartheta(x)$$

und damit wegen (1.7.33) mit (1.7.32) und (1.7.30) die Behauptung. $\square$

Losgelöst von Exponentialfamilien sei auch noch das Verhalten von $L'_\vartheta(x)$ und $\mathscr{J}(\vartheta)$ unter Transformationen des Parameters diskutiert. Dieses ist einerseits im Zusammenhang mit der Einbettung einer h-dimensionalen, durch $\gamma = (\gamma_1, \ldots, \gamma_h)^\top \in \Gamma \subset \mathbb{R}^h$ parametrisierten Teilmannigfaltigkeit, $h < k$, in die k-dimensionale Verteilungsklasse $\mathfrak{P}$ von Bedeutung, und andererseits bei der Einführung eines neuen, zu $\vartheta = (\vartheta_1, \ldots, \vartheta_k)^\top \in \Theta \subset \mathbb{R}^k$ äquivalenten k-dimensionalen Parameters $\gamma = (\gamma_1, \ldots, \gamma_k)^\top \in \Gamma \subset \mathbb{R}^k$. Ist $\vartheta: \Gamma \to H \subset \Theta$

eine stetig differenzierbare Abbildung, so liegt es in beiden Fällen nahe, die logarithmische Ableitung $\tilde{L}'_\gamma(x)$ bzw. die Informationsmatrix $\tilde{\mathscr{J}}(\gamma)$ der Dichte $\tilde{p}_\gamma(x) := p_{\vartheta(\gamma)}(x)$ an einer Stelle $\gamma \in \mathring{\Gamma}$ durch die entsprechenden Größen $L'_\vartheta(x)$ bzw. $\mathscr{J}(\vartheta)$ der gegebenen Dichten $p_\vartheta(x)$ an der Stelle $\vartheta = \vartheta(\gamma)$ auszudrücken.

Satz 1.167 a) *Seien $h \leqslant k$, $\Gamma \subset \mathbb{R}^h$, $\Theta \subset \mathbb{R}^k$ und ϑ eine stetig differenzierbare injektive Abbildung von $\mathring{\Gamma}$ auf $H \subset \mathring{\Theta}$ mit der Jacobi-Matrix $\mathscr{B}(\gamma) := (\nabla_\gamma \vartheta^\top(\gamma))^\top \in \mathbb{R}^{k \times h}$ vom Rang h. Dann gilt mit $\vartheta = \vartheta(\gamma)$ für $\gamma \in \mathring{\Gamma}$:*

$$\tilde{L}'_\gamma(x) = \mathscr{B}^\top(\gamma)\, L'_\vartheta(x), \tag{1.7.35}$$

$$\tilde{\mathscr{J}}(\gamma) = \mathscr{B}^\top(\gamma)\, \mathscr{J}(\vartheta)\, \mathscr{B}(\gamma). \tag{1.7.36}$$

b) *Ist speziell $h = k$ und ϑ eine stetig differenzierbare bijektive Abbildung von $\Gamma \subset \mathbb{R}^h$ auf $\Theta \subset \mathbb{R}^k$ mit $|\mathscr{B}(\gamma)| \neq 0 \quad \forall \gamma \in \mathring{\Gamma}$, so ist auch die Umkehrabbildung γ von $\Theta \subset \mathbb{R}^k$ auf $\Gamma \subset \mathbb{R}^k$ stetig differenzierbar mit der Jacobi-Matrix $\mathscr{G}(\vartheta) := (\nabla_\vartheta \gamma^\top(\vartheta))^\top = \mathscr{B}(\gamma)^{-1}$, und es gilt mit $\gamma = \gamma(\vartheta)$*

$$L'_\vartheta(x) = \mathscr{G}^\top(\vartheta)\, \tilde{L}'_\gamma(x), \tag{1.7.37}$$

$$\mathscr{J}(\vartheta) = \mathscr{G}^\top(\vartheta)\, \tilde{\mathscr{J}}(\gamma)\, \mathscr{G}(\vartheta). \tag{1.7.38}$$

Ist $\mathscr{J}(\vartheta)$ invertierbar[1]*, so ist auch $\tilde{\mathscr{J}}(\gamma)$ invertierbar und es gilt mit $\vartheta = \vartheta(\gamma)$*

$$\tilde{\mathscr{J}}(\gamma)^{-1} = \mathscr{G}(\vartheta)\, \mathscr{J}(\vartheta)^{-1}\, \mathscr{G}^\top(\vartheta). \tag{1.7.39}$$

Beweis: a) Bekanntlich ist $H := \vartheta(\mathring{\Gamma})$ offen[2]. Nach der Kettenregel der Differentialrechnung gilt mit $\vartheta = \vartheta(\gamma)$

$$\tilde{L}'_\gamma(x) = \nabla \log \tilde{p}_\gamma(x) = \nabla \vartheta^\top(\gamma)\, \nabla \log p_\vartheta(x) = \mathscr{B}^\top(\gamma)\, L'_\vartheta(x).$$

Hieraus ergibt sich, ebenfalls mit $\vartheta = \vartheta(\gamma)$,

$$\tilde{\mathscr{J}}(\gamma) = E_\gamma \tilde{L}'_\gamma \tilde{L}'^\top_\gamma = \mathscr{B}^\top(\gamma)\, E_\vartheta L'_\vartheta L'^\top_\vartheta \mathscr{B}(\gamma) = \mathscr{B}^\top(\gamma)\, \mathscr{J}(\vartheta)\, \mathscr{B}(\gamma). \tag{1.7.40}$$

b) Aus $|\mathscr{B}(\gamma)| \neq 0 \quad \forall \gamma \in \mathring{\Gamma}$ folgt $\mathscr{G}(\vartheta) = \mathscr{B}(\gamma)^{-1}$ wegen

$$I_k = \nabla \gamma^\top(\vartheta)\, \nabla \vartheta^\top(\gamma) = \mathscr{G}^\top(\vartheta) \mathscr{B}^\top(\gamma) \qquad \text{für} \qquad \vartheta = \vartheta(\gamma) \in \mathring{\Theta}$$

und damit (1.7.37) aus (1.7.35) durch Multiplikation mit $\mathscr{G}^\top(\vartheta)$ und analog (1.7.38) aus (1.7.36). (1.7.39) folgt aus (1.7.38) durch Invertierung. □

Beispiel 1.168 Die einparametrige Klasse $\tilde{\mathfrak{P}} := \{\mathfrak{N}(\mu, \sigma_0^2) : \mu \in \mathbb{R}\}$ mit dem Parameter $\gamma = \mu$ und bekanntem $\sigma_0^2 > 0$ läßt sich in die zweiparametrige Gesamtheit $\mathfrak{P} := \{\mathfrak{N}(\mu, \sigma^2) : (\mu, \sigma^2) \in \mathbb{R} \times (0, \infty)\}$ einbetten vermöge der Abbildung $\vartheta(\gamma) = (\gamma, \sigma_0^2)^\top$, $\gamma \in \mathbb{R}$. Dann gilt mit $\vartheta = (\mu, \sigma^2)$

$$L'_\vartheta(x) = \begin{pmatrix} \nabla_1 \log p_\vartheta(x) \\ \nabla_2 \log p_\vartheta(x) \end{pmatrix} = \begin{pmatrix} \dfrac{x-\mu}{\sigma^2} \\ \dfrac{1}{2\sigma^2}\left[\dfrac{(x-\mu)^2}{\sigma^2} - 1\right] \end{pmatrix}, \quad \mathscr{J}(\vartheta) = \begin{pmatrix} \dfrac{1}{\sigma^2} & 0 \\ 0 & \dfrac{1}{2\sigma^4} \end{pmatrix}$$

---

[1] Durch die Schreibweise $\mathscr{J}(\vartheta)^{-1}$ wird zum Ausdruck gebracht, daß es sich um die inverse Matrix (und nicht um eine Umkehrabbildung) handelt.

[2] Vgl. etwa W. Fleming: Functions of Several Variables, New York, 1977; S. 141.

und somit wegen $\mathscr{B}(\gamma) = (1,0)^\top$

$$\tilde{L}'_\gamma(x) = \mathscr{B}^\top(\gamma)\, L'_{\vartheta(\gamma)}(x) = (x-\mu)/\sigma_0^2, \qquad \tilde{\mathscr{J}}(\gamma) = \mathscr{B}^\top(\gamma)\, \mathscr{J}(\vartheta(\gamma))\, \mathscr{B}(\gamma) = 1/\sigma_0^2. \qquad \square$$

Beispiel 1.169 In Beispiel 1.165 bietet sich neben der Parametrisierung durch den Mittelwert $\mu = \chi(\vartheta) := E_\vartheta X$ auch diejenige durch den natürlichen Parameter $\zeta(\vartheta) := \mathscr{S}_0^{-1}\vartheta$ an. Offensichtlich erfüllt diese Abbildung $\vartheta \mapsto \zeta(\vartheta)$ die Voraussetzungen von Satz 1.167b und wegen $\mathscr{G}(\vartheta) = (\nabla \zeta^\top(\vartheta))^\top = \mathscr{S}_0^{-1} \quad \forall \vartheta \in \mathbb{R}^k$ gilt mit $\vartheta = \vartheta(\zeta) = \mathscr{S}_0 \zeta$

$$\tilde{L}'_\zeta(x) = \mathscr{S}_0 L'_\vartheta(x) = x - \vartheta, \qquad \tilde{\mathscr{J}}(\zeta) = \mathscr{S}_0\, \mathscr{J}(\vartheta)\, \mathscr{S}_0 = \mathscr{S}_0. \qquad \square$$

Wir spezialisieren nun Satz 1.167 auf den Fall von Exponentialfamilien. Hier läßt sich neben dem natürlichen Parameter ζ stets der *Mittelwertparameter* $\chi(\zeta) := E_\zeta T = \nabla K(\zeta)$ verwenden, da die Abbildung $\chi\colon \mathring{Z}_* \to \chi(\mathring{Z}_*)$ ein Diffeomorphismus ist. Der Einfachheit halber setzen wir Z_* als offen voraus.

Satz 1.170 *$\mathfrak{P} = \{P_\zeta\colon \zeta \in Z_*\}$ sei eine Exponentialfamilie in ζ und T, deren natürlicher Parameterraum Z_* offen*[1]) *sei. Weiter bezeichne χ das durch $\chi(\zeta) := E_\zeta T$ definierte Mittelwertfunktional $\chi\colon Z_* \to X := \chi(Z_*)$ und $p_\zeta(x) := C(\zeta)\exp\langle\zeta, T(x)\rangle$ eine ν-Dichte von P_ζ. Dann gilt:*

a) *Die logarithmische Ableitung der ν-Dichte nach dem natürlichen Parameter ζ und die Informationsmatrix bzgl. ζ lauten:*

$$L'_\zeta(x) = T(x) - E_\zeta T, \tag{1.7.41}$$

$$\mathscr{J}(\zeta) = \mathscr{C}\!ov_\zeta T. \tag{1.7.42}$$

b) *$\chi\colon Z_* \to X$ ist bijektiv und stetig differenzierbar; für die Jacobi-Matrix $\mathscr{G}(\zeta) := (\nabla \chi^\top(\zeta))^\top$ gilt*

$$\mathscr{G}(\zeta) = \mathscr{J}(\zeta) \quad \textit{sowie} \quad |\mathscr{G}(\zeta)| \neq 0 \quad \forall \zeta \in Z_*.$$

c) *Mit $\tilde{p}_\chi(x) := p_{\zeta(\chi)}(x)$ gilt für $\tilde{L}'_\chi(x) := \nabla \log \tilde{p}_\chi(x)$ bzw. $\tilde{\mathscr{J}}(\chi) := \mathscr{C}\!ov_\chi \tilde{L}'_\chi$*

$$\tilde{L}'_\chi(x) = \mathscr{J}(\zeta)^{-1} L'_\zeta(x) = \tilde{\mathscr{J}}(\chi)\,(T(x) - \chi(\zeta)), \tag{1.7.43}$$

$$\tilde{\mathscr{J}}(\chi) = \mathscr{J}(\zeta)^{-1} = (\mathscr{C}\!ov_\zeta T)^{-1}. \tag{1.7.44}$$

Beweis: a) Für die Größen (1.7.30+32) gilt wegen (1.7.24+17)

$$L'_\zeta(x) = \nabla \log p_\zeta(x) = -\nabla K(\zeta) + \nabla\langle\zeta, T(x)\rangle = -E_\zeta T + T(x),$$

$$\mathscr{J}(\zeta) = E_\zeta L'_\zeta L'^\top_\zeta = E_\zeta (T - E_\zeta T)(T - E_\zeta T)^\top = \mathscr{C}\!ov_\zeta T.$$

b) Die Abbildung $\chi\colon Z_* \to X$ ist bijektiv. Da K nach Satz 1.161b strikt konvex ist, gilt nämlich für $\zeta, \zeta_0 \in Z_*$ wegen $\chi(\zeta) = \nabla K(\zeta)$ sowohl

$$K(\zeta) > K(\zeta_0) + (\zeta - \zeta_0)^\top \chi(\zeta_0) \quad \text{als auch} \quad K(\zeta_0) > K(\zeta) + (\zeta_0 - \zeta)^\top \chi(\zeta)$$

und damit

$$0 > (\zeta - \zeta_0)^\top (\chi(\zeta_0) - \chi(\zeta)). \tag{1.7.45}$$

---

[1]) Diese Voraussetzung ist bei fast allen in diesem Band vorkommenden Exponentialfamilien erfüllt; eine Ausnahme bildet die Klasse der inversen Normalverteilungen, vgl. jedoch Aufgabe 1.40.

Aus $\zeta \neq \zeta_0$ folgt also $\chi(\zeta) \neq \chi(\zeta_0)$. Wegen $C(\zeta) = [\int e^{\langle\zeta, T(x)\rangle} dv]^{-1}$ und Korollar 1.163 ist die Abbildung $\zeta \mapsto \chi(\zeta) = E_\zeta T = C(\zeta) \int T(x) e^{\langle\zeta, T(x)\rangle} dv$ stetig differenzierbar und es gilt

$$\begin{aligned}\nabla \chi^\top(\zeta) &= [\nabla C(\zeta)] \int T^\top(x) e^{\langle\zeta, T(x)\rangle} dv + C(\zeta) \int T(x) T^\top(x) e^{\langle\zeta, T(x)\rangle} dv \\ &= -K(\zeta) E_\zeta T^\top + E_\zeta T T^\top = \mathscr{C}ov_\zeta T,\end{aligned}$$

also wegen der Symmetrie von $\mathscr{C}ov_\zeta T$ nach Satz 1.164 $\mathscr{G}(\zeta) = \mathscr{C}ov_\zeta T = \mathscr{I}(\zeta)$ mit $|\mathscr{I}(\zeta)| \neq 0$.

c) Nach Satz 1.167 b gilt

$$\tilde{\mathscr{I}}(\chi)^{-1} = \mathscr{I}(\zeta)\, \mathscr{I}(\zeta)^{-1}\, \mathscr{I}(\zeta) = \mathscr{I}(\zeta)$$

und damit ebenfalls nach Satz 1.167 b bzw. Satz 1.164 c

$$\tilde{\mathscr{I}}(\chi)^{-1}\, \tilde{L}'_\chi(x) = \mathscr{I}(\zeta)\, \tilde{L}'_\chi(x) = \mathscr{G}(\zeta)\, \tilde{L}'_\chi(x) = L'_\zeta(x) = T(x) - \chi(\zeta). \qquad \square$$

Aus Satz 1.170 b folgt, daß eine Exponentialfamilie eine *Mittelwertparametrisierung* gestattet, d.h. durch die Angabe des Mittelwerts parametrisiert werden kann. Die Ungleichung (1.7.45) impliziert insbesondere, daß für einparametrige Exponentialfamilien das Mittelwertfunktional $\zeta \mapsto \chi(\zeta)$ streng isoton ist.

Beispiel 1.171 a) (k-dimensionale Normalverteilungen mit $\mathscr{S}_0 = \mathscr{I}_k$). Sei $\mathfrak{L}_\vartheta(X) = \mathfrak{N}(\mu, \mathscr{I}_k)$, $\vartheta = \mu \in \mathbb{R}^k$. Dann folgt aus Beispiel 1.155 a $\zeta(\vartheta) = \mu = \chi(\vartheta)$ und damit $Z = \zeta(\mathbb{R}^k) = \mathbb{R}^k$; der Parameterraum ist also zugleich der natürliche Parameterraum. Darüber hinaus ist $\mathscr{I}(\zeta) = \mathscr{I}_k = \tilde{\mathscr{I}}(\chi) \quad \forall \mu \in \mathbb{R}^k$.

b) (Poisson-Verteilungen). Die Verteilungen $\mathfrak{L}_\vartheta(X) = \mathfrak{P}(\lambda)$, $\vartheta = \lambda \in (0, \infty)$, besitzen bezüglich des Zählmaßes von $\mathbb{N}_0$ die Dichten

$$\tilde{p}_\lambda(x) = p_{\zeta(\lambda)}(x) = e^{-\lambda} \lambda^x / x! = e^{-\lambda} e^{x \log \lambda} / x!, \qquad x \in \mathbb{N}_0.$$

Also ist $\zeta(\lambda) = \log \lambda$ der natürliche Parameter, $\chi(\lambda) = E_\lambda X = \lambda$ der Mittelwertparameter und $Z = \log(0, \infty) = \mathbb{R} = Z_*$. Darüber hinaus ist

$$L'_\zeta(x) = x - \lambda, \quad \mathscr{I}(\zeta) = Var_\zeta X = \lambda \quad \text{bzw.} \quad \tilde{L}'_\chi(x) = \frac{x}{\lambda} - 1, \quad \tilde{\mathscr{I}}(\chi) = \frac{1}{\lambda^2} Var_\lambda x = \frac{1}{\lambda}.$$

In a) und b) ist also die übliche Parametrisierung zugleich die Mittelwertparametrisierung. $\square$

Beispiel 1.172 (Negative Binomialverteilungen) Die Verteilungen mit der Dichte bezüglich des Zählmaßes über $\mathbb{N}_0$

$$p_{\zeta(\vartheta)}(x) = \binom{m+x-1}{m-1} \pi^m (1-\pi)^x = \binom{m+x-1}{m-1} \pi^m e^{x \log(1-\pi)},$$
$$x = 0, 1, \ldots, \qquad \vartheta = \pi \in (0,1),$$

bilden eine einparametrige Exponentialfamilie mit dem natürlichen Parameter $\zeta(\vartheta) = \log(1-\pi)$, der erzeugenden Statistik $T(x) = x$ und dem Mittelwertparameter $\chi(\vartheta) = E_\pi X = m(1-\pi)/\pi$. Natürlicher Parameter und Mittelwertparameter sind also voneinander und von dem üblichen Parameter $\vartheta = \pi$ verschieden. Wegen $E_\pi T = m(1-\pi)/\pi$ und $Var_\pi T = m(1-\pi)/\pi^2 = \mathscr{G}(\zeta)$ gilt

$$L'_\zeta(x) = x - m\,\frac{1-\pi}{\pi}, \quad \mathscr{I}(\zeta) = m\,\frac{1-\pi}{\pi^2}, \quad \tilde{L}'_\chi(x) = \frac{\pi^2}{m(1-\pi)}\, x - \pi, \quad \tilde{\mathscr{I}}(\chi) = \frac{\pi^2}{m(1-\pi)}. \qquad \square$$

1.7.4 Bedingte Verteilungen

Im folgenden bezeichnen η bzw. $U(x)$ die erste Komponente von ζ bzw. $T(x)$ sowie ξ bzw. $V(x)$ die Vektoren der restlichen Komponenten, also $\xi = (\zeta_2, \ldots, \zeta_k)$ bzw. $V(x) = (T_2(x), \ldots, T_k(x))$ einer k-parametrigen Exponentialfamilie in $\zeta = (\eta, \xi)$ und $T = (U, V)\colon (\mathfrak{X}, \mathfrak{B}) \to (\mathfrak{U} \times \mathfrak{V}, \mathfrak{G} \otimes \mathfrak{H})$, d.h.

$$\frac{\mathrm{d}P_{\eta\xi}}{\mathrm{d}\nu}(x) = C(\eta, \xi) \exp[\eta U(x) + \langle \xi, V(x)\rangle] \quad [\nu]. \tag{1.7.46}$$

Nach Satz 1.122 existiert für jedes $(\eta, \xi) \in Z_*$ eine bedingte Verteilung von U bei gegebenem $V = v$. Es soll nun gezeigt werden, daß das System dieser bedingten Verteilungen unabhängig von ξ gewählt werden kann, und zwar derart, daß es für jedes feste $v \in \mathfrak{V}$ eine einparametrige Exponentialfamilie in η und $\mathrm{id}_{\mathfrak{U}}$ bildet.

Zum Nachweis dieser (in 3.3 benötigten) Aussage denken wir uns die Verteilungen $P_{\eta\xi}^{U,V}$ durch eine spezielle dieser Verteilungen dominiert, etwa durch $Q^{U,V} := P_{\eta_0\xi_0}^{U,V}$. Dann ist im Gegensatz zur Situation von Satz 1.126 das dominierende Maß, also $Q^{U,V}$, nicht notwendig ein Produktmaß; dagegen sind die $Q^{U,V}$-Dichten von $P^{U,V} := P_{\eta\xi}^{U,V}$

$$\frac{\mathrm{d}P_{\eta\xi}^{U,V}}{\mathrm{d}Q^{U,V}}(u, v) = \frac{C(\eta, \xi)}{C(\eta_0, \xi_0)} \exp[(\eta - \eta_0)u + \langle \xi - \xi_0, v\rangle] \quad [Q^{U,V}] \tag{1.7.47}$$

mit $f(u) := \dfrac{C(\eta, \xi)}{C(\eta_0, \xi_0)} \exp(\eta - \eta_0)u$, $g(v) := \exp\langle \xi - \xi_0, v\rangle$ von der Form

$$\frac{\mathrm{d}P^{U,V}}{\mathrm{d}Q^{U,V}}(u, v) = f(u)\, g(v) \quad [Q^{U,V}] \quad \text{mit} \quad f(u) > 0. \tag{1.7.48}$$

Der Beweis der angekündigten Aussagen besteht dann darin, zu jedem Wert $v \in \mathfrak{V}$ die Dichten einer durch eine Festlegung von $Q^{U|V=v}$ dominierten einparametrigen Exponentialfamilie in η und $\mathrm{id}_{\mathfrak{U}}$ anzugeben und zu verifizieren, daß die so definierten Verteilungen eine (von ξ unabhängige) Festlegung der bedingten Verteilungen $P_{\eta\xi}^{U|V=v}$ sind. Hierzu beweisen wir den folgenden

Hilfssatz 1.173 *Es seien $P^{U,V}, Q^{U,V} \in \mathfrak{M}^1(\mathfrak{U} \times \mathfrak{V}, \mathfrak{G} \otimes \mathfrak{H})$ mit der Eigenschaft: $P^{U,V}$ ist $Q^{U,V}$-stetig mit einer $Q^{U,V}$-Dichte der Form* (1.7.48). *Dann gilt:*

a) *P^V ist Q^V-stetig; bei gegebener Festlegung $Q^{U|V=v}$ besitzt P^V die Q^V-Dichte*

$$\frac{\mathrm{d}P^V}{\mathrm{d}Q^V}(v) = g(v)\, \bar{f}(v) \quad [Q^V], \qquad \bar{f}(v) = \int f(u)\, \mathrm{d}Q^{U|V=v}(u) > 0. \tag{1.7.49}$$

b) *Bei gegebener Festlegung $Q^{U|V=v}$ gibt es eine Festlegung $P^{U|V=v}$ mit der Eigenschaft: $P^{U|V=v}$ ist $Q^{U|V=v}$-stetig für alle v mit $Q^{U|V=v}$-Dichte*

$$\frac{\mathrm{d}P^{U|V=v}}{\mathrm{d}Q^{U|V=v}}(u) = \frac{f(u)}{\bar{f}(v)} \quad [Q^{U|V=v}]. \tag{1.7.50}$$

Beweis: a) Für $H \in \mathfrak{H}$ gilt nach (1.6.65) und (1.7.48)

$$P^V(H) = P^{U,V}(\mathfrak{U} \times H) = \int_{\mathfrak{U} \times H} f(u)\, g(v)\, \mathrm{d}Q^{U,V} = \int_H g(v) \int_{\mathfrak{U}} f(u)\, \mathrm{d}Q^{U|V=v} \mathrm{d}Q^V$$
$$= \int_H g(v) \bar{f}(v)\, \mathrm{d}Q^V.$$

P^V ist also Q^V-stetig und $g(v)\bar{f}(v)$ eine Festlegung der Q^V-Dichte.

b) Für $G \in \mathfrak{G}$ gilt nach (1.6.64)

$$h_G(v) := E_Q(\mathbb{1}_G(U) f(U) \mid V = v) = \int_G f(u)\, \mathrm{d}Q^{U|V=v} \quad [Q^V].$$

Dieses ist bei festem $G \in \mathfrak{G}$ eine $\mathfrak{H}$-meßbare Funktion von v, die für jedes v ein Maß in $G \in \mathfrak{G}$ mit $h_{\mathfrak{U}}(v) = \bar{f}(v)$ ist. Folglich ist

$$\tilde{h}_G(v) := \frac{1}{\bar{f}(v)} \int_G f(u)\, \mathrm{d}Q^{U|V=v} = \int_G \frac{f(u)}{\bar{f}(v)}\, \mathrm{d}Q^{U|V=v}, \qquad G \in \mathfrak{G},$$

ein Markov-Kern von $(\mathfrak{V}, \mathfrak{H})$ nach $(\mathfrak{U}, \mathfrak{G})$. Die Darstellung (1.7.50) und damit Teil b) ist bewiesen, wenn $\tilde{h}_G(v)$ als Lösung der entsprechenden Radon-Nikodym-Gleichung (1.6.60) verifiziert werden kann. Dieses folgt unter Verwendung von (1.7.49) und (1.6.65) gemäß

$$\int_H \tilde{h}_G(v)\, \mathrm{d}P^V = \int_H \int_G \frac{f(u)}{\bar{f}(v)}\, \mathrm{d}Q^{U|V=v} \mathrm{d}P^V = \int_H \int_G \frac{f(u)}{\bar{f}(v)}\, g(v) \bar{f}(v)\, \mathrm{d}Q^{U|V=v} \mathrm{d}Q^V$$
$$= \int_{G \times H} f(u)\, g(v)\, \mathrm{d}Q^{U,V} = P^{U,V}(G \times H) \quad \forall H \in \mathfrak{H}. \qquad \square$$

Daraus ergibt sich nun der für die Theorie der bedingten Tests wichtige

Satz 1.174 $\mathfrak{P} = \{P_{\eta\xi}: (\eta, \xi) \in Z_*\}$ *sei eine k-parametrige Exponentialfamilie mit Dichten der Form* (1.7.46); *Q sei eine spezielle Verteilung* $P_{\eta_0 \xi_0}$ *aus* $\mathfrak{P}$. *Dann gilt:*

a) *Die Verteilungen von V bilden für festes* η *eine* $(k-1)$*-parametrige Exponentialfamilie in* ξ *und* $\mathrm{id}_{\mathfrak{V}}$, *d.h. es gilt*

$$\frac{\mathrm{d}P^V_{\eta\xi}}{\mathrm{d}Q^V}(v) = C(\eta, \xi)\, \mathrm{e}^{\langle \xi, v \rangle} \bar{g}_\eta(v) \quad [Q^V] \tag{1.7.51}$$

mit

$$\bar{g}_\eta(v) := \frac{1}{C(\eta_0, \xi_0)}\, \mathrm{e}^{-\langle \xi_0, v \rangle} \int_{\mathfrak{U}} \mathrm{e}^{(\eta - \eta_0) u} \mathrm{d}Q^{U|V=v} > 0.$$

b) *Bei gegebener Festlegung* $Q^{U|V=v}$ *gibt es von* ξ *unabhängige Festlegungen* $P^{U|V=v}_{\eta \cdot}$ *der bedingten Verteilungen* $P^{U|V=v}_{\eta\xi}$, *die für jedes v eine Exponentialfamilie in* η *und* $\mathrm{id}_{\mathfrak{U}}$ *bilden. Für diese Festlegungen gilt*

$$\frac{\mathrm{d}P^{U|V=v}_{\eta \cdot}}{\mathrm{d}Q^{U|V=v}}(u) = C_v(\eta)\, \mathrm{e}^{\eta u} \mathrm{e}^{-\eta_0 u} \quad [Q^{U|V=v}]. \tag{1.7.52}$$

Beweis: a) Nach (1.7.49) und (1.7.47) ist

$$\frac{\mathrm{d}P_{\eta\xi}^{V}}{\mathrm{d}Q^{V}}(v) = \mathrm{e}^{\langle \xi - \xi_0, v\rangle} \int\limits_{\mathfrak{U}} \frac{C(\eta,\xi)}{C(\eta_0,\xi_0)} \mathrm{e}^{(\eta-\eta_0)u} \mathrm{d}Q^{U|V=v}(u) = C(\eta,\xi)\,\mathrm{e}^{\langle \xi, v\rangle} \bar{g}_\eta(v) \quad [Q^V].$$

b) Nach (1.7.50) ist

$$\frac{\mathrm{d}P_{\eta\xi}^{U|V=v}}{\mathrm{d}Q^{U|V=v}}(u) = \frac{\mathrm{e}^{(\eta-\eta_0)u}}{\int\limits_{\mathfrak{U}} \mathrm{e}^{(\eta-\eta_0)u'} \mathrm{d}Q^{U|V=v}(u')} = C_v(\eta)\,\mathrm{e}^{(\eta-\eta_0)u} \quad [Q^{U|V=v}].$$

Der Faktor $h(u) = \mathrm{e}^{-\eta_0 u}$ kann mit in das dominierende Maß gezogen werden. □

Beispiel 1.175 Mit st. u. $\mathfrak{P}(\lambda_i)$-verteilten ZG $X_{ij}, j = 1, \ldots, n_i, i = 1, 2$, wie in Beispiel 1.158 b seien $U := \sum_{j=1}^{n_1} X_{1j}$, $V := \sum_{j=1}^{n_1} X_{1j} + \sum_{j=1}^{n_2} X_{2j}$. Dann bilden die Verteilungen $\mathfrak{L}_\vartheta(U, V)$, $\vartheta = (\lambda_1, \lambda_2) \in (0, \infty)^2$, nach Satz 1.157 eine zweiparametrige Exponentialfamilie, denn es gilt

$$\begin{aligned} P_\vartheta(U = u, V = v) &= \mathbb{P}_\vartheta(\textstyle\sum X_{1j} = u, \sum X_{2j} = v - u) \\ &= \mathrm{e}^{-n_1\lambda_1} \frac{(n_1\lambda_1)^u}{u!} \mathrm{e}^{-n_2\lambda_2} \frac{(n_2\lambda_2)^{v-u}}{(v-u)!} = \frac{C(\eta,\xi)}{u!(v-u)!} \mathrm{e}^{\eta u + \xi v} \end{aligned}$$

mit $\eta = \log(n_1\lambda_1/n_2\lambda_2)$ und $\xi = \log(n_2\lambda_2)$. Wegen $\mathfrak{L}_\vartheta(V) = \mathfrak{P}(n_1\lambda_1 + n_2\lambda_2)$ bilden die Verteilungen von V für jedes η eine einparametrige Exponentialfamilie in ξ und $\mathrm{id}_{\mathfrak{V}}$. Schließlich ist

$$P_\vartheta^{U|V=v}(\{u\}) = \frac{P_\vartheta(U = u, V = v)}{P_\vartheta(V = v)} = \binom{v}{u} \pi^u (1-\pi)^{v-u}, \qquad \pi := \frac{n_1\lambda_1}{n_1\lambda_1 + n_2\lambda_2} = \frac{\mathrm{e}^\eta}{\mathrm{e}^\eta + 1},$$

unabhängig von ξ und für jedes v eine einparametrige Exponentialfamilie in η und $\mathrm{id}_{\mathfrak{U}}$. □

Beispiel 1.176 Es sei $\mathfrak{L}_\vartheta(U, V) = \mathfrak{N}(\mu_1, \mu_2; \sigma_1^2, \sigma_2^2, \varrho)$ mit $\vartheta = (\mu_1, \mu_2) \in \mathbb{R}^2$ und bekanntem $(\sigma_1^2, \sigma_2^2, \varrho) \in (0, \infty)^2 \times (-1, +1)$. Dies ist eine zweiparametrige Exponentialfamilie in $\zeta = (\eta, \xi)$ und $T = (U, V)$ mit

$$\eta(\vartheta) := \frac{1}{1-\varrho^2}\left(\frac{\mu_1}{\sigma_1^2} - \frac{\varrho\mu_2}{\sigma_1\sigma_2}\right), \qquad \xi(\vartheta) := \frac{1}{1-\varrho^2}\left(\frac{\mu_2}{\sigma_2^2} - \frac{\varrho\mu_1}{\sigma_1\sigma_2}\right).$$

Nach Beispiel 1.127 gilt $P_\vartheta^{U|V=v} = \mathfrak{N}\left(\mu_1 + \varrho \frac{\sigma_1}{\sigma_2}(v - \mu_2), \sigma_1^2(1-\varrho^2)\right)$ $[\lambda\!\!\!\lambda]$. Die bedingten Verteilungen sind also unabhängig von ξ wählbar und bilden eine einparametrige Exponentialfamilie in η und $\mathrm{id}_{\mathfrak{U}}$. □

Aufgabe 1.40 Die durch die $\lambda\!\!\!\lambda$-Dichte

$$f_\vartheta(x) = (\lambda/2\pi)^{1/2} x^{-3/2} \exp[-\lambda(x-\mu)^2/(2\mu^2 x)]\, \mathbb{1}_{(0,\infty)}(x), \qquad \vartheta = (\mu, \lambda) \in (0, \infty)^2,$$

bestimmte Verteilung heißt *inverse Normal-Verteilung* $\mathfrak{N}^-(\mu, \lambda)$. Man zeige, daß die Klasse $\{\mathfrak{N}^-(\mu, \lambda)\colon (\mu, \lambda) \in (0, \infty)^2\}$ eine zweiparametrige Exponentialfamilie bildet und bestimme den natürlichen Parameterraum sowie das Mittelwertfunktional.

Aufgabe 1.41 Sei $\mathfrak{P}$ eine k-parametrige Exponentialfamilie in ζ und T mit natürlichem Parameterraum $Z_* \subset \mathbb{R}^k$; für $\zeta_0 \in Z_*$ sei $K(\zeta) := \log \int \exp\langle \zeta, T(x)\rangle \,\mathrm{d}P_{\zeta_0}$. Man zeige: $K(\zeta) = \lim\limits_{\lambda \uparrow 1} K(\lambda\zeta + (1-\lambda)\zeta_0)$ $\forall \zeta \in \mathbb{R}^k$, $\zeta_0 \in Z_*$.

Aufgabe 1.42 $\mathfrak{P}$ sei eine einparametrige Exponentialfamilie mit Dichten (1.7.14). Man zeige:
a) Für die charakteristische Funktion $\varphi^T(s) = E\mathrm{e}^{isT(X)}$ gilt $\varphi^T(s) = C(\zeta)/C(\zeta + is)$, wobei $C(\xi)$ durch $\int C(\xi)\mathrm{e}^{\xi T(x)}\mathrm{d}\nu = 1$ erklärt ist.
b) Aus $E_\zeta T = \zeta \quad \forall \zeta \in Z$ folgt $\mathfrak{L}_\zeta(T) = \mathfrak{N}(\zeta, 1)$.

Aufgabe 1.43 Sei $\mathfrak{P}$ eine k-parametrige Exponentialfamilie in ζ und T mit natürlichem Parameterraum Z_*. Die Klasse der Verteilungen über $(\mathring{Z}_*, \mathring{Z}_* \mathbb{B}^k)$ mit $\lambda\!\!\!\lambda^k$-Dichten $g_{t,w}(\zeta) = \exp[\langle \zeta, t\rangle - wK(\zeta) - H(t,w)]$ und Parameterraum

$$\{(t,w) \in \mathbb{R}^k \times \mathbb{R} : H(t,w) := \log \int \exp[\langle \zeta, t\rangle - wK(\zeta)]\,\mathrm{d}\lambda\!\!\!\lambda^k(\zeta) < \infty\}$$

heißt *konjugierte Exponentialfamilie (zur natürlichen Parametrisierung)*; die Mittelwertparametrisierung $\chi(\zeta)$ induziert analog über $(\chi(\mathring{Z}_*), \chi(\mathring{Z}_*)\mathbb{B}^k)$ eine konjugierte Exponentialfamilie (zur Mittelwertparametrisierung). Man berechne die konjugierten Familien zu den angegebenen Parametrisierungen für
a) $\{\mathfrak{B}(n,\pi): \pi \in (0,1)\}$, $n \in \mathbb{N}$; b) $\{\mathfrak{P}(\lambda): \lambda > 0\}$; c) $\{\mathfrak{N}(\mu, \sigma_0^2): \mu \in \mathbb{R}\}$, $\sigma_2^2 > 0$; d) $\{\mathfrak{N}(\mu_0, \sigma^2): \sigma^2 > 0\}$, $\mu_0 \in \mathbb{R}$; e) $\{\mathfrak{N}(\mu, \sigma^2): \mu \in \mathbb{R}, \sigma^2 > 0\}$.

Aufgabe 1.44 Es seien X_1, X_2, X_3 st. u. $\mathfrak{B}(1,\pi)$-verteilte ZG sowie $Y_1 := X_1 + X_2$, $Y_2 := X_2 + X_3$. Man zeige, daß die gemeinsamen Verteilungen von (Y_1, Y_2) für $\pi \in (0,1)$ eine zweiparametrige Exponentialfamilie bilden und daß der Parameterraum $Z := \zeta((0,1)) \subset \mathbb{R}^2$ kein nicht-ausgeartetes zweidimensionales Intervall enthält.

Aufgabe 1.45 Man zeige, daß eine einparametrige Exponentialfamilie in ζ und der Identität bereits durch die Werte des Mittelwertfunktionals χ auf einer abzählbaren Menge mit Häufungspunkt in $\mathring{Z}_*$ festgelegt ist.
Was ergibt sich speziell für $Z_* = \mathbb{R}$ und
i) $\chi(\zeta) = n\mathrm{e}^\zeta/(1 - \mathrm{e}^\zeta)$, ii) $\chi(\zeta) = \mathrm{e}^\zeta$, iii) $\chi(\zeta) = \sigma^2\zeta$?

1.8 $\mathbb{L}_r$-differenzierbare Verteilungsklassen

Die lokalen Eigenschaften statistischer Test- und Schätzverfahren in der Umgebung einer festen Stelle ϑ_0 werden durch das lokale Verhalten der zugrundeliegenden Verteilungsklasse bestimmt, nach (1.6.28) also durch dasjenige des DQ $L_{\vartheta_0,\vartheta}$ und des singulären Bereichs $N_{\vartheta_0,\vartheta}$ der Lebesgue-Zerlegung von P_ϑ bzgl. P_{ϑ_0}. In Exponentialfamilien sind alle Verteilungen paarweise äquivalent, so daß nur P_{ϑ_0}-Dichten betrachtet zu werden brauchen. Für diese gibt es eine spezielle Festlegung, die beliebig oft differenzierbar ist und für die sich etwa die Ableitungen der Gütefunktion eines Tests durch Differentiation unter dem Integralzeichen gewinnen lassen; vgl. Satz 1.164c. Deshalb kann bei Exponentialfamilien mit dem üblichen Differentiationsbegriff gearbeitet werden.

Um das lokale Verhalten allgemeinerer Verteilungsklassen in der Umgebung einer festen Stelle ϑ_0 untersuchen zu können, soll deshalb nun ein Differentiationsbegriff eingeführt werden, der an keine spezielle Version des DQ gebunden ist. Bei dieser $\mathbb{L}_r(\vartheta_0)$-Differentiation wird ein geeigneter, vermöge des DQ $L_{\vartheta_0,\vartheta}$ von P_ϑ bzgl. P_{ϑ_0} gebildeter Differenzenquotient als Element des Raumes $\mathbb{L}_r(\vartheta_0)$, $r \geqslant 1$, aufgefaßt. Da im allgemeinen nicht $P_\vartheta \ll P_{\vartheta_0}$ gilt, muß neben dem P_{ϑ_0}-stetigen Anteil auch der P_{ϑ_0}-singuläre Anteil betrachtet werden.

Wir diskutieren zunächst den Fall $r=1$, der zur Bestimmung lokal bester Tests in 2.2.4 und 2.4.3 benötigt wird. Bei diesem folgt bereits aus der $\mathbb{L}_1(\vartheta_0)$-Differenzierbarkeit, daß die Gütefunktion eines jeden Tests differenzierbar ist und zwar mit einer Ableitung, die sich durch alleinige Differentiation des P_{ϑ_0}-stetigen Anteils unter dem Integralzeichen ergibt. Entsprechendes gilt für die zweifache $\mathbb{L}_1(\vartheta_0)$-Differenzierbarkeit; vgl. 1.8.1–2.

Für Anwendungen in der Schätztheorie wie in der asymptotischen Statistik benötigt man einen Differentiationsbegriff, der stärker ist in dem Sinne, daß die Ableitung $\dot{L}_{\vartheta_0}$ in $\mathbb{L}_2(\vartheta_0)$ liegt. Es zeigt sich, daß dafür *nicht* $L_{\vartheta_0,\vartheta}\in\mathbb{L}_2(P_{\vartheta_0})$ gefordert zu werden braucht; statt dessen reicht es, daß der mit der Wurzel des DQ gebildete Differenzenquotient bereits in $\mathbb{L}_2(\vartheta_0)$ gegen die Ableitung $\dot{L}_{\vartheta_0}$ konvergiert. Im Gegensatz zur $\mathbb{L}_1(\vartheta_0)$-Differenzierbarkeit ist jedoch zusätzlich zu fordern, daß für $\vartheta\to\vartheta_0$ auch die P_{ϑ_0}-singulären Anteile von P_ϑ in geeigneter Ordnung, nämlich wie $o((\vartheta-\vartheta_0)^2)$, verschwinden. Wir beschränken uns bei dieser $\mathbb{L}_2(\vartheta_0)$-Differentiation auf die Diskussion der einfachen Differenzierbarkeit. Um den Zusammenhang mit der $\mathbb{L}_1(\vartheta_0)$-Differentiation diskutieren zu können, soll in 1.8.3 die (einfache) $\mathbb{L}_r(\vartheta_0)$-Differenzierbarkeit sogleich für beliebiges $r\geqslant 1$ eingeführt und untersucht werden. Schließlich werden in 1.8.4 auch für $r\geqslant 1$ der Zusammenhang mit dem üblichen Differentiationsbegriff bei Vorliegen von Dichten hergestellt, die Informationsmatrix allgemein eingeführt und weitere Beispiele diskutiert.

Um die Formeln zu entlasten und spätere Anwendungen vorzubereiten, werden etwa die definierenden Gleichungen (1.8.3) bzw. (1.8.36) nicht mit Differenzenquotienten, sondern in der Form linearer Approximationen von geeigneter Ordnung geschrieben.

Vorab sei daran erinnert, daß für $v\in\mathfrak{M}^\sigma(\mathfrak{X},\mathfrak{B})$ der Raum $\mathbb{L}_r(v):=\mathbb{L}_r(\mathfrak{X},\mathfrak{B},v)$ erklärt ist als Gesamtheit der Äquivalenzklassen v-f.ü. übereinstimmender meßbarer Funktionen $h:(\mathfrak{X},\mathfrak{B})\to(\bar{\mathbb{R}},\bar{\mathbb{B}})$ mit $\int|h|^r\,\mathrm{d}v<\infty$; wie bei v-Dichten oder DQ in 1.6.1 werden wir jedoch nicht mit Äquivalenzklassen, sondern jeweils mit einem Repräsentanten h arbeiten. Für $r\geqslant 1$ ist der Raum $\mathbb{L}_r(v)$ bekanntlich ein Banach-Raum mit der Norm $\|h\|_{\mathbb{L}_r(v)}:=(\int|h|^r\,\mathrm{d}v)^{1/r}$. Ist $v=P_{\vartheta_0}$, so schreiben wir kurz $\mathbb{L}_r(\vartheta_0)$ für $\mathbb{L}_r(P_{\vartheta_0})$. Bei einer reellwertigen ZG Y mit (fester) Verteilung P setzen wir abkürzend $\|Y\|_{\mathbb{L}_r}:=(E|Y|^r)^{1/r}$; insbesondere schreibt sich dann die Konvergenz der r-ten Momente $E|Y_m|^r\to E|Y_0|^r$ äquivalent als $\|Y_m\|_{\mathbb{L}_r}\to\|Y_0\|_{\mathbb{L}_r}$ und die $\mathbb{L}_r$-Konvergenz $E|Y_m-Y_0|^r\to 0$ als $\|Y_m-Y_0\|_{\mathbb{L}_r}\to 0$ (kurz: $Y_m\underset{\mathbb{L}_r}{\to}Y_0$ oder $Y_m\to Y_0$ in $\mathbb{L}_r$).

1.8.1 $\mathbb{L}_1$-Differenzierbarkeit und Differentiation von Gütefunktionen

Seien $\mathfrak{P}=\{P_\vartheta:\vartheta\in\Theta\}$ eine einparametrige Verteilungsklasse, $L_{\vartheta_0,\vartheta}$ der durch (1.6.28) definierte DQ von P_ϑ bzgl. P_{ϑ_0}, $N_{\vartheta_0,\vartheta}=\{x: L_{\vartheta_0,\vartheta}(x)=\infty\}$ ein Träger des P_{ϑ_0}-singulären Anteils von P_ϑ bzgl. P_{ϑ_0} und demgemäß

$$\vartheta\mapsto\beta_\varphi(\vartheta)=\int\varphi(x)\,\mathrm{d}P_\vartheta=\int\varphi(x)\,L_{\vartheta_0,\vartheta}(x)\,\mathrm{d}P_{\vartheta_0}+\int\varphi(x)\,\mathbb{1}_{N_{\vartheta_0,\vartheta}}(x)\,\mathrm{d}P_\vartheta \tag{1.8.1}$$

die Gütefunktion eines Tests $\varphi\in\Phi$. Offenbar ist es wünschenswert, die Ableitung der Gütefunktion eines jeden Tests φ an einer Stelle $\vartheta_0\in\mathring{\Theta}$ durch alleinige Differentiation des ersten Summanden von (1.8.1) und zwar unter dem Integralzeichen zu gewinnen. Es soll also für alle Tests $\varphi\in\Phi$ mit geeignet definierter Ableitung $\dot{L}_{\vartheta_0}$ für den P_{ϑ_0}-stetigen bzw. P_{ϑ_0}-singulären Anteil gelten

$$\begin{aligned}\nabla\left[\int\varphi(x)\,L_{\vartheta_0,\vartheta}(x)\,\mathrm{d}P_{\vartheta_0}\right]\Big|_{\vartheta=\vartheta_0}&=\int\varphi(x)\,\dot{L}_{\vartheta_0}(x)\,\mathrm{d}P_{\vartheta_0},\\ \int\varphi(x)\,\mathbb{1}_{N_{\vartheta_0,\vartheta}}(x)\,\mathrm{d}P_\vartheta&=o(|\vartheta-\vartheta_0|).\end{aligned}\tag{1.8.2}$$

Hierfür – und um von der Wahl einer speziellen Festlegung des DQ unabhängig zu sein – fassen wir $L_{\vartheta_0,\vartheta}$ als Element des Raumes $\mathbb{L}_1(\vartheta_0)$ auf.

Definition 1.177 *Es seien* $\mathfrak{P} = \{P_\vartheta: \vartheta \in \Theta\}$ *eine einparametrige Verteilungsklasse,* $\vartheta_0 \in \mathring{\Theta}$ *und* $L_{\vartheta_0,\vartheta}$ *der* DQ *von* P_ϑ *bzgl.* P_{ϑ_0}. *Dann heißt* $\mathfrak{P}$ $\mathbb{L}_1(\vartheta_0)$-differenzierbar, *falls ein* $\dot{L}_{\vartheta_0} \in \mathbb{L}_1(\vartheta_0)$ *existiert derart, daß für* $\vartheta \to \vartheta_0$ *gilt* [1]

$$\| L_{\vartheta_0,\vartheta} - 1 - (\vartheta - \vartheta_0)\, \dot{L}_{\vartheta_0} \|_{\mathbb{L}_1(\vartheta_0)} = o(|\vartheta - \vartheta_0|). \tag{1.8.3}$$

$\dot{L}_{\vartheta_0}$ *heißt* $\mathbb{L}_1(\vartheta_0)$-Ableitung von $\mathfrak{P}$. *Hierfür sagen wir auch kurz,* $\mathfrak{P}$ *sei* $\mathbb{L}_1(\vartheta_0)$-*differenzierbar mit Ableitung* $\dot{L}_{\vartheta_0}$.

Zunächst sagt (1.8.3) nichts darüber aus, ob die P_{ϑ_0}-singulären Anteile für $\vartheta \to \vartheta_0$ ein entsprechendes Differenzierbarkeitsverhalten haben. Dies ist jedoch der Fall nach Teil b) von folgendem

Hilfssatz 1.178 *Es seien* $\mathfrak{P}$ $\mathbb{L}_1(\vartheta_0)$-*differenzierbar mit Ableitung* $\dot{L}_{\vartheta_0}$ *und* $N_{\vartheta_0,\vartheta} = \{x: L_{\vartheta_0,\vartheta}(x) = \infty\}$ *ein Träger des* P_{ϑ_0}-*singulären Anteils von* P_ϑ. *Dann gilt:*

a) $$E_{\vartheta_0} \dot{L}_{\vartheta_0} = 0, \tag{1.8.4}$$

b) $$P_\vartheta(N_{\vartheta_0,\vartheta}) = o(|\vartheta - \vartheta_0|) \quad \textit{für } \vartheta \to \vartheta_0. \tag{1.8.5}$$

Beweis: Aus (1.8.3) folgt zunächst die Differenzierbarkeit von $\vartheta \mapsto P_\vartheta(N_{\vartheta_0,\vartheta})$ an der Stelle ϑ_0 mit der Ableitung $-E_{\vartheta_0}\dot{L}_{\vartheta_0}$. Wegen $P_{\vartheta_0}(N_{\vartheta_0,\vartheta_0}) = 0$ und $P_\vartheta(N^c_{\vartheta_0,\vartheta}) = \int L_{\vartheta_0,\vartheta}(x)\, \mathrm{d}P_{\vartheta_0}$ gilt nämlich

$$\begin{aligned} &|P_\vartheta(N_{\vartheta_0,\vartheta}) - P_{\vartheta_0}(N_{\vartheta_0,\vartheta_0}) + (\vartheta - \vartheta_0) E_{\vartheta_0} \dot{L}_{\vartheta_0}| \\ &\quad = |1 - P_\vartheta(N^c_{\vartheta_0,\vartheta}) + (\vartheta - \vartheta_0) E_{\vartheta_0} \dot{L}_{\vartheta_0}| \leqslant \int |L_{\vartheta_0,\vartheta}(x) - 1 - (\vartheta - \vartheta_0)\dot{L}_{\vartheta_0}(x)|\, \mathrm{d}P_{\vartheta_0} \\ &\quad = \| L_{\vartheta_0,\vartheta} - 1 - (\vartheta - \vartheta_0)\dot{L}_{\vartheta_0} \|_{\mathbb{L}_1(\vartheta_0)} = o(|\vartheta - \vartheta_0|). \end{aligned}$$

Dabei muß die Ableitung im Punkte ϑ_0 wegen $P_\vartheta(N_{\vartheta_0,\vartheta}) \geqslant 0 \quad \forall \vartheta \in \Theta$ und $P_{\vartheta_0}(N_{\vartheta_0,\vartheta_0}) = 0$ verschwinden. Hieraus ergibt sich a) und damit b). □

Damit folgt für alle Tests φ die Differenzierbarkeit der Gütefunktion unter dem Integralzeichen ohne zusätzliche Vertauschbarkeitsvoraussetzungen:

Satz 1.179 *Es seien* $\mathfrak{P} = \{P_\vartheta: \vartheta \in \Theta\}$ *eine einparametrige Verteilungsklasse und* $\vartheta_0 \in \mathring{\Theta}$. *Ist dann* $\mathfrak{P}$ $\mathbb{L}_1(\vartheta_0)$-*differenzierbar mit Ableitung* $\dot{L}_{\vartheta_0}$, *so gilt:*

a) $$\nabla E_{\vartheta_0}\varphi = E_{\vartheta_0}[\varphi \dot{L}_{\vartheta_0}] \qquad \forall \varphi \in \Phi, \tag{1.8.6}$$

b) $$\nabla P_{\vartheta_0}(B) = \int_B \dot{L}_{\vartheta_0}(x)\, \mathrm{d}P_{\vartheta_0} \qquad \forall B \in \mathfrak{B}. \tag{1.8.7}$$

Beweis: a) Wegen $|\varphi| \leqslant 1$ folgt durch Zerlegung von $\beta_\varphi(\vartheta) = E_\vartheta \varphi$ gemäß (1.8.1) aus (1.8.3) und Hilfssatz 1.178b

[1] Man beachte, daß definitionsgemäß $L_{\vartheta_0,\vartheta_0}(x) = 1 \quad [P_{\vartheta_0}]$ gilt.

$$
\begin{aligned}
&|\beta_\varphi(\vartheta)-\beta_\varphi(\vartheta_0)-(\vartheta-\vartheta_0)E_{\vartheta_0}[\varphi\dot{L}_{\vartheta_0}]| \\
&\leqslant |\int\varphi(x)[L_{\vartheta_0,\vartheta}(x)-1-(\vartheta-\vartheta_0)\dot{L}_{\vartheta_0}(x)]\,\mathrm{d}P_{\vartheta_0}|+|\int\varphi(x)\mathbb{1}_{N_{\vartheta_0,\vartheta}}(x)\,\mathrm{d}P_\vartheta| \qquad (1.8.8)\\
&\leqslant \|L_{\vartheta_0,\vartheta}-1-(\vartheta-\vartheta_0)\dot{L}_{\vartheta_0}\|_{\mathbb{L}_1(\vartheta_0)}+P_\vartheta(N_{\vartheta_0,\vartheta})=o(|\vartheta-\vartheta_0|).
\end{aligned}
$$

b) ergibt sich aus a) für $\varphi(x)=\mathbb{1}_B(x)$. □

Ebenso wird man bestrebt sein, auch die zweite Ableitung der Gütefunktion eines jeden Tests $\varphi\in\Phi$ durch zweimalige Differentiation des P_{ϑ_0}-stetigen Anteils unter dem Integralzeichen zu gewinnen. Hierzu definieren wir die zweite $\mathbb{L}_1(\vartheta_0)$-Ableitung einer Verteilungsklasse als $\mathbb{L}_1(\vartheta_0)$-Ableitung der (ersten) $\mathbb{L}_1(\vartheta)$-Ableitung. Bei der dabei notwendigen Zerlegung von $\vartheta\mapsto\int\varphi(x)\dot{L}_\vartheta(x)\,\mathrm{d}P_\vartheta$ in den P_{ϑ_0}-stetigen und P_{ϑ_0}-singulären Anteil hat man zu beachten, daß $\dot{L}_\vartheta$ im allgemeinen zwar definitionsgemäß im Raum $\mathbb{L}_1(\vartheta)$, nicht aber auch im Raum $\mathbb{L}_1(\vartheta_0)$ liegt. Dies impliziert, daß bei der (1.8.8) entsprechenden Zerlegung der P_{ϑ_0}-stetige Anteil von $\dot{L}_\vartheta$ nach der Kettenregel noch mit $L_{\vartheta_0,\vartheta}$ zu multiplizieren ist und daß das entsprechende Differenzierbarkeitsverhalten des P_{ϑ_0}-singulären Anteils eigens zu fordern ist. Demgemäß nennen wir $\mathfrak{P}$ *zweifach* $\mathbb{L}_1(\vartheta_0)$-*differenzierbar mit zweiter Ableitung* $\ddot{L}_{\vartheta_0}$, falls folgende drei Eigenschaften erfüllt sind: $\mathfrak{P}$ ist $\mathbb{L}_1(\vartheta)$-differenzierbar für alle $\vartheta\in U(\vartheta_0)$, $\ddot{L}_{\vartheta_0}\in\mathbb{L}_1(\vartheta_0)$ und für $\vartheta\to\vartheta_0$ gilt

$$\|\dot{L}_\vartheta L_{\vartheta_0,\vartheta}-\dot{L}_{\vartheta_0}-(\vartheta-\vartheta_0)\ddot{L}_{\vartheta_0}\|_{\mathbb{L}_1(\vartheta_0)}=o(|\vartheta-\vartheta_0|), \qquad (1.8.9)$$

$$\int|\dot{L}_\vartheta(x)|\,\mathbb{1}_{N_{\vartheta_0,\vartheta}}(x)\,\mathrm{d}P_\vartheta=o(|\vartheta-\vartheta_0|). \qquad (1.8.10)$$

Satz 1.180 *Es seien* $\mathfrak{P}=\{P_\vartheta:\vartheta\in\Theta\}$ *eine einparametrige Verteilungsklasse und* $\vartheta_0\in\mathring{\Theta}$. *Ist* $\mathfrak{P}$ *zweifach* $\mathbb{L}_1(\vartheta_0)$-*differenzierbar mit zweiter Ableitung* $\ddot{L}_{\vartheta_0}$, *so gilt*:

a) $$\nabla\nabla E_{\vartheta_0}\varphi=E_{\vartheta_0}[\varphi\ddot{L}_{\vartheta_0}] \qquad \forall\varphi\in\Phi, \qquad (1.8.11)$$

b) $$\nabla\nabla P_{\vartheta_0}(B)=\int_B\ddot{L}_{\vartheta_0}(x)\,\mathrm{d}P_{\vartheta_0} \qquad \forall B\in\mathfrak{B}, \qquad (1.8.12)$$

c) $$E_{\vartheta_0}\ddot{L}_{\vartheta_0}=0. \qquad (1.8.13)$$

Beweis: a) ergibt sich nach den Vorbemerkungen analog Satz 1.179 gemäß

$$
\begin{aligned}
&|\nabla\beta_\varphi(\vartheta)-\nabla\beta_\varphi(\vartheta_0)-(\vartheta-\vartheta_0)E_{\vartheta_0}[\varphi\ddot{L}_{\vartheta_0}]|\\
&\leqslant|\int\varphi(x)[\dot{L}_\vartheta(x)L_{\vartheta_0,\vartheta}(x)-\dot{L}_{\vartheta_0}(x)-(\vartheta-\vartheta_0)\ddot{L}_{\vartheta_0}(x)]\,\mathrm{d}P_{\vartheta_0}|+|\int\varphi(x)\dot{L}_\vartheta(x)\mathbb{1}_{N_{\vartheta_0,\vartheta}}(x)\,\mathrm{d}P_\vartheta|\\
&\leqslant\|\dot{L}_\vartheta L_{\vartheta_0,\vartheta}-\dot{L}_{\vartheta_0}-(\vartheta-\vartheta_0)\ddot{L}_{\vartheta_0}\|_{\mathbb{L}_1(\vartheta_0)}+\int|\dot{L}_\vartheta(x)|\,\mathbb{1}_{N_{\vartheta_0,\vartheta}}(x)\,\mathrm{d}P_\vartheta=o(|\vartheta-\vartheta_0|).
\end{aligned}
$$

b) und c) folgen aus a) für $\varphi(x)=\mathbb{1}_B(x)$ bzw. $\varphi(x)\equiv 1$. □

Einfache Beispiele $\mathbb{L}_1(\vartheta_0)$-differenzierbarer Verteilungsklassen bilden Familien diskreter Verteilungen P_ϑ mit einer abzählbaren, von $\vartheta\in\Theta$ unabhängigen Trägermenge $\mathfrak{X}'=\{x^i: i\in\mathbb{N}\}$, bei denen die Abbildungen $\vartheta\mapsto P_\vartheta(\{x^i\})$ für jedes $i\in\mathbb{N}$ (einfach bzw. zweifach) differenzierbar und die üblichen Vertauschungsbedingungen erfüllt sind. Dann gilt nämlich etwa bei $P_{\vartheta_0}(\{x^i\})>0\quad\forall i\in\mathbb{N}$ mit $\dot{L}_{\vartheta_0}(x^i)=\nabla P_{\vartheta_0}(\{x^i\})/P_{\vartheta_0}(\{x^i\})$

$$
\begin{aligned}
&\|L_{\vartheta_0,\vartheta}-1-(\vartheta-\vartheta_0)\dot{L}_{\vartheta_0}\|_{\mathbb{L}_1(\vartheta_0)}\\
&=\sum_i|P_\vartheta(\{x^i\})-P_{\vartheta_0}(\{x^i\})-(\vartheta-\vartheta_0)\nabla P_{\vartheta_0}(\{x^i\})|=o(|\vartheta-\vartheta_0|);
\end{aligned}
$$

entsprechend ist mit $\ddot{L}_{\vartheta_0}(x^i) = \nabla\nabla P_{\vartheta_0}(\{x^i\})/P_{\vartheta_0}(\{x^i\})$ (1.8.9) sowie trivialerweise (1.8.10) erfüllt.

Um auch in den wichtigsten nicht-trivialen Beispielen die (einfache bzw. zweifache) $\mathbb{L}_1(\vartheta_0)$-Differentiation verifizieren und explizite Ausdrücke für die erste bzw. zweite $\mathbb{L}_1(\vartheta_0)$-Ableitung angeben zu können, beweisen wir in 1.8.2 einige grundlegende Eigenschaften der $\mathbb{L}_1(\vartheta_0)$-Differentiation. (Entsprechende Aussagen gelten zwar auch für $r \in \mathbb{N}$ bzw. $k \in \mathbb{N}$, lassen sich jedoch für $r=1$ einfacher formulieren und insbesondere für $r=1$ und $k=1$ leichter beweisen.) Hierzu leiten wir zunächst eine Charakterisierung der $\mathbb{L}_r$-Konvergenz, $r \geqslant 1$, her. Diese läßt erkennen, warum die $\mathbb{L}_1(\vartheta_0)$-Differenzierbarkeit geeignet ist, die Gültigkeit von (1.8.2) zu rechtfertigen. Bei $\vartheta_m \to \vartheta_0$ für $m \to \infty$ und

$$Y_m := (L_{\vartheta_0,\vartheta_m} - 1)/(\vartheta_m - \vartheta_0) \quad \text{für } m \in \mathbb{N}, \quad Y_0 := \dot{L}_{\vartheta_0}$$

ist nämlich (1.8.3) äquivalent mit $\|Y_m - Y_0\|_{\mathbb{L}_1(\vartheta_0)} \to 0$ für $m \to \infty$, also gemäß der angekündigten Charakterisierung mit $Y_m \to Y_0$ nach WS und der Vertauschungseigenschaft $E|Y_m| \to E|Y_0|$. Die erste dieser Eigenschaften entspricht der punktweisen Differentiation des Integranden und die zweite der Vertauschung der Differentiation nach ϑ mit der Integration bzgl. P_{ϑ_0}.

Satz 1.181 (Vitali) *Seien* Y_m, $m \in \mathbb{N}_0$, *reellwertige* ZG *über einem* WS-*Raum* $(\mathfrak{X}, \mathfrak{B}, P)$, $r \geqslant 1$, *und* $\|Y_m\|_{\mathbb{L}_r} := (E|Y_m|^r)^{1/r} < \infty \quad \forall m \in \mathbb{N}$. *Dann sind für* $m \to \infty$ *äquivalent*:

a) $\quad \|Y_m - Y_0\|_{\mathbb{L}_r} \to 0$.

b) $\quad Y_m \underset{P}{\to} Y_0, \quad \lim\limits_{m\to\infty} E|Y_m|^r = E|Y_0|^r < \infty$.

c) $\quad Y_m \underset{P}{\to} Y_0, \quad \limsup\limits_{m\to\infty} E|Y_m|^r \leqslant E|Y_0|^r < \infty$.

d) $\quad Y_m \underset{P}{\to} Y_0, \quad \lim\limits_{m\to\infty} E[|Y_m|^r \mathbb{1}_{(M_m,\infty)}(|Y_m|)] = 0 \quad \forall (M_m)\colon M_m \uparrow \infty$.

e) $\quad Y_m \underset{P}{\to} Y_0, \quad \lim\limits_{M\to\infty} \sup\limits_{m \in \mathbb{N}} E[|Y_m|^r \mathbb{1}_{(M,\infty)}(|Y_m|)] = 0$.

Beweis: Wir zeigen zunächst die oft allein benötigte Äquivalenz von a), b) und c) und zwar durch einen Ringschluß; dabei ist b) $\Rightarrow$ c) trivial. Aus dem anschließenden Ringschluß a) $\Rightarrow$ d) $\Rightarrow$ e) $\Rightarrow$ a) folgt, daß auch die gleichgradige Integrierbarkeit der ZG $|Y_m|^r$, d.h. die zweite Bedingung in e), unter $Y_m \underset{P}{\to} Y_0$ äquivalent ist mit $E|Y_m|^r \to E|Y_0|^r$.

Auf den Nachweis von e) $\Rightarrow$ a) könnte wegen A7.6 und b) $\Rightarrow$ a) verzichtet werden.

c) $\Rightarrow$ a): Hierzu nehmen wir zunächst $Y_m \to Y_0 \quad [P]$ an. Dann gilt einerseits nach dem Satz von Fatou $\liminf E|Y_m|^r \geqslant E|Y_0|^r$ und damit $E|Y_m|^r \to E|Y_0|^r$. Andererseits gilt dann

$$0 \leqslant 2^r(|Y_m|^r + |Y_0|^r) - |Y_m - Y_0|^r \to 2^{r+1}|Y_0|^r \quad [P]$$

wegen $\quad |Y_m - Y_0|^r \leqslant (|Y_m| + |Y_0|)^r \leqslant [2\max\{|Y_m|, |Y_0|\}]^r \leqslant 2^r(|Y_m|^r + |Y_0|^r)$.

Durch nochmalige Anwendung des Satzes von Fatou folgt also

$$\begin{aligned} 2^{r+1} E|Y_0|^r &= E \liminf (2^r[|Y_m|^r + |Y_0|^r] - |Y_m - Y_0|^r) \\ &\leqslant \liminf E(2^r[|Y_m|^r + |Y_0|^r] - |Y_m - Y_0|^r) \leqslant 2^{r+1} E|Y_0|^r - \limsup E|Y_m - Y_0|^r \end{aligned}$$

und damit $E|Y_m - Y_0|^r \to 0$.

Gilt statt $Y_m \to Y_0 \quad [P]$ nur $Y_m \underset{P}{\to} Y_0$, so ergäbe sich aus der Annahme der Existenz einer Teilfolge $(m') \subset \mathbb{N}$ mit $E|Y_{m'} - Y_0|^r \to c > 0$ ein Widerspruch, denn nach A7.2 würde dann eine weitere Teilfolge $(m'') \subset (m')$ mit $Y_{m''} \to Y_0 \quad [P]$ existieren, für die nach dem bereits Bewiesenen $E|Y_{m''} - Y_0|^r \to 0$ gelten müßte.

a) $\Rightarrow$ b): Einerseits folgt aus der Markov-Ungleichung $Y_m \underset{P}{\to} Y_0$. Andererseits gilt nach der inversen Dreiecksungleichung

$$|\,\|Y_m\|_{\mathbb{L}_r} - \|Y_0\|_{\mathbb{L}_r}| \leqslant \|Y_m - Y_0\|_{\mathbb{L}_r} \to 0\,.$$

a) $\Rightarrow$ d): Sei (M_m) eine feste Folge mit $M_m \uparrow \infty$. Dann gilt zunächst wegen

$$|Y_m|^r = |(Y_m - Y_0) + Y_0|^r \leqslant [2 \max\{|Y_m - Y_0|, |Y_0|\}]^r \leqslant 2^r |Y_m - Y_0|^r + 2^r |Y_0|^r,$$

$$E|Y_m|^r \mathbb{1}_{(M_m,\infty)}(|Y_m|) \leqslant 2^r E|Y_m - Y_0|^r + 2^r E|Y_0|^r \mathbb{1}_{(M_m,\infty)}(|Y_m|)\,.$$

In diesem Ausdruck läßt sich der zweite Summand weiter abschätzen gemäß

$$\mathbb{1}_{(M_m,\infty)}(|Y_m|) \leqslant \mathbb{1}_{(M_m/2,\infty)}(|Y_0|) + \mathbb{1}_{(M_m/2,\infty)}(|Y_m - Y_0|)\,.$$

Damit folgt die Behauptung aus $Y_m \to Y_0$ in $\mathbb{L}_r$ bzw. daraus, daß für den zweiten Summanden wegen $M_m \uparrow \infty$ bzw. $Y_m \underset{P}{\to} Y_0$ nach dem Satz von Lebesgue A4.7 gilt

$$E|Y_0|^r \mathbb{1}_{(M_m,\infty)}(|Y_m|) \leqslant E|Y_0|^r \mathbb{1}_{(M_m/2,\infty)}(|Y_0|) + E|Y_0|^r \mathbb{1}_{(M_m/2,\infty)}(|Y_m - Y_0|) \to 0.$$

d) $\Rightarrow$ e): Zu zeigen ist, daß es für jedes $\varepsilon > 0$ ein $M(\varepsilon) < \infty$ gibt mit

$$\sup_{m \in \mathbb{N}} E|Y_m|^r \mathbb{1}_{(M,\infty)}(|Y_m|) \leqslant \varepsilon \qquad \forall M > M(\varepsilon)\,.$$

Andernfalls gäbe es eine Folge $(M_i) \subset (0, \infty)$ mit $M_i \uparrow \infty$ und ein $\delta \in (0, \infty]$ mit

$$\sup_{m \in \mathbb{N}} E|Y_m|^r \mathbb{1}_{(M_i,\infty)}(|Y_m|) \to \delta \qquad \text{für } i \to \infty\,.$$

Da für jedes feste $m \in \mathbb{N}$ nach dem Satz von Lebesgue gilt

$$E|Y_m|^r \mathbb{1}_{(M_i,\infty)}(|Y_m|) \to 0 \qquad \text{für } i \to \infty\,,$$

müßte es in Widerspruch zu d) eine Folge $(m_i) \subset \mathbb{N}$ geben mit

$$E|Y_{m_i}|^r \mathbb{1}_{(M_i,\infty)}(|Y_{m_i}|) \to \delta \in (0, \infty] \qquad \text{für } i \to \infty\,.$$

e) $\Rightarrow$ a): Aus $Y_m \underset{P}{\to} Y_0$ folgt zunächst mit A7.2 und dem Satz von Fatou

$$E|Y_0|^r \leqslant \liminf_{m \to \infty} E|Y_m|^r\,.$$

Zerlegt man nun das Integral $E|Y_m|^r$ gemäß

$$\begin{aligned} E|Y_m|^r &= \int |y|^r \mathbb{1}_{[0,M]}(|y|)\, \mathrm{d}P^{Y_m}(y) + \int |y|^r \mathbb{1}_{(M,\infty)}(|y|)\, \mathrm{d}P^{Y_m}(y) \\ &\leqslant M^r + E|Y_m|^r \mathbb{1}_{(M,\infty)}(|Y_m|)\,, \end{aligned}$$

so läßt sich der zweite Summand wegen e) beliebig klein machen durch geeignete Wahl von M. Somit ist die Folge $(E|Y_m|^r)$ beschränkt und damit $E|Y_0|^r < \infty$.

Zum Nachweis von $\|Y_m - Y_0\|_{\mathbb{L}_r} \to 0$ ersetzen wir zunächst die ZG Y_m, $m \in \mathbb{N}_0$, für jedes $k \in \mathbb{N}$ durch die verkürzten ZG

$$Y_{mk} := Y_m \mathbb{1}_{(0, M_k]}(|Y_m|) + M_k \mathbb{1}_{(M_k, \infty)}(Y_m) - M_k \mathbb{1}_{(-\infty, -M_k)}(Y_m),$$

wobei $(M_k) \subset \mathbb{R}$ eine beliebige Folge mit $M_k \uparrow \infty$ ist. Dann gilt offenbar $Y_{mk} \to Y_m$ $[P]$ und $|Y_{mk}| \leqslant |Y_m| \in \mathbb{L}_r$ für $k \to \infty$ und jedes $m \in \mathbb{N}_0$, und damit nach dem Satz von Lebesgue $\|Y_{mk} - Y_m\|_{\mathbb{L}_r} \to 0$. Es gilt aber (z.B. nach A.7.7) auch $Y_{mk} \underset{P}{\to} Y_{0k}$ und $|Y_{mk}| \leqslant M_k$ für $m \to \infty$ und jedes $k \in \mathbb{N}$, und deshalb nach dem Satz von Lebesgue $\|Y_{mk} - Y_{0k}\|_{\mathbb{L}_r} \to 0$. Folglich gibt es auch eine Folge $(k_m) \subset \mathbb{N}$ mit $k_m \to \infty$ und $\|Y_{mk_m} - Y_{0k_m}\|_{\mathbb{L}_r} \to 0$ für $m \to \infty$. Wegen $M_{k_m} \to \infty$ gilt somit nach Voraussetzung

$$\|Y_m - Y_{mk}\|^r_{\mathbb{L}_r} = E|Y_m - Y_{mk_m}|^r \leqslant E|Y_m|^r \mathbb{1}_{(M_{k_m}, \infty)}(|Y_m|) \to 0,$$

sowie nach dem oben Bewiesenen $\|Y_{0k_m} - Y_0\|_{\mathbb{L}_r} \to 0$, insgesamt also

$$\|Y_m - Y_0\|_{\mathbb{L}_r} \leqslant \|Y_m - Y_{mk_m}\|_{\mathbb{L}_r} + \|Y_{mk_m} - Y_{0k_m}\|_{\mathbb{L}_r} + \|Y_{0k_m} - Y_0\|_{\mathbb{L}_r} \to 0. \qquad \square$$

1.8.2 $\mathbb{L}_1$-Differenzierbarkeit einparametriger Verteilungsklassen

Es sollen nun diejenigen Eigenschaften für einfache bzw. zweifache $\mathbb{L}_1(\vartheta_0)$-Differentiation hergeleitet werden, die zur Behandlung der wichtigsten Beispiele benötigt werden. Die erste dieser Aussagen bezieht sich auf den häufig vorliegenden Fall, daß ZG $X_1, \ldots, X_n$ zugrundeliegen, die st.u. sind und deren Verteilungen zu $\mathbb{L}_1(\vartheta_0)$-differenzierbaren Verteilungsklassen gehören. Da bei dominierten Klassen die $\mathbb{L}_1(\vartheta_0)$-Ableitung der punktweise gebildeten logarithmischen Ableitungen der Dichten entspricht – vgl. etwa Satz 1.183 –, liegt es nahe, daß die $\mathbb{L}_1(\vartheta_0)$-Ableitung bei einer Klasse von n-fachen Produktmaßen gleich der Summe der $\mathbb{L}_1(\vartheta_0)$-Ableitungen der Klassen der Faktormaße ist, daß aber bei der zweiten $\mathbb{L}_1(\vartheta_0)$-Ableitung noch zusätzliche Terme auftreten.

Satz 1.182 *Es seien $\mathfrak{F}_j = \{F_{j,\vartheta}: \vartheta \in \Theta\}$ für $j = 1, \ldots, n$ einparametrige Verteilungsklassen mit demselben Parameterraum und $\vartheta_0 \in \mathring{\Theta}$. Dann gilt: Sind $\mathfrak{F}_j$ einfach bzw. zweifach $\mathbb{L}_1(\vartheta_0)$-differenzierbar mit Ableitungen $\dot{L}_{j,\vartheta_0}$ bzw. $\ddot{L}_{j,\vartheta_0}$, $j = 1, \ldots, n$, so ist auch die Klasse $\mathfrak{P} = \left\{P_\vartheta := \bigotimes_{j=1}^n F_{j,\vartheta}: \vartheta \in \mathring{\Theta}\right\}$ einfach bzw. zweifach $\mathbb{L}_1(\vartheta_0)$-differenzierbar und zwar mit Ableitungen*

a) $$\dot{L}_{\vartheta_0}(x) = \sum_{j=1}^n \dot{L}_{j,\vartheta_0}(x_j) \quad [P_{\vartheta_0}] \quad \text{für } x = (x_1, \ldots, x_n), \tag{1.8.14}$$

b) $$\begin{aligned}\ddot{L}_{\vartheta_0}(x) &= \sum_{j=1}^n \ddot{L}_{j,\vartheta_0}(x_j) + \sum_{1 \leqslant i \neq j \leqslant n}\sum \dot{L}_{i,\vartheta_0}(x_i)\, \dot{L}_{j,\vartheta_0}(x_j) \\ &= \sum_{j=1}^n (\ddot{L}_{j,\vartheta_0}(x_j) - \dot{L}^2_{j,\vartheta_0}(x_j)) + \left(\sum_{j=1}^n \dot{L}_{j,\vartheta_0}(x_j)\right)^2 \quad [P_{\vartheta_0}].\end{aligned} \tag{1.8.15}$$

Beweis: a) Nach (1.6.30) gilt $L_{\vartheta_0,\vartheta}(x) = \prod_{j=1}^{n} L_{j,\vartheta_0,\vartheta}(x_j) \quad [P_\vartheta + P_{\vartheta_0}]$ und damit

$$L_{\vartheta_0,\vartheta}(x) - 1 = \sum_{j=1}^{n} (L_{j,\vartheta_0,\vartheta}(x_j) - 1) \prod_{i=1}^{j-1} L_{i,\vartheta_0,\vartheta}(x_i) \quad [P_\vartheta + P_{\vartheta_0}].$$

Also gilt mit $\dot{L}_{\vartheta_0}(x)$ gemäß (1.8.14) nach der Dreiecksungleichung

$$\begin{aligned} &\| L_{\vartheta_0,\vartheta} - 1 - (\vartheta - \vartheta_0) \dot{L}_{\vartheta_0} \|_{\mathbb{L}_1(\vartheta_0)} \\ &\leqslant \sum_{j=1}^{n} \left\| (L_{j,\vartheta_0,\vartheta} - 1) \prod_{i=1}^{j-1} L_{i,\vartheta_0,\vartheta} - (\vartheta - \vartheta_0) \dot{L}_{j,\vartheta_0} \right\|_{\mathbb{L}_1(\vartheta_0)}. \end{aligned}$$

Der Nachweis, daß sich die einzelnen Summanden der rechten Seite für $\vartheta \to \vartheta_0$ wie $o(|\vartheta - \vartheta_0|)$ verhalten, läßt sich mit Hilfe des Satzes von Vitali 1.181 führen und zwar bei $\vartheta_m \to \vartheta_0$ und festem j vermöge der ZG

$$Y_m := \frac{L_{j,\vartheta_0,\vartheta_m} - 1}{\vartheta_m - \vartheta_0} \prod_{i=1}^{j-1} L_{i,\vartheta_0,\vartheta_m} \quad \text{für } m \in \mathbb{N}, \qquad Y_0 := \dot{L}_{j,\vartheta_0}.$$

Einerseits ergibt sich nämlich aus der $\mathbb{L}_1(\vartheta_0)$-Differenzierbarkeit von $\mathfrak{F}_j$ zunächst die $\mathbb{L}_1(\vartheta_0)$-Stetigkeit von $\mathfrak{F}_j$, also die Gültigkeit von $\| L_{j,\vartheta_0,\vartheta} - 1 \|_{\mathbb{L}_1(\vartheta_0)} = o(1)$ für $\vartheta \to \vartheta_0$, und damit $Y_m \to Y_0$ nach P_{ϑ_0}-WS; andererseits folgt mit den Sätzen von Fubini und Vitali aus der $\mathbb{L}_1(\vartheta_0)$-Differenzierbarkeit von $\mathfrak{F}_j$ und der st. Unabhängigkeit von $X_1, \ldots, X_j$ und aus $E_{\vartheta_0} L_{j,\vartheta_0,\vartheta_m} \leqslant 1$

$$E|Y_m| = E_{\vartheta_0} \left| \frac{L_{j,\vartheta_0,\vartheta_m} - 1}{\vartheta_m - \vartheta_0} \prod_{i=1}^{j-1} L_{i,\vartheta_0,\vartheta_m} \right| \leqslant E_{\vartheta_0} \left| \frac{L_{j,\vartheta_0,\vartheta_m} - 1}{\vartheta_m - \vartheta_0} \right| \to E_{\vartheta_0} |\dot{L}_{j,\vartheta_0}| = E|Y_0|.$$

Nochmalige Anwendung des Satzes von Vitali liefert die Behauptung.

b) Mit $\ddot{L}_{\vartheta_0}$ gemäß (1.8.15) ergibt sich analog a)

$$\begin{aligned} &\| \dot{L}_\vartheta L_{\vartheta_0,\vartheta} - \dot{L}_{\vartheta_0} - (\vartheta - \vartheta_0) \ddot{L}_{\vartheta_0} \|_{\mathbb{L}_1(\vartheta_0)} \\ &= \left\| \sum_{j=1}^{n} \left[\dot{L}_{j,\vartheta} \prod_{i=1}^{n} L_{i,\vartheta_0,\vartheta} - \dot{L}_{j,\vartheta_0} - (\vartheta - \vartheta_0) \left(\ddot{L}_{j,\vartheta_0} + \dot{L}_{j,\vartheta_0} \sum_{i \neq j} \dot{L}_{i,\vartheta_0} \right) \right] \right\|_{\mathbb{L}_1(\vartheta_0)}. \end{aligned}$$

Verwendet man im j-ten Summanden die Identität

$$\prod_{i=1}^{n} L_{i,\vartheta_0,\vartheta} = L_{j,\vartheta_0,\vartheta} + L_{j,\vartheta_0,\vartheta} \sum_{i \neq j} (L_{i,\vartheta_0,\vartheta} - 1) \prod_{\substack{k<i \\ k \neq j}} L_{k,\vartheta_0,\vartheta},$$

so läßt sich dieser Ausdruck nach der Dreiecksungleichung abschätzen auf

$$\begin{aligned} &\sum_{j=1}^{n} \| \dot{L}_{j,\vartheta} L_{j,\vartheta_0,\vartheta} - \dot{L}_{j,\vartheta_0} - (\vartheta - \vartheta_0) \ddot{L}_{j,\vartheta_0} \|_{\mathbb{L}_1(\vartheta_0)} \\ &+ \sum_{j=1}^{n} \sum_{i \neq j} \left\| \dot{L}_{j,\vartheta} L_{j,\vartheta_0,\vartheta} (L_{i,\vartheta_0,\vartheta} - 1) \prod_{\substack{k<i \\ k \neq j}} L_{k,\vartheta_0,\vartheta} - (\vartheta - \vartheta_0) \dot{L}_{j,\vartheta_0} \dot{L}_{i,\vartheta_0} \right\|_{\mathbb{L}_1(\vartheta_0)}. \end{aligned}$$

Hier strebt analog a) jeder Summand wie $o(|\vartheta - \vartheta_0|)$ gegen 0, da $\mathfrak{F}_j$ für jedes $j = 1, \ldots, n$

zweifach – und damit einfach – $\mathbb{L}_1(\vartheta_0)$-differenzierbar ist, also für jedes $\mathfrak{F}_i$ bzw. $\mathfrak{F}_j$ (1.8.9) bzw. (1.8.3) erfüllt ist. Also gilt (1.8.9) für $\mathfrak{P}$.

Die Gültigkeit von (1.8.10) ergibt sich mit (1.8.14) aus derjenigen von (1.8.10) für jedes $\mathfrak{F}_i$ und zwar mit der Dreiecksungleichung bzw. wegen

$$N_{\vartheta_0,\vartheta} = \{x \in \mathfrak{X}: L_{\vartheta_0,\vartheta}(x) = \infty\} = \bigcup_{j=1}^{n} \{x \in \mathfrak{X}: L_{j,\vartheta_0,\vartheta}(x_j) = \infty, \quad L_{i,\vartheta_0,\vartheta}(x_i) > 0 \quad \forall i \neq j\}. \quad \square$$

Die zweite der angekündigten Aussagen bezieht sich auf den Spezialfall einer dominierten Verteilungsklasse, für die es eine „hinreichend reguläre" Version p_ϑ der μ-Dichten gibt. In diesem Fall stimmen die ersten beiden $\mathbb{L}_1(\vartheta_0)$-Ableitungen mit denjenigen Funktionen überein, die sich durch formale Differentiation der Gütefunktion $\vartheta \mapsto \int \varphi(x)\, p_\vartheta(x)\, \mathrm{d}\mu(x)$ unter dem Integralzeichen und anschließende Umschreibung der μ-Integrale in P_{ϑ_0}-Integrale ergeben, also gemäß

$$\nabla \int \varphi(x)\, p_{\vartheta_0}(x)\, \mathrm{d}\mu = \int \varphi(x)\, \nabla p_{\vartheta_0}(x)\, \mathrm{d}\mu = \int \varphi(x)\, \nabla \log p_{\vartheta_0}(x)\, \mathrm{d}P_{\vartheta_0}, \tag{1.8.16}$$

$$\begin{aligned}\nabla\nabla \int \varphi(x)\, p_{\vartheta_0}(x)\, \mathrm{d}\mu &= \int \varphi(x)\, \nabla\nabla p_{\vartheta_0}(x)\, \mathrm{d}\mu = \int \varphi(x)\, \nabla\nabla p_{\vartheta_0}(x)/p_{\vartheta_0}(x)\, \mathrm{d}P_{\vartheta_0} \\ &= \int \varphi(x)\, [\nabla\nabla \log p_{\vartheta_0}(x) + (\nabla \log p_{\vartheta_0}(x))^2]\, \mathrm{d}P_{\vartheta_0}.\end{aligned} \tag{1.8.17}$$

Satz 1.183 *Es seien $\mathfrak{P} = \{P_\vartheta: \vartheta \in \Theta\}$ eine einparametrige, durch ein σ-endliches Maß μ dominierte Verteilungsklasse, $\vartheta_0 \in \mathring{\Theta}$ und $U(\vartheta_0) \subset \Theta$ eine offene und konvexe Umgebung von ϑ_0. Weiter gebe es eine (von $\vartheta_0 \in \mathring{\Theta}$, nicht aber von $\vartheta \in \Theta$ abhängige) μ-Nullmenge $N \in \mathfrak{B}$ und eine Version p_ϑ der μ-Dichten, welche die folgenden Voraussetzungen erfüllen:*

1) *Für alle $x \in N^c$ und alle $\vartheta \in U(\vartheta_0)$ ist $p_\vartheta(x) > 0$ sowie $\nabla p_\vartheta(x)$ erklärt und stetig in ϑ,*
2) $\nabla p_\vartheta \in \mathbb{L}_1(\mu) \quad \forall \vartheta \in U(\vartheta_0)$,
3) $\int |\nabla p_\vartheta(x)|\, \mathrm{d}\mu \to \int |\nabla p_{\vartheta_0}(x)|\, \mathrm{d}\mu$ *für* $\vartheta \to \vartheta_0$,

Dann ist $\mathfrak{P}$ $\mathbb{L}_1(\vartheta_0)$-differenzierbar und zwar mit Ableitung

$$\dot{L}_{\vartheta_0}(x) = \nabla p_{\vartheta_0}(x)/p_{\vartheta_0}(x) = \nabla \log p_{\vartheta_0}(x) \quad [P_{\vartheta_0}]. \tag{1.8.18}$$

Gilt zusätzlich $\int |\nabla p_\vartheta(x)|\, \mathrm{d}\mu \to \int |\nabla p_{\vartheta'}(x)|\, \mathrm{d}\mu$ für $\vartheta \to \vartheta'$ und alle $\vartheta' \in U(\vartheta_0)$ sowie

4) *Für alle $x \in N^c$ und alle $\vartheta \in U(\vartheta_0)$ ist $\nabla\nabla p_\vartheta(x)$ erklärt und stetig in ϑ,*
5) $\nabla\nabla p_\vartheta \in \mathbb{L}_1(\mu) \quad \forall \vartheta \in U(\vartheta_0)$,
6) $\int |\nabla\nabla p_\vartheta(x)|\, \mathrm{d}\mu \to \int |\nabla\nabla p_{\vartheta_0}(x)|\, \mathrm{d}\mu \quad$ *für* $\vartheta \to \vartheta_0$,

dann ist $\mathfrak{P}$ zweifach $\mathbb{L}_1(\vartheta_0)$-differenzierbar und zwar mit zweiter Ableitung

$$\ddot{L}_{\vartheta_0}(x) = \nabla\nabla p_{\vartheta_0}(x)/p_{\vartheta_0}(x) = \nabla\nabla \log p_{\vartheta_0}(x) + (\nabla \log p_{\vartheta_0}(x))^2 \quad [P_{\vartheta_0}]. \tag{1.8.19}$$

Beweis: (1.8.18) folgt aus dem Beweis des allgemeineren Satzes 1.194 für $r = k = 1$. Setzt man abkürzend $L''_\vartheta(x) := \nabla\nabla p_\vartheta(x)/p_\vartheta(x)$, so ist 6) gleichwertig mit

$$\| L''_\vartheta \|_{\mathbb{L}_1(\vartheta)} \to \| L''_{\vartheta_0} \|_{\mathbb{L}_1(\vartheta_0)} \tag{1.8.20}$$

und dieses wegen 4) und 1) nach dem Satz von Vitali, vgl. Satz 1.181, mit

$$\| L''_\vartheta L_{\vartheta_0,\vartheta} - L''_{\vartheta_0} \|_{\mathbb{L}_1(\vartheta_0)} \to 0 \quad \text{für } \vartheta \to \vartheta_0. \tag{1.8.21}$$

Zum Nachweis von (1.8.19) mit $\ddot{L}_{\vartheta_0} = L''_{\vartheta_0}$ seien $\Delta := \vartheta - \vartheta_0$ und

$$\tilde{\delta}_\Delta := \| \dot{L}_\vartheta L_{\vartheta_0,\vartheta} - \dot{L}_{\vartheta_0} - (\vartheta - \vartheta_0) L''_{\vartheta_0} \|_{\mathbb{L}_1(\vartheta_0)}$$
$$= \int | \nabla p_\vartheta(x) - \nabla p_{\vartheta_0}(x) - (\vartheta - \vartheta_0) \nabla\nabla p_{\vartheta_0}(x) | \,\mathrm{d}\mu .$$

Da für jedes $x \in N^c$ und jedes hinreichend kleine $\Delta \in \mathbb{R}$ die durch

$$h(s) := \nabla_s \nabla_\vartheta p_{\vartheta_0+\Delta s}(x)/p_{\vartheta_0}(x) = \Delta \nabla_\vartheta \nabla_\vartheta p_{\vartheta_0+\Delta s}(x)/p_{\vartheta_0}(x) = \Delta\, L''_{\vartheta_0+\Delta s}(x)\, L_{\vartheta_0,\vartheta_0+\Delta s}(x)$$

definierte Funktion h: $[0,1] \to \mathbb{R}$ stetig ist, ergibt sich dann analog (1.8.51)

$$\tilde{\delta}_\Delta / |\Delta| \leqslant \int_0^1 \| L''_{\vartheta_0+\Delta s} L_{\vartheta_0,\vartheta_0+\Delta s} - L''_{\vartheta_0} \|_{\mathbb{L}_1(\vartheta_0)} \mathrm{d}s .$$

Hieraus folgt für $\Delta \to 0$ wegen (1.8.21 + 20) mit dem Satz von Lebesgue wie behauptet $\tilde{\delta}_\Delta / |\Delta| \to 0$.

Wegen 1) ist $P_\vartheta(N_{\vartheta_0,\vartheta}) = 0 \quad \forall \vartheta \in U(\vartheta_0)$ und somit (1.8.10) trivialerweise erfüllt. □

Beispiel 1.184 a) $\mathfrak{F} = \{F_\zeta : \zeta \in Z\}$ sei eine einparametrige Exponentialfamilie in ζ und T, also mit ν-Dichten $f_\zeta(x) = C(\zeta) \exp(\zeta T(x))$. Dann ist $\mathfrak{F}$ für jedes $\zeta_0 \in \mathring{Z}$ zweifach $\mathbb{L}_1(\zeta_0)$-differenzierbar mit den (in Satz 1.164c auch durch punktweise Differentiation gewonnenen) Ableitungen

$$\dot{L}_{\zeta_0}(x) = \nabla \log f_{\zeta_0}(x) = T(x) - E_{\zeta_0} T \quad [F_{\zeta_0}], \tag{1.8.22}$$
$$\ddot{L}_{\zeta_0}(x) = \nabla\nabla \log f_{\zeta_0}(x) + (\nabla \log f_{\zeta_0}(x))^2 = (T(x) - E_{\zeta_0} T)^2 - Var_{\zeta_0} T \quad [F_{\zeta_0}]. \tag{1.8.23}$$

Nach 1.7 sind nämlich die Voraussetzungen 1), 2), 4) und 5) von Satz 1.183 erfüllt. Mit dem Satz von Pratt A4.9 ergibt sich aber auch die Gültigkeit von 3) und 6), denn vermöge der Cauchy-Schwarz-Ungleichung folgt

$$\int |\nabla f_\zeta(x)| \,\mathrm{d}\nu = \int |\nabla \log f_\zeta(x)|\, f_\zeta^{1/2}(x)\, f_\zeta^{1/2}(x) \,\mathrm{d}\nu \leqslant [Var_\zeta T \cdot 1]^{1/2},$$
$$\int |\nabla\nabla f_\zeta(x)| \,\mathrm{d}\nu = \int |\nabla\nabla \log f_\zeta(x) + (\nabla \log f_\zeta(x))^2|\, f_\zeta^{1/2}(x)\, f_\zeta^{1/2}(x) \,\mathrm{d}\nu$$
$$\leqslant [E_\zeta [[T - E_\zeta T]^2 - Var_\zeta T]^2 \cdot 1]^{1/2}$$

und damit vermöge Satz 1.164a die Eigenschaften 3) und 6).

b) $X_1, \ldots, X_n$ seien st.u. ZG mit derselben Verteilung F_ζ, die Element einer einparametrigen Exponentialfamilie in ζ und T ist. Dann ist die Klasse $\mathfrak{P}$ der gemeinsamen Verteilungen $P_\zeta = \bigotimes F_\zeta$ zweifach $\mathbb{L}_1(\zeta_0)$-differenzierbar und zwar gemäß a) und Satz 1.182 mit den Ableitungen

$$\dot{L}_{\zeta_0}(x) = \sum_{j=1}^n [T(x_j) - E_{\zeta_0} T] \quad [P_{\zeta_0}] \qquad \text{für } x = (x_1, \ldots, x_n), \tag{1.8.24}$$

$$\ddot{L}_{\zeta_0}(x) = -n\, Var_{\zeta_0} T + \left[\sum_{j=1}^n (T(x_j) - E_{\zeta_0} T) \right]^2 \quad [P_{\zeta_0}]. \qquad \square \tag{1.8.25}$$

Beispiel 1.185 (Lokationsmodell) a) Sei f eine λ-Dichte mit VF F,

$$\left.\begin{array}{l} f > 0,\ f \textit{ stetig differenzierbar mit Ableitung } f' \textit{ und} \\ \int |f'(x)| \,\mathrm{d}\lambda = \int |f'(x)/f(x)| \,\mathrm{d}F < \infty \end{array}\right\} \tag{1.8.26}$$

bzw. mit

$$\left.\begin{array}{l} f > 0,\ f \textit{ zweifach stetig differenzierbar mit zweiter Ableitung } f'' \textit{ und} \\ \int |f''(x)| \,\mathrm{d}\lambda = \int |f''(x)/f(x)| \,\mathrm{d}F < \infty . \end{array}\right. \tag{1.8.27}$$

Weiter sei $\mathfrak{F} = \{F_\vartheta : \vartheta \in \mathbb{R}\}$ die Verteilungsklasse mit den $\lambda\!\!\lambda$-Dichten $f_\vartheta(x) = f(x-\vartheta)$, $\vartheta \in \mathbb{R}$. Dann ist $\mathfrak{F}$ an jeder Stelle $\vartheta_0 \in \mathbb{R}$ einfach bzw. zweifach $\mathbb{L}_1(\vartheta_0)$-differenzierbar und zwar mit den Ableitungen

$$\dot{L}_{\vartheta_0}(x) = \nabla \log f_{\vartheta_0}(x) = -f'(x-\vartheta_0)/f(x-\vartheta_0) \quad [F_{\vartheta_0}], \tag{1.8.28}$$

$$\ddot{L}_{\vartheta_0}(x) = \nabla\nabla f_{\vartheta_0}(x)/f_{\vartheta_0}(x) = f''(x-\vartheta_0)/f(x-\vartheta_0) \quad [F_{\vartheta_0}]. \tag{1.8.29}$$

Wegen der Translationsäquivarianz des Lebesgue-Maßes gilt nämlich

$$\int |\nabla f(x-\vartheta)|\,\mathrm{d}\lambda\!\!\lambda = \int |f'(x-\vartheta)|\,\mathrm{d}\lambda\!\!\lambda = \int |f'(x)|\,\mathrm{d}\lambda\!\!\lambda < \infty$$

bzw. $$\int |\nabla\nabla f(x-\vartheta)|\,\mathrm{d}\lambda\!\!\lambda = \int |f''(x-\vartheta)|\,\mathrm{d}\lambda\!\!\lambda = \int |f''(x)|\,\mathrm{d}\lambda\!\!\lambda < \infty;$$

damit sind 2) + 3) sowie trivialerweise 5) + 6) aus Satz 1.183 erfüllt.

b) $X_1, \ldots, X_n$ seien st.u. ZG mit derselben $\lambda\!\!\lambda$-Dichte $f(x-\vartheta)$, $\vartheta \in \mathbb{R}$, wobei f den Voraussetzungen (1.8.26) bzw. (1.8.27) genügt. Dann ist die Klasse $\mathfrak{P}$ der gemeinsamen Verteilungen $P_\vartheta = \bigotimes F_\vartheta$ einfach bzw. zweifach $\mathbb{L}_1(\vartheta_0)$-differenzierbar und zwar gemäß Satz 1.182 mit den Ableitungen

$$\dot{L}_{\vartheta_0}(x) = -\sum_{j=1}^{n} \frac{f'(x_j-\vartheta_0)}{f(x_j-\vartheta_0)} \quad [P_{\vartheta_0}] \tag{1.8.30}$$

bzw. $$\ddot{L}_{\vartheta_0}(x) = \sum_{j=1}^{n} \left[\frac{f''(x_j-\vartheta_0)}{f(x_j-\vartheta_0)} - \left(\frac{f'(x_j-\vartheta_0)}{f(x_j-\vartheta_0)}\right)^2\right] + \left[\sum_{j=1}^{n} \frac{f'(x_j-\vartheta_0)}{f(x_j-\vartheta_0)}\right]^2 \quad [P_{\vartheta_0}]. \;\square \tag{1.8.31}$$

Der folgende Satz zeigt, daß beim Übergang zu einer Statistik $T\colon (\mathfrak{X}, \mathfrak{B}) \to (\mathfrak{T}, \mathfrak{D})$, also etwa bei der in 1.1.3 bereits erwähnten Reduktion durch Invarianz, die einfache wie die zweifache $\mathbb{L}_1(\vartheta_0)$-Differenzierbarkeit der Verteilungsklasse erhalten bleibt und sich die erste wie zweite $\mathbb{L}_1(\vartheta_0)$-Ableitung dabei in einfacher Weise transformiert.

Satz 1.186 *Es sei $\mathfrak{P} = \{P_\vartheta : \vartheta \in \Theta\}$ eine einparametrige zweifach $\mathbb{L}_1(\vartheta_0)$-differenzierbare Verteilungsklasse mit Ableitungen $\dot{L}_{\vartheta_0}$ bzw. $\ddot{L}_{\vartheta_0}$. Für jede Abbildung $T\colon (\mathfrak{X}, \mathfrak{B}) \to (\mathfrak{T}, \mathfrak{D})$ ist dann auch $\mathfrak{P}^T = \{P_\vartheta^T : \vartheta \in \Theta\}$ zweifach $\mathbb{L}_1(\vartheta_0)$-differenzierbar und zwar mit den Ableitungen*

a) $$\dot{l}_{\vartheta_0}(t) = E_{\vartheta_0}(\dot{L}_{\vartheta_0} \mid T = t) \quad [P_{\vartheta_0}^T], \tag{1.8.32}$$

b) $$\ddot{l}_{\vartheta_0}(t) = E_{\vartheta_0}(\ddot{L}_{\vartheta_0} \mid T = t) \quad [P_{\vartheta_0}^T]. \tag{1.8.33}$$

Beweis: a) Bezeichnet $l_{\vartheta_0,\vartheta}(t)$ den DQ von P_ϑ^T bzgl. $P_{\vartheta_0}^T$ und ist $s_{\vartheta_0,\vartheta}(t) := P_\vartheta(N_{\vartheta_0,\vartheta}^c \mid T = t)$, so ergibt sich die (1.8.3) entsprechende Beziehung aus

$$\begin{aligned} &\| l_{\vartheta_0,\vartheta} - 1 - (\vartheta-\vartheta_0)\,\dot{l}_{\vartheta_0} \|_{\mathbb{L}_1(\vartheta_0)} \\ &\leqslant \| l_{\vartheta_0,\vartheta}(1 - s_{\vartheta_0,\vartheta}) \|_{\mathbb{L}_1(\vartheta_0)} + \| l_{\vartheta_0,\vartheta}\, s_{\vartheta_0,\vartheta} - 1 - (\vartheta-\vartheta_0)\,\dot{l}_{\vartheta_0} \|_{\mathbb{L}_1(\vartheta_0)}. \end{aligned}$$

Hier ist der erste Summand wegen Satz 1.121 d und Hilfssatz 1.178 b von der Größenordnung $o(|\vartheta-\vartheta_0|)$; für den zweiten folgt trivialerweise zunächst mit Satz 1.121 e $l_{\vartheta_0,\vartheta}(t)\; s_{\vartheta_0,\vartheta}(t) = E_{\vartheta_0}(L_{\vartheta_0,\vartheta} \mid T = t) \quad [P_{\vartheta_0}^T]$ und damit wegen (1.8.32), der Dreiecksungleichung und (1.8.3)

$$\begin{aligned} &\| l_{\vartheta_0,\vartheta}\, s_{\vartheta_0,\vartheta} - 1 - (\vartheta-\vartheta_0)\,\dot{l}_{\vartheta_0} \|_{\mathbb{L}_1(\vartheta_0)} \\ &= \| E_{\vartheta_0}(L_{\vartheta_0,\vartheta} - 1 - (\vartheta-\vartheta_0)\,\dot{L}_{\vartheta_0} \mid T = \cdot\,) \|_{\mathbb{L}_1(\vartheta_0)} \\ &\leqslant E_{\vartheta_0} | L_{\vartheta_0,\vartheta} - 1 - (\vartheta-\vartheta_0)\,\dot{L}_{\vartheta_0} | = o(|\vartheta-\vartheta_0|). \end{aligned}$$

b) Hierzu beachte man zunächst, daß aus (1.6.58) mit $N^T_{\vartheta_0,\vartheta} = \{t: l_{\vartheta_0,\vartheta}(t) = \infty\}$ folgt

$$T^{-1}(\{t: l_{\vartheta_0,\vartheta}(t) = \infty\}) \subset \{x: L_{\vartheta_0,\vartheta}(x) = \infty\}, \quad \text{d.h.} \quad \mathbb{1}_{T^{-1}(N^T_{\vartheta_0,\vartheta})} \leqslant \mathbb{1}_{N_{\vartheta_0,\vartheta}}.$$

Damit ergibt sich die (1.8.10) entsprechende Beziehung aus Satz 1.120 $g + k + a$ sowie aus (1.8.10) als Voraussetzung gemäß

$$\begin{aligned}\int |\dot{l}_\vartheta(t)|\, \mathbb{1}_{N^T_{\vartheta_0,\vartheta}}(t)\,\mathrm{d}P^T_\vartheta &= \int \mathbb{1}_{N^T_{\vartheta_0,\vartheta}}(t)\,|E_\vartheta(\dot{L}_\vartheta\,|\,T=t)|\,\mathrm{d}P^T_\vartheta\\ &\leqslant \int E_\vartheta(|\dot{L}_\vartheta|\,\mathbb{1}_{N_{\vartheta_0,\vartheta}}\,|\,T=t)\,\mathrm{d}P^T_\vartheta\\ &= \int |\dot{L}_\vartheta(x)|\,\mathbb{1}_{N_{\vartheta_0,\vartheta}}(x)\,\mathrm{d}P_\vartheta = o(|\vartheta-\vartheta_0|).\end{aligned}$$

Bezeichnen ν ein P_{ϑ_0} und P_ϑ dominierendes WS-Maß, $p_{\vartheta_0}(x)$ bzw. $p_\vartheta(x)$ ν-Dichten von P_{ϑ_0} bzw. P_ϑ sowie $p^T_{\vartheta_0}(t)$ bzw. $p^T_\vartheta(t)$ ν^T-Dichten von $P^T_{\vartheta_0}$ bzw. P^T_ϑ, so folgt durch mehrfache Anwendung von Satz 1.121 c + b bzw. wegen (1.6.29)

$$\begin{aligned}E_{\vartheta_0}(\dot{L}_\vartheta L_{\vartheta_0,\vartheta}\,|\,T=t) &= \frac{E_\nu(\dot{L}_\vartheta L_{\vartheta_0,\vartheta}\,p_{\vartheta_0}\,|\,T=t)}{p^T_{\vartheta_0}(t)}\\ &= \frac{E_\nu(\dot{L}_\vartheta p_\vartheta\,\mathbb{1}_{N^c_{\vartheta_0,\vartheta}}\,|\,T=t)}{p^T_{\vartheta_0}(t)} = \frac{p^T_\vartheta(t)}{p^T_{\vartheta_0}(t)}\, E_\vartheta(\dot{L}_\vartheta[1-\mathbb{1}_{N_{\vartheta_0,\vartheta}}]\,|\,T=t)\\ &= \dot{l}_\vartheta(t)\, l_{\vartheta_0,\vartheta}(t) - l_{\vartheta_0,\vartheta}(t)\, E_\vartheta(\dot{L}_\vartheta \mathbb{1}_{N_{\vartheta_0,\vartheta}}\,|\,T=t) \quad [P^T_{\vartheta_0}].\end{aligned}$$

Zum Nachweis der (1.8.9) entsprechenden Beziehung ergibt sich somit

$$\begin{aligned}&\|\dot{l}_\vartheta l_{\vartheta_0,\vartheta} - \dot{l}_{\vartheta_0} - (\vartheta-\vartheta_0)\,\ddot{l}_{\vartheta_0}\|_{\mathbb{L}_1(\vartheta_0)}\\ &\leqslant \|E_{\vartheta_0}([\dot{L}_\vartheta L_{\vartheta_0,\vartheta} - \dot{L}_{\vartheta_0} - (\vartheta-\vartheta_0)\,\ddot{L}_{\vartheta_0}]\,|\,T=\cdot)\|_{\mathbb{L}_1(\vartheta_0)}\\ &\quad + \|l_{\vartheta_0,\vartheta} E_\vartheta(\dot{L}_\vartheta \mathbb{1}_{N_{\vartheta_0,\vartheta}}\,|\,T=\cdot)\|_{\mathbb{L}_1(\vartheta_0)}.\end{aligned}$$

Hier läßt sich der erste Summand der rechten Seite nach Satz 1.120 k + a bzw. mit (1.8.9) als Voraussetzung abschätzen auf

$$\|\dot{L}_\vartheta L_{\vartheta_0,\vartheta} - \dot{L}_{\vartheta_0} - (\vartheta-\vartheta_0)\,\ddot{L}_{\vartheta_0}\|_{\mathbb{L}_1(\vartheta_0)} = o(|\vartheta-\vartheta_0|)$$

und der zweite mit (1.8.10) als Voraussetzung auf

$$\|E_\vartheta(\dot{L}_\vartheta \mathbb{1}_{N_{\vartheta_0,\vartheta}}\,|\,T=\cdot)\|_{\mathbb{L}_1(\vartheta)} = \|\dot{L}_\vartheta \mathbb{1}_{N_{\vartheta_0,\vartheta}}\|_{\mathbb{L}_1(\vartheta)} = o(|\vartheta-\vartheta_0|). \qquad \square$$

1.8.3 $\mathbb{L}_r$-Differenzierbarkeit k-parametriger Verteilungsklassen

Wir betrachten nun die $\mathbb{L}_r$-Differenzierbarkeit für $r \geqslant 1$ und zwar bei k-parametrigen Verteilungsklassen, $k \in \mathbb{N}$. Dabei beschränken wir uns des technischen Aufwands wie der späteren Anwendungen wegen auf den Fall der einfachen Differentiation. Im Gegensatz zum Fall $r=1$ muß für $r>1$ – wie einleitend bereits erwähnt – das Verschwinden der singulären Anteile von der Ordnung r eigens gefordert werden. Dies gilt also auch für den Fall $r=2$, der für die Schätztheorie und die asymptotische Statistik von Bedeutung ist.

Da wir sogleich den Fall k-parametriger Verteilungsklassen, $k \in \mathbb{N}$, betrachten, sei daran erinnert, daß in kanonischer Weise der k-fache Produktraum $\mathbb{L}_r^k(v) := \bigtimes_{i=1}^{k} \mathbb{L}_r(v)$ als Gesamtheit der Elemente $h = (h_1, \ldots, h_k)^\top$, $h_i \in \mathbb{L}_r(v)$, $i = 1, \ldots, k$, erklärt ist. Auch dieser Raum ist ein Banach-Raum und zwar mit der Norm

$$\|h\|_{\mathbb{L}_r^k(v)} := \sum_{i=1}^{k} \|h_i\|_{\mathbb{L}_r(v)}. \tag{1.8.34}$$

Insbesondere gilt also für $h = (h_1, \ldots, h_k)^\top \in \mathbb{L}_r^k(v)$ und alle $\Delta = (\Delta_1, \ldots, \Delta_k)^\top \in \mathbb{R}^k - \{0\}$ wegen $|\Delta_i|/|\Delta| \leqslant 1$, $i = 1, \ldots, k$,

$$\left\| \frac{\Delta^\top}{|\Delta|} h \right\|_{\mathbb{L}_r(v)} = \left\| \sum_{i=1}^{k} \frac{\Delta_i}{|\Delta|} h_i \right\|_{\mathbb{L}_r(v)} \leqslant \sum_{i=1}^{k} \|h_i\|_{\mathbb{L}_r(v)} = \|h\|_{\mathbb{L}_r^k(v)}. \tag{1.8.35}$$

Im folgenden schreiben wir häufig kurz $\|\cdot\|_{\mathbb{L}_r(v)}$ für $\|\cdot\|_{\mathbb{L}_r^k(v)}$.

Definition 1.187 *Es seien* $\mathfrak{P} = \{P_\vartheta : \vartheta \in \Theta\}$ *eine k-parametrige Verteilungsklasse,* $\vartheta_0 \in \mathring{\Theta}$, $L_{\vartheta_0, \vartheta}$ *der* DQ *von* P_ϑ *bzgl.* P_{ϑ_0} *und* $r \geqslant 1$. *Dann heißt* $\mathfrak{P}$ $\mathbb{L}_r(\vartheta_0)$-differenzierbar *mit Ableitung* $\dot{L}_{\vartheta_0}$, *falls gilt* $\dot{L}_{\vartheta_0} \in \mathbb{L}_r^k(\vartheta_0)$ *und für* $\vartheta \to \vartheta_0$

$$\| r(L_{\vartheta_0,\vartheta}^{1/r} - 1) - (\vartheta - \vartheta_0)^\top \dot{L}_{\vartheta_0} \|_{\mathbb{L}_r(\vartheta_0)} = o(|\vartheta - \vartheta_0|), \tag{1.8.36}$$

$$P_\vartheta(N_{\vartheta_0,\vartheta}) = P_\vartheta(\{x : L_{\vartheta_0,\vartheta}(x) = \infty\}) = o(|\vartheta - \vartheta_0|^r). \tag{1.8.37}$$

Anmerkung 1.188 a) Offenbar ist die Eigenschaft der $\mathbb{L}_r(\vartheta_0)$-Differenzierbarkeit unabhängig von der speziellen Version des DQ $L_{\vartheta_0,\vartheta}$ und $\dot{L}_{\vartheta_0}$ P_{ϑ_0}-bestimmt. Auch jede andere Version von $\dot{L}_{\vartheta_0}$ nennen wir deshalb *Ableitung von* $\mathfrak{P}$ oder $\mathbb{L}_r(\vartheta_0)$-*Ableitung des* DQ.

b) Durch die Verwendung von $L_{\vartheta_0,\vartheta}^{1/r}$ an Stelle von $L_{\vartheta_0,\vartheta}$ werden zusätzliche Integrierbarkeitsforderungen an $L_{\vartheta_0,\vartheta}$ vermieden, da für alle $\vartheta \in \Theta$ trivialerweise gilt $L_{\vartheta_0,\vartheta}^{1/r} \in \mathbb{L}_r(\vartheta_0)$; hierzu und zum Zusammenhang mit dem starken (Fréchet-)Differentiationsbegriff für Funktionen von $\Theta \subset \mathbb{R}^k$ nach $\mathbb{L}_r^k(\vartheta_0)$ vgl. Satz 1.199.

c) Durch die Einbeziehung des Faktors r in (1.8.36) wird die $\mathbb{L}_r(\vartheta_0)$-Ableitung unabhängig vom speziellen Wert $r \geqslant 1$, sofern sie überhaupt existiert; man beachte, daß $y \mapsto r(y^{1/r} - 1)$ und $y \mapsto y - 1$ für $y \to 1$ bis auf Glieder $O((y-1)^2)$ übereinstimmen; vgl. hierzu den Beweis von Satz 1.190.

d) Für $r = k = 1$ ergibt sich wegen Hilfssatz 1.178b genau die Definition 1.177.

e) Aus der $\mathbb{L}_r(\vartheta_0)$-Differenzierbarkeit folgt trivialerweise die $\mathbb{L}_r(\vartheta_0)$-*Stetigkeit*, d.h. die Gültigkeit von $\| L_{\vartheta_0,\vartheta}^{1/r} - 1 \|_{\mathbb{L}_r(\vartheta_0)} = o(1)$. Mit Satz 1.190 ergibt sich also insbesondere $\| L_{\vartheta_0,\vartheta} - 1 \|_{\mathbb{L}_1(\vartheta_0)} = o(1)$ und damit wegen (1.6.98) die Stetigkeit der Parametrisierung $\vartheta \mapsto P_\vartheta$ im Punkt ϑ_0. Ist Θ offen und $\mathfrak{P}$ in jedem Punkt $\vartheta_0 \in \Theta$ $\mathbb{L}_r(\vartheta_0)$-differenzierbar, so ist $\mathfrak{P}$ wegen $\Theta \subset \mathbb{R}^k$ nach Korollar 1.146 dominiert.

Beispiel 1.189 Die Klasse $\mathfrak{P}$ der translatierten Doppelexponentialverteilungen, also der Verteilungen mit $\lambda\!\!\lambda$-Dichten $p_\vartheta(x) = 2^{-1} \exp[-|x - \vartheta|]$, $\vartheta \in \mathbb{R}$, ist für jedes $r \geqslant 1$ in jedem Punkt $\vartheta_0 \in \mathbb{R}$ $\mathbb{L}_r(\vartheta_0)$-differenzierbar und zwar mit Ableitung $\dot{L}_{\vartheta_0}(x) = \operatorname{sgn}(x - \vartheta_0)$. Zum einen ist nämlich (1.8.37) wegen der paarweisen Äquivalenz der Verteilungen $P_\vartheta \in \mathfrak{P}$ trivialerweise erfüllt; zum anderen ergibt sich der Nachweis von (1.8.36), also äquivalent von

$$I := \frac{1}{2|\vartheta - \vartheta_0|^r} \int \left| r\left(\exp\left[-\frac{|x-\vartheta|}{r} + \frac{|x-\vartheta_0|}{r} \right] - 1 \right) - (\vartheta - \vartheta_0) \operatorname{sgn}(x - \vartheta_0) \right|^r \exp(-|x - \vartheta_0|) \,\mathrm{d}x$$
$$= o(1)$$

für $\vartheta \to \vartheta_0$, sehr leicht durch Aufspaltung des Integrals I, und zwar etwa bei $\vartheta_0 < \vartheta$ in die Integrale I_1, I_2 und I_3 mit den Integrationsbereichen $(-\infty, \vartheta_0)$, $[\vartheta_0, \vartheta]$ bzw. (ϑ, ∞). Bei I_1 und I_3 ergibt sich nämlich für $\vartheta \to \vartheta_0$

$$2I_1 = \int_{-\infty}^{\vartheta_0} \left| \frac{r(\mathrm{e}^{(\vartheta_0-\vartheta)/r}-1)-(\vartheta_0-\vartheta)}{\vartheta_0-\vartheta} \right|^r \mathrm{e}^{+(x-\vartheta_0)}\mathrm{d}x = \left| \frac{\mathrm{e}^{(\vartheta_0-\vartheta)/r}-1}{(\vartheta_0-\vartheta)/r} - 1 \right|^r = o(1)$$

und
$$2I_3 = \int_{\vartheta}^{\infty} \left| \frac{r(\mathrm{e}^{(\vartheta-\vartheta_0)/r}-1)-(\vartheta-\vartheta_0)}{\vartheta-\vartheta_0} \right|^r \mathrm{e}^{-(x-\vartheta_0)}\mathrm{d}x = \left| \frac{\mathrm{e}^{(\vartheta-\vartheta_0)/r}-1}{(\vartheta-\vartheta_0)/r} - 1 \right|^r \mathrm{e}^{-(\vartheta-\vartheta_0)} = o(1).$$

Etwas aufwendiger ist der Beweis für das mittlere Integral. Zunächst folgt

$$\begin{aligned} 2I_2 &= \int_{\vartheta_0}^{\vartheta} \left| \frac{r(\mathrm{e}^{(2x-\vartheta-\vartheta_0)/r}-1)-(\vartheta-\vartheta_0)}{\vartheta-\vartheta_0} \right|^r \mathrm{e}^{-(x-\vartheta_0)}\mathrm{d}x \\ &\leqslant \int_0^{\vartheta-\vartheta_0} \left| r\,\mathrm{e}^{2y/r} \frac{\mathrm{e}^{-(\vartheta-\vartheta_0)/r}-1}{\vartheta-\vartheta_0} + r\frac{\mathrm{e}^{2y/r}-1}{\vartheta-\vartheta_0} - 1 \right|^r \mathrm{d}y \end{aligned}$$

und damit nach der Minkowski-Ungleichung bzw. wegen der Stetigkeit der Integranden (sowie wegen $(\mathrm{e}^{2y/r}-1)^r = O(y)$ bei $y \to 0$) für $\vartheta \to \vartheta_0$ ebenfalls

$$\begin{aligned} (2I_2)^{1/r} &\leqslant \frac{1-\mathrm{e}^{-(\vartheta-\vartheta_0)/r}}{(\vartheta-\vartheta_0)/r} \left(\int_0^{\vartheta-\vartheta_0} |\mathrm{e}^{2y/r}|^r \mathrm{d}y \right)^{1/r} \\ &\quad + \frac{1}{\vartheta-\vartheta_0} \left(\int_0^{\vartheta-\vartheta_0} |r(\mathrm{e}^{2y/r}-1)|^r \mathrm{d}y \right)^{1/r} + \left(\int_0^{\vartheta-\vartheta_0} \mathrm{d}y \right)^{1/r} = o(1). \end{aligned}$$

Es sei noch angemerkt, daß $\mathfrak{P}$ in keinem Punkt ϑ_0 zweifach $\mathbb{L}_1(\vartheta_0)$-differenzierbar ist. Anderenfalls wären nämlich nach Satz 1.180a die Gütefunktionen aller Tests zweifach differenzierbar. Für die Gütefunktion des Tests $\varphi := \mathbb{1}_{[\vartheta_0, \infty)}$ gilt aber

$$E_\vartheta \varphi = 1 - 2^{-1}\mathrm{e}^{-(\vartheta-\vartheta_0)} \quad \text{für } \vartheta \geqslant \vartheta_0 \quad \text{bzw.} \quad E_\vartheta \varphi = 2^{-1}\mathrm{e}^{(\vartheta-\vartheta_0)} \quad \text{für } \vartheta < \vartheta_0;$$

diese ist im Punkte ϑ_0 zwar einfach, nicht aber zweifach differenzierbar. □

Ein Beispiel für eine Verteilungsklasse, die für kein $r \geqslant 1$ und kein $\vartheta_0 \in \mathring{\Theta}$ $\mathbb{L}_r(\vartheta_0)$-differenzierbar ist, wird in Aufgabe 1.47b angegeben.

Wir beweisen nun einige Grundeigenschaften der $\mathbb{L}_r(\vartheta_0)$-Differentiation.

Satz 1.190 *Es seien $\mathfrak{P} = \{P_\vartheta \colon \vartheta \in \Theta\}$ eine k-parametrige Verteilungsklasse und $r \geqslant 1$. Dann gilt: Ist $\mathfrak{P}$ $\mathbb{L}_r(\vartheta_0)$-differenzierbar mit Ableitung $\dot{L}_{\vartheta_0}$, so ist $\mathfrak{P}$ für jedes $s \in [1, r)$ auch $\mathbb{L}_s(\vartheta_0)$-differenzierbar und zwar mit $\dot{L}_{\vartheta_0}$ als Ableitung.*

Beweis: Offenbar folgt trivialerweise aus (1.8.37) die entsprechende Beziehung mit s an Stelle von r. Zum Nachweis von (1.8.36) mit s an Stelle von r ergibt zunächst die Anwendung der Minkowski-Ungleichung

$$\begin{aligned} \| s(L_{\vartheta_0,\vartheta}^{1/s}-1) - (\vartheta-\vartheta_0)^\top \dot{L}_{\vartheta_0} \|_{\mathbb{L}_s(\vartheta_0)} &\leqslant \left\| [r(L_{\vartheta_0,\vartheta}^{1/r}-1) - (\vartheta-\vartheta_0)^\top \dot{L}_{\vartheta_0}] \frac{s}{r} \frac{L_{\vartheta_0,\vartheta}^{1/s}-1}{L_{\vartheta_0,\vartheta}^{1/r}-1} \right\|_{\mathbb{L}_s(\vartheta_0)} \\ &\quad + \left\| (\vartheta-\vartheta_0)^\top \dot{L}_{\vartheta_0} \left[\frac{s}{r} \frac{L_{\vartheta_0,\vartheta}^{1/s}-1}{L_{\vartheta_0,\vartheta}^{1/r}-1} - 1 \right] \right\|_{\mathbb{L}_s(\vartheta_0)}. \qquad (1.8.38) \end{aligned}$$

Aus dieser folgt die Behauptung, sobald gezeigt ist

$$\left\| \frac{s}{r} \frac{L_{\vartheta_0,\vartheta}^{1/s}-1}{L_{\vartheta_0,\vartheta}^{1/r}-1} - 1 \right\|_{\mathbb{L}_{ts}(\vartheta_0)} \to 0 \quad \text{für } \vartheta \to \vartheta_0; \tag{1.8.39}$$

dabei bezeichnet t die gemäß $t^{-1}+(r/s)^{-1}=1$ definierte konjugierte Zahl zu $r/s>1$. In beiden Summanden der rechten Seite von (1.8.38) ist nämlich der erste Faktor wegen (1.8.36) Element von $\mathbb{L}_r(\vartheta_0)$ sowie der zweite Faktor wegen (1.8.39) Element von $\mathbb{L}_{ts}(\vartheta_0)$, so daß nach der Hölder-Ungleichung mit $\tilde{g}:=|g|$ und $\tilde{h}:=|h|$ gilt

$$\begin{aligned}\|gh\|_{\mathbb{L}_s(\vartheta_0)} &= (\|\tilde{g}^s\tilde{h}^s\|_{\mathbb{L}_1(\vartheta_0)})^{1/s} \leqslant [\|\tilde{g}^s\|_{\mathbb{L}_{r/s}(\vartheta_0)}\|\tilde{h}^s\|_{\mathbb{L}_t(\vartheta_0)}]^{1/s}\\ &= \|g\|_{\mathbb{L}_r(\vartheta_0)}\|h\|_{\mathbb{L}_{ts}(\vartheta_0)}.\end{aligned}$$

Die Behauptung folgt also gemäß (1.8.38) aus (1.8.36) und (1.8.39).
Zum Nachweis von (1.8.39) setzen wir abkürzend bei $\vartheta_m \to \vartheta_0$

$$Y_m := \frac{s}{r}\frac{L_{\vartheta_0,\vartheta_m}^{1/s}-1}{L_{\vartheta_0,\vartheta_m}^{1/r}-1}, \qquad m \in \mathbb{N}, \quad Y_0 := 1,$$

und $P:=P_{\vartheta_0}$. Dann ist (1.8.39) äquivalent mit $Y_m - Y_0 \to 0$ in $\mathbb{L}_{ts}(\vartheta_0)$ für $m\to\infty$, so daß nach dem Satz von Vitali zu zeigen ist $Y_m \underset{P}{\to} Y_0$ und $E|Y_m|^{ts} \to E|Y_0|^{ts}=1$. Zum Nachweis von $Y_m \underset{P}{\to} Y_0$ beachte man, daß wegen (1.8.36) trivialerweise gilt $L_{\vartheta_0,\vartheta_m}\to 1$ nach P_{ϑ_0}-WS und daß die durch

$$g(y) := \frac{s}{r}\frac{y^{1/s}-1}{y^{1/r}-1} \quad \text{für } y \neq 1; \qquad g(1):=1$$

definierte Funktion $g\colon [0,\infty)\to(0,\infty)$ in $y=1$ (nach der L'Hospitalschen Regel) stetig ist. Also folgt nach A7.7 $Y_m = g(L_{\vartheta_0,\vartheta_m}) \underset{P}{\to} 1 = Y_0$.

Zum Nachweis von $E|Y_m|^{ts}\to 1$ beachte man, daß die Funktion $f(y)=(g(y))^{ts}$ stetig und beschränkt ist gemäß $f(y)\leqslant M+y$. Wegen der Stetigkeit besitzt f nämlich für $0\leqslant y\leqslant [r/(r-s)]^r$ ein endliches Maximum M und für $y>[r/(r-s)]^r>1$ gilt $(r/s)[y^{1/r}-1]>y^{1/r}$ und damit

$$f(y) < [(y^{1/s}-1)\,y^{-1/r}]^{ts} < y^{(1/s-1/r)ts} = y.$$

Somit gilt $0\leqslant f(L_{\vartheta_0,\vartheta_m})\leqslant L_{\vartheta_0,\vartheta_m}+M$ und $E_{\vartheta_0}L_{\vartheta_0,\vartheta_m} = E_{\vartheta_0}[L_{\vartheta_0,\vartheta_m}^{1/r}]^r \to 1$ für $\vartheta_m\to\vartheta_0$, wobei die letzte Beziehung – wiederum nach dem Satz von Vitali – aus $\|L_{\vartheta_0,\vartheta_m}^{1/r}-1\|_{\mathbb{L}_r(\vartheta_0)}\to 0$ gemäß (1.8.36) folgt. Damit ergibt sich nach dem Satz von Pratt A4.9
$E|Y_m|^{ts} = E_{\vartheta_0} f(L_{\vartheta_0,\vartheta_m}) \to E1 = E|Y_0|^{ts}$. □

In Verallgemeinerung von Satz 1.182a gilt für Produktmaße der

Satz 1.191 *Es seien $\mathfrak{F}_j=\{F_{j,\vartheta}\colon \vartheta\in\Theta\}$ für $j=1,\ldots,n$ k-parametrige Verteilungsklassen mit demselben Parameterraum, $\vartheta_0\in\mathring{\Theta}$ und $r\geqslant 1$. Dann gilt: Sind $\mathfrak{F}_j$ $\mathbb{L}_r(\vartheta_0)$-differenzierbar mit Ableitung $\dot{L}_{j,\vartheta_0}$, $j=1,\ldots,n$, so ist auch die Klasse der Produktmaße*

$\mathfrak{P} = \left\{ P_\vartheta := \bigotimes_{j=1}^{n} F_{j,\vartheta} : \vartheta \in \Theta \right\}$ *$\mathbb{L}_r(\vartheta_0)$-differenzierbar und zwar mit Ableitung*

$$\dot{L}_{\vartheta_0}(x) = \sum_{j=1}^{n} \dot{L}_{j,\vartheta_0}(x_j) \quad [P_{\vartheta_0}], \qquad x = (x_1, \ldots, x_n). \tag{1.8.40}$$

Beweis: Nach (1.6.30) gilt $L_{\vartheta_0,\vartheta}(x) = \prod_{j=1}^{n} L_{j,\vartheta_0,\vartheta}(x_j) \quad [P_\vartheta + P_{\vartheta_0}]$ und damit

$$L_{\vartheta_0,\vartheta}^{1/r}(x) - 1 = \sum_{j=1}^{n} (L_{j,\vartheta_0,\vartheta}^{1/r}(x_j) - 1) \prod_{i=1}^{j-1} L_{i,\vartheta_0,\vartheta}^{1/r}(x_i) \quad [P_\vartheta + P_{\vartheta_0}].$$

Also gilt mit $\dot{L}_{\vartheta_0}$ gemäß (1.8.40) nach der Minkowski-Ungleichung

$$\begin{aligned} &\| r(L_{\vartheta_0,\vartheta}^{1/r} - 1) - (\vartheta - \vartheta_0)^\top \dot{L}_{\vartheta_0} \|_{\mathbb{L}_r(\vartheta_0)} \\ &\leqslant \sum_{j=1}^{n} \left\| r(L_{j,\vartheta_0,\vartheta}^{1/r} - 1) \prod_{i=1}^{j-1} L_{i,\vartheta_0,\vartheta}^{1/r} - (\vartheta - \vartheta_0)^\top \dot{L}_{j,\vartheta_0} \right\|_{\mathbb{L}_r(\vartheta_0)}. \end{aligned} \tag{1.8.41}$$

Hier verhalten sich die Summanden der rechten Seite wie $o(|\vartheta - \vartheta_0|)$. Wegen der Kompaktheit der Einheitssphäre können wir uns nämlich beim Grenzübergang $\vartheta \to \vartheta_0$ zunächst auf Teilfolgen (ϑ_m) mit $(\vartheta_m - \vartheta_0)/|\vartheta_m - \vartheta_0| \to \eta$ beschränken, wobei $\eta \in \mathbb{R}^k$ fest mit $|\eta| = 1$ ist. Für jedes $j = 1, \ldots, n$ ergibt sich dann für

$$Y_m := r \frac{L_{j,\vartheta_0,\vartheta_m}^{1/r} - 1}{|\vartheta_m - \vartheta_0|} \prod_{i=1}^{j-1} L_{i,\vartheta_0,\vartheta_m}^{1/r}, \qquad Y_0 := \eta^\top \dot{L}_{j,\vartheta_0}$$

einerseits aus der $\mathbb{L}_r$-Differenzierbarkeit der $\mathfrak{F}_j$ an der Stelle ϑ_0 zunächst die $\mathbb{L}_r$-Stetigkeit für $\vartheta_m \to \vartheta_0$ und damit $Y_m \to Y_0$ nach P_{ϑ_0}-WS; andererseits folgt mit den Sätzen von Fubini und Vitali aus der $\mathbb{L}_r(\vartheta_0)$-Differenzierbarkeit von $\mathfrak{F}_j$ und der st. Unabhängigkeit

$$\begin{aligned} E|Y_m|^r &= E_{\vartheta_0} \left| r \frac{L_{j,\vartheta_0,\vartheta_m}^{1/r} - 1}{|\vartheta_m - \vartheta_0|} \prod_{i=1}^{j-1} L_{i,\vartheta_0,\vartheta_m}^{1/r} \right|^r \\ &\leqslant E_{\vartheta_0} \left| r \frac{L_{j,\vartheta_0,\vartheta_m}^{1/r} - 1}{|\vartheta_m - \vartheta_0|} \right|^r \to E_{\vartheta_0} |\eta^\top \dot{L}_{j,\vartheta_0}|^r = E|Y_0|^r \end{aligned}$$

und damit durch nochmalige Anwendung des Satzes von Vitali die Behauptung (1.8.36) mit $\dot{L}_\vartheta$ gemäß (1.8.40). – Wie in Satz 1.182b ergibt sich auch für $r > 1$ die Gültigkeit von (1.8.37). □

Analog beweist man das für Regressionsmodelle in Kap. 6 wichtige

Korollar 1.192 *Es seien $\mathfrak{F}_0 = \{F(\cdot, \vartheta) : \vartheta \in \Theta\}$ eine k-parametrige $\mathbb{L}_r(\vartheta_0)$-differenzierbare Verteilungsklasse mit Ableitung $\dot{L}_{0,\vartheta_0}$, $d_1, \ldots, d_n \in \mathbb{R}$ vorgegebene Regressionskoeffizienten und $F_{j,\eta}(\cdot) := F(\cdot, \vartheta_0 + d_j \eta)$, $j = 1, \ldots, n$, $\eta \in Y$, wobei Y eine Umgebung von $0 \in \mathbb{R}^k$ mit $\vartheta_0 + d_j Y \subset \Theta \quad \forall j = 1, \ldots, n$ ist. Dann ist die Klasse der Produktmaße $\mathfrak{P} = \left\{ P_\eta := \bigotimes_{j=1}^{n} F_{j,\eta} : \eta \in Y \right\}$ $\mathbb{L}_r(0)$-differenzierbar und zwar mit Ableitung*

$$\dot{L}_0(x) = \sum_{j=1}^{n} d_j \dot{L}_{0,\vartheta_0}(x_j) \quad [P_0]. \tag{1.8.42}$$

Der folgende Satz verallgemeinert Satz 1.186a auf den Fall $r \geqslant 1$.

Satz 1.193 *Es seien* $\mathfrak{P} = \{P_\vartheta : \vartheta \in \Theta\}$ *eine k-parametrige* $\mathbb{L}_r(\vartheta_0)$*-differenzierbare Verteilungsklasse mit Ableitung* $\dot{L}_{\vartheta_0}$ *sowie* $r \geqslant 1$. *Für jede Abbildung* $T: (\mathfrak{X}, \mathfrak{B}) \to (\mathfrak{T}, \mathfrak{D})$ *ist dann auch* $\mathfrak{P}^T = \{P_\vartheta^T : \vartheta \in \Theta\}$ $\mathbb{L}_r(\vartheta_0)$*-differenzierbar und zwar mit Ableitung*

$$\dot{l}_{\vartheta_0}(t) = E_{\vartheta_0}(\dot{L}_{\vartheta_0} \mid T = t) \qquad [P_{\vartheta_0}^T].$$

Beweis: Bezeichnet $N_{\vartheta_0,\vartheta}^T$ den singulären Bereich von P_ϑ^T bzgl. $P_{\vartheta_0}^T$, so folgt vermöge Satz 1.121d (mit $T, P_{\vartheta_0}, P_\vartheta, N_{\vartheta_0,\vartheta}$ und $N_{\vartheta_0,\vartheta}^T$ an Stelle von V, P, Q, N und N^V) aus der Voraussetzung (1.8.37)

$$P_\vartheta^T(N_{\vartheta_0,\vartheta}^T) \leqslant P_\vartheta(N_{\vartheta_0,\vartheta}) = o(|\vartheta - \vartheta_0|^r). \tag{1.8.43}$$

Die singulären Anteile von P_ϑ^T bzgl. $P_{\vartheta_0}^T$ verschwinden also von der Ordnung r, so daß die (1.8.37) entsprechende Beziehung erfüllt ist.

Bezeichnen $l_{\vartheta_0,\vartheta}$ den DQ von P_ϑ^T bzgl. $P_{\vartheta_0}^T$ und $s_{\vartheta_0,\vartheta}(t) := P_\vartheta(N_{\vartheta_0,\vartheta}^c \mid T = t)$, so ergibt sich die (1.8.36) entsprechende Eigenschaft aus der Abschätzung

$$\begin{aligned} &\| r(l_{\vartheta_0,\vartheta}^{1/r} - 1) - (\vartheta - \vartheta_0)^\top \dot{l}_{\vartheta_0} \|_{\mathbb{L}_r(\vartheta_0)} \\ &\leqslant r \| l_{\vartheta_0,\vartheta}^{1/r} [1 - s_{\vartheta_0,\vartheta}^{1/r}] \|_{\mathbb{L}_r(\vartheta_0)} + \| r[(l_{\vartheta_0,\vartheta} s_{\vartheta_0,\vartheta})^{1/r} - 1] - (\vartheta - \vartheta_0)^\top \dot{l}_{\vartheta_0} \|_{\mathbb{L}_r(\vartheta_0)}. \end{aligned} \tag{1.8.44}$$

Für den ersten Term der rechten Seite folgt nämlich, wenn man die für $r \geqslant 1$ und $y \in [0,1]$ gültige Ungleichung $(1 - y^{1/r})^r \leqslant 1 - y$ beachtet, ebenfalls aus Satz 1.121d bzw. aus (1.8.36)

$$\begin{aligned} \| l_{\vartheta_0,\vartheta}^{1/r} [1 - s_{\vartheta_0,\vartheta}^{1/r}] \|_{\mathbb{L}_r(\vartheta_0)}^r &= \int | l_{\vartheta_0,\vartheta}^{1/r} [1 - s_{\vartheta_0,\vartheta}^{1/r}] |^r \, dP_{\vartheta_0}^T \\ &= E_{\vartheta_0} l_{\vartheta_0,\vartheta} [1 - s_{\vartheta_0,\vartheta}^{1/r}]^r \leqslant E_{\vartheta_0} l_{\vartheta_0,\vartheta} [1 - s_{\vartheta_0,\vartheta}] \leqslant P_\vartheta(N_{\vartheta_0,\vartheta}) = o(|\vartheta - \vartheta_0|^r). \end{aligned}$$

Für den zweiten Term läßt sich wegen Satz 1.121e schreiben

$$\| r[(E_{\vartheta_0}(L_{\vartheta_0,\vartheta} \mid T = \cdot))^{1/r} - 1] - (\vartheta - \vartheta_0)^\top \dot{l}_{\vartheta_0} \|_{\mathbb{L}_r(\vartheta_0)}.$$

Hierfür ergibt sich aus (1.8.36) zunächst für $r = 1$ wegen der Linearität des bedingten Erwartungswertes und der Jensen-Ungleichung

$$\begin{aligned} &E_{\vartheta_0} \left| \frac{E_{\vartheta_0}(L_{\vartheta_0,\vartheta} \mid T = \cdot) - 1}{|\vartheta - \vartheta_0|} - \frac{(\vartheta - \vartheta_0)^\top}{|\vartheta - \vartheta_0|} \dot{l}_{\vartheta_0} \right| = E_{\vartheta_0} \left| E_{\vartheta_0} \left[\frac{L_{\vartheta_0,\vartheta} - 1}{|\vartheta - \vartheta_0|} - \frac{(\vartheta - \vartheta_0)^\top}{|\vartheta - \vartheta_0|} \dot{L}_{\vartheta_0} \middle| T = \cdot \right] \right| \\ &\leqslant E_{\vartheta_0} E_{\vartheta_0} \left[\left| \frac{L_{\vartheta_0,\vartheta} - 1}{|\vartheta - \vartheta_0|} - \frac{(\vartheta - \vartheta_0)^\top}{|\vartheta - \vartheta_0|} \dot{L}_{\vartheta_0} \right| \middle| T = \cdot \right] = E_{\vartheta_0} \left| \frac{L_{\vartheta_0,\vartheta} - 1}{|\vartheta - \vartheta_0|} - \frac{(\vartheta - \vartheta_0)^\top}{|\vartheta - \vartheta_0|} \dot{L}_{\vartheta_0} \right| = o(1). \end{aligned} \tag{1.8.45}$$

Hieraus folgt nun die Gültigkeit von (1.8.36) für $\mathfrak{P}^T$ auch bei $r \geqslant 1$. Dabei können wir uns wegen der Kompaktheit der Einheitssphäre wieder auf Folgen (ϑ_m) mit $(\vartheta_m - \vartheta_0)/|\vartheta_m - \vartheta_0| \to: \eta$ für $\vartheta_m \to \vartheta_0$ beschränken. Für

$$f_m(t) := r \frac{(E_{\vartheta_0}(L_{\vartheta_0,\vartheta_m} \mid T = t))^{1/r} - 1}{|\vartheta_m - \vartheta_0|} = r \frac{(E_{\vartheta_0}(L_{\vartheta_0,\vartheta_m} \mid T = t))^{1/r} - 1}{E_{\vartheta_0}(L_{\vartheta_0,\vartheta_m} \mid T = t) - 1} \, \frac{E_{\vartheta_0}(L_{\vartheta_0,\vartheta_m} \mid T = t) - 1}{|\vartheta - \vartheta_0|}$$

ergibt sich dann nämlich aus (1.8.45) wegen $r\frac{y^{1/r}-1}{y-1}\to 1$ für $y\to 1$

$$f_m(t)\xrightarrow[P^T_{\vartheta_0}]{} f_0(t):=\eta^\top \dot{l}_{\vartheta_0}(t) \quad \text{für } \vartheta_m\to\vartheta_0 \tag{1.8.46}$$

sowie wegen der Konvexität der Funktion $g(y):=|y^{1/r}-1|^r$ für $y\geqslant 0$ nach der Jensen-Ungleichung zunächst

$$|f_m(t)|^r=\frac{r^r}{|\vartheta_m-\vartheta_0|^r}\,g(E_{\vartheta_0}(L_{\vartheta_0,\vartheta_m}|T=t))\leqslant\frac{r^r}{|\vartheta_m-\vartheta_0|^r}\,E_{\vartheta_0}(g(L_{\vartheta_0,\vartheta_m})|T=t)$$

und damit wegen (1.8.36) für das gegebene $\mathfrak{P}$ und dem Satz von Vitali 1.181

$$\begin{aligned}E_{\vartheta_0}|f_m(T)|^r&\leqslant\frac{r^r}{|\vartheta_m-\vartheta_0|^r}\,E_{\vartheta_0}g(L_{\vartheta_0,\vartheta_m})\\&=\frac{r^r}{|\vartheta_m-\vartheta_0|^r}\,E_{\vartheta_0}|L^{1/r}_{\vartheta_0,\vartheta_m}-1|^r\to E_{\vartheta_0}|\eta^\top\dot{L}_{\vartheta_0}|^r.\end{aligned}\tag{1.8.47}$$

Somit folgt wie behauptet (1.8.36) auch für die Klasse $\mathfrak{P}^T$, denn nach (1.8.46) gilt $|f_m(t)|^r\to|f_0(t)|^r$ nach $P^T_{\vartheta_0}$-WS und aus (1.8.47) folgt nach dem Satz von Pratt A4.9 $E_{\vartheta_0}|f_m(T)|^r\to E_{\vartheta_0}|f_0(T)|^r$, also nach dem Satz von Vitali $E_{\vartheta_0}|f_m(T)-f_0(T)|^r\to 0$. □

1.8.4 Bedingungen für $\mathbb{L}_r$-Differenzierbarkeit; Informationsmatrix

Da viele Verteilungsklassen dominiert sind, d.h. durch Dichten beschrieben werden, soll zunächst auch für $r\geqslant 1$ und $k\geqslant 1$ gezeigt werden, daß aus der Existenz einer hinreichend regulären Version der Dichten die $\mathbb{L}_r(\vartheta_0)$-Differenzierbarkeit mit der logarithmischen Ableitung der Dichte als $\mathbb{L}_r(\vartheta_0)$-Ableitung folgt.

Satz 1.194 *Es seien $\mathfrak{P}=\{P_\vartheta\colon \vartheta\in\Theta\}$ eine k-parametrige, durch ein σ-endliches Maß μ dominierte Verteilungsklasse, $r\geqslant 1$, $\vartheta_0\in\mathring{\Theta}$ und $U(\vartheta_0)\subset\Theta$ eine offene und konvexe Umgebung von ϑ_0. Weiter gebe es eine (von $\vartheta_0\in\mathring{\Theta}$, nicht aber von $\vartheta\in\Theta$ abhängige) μ-Nullmenge $N\in\mathfrak{B}$ und eine Version p_ϑ der μ-Dichten, welche die folgenden Voraussetzungen erfüllen:*

1) *Für alle $x\in N^c$ und alle $\vartheta\in U(\vartheta_0)$ gilt $p_\vartheta(x)>0$, sowie $\nabla p_\vartheta(x)$ ist erklärt und stetig in ϑ,*
2) $\nabla\log p_\vartheta\in\mathbb{L}^k_r(\vartheta)\qquad\forall\vartheta\in U(\vartheta_0)$,
3) $E_\vartheta|\nabla_i\log p_\vartheta|^r\to E_{\vartheta_0}|\nabla_i\log p_{\vartheta_0}|^r\quad$ *für* $\vartheta\to\vartheta_0,\quad i=1,\ldots,k$.

Dann gilt: $\mathfrak{P}$ ist $\mathbb{L}_r(\vartheta_0)$-differenzierbar und zwar mit Ableitung

$$\dot{L}_{\vartheta_0}(x)=\nabla\log p_{\vartheta_0}(x)\qquad[P_{\vartheta_0}].\tag{1.8.48}$$

Beweis: Wegen 1) besteht $\{P_\vartheta\colon\vartheta\in U(\vartheta_0)\}$ aus paarweise äquivalenten Verteilungen. Mit $L'_{i,\vartheta}(x):=\nabla_i\log p_\vartheta(x)$ für $i=1,\ldots,k$ bzw. mit $L'_\vartheta(x):=\nabla\log p_\vartheta(x)$ ist also 3) gleichwertig mit

$$E_{\vartheta_0}|L'_{i,\vartheta}L^{1/r}_{\vartheta_0,\vartheta}|^r\to E_{\vartheta_0}|L'_{i,\vartheta_0}|^r\qquad\text{für }\vartheta\to\vartheta_0\qquad\forall i=1,\ldots,k$$

und dieses wegen $L'_{i,\vartheta}(x)\, L^{1/r}_{\vartheta_0,\vartheta}(x) \to L'_{i,\vartheta_0}(x)$ nach P_{ϑ_0}-WS $\forall i = 1, \ldots, k$ (gemäß 1)) durch komponentenweise Anwendung des Satzes von Vitali mit

$$\| L'_\vartheta L^{1/r}_{\vartheta_0,\vartheta} - L'_{\vartheta_0} \|_{\mathbb{L}_r(\vartheta_0)} \to 0 \quad \text{für } \vartheta \to \vartheta_0 . \tag{1.8.49}$$

Hieraus – oder direkt aus 3) – folgt

$$\| L'_\vartheta \|_{\mathbb{L}_r(\vartheta)} \to \| L'_{\vartheta_0} \|_{\mathbb{L}_r(\vartheta_0)} \quad \text{für } \vartheta \to \vartheta_0 . \tag{1.8.50}$$

Zum Nachweis von (1.8.36) setze man $\Delta := \vartheta - \vartheta_0$ und beachte, daß die durch

$$\begin{aligned} g(s) := \nabla_s [r L^{1/r}_{\vartheta_0,\vartheta_0+s\Delta}(x)] &= L^{(1/r)-1}_{\vartheta_0,\vartheta_0+\Delta s}(x)\, \Delta^\top \frac{\nabla p_{\vartheta_0+\Delta s}(x)}{p_{\vartheta_0}(x)} \\ &= L^{1/r}_{\vartheta_0,\vartheta_0+s\Delta}(x)\, \Delta^\top L'_{\vartheta_0+s\Delta}(x) \end{aligned}$$

definierte Funktion $g: [0,1] \to \mathbb{R}$ nach 1) für jedes feste $x \in N^c$ und jedes $\Delta \in \mathbb{R}^k$ stetig ist. Also gilt nach dem Hauptsatz der Differential- und Integral-Rechnung bzw. nach der Jensen-Ungleichung

$$\begin{aligned} &\int | r (L^{1/r}_{\vartheta_0,\vartheta_0+\Delta}(x) - 1) - \Delta^\top L'_{\vartheta_0}(x) |^r \,\mathrm{d}P_{\vartheta_0} \\ &= \int \left| \int_0^1 L^{1/r}_{\vartheta_0,\vartheta_0+s\Delta}(x)\, \Delta^\top L'_{\vartheta_0+s\Delta}(x)\,\mathrm{d}s - \Delta^\top L'_{\vartheta_0}(x) \right|^r \mathrm{d}P_{\vartheta_0}(x) \\ &\leqslant \int \int_0^1 \left| L^{1/r}_{\vartheta_0,\vartheta_0+s\Delta}(x)\, \Delta^\top L'_{\vartheta_0+s\Delta}(x) - \Delta^\top L'_{\vartheta_0}(x) \right|^r \mathrm{d}s\,\mathrm{d}P_{\vartheta_0}(x) . \end{aligned}$$

Hier ist der Integrand analog Satz 1.149a produktmeßbar in s und x. Mit dem Satz von Fubini bzw. (1.8.35) ergibt sich also

$$\begin{aligned} &\int \left| r \frac{L^{1/r}_{\vartheta_0,\vartheta_0+\Delta}(x) - 1}{|\Delta|} - \frac{\Delta^\top}{|\Delta|} L'_{\vartheta_0}(x) \right|^r \mathrm{d}P_{\vartheta_0}(x) \\ &\leqslant \int_0^1 \left\| \frac{\Delta^\top}{|\Delta|} (L'_{\vartheta_0+s\Delta} L^{1/r}_{\vartheta_0,\vartheta_0+s\Delta} - L'_{\vartheta_0}) \right\|^r_{\mathbb{L}_r(\vartheta_0)} \mathrm{d}s \qquad (1.8.51) \\ &\leqslant \int_0^1 \left\| L'_{\vartheta_0+s\Delta} L^{1/r}_{\vartheta_0,\vartheta_0+s\Delta} - L'_{\vartheta_0} \right\|^r_{\mathbb{L}_r(\vartheta_0)} \mathrm{d}s . \end{aligned}$$

Wegen (1.8.49) strebt der Integrand des letzten Terms bei festem $s \in [0,1]$ für $\Delta \to 0$ gegen 0 und ist nach der Dreiecksungleichung und (1.8.50) für hinreichend kleines Δ etwa durch [1]) $1 + 2^r \| L'_{\vartheta_0} \|^r_{\mathbb{L}_r(\vartheta_0)}$ beschränkt. Somit folgt die $\mathbb{L}_r(\vartheta_0)$-Differenzierbarkeit mit $\dot{L}_{\vartheta_0} = L'_{\vartheta_0}$ aus dem Satz von Lebesgue. □

Die wichtigsten Anwendungen der $\mathbb{L}_r$-Differentiation beziehen sich neben $r = 1$ auf den Fall $r = 2$, der wie erwähnt in der Schätztheorie und der asymptotischen Statistik von

---

[1]) Man beachte $\| L'_{\vartheta_0+s\Delta} L^{1/r}_{\vartheta_0,\vartheta_0+s\Delta} \|_{\mathbb{L}_r(\vartheta_0)} = \| L'_{\vartheta_0+s\Delta} \|_{\mathbb{L}_r(\vartheta_0+s\Delta)}$ und (1.8.50).

besonderer Bedeutung ist. In Verallgemeinerung von (1.7.32) heißt die für $r \geqslant 2$ stets existierende Matrix

$$\mathscr{J}(\vartheta_0) := E_{\vartheta_0} \dot{L}_{\vartheta_0} \dot{L}_{\vartheta_0}^{\top} \tag{1.8.52}$$

(Fisher-)Informationsmatrix. Wegen Satz 1.190 gilt nach Hilfssatz 1.178a $E_{\vartheta_0} \dot{L}_{\vartheta_0} = 0$, so daß $\mathscr{J}(\vartheta_0) = \mathscr{C}ov_{\vartheta_0} \dot{L}_{\vartheta_0}$ ist. Zu Satz 1.191 folgt also das

Korollar 1.195 *Besitzt $\mathfrak{F} = \{F_\vartheta : \vartheta \in \Theta\}$ in $\vartheta_0 \in \mathring{\Theta}$ die Informationsmatrix $\mathscr{J}(\vartheta_0)$, so hat $\mathfrak{P} := \{F_\vartheta^{(n)} : \vartheta \in \Theta\}$ die Informationsmatrix*

$$\mathscr{J}_{(n)}(\vartheta_0) = n \, \mathscr{J}(\vartheta_0). \tag{1.8.53}$$

Vermöge Satz 1.194 kann die $\mathbb{L}_2(\vartheta_0)$-Differenzierbarkeit – und damit nach Satz 1.190 auch die $\mathbb{L}_1(\vartheta_0)$-Differenzierbarkeit – häufig einfach verifiziert werden: Während sich die Bedingung 1) am Bildungsgesetz der Dichten ablesen läßt, sind die Voraussetzungen 2) und 3) bei Endlichkeit und Stetigkeit von $\vartheta \mapsto \mathscr{J}(\vartheta)$ stets erfüllt.

Beispiel 1.196 (Lokationsmodell) Entsprechend Beispiel 1.185 sei f eine λ-Dichte mit VF F,

$$\begin{aligned} &f > 0,\ f \textit{ stetig differenzierbar mit Ableitung } f' \textit{ und} \\ &I(f) := \int f'^2(x)/f(x) \, d\lambda = \int (f'(x)/f(x))^2 \, dF < \infty. \end{aligned} \tag{1.8.54}$$

Dann ist die Verteilungsklasse $\mathfrak{F} = \{F_\vartheta : \vartheta \in \mathbb{R}\}$ mit den λ-Dichten $f_\vartheta(x) := f(x - \vartheta)$, $\vartheta \in \mathbb{R}$, an jeder Stelle $\vartheta_0 \in \mathbb{R}$ $\mathbb{L}_2(\vartheta_0)$-differenzierbar mit Ableitung

$$\dot{L}_{\vartheta_0}(x) = \nabla \log f_{\vartheta_0}(x) = -f'(x - \vartheta_0)/f(x - \vartheta_0) \qquad [F_{\vartheta_0}]. \tag{1.8.55}$$

Wegen der Translationsinvarianz des Lebesgue-Maßes gilt nämlich

$$\begin{aligned} J(\vartheta) = E_\vartheta [\nabla \log f_\vartheta]^2 &= \int f'^2(x - \vartheta)/f(x - \vartheta) \, d\lambda \\ &= \int f'^2(x)/f(x) \, d\lambda = I(f) \qquad \forall \vartheta \in \mathbb{R}. \end{aligned}$$

Damit sind die Voraussetzungen 1), 2) und 3) aus Satz 1.194 erfüllt. Aus (1.8.55) für $\vartheta_0 = 0$ folgt mit Hilfssatz 1.178a $\int f'(x) \, d\lambda = -E_0 \dot{L}_0 = 0$. □

Beispiel 1.197 (Skalen-Modell) Seien f eine λ-Dichte mit

$$\begin{aligned} &f > 0, f \textit{ stetig differenzierbar mit Ableitung } f' \textit{ und} \\ &\tilde{I}(f) := \int x^2 f'^2(x)/f(x) \, d\lambda < \infty \end{aligned} \tag{1.8.56}$$

und $\mathfrak{F} = \{F_\vartheta : \vartheta \in (0, \infty)\}$ die Verteilungsklasse mit λ-Dichten $f_\vartheta(x) := (1/\vartheta) f(x/\vartheta)$, $\vartheta \in (0, \infty)$. Dann ist $\mathfrak{F}$ an jeder Stelle $\vartheta_0 \in (0, \infty)$ $\mathbb{L}_2(\vartheta_0)$-differenzierbar mit Ableitung

$$\dot{L}_{\vartheta_0}(x) = \nabla \log f_{\vartheta_0}(x) = -\frac{1}{\vartheta_0} \left[1 + \frac{x}{\vartheta_0} \frac{f'(x/\vartheta_0)}{f(x/\vartheta_0)} \right] \qquad [F_{\vartheta_0}]. \tag{1.8.57}$$

Wegen

$$\left| \int x f'(x) \, d\lambda \right| \leqslant \left(\int x^2 f'^2(x)/f(x) \, d\lambda \cdot 1 \right)^{1/2} = \tilde{I}(f)^{1/2} < \infty$$

und der Streckungsäquivarianz des Lebesgue-Maßes gilt

$$J(\vartheta) = E_\vartheta [\nabla \log f_\vartheta]^2 = \frac{1}{\vartheta^2} \int \left[1 + \frac{x}{\vartheta} \frac{f'(x/\vartheta)}{f(x/\vartheta)}\right]^2 \frac{1}{\vartheta} f(x/\vartheta) \, d\lambda$$

$$= \frac{1}{\vartheta^2} \int \left[1 + x \frac{f'(x)}{f(x)}\right]^2 f(x) \, d\lambda = \frac{1}{\vartheta^2} \left[1 + 2 \int x f'(x) \, d\lambda + \tilde{I}(f)\right].$$

Damit sind neben 1) auch die Voraussetzungen 2) und 3) aus Satz 1.194 erfüllt. Außerdem gilt wegen (1.8.57) nach den Sätzen 1.179a und 1.190

$$0 = E_{\vartheta_0} \nabla \log f_{\vartheta_0} = \frac{1}{\vartheta_0} \int \left[1 + \frac{x}{\vartheta_0} \frac{f'(x/\vartheta_0)}{f(x/\vartheta_0)}\right] \frac{1}{\vartheta_0} f(x/\vartheta_0) \, d\lambda = 1 + \int x f'(x) \, d\lambda .$$

Hieraus folgt $\int x f'(x) \, d\lambda = -1$, also $J(\vartheta) = (-1 + \tilde{I}(f))/\vartheta^2 \quad \forall \vartheta \in (0, \infty)$. □

Beispiel 1.198 (Lokations-Skalenmodell) Sei f eine λ-Dichte, die (1.8.54) und (1.8.56) erfüllt, sowie $\mathfrak{F}$ die Verteilungsklasse mit den λ-Dichten $f_\vartheta(x) := \frac{1}{\sigma} f\left(\frac{x-\mu}{\sigma}\right)$, $\vartheta = (\mu, \sigma) \in \mathbb{R} \times (0, \infty)$. Dann ist $\mathfrak{F}$ an jeder Stelle $\vartheta_0 = (\mu_0, \sigma_0) \in \mathbb{R} \times (0, \infty)$ $\mathbb{L}_2(\vartheta_0)$-differenzierbar mit Ableitung

$$\dot{L}_{\vartheta_0}(x) = \left(-\frac{1}{\sigma_0} f'\left(\frac{x-\mu_0}{\sigma_0}\right) \Big/ f\left(\frac{x-\mu_0}{\sigma_0}\right), \; -\frac{1}{\sigma_0}\left[1 + \frac{x-\mu_0}{\sigma_0} f'\left(\frac{x-\mu_0}{\sigma_0}\right) \Big/ f\left(\frac{x-\mu_0}{\sigma_0}\right)\right]\right)^\top \quad [F_{\vartheta_0}]$$

und der (nach Hilfssatz 1.90c positiv definiten) Informationsmatrix

$$\mathscr{J}(\vartheta_0) = \frac{1}{\sigma_0^2} \begin{pmatrix} I(f) & \check{I}(f) \\ \check{I}(f) & -1 + \tilde{I}(f) \end{pmatrix},$$

$$\check{I}(f) = \int \frac{f'(x)}{f(x)} \left[1 + x \frac{f'(x)}{f(x)}\right] f(x) \, d\lambda = \int x \frac{f'^2(x)}{f(x)} \, d\lambda .$$

Der Beweis folgt mit den Beispielen 1.196–197 ebenfalls aus Satz 1.194. □

Offenbar macht die Informationsmatrix $\mathscr{J}(\vartheta_0)$ wie der Hellinger-Abstand $H(\vartheta_0, \vartheta) := H(P_{\vartheta_0}, P_\vartheta) = \frac{1}{2\sqrt{2}} \; \| 2 (L_{\vartheta_0, \vartheta}^{1/2} - 1) \|_{\mathbb{L}_2(\vartheta_0)}$ eine Aussage über den Unterschied von P_ϑ gegenüber P_{ϑ_0}, jedenfalls für Werte ϑ nahe bei ϑ_0. Der Zusammenhang von $H(\vartheta_0, \vartheta)$ und $\mathscr{J}(\vartheta_0)$ läßt sich leicht quantifizieren, wenn $\mathfrak{P} = \{P_\vartheta : \vartheta \in \Theta\}$ eine (k-parametrige $\mathbb{L}_2(\vartheta_0)$-differenzierbare) Klasse paarweise äquivalenter Verteilungen ist. Dann ist nämlich die Abbildung $\vartheta \mapsto H(\vartheta_0, \vartheta)$ im Punkte $\vartheta_0 \in \mathring{\Theta}$ differenzierbar derart, daß für die Richtungsableitungen für alle $\eta \in \mathbb{R}^k$ mit $|\eta| = 1$ gilt

$$\eta^\top \nabla_\vartheta H(\vartheta_0, \vartheta) \,|_{\vartheta = \vartheta_0} = \nabla_s H(\vartheta_0, \vartheta_0 + s\eta) \,|_{s=0} = \frac{1}{2\sqrt{2}} \sqrt{\eta^\top \mathscr{J}(\vartheta_0) \, \eta} . \tag{1.8.58}$$

Aus $H(\vartheta_0, \vartheta_0) = 0$, (1.6.94) und (1.8.36) folgt nämlich

$$\left| 2\sqrt{2} \, \frac{H(\vartheta_0, \vartheta_0 + \Delta) - H(\vartheta_0, \vartheta_0)}{|\Delta|} - \left\| \frac{\Delta^\top}{|\Delta|} \dot{L}_{\vartheta_0} \right\|_{\mathbb{L}_2(\vartheta_0)} \right|$$

$$= \left| \left\| 2 \, \frac{L_{\vartheta_0, \vartheta_0 + \Delta}^{1/2} - 1}{|\Delta|} \right\|_{\mathbb{L}_2(\vartheta_0)} - \left\| \frac{\Delta^\top}{|\Delta|} \dot{L}_{\vartheta_0} \right\|_{\mathbb{L}_2(\vartheta_0)} \right| \leqslant \left\| 2 \, \frac{L_{\vartheta_0, \vartheta_0 + \Delta}^{1/2} - 1}{|\Delta|} - \frac{\Delta^\top}{|\Delta|} \dot{L}_{\vartheta_0} \right\|_{\mathbb{L}_2(\vartheta_0)} \to 0.$$

Mit $\Delta = |\Delta|\eta$ gilt also für $|\Delta| \to 0$ bei jedem festen $\eta \in \mathbb{R}^k$ mit $|\eta| = 1$

$$\frac{H(\vartheta_0, \vartheta_0 + |\Delta|\eta) - H(\vartheta_0, \vartheta_0)}{|\Delta|} \to \frac{1}{2\sqrt{2}} \|\eta^\top \dot{L}_{\vartheta_0}\|_{\mathbb{L}_2(\vartheta_0)} = \frac{1}{2\sqrt{2}} \sqrt{\eta^\top \mathscr{J}(\vartheta_0)\eta}\,.$$

Um zusätzliche Integrierbarkeitsforderungen zu vermeiden, gingen wir in der Definition 1.187 von der Funktion $\vartheta \mapsto r(L_{\vartheta_0,\vartheta}^{1/r} - 1)$ aus. Sind die betreffenden Integrierbarkeitsforderungen jedoch erfüllt, so ist es häufig einfacher, (1.8.36–37) entsprechende Bedingungen an die – bis auf Glieder höherer Ordnung übereinstimmende – Funktion $\vartheta \mapsto L_{\vartheta_0,\vartheta} - 1$ zu verifizieren:

Satz 1.199 *Es sei $\mathfrak{P} = \{P_\vartheta : \vartheta \in \Theta\}$ eine k-parametrige* im starken Sinne $\mathbb{L}_r(\vartheta_0)$*-differenzierbare Verteilungsklasse, $r \geqslant 1$, d.h. es gelte $L_{\vartheta_0,\vartheta} \in \mathbb{L}_r(\vartheta_0)$ $\forall \vartheta \in U(\vartheta_0)$, es existiere ein $\check{L}_{\vartheta_0} \in \mathbb{L}_r^k(\vartheta_0)$ mit*

$$\|(L_{\vartheta_0,\vartheta} - 1) - (\vartheta - \vartheta_0)^\top \check{L}_{\vartheta_0}\|_{\mathbb{L}_r(\vartheta_0)} = o(|\vartheta - \vartheta_0|) \tag{1.8.59}$$

für $\vartheta \to \vartheta_0$, und es verschwinden die P_{ϑ_0}-singulären Anteile von der Ordnung r. Dann ist $\mathfrak{P}$ $\mathbb{L}_r(\vartheta_0)$-differenzierbar und zwar mit Ableitung $\dot{L}_{\vartheta_0}(x) = \check{L}_{\vartheta_0}(x)$ $[P_{\vartheta_0}]$.

Beweis: Durch Anwendung der Minkowski-Ungleichung ergibt sich

$$\begin{aligned} &\|r(L_{\vartheta_0,\vartheta}^{1/r} - 1) - (\vartheta - \vartheta_0)^\top \check{L}_{\vartheta_0}\|_{\mathbb{L}_r(\vartheta_0)} \\ &\leqslant \left\| [(L_{\vartheta_0,\vartheta} - 1) - (\vartheta - \vartheta_0)^\top \check{L}_{\vartheta_0}]\; r\,\frac{L_{\vartheta_0,\vartheta}^{1/r} - 1}{L_{\vartheta_0,\vartheta} - 1} \right\|_{\mathbb{L}_r(\vartheta_0)} \\ &\quad + \left\| (\vartheta - \vartheta_0)^\top \check{L}_{\vartheta_0} \left[r\,\frac{L_{\vartheta_0,\vartheta}^{1/r} - 1}{L_{\vartheta_0,\vartheta} - 1} - 1 \right] \right\|_{\mathbb{L}_r(\vartheta_0)}. \end{aligned}$$

Nun folgt einerseits aus (1.8.59) für $\vartheta \to \vartheta_0$ mit dem Satz von Vitali $L_{\vartheta_0,\vartheta}(x) \to 1$ nach P_{ϑ_0}-WS; andererseits ist die durch

$$g(y) := r\,\frac{y^{1/r} - 1}{y - 1} \quad \text{für } y \neq 1, \quad g(1) := 1,$$

definierte Funktion $g: [0, \infty) \to (0, \infty)$ stetig und beschränkt. Somit strebt der erste Summand wegen (1.8.59) und der zweite Summand nach dem Satz von Lebesgue gegen 0. □

Beispiel 1.200 Seien $F \in \mathfrak{M}^1(\mathbb{R}, \mathbb{B})$ mit stetiger (ebenfalls mit F bezeichneter) VF und $h: (0,1) \to \mathbb{R}$ eine (hier der Einfachheit halber als beschränkt angenommene) meßbare Funktion mit $\int h \,\mathrm{d}\lambda = 0$; vgl. Kap. 7. Dann wird gemäß

$$\frac{\mathrm{d}F_\vartheta}{\mathrm{d}F}(z) = 1 + \vartheta h(F(z)) \quad [F], \qquad |\vartheta| < [\sup|h|]^{-1},$$

eine durch F dominierte einparametrige Klasse $\mathfrak{F}$ eindimensionaler Verteilungen F_ϑ definiert. Offenbar ist für $\vartheta_0 = 0$ und jedes $r \geqslant 1$ mit $\check{L}(\cdot, \vartheta_0) = h \circ F$ die Beziehung (1.8.59) erfüllt. Damit ist $\mathfrak{F}$ nach Satz 1.199 wegen $h \circ F \in \mathbb{L}_r(\vartheta_0)$ auch $\mathbb{L}_r(\vartheta_0)$-differenzierbar und zwar mit $\dot{L}_{\vartheta_0} = h \circ F$. □

Anmerkung 1.201 Ist die Verteilungsklasse $\mathfrak{P} = \{P_\vartheta : \vartheta \in \Theta\}$ dominiert mit μ-Dichten p_ϑ, so gibt es auch für die Gültigkeit von (1.8.59) hinreichende Bedingungen, die analog denjenigen aus Satz 1.194 sind. Ersetzt man nämlich die dortigen Voraussetzungen 2) und 3) durch

2′) $\qquad \nabla p_\vartheta / p_{\vartheta_0} \in \mathbb{L}_r^k(\vartheta_0) \qquad \forall \vartheta \in U(\vartheta_0),$

3′) $\qquad E_{\vartheta_0}\left|\frac{\nabla_i p_\vartheta}{p_{\vartheta_0}}\right|^r \to E_{\vartheta_0}\left|\frac{\nabla_i p_{\vartheta_0}}{p_{\vartheta_0}}\right|^r \qquad$ für $\vartheta \to \vartheta_0,\ i = 1, \ldots, k,$

so folgt mit $L'_{\vartheta_0}(x) := \nabla \log p_{\vartheta_0}(x) = \nabla p_{\vartheta_0}(x)/p_{\vartheta_0}(x)$, falls $p_\vartheta/p_{\vartheta_0} \in \mathbb{L}_r(\vartheta_0) \quad \forall \vartheta \in U(\vartheta_0)$ ist:

$$\frac{1}{|\Delta|^r} \int \left| L_{\vartheta_0, \vartheta_0 + \Delta}(x) - 1 - \Delta^\top L'_{\vartheta_0}(x) \right|^r \mathrm{d}P_{\vartheta_0}(x)$$

$$= \frac{1}{|\Delta|^r} \int \left| \frac{1}{p_{\vartheta_0}(x)} \left[\int_0^1 \Delta^\top \nabla p_{\vartheta_0 + s\Delta}(x)\, \mathrm{d}s - \Delta^\top \nabla p_{\vartheta_0}(x) \right] \right|^r \mathrm{d}P_{\vartheta_0}(x)$$

$$\leqslant \frac{1}{|\Delta|^r} \int \left[\int_0^1 \left| \frac{1}{p_{\vartheta_0}(x)} \left[\Delta^\top (\nabla p_{\vartheta_0 + s\Delta}(x) - \nabla p_{\vartheta_0}(x))\right] \right|^r \mathrm{d}s \right] \mathrm{d}P_{\vartheta_0}(x)$$

$$= \int_0^1 \left[\int \left| \frac{\Delta^\top}{|\Delta|} \left(\frac{\nabla p_{\vartheta_0 + s\Delta}(x)}{p_{\vartheta_0}(x)} - \frac{\nabla p_{\vartheta_0}(x)}{p_{\vartheta_0}(x)} \right) \right|^r \mathrm{d}P_{\vartheta_0}(x) \right] \mathrm{d}s \leqslant \int_0^1 \left\| \frac{\nabla p_{\vartheta_0 + s\Delta}}{p_{\vartheta_0}} - \frac{\nabla p_{\vartheta_0}}{p_{\vartheta_0}} \right\|_{\mathbb{L}_r(\vartheta_0)}^r \mathrm{d}s.$$

Wegen 1), 2′) und 3′) strebt der Integrand des letzten Terms nach dem Satz von Vitali bei jedem festen $s \in [0,1]$ für $\Delta \to 0$ gegen 0 und ist nach der Dreiecksungleichung für hinreichend kleines Δ beschränkt durch $1 + 2^r \|(\nabla p_{\vartheta_0})/p_{\vartheta_0}\|_{\mathbb{L}_r(\vartheta_0)}^r$. Also konvergiert der letzte Term nach dem Satz von Lebesgue gegen 0. Damit gilt (1.8.59). Überdies sind wegen 1) trivialerweise auch die Voraussetzungen aus Satz 1.199 an die P_{ϑ_0}-singulären Anteile erfüllt, so daß $\mathfrak{P}$ auch $\mathbb{L}_r(\vartheta_0)$-differenzierbar ist mit $\dot{L}_{\vartheta_0}(x) = L'_{\vartheta_0}(x) \quad [P_{\vartheta_0}]$.

Bei der Einführung der $\mathbb{L}_r(\vartheta_0)$-Differentiation gingen wir vom DQ aus. Bei dominierten Klassen liegt jedoch die Frage nahe, ob man nicht auch von den (Äquivalenzklassen der) μ-Dichten hätte ausgehen können. Dieses ist wie Satz 1.202 zeigen wird, tatsächlich der Fall. Hiermit wäre überdies der Vorteil verbunden, daß man unabhängig von der speziellen Stelle $\vartheta_0 \in \mathring{\Theta}$ denselben Raum $\mathbb{L}_r(\mu)$ verwenden und damit die singulären Anteile einfacher behandeln könnte; insbesondere ließe sich deren Träger wegen der Dominiertheit gemäß

$$N_{\vartheta_0, \vartheta} = \{x : L_{\vartheta_0, \vartheta}(x) = \infty\} = \{x : p_{\vartheta_0}(x) = 0, p_\vartheta(x) > 0\} \subset \{x : p_{\vartheta_0}(x) = 0\} =: N_{\vartheta_0}$$

als Teilmenge einer von $\vartheta \neq \vartheta_0$ unabhängigen P_{ϑ_0}-Nullmenge wählen.

Abgesehen davon, daß viele Verteilungsklassen nicht dominiert sind, steht diesen Dingen jedoch die Tatsache gegenüber, daß der DQ und nicht die μ-Dichte meist die statistisch relevante Größe ist und (bereits) die (erste) $\mathbb{L}_r(\mu)$-Ableitung von r abhängt.

Auch wenn demgemäß im folgenden ausschließlich die durch Definition 1.187 eingeführte $\mathbb{L}_r(\vartheta_0)$-Differentiation verwendet wird, soll noch gezeigt werden, daß die Forderungen (1.8.36–37) bei dominierten Klassen mit der $\mathbb{L}_r(\mu)$-Differentiation der μ-Dichten äquivalent sind. Dabei heißt eine Klasse von μ-Dichten p_ϑ *an einer Stelle* $\vartheta_0 \in \mathring{\Theta}$ $\mathbb{L}_r(\mu)$-*differenzierbar mit Ableitung* $\dot{p}_{\vartheta_0}(\cdot\,;r)$, falls gilt $\dot{p}_{\vartheta_0}(\cdot\,;r) \in \mathbb{L}_r^k(\mu)$ und für $\vartheta \to \vartheta_0$

$$\| r(p_\vartheta^{1/r} - p_{\vartheta_0}^{1/r}) - (\vartheta - \vartheta_0)^\top \dot{p}_{\vartheta_0}(\cdot\,;r) \|_{\mathbb{L}_r(\mu)} = o(|\vartheta - \vartheta_0|). \tag{1.8.60}$$

Offensichtlich gelten die Aussagen a) und b) von Anmerkung 1.188 sinngemäß. Insbesondere ist auch die $\mathbb{L}_r(\mu)$-Differenzierbarkeit unabhängig von der speziellen Version der μ-Dichten p_ϑ und die $\mathbb{L}_r(\mu)$-Ableitung $\dot{p}_{\vartheta_0}(\cdot\,;r)$ μ-bestimmt. Wir nennen deshalb auch jede Version von $\dot{p}_{\vartheta_0}(\cdot\,;r)$ $\mathbb{L}_r(\mu)$-*Ableitung der* μ-*Dichten* p_ϑ *an der Stelle* ϑ_0. Durch die Verwendung von $p_\vartheta^{1/r}$ an Stelle von p_ϑ werden wieder zusätzliche Integrierbarkeitsforderungen vermieden.

Satz 1.202 *Es seien* $\mathfrak{P} = \{P_\vartheta\colon \vartheta \in \Theta\}$ *eine dominierte k-parametrige Verteilungsklasse mit* μ-*Dichten* p_ϑ *und* $r \geqslant 1$. *Dann gilt für jedes* $\vartheta_0 \in \mathring{\Theta}$:

a) *Sind die* μ-*Dichten* p_ϑ $\mathbb{L}_r(\mu)$-*differenzierbar an der Stelle* ϑ_0 *mit Ableitung* $\dot{p}_{\vartheta_0}(\cdot\,;r)$, *so ist* $\mathfrak{P}$ $\mathbb{L}_r(\vartheta_0)$-*differenzierbar mit Ableitung*

$$\dot{L}_{\vartheta_0}(x) = \dot{p}_{\vartheta_0}(x;r)/p_{\vartheta_0}^{1/r}(x) \quad [P_{\vartheta_0}]. \tag{1.8.61}$$

b) *Ist* $\mathfrak{P}$ $\mathbb{L}_r(\vartheta_0)$-*differenzierbar mit Ableitung* $\dot{L}_{\vartheta_0}$, *so sind die* μ-*Dichten* p_ϑ $\mathbb{L}_r(\mu)$-*differenzierbar an der Stelle* ϑ_0 *mit* $\mathbb{L}_r(\mu)$-*Ableitung*[1])

$$\dot{p}_{\vartheta_0}(x;r) = \dot{L}_{\vartheta_0}(x)\, p_{\vartheta_0}^{1/r}(x) \quad [\mu]. \tag{1.8.62}$$

Beweis: a) Durch Zerlegung des Integrals gemäß $\mathfrak{X} = N_{\vartheta_0}^c + N_{\vartheta_0}$ ergibt sich wegen $p_{\vartheta_0}(x) > 0$ für $x \in N_{\vartheta_0}^c$ analog (1.8.8)

$$\begin{aligned} &\| r(p_\vartheta^{1/r} - p_{\vartheta_0}^{1/r}) - (\vartheta - \vartheta_0)^\top \dot{p}_{\vartheta_0}(\cdot\,;r) \|_{\mathbb{L}_r(\mu)}^r \\ &= \left\| r(L_{\vartheta_0,\vartheta}^{1/r} - 1) - (\vartheta - \vartheta_0)^\top \frac{\dot{p}_{\vartheta_0}(\cdot\,;r)}{p_{\vartheta_0}^{1/r}} \right\|_{\mathbb{L}_r(\vartheta_0)}^r \\ &\quad + \left\| 1\!\!1_{N_{\vartheta_0}} [r p_\vartheta^{1/r} - (\vartheta - \vartheta_0)^\top \dot{p}_{\vartheta_0}(\cdot\,;r)] \right\|_{\mathbb{L}_r(\mu)}^r \end{aligned} \tag{1.8.63}$$

Aus der $\mathbb{L}_r(\mu)$-Differenzierbarkeit von p_ϑ an der Stelle ϑ_0, d.h. dem Verschwinden der linken Seite von (1.8.63) für $\vartheta \to \vartheta_0$ von der Ordnung r, folgt also (1.8.36) mit $\dot{L}_{\vartheta_0}$ gemäß (1.8.61) sowie die Gültigkeit von

$$\int_{N_{\vartheta_0}} \left| r \frac{p_\vartheta^{1/r}(x)}{|\vartheta - \vartheta_0|} - \frac{(\vartheta - \vartheta_0)^\top}{|\vartheta - \vartheta_0|} \dot{p}_{\vartheta_0}(x;r) \right|^r d\mu = o(1). \tag{1.8.64}$$

Hieraus ergibt sich mit der Markov-Ungleichung für $\vartheta \to \vartheta_0$

$$r \frac{p_\vartheta^{1/r}(x)}{|\vartheta - \vartheta_0|} 1\!\!1_{N_{\vartheta_0}}(x) - \frac{(\vartheta - \vartheta_0)^\top}{|\vartheta - \vartheta_0|} \dot{p}_{\vartheta_0}(x;r)\, 1\!\!1_{N_{\vartheta_0}}(x) \underset{\mu}{\to} 0. \tag{1.8.65}$$

---

[1]) Es ist also insbesondere $\dot{p}_{\vartheta_0}(x;r) = 0 \quad [\mu]$ für alle x mit $p_{\vartheta_0}(x) = 0$.

Bei Beschränkung auf Werte $\vartheta = \vartheta_0 + \Delta\eta$ mit festem $\eta \in \mathbb{R}^k$ und variablem $\Delta \in \mathbb{R}$ nimmt der zweite Summand der linken Seite von (1.8.65) nur zwei Werte an, und zwar solche unterschiedlichen Vorzeichens, während der erste Summand stets nicht-negativ ist. Also muß gelten

$$\eta^{\top} \dot{p}_{\vartheta_0}(x;r) \mathbb{1}_{N_{\vartheta_0}}(x) = 0 \quad [\mu] \qquad \forall \eta \in \mathbb{R}^k \qquad \text{und damit} \qquad \dot{p}_{\vartheta_0}(x;r) \mathbb{1}_{N_{\vartheta_0}}(x) = 0 \quad [\mu].$$

Aus (1.8.64) folgt damit $P_\vartheta(N_{\vartheta_0}) = \int p_\vartheta(x) \mathbb{1}_{N_{\vartheta_0}}(x) \, \mathrm{d}\mu = o(|\vartheta - \vartheta_0|^r)$, also (1.8.37).

b) Umgekehrt besagt (1.8.62) wegen $\dot{p}_{\vartheta_0}(x;r) = 0 \quad [\mu]$ für $x \in N_{\vartheta_0}$

$$\dot{p}_{\vartheta_0}(x;r) = \dot{L}_{\vartheta_0}(x) \, p_{\vartheta_0}^{1/r}(x) \mathbb{1}_{N_{\vartheta_0}^c}(x) \quad [\mu].$$

Also ergibt sich (1.8.60) wegen (1.8.63) aus (1.8.36–37). □

Es sei noch angemerkt, daß die durch (1.8.60) erklärte Ableitung $\dot{p}_{\vartheta_0}(\cdot\,;r)$ gerade die übliche (Fréchet-)Ableitung[1]) (im Punkte ϑ_0) der Funktion $\vartheta \mapsto r(p_\vartheta^{1/r} - p_{\vartheta_0}^{1/r})$ – aufgefaßt als Abbildung von $\Theta \subset \mathbb{R}^k$ in $\mathbb{L}_r(\mu)$ – ist. Mit diesem Differentiationsbegriff lassen sich nun in üblicher Weise auch deren höhere $\mathbb{L}_r(\mu)$-Ableitungen definieren. Gilt sogar $p_\vartheta \in \mathbb{L}_r(\mu)$, so kann man analog auch die höheren starken $\mathbb{L}_r(\mu)$-Ableitungen durch die entsprechenden höheren (Fréchet-)Ableitungen der Funktion $\vartheta \mapsto p_\vartheta$ erklären. Weiter läßt sich jeder dieser Ableitungsbegriffe – in Umkehrung der bisherigen Vorgehensweise und in Verallgemeinerung des Sachverhalts von Satz 1.202 – zur Grundlage einer allgemeinen Definition m-ter (starker) $\mathbb{L}_r(\vartheta_0)$-Ableitungen von DQ machen. Hierauf soll aber nicht weiter eingegangen werden. Dagegen sei noch erwähnt, daß die Existenz der obigen starken m-ten Ableitungen für Dichten die Gültigkeit einer Taylorentwicklung der Länge m implizieren. Im Spezialfall $k = 1$, $\mu = P_{\vartheta_0}$, $p_\vartheta = L_{\vartheta_0,\vartheta} \in \mathbb{L}_2(\vartheta_0)$ folgt dann etwa aus der Existenz der starken $\mathbb{L}_2(\vartheta_0)$-Ableitungen $p_\vartheta^{(i)} := p_\vartheta^{(i)}(\cdot\,;2)$ für $i = 1, \ldots, m$ die Beziehung

$$p_\vartheta = 1 + (\vartheta - \vartheta_0)\,\dot{p}_{\vartheta_0} + \frac{1}{2}(\vartheta - \vartheta_0)^2\,\ddot{p}_{\vartheta_0} + \ldots + \frac{1}{m!}(\vartheta - \vartheta_0)^m p_{\vartheta_0}^{(m)} + R_{\vartheta_0,\vartheta}^{(m)} \tag{1.8.66}$$

mit $\| R_{\vartheta_0,\vartheta}^{(m)} \|_{\mathbb{L}_2(\vartheta_0)} = o(|\vartheta - \vartheta_0|^m)$ für $\vartheta \to \vartheta_0$.

Aufgabe 1.46 Für festes $\delta > 1$ und $\vartheta \in \Theta := [-(2/3)^{1/\delta}, (2/3)^{1/\delta}]$ seien Verteilungen $P_\vartheta \in \mathfrak{M}^1(\mathbb{R}, \mathbb{B})$ definiert durch ihre λ-Dichten

$$p_\vartheta(x) = [1 - 6|\vartheta|^\delta x(1-x)] \mathbb{1}_{(0,1)}(x) + |\vartheta|^{\delta-1} \mathbb{1}_{[1, 1+|\vartheta|)}(x) \quad \text{und} \quad \vartheta_0 := 0.$$

Man zeige:

a) Für alle $r \geqslant 1$ ist (1.8.36) erfüllt mit $\dot{L}_{\vartheta_0} = 0 \quad [P_{\vartheta_0}]$.

b) (1.8.37) ist genau dann erfüllt, wenn gilt $r \in [1, \delta)$.

Aufgabe 1.47 Man zeige: a) Ist $\mathfrak{P} \subset \mathfrak{M}^1(\mathfrak{X}, \mathfrak{B})$ $\mathbb{L}_1(\vartheta_0)$-differenzierbar, so ist $\mathfrak{P}$ auch stetig im Sinne der Totalvariation (1.6.93).

b) Die Klasse der translatierten gedächtnislosen Verteilungen mit den λ-Dichten $p_\vartheta(x) = \exp[-(x-\mu)] \mathbb{1}_{[\mu,\infty)}(x)$, $\vartheta = \mu \in \mathbb{R}$, ist in jedem Punkt $\vartheta_0 \in \mathbb{R}$ stetig bzgl. der Totalvariation, aber in keinem Punkte $\mathbb{L}_1(\vartheta_0)$-differenzierbar.

---

[1]) Für eine detaillierte Diskussion des hier angesprochenen Fragenkreises vgl. J. Dieudonné: Grundzüge der modernen Analysis I, Braunschweig, 1971, S. 181–185, 191–192.

Aufgabe 1.48 Die Klassen $\{P_\vartheta: \vartheta \in \Theta\} \subset \mathfrak{M}^1(\mathfrak{X}, \mathfrak{B})$ bzw. $\{Q_\vartheta: \vartheta \in \Theta\} \subset \mathfrak{M}^1(\mathfrak{X}, \mathfrak{B})$ seien $\mathbb{L}_r(\vartheta)$-differenzierbar mit Ableitung $\dot{L}_\vartheta$ bzw. $\dot{K}_\vartheta$, $r \geq 1$. Ist dann für $\alpha, \beta > 0$, $\alpha + \beta = 1$, auch $\{\alpha P_\vartheta + \beta Q_\vartheta: \vartheta \in \Theta\}$ $\mathbb{L}_r(\vartheta)$-differenzierbar?

Aufgabe 1.49 $\mathfrak{P} = \{P_\vartheta: \vartheta \in \Theta\} \subset \mathfrak{M}^1(\mathfrak{X}, \mathfrak{B})$ sei $\mathbb{L}_2(\vartheta_0)$-differenzierbar mit Informationsmatrix $\mathscr{I}^X(\vartheta_0)$; $\Theta \subset \mathbb{R}^k$. Sei $T: (\mathfrak{X}, \mathfrak{B}) \to (\mathfrak{T}, \mathfrak{D})$ eine Statistik und $\mathscr{I}^T(\vartheta_0)$ die Informationsmatrix der induzierten Verteilungsklasse $\mathfrak{P}^T = \{P_\vartheta^T: \vartheta \in \Theta\}$. Man zeige, daß im Sinne der Löwner-Ordnung aus 1.3.1 gilt: $\mathscr{I}^X(\vartheta_0) \geq \mathscr{I}^T(\vartheta_0)$.

Aufgabe 1.50 $\mathfrak{P} = \{P_\vartheta: \vartheta \in \Theta\} \subset \mathfrak{M}^1(\mathfrak{X}, \mathfrak{B})$ mit $\Theta \subset \mathbb{R}$ und (der Einfachheit halber) paarweise äquivalenten Verteilungen heißt im Punkt ϑ_0 *Pfanzagl-differenzierbar mit Ableitung* $\dot{L}_{\vartheta_0} \in \mathbb{L}_2(\vartheta_0)$, falls für $R_{\vartheta_0, \vartheta} := L_{\vartheta_0, \vartheta} - 1 - (\vartheta - \vartheta_0) \dot{L}_{\vartheta_0}$ gilt

$$E_{\vartheta_0} R^2_{\vartheta_0, \vartheta} \mathbb{1}_{[0,1]}(|R_{\vartheta_0, \vartheta}|) = o((\vartheta - \vartheta_0)^2), \quad E_{\vartheta_0} |R_{\vartheta_0, \vartheta}| \mathbb{1}_{(1, \infty)}(|R_{\vartheta_0, \vartheta}|) = o((\vartheta - \vartheta_0)^2).$$

Man zeige: $\mathfrak{P}$ ist im Punkte ϑ_0 Pfanzagl-differenzierbar genau dann, wenn $\mathfrak{P}$ $\mathbb{L}_2(\vartheta_0)$-differenzierbar ist und zwar mit derselben Ableitung.

Hinweis zu „$\Leftarrow$“: Man setze $\tilde{R}_{\vartheta_0, \vartheta} := 2(L^{1/2}_{\vartheta_0, \vartheta} - 1) - (\vartheta - \vartheta_0) \dot{L}_{\vartheta_0}$ und $\delta_{\vartheta_0, \vartheta} = (L^{1/2}_{\vartheta_0, \vartheta} - 1)^2$; dann gilt $R_{\vartheta_0, \vartheta} = \delta_{\vartheta_0, \vartheta} + \tilde{R}_{\vartheta_0, \vartheta}$. Um von $\tilde{R}_{\vartheta_0, \vartheta}$ zu $R_{\vartheta_0, \vartheta}$ übergehen zu können, überlege man sich, daß $\forall M > 0$ gilt:

$$E_{\vartheta_0}(\delta^2_{\vartheta_0, \vartheta} \mathbb{1}_{[0,M]}(\delta_{\vartheta_0, \vartheta})) = o((\vartheta - \vartheta_0)^2), \quad E_{\vartheta_0} \mathbb{1}_{(M, \infty)}(\delta_{\vartheta_0, \vartheta}) = O((\vartheta - \vartheta_0)^2),$$

$$E_{\vartheta_0}(\delta_{\vartheta_0, \vartheta} \mathbb{1}_{(M, \infty)}(\delta_{\vartheta_0, \vartheta})) = o((\vartheta - \vartheta_0)^2).$$

Hinweis zu „$\Rightarrow$“: Man ersetze $L_{\vartheta_0, \vartheta}$ durch

$$\bar{L}_{\vartheta_0, \vartheta} := [1 + (\vartheta - \vartheta_0) \dot{L}_{\vartheta_0} + R_{\vartheta_0, \vartheta} \mathbb{1}_{[0,1]}(|R_{\vartheta_0, \vartheta}|)]^+$$

und zeige, daß $\bar{L}_{\vartheta_0, \vartheta}$ im starken Sinne $\mathbb{L}_2(\vartheta_0)$-differenzierbar ist (und damit auch im Sinne von $\mathbb{L}_2(\vartheta_0)$).

2 Test- und Schätzprobleme als Optimierungsaufgaben

2.1 Einführung in die Neyman-Pearson-Theorie

Betrachtet wird das Testen zweier Hypothesen **H** und **K**. Abgesehen von letztlich uninteressanten Situationen ist es nicht möglich, die Forderung der Minimierung der Fehler-WS 1. Art und 2. Art simultan zu erreichen. Wie bereits in 1.2.3 bzw. 1.3.1 erwähnt, wendet man deshalb auf das an sich vollkommen symmetrische Zweientscheidungsproblem häufig die folgende unsymmetrische Behandlung an: Unter allen Tests, deren Fehler-WS 1. Art durch eine vorgegebene Irrtums-WS $\alpha \in (0,1)$ beschränkt ist, sucht man einen solchen Test zu bestimmen, der die Fehler-WS 2. Art gleichmäßig minimiert. In 2.1.1 wird gezeigt, daß diese auf J. Neyman und E.S. Pearson zurückgehende Vorgehensweise häufig durch die zugrundeliegende praktische Problemstellung gerechtfertigt ist. Zugleich werden einige in der praktischen Statistik gebräuchliche Sprechweisen eingeführt. In 2.1.2 wird das Grundproblem der Testtheorie, nämlich das Testen zweier einfacher Hypothesen in der Neyman-Pearson-Präzisierung behandelt. Dessen Lösung ermöglicht später die explizite Angabe optimaler Tests für eine Reihe zusammengesetzter einseitiger Hypothesen. In 2.1.3 werden – weitgehend noch auf einer heuristischen Basis – einige Standardtests unter Normalverteilungsannahmen eingeführt. Schließlich werden in 2.1.4 die Separabilitätsaussagen aus 1.6.6 zum Nachweis der Existenz optimaler Tests bei einigen Testproblemen mit zusammengesetzten Hypothesen herangezogen. (Die mathematische Behandlung der Bayes- und Minimax-Tests im Sinne von 1.4.2 wird dagegen erst in 2.3.1 bzw. 2.5.3 erfolgen.)

2.1.1 Signifikanztests

Wir knüpfen an die bereits in 1.2.3 und 1.3.1 eingeführte unsymmetrische Behandlungsweise[1]) von Testproblemen an, bei der zunächst die Fehler 1. Art kontrolliert und dann die Fehler 2. Art minimiert werden. Eine solche ist häufig gerechtfertigt, da vielfach weder die Hypothesen **H** und **K** noch die Konsequenzen aus beiden Arten von Fehlentscheidungen gleichberechtigt sind[2]). So entwickelt man z.B. eine neue Methode I in der Hoffnung, daß

---

[1]) Die Argumentation gilt sinngemäß, wenn man sich auf unverfälschte α-Niveau Tests beschränkt. Dann werden zwar auch die Fehler 2. Art gemäß $1 - E_\vartheta\varphi \leqslant 1 - \alpha \quad \forall \vartheta \in \mathbf{K}$ „kontrolliert", jedoch in wesentlich geringerem Maße als die Fehler 1. Art durch die Forderung $E_\vartheta\varphi \leqslant \alpha \quad \forall \vartheta \in \mathbf{H}$, da im allgemeinen $\alpha < 1/2$ ist.

[2]) Zweientscheidungsproblemen und demgemäß zwei möglichen Arten von Fehlentscheidungen begegnet man bei vielen Fragestellungen des täglichen Lebens: So kann ein Richter einen unschuldigen Angeklagten verurteilen (Fehler 1. Art), aber auch einen tatsächlich schuldigen Angeklagten frei sprechen (Fehler 2. Art). Ein Arzt kann einen kranken Patienten als gesund bezeichnen (Fehler 1. Art), einen gesunden Patienten aber auch als krank behandeln (Fehler 2. Art). Auch die unsymmetrische Behandlung von Zweientscheidungsproblemen ist von dort geläufig: Man

sie qualitativ besser ist als die alte Methode II. Man wird also bestrebt sein, die Gültigkeit der Hypothese **K**: „I ist besser als II" aufgrund einer Beobachtung x zu überprüfen, wobei eine irrtümliche Entscheidung zugunsten der neuen Methode höchstens mit einer WS α getroffen werden soll, wie dies ein α-Niveau Test sicherstellt. Gilt dann $\varphi(x) = 1$, so heißt die Gültigkeit von **K** „statistisch gesichert". Dies besagt natürlich nicht, daß **K** auch tatsächlich gilt; $\varphi(x) = 1$ impliziert nur, daß die Beobachtung x „signifikant unverträglich" mit der Hypothese **H**: „I ist nicht besser als II" ist – also für die Gültigkeit von **K** spricht – und daß eine Fehlentscheidung zugunsten von **K** höchstens mit einer WS α erfolgt. Nur wenn in diesem Sinne I besser ist als II wird man das Forschungsergebnis veröffentlichen, nur dann wird man die Produktion von II durch eine solche von I ersetzen. Ist dagegen $\varphi(x) = 0$, so ist die Beobachtung x mit der Hypothese **H** verträglich. Damit ist die (meist primär interessierende) Gültigkeit der Hypothese **K** zwar nicht ausgeschlossen, aber sie ist durch die Beobachtung x zumindest nicht untermauert.

Häufig ist man deshalb daran interessiert, die Fehler-WS 1. Art gemäß

$$E_\vartheta \varphi \leqslant \alpha \qquad \forall \vartheta \in \mathbf{H} \tag{2.1.1}$$

unter einem zulässigen Wert α zu halten, also das Risiko, eine tatsächlich nicht vorhandene Verbesserung fälschlicherweise als Verbesserung zu propagieren und die Produktion der alten Methode II auf die tatsächlich schlechtere Methode I umzustellen. Erst nach Einhaltung dieser Nebenbedingung wird man versuchen, eine tatsächlich vorhandene Verbesserung nicht zu übersehen; man wird also nur unter der (2.1.1) entsprechenden Nebenbedingung bestrebt sein, die Produktion der alten Methode II durch eine solche der neuen – tatsächlich besseren – Methode I zu ersetzen. Deshalb ist eine Präzisierung des Testproblems vermöge α-Niveau Tests in vielen praktischen Situationen sinnvoll.

In den folgenden Abschnitten wird gezeigt, daß für einseitige Testprobleme bei eindimensionalen Parametern ein gleichmäßig bester α-Niveau Test häufig existiert und mit einer Prüfgröße T: $(\mathfrak{X}, \mathfrak{B}) \to (\bar{\mathbb{R}}, \bar{\mathbb{B}})$ von der Form

$$\varphi(x) = \mathbb{1}_{(c, \infty]}(T(x)) + \gamma(x) \mathbb{1}_{\{c\}}(T(x)) \tag{2.1.2}$$

ist. Sieht man vom *Randomisierungsbereich* $\{T = c\}$ ab, auf dem auch der Wert $\varphi(x) = 1$ möglich ist, so gilt also $\varphi(x) = 1$ genau dann, wenn der aufgrund der Beobachtung x berechnete Wert $T(x)$ der Prüfgröße T größer ist als ein kritischer Wert c, wenn also x in den *kritischen Bereich* $\{T > c\}$ fällt. Dann läßt sich T dahingehend interpretieren, daß $T(x)$ die durch die Beobachtung x dokumentierte Abweichung zwischen den Methoden I und II mißt. Ist $T(x) > c$ und wird c bestimmt gemäß (2.1.1), so nennt man die Abweichung *signifikant zum Niveau* α für die Gültigkeit von **K** oder die Hypothese **K** *statistisch*

---

denke etwa an das Prinzip „in dubio pro reo" in der Rechtssprechung oder an die Tatsache, daß die Nichterkennung einer vorliegenden Krankheit den Tod des Patienten zur Folge haben kann, die Behandlung einer nichtvorhandenen Krankheit häufig aber nur mit materiellen Folgen verbunden ist.

gesichert. Ein solcher Test heißt deshalb auch ein *Signifikanztest*. Ist dagegen $T(x) < c$, so ist die Abweichung $T(x)$ bei der zugelassenen Irrtums-WS α mit der Hypothese **H** verträglich.

Durch einen Signifikanztest für **H** gegen **K** läßt sich *nur* die Gültigkeit von **K** statistisch sichern (nämlich durch $\varphi(x) = 1$), *nicht* dagegen auch die Gültigkeit von **H** (bei $\varphi(x) = 0$). Gemäß (2.1.1) ist nämlich nur die Fehler-WS 1. Art kleiner als ein vorgegebenes α, nicht dagegen auch die Fehler-WS 2. Art. Zwar mag auch die Fehler-WS 2. Art für gewisse ϑ klein sein, vielleicht sogar zahlenmäßig kleiner als der vorgegebene Wert α; insbesondere bei Problemen mit einem stetigen Parameter ϑ gibt es jedoch stets Parameterwerte (etwa in den Beispielen 1.40a bzw. 1.41a die Werte $\mu = \mu_0 + \varepsilon$ bzw. $\pi = \pi_0 + \varepsilon$ mit hinreichend kleinem $\varepsilon > 0$), für welche die Fehler-WS 2. Art auch für den optimalen Test dem Wert $1 - \alpha$ beliebig nahe kommen. Man hat deshalb jeweils die Hypothese, deren Gültigkeit man statistisch sichern will, als **K** zu formulieren. Da man in den Anwendungen meist Abweichungen (Verbesserungen, ...) statistisch sichern will, ist also **H** meist diejenige Hypothese, die besagt, daß keine Abweichung (Verbesserung, ...) vorliegt. Man bezeichnet deshalb **H** häufig auch als *Nullhypothese* und demgemäß **K** als *Gegenhypothese* oder *Alternative*.

Trifft man die Entscheidung $a_{\mathbf{K}}$, so besagt dies, daß man die Nullhypothese *ablehnt*; der kritische Bereich $\{\varphi = 1\}$, im Falle eines nicht-randomisierten Tests $\varphi = \mathbb{1}_S$ also die Menge S, heißt deshalb auch *Ablehnungsbereich*. Trifft man dagegen die Entscheidung $a_{\mathbf{H}}$ (*Annahme* der Nullhypothese **H**), so besagt dies also *nicht*, daß die Gültigkeit der Nullhypothese statistisch gesichert ist. Vielmehr besagt eine Entscheidung $a_{\mathbf{H}}$ nur, daß x im Rahmen der zugelassenen Fehler-WS 1. Art α nicht im Widerspruch steht zur Hypothese **H**. Die Menge $\{\varphi = 0\}$, im Falle eines nicht-randomisierten Tests $\varphi = \mathbb{1}_S$ also die Menge S^c, heißt deshalb *Annahmebereich*.

Beispiel 2.1 Bei $n = 8$ Überprüfungen einer Methode I haben sich die Werte 9,90; 9,27; 9,97; 9,14; 9,59; 9,38; 10,03; 9,70 ergeben. Die Güte der Methode II sei bekannt und werde durch $\mu_0 = 9{,}40$ charakterisiert. Unter der Annahme, daß die Werte $x_1, \ldots, x_n$ Realisierungen st. u. $\mathfrak{N}(\mu, \sigma_0^2)$-verteilter ZG $X_1, \ldots, X_n$ mit $\sigma_0 = 1/3$ sind, soll bei einem Signifikanzniveau von 5% entschieden werden, ob I besser ist als II, d. h. ob **H**: $\mu \leqslant 9{,}40$ gilt oder **K**: $\mu > 9{,}40$. Für die Prüfgröße des einseitigen Gauß-Tests aus Beispiel 1.40 ergibt sich

$$T_{\sigma_0}(x) = \sqrt{8}\,\frac{9{,}60 - 9{,}40}{0{,}333} = 1{,}70 > 1{,}65 = \mathrm{u}_{0{,}05}\,.$$

Unter der angegebenen Modellannahme ist also bei $\alpha = 0{,}05$ die Hypothese **H** abzulehnen; man entscheidet somit, I sei besser als II.

Ist die Verteilungsannahme st. u. $\mathfrak{N}(\mu, \sigma_0^2)$-verteilter ZG mit bekannter Varianz $\sigma_0^2 > 0$ nicht gerechtfertigt, wohl aber diejenige von st. u. $\mathfrak{N}(\mu, \sigma^2)$-verteilten ZG mit unbekanntem $\sigma^2 > 0$, so ist der einseitige t-Test aus Beispiel 1.45 anzuwenden, und es ergibt sich analog zum Fall eines bekannten $\sigma_0^2 > 0$

$$T(x) = \sqrt{8}\,\frac{9{,}60 - 9{,}40}{\sqrt{0{,}69/7}} = 1{,}80 < 1{,}89 = \mathrm{t}_{7;0{,}05}\,.$$

Unter dieser Modellannahme entscheidet man also aufgrund der obigen Beobachtungen, I sei nicht besser als II. Diese Aussage ist somit *nicht* mit $\alpha = 0{,}05$ statistisch gesichert; vielmehr kann ihre

Fehler-WS – in Abhängigkeit von ϑ – bis zu $\sup_{\vartheta \in \mathbf{K}} P_\vartheta(\varphi = 0) = 0{,}95$ betragen. Obwohl also die geschätzte Standardabweichung $\hat{\sigma}(x) = \sqrt{0{,}69/7} = 0{,}314 < 0{,}333 = \sigma_0$ kleiner ist als die zuvor hypothetisch angenommene Standardabweichung und folglich $T(x) > T_{\sigma_0}(x)$ ist, reichen die Beobachtungen jetzt bei einem 5%-Niveau nicht mehr zur Ablehnung von **H** aus. Die Relation $\mathrm{u}_\alpha < \mathrm{t}_{n-1;\alpha}$ der kritischen Werte spiegelt die geringere Schärfe des t-Tests wider, die sich aus der geringeren „Information" über den wahren Wert σ^2, d.h. aus der Streuung von $\hat{\sigma}^2(x)$ um σ^2 erklärt. Die dieser Diskussion zugrundeliegende Vorgehensweise, beim Übergang von einer engeren zu einer weiteren Verteilungsannahme den unbekannten Nebenparameter in der alten Prüfgröße in geeigneter Form zu schätzen, wird in der Praxis häufig angewendet. Abgesehen davon, daß nicht klar ist, ob und gegebenenfalls welche Optimalitätseigenschaft der neue Test besitzt, zeigt die folgende Rechnung, daß bei diesem Vorgehen zumindest der kritische Wert zu ändern ist. Aus $\mathrm{t}_{n-1;\alpha} > \mathrm{u}_\alpha$ und der strengen Isotonie der VF der t_{n-1}-Verteilung bzw. aus Korollar 1.44d folgt nämlich

$$P_{\mu_0,\sigma^2}(T > \mathrm{u}_\alpha) > P_{\mu_0,\sigma^2}(T > \mathrm{t}_{n-1;\alpha}) = \alpha \quad \forall \sigma^2 > 0\,. \qquad \square$$

Bei der Festlegung optimaler α-Niveau Tests für zusammengesetzte Hypothesen verwenden wir häufig die Schlußweisen der folgenden beiden Hilfssätze:

Hilfssatz 2.2 *Ist φ^* ein gleichmäßig bester, auf dem Rand* **J** *α-ähnlicher Test für* **H** *gegen* **K**, *so ist φ^* auch ein unverfälschter α-Niveau Test für* **H** *gegen* **K**.

Beweis: Da der Test $\tilde{\varphi} \equiv \alpha$ die Nebenbedingungen (1.3.22) erfüllt, muß für die gleichmäßig beste Lösung φ^* nach (1.3.21–22) gelten

$$E_\vartheta \varphi^* \leqslant E_\vartheta \tilde{\varphi} = \alpha \quad \forall \vartheta \in \mathbf{H}; \qquad E_\vartheta \varphi^* \geqslant E_\vartheta \tilde{\varphi} = \alpha \quad \forall \vartheta \in \mathbf{K}\,. \qquad \square$$

Hilfssatz 2.3 *Φ' und $\tilde{\Phi}$ seien Teilgesamtheiten von Testfunktionen mit $\Phi' \subset \tilde{\Phi}$. φ^* sei gleichmäßig bester (bzw. gleichmäßig bester unverfälschter) Test bzgl. $\tilde{\Phi}$ und es sei $\varphi^* \in \Phi'$. Dann ist φ^* auch gleichmäßig bester (bzw. gleichmäßig bester unverfälschter) Test bzgl. Φ'.*

Beweis: Wird die Fehler-WS $1 - E_\vartheta\,\varphi$ für $\vartheta \in \mathbf{K}$ (bzw. $E_\vartheta\,\varphi$ für $\vartheta \in \mathbf{H}$) durch den Test φ^* unter allen Tests $\varphi \in \tilde{\Phi}$ minimiert, so trivialerweise auch unter allen Tests $\varphi \in \Phi'$; vgl. Abb.12. $\square$

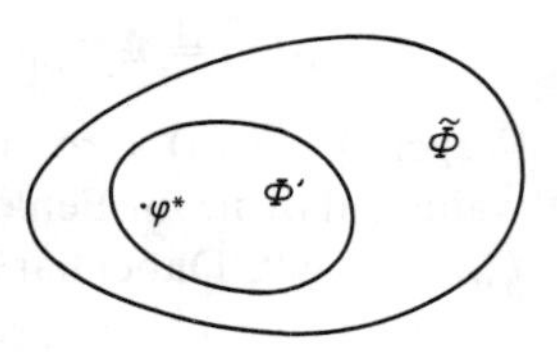

Abb. 12 Zur Optimalität von φ^* bzgl. Φ'

Korollar 2.4 *Ist φ^* ein gleichmäßig bester α-Niveau Test für* **H** *gegen* **K**, *so ist φ^* auch gleichmäßig bester unverfälschter α-Niveau Test für* **H** *gegen* **K**.

Beweis: Durch Vergleich mit dem Test $\tilde{\varphi} \equiv \alpha$ ergibt sich, daß φ^* unverfälscht ist. Mit $\tilde{\Phi}$ als Menge der α-Niveau Tests und Φ' als derjenigen aller unverfälschten α-Niveau Tests folgt die Behauptung aus Hilfssatz 2.3. $\square$

2.1.2 Testen einfacher Hypothesen: Neyman-Pearson-Lemma

Die Präzisierung eines Testproblems als Signifikanztest hat den Vorteil, daß sich optimale Tests für einige wichtige Probleme mit zusammengesetzten Hypothesen konstruktiv angeben lassen. Dieses liegt im wesentlichen daran, daß man jene Probleme auf das *Grundproblem der Testtheorie*, nämlich das Testen zweier einfacher Hypothesen $\mathbf{H} = \{P_0\}$ und $\mathbf{K} = \{P_1\}$ reduzieren und für dieses die Lösung explizit angeben kann: Eine zweielementige Verteilungsklasse $\{P_0, P_1\}$ ist stets dominiert, etwa durch $P_0 + P_1$. Bezeichnen μ ein beliebiges dominierendes Maß und p_0 bzw. p_1 μ-Dichten von P_0 bzw. P_1, so ist ein bester α-Niveau Test festgelegt durch die Optimierungsaufgabe

$$f(\varphi) := \int \varphi(x) p_1(x) \, \mathrm{d}\mu = \sup_{\varphi}, \tag{2.1.3}$$

$$\int \varphi(x) p_0(x) \, \mathrm{d}\mu \leqslant \alpha, \tag{2.1.4}$$

$$\varphi \in \Phi. \tag{2.1.5}$$

Für diese läßt sich eine optimale Lösung bereits heuristisch leicht angeben. Man wird nämlich $\varphi(x)$ möglichst groß, also gleich 1, wählen, wenn der Quotient $p_1(x)/p_0(x)$ hinreichend groß ist und möglichst klein, also gleich 0, wenn dieser Quotient hinreichend klein ist[1]). Insbesondere wird man sich stets für $\mathbf{K}$ entscheiden, wenn $p_1(x) > 0$ und $p_0(x) = 0$ ist; diese Punkte tragen nämlich nur zur Schärfe, nicht aber zum Niveau der Tests $\varphi \in \Phi$ bei. Wir werden in Satz 2.5 zeigen, daß das erste der Integrale unter den angegebenen Nebenbedingungen genau dann maximiert wird, wenn φ in dieser Weise gewählt wird. Ein bester α-Niveau Test für $\{P_0\}$ gegen $\{P_1\}$ beruht somit auf dem DQ von P_1 bzgl. P_0 als Prüfgröße, also gemäß 1.6.1 auf

$$L^*(x) := L_{P_0, P_1}(x) := \frac{p_1(x)}{p_0(x)} \mathbb{1}_{\{p_0 > 0\}}(x) + \infty \mathbb{1}_{\{p_0 = 0, p_1 > 0\}}(x) \tag{2.1.6}$$

oder einer anderen Festlegung $L := L_{P_0, P_1}$ des $P_0 + P_1$-bestimmten DQ von P_1 bzgl. P_0. Ist dieser hinreichend groß, so wird man sich für $\mathbf{K}$ entscheiden. Der Test wird also mit geeigneten s und $\bar{\gamma}$ wählbar sein in der Form

$$\varphi(x) = \mathbb{1}_{(s, \infty]}(L(x)) + \bar{\gamma} \mathbb{1}_{\{s\}}(L(x)). \tag{2.1.7}$$

Wegen $0 \leqslant L(x) < \infty \quad [P_0]$ lassen sich nach Satz 1.38 Zahlen $s \in [0, \infty)$ und $\bar{\gamma} \in [0,1]$ so wählen, daß die für Fehler 1. Art zugelassene Irrtums-WS $\alpha \in (0,1)$ ausgeschöpft wird, also $E_0 \varphi = \alpha$ gilt. Dabei hat die Tatsache, daß die Randomisierung konstant gewählt wurde,

---

[1]) Im Spezialfall zweier diskreter Verteilungen läßt sich dieses Problem wie folgt veranschaulichen: Ein rational handelnder Käufer hat eine bestimmte Geldmenge α zur Verfügung, für die er möglichst viele nützliche Gegenstände kaufen will. Er vergleicht dazu bei jedem Gegenstand x den Nutzwert $p_1(x)$ mit dem Geldwert $p_0(x)$ und kauft dann zunächst diejenigen Gegenstände, bei denen der relative Nutzen, also die Prüfgröße (2.1.6), möglichst groß ist. Hiermit fährt er solange fort, wie der Wert α dies zuläßt. Im Gegensatz zum Statistiker hat der Käufer jedoch nicht die Möglichkeit zum Randomisieren, um den ihm zur Verfügung stehenden Geldbetrag stets voll ausschöpfen zu können.

auf die Schärfe keinen Einfluß[1]). Um den Wert ∞ der Prüfgröße zu vermeiden, schreibt man vielfach den Test (2.1.7) auch in der Form

$$\varphi(x) = \mathbb{1}_{\{p_1 > sp_0\}}(x) + \bar{\gamma}\,\mathbb{1}_{\{p_1 = sp_0\}}(x).$$

Mit L^* gemäß (2.1.6) gilt nämlich für eine beliebige Festlegung L des DQ nach Satz 1.110 für jedes $s \in \mathbb{R}$

$$\{L > s\} = \{L^* > s\} = \{p_1 > sp_0\} \qquad [P_0 + P_1]. \tag{2.1.8}$$

Wir kommen nun zum Beweis des auch als Fundamentallemma bezeichneten

Satz 2.5 (Neyman-Pearson-Lemma für α-Niveau Tests) *Es seien $P_0, P_1 \in \mathfrak{M}^1(\mathfrak{X}, \mathfrak{B})$ und L ein DQ von P_1 bzgl. P_0. Dann gilt für das Testen der einfachen Hypothese $\mathbf{H} = \{P_0\}$ gegen die einfache Hypothese $\mathbf{K} = \{P_1\}$ zu vorgegebenem Niveau*[2]) $\alpha \in (0,1)$, *also für das Testproblem* (2.1.3–5):

a) *Es gibt einen besten α-Niveau Test φ^*, nämlich den Test*

$$\varphi^*(x) = \mathbb{1}_{\{L > s\}}(x) + \bar{\gamma}\,\mathbb{1}_{\{L = s\}}(x), \tag{2.1.9}$$

wobei s das α-Fraktil der Verteilung P_0^L und die konstante Randomisierung $\bar{\gamma}$ gemäß (1.2.57) *bestimmt ist. Für diesen Test gilt $E_0\varphi^* = \alpha$.*

b) *Hinreichend und notwendig für die Optimalität eines Test $\varphi \in \Phi_\alpha := \{\varphi \in \Phi\colon E_0\varphi \leqslant \alpha\}$ ist: Es gibt eine Zahl $s \geqslant 0$ mit*

$$\varphi(x) = \begin{cases} 1 & \textit{für } L(x) > s \\ 0 & \textit{für } L(x) < s \end{cases} \qquad [P_0 + P_1] \tag{2.1.10}$$

und es gilt

$$s > 0 \quad \textit{und} \quad E_0\varphi = \alpha \tag{2.1.11}$$

oder[3])

$$s = 0 \quad \textit{und} \quad E_0\varphi \leqslant \alpha. \tag{2.1.12}$$

Beweis: Wir zeigen zunächst, daß sich (2.1.10) äquivalent mit Dichten p_0 und p_1 bzgl. eines beliebigen P_0 und P_1 dominierenden Maßes μ formulieren läßt und zwar gemäß

$$\varphi(x) = \begin{cases} 1 & \text{für } p_1(x) > sp_0(x) \\ 0 & \text{für } p_1(x) < sp_0(x) \end{cases} \qquad [\mu]. \tag{2.1.13}$$

Bezeichnet nämlich L^* die spezielle Festlegung (1.6.29) des DQ (bei Verwenden dieser μ-Dichten p_0 und p_1), so läßt sich wegen (2.1.8) in (2.1.10) $L(x)$ äquivalent durch $L^*(x)$

---

[1]) Vgl. Aufgabe 2.1. Diese Aussage folgt auch aus Satz 2.5 b, da ein Test mit (2.1.10) und (2.1.11) oder (2.1.12) optimal ist unabhängig von seinen Werten auf $\{L = s\}$.

[2]) Die entsprechenden Aussagen für $\alpha = 0$ und $\alpha = 1$ lassen sich durch Sonderbetrachtungen beweisen. Dabei ist das α-Fraktil wie in Definition 1.16 erklärt.

[3]) Ein bester α-Niveau Test $\tilde{\varphi}$ schöpft also das zugelassene Niveau α aus im Sinne von $E_0\tilde{\varphi} = \alpha$, es sei denn es gilt $s = 0$ und damit $E_1\tilde{\varphi} = 1$; vgl. auch Korollar 2.6c + d.

ersetzen und damit $L(x) \gtrless s$ durch $p_1(x) \gtrless sp_0(x)$. Somit ergibt sich (2.1.10) trivialerweise aus (2.1.13). Ist umgekehrt (2.1.10) erfüllt, d.h. gilt

$$\varphi(x) = \begin{cases} 1 & \text{für } p_1(x) > sp_0(x) \\ 0 & \text{für } p_1(x) < sp_0(x) \end{cases} \quad \forall x \in N^c\colon (P_0 + P_1)(N) = 0,$$

so folgt wegen der Striktheit der beiden Ungleichungen

$$\varphi(x) = \begin{cases} 1 & \text{für } p_1(x) > sp_0(x) \\ 0 & \text{für } p_1(x) < sp_0(x) \end{cases} \quad \forall x \in \tilde{N}^c := N^c \cup \{p_0 = 0 \text{ und } p_1 = 0\}.$$

Für die hierdurch definierte Ausnahmemenge $\tilde{N}$ gilt aber $\mu(\tilde{N}) = 0$, denn aus

$$0 = (P_0 + P_1)(\tilde{N}) = \int_{\tilde{N}} (p_0(x) + p_1(x))\, d\mu \quad \text{folgt} \quad \int_{\tilde{N}} p_0(x)\, d\mu = 0 \quad \textit{und} \quad \int_{\tilde{N}} p_1(x)\, d\mu = 0,$$

wegen $\tilde{N} = N \cap \{p_0 > 0 \text{ } \textit{oder } p_1 > 0\}$ also auch $\mu(\tilde{N}) = 0$.

Beim folgenden Beweis wird zunächst in b1) eine obere Schranke für die Zielfunktion $f(\varphi) = E_1 \varphi$ des Testproblems (2.1.3–5) angegeben. Diese wird genau dann angenommen, wenn (2.1.10) sowie (2.1.11) oder (2.1.12) erfüllt ist. Folglich sind diese Bedingungen hinreichend, wegen der Existenzaussage a) dann aber auch notwendig zur Optimalität von $\varphi \in \Phi$, wie in b2) gezeigt wird.

b1) (Hinreichend) Bei festem $s \geqslant 0$ sei $v_s(x) := p_1(x) - sp_0(x)$. Dann gilt für jeden Test $\varphi \in \Phi$ unter Verwendung der Nebenbedingungen (2.1.4 + 5)

$$\begin{aligned} E_1 \varphi &= \int \varphi(x) p_1(x)\, d\mu = \int \varphi(x) v_s(x)\, d\mu + s \int \varphi(x) p_0(x)\, d\mu \\ &= \int \varphi(x) v_s^+(x)\, d\mu - \int \varphi(x) v_s^-(x)\, d\mu + sE_0 \varphi \leqslant \int v_s^+(x)\, d\mu + s\alpha =: g(s). \end{aligned} \tag{2.1.14}$$

Also ist $g(s)$ für jedes $s \geqslant 0$ – und damit $\inf\{g(s)\colon s \geqslant 0\}$ – eine obere Schranke für $E_1 \varphi$. Ein Test $\varphi \in \Phi_\alpha$ ist somit optimal, wenn eine dieser Schranken angenommen wird, wenn es also ein $s \geqslant 0$ gibt derart, daß das „$\leqslant$" in (2.1.14) ein „$=$" ist. Dieses liegt genau dann vor, falls gilt

$$\begin{aligned} &\int \varphi(x) v_s^+(x)\, d\mu = \int v_s^+(x)\, d\mu, && \text{d.h. wenn} \quad v_s^+(x) > 0 \Rightarrow \varphi(x) = 1 \quad [\mu], \\ &\int \varphi(x) v_s^-(x)\, d\mu = 0, && \text{d.h. wenn} \quad v_s^-(x) > 0 \Rightarrow \varphi(x) = 0 \quad [\mu], \\ &sE_0 \varphi = s\alpha, && \text{d.h. wenn} \quad s > 0 \Rightarrow E_0 \varphi = \alpha. \end{aligned}$$

Bei der speziellen Gestalt von $v_s(x)$ ergeben sich hieraus die Bedingungen (2.1.10) bzw. (2.1.13) sowie (2.1.11) bzw. (2.1.12).

a) Für die Prüfgröße L gilt $L \geqslant 0$ und $L < \infty \quad [P_0]$. Nach Satz 1.38 gibt es somit Zahlen $s \in [0, \infty)$ und $\bar{\gamma} \in [0, 1]$ derart, daß $E_0 \varphi^* = \alpha$ gilt. Der so festgelegte Test φ^* erfüllt die hinreichenden Bedingungen aus b) und ist somit optimal.

b2) (Notwendig) Nachdem in a) die Existenz zulässiger Lösungen $\varphi^* \in \Phi$ und $s \geqslant 0$ mit $E_1 \varphi^* = g(s)$ gezeigt wurde, ist die Gültigkeit von $E_1 \varphi = g(s)$ und damit nach b1) diejenige von (2.1.10) sowie diejenige von (2.1.11) oder (2.1.12) auch notwendig für die Optimalität eines Tests $\varphi \in \Phi_\alpha$. □

Korollar 2.6 *Für die Schärfe* $\beta^* := E_1 \varphi^*$ *eines besten Tests* φ^* *für* $\mathbf{H} = \{P_0\}$ *gegen* $\mathbf{K} = \{P_1\}$ *zu vorgegebenem Niveau* $\alpha \in (0,1)$ *gilt:*

a) $\beta^* \geqslant \alpha$,

b) $P_0 \neq P_1 \quad \Rightarrow \beta^* > \alpha$,

c) $E_0\varphi^* < \alpha \quad \Rightarrow \beta^* = 1$, *also* $\beta^* < 1 \Rightarrow E_0\varphi^* = \alpha$,

d) $P_0 \ll P_1 \quad \Rightarrow \beta^* < 1$ *und damit* $E_0\varphi^* = \alpha$.

Beweis: a) Da $\tilde{\varphi} \equiv \alpha$ (2.1.11) erfüllt, also $\tilde{\varphi} \in \Phi_\alpha$ gilt, folgt für die Schärfe des besten α-Niveau Tests $\beta^* = E_1 \varphi^* \geqslant E_1 \tilde{\varphi} = \alpha$.

b) Aus $\beta^* = \alpha$ würde folgen, daß $\tilde{\varphi} \equiv \alpha$ bester Test ist. Wegen $\alpha \in (0,1)$ wäre dann nach Satz 2.5b notwendig $p_1(x) = sp_0(x) \quad [\mu]$. Hieraus ergäbe sich $s = 1$ durch Integration bzgl. μ und damit $P_0 = P_1$.

c) Nach Satz 2.5b folgt aus $E_0\varphi^* < \alpha$ zunächst $s = 0$ und damit $\varphi^*(x) = 1$ für $p_1(x) > 0$, also $E_1\varphi^* = 1$. Der Zusatz ergibt sich durch Negation.

d) Wäre $\beta^* = 1$ und $P_1(p_1 = sp_0) > 0$, so müßte zunächst $\bar{\gamma} = 1$ sein, da andernfalls wiederum

$$1 = \beta^* = P_1(p_1 > sp_0) + \bar{\gamma} P_1(p_1 = sp_0) < P_1(p_1 \geqslant sp_0) \leqslant 1$$

wäre. Also würde $1 = \beta^* = E_1\varphi^* = P_1(p_1 \geqslant sp_0)$ gelten und damit wegen $P_0 \ll P_1$ auch $\alpha = E_0\varphi^* = P_0(p_1 \geqslant sp_0) = 1$ in Widerspruch zu $\alpha \in (0,1)$. Bei $\beta^* = 1$ und $P_1(p_1 = sp_0) = 0$ wäre analog $P_1(p_1 > sp_0) = 1$ und damit $P_0(p_1 > sp_0) = 1$ in Widerspruch zu $\alpha \in (0,1)$. □

Aus dem Neyman-Pearson-Lemma folgt insbesondere, daß stets ein bester Test existiert, der die zugelassene Irrtums-WS α ausschöpft und daß jeder beste Test dies tut, falls die Verteilungen P_0 und P_1 äquivalent sind. Die Tatsache, daß es unter den Tests φ mit $E_0\varphi \leqslant \alpha$ immer einen optimalen Test φ^* mit $E_0\varphi^* = \alpha$ gibt, impliziert nach Hilfssatz 2.3 natürlich die Optimalität von φ^* unter allen Tests φ mit $E_0\varphi = \alpha$. Dieser Sachverhalt ist für das folgende wichtig, da es eine Reihe von Fragestellungen gibt, in denen wir die Maximierung von $E_1\varphi$ unter der Nebenbedingung $E_0\varphi = \alpha$ benötigen oder – etwa in 2.2.4 bzw. 2.4.1 – allgemeiner bei Funktionen $q_0, q_1 \in \mathbb{L}_1(\mu)$ mit $q_0 \geqslant 0 \quad [\mu]$ und geeignetem $\alpha \in \mathbb{R}$ eine optimale Lösung von

$$f(\varphi) := \int \varphi(x)\, q_1(x)\, \mathrm{d}\mu = \sup_{\varphi}, \tag{2.1.15}$$

$$\int \varphi(x)\, q_0(x)\, \mathrm{d}\mu = \alpha, \tag{2.1.16}$$

$$\varphi \in \Phi. \tag{2.1.17}$$

Insbesondere im Spezialfall von μ-Dichten p_0, p_1 an Stelle von Funktionen $q_0, q_1 \in \mathbb{L}_1(\mu)$ werden wir jedoch in der Regel die Formulierung $E_0\varphi \leqslant \alpha$ der Nebenbedingung beibehalten, da sie vom Standpunkt der Anwendungen aus die naheliegendere ist: Läßt sich nämlich eine bestimmte Fehler-WS 2. Art bereits durch einen Test φ_1 mit $E_0\varphi_1 < \alpha$ erreichen, so wird man φ_1 einem Test φ_2 mit derselben Fehler-WS 2. Art und $E_0\varphi_2 = \alpha$ vorziehen.

Den engen Zusammenhang der beiden Optimierungsprobleme (2.1.3–5) und (2.1.15–17) zeigt der im folgenden vielfach auch als Fundamentallemma zitierte

Satz 2.7 (Neyman-Pearson-Lemma für α-ähnliche Tests) *Es seien* $\mu \in \mathfrak{M}^\sigma(\mathfrak{X}, \mathfrak{B})$ *und* $q_i \in \mathbb{L}_1(\mu)$ *für* $i = 0{,}1$ *mit* $q_0 \geq 0$. *Weiter seien*[1] $Q_i(B) := \int_B q_i(x)\,\mathrm{d}\mu$, $B \in \mathfrak{B}$, *für* $i = 0{,}1$ *und* $|Q_1|(B) := \int_B |q_1(x)|\,\mathrm{d}\mu$, $B \in \mathfrak{B}$. *Dann gilt zu vorgegebenem* $\alpha \in (0, Q_0(\mathfrak{X}))$ *für das Testproblem* (2.1.15–17):

a) *Es gibt eine optimale Lösung* $\varphi^* \in \Phi(\alpha) := \{\varphi \in \Phi\colon \int \varphi(x) q_0(x)\,\mathrm{d}\mu = \alpha\}$. φ^* *ist mit* $s = \inf\{t\colon Q_0(q_1 > tq_0) \leq \alpha\}$ *von der Form* (2.1.18).

b) *Hinreichend und notwendig für die Optimalität eines Tests* $\varphi \in \Phi(\alpha)$ *ist: Es gibt eine Zahl* $s \in \mathbb{R}$ *mit*

$$\varphi(x) = \begin{cases} 1 & \text{für } q_1(x) > sq_0(x) \\ 0 & \text{für } q_1(x) < sq_0(x) \end{cases} \quad [\mu]. \tag{2.1.18}$$

c) *Der in* a) *angegebene Test und allgemeiner jeder Test der Form* (2.1.18) *mit* $s \geq 0$ *und* $\int \varphi(x) q_0(x)\,\mathrm{d}\mu = \alpha$ *ist auch optimal unter allen Tests* $\varphi \in \Phi$ *mit*

$$\int \varphi(x) q_0(x)\,\mathrm{d}\mu \leq \alpha\,. \tag{2.1.19}$$

Beweis: Wie bei Satz 2.5 geben wir zunächst eine obere Schranke für die Zielfunktion $f(\varphi) := \int \varphi(x) q_1(x)\,\mathrm{d}\mu$ an und zeigen, daß diese genau dann für einen Test $\varphi \in \Phi(\alpha)$ angenommen wird, wenn (2.1.18) gilt. Folglich sind diese Bedingungen hinreichend und – da sich analog Satz 2.5a stets ein solcher Test angeben läßt – auch notwendig zur Optimalität von $\varphi \in \Phi$.

b1) (Hinreichend) Bei $s \in \mathbb{R}$ sei $v_s(x) := q_1(x) - sq_0(x)$. Dann gilt für jedes $\varphi \in \Phi(\alpha)$ und jedes $s \in \mathbb{R}$

$$\begin{aligned} f(\varphi) &= \int \varphi(x) q_1(x)\,\mathrm{d}\mu = \int \varphi(x) v_s(x)\,\mathrm{d}\mu + s\int \varphi(x) q_0(x)\,\mathrm{d}\mu \\ &= \int \varphi(x) v_s^+(x)\,\mathrm{d}\mu - \int \varphi(x) v_s^-(x)\,\mathrm{d}\mu + s\alpha \leq \int v_s^+(x)\,\mathrm{d}\mu + s\alpha =: g(s)\,. \end{aligned} \tag{2.1.20}$$

Also gilt $f(\varphi) = g(s)$ für $\varphi \in \Phi$ und $s \in \mathbb{R}$ genau dann, wenn in (2.1.20) das „$\leq$" durch ein „$=$" ersetzt werden kann. Dies ist äquivalent mit

$$\int \varphi(x) v_s^+(x)\,\mathrm{d}\mu = \int v_s^+(x)\,\mathrm{d}\mu, \qquad \text{d.h. mit} \quad v_s^+(x) > 0 \;\Rightarrow\; \varphi(x) = 1 \quad [\mu]$$

$$\int \varphi(x) v_s^-(x)\,\mathrm{d}\mu = 0, \qquad \text{d.h. mit} \quad v_s^-(x) > 0 \;\Rightarrow\; \varphi(x) = 0 \quad [\mu].$$

a) Analog Satz 1.38 gibt es Zahlen $s \in \mathbb{R}$ und $\bar{\gamma} \in [0,1]$ sowie einen Test φ der Form $\varphi(x) = \mathbb{1}_{\{q_1 > sq_0\}}(x) + \bar{\gamma}\,\mathbb{1}_{\{q_1 = sq_0\}}(x)$ mit

$$\int \varphi(x) q_0(x)\,\mathrm{d}\mu = Q_0(q_1 > sq_0) + \bar{\gamma}\, Q_0(q_1 = sq_0) = \alpha\,.$$

---

[1]) Es ist also $Q_0 \in \mathfrak{M}^e(\mathfrak{X}, \mathfrak{B})$ sowie Q_1 ein endliches signiertes Maß über $(\mathfrak{X}, \mathfrak{B})$ mit der Jordan-Hahn-Zerlegung $Q_1 = Q_1^+ - Q_1^-$ und dem Totalvariationsmaß $|Q_1| = Q_1^+ + Q_1^-$, wobei $Q_1^+(B) = \int_B q_1^+(x)\,\mathrm{d}\mu$, $B \in \mathfrak{B}$, bzw. $Q_1^-(B) = \int_B q_1^-(x)\,\mathrm{d}\mu$, $B \in \mathfrak{B}$, ist. – Satz 2.7 läßt sich wie Satz 2.5 formulieren, wenn man zu vorgegebenem $Q_0 \in \mathfrak{M}^e(\mathfrak{X}, \mathfrak{B})$ und endlichen signierten Maßen Q_1 über $(\mathfrak{X}, \mathfrak{B})$ μ-Dichten q_0 und $q_1 = q_1^+ - q_1^-$ analog Anmerkung 1.106c definiert.

Dieser erfüllt die zur Optimalität hinreichenden Bedingungen aus b).

b2) (Notwendig) Da es nach a) einen optimalen Test $\varphi^* \in \Phi(\alpha)$ und ein $s \in \mathbb{R}$ gibt mit $f(\varphi^*) = g(s)$, ist die Gültigkeit von $f(\varphi) = g(s)$ auch notwendig zur Optimalität eines Tests $\varphi \in \Phi(\alpha)$, nach (2.1.20) also diejenige von (2.1.18).

c) Für jedes $s \geqslant 0$ ist $g(s)$ wegen $s\int \varphi q_0 \, d\mu \leqslant s\alpha$ analog (2.1.20) auch eine obere Schranke von $f(\varphi)$ für alle Tests φ mit (2.1.19). Diese wird angenommen für einen Test $\varphi \in \Phi(\alpha)$ mit (2.1.18). □

Abgesehen von dem Fall, daß die Randomisierungsbereiche $\{p_1 = sp_0\}$ bzw. $\{q_1 = sq_0\}$ das Maß 0 tragen, sind offenbar Aussagen über die Eindeutigkeit eines besten Tests nur unter Zusatzannahmen möglich, z.B. unter der Annahme konstanter Randomisierung; vgl. hierzu etwa Beispiel 2.10a.

Korollar 2.8 *Ein bester Test aus Satz 2.5 bzw. Satz 2.7 mit konstanter Randomisierung ist als solcher $P_0 + P_1$- bzw. $Q_0 + |Q_1|$-bestimmt.*

Beweis: Ändert man im Fall von Satz 2.5 einen Test auf einer $P_0 + P_1$-Nullmenge ab, so werden seine Gütefunktion und damit seine Optimalitätseigenschaften nicht geändert. Umgekehrt ist ein bester Test notwendig von der Form (2.1.10) und der DQ $P_0 + P_1$-bestimmt. Also ist ein bester Test als Test mit konstanter Randomisierung $P_0 + P_1$-bestimmt. – Für beste Tests gemäß Satz 2.7 erfolgt der Beweis analog; vgl. Anmerkung 1.112c. □

Das Testen zweier einfacher Hypothesen ist an sich ohne praktisches Interesse. Die folgenden beiden Beispiele, wie auch die Überlegungen in 2.2.1 und 2.5.2 zeigen jedoch, daß sich für das Testen einseitiger Hypothesen unter gewissen Verteilungsannahmen Hilfsprobleme mit zwei einfachen Hypothesen angeben lassen, deren Lösungen durch zusätzliche Isotonie- und Stetigkeitsbetrachtungen als gleichmäßig beste Tests der Ausgangsprobleme nachgewiesen werden können. Hierfür ist es wichtig, daß die Form (2.1.7) der besten Tests invariant ist gegenüber streng isotonen Transformationen der Prüfgröße. Ist nämlich $h: \bar{\mathbb{R}} \to \bar{\mathbb{R}}$ streng isoton, $T(x) = h(L(x))$ und $c = h(s)$, so läßt sich (2.1.7) auch schreiben als

$$\varphi(x) = \mathbb{1}_{(c,\infty]}(T(x)) + \bar{\gamma}\mathbb{1}_{\{c\}}(T(x)), \tag{2.1.21}$$

wobei c wieder festgelegt werden kann als α-Fraktil der Verteilung von T unter P_0. Durch eine solche Transformation läßt sich häufig erreichen, daß T im Gegensatz zu $L = L_{P_0, P_1}$ unabhängig von P_1 gewählt werden kann und die α-Fraktile von $\mathfrak{L}_{P_0}(T)$ im Gegensatz zu denjenigen von $\mathfrak{L}_{P_0}(L)$ vertafelt sind.

Beispiel 2.9 (Einseitiger Binomialtest) Zum Nachweis, daß der in Beispiel 1.41 heuristisch hergeleitete Test $\varphi^*(x) = \mathbb{1}_{(c,n]}(\sum x_j) + \bar{\gamma}\mathbb{1}_{\{c\}}(\sum x_j)$ mit $c = \mathfrak{B}(n, \pi_0)_\alpha$ und $\bar{\gamma}$ gemäß (1.2.57) gleichmäßig bester α-Niveau Test für die Hypothesen $\mathbf{H}: \pi \leqslant \pi_0$ gegen $\mathbf{K}: \pi > \pi_0$ ist, betrachten wir zunächst als Hilfsproblem das Testen der beiden einfachen Hypothesen $\tilde{\mathbf{H}}: \pi = \pi_0$ gegen $\tilde{\mathbf{K}}: \pi = \pi_1$, wobei $\pi_1 > \pi_0$ sei. Nach dem Fundamentallemma gibt es hierfür einen Test φ^* der Form (2.1.7) mit $E_{\pi_0}\varphi^* = \alpha$; bezeichnet $p_\pi(x)$ die gemeinsame $\#$-Dichte $\pi^{\sum x_j}(1-\pi)^{n-\sum x_j}$, so lautet die Prüfgröße

$$L_{\pi_0,\pi_1}(x) = \frac{p_{\pi_1}(x)}{p_{\pi_0}(x)} = \left(\frac{\pi_1}{\pi_0}\,\frac{1-\pi_0}{1-\pi_1}\right)^{\sum x_j} \left(\frac{1-\pi_1}{1-\pi_0}\right)^n.$$

Diese ist wegen $\pi_1 > \pi_0$ eine isotone Funktion in $T(x) = \sum x_j$ und zwar unabhängig vom speziellen Wert π_1 mit $\pi_1 > \pi_0$. Wegen $\mathfrak{L}_{\pi_0}(T(X)) = \mathfrak{B}(n, \pi_0)$ ergibt sich als Lösung des Hilfsproblems der einseitige Binomialtest φ^* aus Beispiel 1.41 und zwar unabhängig vom speziellen Wert $\pi_1 > \pi_0$. Also ist φ^* ein gleichmäßig bester α-Niveau Test für $\tilde{\mathbf{H}}$: $\pi = \pi_0$ gegen $\mathbf{K}$: $\pi > \pi_0$.

Dieser Test ist aber auch gleichmäßig bester α-Niveau Test für $\mathbf{H}$ gegen $\mathbf{K}$. Einerseits gilt nämlich $\varphi^* \in \Phi_\alpha := \{\varphi \in \Phi\colon\ E_\pi \varphi \leqslant \alpha \quad \forall \pi \leqslant \pi_0\}$, da die Gütefunktion nach Beispiel 1.41 a isoton ist; andererseits gilt offenbar $\Phi_\alpha \subset \tilde{\Phi}_\alpha := \{\varphi \in \Phi\colon E_{\pi_0} \varphi \leqslant \alpha\}$. Da φ^* (gleichmäßig) bester Test ist für $\tilde{\mathbf{H}}$: $\pi = \pi_0$ gegen $\mathbf{K}$: $\pi > \pi_0$, ist φ^* nach Hilfssatz 2.3 auch (gleichmäßig) bester Test für $\mathbf{H}$: $\pi \leqslant \pi_0$ gegen $\mathbf{K}$: $\pi > \pi_0$. □

Typischerweise existieren gleichmäßig beste Tests höchstens für einseitige Hypothesen in einparametrigen Verteilungsklassen. In 2.5.2 wird jedoch ein Beispiel für einen gleichmäßig besten Test für einseitige Hypothesen in einer speziellen zweiparametrigen Verteilungsklasse angegeben. Das folgende Beispiel zeigt, daß es in Ausnahmefällen auch in einer einparametrigen Klasse einen gleichmäßig besten α-Niveau Test für die zweiseitigen Hypothesen $\mathbf{H}$: $\vartheta = \vartheta_0$ gegen $\mathbf{K}$: $\vartheta \neq \vartheta_0$ geben kann.

Beispiel 2.10 Es seien $X_1, \ldots, X_n$ st. u. $\mathfrak{R}(0, \vartheta)$-verteilte ZG, $P_\vartheta := \bigotimes \mathfrak{R}(0, \vartheta)$, $\vartheta > 0$, und $\vartheta_0 > 0$ fest. Gesucht sind gleichmäßig beste α-Niveau Tests für die drei Testprobleme:

a) $\mathbf{H}$: $\vartheta = \vartheta_0$, $\mathbf{K}_1$: $\vartheta > \vartheta_0$; b) $\mathbf{H}$: $\vartheta = \vartheta_0$, $\mathbf{K}_2$: $\vartheta < \vartheta_0$; c) $\mathbf{H}$: $\vartheta = \vartheta_0$, $\mathbf{K}$: $\vartheta \neq \vartheta_0$.

Wie in Beispiel 2.9 betrachten wir zunächst die Hilfsprobleme $\mathbf{H}$: $\vartheta = \vartheta_0$ gegen $\tilde{\mathbf{K}}$: $\vartheta = \vartheta_1$ (mit $\vartheta_1 > \vartheta_0$ bzw. $\vartheta_1 < \vartheta_0$). Für diese ergeben sich Lösungen leicht mit Hilfe des Neyman-Pearson-Lemmas. Hierzu beachte man, daß sich die P_ϑ-WS auf die Menge $\{x\colon 0 \leqslant x_j \leqslant \vartheta \quad \forall j = 1, \ldots, n\}$ konzentriert und daß für $T(x) := \max_j x_j = x_{\uparrow n}$ gilt

$$\mathbb{P}_\vartheta(T(X) \leqslant t) = \mathbb{P}_\vartheta(X_j \leqslant t, j = 1, \ldots, n) = \frac{t^n}{\vartheta^n} \mathbb{1}_{[0,\vartheta]}(t), \quad 0 \leqslant t \leqslant \vartheta;$$

damit lautet eine $\lambda\!\!\lambda$-Dichte $p_\vartheta^T(t) = n \dfrac{t^{n-1}}{\vartheta^n} \mathbb{1}_{[0,\vartheta]}(t)$. Andererseits ist

$$p_\vartheta(x) = \prod_{j=1}^n \frac{1}{\vartheta} \mathbb{1}_{[0,\vartheta]}(x_j) = \frac{1}{\vartheta^n} \mathbb{1}_{[0,\vartheta]}(T(x)) \prod_{j=1}^n \mathbb{1}_{[0,\infty)}(x_j) \quad [\lambda\!\!\lambda^n].$$

a) Für $\vartheta_0 < \vartheta_1$ gilt

$$L(x) = L_{\vartheta_0,\vartheta_1}(x) = \frac{\vartheta_0^n}{\vartheta_1^n} \mathbb{1}_{[0,\vartheta_0]}(T(x)) + \infty \mathbb{1}_{(\vartheta_0,\vartheta_1]}(T(x)) \quad [P_{\vartheta_1}],$$

so daß sich als kritischer Wert $s = \vartheta_0^n/\vartheta_1^n$ ergibt und $\{L = s\} = \{T \leqslant \vartheta_0\}$ gilt. Wegen $P_{\vartheta_0}(L > s) = 0$, $P_{\vartheta_0}(L \geqslant s) = P_{\vartheta_0}(T \leqslant \vartheta_0) = 1$ ist nämlich (1.2.63) für jedes $\alpha \in [0,1]$ erfüllt. Folglich ist nach dem Neyman-Pearson-Lemma jeder beste Test von der Form

$$\varphi(x) = \mathbb{1}_{\{L>s\}}(x) + \gamma(x) \mathbb{1}_{\{L=s\}}(x) = \mathbb{1}_{\{T>\vartheta_0\}}(x) + \gamma(x) \mathbb{1}_{\{T\leqslant\vartheta_0\}}(x) \quad [P_{\vartheta_1}]. \tag{2.1.22}$$

Insbesondere gilt also $\varphi(x) = 1 \quad [P_{\vartheta_1}]$ für $T(x) > \vartheta_0$, da diese Punkte nur zur Schärfe, nicht aber zu der Fehler-WS 1. Art beitragen. Da auf $\{T \leqslant \vartheta_0\}$ beide Dichten (konstant und) positiv sind, ist zur Maximierung von $E_{\vartheta_1}\varphi$ die zugelassene Irrtums-WS α durch die Fehler-WS 1. Art auszuschöpfen, also $\gamma(x)$ festzulegen gemäß $E_{\vartheta_0}\varphi(X) = E_{\vartheta_0}\gamma(X) = \alpha$. Drei mögliche Festsetzungen des besten α-Niveau Tests sind

$$\begin{aligned}
\varphi &= 1\!\!1_{\{T>c\}}, & c &= \vartheta_0 \sqrt[n]{1-\alpha}, \\
\varphi &= 1\!\!1_{\{T>\vartheta_0\}} + 1\!\!1_{\{T<c\}}, & c &= \vartheta_0 \sqrt[n]{\alpha}, \\
\varphi &= 1\!\!1_{\{T>\vartheta_0\}} + \bar{\gamma}\, 1\!\!1_{\{T\leqslant\vartheta_0\}}, & \bar{\gamma} &= \alpha.
\end{aligned} \tag{2.1.23}$$

Für das Hilfsproblem ist somit der dritte dieser Tests die im Sinne von Korollar 2.8 ausgezeichnete Festsetzung. Die ersten beiden sind zwar nicht-randomisierte Tests, aber nicht solche mit konstanter Randomisierung. Offenbar sind alle drei angegebenen Tests unabhängig von dem speziellen Wert $\vartheta_1 > \vartheta_0$, also gleichmäßig beste α-Niveau Tests für $\mathbf{H}$ gegen $\mathbf{K}_1$.

b) Für das Hilfsproblem mit $\vartheta_1 < \vartheta_0$ gilt nach dem Neyman-Pearson-Lemma

$$L(x) = L_{\vartheta_0,\vartheta_1}(x) = \frac{\vartheta_0^n}{\vartheta_1^n}\, 1\!\!1_{[0,\vartheta_1]}(T(x)) + 0\, 1\!\!1_{(\vartheta_1,\vartheta_0]}(T(x)) \quad [P_{\vartheta_0}].$$

Insbesondere ist also $\varphi(x) = 0 \quad [\lambda\!\!\!\lambda^n]$ für $T(x) \in (\vartheta_1, \vartheta_0]$, da diese Punkte nicht zur Schärfe, wohl aber zur Fehler-WS 1. Art beitragen.

Ist zunächst $\alpha \leqslant \vartheta_1^n/\vartheta_0^n$, so kann wegen (1.2.63) als kritischer Wert $s = \vartheta_0^n/\vartheta_1^n$ gewählt werden, denn es gilt $P_{\vartheta_0}(L > s) = 0 \leqslant \alpha$ und $P_{\vartheta_0}(L \geqslant s) = P_{\vartheta_0}(T \leqslant \vartheta_1) = \vartheta_1^n/\vartheta_0^n \geqslant \alpha$. Wegen $\{L > s\} = \emptyset$ ist damit nach dem Neyman-Pearson-Lemma jeder beste Test von der Form

$$\varphi(x) = \gamma(x)\, 1\!\!1_{\{T\leqslant\vartheta_1\}} \qquad [P_{\vartheta_0}]$$

mit $\gamma(\cdot)$ gemäß $E_{\vartheta_0}\varphi = \alpha$. (Auf $\{T \leqslant \vartheta_1\}$ sind wegen $\vartheta_1 < \vartheta_0$ beide Dichten positiv, so daß zur Maximierung von $E_{\vartheta_1}\varphi$ wie in a) $E_{\vartheta_0}\varphi$ möglichst groß zu wählen ist.) Mögliche Festsetzungen sind somit wegen $1\!\!1_{\{T>\vartheta_0\}} = 0 \quad [P_{\vartheta_0}]$

$$\begin{aligned}
\varphi &= 1\!\!1_{\{T<c\}} + 1\!\!1_{\{T>\vartheta_0\}}, & c &= \vartheta_0 \sqrt[n]{\alpha}, \\
\varphi &= 1\!\!1_{\{c\leqslant T<\vartheta_0\}}, & c &= \vartheta_0 \sqrt[n]{1-\alpha}, \\
\varphi &= \bar{\gamma}\, 1\!\!1_{\{T\leqslant\vartheta_1\}}, & \bar{\gamma} &= \alpha\, \vartheta_0^n/\vartheta_1^n.
\end{aligned} \tag{2.1.24}$$

Ist dagegen $\alpha > \vartheta_1^n/\vartheta_0^n$, so ist eine mögliche Festsetzung des kritischen Wertes $s = 0$ wegen $P_{\vartheta_0}(L > 0) = P_{\vartheta_0}(T \leqslant \vartheta_1) = \vartheta_1^n/\vartheta_0^n < \alpha$ und $P_{\vartheta_0}(L \geqslant 0) = 1 \geqslant \alpha$. Somit gilt nach dem Neyman-Pearson-Lemma für jeden besten Test

$$\varphi(x) = 1\!\!1_{\{T\leqslant\vartheta_1\}}(x) + \gamma(x)\, 1\!\!1_{\{\vartheta_1<T\leqslant\vartheta_0\}}(x) \quad [P_{\vartheta_0}] \tag{2.1.25}$$

mit $\gamma(\cdot)$ gemäß $E_{\vartheta_0}\varphi \leqslant \alpha$. (Die maximale Schärfe wird schon durch den Anteil $1\!\!1_{\{T\leqslant\vartheta_1\}}$ in (2.1.25) erzielt, so daß zur Minimierung der Fehler-WS 1. Art sogar $\gamma = 0$ gesetzt werden kann.) Als Lösung mit $E_{\vartheta_0}\varphi = \alpha$ bietet sich wie im Fall $\alpha \leqslant \vartheta_1^n/\vartheta_0^n$ der Test (2.1.24) an. Dieser ist nämlich von der Form (2.1.25) wegen $c = \vartheta_0\sqrt[n]{\alpha} \geqslant \vartheta_1$. φ ist auch unabhängig von $\vartheta_1 < \vartheta_0$, also gleichmäßig bester Test für $\mathbf{H}$: $\vartheta = \vartheta_0$ gegen $\mathbf{K}_2$: $\vartheta < \vartheta_0$.

c) Offenbar gibt es unter dieser Verteilungsannahme einen gleichmäßig besten α-Niveau Test für $\mathbf{H}$: $\vartheta = \vartheta_0$ gegen $\mathbf{K}$: $\vartheta \neq \vartheta_0$, nämlich (2.1.23) bzw. (2.1.24). Nach a) ist dieses nämlich ein gleichmäßig bester Test für $\mathbf{H}$: $\vartheta = \vartheta_0$ gegen $\mathbf{K}_1$: $\vartheta > \vartheta_0$ und nach b) für $\mathbf{H}$ gegen $\mathbf{K}_2$: $\vartheta < \vartheta_0$. □

Wie bereits (1.2.60) zeigt, kann bei Beschränkung auf Tests mit konstanter Randomisierung im allgemeinen nicht auf den Wert $\bar{\gamma} = 1$ verzichtet werden. Während es etwa in Beispiel 1.41 möglich war, einen Test mit $c = c_0$, $\bar{\gamma} = 1$ auch mit $c = c_0 - 1$, $\bar{\gamma} = 0$ zu schreiben, zeigt das folgende Beispiel, daß eine derartige Umschreibung im allgemeinen nicht möglich ist.

Beispiel 2.11 Es seien $\delta \in (0,1/2)$, $P_0 = \mathfrak{R}(0,1)$ und P_1 die zu P_0 äquivalente Verteilung mit der $\lambda\!\!\lambda$-Dichte

$$p_1(x) = \frac{2x}{1-2\delta} \mathbb{1}_{[0,1/2-\delta]}(x) + \mathbb{1}_{(1/2-\delta,1/2+\delta)}(x) + \frac{2x-4\delta}{1-2\delta} \mathbb{1}_{[1/2+\delta,1]}(x).$$

Also ist $L(x) = p_1(x)$ $[P_0]$ und $P_0(L > 1) = \frac{1}{2} - \delta$ bzw. $P_0(L \geqslant 1) = \frac{1}{2} + \delta$. Für $\alpha \in [\frac{1}{2} - \delta, \frac{1}{2} + \delta]$ ist somit der kritische Wert jeweils gleich 1. Wegen (1.2.57) gilt $\bar{\gamma} = 0$ bei $\alpha = \frac{1}{2} - \delta$ bzw. $\bar{\gamma} = 1$ bei $\alpha = \frac{1}{2} + \delta$, wobei sich auf $\bar{\gamma} = 1$ wegen $P_0(L > 1 - \varepsilon) > \frac{1}{2} + \delta$ für jedes $\varepsilon > 0$ nicht verzichten läßt. □

2.1.3 Ein- und Zweistichprobentests bei Normalverteilungen

Weitere Beispiele gleichmäßig bester α-Niveau Tests, die sich vermöge des Neyman-Pearson-Lemmas herleiten lassen, sind die einseitigen Einstichprobentests zur Prüfung des Mittelwerts (bei bekannter Varianz) bzw. der Varianz (bei bekanntem Mittelwert), wenn st. u. normalverteilte ZG zugrundeliegen.

Beispiel 2.12 (Einstichproben Gauß-Test zur Prüfung eines Mittelwerts bei bekannter Varianz) $X_1 \ldots, X_n$ seien st. u. $\mathfrak{N}(\mu, \sigma_0^2)$-verteilte ZG. Gesucht ist ein Test für $\mathbf{H}: \mu \leqslant \mu_0$ gegen $\mathbf{K}: \mu > \mu_0$. Für das Hilfsproblem $\tilde{\mathbf{H}}: \mu = \mu_0$, $\tilde{\mathbf{K}}: \mu = \mu_1$ folgt aus dem Neyman-Pearson-Lemma die Prüfgröße

$$L_{\mu_0,\mu_1}(x) = \exp\left[\frac{\mu_1 - \mu_0}{\sigma_0^2} \sum x_j - n \frac{\mu_1^2 - \mu_0^2}{2\sigma_0^2}\right]. \tag{2.1.26}$$

Diese ist unabhängig vom speziellen Wert μ_1 mit $\mu_1 > \mu_0$ eine isotone Funktion von $T(x) = \sqrt{n}(\bar{x} - \mu_0)/\sigma_0$. Offenbar gilt $\mathfrak{L}_{\mu_0}(T(X)) = \mathfrak{N}(0,1)$. Analog Beispiel 2.9 ist somit wegen der Isotonie der Gütefunktion

$$\mu \mapsto \mathbb{P}_\mu\left(\sqrt{n}\,\frac{\bar{X} - \mu_0}{\sigma_0} > \mathrm{u}_\alpha\right) = \mathbb{P}_\mu\left(\sqrt{n}\,\frac{\bar{X} - \mu}{\sigma_0} > \mathrm{u}_\alpha - \sqrt{n}\,\frac{\mu - \mu_0}{\sigma_0}\right) = 1 - \phi\left(\mathrm{u}_\alpha - \sqrt{n}\,\frac{\mu - \mu_0}{\sigma_0}\right)$$

$\varphi^*(x) = \mathbb{1}_{(\mathrm{u}_\alpha, \infty)}(T(x))$ ein gleichmäßig bester α-Niveau Test für $\mathbf{H}$ gegen $\mathbf{K}$. □

Beispiel 2.13 (Einstichproben χ^2-Test zur Prüfung einer Varianz bei bekanntem Mittelwert) $X_1, \ldots, X_n$ seien st. u. $\mathfrak{N}(\mu_0, \sigma^2)$-verteilte ZG. Gesucht ist ein Test für $\mathbf{H}: \sigma^2 \leqslant \sigma_0^2$ gegen $\mathbf{K}: \sigma^2 > \sigma_0^2$. Für das Hilfsproblem $\tilde{\mathbf{H}}: \sigma^2 = \sigma_0^2$, $\tilde{\mathbf{K}}: \sigma^2 = \sigma_1^2$ ergibt sich als Prüfgröße nach dem Fundamentallemma

$$L_{\sigma_0^2\,\sigma_1^2} = \left(\frac{\sigma_0^2}{\sigma_1^2}\right)^{n/2} \exp\left[-\sum (x_j - \mu_0)^2 \left(\frac{1}{2\sigma_1^2} - \frac{1}{2\sigma_0^2}\right)\right]. \tag{2.1.27}$$

Diese ist unabhängig vom speziellen Wert σ_1^2 mit $\sigma_1^2 > \sigma_0^2$ eine isotone Funktion von $T(x) = \sum (x_j - \mu_0)^2/\sigma_0^2$. Wegen $\mathfrak{L}_{\sigma_0^2}((X_j - \mu_0)/\sigma_0) = \mathfrak{N}(0,1)$ gilt nach Definition 1.43 $\mathfrak{L}_{\sigma_0^2}(T(X)) = \chi_n^2$. Analog Beispiel 2.9 ist somit wegen der Isotonie der Gütefunktion

$$\sigma^2 \mapsto \mathbb{P}_{\sigma^2}\left(\frac{\sum (X_j - \mu_0)^2}{\sigma_0^2} > \chi^2_{n;\alpha}\right) = \mathbb{P}_{\sigma^2}\left(\frac{\sum (X_j - \mu_0)^2}{\sigma^2} > \chi^2_{n;\alpha}\,\frac{\sigma_0^2}{\sigma^2}\right)$$

$\varphi^*(x) = \mathbb{1}_{(\chi^2_{n;\alpha}, \infty)}(T(x))$ ein gleichmäßig bester α-Niveau Test für $\mathbf{H}$ gegen $\mathbf{K}$. □

Formal ähnliche Tests wurden für die entsprechenden einseitigen Fragestellungen bei unbekannter Varianz bzw. bei unbekanntem Mittelwert bereits in den Beispielen 1.45 + 46 angegeben. Solche Tests ergeben sich auch bei den jeweiligen Zweistichprobenproblemen. Um die Gemeinsamkeiten und Unterschiede dieser Tests herauszustellen, sollen die Prüfgrößen samt kritischen Werten hier bereits angegeben und in einer Tabelle zusammengestellt werden, auch wenn viele Argumentationen im Moment noch heuristischer Natur sind.

Einseitige Ein- und Zweistichprobentests in Normalverteilungsmodellen

a) Einstichprobenprobleme: $X_1, \ldots, X_n$ st. u.; $\mathfrak{L}_{\mu,\sigma^2}(X_j) = \mathfrak{N}(\mu, \sigma^2)$, $j = 1, \ldots, n$. Abkürzungen: $\bar{x} := \sum x_j/n$, $\hat{\sigma}^2(x) := \sum (x_j - \bar{x})^2/(n-1)$.

	Name des Tests	Hypothesen	Prüfgröße $T(x)$	kritische Werte P_α
1)	Gauß-Test zur Prüfung eines Mittelwerts	$\mathbf{H}$: $\mu \leqslant \mu_0$, $\mathbf{K}$: $\mu > \mu_0$; $\sigma^2 = \sigma_0^2 > 0$ bekannt	$\sqrt{n}\,\frac{\bar{x} - \mu_0}{\sigma_0}$	u_α
2)	t-Test zur Prüfung eines Mittelwerts	$\mathbf{H}$: $\mu \leqslant \mu_0$, $\mathbf{K}$: $\mu > \mu_0$ $\sigma^2 > 0$ unbekannt	$\sqrt{n}\,\frac{\bar{x} - \mu_0}{\hat{\sigma}(x)}$	$t_{n-1;\alpha}$
3)	χ^2-Test zur Prüfung einer Varianz	$\mathbf{H}$: $\sigma^2 \leqslant \sigma_0^2$, $\mathbf{K}$: $\sigma^2 > \sigma_0^2$ $\mu = \mu_0$ bekannt	$\frac{\sum (x_j - \mu_0)^2}{\sigma_0^2}$	$\chi^2_{n;\alpha}$
4)	χ^2-Test zur Prüfung einer Varianz	$\mathbf{H}$: $\sigma^2 \leqslant \sigma_0^2$, $\mathbf{K}$: $\sigma^2 > \sigma_0^2$ $\mu \in \mathbb{R}$ unbekannt	$\frac{\sum (x_j - \bar{x})^2}{\sigma_0^2}$	$\chi^2_{n-1;\alpha}$

b) Zweistichprobenprobleme: $X_{11}, \ldots, X_{1n_1}, X_{21}, \ldots, X_{2n_2}$ st. u., $\mathfrak{L}_{\mu,\sigma^2}(X_{1j}) = \mathfrak{N}(\mu, \sigma^2)$, $j = 1, \ldots, n_1$; $\mathfrak{L}_{\nu,\tau^2}(X_{2j}) = \mathfrak{N}(\nu, \tau^2)$, $j = 1, \ldots, n_2$; Abkürzungen: $\bar{x}_{1\cdot} := \sum x_{1j}/n_1$, $\bar{x}_{2\cdot} := \sum x_{2j}/n_2$, $\hat{\sigma}^2(x) := \sum\sum (x_{ij} - \bar{x}_{i\cdot})^2/(n_1 + n_2 - 2)$.

	Name des Tests	Hypothesen	Prüfgröße $T(x)$	kritische Werte P_α
5)	Gauß-Test zum Vergleich zweier Mittelwerte	$\mathbf{H}$: $\mu \leqslant \nu$, $\mathbf{K}$: $\mu > \nu$ $\sigma^2 = \tau^2 = \sigma_0^2 > 0$ bekannt	$\sqrt{\frac{n_1 n_2}{n_1 + n_2}}\,\frac{\bar{x}_{1\cdot} - \bar{x}_{2\cdot}}{\sigma_0}$	u_α
6)	t-Test zum Vergleich zweier Mittelwerte	$\mathbf{H}$: $\mu \leqslant \nu$, $\mathbf{K}$: $\mu > \nu$ $\sigma^2 = \tau^2 > 0$ unbekannt	$\sqrt{\frac{n_1 n_2}{n_1 + n_2}}\,\frac{\bar{x}_{1\cdot} - \bar{x}_{2\cdot}}{\hat{\sigma}(x)}$	$t_{n_1+n_2-2;\alpha}$
7)	F-Test zum Vergleich zweier Varianzen	$\mathbf{H}$: $\sigma^2 \leqslant \tau^2$, $\mathbf{K}$: $\sigma^2 > \tau^2$ $\mu = \mu_0$, $\nu = \nu_0$ bekannt	$\frac{\frac{1}{n_1}\sum (x_{1j} - \mu_0)^2}{\frac{1}{n_2}\sum (x_{2j} - \nu_0)^2}$	$F_{n_1,n_2;\alpha}$
8)	F-Test zum Vergleich zweier Varianzen	$\mathbf{H}$: $\sigma^2 \leqslant \tau^2$, $\mathbf{K}$: $\sigma^2 > \tau^2$ $\mu \in \mathbb{R}$, $\nu \in \mathbb{R}$ unbekannt	$\frac{\frac{1}{n_1-1}\sum (x_{1j} - \bar{x}_{1\cdot})^2}{\frac{1}{n_2-1}\sum (x_{2j} - \bar{x}_{2\cdot})^2}$	$F_{n_1-1,n_2-1;\alpha}$

Aus den in den Beispielen 2.12–13 hergeleiteten und in der Tabelle unter 1) bzw. 3) angegebenen Tests ergeben sich die bereits in den Beispielen 1.45 + 46 diskutierten und für die praktische Statistik interessanteren Tests 2) bzw. 4) für den Mittelwert (bei unbekannter Varianz) bzw. für die Varianz (bei unbekanntem Mittelwert), indem man die unbekannten Parameter σ^2 bzw. μ durch $\hat{\sigma}^2(x) = \sum(x_j - \bar{x})^2/(n-1)$ bzw. $\bar{x} = \sum x_j/n$ schätzt.

In analoger Weise ergeben sich die Prüfgrößen der Zweistichprobentests 5)–8) aus denjenigen der entsprechenden Einstichprobentests 1)–4). So wird bei den Mittelwerttests die (standardisierte) Abweichung $\bar{x}-\mu_0$ des Stichprobenmittels vom hypothetischen Mittel durch die (standardisierte) Abweichung $\bar{x}_{1\cdot} - \bar{x}_{2\cdot}$ der beiden Stichprobenmittel ersetzt. Bei den Varianztests wird der Quotient aus der Stichprobenstreuung und der hypothetischen Streuung durch den Quotienten aus den beiden Stichprobenstreuungen ersetzt (und entsprechend der Definition 1.43c der F-Verteilung mit den Vorfaktoren n_2/n_1 bzw. $(n_2-1)/(n_1-1)$ versehen); vgl. Beispiel 1.47.

Eine volle Herleitung dieser Tests als gleichmäßig beste unverfälschte α-Niveau Tests wird erst in 3.4 mit Hilfe der Theorie der bedingten Tests möglich sein. Hier sollen jedoch einerseits auch für die Tests 5)–8) die Prüfverteilungen und damit die kritischen Werte sowie andererseits die Isotonie der Gütefunktion und damit das Einhalten des auf dem Rande der Hypothesen angenommenen Niveaus und die Unverfälschtheit verifiziert werden. Die Prüfgrößen führen also mit den angegebenen kritischen Werten zu unverfälschten α-Niveau Tests für die jeweiligen einseitigen Hypothesen.

Es sei jedoch nochmals ausdrücklich bemerkt, daß die bei 2) und 4) praktizierte Vorgehensweise – also die Gewinnung einer Prüfgröße bei mehrparametriger Verteilungsannahme aus derjenigen bei einparametriger Verteilungsannahme durch Schätzen der zunächst als bekannt angesehenen Nebenparameter – *im allgemeinen nicht* zu einer optimalen Prüfgröße führt und dieses auch dann nicht, wenn die verwendeten Schätzer optimal sind. Entsprechendes gilt für die durch analoge Betrachtungen aus Einstichprobentests gewonnenen Zweistichprobentests. Wenn diese heuristisch motivierte Vorgehensweise hier dennoch zum Ziele führt, so ist dies eine spezielle Eigenschaft der zugrundeliegenden Normalverteilungsannahme; vgl. 3.4.

Die Tests 1) und 3) wurden in den Beispielen 2.12–13 hergeleitet, die Tests 2) und 4) in den Beispielen 1.45–46 diskutiert.

Zu 5) Beim Zweistichproben Gauß-Test zum Vergleich zweier Mittelwerte bei gleicher und bekannter Varianz ersetzt man die Prüfgröße $\sqrt{n}(\bar{x}-\mu_0)/\sigma_0$ aus 1) durch $T(x) = \sqrt{n_1 n_2/(n_1+n_2)}\;(\bar{x}_{1\cdot} - \bar{x}_{2\cdot})/\sigma_0$. Nach Satz 1.95a genügt die Prüfgröße unter $\mu = \nu$ einer $\mathfrak{N}(0,1)$-Verteilung; also ist $c = u_\alpha$. Überdies ist mit $\vartheta = (\mu, \nu)$

$$\vartheta \mapsto \mathbb{P}_\vartheta(T(X) > u_\alpha) = \mathbb{P}_\vartheta\left(\sqrt{\frac{n_1 n_2}{n_1+n_2}}\;\frac{(\bar{X}_{1\cdot} - \bar{X}_{2\cdot} - \mu + \nu)}{\sigma_0} > u_\alpha - \sqrt{\frac{n_1 n_2}{n_1+n_2}}\;\frac{\mu-\nu}{\sigma_0}\right)$$

$$= \phi\left(\sqrt{\frac{n_1 n_2}{n_1+n_2}}\;\frac{\mu-\nu}{\sigma_0} - u_\alpha\right)$$

eine isotone Funktion von $\mu - \nu$ mit dem Wert α für $\mu = \nu$. Also ist $\varphi^*(x) = \mathbb{1}_{(u_\alpha, \infty)}(T(x))$ ein unverfälschter α-Niveau Test für **H** gegen **K**.

Zu 6) Beim Zweistichproben t-Test zum Vergleich zweier Mittelwerte bei gleicher, aber unbekannter Varianz σ^2 ersetzt man in der Prüfgröße aus 5) überdies noch den unbekannten Wert σ_0^2 durch die Schätzung

$$\hat{\sigma}^2(x) = (\sum (x_{1j} - \bar{x}_{1\cdot})^2 + \sum (x_{2j} - \bar{x}_{2\cdot})^2)/(n_1 + n_2 - 2).$$

Letztere wird sich in 3.2.2 als optimal erweisen. Da nach Beispiel 1.100

$$\sqrt{n_1 n_2/(n_1 + n_2)}\,(\bar{X}_{1\cdot} - \bar{X}_{2\cdot}) \quad \text{und} \quad \sum (X_{1j} - \bar{X}_{1\cdot})^2 + \sum (X_{2j} - \bar{X}_{2\cdot})^2$$

st.u. sind und unter $\mu = \nu$ und $\sigma^2 > 0$ $\mathfrak{N}(0, \sigma^2)$- bzw. wegen der Faltungseigenschaften der χ^2-Verteilungen aus 1.2.4 $\sigma^2 \chi^2_{n_1 + n_2 - 2}$-verteilt sind, genügt

$$T(X) = \sqrt{n_1 n_2/(n_1 + n_2)}\,(\bar{X}_{1\cdot} - \bar{X}_{2\cdot})/\hat{\sigma}(X)$$

unter $\mu = \nu$ unabhängig von $\sigma^2 > 0$ einer zentralen $\mathrm{t}_{n_1 + n_2 - 2}$-Verteilung. Also ergibt sich $\mathrm{t}_{n_1 + n_2 - 2;\alpha}$ als kritischer Wert. Überdies ist mit $\vartheta = (\mu, \nu, \sigma^2)$

$$\vartheta \mapsto \mathbb{P}_\vartheta(T(X) > \mathrm{t}_{n_1 + n_2 - 2;\alpha}) = E_\vartheta \mathbb{P}_\vartheta\left(\sqrt{\frac{n_1 n_2}{n_1 + n_2}}\,\frac{(\bar{X}_{1\cdot} - \bar{X}_{2\cdot})}{\sigma} > \frac{\hat{\sigma}(X)}{\sigma}\,\mathrm{t}_{n_1 + n_2 - 2;\alpha}\,\middle|\,\hat{\sigma}^2(X) = s^2\right)$$

$$= \int \phi\left(\sqrt{\frac{n_1 n_2}{n_1 + n_2}}\,\frac{\mu - \nu}{\sigma} - \mathrm{t}_{n_1 + n_2 - 2;\alpha}\,\frac{s}{\sigma}\right) \mathrm{d}P_\vartheta^{\hat{\sigma}}(s)$$

für jedes $\sigma^2 > 0$ als Mittelung von gemäß 5) isotonen Funktionen selber eine isotone Funktion in $\mu - \nu$. Also ist $\varphi^*(x) = \mathbb{1}_{(\mathrm{t}_{n_1 + n_2 - 2;\alpha}, \infty)}(T(x))$ ein unverfälschter α-Niveau Test für **H** gegen **K**.

Zu 7) Beim Zweistichproben-F-Test zum Vergleich zweier Varianzen bei bekannten Mittelwerten wird die Prüfgröße $\sum (x_j - \mu_0)^2/\sigma_0^2$ aus 3) ersetzt durch

$$\frac{1}{n_1} \sum (x_{1j} - \mu_0)^2 \bigg/ \frac{1}{n_2} \sum (x_{2j} - \nu_0)^2.$$

Nach Beispiel 1.100 sind $\sum (X_{1j} - \mu_0)^2$ und $\sum (X_{2j} - \nu_0)^2$ st.u. und unter $\vartheta = (\sigma^2, \tau^2)$ $\sigma^2 \chi^2_{n_1}$- bzw. $\tau^2 \chi^2_{n_2}$-verteilt. Also genügt $T(X)$ nach Definition 1.43 für $\sigma^2 = \tau^2$ einer zentralen F_{n_1, n_2}-Verteilung. Wegen

$$\vartheta \mapsto \mathbb{P}_\vartheta(T(X) > \mathrm{F}_{n_1, n_2;\alpha}) = \mathbb{P}_\vartheta\left(\frac{1}{n_1} \sum \frac{(X_{1j} - \mu_0)^2}{\sigma^2} \bigg/ \frac{1}{n_2} \sum \frac{(X_{2j} - \nu_0)^2}{\tau^2} > \frac{\tau^2}{\sigma^2}\,\mathrm{F}_{n_1, n_2;\alpha}\right)$$

ist die Gütefunktion eine isotone Funktion von σ^2/τ^2 und somit der Test $\varphi^*(x) = \mathbb{1}_{(\mathrm{F}_{n_1, n_2;\alpha}, \infty)}(T(x))$ ein unverfälschter α-Niveau Test für **H** gegen **K**.

Zu 8) Beim Zweistichproben-F-Test zum Vergleich zweier Varianzen bei unbekanntem Mittelwert wird die Prüfgröße $\frac{1}{n_1} \sum (x_{1j} - \mu_0)^2 \Big/ \frac{1}{n_2} \sum (x_{2j} - \nu_0)^2$ aus 7) ersetzt durch

$\frac{1}{n_1-1}\sum(x_{1j}-\bar{x}_{1\cdot})^2 \Big/ \frac{1}{n_2-1}\sum(x_{2j}-\bar{x}_{2\cdot})^2$. Nach Beispiel 1.100 sind $\sum(X_{1j}-\bar{X}_{1\cdot})^2$ und $\sum(X_{2j}-\bar{X}_{2\cdot})^2$ st.u. und $\sigma^2\chi^2_{n_1-1}$- bzw. $\tau^2\chi^2_{n_2-1}$-verteilt.
Also genügt $T(X)$ für $\sigma^2=\tau^2$ einer zentralen F_{n_1-1,n_2-1}-Verteilung und die Gütefunktion

$$\begin{aligned}\vartheta \mapsto\ & \mathbb{P}_\vartheta(T(X) > \mathrm{F}_{n_1-1,n_2-1;\alpha})\\ &= \mathbb{P}_\vartheta\left(\frac{1}{n_1-1}\frac{\sum(X_{1j}-\bar{X}_{1\cdot})^2}{\sigma^2}\Big/\frac{1}{n_2-1}\frac{\sum(X_{2j}-\bar{X}_{2\cdot})^2}{\tau^2} > \frac{\tau^2}{\sigma^2}\,\mathrm{F}_{n_1-1,n_2-1;\alpha}\right),\end{aligned}$$

$\vartheta=(\mu,\nu,\sigma^2,\tau^2)$, ist eine isotone Funktion von σ^2/τ^2. Somit ist $\varphi^*(x) = \mathbb{1}_{(\mathrm{F}_{n_1-1,n_2-1;\alpha},\,\infty)}(T(x))$ ein unverfälschter α-Niveau Test für $\mathbf{H}$ gegen $\mathbf{K}$.

Zweiseitige Ein- und Zweistichprobentests in Normalverteilungsmodellen

Zu jedem der acht angegebenen einseitigen Tests für Hypothesen der Form $\mathbf{H}$: $\gamma \leqslant \gamma_0$, $\mathbf{K}$: $\gamma > \gamma_0$ bzw. $\mathbf{H}$: $\gamma_1 \leqslant \gamma_2$, $\mathbf{K}$: $\gamma_1 > \gamma_2$ gibt es einen intuitiv naheliegenden zweiseitigen Test für die Hypothesen $\mathbf{H}$: $\gamma=\gamma_0$, $\mathbf{K}$: $\gamma \neq \gamma_0$ bzw. $\mathbf{H}$: $\gamma_1=\gamma_2$, $\mathbf{K}$: $\gamma_1 \neq \gamma_2$. Während die Prüfgrößen der einseitigen Tests leicht auch als sinnvoll für die zweiseitigen Tests motiviert werden können – der Nachweis wird erst in 2.4.2 bzw. 3.4.2 + 4 erfolgen –, lassen sich deren kritische Werte nur im Fall der Mittelwerttests einfach angeben, nämlich als untere bzw. obere $\alpha/2$-Fraktile der Prüfverteilungen. Man verwendet die entsprechenden kritischen Werte in der Praxis jedoch auch bei den Varianztests; allerdings sind dann die betreffenden Tests in Strenge nicht mehr unverfälscht. Man beachte, daß die Ränder der zweiseitigen Hypothesen dieselben sind wie die der einseitigen Hypothesen, nämlich $\mathbf{J}$: $\gamma=\gamma_0$ bzw. $\mathbf{J}$: $\gamma_1=\gamma_2$. Folglich sind auch die Prüfverteilungen der zweiseitigen Tests die gleichen wie die der einseitigen Tests. Somit folgt aus der Wahl der kritischen Werte sofort, daß die angegebenen zweiseitigen Tests α-Niveau Tests sind für die zweiseitigen Hypothesen.

2.1.4 Einige Existenzaussagen über optimale Tests

Zwar interessieren in der Mathematischen Statistik vornehmlich konstruktive Aussagen; doch sind auch reine Existenzaussagen von Bedeutung. Diese werden ihrerseits zum Teil auch wiederum zum Beweis weitergehender Aussagen verwendet, etwa in den Sätzen 2.52 und 2.67. Die Existenzaussagen beruhen darauf, daß bei jedem $\mu \in \mathfrak{M}^\sigma(\mathfrak{X},\mathfrak{B})$ die Menge Φ aller Testfunktionen über $(\mathfrak{X},\mathfrak{B})$ *schwach folgenkompakt* ist, d.h. daß es zu jeder Folge $(\varphi_n) \subset \Phi$ eine Teilfolge $(\varphi_{n,n}) \subset (\varphi_n)$ und einen Test $\varphi' \in \Phi$ gibt mit[1])

$$\int \varphi_{n,n}(x) f(x)\,\mathrm{d}\mu \to \int \varphi'(x) f(x)\,\mathrm{d}\mu \qquad \forall f \in \mathbb{L}_1(\mu) := \mathbb{L}_1(\mathfrak{X},\mathfrak{B},\mu). \tag{2.1.28}$$

Hieraus ergibt sich nämlich, daß für dominierte Klassen $\mathfrak{P}$ zu jeder Folge $(\varphi_n) \subset \Phi$ eine Teilfolge $(\varphi_{n,n}) \subset (\varphi_n)$ und ein Test $\varphi' \in \Phi$ existiert mit

$$E_P\varphi_{n,n} \to E_P\varphi' \qquad \forall P \in \mathfrak{P}. \tag{2.1.29}$$

---

[1]) Schwach folgenkompakt heißt also: folgenkompakt bzgl. der schwach-* Konvergenz im Sinne der Funktionalanalysis, also bzgl. der $\mathbb{L}_1(\mu)$-Konvergenz auf $\mathbb{L}_\infty(\mu)$; vgl. Anm. 2.19.

Satz 2.14 (Schwache Folgenkompaktheit von Φ) *Es seien* $\mu \in \mathfrak{M}^\sigma(\mathfrak{X}, \mathfrak{B})$ *und* Φ *die Menge aller* $\mathfrak{B}$*-meßbaren Tests auf* $\mathfrak{X}$. *Dann ist* Φ *schwach folgenkompakt.*

Beweis: Wie beim Beweis von Hilfssatz 1.144 kann μ o.E. als WS-Maß vorausgesetzt werden. – Sei $(\varphi_n) \subset \Phi$ und $\mathfrak{B}'$ die durch die Funktionen φ_n, $n \in \mathbb{N}$, induzierte σ-Algebra $\mathfrak{B}' \subset \mathfrak{B}$. Dann ist $\mathfrak{B}'$ abzählbar erzeugt: Bezeichnet nämlich $(\chi_{n,m})_{m \in \mathbb{N}}$ für jedes $n \in \mathbb{N}$ eine Folge primitiver Funktionen auf $(\mathfrak{X}, \mathfrak{B})$ mit $0 \leqslant \chi_{n,m} \uparrow \varphi_n$ für $m \to \infty$, und $\mathfrak{E}$ die abzählbare Menge der Konstanzbereiche der Funktionen $\chi_{n,m}$, so gilt offenbar $\mathfrak{B}' = \sigma(\mathfrak{E})$. – Sei weiter $\mathfrak{L}_1 := \mathbb{L}_1(\mathfrak{X}, \mathfrak{B}', \mu) \subset \mathbb{L}_1(\mu)$. Dann verläuft der Beweis in vier Schritten:

1) Konstruktion einer Teilfolge $(\varphi_{n,n}) \subset (\varphi_n)$ und Nachweis, daß gilt

$$\int \varphi_{n,n}(x) f'(x) \, d\mu \to: \Psi(f') \qquad \forall f' \in \mathfrak{L}_1 . \tag{2.1.30}$$

2) Definition eines $\mathfrak{B}'$-meßbaren Tests $\varphi' \in \Phi$ vermöge (2.1.33).

3) Nachweis, daß Ψ mit Hilfe von φ' darstellbar ist in der Form

$$\Psi(f') = \int \varphi'(x) f'(x) \, d\mu \qquad \forall f' \in \mathfrak{L}_1 . \tag{2.1.31}$$

4) Nachweis der Gültigkeit von (2.1.28).

1) beruht auf der Separabilität von $\mathfrak{L}_1 \subset \mathbb{L}_1(\mu)$; vgl. Hilfssatz 1.144. Sei $\mathfrak{L}_1' := \{f_1', f_2', \ldots,\}$ eine separierende Teilmenge von $\mathfrak{L}_1$. Wegen

$$\left| \int \varphi_n(x) f_1'(x) \, d\mu \right| \leqslant \int |f_1'(x)| \, d\mu < \infty$$

gibt es dann eine Teilfolge $(\varphi_{1,n})$ der vorgelegten Folge $(\varphi_n) =: (\varphi_{0,n})$ von Testfunktionen, für welche die Integrale konvergieren:

$$\Psi(f_1') := \lim_{n \to \infty} \int \varphi_{1,n}(x) f_1'(x) \, d\mu .$$

Analog gibt es eine Teilfolge $(\varphi_{2,n})$ der Folge $(\varphi_{1,n})$ mit

$$\Psi(f_2') := \lim_{n \to \infty} \int \varphi_{2,n}(x) f_2'(x) \, d\mu$$

und allgemein eine Teilfolge $(\varphi_{k,n})$ der Folge $(\varphi_{k-1,n})$ mit

$$\Psi(f_k') := \lim_{n \to \infty} \int \varphi_{k,n}(x) f_k'(x) \, d\mu , \qquad k = 1, 2, \ldots .$$

Wir betrachten nun die Diagonalfolge $(\varphi_{n,n})$ und zeigen, daß $\int \varphi_{n,n} f' \, d\mu$ für jedes $f' \in \mathfrak{L}_1$ konvergiert. Zunächst ist dies für $f' = f_k' \in \mathfrak{L}_1'$ der Fall, denn wegen $(\varphi_{n,n})_{n \geqslant k} \subset (\varphi_{k,n})_{n \geqslant k}$ gilt für jedes $k \in \mathbb{N}$

$$\int \varphi_{n,n}(x) f_k'(x) \, d\mu - \int \varphi_{m,m}(x) f_k'(x) \, d\mu \to 0 , \quad n \to \infty, \; m \to \infty . \tag{2.1.32}$$

Damit konvergiert $\int \varphi_{n,n} f' \, d\mu$ für $n \to \infty$ aber auch für jedes $f' \in \mathfrak{L}_1$, denn mit beliebigem $f_k' \in \mathfrak{L}_1'$ gilt

$$\begin{aligned} &\left| \int \varphi_{n,n} f' \, d\mu - \int \varphi_{m,m} f' \, d\mu \right| \\ &\leqslant \left| \int \varphi_{n,n} (f' - f_k') \, d\mu \right| + \left| \int (\varphi_{n,n} - \varphi_{m,m}) f_k' \, d\mu \right| + \left| \int \varphi_{m,m} (f_k' - f') \, d\mu \right| \\ &\leqslant 2 \int |f' - f_k'| \, d\mu + \left| \int (\varphi_{n,n} - \varphi_{m,m}) f_k' \, d\mu \right| . \end{aligned}$$

Hier ist nach Hilfssatz 1.144 der erste Summand kleiner als $\varepsilon/2$ durch geeignete Wahl von f_k'; nach (2.1.32) ist dann auch der zweite Summand für hinreichend großes n und m kleiner als $\varepsilon/2$. Durch (2.1.30) wird also $\Psi(f')$ für alle $f' \in \mathfrak{L}_1$ definiert und zwar als lineare Abbildung von $\mathfrak{L}_1$ nach $\mathbb{R}$.

2) Zur Definition von φ' betrachte man die durch

$$\psi(B) := \Psi(\mathbb{1}_B), \qquad B \in \mathfrak{B}',$$

definierte Mengenfunktion ψ. Aus (2.1.30) ergibt sich dann unmittelbar

$$\psi(B) \geqslant 0, \quad \psi(B) \leqslant \mu(B), \quad \psi(B_1 + B_2) = \Psi(\mathbb{1}_{B_1} + \mathbb{1}_{B_2}) = \psi(B_1) + \psi(B_2).$$

ψ ist sogar σ-additiv, denn wegen $\psi \ll \mu$ und $\mu(\mathfrak{X}) = 1$ gilt

$$\psi\left(\sum_{j=m+1}^{\infty} B_j\right) \leqslant \mu\left(\sum_{j=m+1}^{\infty} B_j\right) = \sum_{j=m+1}^{\infty} \mu(B_j) \to 0 \quad \text{für } m \to \infty.$$

Damit folgt aus der Additivität von ψ

$$\sum_{j=1}^{m} \psi(B_j) = \psi\left(\sum_{j=1}^{m} B_j\right) = \psi\left(\sum_{j=1}^{\infty} B_j\right) - \psi\left(\sum_{j=m+1}^{\infty} B_j\right) \to \psi\left(\sum_{j=1}^{\infty} B_j\right) \text{ für } m \to \infty.$$

ψ ist also ein μ-stetiges Maß. Nach dem Satz von Radon-Nikodym gibt es somit eine μ-bestimmte Funktion $\varphi' \in \mathfrak{B}'$ mit

$$\psi(B) = \int_B \varphi'(x)\,\mathrm{d}\mu = \int \varphi'(x)\,\mathbb{1}_B(x)\,\mathrm{d}\mu \quad \forall B \in \mathfrak{B}', \tag{2.1.33}$$

und wegen $0 \leqslant \psi(B) \leqslant \mu(B) \quad \forall B \in \mathfrak{B}'$ gilt $0 \leqslant \varphi'(x) \leqslant 1 \quad [\mu]$. φ' läßt sich also o.E. als Testfunktion wählen, d.h. mit $0 \leqslant \varphi'(x) \leqslant 1 \quad \forall x \in \mathfrak{X}$.

3) Hierzu beachte man, daß aus (2.1.33) bereits die Gültigkeit von (2.1.31) für $f' = \mathbb{1}_B$ und damit wegen der Linearität von Ψ auch diejenige für primitive Funktionen $\tilde{f}$ folgt. Hieraus wiederum ergibt sich die Gültigkeit von (2.1.31) für alle $f' \in \mathfrak{L}_1$, denn für beliebiges $f' \in \mathfrak{L}_1$ gilt

$$\begin{aligned} |\textstyle\int \varphi_{n,n} f'\,\mathrm{d}\mu - \int \varphi' f'\,\mathrm{d}\mu| &\leqslant |\textstyle\int \varphi_{n,n}(f' - \tilde{f})\,\mathrm{d}\mu| + |\int (\varphi_{n,n} - \varphi')\tilde{f}\,\mathrm{d}\mu| + |\int \varphi'(\tilde{f} - f')\,\mathrm{d}\mu| \\ &\leqslant 2\textstyle\int |f' - \tilde{f}|\,\mathrm{d}\mu + |\int (\varphi_{n,n} - \varphi')\,\tilde{f}\,\mathrm{d}\mu|. \end{aligned}$$

Nach A3.4 gibt es nun wegen $\mu \in \mathfrak{M}^e(\mathfrak{X}, \mathfrak{B})$ zu jedem $f' \in \mathfrak{L}_1$ eine primitive Funktion $\tilde{f} \in \mathfrak{B}'$ mit $2\int |f' - \tilde{f}|\,\mathrm{d}\mu \leqslant \varepsilon/2$; auch der zweite Summand ist für $n \geqslant n(\varepsilon)$ kleiner als $\varepsilon/2$, da für primitive Funktionen die Gültigkeit von (2.1.31) bereits nachgewiesen wurde und auch (2.1.30) gilt.

4) Sei $f \in \mathbb{L}_1(\mu)$. Dann gilt mit $f' := E_\mu(f \mid \mathfrak{B}')$ für jedes $\varphi \in \mathfrak{B}'$ nach Satz 1.120g

$$E_\mu(\varphi f \mid \mathfrak{B}') = \varphi f' \quad [\mu], \tag{2.1.34}$$

und damit nach Definition eines bedingten EW

$$\int_{B'} \varphi f\,\mathrm{d}\mu = \int_{B'} \varphi f'\,\mathrm{d}\mu \quad \forall B' \in \mathfrak{B}'. \tag{2.1.35}$$

Für $B' = \mathfrak{X}$ und $\varphi = \varphi_{n,n}$ bzw. $\varphi = \varphi'$ folgt dann wegen (2.1.30–31)

$$\int \varphi_{n,n} f \, d\mu = \int \varphi_{n,n} f' \, d\mu \to \int \varphi' f' \, d\mu = \int \varphi' f \, d\mu \qquad \forall f \in \mathbb{L}_1(\mu). \qquad \square$$

Beschränkt man sich bei der Aussage (2.1.28) auf Teilmengen des $\mathbb{L}_1(\mu)$, die aus Funktionen $f \in \mathfrak{B}$ mit $f \geq 0$, $\int f \, d\mu = 1$ bestehen, so ist $\int \varphi f \, d\mu$ gerade der EW von φ unter der Verteilung P mit der μ-Dichte f. Es gilt also das

Korollar 2.15 *Ist $\mathfrak{P}$ eine dominierte Klasse von* WS-*Maßen über* $(\mathfrak{X}, \mathfrak{B})$ *und* Φ *die Menge aller* $\mathfrak{B}$-*meßbaren Tests, so gilt: Für alle Folgen* $(\varphi_n) \subset \Phi$ *existieren eine Teilfolge* $(\varphi_{n,n}) \subset (\varphi_n)$ *und ein Test* $\varphi' \in \Phi$ *mit*

$$E_P \varphi_{n,n} \to E_P \varphi' \qquad \forall P \in \mathfrak{P}. \tag{2.1.36}$$

Dieses Korollar ermöglicht nun für verschiedene Testprobleme den Nachweis der Existenz einer optimalen Lösung, weil die Optimalität vielfach durch Eigenschaften der Gütefunktion $P \mapsto E_P \varphi$ festgelegt wird und die zugrundeliegende Klasse $\mathfrak{P}$ häufig als dominiert angesehen werden kann.

Satz 2.16 *Es seien* $\mathfrak{P}_{\mathbf{H}} = \{P_\vartheta : \vartheta \in \mathbf{H}\} \subset \mathfrak{M}^1(\mathfrak{X}, \mathfrak{B})$ *dominiert und* P_{ϑ_1} *eine weitere Verteilung über* $(\mathfrak{X}, \mathfrak{B})$, $P_{\vartheta_1} \notin \mathfrak{P}_{\mathbf{H}}$. *Dann existiert ein bester* α-*Niveau Test für* $\mathbf{H}$ *gegen* $\mathbf{K} = \{\vartheta_1\}$.

Beweis: Mit $\mathfrak{P}_{\mathbf{H}}$ ist auch $\mathfrak{P} := \mathfrak{P}_{\mathbf{H}} + \{P_{\vartheta_1}\}$ dominiert. Gilt nämlich $\mathfrak{P}_{\mathbf{H}} \ll \mu_{\mathbf{H}}$, so ist auch $\mu := \mu_{\mathbf{H}} + P_{\vartheta_1}$ σ-endlich und es gilt $\mathfrak{P} \ll \mu$. Der Beweis läßt sich nun so führen: Es ist $\Phi_\alpha \neq \emptyset$, da z.B. der Test $\varphi \equiv \alpha$ zu Φ_α gehört. Also existiert $\sup_{\varphi \in \Phi_\alpha} E_{\vartheta_1} \varphi \in \mathbb{R}$ und damit eine Folge $(\varphi_n) \subset \Phi_\alpha$ mit

$$E_{\vartheta_1} \varphi_n \to \sup_{\varphi \in \Phi_\alpha} E_{\vartheta_1} \varphi.$$

Nach Korollar 2.15 gibt es dann eine Teilfolge $(\varphi_{n,n}) \subset (\varphi_n)$ und einen Test $\varphi^* \in \Phi$ mit

$$E_\vartheta \varphi_{n,n} \to E_\vartheta \varphi^* \qquad \forall \vartheta \in \{\vartheta_1\} + \mathbf{H}.$$

Wegen $E_\vartheta \varphi_{n,n} \leq \alpha \quad \forall \vartheta \in \mathbf{H}$ folgt hieraus $E_\vartheta \varphi^* \leq \alpha \quad \forall \vartheta \in \mathbf{H}$, also $\varphi^* \in \Phi_\alpha$, und für $\vartheta = \vartheta_1$ wegen der Eindeutigkeit des Limeselements $E_{\vartheta_1} \varphi^* = \sup_{\varphi \in \Phi_\alpha} E_{\vartheta_1} \varphi$. $\square$

Satz 2.17 *Es seien* $\mathfrak{P} = \{P_\vartheta : \vartheta \in \mathbf{H} + \mathbf{K}\} \subset \mathfrak{M}^1(\mathfrak{X}, \mathfrak{B})$ *eine dominierte*[1]) *Klasse und* $\alpha \in (0,1)$. *Dann existiert ein Maximin-*α*-Niveau Test für* $\mathbf{H}$ *gegen* $\mathbf{K}$.

Beweis: Sei $\beta := \sup_{\varphi \in \Phi_\alpha} \inf_{\vartheta \in \mathbf{K}} E_\vartheta \varphi$. Dann gibt es eine Folge $(\varphi_n) \subset \Phi_\alpha$ mit

$$\inf_{\vartheta \in \mathbf{K}} E_\vartheta \varphi_n \to \beta \qquad \text{für } n \to \infty$$

und somit eine Teilfolge $(\varphi_{n,n}) \subset (\varphi_n)$ und einen Test $\varphi^* \in \Phi$ mit

$$E_\vartheta \varphi_{n,n} \to E_\vartheta \varphi^* \qquad \text{für } n \to \infty \qquad \forall \vartheta \in \mathbf{H} + \mathbf{K}.$$

---

[1]) Mit funktionalanalytischen Hilfsmitteln läßt sich zeigen, daß die Aussagen der Sätze 2.16 und 2.17 auch gelten, falls $\mathfrak{P}_{\mathbf{H}}$ nicht dominiert ist; vgl. D. Landers, L. Rogge: Z. Wahrscheinlichkeitstheorie verw. Gebiete **24** (1972), 339–340.

Für $\vartheta \in \mathbf{H}$ folgt hieraus wie bei Satz 2.16 $\varphi^* \in \Phi_\alpha$. Für $\vartheta \in \mathbf{K}$ ergibt sich $E_\vartheta \varphi^* \geqslant \beta$, denn aus $\inf_{\vartheta \in \mathbf{K}} E_\vartheta \varphi_n \to \beta$ folgt $\inf_{\vartheta \in \mathbf{K}} E_\vartheta \varphi_{n,n} \to \beta$ und somit $\lim E_\vartheta \varphi_{n,n} \geqslant \beta \quad \forall \vartheta \in \mathbf{K}$. Damit gilt $\inf_{\vartheta \in \mathbf{K}} E_\vartheta \varphi^* \geqslant \beta$. Andererseits ist aber auch $\inf_{\vartheta \in \mathbf{K}} E_\vartheta \varphi^* \leqslant \beta$ nach Definition von β und wegen $\varphi^* \in \Phi_\alpha$. □

Als eine weitere Anwendung von Satz 2.14 beweisen wir noch den

Hilfssatz 2.18 *Seien $m \in \mathbb{N}$, $q_j \in \mathbb{L}_1(\mu)$ für $j = 1, \ldots, m$ und*

$$\mathfrak{R} := \{A(\varphi) : \varphi \in \Phi\}, \quad A(\varphi) := \left(\int \varphi(x)\, q_1(x)\, \mathrm{d}\mu, \ldots, \int \varphi(x)\, q_m(x)\, \mathrm{d}\mu\right). \tag{2.1.37}$$

Dann ist die Menge $\mathfrak{R} \subset \mathbb{R}^m$ konvex und abgeschlossen.

Beweis: Die Konvexität von $\mathfrak{R}$ folgt unmittelbar aus derjenigen von Φ gemäß $c r_j^{(1)} + (1-c) r_j^{(2)} = \int (c\varphi_1(x) + (1-c)\varphi_2(x))\, q_j(x)\, \mathrm{d}\mu$ für $j = 1, \ldots, m$, $c \in (0,1)$ mit $r^{(i)} = (r_1^{(i)}, \ldots, r_m^{(i)}) \in \mathfrak{R}$ und geeigneten $\varphi_i \in \Phi$, $i = 1,2$. Ist $r^{(n)} \in \mathfrak{R}$ mit $r^{(n)} \to r$ für $n \to \infty$, also $r_j^{(n)} = \int \varphi_n(x)\, q_j(x)\, \mathrm{d}\mu \to r_j$ für $n \to \infty$, $j = 1, \ldots, m$, so gibt es nach Satz 2.14 eine Teilfolge $(\varphi_{n,n}) \subset (\varphi_n)$ und einen Test $\varphi^* \in \Phi$ mit $\int \varphi_{n,n}(x)\, q_j(x)\, \mathrm{d}\mu \to \int \varphi^*(x)\, q_j(x)\, \mathrm{d}\mu$, $j = 1, \ldots, m$. Folglich ist $r_j = \int \varphi^*(x)\, q_j(x)\, \mathrm{d}\mu$, $j = 1, \ldots, m$, also $r \in \mathfrak{R}$. □

Anmerkung[1]) **2.19** Zur Einordnung des durch (2.1.28) definierten Begriffs schwach folgenkompakt sowie von Satz 2.14 in die Begriffsbildungen und Aussagen der Funktionalanalysis sei an das folgende erinnert: Jedem normierten Raum $(\mathbb{F}, \|\cdot\|)$ (über $\mathbb{R}$) läßt sich sein Dualraum $\mathbb{F}^*$ zuordnen, d.h. die Gesamtheit aller stetigen Linearformen Ψ: $\mathbb{F} \to \mathbb{R}$. Durch die Festsetzung $\|\Psi\|^* := \sup\{|\Psi(f)| : f \in \mathbb{F}, \|f\| \leqslant 1\}$ wird $\mathbb{F}^*$ ein normierter Raum, womit auch dessen Dualraum $(\mathbb{F}^{**}, \|\cdot\|^{**})$ sinnvoll definiert ist. Jedem $f \in \mathbb{F}$ entspricht die durch $\pi_f(\Psi) = \Psi(f)$ definierte Auswertungsabbildung $\pi_f \in \mathbb{F}^{**}$. Die Abbildung $f \mapsto \pi_f$ bettet $\mathbb{F}$ linear und isometrisch in $\mathbb{F}^{**}$ ein. Ist diese Abbildung sogar surjektiv, dann heißt $(\mathbb{F}, \|\cdot\|)$ reflexiv.

Neben den Norm-Topologien interessieren noch initiale Topologien. Zunächst läßt sich $\mathbb{F}$ (bzw. $\mathbb{F}^*$) mit der kleinsten Topologie versehen, bezüglich der alle Elemente aus $\mathbb{F}^*$ (bzw. $\mathbb{F}^{**}$) stetig sind, der sogenannten *schwachen Topologie auf* $\mathbb{F}$ (bzw. $\mathbb{F}^*$). Dagegen ist die *schwach-* Topologie auf* $\mathbb{F}^*$ erklärt als die kleinste Topologie, bezüglich der alle $f \in \mathbb{F}$ stetig sind, wobei f mit π_f identifiziert, d.h. als Element von $\mathbb{F}^{**}$ aufgefaßt wird. (Für reflexive $\mathbb{F}$ fallen also die Begriffe „schwach“ und „schwach-*“ zusammen.) Es gilt: $(\Psi_n) \subset \mathbb{F}^*$ ist schwach-* konvergent gegen $\Psi \in \mathbb{F}^*$ genau dann, wenn gilt

$$\pi_f(\Psi_n) = \Psi_n(f) \to \Psi(f) = \pi_f(\Psi) \quad \forall f \in \mathbb{F}. \tag{2.1.38}$$

Ein Hauptresultat über diese Topologie ist der Satz von Alaoglu: $K := \{\Psi \in \mathbb{F}^* : \|\Psi\|^* \leqslant 1\}$ ist schwach-* kompakt. Ist $\mathbb{F}$ separabel in der Norm-Topologie, dann ist K auch schwach-* folgenkompakt.

Im Spezialfall $\mathbb{F} = \mathbb{L}_1(\mu)$ kann man $\mathbb{F}^*$ mit $\mathbb{L}_\infty(\mu)$ identifizieren, wobei beide Räume mit den üblichen Normen versehen seien: Jedem $g \in \mathbb{L}_\infty(\mu)$ entspricht hierbei umkehrbar eindeutig eine Linearform Ψ, nämlich Ψ_g, definiert durch $\Psi_g(f) = \int g f\, \mathrm{d}\mu$. Man erhält hier also: $(g_n) \subset \mathbb{L}_\infty(\mu)$ ist schwach-* konvergent gegen $g \in \mathbb{L}_\infty(\mu)$ genau dann, wenn gilt

$$\int g_n f\, \mathrm{d}\mu \to \int g f\, \mathrm{d}\mu \qquad \forall f \in \mathbb{L}_1(\mu).$$

---

[1]) Für eine detaillierte Diskussion der hier angesprochenen Fragenkreise vgl. N. Dunford; J.T. Schwartz: Linear Operators, Part I, New York, 1966, Seiten 419–420, 424 und 289.

Dies ist – restringiert auf die Testfunktionen – gerade die Konvergenz (2.1.28). Demgemäß besagt Satz 2.14 eigentlich, daß Φ folgenkompakt in der schwach-* Topologie ist. (In der Statistik spricht man jedoch kurz – also im Sinne der Funktionalanalysis nicht ganz präzise – von der schwachen Folgenkompaktheit.) Der Satz von Alaoglu liefert dann gerade den Beweis von Satz 2.14 für den Fall einer separablen σ-Algebra, wenn man sich noch überlegt, daß der schwach-* Limes einer Folge nicht-negativer Funktionen wieder nicht-negativ ist. Von der Voraussetzung, daß $\mathfrak{B}$ abzählbar erzeugt ist, befreit man sich wie bei Satz 2.14. □

Aufgabe 2.1 Man verifiziere direkt, also ohne Verwenden von Satz 2.5: Alle α-ähnlichen Tests für $\mathbf{H} = \{P_0\}$ gegen $\mathbf{K} = \{P_1\}$ der Form (2.1.10) haben dieselbe Schärfe.

Aufgabe 2.2 Man bestimme einen besten α-Niveau Test für $\mathbf{H}: P = \mathfrak{N}(0,1)$ gegen $\mathbf{K}: P = \mathfrak{N}(\vartheta, \vartheta+2)$ und diskutiere ihn in Abhängigkeit von $\vartheta > 0$ und $\alpha \in (0,1)$.

Aufgabe 2.3 Es seien $P_0, P_1 \in \mathfrak{M}^1(\mathfrak{X}, \mathfrak{B})$ mit $P_0 \neq P_1$. Für $\alpha \in [0,1]$ bezeichne $g(\alpha)$ die Schärfe eines besten α-Niveau Tests für P_0 gegen P_1. Man zeige:

a) g ist isoton, konkav und stetig auf $[0,1]$.

b) Für alle $\alpha \in (0,1)$ gilt: $0 < \alpha < g(\alpha) \leqslant 1$.

c) Für alle $\alpha \in (0,1)$ gilt: $P_0 \ll P_1 \Leftrightarrow g(\alpha) < 1$.

d) $P_1 \ll P_0 \Leftrightarrow g(0) = 0$.

e) $P_0 \perp P_1 \Leftrightarrow g(0) = 1$.

f) $\alpha \mapsto g(\alpha)/\alpha$ ist antiton und stetig auf $(0,1]$.

g) $\lim\limits_{\alpha \downarrow 0} g(\alpha)/\alpha > 1$.

Aufgabe 2.4 Für $n \in \mathbb{N}$ seien $X_1, \ldots, X_n$ st.u. $\mathfrak{N}(\mu, \sigma_0^2)$-verteilte ZG, $\mu \in \mathbb{R}$, $\sigma_0^2 > 0$ bekannt. Bei vorgegebenem $\varepsilon > 0$ bezeichne $\varphi_{(n)}^*$ einen gleichmäßig besten α-Niveau Test für $\mathbf{H}: \mu \leqslant -\varepsilon$ gegen $\mathbf{K}: \mu > \varepsilon$, $\varepsilon > 0$. Für welche $n \in \mathbb{N}$ gilt $E_\mu \varphi_{(n)}^* \leqslant 0{,}01 \quad \forall \mu \in \mathbf{H}$ und $E_\mu \varphi_{(n)}^* \geqslant 0{,}99 \quad \forall \mu \in \mathbf{K}$? Welcher Wert ergibt sich hierbei speziell für $\varepsilon = \sigma_0$?

Aufgabe 2.5 Es seien $P_0, P_1 \in \mathfrak{M}^1(\mathfrak{X}, \mathfrak{B})$. Man zeige: Für die konvexe und abgeschlossene Menge $\mathfrak{R}' := \{(E_0\varphi, 1 - E_1\varphi): \varphi \in \Phi\}$ gilt: $\mathring{\mathfrak{R}}' \neq \emptyset \Leftrightarrow P_0 \neq P_1$.

2.2 Optimale einseitige Tests bei einparametrigen Verteilungsklassen

Wie bereits die Beispiele 2.9–10 und 2.12–13 gezeigt haben, ermöglicht das Neyman-Pearson-Lemma in verschiedenen Situationen die explizite Angabe gleichmäßig bester α-Niveau Tests. In 2.2.1 wird gezeigt, daß dies immer dann möglich ist, falls einseitige Testprobleme $\mathbf{H}: \vartheta \leqslant \vartheta_0$, $\mathbf{K}: \vartheta > \vartheta_0$ in einparametrigen Verteilungsklassen zugrundeliegen und falls der DQ $L_{\vartheta_0, \vartheta_1}(x)$ für jedes Paar $(\vartheta_0, \vartheta_1)$ mit $\vartheta_0 < \vartheta_1$ eine isotone Funktion einer reellwertigen Statistik $T(x)$ ist. In diesem Fall erweist sich nämlich die Gütefunktion $\vartheta \mapsto E_\vartheta \varphi$ des mit der Prüfgröße $L_{\vartheta_0, \vartheta_1}(x)$ gebildeten einseitigen Tests $\varphi(x)$ als isoton. Wie in den genannten Beispielen wird dieser Test als gleichmäßig bester, auf $\mathbf{J} = \{\vartheta_0\}$ α-ähnlicher Test für $\mathbf{H}$ gegen $\mathbf{K}$ gewonnen. Die Voraussetzungen sind z.B. für einparametrige Exponentialfamilien erfüllt. Abgesehen von der Bedeutung, die etwa die Klassen der $\mathfrak{B}(n,\pi)$-, $\mathfrak{N}(\mu,\sigma_0^2)$-, $\mathfrak{N}(\mu_0,\sigma^2)$- bzw. $\mathfrak{P}(\lambda)$-Verteilungen für die Anwendungen haben, sind diese Aussagen auch deshalb so wichtig, weil viele allgemeinere Testprobleme durch zusätzliche Überlegungen (etwa durch Suffizienz- und Invarianzbetrachtungen) auf einparametrige Klassen von Verteilungen reduziert werden können, die isotone DQ besitzen. Die wichtigsten dieser Klassen werden in 2.2.3 diskutiert. Schließlich wird in 2.2.4 gezeigt, daß es bei Vorliegen einparametriger $\mathbb{L}_1(\vartheta_0)$-differenzierbarer Verteilungsklassen für die einseitigen Hypothesen geeignet definierte „lokal optimale“ Tests auch dann gibt, wenn kein isotoner DQ vorliegt.

2.2.1 Einseitige Tests bei isotonem Dichtequotienten

Man beachte, daß der DQ $L_{\vartheta_0,\vartheta_1}$ von P_{ϑ_1} bzgl. P_{ϑ_0} nach Satz 1.110 $(P_{\vartheta_0}+P_{\vartheta_1})$-bestimmt ist.

Definition 2.20 *Es seien* $\mathfrak{P}=\{P_\vartheta: \vartheta\in\Theta\}$ *eine einparametrige Verteilungsklasse und* T *eine reellwertige Statistik auf* $(\mathfrak{X},\mathfrak{B})$. *Dann heißt* $\mathfrak{P}$ *eine* Klasse mit (streng) isotonem Dichtequotienten in T, *falls gilt: Zu jedem Paar* $\vartheta_0,\vartheta_1\in\Theta$ *mit* $\vartheta_0<\vartheta_1$ *gibt es eine (streng) isotone Funktion* $H_{\vartheta_0,\vartheta_1}:\mathbb{R}\to[0,\infty]$ *derart, daß gilt*

$$L_{\vartheta_0,\vartheta_1}(x)=H_{\vartheta_0,\vartheta_1}(T(x))\qquad [P_{\vartheta_0}+P_{\vartheta_1}]. \tag{2.2.1}$$

Beispiel 2.21 Eine einparametrige Exponentialfamilie $\mathfrak{P}=\{P_\vartheta: \vartheta\in\Theta\subset\mathbb{R}\}$ in ζ und T besitzt isotonen DQ in T, falls ζ streng isoton ist. (Bei schwach isotonem ζ gilt nicht notwendig $P_{\vartheta_0}\neq P_{\vartheta_1}$ für $\vartheta_0\neq\vartheta_1$.) Nehmen wir nämlich ν-Dichten p_ϑ in der Form (1.7.3) mit $k=1$ an, so gilt

$$L_{\vartheta_0,\vartheta_1}(x)=p_{\vartheta_1}(x)/p_{\vartheta_0}(x)=[A(\vartheta_1)/A(\vartheta_0)]\exp[(\zeta(\vartheta_1)-\zeta(\vartheta_0))\,T(x)]\qquad [P_{\vartheta_0}+P_{\vartheta_1}],$$

also (2.2.1) mit der für $\vartheta_1>\vartheta_0$ (streng) isotonen Funktion

$$H_{\vartheta_0,\vartheta_1}(t)=[A(\vartheta_1)/A(\vartheta_0)]\exp[(\zeta(\vartheta_1)-\zeta(\vartheta_0))\,t].$$ □

Beispiel 2.22 a) Die Beispiel 2.10 zugrundeliegende Klasse $\mathfrak{P}=\left\{\bigotimes_{j=1}^{n}\mathfrak{R}(0,\vartheta):\vartheta>0\right\}$ besitzt isotonen DQ in $T(x)=\max_{1\leqslant j\leqslant n} x_j$; der dort angegebene DQ $L_{\vartheta_0,\vartheta_1}(x)$ faktorisiert nämlich bei jeder Wahl von $\vartheta_0<\vartheta_1$ isoton über $T(x)$.

b) Eine analoge Aussage gilt bei st.u. ZG $X_1,\ldots,X_n$ mit $\mathfrak{L}(X_j)=\mathfrak{R}(\vartheta,\vartheta+1)$, $j=1,\ldots,n$, nur für $n=1$. In diesem Fall ist bei $\vartheta_0<\vartheta_1$ mit $\vartheta_1-\vartheta_0\leqslant 1$

$$L_{\vartheta_0,\vartheta_1}(x)=\mathbb{1}_{[\vartheta_1,\vartheta_0+1]}(x)+\infty\,\mathbb{1}_{(\vartheta_0+1,\vartheta_1+1]}(x)\qquad [P_{\vartheta_0}+P_{\vartheta_1}]$$

bzw. bei $\vartheta_0<\vartheta_1$ mit $\vartheta_1-\vartheta_0>1$

$$L_{\vartheta_0,\vartheta_1}(x)=\infty\,\mathbb{1}_{[\vartheta_1,\vartheta_1+1]}(x)\qquad [P_{\vartheta_0}+P_{\vartheta_1}]$$

$(P_{\vartheta_0}+P_{\vartheta_1})$-f.ü. eine isotone Funktion von $T(x)=x$. □

Beispiel 2.23 Die Klasse der hypergeometrischen Verteilungen $P_\vartheta=\mathfrak{H}(N,M,n)$, $\vartheta=M\in\{0,\ldots,N\}$, besitzt isotonen DQ in $T(x)=x$. Beim Nachweis von (2.2.1) kann man sich o.E. auf den Fall $\vartheta_1=\vartheta_0+1$ beschränken. Der zugehörige DQ ist gemäß (1.6.33) eine isotone Funktion von x. □

Satz 2.24 (Optimaler einseitiger Test) *Es seien* $\mathfrak{P}=\{P_\vartheta:\vartheta\in\Theta\}$ *eine einparametrige Verteilungsklasse mit isotonem* DQ *in* T, $\vartheta_0\in\Theta$, $\alpha\in(0,1)$ *und*

$$\varphi^*(x)=\mathbb{1}_{(c,\infty)}(T(x))+\bar\gamma\,\mathbb{1}_{\{c\}}(T(x)), \tag{2.2.2}$$

wobei $c\in\mathbb{R}$ *das* α-*Fraktil von* $\mathfrak{L}_{\vartheta_0}(T)$ *und die konstante Randomisierung* $\bar\gamma\in[0,1]$ *gemäß* (1.2.57) *bestimmt ist, also gemäß*

$$E_{\vartheta_0}\varphi^*=P_{\vartheta_0}(T>c)+\bar\gamma P_{\vartheta_0}(T=c)=\alpha. \tag{2.2.3}$$

Dann gilt[1]) *für das einseitige Testproblem* $\mathbf{H}$: $\vartheta \leqslant \vartheta_0$ *gegen* $\mathbf{K}$: $\vartheta > \vartheta_0$:

a) φ^* *ist gleichmäßig bester auf* $\mathbf{J} = \{\vartheta_0\}$ α*-ähnlicher Test für* $\mathbf{H}$ *gegen* $\mathbf{K}$.

b) φ^* *ist gleichmäßig bester* α*-Niveau Test für* $\mathbf{H}$ *gegen* $\mathbf{K}$.

c) *Die Gütefunktion* $\vartheta \mapsto E_\vartheta \varphi^*$ *ist isoton und zwar streng isoton für alle Werte* ϑ *mit* $0 < E_\vartheta \varphi^* < 1$. *Insbesondere ist also der Test ein strikt unverfälschter* α*-Niveau Test für* $\mathbf{H}$ *gegen* $\mathbf{K}$, *d.h. ein Test mit*

$$E_\vartheta \varphi^* < \alpha \quad \forall \vartheta < \vartheta_0, \qquad E_\vartheta \varphi^* > \alpha \quad \forall \vartheta > \vartheta_0. \tag{2.2.4}$$

d) *Für jedes* $\vartheta_1 > \vartheta_0$ *ist* φ^* *Maximin-*α*-Niveau Test für* $\mathbf{H}$: $\vartheta \leqslant \vartheta_0$ *gegen* $\mathbf{K}_1$: $\vartheta \geqslant \vartheta_1$.

Beweis: φ^* existiert nach Satz 1.38.

a) Wir betrachten zunächst einen speziellen Wert $\vartheta_1 \in \Theta$ mit $\vartheta_1 > \vartheta_0$. Aus der (schwachen) Isotonie von $H_{\vartheta_0, \vartheta_1}$ ergibt sich dann

$$H_{\vartheta_0, \vartheta_1}(T(x)) \underset{(<)}{>} H_{\vartheta_0, \vartheta_1}(c) =: s \;\Rightarrow\; T(x) \underset{(<)}{>} c. \tag{2.2.5}$$

Aus (2.2.2) folgt somit insbesondere die Gültigkeit von

$$\varphi^*(x) = \begin{cases} 1 & \text{für } H_{\vartheta_0, \vartheta_1}(T(x)) > s, \\ 0 & \text{für } H_{\vartheta_0, \vartheta_1}(T(x)) < s. \end{cases} \tag{2.2.6}$$

Nun ist $H_{\vartheta_0, \vartheta_1}(T(x)) \gtrless s$ nach (2.2.1) äquivalent mit $L_{\vartheta_0, \vartheta_1}(x) \gtrless s \quad [P_{\vartheta_0} + P_{\vartheta_1}]$ und nach (2.2.3) $E_{\vartheta_0}\varphi^* = \alpha$ erfüllt. Also genügt φ^* den nach Satz 2.7 hinreichenden Bedingungen dafür, daß φ^* eine optimale Lösung ist von

$$E_{\vartheta_1}\varphi = \sup_\varphi, \qquad E_{\vartheta_0}\varphi = \alpha, \qquad \varphi \in \Phi. \tag{2.2.7}$$

Da überdies φ^* unabhängig ist von $\vartheta_1 \in (\vartheta_0, \infty)\,\Theta$, minimiert φ^* unter der Nebenbedingung (2.2.3) die Fehler-WS 2. Art gleichmäßig für alle $\vartheta > \vartheta_0$.

Zum Nachweis, daß φ^* unter (2.2.3) auch die Fehler-WS 1. Art gleichmäßig minimiert, betrachten wir den Test

$$\varphi'(x) := 1 - \varphi^*(x) = \mathbb{1}_{(-\infty, c)}(T(x)) + (1 - \bar{\gamma})\,\mathbb{1}_{\{c\}}(T(x)). \tag{2.2.8}$$

Für diesen gilt $E_{\vartheta_0}\varphi' = 1 - \alpha$. Für $\vartheta_2 < \vartheta_0$ sei nun $H_{\vartheta_0, \vartheta_2}(t) := 1/H_{\vartheta_2, \vartheta_0}(t)$ mit der üblichen Konvention $1/\infty = 0$, $1/0 = \infty$. Dann ist $H_{\vartheta_0, \vartheta_2}$: $\mathbb{R} \to [0, \infty]$ eine (streng) antitone Funktion und wegen (2.2.1) bzw. Anmerkung 1.112a gilt

$$L_{\vartheta_0, \vartheta_2}(x) = H_{\vartheta_0, \vartheta_2}(T(x)) \qquad [P_{\vartheta_0} + P_{\vartheta_2}]. \tag{2.2.9}$$

Mit $s' := H_{\vartheta_0, \vartheta_2}(c)$ folgt dann analog der Argumentation bei (2.2.6)

---

[1]) Die Aussagen a) bis c) wie diejenigen von Korollar 2.25, Satz 2.26 und Anmerkung 2.27 gelten allgemeiner für jeden Test der Form $\varphi^*(x) = \mathbb{1}_{(c,\infty)}(T(x)) + \gamma(x)\,\mathbb{1}_{\{c\}}(T(x))$ mit $c \in \mathbb{R}$ und nichtkonstanter (meßbarer) Randomisierung γ: $\{T = c\} \to [0,1]$.

$$\varphi'(x) = \begin{cases} 1 & \text{für } H_{\vartheta_0, \vartheta_2}(T(x)) > s', \\ 0 & \text{für } H_{\vartheta_0, \vartheta_2}(T(x)) < s'. \end{cases} \tag{2.2.10}$$

Wegen (2.2.9) und (2.2.3) erfüllt φ' die hinreichenden Bedingungen dafür, daß φ' für jedes feste $\vartheta_2 < \vartheta_0$ eine optimale Lösung ist von

$$E_{\vartheta_2}\varphi = \sup_{\varphi}, \qquad E_{\vartheta_0}\varphi = 1-\alpha, \qquad \varphi \in \Phi. \tag{2.2.11}$$

Damit ist $\varphi^* = 1 - \varphi'$ unabhängig von $\vartheta_2 < \vartheta_0$ eine optimale Lösung von

$$E_{\vartheta_2}\varphi = \inf_{\varphi}, \qquad E_{\vartheta_0}\varphi = \alpha, \qquad \varphi \in \Phi. \tag{2.2.12}$$

b) Aus a) folgt durch Vergleich mit dem Test $\tilde{\varphi} \equiv \alpha$ gemäß Hilfssatz 2.2, daß φ^* ein α-Niveau Test ist für $\mathbf{H}: \vartheta \leqslant \vartheta_0$. Weiter ergibt sich mit dem Neyman-Pearson-Lemma aus (2.2.1+6) für festes $\vartheta_1 > \vartheta_0$, daß φ^* auch bester α-Niveau Test ist für $\mathbf{J}: \vartheta = \vartheta_0$ gegen $\tilde{\mathbf{K}}: \vartheta = \vartheta_1$. Wegen der Unabhängigkeit von ϑ_1 ist φ^* auch gleichmäßig bester α-Niveau Test für $\mathbf{J}$ gegen $\mathbf{K}$. Mit Φ' als Gesamtheit aller α-Niveau Tests für $\mathbf{H}$ und $\tilde{\Phi}$ als Gesamtheit aller α-Niveau Tests für $\mathbf{J}$ gilt also $\Phi' \subset \tilde{\Phi}$ und damit wegen $\varphi^* \in \Phi'$ nach Hilfssatz 2.3 die Behauptung.

c) Gilt $\vartheta', \vartheta'' \in \Theta$ mit $\vartheta' < \vartheta''$, so erfüllt φ^* analog (2.2.5) und (2.2.6) auch die hinreichenden Bedingungen dafür, daß φ^* optimale Lösung ist von

$$E_{\vartheta''}\varphi = \sup_{\varphi}, \qquad E_{\vartheta'}\varphi = \alpha' := E_{\vartheta'}\varphi^*, \qquad \varphi \in \Phi. \tag{2.2.13}$$

Also folgt $E_{\vartheta''}\varphi^* \geqslant E_{\vartheta'}\varphi^*$ aus Korollar 2.6a. Dabei gilt $E_{\vartheta''}\varphi^* = E_{\vartheta'}\varphi^*$ nach Korollar 2.6b wegen $P_{\vartheta'} \neq P_{\vartheta''}$ höchstens bei $E_{\vartheta'}\varphi^* = 0 \; (= E_{\vartheta''}\varphi^*)$ oder $E_{\vartheta'}\varphi^* = 1 \; (= E_{\vartheta''}\varphi^*)$. Nach Übergang zu $\varphi' := 1 - \varphi^*$ beweist man die erste Aussage (2.2.4) entsprechend.

d) Sei $\mathbf{K}_1$ eine beliebige Teilmenge von $(\vartheta_0, \infty)\,\Theta$. Dann folgt aus b) $E_\vartheta\varphi \leqslant E_\vartheta\varphi^*$ $\forall \varphi \in \Phi_\alpha \quad \forall \vartheta \in \mathbf{K}_1$ und damit $\inf_{\vartheta \in \mathbf{K}_1} E_\vartheta\varphi \leqslant \inf_{\vartheta \in \mathbf{K}_1} E_\vartheta\varphi^*$. □

Aus dem Beweis zu Satz 2.24 ergibt sich sofort, daß ein Test der Form (2.2.2) bei beliebigen $c \in \mathbb{R}$ und $\bar{\gamma} \in [0,1]$ für jedes $\vartheta' \in \Theta$ gleichmäßig bester Test ist für $\mathbf{H}': \vartheta \leqslant \vartheta'$ gegen $\mathbf{K}': \vartheta > \vartheta'$ zu seinem Niveau:

Korollar 2.25 *Ist $\vartheta' \in \Theta$ und*[1]) $\alpha' := E_{\vartheta'}\varphi^*$, *so gilt für das einseitige Testproblem* $\mathbf{H}': \vartheta \leqslant \vartheta'$ *gegen* $\mathbf{K}': \vartheta > \vartheta'$:

a) φ^* *ist gleichmäßig bester auf* $\mathbf{J}' = \{\vartheta'\}$ α'*-ähnlicher Test für* $\mathbf{H}'$ *gegen* $\mathbf{K}'$.

b) φ^* *ist gleichmäßig bester* α'*-Niveau Test für* $\mathbf{H}'$ *gegen* $\mathbf{K}'$.

$T(x)$ ist durch (2.2.1) nur bis auf streng isotone Transformationen bestimmt. Man wird deshalb die Prüfgröße nach Möglichkeit so wählen, daß der kritische Wert aufgrund vertafelter α-Fraktile festgelegt werden kann. Diese Vorgehensweise ist gerechtfertigt, da der Test (2.2.2–3) die hierfür erforderliche Invarianzeigenschaft besitzt.

---

[1]) Allgemeiner gibt es durch jeden Punkt $(\vartheta', \alpha') \in \Theta \times (0,1)$ genau eine Gütefunktion eines Tests der Form (2.2.2) mit (2.2.3).

Satz 2.26 *Die Form des Test* (2.2.2) *sowie die der Nebenbedingung* (2.2.3) *sind invariant gegenüber streng isotonen Transformationen der Prüfgröße.*

Beweis. Sei h: $\mathbb{R} \to \mathbb{R}$ streng isoton, $\tilde{T}(x) := h(T(x))$, $\tilde{c} := h(c)$ und

$$\tilde{\varphi}^*(x) = \mathbb{1}_{(\tilde{c},\infty)}(\tilde{T}(x)) + \tilde{\gamma}\mathbb{1}_{\{\tilde{c}\}}(\tilde{T}(x)), \tag{2.2.14}$$

wobei $\tilde{c} \in \mathbb{R}$ und die konstante Randomisierung $\tilde{\gamma} \in [0,1]$ bestimmt werden aus

$$E_{\vartheta_0}\tilde{\varphi}^* = P_{\vartheta_0}(\tilde{T} > \tilde{c}) + \tilde{\gamma}P_{\vartheta_0}(\tilde{T} = \tilde{c}) = \alpha. \tag{2.2.15}$$

Mit $c := h^{-1}(\tilde{c}) := \inf\{s \in \mathbb{R} : h(s) \geqslant \tilde{c}\}$ ist dann $\tilde{T}(x) \underset{(=)}{>} \tilde{c}$ wegen der strengen Isotonie von h äquivalent mit $T(x) \underset{(=)}{>} c$ und somit $(c, \bar{\gamma}) := (h^{-1}(\tilde{c}), \tilde{\gamma})$ eine Lösung von (2.2.3). Jeder Test (2.2.14+15) mit der Prüfgröße $\tilde{T}$ läßt sich also auch über die Prüfgröße T gewinnen und umgekehrt. □

Anmerkung 2.27 Analog zum Beweis von Satz 2.24 ergibt sich für die Hypothesen **H**: $\vartheta \geqslant \vartheta_0$ gegen **K**: $\vartheta < \vartheta_0$ die Satz 2.24 entsprechende Aussage. Dabei ist der Test (2.2.2–3) zu ersetzen durch den Test

$$\varphi^*(x) = \mathbb{1}_{(-\infty,c)}(T(x)) + \bar{\gamma}\mathbb{1}_{\{c\}}(T(x)), \tag{2.2.16}$$

$$E_{\vartheta_0}\varphi^* = P_{\vartheta_0}(T < c) + \bar{\gamma}P_{\vartheta_0}(T = c) = \alpha. \tag{2.2.17}$$

Der optimale Test (2.2.2–3) faktorisiert über der reellwertigen Statistik T. Zum Treffen der Entscheidung benötigt man also nicht die vollständige Kenntnis von x, sondern nur diejenige von $T(x)$. Wir werden in 3.1.4 zeigen, daß auch bei vielen anderen Entscheidungsproblemen bei einparametrigen Klassen mit isotonen DQ die Statistik T von allein ausschlaggebender Bedeutung ist. In 2.2.2 sollen deshalb Eigenschaften der Klasse $\mathfrak{P}^T$ hergeleitet werden.

2.2.2 Stochastisch geordnete Verteilungsklassen

Auf eine Versuchseinheit werde eine Behandlung mit (unbekannter), durch einen Parameter $\vartheta \in \mathbb{R}$ charakterisierbarer Qualität angewendet und deren Wirkung durch die Verteilung P_ϑ einer reellwertigen ZG X beschrieben. Dann ist eine naheliegende Verteilungsannahme die, daß X unter ϑ_1 häufiger größere Werte annimmt als unter ϑ_0 für $\vartheta_1 > \vartheta_0$. Wir nennen deshalb X unter ϑ_1 *stochastisch größer* als unter ϑ_0, falls gilt

$$\mathbb{P}_{\vartheta_1}(X > x) \geqslant \mathbb{P}_{\vartheta_0}(X > x) \quad \forall x \in \mathbb{R}, \qquad \mathbb{P}_{\vartheta_1}(X > x) > \mathbb{P}_{\vartheta_0}(X > x) \quad \exists x \in \mathbb{R}. \tag{2.2.18}$$

Ausgedrückt durch die zugehörigen VF F_{ϑ_0} und F_{ϑ_1} soll also gelten

$$1 - F_{\vartheta_1}(x) \geqslant 1 - F_{\vartheta_0}(x) \quad \forall x \in \mathbb{R}, \qquad 1 - F_{\vartheta_1}(x) > 1 - F_{\vartheta_0}(x) \quad \exists x \in \mathbb{R}. \tag{2.2.19}$$

Schreibt man allgemein für zwei Funktionen g_1, g_2: $\mathfrak{X} \to \bar{\mathbb{R}}$

$$g_1 \succeq g_2 \quad :\Leftrightarrow \quad g_1(x) \geqslant g_2(x) \quad \forall x \in \mathfrak{X}, \qquad g_1(x) > g_2(x) \quad \exists x \in \mathfrak{X}, \tag{2.2.20}$$

so ist also (2.2.18) bzw. (2.2.19) äquivalent mit

$$\mathbb{P}_{\vartheta_1}(X > \cdot) \geqslant \mathbb{P}_{\vartheta_0}(X > \cdot) \quad \text{bzw.} \quad 1 - F_{\vartheta_1} \geqslant 1 - F_{\vartheta_0}.$$

Entsprechend nennen wir die einparametrige Verteilungsklasse $\mathfrak{P} = \{P_\vartheta : \vartheta \in \Theta\}$ *stochastisch geordnet*, wenn (2.2.18) bzw. (2.2.19) gilt für alle $\vartheta_1 > \vartheta_0$. Allgemeiner heißt eine einparametrige Verteilungsklasse $\mathfrak{P} = \{P_\vartheta : \vartheta \in \Theta\} \subset \mathfrak{M}^1(\mathfrak{X}, \mathfrak{B})$ *stochastisch geordnet in einer Statistik* T: $(\mathfrak{X}, \mathfrak{B}) \to (\mathbb{R}, \mathbb{B})$, wenn T unter ϑ_1 stochastisch größer ist als unter ϑ_0, d.h. wenn gilt

$$P_{\vartheta_1}(T > \cdot) \geqslant P_{\vartheta_0}(T > \cdot) \quad \text{bzw.} \quad 1 - F^T_{\vartheta_1} \geqslant 1 - F^T_{\vartheta_0} \quad \text{für } \vartheta_1 > \vartheta_0. \tag{2.2.21}$$

Einfache Beispiele (mit $(\mathfrak{X}, \mathfrak{B}) = (\mathbb{R}, \mathbb{B})$ und T als Identität) bilden die Translationsfamilien (1.1.9) zu vorgegebener VF F. Für diese ist (2.2.21) trivialerweise erfüllt. Weitere Beispiele liefern einparametrige Verteilungsklassen, die isotonen DQ in einer Statistik T besitzen:

Satz 2.28 *Es seien* $\mathfrak{P} = \{P_\vartheta : \vartheta \in \Theta\}$ *eine einparametrige Verteilungsklasse mit isotonem* DQ *in* T *und* $\psi: \mathbb{R} \to \mathbb{R}$ *eine* $\mathfrak{P}^T$-f.ü. *isotone Funktion mit* $\psi \in \mathbb{L}_1(P^T_\vartheta)$ $\forall \vartheta \in \Theta$. *Dann gilt*:

a) $\mathfrak{P}^T = \{P^T_\vartheta : \vartheta \in \Theta\}$ *hat isotonen* DQ *in der Identität.*

b) *Die Abbildung* $\vartheta \mapsto E_\vartheta \psi(T)$ *ist isoton. Dabei gilt für* $\vartheta_0 \neq \vartheta_1$

$$E_{\vartheta_0}\psi(T) = E_{\vartheta_1}\psi(T) \quad \Leftrightarrow \quad \psi(t) = \text{const} \quad [\mathfrak{P}^T].$$

c) T *ist unter* ϑ_1 *stochastisch größer als unter* $\vartheta_0 < \vartheta_1$, *d.h. es gilt* (2.2.21).

Beweis: a) Aus der Lebesgue-Zerlegung (1.6.28) folgt mit (2.2.1)

$$P_{\vartheta_1}(B) = \int_B H_{\vartheta_0,\vartheta_1}(T(x))\,\mathrm{d}P_{\vartheta_0} + P_{\vartheta_1}(B\{H_{\vartheta_0,\vartheta_1} \circ T = \infty\}) \quad \forall B \in \mathfrak{B}$$

und damit nach der Transformationsformel A4.5 für $B = T^{-1}(D)$, $D \in \mathbb{B}$,

$$P^T_{\vartheta_1}(D) = \int_D H_{\vartheta_0,\vartheta_1}(t)\,\mathrm{d}P^T_{\vartheta_0} + P^T_{\vartheta_1}(D\{H_{\vartheta_0,\vartheta_1} = \infty\}) \quad \forall D \in \mathbb{B}.$$

Wegen $P^T_{\vartheta_0}(H_{\vartheta_0,\vartheta_1} < \infty) = P_{\vartheta_0}(H_{\vartheta_0,\vartheta_1} \circ T < \infty) = 1$ ist $H_{\vartheta_0,\vartheta_1}$ ein DQ von $P^T_{\vartheta_1}$ bzgl. $P^T_{\vartheta_0}$. Die Abbildung $t \mapsto H_{\vartheta_0,\vartheta_1}(t)$ ist voraussetzungsgemäß isoton. Offenbar ist $P^T_{\vartheta_1} \neq P^T_{\vartheta_0}$ für $\vartheta_1 \neq \vartheta_0$, da andernfalls $H_{\vartheta_0,\vartheta_1}(t) = 1 \quad [P^T_{\vartheta_0} + P^T_{\vartheta_1}]$ gelten würde und damit $P_{\vartheta_1} = P_{\vartheta_0}$.

b) Seien $\vartheta_0, \vartheta_1 \in \Theta$ fest mit $\vartheta_0 < \vartheta_1$, $v := P_{\vartheta_0} + P_{\vartheta_1} \in \mathfrak{M}^e(\mathfrak{X}, \mathfrak{B})$ und q_j Festlegungen der v^T-Dichte von $P^T_{\vartheta_j}$, $j = 0,1$. Dann gilt nach a) bzw. Satz 1.110

$$H_{\vartheta_0,\vartheta_1}(t) = \frac{q_1(t)}{q_0(t)}\,\mathbb{1}_{\{q_0 > 0\}}(t) + \infty\,\mathbb{1}_{\{q_0 = 0,\, q_1 > 0\}}(t) \quad [v^T]$$

und damit für die Mengen $A := \{H_{\vartheta_0,\vartheta_1} < 1\}$ bzw. $B := \{H_{\vartheta_0,\vartheta_1} > 1\}$

$$A = \{q_1 < q_0\} \quad [v^T], \qquad B = \{q_1 > q_0\} \quad [v^T].$$

Bezeichnet nun $\tilde{\psi}: \mathbb{R} \to \mathbb{R}$ eine isotone Funktion mit $\tilde{\psi} = \psi \quad [\mathfrak{P}^T]$, also insbesondere mit $\tilde{\psi} = \psi \quad [\nu^T]$, so gilt für $t_1 \in A$ und $t_2 \in B$ stets $t_1 < t_2$ und damit $a := \sup_{t \in A} \tilde{\psi}(t) \leqslant \inf_{t \in B} \tilde{\psi}(t) =: b$. Wegen $E_\vartheta \psi(T) \in \mathbb{R} \quad \forall \vartheta \in \Theta$ ist nach A4.1

$$\begin{aligned} E_{\vartheta_1}\psi(T) - E_{\vartheta_0}\psi(T) = E_{\vartheta_1}\tilde{\psi}(T) - E_{\vartheta_0}\tilde{\psi}(T) &= \int_{A+B} \tilde{\psi}(t)(q_1(t) - q_0(t))\,\mathrm{d}\nu^T \\ &\geqslant a \int_A (q_1(t) - q_0(t))\,\mathrm{d}\nu^T + b \int_B (q_1(t) - q_0(t))\,\mathrm{d}\nu^T \\ &\geqslant a \int_{A+B} (q_1(t) - q_0(t))\,\mathrm{d}\nu^T = a(1-1) = 0 \end{aligned}$$

mit $E_{\vartheta_1}\psi(T) = E_{\vartheta_0}\psi(T)$ genau dann, wenn bei allen vorgenommenen Abschätzungen das Gleichheitszeichen steht. Dieses ist wegen $q_0(t) > q_1(t) \quad [\nu^T]$ für $t \in A$ und $q_1(t) > q_0(t) \quad [\nu^T]$ für $t \in B$ genau dann der Fall, wenn gilt

$$\begin{aligned} &\psi(t) = a \quad [\nu^T] \quad \text{für } t \in A, \\ &\psi(t) = b \quad [\nu^T] \quad \text{für } t \in B, \\ &b = a, \qquad\qquad \text{falls } \int_B (q_1(t) - q_0(t))\,\mathrm{d}\nu^T > 0\,. \end{aligned}$$

Insgesamt folgt $b = a$, denn andernfalls wäre mit

$$\int_B (q_1(t) - q_0(t))\,\mathrm{d}\nu^T = 0 \quad \text{auch} \quad \int_A (q_1(t) - q_0(t))\,\mathrm{d}\nu^T = 0\,,$$

nach Definition von B und A also $q_1(t) = q_0(t) \quad [\nu^T]$ für $t \in A$ und $t \in B$ und damit für alle $t \in \mathbb{R}$, d.h. $P_{\vartheta_1}^T = P_{\vartheta_0}^T$ in Widerspruch zur Aussage a). Somit ist $\psi(t) = a \quad [\nu^T]$ für $t \in A + B$. Wegen $\nu^T(A) > 0$ und $\nu^T(B) > 0$ gibt es also mindestens ein $t \in A$ und mindestens ein $t \in B$ mit $\psi(t) = a$, so daß wegen der ν^T-Isotonie von ψ auch $\psi(t) = a \quad [\nu^T]$ für alle $t \in \mathbb{R}$ gilt.

c) Mit $\psi = \mathbb{1}_{(y,\infty)}$ bei beliebigem $y \in \mathbb{R}$ ergibt sich nach Teil b)

$$1 - F_{\vartheta_0}^T(y) \leqslant 1 - F_{\vartheta_1}^T(y) \quad \forall y \in \mathbb{R}, \qquad \vartheta_1 > \vartheta_0\,.$$

Hieraus folgt (2.2.21), denn $F_{\vartheta_0}^T = F_{\vartheta_1}^T$ würde $P_{\vartheta_0}^T = P_{\vartheta_1}^T$ implizieren. □

Sind X_1 und X_2 reellwertige ZG mit VF F_1 und F_2, so nennt man X_1 *stochastisch größer* als X_2 (kurz: $X_1 \succcurlyeq X_2$), wenn im Sinne von (2.2.20) gilt $F_1 \leqslant F_2$ und *stochastisch nicht kleiner* (kurz: $X_1 \succcurlyeq X_2$), wenn gilt $F_1 \leqslant F_2$. Diese Sprechweise ist auch dadurch gerechtfertigt, daß man X_1 und X_2 verteilungsgleich durch ZG Y_1 und Y_2 ersetzen kann, für die (deterministisch) gilt $Y_1 \geqslant Y_2$, d.h. $Y_1(\omega) \geqslant Y_2(\omega) \quad \forall \omega \in \Omega$. Hierzu beweisen wir zunächst den

Hilfssatz 2.29 *Es seien X eine reellwertige* ZG *mit der* VF *F, U eine $\mathfrak{R}(0,1)$-verteilte* ZG *und F^{-1} die zur* VF *F gehörende Quantilfunktion. Dann gilt*:

a) $\mathfrak{L}(X) = \mathfrak{L}(F^{-1}(U))$.

b) *Ist F stetig, so gilt* $\mathfrak{L}(F(X)) = \mathfrak{R}(0,1)$.

Beweis: a) Mit F ist F^{-1} isoton und damit meßbar. Nach Hilfssatz 1.17a gilt
$F^{-1}(u) \leqslant x \Leftrightarrow u \leqslant F(x)$ und damit $\mathbb{P}(F^{-1}(U) \leqslant x) = \mathbb{P}(U \leqslant F(x)) = F(x) \quad \forall x \in \mathbb{R}$.

b) Bei stetigem F folgt $F(F^{-1}(u)) = u \quad \forall u \in [0,1]$ und hiermit $\forall u \in [0,1]$
$\mathbb{P}(F(X)) \geqslant u) = \mathbb{P}(X \geqslant F^{-1}(u)) = \mathbb{P}(X > F^{-1}(u)) = 1 - F(F^{-1}(u)) = 1 - u$. □

Korollar 2.30 *Sind X_1 und X_2 reellwertige* ZG *mit* VF F_1 *und* F_2, *sowie U eine* $\mathfrak{R}(0,1)$-*verteilte* ZG, *so gilt* $\mathfrak{L}(X_i) = \mathfrak{L}(F_i^{-1}(U))$, $i = 1,2$, *und*

$$X_1 \succcurlyeq X_2 \Leftrightarrow F_1^{-1} \circ U \geqslant F_2^{-1} \circ U. \tag{2.2.22}$$

Analog gilt

$$X_1 \not\succcurlyeq X_2 \Leftrightarrow F_1^{-1} \circ U \not\succcurlyeq F_2^{-1} \circ U.$$

Beweis: Offenbar gilt $F_1 \leqslant F_2 \Leftrightarrow F_1^{-1} \geqslant F_2^{-1}$ bzw. $F_1 \not\leqslant F_2 \Leftrightarrow F_1^{-1} \not\geqslant F_2^{-1}$. □

Verteilungsgleiche Ersetzungen sind vielfach nützlich, z.B. bei der Berechnung von Erwartungswerten. So folgt z.B. mit (2.2.22) und der Isotonie des Erwartungswertes aus $X_1 \succcurlyeq X_2$ die Satz 2.28b entsprechende Aussage

$$EX_1 = EF_1^{-1}(U) \geqslant EF_2^{-1}(U) = EX_2.$$

In Verallgemeinerung von Satz 2.24 liegt es auch bei einparametrigen Verteilungsklassen, die in einer reellwertigen Statistik T geordnet sind, intuitiv nahe, sich bei Hypothesen **H**: $\vartheta \leqslant \vartheta_0$ gegen **K**: $\vartheta > \vartheta_0$ zugunsten von **K** zu entscheiden, wenn $T(x)$ hinreichend groß ist. Eine solche Vorgehensweise führt jedoch im allgemeinen *nicht* zu einem optimalen Test. So ist zum Beispiel die einparametrige Klasse der translatierten Cauchy-Verteilungen stochastisch geordnet; sie besitzt jedoch keinen isotonen DQ in der Identität; vgl. Aufg. 2.12. Auch ist der beste α-Niveau Test für $\tilde{\mathbf{H}}$: $\vartheta = \vartheta_0$ gegen $\tilde{\mathbf{K}}$: $\vartheta = \vartheta_1$ mit $\vartheta_1 > \vartheta_0$ im allgemeinen nicht von der Form (2.2.2) mit $T(x) = x$. Demgegenüber läßt sich Satz 2.28b auch für stochastisch geordnete Familien beweisen; bezeichnen nämlich F_0^T und F_1^T zwei eindimensionale VF, so gilt $F_1^T \leqslant F_0^T$ genau dann, wenn für alle isotonen Funktionen $\psi: \mathbb{R} \to \mathbb{R}$ gilt

$$E_0 \psi(T) \leqslant E_1 \psi(T). \tag{2.2.23}$$

Wir zeigen statt dessen den folgenden, letztlich gleichwertigen

Satz 2.31 *Es seien P_0 und P_1 zwei Verteilungen über $(\mathfrak{X}, \mathfrak{B})$, T eine reellwertige Statistik über $(\mathfrak{X}, \mathfrak{B})$ und $\varphi_{c,\bar{\gamma}}$ ein Test der Form*

$$\varphi_{c,\bar{\gamma}}(x) = \mathbb{1}_{(c,\infty)}(T(x)) + \bar{\gamma}\,\mathbb{1}_{\{c\}}(T(x)) = \bar{\gamma}\,\mathbb{1}_{[c,\infty)}(T(x)) + (1-\bar{\gamma})\,\mathbb{1}_{(c,\infty)}(T(x)).$$

Dann ist T unter P_1 stochastisch nicht kleiner als unter P_0 genau dann, wenn gilt

$$E_{P_1} \varphi_{c,\bar{\gamma}} \geqslant E_{P_0} \varphi_{c,\bar{\gamma}} \quad \forall c \in \mathbb{R} \quad \forall \bar{\gamma} \in [0,1]. \tag{2.2.24}$$

Beweis: „$\Leftarrow$" Aus (2.2.24) folgt für jedes $c \in \mathbb{R}$

$$P_1(T > c) = E_{P_1} \varphi_{c,0} \geqslant E_{P_0} \varphi_{c,0} = P_0(T > c).$$

„⇒“ Wegen der Stetigkeit von WS-Maßen folgt aus (2.2.18) mit T statt X

$$P_1(T \geqslant c) = \lim_{s \uparrow c} P_1(T > s) \geqslant \lim_{s \uparrow c} P_0(T > s) = P_0(T \geqslant c) \quad \text{für jedes } c \in \mathbb{R}$$

und damit bzw. wegen (2.2.18) für jedes $c \in \mathbb{R}$ und jedes $\bar{\gamma} \in [0,1]$

$$E_{P_1} \varphi_{c,\bar{\gamma}} = (1-\bar{\gamma}) P_1(T > c) + \bar{\gamma} P_1(T \geqslant c) \geqslant (1-\bar{\gamma}) P_0(T > c) + \bar{\gamma} P_0(T \geqslant c) = E_{P_0} \varphi_{c,\bar{\gamma}}. \quad \square$$

2.2.3 Einige spezielle Verteilungsklassen

Die Herleitung optimaler einseitiger Tests geschieht häufig wie folgt: In einem ersten Schritt wird eine Reduktion auf eine reellwertige Statistik T vorgenommen; diese wird für die Beispiele 2.34, 2.37 und 2.40 durch zusätzliche Überlegungen in Beispiel 3.101, Satz 4.12 bzw. Beispiel 3.104 gerechtfertigt werden. In einem zweiten Schritt wird dann gezeigt, daß die Klasse der Verteilungen $\mathfrak{P}^T = \{P_\vartheta^T: \vartheta \in \Theta\}$ isotonen DQ in der Identität hat. Bei den klassischen Testproblemen unter Normalverteilungsannahme treten dabei Verteilungsklassen auf, die durch Variation eines Streckungs- bzw. Nichtzentralitätsparameters aus den in 1.2.4 eingeführten (zentralen) χ_r^2-, F_{r_1,r_2}- bzw. t_r-Verteilungen hervorgehen.

Definition 2.32 a) $Y_1, \ldots, Y_r$ *seien* st.u. $\mathfrak{N}(0,\sigma^2)$*-verteilte* ZG. *Dann heißt* $\mathfrak{L}\left(\sum_{j=1}^r Y_j^2\right)$ *eine* gestreckte χ_r^2-Verteilung mit dem Streckungsparameter[1]) $\delta^2 = \sigma^2$.

b) $Y_{i1}, \ldots, Y_{ir_i}$ *seien* st.u. $\mathfrak{N}(0,\sigma_i^2)$*-verteilte* ZG, $i = 1,2$. *Dann heißt*

$$\mathfrak{L}\left(\frac{1}{r_1} \sum_{j=1}^{r_1} Y_{1j}^2 \Big/ \frac{1}{r_2} \sum_{j=1}^{r_2} Y_{2j}^2\right)$$

eine gestreckte F_{r_1,r_2}-Verteilung mit dem Streckungsparameter $\delta^2 = \sigma_1^2/\sigma_2^2$.

Satz 2.33 a) *Die durch den Streckungsparameter* $\delta^2 \in (0,\infty)$ *parametrisierte Klasse der gestreckten* χ_r^2*-Verteilungen ist eine einparametrige Exponentialfamilie in* $\zeta(\delta^2) = -1/2\delta^2$ *und der Identität.*

b) *Die durch den Streckungsparameter* $\delta^2 \in (0,\infty)$ *parametrisierte Klasse der gestreckten* F_{r_1,r_2}*-Verteilungen hat isotonen* DQ *in der Identität.*

Beweis: a) Wegen $\mathbb{P}_{\sigma^2}(Y_j^2 \leqslant x) = \mathbb{P}_{\sigma^2}(-\sqrt{x} \leqslant Y_j \leqslant +\sqrt{x}) = \phi(\sqrt{x}/\sigma) - \phi(-\sqrt{x}/\sigma)$ ergibt sich leicht die Dichte von Y_j^2, $j = 1, \ldots, r$, und daraus durch Faltung gemäß A6.9 die $\lambda\!\!\lambda$-Dichte von $\sum_{j=1}^r Y_j^2$ mit $\delta^2 = \sigma^2$ zu

$$p_{\delta^2}(x) = \frac{1}{\sigma^2} h_r\left(\frac{x}{\sigma^2}\right) = \frac{1}{(2\sigma^2)^{r/2} \Gamma\left(\frac{r}{2}\right)} x^{\frac{r}{2}-1} \mathrm{e}^{-\frac{x}{2\sigma^2}} \mathbb{1}_{(0,\infty)}(x), \tag{2.2.25}$$

[1]) Im Hinblick auf die späteren Anwendungen schreiben wir hier, in b) und in Definition 2.35 δ^2 für den Parameter, wobei stets $\delta \geqslant 0$ sei.

wobei $h_r(x)$ die λ-Dichte der zentralen χ_r^2-Verteilung ist. Diese Verteilungen bilden offenbar eine einparametrige Exponentialfamilie in $\zeta(\delta^2) = -1/2\sigma^2$ und $T(x) = x$; insbesondere hat die Klasse dieser Verteilungen damit nach Beispiel 2.21 isotonen DQ in der Identität.

b) Unter Verwendung von a) folgt mit $\delta^2 := \sigma_1^2/\sigma_2^2$ die λ-Dichte zu

$$p_{\delta^2}(x) = \frac{1}{\delta^2}\,\widetilde{h}_{r_1,r_2}\left(\frac{x}{\delta^2}\right) = \frac{\Gamma\left(\frac{r_1+r_2}{2}\right)}{\Gamma\left(\frac{r_1}{2}\right)\Gamma\left(\frac{r_2}{2}\right)}\,\frac{\left(\frac{r_1}{r_2}\right)^{r_1/2}}{\delta^{r_1}}\,\frac{x^{\frac{r_1}{2}-1}}{\left(1+\frac{r_1}{r_2}\frac{x}{\delta^2}\right)^{(r_1+r_2)/2}}\,\mathbb{1}_{(0,\infty)}(x), \tag{2.2.26}$$

wobei $\widetilde{h}_{r_1,r_2}$ die λ-Dichte der zentralen F_{r_1,r_2}-Verteilung ist. Diese Verteilungen bilden zwar *keine* Exponentialfamilie, sind aber wegen $\{x: p_{\delta^2}(x) > 0\} = (0,\infty)$ $\forall \delta^2 > 0$ paarweise äquivalent und besitzen offenbar isotonen DQ in der Identität. □

Beispiel 2.34 a) Die in 2.1.3 unter 3) bzw. 4) angegebenen Prüfgrößen besitzen nach Definition 2.32a bzw. Korollar 1.44c eine gestreckte χ_n^2- bzw. χ_{n-1}^2-Verteilung mit dem Parameter $\delta^2 = \sigma^2/\sigma_0^2$. Folglich sind diese Statistiken naheliegende Prüfgrößen für die Hypothesen $\mathbf{H}: \sigma^2 \leqslant \sigma_0^2$ gegen $\mathbf{K}: \sigma^2 > \sigma_0^2$ bei bekanntem $\mu = \mu_0$ bzw. bei unbekanntem $\mu \in \mathbb{R}$ und die angegebenen Tests sind wegen Satz 2.33a und Satz 2.24b gleichmäßig beste α-Niveau Tests unter allen über der jeweiligen Statistik T faktorisierenden Tests.

b) Die in 2.1.3 unter 7) bzw. 8) angegebenen Prüfgrößen besitzen nach Definition 2.32b bzw. Beispiel 1.100 eine gestreckte F_{n_1,n_2}- bzw. F_{n_1-1,n_2-1}-Verteilung mit dem Parameter $\delta^2 = \sigma^2/\tau^2$. Folglich sind diese Statistiken naheliegende Prüfgrößen für die Hypothesen $\mathbf{H}: \sigma^2 \leqslant \tau^2$ gegen $\mathbf{K}: \sigma^2 > \tau^2$ bei bekannten $\mu = \mu_0$, $\nu = \nu_0$ bzw. bei unbekannten $\mu \in \mathbb{R}$, $\nu \in \mathbb{R}$. Die angegebenen Tests sind wegen Satz 2.33b und Satz 2.24b gleichmäßig beste α-Niveau Tests unter allen über der jeweiligen Statistik T faktorisierenden Tests. □

Definition 2.35 a) $Y_1, \ldots, Y_r$ *seien* st.u. $\mathfrak{N}(\delta_j, 1)$-*verteilte* ZG. *Dann heißt* $\mathfrak{L}\left(\sum_{j=1}^{r} Y_j^2\right)$ *eine* nichtzentrale χ_r^2-Verteilung mit dem Nichtzentralitätsparameter[1]) $\delta^2 = \sum_{j=1}^{r} \delta_j^2$; *kurz*: $\chi_r^2(\delta^2)$.

b) $Y_{i1}, \ldots, Y_{ir_i}$, $i = 1, 2$, *seien* st.u. ZG *mit* $\mathfrak{L}(Y_{1j}) = \mathfrak{N}(\delta_j, 1)$, $j = 1, \ldots, r_1$, *und* $\mathfrak{L}(Y_{2j}) = \mathfrak{N}(0,1)$, $j = 1, \ldots, r_2$. *Dann heißt* $\mathfrak{L}\left(\frac{1}{r_1}\sum_{j=1}^{r_1} Y_{1j}^2 \Big/ \frac{1}{r_2}\sum_{j=1}^{r_2} Y_{2j}^2\right)$ *eine* nichtzentrale F_{r_1,r_2}-Verteilung mit dem Nichtzentralitätsparameter $\delta^2 = \sum_{j=1}^{r_1} \delta_j^2$; *kurz*: $F_{r_1,r_2}(\delta^2)$.

Satz 2.36 a) *Die durch den Nichtzentralitätsparameter* $\delta^2 \in [0,\infty)$ *parametrisierte Klasse der nichtzentralen* χ_r^2-*Verteilungen hat isotonen* DQ *in der Identität.*

---

[1]) In Satz 2.36 wird gezeigt, daß diese Verteilung nur von $\delta^2 = \sum_{j=1}^{r} \delta_j^2$ abhängt. – Für $\delta^2 = 0$ ergibt sich die zentrale χ_r^2-Verteilung aus Definition 1.43; entsprechendes gilt in Teil b bzw. in Definition 2.38.

b) *Die durch den Nichtzentralitätsparameter* $\delta^2 \in [0, \infty)$ *parametrisierte Klasse der nichtzentralen* F_{r_1, r_2}*-Verteilungen hat isotonen* DQ *in der Identität.*

Beweis: a) Es gilt $\mathfrak{L}\left(\sum_{j=1}^{r} Y_j^2\right) = \mathfrak{L}\left(\sum_{j=1}^{r} X_j^2\right)$, wenn $X = (X_1, \ldots, X_r)^\top$ durch orthogonale Transformation $\mathscr{T}$ aus $Y = (Y_1, \ldots, Y_r)^\top$ gewonnen wird. Dabei läßt sich $\mathscr{T}$ so wählen, daß für die Mittelwerte der ZG $X_1, \ldots, X_n$ gilt $\mu_1 = \delta, \mu_2 = \ldots = \mu_r = 0$. Also ist $\sum_{j=1}^{r} Y_j^2$ verteilungsgleich mit der Summe st.u. ZG X_1^2 und $\sum_{j=2}^{r} X_j^2$, wobei $\sum_{j=2}^{r} X_j^2$ nach Satz 1.42 bzw. Definition 1.43 einer zentralen χ_{r-1}^2-Verteilung genügt. Andererseits gilt

$$\mathbb{P}_{\delta^2}(X_1^2 \leqslant x) = \mathbb{P}_{\delta^2}(-\sqrt{x} \leqslant X_1 \leqslant +\sqrt{x}) = \phi(\sqrt{x} - \delta) - \phi(-\sqrt{x} - \delta)$$

und damit durch Potenzreihenentwicklung der λ-Dichte von X_1^2

$$f_{\delta^2}(x) = \frac{1}{2\sqrt{2\pi x}} \mathrm{e}^{-\frac{1}{2}(x+\delta^2)} (\mathrm{e}^{\sqrt{x}\delta} + \mathrm{e}^{-\sqrt{x}\delta}) = \sum_{k=0}^{\infty} \mathrm{e}^{-\delta^2/2} \frac{(\delta^2/2)^k}{k!} h_{2k+1}(x),$$

wobei $h_{2k+1}(x)$ die λ-Dichte der zentralen χ_{2k+1}^2-Verteilung bezeichnet. Hieraus folgt nach der Faltungseigenschaft der zentralen χ^2-Verteilungen, vgl. 1.2.4, als λ-Dichte von $\sum_{j=1}^{r} Y_j^2$

$$p_{\delta^2}(x) = f_{\delta^2}(x) * h_{r-1}(x) = \sum_{k=0}^{\infty} \mathrm{e}^{-\delta^2/2} \frac{(\delta^2/2)^k}{k!} h_{2k+r}(x).$$

Die Klasse dieser Verteilungen mit dem Parameter δ^2 hat isotonen DQ in der Identität; (2.2.1) ist nämlich erfüllt wegen

$$\frac{p_{\delta_1^2}(x)}{p_{\delta_0^2}(x)} = \frac{\sum_{k=0}^{\infty} a_k x^k}{\sum_{k=0}^{\infty} b_k x^k},$$

$$a_k := \frac{\left(\frac{\delta_1^2}{2}\right)^k \exp\left(-\frac{\delta_1^2}{2}\right)}{k!\,2^k\,\Gamma\left(\frac{2k+r}{2}\right)}, \quad b_k := \frac{\left(\frac{\delta_0^2}{2}\right)^k \exp\left(-\frac{\delta_0^2}{2}\right)}{k!\,2^k\,\Gamma\left(\frac{2k+r}{2}\right)},$$

woraus wegen $a_k/b_k < a_{k+1}/b_{k+1} < \ldots < a_n/b_n$ bei $\delta_0^2 < \delta_1^2$ folgt

$$\partial_x \left(\frac{p_{\delta_1^2}(x)}{p_{\delta_0^2}(x)}\right) = \frac{\sum_{k<n} (n-k)(a_n b_k - a_k b_n) x^{k+n-1}}{(\sum b_k x^k)^2} > 0.$$

b) Nach der Transformationsformel für λ-Dichten gilt wegen a) für die λ-Dichte der nichtzentralen F_{r_1, r_2}-Verteilung

$$p_{\delta^2}(x) = \sum_{k=0}^{\infty} \mathrm{e}^{-\delta^2/2} \frac{(\delta^2/2)^k}{k!} \frac{r_1}{2k+r_1} \tilde{h}_{2k+r_1, r_2}\left(\frac{r_1}{2k+r_1} x\right).$$

Mit den in Teil a) eingeführten Größen a_k und b_k ist der Quotient

$$\frac{p_{\delta_1^2}(x)}{p_{\delta_0^2}(x)} = \frac{\sum_{k=0}^{\infty} \tilde{a}_k y^k}{\sum_{k=0}^{\infty} \tilde{b}_k y^k}, \qquad y = \frac{x}{1 + \frac{r_1}{r_2} x},$$

$$\tilde{a}_k := a_k 2^k \Gamma\left(\frac{2k + r_1 + r_2}{2}\right)\left(\frac{r_1}{r_2}\right)^k, \qquad \tilde{b}_k := b_k 2^k \Gamma\left(\frac{2k + r_1 + r_2}{2}\right)\left(\frac{r_1}{r_2}\right)^k$$

für $\delta_0^2 < \delta_1^2$ wieder eine streng isotone Funktion (von y und damit) von x. □

Beispiel 2.37 (m-Stichprobenproblem) $X_{i1}, \ldots, X_{in_i}$, $i = 1, \ldots, m$ seien st.u. ZG mit $\mathfrak{L}(X_{ij}) = \mathfrak{N}(\mu_i, \sigma^2)$, $j = 1, \ldots, n_i$, $i = 1, \ldots, m$. Betrachtet werden die Hypothesen $\mathbf{H}$: $\mu_i = \mu_j \quad \forall i \neq j$, $\mathbf{K}$: $\mu_i \neq \mu_j \quad \exists i \neq j$. Diese lassen sich mit $\bar{\mu}_{\bullet} := \sum n_i \mu_i / n$, $n := \sum n_i$ und $\delta^2 := \sum n_i (\mu_i - \bar{\mu}_{\bullet})^2$ auch formulieren als $\mathbf{H}$: $\delta^2 = 0$, $\mathbf{K}$: $\delta^2 \neq 0$.

a) Ist $\sigma^2 = \sigma_0^2$ bekannt, so ist $T(x) = \sum n_i (\bar{x}_{i\bullet} - \bar{x}_{\bullet\bullet})^2 / \sigma_0^2$ eine naheliegende Prüfgröße. $\bar{x}_{i\bullet}$ ist nämlich ein plausibler – und wie sich in 3.2.2 zeigen wird auch optimaler – Schätzer für μ_i, $i = 1, \ldots, m$, und damit $\bar{x}_{\bullet\bullet}$ ein ebensolcher für $\bar{\mu}_{\bullet}$. Somit spiegelt sich in $T(x)$ eine Abweichung zwischen $\bar{x}_{1\bullet}, \ldots, \bar{x}_{m\bullet}$ und folglich auch eine solche zwischen $\mu_1, \ldots, \mu_m$ wider.
Die Verteilung der Prüfgröße läßt sich wie folgt bestimmen: Nach Beispiel 1.100 sind $\sqrt{n_1}\,\bar{X}_{1\bullet}, \ldots, \sqrt{n_m}\,\bar{X}_{m\bullet}$ st.u. mit $\mathfrak{L}(\sqrt{n_i}\,\bar{X}_{i\bullet}) = \mathfrak{N}(\sqrt{n_i}\,\mu_i, \sigma_0^2)$, $i = 1, \ldots, m$, so daß sich durch orthogonale Transformation analog Korollar 1.44 ergibt:

$$\sum \sqrt{\frac{n_i}{n}} \sqrt{n_i}\,\bar{X}_{i\bullet} = \sum \frac{n_i}{\sqrt{n}} \bar{X}_{i\bullet} = \sqrt{n}\,\bar{X}_{\bullet\bullet},$$

$$\sum (\sqrt{n_i}\,\bar{X}_{i\bullet})^2 - (\sqrt{n}\,\bar{X}_{\bullet\bullet})^2 = \sum n_i (\bar{X}_{i\bullet} - \bar{X}_{\bullet\bullet})^2$$

sind st.u. und $T(X) := \sum n_i (\bar{X}_{i\bullet} - \bar{X}_{\bullet\bullet})^2 / \sigma^2$ genügt einer nichtzentralen χ^2_{m-1}-Verteilung mit dem Nichtzentralitätsparameter $\delta^2 = \sum n_i (\mu_i - \bar{\mu}_{\bullet})^2 / \sigma_0^2$. Also ist der Test $\varphi^*(x) = \mathbb{1}_{(\chi^2_{m-1;\,\alpha}, \infty)}(T(x))$ nach den Sätzen 2.36a und 2.24b ein gleichmäßig bester α-Niveau Test unter allen nur von $T(x)$ abhängenden Tests. Zur Reduktion auf $T(x)$ vgl. Satz 4.12 (mit $v = 1$).

b) Ist $\sigma^2 > 0$ unbekannt, so ist $\frac{1}{n-m} \sum\sum (x_{ij} - \bar{x}_{i\bullet})^2$ ein plausibler – und wie sich in 4.1 zeigen wird auch optimaler – Schätzer für σ^2 und somit nach a)

$$T(x) = \frac{1}{m-1} \sum n_i (\bar{x}_{i\bullet} - \bar{x}_{\bullet\bullet})^2 \Big/ \frac{1}{n-m} \sum\sum (x_{ij} - \bar{x}_{i\bullet})^2$$

eine naheliegende Prüfgröße. Andererseits sind nach Beispiel 1.100 $\sum_j (X_{ij} - \bar{X}_{i\bullet})^2$ für $i = 1, \ldots, m$ st.u. ZG, so daß wegen der Faltungseigenschaft der zentralen $\chi^2_{n_i - 1}$-Verteilungen $\sum\sum (X_{ij} - \bar{X}_{i\bullet})^2 / \sigma^2$ einer zentralen χ^2_{n-m}-Verteilung genügt. Da überdies Zähler und Nenner von $T(X)$ st.u. sind, genügt $T(X)$ wegen a) einer nichtzentralen $\mathrm{F}_{m-1,\,n-m}$-Verteilung mit dem Parameter $\delta^2 = \sum n_i (\mu_i - \bar{\mu}_{\bullet})^2 / \sigma^2$. Somit ist der Test $\varphi^*(x) = \mathbb{1}_{(\mathrm{F}_{m-1,\,n-m;\,\alpha}, \infty)}(T(x))$ ein gleichmäßig bester α-Niveau Test unter allen nur von $T(x)$ abhängenden Tests. Die Reduktion auf $T(x)$ wird in Satz 4.13 gerechtfertigt werden. □

Definition 2.38 $Y_0, Y_1, \ldots, Y_r$ *seien* st.u. ZG *mit* $\mathfrak{L}(Y_0) = \mathfrak{N}(\delta, 1)$ *bzw.* $\mathfrak{L}(Y_j) = \mathfrak{N}(0,1)$, $j = 1, \ldots, r$. *Dann heißt* $\mathfrak{L}\left(Y_0 \Big/ \sqrt{\frac{1}{r}\sum_{j=1}^{r} Y_j^2}\right)$ *eine* nichtzentrale t_r-Verteilung mit dem Nichtzentralitätsparameter δ; *kurz*: $t_r(\delta)$.

Da die folgende Aussage nur in Beispiel 2.40 verwendet wird und dort auch, wie sich in 3.4 zeigen wird, umgangen werden könnte, beschränken wir uns auf die Angabe einer λ-Dichte; vgl. jedoch Beispiel 3.105. Diese lautet

$$p_\delta(t) = \frac{1}{2^{(r+1)/2}\,\Gamma\left(\frac{r}{2}\right)\sqrt{\pi r}} \int_0^\infty y^{\frac{1}{2}(r-1)} \exp\left(-\frac{1}{2}y\right) \exp\left[-\frac{1}{2}\left(t\sqrt{\frac{y}{r}} - \delta\right)^2\right] \mathrm{d}y. \tag{2.2.27}$$

Für $\delta = 0$ ergibt sich die λ-Dichte der zentralen t_r-Verteilung zu

$$p_0(t) = \frac{1}{\sqrt{r\pi}} \frac{\Gamma\left(\frac{r+1}{2}\right)}{\Gamma\left(\frac{r}{2}\right)} \left(1 + \frac{t^2}{r}\right)^{-\frac{r+1}{2}}.$$

Satz 2.39 *Die durch den Nichtzentralitätsparameter* $\delta \in \mathbb{R}$ *parametrisierte Klasse der nichtzentralen* t_r*-Verteilungen hat isotonen* DQ *in der Identität.*

Beispiel 2.40 Die in 2.1.3 unter 2) bzw. 6) angegebenen Prüfgrößen genügen offenbar einer nichtzentralen t_{n-1}- bzw. $t_{n_1+n_2-2}$-Verteilung mit dem Nichtzentralitätsparameter $\delta = \sqrt{n}(\mu - \mu_0)/\sigma$ bzw. $\delta = \sqrt{n_1 n_2/(n_1+n_2)}\,(\mu - \nu)/\sigma$. Somit sind einerseits die jeweiligen Statistiken T naheliegende Prüfgrößen für die Hypothesen $\mathbf{H}$: $\mu \leqslant \mu_0$, $\mathbf{K}$: $\mu > \mu_0$ bzw. $\mathbf{H}$: $\mu \leqslant \nu$, $\mathbf{K}$: $\mu > \nu$; andererseits sind die Tests $\varphi(x) = \mathbb{1}_{(t_{n-1;\alpha},\infty)}(T(x))$ bzw. $\varphi(x) = \mathbb{1}_{(t_{n_1+n_2-2;\alpha},\infty)}(T(x))$ gleichmäßig beste α-Niveau Tests unter allen α-Niveau Tests, die über der jeweiligen Statistik T meßbar faktorisieren; vgl. Beispiel 3.105. □

2.2.4 Lokal beste einseitige Tests

Liegt eine einparametrige Verteilungsklasse zugrunde, die keinen isotonen DQ besitzt, so gibt es im allgemeinen keinen[1]) gleichmäßig besten α-Niveau Test für $\tilde{\mathbf{H}}$: $\vartheta = \vartheta_0$ gegen $\mathbf{K}$: $\vartheta > \vartheta_0$. Häufig kann man jedoch einen Test angeben, der in einem geeignet zu präzisierenden Sinne asymptotisch für $\vartheta \downarrow \vartheta_0$ „lokal optimal" ist. Bei der Diskussion derartiger Tests wird man sich auf solche beschränken, die das zugelassene Niveau α über $\tilde{\mathbf{H}}$ ausschöpfen, also auf Tests $\varphi \in \Phi(\alpha) := \{\varphi \in \Phi : E_{\vartheta_0}\varphi = \alpha\}$.

Ist die Gütefunktion eines jeden Tests $\varphi \in \Phi(\alpha)$ im Punkt ϑ_0 differenzierbar, so liegt es nahe, die „lokale Optimalität" von $\tilde{\varphi} \in \Phi(\alpha)$ dadurch zu präzisieren, daß $\tilde{\varphi}$ unter allen Tests $\varphi \in \Phi(\alpha)$ die Ableitung der Gütefunktion in ϑ_0 maximiert. $\tilde{\varphi}$ wird dann zwar im allgemeinen für kein $\vartheta > \vartheta_0$ den Wert der Gütefunktion $\vartheta \mapsto E_\vartheta \varphi$ maximieren; dennoch

[1]) Vgl. J. Pfanzagl: Z. Wahrscheinlichkeitstheorie verw. Gebiete **1** (1963) 109–115

wird $\vartheta \mapsto E_\vartheta \tilde{\varphi}$ für Werte $\vartheta > \vartheta_0$ mit ϑ nahe ϑ_0 den Wert von $\vartheta \mapsto \sup\limits_{\varphi \in \Phi(\alpha)} E_\vartheta \varphi$ relativ gut approximieren, so daß die Verwendung von $\tilde{\varphi}$ gerechtfertigt ist. In Spezialfällen wird es unter diesen Tests einen Test φ' geben mit der Eigenschaft, daß es für jeden Vergleichstest $\varphi \in \Phi(\alpha)$ ein $\vartheta_1(\varphi) > \vartheta_0$ gibt mit $E_\vartheta \varphi' \geqslant E_\vartheta \varphi \quad \forall \vartheta \in (\vartheta_0, \vartheta_1(\varphi))$. Dabei kann es sogar sein, daß $\vartheta_1(\varphi)$ unabhängig von φ wählbar ist. Demgemäß haben wir drei Möglichkeiten zur Präzisierung des Begriffs „lokale Optimalität".

Definition 2.41 *Seien $\mathfrak{P} = \{P_\vartheta : \vartheta \in \Theta\}$ eine einparametrige Verteilungsklasse, $\vartheta_0 \in \Theta$, $\alpha \in (0,1)$ und $\Phi(\alpha)$ die Menge aller auf $\{\vartheta_0\}$ α-ähnlichen Tests.*

a) *Ist die Familie $\mathfrak{P}$ $\mathbb{L}_1(\vartheta_0)$-differenzierbar, so heißt ein Test $\tilde{\varphi} \in \Phi(\alpha)$* lokal bester α-ähnlicher Test *für $\tilde{\mathbf{H}}: \vartheta = \vartheta_0$ gegen $\mathbf{K}: \vartheta > \vartheta_0$, falls gilt*[1]):

$$\forall \varphi \in \Phi(\alpha) \qquad \nabla E_{\vartheta_0} \tilde{\varphi} \geqslant \nabla E_{\vartheta_0} \varphi . \tag{2.2.28}$$

b) *Ein Test $\varphi' \in \Phi(\alpha)$ heißt* lokal besser als jeder Vergleichstest in $\Phi(\alpha)$ *für $\tilde{\mathbf{H}}: \vartheta = \vartheta_0$ gegen $\mathbf{K}: \vartheta > \vartheta_0$, falls gilt*

$$\forall \varphi \in \Phi(\alpha) \quad \exists \vartheta_1(\varphi) > \vartheta_0 \quad \forall \vartheta \in (\vartheta_0, \vartheta_1(\varphi)): \qquad E_\vartheta \varphi' \geqslant E_\vartheta \varphi . \tag{2.2.29}$$

c) *Ein Test $\varphi^* \in \Phi(\alpha)$ heißt* lokal gleichmäßig bester α-ähnlicher Test *für $\tilde{\mathbf{H}}: \vartheta = \vartheta_0$ gegen $\mathbf{K}: \vartheta > \vartheta_0$, falls gilt:*

$$\exists \vartheta_1 > \vartheta_0 \quad \forall \varphi \in \Phi(\alpha) \quad \forall \vartheta \in (\vartheta_0, \vartheta_1): \qquad E_\vartheta \varphi^* \geqslant E_\vartheta \varphi . \tag{2.2.30}$$

Die Differenzierbarkeit der Gütefunktionen aller Tests wird also nur zur Präzisierung gemäß (2.2.28) benötigt. Ist sie jedoch gegeben, so ist jeder im Sinne von (2.2.29) oder (2.2.30) lokal optimale Test auch im Sinne von (2.2.28) lokal optimal. Man wird deshalb in diesem Fall zunächst die Gesamtheit aller lokal besten α-ähnlichen Tests bestimmen. Dabei ist wegen Satz 1.179a ein lokal bester α-ähnlicher Test $\tilde{\varphi}$ Lösung von

$$f(\varphi) := \int \varphi(x) \dot{L}_{\vartheta_0}(x) \, \mathrm{d}P_{\vartheta_0} = \sup_\varphi , \tag{2.2.31}$$

$$\int \varphi(x) \, \mathrm{d}P_{\vartheta_0} = \alpha , \tag{2.2.32}$$

$$\varphi \in \Phi . \tag{2.2.33}$$

Ein solcher Test $\tilde{\varphi}$ existiert stets und besitzt nach dem Fundamentallemma 2.7 für α-ähnliche Tests die Prüfgröße $\dot{L}_{\vartheta_0}$. Die $\mathbb{L}_1(\vartheta_0)$-Ableitung $\dot{L}_{\vartheta_0}$ nimmt damit in der lokalen Theorie die zentrale Rolle ein, die in der Neyman-Pearson-Theorie der DQ $L_{\vartheta_0, \vartheta_1}$ innehat. Jeder lokal beste Test ist also von der Form

$$\tilde{\varphi}(x) = \mathbb{1}_{(c,\infty)}(\dot{L}_{\vartheta_0}(x)) + \gamma(x) \mathbb{1}_{\{c\}}(\dot{L}_{\vartheta_0}(x)) \quad [P_{\vartheta_0}] . \tag{2.2.34}$$

Dabei können wir nach dem Fundamentallemma die Randomisierung $\gamma(x)$ o.E. konstant wählen. Als ein solcher Test ist $\tilde{\varphi}$ dann nach Korollar 2.8 P_{ϑ_0}-bestimmt.

---

[1]) Damit sich $\nabla E_{\vartheta_0} \varphi$ in der Form (2.2.31) darstellt, setzen wir im Hinblick auf Satz 1.179a sogleich die $\mathbb{L}_1(\vartheta_0)$-Differenzierbarkeit von $\mathfrak{P}$ und nicht nur die Differenzierbarkeit aller Gütefunktionen im Punkt ϑ_0 voraus.

Beispiel 2.42 $X_1, \ldots, X_n$ seien st.u. ZG mit derselben Verteilung F_ζ, wobei F_ζ Element einer einparametrigen Exponentialfamilie in ζ und T ist. Dann ist nach Beispiel 1.184 die Familie der gemeinsamen Verteilungen P_ζ für jedes $\zeta_0 \in \mathring{Z}$ $\mathbb{L}_1(\zeta_0)$-differenzierbar. Also gibt es für jedes $\zeta_0 \in \mathring{Z}$ und jedes $\alpha \in (0,1)$ einen lokal besten α-ähnlichen Test für $\tilde{\mathbf{H}}: \zeta = \zeta_0$ gegen $\mathbf{K}: \zeta > \zeta_0$, nämlich (2.2.34) mit der Prüfgröße $\dot{L}_{\zeta_0}(x) = \sum_{j=1}^{n} [T(x_j) - E_{\zeta_0} T(X_j)]$. Eine äquivalente Prüfgröße ist $\sum_{j=1}^{n} T(x_j)$, also diejenige des (nach Beispiel 2.21 und Satz 2.24 existierenden) gleichmäßig besten α-Niveau Tests für $\mathbf{H}: \zeta \leqslant \zeta_0$ gegen $\mathbf{K}$. □

Beispiel 2.43 $X_1, \ldots, X_n$ seien st.u. ZG mit derselben λ-Dichte $f(z-\vartheta)$, $\vartheta \in \mathbb{R}$, wobei f die Bedingungen (1.8.26) oder sogar (1.8.27) erfüllt. Dann ist nach Beispiel 1.185 die Translationsfamilie der Randverteilungen und damit die Familie der gemeinsamen Verteilungen für jedes $\vartheta_0 \in \mathbb{R}$ $\mathbb{L}_1(\vartheta_0)$-differenzierbar. Folglich gibt es für jedes $\vartheta_0 \in \mathbb{R}$ und jedes $\alpha \in (0,1)$ einen lokal besten α-ähnlichen Test für $\tilde{\mathbf{H}}$: $\vartheta = \vartheta_0$ gegen $\mathbf{K}$: $\vartheta > \vartheta_0$, nämlich den Test (2.2.34) mit der Prüfgröße

$$\dot{L}_{\vartheta_0}(x) = -\sum_{j=1}^{n} f'(x_j - \vartheta_0)/f(x_j - \vartheta_0).$$ □

Die Verwendung lokal bester Tests ist insbesondere deshalb häufig sinnvoll, weil sie auf Situationen zugeschnitten sind, in denen eine Entscheidung zwischen P_{ϑ_0} und P_ϑ schwierig ist, die also bei einer „stetigen Parametrisierung" nahe beieinander liegen. Andererseits sei jedoch betont, daß ein lokal bester Test global schlecht sein kann: Er braucht zum Beispiel weder unverfälscht gegen $\mathbf{K}$ zu sein noch über $\mathbf{H}$: $\vartheta \leqslant \vartheta_0$ sein Niveau einzuhalten.

Ist die Klasse $\mathfrak{P}$ dominiert mit μ-Dichten $p_\vartheta(x)$, gilt jedoch *nicht* $\mathfrak{P} \ll P_{\vartheta_0}$, so wird man den lokal besten Test (2.2.34) sogleich in einer speziellen Form wählen, nämlich mit $\varphi'(x) = 1$ auf der P_{ϑ_0}-Nullmenge $\{p_{\vartheta_0} = 0\}$. Ein solcher Test hat nämlich unter allen lokal besten α-ähnlichen Tests maximale Schärfe gegen alle Verteilungen P_ϑ, $\vartheta > \vartheta_0$; vgl. auch Beispiel 2.10.

Satz 2.44 *Es seien $\mathfrak{P} = \{P_\vartheta : \vartheta \in \Theta\}$ eine dominierte einparametrige Verteilungsklasse mit μ-Dichten p_ϑ und $\mathbb{L}_1(\vartheta_0)$-Ableitung $\dot{L}_{\vartheta_0}$, $\vartheta_0 \in \mathring{\Theta}$, sowie $\alpha \in (0,1)$. Sei*

$$\varphi'(x) = [\mathbb{1}_{(c,\infty]}(\dot{L}_{\vartheta_0}(x)) + \bar{\gamma}\mathbb{1}_{\{c\}}(\dot{L}_{\vartheta_0}(x))]\,\mathbb{1}_{\{p_{\vartheta_0} > 0\}}(x) + \mathbb{1}_{\{p_{\vartheta_0} = 0\}}(x) \tag{2.2.35}$$

ein Test mit $E_{\vartheta_0}\varphi' = \alpha$. Dann gilt zum Testen von $\tilde{\mathbf{H}}$: $\vartheta = \vartheta_0$ gegen $\mathbf{K}$: $\vartheta > \vartheta_0$:

a) *φ' ist ein lokal bester auf $\{\vartheta_0\}$ α-ähnlicher Test.*

b) *Ist $\varphi' \in \Phi(\alpha)$ ein nicht-randomisierter Test mit konstanter Randomisierung, vgl. Fußnote* S. 39, *so ist φ' lokal besser als jeder Vergleichstest $\varphi \in \Phi(\alpha)$.*

Beweis: Der Test φ' existiert nach Satz 1.38.

a) Wegen Satz 1.179a ist jeder lokal beste α-ähnliche Test optimale Lösung von (2.2.31–33) und umgekehrt. Nach dem Fundamentallemma 2.7 gilt für jeden derartigen Test mit geeignetem $c \in \mathbb{R}$:

$$\varphi(x) = \begin{cases} 1 & \text{für } \dot{L}_{\vartheta_0}(x) > c \\ 0 & \text{für } \dot{L}_{\vartheta_0}(x) < c \end{cases} \quad [P_{\vartheta_0}]. \tag{2.2.36}$$

Der Test φ' aus (2.2.35) erfüllt diese Bedingung, ist also lokal optimal.

b) Ist φ' nicht-randomisiert, d.h. läßt sich in (2.2.35) $\bar{\gamma} = 0$ oder $\bar{\gamma} = 1$ wählen, dann ist φ' nach Korollar 2.8 als optimale Lösung des Optimierungsproblems (2.2.31–33) P_{ϑ_0}-bestimmt. Für jeden Test $\varphi \in \Phi(\alpha)$ mit $P_{\vartheta_0}(\varphi' = \varphi) < 1$ gilt folglich $\nabla E_{\vartheta_0}\varphi' > \nabla E_{\vartheta_0}\varphi$. Somit gibt es ein $\vartheta_1(\varphi) > \vartheta_0$ derart, daß gilt $E_\vartheta \varphi' > E_\vartheta \varphi$ für alle $\vartheta \in (\vartheta_0, \vartheta_1(\varphi))$. Für jeden Test $\varphi \in \Phi(\alpha)$ mit $P_{\vartheta_0}(\varphi' = \varphi) = 1$ erhält man dagegen für alle $\vartheta > \vartheta_0$

$$E_\vartheta \varphi' = \int \varphi'(x)\,\mathrm{d}P_\vartheta = \int_{\{p_{\vartheta_0} > 0\}} \varphi'(x)\, L_{\vartheta_0, \vartheta}(x)\,\mathrm{d}P_{\vartheta_0} + \int_{\{p_{\vartheta_0} = 0\}} 1 \cdot \mathrm{d}P_\vartheta$$

$$\geqslant \int_{\{p_{\vartheta_0} > 0\}} \varphi(x)\, L_{\vartheta_0, \vartheta}(x)\,\mathrm{d}P_{\vartheta_0} + \int_{\{p_{\vartheta_0} = 0\}} \varphi(x)\,\mathrm{d}P_\vartheta = E_\vartheta \varphi\,. \qquad \square$$

Beispiel 2.42 zeigt, daß in einparametrigen Exponentialfamilien jeder lokal beste Test für $\tilde{\mathbf{H}}: \zeta = \zeta_0$ gegen $\mathbf{K}: \zeta > \zeta_0$ zu seinem Niveau auch gleichmäßig bester Test für $\mathbf{H}: \zeta \leqslant \zeta_0$ gegen $\mathbf{K}$ ist. Wir wollen nun noch allgemeiner den Zusammenhang zwischen lokal besten und gleichmäßig besten Tests diskutieren. Hierzu betrachten wir eine Situation, in der beide Tests existieren, nämlich eine einparametrige Verteilungsklasse mit isotonem DQ, die überdies $\mathbb{L}_1(\vartheta_0)$- *und* P_{ϑ_0}-f.ü. differenzierbar ist mit

$$\nabla L_{\vartheta_0, \vartheta}(x)\,|_{\vartheta = \vartheta_0} = \dot{L}_{\vartheta_0}(x) \qquad [P_{\vartheta_0}]\,. \tag{2.2.37}$$

Satz 2.45 *$\mathfrak{P} = \{P_\vartheta: \vartheta \in [\vartheta_0, \infty)\}$ sei eine einparametrige dominierte Verteilungsklasse mit μ-Dichten p_ϑ und isotonem* DQ *in T. $\mathfrak{P}$ sei $\mathbb{L}_1(\vartheta_0)$-differenzierbar und es gelte* (2.2.37). *Weiter seien für das Testen von $\tilde{\mathbf{H}}: \vartheta = \vartheta_0$ gegen $\mathbf{K}: \vartheta > \vartheta_0$ $\varphi^* \in \Phi(\alpha)$ ein gleichmäßig bester Test der Form* (2.2.2) *und $\varphi' \in \Phi(\alpha)$ ein lokal bester Test der Form* (2.2.35). *Dann gilt:*

a) $$\varphi'(x) = 1 \;\Rightarrow\; \varphi^*(x) = 1 \quad [\mathfrak{P}], \qquad \varphi'(x) = 0 \;\Rightarrow\; \varphi^*(x) = 0 \quad [\mathfrak{P}]\,. \tag{2.2.38}$$

b) *Ist φ' ein nicht-randomisierter Test mit konstanter Randomisierung, vgl. Fußnote* S. 39, *so gilt $\varphi' = \varphi^*$* $[\mathfrak{P}]$.

Beweis: a) Wegen (2.2.37) und (2.2.1) gibt es eine P_{ϑ_0}-Nullmenge $N_1 \in \mathfrak{B}$ mit

$$\dot{L}_{\vartheta_0}(x) = \nabla L_{\vartheta_0, \vartheta}(x)\,|_{\vartheta = \vartheta_0} \quad \forall x \in N_1^c\,, \tag{2.2.39}$$

$$L_{\vartheta_0, \vartheta}(x) = H_{\vartheta_0, \vartheta}(T(x)) \quad \forall \vartheta \in \mathbf{K}\mathbb{Q} \quad \forall x \in N_1^c\,. \tag{2.2.40}$$

Für $x, x' \in N_1^c$ gilt dann wegen $L_{\vartheta_0, \vartheta_0}(x') = L_{\vartheta_0, \vartheta_0}(x)$: Aus $\dot{L}_{\vartheta_0}(x') > \dot{L}_{\vartheta_0}(x)$ folgt die Existenz eines $\vartheta(x, x') > \vartheta_0$ derart, daß für alle $\vartheta \in (\vartheta_0, \vartheta(x, x'))$ gilt $L_{\vartheta_0, \vartheta}(x') > L_{\vartheta_0, \vartheta}(x)$ und damit wegen (2.2.40) auch $T(x') > T(x)$. Gilt also bei der Anordnung der Punkte nach fallenden Werten der Prüfgröße von φ' $x' \geqslant x$, so auch bei derjenigen nach fallenden Werten der Prüfgröße von φ^*. Da Tests mit konstanter Randomisierung durch eine derartige Anordnung ihrer Punkte festgelegt sind und die kritischen Werte zu den Prüfgrößen $\dot{L}_{\vartheta_0}$ bzw. T gemäß (1.2.58) P_{ϑ_0}-bestimmt sind, folgt wegen $E_{\vartheta_0}\varphi' = E_{\vartheta_0}\varphi^*$ die Existenz einer weiteren P_{ϑ_0}-Nullmenge $N_2 \in \mathfrak{B}$ derart, daß für alle $x \in N_1^c N_2^c$ gilt

$$\varphi'(x) = 1 \Rightarrow \varphi^*(x) = 1\,, \qquad \varphi'(x) = 0 \Rightarrow \varphi^*(x) = 0\,. \tag{2.2.41}$$

Vermöge N_1 und N_2 konstruieren wir nun eine $\mathfrak{P}$-Nullmenge, außerhalb deren (2.2.41) erfüllt ist. Hierzu sei zunächst $N_3 := (N_1 \cup N_2)\{p_{\vartheta_0} > 0\}$. Dann gilt

$$P_{\vartheta_0}(N_3) \leqslant P_{\vartheta_0}(N_1) + P_{\vartheta_0}(N_2) = 0 \quad \text{und damit} \quad \mu(N_3) = \int_{N_3} \frac{p_{\vartheta_0}(x)}{p_{\vartheta_0}(x)} \,\mathrm{d}\mu = \int_{N_3} \frac{1}{p_{\vartheta_0}(x)} \,\mathrm{d}P_{\vartheta_0} = 0,$$

also $\mathfrak{P}(N_3) = 0$. Außerdem ist $N_3^c = N_1^c N_2^c \{p_{\vartheta_0} > 0\} + \{p_{\vartheta_0} = 0\}$. Weiter sei $N_4 = \{p_{\vartheta_0} = 0, \varphi^* < 1\}$. Für diese Menge gilt $P_{\vartheta_0}(N_4) = 0$. Es ist aber auch $P_\vartheta(N_4) = 0 \quad \forall \vartheta \in \mathbf{K}$ und damit $\mathfrak{P}(N_4) = 0$, denn φ^* ist für jedes $\vartheta \in \mathbf{K}$ bester Test für $\{P_{\vartheta_0}\}$ gegen $\{P_\vartheta\}$ und damit von der Form (2.1.13). Also folgt

$$P_\vartheta(N_4) = P_\vartheta(p_{\vartheta_0} = 0, \varphi^* < 1) \leqslant P_\vartheta(p_{\vartheta_0} = 0, p_\vartheta \leqslant s p_{\vartheta_0}) \leqslant P_\vartheta(p_\vartheta = 0) = 0 \quad \forall \vartheta \in \mathbf{K}.$$

Für $N := N_3 \cup N_4$ ergibt sich schließlich einerseits $\mathfrak{P}(N) = 0$; andererseits gilt wegen $\varphi'(x) = 1 \quad \forall x \in \{p_{\vartheta_0} = 0\}$ die Beziehung (2.2.41) für alle $x \in N_1^c N_2^c \{p_{\vartheta_0} > 0\} + \{p_{\vartheta_0} = 0, \varphi^* = 1\} = N^c$ und damit (2.2.38).

b) folgt aus a) und Korollar 2.8. □

Für einen endlichen Stichprobenraum $\mathfrak{X}$ bedeutet die $\mathbb{L}_1(\vartheta_0)$-Differentiation nach Satz 1.179b mit $B = \{x\}$ die Differentiation der Likelihood-Funktionen $\vartheta \mapsto P_\vartheta(\{x\})/P_{\vartheta_0}(\{x\})$ für jedes $x \in \mathfrak{X}$ mit $P_{\vartheta_0}(\{x\}) > 0$. Sind diese Funktionen sogar analytisch, so läßt sich der Satz 2.44 wie folgt verschärfen:

Satz 2.46 *Seien $\mathfrak{X}$ endlich $\mathfrak{P} = \{P_\vartheta : \vartheta \in [\vartheta_0, \infty)\}$ eine Klasse paarweise äquivalenter Verteilungen mit $P_{\vartheta_0}(\{x\}) > 0 \quad \forall x \in \mathfrak{X}$ und die Funktionen $\vartheta \mapsto P_\vartheta(\{x\})$ für jedes $x \in \mathfrak{X}$ in eine Potenzreihe um ϑ_0 entwickelbar. Dann gilt zum Testen von $\tilde{\mathbf{H}}: \vartheta = \vartheta_0$ gegen $\mathbf{K}: \vartheta > \vartheta_0$:*

a) *Es gibt einen lokal gleichmäßig besten α-ähnlichen Test φ^*.*

b) *Ist φ^* ein lokal gleichmäßig bester α-ähnlicher Test mit konstanter Randomisierung und ist $\tilde{\varphi}$ ein lokal bester Test mit konstanter Randomisierung, so gilt für $x \in \mathfrak{X}$*

$$\tilde{\varphi}(x) = 1 \Rightarrow \varphi^*(x) = 1, \qquad \tilde{\varphi}(x) = 0 \Rightarrow \varphi^*(x) = 0. \tag{2.2.42}$$

Beweis: a) Seien $\vartheta > \vartheta_0$ und $\varphi_\vartheta^* \in \Phi(\alpha)$ der beste Test mit konstanter Randomisierung für $\{\vartheta_0\}$ gegen $\{\vartheta\}$. Dann ist φ_ϑ^* durch die Prüfgröße $L_{\vartheta_0,\vartheta}(x)$ nach dem Fundamentallemma festgelegt. Nun gilt aber für feste $x, x' \in \mathfrak{X}$ nach dem Identitätssatz für Potenzreihen entweder $L_{\vartheta_0,\vartheta}(x) = L_{\vartheta_0,\vartheta}(x')$ für alle $\vartheta \in U(\vartheta_0)$ mit $\vartheta > \vartheta_0$ oder es gibt einen Wert $\vartheta(x, x') > 0$ derart, daß aus Stetigkeitsgründen gilt $L_{\vartheta_0,\vartheta}(x) > L_{\vartheta_0,\vartheta}(x')$ $\forall \vartheta \in (\vartheta_0, \vartheta(x, x'))$ oder $L_{\vartheta_0,\vartheta}(x) < L_{\vartheta_0,\vartheta}(x') \quad \forall \vartheta \in (\vartheta_0, \vartheta(x, x'))$. Bezeichnet ϑ_1 den kleinsten dieser endlich vielen Werte $\vartheta(x, x')$, so sind alle diese Ordnungsrelationen und damit φ_ϑ^* unabhängig von $\vartheta \in (\vartheta_0, \vartheta_1)$, d.h. $\varphi^* := \varphi_\vartheta^*$ mit $\vartheta \in (\vartheta_0, \vartheta_1)$ ist lokal gleichmäßig bester α-ähnlicher Test für $\tilde{\mathbf{H}}$ gegen $\mathbf{K}$.

b) Dieselben Ordnungsrelationen wie in a) gelten wegen $L_{\vartheta_0,\vartheta_0}(x) = 1 \quad \forall x \in \mathfrak{X}$ offensichtlich auch für die ersten Ableitungen $\dot{L}_{\vartheta_0}(x)$, wenn man $>$ bzw. $<$ abschwächt zu $\geqslant$ bzw. $\leqslant$. Da die kritischen Werte $c(\vartheta)$ bzw. $\tilde{c}$ der α-ähnlichen Tests φ^* bzw. $\tilde{\varphi}$ unter derselben Verteilung P_{ϑ_0} bestimmt werden, gilt zwar nur $L_{\vartheta_0,\vartheta}(x) > c(\vartheta) \Rightarrow \dot{L}_{\vartheta_0}(x) \geqslant \tilde{c}$, wohl aber $\dot{L}_{\vartheta_0}(x) > \tilde{c} \Rightarrow L_{\vartheta_0,\vartheta}(x) > c(\vartheta)$ und damit (2.2.42). □

Beispiel 2.47 Sei $\mathfrak{X} = \{x_1, x_2\}$ und $\mathfrak{P} = \{P_\vartheta : \vartheta \in [0,1)\}$ die durch $P_\vartheta(\{x_1\}) = (1+\vartheta^2)/2$, $P_\vartheta(\{x_2\}) = (1-\vartheta^2)/2$ über $\mathfrak{X}$ definierte Verteilungsklasse; $\vartheta_0 := 0$. Für das Testen von $\tilde{\mathbf{H}}: \vartheta = 0$ gegen $\mathbf{K}: \vartheta > 0$ ist also $L_{\vartheta_0,\vartheta}(x_1) > L_{\vartheta_0,\vartheta}(x_2)$ für $\vartheta > \vartheta_0$, aber $\dot{L}_{\vartheta_0}(x_1) = \dot{L}_{\vartheta_0}(x_2)$. Wegen

$$\beta_\varphi(\vartheta) = E_\vartheta \varphi = \frac{1}{2}(\varphi(x_1) + \varphi(x_2)) + \frac{\vartheta^2}{2}(\varphi(x_1) - \varphi(x_2))$$

maximiert hier sogar jeder Test die Ableitung der Gütefunktion in $\vartheta = 0$. Andererseits hat $\mathfrak{P}$ isotonen DQ in $T := \mathbb{1}_{\{x_1\}}$. Also existiert nicht nur ein lokal gleichmäßig bester, sondern sogar ein (global) gleichmäßig bester α-ähnlicher Test für $\tilde{\mathbf{H}}: \vartheta = 0$ gegen $\mathbf{K}: \vartheta > 0$, nämlich

$$\varphi^* = \mathbb{1}_{\{x_1\}} + (2\alpha - 1)\,\mathbb{1}_{\{x_2\}} \quad \text{für } \alpha > \frac{1}{2} \quad \text{bzw.} \quad \varphi^* = 2\alpha\,\mathbb{1}_{\{x_1\}} + 0\,\mathbb{1}_{\{x_2\}} \quad \text{für } \alpha \leqslant \frac{1}{2}. \quad \square$$

Aufgabe 2.6 Man zeige: a) Seien f eine $\lambda\!\!\lambda$-Dichte mit $f(x) > 0 \quad \forall x \in \mathbb{R}$ sowie $\mathfrak{P}$ die Verteilungsklasse mit $\lambda\!\!\lambda$-Dichten $f_\vartheta(x) = f(x - \vartheta)$, $\vartheta \in \mathbb{R}$. Dann gilt:

$\mathfrak{P}$ hat isotonen DQ in der Identität $\Leftrightarrow$ $\log f(x)$ ist konkav.

Hinweis (ohne Beweis): Für $g: (\mathbb{R}, \mathbb{B}) \to (\mathbb{R}, \mathbb{B})$ gilt:

$$g \text{ konkav} \quad \Leftrightarrow \quad g((x+y)/2) \geqslant (g(x)+g(y))/2 \quad \forall x, y \in \mathbb{R}.$$

b) Sei f eine $\lambda\!\!\lambda$-Dichte mit $f(x) > 0$ und $f(x) = f(-x) \quad \forall x \in \mathbb{R}$ sowie $\mathfrak{P}$ die Verteilungsklasse mit den $\lambda\!\!\lambda$-Dichten $f_\vartheta(x) = \vartheta^{-1} f(x/\vartheta)$, $\vartheta > 0$. Dann gilt:

$\mathfrak{P}$ hat isotonen DQ in $T(x) = |x|$ $\Leftrightarrow$ $\log f(e^x)$ ist konkav.

Aufgabe 2.7 Sei $\mathfrak{P} = \{P_\vartheta : \vartheta \in \Theta\}$ eine Verteilungsklasse mit $\lambda\!\!\lambda$-Dichte $f(x, \vartheta) > 0 \quad \forall (x, \vartheta) \in \mathbb{R} \times \Theta$; $\Theta \subset \mathbb{R}$ sei ein offenes Intervall. Man zeige: Existiert $\partial_x \nabla_\vartheta \log f(x, \vartheta)$, so gilt:

$\mathfrak{P}$ hat isotonen DQ in der Identität $\Leftrightarrow$ $\partial_x \nabla_\vartheta \log f(x, \vartheta) \geqslant 0 \quad \forall (x, \vartheta) \in \mathbb{R} \times \Theta$.

Aufgabe 2.8 Aus einer Sendung von $N = 20$ Stücken werden $k = 5$ Stücke ohne Zurücklegen entnommen und überprüft. Ein Stück erweist sich als defekt. Ist diese Beobachtung bei $\alpha = 0{,}01$ signifikant dafür, daß die Sendung mehr als zwei defekte Stücke enthält?

Aufgabe 2.9 $X_1, \ldots, X_n$ seien st. u. ZG mit derselben $\lambda\!\!\lambda$-Dichte $f_\vartheta(z) = \frac{1}{\vartheta} e^{-z/\vartheta} \mathbb{1}_{(0,\infty)}(z)$, $\vartheta > 0$. Man bestimme einen gleichmäßig besten α-Niveau Test φ^* für $\mathbf{H}: \vartheta \leqslant \vartheta_0$ gegen $\mathbf{K}: \vartheta > \vartheta_0$ und zeige, daß sich die Werte der Gütefunktion $\vartheta \mapsto E_\vartheta \varphi^*$ bei geeignetem λ durch die WS einer $\mathfrak{P}(\lambda)$-Verteilung ausdrücken läßt gemäß $E_\vartheta \varphi^* = \sum_{i=0}^{n-1} e^{-\lambda} \lambda^i / i!$.

Aufgabe 2.10 $\mathfrak{P}$ sei eine einparametrige Exponentialfamilie in ζ und T. Man zeige: Jeder gleichmäßig beste α-Niveau Test für $\mathbf{H}: \zeta \leqslant \zeta_0$ gegen $\mathbf{K}: \zeta > \zeta_0$ ist auch ein solcher für $\mathbf{H}': \zeta < \zeta_0$ gegen $\mathbf{K}': \zeta \geqslant \zeta_0$.

Aufgabe 2.11 $\mathfrak{P} = \{P_\vartheta : \vartheta \in \Theta\}$ sei eine einparametrige Verteilungsklasse mit isotonem DQ und $\vartheta_0 \in (\inf \Theta, \sup \Theta)$. Man zeige: Für alle Tests $\varphi \in \Phi$ existiert ein Test $\bar{\varphi} \in \Phi$ mit 0-1-Gestalt und $E_\vartheta \bar{\varphi} \leqslant E_\vartheta \varphi \quad \forall \vartheta \leqslant \vartheta_0$ sowie $E_\vartheta \bar{\varphi} \geqslant E_\vartheta \varphi \quad \forall \vartheta > \vartheta_0$.

Aufgabe 2.12 Es seien P_ϑ eine translatierte Cauchy-Verteilung mit $\lambda\!\!\lambda$-Dichte $f_\vartheta(x) = 1/[\pi(1+(x-\mu)^2)]$, $\vartheta = \mu \in \mathbb{R}$ und $\vartheta_0 \in \mathbb{R}$. Man bestimme einen besten α-Niveau Test für $\tilde{\mathbf{H}}: \vartheta = \vartheta_0$ gegen

$\tilde{\mathbf{K}}$: $\vartheta = \vartheta_1 \in (\vartheta_0, \infty)$ und diskutiere seine Abhängigkeit von $\alpha \in (0,1)$. Man zeige insbesondere, daß es keinen gleichmäßig besten α-Niveau Test gibt für $\mathbf{H}$: $\vartheta \leqslant \vartheta_0$ gegen $\mathbf{K}$: $\vartheta > \vartheta_0$.

Aufgabe 2.13 $X_1, \ldots, X_n$ seien st.u. ZG mit $\lambda\!\!\lambda$-Dichte $f_\vartheta(z) = \exp[-2|z-\mu|]$, $\vartheta = \mu \in \mathbb{R}$. Betrachtet werde bei festem $\mu_0 \in \mathbb{R}$ und $\alpha \in (0,1)$ das Testproblem $\mathbf{H}$: $\mu \leqslant \mu_0$ gegen $\mathbf{K}$: $\mu > \mu_0$.

a) Man bestimme einen lokal besten α-ähnlichen Test für $\tilde{\mathbf{H}}$: $\mu = \mu_0$ gegen $\mathbf{K}$: $\mu > \mu_0$ und zeige, daß seine Gütefunktion β: $\mathbb{R} \to [0,1]$ im Punkte μ_0 nicht zweimal differenzierbar ist. (Hinweis: β läßt sich mit Binomial-WS darstellen.)

b) Man zeige: Für $n = 1$ liegt eine Klasse mit isotonem DQ in der Identität vor; für $n > 1$ existiert kein gleichmäßig bester α-Niveau Test für $\mathbf{H}$: $\mu \leqslant \mu_0$ gegen $\mathbf{K}$: $\mu > \mu_0$.

2.3 Übergang von einfachen Hypothesen zu robusten Tests

Bei aus realen Fragestellungen stammenden statistischen Problemen sind gewisse Abweichungen von der Verteilungsannahme unvermeidlich. In 2.3.3 wird demgemäß das Grundproblem der Testtheorie, also das Prüfen zweier einfacher Hypothesen P_0 und P_1, durch ein Testproblem zweier zusammengesetzter Hypothesen $\mathfrak{P}_0$ und $\mathfrak{P}_1$ ersetzt, die sich in statistisch sinnvoller Weise als „Umgebungen" der „exakten Verteilungen" P_0 und P_1 interpretieren lassen.

Als methodische Vorbereitung wird in 2.3.2 der Begriff eines ungünstigsten Paares $(Q_0, Q_1) \in \mathfrak{P}_0 \times \mathfrak{P}_1$ eingeführt und gezeigt, daß etwa Minimax- und Maximin-α-Niveau Tests für Q_0 gegen Q_1 die gleiche Optimalitätseigenschaft besitzen für das Testen der zusammengesetzten Hypothesen $\mathfrak{P}_0$ gegen $\mathfrak{P}_1$. Diese Tests beruhen auf dem DQ l von Q_1 bzgl. Q_0, der sich bei den in 2.3.3 betrachteten speziellen Umgebungsmodellen durch Verkürzen des DQ L von P_1 bzgl. P_0 ergibt.

Im Spezialfall einfacher Hypothesen P_0 und P_1 beruht auch der Bayes-Test wie der Minimax- und der beste α-Niveau Test auf dem DQ L. Wegen einiger später benötigter Aussagen werden deshalb diese Tests in die Überlegungen von 2.3.1 einbezogen.

2.3.1 Bayes- und Minimax-Tests für einfache Hypothesen

Im Hinblick auf die Überlegungen in 2.3.2–4 und 2.5.3 seien zunächst $\mathbf{H}$ und $\mathbf{K}$ zwei nicht-notwendig einelementige Hypothesen sowie die Verlustfunktion Λ mit nicht-konstanten Funktionen Λ_0: $\mathbf{H} \to [0, \infty)$ bzw. $\Lambda_1: \mathbf{K} \to [0, \infty)$ von der Form (1.1.15), also die Risikofunktion definiert durch

$$R(\vartheta, \varphi) = \Lambda_0(\vartheta)\, E_\vartheta \varphi(X)\, \mathbb{1}_{\mathbf{H}}(\vartheta) + \Lambda_1(\vartheta)\,(1 - E_\vartheta \varphi(X))\, \mathbb{1}_{\mathbf{K}}(\vartheta). \tag{2.3.1}$$

Dann lautet in Spezialisierung von (1.4.31) das maximale Risiko

$$R^*(\varphi) := \max\left\{\sup_{\vartheta \in \mathbf{H}} \Lambda_0(\vartheta)\, E_\vartheta \varphi,\ \sup_{\vartheta \in \mathbf{K}} \Lambda_1(\vartheta)\,(1 - E_\vartheta \varphi)\right\} \tag{2.3.2}$$

und ein Minimax-Test $\varphi^* \in \Phi$ ist gemäß Definition 1.80 erklärt durch

$$R^*(\varphi^*) = \inf_{\varphi \in \Phi} R^*(\varphi). \tag{2.3.3}$$

Bei der Diskussion von Bayes-Tests ist es zweckmäßig, die a priori Verteilung $\varrho \in \mathfrak{M}^1(\Theta, \mathfrak{A}_\Theta)$ sogleich durch ihre beiden Restriktionen $\lambda \in \mathfrak{M}^e(\mathbf{H}, \mathfrak{H})$ und $\varkappa \in \mathfrak{M}^e(\mathbf{K}, \mathfrak{K})$

zu ersetzen, wobei $\lambda(\mathbf{H}) + \varkappa(\mathbf{K}) = 1$, $\mathfrak{H} := \mathbf{H}\mathfrak{A}_\Theta$ und $\mathfrak{K} := \mathbf{K}\mathfrak{A}_\Theta$ ist. Demgemäß lautet das bzgl. einer *a priori Bewertung* $(\lambda, \varkappa)$ gebildete Bayes-Risiko eines Tests $\varphi \in \Phi$

$$R_{\lambda,\varkappa}(\varphi) := \int_{\mathbf{H}} \Lambda_0(\vartheta)\, E_\vartheta \varphi \, d\lambda(\vartheta) + \int_{\mathbf{K}} \Lambda_1(\vartheta)\,(1 - E_\vartheta \varphi)\, d\varkappa(\vartheta), \tag{2.3.4}$$

und ein Bayes-Test $\tilde{\varphi}_{\lambda,\varkappa}$ zur a priori Bewertung $(\lambda, \varkappa)$ ist definiert durch

$$R_{\lambda,\varkappa}(\tilde{\varphi}_{\lambda,\varkappa}) = \inf_{\varphi \in \Phi} R_{\lambda,\varkappa}(\varphi). \tag{2.3.5}$$

Wir betrachten nun den Spezialfall zweier einfacher Hypothesen $\mathbf{H} = \{P_0\}$, $\mathbf{K} = \{P_1\}$ und zeigen in Analogie zu 2.1.2, daß jeder Bayes- und jeder Minimax-Test 0-1-Gestalt hat mit dem DQ L als Prüfgröße. Besonders einfach ist der Nachweis für Bayes-Tests. Dabei zeigt sich, daß diese Tests nicht-randomisiert gewählt und ihre kritischen Werte explizit angegeben werden können. Da es auf einen gemeinsamen Faktor bei den Verlusten Λ_0 und Λ_1 wie bei der a priori Bewertung $(\lambda, \varkappa)$ nicht ankommt, wählen wir die resultierende *Vorbewertung*[1]) $(\lambda\Lambda_0, \varkappa\Lambda_1)$ als Verteilung über $\{P_0, P_1\}$, d.h. mit geeignetem $s \in (0, \infty)$ in der Form $(s/(s+1), 1/(s+1))$.

Satz 2.48 *Es seien* $P_0, P_1 \in \mathfrak{M}^1(\mathfrak{X}, \mathfrak{B})$ *und* L *ein* DQ *von* P_1 *bzgl.* P_0. *Dann gilt für das Testen der beiden einfachen Hypothesen* $\mathbf{H} = \{P_0\}$, $\mathbf{K} = \{P_1\}$ *zur Vorbewertung* $(s/(1+s), 1/(1+s))$ *bei festem* $s \in (0, \infty)$:

a) *Es gibt stets einen nicht-randomisierten Bayes-Test* φ^*, *nämlich den Test*

$$\varphi^*(x) = \mathbb{1}_{\{L > s\}}(x). \tag{2.3.6}$$

b) φ *ist ein Bayes-Test genau dann, wenn gilt*

$$\varphi(x) = \begin{cases} 1 & \text{für } L(x) > s \\ 0 & \text{für } L(x) < s \end{cases} \quad [P_0 + P_1]. \tag{2.3.7}$$

φ *ist also genau dann Bayes-Test zur Vorbewertung* $(s/(1+s), 1/(1+s))$, *wenn* φ *bester Test ist zu seinem Niveau* $E_0\varphi$ *und* s *kritischer Wert zum* DQ.

c) *Das minimale Bayes-Risiko lautet bis auf den Faktor* $1/(s+1)$

$$sP_0(L > s) - P_1(L > s) + 1 = W_s(L > s) + 1, \tag{2.3.8}$$

wobei das endliche signierte Maß W_s *definiert wird durch*

$$W_s(B) := sP_0(B) - P_1(B), \quad B \in \mathfrak{B}. \tag{2.3.9}$$

d) *Der Bereich strikter Ablehnung* $\{L > s\}$ *eines jeden Bayes-Tests ist die Negativmenge* D_s *der Jordan-Hahn-Zerlegung von* W_s, *d.h. es gilt* $D_s = \{L > s\}$ $[P_0 + P_1]$ *und damit*

$$W_s(D_s) = \inf_{B \in \mathfrak{B}} W_s(B), \quad s \in (0, \infty). \tag{2.3.10}$$

---

[1]) Dabei können wir uns auf den Fall $\lambda\Lambda_0 > 0$, $\varkappa\Lambda_1 > 0$ und damit auf $s := \lambda\Lambda_0/\varkappa\Lambda_1 \in (0, \infty)$ beschränken. Für $\lambda\Lambda_0 = 0$ bzw. $\varkappa\Lambda_1 = 0$ ergibt sich nämlich der Test $\varphi^* = 1$ $[P_1]$ bzw. $\varphi^* = 0$ $[P_0]$ als Bayes-Test.

Beweis: Seien $\mu := P_0 + P_1$ und p_i für $i = 0,1$ Versionen der μ-Dichten von P_i.

a) und b) Das Bayes-Risiko für einen Test $\varphi \in \Phi$ lautet nach (2.3.4)

$$[sE_0 \varphi + (1 - E_1 \varphi)]/(s+1) = [1 + \int \varphi(x)[sp_0(x) - p_1(x)]\,\mathrm{d}\mu]/(s+1).$$

Dieser Ausdruck oder äquivalent das Integral

$$\int \varphi(x)[sp_0(x) - p_1(x)]\,\mathrm{d}\mu = \int \varphi(x)[sp_0(x) - p_1(x)]^+\,\mathrm{d}\mu - \int \varphi(x)[sp_0(x) - p_1(x)]^-\,\mathrm{d}\mu$$

wird offenbar genau dann minimiert, wenn gilt

$$sp_0(x) - p_1(x) > 0 \Rightarrow \varphi(x) = 0 \quad [\mu] \quad \text{und} \quad sp_0(x) - p_1(x) < 0 \Rightarrow \varphi(x) = 1 \quad [\mu].$$

(2.3.7) ist also notwendig und hinreichend für die Bayes-Optimalität. Insbesondere hat die Randomisierung keinen Einfluß auf das Bayes-Risiko.

c) ergibt sich durch Einsetzen aus dem Beweis zu a) und b).

d) Nach A2.5 wird die Abbildung $B \mapsto W_s(B)$ durch die Negativmenge D_s minimiert, andererseits nach a) und b) auch durch den kritischen Bereich $\{L > s\}$. Also gilt $D_s = \{L > s\} \quad [P_0 + P_1]$ und damit (2.3.10). □

Für das minimale Bayes-Risiko soll nun im Hinblick auf spätere Anwendungen noch eine weitere Darstellung angegeben werden.

Satz 2.49 *Es seien die Voraussetzungen von Satz* 2.48 *erfüllt. Für* $\alpha \in [0,1]$ *bezeichne* $\beta(\alpha)$ *die Schärfe eines besten* α*-Niveau Tests für* $\mathbf{H} = \{P_0\}$ *gegen* $\mathbf{K} = \{P_1\}$. *Dann gilt für jedes feste* $s \in (0, \infty)$:

a) φ *ist Bayes-Test genau dann, wenn für sein Niveau* $E_0 \varphi$ *und seine Schärfe* $E_1 \varphi$ *gilt*

$$sE_0\varphi - E_1\varphi = \min_{\alpha' \in [0,1]} (s\alpha' - \beta(\alpha')). \tag{2.3.11}$$

b) *Bezeichnen* φ^* *den Bayes-Test aus* (2.3.6) *und* φ *einen beliebigen anderen Bayes-Test, so gilt* $E_0\varphi^* \leqslant E_0\varphi$ *oder äquivalent*

$$E_0\varphi^* = \min\left\{\alpha \in [0,1]\colon s\alpha - \beta(\alpha) = \min_{\alpha' \in [0,1]} (s\alpha' - \beta(\alpha'))\right\}. \tag{2.3.12}$$

Beweis: a) Φ^* bezeichne die Menge aller besten Tests zu ihrem Niveau. Dann gilt wegen $\Phi^* \subset \Phi$ und der Tatsache, daß es zu jedem $\varphi \in \Phi$ ein $\varphi^* \in \Phi^*$ gibt mit $E_0\varphi^* = E_0\varphi$ und $E_1\varphi^* \geqslant E_1\varphi$, sowie nach Definition von $\beta(\alpha)$

$$\min\{sE_0\varphi - E_1\varphi\colon \varphi \in \Phi\} = \min\{sE_0\varphi - E_1\varphi\colon \varphi \in \Phi^*\} = \min\{s\alpha - \beta(\alpha)\colon \alpha \in [0,1]\}.$$

Also ist φ Bayes-Test genau dann, wenn (2.3.11) gilt.

b) Für einen beliebigen Bayes-Test φ gilt nach Satz 2.48 b $\varphi(x) = 1 \quad [P_0 + P_1]$ für $L(x) > s$ und damit $\varphi^*(x) \leqslant \varphi(x) \quad [P_0 + P_1]$, wenn φ^* den nicht-randomisierten Bayes-Test (2.3.6) bezeichnet. Hieraus folgt $E_0\varphi^* \leqslant E_0\varphi$. Es gilt aber auch

$$\left\{\alpha \in [0,1]\colon s\alpha - \beta(\alpha) = \min_{\alpha' \in [0,1]} (s\alpha' - \beta(\alpha'))\right\} = \{E_0\varphi\colon \varphi \text{ Bayes-Test}\}$$

und zwar „$\subset$“ wegen (2.3.11) sowie „$\supset$“, da jeder Bayes-Test nach Satz 2.48 b bester Test zu seinem Niveau ist. Also folgt (2.3.12). □

Zur Vorbereitung späterer Überlegungen soll nun gezeigt werden, daß die Prüfgröße L durch die Minimalstellen D_s der Abbildungen $B \mapsto W_s(B)$, $s \in (0, \infty)$, festgelegt ist, nämlich gemäß $\{L > s\} = D_s \quad \forall s \in (0, \infty)$.

Satz 2.50 *Es seien* $P_0, P_1 \in \mathfrak{M}^1(\mathfrak{X}, \mathfrak{B})$ *und* L *ein* DQ *von* P_1 *bzgl.* P_0. $\tilde{L}: (\mathfrak{X}, \mathfrak{B}) \to ([0, \infty], [0, \infty]\,\mathbb{B})$ *sei eine weitere Statistik. Dann minimiert* $\{\tilde{L} > s\}$ *die Abbildung* $B \mapsto W_s(B) := sP_0(B) - P_1(B)$ *für jedes* $s \in (0, \infty)$ *genau dann, wenn* $\tilde{L}$ *ebenfalls ein* DQ *von* P_1 *bzgl.* P_0 *ist, d.h. wenn gilt*:

$$\tilde{L} = L \quad [P_0 + P_1]. \tag{2.3.13}$$

Beweis: „$\Leftarrow$“ folgt aus Satz 2.48c. Zum Nachweis von „$\Rightarrow$“ sei $D_s := \{\tilde{L} > s\}$ für $s \in (0, \infty)$ eine Negativmenge der Jordan-Hahn-Zerlegung von W_s. Dann ist definitionsgemäß $s \mapsto D_s$ antiton und demgemäß

$$D_0 := \lim_{s \downarrow 0} D_s = \bigcup_{s > 0} D_s, \qquad D_\infty := \lim_{s \uparrow \infty} D_s = \bigcap_{s > 0} D_s. \tag{2.3.14}$$

Zum Nachweis von (2.3.13) auf $\{\tilde{L} = 0\} \cup \{\tilde{L} = \infty\}$ beachte man

$$W_s(D_s) \leqslant W_s(\emptyset) = 0 \quad \text{und} \quad W_s(D_s) \leqslant W_s(\mathfrak{X}) = s - 1.$$

Damit ergibt sich nach Definition von W_s

$$sP_0(D_s) \leqslant P_1(D_s) \leqslant 1 \quad \text{sowie} \quad P_1(D_s) \geqslant sP_0(D_s) - (s-1) \geqslant 1 - s$$

und hieraus für $s \to \infty$ bzw. $s \to 0$ wegen (2.3.14)

$$P_0(D_\infty) = 0, \qquad P_1(D_0^c) = 0. \tag{2.3.15}$$

Bei $\mu := P_0 + P_1$ als dominierendes Maß von $\{P_0, P_1\}$ und μ-Dichten p_0, p_1 mit $p_0(x) + p_1(x) = 1 \quad \forall x \in \mathfrak{X}$ gilt

$$\{L = \infty\} = \{p_0 = 0\} = \{p_1 = 1\} \quad [\mu] \quad \text{und} \quad \{L = 0\} = \{p_1 = 0\} = \{p_0 = 1\} \quad [\mu].$$

Somit folgt einerseits wegen $D_\infty = \{\tilde{L} = \infty\}$ aus $P_0(D_\infty) = \int_{D_\infty} p_0(x)\,\mathrm{d}\mu = 0$ zunächst

$$\{\tilde{L} = \infty\} \subset \{p_0 = 0\} \quad [\mu], \qquad \text{d.h. } \{\tilde{L} = \infty\} \subset \{L = \infty\} \quad [\mu]$$

und damit

$$\mu(L \neq \tilde{L}, \tilde{L} = \infty) = \mu(L < \infty, \tilde{L} = \infty) \leqslant \mu(L < \infty, L = \infty) = 0.$$

Andererseits ergibt sich wegen $D_0^c = \{\tilde{L} = 0\}$ aus $P_1(D_0^c) = 0$ zunächst

$$\{\tilde{L} = 0\} \subset \{p_1 = 0\} \quad [\mu], \qquad \text{d.h. } \{\tilde{L} = 0\} \subset \{L = 0\} \quad [\mu]$$

und damit

$$\mu(L \neq \tilde{L}, \tilde{L} = 0) = \mu(L > 0, \tilde{L} = 0) \leqslant \mu(L > 0, L = 0) = 0.$$

Insgesamt gilt also $L = \tilde{L} \quad [P_0 + P_1]$ auf $\{\tilde{L} = 0\} \cup \{\tilde{L} = \infty\}$.
Die Gültigkeit von $L = \tilde{L} \quad [P_0 + P_1]$ auf $\{0 < \tilde{L} < \infty\} = D_0 - D_\infty$ ist äquivalent mit

$$P_1(B) = \int_B \tilde{L}(x)\,\mathrm{d}P_0 \qquad \forall B \in \mathfrak{B}\colon B \subset D_0 - D_\infty .$$

Zum Nachweis hiervon sei $B \in (D_0 - D_\infty)\,\mathfrak{B}$ fest. Dann gilt für jedes $n \in \mathbb{N}$

$$B = \sum_{k \in \mathbb{N}_0} B_{k,n}, \qquad B_{k,n} := B \cap (D_{k/n} - D_{(k+1)/n}) = B \cap \{k/n < \tilde{L} \leqslant (k+1)/n\} .$$

Aus der Jordan-Hahn-Zerlegung von W_s folgt für jedes $s \in (0, \infty)$

$$B \subset D_s \Rightarrow sP_0(B) - P_1(B) \leqslant 0, \qquad B \subset D_s^c \Rightarrow sP_0(B) - P_1(B) \geqslant 0$$

und damit wegen $B_{k,n} \subset D_{k/n}$ und $B_{k,n} \subset D^c_{(k+1)/n}$ für $k \in \mathbb{N}_0$

$$\frac{k}{n} P_0(B_{k,n}) \leqslant P_1(B_{k,n}) \leqslant \frac{k+1}{n} P_0(B_{k,n}).$$

Insgesamt gilt also

$$\left| P_1(B_{k,n}) - \int_{B_{k,n}} \tilde{L}(x)\,\mathrm{d}P_0 \right| \leqslant \frac{1}{n} P_0(B_{k,n}) \qquad \forall k \in \mathbb{N}_0 .$$

Hieraus ergibt sich für jedes $n \in \mathbb{N}$ die Gültigkeit von

$$\left| P_1(B) - \int_B \tilde{L}(x)\,\mathrm{d}P_0 \right| \leqslant \sum_{k \geqslant 0} \left| P_1(B_{k,n}) - \int_{B_{k,n}} \tilde{L}(x)\,\mathrm{d}P_0 \right| \leqslant \frac{1}{n} \sum_{k \geqslant 0} P_0(B_{k,n}) \leqslant \frac{1}{n}. \qquad \square$$

Auch für Minimax-Optimalität eines Tests φ ist die 0-1-Gestalt mit dem $(P_0 + P_1)$-bestimmten DQ von P_1 bzgl. P_0 als Prüfgröße notwendig und hinreichend. Im Hinblick auf spätere Verallgemeinerungen verwenden wir jedoch bei dieser dem Neyman-Pearson-Lemma 2.5 bzw. Satz 2.48 entsprechenden Aussage für die Verluste die Bezeichnungen Λ_0 und Λ_1 aus (1.1.16) bzw. (2.3.1). Satz 2.51 besagt insbesondere, daß sich jeder beste α-Niveau Test für zwei einfache Hypothesen bei geeigneten Verlusten als Minimax-Test auffassen läßt und umgekehrt jeder Minimax-Test als bester Test zu seinem Niveau.

Satz 2.51 *Für das Testen einer einfachen Hypothese* $\mathbf{H} = \{P_0\}$ *gegen eine einfache Hypothese* $\mathbf{K} = \{P_1\}$ *mit vorgegebenen Verlusten*[1]) $\Lambda_0 > 0$ *und* $\Lambda_1 > 0$ *gilt*:

a) *Es gibt einen Minimax-Test* φ^*, nämlich den Test

$$\varphi^*(x) = \mathbb{1}_{\{L > s\}}(x) + \bar{\gamma}\,\mathbb{1}_{\{L = s\}}(x), \tag{2.3.16}$$

wobei $s \in [0, \infty)$ *und* $\bar{\gamma} \in [0,1]$ *zu bestimmen sind aus*

$$\Lambda_0 E_0 \varphi = \Lambda_1 (1 - E_1 \varphi). \tag{2.3.17}$$

---

[1]) Hier können wir uns wieder auf den Fall $\Lambda_0 > 0$, $\Lambda_1 > 0$ beschränken, da für $\Lambda_0 = 0$ bzw. $\Lambda_1 = 0$ der Minimax-Test von der Form $\varphi = 1 \quad [P_1]$ bzw. $\varphi = 0 \quad [P_0]$ ist.

Ein spezielles derartiges Paar $(s, \bar{\gamma})$ *lautet mit* $\tilde{W} := \Lambda_0 P_0 + \Lambda_1 P_1$:

$$s = \inf \{t: \tilde{W}(L > t) \leqslant \Lambda_1\}, \tag{2.3.18}$$

$$\bar{\gamma} = \begin{cases} \dfrac{\Lambda_1 - \tilde{W}(L > s)}{\tilde{W}(L = s)} & \text{für } \tilde{W}(L = s) > 0 \\ 0 & \text{für } \tilde{W}(L = s) = 0 . \end{cases} \tag{2.3.19}$$

Dabei ist $s \in (0, \infty)$ *bzw.* $s = 0$, *falls* P_1 *nicht orthogonal zu* P_0 *bzw.* P_1 *orthogonal zu* P_0 *ist.*

b) φ *ist Minimax-Test genau dann, wenn gilt: Es gibt eine Zahl* $s \in [0, \infty)$ *mit*

$$\varphi(x) = \begin{cases} 1 & \text{für } L(x) > s \\ 0 & \text{für } L(x) < s \end{cases} \quad [P_0 + P_1], \tag{2.3.20}$$

und $$\Lambda_0 E_0 \varphi = \Lambda_1 (1 - E_1 \varphi). \tag{2.3.21}$$

φ *ist also genau dann Minimax-Test, wenn* φ *bester Test ist zu seinem Niveau und für sein Niveau* $\alpha = E_0 \varphi$ *bzw. seine Schärfe* $\beta = 1 - E_1 \varphi$ *gilt* $\Lambda_0 \alpha = \Lambda_1 (1 - \beta)$.

Beweis: Wir beweisen zunächst b) und dann a).

b) „⇒" Sei φ Minimax-Test, d.h. es gelte

$$\max \{\Lambda_0 E_0 \varphi, \Lambda_1 (1 - E_1 \varphi)\} \leqslant \max \{\Lambda_0 E_0 \varphi', \Lambda_1 (1 - E_1 \varphi')\} \quad \forall \varphi' \in \Phi. \tag{2.3.22}$$

Dann gilt auch (2.3.21). Wäre nämlich etwa $\tilde{\Lambda} := \Lambda_1 (1 - E_1 \varphi) - \Lambda_0 E_0 \varphi > 0$, so würde mit $\chi := \Lambda_0 / (\Lambda_0 + \tilde{\Lambda}) \in (0,1)$ und $\tilde{\varphi} := \chi \varphi + (1 - \chi) \in \Phi$ wegen $1 - \tilde{\varphi} = \chi (1 - \varphi)$ und $\chi \tilde{\Lambda} = (1 - \chi) \Lambda_0$ zunächst $\Lambda_0 E_0 \tilde{\varphi} = \chi \Lambda_1 (1 - E_1 \varphi) = \Lambda_1 (1 - E_1 \tilde{\varphi})$ folgen. Damit ergäbe sich wegen $\chi < 1$

$$\max\{\Lambda_0 E_0 \tilde{\varphi}, \Lambda_1 (1 - E_1 \tilde{\varphi})\} = \chi \Lambda_1 (1 - E_1 \varphi) < \Lambda_1 (1 - E_1 \varphi) = \max\{\Lambda_0 E_0 \varphi, \Lambda_1 (1 - E_1 \varphi)\}.$$

Dieses wäre ein Widerspruch zur Annahme, daß φ Minimax-Test ist. Im Fall $\tilde{\Lambda} < 0$ führt $\chi := \Lambda_1 / (\Lambda_1 - \tilde{\Lambda})$ und $\tilde{\varphi} := \chi \varphi$ zum Widerspruch.

φ erfüllt auch (2.3.20), d.h. φ ist bester Test zu seinem Niveau. Andernfalls gäbe es nämlich einen Test $\varphi' \in \Phi$ mit $E_0 \varphi' \leqslant E_0 \varphi$ und $E_1 \varphi' > E_1 \varphi$. Für diesen wäre $\gamma := 1 - E_1 \varphi' < 1 - E_1 \varphi =: \delta$ und mit $\chi := (1 + \delta - \gamma)^{-1} \in (0,1)$ und $\tilde{\varphi} := \chi \varphi' \in \Phi$ würde sich ein Widerspruch ergeben gemäß

$$\Lambda_0 E_0 \tilde{\varphi} = \chi \Lambda_0 E_0 \varphi' \leqslant \chi \Lambda_0 E_0 \varphi,$$

$$\Lambda_1 (1 - E_1 \tilde{\varphi}) = \Lambda_1 (1 - \chi (1 - \gamma)) = \chi \Lambda_1 \delta = \chi \Lambda_1 (1 - E_1 \varphi),$$

d.h. $$R^*(\tilde{\varphi}) = \max \{\Lambda_0 E_0 \tilde{\varphi}, \Lambda_1 (1 - E_1 \tilde{\varphi})\} \leqslant \chi \max \{\Lambda_0 E_0 \varphi, \Lambda_1 (1 - E_1 \varphi)\}$$
$$= \chi R^*(\varphi) < R^*(\varphi).$$

„⇐" Sei φ bester Test zum Niveau $\alpha := E_0 \varphi$. Wäre φ kein Minimax-Test, so gäbe es einen Test $\varphi' \in \Phi$ mit

$$\max \{\Lambda_0 E_0 \varphi', \Lambda_1 (1 - E_1 \varphi')\} < \Lambda_0 E_0 \varphi = \Lambda_1 (1 - E_1 \varphi),$$

d.h. mit $E_0 \varphi' < E_0 \varphi$ und $E_1 \varphi' > E_1 \varphi$. φ wäre also kein bester Test zu seinem Niveau.

a) (2.3.17) ist bei (2.3.16) und $\tilde{W} = \Lambda_0 P_0 + \Lambda_1 P_1$ äquivalent mit

$$\Lambda_0 E_0 \varphi^* + \Lambda_1 E_1 \varphi^* = \int \varphi^* \, d\tilde{W} = \tilde{W}(L > s) + \bar{\gamma} \tilde{W}(L = s) = \Lambda_1 .$$

Somit folgt analog Satz 1.38, daß es einen Test der Form (2.3.16) gibt, welcher der Bedingung (2.3.17) genügt. Dieser erfüllt insbesondere die hinreichenden Bedingungen aus b), ist also auch Minimax-Test.

Der Zusatz ergibt sich wie folgt: Ist P_1 nicht orthogonal zu P_0, so gilt

$$\tilde{W}(L = \infty) = \tilde{W}(p_0 = 0) = \Lambda_1 P_1(p_0 = 0) < \Lambda_1 \qquad \text{und damit} \quad s < \infty$$

sowie $$\tilde{W}(L > 0) = \tilde{W}(p_1 > 0) = \Lambda_0 P_0(p_1 > 0) + \Lambda_1 > \Lambda_1 \qquad \text{und damit} \quad s > 0 .$$

Sind schließlich P_0 und P_1 orthogonal, so folgt aus der zweiten dieser Beziehungen $\tilde{W}(L > 0) = \Lambda_1$ und damit $s = 0$. □

Die Aussage, daß optimale Tests für zwei einfache Hypothesen 0-1-Gestalt mit dem $(P_0 + P_1)$-bestimmten DQ als Prüfgröße haben und nur der kritische Wert bzw. die Randomisierung von dem speziellen Optimalitätskriterium abhängen, gilt nicht nur für optimale α-Niveau-, Bayes- und Minimax-Tests. Um dieses zu verdeutlichen, bezeichne r: $[0,1] \times [0,1] \to \mathbb{R}$ eine stetige, in jeder der beiden Variablen isotone Funktion, R das gemäß $R(P_0, P_1, \varphi) := r(E_0 \varphi, 1 - E_1 \varphi)$ als Funktional der beiden Fehler-WS definierte *r-Risiko eines Tests* $\varphi \in \Phi$ und $\Phi_\alpha := \{\varphi \in \Phi \colon E_0 \varphi \leqslant \alpha\}$ die Gesamtheit aller α-Niveau Tests, $\alpha \in [0,1]$. In Verallgemeinerung der in 1.3.1 eingeführten Optimalitätsbegriffe heißt dann ein Test $\varphi^* \in \Phi_\alpha$ für das Prüfen von $\{P_0\}$ gegen $\{P_1\}$ *r-optimal*, wenn gilt

$$R(P_0, P_1, \varphi^*) = \inf_{\varphi \in \Phi_\alpha} R(P_0, P_1, \varphi). \tag{2.3.23}$$

Im Spezialfall $\alpha = 1$ und $r(u, v) = \max\{\Lambda_0 u, \Lambda_1 v\}$ ergeben sich so Minimax-Tests, im Fall $\alpha = 1$ und $r(u, v) = \lambda \Lambda_0 u + \varkappa \Lambda_1 v$ Bayes-Tests zur Vorbewertung $(\lambda \Lambda_0, \varkappa \Lambda_1)$ sowie für $\alpha \in (0,1)$ und $r(u, v) = v$ beste α-Niveau Tests. In Verallgemeinerung der Sätze 2.5, 2.48 und 2.51 gilt dann der

Satz 2.52 *Es seien $P_0, P_1 \in \mathfrak{M}^1(\mathfrak{X}, \mathfrak{B})$ und L ein* DQ *von P_1 bzgl. P_0. Weiter seien r: $[0,1] \times [0,1] \to \mathbb{R}$ eine stetige, in jeder der beiden Variablen isotone Funktion und $\alpha \in [0,1]$. Dann gilt: Es existiert ein r-optimaler α-Niveau Test φ^*. Dieser ist wählbar mit* 0-1-*Gestalt, Prüfgröße L und konstanter Randomisierung.*

Beweis: Analog zum Beweis von Satz 2.16 gibt es zu jeder Folge $(\varphi_n) \subset \Phi_\alpha$ mit

$$R(P_0, P_1, \varphi_n) \to \inf_{\varphi \in \Phi_\alpha} R(P_0, P_1, \varphi)$$

eine Teilfolge $(\varphi_{n,n}) \subset (\varphi_n)$ und einen Test $\tilde{\varphi} \in \Phi_\alpha$ mit $E_i \varphi_{n,n} \to E_i \tilde{\varphi}$, $i = 0,1$. Aus der Stetigkeit der Funktion r folgt also

$$\begin{aligned} R(P_0, P_1, \tilde{\varphi}) &= r\left(\lim_n E_0 \varphi_{n,n}, \ \lim_n (1 - E_1 \varphi_{n,n})\right) \\ &= \lim_n r(E_0 \varphi_{n,n}, 1 - E_1 \varphi_{n,n}) = \inf_{\varphi \in \Phi_\alpha} R(P_0, P_1, \varphi). \end{aligned}$$

Bezeichnet nun φ^* einen nach Satz 1.38 existierenden Test der Form

$$\varphi^*(x) = \mathbb{1}_{\{L>s\}}(x) + \bar{\gamma}\mathbb{1}_{\{L=s\}}(x) \tag{2.3.24}$$

mit $E_0\varphi^* = E_0\tilde{\varphi}$, so ist φ^* ein gewünschter Test: Zunächst gilt $\varphi^* \in \Phi_\alpha$ wegen $\tilde{\varphi} \in \Phi_\alpha$ und damit nach dem Neyman-Pearson-Lemma $1 - E_1\varphi^* \leqslant 1 - E_1\tilde{\varphi}$. Hieraus folgt nach Definition von $R(P_0, P_1, \varphi)$ dank der Isotonie der Funktion r

$$R(P_0, P_1, \varphi^*) \leqslant R(P_0, P_1, \tilde{\varphi}) = \inf_{\varphi \in \Phi_\alpha} R(P_0, P_1, \varphi).$$

Also ist φ^* auch r-optimal unter allen α-Niveau Tests. □

Das Optimalitätskriterium (2.3.23) läßt sich bei Zugrundelegen konstanter Verluste $\Lambda_0, \Lambda_1 > 0$ in folgender Weise auf das Prüfen zweier zusammengesetzter Hypothesen $\mathfrak{P}_0$ und $\mathfrak{P}_1$ erweitern: Bezeichnet Φ_α die Menge aller α-Niveau Tests für $\mathfrak{P}_0$, so nennt man einen Test $\varphi^* \in \Phi_\alpha$ einen *r-optimalen α-Niveau Test für* $\mathfrak{P}_0$ *gegen* $\mathfrak{P}_1$, wenn gilt

$$\sup\{R(P, P', \varphi^*) : (P, P') \in \mathfrak{P}_0 \times \mathfrak{P}_1\} = \inf_{\varphi \in \Phi_\alpha} \sup\{R(P, P', \varphi) : (P, P') \in \mathfrak{P}_0 \times \mathfrak{P}_1\}. \tag{2.3.25}$$

Für $\alpha = 1$ und $r(u, v) = \max\{\Lambda_0 u, \Lambda_1 v\}$ ergeben sich so die Minimax-Tests, für $\alpha \in (0,1)$ und $r(u, v) = v$ die Maximin-α-Niveau Tests. Dagegen lassen sich die Begriffe Bayes- bzw. gleichmäßig bester α-Niveau Test im Falle zusammengesetzter Hypothesen *nicht* unter den Begriff der r-Optimalität subsumieren.

2.3.2 Ungünstigste Paare zum Testen zusammengesetzter Hypothesen

Eine Möglichkeit zur Präzisierung der Optimalität von Tests für zwei zusammengesetzte Hypothesen $\mathfrak{P}_0 \subset \mathfrak{M}^1(\mathfrak{X}, \mathfrak{B})$ und $\mathfrak{P}_1 \subset \mathfrak{M}^1(\mathfrak{X}, \mathfrak{B})$ besteht in folgendem: Unter allen Paaren $(P_0, P_1) \in \mathfrak{P}_0 \times \mathfrak{P}_1$ ist ein Paar $(Q_0, Q_1) \in \mathfrak{P}_0 \times \mathfrak{P}_1$ gesucht, zwischen dessen Komponenten Q_0 und Q_1 nicht leichter unterschieden werden kann als zwischen denjenigen eines jeden anderen Paares $(P_0, P_1) \in \mathfrak{P}_0 \times \mathfrak{P}_1$. Hierzu bezeichne l einen DQ von Q_1 bzgl. Q_0 und φ einen besten Test für Q_0 gegen Q_1, den wir nach dem Fundamentallemma o.E. annehmen können in der Form

$$\varphi(x) = \mathbb{1}_{\{l>s\}}(x) + \bar{\gamma}\mathbb{1}_{\{l=s\}}(x) = \bar{\gamma}\mathbb{1}_{\{l \geqslant s\}}(x) + (1-\bar{\gamma})\mathbb{1}_{\{l>s\}}(x). \tag{2.3.26}$$

Dann soll also gelten

$$E_{Q_0}\varphi(X) = \sup_{P \in \mathfrak{P}_0} E_P\varphi(X), \qquad E_{Q_1}\varphi(X) = \inf_{P \in \mathfrak{P}_1} E_P\varphi(X), \tag{2.3.27}$$

und zwar für alle kritischen Werte $s \in [0, \infty)$ und alle Randomisierungen $\bar{\gamma} \in [0,1]$. Wegen $E_{Q_0}\varphi(X) \leqslant E_{Q_1}\varphi(X)$ gemäß Korollar 2.6a ist dieses äquivalent mit

$$E_{P_0}\varphi(X) \leqslant E_{Q_0}\varphi(X) \leqslant E_{Q_1}\varphi(X) \leqslant E_{P_1}\varphi(X) \quad \forall (P_0, P_1) \in \mathfrak{P}_0 \times \mathfrak{P}_1.$$

Dieses wiederum ist nach Satz 2.31 gleichwertig mit der Gültigkeit von[1]

$$P_0(l>s) \leqslant Q_0(l>s) \leqslant Q_1(l>s) \leqslant P_1(l>s) \quad \forall s \in (0, \infty) \quad \forall (P_0, P_1) \in \mathfrak{P}_0 \times \mathfrak{P}_1,$$

[1]) Aus der Gültigkeit für alle $s \in (0, \infty)$ folgt auch diejenige für $s = 0$.

also damit, daß l bzgl. der in 2.2.2 eingeführten stochastischen Ordnung für $P_0 \in \mathfrak{P}_0$ maximal ist in $Q_0 \in \mathfrak{P}_0$ und für $P_1 \in \mathfrak{P}_1$ minimal ist in $Q_1 \in \mathfrak{P}_1$. Demgemäß nennen wir $(Q_0, Q_1) \in \mathfrak{P}_0 \times \mathfrak{P}_1$ ein *ungünstigstes Paar* für das Testen von $\mathfrak{P}_0$ gegen $\mathfrak{P}_1$, wenn es eine Festlegung[1]) l des DQ von Q_1 bzgl. Q_0 gibt mit

$$Q_0(l > s) = \sup_{P \in \mathfrak{P}_0} P(l > s), \qquad Q_1(l > s) = \inf_{P \in \mathfrak{P}_1} P(l > s) \quad \forall s \in (0, \infty). \tag{2.3.28}$$

Dabei ist (2.3.28) nach Satz 2.31 äquivalent mit (2.3.27) wie auch mit

$$Q_0(l \geqslant s) = \sup_{P \in \mathfrak{P}_0} P(l \geqslant s), \qquad Q_1(l \geqslant s) = \inf_{P \in \mathfrak{P}_1} P(l \geqslant s) \quad \forall s \in (0, \infty). \tag{2.3.29}$$

Beispiel 2.53 Es seien $\mathfrak{P} = \{P_\vartheta : \vartheta \in \Theta\}$ eine einparametrige Klasse mit streng isotonem DQ in T sowie $\mathfrak{P}_0 = \{P_\vartheta : \vartheta \leqslant \vartheta_0\}$ und $\mathfrak{P}_1 = \{P_\vartheta : \vartheta \geqslant \vartheta_1\}$ mit $\vartheta_1 > \vartheta_0$. Dann ist $(Q_0, Q_1) := (P_{\vartheta_0}, P_{\vartheta_1})$ ein ungünstigstes Paar. Wegen der strengen Isotonie des DQ ist nämlich $\{L > s\}$ von der Form $\{T > c\}$, so daß (2.3.28) unmittelbar aus Satz 2.28c folgt. □

Die Einführung ungünstigster Paare $(Q_0, Q_1) \in \mathfrak{P}_0 \times \mathfrak{P}_1$ gemäß (2.3.28) ist dadurch gerechtfertigt, daß sich im Falle ihrer Existenz z. B. die Bestimmung etwa von Minimax- oder Maximin-α-Niveau Tests für zusammengesetzte Hypothesen $\mathfrak{P}_0$, $\mathfrak{P}_1$ auf diejenige der entsprechenden Tests für einfache Hypothesen Q_0, Q_1 reduzieren läßt. Allgemein gilt der

Satz 2.54 *Es seien $\mathfrak{P}_0 \subset \mathfrak{M}^1(\mathfrak{X}, \mathfrak{B})$ und $\mathfrak{P}_1 \subset \mathfrak{M}^1(\mathfrak{X}, \mathfrak{B})$ zwei zusammengesetzte Hypothesen mit $\mathfrak{P}_0 \cap \mathfrak{P}_1 = \emptyset$ und (Q_0, Q_1, l) ein ungünstigstes Paar. Weiter seien $\alpha \in [0,1]$ und r: $[0,1] \times [0,1] \to \mathbb{R}$ eine stetige, in jeder Variablen isotone Funktion. Dann gilt: Jeder r-optimale α-Niveau Test für Q_0 gegen Q_1 ist r-optimaler α-Niveau Test für $\mathfrak{P}_0$ gegen $\mathfrak{P}_1$ im Sinne von* (2.3.25).

Beweis: Seien $\Phi_\alpha := \{\varphi \in \Phi : E_P \varphi \leqslant \alpha \quad \forall P \in \mathfrak{P}_0\}$, $\Phi_{Q_0, \alpha} := \{\varphi \in \Phi : E_{Q_0} \varphi \leqslant \alpha\}$ sowie

$$R(P_0, P_1, \varphi) := r(E_{P_0} \varphi, 1 - E_{P_1} \varphi) \quad \text{für} \quad (P_0, P_1, \varphi) \in \mathfrak{P}_0 \times \mathfrak{P}_1 \times \Phi.$$

Bezeichnet φ^* einen gemäß Satz 2.52 existierenden r-optimalen α-Niveau Test für Q_0 gegen Q_1 der Form (2.3.26), so gilt wegen (2.3.27)

$$E_{P_0} \varphi^* \leqslant E_{Q_0} \varphi^* \leqslant \alpha \quad \forall P_0 \in \mathfrak{P}_0, \qquad 1 - E_{P_1} \varphi^* \leqslant 1 - E_{Q_1} \varphi^* \quad \forall P_1 \in \mathfrak{P}_1. \tag{2.3.30}$$

Also ist $\varphi^* \in \Phi_\alpha$ und nach Definition von (Q_0, Q_1) bzw. wegen der Isotonie von r bzw. wegen $\Phi_\alpha \subset \Phi_{Q_0, \alpha}$ gilt für alle $(P_0, P_1) \in \mathfrak{P}_0 \times \mathfrak{P}_1$

$$R(P_0, P_1, \varphi^*) \leqslant R(Q_0, Q_1, \varphi^*) = \inf_{\varphi \in \Phi_{Q_0, \alpha}} R(Q_0, Q_1, \varphi) \leqslant \inf_{\varphi \in \Phi_\alpha} R(Q_0, Q_1, \varphi). \tag{2.3.31}$$

□

Im allgemeinen ist weder die Existenz eines ungünstigsten Paares $(Q_0, Q_1) \in \mathfrak{P}_0 \times \mathfrak{P}_1$ noch dessen Eindeutigkeit gesichert. Aus Satz 2.54 folgt jedoch: Zwei ungünstigste

[1]) Da $\mathfrak{P}_0$ und $\mathfrak{P}_1$ im allgemeinen nicht paarweise äquivalent sind, ist es häufig notwendig, die spezielle Festlegung l des DQ von Q_1 bzgl. Q_0 bei einem ungünstigsten Paar (Q_0, Q_1) mit anzugeben; wir schreiben also auch $(Q_0, Q_1; l)$ neben (Q_0, Q_1).

Paare (Q_0, Q_1) und $(\tilde{Q}_0, \tilde{Q}_1)$ sind in dem Sinne äquivalent, daß für jedes $\alpha \in [0,1]$ die Schärfe $\beta_{Q_0,Q_1}(\alpha)$ bester α-Niveau Tests für Q_0 gegen Q_1 gleich derjenigen bester α-Niveau Tests für $\tilde{Q}_0$ gegen $\tilde{Q}_1$ ist. (2.3.30) impliziert nämlich $E_{\tilde{Q}_0}\varphi^* \leqslant E_{Q_0}\varphi^*$ und $E_{\tilde{Q}_1}\varphi^* \geqslant E_{Q_1}\varphi^*$ sowie durch Vertauschen von (Q_0, Q_1) und $(\tilde{Q}_0, \tilde{Q}_1)$ analog $E_{Q_0}\varphi^* \leqslant E_{\tilde{Q}_0}\varphi^*$ und $E_{Q_1}\varphi^* \geqslant E_{\tilde{Q}_1}\varphi^*$. Insgesamt folgt also bei $E_{Q_0}\varphi^* = E_{\tilde{Q}_0}\varphi^* =: \alpha$

$$\beta_{Q_0Q_1}(\alpha) = \beta_{\tilde{Q}_0\tilde{Q}_1}(\alpha) =: \beta(\alpha) \quad \forall \alpha \in [0,1]. \tag{2.3.32}$$

Im folgenden Satz wird die Eindeutigkeit ungünstigster Paare präzisiert.

Satz 2.55 *Es seien $\mathfrak{P}_0 \subset \mathfrak{M}^1(\mathfrak{X}, \mathfrak{B})$ und $\mathfrak{P}_1 \subset \mathfrak{M}^1(\mathfrak{X}, \mathfrak{B})$ zwei Hypothesen mit $\mathfrak{P}_0 \cap \mathfrak{P}_1 = \emptyset$. Dann gilt für je zwei ungünstigste Paare $(Q_0, Q_1; l)$ und $(\tilde{Q}_0, \tilde{Q}_1; \tilde{l})$,*

a) $$\mathfrak{L}_{Q_0}(l) = \mathfrak{L}_{\tilde{Q}_0}(\tilde{l}), \quad \mathfrak{L}_{Q_1}(l) = \mathfrak{L}_{\tilde{Q}_1}(\tilde{l}), \tag{2.3.33}$$

b) $$l = \tilde{l} \quad [Q_0 + Q_1 + \tilde{Q}_0 + \tilde{Q}_1]. \tag{2.3.34}$$

Beweis: a) Wir verifizieren die mit (2.3.33) äquivalenten Beziehungen

$$Q_0(l > s) = \tilde{Q}_0(\tilde{l} > s), \quad Q_1(l > s) = \tilde{Q}_1(\tilde{l} > s) \quad \forall s \in (0, \infty). \tag{2.3.35}$$

Hierzu fassen wir bei festem $s \in (0, \infty)$ die linken Seiten auf als (exaktes) Niveau bzw. Schärfe des Tests $\varphi_Q^* = \mathbb{1}_{\{l > s\}}$ und analog die rechten Seiten als die entsprechenden Größen des Tests $\varphi_{\tilde{Q}}^* = \mathbb{1}_{\{\tilde{l} > s\}}$. Nach Satz 2.48a sind φ_Q^* und $\varphi_{\tilde{Q}}^*$ nicht-randomisierte Bayes-Tests zur Vorbewertung $(s/(s+1), 1/(s+1))$ der Hypothesen Q_0 gegen Q_1 bzw. $\tilde{Q}_0$ gegen $\tilde{Q}_1$; wegen Satz 2.49 und (2.3.32) gilt also

$$Q_0(l > s) = \min\left\{\alpha \in [0,1]: s\alpha - \beta(\alpha) = \min_{\alpha' \in [0,1]} [s\alpha' - \beta(\alpha')]\right\} = \tilde{Q}_0(\tilde{l} > s) =: \alpha^0$$

und damit nach Definition von $\beta(\alpha)$ bzw. wegen (2.3.32)

$$Q_1(l > s) = \beta(\alpha^0) = \tilde{Q}_1(\tilde{l} > s).$$

b) Aus (2.3.35) und (2.3.28) mit $(\tilde{Q}_0, \tilde{Q}_1)$ anstelle von (Q_0, Q_1) folgt

$$Q_0(l > s) = \tilde{Q}_0(\tilde{l} > s) \geqslant Q_0(\tilde{l} > s) \quad \forall s \in (0, \infty),$$
$$Q_1(l > s) = \tilde{Q}_1(\tilde{l} > s) \leqslant Q_1(\tilde{l} > s) \quad \forall s \in (0, \infty)$$

und damit

$$sQ_0(\tilde{l} > s) - Q_1(\tilde{l} > s) \leqslant sQ_0(l > s) - Q_1(l > s) \quad \forall s \in (0, \infty).$$

Nach Satz 2.48d minimiert die Menge $\{l > s\}$ für jedes $s \in (0, \infty)$ die Abbildung $B \mapsto W_s(B) := sQ_0(B) - Q_1(B)$. Also besitzt auch die Menge $\{\tilde{l} > s\}$ diese Eigenschaft und es gilt nach Satz 2.50

$$l = \tilde{l} \quad [Q_0 + Q_1].$$

Analog ergibt sich $l = \tilde{l} \quad [\tilde{Q}_0 + \tilde{Q}_1]$ und damit (2.3.34). □

Es sollen nun noch zwei weitere für die Anwendungen wichtige Eigenschaften ungünstigster Paare hergeleitet werden. Die erste dieser Aussagen motiviert das häufige Auftreten beschränkter Prüfgrößen in der robusten Statistik; vgl. etwa Satz 2.62. Wir zeigen nämlich, daß bei „hinreichend großen" Hypothesen $\mathfrak{P}_0$ und $\mathfrak{P}_1$ jede Festlegung des DQ ungünstigster Paare sowohl von ∞ als auch von 0 weg beschränkt ist.

Satz 2.56 *Es seien $\mathfrak{P}_0 \subset \mathfrak{M}^1(\mathfrak{X}, \mathfrak{B})$ und $\mathfrak{P}_1 \subset \mathfrak{M}^1(\mathfrak{X}, \mathfrak{B})$ zwei Hypothesen mit $\mathfrak{P}_0 \cap \mathfrak{P}_1 = \emptyset$ und $(Q_0, Q_1; l)$ ein zugehöriges ungünstigstes Paar. Dann gilt:*

a) *Aus* $\inf\limits_{B \neq \emptyset} \sup\limits_{P \in \mathfrak{P}_0} P(B) > 0$ *folgt* $\sup\limits_{x \in \mathfrak{X}} l(x) < \infty$. (2.3.36)

b) *Aus* $\inf\limits_{B \neq \emptyset} \sup\limits_{P \in \mathfrak{P}_1} P(B) > 0$ *folgt* $\inf\limits_{x \in \mathfrak{X}} l(x) > 0$. (2.3.37)

Beweis: a) Angenommen es sei $\sup\limits_{x \in \mathfrak{X}} l(x) = \infty$. Dann ist $\{l > s\} \neq \emptyset \quad \forall s \in (0, \infty)$, so daß aus $\eta_0 := \inf\limits_{B \neq \emptyset} \sup\limits_{P \in \mathfrak{P}_0} P(B) > 0$ für alle $s \in (0, \infty)$ folgt

$$\sup_{P \in \mathfrak{P}_0} P(l > s) \geq \eta_0 \quad \text{oder wegen (2.3.28)} \quad Q_0(l > s) \geq \eta_0 \quad \forall s \in (0, \infty).$$

Damit ist $Q_0(l = \infty) = \lim\limits_{s \to \infty} Q_0(l > s) \geq \eta_0$; andererseits gilt $Q_0(l = \infty) = 0$ nach Definition eines DQ l von Q_1 bzgl. Q_0. Analog beweist man b). □

Die zweite der angekündigten Aussagen bezieht sich auf Testprobleme mit st.u. ZG $X_1, \ldots, X_n$, also solche mit Produktmaßen. Es zeigt sich, daß ungünstigste Paare durch „Produktbildung" aus ungünstigsten Paaren für die entsprechenden Testprobleme bei den einzelnen ZG gewonnen werden können. Dieses ist ein Beispiel dafür, daß ungünstigste Situationen unter den Produktmaßen mit gleichen Komponenten zu suchen sind.

Satz 2.57 *Für jedes $j = 1, \ldots, n$ seien $\mathfrak{P}_{j0} \subset \mathfrak{M}^1(\mathfrak{X}_j, \mathfrak{B}_j)$ und $\mathfrak{P}_{j1} \subset \mathfrak{M}^1(\mathfrak{X}_j, \mathfrak{B}_j)$ zwei Hypothesen mit $\mathfrak{P}_{j0} \cap \mathfrak{P}_{j1} = \emptyset$ sowie $(Q_{j0}, Q_{j1}; l_j)$ ein zugehöriges ungünstigstes Paar. Dann ist $\left(\bigotimes\limits_{j=1}^n Q_{j0}, \bigotimes\limits_{j=1}^n Q_{j1}; \prod\limits_{j=1}^n l_j\right)$ ein ungünstigstes Paar für das Testen von $\mathfrak{P}_0$ gegen $\mathfrak{P}_1$, wobei*

$$\mathfrak{P}_i := \left\{\bigotimes_{j=1}^n P_{ji} \colon P_{ji} \in \mathfrak{P}_{ji}, j = 1, \ldots, n\right\}, \quad i = 0, 1. \tag{2.3.38}$$

Beweis: Zur vollständigen Induktion hinsichtlich n seien definiert:

$$P_{(n)i} := \bigotimes_{j=1}^n P_{ji}, \; Q_{(n)i} := \bigotimes_{j=1}^n Q_{ji} \quad \text{sowie} \quad l_{(n)} := \prod_{j=1}^n l_j \quad \text{für } i = 0,1 \text{ und } n \in \mathbb{N}.$$

Dann gilt $l_{(n+1)} > 0 \Rightarrow l_{n+1} > 0$ sowie $l_{(n+1)} = l_{(n)} l_{n+1}$ und damit nach dem Satz von Fubini für alle $s \in (0, \infty)$ und $i = 0,1$

$$P_{(n+1)i}(l_{(n+1)} > s) = P_{(n+1)i}(l_{(n+1)} > s, \; l_{n+1} > 0) = \int\limits_{\{l_{n+1} > 0\}} P_{(n)i}(l_{(n)} > s/l_{n+1}) \, \mathrm{d}P_{n+1,i}.$$

Nach Induktionsannahme (2.3.28) bzw. nach dem Satz von Fubini folgt also

$$P_{(n+1)0}(l_{(n+1)} > s) \leqslant \int\limits_{\{l_{n+1} > 0\}} Q_{(n)0}(l_{(n)} > s/l_{n+1})\, \mathrm{d}P_{n+1,0} = (Q_{(n)0} \otimes P_{n+1,0})(l_{(n+1)} > s).$$

Durch die entsprechenden Umformungen und Abschätzungen bei vertauschter Integrationsreihenfolge ergibt sich unter Ausnutzung der Tatsache, daß $(Q_{n+1,0}, Q_{n+1,1})$ ein ungünstigstes Paar für $\mathfrak{P}_{n+1,0}$ gegen $\mathfrak{P}_{n+1,1}$ ist

$$P_{(n+1)0}(l_{(n+1)} > s) \leqslant \int\limits_{\{l_{(n)} > 0\}} Q_{n+1,0}(l_{n+1} > s/l_{(n)})\, \mathrm{d}Q_{(n)0} = Q_{(n+1)0}(l_{(n+1)} > s).$$

Analog folgt der Nachweis der zweiten Beziehung (2.3.28). □

Zwar suggeriert die Definition eines ungünstigsten Paares $(Q_0, Q_1; l)$ zunächst nach geeigneten Verteilungen $Q_0 \in \mathfrak{P}_0$ und $Q_1 \in \mathfrak{P}_1$ zu suchen und erst dann eine geeignete Festlegung l des DQ von Q_1 bzgl. Q_0 auszuwählen. Tatsächlich ist es häufig einfacher, zunächst l und erst dann Q_0 bzw. Q_1 zu bestimmen. Die definierenden Gleichungen (2.3.28) besagen nämlich, daß $(Q_0, Q_1; l)$ genau dann ein ungünstigstes Paar ist, wenn im Sinne der in 2.2.2 eingeführten stochastischen Ordnung eindimensionaler Verteilungen $\mathfrak{L}_{Q_0}(l)$ maximal ist unter allen Verteilungen $\mathfrak{L}_P(l)$, $P \in \mathfrak{P}_0$, und $\mathfrak{L}_{Q_1}(l)$ minimal ist unter allen Verteilungen $\mathfrak{L}_P(l)$, $P \in \mathfrak{P}_1$.

Zu einer derartigen direkten Bestimmung von l knüpfen wir an die durch Satz 2.50 aufgezeigte Möglichkeit an, einen DQ von Q_1 bzgl. Q_0 über die Minimalstellen D_s der Abbildungen $B \mapsto W_s(B) := sQ_0(B) - Q_1(B)$, $s \in (0, \infty)$, zu charakterisieren. Nun sind hier jedoch die WS-Maße Q_0 und Q_1, falls sie überhaupt existieren, unbekannt. Wegen (2.3.28) ersetzen wir deshalb Q_0 durch die obere WS v_0 von $\mathfrak{P}_0$ und Q_1 durch die untere WS u_1 von $\mathfrak{P}_1$, also das signierte Maß W_s durch die (im allgemeinen nicht σ-additive) Mengenfunktion $w_s = sv_0 - u_1$, $s \in (0, \infty)$. Dabei heißt v bzw. u *obere* bzw. *untere Wahrscheinlichkeit von* $\mathfrak{P} \subset \mathfrak{M}^1(\mathfrak{X}, \mathfrak{B})$, falls für $B \in \mathfrak{B}$ gilt

$$v(B) := \sup_{P \in \mathfrak{P}} P(B), \qquad u(B) := \inf_{P \in \mathfrak{P}} P(B) = 1 - \sup_{P \in \mathfrak{P}} P(B^c) = 1 - v(B^c). \tag{2.3.39}$$

Obere und untere WS sind selber keine WS, obwohl sie einige Eigenschaften mit diesen gemeinsam haben. So folgt trivialerweise aus (2.3.39) für $B = \emptyset$, $B = \mathfrak{X}$, $C \subset B$ sowie für $B_n \uparrow B$ bzw. $B_n \downarrow B$

$$v(\emptyset) = 0, \qquad v(\mathfrak{X}) = 1, \qquad v(C) \leqslant v(B), \qquad v(B_n) \uparrow v(B), \tag{2.3.40}$$

$$u(\emptyset) = 0, \qquad u(\mathfrak{X}) = 1, \qquad u(C) \leqslant u(B), \qquad u(B_n) \downarrow u(B); \tag{2.3.41}$$

jedoch ist v im allgemeinen nur für isotone Folgen, u nur für antitone Folgen stetig. Aus der Isotonie oder direkt aus (2.3.39) folgt insbesondere $0 \leqslant v(B) \leqslant 1$, $0 \leqslant u(B) \leqslant 1$, $\forall B \in \mathfrak{B}$.

Die Zweckmäßigkeit der Einführung einer oberen WS v_0 von $\mathfrak{P}_0$ und einer unteren WS u_1 von $\mathfrak{P}_1$ zeigt sich bereits in dem Fall, daß ein ungünstigstes Paar $(Q_0, Q_1; l)$ existiert. Dann folgt nämlich aus (2.3.28) und (2.3.39)

$$v_0(l > s) = Q_0(l > s), \qquad u_1(l > s) = Q_1(l > s) \quad \forall s \in (0, \infty) \tag{2.3.42}$$

und damit nach Satz 2.50 für jedes $s \in (0, \infty)$

$$s v_0(l > s) - u_1(l > s) \leqslant s Q_0(B) - Q_1(B) \leqslant s v_0(B) - u_1(B) \quad \forall B \in \mathfrak{B}. \tag{2.3.43}$$

In Verallgemeinerung von Satz 2.48d minimiert also $D_s := \{l > s\}$ die (im Gegensatz zu (2.3.9) im allgemeinen nicht σ-additive) Mengenfunktion

$$w_s(B) := s v_0(B) - u_1(B), \qquad B \in \mathfrak{B}. \tag{2.3.44}$$

Setzt man dagegen die Existenz eines ungünstigsten Paares (Q_0, Q_1) nicht voraus, so sind zur Gültigkeit von (2.3.43) die Eigenschaften

$$v(B_1 \cup B_2) + v(B_1 \cap B_2) \leqslant v(B_1) + v(B_2) \quad \textit{(zweifach alternierend)}, \tag{2.3.45}$$

$$u(B_1 \cup B_2) + u(B_1 \cap B_2) \geqslant u(B_1) + u(B_2) \quad \textit{(zweifach monoton)} \tag{2.3.46}$$

als Zusatzvoraussetzungen an v_0 bzw. u_1 erforderlich. Dann läßt sich zeigen, daß es für jedes $s \in (0, \infty)$ eine Menge $D_s \in \mathfrak{B}$ gibt, welche die Abbildung $B \mapsto w_s(B)$ minimiert. Diese Mengen D_s, $s \in (0, \infty)$ definieren nun eine Funktion l: $(\mathfrak{X}, \mathfrak{B}) \to ([0, \infty], [0, \infty]\,\overline{\mathbb{B}})$ vermöge $\{l > s\} = D_s \quad \forall s \in (0, \infty)$, und zwar gemäß

$$l(x) = \begin{cases} \inf\{s \in (0, \infty) : x \notin D_s\}, & \text{falls } x \notin \bigcap\limits_{s \in (0,\infty)} D_s, \\ \infty, & \text{falls } x \in \bigcap\limits_{s \in (0,\infty)} D_s. \end{cases} \tag{2.3.47}$$

Jede derartige Funktion l heißt *verallgemeinerte Ableitung von u_1 bzgl. v_0* (oder auch eine solche *von v_1 bzgl. v_0*, da u_1 durch v_1 bestimmt ist).

Satz 2.58 *Es seien v_0 und u_1 $[0,1]$-wertige Mengenfunktionen über $(\mathfrak{X}, \mathfrak{B})$, die den Eigenschaften* (2.3.40+45) *bzw.* (2.3.41+46) *genügen; weiter sei w_t für $t \in (0, \infty)$ definiert durch $w_t := t v_0 - u_1$. Dann gilt:*

a) *Für jedes $s \in (0, \infty)$ gibt es eine Menge $D_s \in \mathfrak{B}$ derart, daß gilt:*

$$D_t = \bigcup_{t < s < \infty} D_s \quad \forall t \in (0, \infty), \tag{2.3.48}$$

$$w_t(D_t) = \inf_{B \in \mathfrak{B}} w_t(B) \quad \forall t \in (0, \infty). \tag{2.3.49}$$

b) *Für die durch* (2.3.47) *definierte Funktion l gilt $D_t = \{l > t\} \quad \forall t \in (0, \infty)$. Insbesondere ist l meßbar.*

c) *Die Abbildung $t \mapsto w_t(D_t) =: h(t)$ ist Lipschitz stetig mit der Lipschitz-Konstanten* 1, *d.h. es gilt*

$$|h(s) - h(t)| \leqslant |s - t| \quad \forall s, t \in (0, \infty). \tag{2.3.50}$$

Als solche ist h absolut stetig, d.h. insbesondere λ-f.ü. *differenzierbar, und es gilt*

$$h(s) - h(t) = \int_t^s v_0(D_z)\,\mathrm{d}z \quad \forall 0 < t < s < \infty. \tag{2.3.51}$$

h besitzt in jedem Punkt $t \in (0, \infty)$ die rechtsseitige Ableitung $v_0(D_t)$, d.h. es gilt

$$\frac{w_s(D_s) - w_t(D_t)}{s - t} \to v_0(D_t) \quad \text{für } s \downarrow t. \tag{2.3.52}$$

d) *h ist isoton und konkav.*

Beweis: Aufgrund der Voraussetzungen über v_0 und u_1 verifiziert man:

(1) w_t ist zweifach alternierend;

(2) $w_t(B) \leqslant \lim_{n \to \infty} w_t(B_n)$ für $B_n \uparrow B$;

(3) Für $s > t$ und $B \subset C$ gilt $w_s(B) - w_t(B) \leqslant w_s(C) - w_t(C)$;

(4) $\| w_s - w_t \| := \sup_{B \in \mathfrak{B}} | w_s(B) - w_t(B) | \leqslant | s - t |$ für $s, t \in (0, \infty)$.

Dabei folgen (1) aus (2.3.45–46) sowie (3) bzw. (4) aus $w_s(B) - w_t(B) = (s - t)\, v_0(B)$. Zum Nachweis von (2) beachte man, daß zwar für v wegen (2.3.40) gilt $\lim v(B_n) = v(B)$, für u aber nur (wegen der Isotonie) $\lim u(B_n) \leqslant u(B)$.

a) Vorgegeben seien Zahlen $\varepsilon_n \in (0,1)$ für $n \in \mathbb{N}$ mit $\sum \varepsilon_n < \infty$, und es sei $\eta_t := \inf_{B \in \mathfrak{B}} w_t(B)$. Dann gibt es bei festem $t \in (0, \infty)$ für jedes $k \in \mathbb{N}$ ein B_k mit $w_t(B_k) \leqslant \eta_t + \varepsilon_k$, so daß wegen (1) gilt

$$2\eta_t \leqslant w_t(B_n \cup B_m) + w_t(B_n \cap B_m) \leqslant w_t(B_n) + w_t(B_m) \leqslant 2\eta_t + \varepsilon_n + \varepsilon_m.$$

Hieraus folgt wegen $w_t(B_n \cap B_m) \geqslant \eta_t$ zunächst

$$w_t(B_n \cup B_m) \leqslant \eta_t + \varepsilon_n + \varepsilon_m \quad \forall n, m \in \mathbb{N}$$

und damit durch vollständige Induktion hinsichtlich j

$$\eta_t \leqslant w_t\left(\bigcup_{n \leqslant m \leqslant j} B_m \right) \leqslant \eta_t + \sum_{n \leqslant m \leqslant j} \varepsilon_m, \qquad n, j \in \mathbb{N}.$$

Für $j \to \infty$ und anschließend $n \to \infty$ folgt somit $\eta_t \leqslant w_t\left(\bigcap_n \bigcup_{m \geqslant n} B_m \right) \leqslant \eta_t$, also

$$w_t(C_t) = \eta_t \quad \forall t \in (0, \infty), \qquad C_t := \bigcap_n \bigcup_{m \geqslant n} B_m. \tag{2.3.53}$$

Um eine antitone Schar $\{D_t : t \in (0, \infty)\}$ mit (2.3.49) zu erhalten, setzen wir

$$D_t := \bigcup_{t_n > t} C_{t_n},$$

wobei $\{t_n : n \in \mathbb{N}\}$ in $[0, \infty)$ dicht sei. Dann gilt trivialerweise (2.3.48).
Zum Nachweis von (2.3.49) beachte man, daß aus (3) bzw. (1) für $0 < t < s < \infty$ folgt:

$$w_t(C_t \cup C_s) - w_s(C_t \cup C_s) \leqslant w_t(C_t) - w_s(C_t),$$
$$w_s(C_t \cup C_s) + w_s(C_t \cap C_s) \leqslant w_s(C_t) + w_s(C_s).$$

Aus diesen beiden Ungleichungen ergibt sich durch Addition sowie nach Definition von η_t bzw. wegen (2.3.53)

$$\eta_t + \eta_s \leqslant w_t(C_t \cup C_s) + w_s(C_t \cap C_s) \leqslant w_t(C_t) + w_s(C_s) = \eta_t + \eta_s,$$

also auch $w_t(C_t \cup C_s) = \eta_t$ und mit vollständiger Induktion hinsichtlich n

$$w_{s_1}\Big(\bigcup_{1 \leqslant m \leqslant n} C_{s_m}\Big) = \eta_{s_1} \quad \text{für } 0 < s_1 < \ldots < s_n, \quad n \in \mathbb{N}.$$

Hieraus ergibt sich mit $t_n^* := \min\limits_{\substack{m \leqslant n\\ t_m > t}} t_m$ unter weiterer Verwendung von (2) und (4)

$$\eta_t \leqslant w_t(D_t) = w_t\Big(\lim_{n\to\infty} \bigcup_{\substack{m \leqslant n\\ t_m > t}} C_{t_m}\Big) \leqslant \lim_{n\to\infty} w_t\Big(\bigcup_{\substack{m \leqslant n\\ t_m > t}} C_{t_m}\Big)$$

$$\leqslant \limsup_{n\to\infty} (\eta_{t_n^*} + \| w_{t_n^*} - w_t \|) \leqslant \lim_{n\to\infty} \eta_{t_n^*} + \lim_{n\to\infty} | t_n^* - t | = \eta_t .$$

b) Ergibt sich aus (2.3.47).

c) Sei $0 < t < s < \infty$. Dann folgt aus (2.3.44) und (2.3.49)

$$0 \leqslant (s-t)\, v_0(D_s) = w_s(D_s) - w_t(D_s) \leqslant w_s(D_s) - w_t(D_t) \leqslant w_s(D_t) - w_t(D_t) = (s-t)\, v_0(D_t)$$

und damit (2.3.50) wegen $|v_0(B)| \leqslant 1 \quad \forall B \in \mathfrak{B}$ sowie

$$v_0(D_s) \leqslant \frac{w_s(D_s) - w_t(D_t)}{s-t} \leqslant v_0(D_t).$$

Wegen $D_s \uparrow D_t$ für $s \downarrow t$ gilt nach (2.3.40) $v_0(D_s) \uparrow v_0(D_t)$ für $s \downarrow t$, d.h. $t \mapsto w_t(D_t)$ ist in jedem Punkt t rechtsseitig differenzierbar mit der rechtsseitigen Ableitung $v_0(D_t)$. Folglich ist $v_0(D_t)$ auch die λ-f.ü. existierende Ableitung der Funktion $h(t)$ und es gilt (2.3.51).

d) Nach Satz 2.58b ist o.E. $t \mapsto D_t$ und damit wegen (2.3.40) auch $t \mapsto v_0(D_t) =: k(t)$ antiton. Somit folgt aus (2.3.51) nicht nur die Isotonie wegen $v_0 \geqslant 0$, sondern auch die Konkavität und zwar mit $t < s < r$ gemäß

$$\frac{h(s)-h(t)}{s-t} = \frac{1}{s-t} \int_t^s k(z)\,\mathrm{d}z = \int_0^1 k(t+(s-t)z)\,\mathrm{d}z$$

$$\geqslant \int_0^1 k(t+(r-t)z)\,\mathrm{d}z = \frac{1}{r-t} \int_t^r k(z)\,\mathrm{d}z = \frac{h(r)-h(t)}{r-t}. \qquad \square$$

2.3.3 Robustifizierte Tests für einfache Hypothesen

Bei der Behandlung des Grundproblems der Testtheorie in 2.1.2 bzw. 2.3.1 gingen wir von zwei einfachen Hypothesen aus und bestimmten Tests, die in geeignet präzisiertem Sinne optimal waren. In realen Situationen sind jedoch gewisse Abweichungen von einer

„exakten“ Verteilungsannahme unvermeidlich. Demgemäß ist es bereits bei der Diskussion des Grundproblems vom praktischen Standpunkt aus sinnvoll, das *exakte Modell* mit den beiden einfachen Hypothesen $\{P_0\}$ und $\{P_1\}$ zu ersetzen durch ein *Umgebungsmodell* mit zusammengesetzten Hypothesen $\mathfrak{P}_0$ und $\mathfrak{P}_1$, wobei $\mathfrak{P}_0$ und $\mathfrak{P}_1$ geeignet definierte „Umgebungen“ von P_0 und P_1 sind. Da es sich dann um das Testen zusammengesetzter Hypothesen handelt, liegt es nahe, die in 2.3.2 entwickelte Theorie anzuwenden. Demgemäß interessiert die Frage, ob es ein ungünstigstes Paar $(Q_0, Q_1; l)$ für das Testen dieser Umgebungshypothesen gibt. Ist dies der Fall, so nennen wir den nach den Sätzen 2.52 + 2.54 existierenden r-optimalen α-Niveau Test für $\mathfrak{P}_0$ gegen $\mathfrak{P}_1$ einen *robustifizierten r-optimalen α-Niveau Test für* $\{P_0\}$ *gegen* $\{P_1\}$ oder auch kurz einen *robusten Test für* $\{P_0\}$ *gegen* $\{P_1\}$. Dabei ist anzumerken, daß dieser nicht nur von der speziell verwendeten Funktion r und dem speziellen Wert $\alpha \in [0,1]$ abhängt, sondern auch von den speziell betrachteten Umgebungen.

Wir wollen hier ein einfaches und zugleich bei realen Situationen leicht motivierbares Umgebungsmodell zweier einfacher Hypothesen betrachten, für das ungünstigste Paare und somit robuste Tests existieren und weitgehend explizit angegeben werden können. Die Prüfgröße l des Tests der Umgebungshypothesen (also der DQ von Q_1 bzgl. Q_0) wird sich dabei aus der Prüfgröße L der beiden exakten Hypothesen (also aus dem DQ von P_1 bzgl. P_0) durch Verkürzen an geeigneten Stellen t_0 und t_1, $t_0 < t_1$, ergeben, d.h. gemäß[1])

$$l(x) = t_0 \vee L(x) \wedge t_1 := \min\{\max\{t_0, L(x)\}, t_1\}. \tag{2.3.54}$$

Dabei sind t_0 und t_1 die eindeutig bestimmten Lösungen eines explizit angebbaren Gleichungssystems. Bei diesem *speziellen Umgebungsmodell* (2.3.55) sind die Umgebungen $\mathfrak{P}_i$ von P_i für $i = 0, 1$ zu vorgegebenen ε, δ erklärt durch

$$\mathfrak{P}_i = \{P \in \mathfrak{M}^1(\mathfrak{X}, \mathfrak{B}) \colon [(1-\varepsilon)P_i(B) - \delta] \vee 0 \leqslant P(B) \leqslant [(1-\varepsilon)P_i(B) + \varepsilon + \delta] \wedge 1 \quad \forall B \in \mathfrak{B}\}. \tag{2.3.55}$$

Dabei setzen wir im Hinblick auf Hilfssatz 2.60 $\varepsilon, \delta \in [0,1)$ mit $0 < \varepsilon + \delta < 1$ und $(\varepsilon + 2\delta)/(1-\varepsilon) < \|P_1 - P_0\|$ voraus.

Wie durch das Auftreten zweier Parameter ε und δ zum Ausdruck kommt, werden durch (2.3.55) zwei Typen von Abweichungen beschrieben. Einerseits werden für $\varepsilon = 0$ kleine Abweichungen der Verteilungen P von den hypothetischen Verteilungen P_i erfaßt, denn dann ist (2.3.55) äquivalent damit, daß für den bereits in 1.6.6 verwendeten Totalvariationsabstand gilt $\|P - P_i\| \leqslant \delta$. Andererseits ergibt sich für $\delta = 0$ ein Modell, bei dem der relative Anteil ε der Beobachtungen von einer Störverteilung $H \in \mathfrak{M}^1(\mathfrak{X}, \mathfrak{B})$ kommt; (2.3.55) ist dann nämlich äquivalent mit $P = (1-\varepsilon)P_i + \varepsilon H$. Für das folgende ist es zweckmäßig, (2.3.55) auch in einer anderen Form zu schreiben. Diese Darstellung (2.3.60) und weitere nützliche Eigenschaften des speziellen Umgebungsmodells (2.3.55) enthält der

Hilfssatz 2.59 *Es seien* $(\mathfrak{X}, \mathfrak{B})$ *ein meßbarer Raum,* $P_0, P_1 \in \mathfrak{M}^1(\mathfrak{X}, \mathfrak{B})$, $\varepsilon, \delta \in [0,1)$ *mit* $0 < \varepsilon + \delta < 1$ *und* $v_i \colon \mathfrak{B} \to [0,1]$ *für* $i = 0,1$ *definiert durch*

---

[1]) Wegen $t_0 < t_1$ ist $\min\{\max\{t_0, L(x)\}, t_1\} = \max\{t_0, \min\{L(x), t_1\}\}$.

$$v_i(B) := \begin{cases} [(1-\varepsilon) P_i(B) + \varepsilon + \delta] \wedge 1 & \textit{für } B \neq \emptyset, \\ 0 & \textit{für } B = \emptyset. \end{cases} \tag{2.3.56}$$

Dann gilt im speziellen Umgebungsmodell (2.3.55) *für* $i = 0{,}1$:

a) v_i *ist die obere Wahrscheinlichkeit zu* $\mathfrak{P}_i$; *genauer gilt*

$$\forall B \in \mathfrak{B} \quad \exists P \in \mathfrak{P}_i: \qquad P(B) = v_i(B). \tag{2.3.57}$$

Überdies ist v_i *im Sinne von* (2.3.45) *zweifach alternierend.*

b) *Für die durch* $u_i(B) := 1 - v_i(B^c)$, $B \in \mathfrak{B}$, *definierte konjugierte Funktion gilt*:

$$u_i(B) := \begin{cases} [(1-\varepsilon) P_i(B) - \delta] \vee 0 & \textit{für } B \neq \mathfrak{X}, \\ 1 & \textit{für } B = \mathfrak{X}. \end{cases} \tag{2.3.58}$$

u_i *ist die untere Wahrscheinlichkeit zu* $\mathfrak{P}_i$; *genauer gilt*

$$\forall B \in \mathfrak{B} \quad \exists P \in \mathfrak{P}_i: \qquad P(B) = u_i(B). \tag{2.3.59}$$

Überdies ist u_i *im Sinne von* (2.3.46) *zweifach monoton.*

c)
$$\begin{aligned} \mathfrak{P}_i &= \{P \in \mathfrak{M}^1(\mathfrak{X}, \mathfrak{B}) \colon P(B) \leqslant v_i(B) \quad \forall B \in \mathfrak{B}\} \\ &= \{P \in \mathfrak{M}^1(\mathfrak{X}, \mathfrak{B}) \colon P(B) \geqslant u_i(B) \quad \forall B \in \mathfrak{B}\}. \end{aligned} \tag{2.3.60}$$

Beweis: a) und b) Die jeweils erste und dritte Aussage ergeben sich unmittelbar aus den entsprechenden Eigenschaften des WS-Maßes P_i. Dabei folgt (2.3.58) direkt aus (2.3.56). Der Nachweis von (2.3.57) und analog derjenige von (2.3.59) ergibt sich durch Fallunterscheidung, jeweils für $i = 0{,}1$.

Bei $P_i(B) = 1$ oder $B = \emptyset$ gilt die Behauptung offenbar für $P = P_i$, bei $B \neq \emptyset$ mit $P_i(B) = 0$ für $P = [1 - (\varepsilon + \delta)] P_i + (\varepsilon + \delta) \varepsilon_x$ mit beliebigem $x \in B$.

Bei $B \in \mathfrak{B}$ mit $P_i(B) \in (0,1)$ gilt zunächst $P'(B) \in (0,1)$ für $P' := (1-\varepsilon) P_i + \varepsilon \varepsilon_x$ mit $x \in B$. Somit wird durch

$$P(A) := v_i(B) \frac{P'(AB)}{P'(B)} + (1 - v_i(B)) \frac{P'(AB^c)}{P'(B^c)}, \qquad A \in \mathfrak{B}, \tag{2.3.61}$$

ein WS-Maß $P \in \mathfrak{M}^1(\mathfrak{X}, \mathfrak{B})$ definiert, für das offenbar gilt $P(B) = v_i(B)$.

Es gilt auch $P \in \mathfrak{P}_i$, wie man durch elementare Rechnung und Fallunterscheidung zwischen $v_i(B) < 1$ und $v_i(B) = 1$ leicht verifiziert.

c) Nach Definition von v_i bzw. u_i sind die beiden angegebenen Darstellungen untereinander sowie mit (2.3.55) äquivalent. □

Hilfssatz 2.60 *Für* $\mathfrak{P}_0$ *und* $\mathfrak{P}_1$ *gemäß* (2.3.55) *sind äquivalent*:

a) $$\mathfrak{P}_0 \cap \mathfrak{P}_1 \neq \emptyset,$$

b) $$(1-\varepsilon) P_1(B) + \varepsilon + \delta \geqslant (1-\varepsilon) P_0(B) - \delta \quad \forall B \in \mathfrak{B}, \tag{2.3.62}$$

c) $$\|P_0 - P_1\| := \sup_{B \in \mathfrak{B}} |P_0(B) - P_1(B)| \leqslant (\varepsilon + 2\delta)/(1-\varepsilon). \tag{2.3.63}$$

Insbesondere gilt also im speziellen Umgebungsmodell (2.3.55) $\mathfrak{P}_0 \cap \mathfrak{P}_1 = \emptyset$.

Beweis: a) $\Rightarrow$ b): Aus $P \in \mathfrak{P}_0 \cap \mathfrak{P}_1$ folgt nach (2.3.60) $v_1(B) \geqslant P(B) \geqslant u_0(B) \quad \forall B \in \mathfrak{B}$ und damit wegen (2.3.56+58) auch (2.3.62).

b) $\Rightarrow$ a): Hierzu seien μ ein P_0, P_1 dominierendes WS-Maß und p_0, p_1 zugehörige μ-Dichten von P_0 und P_1. Dann folgt aus (2.3.62)

$$(1-\varepsilon) \int (p_0(x) - p_1(x))^+ \, d\mu \leqslant \varepsilon + 2\delta \tag{2.3.64}$$

oder gleichwertig

$$\gamma_1 := 1 - \frac{1-\varepsilon}{\varepsilon + 2\delta} \int (p_0(x) - p_1(x))^+ \, d\mu \geqslant 0\,. \tag{2.3.65}$$

Dieses wiederum ist äquivalent damit, daß

$$h_1(x) := \frac{1-\varepsilon}{\varepsilon + 2\delta} (p_0(x) - p_1(x))^+ + \gamma_1 \tag{2.3.66}$$

die μ-Dichte eines WS-Maßes H_1 ist. Für dieses gilt:

$$\varepsilon H_1(B) + 2\delta \geqslant (\varepsilon + 2\delta) H_1(B) \geqslant (1-\varepsilon)(P_0(B) - P_1(B)) \quad \forall B \in \mathfrak{B}$$

oder nach Übergang zu den Komplementärmengen

$$\int_B [(1-\varepsilon)(p_1(x) - p_0(x)) + \varepsilon h_1(x)] \, d\mu = (1-\varepsilon)(P_1(B) - P_0(B)) + \varepsilon H_1(B) \leqslant (\varepsilon + 2\delta) \quad \forall B \in \mathfrak{B}.$$

Somit ist

$$\gamma_0 := 1 - \frac{1}{\varepsilon + 2\delta} \int [(1-\varepsilon)(p_1(x) - p_0(x)) + \varepsilon h_1(x)]^+ \, d\mu \geqslant 0\,,$$

d.h. $$h_0(x) := \frac{1}{\varepsilon + 2\delta} [(1-\varepsilon)(p_1(x) - p_0(x)) + \varepsilon h_1(x)]^+ + \gamma_0 \tag{2.3.67}$$

die μ-Dichte eines WS-Maßes H_0. Für dieses gilt

$$\varepsilon H_0(B) + 2\delta \geqslant (1-\varepsilon)(P_1(B) - P_0(B)) + \varepsilon H_1(B) \quad \forall B \in \mathfrak{B}$$

oder nach Übergang zu den Komplementärmengen

$$(1-\varepsilon) P_1(B) + \varepsilon H_1(B) + \delta \geqslant (1-\varepsilon) P_0(B) + \varepsilon H_0(B) - \delta \quad \forall B \in \mathfrak{B}. \tag{2.3.68}$$

Für die WS-Maße $\tilde{P}_i := (1-\varepsilon) P_i + \varepsilon H_i$, $i = 0{,}1$, folgt damit $\tilde{P}_0 - \delta \leqslant \tilde{P}_1 + \delta$ oder unter nochmaliger Verwendung von (2.3.68)

$$(1-\varepsilon) P_0 - \delta \leqslant \tilde{P}_0 - \delta \leqslant \tilde{P} := \frac{1}{2}(\tilde{P}_0 + \tilde{P}_1) \leqslant \tilde{P}_1 + \delta \leqslant (1-\varepsilon) P_1 + \varepsilon + \delta\,.$$

Da trivialerweise $0 \leqslant \tilde{P}(B) \leqslant 1 \quad \forall B \in \mathfrak{B}$ erfüllt ist, gilt also

$$u_0(B) \leqslant \tilde{P}(B) \leqslant v_1(B) \quad \forall B \in \mathfrak{B}, \quad \text{d.h.} \quad \tilde{P} \in \mathfrak{P}_0 \cap \mathfrak{P}_1\,.$$

b) ⇔ c). Offenbar sind (2.3.62) und die hieraus durch Vertauschen von P_0 und P_1 hervorgehende Ungleichung mit (2.3.63) äquivalent. □

Da l durch die Mengen $\{l > t\}$, $t \in (0, \infty)$, definiert ist und diese Mengen bei festem t als Minimalstellen D_t der Abbildung $B \mapsto w_t(B)$ bestimmt werden, diskutieren wir zunächst die Funktion $t \mapsto w_t(D_t)$, d.h. das minimale Bayes-Risiko für das „Testen von v_0 gegen u_1“ in Abhängigkeit von $t \in (0, \infty)$.

Hilfssatz 2.61 *Betrachtet werde das spezielle Umgebungsmodell (2.3.55); D_t sei als Minimalstelle der Abbildung $B \mapsto w_t(B) := tv_0(B) - u_1(B)$ definiert, $t \in (0, \infty)$. Dann gilt: Die Abbildung $t \mapsto w_t(D_t) =: h(t)$ ist isoton sowie konkav und als solche stetig. Insbesondere gibt es Zahlen t_0 und t_1 mit $0 < t_0 < t_1 < \infty$ und*

$$h(t) = \begin{cases} t - 1 & \text{für } 0 < t \leqslant t_0, \\ \text{strikt isoton} & \text{für } t_0 \leqslant t < t_1, \\ 0 & \text{für } t_1 \leqslant t < \infty. \end{cases} \tag{2.3.69}$$

Dabei sind mit den Abkürzungen $v := (\varepsilon + \delta)/(1 - \varepsilon)$ und *$\omega := \delta/(1 - \varepsilon)$ sowie mit L als* DQ *von P_1 bzgl. P_0 die Werte t_0, $t_1 \in (0, \infty)$ definiert als Lösungen der Gleichungen*

$$t_0 P_0(L < t_0) - P_1(L < t_0) = v + \omega t_0, \tag{2.3.70}$$

$$P_1(L > t_1) - t_1 P_0(L > t_1) = v t_1 + \omega. \tag{2.3.71}$$

Für die Abbildung $t \mapsto D_t$ gilt

$$\begin{aligned} &D_t = \mathfrak{X} && \text{für } 0 < t < t_0, \\ &\emptyset \subsetneqq D_t \subsetneqq \mathfrak{X} && \text{für } t_0 \leqslant t < t_1, \\ &D_t = \emptyset && \text{für } t_1 \leqslant t < \infty. \end{aligned} \tag{2.3.72}$$

Beweis: h ist nach Satz 2.58 isoton und konkav, also stetig. Die strikte Isotonie folgt aus (2.3.51 + 56), sobald (2.3.72) gezeigt ist. Zur Motivierung von (2.3.69) beachte man, daß neben der Antitonie von $t \mapsto D_t$ trivialerweise gilt $w_t(D_t) \leqslant w_t(\mathfrak{X}) = t - 1$ und $w_t(D_t) \leqslant w_t(\emptyset) = 0 \quad \forall t \in (0, \infty)$. Demgemäß zeigen wir zunächst

1) $\exists t_0 \in (0, \infty)$: $w_{t_0}(D_{t_0}) = t_0 - 1$,

2) $\forall t < t_0$: $w_t(D_t) = t - 1$ und $D_t = \mathfrak{X}$,

3) $\exists t_1 \in (0, \infty)$: $w_{t_1}(D_{t_1}) = 0$,

4) $\forall t > t_1$: $w_t(D_t) = 0$ und $D_t = \emptyset$.

Wegen 2) und 4) sowie der Isotonie von h gilt dabei $t_1 > t_0$.
(2.3.70–71) wird im Rahmen von 1) gezeigt.
Die weiteren Aussagen ergeben sich dann aus dem Nachweis von

5) $\forall t > t_0$: $w_t(D_t) < t - 1$ und $D_t \neq \mathfrak{X}$,

6) $\forall t < t_1$: $w_t(D_t) < 0$ und $D_t \neq \emptyset$,

7) $t = t_1$: $w_t(D_t) = 0$ und $D_t = \emptyset$,

8) $t = t_0$: $w_t(D_t) = t - 1$ und $D_t \neq \mathfrak{X}$.

Zu 1) Definitionsgemäß ist $w_t(D_t) = t - 1$ äquivalent mit

$$tv_0(B) - u_1(B) \geqslant t - 1 \quad \forall B \in \mathfrak{B} \quad (\text{mit } tv_0(\mathfrak{X}) - u_1(\mathfrak{X}) = t - 1)$$

und dieses wiederum nach Übergang zu den Konjugierten v_1 und u_0 mit

$$t^{-1} v_1(B) \geqslant u_0(B) \quad \forall B \in \mathfrak{B} \quad (\text{mit } t^{-1} v_1(\emptyset) = u_0(\emptyset)).$$

Wegen $v_1(B) = 0 \Leftrightarrow B = \emptyset$ gilt dieses genau dann, wenn

$$t^{-1} \geqslant t_{(0)}^{-1} := \sup_{B \neq \emptyset} \frac{u_0(B)}{v_1(B)}. \tag{2.3.73}$$

Unter Beachten von (2.3.56) bzw. (2.3.58) folgt damit insbesondere

$$t_{(0)}^{-1} \geqslant t_0^{-1} := \sup_{B \neq \emptyset} \frac{(1-\varepsilon) P_0(B) - \delta}{(1-\varepsilon) P_1(B) + \varepsilon + \delta}. \tag{2.3.74}$$

Dieses Supremum ist endlich und wird angenommen für $B = \{L < t_0\}$, denn (2.3.74) ist analog Satz 2.48c äquivalent mit

$$t_0 P_0(B) - P_1(B) \leqslant t_0 P_0(L < t_0) - P_1(L < t_0) = v + \omega t_0 \quad \forall B \in \mathfrak{B}. \tag{2.3.75}$$

Es gibt also stets eine Lösung t_0 von (2.3.70). Diese ist auch eindeutig bestimmt, denn die Funktion $\chi_0: (0, \infty) \to [0, \infty)$, definiert durch

$$\chi_0(t) := \frac{1}{v + \omega t} \left[t P_0(L < t) - P_1(L < t) \right], \tag{2.3.76}$$

ist strikt isoton auf $\{t: \chi_0(t) > 0\}$. Mit $\mu := P_0 + P_1$ und $p_i := \mathrm{d}P_i/\mathrm{d}\mu$, $i = 0,1$, folgt nämlich aus (2.3.76)

$$\chi_0(t) = \frac{1}{v + \omega t} \int\limits_{\{L < t\}} [t p_0 - p_1] \,\mathrm{d}\mu = \frac{t}{v + \omega t} \int \left[1 - \frac{L}{t}\right]^+ \mathrm{d}P_0$$

und damit für $0 < t < s < \infty$

$$(v + \omega t)(v + \omega s)(\chi_0(s) - \chi_0(t)) = (s - t) \int\limits_{\{L < t\}} (v + \omega L) \,\mathrm{d}P_0 + (v + \omega t) \int\limits_{\{t \leqslant L < s\}} (s - L) \,\mathrm{d}P_0 > 0. \tag{2.3.77}$$

Es gilt aber auch $t_{(0)} = t_0$. Wäre nämlich das Supremum in (2.3.73) echt größer als dasjenige in (2.3.74), so gäbe es ein $B \in \mathfrak{B}$, $B \neq \emptyset$, mit

$$\frac{u_0(B)}{v_1(B)} > t_0^{-1}. \tag{2.3.78}$$

Dieses wäre aber unter (2.3.56) bzw. (2.3.58) nur möglich bei

$$u_0(B) > (1-\varepsilon) P_0(B) - \delta \quad \text{ oder } \quad v_1(B) < (1-\varepsilon) P_1(B) + \varepsilon + \delta.$$

Im ersten Fall würde aber nach (2.3.58) gelten $u_0(B) = 0$ oder $B = \mathfrak{X}$ und damit $v_1(B) = 1$, im zweiten Fall wegen $B \neq \emptyset$ nach (2.3.56) ebenfalls $v_1(B) = 1$. Dabei stünde $u_0(B) = 0$ im Widerspruch zu (2.3.78); aus $v_0(B) = 1$ würde wegen $\mathfrak{P}_0 \cap \mathfrak{P}_1 = \emptyset$ aus Hilfssatz 2.60 folgen $\chi_0(1) > 1$, also wegen der strikten Isotonie von χ_0 auch $t_0 < 1$. Dieses stünde jedoch wegen (2.3.78) in Widerspruch zu $u_0(B) \leqslant 1$. Also gilt $t_{(0)} = t_0$.

Zu 2) Zum Nachweis beachte man, daß für die Funktion $\tilde{h}(t) := h(t) - (t-1)$ wegen $h(t) := w_t(D_t) \leqslant t-1$ gilt $\tilde{h}(t) \leqslant 0$ und wegen (2.3.51)

$$\tilde{h}(t) - \tilde{h}(s) = \int_s^t [v_0(D_z) - 1]\,\mathrm{d}z \leqslant 0 \quad \forall s < t.$$

Somit ist $\tilde{h}(t)$ antiton, d.h. aus $\tilde{h}(t_0) = 0$ und $\tilde{h}(t) \leqslant 0 \quad \forall t \in (0, \infty)$ folgt

$$\tilde{h}(t) = 0 \quad \text{und} \quad v_0(D_t) = 1 \qquad \forall t < t_0.$$

Also gilt – ebenfalls für jedes $t < t_0$ – wegen $t - 1 = w_t(D_t) = tv_0(D_t) - u_1(D_t)$ auch $u_1(D_t) = 1$ und damit nach (2.3.58) auch $D_t = \mathfrak{X}$.

Zu 3) Analog zum Beweis von 1) ist $w_t(D_t) = 0$ äquivalent mit

$$t \geqslant t_{(1)} := \sup_{B \neq \emptyset} \frac{u_1(B)}{v_0(B)}. \tag{2.3.79}$$

Wegen (2.3.56) bzw. (2.3.58) gilt damit wieder insbesondere

$$t_{(1)} \geqslant t_1 := \sup_{B \neq \emptyset} \frac{(1-\varepsilon) P_1(B) - \delta}{(1-\varepsilon) P_0(B) + \varepsilon + \delta}. \tag{2.3.80}$$

Dieses Supremum ist wie dasjenige in (2.3.74) endlich und wird angenommen für $B = \{L > t_1\}$, denn (2.3.80) ist äquivalent mit

$$P_1(B) - t_1 P_0(B) \leqslant P_1(L > t_1) - t_1 P_0(L > t_1) = vt_1 + \omega \qquad \forall B \in \mathfrak{B}. \tag{2.3.81}$$

Es gibt also stets eine Lösung t_1 von (2.3.71) und diese ist auch eindeutig bestimmt, da die Funktion $\chi_1 : (0, \infty) \to [0, \infty)$, definiert durch

$$\chi_1(t) := \frac{1}{vt + \omega} [P_1(L > t) - tP_0(L > t)] \tag{2.3.82}$$

strikt antiton ist auf $\{t \colon \chi_1(t) > 0\}$, was analog (2.3.77) folgt.
Ebenso wie unter 1) ergibt sich $t_{(1)} = t_1$.

Zu 4) Dieses beweist man wie 2). Nach (2.3.51) ist $h(t)$ isoton, andererseits trivialerweise $h(t) \leqslant 0$. Somit folgt aus $h(t_1) = 0$ und (2.3.51) auch

$$h(t) = 0 \quad \text{bzw.} \quad v_0(D_t) = 0 \qquad \forall t > t_1.$$

Also gilt – ebenfalls für jedes $t > t_1$ – nach (2.3.56) $D_t = \emptyset$.

Zu 5) Gäbe es ein $t > t_0$ mit $w_t(D_t) = t - 1$, so würde $w_t(D_t) = tv_0(D_t) - u_1(D_t)$ $\forall t \in U(t_0)$ gelten und damit wegen $v_0(D_t) \leqslant 1$ und $u_1(D_t) \leqslant 1 \quad \forall t \in U(t_0)$ auch $u_1(D_{t_0}) = 1$, also $D_{t_0} = \mathfrak{X}$. Andererseits ist nach 1) aber $D_{t_0} = \{L > t_0\} \neq \mathfrak{X}$.

Zu 6) Analog ergibt sich für $t < t_1$ die Gültigkeit von $D_t \neq \emptyset$ und $w_t(D_t) < 0$.

Zu 7) Für $t > t_1$ gilt nach 4) $v_0(D_t) = 0$. Also folgt aus $D_{t_1} = \uparrow\text{-}\lim_{t \downarrow t_1} D_t$ nach Hilfssatz 2.59a

$$v_0(D_{t_1}) = \uparrow\text{-}\lim_{t \downarrow t_1} v_0(D_t) = 0, \quad \text{d.h. } D_{t_1} = \emptyset \text{ nach (2.3.56).}$$

Zu 8) Für $t \downarrow t_0$ folgt aus der Stetigkeit von $t \mapsto w_t(D_t)$

$$tv_0(D_t) - u_1(D_t) = w_t(D_t) \to w_{t_0}(D_{t_0}) = t_0 - 1 \tag{2.3.83}$$

und wegen $D_{t_0} = \uparrow\text{-}\lim_{t \downarrow t_0} D_t$ nach Hilfssatz 2.59a $v_0(D_{t_0}) = \lim_{t \downarrow t_0} v_0(D_t)$. Wäre nun $v_0(D_{t_0}) = 1$, so würde aus (2.3.83) folgen $u_1(D_t) \to 1$ für $t \downarrow t_0$, d.h. mit (2.3.58) und $\varepsilon + \delta < 1$ $D_t = \mathfrak{X}$ für hinreichend kleines $t > t_0$. Dieses wäre aber ein Widerspruch zu 5). Also gilt $D_{t_0} \neq \mathfrak{X}$. □

Nachdem in Hilfssatz 2.59 die oberen und unteren WS explizit angegeben werden konnten, soll nun die verallgemeinerte Ableitung l von u_1 nach v_0 im Sinne von Satz 2.58 und damit die Prüfgröße der robustifizierten r-optimalen α-Niveau-Tests charakterisiert werden.

Satz 2.62 *Für das spezielle Umgebungsmodell* (2.3.55) *seien Mengenfunktionen* v_0 *und* u_1 *gemäß* (2.3.56) *bzw.* (2.3.58) *definiert. Weiter seien* $v := (\varepsilon + \delta)/(1 - \varepsilon)$ *und* $\omega := \delta/(1 - \varepsilon)$. *Dann ist* $l\colon (\mathfrak{X}, \mathfrak{B}) \to ([0, \infty], [0, \infty]\,\bar{\mathbb{B}})$ *eine Festlegung der verallgemeinerten Ableitung von* u_1 *nach* v_0 *genau dann, wenn es eine Festlegung* L *des* DQ *von* P_1 *bzgl.* P_0 *gibt mit*

$$l(x) = t_0 \vee L(x) \wedge t_1 \qquad \forall x \in \mathfrak{X}. \tag{2.3.84}$$

Dabei sind $t_0, t_1 \in (0, \infty)$ *definiert als Lösungen der Gleichungen* (2.3.70–71).

Beweis: Mit $w_t := tv_0 - u_1$ ist l nach (2.3.47) und Satz 2.58 definiert durch

$$\{l > t\} = D_t, \qquad w_t(D_t) = \inf_{B \in \mathfrak{B}} w_t(B) \quad \forall t \in (0, \infty), \qquad D_s \subset D_t \text{ für } s > t.$$

Also gilt nach den Teilen 2), 4) und 7) des Beweises von Hilfssatz 2.61

$$\{l > t\} = \mathfrak{X} \quad \text{für} \quad t < t_0, \quad \text{also} \quad l(x) \geqslant t_0 \quad \forall x \in \mathfrak{X}$$

bzw.

$$\{l > t\} = \emptyset \quad \text{für} \quad t \geqslant t_1, \quad \text{also} \quad l(x) \leqslant t_1 \quad \forall x \in \mathfrak{X}.$$

Weiter sei wie in Satz 2.48 $W_t(B) := tP_0(B) - P_1(B)$, $B \in \mathfrak{B}$. Dann beruht der restliche Beweis auf der Gültigkeit von

$$w_t(D_t) = (1 - \varepsilon)\, W_t(D_t) + t(\varepsilon + \delta) + \delta, \qquad t_0 \leqslant t < t_1. \tag{2.3.85}$$

Diese Beziehung ergibt sich wie folgt: Einerseits gilt nach Definition von D_t bzw. w_t sowie nach Hilfssatz 2.59 für jedes $t \in (0, \infty)$

$$\begin{aligned} w_t(D_t) \leqslant w_t(B) = tv_0(B) - u_1(B) &\leqslant (1 - \varepsilon)(tP_0(B) - P_1(B)) + t(\varepsilon + \delta) + \delta \\ &= (1 - \varepsilon)\, W_t(B) + t(\varepsilon + \delta) + \delta \qquad \forall B \in \mathfrak{B}. \end{aligned}$$

Andererseits folgt für $t < t_1$ wegen $D_t \neq \emptyset$ zunächst $v_0(D_t) = [(1 - \varepsilon) P_0(D_t) + \varepsilon + \delta] \wedge 1$. Aus $v_0(D_t) = 1$ ergäbe sich aber bei $t > t_0$ wegen $w_t(D_t) = tv_0(D_t) - u_1(D_t) < t - 1$ mit $u_1(D_t) > 1$ ein Widerspruch. Also gilt

$$v_0(D_t) = (1 - \varepsilon) P_0(D_t) + \varepsilon + \delta \quad \text{für} \quad t_0 < t < t_1. \tag{2.3.86}$$

Ähnlich folgt

$$u_1(D_t) = (1 - \varepsilon) P_1(D_t) - \delta \quad \text{für} \quad t_0 < t < t_1. \tag{2.3.87}$$

Somit gilt (2.3.85) zumindest für $t_0 < t < t_1$. Diese Beziehung ist aber auch für $t = t_0$ erfüllt. Aus $D_{t_0} = \uparrow\text{-}\lim_{t \downarrow t_0} D_t$ resultiert nämlich

$$W_t(D_t) = tP_0(D_t) - P_1(D_t) \to t_0 P_0(D_{t_0}) - P_1(D_{t_0}) = W_{t_0}(D_{t_0})$$

und auch $t \mapsto w_t(D_t)$ ist nach Hilfssatz 2.61 stetig. Somit gilt (2.3.85). Für $t \in [t_0, t_1)$ sind also wegen (2.3.85) die Minimalstellen der Abbildung $B \mapsto w_t(B)$ genau diejenigen der Abbildung $B \mapsto W_t(B)$. Folglich gilt

$$\{l > t\} = \{L > t\} \quad [P_0 + P_1] \quad \forall t \in [t_0, t_1)$$

und somit nach Satz 2.50

$$l(x) = L(x) \quad [P_0 + P_1] \quad \forall x \in \mathfrak{X}: L(x) \in [t_0, t_1). \tag{2.3.88}$$ □

Nachdem l, also die Prüfgröße der robustifizierten r-optimalen α-Niveau Tests, weitgehend explizit bestimmt werden konnte, sollen nun noch zugehörige ungünstigste Paare (Q_0, Q_1) hergeleitet werden. Dazu werden zunächst in Satz 2.63a notwendige und hinreichende Bedingungen für derartige Paare und dann in Satz 2.63b ein spezielles Paar (Q_0, Q_1) angegeben, für das diese Bedingungen erfüllt sind. Jedes derartige Paar gestattet auch die Festlegung des kritischen Werts – etwa im Falle des Minimax-Kriteriums gemäß $\Lambda_0 E_{Q_0}\varphi^* = \Lambda_1(1 - E_{Q_1}\varphi^*)$ oder im Falle des Maximin-α-Niveau Kriteriums gemäß $E_{Q_0}\varphi^* = \alpha$.

Satz 2.63 *Für das spezielle Umgebungsmodell* (2.3.55) *seien* $\mu \in \mathfrak{M}^\sigma(\mathfrak{X}, \mathfrak{B})$ *ein* P_0 *und* P_1 *dominierendes Maß sowie* p_0, p_1 μ*-Dichten von* P_0, P_1. *Dann gilt*:

a) *Hinreichend dafür, daß* $(Q_0, Q_1; l)$ *ein ungünstigstes Paar für das Testen von* $\mathfrak{P}_0$ *gegen* $\mathfrak{P}_1$ *ist, sind die folgenden Bedingungen*:

(1) $Q_0, Q_1 \ll \mu$ *mit* DQ l; *die* μ*-Dichten seien mit* q_0, q_1 *bezeichnet.*

(2) *Es existiert eine Festlegung* L *des* DQ *von* P_1 *bzgl.* P_0 *mit*

$$l(x) = t_0 \vee L(x) \wedge t_1 \quad [Q_0 + Q_1].$$

(3) $$q_0(x) = (1-\varepsilon)\, p_0(x) \quad [\mu] \qquad \textit{für } L(x) \in [t_0, t_1].$$

(4) $$(1-\varepsilon)\frac{p_1(x)}{t_0} \leqslant q_0(x) \leqslant (1-\varepsilon)\, p_0(x) \quad [\mu] \qquad \textit{für } L(x) < t_0.$$

(5) $$(1-\varepsilon)\, p_0(x) \leqslant q_0(x) \leqslant (1-\varepsilon)\frac{p_1(x)}{t_1} \quad [\mu] \qquad \textit{für } L(x) > t_1.$$

(6) $$Q_0(L < t_0) = (1-\varepsilon)\, P_0(L < t_0) - \delta.$$

Die Bedingung (6) *ist unter* (3) *äquivalent mit*

(7) $$Q_0(L > t_1) = (1-\varepsilon)\, P_0(L > t_1) + \varepsilon + \delta.$$

b) *Es gibt ein ungünstigstes Paar $(Q_0, Q_1; l)$, nämlich dasjenige mit den μ-Dichten*

$$q_0(x) = \begin{cases} \dfrac{1-\varepsilon}{\nu + \omega t_0}\,[\nu p_0(x) + \omega p_1(x)] \\ (1-\varepsilon)\,p_0(x) \\ \dfrac{1-\varepsilon}{\nu t_1 + \omega}\,[\omega p_0(x) + \nu p_1(x)] \end{cases} \quad q_1(x) = \begin{cases} \dfrac{(1-\varepsilon)\,t_0}{\nu + \omega t_0}\,[\nu p_0(x) + \omega p_1(x)] & \textit{für } L(x) < t_0 \\ (1-\varepsilon)\,p_1(x) & \textit{für } L(x) \in [t_0, t_1] \\ \dfrac{(1-\varepsilon)\,t_1}{\nu t_1 + \omega}\,[\omega p_0(x) + \nu p_1(x)] & \textit{für } L(x) > t_1\,. \end{cases}$$

Anmerkung 2.64 a) Die Bedingungen (1) bis (7) sind auch notwendig dafür, daß $(Q_0, Q_1; l)$ ein ungünstigstes Paar für das Testen von $\mathfrak{P}_0$ gegen $\mathfrak{P}_1$ ist[1]).

b) Die Bedingungen (3) bis (7) sind nur scheinbar unsymmetrisch in (P_0, Q_0) und (P_1, Q_1). Einerseits sind nämlich (3), (4) bzw. (5) wegen (2) einzeln äquivalent mit den folgenden Bedingungen (8), (9) bzw. (10); andererseits sind (6) bzw. (7) wegen (2) und (2.3.75) bzw. (2.3.81) gleichwertig mit (11) bzw. (12).

(8) $\quad q_1(x) = (1-\varepsilon)\,p_1(x) \quad [\mu] \qquad$ für $L(x) \in [t_0, t_1]$.

(9) $\quad (1-\varepsilon)\,p_1(x) \leqslant q_1(x) \leqslant (1-\varepsilon)\,t_0 p_0(x) \quad [\mu] \qquad$ für $L(x) < t_0$.

(10) $\quad (1-\varepsilon)\,t_1 p_0(x) \leqslant q_1(x) \leqslant (1-\varepsilon)\,p_1(x) \quad [\mu] \qquad$ für $L(x) > t_1$.

(11) $\quad Q_1(L < t_0) = (1-\varepsilon)\,P_1(L < t_0) + \varepsilon + \delta$.

(12) $\quad Q_1(L > t_1) = (1-\varepsilon)\,P_1(L > t_1) - \delta$.

c) Zu vorgegebener Festlegung L des DQ von P_1 bzgl. P_0 läßt sich stets ein ungünstigstes Paar $(Q_0, Q_1; l)$ mit $l = t_0 \vee L \wedge t_1$ und $Q_0 \equiv Q_1 \equiv \mu := P_0 + P_1$ angeben. Dann sind nämlich nach Anmerkung 1.112a

$$p_0 := \frac{1}{L+1}\,\mathbb{1}_{\{L<\infty\}} \quad \text{und} \quad p_1 := 1 - p_0 = \frac{L}{L+1}\,\mathbb{1}_{\{L<\infty\}} + \mathbb{1}_{\{L=\infty\}}$$

μ-Dichten von P_0 bzw. P_1 mit $L = \frac{p_1}{p_0}\mathbb{1}_{\{p_0>0\}} + \infty\,\mathbb{1}_{\{p_0=0\}}$. Für die gemäß Satz 2.63b definierten μ-Dichten q_0, q_1 von Q_0, Q_1 gilt dann $q_0 > 0$, $q_1 > 0$, also $Q_0 \equiv Q_1 \equiv \mu$ sowie, daß $l = q_1/q_0 = t_0 \vee L \wedge t_1$ eine Version des DQ von Q_1 bzgl. Q_0 ist.

Beweis von Satz 2.63: a) Zum Nachweis von $Q_0 \in \mathfrak{P}_0$ schreiben wir

$$Q_0(B) = Q_0(B\{L < t_0\}) + Q_0(B\{t_0 \leqslant L \leqslant t_1\}) + Q_0(B\{L > t_1\}), \qquad B \in \mathfrak{B}.$$

Dann folgt unter Berücksichtigung von (4) bzw. (3)

$$Q_0(B\{L < t_0\}) \leqslant (1-\varepsilon)\,P_0(B\{L < t_0\}),$$
$$Q_0(B\{t_0 \leqslant L \leqslant t_1\}) = (1-\varepsilon)\,P_0(B\{t_0 \leqslant L \leqslant t_1\}).$$

Andererseits ergibt sich aus (5)

$$Q_0(B^c\{L > t_1\}) \geqslant (1-\varepsilon)\,P_0(B^c\{L > t_1\})$$

---

[1]) Vgl. H. Rieder, Ann. Statist. **5** (1977) 909–921.

und damit in Verbindung mit (7)

$$Q_0(B\{L > t_1\}) \leqslant (1-\varepsilon)\, P_0(B\{L > t_1\}) + \varepsilon + \delta .$$

Insgesamt folgt also wegen $Q_0(B) \leqslant 1$

$$Q_0(B) \leqslant [(1-\varepsilon)\, P_0(B) + \varepsilon + \delta] \wedge 1 = v_0(B) \qquad \forall B \in \mathfrak{B},$$

d.h. nach Hilfssatz 2.59 $Q_0 \in \mathfrak{P}_0$. Analog ergibt sich $Q_1 \in \mathfrak{P}_1$.
Zum Nachweis von (2.3.28) beachte man die Gültigkeit von $l(x) \in [t_0, t_1] \quad \forall x \in \mathfrak{X}$ und $\{l > t\} = \{L > t\} \quad \forall t \in [t_0, t_1)$. Dann resultiert aus (7) und (3)

$$Q_0(L > t) = (1-\varepsilon)\, P_0(L > t) + \varepsilon + \delta \qquad \forall t \in [t_0, t_1)$$

und damit nach Definition von v_0 bzw. wegen Hilfssatz 2.59a und c

$$Q_0(L > t) \geqslant v_0(L > t) = \sup_{P \in \mathfrak{P}_0} P(L > t) \qquad \forall t \in [t_0, t_1).$$

Analog folgt aus (12) und (8)

$$Q_1(L > t) = (1-\varepsilon)\, P_1(L > t) - \delta \qquad \forall t \in [t_0, t_1)$$

oder nach (2.3.58) bzw. Hilfssatz 2.59b und c

$$Q_1(L > t) \leqslant u_1(L > t) = \inf_{P \in \mathfrak{P}_1} P(L > t) \qquad \forall t \in [t_0, t_1).$$

Wegen $\{l > t\} = \{L > t\}$ für $t \in [t_0, t_1)$ gilt damit die Behauptung.

b) Das angegebene Paar erfüllt die Bedingungen (1) bis (7). □

2.3.4 Robustifizierte Tests bei isotonem Dichtequotienten

Im allgemeinen wird es sich bereits beim zugrundeliegenden Testproblem um das Prüfen zusammengesetzter Hypothesen handeln, etwa von $\{P_\vartheta: \vartheta \in \mathbf{H}\}$ gegen $\{P_\vartheta: \vartheta \in \mathbf{K}\}$. Dann hat man zur Robustifizierung gegenüber den zu Anfang von 2.3.3 diskutierten Abweichungstypen jede einzelne Verteilung P_ϑ durch eine Umgebung $\mathfrak{P}_{(\vartheta)}$ gemäß (2.3.55) und damit die obigen exakten Hypothesen durch die Umgebungshypothesen $\mathfrak{P}_{(\mathbf{H})} = \bigcup \{\mathfrak{P}_{(\vartheta)}: \vartheta \in \mathbf{H}\}$ und $\mathfrak{P}_{(\mathbf{K})} = \bigcup \{\mathfrak{P}_{(\vartheta)}: \vartheta \in \mathbf{K}\}$ zu ersetzen. Für den Fall der Hypothesen $\mathbf{H}: \vartheta \leqslant \vartheta_0$ gegen $\mathbf{K}: \vartheta \geqslant \vartheta_1$ mit $\vartheta_1 > \vartheta_0$ in einer einparametrigen Verteilungsklasse mit isotonem DQ in $T(x)$ soll nun gezeigt werden, daß der gemäß 2.3.3 ermittelte robustifizierte Test für $\{\vartheta_0\}$ gegen $\{\vartheta_1\}$ auch der robustifizierte Test für $\{\vartheta \leqslant \vartheta_0\}$ gegen $\{\vartheta \geqslant \vartheta_1\}$ ist. Dabei läßt sich als Prüfgröße auch die analog (2.3.84) aus $T(x)$ durch Verkürzen gewonnene Statistik (2.3.91) verwenden.

Satz 2.65 *Es seien $\{P_\vartheta: \vartheta \in \Theta\} \subset \mathfrak{M}^1(\mathfrak{X}, \mathfrak{B})$ eine einparametrige Verteilungsklasse mit streng*[1] *isotonem* DQ *in T und zusammengesetzten Hypothesen* $\mathbf{H}$: $\vartheta \leqslant \vartheta_0$ *bzw.* $\mathbf{K}$: $\vartheta \geqslant \vartheta_1$ *mit $\vartheta_1 > \vartheta_0$ derart, daß gilt $P_\vartheta \ll P_{\vartheta_0} + P_{\vartheta_1} \quad \forall \vartheta \in (-\infty, \vartheta_0) \cup (\vartheta_1, +\infty)$. Jeder Verteilung*

---

[1]) Die strenge Isotonie wird nur für diejenige der weiter unten definierten Funktion H benötigt.

P_ϑ sei eine Umgebung $\mathfrak{P}_{(\vartheta)}$ gemäß (2.3.55) zugeordnet und es seien $\mathfrak{P}_{(\mathbf{H})} := \bigcup \{\mathfrak{P}_{(\vartheta)}: \vartheta \leqslant \vartheta_0\}$ sowie $\mathfrak{P}_{(\mathbf{K})} := \bigcup \{\mathfrak{P}_{(\vartheta)}: \vartheta \geqslant \vartheta_1\}$. Dann gilt:

a) *Bezeichnet $(Q_0, Q_1) \in \mathfrak{P}_{(\vartheta_0)} \times \mathfrak{P}_{(\vartheta_1)}$ ein ungünstigstes Paar für das Testen von $\mathfrak{P}_{(\vartheta_0)}$ gegen $\mathfrak{P}_{(\vartheta_1)}$, so ist (Q_0, Q_1) auch ein ungünstigstes Paar für $\mathfrak{P}_{(\mathbf{H})}$ gegen $\mathfrak{P}_{(\mathbf{K})}$.*

b) *Es existiert ein r-optimaler α-Niveau Test φ für $\mathfrak{P}_{(\mathbf{H})}$ gegen $\mathfrak{P}_{(\mathbf{K})}$. Bezeichnet $L := L_{\vartheta_0, \vartheta_1}$ einen DQ von P_{ϑ_1} bzgl. P_{ϑ_0}, $H := H_{\vartheta_0, \vartheta_1}: \mathbb{R} \to [0, \infty]$ eine streng isotone Funktion mit $L(x) = H(T(x))$ $[P_{\vartheta_0} + P_{\vartheta_1}]$ und existieren Lösungen d_0 und d_1 mit $d_0 < d_1$ der Gleichungen*

$$H(d_0)\, P_{\vartheta_0}(T < d_0) - P_{\vartheta_1}(T < d_0) = v + \omega H(d_0), \tag{2.3.89}$$

$$P_{\vartheta_1}(T > d_1) - H(d_1)\, P_{\vartheta_0}(T > d_1) = v H(d_1) + \omega, \tag{2.3.90}$$

so ergibt sich die Prüfgröße t des Tests φ durch Verkürzen aus T gemäß

$$t(x) = d_0 \vee T(x) \wedge d_1 . \tag{2.3.91}$$

φ ist also von der Form

$$\varphi(x) = \mathbb{1}_{(c,\infty)}(t(x)) + \gamma(x)\, \mathbb{1}_{\{c\}}(t(x)). \tag{2.3.92}$$

Beweis: a) Sei $l := l_{\vartheta_0, \vartheta_1}$ ein DQ von Q_1 bzgl. Q_0, also eine Prüfgröße der r-optimalen α-Niveau Tests für $\mathfrak{P}_{(\vartheta_0)}$ gegen $\mathfrak{P}_{(\vartheta_1)}$. Dann gibt es nach Satz 2.62 einen DQ $L = L_{\vartheta_0, \vartheta_1}$ von P_{ϑ_1} bzgl. P_{ϑ_0} mit $l = t_0 \vee L \wedge t_1$. Es gilt also

$$\{l > t\} = \begin{cases} \emptyset & \text{für } t \geqslant t_1 \\ \{L > t\} & \text{für } t \in [t_0, t_1) \\ \mathfrak{X} & \text{für } t < t_0 . \end{cases}$$

Nach Voraussetzung gibt es eine reellwertige Statistik T und zu jedem $t \in \mathbb{R}$ ein $d \in \mathbb{R}$ derart, daß gilt $\{L > t\} = \{T \underset{(=)}{>} d\}$ $[P_{\vartheta_0} + P_{\vartheta_1}]$. Wegen Satz 2.28c und $P_\vartheta \ll P_{\vartheta_0} + P_{\vartheta_1}$ ist also $\vartheta \mapsto P_\vartheta(l > t)$ eine isotone Funktion, nämlich gemäß

$$P_\vartheta(l > t) = \begin{cases} 0 & \text{für } t \geqslant t_1 \\ P_\vartheta(T \underset{(=)}{>} d) & \text{für } t \in [t_0, t_1) \\ 1 & \text{für } t < t_0 . \end{cases}$$

Der Nachweis, daß (Q_0, Q_1) auch ein ungünstigstes Paar für $\mathfrak{P}_{(\mathbf{H})}$ gegen $\mathfrak{P}_{(\mathbf{K})}$ ist, ergibt sich wie folgt: Sei zunächst $P \in \mathfrak{P}_{(\mathbf{H})}$, etwa $P \in \mathfrak{P}_{(\vartheta)}$ mit geeignetem $\vartheta \leqslant \vartheta_0$. Dann gilt nach (2.3.60), Satz 2.28c bzw. (2.3.42)

$$\begin{aligned} P(l > t) &\leqslant [(1-\varepsilon)\, P_\vartheta(l > t) + \varepsilon + \delta] \wedge 1 \\ &\leqslant [(1-\varepsilon)\, P_{\vartheta_0}(l > t) + \varepsilon + \delta] \wedge 1 = v_0(l > t) = Q_0(l > t) \qquad \forall t \in (0, \infty). \end{aligned}$$

Analog ergibt sich bei $P \in \mathfrak{P}_{(\mathbf{K})}$, etwa bei $P \in \mathfrak{P}_{(\vartheta)}$ und geeignetem $\vartheta \geqslant \vartheta_1$:

$$\begin{aligned} P(l > t) &\geqslant [(1-\varepsilon)\, P_\vartheta(l > t) - \delta] \vee 0 \\ &\geqslant [(1-\varepsilon)\, P_{\vartheta_1}(l > t) - \delta] \vee 0 = u_1(l > t) = Q_1(l > t) \qquad \forall t \in (0, \infty). \end{aligned}$$

b) Nach Satz 2.63 existiert ein ungünstigstes Paar (Q_0, Q_1) für $\mathfrak{P}_{(\vartheta_0)}$ gegen $\mathfrak{P}_{(\vartheta_1)}$. Nach a) ist dann (Q_0, Q_1) auch ein ungünstigstes Paar für $\mathfrak{P}_{(\mathbf{H})}$ gegen $\mathfrak{P}_{(\mathbf{K})}$. Damit ist jeder r-optimale α-Niveau Test für Q_0 gegen Q_1 auch r-optimaler α-Niveau Test für $\mathfrak{P}_{(\mathbf{H})}$ gegen $\mathfrak{P}_{(\mathbf{K})}$.

Sind also d_0 und d_1 Lösungen von (2.3.89–90), dann sind auch $t_0 := H(d_0)$ und $t_1 := H(d_1)$ Lösungen von (2.3.70–71). Nach Satz 2.62 ist also mit einer geeigneten Festlegung $L(x)$ des DQ von P_1 bzgl. P_0 der DQ $l(x)$ von Q_1 bzgl. Q_0 wegen der strengen Isotonie von H von der Form

$$l(x) = t_0 \vee L(x) \wedge t_1 = H(d_0) \vee H(T(x)) \wedge H(d_1) = H(d_0 \vee T(x) \wedge d_1) = H(t(x)) \qquad [P_{\vartheta_0} + P_{\vartheta_1}].$$

□

Beispiel 2.66 $X_1, \ldots, X_n$ seien st. u. ZG mit derselben Verteilung F_ζ aus einer einparametrigen Exponentialfamilie in ζ und T. Betrachtet werden die Hypothesen $\mathbf{H}$: $\zeta \leqslant \zeta_0$ gegen $\mathbf{K}$: $\zeta \geqslant \zeta_1$ mit $\zeta_1 > \zeta_0$. Jeder Verteilung F_ζ werde eine Umgebung $\mathfrak{F}_\zeta$ gemäß (2.3.55) zugeordnet mit $(\varepsilon + 2\delta)/(1-\varepsilon) < \| F_{\zeta_1} - F_{\zeta_0} \|$. Dann gibt es nach Satz 2.63 ein ungünstigstes Paar (Q_{10}, Q_{11}) und eine Prüfgröße des robustifizierten Tests lautet

$$l(z) = t_0 \vee L(z) \wedge t_1 \quad \text{oder äquivalent} \quad t(z) = d_0 \vee T(z) \wedge d_1$$

mit t_0 und t_1 gemäß (2.3.70–71) bzw. mit d_0 und d_1 gemäß (2.3.89–90). Werden auch im Umgebungsmodell die ZG $X_1, \ldots, X_n$ als st. u. angesehen und somit den gemeinsamen Verteilungen Umgebungen zugeordnet gemäß (2.3.38), so ist nach Satz 2.57 $(Q_0, Q_1) := (\otimes Q_{j0}, \otimes Q_{j1})$ ein ungünstigstes Paar und für die Prüfgröße des robustifizierten Tests gilt

$$\tilde{l}(x) = \prod_{j=1}^{n} l(x_j) = \prod_{j=1}^{n} (t_0 \vee L(x_j) \wedge t_1)$$

oder äquivalent

$$\tilde{t}(x) = \sum_{j=1}^{n} t(x_j) = \sum_{j=1}^{n} (d_0 \vee T(x_j) \wedge d_1).$$

Also ist der robustifizierte r-optimale α-Niveau Test von der Form

$$\varphi^*(x) = \mathbb{1}_{\{\tilde{l} > c\}}(x) + \gamma(x) \mathbb{1}_{\{\tilde{l} = c\}}(x),$$

wobei sich der kritische Wert c und die Randomisierung γ im Falle eines Maximin-α-Niveau Tests bzw. eines Minimax-Tests ergeben aus

$$E_{Q_0} \varphi^* = \alpha \quad \text{bzw.} \quad \Lambda_0 E_{Q_0} \varphi^* = \Lambda_1 E_{Q_1}(1 - \varphi^*).$$

□

Aufgabe 2.14 X sei eine n-dimensionale ZG mit $\mathfrak{L}(X) = \mathfrak{N}(\bar{\mu} \mathbb{1}_n, \mathscr{S})$, $\bar{\mu} \in \mathbb{R}$, $\mathscr{S} = (\sigma_{ij})$, wobei $\sigma_{ii} = \sigma_0^2$, $\sigma_{ij} = \varrho \sigma_0^2$, falls $|i-j| = 1$, und $\sigma_{ij} = 0$ sonst; $\sigma_0^2 > 0$ sei bekannt. Zu vorgegebenem $\alpha \in (0,1)$ soll die Gültigkeit der Hypothesen $\mathbf{H}$: $\bar{\mu} = 0$, $\mathbf{K}$: $\bar{\mu} \neq 0$ mittels des Gauß-Tests überprüft werden (obwohl die dies rechtfertigende Verteilungsannahme verletzt ist!). Man berechne die Gütefunktion in Abhängigkeit von ϱ, $|\varrho| \leqslant 1/2$.

Welchen Einfluß hat es, ob $\varrho > 0$ oder $\varrho < 0$ gilt? Für $\alpha = 0{,}05$, $n = 20$, $\sigma_0^2 = 1$, $\varrho = 0{,}3661$ bestimme man den tatsächlichen Fehler 1. Art und berechne den kritischen Wert so, daß der Fehler 1. Art exakt 0,05 ist.

Aufgabe 2.15 $X_1, \ldots, X_n$ seien st. u. ZG mit $\mathfrak{L}(X_j) = \mathfrak{N}(\mu, \sigma_0^2)$, $j = 1, \ldots, n_1$ und $\mathfrak{L}(X_j) = \mathfrak{N}(\mu, t\sigma_0^2)$, $j = n_1 + 1, \ldots, n$. Zu vorgegebenem $\alpha \in (0,1)$ werde die Gültigkeit von $\mathbf{H}$: $\mu \leqslant \mu_0$, $\mathbf{K}$: $\mu > \mu_0$ mit dem

Gauß-Test überprüft. Man bestimme die Gütefunktion in Abhängigkeit von $t>0$. Welches tatsächliche Niveau ergibt sich für $n=20$, $n_1=10$, $t=3$ und $\alpha=0{,}05$. Wie muß der kritische Wert korrigiert werden, damit der Test das Niveau 0,05 erhält?

2.4 Optimale zweiseitige Tests bei einparametrigen Verteilungsklassen

Typischerweise gibt es bei einparametrigen Verteilungsannahmen $\mathfrak{P} = \{P_\vartheta : \vartheta \in \Theta\}$ keinen gleichmäßig besten α-Niveau Test für Hypothesen der Form $\mathbf{H}: \vartheta = \vartheta_0$, $\mathbf{K}: \vartheta \neq \vartheta_0$. Ist $\mathfrak{P}$ jedoch zweifach $\mathbb{L}_1(\vartheta_0)$-differenzierbar, so existiert stets – wie in 2.4.3 gezeigt werden wird – ein lokal bester, auf $\mathbf{J} = \{\vartheta_0\}$ α-ähnlicher lokal unverfälschter Test. Dieser läßt sich explizit angeben, wobei jedoch noch Konstanten geeignet zu bestimmen sind. Entsprechendes gilt für den Test, der unter denselben lokalen Nebenbedingungen die Schärfe an einer festen Stelle $\vartheta' \neq \vartheta_0$ maximiert. In 2.4.2 wird verifiziert, daß diese Tests bei einparametrigen Exponentialfamilien mit den lokal besten Tests übereinstimmen und sogar (global) gleichmäßig beste (global) unverfälschte α-Niveau Tests sind. Analog erweisen sich in diesen Verteilungsklassen die für $\mathbf{J} = \{\vartheta_1, \vartheta_2\}$ gegen $\mathbf{K} = \{\vartheta\}$ bei $\vartheta \notin [\vartheta_1, \vartheta_2]$ wie bei $\vartheta \in (\vartheta_1, \vartheta_2)$ gewonnenen Tests als global optimal für $\mathbf{H}: \vartheta \in [\vartheta_1, \vartheta_2]$ gegen $\mathbf{K}: \vartheta \notin [\vartheta_1, \vartheta_2]$ bzw. für $\mathbf{H}: \vartheta \notin (\vartheta_1, \vartheta_2)$ gegen $\mathbf{K}: \vartheta \in (\vartheta_1, \vartheta_2)$. Um diese Aussagen beweisen zu können, wird zunächst in 2.4.1 das Fundamentallemma für α-ähnliche Tests auf den Fall verallgemeinert, daß endlich viele Nebenbedingungen in Form von Gleichungen vorliegen.

2.4.1 Verallgemeinertes Fundamentallemma

Es seien $\mu \in \mathfrak{M}^\sigma(\mathfrak{X}, \mathfrak{B})$ und für $i=1, \ldots, m+1$ Funktionen $q_i \in \mathbb{L}_1(\mu)$ sowie für $i=1, \ldots, m$ Zahlen $\alpha_i \in \mathbb{R}$ gegeben. Gesucht ist eine optimale Lösung des Testproblems

$$f(\varphi) := \int \varphi(x)\, q_{m+1}(x)\, \mathrm{d}\mu = \sup_\varphi, \tag{2.4.1}$$

$$\int \varphi(x)\, q_i(x)\, \mathrm{d}\mu = \alpha_i, \quad i = 1, \ldots, m, \tag{2.4.2}$$

$$\varphi \in \Phi. \tag{2.4.3}$$

Mit $\Phi(\alpha_1, \ldots, \alpha_m)$ werde die Menge aller Tests mit (2.4.2) bezeichnet, mit

$$\mathfrak{R} := \{A(\varphi) : \varphi \in \Phi\},$$

$$A(\varphi) := \left(\int_{\mathfrak{X}} \varphi(x)\, q_1(x)\, \mathrm{d}\mu, \ldots, \int_{\mathfrak{X}} \varphi(x)\, q_m(x)\, \mathrm{d}\mu \right) \tag{2.4.4}$$

wie in Hilfssatz 2.18 die *Restriktionsmenge*. Dann gilt offenbar

$$\Phi(\alpha_1, \ldots, \alpha_m) \neq \emptyset \Leftrightarrow (\alpha_1, \ldots, \alpha_m) \in \mathfrak{R}. \tag{2.4.5}$$

Das Testproblem (2.4.1–3) besitzt also zulässige – und damit wegen der schwachen Folgenkompaktheit von Φ auch optimale – Lösungen, falls $(\alpha_1, \ldots, \alpha_m) \in \mathfrak{R}$ gilt. Um jedoch analog zum Fundamentallemma eine Aussage über die Form des besten Tests machen – und allgemeiner eine notwendige Bedingung für die Optimalität eines Tests

$\varphi \in \Phi(\alpha_1, \ldots, \alpha_m)$ herleiten – zu können, benötigt man die stärkere Voraussetzung[1]) $(\alpha_1, \ldots, \alpha_m) \in \mathring{\mathfrak{R}}$.

Satz 2.67 (Verallgemeinertes Fundamentallemma) *Es seien* $q_1, \ldots, q_{m+1} \in \mathbb{L}_1(\mu)$ *vorgegebene Funktionen,* $\alpha_1, \ldots, \alpha_m$ *vorgegebene reelle Zahlen und* $\mathfrak{R}$ *definiert durch* (2.4.4). *Dann gilt für das Testproblem* (2.4.1–3):

a) *Sei* $(\alpha_1, \ldots, \alpha_m) \in \mathfrak{R}$. *Dann gibt es einen besten Test* $\varphi^* \in \Phi(\alpha_1, \ldots, \alpha_m)$.

b) *Hinreichend und bei* $(\alpha_1, \ldots, \alpha_m) \in \mathring{\mathfrak{R}}$ *auch notwendig für die Optimalität eines Tests* $\varphi \in \Phi(\alpha_1, \ldots, \alpha_m)$ *ist: Es gibt Zahlen* $k_1, \ldots, k_m \in \mathbb{R}$ *mit*

$$\varphi(x) = \begin{cases} 1 & \text{für } q_{m+1}(x) > \sum_{i=1}^{m} k_i q_i(x) \\ 0 & \text{für } q_{m+1}(x) < \sum_{i=1}^{m} k_i q_i(x) \end{cases} \quad [\mu]. \tag{2.4.6}$$

Beweis: a) Dieser erfolgt analog demjenigen von Satz 2.16: Wegen (2.4.5) ist die Menge $\Phi(\alpha_1, \ldots, \alpha_m)$ der zugelassenen Tests nicht leer. Also existiert eine Folge $(\varphi_n) \subset \Phi(\alpha_1, \ldots, \alpha_m)$ mit

$$\int \varphi_n(x)\, q_{m+1}(x)\, \mathrm{d}\mu \to \sup \{\int \varphi(x)\, q_{m+1}(x)\, \mathrm{d}\mu \colon \varphi \in \Phi(\alpha_1, \ldots, \alpha_m)\} =: s^*$$

und damit eine Teilfolge $(\varphi_{n,n}) \subset (\varphi_n)$ sowie ein Test $\varphi^* \in \Phi$ mit

$$\int \varphi_{n,n}(x)\, q_i(x)\, \mathrm{d}\mu \to \int \varphi^*(x)\, q_i(x)\, \mathrm{d}\mu \qquad \forall i = 1, \ldots, m+1.$$

Hieraus folgt für $i = 1, \ldots, m$ wegen $(\varphi_{n,n}) \subset \Phi(\alpha_1, \ldots, \alpha_m)$ zunächst $\varphi^* \in \Phi(\alpha_1, \ldots, \alpha_m)$ und für $i = m+1$ wegen $\int \varphi_n(x)\, q_{m+1}(x)\, \mathrm{d}\mu \to s^*$ auch $\int \varphi^*(x)\, q_{m+1}(x)\, \mathrm{d}\mu = s^*$.

b) (Hinreichend) Für jeden Test $\varphi \in \Phi(\alpha_1, \ldots, \alpha_m)$ und jedes Tupel $k := (k_1, \ldots, k_m) \in \mathbb{R}^m$ gilt mit $v_k(x) := q_{m+1}(x) - \sum_{i=1}^{m} k_i q_i(x)$

$$\begin{aligned} f(\varphi) &:= \int \varphi(x)\, q_{m+1}(x)\, \mathrm{d}\mu = \int \varphi(x)\, v_k(x)\, \mathrm{d}\mu + \sum_{i=1}^{m} k_1 \int \varphi(x)\, q_i(x)\, \mathrm{d}\mu \\ &= \int \varphi(x)\, v_k^+(x)\, \mathrm{d}\mu - \int \varphi(x)\, v_k^-(x)\, \mathrm{d}\mu + \sum_{i=1}^{m} k_i \alpha_i \leqslant \int v_k^+(x)\, \mathrm{d}\mu + \sum_{i=1}^{m} k_i \alpha_i =: g(k). \end{aligned} \tag{2.4.7}$$

Also ist $g(k)$ für jedes $k \in \mathbb{R}^m$ – und damit $\inf_{k \in \mathbb{R}^m} g(k)$ – eine obere Schranke für $\int \varphi(x)\, q_{m+1}(x)\, \mathrm{d}\mu$. Ein Test $\varphi \in \Phi(\alpha_1, \ldots, \alpha_m)$ ist somit optimal, wenn es ein $k \in \mathbb{R}^m$ gibt derart, daß das „$\leqslant$" in (2.4.7) ein „$=$" ist. Dieses wiederum ist äquivalent mit

$$\int \varphi(x)\, v_k^+(x)\, \mathrm{d}\mu = \int v_k^+(x)\, \mathrm{d}\mu, \qquad \text{d.h. mit} \quad v_k^+(x) > 0 \;\Rightarrow\; \varphi(x) = 1 \quad [\mu],$$

$$\int \varphi(x)\, v_k^-(x)\, \mathrm{d}\mu = 0, \qquad \text{d.h. mit} \quad v_k^-(x) > 0 \;\Rightarrow\; \varphi(x) = 0 \quad [\mu].$$

---

[1]) Ist $m = 1$ und q_1 die μ-Dichte eines WS-Maßes, so ist $\mathfrak{R} = [0,1]$ und die Bedingung $\alpha := \alpha_1 \in \mathring{\mathfrak{R}}$ reduziert sich auf $\alpha \in (0,1)$; vgl. Satz 2.7.

(Notwendig) Hierfür reicht der Nachweis des Dualitätssatzes

$$\sup_{\varphi \in \Phi(\alpha_1, \ldots, \alpha_m)} f(\varphi) = \min_{k \in \mathbb{R}^m} g(k). \tag{2.4.8}$$

Für jeden optimalen Test $\varphi \in \Phi(\alpha_1, \ldots, \alpha_m)$ gilt dann nämlich notwendig $f(\varphi) = \min_{k \in \mathbb{R}^m} g(k)$. Es gibt also ein $k \in \mathbb{R}^m$ mit $f(\varphi) = g(k)$ und damit gilt (2.4.6) wegen (2.4.7).

Die Aussage (2.4.8) folgt aus dem Dualitätssatz 1.71 a. Einerseits ist nämlich das Optimierungsproblem (2.4.1–3) unter Benutzung der linearen Funktion $A(\varphi)$ aus (2.4.4) gerade von der Form $(P_=)$ aus Satz 1.71 a; andererseits ergibt sich aus der dortigen dualen Zielfunktion (1.3.44) die durch (2.4.7) definierte Funktion g gemäß

$$\begin{aligned} g(k) &= \sum k_i \alpha_i + \sup_{\varphi \in \Phi} [f(\varphi) - \sum k_i A_i(\varphi)] \\ &= \sum k_i \alpha_i + \sup_{\varphi \in \Phi} [\int \varphi(x)\, q_{m+1}(x)\, \mathrm{d}\mu - \sum k_i \int \varphi(x)\, q_i(x)\, \mathrm{d}\mu] \\ &= \sup_{\varphi \in \Phi} \int \varphi(x)\, v_k(x)\, \mathrm{d}\mu + \sum k_i \alpha_i = \int v_k^+(x)\, \mathrm{d}\mu + \sum k_i \alpha_i. \end{aligned} \tag{2.4.9}$$

□

Korollar 2.68 a) *Ist speziell* $\alpha_i = \alpha \int q_i(x)\, \mathrm{d}\mu$, $i = 1, \ldots, m$, *so gilt für den optimalen Test* $\varphi^* \in \Phi(\alpha_1, \ldots, \alpha_m)$ *bei* $\alpha \in (0,1)$ *entweder*

$$\int \varphi^*(x)\, q_{m+1}(x)\, \mathrm{d}\mu > \alpha \int q_{m+1}(x)\, \mathrm{d}\mu$$

oder

$$\int \varphi^*(x)\, q_{m+1}(x)\, \mathrm{d}\mu = \alpha \int q_{m+1}(x)\, \mathrm{d}\mu.$$

Im zweiten Fall gibt es Zahlen $k_1, \ldots, k_m \in \mathbb{R}$ *mit*

$$q_{m+1}(x) = k_1 q_1(x) + \ldots + k_m q_m(x) \qquad [\mu].$$

b) *Sind für einen Test* φ *der Form* (2.4.6) *die Zahlen* $k_1, \ldots, k_m \geqslant 0$, *so ist* φ *auch optimal unter allen Tests* $\varphi \in \Phi$ *mit*

$$\int \varphi(x)\, q_i(x)\, \mathrm{d}\mu \leqslant \alpha_i, \qquad i = 1, \ldots, m. \tag{2.4.10}$$

Beweis: a) Da der Test $\tilde{\varphi} \equiv \alpha$ die Nebenbedingungen (2.4.2) erfüllt, folgt aus der Optimalität $\int \varphi^* q_{m+1}\, \mathrm{d}\mu \geqslant \alpha \int q_{m+1}\, \mathrm{d}\mu$. Bei $\int \varphi^* q_{m+1}\, \mathrm{d}\mu = \alpha \int q_{m+1}\, \mathrm{d}\mu$ wäre aber $\tilde{\varphi} \equiv \alpha$ ein optimaler Test; aus Teil b) des verallgemeinerten Fundamentallemmas ergäbe sich damit, daß es Zahlen $k_1, \ldots, k_m$ gibt mit $q_{m+1} = k_1 q_1 + \ldots + k_m q_m \quad [\mu]$.

b) Die Abschätzung (2.4.7) gilt auch bei (2.4.10) anstelle von (2.4.2), falls gilt $k_i \geqslant 0$ $\forall i = 1, \ldots, m$. Die obere Schranke wird wie im Beweis zu Satz 2.67 angenommen. □

2.4.2 Zweiseitige Tests in einparametrigen Exponentialfamilien

Einparametrige Exponentialfamilien $\mathfrak{P}$ in ζ und T besitzen isotonen DQ in T. Somit gibt es nach Satz 2.24 für jedes $\zeta_0 \in \mathring{Z}$ gleichmäßig beste α-Niveau Tests für die einseitigen Hypothesen $\mathbf{H}: \zeta \leqslant \zeta_0$, $\mathbf{K}: \zeta > \zeta_0$ bzw. $\mathbf{H}: \zeta \geqslant \zeta_0$, $\mathbf{K}: \zeta < \zeta_0$, die auf $\mathbf{J}: \zeta = \zeta_0$ α-ähnlich sind. Hieraus folgt, daß es keinen gleichmäßig besten α-Niveau Test $\tilde{\varphi}$ gibt für die zweiseitigen Hypothesen

$$\mathbf{H}: \zeta \in [\zeta_1, \zeta_2], \qquad \mathbf{K}: \zeta \notin [\zeta_1, \zeta_2], \qquad \zeta_1, \zeta_2 \in Z: \zeta_1 \leqslant \zeta_2. \tag{2.4.11}$$

Die Annahme der Existenz eines derartigen Tests $\tilde{\varphi}$ läßt sich nämlich wie folgt zu einem Widerspruch führen. Für die Mengen

$$\Phi_{\mathbf{H}_2} := \{\varphi \in \Phi: E_\zeta \varphi \leqslant \alpha \quad \forall \zeta \leqslant \zeta_2\}, \qquad \Phi_{\mathbf{H}} := \{\varphi \in \Phi: E_\zeta \varphi \leqslant \alpha \quad \forall \zeta \in \mathbf{H}\},$$
$$\Phi_{\zeta_2} := \{\varphi \in \Phi: E_{\zeta_2} \varphi \leqslant \alpha\},$$

gilt $\Phi_{\mathbf{H}_2} \subset \Phi_{\mathbf{H}} \subset \Phi_{\zeta_2}$. Nach Satz 2.24 gibt es einen gleichmäßig besten α-Niveau Test φ_2 für $\{\zeta_2\}$ gegen $\mathbf{K}_2$: $\zeta > \zeta_2$, der auch gleichmäßig bester α-Niveau Test für $\mathbf{H}_2$ gegen $\mathbf{K}_2$ ist. Somit müßte gelten

$$E_\zeta \varphi_2 \leqslant E_\zeta \tilde{\varphi} \leqslant E_\zeta \varphi_2 \quad \forall \zeta > \zeta_2 \quad \text{und damit} \quad E_\zeta \tilde{\varphi} = E_\zeta \varphi_2 \quad \forall \zeta > \zeta_2,$$

wegen der Stetigkeit aller Gütefunktionen also auch $E_{\zeta_2} \tilde{\varphi} = E_{\zeta_2} \varphi_2$. Mit φ_2 wäre somit auch $\tilde{\varphi}$ bester Test für $\{\zeta_2\}$ gegen $\{\zeta\}$, $\zeta > \zeta_2$; also wäre $\tilde{\varphi}$ nach dem Fundamentallemma mit geeigneten $\tilde{c}_2 \in \mathbb{R}$ und γ_2: $\{T = \tilde{c}_2\} \to [0,1]$ von der Form

$$\tilde{\varphi}(x) = \mathbb{1}_{\{T > \tilde{c}_2\}}(x) + \gamma_2(x)\, \mathbb{1}_{\{T = \tilde{c}_2\}}(x) \qquad [\mathfrak{P}].$$

Die gleiche Schlußweise bei der Gegenhypothese $\mathbf{K}_1$: $\zeta < \zeta_1$ ergibt

$$\tilde{\varphi}(x) = \mathbb{1}_{\{T < \tilde{c}_1\}}(x) + \gamma_1(x)\, \mathbb{1}_{\{T = \tilde{c}_1\}}(x) \qquad [\mathfrak{P}]$$

mit geeigneten $\tilde{c}_1 \in \mathbb{R}$ und γ_1: $\{T = \tilde{c}_1\} \to [0,1]$ und damit einen Widerspruch.

Es soll deshalb nun gezeigt werden, daß es in einparametrigen Exponentialfamilien für die zweiseitigen Hypothesen (2.4.11) gleichmäßig beste unverfälschte α-Niveau Tests gibt und zwar sowohl bei $\zeta_1 < \zeta_2$ als auch bei $\zeta_1 = \zeta_2 =: \zeta_0$. Der Beweis dieser Aussagen beruht darauf, daß aus

$$E_\zeta \varphi \leqslant \alpha \quad \forall \zeta \in \mathbf{H}, \qquad E_\zeta \varphi \geqslant \alpha \quad \forall \zeta \in \mathbf{K}, \tag{2.4.12}$$

bei $\zeta_1 < \zeta_2$ wegen der Stetigkeit der Gütefunktionen aller Tests folgt

$$E_{\zeta_1} \varphi = E_{\zeta_2} \varphi = \alpha \tag{2.4.13}$$

und bei $\zeta_1 = \zeta_2 =: \zeta_0$ wegen der Differenzierbarkeit gemäß Satz 1.164c

$$E_{\zeta_0} \varphi = \alpha, \qquad E_{\zeta_0} T\varphi = \alpha E_{\zeta_0} T. \tag{2.4.14}$$

Diese gegenüber den globalen Nebenbedingungen (2.4.12) abgeschwächten lokalen Nebenbedingungen (2.4.13) bzw. (2.4.14) reichen aus, um die Existenz gleichmäßig bester – auf $\mathbf{J} = \{\zeta_1, \zeta_2\}$ α-ähnlicher bzw. auf $\mathbf{J} = \{\zeta_0\}$ α-ähnlicher lokal unverfälschter – Tests nachweisen zu können, die über $\mathbf{H}$ die vorgegebene Irrtums-WS $\alpha \in (0,1)$ einhalten und über $\mathbf{K}$ unverfälscht sind. Wir beginnen mit dem Fall $\zeta_1 < \zeta_2$.

Satz 2.69 *Es seien* $\mathfrak{P} = \{P_\zeta: \zeta \in Z\}$ *eine einparametrige Exponentialfamilie in* ζ *und* T, $\zeta_1, \zeta_2 \in \mathring{Z}$ *mit* $\zeta_1 < \zeta_2$ *und* $\alpha \in (0,1)$. *Dann gilt für das zweiseitige Testproblem* $\mathbf{H}$: $\zeta \in [\zeta_1, \zeta_2]$ *gegen* $\mathbf{K}$: $\zeta \notin [\zeta_1, \zeta_2]$: *Es existiert ein Test der Form*

$$\varphi^*(x) = \mathbb{1}_{(-\infty, c_1)}(T(x)) + \mathbb{1}_{(c_2, \infty)}(T(x)) + \sum_{i=1}^{2} \bar{\gamma}_i\, \mathbb{1}_{\{c_i\}}(T(x)), \tag{2.4.15}$$

wobei $c_i \in \mathbb{R}$ *und* $\bar{\gamma}_i \in [0,1]$ *für* $i=1,2$ *bestimmt werden gemäß*

$$E_{\zeta_1}\varphi^* = E_{\zeta_2}\varphi^* = \alpha .$$

Für diesen Test φ^* *gilt*[1]):

a) φ^* *ist gleichmäßig bester auf* $\mathbf{J} = \{\zeta_1, \zeta_2\}$ α*-ähnlicher Test für* **H** *gegen* **K**.

b) φ^* *ist gleichmäßig bester unverfälschter* α*-Niveau Test für* **H** *gegen* **K**.

c) *Besteht die Trägermenge von* $\mathfrak{P}^T$ *aus mehr als zwei Elementen, so existiert ein* $\zeta_0 \in (\zeta_1, \zeta_2)$ *derart, daß die Gütefunktion* $\zeta \mapsto E_\zeta \varphi^*$ *strikt isoton ist für* $\zeta > \zeta_0$ *und strikt antiton für* $\zeta < \zeta_0$. *Insbesondere ist* φ^* *ein strikt unverfälschter* α*-Niveau Test für* **H** *gegen* **K**, *d.h. es gilt*:

$$E_\zeta \varphi^* < \alpha \quad \forall \zeta \in (\zeta_1, \zeta_2), \qquad E_\zeta \varphi^* > \alpha \quad \forall \zeta < \zeta_1 \quad \text{und} \quad \forall \zeta > \zeta_2 . \tag{2.4.16}$$

Beweis: Wir beweisen die Existenz von φ^* zusammen mit a).

a) Wir betrachten zunächst einen speziellen Wert $\zeta_3 \notin [\zeta_1, \zeta_2]$. Dann gibt es nach dem verallgemeinerten Fundamentallemma einen Test φ^*, der $E_{\zeta_3}\varphi$ unter allen Tests $\varphi \in \Phi$ mit (2.4.13) maximiert. Dieser ist von der Form (2.4.6), da (α, α) innerer Punkt[2]) der konvexen Menge $\mathfrak{R} := \{(E_{\zeta_1}\varphi, E_{\zeta_2}\varphi) : \varphi \in \Phi\}$ ist. Für jedes feste $\zeta_3 \notin [\zeta_1, \zeta_2]$ folgt also die Existenz von Zahlen $k_1, k_2 \in \mathbb{R}$ und eines Tests φ^* mit

$$\varphi^*(x) = \begin{cases} 1 & \text{für } C(\zeta_3)\, e^{\zeta_3 T(x)} > k_1\, C(\zeta_1)\, e^{\zeta_1 T(x)} + k_2\, C(\zeta_2)\, e^{\zeta_2 T(x)} \\ 0 & \text{für } C(\zeta_3)\, e^{\zeta_3 T(x)} < k_1\, C(\zeta_1)\, e^{\zeta_1 T(x)} + k_2\, C(\zeta_2)\, e^{\zeta_2 T(x)} . \end{cases} \tag{2.4.17}$$

Dabei werden k_1 und k_2 bestimmt gemäß (2.4.13), und es gilt $E_{\zeta_3}\varphi^* \geqslant E_{\zeta_3}\varphi \quad \forall \varphi \in \Phi$ mit (2.4.13).

Sei zunächst o.E. $\zeta_3 < \zeta_1 < \zeta_2$. Dann ist $k_1 \neq 0$ und $k_2 \neq 0$, da andernfalls $\varphi^* \equiv 1$ oder φ^* ein einseitiger Test wäre, wegen der strengen Isotonie bzw. Antitonie der zugehörigen Gütefunktionen also nicht beide Bedingungen (2.4.13) erfüllen könnte. Also gilt

$$\varphi^*(x) = \begin{cases} 1 & \text{für } k_1'\, e^{\zeta_1' T(x)} + k_2'\, e^{\zeta_2' T(x)} > 1 \\ 0 & \text{für } k_1'\, e^{\zeta_1' T(x)} + k_2'\, e^{\zeta_2' T(x)} < 1 \end{cases}$$

---

[1]) Die Aussagen a) bis c) wie diejenigen von Satz 2.70, Satz 2.72 und Korollar 2.73 sowie analog diejenigen von Korollar 2.71 gelten allgemeiner für jeden Test der Form

$$\varphi^*(x) = \mathbb{1}_{(-\infty, c_1)}(T(x)) + \mathbb{1}_{(c_2, \infty)}(T(x)) + \sum_{i=1}^{2} \gamma_i(x)\, \mathbb{1}_{\{c_i\}}(T(x))$$

mit $c_i \in \mathbb{R}$ und (nicht-konstanter, meßbarer) Randomisierung $\gamma_i : \{T = c_i\} \to [0,1]$, $i=1,2$. – Im Gegensatz zum einseitigen Fall sind (c_1, γ_1) und (c_2, γ_2) hier nicht konstruktiv angebbar.

[2]) Man beachte etwa, daß für die gegen $\mathbf{K}_{11} : \zeta > \zeta_1$ bzw. $\mathbf{K}_{12} : \zeta < \zeta_1$ gleichmäßig besten Tests φ_{11} und φ_{12} mit $E_{\zeta_1}\varphi_{11} = E_{\zeta_1}\varphi_{12} = \alpha$ gilt $E_{\zeta_2}\varphi_{11} > \alpha$ bzw. $E_{\zeta_2}\varphi_{12} < \alpha$ und daß analog für die gegen $\mathbf{K}_{21} : \zeta < \zeta_2$ bzw. $\mathbf{K}_{22} : \zeta > \zeta_2$ gleichmäßig besten Tests φ_{21} und φ_{22} mit $E_{\zeta_2}\varphi_{21} = E_{\zeta_2}\varphi_{22} = \alpha$ gilt $E_{\zeta_1}\varphi_{21} > \alpha$ bzw. $E_{\zeta_1}\varphi_{22} < \alpha$.

mit geeigneten $k_1', k_2' \in \mathbb{R}$ sowie mit $\zeta_1' := \zeta_3 - \zeta_1 < 0$, $\zeta_2' := \zeta_2 - \zeta_1 > 0$. Dabei ist notwendig $k_1' > 0$, $k_2' > 0$, denn für $k_1' \leqslant 0$, $k_2' \leqslant 0$ wäre $\varphi^* \equiv 0$ und für $k_1' > 0 \geqslant k_2'$ bzw. $k_2' > 0 \geqslant k_1'$ wäre φ^* ein einseitiger Test.

Wegen $\zeta_1' < 0 < \zeta_2'$ und $k_1' > 0$, $k_2' > 0$ gibt es höchstens zwei Lösungen t von

$$k_1' e^{\zeta_1' t} + k_2' e^{\zeta_2' t} = 1 .$$

Es gibt aber auch genau zwei Lösungen, die allenfalls zusammenfallen können. Andernfalls wäre nämlich entweder $\varphi^* \equiv 1$ oder φ^* ein einseitiger Test mit streng isotoner bzw. streng antitoner Gütefunktion; in keinem Fall ließen sich die Nebenbedingungen (2.4.13) erfüllen. Folglich ist φ^* von der Form

$$\varphi^*(x) = \mathbb{1}_{(-\infty, c_1)}(T(x)) + \mathbb{1}_{(c_2, \infty)}(T(x)) + \sum_{i=1}^{2} \gamma_i(x) \mathbb{1}_{\{c_i\}}(T(x)), \tag{2.4.18}$$

wobei $(c_1, \gamma_1(\cdot))$ und $(c_2, \gamma_2(\cdot))$ entsprechend (2.4.13) zu bestimmen sind. Dabei lassen sich γ_1 und γ_2 konstant wählen. Bezeichnen nämlich c_1, c_2 die kritischen Werte einer Lösung $(c_1, \gamma_1(\cdot))$, $(c_2, \gamma_2(\cdot))$, so zerlegt man die Integrale (2.4.13) in solche über $\{T \neq c_i, i = 1,2\}$, $\{T = c_1\}$ und $\{T = c_2\}$. Dabei ist wegen des Bildungsgesetzes (1.7.14) der ν-Dichten bzw. mit geeigneten $\bar{\gamma}_i \in [0,1]$

$$\int_{\{T=c_i\}} \varphi^*(x) \, dP_\zeta = C(\zeta) e^{\zeta c_i} \int_{\{T=c_i\}} \gamma_i(x) \, d\nu = C(\zeta) e^{\zeta c_i} \bar{\gamma}_i \, \nu(T = c_i) .$$

φ^* ist unabhängig von $\zeta_3 < \zeta_1$ (und der gleiche Test ergäbe sich für $\zeta_3 > \zeta_2$). φ^* erfüllt nämlich auch die hinreichenden Bedingungen zur Optimalität für jedes andere, aus **K** herausgegriffene $\zeta_4 \notin [\zeta_1, \zeta_2]$. Zu jedem Paar $c_1 \leqslant c_2$ gibt es nämlich Konstanten k_1'', k_2'' derart, daß gilt

$$\varphi^*(x) = \begin{cases} 1 & \text{für } C(\zeta_4) e^{\zeta_4 T(x)} > k_1'' C(\zeta_1) e^{\zeta_1 T(x)} + k_2'' C(\zeta_2) e^{\zeta_2 T(x)} \\ 0 & \text{für } C(\zeta_4) e^{\zeta_4 T(x)} < k_1'' C(\zeta_1) e^{\zeta_1 T(x)} + k_2'' C(\zeta_2) e^{\zeta_2 T(x)} . \end{cases}$$

φ^* minimiert somit die Fehler-WS 2. Art gleichmäßig für alle $\zeta_3 \in \mathbf{K}$ unter allen Tests φ mit (2.4.13).

Analog verifiziert man, daß $\varphi' := 1 - \varphi^*$ für jedes $\zeta \in (\zeta_1, \zeta_2)$ die hinreichenden Bedingungen für eine optimale Lösung $\varphi \in \Phi$ von

$$E_{\zeta_1} \varphi = E_{\zeta_2} \varphi = 1 - \alpha , \qquad E_\zeta \varphi = \sup_{\varphi \in \Phi}$$

erfüllt. Also minimiert φ^* die Fehler-WS 1. Art für $\zeta \in (\zeta_1, \zeta_2)$.

b) Nach Satz 1.164c gilt für jeden unverfälschten α-Niveau Test (2.4.13). Andererseits ist φ^* selber ein unverfälschter α-Niveau Test, wie ein Vergleich gemäß Hilfssatz 2.2 mit dem Test $\tilde{\varphi} \equiv \alpha$ zeigt. φ^* ist also nach Hilfssatz 2.3 auch gleichmäßig bester unverfälschter α-Niveau Test für **H** gegen **K**.

c) beruht auf den folgenden drei Hilfsaussagen:

1) Für $\zeta_3 < \zeta_5 < \zeta_4$ gilt:

$$E_{\zeta_3} \varphi^* = E_{\zeta_4} \varphi^* = c \in (0,1) \;\Rightarrow\; E_{\zeta_5} \varphi^* < c .$$

φ^* erfüllt nämlich die hinreichenden Bedingungen für eine optimale Lösung von $E_{\zeta_3}\varphi = E_{\zeta_4}\varphi = c$, $E_{\zeta_5}\varphi = \inf_\varphi$. Dabei ist P_{ζ_5} keine Linearkombination von P_{ζ_3} und P_{ζ_4}, da die Trägermenge von $\mathfrak{P}$ aus mehr als zwei Elementen besteht.

2) $\zeta \mapsto E_\zeta\varphi^*$ hat in genau einem Punkte $\zeta_0 \in (\zeta_1, \zeta_2)$ ein globales Minimum. Aus 1), der Unverfälschtheit von φ^* sowie aus $E_{\zeta_1}\varphi^* = E_{\zeta_2}\varphi^* = \alpha$ folgt nämlich $E_\zeta\varphi^* < \alpha$ $\forall \zeta \in (\zeta_1, \zeta_2)$. Ein eventuelles Minimum liegt also in (ζ_1, ζ_2); es wird wegen der Stetigkeit von $\zeta \mapsto E_\zeta\varphi$ angenommen und zwar wegen 1) in genau einem Punkte ζ_0.

3) Über jedem Intervall $[\zeta_3, \zeta_4] \subset Z$ nimmt $\zeta \mapsto E_\zeta\varphi^*$ ihr Maximum in einem der Randpunkte an. Dies folgt aus der Stetigkeit, dem Zwischenwertsatz und 1).

Damit ergibt sich etwa die Antitonie für $\zeta < \zeta_0$ wie folgt: $\zeta' < \zeta'' \leqslant \zeta_0$ impliziert $E_{\zeta'}\varphi^* \geqslant E_{\zeta''}\varphi^*$ wegen 3), da ζ_0 nach 2) Minimalstelle ist. Aus 1) folgt auch die strikte Isotonie. □

Wir betrachten nun die Hypothesen (2.4.11) im Fall $\zeta_2 = \zeta_1 =: \zeta_0$, also

$$\mathbf{H}: \zeta = \zeta_0, \qquad \mathbf{K}: \zeta \neq \zeta_0, \qquad \zeta_0 \in \mathring{Z}. \tag{2.4.19}$$

Zwar sind die Aussagen im wesentlichen dieselben wie im Fall $\zeta_1 < \zeta_2$, sie lassen sich sogar durch Grenzübergang $\zeta_1 \to \zeta_2 =: \zeta_0$ aus denjenigen von Satz 2.69 gewinnen. Da sich jedoch bei diesem Grenzübergang die Form der Nebenbedingungen und damit der der Teilaussage a) zugrundeliegende Optimalitätsbegriff ändert, soll im Hinblick auf spätere Anwendungen dieses Satzes nochmals eine volle Formulierung samt Beweisskizze gegeben werden.

Satz 2.70 (Optimaler zweiseitiger Test) *Es seien $\mathfrak{P} = \{P_\zeta : \zeta \in Z\}$ eine einparametrige Exponentialfamilie in ζ und T, $\zeta_0 \in \mathring{Z}$ und $\alpha \in (0,1)$. Dann gilt für das zweiseitige Testproblem* $\mathbf{H}$: $\zeta = \zeta_0$ *gegen* $\mathbf{K}$: $\zeta \neq \zeta_0$: *Es existiert ein Test der Form*

$$\varphi^*(x) = \mathbb{1}_{(-\infty, c_1)}(T(x)) + \mathbb{1}_{(c_2, \infty)}(T(x)) + \sum_{i=1}^{2} \bar{\gamma}_i \mathbb{1}_{\{c_i\}}(T(x)), \tag{2.4.20}$$

wobei $c_i \in \mathbb{R}$ und $\bar{\gamma}_i \in [0,1]$ für $i = 1,2$ bestimmt werden gemäß[1])

$$E_{\zeta_0}\varphi^* = \alpha, \qquad E_{\zeta_0}T\varphi^* = \alpha E_{\zeta_0}T. \tag{2.4.21}$$

Für diesen Test φ^* gilt:

a) *φ^* ist gleichmäßig bester auf $\mathbf{J} = \{\zeta_0\}$ α-ähnlicher lokal unverfälschter Test für* $\mathbf{H}$ *gegen* $\mathbf{K}$.

b) *φ^* ist gleichmäßig bester unverfälschter α-Niveau Test für* $\mathbf{H}$ *gegen* $\mathbf{K}$.

c) *Besteht die Trägermenge von $\mathfrak{P}^T$ aus mehr als zwei Elementen, so ist die Gütefunktion*

---

[1]) Wie in Satz 2.69 sind c_1 und c_2 im allgemeinen nicht konstruktiv angebbar. Ist jedoch $P^T_{\zeta_0}$ (angenähert) symmetrisch bzgl. einer Stelle $m \in \mathbb{R}$, so sind c_1 und c_2 (angenähert) als unteres bzw. oberes $\alpha/2$-Fraktil von $P^T_{\zeta_0}$ wählbar; vgl. Korollar 2.73.

$\zeta \mapsto E_\zeta \varphi^*$ *strikt isoton für* $\zeta > \zeta_0$ *und strikt antiton für* $\zeta < \zeta_0$. *Insbesondere ist* φ^* *ein strikt unverfälschter* α*-Niveau Test für* **H** *gegen* **K**, *d.h. es gilt*:

$$E_\zeta \varphi^* > \alpha \qquad \forall \zeta \neq \zeta_0 . \tag{2.4.22}$$

Beweis: Dieser verläuft im wesentlichen wie derjenige von Satz 2.69.

a) Wir betrachten zunächst einen speziellen Wert $\zeta_3 \neq \zeta_0$. Dann gibt es nach dem verallgemeinerten Fundamentallemma einen Test φ^*, der $E_{\zeta_3}\varphi$ unter allen Tests $\varphi \in \Phi$ mit (2.4.14) maximiert. Dieser ist von der Form (2.4.6), da $(\alpha, \alpha E_{\zeta_0} T)$ ein innerer Punkt der konvexen Menge[1] $\mathfrak{R} = \{(E_{\zeta_0}\varphi, E_{\zeta_0}(T\varphi)) : \varphi \in \Phi\}$ ist. Für jedes feste $\zeta_3 \neq \zeta_0$ läßt sich φ^* wählen als

$$\varphi^*(x) = \begin{cases} 1 & \text{für } C(\zeta_3)\,\mathrm{e}^{\zeta_3 T(x)} > (k_1 + k_2 T(x))\, C(\zeta_0)\,\mathrm{e}^{\zeta_0 T(x)} \\ 0 & \text{für } C(\zeta_3)\,\mathrm{e}^{\zeta_3 T(x)} < (k_1 + k_2 T(x))\, C(\zeta_0)\,\mathrm{e}^{\zeta_0 T(x)} . \end{cases} \tag{2.4.23}$$

Dabei werden k_1 und k_2 bestimmt gemäß (2.4.14). Wie bei Satz 2.69b folgt:

(1) Es gibt genau zwei (nicht notwendig voneinander verschiedene) Lösungen von

$$C(\zeta_3)/C(\zeta_0)\,\mathrm{e}^{(\zeta_3 - \zeta_0)t} = k_1 + k_2 t .$$

(2) Auf $\{T = c_i\}$, $i = 1,2$, kann $\varphi^*(x)$ konstant gewählt werden.

(3) φ^* ist unabhängig von $\zeta_3 \neq \zeta_0$ wählbar.

b) beweist man mit Satz 1.164c wie Satz 2.69b.

c) Die Unverfälschtheit von φ^* impliziert, daß ζ_0 Minimalstelle ist. Der sonstige Beweis folgt wie bei Satz 2.69c, da die dortigen Hilfsaussagen 1) und 3) anwendbar sind. □

Neben einem Test für (2.4.11) interessiert vielfach auch ein solcher für

$$\mathbf{H}: \zeta \leqslant \zeta_1 \quad \text{oder} \quad \zeta \geqslant \zeta_2, \qquad \mathbf{K}: \zeta \in (\zeta_1, \zeta_2), \tag{2.4.24}$$

wobei $\zeta_1 < \zeta_2$ ist. Eine optimale Lösung für diese Hypothesen ergibt sich aus derjenigen für die Hypothesen (2.4.11), wenn man in Satz 2.69a $\varphi' := 1 - \varphi$ und $\alpha' := 1 - \alpha$ setzt. Dieser Test ist dann aber sogar optimal unter allen α-Niveau Tests und nicht nur unter allen unverfälschten α-Niveau Tests.

Korollar 2.71 *Es seien* $\mathfrak{P} = \{P_\zeta : \zeta \in Z\}$ *eine einparametrige Exponentialfamilie in* ζ *und* T, $\zeta_1, \zeta_2 \in \mathring{Z}$ *mit* $\zeta_1 < \zeta_2$ *und* $\alpha \in (0,1)$. *Dann gilt für das zweiseitige Testproblem* **H**: $\zeta \notin (\zeta_1, \zeta_2)$ *gegen* **K**: $\zeta \in (\zeta_1, \zeta_2)$: *Es existiert ein Test der Form*

$$\varphi^*(x) = \mathbb{1}_{(c_1, c_2)}(T(x)) + \sum_{i=1}^{2} \bar{\gamma}_i \mathbb{1}_{\{c_i\}}(T(x)), \tag{2.4.25}$$

---

[1]) Einerseits enthält Φ für hinreichend kleine $\varepsilon > 0$ die Elemente $\varphi \equiv \alpha + \varepsilon$ und $\varphi \equiv \alpha - \varepsilon$ und damit $\mathfrak{R}$ die Punkte $(\alpha + \varepsilon, (\alpha + \varepsilon) E_{\zeta_0} T)$ und $(\alpha - \varepsilon, (\alpha - \varepsilon) E_{\zeta_0} T)$. Andererseits enthält $\mathfrak{R}$ auch Punkte (α, q_{11}) und (α, q_{12}) mit $q_{11} > \alpha E_{\zeta_0} T > q_{12}$. Betrachtet man nämlich die beiden Extremalprobleme $E_{\zeta_0} T\varphi = \sup_\varphi$, $E_{\zeta_0}\varphi = \alpha$, $\varphi \in \Phi$ bzw. $E_{\zeta_0} T\varphi = \inf_\varphi$, $E_{\zeta_0}\varphi = \alpha$, $\varphi \in \Phi$, so folgt für die Lösungen φ_1 bzw. φ_2 neben $E_{\zeta_0}\varphi_1 = E_{\zeta_0}\varphi_2 = \alpha$ aus Korollar 2.68 $E_{\zeta_0}\varphi_1 T > \alpha E_{\zeta_0} T$ bzw. $E_{\zeta_0}\varphi_2 T < \alpha E_{\zeta_0} T$.

wobei $c_i \in \mathbb{R}$ *und* $\bar{\gamma}_i \in [0,1]$ *für* $i = 1,2$ *bestimmt werden gemäß* $E_{\zeta_1}\varphi^* = E_{\zeta_2}\varphi^* = \alpha$. *Für diesen Test gilt*:

a) φ^* *ist gleichmäßig bester auf* $\mathbf{J} = \{\zeta_1, \zeta_2\}$ α-*ähnlicher Test für* $\mathbf{H}$ *gegen* $\mathbf{K}$.

b) φ^* *ist gleichmäßig bester* α-*Niveau Test für* $\mathbf{H}$ *gegen* $\mathbf{K}$ *und unverfälscht.*

c) *Besteht die Trägermenge von* $\mathfrak{P}^T$ *aus mehr als zwei Elementen, so existiert ein* $\zeta_0 \in (\zeta_1, \zeta_2)$ *derart, daß die Gütefunktion* $\zeta \mapsto E_\zeta \varphi^*$ *strikt antiton ist für* $\zeta > \zeta_0$ *und strikt isoton für* $\zeta < \zeta_0$. *Insbesondere ist* φ^* *ein strikt unverfälschter* α-*Niveau Test für* $\mathbf{H}$ *gegen* $\mathbf{K}$, *d.h. es gilt*:

$$E_\zeta \varphi < \alpha \quad \forall \zeta < \zeta_1 \quad \textit{und} \quad \forall \zeta > \zeta_2, \qquad E_\zeta \varphi > \alpha \quad \forall \zeta \in (\zeta_1, \zeta_2). \tag{2.4.26}$$

Beweis: Dieser ergibt sich aus Satz 2.69, wenn man $\varphi' = 1 - \varphi$ und $\alpha' = 1 - \alpha$ setzt. Bei b) beachte man, daß (2.4.25) mit $\zeta_3 \in (\zeta_1, \zeta_2)$ von der Form (2.4.17) ist mit $k_1 > 0$, $k_2 > 0$ und damit φ^* nach Korollar 2.68 b auch optimal ist unter allen Tests mit $E_{\zeta_2}\varphi \leqslant \alpha$, $E_{\zeta_1}\varphi \leqslant \alpha$. Überdies folgt aus Teil a) durch Vergleich mit dem Test $\tilde{\varphi} \equiv \alpha$ die Gültigkeit von $E_\zeta \varphi^* \leqslant \alpha \quad \forall \zeta \leqslant \zeta_1$ und $\forall \zeta \geqslant \zeta_2$ sowie von $E_\zeta \varphi^* \geqslant \alpha \quad \forall \zeta \in (\zeta_1, \zeta_2)$ und damit nach Hilfssatz 2.3 die Behauptung. □

Zur numerischen Bestimmung von $(c_1, \bar{\gamma}_1)$ und $(c_2, \bar{\gamma}_2)$ ist es wie in 2.2.1 häufig zweckmäßig, zunächst zu einer äquivalenten – durch eine affine streng isotone Transformation gewonnenen – Prüfgröße überzugehen. Wir beschränken uns dabei auf das Testproblem aus Satz 2.70.

Satz 2.72 *Die Form des Tests* (2.4.20) *sowie die der Nebenbedingungen* (2.4.21) *sind invariant gegenüber affinen, streng isotonen Transformationen der Prüfgröße.*

Beweis: Sei $\tilde{T}(x) = bT(x) + d$, $b > 0$, $d \in \mathbb{R}$ und

$$\tilde{\varphi}^*(x) = \mathbb{1}_{(-\infty, \tilde{c}_1)}(\tilde{T}(x)) + \mathbb{1}_{(\tilde{c}_2, \infty)}(\tilde{T}(x)) + \sum \tilde{\gamma}_i \mathbb{1}_{\{\tilde{c}_i\}}(\tilde{T}(x)), \tag{2.4.27}$$

wobei $\tilde{c}_i$ und $\tilde{\gamma}_i \in [0,1]$, $i = 1,2$, bestimmt werden aus

$$E_{\zeta_0}\tilde{\varphi}^* = \alpha, \qquad E_{\zeta_0}\tilde{T}\tilde{\varphi}^* = \alpha E_{\zeta_0}\tilde{T}. \tag{2.4.28}$$

Dann ist $\tilde{\varphi}^*$ auch eine Lösung von (2.4.20–21) und umgekehrt. Sind nämlich $(\tilde{c}_i, \tilde{\gamma}_i)$, $i = 1,2$, Lösungen von (2.4.28), so sind $(c_i, \bar{\gamma}_i)$, $i = 1,2$, Lösungen von (2.4.21), falls $(\tilde{c}_i, \tilde{\gamma}_i) = (bc_i + d, \bar{\gamma}_i)$ gilt. Dies folgt aus der Äquivalenz von $\tilde{T}(x) \underset{(=)}{<} \tilde{c}_1$ mit $T(x) \underset{(=)}{<} c_1$ und derjenigen von $\tilde{T}(x) \underset{(=)}{>} \tilde{c}_2$ mit $T(x) \underset{(=)}{>} c_2$. Jeder Test (2.4.20–21) läßt sich also auch aus (2.4.27–28) gewinnen und umgekehrt. □

Die numerische Bestimmung von $(c_1, \bar{\gamma}_1)$ und $(c_2, \bar{\gamma}_2)$ gestaltet sich dann besonders einfach, wenn $\mathfrak{L}_{\zeta_0}(T) = \mathfrak{L}_{\zeta_0}(-T)$ ist. Dann gilt nämlich $E_{\zeta_0}T = 0$, und die zweite der Bedingungen (2.4.21) ist für jeden Test $\varphi^*(x) = \psi(T(x))$ mit $\psi(t) = \psi(-t)$ erfüllt, also für Tests der Form (2.4.20) bei $(c_1, \bar{\gamma}_1) = (-c_2, \bar{\gamma}_2)$. Bei geeigneter Wahl von $(c_1, \bar{\gamma}_1)$ ist dann auch die erste der Bedingungen (2.4.21) erfüllt. Allgemeiner gilt das

Korollar 2.73 *Ist $P_{\zeta_0}^T$ symmetrisch bezüglich einer Stelle $m \in \mathbb{R}$, so gilt:*

a) *Der Test* (2.4.20–21) *läßt sich wählen in der Form*

$$\varphi^*(x) = \mathbb{1}_{(c,\infty)}(|T(x)-m|) + \bar{\gamma}\,\mathbb{1}_{\{c\}}(|T(x)-m|), \tag{2.4.29}$$

wobei $c \in \mathbb{R}$ und $\bar{\gamma} \in [0,1]$ bestimmt werden gemäß[1])

$$\frac{1}{2} E_{\zeta_0}\varphi^* = P_{\zeta_0}(T-m>c) + \bar{\gamma} P_{\zeta_0}(T-m=c) = \frac{\alpha}{2}. \tag{2.4.30}$$

b) *Die Form des Tests* (2.4.29) *sowie die der Nebenbedingungen* (2.4.30) *sind invariant gegenüber Transformationen*[2]) $\tilde{T}(x) = h(T(x)-m)$, *bei denen $h: \mathbb{R} \to \mathbb{R}$ streng isoton und ungerade ist.*

Bei Vorliegen einer symmetrischen Verteilung ist also der Aufwand zur praktischen Bestimmung eines zweiseitigen Tests gleich demjenigen eines einseitigen Tests, da (2.4.30) einer Fraktilbestimmung entspricht. Die Bedingung einer bzgl. einer Stelle $m \in \mathbb{R}$ symmetrischen Verteilung ist aufgrund des zentralen Grenzwertsatzes für hinreichend große n wenigstens näherungsweise erfüllt, falls $X = (X_1, \ldots, X_n)$ ist und $X_1, \ldots, X_n$ st.u. gemäß (1.7.3) verteilte ZG sind. Das folgende Beispiel zeigt, daß sich die mit der exakten Auflösung der beiden Gleichungen (2.4.21) verbundenen praktischen Schwierigkeiten in Spezialfällen noch etwas reduzieren lassen.

Beispiel 2.74 $X_1, \ldots, X_n$ seien st.u. $\mathfrak{B}(1,\pi)$-verteilte ZG, $\pi \in (0,1)$. Gesucht wird ein gleichmäßig bester unverfälschter α-Niveau Test für $\mathbf{H}: \pi = \pi_0$, $\mathbf{K}: \pi \neq \pi_0$. Da $X = (X_1, \ldots, X_n)$ einer einparametrigen Exponentialfamilie in $\zeta(\pi) = \log(\pi/(1-\pi))$ und $T(x) = \sum x_j$ genügt, ist jeder Test (2.4.20–21) eine Lösung, wobei die kritischen Werte wegen $\mathfrak{L}_\pi(\sum X_j) = \mathfrak{B}(n,\pi)$ vermöge einer $\mathfrak{B}(n,\pi_0)$-Verteilung zu bestimmen sind. Bei $\pi_0 = 0{,}5$ – und in Strenge nur dann – läßt sich Korollar 2.73 anwenden, und zwar ergibt sich (in der Terminologie von Satz 2.70) $c_2 = \mathfrak{B}(n,1/2)_{\alpha/2}$, $c_1 = n - \mathfrak{B}(n,1/2)_{\alpha/2}$. Bei $\pi_0 \neq 0{,}5$ kann man die zweite der Bedingungen (2.4.21) wegen

$$E_{\pi_0} T = n\pi_0, \qquad t\binom{n}{t}\pi_0^t(1-\pi_0)^{n-t} = n\pi_0\binom{n-1}{t-1}\pi_0^{t-1}(1-\pi_0)^{n-t}$$

auf die Form der ersten bringen, wobei nur n durch $n-1$ und die ganzzahligen Werte c_i durch $c_i - 1$ zu ersetzen sind. Dadurch wird die numerische Bestimmung von $(c_i, \bar{\gamma}_i)$, $i = 1,2$, insofern vereinfacht, als nun unmittelbar Vertafelungen verwendet werden können. Mit den Abkürzungen

$$F_{n,\pi}(c,\gamma) := \sum_{t=0}^{c-1}\binom{n}{t}\pi^t(1-\pi)^{n-t} + \gamma\binom{n}{c}\pi^c(1-\pi)^{n-c}$$

$$G_{n,\pi}(c,\gamma) := \sum_{t=c+1}^{n}\binom{n}{t}\pi^t(1-\pi)^{n-t} + \gamma\binom{n}{c}\pi^c(1-\pi)^{n-c}$$

---

[1]) $c_1 := m - c$ und $c_2 := m + c$ sind also das untere bzw. obere $\alpha/2$-Fraktil von $P_{\zeta_0}^T$.

[2]) Eine derartige Transformation wird man dann verwenden, wenn hierdurch $\tilde{T}$ unter ζ_0 eine vertafelte Verteilung bekommt. Da zur Festlegung der kritischen Werte nur noch die Verteilung für $\zeta = \zeta_0$ benötigt wird, spielt es keine Rolle, daß Verteilungen $\mathfrak{L}_\zeta(T)$, $\zeta \in Z$, im allgemeinen keine Exponentialfamilie mehr bilden.

schreiben sich dann die Gleichungen (2.4.21) als

$$\begin{aligned} F_{n,\pi_0}(c_1,\bar{\gamma}_1) + G_{n,\pi_0}(c_2,\bar{\gamma}_2) &= \alpha, \\ F_{n-1,\pi_0}(c_1-1,\bar{\gamma}_1) + G_{n-1,\pi_0}(c_2-1,\bar{\gamma}_2) &= \alpha. \end{aligned} \tag{2.4.31}$$

Von den angegebenen Vertafelungen der Binomialverteilung eignen sich hierfür nur diejenigen von Owen [1] und NBS [5], da nur in diesen mit $\mathfrak{B}(n,\pi_0)$ auch $\mathfrak{B}(n-1,\pi_0)$ vertafelt ist. Bei den anderen Tafelwerken hat man auf (2.4.21) zurückzugehen.

Werte $\mathfrak{B}(n,\pi_0)_\alpha$ mit großem n, für welche die zugehörige $\mathfrak{B}(n,\pi_0)$-Verteilung nicht mehr vertafelt ist, ersetzt man üblicherweise durch

$$c = n\pi_0 + \sqrt{n\pi_0(1-\pi_0)}\, \mathrm{u}_\alpha - 1/2, \tag{2.4.32}$$

was sich durch asymptotische Überlegungen rechtfertigen läßt; vgl. Kap. 6.

Numerisches Beispiel: Bei $n = 24$ unabhängigen Wiederholungen eines Experiments mit zufallsabhängigem Ausgang und einer Erfolgs-WS π haben sich $t = 12$ Erfolge eingestellt.

a) Es ist bei $\alpha = 0{,}05$ zwischen $\mathbf{H}: \pi \leqslant 5/16$ und $\mathbf{K}: \pi > 5/16$ zu entscheiden. Wegen $c = \mathfrak{B}(24, 5/16)_{0{,}05} = 11$, $\bar{\gamma} = 0{,}140$ ist $\mathbf{H}$ abzulehnen.

b) Es ist bei $\alpha = 0{,}05$ zwischen $\mathbf{H}: \pi = 5/16$ und $\mathbf{K}: \pi \neq 5/16$ zu entscheiden. Aus (2.4.31) ergibt sich $(c_1; \bar{\gamma}_1) = (3; 0{,}757)$, $(c_2; \bar{\gamma}_2) = (12; 0{,}269)$. Es erfolgt also keine strikte Ablehnung von $\mathbf{H}$. Die näherungsweise Bestimmung der kritischen Werte als $(1-\alpha/2)$- bzw. $\alpha/2$-Fraktil der $\mathfrak{B}(24, 5/16)$-Verteilung liefert $(c_1; \bar{\gamma}_1) = (3; 0{,}695)$, $(c_2; \bar{\gamma}_2) = (12; 0{,}326)$. Die Übereinstimmung mit den exakten Werten ist also recht gut; dies entspricht der Tatsache, daß eine $\mathfrak{B}(24, 5/16)$-Verteilung angenähert symmetrisch bezüglich der Stelle 7,5 ist. □

Anmerkung 2.75 Der Einfachheit halber wurden in 2.4.2 nur einparametrige Exponentialfamilien betrachtet. Wesentlich bei der Herleitung gleichmäßig bester unverfälschter α-Niveau Tests für die zweiseitigen Hypothesen ist jedoch die Tatsache, daß es sich bei einparametrigen Exponentialfamilien um sogenannte Polya-Typ III-Familien handelt [1]). Zu diesen gehört etwa auch die in 2.2.3 eingeführte Klasse der nichtzentralen t-Verteilungen; vgl. hierzu Beispiel 3.100.

2.4.3 Lokal beste zweiseitige Tests

Gibt es in einer einparametrigen Verteilungsklasse $\mathfrak{P} = \{P_\vartheta : \vartheta \in \Theta\}$ für Hypothesen der Form $\mathbf{H}: \vartheta = \vartheta_0$ gegen $\mathbf{K}: \vartheta \neq \vartheta_0$ keinen gleichmäßig besten unverfälschten α-Niveau Test, so liegt es wie im einseitigen Fall nahe, einen „lokal optimalen“ zweiseitigen Test zu verwenden. Dabei gibt es analog Definition 2.41 wieder mehrere Möglichkeiten, „lokale Optimalität“ zu definieren. Wir beschränken uns auf die Übertragung der ersten Präzisierung und setzen zu dem Zweck eine zweifach $\mathbb{L}_1(\vartheta_0)$-differenzierbare Verteilungsklasse mit Ableitungen $\dot{L}_{\vartheta_0}$ bzw. $\ddot{L}_{\vartheta_0}$ voraus. Nach den Sätzen 1.179 und 1.180 ist dann die Gütefunktion eines jeden Tests $\varphi \in \Phi$ in dem betreffenden Punkt $\vartheta_0 \in \Theta$ zweimal differenzierbar und zwar mit den Ableitungen

$$\nabla E_{\vartheta_0}\varphi = E_{\vartheta_0}[\varphi \dot{L}_{\vartheta_0}], \qquad \nabla\nabla E_{\vartheta_0}\varphi = E_{\vartheta_0}[\varphi \ddot{L}_{\vartheta_0}].$$

[1]) Vgl. S. Karlin: Ann. Math. Statist. **28** (1957) 281–308.

In diesem Fall ist es nämlich sinnvoll, einen Test zu verwenden, der unter allen auf $\{\vartheta_0\}$ α-ähnlichen lokal unverfälschten Tests die zweite Ableitung der Gütefunktion im Punkte ϑ_0 maximiert, also Lösung ist von

$$f(\varphi) := \int \varphi(x) \ddot{L}_{\vartheta_0}(x) \, \mathrm{d}P_{\vartheta_0} = \sup_{\varphi}, \tag{2.4.33}$$

$$\int \varphi(x) \dot{L}_{\vartheta_0}(x) \, \mathrm{d}P_{\vartheta_0} = 0, \tag{2.4.34}$$

$$\int \varphi(x) \, \mathrm{d}P_{\vartheta_0} = \alpha, \tag{2.4.35}$$

$$\varphi \in \Phi. \tag{2.4.36}$$

Satz 2.76 *Es seien* $\mathfrak{P} = \{P_\vartheta : \vartheta \in \Theta\}$ *eine einparametrige zweifach* $\mathbb{L}_1(\vartheta_0)$*-differenzierbare Verteilungsklasse mit Ableitungen* $\dot{L}_{\vartheta_0}$ *bzw.* $\ddot{L}_{\vartheta_0}$ *und* $\alpha \in (0,1)$. *Dann gilt: Es gibt stets einen lokal besten, auf* $\{\vartheta_0\}$ α*-ähnlichen lokal unverfälschten Test* φ^* *für* $\mathbf{H}$: $\vartheta = \vartheta_0$ *gegen* $\mathbf{K}$: $\vartheta \neq \vartheta_0$, *d.h. eine Lösung von* (2.4.33–36). *Dieser ist im Fall*[1]) $P_{\vartheta_0}(\dot{L}_{\vartheta_0} \neq 0) > 0$ *von der Form*

$$\varphi^*(x) = \begin{cases} 1 & \text{für } \ddot{L}_{\vartheta_0}(x) > k_1 \dot{L}_{\vartheta_0}(x) + k_2 \\ 0 & \text{für } \ddot{L}_{\vartheta_0}(x) < k_1 \dot{L}_{\vartheta_0}(x) + k_2 \end{cases} \quad [P_{\vartheta_0}], \tag{2.4.37}$$

wobei k_1 *und* k_2 *sowie die Randomisierung* γ: $\{x: \ddot{L}_{\vartheta_0}(x) = k_1 \dot{L}_{\vartheta_0}(x) + k_2\} \to [0,1]$ *bestimmt werden gemäß* (2.4.34–35).

Beweis: (2.4.33–36) ist mit $m = 2$, $q_1(x) = 1$, $q_2(x) = \dot{L}_{\vartheta_0}(x)$ und $q_3(x) = \ddot{L}_{\vartheta_0}(x)$ von der Form (2.4.1–3). Die Bedingung $(\alpha, 0) \in \mathring{\mathfrak{R}}$ ist wegen

$$\mathfrak{R} = \{(\int \varphi(x) \, \mathrm{d}P_{\vartheta_0}, \int \varphi(x) \dot{L}_{\vartheta_0}(x) \, \mathrm{d}P_{\vartheta_0}) : \varphi \in \Phi\} \tag{2.4.38}$$

stets erfüllt: Gemäß Hilfssatz 1.178 gilt nämlich $E_{\vartheta_0} \dot{L}_{\vartheta_0} = 0$. Somit genügt der Test $\tilde{\varphi} \equiv \alpha$ den Bedingungen (2.4.34–35) und $P_{\vartheta_0}(\dot{L}_{\vartheta_0} \neq 0) > 0$ ist äquivalent mit

$$\int \dot{L}^+_{\vartheta_0}(x) \, \mathrm{d}P_{\vartheta_0} > 0, \qquad \int \dot{L}^-_{\vartheta_0}(x) \, \mathrm{d}P_{\vartheta_0} > 0. \tag{2.4.39}$$

Folglich ist $(\alpha, 0)$ auch innerer Punkt von (2.4.38). $\mathfrak{R}$ enthält nämlich die Punkte (0,0) und (1,0) und zwar für die Tests $\varphi_1 \equiv 0$ und $\varphi_2 \equiv 1$; $\mathfrak{R}$ enthält aber auch Punkte $r = (r_1, r_2)$ mit $r_2 > 0$ sowie solche mit $r_2 < 0$: Für die Tests $\varphi_3 = \mathbb{1}_{\{\dot{L}^+_{\vartheta_0} > 0\}}$ bzw. $\varphi_4 = \mathbb{1}_{\{\dot{L}^-_{\vartheta_0} > 0\}}$ gilt nämlich

$$\int \varphi_3(x) \dot{L}_{\vartheta_0}(x) \, \mathrm{d}P_{\vartheta_0} = \int \dot{L}^+_{\vartheta_0}(x) \, \mathrm{d}P_{\vartheta_0} > 0$$

bzw. $$\int \varphi_4(x) \dot{L}_{\vartheta_0}(x) \, \mathrm{d}P_{\vartheta_0} = -\int \dot{L}^-_{\vartheta_0}(x) \, \mathrm{d}P_{\vartheta_0} < 0. \qquad \square$$

Beispiel 2.77 $X_1, \ldots, X_n$ seien st.u. ZG mit derselben Verteilung F_ζ, die Element einer einparametrigen Exponentialfamilie in ζ und T ist. Dann ist nach Beispiel 1.184 die Klasse der gemeinsamen Verteilungen für jedes $\zeta_0 \in \mathring{Z}$ zweifach $\mathbb{L}_1(\zeta_0)$-differenzierbar und zwar mit den Ableitungen (1.8.24–25). T ist nicht F_{ζ_0}-f.ü. konstant. Somit ist die Bedingung (2.4.39) erfüllt.

---

[1]) Ist $P_{\vartheta_0}(\dot{L}_{\vartheta_0} \neq 0) = 0$, also wegen Hilfssatz 1.178a $\dot{L}_{\vartheta_0} = 0 \quad [P_{\vartheta_0}]$, so ist die Nebenbedingung (2.4.34) für jeden Test $\varphi \in \Phi$ trivialerweise erfüllt, und der lokal beste zweiseitige Test somit von der Form (2.1.18 + 16) mit $q_1(x) = \ddot{L}_{\vartheta_0}(x)$ und $q_0(x) = 1$.

Folglich gibt es einen lokal besten, auf $\{\zeta_0\}$ α-ähnlichen lokal unverfälschten Test für $\mathbf{H}$: $\zeta = \zeta_0$ gegen $\mathbf{K}$: $\zeta \neq \zeta_0$. Dieser ist von der Form (2.4.37) mit

$$\dot{L}_{\zeta_0}(x) = \sum_j (T(x_j) - E_{\zeta_0} T) \quad \text{und} \quad \ddot{L}_{\zeta_0}(x) = \left[\sum_j (T(x_j) - E_{\zeta_0} T)\right]^2 - n \, Var_{\zeta_0} T,$$

d.h. mit $K := E_{\zeta_0} T + k_1/2$ und $L^2 := k_1^2/4 + k_2 + n \, Var_{\zeta_0} T$ gilt

$$\varphi^*(x) = \begin{cases} 1 & \text{für } \left[\sum_j (T(x_j) - K)\right]^2 > L^2 \\ 0 & \text{für } \left[\sum_j (T(x_j) - K)\right]^2 < L^2 \end{cases} \qquad [P_{\zeta_0}].$$

Unter der Annahme konstanter Randomisierung ist φ^* also von der Form (2.4.15) und somit nach Satz 2.70 gleichmäßig bester α-ähnlicher lokal unverfälschter Test bzw. gleichmäßig bester unverfälschter α-Niveau Test für $\mathbf{H}$: $\zeta = \zeta_0$ gegen $\mathbf{K}$: $\zeta \neq \zeta_0$. □

Beispiel 2.78 $X_1, \ldots, X_n$ seien st.u. ZG mit derselben VF $F_\vartheta(z) = F(z - \vartheta)$, $\vartheta \in \mathbb{R}$, wobei F eine $\lambda\!\!\lambda$-Dichte f besitzt, die den Bedingungen aus Beispiel 1.185 b genügt. Dann ist die Klasse der gemeinsamen Verteilungen $P_\vartheta = F_\vartheta^{(n)}$ nach jenem Beispiel für jedes $\vartheta_0 \in \mathbb{R}$ zweifach $\mathbb{L}_1(\vartheta_0)$-differenzierbar mit den Ableitungen (1.8.30–31). Wegen (1.8.26–27) ist $\dot{L}_{\vartheta_0}$ nicht P_{ϑ_0}-f.s. konstant. Somit ist die Bedingung (2.4.39) erfüllt. Folglich gibt es für jedes $\vartheta_0 \in \mathbb{R}$ einen lokal besten, auf $\{\vartheta_0\}$ α-ähnlichen lokal unverfälschten Test für $\mathbf{H}$: $\vartheta = \vartheta_0$ gegen $\mathbf{K}$: $\vartheta \neq \vartheta_0$. Dieser ist von der Form (2.4.37). Die Konstanten k_1 und k_2 bestimmen sich aus (2.4.34 + 35). □

Aufgabe 2.16 Es seien $\mathfrak{P}_{\mathbf{H}} = \left\{\mathfrak{R}\left(0, \frac{n+1}{n}\right) : n \in \mathbb{N}\right\}$ mit $\lambda\!\!\lambda$-Dichten p_n, $\mathfrak{P}_{\mathbf{K}} = \{\mathfrak{R}(0,1)\}$ mit $\lambda\!\!\lambda$-Dichte p_0 und $\alpha \in (0,1)$. Man zeige:

a) Es gibt keine Zahlen $k_n \in \mathbb{R}$, $n \in \mathbb{N}$, mit $p_0(x) = \sum k_n p_n(x)$ $[\lambda\!\!\lambda]$;

b) Es gibt keinen Test $\varphi \in \Phi$ mit $E_n \varphi = \alpha$, $n \in \mathbb{N}$, und $E_0 \varphi > \alpha$.

Aufgabe 2.17 Man gebe eine (2.4.31) entsprechende Bestimmungsvorschrift für die Werte $(c_i; \bar{\gamma}_i)$, $i = 1,2$, des Tests (2.4.20–21) an für die folgenden Testprobleme:

a) $X_1, \ldots, X_n$ st.u. mit $\mathfrak{L}(X_1) = \ldots = \mathfrak{L}(X_n) = \mathfrak{P}(\lambda)$, $\lambda > 0$; $\mathbf{H}$: $\lambda = \lambda_0$, $\mathbf{K}$: $\lambda \neq \lambda_0$.

b) $\mathfrak{L}(T)$ sei eine gestreckte χ_n^2-Verteilung mit dem Parameter σ^2; $\mathbf{H}$: $\sigma^2 = \sigma_0^2$, $\mathbf{K}$: $\sigma^2 \neq \sigma_0^2$.

Aufgabe 2.18 Welche Entscheidung zwischen $\mathbf{H}$: $\lambda = 0{,}6$ und $\mathbf{K}$: $\lambda \neq 0{,}6$ ist bei $\alpha = 0{,}05$ aufgrund von 15 Realisierungen st.u. $\mathfrak{P}(\lambda)$-verteilter ZG zu treffen, wenn Beobachtungen $x_1, \ldots, x_n$ mit $\sum x_j = 3$ vorliegen?

Aufgabe 2.19 a) Man zeige, daß bei $n = 80$; $\pi_0 = 0{,}1$; $\alpha = 0{,}01$ und $t = \sum x_j = 17$ sowohl der einseitige als auch der zweiseitige Binomialtest zur Ablehnung von $\mathbf{H}$ führen.

b) Man vergleiche die exakt ermittelten Werte c_1 und c_2 mit den als $(1 - \alpha/2)$- bzw. $\alpha/2$-Fraktile bzw. den gemäß (2.4.32) bestimmten Werten.

Aufgabe 2.20 Die ZG $X_1, \ldots, X_4$ seien st.u. und $\mathfrak{B}(1, \pi)$-verteilt mit unbekanntem $\pi \in (0,1)$. Wie lautet der Test (2.4.20–21) bei $\alpha = 0{,}6$ für $\mathbf{H}$: $\pi = 0{,}25$, $\mathbf{K}$: $\pi \neq 0{,}25$?

2.5 Optimale Tests und ungünstigste a priori Verteilungen

Jedem Testproblem der Form (P) aus 1.3.2 mit produktmeßbaren Dichten läßt sich ein duales Optimierungsproblem (D) zuordnen. Während bisher hiervon nur implizit Gebrauch gemacht wurde, nämlich beim Beweis der Sätze 2.5, 2.7 und 2.67 durch Einführung der Funktionen v_k und beim Nachweis der Existenz zulässiger Lösungen φ und k mit $f(\varphi) = g(k)$, wird nun (D) selber als neben (P) gleichberechtigte Optimierungsaufgabe behandelt. Dabei beschränken wir uns auf spezielle Optimierungsprobleme der Form $(P_{\leqslant})$, $(D_{\leqslant})$, für die wir kurz $(\bar{P})$, $(\bar{D})$ bzw. $(\tilde{P})$, $(\tilde{D})$ bzw. (P'), (D') schreiben. Probleme der Form $(P_=)$, $(D_=)$ lassen sich analog behandeln.

In 2.5.1 werden Bedingungen angegeben, unter denen für die Probleme $(\bar{P})$ der Bestimmung von besten α-Niveau Tests bzw. $(\tilde{P})$ der Bestimmung von Maximin α-Niveau Tests der schwache oder starke Dualitätssatz gilt und Folgerungen aus seiner Gültigkeit gezogen; andererseits wird in 2.5.2 gezeigt, daß sich die optimalen Lösungen von $(\bar{D})$ bzw. $(\tilde{D})$ als ungünstigste a priori Verteilungen bzw. als Paare von solchen interpretieren lassen. Existieren derartige Lösungen, so läßt sich die Bestimmung von besten α-Niveau Tests für eine zusammengesetzte Hypothese $\mathbf{H}$ gegen eine einfache Hypothese $\mathbf{K} = \{\vartheta_1\}$ bzw. von Maximin α-Niveau Tests für zwei zusammengesetzte Hypothesen auf diejenige bester α-Niveau Tests für zwei einfache Hypothesen reduzieren. Ein entsprechender Zusammenhang besteht zwischen Bayes- und Minimax-Tests, wie in 2.5.3 gezeigt werden wird. Insbesondere erweist sich dabei ein Minimax-Test als Bayes-Test bzgl. einer ungünstigsten a priori Bewertung. Der Beweis beruht darauf, daß Minimax-Tests und ungünstigste a priori Bewertungen optimale Lösungen von zueinander dualen Optimierungsaufgaben (P') bzw. (D') sind.

2.5.1 Optimale Signifikanztests

Die Bestimmung eines besten α-Niveau Tests für eine zusammengesetzte Hypothese $\mathbf{H}$ gegen eine einfache Hypothese $\{\vartheta_1\}$

$$\int \varphi(x)\,\mathrm{d}P_{\vartheta_1} = \sup_{\varphi}, \tag{2.5.1}$$

$$\int \varphi(x)\,\mathrm{d}P_{\vartheta} \leqslant \alpha \qquad \forall \vartheta \in \mathbf{H}, \tag{2.5.2}$$

$$\varphi \in \Phi \tag{2.5.3}$$

läßt sich als Optimierungsproblem im Sinne von 1.3.2 auffassen. Um ein duales Optimierungsproblem formulieren zu können, nehmen wir an, daß die Verteilungsklasse $\mathfrak{P}_{\mathbf{H}} = \{P_\vartheta : \vartheta \in \mathbf{H}\}$ und damit auch $\mathfrak{P}_{\mathbf{H}} + \{P_{\vartheta_1}\}$ dominiert ist. Bezeichnen p_ϑ μ-Dichten von P_ϑ bezüglich eines dominierenden Maßes μ, so gilt $\int \varphi(x)\,\mathrm{d}P_\vartheta = \int \varphi(x)\,p_\vartheta(x)\,\mathrm{d}\mu$. Wie in 2.4.1 lassen wir statt μ-Dichten p_ϑ allgemeiner sogleich μ-integrable Funktionen $q_\vartheta \in \mathbb{L}_1(\mu)$, $\vartheta \in \mathbf{H} + \{\vartheta_1\}$, sowie statt der Konstanten $\alpha \in (0,1)$ eine beschränkte Funktion $\alpha\colon \mathbf{H} \to \mathbb{R}$ zu. In Verallgemeinerung von (2.1.3–5) betrachten wir also das Optimierungsproblem

$$(\bar{P}) \quad \begin{cases} f(\varphi) := \int \varphi(x)\,q_{\vartheta_1}(x)\,\mathrm{d}\mu = \sup_{\varphi}, & (2.5.4)\\ \int \varphi(x)\,q_\vartheta(x)\,\mathrm{d}\mu \leqslant \alpha(\vartheta) \qquad \forall \vartheta \in \mathbf{H}, & (2.5.5)\\ \varphi \in \Phi. & (2.5.6) \end{cases}$$

Diesem ordnen wir unter den in Satz 2.79 präzisierten zusätzlichen Meßbarkeitsvoraussetzungen das duale Optimierungsproblem

$$(\bar{D}) \left\{ \begin{aligned} & g(\lambda) := \int_{\mathfrak{X}} \left[q_{\vartheta_1}(x) - \int_{\mathbf{H}} q_\vartheta(x)\,\mathrm{d}\lambda(\vartheta) \right]^+ \mathrm{d}\mu(x) + \int_{\mathbf{H}} \alpha(\vartheta)\,\mathrm{d}\lambda(\vartheta) = \inf_\lambda, && (2.5.7) \\ & \lambda \in \mathfrak{M}^e(\mathbf{H}, \mathfrak{H}), && (2.5.8) \end{aligned} \right.$$

zu und nennen φ bzw. λ *zulässige Lösungen* für $(\bar{P})$ bzw. $(\bar{D})$, wenn sie die jeweiligen Nebenbedingungen erfüllen. Analog sind wie in 1.3.2 die Begriffe *optimale Lösungen* und *optimierende Folgen* erklärt. Die Rechtfertigung, $(\bar{D})$ als Dualproblem von $(\bar{P})$ zu bezeichnen, wird sich durch die Einordnung in die allgemeine Theorie aus 1.3.2 ergeben. Der folgende Satz 2.79 lehnt sich in Formulierung und Beweis eng an Satz 1.67 an.

Satz 2.79 $(\mathfrak{X}, \mathfrak{B})$ *und* $(\mathbf{H}, \mathfrak{H})$ *seien meßbare Räume. Für* $\vartheta \in \mathbf{H}$ *seien Funktionen* $q_\vartheta \in \mathbb{L}_1(\mu)$ *gegeben derart, daß* $(x, \vartheta) \mapsto q_\vartheta(x)$ *auf* $\mathfrak{X} \times \mathbf{H}$ *eine* $\mathfrak{B} \otimes \mathfrak{H}$*-meßbare Funktion ist mit*[1]) $\sup_{\vartheta \in \mathbf{H}} \int_{\mathfrak{X}} |q_\vartheta(x)|\,\mathrm{d}\mu(x) < \infty$. *Weiter seien* $q_{\vartheta_1} \in \mathbb{L}_1(\mu)$ *eine auf* $\mathfrak{X}$ *definierte* μ*-integrable Funktion,* $\alpha \in \mathfrak{H}$ *eine auf* $\mathbf{H}$ *definierte beschränkte meßbare Funktion und* $\Phi_\alpha := \{\varphi \in \Phi \colon \int_{\mathfrak{X}} \varphi(x)\, q_\vartheta(x)\,\mathrm{d}\mu \leqslant \alpha(\vartheta) \quad \forall \vartheta \in \mathbf{H}\}$ *die Menge der bei* $(\bar{P})$ *zugelassenen Tests.*

a) (Vergleichssatz) *Sind* φ *und* λ *zulässige Lösungen von* $(\bar{P})$ *bzw.* $(\bar{D})$, *so gilt*

$$f(\varphi) \leqslant g(\lambda). \tag{2.5.9}$$

b) *Sind* φ^* *und* λ^* *zulässige Lösungen von* $(\bar{P})$ *bzw.* $(\bar{D})$, *so gilt mit* $\mathfrak{M}^e := \mathfrak{M}^e(\mathbf{H}, \mathfrak{H})$

$$\left. \begin{array}{l} 1)\ \varphi^* \text{ ist Optimallösung von } (\bar{P}) \\ 2)\ \lambda^* \text{ ist Optimallösung von } (\bar{D}) \\ 3)\ \sup\limits_{\varphi \in \Phi_\alpha} f(\varphi) = \inf\limits_{\lambda \in \mathfrak{M}^e} g(\lambda) \end{array} \right\} \Leftrightarrow \quad f(\varphi^*) = g(\lambda^*).$$

c) *Sind* φ^* *und* λ^* *zulässige Lösungen von* $(\bar{P})$ *bzw.* $(\bar{D})$, *so gilt* $f(\varphi^*) = g(\lambda^*)$ *genau dann, wenn gilt*[2]):

$$\varphi^*(x) = \begin{cases} 1 & \text{für } q_{\vartheta_1}(x) > \int_{\mathbf{H}} q_\vartheta(x)\,\mathrm{d}\lambda^*(\vartheta) \\ 0 & \text{für } q_{\vartheta_1}(x) < \int_{\mathbf{H}} q_\vartheta(x)\,\mathrm{d}\lambda^*(\vartheta) \end{cases} \quad [\mu], \tag{2.5.10}$$

$$\int_{\mathfrak{X}} \varphi^*(x)\, q_\vartheta(x)\,\mathrm{d}\mu(x) = \alpha(\vartheta) \quad [\lambda^*]. \tag{2.5.11}$$

---

[1]) Diese zur Anwendung des Satzes von Fubini erforderliche Zusatzvoraussetzung ist etwa erfüllt, wenn q_ϑ für jedes $\vartheta \in \mathbf{H}$ eine μ-Dichte p_ϑ *oder* $\mathbf{H}$ eine endliche Menge ist.

[2]) Im Spezialfall des Testproblems (2.5.1–3) besagt (2.5.11), daß ein optimaler Test das zugelassene Niveau α λ^*-f.s. ausschöpft; vgl. auch (2.1.11–12).

d) *Sind* φ^* *und* λ_i, $i \in \mathbb{N}$, *zulässige Lösungen von* $(\bar{P})$ *bzw.* $(\bar{D})$, *so gilt* $f(\varphi^*) = \lim_{i\to\infty} g(\lambda_i)$ *genau dann, wenn für* $i \to \infty$ *gilt*

$$\int_{\mathfrak{X}} [1-\varphi(x)] \left[q_{\vartheta_1}(x) - \int_{\mathbf{H}} q_\vartheta(x)\,\mathrm{d}\lambda_i(\vartheta) \right]^+ \mathrm{d}\mu(x) \to 0, \tag{2.5.12}$$

$$\int_{\mathfrak{X}} \varphi(x) \left[q_{\vartheta_1}(x) - \int_{\mathbf{H}} q_\vartheta(x)\,\mathrm{d}\lambda_i(\vartheta) \right]^- \mathrm{d}\mu(x) \to 0, \tag{2.5.13}$$

$$\int_{\mathbf{H}} \left[\alpha(\vartheta) - \int_{\mathfrak{X}} \varphi(x)\, q_\vartheta(x)\,\mathrm{d}\mu(x) \right] \mathrm{d}\lambda_i(\vartheta) \to 0. \tag{2.5.14}$$

Beweis: a) Aufgrund der Voraussetzungen gilt für jedes Maß $\lambda \in \mathfrak{M}^e(\mathbf{H}, \mathfrak{H})$

$$\alpha(\vartheta) \in \mathbb{L}_1(\lambda); \qquad q_\vartheta(x) \in \mathbb{L}_1(\mu \otimes \lambda); \qquad v_\lambda(x) := q_{\vartheta_1}(x) - \int_{\mathbf{H}} q_\vartheta(x)\,\mathrm{d}\lambda(\vartheta) \in \mathbb{L}_1(\mu).$$

Zur Rechtfertigung, $(\bar{D})$ als Dualproblem von $(\bar{P})$ zu bezeichnen, sei für beschränkte $h \in \mathfrak{H}$ und $\lambda \in \mathfrak{M}^e(\mathbf{H}, \mathfrak{H})$ die Bilinearform $\langle h, \lambda \rangle$ erklärt durch

$$\langle h, \lambda \rangle := \int h(\vartheta)\,\mathrm{d}\lambda(\vartheta) \tag{2.5.15}$$

und demgemäß die Lagrange-Funktion durch

$$r(\varphi, \lambda) = \int_{\mathfrak{X}} \varphi(x)\, q_{\vartheta_1}(x)\,\mathrm{d}\mu + \int_{\mathbf{H}} \left[\alpha(\vartheta) - \int_{\mathfrak{X}} \varphi(x)\, q_\vartheta(x)\,\mathrm{d}\mu(x) \right] \mathrm{d}\lambda(\vartheta).$$

Dann folgt nämlich die duale Zielfunktion (2.5.7) aus der allgemeinen Festsetzung (1.3.30) nach dem Satz von Fubini zu

$$\begin{aligned} g(\lambda) &= \sup_{\varphi \in \Phi} \left[\int_{\mathfrak{X}} \varphi(x)\, q_{\vartheta_1}(x)\,\mathrm{d}\mu + \int_{\mathbf{H}} \left[\alpha(\vartheta) - \int_{\mathfrak{X}} \varphi(x)\, q_\vartheta(x)\,\mathrm{d}\mu(x) \right] \mathrm{d}\lambda(\vartheta) \right] \\ &= \sup_{\varphi \in \Phi} \int_{\mathfrak{X}} \varphi(x)\, v_\lambda(x)\,\mathrm{d}\mu(x) + \int_{\mathbf{H}} \alpha(\vartheta)\,\mathrm{d}\lambda(\vartheta) = \int_{\mathfrak{X}} v_\lambda^+(x)\,\mathrm{d}\mu(x) + \int_{\mathbf{H}} \alpha(\vartheta)\,\mathrm{d}\lambda(\vartheta). \end{aligned}$$

Damit ergibt sich (2.5.9) nach Satz 1.67a oder direkt gemäß

$$\begin{aligned} g(\lambda) - f(\varphi) = &\int_{\mathfrak{X}} [1-\varphi(x)]\, v_\lambda^+(x)\,\mathrm{d}\mu(x) + \int_{\mathfrak{X}} \varphi(x)\, v_\lambda^-(x)\,\mathrm{d}\mu(x) \\ &+ \int_{\mathbf{H}} \left[\alpha(\vartheta) - \int_{\mathfrak{X}} \varphi(x)\, q_\vartheta(x)\,\mathrm{d}\mu(x) \right] \mathrm{d}\lambda(\vartheta) \geqslant 0. \end{aligned} \tag{2.5.16}$$

b) folgt trivialerweise – wie bei Satz 1.67 b – aus a).

c) Gleichheit $f(\varphi) = g(\lambda)$ gilt nach b) für zulässige Lösungen φ und λ genau dann, wenn jedes der drei Integrale in (2.5.16) verschwindet, wenn also gilt

$$v_\lambda^+(x) > 0 \;\Rightarrow\; \varphi(x) = 1 \quad [\mu], \qquad v_\lambda^-(x) > 0 \;\Rightarrow\; \varphi(x) = 0 \quad [\mu] \text{ sowie (2.5.11).}$$

d) folgt aus (2.5.16) wegen $g(\lambda_i) - f(\varphi^*) \to 0$ für $i \to \infty$. □

Wir werden nun für $(\overline{P})$ und $(\overline{D})$ zeigen, daß unter der Zusatzvoraussetzung [1])

$$\exists \varphi \in \Phi: \quad \int \varphi(x)\, q_\vartheta(x)\, \mathrm{d}\mu < \alpha(\vartheta) \qquad \forall \vartheta \in \mathbf{H} \tag{2.5.17}$$

stets der schwache Dualitätssatz gilt, also die Gültigkeit von

$$\sup_{\varphi \in \Phi_\alpha} f(\varphi) = \inf_{\lambda \in \mathfrak{M}^e} g(\lambda). \tag{2.5.18}$$

Dabei wird das Supremum auf der linken Seite von (2.5.18) nach dem Satz von der schwachen Folgenkompaktheit 2.14 *stets* angenommen. Die Gültigkeit des starken Dualitätssatzes – und damit nach Satz 2.79c die 0-1-Gestalt des optimalen Tests sowie das Erfülltsein von (2.5.11) – ist äquivalent damit, daß das Dualproblem $(\overline{D})$ eine optimale Lösung besitzt. Hinreichend hierfür ist nach Satz 1.71 b, daß $\mathbf{H} = \{\vartheta^1, \ldots, \vartheta^m\}$ eine endliche Menge ist. In diesem Fall wird jedes endliche Maß $\lambda \in \mathfrak{M}^e(\mathbf{H}, \mathfrak{H})$ durch den Vektor k der nicht-negativen Zahlen $k_i = \lambda(\{\vartheta^i\})$, $i = 1, \ldots, m$, bestimmt. Teil b) des folgenden Satzes zeigt, daß sich die Gültigkeit des schwachen Dualitätssatzes bei beliebigem $\mathbf{H}$ auf diejenige für alle endlichen Teilmengen zurückführen läßt.

Satz 2.80 *Es seien die Voraussetzungen von Satz* 2.79 *sowie* (2.5.17) *erfüllt.*

a) (Starker Dualitätssatz) *Ist* $\mathbf{H} = \{\vartheta^1, \ldots, \vartheta^m\}$ *eine endliche Menge, so gilt für die Optimierungsprobleme* $(\overline{P})$ *und* $(\overline{D})$

$$\max_{\varphi \in \Phi_\alpha} f(\varphi) = \min_{k \geqslant 0} g(k). \tag{2.5.19}$$

b) (Schwacher Dualitätssatz) *Ist* $\mathbf{H}$ *eine beliebige Menge, so gilt für die Optimierungsprobleme* $(\overline{P})$ *und* $(\overline{D})$

$$\max_{\varphi \in \Phi_\alpha} f(\varphi) = \inf_{\lambda \in \mathfrak{M}^e} g(\lambda). \tag{2.5.20}$$

Beweis: a) Der (2.5.19) entsprechende schwache Dualitätssatz ergibt sich aus Satz 1.71 b, wenn man $A_i(y) = \int \varphi(x)\, q_{\vartheta^i}(x)\, \mathrm{d}\mu$ und $c_i = \alpha(\vartheta^i)$, $i = 1, \ldots, m$, setzt und beachtet, daß die Voraussetzung $\exists y_0 \in C$ mit $A(y_0) < c$ aus Satz 1.71 b wegen (2.5.17) erfüllt ist. Dabei ist wegen $q_{\vartheta_1} \in \mathbb{L}_1(\mu)$ das Infimum endlich. Also kann nach jenem Satz das Infimum durch ein Minimum und nach dem Satz von der schwachen Folgenkompaktheit das Supremum durch ein Maximum ersetzt werden.

b) Da das Supremum in (2.5.18) stets angenommen wird, ist (2.5.18) bzw. (2.5.20) äquivalent damit, daß für jedes $u \in \mathbb{R}$ gilt

$$\max_{\varphi \in \Phi_\alpha} f(\varphi) \geqslant u \quad \Leftrightarrow \quad \inf_{\lambda \in \mathfrak{M}^e} g(\lambda) \geqslant u. \tag{2.5.21}$$

Definieren wir nun für Teilmengen $\mathbf{H}' \subset \mathbf{H}$ und Zahlen $u \in \mathbb{R}$

$$\Phi_{\mathbf{H}', u} := \left\{ \varphi \in \Phi \colon \int_{\mathfrak{X}} \varphi(x)\, q_\vartheta(x)\, \mathrm{d}\mu \leqslant \alpha(\vartheta) \quad \forall \vartheta \in \mathbf{H}', \int_{\mathfrak{X}} \varphi(x)\, q_{\vartheta_1}(x)\, \mathrm{d}\mu \geqslant u \right\}, \tag{2.5.22}$$

[1]) Diese ist stets erfüllt, falls $\alpha(\vartheta) > 0 \quad \forall \vartheta \in \mathbf{H}$, z.B. durch den Test $\varphi \equiv 0$.

so ist (2.5.21) äquivalent mit der Behauptung: Für $u \in \mathbb{R}$ gilt

$$\Phi_{\mathbf{H},u} \neq \emptyset \quad \Leftrightarrow \quad g(\lambda) \geqslant u \quad \forall \lambda \in \mathfrak{M}^e(\mathbf{H}, \mathfrak{H}). \tag{2.5.23}$$

Hier folgt der Nachweis von „$\Rightarrow$" unmittelbar aus dem Vergleich (2.5.9). Die Umkehrung ergibt sich aus a). Einerseits ist nämlich

$$\Phi_{\mathbf{H},u} = \bigcap_{\substack{\mathbf{H}' \subset \mathbf{H} \\ \mathbf{H}' \text{ endlich}}} \Phi_{\mathbf{H}',u},$$

wobei der Durchschnitt über alle endlichen Teilmengen $\mathbf{H}' \subset \mathbf{H}$ gebildet wird. Dabei sind die Mengen $\Phi_{\mathbf{H}',u}$ schwach-$*$ abgeschlossen: Aus $(\varphi_n)_{n \in \mathbb{N}} \subset \Phi_{\mathbf{H}',u}$ und $\int \varphi_n q \, d\mu \to \int \varphi q \, d\mu$ $\forall q \in \mathbb{L}_1(\mu)$ mit $\varphi \in \Phi$ folgt nämlich analog Satz 2.16 $\varphi \in \Phi_{\mathbf{H}',u}$. Außerdem gilt für jede endliche Menge $\mathbf{H}' \subset \mathbf{H}$

$$\min\{g(\lambda) \colon \lambda \in \mathfrak{M}^e(\mathbf{H}', \mathbf{H}'\mathfrak{H})\} \geqslant \inf\{g(\lambda) \colon \lambda \in \mathfrak{M}^e(\mathbf{H}, \mathfrak{H})\} \geqslant u$$

und damit nach a)

$$\max\{f(\varphi) \colon \int \varphi(x) q_\vartheta(x) \, d\mu \leqslant \alpha(\vartheta) \quad \forall \vartheta \in \mathbf{H}'\} \geqslant u.$$

Folglich gilt für je endlich viele Mengen $\Phi_{\mathbf{H}_i',u}$, $\mathbf{H}_i' \subset \mathbf{H}$ endlich, $i = 1, \ldots, n$,

$$\bigcap_{i=1}^n \Phi_{\mathbf{H}_i',u} = \Phi_{\mathbf{H}',u} \neq \emptyset, \qquad \mathbf{H}' := \bigcup_{i=1}^n \mathbf{H}_i'.$$

Daraus folgt $\Phi_{\mathbf{H},u} \neq \emptyset$, da Φ nach dem Satz von Alaoglu schwach-$*$ kompakt ist und damit die endliche Durchschnittseigenschaft[1]) besitzt. □

Analog lassen sich die 0-1-Gestalt von Maximin α-Niveau Tests sowie hinreichende und notwendige Bedingungen für die Maximin-Optimalität eines α-Niveau Tests herleiten, sofern produktmeßbare Dichten existieren. Führt man nämlich den Wert $R(\varphi) := \inf_{\vartheta \in \mathbf{K}} E_\vartheta \varphi$ der Zielfunktion aus Definition 1.58 als weitere Variable u neben der Funktion φ ein, so ergibt sich aus (1.3.17–18) das lineare Optimierungsproblem

$$(\tilde{P}) \quad \begin{cases} f(\varphi, u) := u = \sup\limits_{\varphi, u} & (2.5.24) \\ \int\limits_{\mathfrak{X}} \varphi(x) p_\vartheta(x) \, d\mu \leqslant \alpha \quad \forall \vartheta \in \mathbf{H}, \quad \int\limits_{\mathfrak{X}} \varphi(x) p_\vartheta(x) \, d\mu \geqslant u \quad \forall \vartheta \in \mathbf{K}, & (2.5.25) \\ (\varphi, u) \in \Phi \times \mathbb{R}. & (2.5.26) \end{cases}$$

Dieses ist von der Form $(P_\leqslant)$ aus 1.3.2, wobei die beiden Nebenbedingungen (2.5.25) der einen Bedingung $h(y) \geqslant 0$ in $(P_\leqslant)$ entsprechen. Bezeichnen $\mathfrak{H}$ und $\mathfrak{K}$ σ-Algebren über $\mathbf{H}$ bzw. $\mathbf{K}$ und erklärt man für beschränkte Funktionen $h \in \mathfrak{H}$ und $k \in \mathfrak{K}$ sowie für $\lambda \in \mathfrak{M}^e(\mathbf{H}, \mathfrak{H})$ und $\varkappa \in \mathfrak{M}^e(\mathbf{K}, \mathfrak{K})$ eine Bilinearform gemäß

$$\langle (h, k), (\lambda, \varkappa) \rangle := \int\limits_{\mathbf{H}} h(\vartheta) \, d\lambda(\vartheta) + \int\limits_{\mathbf{K}} k(\vartheta) \, d\varkappa(\vartheta),$$

[1]) Vgl. hierzu bzw. zum Satz von Alaoglu etwa N. Dunford, J. T. Schwartz: Linear Operators, Part I, New York, 1967; Lemma I.5.6, Seite 17 bzw. Theorem V. 4.2, Seite 424.

so ergibt sich die duale Zielfunktion (1.3.30) nach dem Satz von Fubini zu

$$g(\lambda, \varkappa) = \sup_{\substack{\varphi \in \Phi \\ u \in \mathbb{R}}} \left[u + \int_{\mathbf{H}} \left[\alpha - \int_{\mathfrak{X}} \varphi(x) p_\vartheta(x) \, \mathrm{d}\mu(x) \right] \mathrm{d}\lambda(\vartheta) + \int_{\mathbf{K}} \left[\int_{\mathfrak{X}} \varphi(x) p_\vartheta(x) \, \mathrm{d}\mu(x) - u \right] \mathrm{d}\varkappa(\vartheta) \right]$$

$$= \sup_{\varphi \in \Phi} \int_{\mathfrak{X}} \varphi(x) \left[\int_{\mathbf{K}} p_\vartheta(x) \, \mathrm{d}\varkappa(\vartheta) - \int_{\mathbf{H}} p_\vartheta(x) \, \mathrm{d}\lambda(\vartheta) \right] \mathrm{d}\mu(x) + \sup_{u \in \mathbb{R}} [u(1 - \varkappa(\mathbf{K}))] + \alpha \lambda(\mathbf{H}).$$

Da das duale Optimierungsproblem aus der Maximierung der Funktion $g(\lambda, \varkappa)$ besteht, können wir uns o. E. auf Maße $\varkappa \in \mathfrak{M}^e(\mathbf{K}, \mathfrak{K})$ mit $\varkappa(\mathbf{K}) = 1$ beschränken; andernfalls wäre nämlich $\sup_{u \in \mathbb{R}} [u(1 - \varkappa(\mathbf{K}))] = \infty$. Damit lautet (1.3.30)

$$g(\lambda, \varkappa) = \int_{\mathfrak{X}} \left[\int_{\mathbf{K}} p_\vartheta(x) \, \mathrm{d}\varkappa(\vartheta) - \int_{\mathbf{H}} p_\vartheta(x) \, \mathrm{d}\lambda(\vartheta) \right]^+ \mathrm{d}\mu(x) + \alpha \lambda(\mathbf{H})$$

und das (2.5.7–8) entsprechende duale Optimierungsproblem

$$(\tilde{D}) \quad \begin{cases} g(\lambda, \varkappa) = \inf\limits_{\lambda, \varkappa} \\ \lambda \in \mathfrak{M}^e(\mathbf{H}, \mathfrak{H}), \qquad \varkappa \in \mathfrak{M}^1(\mathbf{K}, \mathfrak{K}). \end{cases}$$

Auch wenn sich alle Teilaussagen aus Satz 2.79 auf diesen allgemeineren Fall übertragen lassen, beschränken wir uns hier auf die alle spezifischen Aspekte widerspiegelnden Teile a) und c). Diese enthält der

Satz 2.81 $\mathfrak{P} = \{P_\vartheta : \vartheta \in \mathbf{H} + \mathbf{K}\}$ *sei eine dominierte Klasse von Verteilungen über* $(\mathfrak{X}, \mathfrak{B})$ *mit* μ*-Dichten* $p_\vartheta(x)$ *derart, daß* $(x, \vartheta) \mapsto p_\vartheta(x)$ *auf* $\mathfrak{X} \times \mathbf{H}$ *eine* $\mathfrak{B} \otimes \mathfrak{H}$*-meßbare und auf* $\mathfrak{X} \times \mathbf{K}$ *eine* $\mathfrak{B} \otimes \mathfrak{K}$*-meßbare Funktion ist. Weiter sei* $\alpha \in (0,1)$. *Dann gilt für* $R(\varphi) = \inf_{\vartheta \in \mathbf{K}} E_\vartheta \varphi$:

a) *Ist* $\varphi \in \Phi_\alpha$ *und ist* $(\lambda, \varkappa)$ *eine zulässige Lösung von* $(\tilde{D})$, *so gilt*

$$R(\varphi) \leqslant g(\lambda, \varkappa). \tag{2.5.27}$$

b) *Sind* φ^* *und* $(\lambda^*, \varkappa^*)$ *zulässige Lösungen von* $(\tilde{P})$ *bzw.* $(\tilde{D})$, *so gilt* $R(\varphi^*) = g(\lambda^*, \varkappa^*)$ *genau dann, wenn gilt*

$$\varphi^*(x) = \begin{cases} 1 & \textit{für } \int_{\mathbf{K}} p_\vartheta(x) \, \mathrm{d}\varkappa^*(\vartheta) > \int_{\mathbf{H}} p_\vartheta(x) \, \mathrm{d}\lambda^*(\vartheta) \\ 0 & \textit{für } \int_{\mathbf{K}} p_\vartheta(x) \, \mathrm{d}\varkappa^*(\vartheta) < \int_{\mathbf{H}} p_\vartheta(x) \, \mathrm{d}\lambda^*(\vartheta) \end{cases} \quad [\mu], \tag{2.5.28}$$

$$E_\vartheta \varphi^* = \alpha \quad [\lambda^*], \qquad E_\vartheta \varphi^* = \inf_{\vartheta \in \mathbf{K}} E_\vartheta \varphi^* \quad [\varkappa^*]. \tag{2.5.29}$$

Beweis: a) Das Problem der Bestimmung eines Maximin-α-Niveau Tests ist mit $u := \inf_{\vartheta \in \mathbf{K}} E_\vartheta \varphi$ von der Form $(\tilde{P})$. Wie bei Satz 2.79 folgt

$$p_\vartheta(x) \in \mathbb{L}_1(\mu \otimes \lambda) \quad \text{bzw.} \quad p_\vartheta(x) \in \mathbb{L}_1(\mu \otimes \varkappa),$$

$$v_{\lambda, \varkappa}(x) := \int_{\mathbf{K}} p_\vartheta(x) \, \mathrm{d}\varkappa(\vartheta) - \int_{\mathbf{H}} p_\vartheta(x) \, \mathrm{d}\lambda(\vartheta) \in \mathbb{L}_1(\mu)$$

sowie $$g(\lambda,\varkappa)-R(\varphi)\geqslant\int_{\mathfrak{X}}[1-\varphi(x)]\,v^{+}_{\lambda,\varkappa}(x)\,\mathrm{d}\mu(x)+\int_{\mathfrak{X}}\varphi(x)\,v^{-}_{\lambda,\varkappa}(x)\,\mathrm{d}\mu(x)$$
$$+\int_{\mathbf{H}}\left[\alpha-\int_{\mathfrak{X}}\varphi(x)\,p_{\vartheta}(x)\,\mathrm{d}\mu(x)\right]\mathrm{d}\lambda(\vartheta)\geqslant 0\,.$$

b) ergibt sich aus a) wie Teil c bei Satz 2.79. □

Auch der Dualitätssatz 2.80 läßt sich analog übertragen:

Satz 2.82 *Es seien die Voraussetzungen von Satz* 2.81 *erfüllt.*

a) (Starker Dualitätssatz) *Sind* $\mathbf{H}=\{\vartheta_0^1,\ldots,\vartheta_0^m\}$ *und* $\mathbf{K}=\{\vartheta_1^1,\ldots,\vartheta_1^n\}$ *endliche Mengen, so gilt für die Optimierungsprobleme* $(\tilde{P})$ *und* $(\tilde{D})$ *mit* $\mathfrak{M}^1:=\mathfrak{M}^1(\mathbf{K},\mathfrak{K})$

$$\max_{\varphi\in\Phi_\alpha}R(\varphi)=\min_{\substack{\lambda\in\mathfrak{M}^e\\ \varkappa\in\mathfrak{M}^1}}g(\lambda,\varkappa)\,. \tag{2.5.30}$$

b) (Schwacher Dualitätssatz) *Sind* $\mathbf{H}$ *und* $\mathbf{K}$ *beliebige Mengen, so gilt für die Optimierungsprobleme* $(\tilde{P})$ *und* $(\tilde{D})$

$$\max_{\varphi\in\Phi_\alpha}R(\varphi)=\inf_{\substack{\lambda\in\mathfrak{M}^e\\ \varkappa\in\mathfrak{M}^1}}g(\lambda,\varkappa)\,.$$

Beweis: Dieser läßt sich wie derjenige von Satz 2.80 führen; vgl. jenen insbesondere zum Nachweis, daß die (2.5.17) entsprechende Bedingung wegen $\alpha>0$ hier stets erfüllt ist. □

Für die Bestimmung eines besten α-Niveau Tests für eine zusammengesetzte Hypothese $\mathbf{H}$ gegen eine einfache Hypothese $\mathbf{K}=\{\vartheta_1\}$ ergibt sich dann das[1])

Korollar 2.83 $\mathfrak{P}_{\mathbf{H}}=\{P_\vartheta\colon\vartheta\in\mathbf{H}\}$ *sei eine dominierte Klasse von Verteilungen über* $(\mathfrak{X},\mathfrak{B})$ *mit produktmeßbaren* μ*-Dichten* $p_\vartheta(x)$. P_{ϑ_1} *sei eine weitere Verteilung über* $(\mathfrak{X},\mathfrak{B})$ *mit* μ*-Dichte* $p_{\vartheta_1}(x)$ *und* $\alpha\in(0,1)$ *vorgegeben. Schließlich sei die duale Optimierungsaufgabe definiert durch*

$$g(\lambda):=\int_{\mathfrak{X}}\left[p_{\vartheta_1}(x)-\int_{\mathbf{H}}p_\vartheta(x)\,\mathrm{d}\lambda(\vartheta)\right]^{+}\mathrm{d}\mu(x)+\alpha\lambda(\mathbf{H})=\inf_\lambda\,, \tag{2.5.31}$$

$$\lambda\in\mathfrak{M}^e(\mathbf{H},\mathfrak{H})\,. \tag{2.5.32}$$

a) *Hinreichend für die Optimalität eines Tests* $\varphi\in\Phi_\alpha$ *ist die Existenz eines Maßes* $\lambda\in\mathfrak{M}^e(\mathbf{H},\mathfrak{H})$ *mit*

$$\varphi(x)=\begin{cases}1 & \text{für } p_{\vartheta_1}(x)>\int_{\mathbf{H}}p_\vartheta(x)\,\mathrm{d}\lambda(\vartheta)\\ 0 & \text{für } p_{\vartheta_1}(x)<\int_{\mathbf{H}}p_\vartheta(x)\,\mathrm{d}\lambda(\vartheta)\end{cases}\quad[\mu]\,, \tag{2.5.33}$$

$$E_\vartheta\varphi=\alpha\quad[\lambda]\,. \tag{2.5.34}$$

---

[1]) Dieses Korollar läßt sich auffassen als ein solches zu Satz 2.79 wie zu Satz 2.81 und zwar mit $f(\varphi)=E_{\vartheta_1}\varphi$ bzw. $R(\varphi)=E_{\vartheta_1}\varphi$.

Dieses Maß λ ist optimale Lösung des Dualproblems (2.5.31–32) *und es gilt*

$$E_{\vartheta_1}\varphi = g(\lambda). \tag{2.5.35}$$

b) *Es gibt einen Test $\varphi \in \Phi_\alpha$ und eine Folge $(\lambda_i) \subset \mathfrak{M}^e(\mathbf{H}, \mathfrak{H})$ mit*

$$E_{\vartheta_1}\varphi = \lim_{i\to\infty} g(\lambda_i). \tag{2.5.36}$$

Falls eine optimale Lösung λ des Dualproblems (2.5.31–32) *existiert, so erfüllt φ* (2.5.33–34) *und es gilt* (2.5.35).

Abschließend sei nochmals bemerkt, daß die Gültigkeit des starken Dualitätssatzes (2.5.35) bzw. von (2.5.33–34) für das Testen zweier einfacher Hypothesen in Satz 2.5 direkt verifiziert wurde.

2.5.2 Reduktion zusammengesetzter Hypothesen auf einfache Hypothesen

Bei Gültigkeit des starken Dualitätssatzes ist ein Maximin α-Niveau Test φ^* für zwei zusammengesetzte Hypothesen auch bester α-Niveau Test für zwei – durch die formale Ähnlichkeit der Bedingungen (2.5.28–29) mit denjenigen des Neyman-Pearson-Lemmas nahegelegte – einfache Hypothesen. Um φ^* jedoch auf diese Weise bestimmen zu können, ist es notwendig, eine Optimallösung $(\lambda^*, \varkappa^*)$ des Dualproblems zu kennen. Dies ist in manchen Situationen dank einer testtheoretischen Charakterisierung von $(\lambda^*, \varkappa^*)$ tatsächlich der Fall. Bei der Diskussion dieser Frage beschränken wir uns der Einfachheit halber auf den Fall einer einfachen Gegenhypothese, also auf beste α-Niveau Tests. In diesem Spezialfall $\mathbf{K} = \{\vartheta_1\}$ definieren wir zunächst für jedes Maß $\lambda \in \mathfrak{M}^e(\mathbf{H}, \mathfrak{H})$ mit $k := \lambda(\mathbf{H}) > 0$ vermöge $\tilde{\lambda}(D) = \lambda(D)/k$, $D \in \mathfrak{H}$, eine Verteilung $\tilde{\lambda} \in \mathfrak{M}^1(\mathbf{H}, \mathfrak{H})$ und mit dieser eine μ-Dichte $p_{\tilde{\lambda}}$ gemäß

$$p_{\tilde{\lambda}}(x) = \int_{\mathbf{H}} p_\vartheta(x)\,\mathrm{d}\tilde{\lambda}(\vartheta). \tag{2.5.37}$$

Bezeichnet $\mathbf{H}_{\tilde{\lambda}}$ die einfache Hypothese mit der μ-Dichte $p_{\tilde{\lambda}}$, so vergleichen wir das Testproblem $\mathbf{H}_{\tilde{\lambda}^*}$ gegen $\mathbf{K}$ mit allen anderen Testproblemen $\mathbf{H}_{\tilde{\lambda}}$ gegen $\mathbf{K}$. Dabei ergibt sich, daß ein optimales Element $\tilde{\lambda}^* \in \mathfrak{M}^1(\mathbf{H}, \mathfrak{H})$ durch die folgende Eigenschaft ausgezeichnet ist: Ein bester α-Niveau Test $\varphi^*_{\tilde{\lambda}^*}$ von $\mathbf{H}_{\tilde{\lambda}^*}$ gegen $\mathbf{K}$ hat minimale Schärfe unter allen besten α-Niveau Tests $\varphi^*_{\tilde{\lambda}}$ von $\mathbf{H}_{\tilde{\lambda}}$ gegen $\mathbf{K}$, wobei $\tilde{\lambda}$ alle normierten Maße über $(\mathbf{H}, \mathfrak{H})$ durchläuft. Fassen wir $\tilde{\lambda}$ als a priori Verteilung oder – im Sinne einer spieltheoretischen Interpretation des Testproblems – als gemischte Strategie der Natur auf, so handelt es sich bei dem optimalen $\tilde{\lambda}^*$ um eine für den Statistiker ungünstigste Strategie der Natur, da für $\tilde{\lambda} = \tilde{\lambda}^*$ die Entscheidung zwischen $\mathbf{H}_{\tilde{\lambda}}$ und $\mathbf{K}$ am schwierigsten ist.

Definition 2.84 *Für jedes $\tilde{\lambda} \in \mathfrak{M}^1(\mathbf{H}, \mathfrak{H})$ sei $p_{\tilde{\lambda}}$ durch* (2.5.37) *erklärt und $\varphi^*_{\tilde{\lambda}}$ ein bester α-Niveau Test für $\mathbf{H}_{\tilde{\lambda}}$ mit der Dichte $p_{\tilde{\lambda}}$ gegen $\mathbf{K}$ mit der Dichte p_{ϑ_1}. Dann heißt*

$\tilde{\lambda}^* \in \mathfrak{M}^1(\mathbf{H}, \mathfrak{H})$ *eine* ungünstigste a priori Verteilung zum Niveau α *für das Testen von* **H** *gegen* **K**, *wenn gilt*

$$E_{\vartheta_1} \varphi^*_{\tilde{\lambda}^*} = \inf_{\tilde{\lambda}} E_{\vartheta_1} \varphi^*_{\tilde{\lambda}} . \tag{2.5.38}$$

Es soll nun gezeigt werden, daß derartige ungünstigste a priori Verteilungen tatsächlich bis auf Normierungen mit den Lösungen des Dualproblems (2.5.31–32) übereinstimmen. Mit dieser vom Testproblem losgelösten Charakterisierung einer ungünstigsten a priori Verteilung wird zugleich deren duale Stellung zum Begriff eines optimalen Tests unterstrichen. Beim Beweis benutzen wir das analog definierte Dualproblem zum Testproblem $\mathbf{H}_{\tilde{\lambda}}$ gegen **K** zum Niveau α, also

$$g_{\tilde{\lambda}}(k) := \int_{\mathfrak{X}} [p_{\vartheta_1}(x) - k p_{\tilde{\lambda}}(x)]^+ \, \mathrm{d}\mu(x) + \alpha k = \inf_k \tag{2.5.39}$$

$$k \in [0, \infty) . \tag{2.5.40}$$

Zwischen den Zielfunktionen $g_{\tilde{\lambda}}$ und g besteht offenbar der Zusammenhang

$$g(\lambda) = g_{\tilde{\lambda}}(k) \quad \text{für} \quad \lambda = k\tilde{\lambda}, \tag{2.5.41}$$

$$\inf_{\lambda} g(\lambda) = \inf_{\tilde{\lambda}} \inf_k g_{\tilde{\lambda}}(k) . \tag{2.5.42}$$

Weiter verwenden wir bei der Charakterisierung ungünstigster a priori Verteilungen zum Niveau α durch die dualen Zielfunktionen die Tatsache, daß es für das Testen der einfachen Hypothesen $\mathbf{H}_{\tilde{\lambda}}$ und **K** nach dem Fundamentallemma stets einen besten Test $\varphi^*_{\tilde{\lambda}}$ und eine Zahl $\tilde{k}$ (nämlich $k^*_{\tilde{\lambda}}$) gibt mit

$$E_{\vartheta_1} \varphi^*_{\tilde{\lambda}} = g_{\tilde{\lambda}}(\tilde{k}), \qquad g_{\tilde{\lambda}}(\tilde{k}) = \inf_k g_{\tilde{\lambda}}(k) . \tag{2.5.43}$$

Es gilt also stets der starke Dualitätssatz. Aus (2.5.42–43) folgt somit

$$\inf_{\lambda} g(\lambda) = \inf_{\tilde{\lambda}} \inf_k g_{\tilde{\lambda}}(k) = \inf_{\tilde{\lambda}} g_{\tilde{\lambda}}(\tilde{k}) = \inf_{\tilde{\lambda}} E_{\vartheta_1} \varphi^*_{\tilde{\lambda}} . \tag{2.5.44}$$

Satz 2.85 *Für das Testen einer zusammengesetzten Hypothese* **H** *gegen eine einfache Hypothese* $\mathbf{K} = \{\vartheta_1\}$ *seien die Voraussetzungen aus Korollar* 2.83 *erfüllt,* $\tilde{\lambda}^* \in \mathfrak{M}^1(\mathbf{H}, \mathfrak{H})$ *und* $k^* \geqslant 0$. *Dann gilt bei vorgegebenem* $\alpha \in (0,1)$: $\tilde{\lambda}^*$ *ist ungünstigste a priori Verteilung zum Niveau* α *und* k^* *ist kritischer Wert zum* DQ *für* $\mathbf{H}_{\tilde{\lambda}^*}$ *gegen* **K** *genau dann, wenn* $\lambda^* := k^* \tilde{\lambda}^*$ *optimale Lösung des Dualproblems* (2.5.31 + 32) *ist.*

Beweis: „$\Rightarrow$" Der Test $\varphi^*_{\tilde{\lambda}^*}$ in (2.5.38) kann nach dem Neyman-Pearson-Lemma in der Form (2.5.33) mit $\lambda = \lambda^* = k^* \tilde{\lambda}^*$ angenommen werden. Dann gilt gemäß (2.5.41 + 43 + 38 + 44)

$$g(\lambda^*) = g_{\tilde{\lambda}^*}(k^*) = E_{\vartheta_1} \varphi^*_{\tilde{\lambda}^*} = \inf_{\tilde{\lambda}} E_{\vartheta_1} \varphi^*_{\tilde{\lambda}} = \inf_{\lambda} g(\lambda) .$$

„$\Leftarrow$" Da die Voraussetzung (2.5.17) erfüllt ist, existiert wegen Satz 2.80b ein Test $\varphi^* \in \Phi_\alpha$ mit $f(\varphi^*) = g(k^* \tilde{\lambda}^*)$. Nach Satz 2.79c ist dies äquivalent mit

$$\varphi^*(x) = \begin{cases} 1 & \text{für } p_{\vartheta_1}(x) > k^* p_{\tilde{\lambda}^*}(x) \\ 0 & \text{für } p_{\vartheta_1}(x) < k^* p_{\tilde{\lambda}^*}(x) \end{cases} \quad [\mu], \tag{2.5.45}$$

$$\int \varphi^*(x) p_\vartheta(x) \, \mathrm{d}\mu = \alpha \quad [k^* \tilde{\lambda}^*]. \tag{2.5.46}$$

Dabei ist (2.5.46) gleichwertig damit, daß entweder gilt

$$\begin{aligned} & k^* > 0 \quad \textit{und} \quad E_{\tilde{\lambda}^*}\varphi^* = \int \varphi^*(x) p_{\tilde{\lambda}^*}(x) \, \mathrm{d}\mu = \alpha \\ \text{oder} \quad & k^* = 0 \quad \textit{und} \quad E_{\tilde{\lambda}^*}\varphi^* = \int \varphi^*(x) p_{\tilde{\lambda}^*}(x) \, \mathrm{d}\mu \leqslant \alpha . \end{aligned} \tag{2.5.47}$$

Nach dem Neyman-Pearson-Lemma ist also φ^* bester Test für $\mathbf{H}_{\tilde{\lambda}^*}$ gegen $\mathbf{K}$ und k^* kritischer Wert zum DQ von P_{ϑ_1} bzgl. $P_{\tilde{\lambda}^*}$. Aus

$$E_{\vartheta_1}\varphi^*_{\tilde{\lambda}^*} = g_{\tilde{\lambda}^*}(k^*) = g(\lambda^*) = \inf_{\lambda} g(\lambda) = \inf_{\tilde{\lambda}} E_{\vartheta_1}\varphi^*_{\tilde{\lambda}}$$

ergibt sich schließlich, daß $\tilde{\lambda}^*$ ungünstigste a priori Verteilung ist. □

Beispiel 2.86 $X_1, \ldots, X_n$ seien st.u. ZG mit derselben Verteilung aus einer einparametrigen Exponentialfamilie in ζ und T; p_ζ bezeichne eine μ-Dichte der gemeinsamen Verteilung.

a) Für das Testproblem $\mathbf{H}: \zeta \leqslant \zeta_0$ gegen $\mathbf{K}: \zeta = \zeta_1$ mit $\zeta_1 > \zeta_0$ gibt es nach dem Satz über optimale einseitige Tests bei isotonem DQ einen besten α-Niveau Test, nämlich den besten Test φ für $\tilde{\mathbf{H}}: \zeta = \zeta_0$ gegen $\mathbf{K}$. Dieser ist mit $\lambda = k\varepsilon_{\zeta_0}$ und geeignetem $k > 0$ von der Form (2.5.33) und erfüllt $E_{\zeta_0}\varphi = \alpha$, also mit $\tilde{\lambda} = \varepsilon_{\zeta_0}$ auch $E_{\zeta_1}\varphi = g_{\tilde{\lambda}}(k)$. Wegen der Isotonie der Gütefunktion gilt $E_\zeta\varphi \leqslant \alpha \quad \forall \zeta \leqslant \zeta_0$, d.h. $\varphi \in \Phi_\alpha$. Somit ist mit $\varphi^* := \varphi$ und $\lambda^* := \lambda$ der starke Dualitätssatz (2.5.35) erfüllt, λ^* ist Optimallösung des Dualproblems und somit $\tilde{\lambda}^* = \varepsilon_{\zeta_0}$ ungünstigste a priori Verteilung zum Niveau α.

b) Für das Testproblem $\mathbf{H}: \zeta \notin (\zeta_1, \zeta_2)$ gegen $\mathbf{K}: \zeta = \zeta_3 \in (\zeta_1, \zeta_2)$ gibt es nach Korollar 2.71 einen besten α-Niveau Test, nämlich die nach dem verallgemeinerten Fundamentallemma ermittelte Lösung φ von $E_{\zeta_3}\varphi = \sup_\varphi$, $E_{\zeta_1}\varphi = E_{\zeta_2}\varphi = \alpha$. Diese ist von der Form

$$\varphi(x) = \begin{cases} 1 & \text{für } p_{\zeta_3}(x) > k_1 p_{\zeta_1}(x) + k_2 p_{\zeta_2}(x) \\ 0 & \text{für } p_{\zeta_3}(x) < k_1 p_{\zeta_1}(x) + k_2 p_{\zeta_2}(x) \end{cases} \quad [\mu].$$

Dabei gilt $k_1 > 0$ und $k_2 > 0$, da andernfalls φ ein einseitiger Test oder ein Test $\varphi = 1 \quad [\mu]$ wäre. Mit $k := k_1 + k_2$ und $\tilde{k}_i := k_i/k$, $i = 1{,}2$, ist also eine a priori Verteilung $\tilde{\lambda} = \tilde{k}_1 \varepsilon_{\zeta_1} + \tilde{k}_2 \varepsilon_{\zeta_2} \in \mathfrak{M}^1(\mathbf{H}, \mathfrak{H})$ definiert. Für diese gilt $p_{\tilde{\lambda}} = \tilde{k}_1 p_{\zeta_1} + \tilde{k}_2 p_{\zeta_2}$. Folglich ist φ bester Test für $\mathbf{H}_{\tilde{\lambda}}$ gegen $\mathbf{K}$ mit $E_{\tilde{\lambda}}\varphi = \alpha$, also von der Form (2.5.33–34). Wegen Korollar 2.71 gilt auch $\varphi \in \Phi_\alpha$. Somit ist mit $\varphi^* := \varphi$ und $\lambda^* := k\tilde{\lambda}$ der starke Dualitätssatz (2.5.35) erfüllt, d.h. $\tilde{\lambda}$ ist ungünstigste a priori Verteilung zum Niveau α.

c) Für das Testproblem $\mathbf{H}: \zeta < \zeta_0$ gegen $\mathbf{K}: \zeta = \zeta_1$ mit $\zeta_1 > \zeta_0$ gibt es einen besten α-Niveau Test, nämlich den besten Test φ für $\bar{\mathbf{H}}: \zeta \leqslant \zeta_0$ gegen $\mathbf{K}$ aus a). Jeder α-Niveau Test für $\bar{\mathbf{H}}$ ist nämlich auch ein α-Niveau Test für $\mathbf{H}: \zeta < \zeta_0$ und wegen der Stetigkeit der Gütefunktionen auch umgekehrt; somit ist φ auch bester α-Niveau Test für $\mathbf{H}$ gegen $\mathbf{K}$. Für das Testen von $\bar{\mathbf{H}}$ gegen $\mathbf{K}$ zum Niveau α ist nach a) auch der starke Dualitätssatz (2.5.35) erfüllt, und zwar ist $\tilde{\lambda}^* = \varepsilon_{\zeta_0}$. Dabei folgt aus (2.5.34) wegen der strengen Isotonie der Gütefunktion $\zeta \mapsto E_\zeta\varphi$ die Eindeutigkeit von $\tilde{\lambda}^*$. $\tilde{\lambda}^*$ ist aber kein Maß über $(\mathbf{H}, \mathfrak{H})$, da der Träger von $\tilde{\lambda}^*$ nicht zu $\mathbf{H}$ gehört. Für das Testen von $\mathbf{H}$ gegen $\mathbf{K}$ zum Niveau α gibt es also keine zulässigen Lösungen φ^*, λ^* mit (2.5.35). Es gilt aber (2.5.36). Nach (2.5.9) ist nämlich einerseits $E_{\zeta_1}\varphi^* \leqslant g(\lambda)$ für jedes Maß $\lambda \in \mathfrak{M}^e(\mathbf{H}, \mathfrak{H})$; andererseits läßt sich leicht eine Folge $(\lambda_i) \subset \mathfrak{M}^e(\mathbf{H}, \mathfrak{H})$ angeben mit $g(\lambda_i) \to E_{\zeta_1}\varphi^*$, z.B. $\lambda_i = k_i \varepsilon_{\zeta_i}$ wobei $\zeta_i \to \zeta_0$, $\zeta_i \in \mathbf{H}$ und k_i der kritische Wert eines besten α-Niveau Tests für $\mathbf{H}_i: \zeta = \zeta_i$ gegen $\mathbf{K}$ ist.

Die Aussagen aus a) bis c) gelten auch, wenn an Stelle der einparametrigen Exponentialfamilie für $(X_1, \ldots, X_n)$ eine einparametrige Verteilungsklasse mit isotonem DQ in einer Statistik T zugrundeliegt derart, daß im Fall c) die Gütefunktionen aller Tests stetig und im Fall b) differenzierbar sind. □

Die Bedeutung von Satz 2.85 liegt darin, daß wir durch diese Charakterisierung der Lösungen des Dualproblems häufig zu einer Vermutung $\tilde{\lambda}$ über die (normierte) Optimallösung $\tilde{\lambda}^*$ kommen. Der folgende Satz gibt eine hinreichende (und notwendige) Bedingung dafür, daß ein Maß $\tilde{\lambda} \in \mathfrak{M}^1(\mathbf{H}, \mathfrak{H})$ tatsächlich ungünstigste a priori Verteilung zum Niveau α und damit – bis auf einen Faktor $k \geqslant 0$ – Lösung des Dualproblems ist.

Satz 2.87 *Es seien die Voraussetzungen von Korollar* 2.83 *erfüllt,* $\mathbf{K} = \{\vartheta_1\}$ *und* $\alpha \in (0,1)$. *Für* $\tilde{\lambda} \in \mathfrak{M}^1(\mathbf{H}, \mathfrak{H})$ *sei* $\varphi_{\tilde{\lambda}}^*$ *ein bester Test für* $\mathbf{H}_{\tilde{\lambda}}$ *gegen* $\mathbf{K}$ *mit*

$$E_{\tilde{\lambda}} \varphi_{\tilde{\lambda}}^* = \alpha. \tag{2.5.48}$$

Überdies sei $\varphi_{\tilde{\lambda}}^*$ *ein* α*-Niveau Test für* $\mathbf{H}$ *gegen* $\mathbf{K}$. *Dann gilt*:

a) $\varphi_{\tilde{\lambda}}^*$ *ist auch bester* α*-Niveau Test für* $\mathbf{H}$ *gegen* $\mathbf{K}$.

b) *Bezeichnet* k *den kritischen Wert zum* DQ (2.1.6) *zum Niveau* α *für das Testen von* $\mathbf{H}_{\tilde{\lambda}}$ *gegen* $\mathbf{K}$, *so ist* $\lambda^* := k\tilde{\lambda}$ *optimale Lösung des Dualproblems* (2.5.31–32). *Weiter gilt mit* $\varphi^* := \varphi_{\tilde{\lambda}}^*$ *der starke Dualitätssatz* (2.5.35), *und* $\tilde{\lambda}$ *ist ungünstigste a priori Verteilung zum Niveau* α.

Beweis: Nach dem Neyman-Pearson-Lemma besitzt $\varphi_{\tilde{\lambda}}^*$ notwendig die Gestalt

$$\varphi_{\tilde{\lambda}}^*(x) = \begin{cases} 1 & \text{für } p_{\vartheta_1}(x) > k p_{\tilde{\lambda}}(x) \\ 0 & \text{für } p_{\vartheta_1}(x) < k p_{\tilde{\lambda}}(x) \end{cases} \quad [\mu], \tag{2.5.49}$$

ist also mit $\lambda := k\tilde{\lambda}$ von der Form (2.5.33). Weiter ergibt sich wegen $E_\vartheta \varphi_{\tilde{\lambda}}^* \leqslant \alpha \quad \forall \vartheta \in \mathbf{H}$ die Bedingung (2.5.34). Aus $E_{\tilde{\lambda}} \varphi_{\tilde{\lambda}}^* = \alpha$ und dem Satz von Fubini folgt nämlich

$$\begin{aligned} \alpha = E_{\tilde{\lambda}} \varphi_{\tilde{\lambda}}^* &= \int_{\mathfrak{X}} \varphi_{\tilde{\lambda}}^*(x) p_{\tilde{\lambda}}(x) \,\mathrm{d}\mu(x) = \int_{\mathfrak{X}} \int_{\mathbf{H}} \varphi_{\tilde{\lambda}}^*(x) p_\vartheta(x) \,\mathrm{d}\tilde{\lambda}(\vartheta) \,\mathrm{d}\mu(x) \\ &= \int_{\mathbf{H}} E_\vartheta \varphi_{\tilde{\lambda}}^* \,\mathrm{d}\tilde{\lambda}(\vartheta). \end{aligned}$$

Somit ist nach Korollar 2.83 die Aussage b) erfüllt und damit auch a). □

Es liegt also nahe, zunächst eine ungünstigste a priori Verteilung $\tilde{\lambda}$ zu ermitteln (oder zu erraten) und dann gemäß Satz 2.87 den besten Test φ^* für $\mathbf{H}$ gegen $\mathbf{K}$ als besten Test $\varphi_{\tilde{\lambda}}^*$ für $\mathbf{H}_{\tilde{\lambda}}$ gegen $\mathbf{K}$ zu bestimmen. Die Formulierung von Satz 2.87 – oder die des Beispiels 2.86 – betont jedoch, daß im allgemeinen nicht jeder beste Test für $\mathbf{H}_{\tilde{\lambda}}$ gegen $\mathbf{K}$ – also nicht jeder Test $\varphi \in \Phi$ mit (2.5.33–34) – notwendig optimal ist für $\mathbf{H}$ gegen $\mathbf{K}$; vielmehr muß er auch das Niveau α über der ganzen Hypothese $\mathbf{H}$ einhalten. Die Kenntnis einer optimalen Lösung λ^* des Dualproblems legt also gemäß (2.5.33–34) nur den Ablehnungs- und Annahmebereich des besten Tests φ^* fest, *nicht* jedoch die Werte auf dem Randomisierungsbereich $\{p_{\vartheta_1} = k p_{\tilde{\lambda}}\}$. Vielmehr hat diese unter Beachtung von (2.5.34) so zu erfolgen, daß der Test für das Primalproblem zulässig ist, d.h. über der gesamten Hypothese $\mathbf{H}$ das

Niveau α einhält. (Nach Korollar 2.83b ist dies jedoch stets möglich, falls $\lambda^* := k\tilde{\lambda}$ eine optimale Lösung des Dualproblems ist, weil dann z.B. φ^* eine derartige Festlegung ist.) Mit anderen Worten zusammengefaßt gilt für die Bestimmung eines besten α-Niveau Tests:

Satz 2.88 *Hinreichend und notwendig dafür, daß sich das Testen einer zusammengesetzten Hypothese* $\mathbf{H}$ *gegen eine einfache Hypothese* $\mathbf{K}$ *auf das Testen einer einfachen Hypothese* $\mathbf{H}_{\tilde{\lambda}^*}$ *gegen* $\mathbf{K}$ *reduzieren läßt, ist die Gültigkeit des starken Dualitätssatzes, also die Existenz einer ungünstigsten a priori Verteilung.*

Beweis: Es gelte der starke Dualitätssatz (2.5.35) für $\varphi^* \in \Phi_\alpha$ und $\lambda^* \in \mathfrak{M}^e(\mathbf{H}, \mathfrak{H})$ und damit (2.5.33–34). Hieraus folgt bei $k^* := \lambda^*(\mathbf{H}) > 0$ mit $\tilde{\lambda}^* := \lambda^*/k^*$ unmittelbar die Gültigkeit von (2.5.45) und $E_{\tilde{\lambda}^*}\varphi^* = \alpha$. φ^* ist somit bester α-Niveau Test für $\mathbf{H}_{\tilde{\lambda}^*}$ gegen $\mathbf{K}$. Im Fall $k^* = 0$ folgt aus (2.5.33) bereits $E_{\vartheta_1}\varphi^* = 1$ und damit $E_{\vartheta_1}\varphi^*_{\tilde{\lambda}} = 1 \quad \forall \tilde{\lambda} \in \mathfrak{M}^1(\mathbf{H}, \mathfrak{H})$ wegen

$$1 = E_{\vartheta_1}\varphi^* = g(\lambda^*) = \inf_{\lambda} g(\lambda) = \inf_{\tilde{\lambda}} \inf_{k} g_{\tilde{\lambda}}(k) = \inf_{\tilde{\lambda}} E_{\vartheta_1}\varphi^*_{\tilde{\lambda}}.$$

In diesem Fall ist also $\varphi^* \equiv 1$ für jedes $\tilde{\lambda} \in \mathfrak{M}^1(\mathbf{H}, \mathfrak{H})$ ein bester α-Niveau Test.
Ist umgekehrt das Testproblem in der angegebenen Art reduzierbar, also $\varphi^* \in \Phi_\alpha$ unter den besten α-Niveau Tests für zwei einfache Hypothesen $\mathbf{H}_{\tilde{\lambda}}$ gegen $\mathbf{K}$ gemäß (2.5.45–46) zu bestimmen, so ist nach Satz 2.87 mit $\lambda^* := k^*\tilde{\lambda}^*$ auch (2.5.33–34) und damit (2.5.35) erfüllt. □

Einfache Beispiele für die zuvor entwickelte Theorie bilden die bereits in 2.1.3 eingeführten einseitigen Tests zur Prüfung von σ^2 bei st.u. $\mathfrak{N}(\mu, \sigma^2)$-verteilten ZG $X_1, \ldots, X_n$ und unbekanntem Mittelwert $\mu \in \mathbb{R}$.

Beispiel 2.89 $X_1, \ldots, X_n$ seien st.u. $\mathfrak{N}(\mu, \sigma^2)$-verteilte ZG mit unbekanntem $\vartheta = (\mu, \sigma^2) \in \mathbb{R} \times (0, \infty)$. Gesucht wird ein bester α-Niveau Test für $\mathbf{H}: (\mu, \sigma^2) \in \mathbb{R} \times [\sigma_0^2, \infty)$ gegen $\mathbf{K}: (\mu, \sigma^2) = (\mu_1, \sigma_1^2) \in \mathbb{R} \times (0, \sigma_0^2)$. Als ungünstigste a priori Verteilung $\tilde{\lambda}$ wird man die Einpunktverteilung mit dem Träger (μ_1, σ_0^2) vermuten. Dieses ist auch der Fall. Bezeichnen nämlich in diesem und dem folgenden Beispiel $p_{\mu, \sigma^2}(x)$ die λ^n-Dichte von $X_1, \ldots, X_n$ und ist $p_{\tilde{\lambda}}(x) := p_{\mu_1, \sigma_0^2}(x)$, so erweist sich $p_{\mu_1, \sigma_1^2}(x)/p_{\tilde{\lambda}}(x)$ als antitone Funktion von $T(x) := \sum (x_j - \mu_1)^2/\sigma_0^2$. Als bester α-Niveau Test für $\mathbf{H}_{\tilde{\lambda}}$ gegen $\mathbf{K}$ ergibt sich also

$$\varphi^*_{\tilde{\lambda}}(x) = \mathbb{1}_{(0, \chi^2_{n;1-\alpha})}(T(x)). \tag{2.5.50}$$

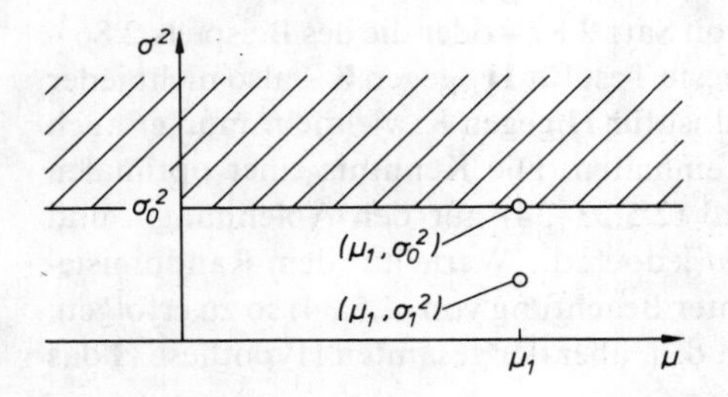

Abb. 13
Hypothesen in Beispiel 2.89:
$\mathbf{H}$ schraffiert und $\mathbf{K} = \{(\mu_1, \sigma_1^2)\}$.

Dieser Test ist auch eine zulässige Lösung für das Testen von **H** gegen **K** zum Niveau α. Zunächst ist nämlich für jedes $\sigma^2 > 0$ und jedes $\mu \in \mathbb{R}$

$$E_{\mu,\sigma^2}\varphi_{\tilde{\lambda}}^* = P_{\mu,\sigma^2}(T < \chi^2_{n;1-\alpha}) \leqslant P_{\mu_1,\sigma^2}(T < \chi^2_{n;1-\alpha}), \tag{2.5.51}$$

denn die P_{μ,σ^2}-WS für das Innere einer Sphäre um den Punkt $(\mu_1, \ldots, \mu_1)$ ist bei jedem Radius maximal für $\mu = \mu_1$. Damit ergibt sich für $\sigma^2 \geqslant \sigma_0^2$

$$E_{\mu,\sigma^2}\varphi_{\tilde{\lambda}}^* \leqslant P_{\mu_1,\sigma^2}(T < \chi^2_{n;1-\alpha}) \leqslant P_{\mu_1,\sigma_0^2}(T < \chi^2_{n;1-\alpha}) = \alpha\,.$$

Somit sind nach Satz 2.87 $\varphi^* := \varphi_{\tilde{\lambda}}^*$ und $\lambda^* := k^*\tilde{\lambda}$ mit $\tilde{\lambda} = \varepsilon_{\mu_1,\sigma_0^2}$ optimale[1]) Lösungen des Primal- und Dualproblems, wobei sich $k^* > 0$ aus $E_{\mu_1,\sigma_0^2}\varphi^* = \alpha$ ergibt. Folglich ist φ^* bester Test für **H** gegen **K** und $\tilde{\lambda}$ ungünstigste a priori Verteilung zum Niveau α. □

Beispiel 2.90 $X_1, \ldots, X_n$ seien st. u. $\mathfrak{N}(\mu, \sigma^2)$-verteilte ZG mit unbekanntem $\vartheta = (\mu, \sigma^2) \in \mathbb{R} \times (0, \infty)$, $n \geqslant 1$. Gesucht wird ein bester α-Niveau Test für **H**: $(\mu, \sigma^2) \in \mathbb{R} \times (0, \sigma_0^2]$ gegen **K**: $(\mu, \sigma^2) = (\mu_1, \sigma_1^2)$, $0 < \sigma_0^2 < \sigma_1^2$. Als ungünstigste a priori Verteilung $\tilde{\lambda}$ könnte man wie im vorhergehenden Beispiel die Einpunktverteilung mit dem Träger (μ_1, σ_0^2) vermuten. Dieses ist aber *nicht* der Fall, da der zugehörige beste Test $\varphi_{\tilde{\lambda}}^*$ keine zulässige Lösung für das Testen von **H** gegen **K** ist. Mit $p_{\tilde{\lambda}} = p_{\mu_1,\sigma_0^2}$ wäre nämlich $p_{\mu_1,\sigma_1^2}(x)/p_{\tilde{\lambda}}(x)$ eine isotone Funktion von $\sum(x_j - \mu_1)^2$. Der beste α-Niveau Test für $\mathbf{H}_{\tilde{\lambda}}$ gegen **K** wäre also

$$\varphi_{\tilde{\lambda}}^*(x) = \mathbb{1}_{(\chi^2_{n;\alpha},\,\infty)}\left(\sum(x_j - \mu_1)^2/\sigma_0^2\right).$$

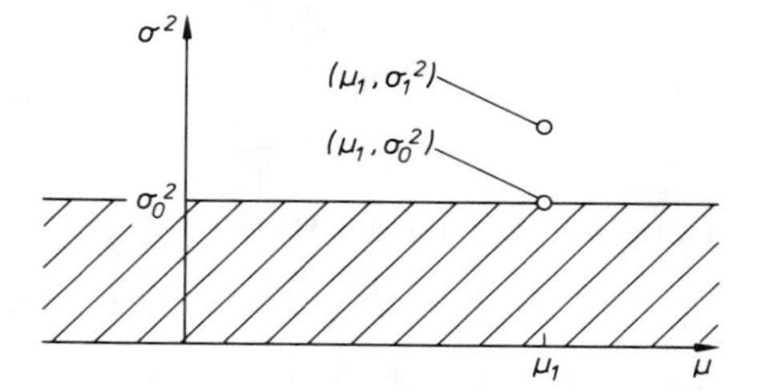

Abb. 14
Hypothesen in Beispiel 2.90:
H schraffiert und $\mathbf{K} = \{(\mu_1, \sigma_1^2)\}$.

Dieser hält aber wegen $E_{\mu,\sigma_0^2}\varphi_{\tilde{\lambda}}^* \to 1$ für $\mu \to \pm\infty$ nicht das Niveau α ein. Tatsächlich läßt sich durch eine geeignete Mittelbildung der Dichten p_ϑ, $\vartheta \in \mathbf{H}$, eine Dichte $p_{\hat{\lambda}}$ gewinnen, die p_{μ_1,σ_1^2} „ähnlicher" ist als p_{μ_1,σ_0^2}. Bezeichnet $P_{\tilde{\lambda}}$ die zur Dichte $p_{\tilde{\lambda}}$ gehörende Verteilung, so hat also der α-Niveau Test für $P_{\tilde{\lambda}}$ gegen P_{μ_1,σ_1^2} geringere Schärfe hat als derjenige für P_{μ_1,σ_0^2} gegen P_{μ_1,σ_1^2}.
Zu $p_{\hat{\lambda}}$ gelangt man wie folgt: Bei $\sigma_0^2 < \sigma_1^2$ gibt es zu jeder $\mathfrak{N}(\mu, \sigma^2)$-Verteilung mit $\sigma^2 < \sigma_0^2$ eine der $\mathfrak{N}(\mu_1, \sigma_1^2)$-Verteilung „ähnlichere" Verteilung mit $\sigma^2 = \sigma_0^2$. Somit liegt die Vermutung nahe, daß sich eine jede ungünstigste a priori Verteilung auf die Gerade $\sigma^2 = \sigma_0^2$ konzentriert. Wählt man $\hat{\lambda}$ als $\mathfrak{N}(\mu_1, (\sigma_1^2 - \sigma_0^2)/n)$-Verteilung auf $\{(\mu, \sigma^2)\colon \mu \in \mathbb{R},\ \sigma^2 = \sigma_0^2\}$ und bezeichnet man die zugehörige

---

[1]) Übrigens folgt die Gültigkeit des starken Dualitätssatzes leicht auch direkt gemäß

$$g(\lambda^*) = \int\left[p_{\mu_1,\sigma_1^2}(x) - \int_{\mathbf{H}} p_\vartheta(x)\,\mathrm{d}\lambda^*(\vartheta)\right]^+ \mathrm{d}\lambda\!\!\lambda^n(x) + \alpha k^*$$
$$= P_{\mu_1,\sigma_1^2}(S) - k^* P_{\mu_1,\sigma_0^2}(S) + \alpha k^* = E_{\mu_1,\sigma_1^2}\varphi^*, \qquad S := \{x\colon T(x) > \chi^2_{n;1-\alpha}\}\,.$$

$\lambda\!\!\lambda$-Dichte mit $l(\mu)$, so ergibt sich

$$p_{\tilde\lambda}(x) = \int p_{\mu,\sigma_0^2}(x)\, l(\mu)\, d\lambda\!\!\lambda(\mu)$$
$$= \frac{1}{\sqrt{n}} \left(\frac{1}{\sqrt{2\pi\sigma_0^2}}\right)^{n-1} \exp\left[-\frac{1}{2\sigma_0^2}\sum(x_j-\bar{x})^2\right] \int \frac{\sqrt{n}}{\sqrt{2\pi\sigma_0^2}} \exp\left[-\frac{n}{2\sigma_0^2}(\bar{x}-\mu)^2\right] l(\mu)\, d\lambda\!\!\lambda(\mu).$$

Faßt man das letzte Integral auf als Faltungsdichte A6.9 (an der Stelle $\bar{x}$) einer $\mathfrak{N}(0,\sigma_0^2/n)$- und einer $\mathfrak{N}(\mu_1,(\sigma_1^2-\sigma_0^2)/n)$-Verteilung, so ergibt sich für dieses nach Satz 1.95 b der Wert der Dichte einer $\mathfrak{N}(\mu_1,\sigma_1^2/n)$-Verteilung, insgesamt also

$$p_{\tilde\lambda}(x) = \frac{1}{\sqrt{n}} \left(\frac{1}{\sqrt{2\pi\sigma_0^2}}\right)^{n-1} \exp\left[-\frac{1}{2\sigma_0^2}\sum(x_j-\bar{x})^2\right] \frac{\sqrt{n}}{\sqrt{2\pi\sigma_1^2}} \exp\left[-\frac{n}{2\sigma_1^2}(\bar{x}-\mu_1)^2\right].$$

Diese Darstellung von $p_{\tilde\lambda}$ ist zweckmäßig, da sich p_{μ_1,σ_1^2} schreiben läßt als

$$p_{\mu_1,\sigma_1^2}(x) = \frac{1}{\sqrt{n}} \left(\frac{1}{\sqrt{2\pi\sigma_1^2}}\right)^{n-1} \exp\left[-\frac{1}{2\sigma_1^2}\sum(x_j-\bar{x})^2\right] \frac{\sqrt{n}}{\sqrt{2\pi\sigma_1^2}} \exp\left[-\frac{n}{2\sigma_1^2}(\bar{x}-\mu_1)^2\right].$$

Für $n=1$ gilt also $p_{\tilde\lambda} = p_{\mu_1,\sigma_1^2}$, d.h. $\varphi_{\tilde\lambda}^* \equiv \alpha$ ist bester α-Niveau Test für $\mathbf{H}_{\tilde\lambda}$ gegen $\mathbf{K}$ und damit $E_{\tilde\lambda}\varphi_{\tilde\lambda}^* = \alpha$. Folglich ist $\tilde\lambda$ ungünstigste a priori Verteilung zum Niveau α, denn nach Korollar 2.83 gilt $E_{\mu_1,\sigma_1^2}\varphi_{\tilde\lambda}^* \geqslant \alpha \quad \forall \tilde\lambda \in \mathfrak{M}^1(\mathbf{H},\mathfrak{H})$. Für $n>1$ ist aber wegen $\sigma_1^2 > \sigma_0^2$

$$p_{\mu_1,\sigma_1^2}(x)/p_{\tilde\lambda}(x) = (\sigma_0/\sigma_1)^{n-1} \exp\left[\left(-\frac{1}{2\sigma_1^2}+\frac{1}{2\sigma_0^2}\right)\sum(x_j-\bar{x})^2\right]$$

eine streng isotone Funktion von $T(x) = \sum(x_j-\bar{x})^2/\sigma_0^2$. Somit ist

$$\varphi_{\tilde\lambda}^*(x) = \mathbb{1}_{(\chi^2_{n-1;\alpha},\infty)}(T(x))$$

bester α-Niveau Test für $\mathbf{H}_{\tilde\lambda}$ gegen $\mathbf{K}$, denn für alle $(\mu,\sigma^2)\in\mathbb{R}\times(0,\sigma_0^2]$ gilt

$$E_{\mu,\sigma^2}\varphi_{\tilde\lambda}^* = P_{\mu,\sigma^2}(T>\chi^2_{n-1;\alpha}) \leqslant P_{\mu,\sigma_0^2}(T>\chi^2_{n-1;\alpha}) = \alpha.$$

Damit ist $\varphi_{\tilde\lambda}^*$ tatsächlich bester α-Niveau Test für $\mathbf{H}$ gegen $\mathbf{K}$ und $\tilde\lambda$ ungünstigste a priori Verteilung zum Niveau α. Dabei ist $\mathbf{K}$ zunächst die speziell betrachtete einfache Gegenhypothese $\{\vartheta_1\}$, $\vartheta_1 = (\mu_1,\sigma_1^2)\in\mathbb{R}\times(\sigma_0^2,\infty)$. Offenbar ist aber $\varphi_{\tilde\lambda}^*$ unabhängig von ϑ_1 und somit sogar gleichmäßig bester α-Niveau Test für $\mathbf{H}$: $\sigma^2 \leqslant \sigma_0^2$ gegen $\tilde{\mathbf{K}}$: $\sigma^2 > \sigma_0^2$. Dieses ist insofern bemerkenswert, als die zugrundeliegende Verteilungsklasse zweiparametrig ist; vgl. die einleitende Bemerkung zu Beispiel 2.10. Demgegenüber hängt der beste Test in Beispiel 2.89 von der speziell betrachteten Gegenhypothese $\vartheta_1 = (\mu_1,\sigma_1^2)\in\mathbb{R}\times(0,\sigma_0^2)$ ab; in diesem Fall existiert jedoch für die Hypothesen $\mathbf{H}$: $\sigma^2 \geqslant \sigma_0^2$, $\mathbf{K}$: $\sigma^2 < \sigma_0^2$, wie in 3.4.2 gezeigt werden wird, ein gleichmäßig bester unverfälschter α-Niveau Test. □

Wie erwähnt ließe sich in gleicher Weise die Bestimmung eines Maximin α-Niveau Tests für zwei zusammengesetzte Hypothesen $\mathbf{H}$ und $\mathbf{K}$ durch ein Paar ungünstigster a priori Verteilungen $(\tilde\lambda,\varkappa)\in\mathfrak{M}^1(\mathbf{H},\mathfrak{H})\times\mathfrak{M}^1(\mathbf{K},\mathfrak{K})$ auf die Bestimmung eines besten α-Niveau Tests reduzieren. Wir werden hierauf auch deshalb nicht näher eingehen, weil in 2.5.3 eine formal entsprechende Frage diskutiert wird, nämlich die Bestimmung eines Minimax-Tests als Bayes-Test bzgl. eines Paares ungünstigster a priori Verteilungen. Es sei jedoch erwähnt, daß der folgende Zusammenhang derartiger Paare $(\tilde\lambda,\varkappa)$ mit den in 2.3.2

eingeführten ungünstigsten Paaren besteht[1]): Sei $(\tilde{\lambda}, \varkappa)$ ein Paar ungünstigster a priori Verteilungen (in dem der Definition 2.84 entsprechenden Sinne) und zwar unabhängig von $\alpha \in (0,1)$. Außerdem existiere ein ungünstigstes Paar $(Q_0, Q_1 : l)$ im Sinne von 2.3.2. Dann ist auch $(\tilde{\lambda}, \varkappa)$ bei geeigneter Wahl des DQ ein ungünstigstes Paar im Sinne von 2.3.2.

2.5.3 Bayes- und Minimax-Tests für zusammengesetzte Hypothesen

Wie erwähnt kann in Verallgemeinerung von 2.5.2 gezeigt werden, daß sich bei Vorliegen produktmeßbarer Dichten die Bestimmung eines Maximin-α-Niveau Tests für zwei zusammengesetzte Hypothesen auf diejenige eines besten α-Niveau Tests für zwei einfache Hypothesen reduzieren läßt, sofern ein Paar ungünstigster a priori Verteilungen existiert. Ein analoger Zusammenhang besteht zwischen Bayes- und Minimax-Tests: Unter entsprechenden Zusatzvoraussetzungen kann ein Minimax-Test als Bayes-Test zu einem Paar ungünstigster a priori Bewertungen aufgefaßt werden. Der im folgenden gegebene Beweis beruht analog demjenigen von Satz 2.79 darauf, die Lösung eines (primalen) Testproblems auf diejenige eines dualen Optimierungsproblems zurückzuführen, nämlich eines solchen zur Bestimmung einer ungünstigsten a priori Bewertung. Wir beginnen wieder damit – nun in Verallgemeinerung von 2.3.1 – die 0-1-Gestalt von Bayes- und Minimax-Tests zu beweisen.

Nach 2.3.1 heißt ein Test $\varphi_{\lambda,\varkappa} \in \Phi$ ein *Bayes-Test bzgl. der a priori Bewertung* $(\lambda, \varkappa)$, wenn er das durch Mittelung bzgl. $\lambda \in \mathfrak{M}^e(\mathbf{H}, \mathfrak{H})$ und $\varkappa \in \mathfrak{M}^e(\mathbf{K}, \mathfrak{K})$ mit $\lambda(\mathbf{H}) + \varkappa(\mathbf{K}) = 1$ gewonnene Bayes-Risiko (2.3.4) minimiert. Dabei interessiert – wie in 1.4.2 erwähnt – weniger der einzelne, auf eine spezielle a priori Bewertung zugeschnittene Bayes-Test als vielmehr die Klasse aller Bayes-Tests, insbesondere deren Zusammenhang mit Minimax-Tests. Besonders einfach ist der Nachweis der 0-1-Gestalt für Bayes-Tests, falls produktmeßbare Dichten existieren.

Satz 2.91 *$\mathfrak{P} = \{P_\vartheta : \vartheta \in \Theta\}$ sei eine dominierte Klasse von Verteilungen über $(\mathfrak{X}, \mathfrak{B})$ mit μ-Dichten p_ϑ derart, daß $p_\vartheta(x)$ auf $\mathfrak{X} \times \mathbf{H}$ eine $\mathfrak{B} \otimes \mathfrak{H}$-meßbare und auf $\mathfrak{X} \times \mathbf{K}$ eine $\mathfrak{B} \otimes \mathfrak{K}$-meßbare Funktion ist. Weiter seien $(\lambda, \varkappa)$ eine a priori Bewertung mit $\lambda(\mathbf{H}) + \varkappa(\mathbf{K}) = 1$ und $\Lambda_0 : \mathbf{H} \to [0, \infty)$ sowie $\Lambda_1 : \mathbf{K} \to [0, \infty)$ vorgegebene beschränkte meßbare Funktionen[2]). Dann ist $\varphi_{\lambda,\varkappa} \in \Phi$ genau dann Bayes-Test bzgl. $(\lambda, \varkappa)$, wenn gilt*

$$\varphi_{\lambda,\varkappa}(x) = \begin{cases} 1 & \text{für } \int_{\mathbf{K}} \Lambda_1(\vartheta) p_\vartheta(x) \, d\varkappa(\vartheta) > \int_{\mathbf{H}} \Lambda_0(\vartheta) p_\vartheta(x) \, d\lambda(\vartheta) \\ 0 & \text{für } \int_{\mathbf{K}} \Lambda_1(\vartheta) p_\vartheta(x) \, d\varkappa(\vartheta) < \int_{\mathbf{H}} \Lambda_0(\vartheta) p_\vartheta(x) \, d\lambda(\vartheta) \end{cases} \quad [\mu]. \tag{2.5.52}$$

$\varphi_{\lambda,\varkappa}$ ist insbesondere stets nicht-randomisiert wählbar. Mit der Abkürzung

$$v_{\lambda,\varkappa}(x) := \int_{\mathbf{K}} \Lambda_1(\vartheta) p_\vartheta(x) \, d\varkappa(\vartheta) - \int_{\mathbf{H}} \Lambda_0(\vartheta) p_\vartheta(x) \, d\lambda(\vartheta) \tag{2.5.53}$$

[1]) Vgl. H. Rieder: Ann. Statist. **5** (1977) 909–921; Proposition 2.2.

[2]) Vom praktischen Standpunkt ist nur der Fall $\sup_{\vartheta \in \mathbf{H}} \Lambda_0(\vartheta) > 0$ und $\sup_{\vartheta \in \mathbf{K}} \Lambda_1(\vartheta) > 0$ von Interesse.

gilt für das minimale Bayes-Risiko – also das Bayes-Risiko von $\varphi_{\lambda,\varkappa}$ –

$$R_{\lambda,\varkappa}(\varphi_{\lambda,\varkappa}) = \int_{\mathbf{K}} \Lambda_1(\vartheta)\,\mathrm{d}\varkappa(\vartheta) - \int_{\mathfrak{X}} v^+_{\lambda,\varkappa}(x)\,\mathrm{d}\mu(x). \tag{2.5.54}$$

Beweis: Für das Bayes-Risiko von $\varphi \in \Phi$ gilt nach dem Satz von Fubini

$$R_{\lambda,\varkappa}(\varphi) = \int_{\mathbf{H}} \Lambda_0(\vartheta)\,E_\vartheta\varphi\,\mathrm{d}\lambda(\vartheta) + \int_{\mathbf{K}} \Lambda_1(\vartheta)(1-E_\vartheta\varphi)\,\mathrm{d}\varkappa(\vartheta)$$
$$= \int_{\mathbf{K}} \Lambda_1(\vartheta)\,\mathrm{d}\varkappa(\vartheta) - \int_{\mathfrak{X}} \varphi(x)\,v_{\lambda,\varkappa}(x)\,\mathrm{d}\mu(x).$$

$R_{\lambda,\varkappa}(\varphi)$ wird also genau dann minimiert, wenn $\varphi(x)$ möglichst groß ist – also gleich 1 – für $v_{\lambda,\varkappa}(x) > 0$, und möglichst klein – also gleich 0 – für $v_{\lambda,\varkappa}(x) < 0$. Die spezielle Festsetzung von $\varphi(x)$ auf dem Randomisierungsbereich $\{x\colon v_{\lambda,\varkappa}(x) = 0\}$ hat auf den Wert des Bayes-Risikos keinen Einfluß. Insbesondere kann also der Bayes-Test nicht-randomisiert gewählt werden. (2.5.54) ergibt sich durch Einsetzen von (2.5.52) in $R_{\lambda,\varkappa}(\varphi)$. □

Wie im Fall einfacher Hypothesen läßt sich eine entsprechende Aussage vielfach für Minimax-Tests beweisen. Dabei heißt ein Test $\varphi^* \in \Phi$ nach 2.3.1 ein *Minimax-Test*, falls er das maximale Risiko (2.3.2) minimiert. Der Zusammenhang mit Bayes-Tests ergibt sich später über die zwischen dem Bayes- und maximalen Risiko trivialerweise gültige Beziehung

$$R_{\lambda,\varkappa}(\varphi) \leqslant R^*(\varphi) \quad \forall(\lambda,\varkappa) \text{ gemäß (2.5.62)} \quad \forall\varphi\in\Phi. \tag{2.5.55}$$

Zur Vorbereitung der angekündigten Aussagen beweisen wir nun zunächst den

Satz 2.92 *Es seien* $\mathfrak{P} = \{P_\vartheta\colon \vartheta\in\Theta\}$ *eine dominierte Klasse von Verteilungen und* $\Lambda_0\colon \mathbf{H}\to[0,\infty)$ *und* $\Lambda_1\colon \mathbf{K}\to[0,\infty)$ *beschränkte Funktionen. Dann gilt*:

a) *Es gibt stets einen Minimax-Test.*

b) *Für jeden Minimax-Test* φ *gilt*:

$$\sup_{\vartheta\in\mathbf{H}} \Lambda_0(\vartheta)\,E_\vartheta\varphi = \sup_{\vartheta\in\mathbf{K}} \Lambda_1(\vartheta)(1-E_\vartheta\varphi). \tag{2.5.56}$$

Beweis: a) Sei $u := \inf_{\varphi\in\Phi} R^*(\varphi)$. Dann gibt es eine Folge $(\varphi_n)\subset\Phi$ mit

$$\Lambda_0(\vartheta)\,E_\vartheta\varphi_n \leqslant \sup_{\xi\in\mathbf{H}} \Lambda_0(\xi)\,E_\xi\varphi_n \leqslant R^*(\varphi_n)\to u \quad \forall\vartheta\in\mathbf{H},$$
$$\Lambda_1(\vartheta)(1-E_\vartheta\varphi_n) \leqslant \sup_{\xi\in\mathbf{K}} \Lambda_1(\xi)(1-E_\xi\varphi_n) \leqslant R^*(\varphi_n)\to u \quad \forall\vartheta\in\mathbf{K}. \tag{2.5.57}$$

Wegen des Satzes von der schwachen Folgenkompaktheit gibt es eine Teilfolge $(\varphi_{n,n})\subset(\varphi_n)$ und einen Test $\varphi^*\in\Phi$ mit $E_\vartheta\varphi_{n,n}\to E_\vartheta\varphi^*$ $\forall\vartheta\in\mathbf{H}\cup\mathbf{K}$. Dabei folgt aus (2.5.57)

$$\Lambda_0(\vartheta)\,E_\vartheta\varphi^* \leqslant u \quad \forall\vartheta\in\mathbf{H}, \qquad \Lambda_1(\vartheta)(1-E_\vartheta\varphi^*) \leqslant u \quad \forall\vartheta\in\mathbf{K}$$

und damit

$$\sup_{\vartheta\in\mathbf{H}} \Lambda_0(\vartheta)\,E_\vartheta\varphi^* \leqslant u, \qquad \sup_{\vartheta\in\mathbf{K}} \Lambda_1(\vartheta)(1-E_\vartheta\varphi^*) \leqslant u$$

oder $R^*(\varphi^*) \leqslant u$. Wegen $\varphi^* \in \Phi$ gilt dann auch $R^*(\varphi^*) = u$.

b) Sei o.E. $\sup_{\vartheta \in \mathbf{H}} \Lambda_0(\vartheta) > 0$; sei weiter φ ein Minimax-Test und etwa

$$\tilde{\Lambda} := \sup_{\vartheta \in \mathbf{K}} \Lambda_1(\vartheta)(1 - E_\vartheta \varphi) - \sup_{\vartheta \in \mathbf{H}} \Lambda_0(\vartheta) E_\vartheta \varphi > 0 .$$

Dann läßt sich ähnlich wie beim Nachweis von Satz 2.51 b ein Test $\tilde{\varphi}$ angeben mit $R^*(\tilde{\varphi}) < R^*(\varphi)$. Für $\chi \in (0,1)$ ist nämlich einerseits $\tilde{\varphi} := \chi\varphi + (1-\chi) \in \Phi$; andererseits gilt wegen $1 - \tilde{\varphi} = \chi(1-\varphi)$

$$\sup_{\vartheta \in \mathbf{K}} \Lambda_1(\vartheta)(1 - E_\vartheta \tilde{\varphi}) = \chi \sup_{\vartheta \in \mathbf{K}} \Lambda_1(\vartheta)(1 - E_\vartheta \varphi) < \sup_{\vartheta \in \mathbf{K}} \Lambda_1(\vartheta)(1 - E_\vartheta \varphi)$$

und wegen $\tilde{\varphi} = \varphi + (1-\chi)(1-\varphi) \leqslant \varphi + (1-\chi)$

$$\sup_{\vartheta \in \mathbf{H}} \Lambda_0(\vartheta) E_\vartheta \tilde{\varphi} \leqslant \sup_{\vartheta \in \mathbf{H}} \Lambda_0(\vartheta) E_\vartheta \varphi + (1-\chi) \sup_{\vartheta \in \mathbf{H}} \Lambda_0(\vartheta) .$$

Für $(1-\chi) < \tilde{\Lambda} / \sup_{\vartheta \in \mathbf{H}} \Lambda_0(\vartheta)$ gilt also $R^*(\tilde{\varphi}) < R^*(\varphi)$. □

Um nun mit der Methodik der Optimierungstheorie die 0-1-Gestalt der Minimax-Tests herleiten zu können, nehmen wir die Existenz produktmeßbarer Dichten an. Insbesondere ergibt sich, daß bei Gültigkeit des starken Dualitätssatzes jeder Minimax-Test ein Bayes-Test ist zu einer analog (1.4.39) bzw. (2.5.38) definierten ungünstigsten a priori Bewertung. Hierzu führen wir zunächst für den Wert $R^*(\varphi)$ des maximalen Risikos neben der Funktion φ eine weitere Variable u ein, um auf diese Weise das zunächst nichtlineare Optimierungsproblem durch eine lineare Zielfunktion und lineare Ungleichungen auszudrücken. Dann schreibt sich die Bestimmung des Minimax-Tests als das folgende lineare Optimierungsproblem

$$(P') \quad \begin{cases} F(\varphi, u) := u = \inf\limits_{\varphi, u}, & (2.5.58) \\ \Lambda_0(\vartheta) E_\vartheta \varphi \leqslant u \quad \forall \vartheta \in \mathbf{H}, \quad \Lambda_1(\vartheta)(1 - E_\vartheta \varphi) \leqslant u \quad \forall \vartheta \in \mathbf{K}, & (2.5.59) \\ (\varphi, u) \in \Phi \times \mathbb{R} . & (2.5.60) \end{cases}$$

Dieses ist von der Form $(P_\leqslant)$ aus 1.3.2, wenn wir noch formal die Minimierung von $F(\varphi, u)$ durch die Maximierung von $f(\varphi, u) = -F(\varphi, u)$ ersetzen. Dabei ist zu beachten daß die beiden Nebenbedingungen (2.5.59) der einen Nebenbedingung $h(y) \geqslant 0$ in (1.3.36) entsprechen. Mit (2.5.53) und $G(\lambda, \varkappa) = -g(\lambda, \varkappa)$ lautet deshalb das duale Optimierungsproblem nach 1.3.2

$$(D') \quad \begin{cases} G(\lambda, \varkappa) := \int\limits_{\mathbf{K}} \Lambda_1(\vartheta) \, d\varkappa(\vartheta) - \int\limits_{\mathfrak{X}} v^+_{\lambda, \varkappa}(x) \, d\mu(x) = \sup\limits_{\lambda, \varkappa} & (2.5.61) \\ \lambda \in \mathfrak{M}^e(\mathbf{H}, \mathfrak{H}), \quad \varkappa \in \mathfrak{M}^e(\mathbf{K}, \mathfrak{K}): \quad \lambda(\mathbf{H}) + \varkappa(\mathbf{K}) = 1 . & (2.5.62) \end{cases}$$

Es besteht also aus der Maximierung des minimalen Bayes-Risikos.

Satz 2.93 $\mathfrak{P} = \{P_\vartheta : \vartheta \in \mathbf{H} + \mathbf{K}\}$ *sei eine dominierte Klasse von Verteilungen über* $(\mathfrak{X}, \mathfrak{B})$ *mit produktmeßbaren* μ*-Dichten* p_ϑ. *Weiter seien* $\Lambda_0 : \mathbf{H} \to [0, \infty)$ *sowie* $\Lambda_1 : \mathbf{K} \to [0, \infty)$

vorgegebene beschränkte meßbare Funktionen. Dann gilt für

$$R^*(\varphi) := \max \left\{ \sup_{\vartheta \in \mathbf{H}} \Lambda_0(\vartheta) E_\vartheta \varphi, \sup_{\vartheta \in \mathbf{K}} \Lambda_1(\vartheta)(1 - E_\vartheta \varphi) \right\}:$$

a) *Für alle $\varphi \in \Phi$ und alle a priori Bewertungen $(\lambda, \varkappa)$ mit $\lambda(\mathbf{H}) + \varkappa(\mathbf{K}) = 1$ gilt*

$$R^*(\varphi) \geqslant G(\lambda, \varkappa). \tag{2.5.63}$$

b) *Ist $\varphi^* \in \Phi$ und $(\lambda^*, \varkappa^*)$ eine a priori Bewertung mit $\lambda^*(\mathbf{H}) + \varkappa^*(\mathbf{K}) = 1$, so gilt*

$$\left.\begin{array}{ll} 1) & \varphi^* \text{ ist Minimax-Test} \\ 2) & (\lambda^*, \varkappa^*) \text{ ist Optimallösung von } (D') \\ 3) & \inf\limits_{\varphi \in \Phi} R^*(\varphi) = \sup\limits_{\lambda, \varkappa} G(\lambda, \varkappa) \end{array}\right\} \Leftrightarrow \quad R^*(\varphi^*) = G(\lambda^*, \varkappa^*).$$

c) *Ist $\varphi^* \in \Phi$ und $(\lambda^*, \varkappa^*)$ eine a priori Bewertung, so gilt $R^*(\varphi^*) = G(\lambda^*, \varkappa^*)$ genau dann, wenn gilt:*

$$\varphi^*(x) = \begin{cases} 1 & \text{für } \int_{\mathbf{K}} \Lambda_1(\vartheta) p_\vartheta(x) \, d\varkappa^*(\vartheta) > \int_{\mathbf{H}} \Lambda_0(\vartheta) p_\vartheta(x) \, d\lambda^*(\vartheta) \\ 0 & \text{für } \int_{\mathbf{K}} \Lambda_1(\vartheta) p_\vartheta(x) \, d\varkappa^*(\vartheta) < \int_{\mathbf{H}} \Lambda_0(\vartheta) p_\vartheta(x) \, d\lambda^*(\vartheta) \end{cases} \quad [\mu], \tag{2.5.64}$$

$$\Lambda_0(\vartheta) E_\vartheta \varphi^* = R^*(\varphi^*) \quad [\lambda^*], \qquad \Lambda_1(\vartheta)(1 - E_\vartheta \varphi^*) = R^*(\varphi^*) \quad [\varkappa^*]. \tag{2.5.65}$$

Beweis: a) Das Problem der Bestimmung eines Minimax-Tests ist mit $u := R^*(\varphi)$ von der Form (P'). Mit $f(\varphi, u) = -F(\varphi, u)$ und $g(\lambda, \varkappa) = -G(\lambda, \varkappa)$ sind (P') und (D') von der Form $(P_\leqslant)$ und $(D_\leqslant)$ in 1.3.2. Somit ergibt sich analog zu den Beweisen von Satz 1.67 bzw. Satz 2.79 für alle zulässigen Paare (φ, u) und $(\lambda, \varkappa)$

$$\begin{aligned} R^*(\varphi) - G(\lambda, \varkappa) &= u - G(\lambda, \varkappa) = \int_{\mathfrak{X}} v^+_{\lambda,\varkappa}(x) \, d\mu(x) - \int_{\mathbf{K}} \Lambda_1(\vartheta) \, d\varkappa(\vartheta) + u\lambda(\mathbf{H}) + u\varkappa(\mathbf{K}) \\ &\quad - \int_{\mathfrak{X}} v^+_{\lambda,\varkappa}(x) \varphi(x) \, d\mu(x) + \int_{\mathfrak{X}} v^-_{\lambda,\varkappa}(x) \varphi(x) \, d\mu(x) + \int_{\mathfrak{X}} v_{\lambda,\varkappa}(x) \varphi(x) \, d\mu(x) \\ &= \int_{\mathfrak{X}} [1 - \varphi(x)] v^+_{\lambda,\varkappa}(x) \, d\mu(x) + \int_{\mathfrak{X}} \varphi(x) v^-_{\lambda,\varkappa}(x) \, d\mu(x) \qquad (2.5.66) \\ &\quad + \int_{\mathbf{H}} [u - \Lambda_0(\vartheta) E_\vartheta \varphi(x)] \, d\lambda(\vartheta) + \int_{\mathbf{K}} [u - \Lambda_1(\vartheta)(1 - E_\vartheta \varphi)] \, d\varkappa(\vartheta) \geqslant 0. \end{aligned}$$

b) folgt trivialerweise aus a) wie bei den Sätzen 1.67b bzw. 2.79b.

c) $R^*(\varphi^*) = G(\lambda^*, \varkappa^*)$ gilt nach a) genau dann, wenn alle vier Integrale des letzten Ausdrucks in (2.5.66) verschwinden, wenn also c) gilt. □

Wie ein Vergleich von (2.5.64) mit (2.5.52) zeigt, ist also ein Minimax-Test häufig ein Bayes-Test $\varphi_{\lambda,\varkappa}$ mit $\lambda = \lambda^*$, $\varkappa = \varkappa^*$. Dabei ist $(\lambda^*, \varkappa^*)$ nach Satz 2.93 optimale Lösung des Dualproblems (D'). Andererseits gilt für den Wert der dualen Zielfunktion $G(\lambda, \varkappa)$ nach (2.5.61) bzw. (2.5.54) für jede a priori Bewertung $(\lambda, \varkappa)$

$$G(\lambda, \varkappa) = R_{\lambda,\varkappa}(\varphi_{\lambda,\varkappa}), \tag{2.5.67}$$

wobei $R_{\lambda,\varkappa}(\varphi_{\lambda,\varkappa})$ der Wert des minimalen Bayes-Risikos ist. In Analogie zu den Begriffsbildungen aus 1.4.2 bzw. 2.5.2 geben wir deshalb die

Definition 2.94 *Eine a priori Bewertung* $(\lambda^*, \varkappa^*)$ *heißt eine* ungünstigste a priori Bewertung, *wenn gilt*

$$R_{\lambda^*,\varkappa^*}(\varphi_{\lambda^*,\varkappa^*}) = \sup_{\lambda,\varkappa} R_{\lambda,\varkappa}(\varphi_{\lambda,\varkappa}). \tag{2.5.68}$$

Die Beziehung (2.5.67) liefert dann zu Satz 2.93 das wichtige

Korollar 2.95 *Gibt es einen Test* $\varphi^* \in \Phi$ *und eine a priori Bewertung* $(\lambda^*, \varkappa^*)$ *mit* (2.5.64–65), *so ist* $(\lambda^*, \varkappa^*)$ *eine ungünstigste a priori Bewertung und der Minimax-Test* φ^* *ein Bayes-Test bzgl. dieser ungünstigsten a priori Bewertung.*

Offenbar stellt (2.5.68) die (2.5.38) entsprechende testtheoretische Charakterisierung einer ungünstigsten a priori Bewertung dar.
In Analogie zu Satz 2.79 besagt Satz 2.93 insbesondere, daß die 0-1-Gestalt (2.5.64) des Minimax-Tests einschließlich der Bedingung (2.5.65) äquivalent ist mit der Gültigkeit des starken Dualitätssatzes

$$R^*(\varphi^*) = G(\lambda^*, \varkappa^*). \tag{2.5.69}$$

Analog Satz 2.80 b soll nun in Verschärfung von (2.5.63) bzw. (2.5.55) gezeigt werden, daß stets der schwache Dualitätssatz gilt. Dieser lautet wegen der Existenz eines Minimax-Tests φ^* gemäß Satz 2.92 o. E.

$$R^*(\varphi^*) = \sup_{\lambda,\varkappa} G(\lambda, \varkappa). \tag{2.5.70}$$

Somit ist die Gültigkeit des starken Dualitätssatzes (2.5.69), d.h. die Darstellung eines Minimax-Tests als Bayes-Test, äquivalent mit der Existenz einer Optimallösung $(\lambda^*, \varkappa^*)$ des Dualproblems (D') bzw. damit, daß die Zielfunktion $G(\lambda, \varkappa)$ ihr Supremum annimmt.

Satz 2.96 *Es seien die Voraussetzungen von Satz* 2.93 *erfüllt.*

a) (Starker Dualitätssatz für Minimax-Tests) *Sind* $\mathbf{H} = \{\vartheta_0^1, \ldots, \vartheta_0^m\}$ *und* $\mathbf{K} = \{\vartheta_1^1, \ldots, \vartheta_1^n\}$ *endliche Mengen, so gilt für die Optimierungsprobleme* (P') *und* (D')

$$\min_{\varphi \in \Phi} R^*(\varphi) = \max_{\lambda,\varkappa} G(\lambda, \varkappa). \tag{2.5.71}$$

b) (Schwacher Dualitätssatz für Minimax-Tests) *Sind* $\mathbf{H}$ *und* $\mathbf{K}$ *beliebige Mengen, deren einelementige Teilmengen meßbar sind, so gilt*

$$\min_{\varphi \in \Phi} R^*(\varphi) = \sup_{\lambda,\varkappa} G(\lambda, \varkappa). \tag{2.5.72}$$

Beweis: a) Man setze $y = (\varphi, u)$ und

$$A_i(y) = \Lambda_0(\vartheta_0^i) E_{\vartheta_0^i}\varphi - u, \qquad i = 1, \ldots, m,$$

$$A_{m+i}(y) = \Lambda_1(\vartheta_1^i)(1 - E_{\vartheta_1^i}\varphi) - u, \qquad i = 1, \ldots, n.$$

Mit $f(\varphi, u) = -u$ und $c = 0$ ist dann (P') ein Problem der Form $(P_{\leqslant})$ wie in Satz 1.71 b.

Speziell für $y_0 := \left(0{,}1 + \sup_{\vartheta \in \mathbf{K}} \Lambda_1(\vartheta)\right)$ gilt außerdem $A_i(y_0) < 0 \quad \forall i = 1, \ldots, m+n$, sowie

$$\sup_{\lambda, \varkappa} G(\lambda, \varkappa) \leqslant -f(y_0) = 1 + \sup_{\vartheta \in \mathbf{K}} \Lambda_1(\vartheta) < \infty .$$

Aus Satz 1.71 b folgt somit $\inf_{\varphi \in \Phi} R^*(\varphi) = \max_{\lambda, \varkappa} G(\lambda, \varkappa)$ und damit wegen Satz 2.92a die Behauptung.

b) Die Behauptung ist äquivalent damit, daß für $u \in \mathbb{R}$ gilt

$$\min_{\varphi \in \Phi} R^*(\varphi) \leqslant u \Leftrightarrow \sup_{\lambda, \varkappa} G(\lambda, \varkappa) \leqslant u . \tag{2.5.73}$$

Definieren wir nun für Teilmengen $\mathbf{H}' \subset \mathbf{H}$, $\mathbf{K}' \subset \mathbf{K}$ und $u \in \mathbb{R}$

$$\Phi_{\mathbf{H}', \mathbf{K}', u} := \{\varphi \in \Phi \colon \Lambda_0(\vartheta) E_\vartheta \varphi \leqslant u \quad \forall \vartheta \in \mathbf{H}', \quad \Lambda_1(\vartheta)(1 - E_\vartheta \varphi) \leqslant u \quad \forall \vartheta \in \mathbf{K}'\}, \tag{2.5.74}$$

so ist (2.5.73) äquivalent mit der Behauptung: Für $u \in \mathbb{R}$ gilt

$$\Phi_{\mathbf{H}, \mathbf{K}, u} \neq \emptyset \quad \Leftrightarrow \quad G(\lambda, \varkappa) \leqslant u \quad \forall (\lambda, \varkappa) \text{ gemäß (2.5.62).} \tag{2.5.75}$$

Hier folgt der Nachweis von „$\Rightarrow$" unmittelbar aus der Beziehung (2.5.63). Die Umkehrung ergibt sich aus

$$\Phi_{\mathbf{H}, \mathbf{K}, u} = \bigcap_{\substack{\mathbf{H}' \subset \mathbf{H}, \text{ endlich} \\ \mathbf{K}' \subset \mathbf{K}, \text{ endlich}}} \Phi_{\mathbf{H}', \mathbf{K}', u} .$$

Wie bei Satz 2.80 erweisen sich die Mengen $\Phi_{\mathbf{H}', \mathbf{K}', u}$ als schwach-$*$ abgeschlossen, und für je endlich viele Mengen gilt wegen Teil a

$$\bigcap_{i=1}^{n} \Phi_{\mathbf{H}_i', \mathbf{K}_i', u} = \Phi_{\mathbf{H}', \mathbf{K}', u} \neq \emptyset \qquad \mathbf{H}' := \bigcup_{i=1}^{n} \mathbf{H}_i', \qquad \mathbf{K}' := \bigcup_{i=1}^{n} \mathbf{K}_i' .$$

Somit folgt wieder $\Phi_{\mathbf{H}, \mathbf{K}, u} \neq \emptyset$, da Φ nach Anmerkung 2.19 schwach-$*$ kompakt ist und damit die endliche Durchschnittseigenschaft besitzt. □

Beispiel 2.97 Es seien $\mathfrak{P} = \{P_\zeta \colon \zeta \in Z\}$ eine einparametrige Exponentialfamilie in ζ und T, $\mathbf{H} \colon \zeta < \zeta_0$, $\mathbf{K} \colon \zeta > \zeta_1$ mit $\zeta_0 < \zeta_1$ zwei einseitige Hypothesen und $\Lambda_0 > 0$ bzw. $\Lambda_1 > 0$ konstante Verluste. Dann existiert nach Satz 2.92 ein Minimax-Test für $\mathbf{H}$ gegen $\mathbf{K}$. Dieser läßt sich jedoch nicht als Bayes-Test bzgl. einer ungünstigsten a priori Bewertung $(\lambda^*, \varkappa^*)$ darstellen: Wegen der Stetigkeit der Gütefunktion ist nämlich der Minimax-Test für $\mathbf{H}$ gegen $\mathbf{K}$ gleich demjenigen für die Hypothesen $\overline{\mathbf{H}} \colon \zeta \leqslant \zeta_0$ gegen $\overline{\mathbf{K}} \colon \zeta \geqslant \zeta_1$ und somit wegen der strengen Isotonie der Gütefunktion gleich demjenigen für die Hypothesen $\tilde{\mathbf{H}} \colon \zeta = \zeta_0$ gegen $\tilde{\mathbf{K}} \colon \zeta = \zeta_1$. Folglich konzentrieren sich die Komponenten der ungünstigsten a priori Bewertung auf die einelementigen Mengen $\{\zeta_0\}$ bzw. $\{\zeta_1\}$. Dieses ist aber keine a priori Bewertung über $(\mathbf{H}, \mathbf{H}\mathbb{B})$ bzw. $(\mathbf{K}, \mathbf{K}\mathbb{B})$. Wie in Beispiel 2.86c gibt es jedoch Folgen von a priori Bewertungen $(\lambda_n, \varkappa_n)$, deren Träger gegen $\{\zeta_0\}$ bzw. $\{\zeta_1\}$ streben derart, daß gilt

$$G(\lambda_n, \varkappa_n) \to \sup_{\lambda, \varkappa} G(\lambda, \varkappa) .$$

Das minimale Bayes-Risiko strebt also gegen das Minimax-Risiko. Offenbar ist der Minimax-Test „Limes" der Bayes-Tests $\varphi_{\lambda_n, \varkappa_n}$. □

Satz 2.98 *$\mathfrak{P} = \{P_\vartheta : \vartheta \in \Theta\}$ sei eine einparametrige Verteilungsklasse mit isotonem* DQ *in T. $\Lambda_0 > 0$ und $\Lambda_1 > 0$ seien konstante Verluste über den Hypothesen* $\mathbf{H}: \vartheta \leqslant \vartheta_0$ *und* $\mathbf{K}: \vartheta \geqslant \vartheta_1$, *und es sei $\vartheta_0 < \vartheta_1$. Dann gilt:*

a) *Jeder Minimax-Test φ^* für $\tilde{\mathbf{H}}: \vartheta = \vartheta_0$ gegen $\tilde{\mathbf{K}}: \vartheta = \vartheta_1$ ist von der Form*

$$\varphi(x) = \mathbb{1}_{\{T>c\}}(x) + \gamma(x)\,\mathbb{1}_{\{T=c\}}(x) \qquad [P_{\vartheta_0} + P_{\vartheta_1}] \tag{2.5.76}$$

b) *φ^* ist auch Minimax-Test für $\mathbf{H}: \vartheta \leqslant \vartheta_0$ gegen $\mathbf{K}: \vartheta \geqslant \vartheta_1$.*

c) *Sind die Gütefunktionen aller Tests stetig, so ist φ^* auch Minimax-Test für*

$$\mathbf{H}: \vartheta < \vartheta_0, \mathbf{K}: \vartheta > \vartheta_1, \qquad \mathbf{H}: \vartheta \leqslant \vartheta_0, \mathbf{K}: \vartheta > \vartheta_1 \quad \textit{sowie} \quad \mathbf{H}: \vartheta < \vartheta_0, \mathbf{K}: \vartheta \geqslant \vartheta_1 .$$

Beweis: a) folgt aus Satz 2.51.

b) Wegen der Isotonie der Gütefunktion des Tests φ^* ist

$$\max\left\{\Lambda_0 \sup_{\vartheta \leqslant \vartheta_0} E_\vartheta \varphi^*,\ \Lambda_1 \sup_{\vartheta \geqslant \vartheta_1} (1 - E_\vartheta \varphi^*)\right\} = \max\{\Lambda_0 E_{\vartheta_0} \varphi^*,\ \Lambda_1 (1 - E_{\vartheta_1} \varphi^*)\}.$$

Wäre nun φ^* nicht Minimax-Test für die zusammengesetzten Hypothesen, so gäbe es einen Test $\tilde{\varphi}$ mit

$$\max\{\Lambda_0 E_{\vartheta_0} \varphi^*,\ \Lambda_1 (1 - E_{\vartheta_1} \varphi^*)\} > \max\left\{\Lambda_0 \sup_{\vartheta \leqslant \vartheta_0} E_\vartheta \tilde{\varphi},\ \Lambda_1 \sup_{\vartheta \geqslant \vartheta_1} (1 - E_\vartheta \tilde{\varphi})\right\},$$

wobei wegen (2.5.56) bzw. nach Definition des Supremums gilt

$$\Lambda_0 E_{\vartheta_0} \varphi^* > \Lambda_0 \sup_{\vartheta \leqslant \vartheta_0} E_\vartheta \tilde{\varphi} \geqslant \Lambda_0 E_{\vartheta_0} \tilde{\varphi}, \quad \Lambda_1 (1 - E_{\vartheta_1} \varphi^*) > \Lambda_1 \sup_{\vartheta \geqslant \vartheta_1} (1 - E_\vartheta \tilde{\varphi}) \geqslant \Lambda_1 (1 - E_{\vartheta_1} \tilde{\varphi}).$$

Damit folgt in Widerspruch zu a):

$$\max\{\Lambda_0 E_{\vartheta_0} \tilde{\varphi},\ \Lambda_1 (1 - E_{\vartheta_1} \tilde{\varphi})\} < \max\{\Lambda_0 E_{\vartheta_0} \varphi^*,\ \Lambda_1 (1 - E_{\vartheta_1} \varphi^*)\}.$$

c) folgt wie b) wegen der Stetigkeit der Gütefunktion. □

Auch wenn Satz 2.98 im Vergleich zu den entsprechenden Aussagen in 2.2.1 die große Verwandtschaft der Theorie der Minimax-Tests mit derjenigen der besten α-Niveau-Tests widerspiegelt – beide Tests sind z.B. von derselben Form mit derselben Prüfgröße T; vgl. auch Satz 2.52 – so besteht doch ein wesentlicher Unterschied. Während der kritische Wert des besten α-Niveau Tests für $\{\vartheta_0\}$ gegen $\{\vartheta_1\}$ nur unter $\vartheta = \vartheta_0$ festgelegt wird und dieser Test in einparametrigen Exponentialfamilien somit gleichmäßig bester Test für $\mathbf{H}: \vartheta \leqslant \vartheta_0$ gegen $\mathbf{K}: \vartheta > \vartheta_0$ ist, wird der Minimax-Test für $\tilde{\mathbf{H}}: \vartheta = \vartheta_0$ gegen $\tilde{\mathbf{K}}: \vartheta = \vartheta_1$ oder für $\mathbf{H}: \vartheta \leqslant \vartheta_0$ gegen $\mathbf{K}: \vartheta \geqslant \vartheta_1$ unter ϑ_0 *und* ϑ_1 festgelegt, hängt also auch von dem speziellen Wert ϑ_1 mit $\vartheta_1 > \vartheta_0$ ab. Insbesondere ergibt sich für $\vartheta_1 \to \vartheta_0$, daß der Träger der ungünstigsten a priori Verteilung über $(\mathbf{K}, \mathfrak{K})$ gegen $\{\vartheta_0\}$ strebt und somit das Problem des Minimax-Tests für $\mathbf{H}: \vartheta \leqslant \vartheta_0$ gegen $\mathbf{K}: \vartheta \geqslant \vartheta_1$ für $\vartheta_1 \to \vartheta_0$ degeneriert. Zwar ist der gleichmäßig beste α-Niveau Test ein Minimax-Test, falls $\alpha = \Lambda_1/(\Lambda_0 + \Lambda_1)$ ist; diese Eigenschaft hat aber zum Beispiel auch der triviale Test $\tilde{\varphi} \equiv \alpha$. Bei Zugrundeliegen von Exponentialfamilien gilt allgemeiner der

Satz 2.99 *$\mathfrak{P} = \{P_\zeta : \zeta \in Z\}$ sei eine einparametrige Exponentialfamilie mit dem natürlichen Parameter ζ. Dann gilt für das einseitige Testproblem $\mathbf{H}: \zeta \leqslant \zeta_0$ gegen $\mathbf{K}: \zeta > \zeta_0$ bzw. für das zweiseitige Testproblem $\mathbf{H}: \zeta = \zeta_0$ gegen $\mathbf{K}: \zeta \neq \zeta_0$: Jeder unverfälschte α-Niveau Test ist bei beliebigem $\xi > 0$ Minimax-Test zu den konstanten Gewichten $\Lambda_1 = \alpha\xi$ und $\Lambda_0 = (1-\alpha)\xi$.*

Beweis: O.E. sei $\alpha \in (0,1)$. Dann gilt nach Satz 2.92b für jeden Minimax-Test φ^*

$$\Lambda_0 \sup_{\zeta \in \mathbf{H}} E_\zeta \varphi^* = \Lambda_1 \sup_{\zeta \in \mathbf{K}} (1 - E_\zeta \varphi^*).$$

Außerdem verifiziert man sehr leicht die Gültigkeit von

$$\max\{\Lambda_0 \xi, \Lambda_1 (1-\xi)\} \geqslant \frac{\Lambda_0 \Lambda_1}{\Lambda_0 + \Lambda_1} \qquad \forall \xi \in (0,1) \tag{2.5.77}$$

mit Gleichheit genau dann, wenn $\xi = \Lambda_1/(\Lambda_0 + \Lambda_1)$.

Zum Nachweis der Minimax-Eigenschaft beachte man, daß einerseits für jeden Test $\varphi \in \Phi$ aus der Stetigkeit der Gütefunktion wegen $\zeta_0 \in \mathbf{H}$ und $\zeta_0 \in \overline{\mathbf{K}}$ bzw. aus (2.5.77) bei beiden Testproblemen folgt

$$\max\left\{\Lambda_0 \sup_{\zeta \in \mathbf{H}} E_\zeta \varphi, \Lambda_1 \sup_{\zeta \in \mathbf{K}} (1 - E_\zeta \varphi)\right\} \geqslant \max\{\Lambda_0 E_{\zeta_0} \varphi, \Lambda_1 (1 - E_{\zeta_0} \varphi)\} \geqslant \frac{\Lambda_0 \Lambda_1}{\Lambda_0 + \Lambda_1}.$$

Andererseits ergibt sich mit der Stetigkeit der Gütefunktionen aus der Unverfälschtheit zum Niveau α für jeden derartigen Test φ^* wegen $E_{\zeta_0} \varphi^* = \alpha = \Lambda_1/(\Lambda_0 + \Lambda_1)$

$$\max\left\{\Lambda_0 \sup_{\zeta \in \mathbf{H}} E_\zeta \varphi^*, \Lambda_1 \sup_{\zeta \in \mathbf{K}} (1 - E_\zeta \varphi^*)\right\} = \max\{\Lambda_0 E_{\zeta_0} \varphi^*, \Lambda_1 (1 - E_{\zeta_0} \varphi^*)\} = \frac{\Lambda_0 \Lambda_1}{\Lambda_0 + \Lambda_1}.$$

□

Aufgabe 2.21 Man betrachte die folgenden Testprobleme zum Niveau $\alpha \in (0,1)$: $\mathfrak{L}_\pi(X) = \mathfrak{B}(1, \pi)$, $\mathbf{H}: \pi \in [1/4, 1/2) + (1/2, 3/4]$ sowie die drei Gegenhypothesen $\mathbf{K}_1: \pi = 1/8$, $\mathbf{K}_2: \pi = 7/8$ bzw. $\mathbf{K}_3: \pi = 1/2$.

a) Wie lauten die Optimierungsaufgaben (2.5.1–3) für die drei Testprobleme?

b) Man ermittle graphisch jeweils den (bei $\mathfrak{X} = \{0,1\}$ eindeutig bestimmten) besten α-Niveau Test.

c) Man verifiziere, daß die besten α-Niveau Tests gegen $\mathbf{K}_1$ bzw. $\mathbf{K}_2$ auch gleichmäßig beste α-Niveau Tests sind gegen $\mathbf{K}_1': \pi \in [0, 1/4)$ bzw. $\mathbf{K}_2': \pi \in (3/4, 1]$.

d) Man zeige, daß es für $\mathbf{H}$ gegen $\mathbf{K}_1$ bzw. $\mathbf{K}_2$ eindeutig bestimmte optimale Lösungen $\lambda_1^* \in \mathfrak{M}^e(\mathbf{H}, \mathbf{H}\mathbb{B})$ bzw. $\lambda_2^* \in \mathfrak{M}^e(\mathbf{H}, \mathbf{H}\mathbb{B})$ der dualen Optimierungsprobleme gibt, und zwar $\lambda_1^* = \frac{7}{6}\varepsilon_{1/4}$ bzw. $\lambda_2^* = \frac{7}{6}\varepsilon_{3/4}$. Für $\mathbf{H}$ gegen $\mathbf{K}_3$ ist jedes Maß $\lambda^* \in \mathfrak{M}^e(\mathbf{H}, \mathbf{H}\mathbb{B})$ mit $\lambda^* = \frac{1}{2}\varepsilon_\pi + \frac{1}{2}\varepsilon_{1-\pi}$, $\pi \in \mathbf{H}$, optimal.

Hinweis zu b): Man bestimme in einer $(\varphi(0), \varphi(1))$-Ebene die zulässigen Lösungen φ. Diese bilden eine konvexe Menge K. φ ist bester Test, wenn die (2.5.1) entsprechende Gerade K „von oben" tangiert.

Aufgabe 2.22 Für das Testen einer zusammengesetzten Hypothese $\mathbf{H}$ gegen eine einfache Hypothese $\mathbf{K} = \{\vartheta_1\}$ sei $\tilde{\lambda}^*$ eine ungünstigste a priori Verteilung zum Niveau α. $\varphi^*_{\tilde{\lambda}^*}$ sei ein bester Test für $\mathbf{H}_{\tilde{\lambda}^*}$ gegen $\mathbf{K}$ mit k^* als kritischem Wert zum DQ und eine zulässige Lösung für $\mathbf{H}$ gegen $\mathbf{K}$ zum Niveau α. Man zeige: $f^* = k^* p_{\tilde{\lambda}^*} - p_{\vartheta_1}$ ist ein Punkt kleinster $\mathbb{L}_1(\mu)$-Norm $\|f\| := \int |f(x)| \, d\mu$ in der Menge $\{f: f = k^* p_{\tilde{\lambda}} - p_{\vartheta_1}, \tilde{\lambda} \in \mathfrak{M}^1(\mathbf{H}, \mathfrak{H})\}$.

Hinweis: Man zeige zunächst, daß für μ-Dichten p_0 und p_1 sowie $k \geqslant 0$ gilt:

$$\| kp_0 - p_1 \| = k - 1 + 2 \sup_{B \in \mathfrak{B}} \int_B (p_1(x) - kp_0(x))\,d\mu .$$

Aufgabe 2.23 $X_1, \ldots, X_n$ seien st.u. ZG mit derselben Verteilung $P \in \{P_0, P_1\}$. φ_n^* bezeichne den besten α-Niveau Test für $\mathbf{H}$: $P = P_0$, $\mathbf{K}$: $P = P_1$ bei $\alpha \in (0,1)$. Weiter seien $\mu := P_0 + P_1$, $p_i := dP_i/d\mu$, $p_{i,n} := dP_i^{(n)}/d\mu^{(n)}$, $i = 0,1$, sowie

$$h(t) := \int p_0^t(x)\, p_1^{1-t}(x)\, d\mu(x) \quad \text{und} \quad I(t) := (t-1)^{-1} \log h(t) \quad \text{für } t \in (0,1).$$

Man zeige:

a) $$E_1\, \varphi_n^* = \inf_{s \geqslant 0} \{\alpha s + \int (p_{1,n}(x) - s p_{0,n}(x))^+\, d\mu^{(n)}(x)\},$$

b) $$E_1\, \varphi_n^* \geqslant 1 - (1-t)\, t^{t/(1-t)} \alpha^{t/(t-1)} \exp(-nI(t)), \quad t \in (0,1), \quad n \in \mathbb{N}.$$

2.6 Optimale Bereichsschätzfunktionen

Die Optimalität eines Bereichsschätzers wird derart präzisiert, daß eine Korrespondenz zu einer Familie von Testproblemen entwickelt werden kann. Dadurch übertragen sich z.B. die Optimalitätseigenschaften von Familien von α-Niveau Tests auf die korrespondierenden $(1-\alpha)$-Konfidenzbereiche. Insbesondere lassen sich so bei einparametrigen Verteilungsklassen mit isotonem DQ gleichmäßig beste untere Konfidenzschranken bzw. bei einparametrigen Exponentialfamilien gleichmäßig beste Konfidenzintervalle angeben.

In 1.2.2 wurde das Schätzproblem für den Wert $\gamma(\vartheta)$ eines Funktionals $\gamma: \Theta \to \Gamma$ dadurch gelöst, daß eine Abbildung $g: (\mathfrak{X}, \mathfrak{B}) \to (\Gamma, \mathfrak{A}_\Gamma)$ angegeben wurde. Diese war so zu wählen, daß sich die Verteilung $\mathfrak{L}_\vartheta(g)$ unter jedem $\vartheta \in \Theta$ auf eine „möglichst kleine" Umgebung von $\gamma(\vartheta)$ konzentriert. Derartige Punktschätzer haben den Vorteil, bei vorliegender Beobachtung $x \in \mathfrak{X}$ eine präzise Aussage über den gesuchten Wert $\gamma(\vartheta) \in \Gamma$ durch Angabe eines Punktes $g(x) \in \Gamma$ zu liefern. Sie bedingt aber auch, daß in vielen Fällen fast sicher Fehlentscheidungen getroffen werden. Ist z.B. g stetig verteilt für jedes $\vartheta \in \Theta$, so gilt $P_\vartheta(g = \gamma(\vartheta)) = 0 \quad \forall \vartheta \in \Theta$ und zwar unabhängig davon, ob g ein guter oder ein schlechter Schätzer ist; ähnlich ist die Situation, wenn g diskret verteilt ist und zwar auch dann, falls $g(\mathfrak{X}) \subset \gamma(\Theta)$ gilt.

Von größerem Nachteil ist aber die Tatsache, daß die Punktschätzung keine Auskunft über die Größe des Fehlers $g(x) - \gamma(\vartheta)$ gibt. Deshalb liegt es nahe, dem Punktschätzer g eine Genauigkeitsangabe beizufügen, etwa im Fall $\Gamma \subset \mathbb{R}^k$ dadurch, daß man an Stelle der Punktschätzung $g(x)$ z.B. ein k-dimensionales Intervall $C(x) = [g(x) - \varepsilon(x), g(x) + \varepsilon(x)]$ oder eine k-dimensionale Kugel $C(x)$ mit dem Mittelpunkt $g(x)$ und dem Radius $\varepsilon(x)$ angibt. Für die Bestimmung optimaler C ist es jedoch zweckmäßiger, sich nicht von Anfang an auf solche Funktionen C zu beschränken, bei denen die Mengen $C(x)$ Teilmengen von Γ einer bestimmten geometrischen Gestalt sind, sondern beliebige – bzgl. einer geeigneten σ-Algebra $\mathfrak{A}_{\mathbf{P}(\Gamma)}$ meßbare – Abbildungen $C: \mathfrak{X} \to \mathbf{P}(\Gamma)$ zuzulassen.

Definition 2.100 *Unter einer* Bereichsschätzfunktion für ein Funktional $\gamma: \Theta \to \Gamma$ *oder kurz unter einem* Bereichsschätzer für $\gamma(\vartheta)$ *versteht man eine Abbildung* $C: \mathfrak{X} \to \mathbf{P}(\Gamma)$, *für die gilt*

$$A(\gamma') := \{x \in \mathfrak{X}: C(x) \ni \gamma'\} \in \mathfrak{B} \quad \forall \gamma' \in \Gamma. \tag{2.6.1}$$

Dabei ist der Wert $C(x)$ durch die Aussage $C(x) \ni \gamma(\vartheta)$ zu interpretieren.

Die Aussage $C(x) \ni \gamma(\vartheta)$ kann richtig oder falsch sein, was durch die Überdeckungs-WS $P_\vartheta(\{x: C(x) \ni \gamma(\vartheta)\})$, $\vartheta \in \Theta$, gemessen wird. Jedoch beschreibt die Abbildung $\vartheta \mapsto P_\vartheta(\{x: C(x) \ni \gamma(\vartheta)\})$ die Güte eines Bereichsschätzers C nicht vollständig: Zwar soll $P_\vartheta(\{x: C(x) \ni \gamma(\vartheta)\})$ für jedes $\vartheta \in \Theta$ möglichst groß sein; gleichzeitig soll aber die Teilmenge $C(x) \subset \Gamma$ möglichst klein, d.h. die Aussage $C(x) \ni \gamma(\vartheta)$ möglichst präzise sein. Es wird sich als zweckmäßig erweisen, diesen Aspekt nicht durch eine geometrische Größe – etwa den „Durchmesser" von $C(x)$ –, sondern durch die Überdeckungs-WS „falscher" Werte $\gamma' \in \Gamma$ zu messen, wobei als „falsch" – je nach Fragestellung – nicht notwendig alle Werte $\gamma' \neq \gamma(\vartheta)$ bezeichnet werden, sondern etwa nur die „zu kleinen" Werte. Die Güte eines Bereichsschätzers C wird deshalb durch die Abbildung

$$(\vartheta, \gamma') \mapsto P_\vartheta(\{x: C(x) \ni \gamma'\})$$

beschrieben. Diese soll möglichst groß sein für die bei zugrundeliegendem $\vartheta \in \Theta$ „richtigen" und möglichst klein für die bei zugrundeliegendem $\vartheta \in \Theta$ „falschen" Werte von $\gamma' \in \Gamma$. Ein Bereichsschätzer ist also umso besser, je größer die Überdeckungs-WS des „wahren" Wertes $\gamma(\vartheta)$ bzw. der „richtigen" Werte $\gamma' \in \Gamma$ und je kleiner diejenige „falscher" Werte $\gamma' \in \Gamma$ ist.

Die Lösung des Schätzproblems durch einen Bereichsschätzer C ist also komplementär zu derjenigen durch einen Punktschätzer g in folgendem Sinne: Bei „großem" $C(x)$ ist die Aussage $C(x) \ni \gamma(\vartheta)$ mit großer P_ϑ-WS richtig, allerdings die Schätzung $C(x)$ für $\gamma(\vartheta)$ dann wenig präzise. Ist dagegen $C(x)$ „klein", so haben wir eine ähnliche Situation wie bei Punktschätzern: Die Schätzung $C(x)$ ist für $\gamma(\vartheta)$ zwar recht präzise, aber die Aussage $C(x) \ni \gamma(\vartheta)$ ist auch mit großer P_ϑ-WS falsch.

Beispiel 2.101 $X_1, \ldots, X_n$ seien st.u. $\mathfrak{N}(\mu, \sigma_0^2)$-verteilte ZG mit unbekanntem $\vartheta = \mu \in \mathbb{R}$ und bekanntem $\sigma_0^2 > 0$. Bei festem $d > 0$ werden durch

$$x \mapsto C_1(x) = [\bar{x} - d, \bar{x} + d] \quad \text{bzw.} \quad x \mapsto C_2(x) = [\bar{x}, \bar{x} + 2d]$$

zwei Bereichsschätzer für $\gamma(\vartheta) = \vartheta$ definiert, deren Realisierungen offenbar für jedes $x \in \mathfrak{X}$ gleich lang, d.h. in geometrischer Hinsicht gleich groß sind. C_1 und C_2 sind jedoch in stochastischer Hinsicht unterschiedlich gut, da für die Überdeckungs-WS des zugrundeliegenden Parameters ϑ unter P_ϑ gilt

$$P_\vartheta(\{x: C_1(x) \ni \vartheta\}) = \phi(\sqrt{n}\,d/\sigma_0) - \phi(-\sqrt{n}\,d/\sigma_0) > \phi(2\sqrt{n}\,d/\sigma_0) - \phi(0) = P_\vartheta(\{x: C_2(x) \ni \vartheta\}).$$

Im Hinblick auf die Überdeckungs-WS von ϑ sind offenbar die durch

$$x \mapsto C_3(x) = \left[\bar{x} - \frac{\sigma_0}{\sqrt{n}} \mathrm{u}_{\alpha/2}, \bar{x} + \frac{\sigma_0}{\sqrt{n}} \mathrm{u}_{\alpha/2}\right] \quad \text{bzw.} \quad x \mapsto C_4(x) = \left[\bar{x} - \frac{\sigma_0}{\sqrt{n}} \mathrm{u}_\alpha, \infty\right)$$

definierten Bereichsschätzer C_3 und C_4 für $\gamma(\vartheta) = \vartheta$ gleich gut, denn es gilt

$$P_\vartheta(\{x: C_3(x) \ni \vartheta\}) = \phi(\mathrm{u}_{\alpha/2}) - \phi(-\mathrm{u}_{\alpha/2}) = 1 - \alpha = \phi(\mathrm{u}_\alpha) = P_\vartheta(\{x: C_4(x) \ni \vartheta\}).$$

Für die Überdeckung „falscher" Parameterwerte $\vartheta' \neq \vartheta$ gilt jedoch

$$P_\vartheta(\{x: C_3(x) \ni \vartheta'\}) = P_\vartheta\left(\left\{x: |\bar{x} - \vartheta'| \leqslant \frac{\sigma_0}{\sqrt{n}} \mathrm{u}_{\alpha/2}\right\}\right)$$

$$= \phi\left(\mathrm{u}_{\alpha/2} + \frac{\vartheta' - \vartheta}{\sigma_0} \sqrt{n}\right) - \phi\left(-\mathrm{u}_{\alpha/2} + \frac{\vartheta' - \vartheta}{\sigma_0} \sqrt{n}\right),$$

$$P_\vartheta(\{x: C_4(x) \ni \vartheta'\}) = P_\vartheta\left(\left\{x: \bar{x} - \vartheta' \leqslant \frac{\sigma_0}{\sqrt{n}} \mathrm{u}_\alpha\right\}\right) = \phi\left(\mathrm{u}_\alpha + \frac{\vartheta' - \vartheta}{\sigma_0} \sqrt{n}\right)$$

und damit $P_\vartheta(\{x: C_3(x) \ni \vartheta'\}) < 1 - \alpha \quad \forall \vartheta' \neq \vartheta$, aber

$$P_\vartheta(\{x: C_4(x) \ni \vartheta'\}) \begin{cases} > 1 - \alpha & \text{für } \vartheta' > \vartheta, \\ < P_\vartheta(\{x: C_3(x) \ni \vartheta'\}) < 1 - \alpha & \text{für } \vartheta' < \vartheta. \end{cases}$$ □

Beispiel 2.101 zeigt, daß es beim Gütevergleich zweier Bereichsschätzer für ein Funktional $\gamma: \Theta \to \Gamma$ wesentlich darauf ankommt, welche Werte $\gamma' \in \Gamma$ als „falsch" und welche als „richtig" angesehen werden, d.h. welche Werte γ' nur mit möglichst geringer und welche mit möglichst großer P_ϑ-WS überdeckt werden sollen. Dieses ist – ausgehend von der realen Situation – in jedem Einzelfall festzulegen. Sieht man in Beispiel 2.101 alle Werte ϑ' mit $\vartheta' \neq \vartheta$ als „falsch" an, so ist sicher C_3 besser als C_4. Sieht man dagegen nur die Werte mit $\vartheta' < \vartheta$ als „falsch" an – kommt es also wie etwa bei der Schätzung einer Bruchfestigkeit darauf an, „Unterschätzungen" in jedem Fall zu vermeiden –, so ist C_4 besser als C_3. Zur Präzisierung der Optimalität eines Bereichsschätzers für ein Funktional $\gamma: \Theta \to \Gamma$ ist es also notwendig, bei Zugrundeliegen von ϑ die Gesamtheit $\tilde{\mathbf{H}}_\vartheta$ der „richtigen" Parameterwerte[1]) γ' sowie die Gesamtheit $\tilde{\mathbf{K}}_\vartheta$ der „falschen" Parameterwerte γ' im vorhinein festzulegen.

Natürlich wird man bestrebt sein, die Funktion C so zu wählen, daß mit möglichst geringer P_ϑ-WS Fehlentscheidungen getroffen werden, daß also $P_\vartheta(\{x: C(x) \ni \gamma'\})$ möglichst groß wird für $\gamma' \in \tilde{\mathbf{H}}_\vartheta$ und möglichst klein für $\gamma' \in \tilde{\mathbf{K}}_\vartheta$ – und dies für jedes $\vartheta \in \Theta$. Da es aber offensichtlich nicht möglich ist, diese beiden sich widersprechenden Optimalitätsforderungen simultan zu erfüllen, gibt es analog der Situation in der Punktschätz- oder Testtheorie verschiedene Möglichkeiten, das Bereichsschätzproblem zu präzisieren. Im Hinblick auf die praktische Bedeutung behandeln wir hier nur diejenige Vorgehensweise, die formal der Einschränkung der Klasse aller Tests auf die der (unverfälschten) α-Niveau Tests entspricht. Dabei benötigen wir wie in der Testtheorie für einseitige und zweiseitige Situationen getrennte Begriffsbildungen.

Definition 2.102 *Betrachtet werde das Bereichsschätzproblem für ein Funktional* $\gamma: \Theta \to \Gamma$ *und vorgegebenes* $1 - \alpha \in (0,1)$. *Weiter seien* $\tilde{\mathbf{H}}_\vartheta$ *als Menge der „richtigen" und* $\tilde{\mathbf{K}}_\vartheta$ *als Menge der „falschen" Werte* $\gamma' \in \Gamma$ *fest gewählt.*

a) *Eine Abbildung* $C: \mathfrak{X} \to \mathbf{P}(\Gamma)$ *mit der in* (2.6.1) *enthaltenen Meßbarkeitsforderung heißt* Bereichsschätzer für $\gamma(\vartheta)$ zum Konfidenzniveau $1 - \alpha$ *oder kurz ein* $(1 - \alpha)$-Konfidenz-

[1]) Wir sprechen hier wie später auch dann von einem Parameterwert, wenn es sich eigentlich um einen möglichen Wert eines Funktionals handelt.

schätzer für $\gamma(\vartheta)$ *bzw.* $(1-\alpha)$-Konfidenzbereich für $\gamma(\vartheta)$, *wenn gilt*

$$P_\vartheta(\{x: C(x) \ni \gamma'\}) \geqslant 1-\alpha \quad \forall \gamma' \in \tilde{\mathbf{H}}_\vartheta \quad \forall \vartheta \in \Theta. \tag{2.6.2}$$

Ihre Gesamtheit bezeichnen wir mit $\mathfrak{C}_{1-\alpha}$.

b) *Eine Abbildung* $C^* \in \mathfrak{C}_{1-\alpha}$ *heißt* gleichmäßig bester $(1-\alpha)$-Konfidenzschätzer für $\gamma(\vartheta)$, *wenn gilt*

$$P_\vartheta(\{x: C^*(x) \ni \gamma'\}) = \inf_{C \in \mathfrak{C}_{1-\alpha}} P_\vartheta(\{x: C(x) \ni \gamma'\}) \quad \forall \gamma' \in \tilde{\mathbf{K}}_\vartheta \quad \forall \vartheta \in \Theta. \tag{2.6.3}$$

Hierfür schreiben wir kurz

$$P_\vartheta(\{x: C(x) \ni \gamma'\}) = \inf_C \quad \forall \gamma' \in \tilde{\mathbf{K}}_\vartheta \quad \forall \vartheta \in \Theta, \tag{2.6.4}$$

$$P_\vartheta(\{x: C(x) \ni \gamma'\}) \geqslant 1-\alpha \quad \forall \gamma' \in \tilde{\mathbf{H}}_\vartheta \quad \forall \vartheta \in \Theta. \tag{2.6.5}$$

c) *Ein* $(1-\alpha)$*-Konfidenzschätzer* $C \in \mathfrak{C}_{1-\alpha}$ *für* $\gamma(\vartheta)$ *heißt* unverfälscht, *wenn gilt*

$$P_\vartheta(\{x: C(x) \ni \gamma'\}) \leqslant 1-\alpha \quad \forall \gamma' \in \tilde{\mathbf{K}}_\vartheta \quad \forall \vartheta \in \Theta. \tag{2.6.6}$$

Ihre Gesamtheit bezeichnen wir mit $\mathfrak{C}_{1-\alpha, 1-\alpha}$.

d) *Eine Abbildung* $C^* \in \mathfrak{C}_{1-\alpha,1-\alpha}$ *heißt* gleichmäßig bester unverfälschter $(1-\alpha)$-Konfidenzschätzer für $\gamma(\vartheta)$, *wenn gilt*

$$P_\vartheta(\{x: C^*(x) \ni \gamma'\}) = \inf_{C \in \mathfrak{C}_{1-\alpha;1-\alpha}} P_\vartheta(\{x: C(x) \ni \gamma'\}) \quad \forall \gamma' \in \tilde{\mathbf{K}}_\vartheta \quad \forall \vartheta \in \Theta. \tag{2.6.7}$$

Hierfür schreiben wir kurz

$$P_\vartheta(\{x: C(x) \ni \gamma'\}) = \inf_C \quad \forall \gamma' \in \tilde{\mathbf{K}}_\vartheta \quad \forall \vartheta \in \Theta, \tag{2.6.8}$$

$$P_\vartheta(\{x: C(x) \ni \gamma'\}) \leqslant 1-\alpha \quad \forall \gamma' \in \tilde{\mathbf{K}}_\vartheta \quad \forall \vartheta \in \Theta, \tag{2.6.9}$$

$$P_\vartheta(\{x: C(x) \ni \gamma'\}) \geqslant 1-\alpha \quad \forall \gamma' \in \tilde{\mathbf{H}}_\vartheta \quad \forall \vartheta \in \Theta. \tag{2.6.10}$$

e) *Ist* $\Gamma = \mathbb{R}$ *und die Lösung* C^* *von (2.6.8–10) ein Intervall, so heißt* C^* *auch kurz ein* gleichmäßig bestes unverfälschtes $(1-\alpha)$-Konfidenzintervall für $\gamma(\vartheta)$. *Ist* $\Gamma = \mathbb{R}$ *und die Lösung* C^* *von (2.6.4–5) ein Intervall der Form* $[\underline{\gamma}(x), \infty)$ *oder* $(\underline{\gamma}(x), \infty)$, *so heißt die Abbildung* $x \mapsto \underline{\gamma}(x)$ *auch kurz eine* gleichmäßig beste untere $(1-\alpha)$-Konfidenzschranke für $\gamma(\vartheta)$.

Offensichtlich sind diese Begriffsbildungen denen eines gleichmäßig besten (unverfälschten) α-Niveau Tests formal nachgebildet. Tatsächlich ermöglicht aber auch die Festsetzung (2.6.1), also die Äquivalenz

$$C(x) \ni \gamma' \Leftrightarrow x \in A(\gamma'), \tag{2.6.11}$$

die Theorie der Bereichsschätzer auf die Testtheorie zu reduzieren. Definiert man nämlich $\mathbf{H}_{\gamma'} := \{\vartheta \in \Theta: \tilde{\mathbf{H}}_\vartheta \ni \gamma'\}$, $\gamma' \in \Gamma$, gilt also

$$\vartheta \in \mathbf{H}_{\gamma'} \Leftrightarrow \tilde{\mathbf{H}}_\vartheta \ni \gamma', \tag{2.6.12}$$

so ist (2.6.2) äquivalent mit

$$P_\vartheta(A(\gamma')) \geqslant 1-\alpha \quad \forall \vartheta \in \mathbf{H}_{\gamma'} \quad \forall \gamma' \in \Gamma. \tag{2.6.13}$$

Bei festgehaltenem γ' läßt sich also $A(\gamma')$ als Annahmebereich eines nicht-randomisierten α-Niveau Tests für die Hypothese $\mathbf{H}_{\gamma'}$ interpretieren.

Entsprechend läßt sich das Optimierungsproblem (2.6.4–5) in ein solches der Testtheorie überführen. Setzt man nämlich $\mathbf{K}_{\gamma'} := \{\vartheta \in \Theta: \tilde{\mathbf{K}}_\vartheta \ni \gamma'\}$, gilt also

$$\vartheta \in \mathbf{K}_{\gamma'} \Leftrightarrow \tilde{\mathbf{K}}_\vartheta \ni \gamma', \tag{2.6.14}$$

so ist (2.6.4–5) äquivalent mit

$$P_\vartheta(A(\gamma')) = \inf_{A(\gamma')} \quad \forall \vartheta \in \mathbf{K}_{\gamma'} \quad \forall \gamma' \in \Gamma, \tag{2.6.15}$$

$$P_\vartheta(A(\gamma')) \geqslant 1-\alpha \quad \forall \vartheta \in \mathbf{H}_{\gamma'} \quad \forall \gamma' \in \Gamma. \tag{2.6.16}$$

Bei festgehaltenem $\gamma' \in \Gamma$ ist also $A^*(\gamma') := \{x \in \mathfrak{X}: C^*(x) \ni \gamma'\}$ der Annahmebereich eines gleichmäßig besten nicht-randomisierten α-Niveau Tests für $\mathbf{H}_{\gamma'}$ gegen $\mathbf{K}_{\gamma'}$. Wegen (2.6.12+14) sind dabei $\mathbf{H}_{\gamma'}$ und $\mathbf{K}_{\gamma'}$ disjunkt.

Entsprechend ist das Optimierungsproblem (2.6.8–10) äquivalent mit

$$P_\vartheta(A(\gamma')) = \inf_{A(\gamma')} \quad \forall \vartheta \in \mathbf{K}_{\gamma'} \quad \forall \gamma' \in \Gamma, \tag{2.6.17}$$

$$P_\vartheta(A(\gamma')) \leqslant 1-\alpha \quad \forall \vartheta \in \mathbf{K}_{\gamma'} \quad \forall \gamma' \in \Gamma, \tag{2.6.18}$$

$$P_\vartheta(A(\gamma')) \geqslant 1-\alpha \quad \forall \vartheta \in \mathbf{H}_{\gamma'} \quad \forall \gamma' \in \Gamma, \tag{2.6.19}$$

also mit der Bestimmung des Annahmebereichs einer Familie nicht-randomisierter gleichmäßig bester unverfälschter α-Niveau Tests. Es gilt also der

Satz 2.103 (Korrespondenzsatz) *Es seien* $\mathfrak{P} = \{P_\vartheta: \vartheta \in \Theta\} \subset \mathfrak{M}^1(\mathfrak{X}, \mathfrak{B})$ *und* $\gamma: \Theta \to \Gamma$. *Betrachtet werde das Bereichsschätzproblem für* $\gamma(\vartheta)$ *mit* $\tilde{\mathbf{H}}_\vartheta$ *als Menge der bei zugrundeliegendem* ϑ *„richtigen" und* $\tilde{\mathbf{K}}_\vartheta$ *als Menge der bei zugrundeliegendem* ϑ *„falschen" Werte* $\gamma' \in \Gamma$. *Weiter seien* $\mathbf{H}_{\gamma'} := \{\vartheta \in \Theta: \tilde{\mathbf{H}}_\vartheta \ni \gamma'\}$ *und* $\mathbf{K}_{\gamma'} := \{\vartheta \in \Theta: \tilde{\mathbf{K}}_\vartheta \ni \gamma'\}$, $\gamma' \in \Gamma$, *die Hypothesen der korrespondierenden Testprobleme. Dann gilt*:

a) *Es gibt genau dann einen gleichmäßig besten* $(1-\alpha)$*-Konfidenzschätzer für* $\gamma(\vartheta)$, *wenn die korrespondierenden Testprobleme für jedes* $\gamma' \in \Gamma$ *einen nicht-randomisierten gleichmäßig besten* α*-Niveau Test haben.*

b) *Es gibt genau dann einen gleichmäßig besten unverfälschten* $(1-\alpha)$*-Konfidenzschätzer für* $\gamma(\vartheta)$, *wenn die korrespondierenden Testprobleme für jedes* $\gamma' \in \Gamma$ *einen nicht-randomisierten gleichmäßig besten unverfälschten* α*-Niveau Test haben.*

c) *Bezeichnen* $A^*(\gamma')$, $\gamma' \in \Gamma$, *die Annahmebereiche der optimalen Tests der korrespondierenden Testfamilie, so lautet in* a) *und* b) *ein optimaler Konfidenzschätzer*

$$C^*(x) = \{\gamma' \in \Gamma: A^*(\gamma') \ni x\}. \tag{2.6.20}$$

Zur Bestimmung eines optimalen Konfidenzschätzers zu den Teilmengen $\tilde{\mathbf{H}}_\vartheta$ und $\tilde{\mathbf{K}}_\vartheta$ hat man also die *korrespondierenden Testprobleme* $\mathbf{H}_{\gamma'}$ gegen $\mathbf{K}_{\gamma'}$ für jedes $\gamma' \in \Gamma$ zu lösen.

Besitzen diese Testprobleme optimale nichtrandomisierte Lösungen mit Annahmebereichen $A^*(\gamma')$, $\gamma' \in \Gamma$, so ergibt sich eine Lösung C^* gemäß (2.6.20).

Beispiel 2.104 $X_1, \ldots, X_n$ seien st. u. $\mathfrak{N}(\mu, \sigma_0^2)$-verteilte ZG mit unbekanntem $\mu \in \mathbb{R}$ und bekanntem $\sigma_0^2 > 0$.

a) Gesucht ist ein gleichmäßig bester $(1-\alpha)$-Konfidenzbereich für μ. Hierfür fixieren wir die Menge der bei zugrundeliegendem μ „richtigen" Parameterwerte $\mu' \in \mathbb{R}$ zu $\tilde{\mathbf{H}}_\mu := \{\mu' \in \mathbb{R}: \mu' \geqslant \mu\}$ und diejenige der „falschen" Parameterwerte $\mu' \in \mathbb{R}$ zu $\tilde{\mathbf{K}}_\mu := \{\mu' \in \mathbb{R}: \mu' < \mu\}$. Dann betrachten wir demgemäß die Familie der Testprobleme $\mathbf{H}_{\mu'}: \mu \leqslant \mu'$ gegen $\mathbf{K}_{\mu'}: \mu > \mu'$, $\mu' \in \mathbb{R}$. Für diese Testprobleme gibt es nach Satz 2.24 gleichmäßig beste α-Niveau Tests, die in diesem Fall nicht-randomisiert sind, nämlich diejenigen mit den Annahmebereichen

$$A(\mu') = \{x \in \mathbb{R}^n: \sqrt{n}(\bar{x} - \mu')/\sigma_0 \leqslant \mathrm{u}_\alpha\}, \qquad \mu' \in \mathbb{R}.$$

Aus diesen ergibt sich gemäß (2.6.20) ein gleichmäßig bester $(1-\alpha)$-Konfidenzbereich für μ zu

$$C(x) = \{\mu' \in \mathbb{R}: \sqrt{n}(\bar{x} - \mu')/\sigma_0 \leqslant \mathrm{u}_\alpha\} = \left[\bar{x} - \frac{\sigma_0}{\sqrt{n}}\mathrm{u}_\alpha, \infty\right).$$

Also ist $\underline{\mu}(x) = \bar{x} - \frac{\sigma_0}{\sqrt{n}}\mathrm{u}_\alpha$ eine gleichmäßig beste untere $(1-\alpha)$-Konfidenzschranke für μ.

b) Zur Bestimmung eines gleichmäßig besten unverfälschten $(1-\alpha)$-Konfidenzbereichs wählen wir $\tilde{\mathbf{H}}_\mu := \{\mu\}$ und $\tilde{\mathbf{K}}_\mu := \{\mu' \in \mathbb{R}: \mu' \neq \mu\}$ und betrachten demgemäß die Familie der Testprobleme $\mathbf{H}_{\mu'}: \mu = \mu'$ gegen $\mathbf{K}_{\mu'}: \mu \neq \mu'$, $\mu' \in \mathbb{R}$. Für diese Testprobleme gibt es nach Satz 2.70 gleichmäßig beste unverfälschte α-Niveau Tests, die in diesem Fall nicht-randomisiert sind, nämlich diejenigen mit den Annahmebereichen

$$A(\mu') = \{x \in \mathbb{R}^n: \sqrt{n}\,|\bar{x} - \mu'|/\sigma_0 \leqslant \mathrm{u}_{\alpha/2}\}, \qquad \mu' \in \mathbb{R}.$$

Hieraus ergibt sich gemäß (2.6.20) als gleichmäßig bestes unverfälschtes $(1-\alpha)$-Konfidenzintervall

$$C(x) = \{\mu' \in \mathbb{R}: \sqrt{n}\,|\bar{x} - \mu'|/\sigma_0 \leqslant \mathrm{u}_{\alpha/2}\} = \left[\bar{x} - \frac{\sigma_0}{\sqrt{n}}\mathrm{u}_{\alpha/2},\ \bar{x} + \frac{\sigma_0}{\sqrt{n}}\mathrm{u}_{\alpha/2}\right]. \qquad \square$$

Während die in Satz 2.103 formulierte Korrespondenz zunächst nur die Existenz gleichmäßig bester (unverfälschter) Konfidenzschätzer liefert, zeigt Beispiel 2.104, daß sich in Spezialfällen gemäß (2.6.20) sogar Konfidenzintervalle bzw. untere Konfidenzschranken ergeben. Dieses gilt allgemeiner für diejenigen einparametrigen Verteilungsklassen, für die in den Sätzen 2.24 bzw. 2.70 gleichmäßig beste (unverfälschte) nicht-randomisierte Tests hergeleitet wurden.

Satz 2.105 *Es seien $\mathfrak{P} = \{P_\vartheta: \vartheta \in \Theta\}$ eine einparametrige Verteilungsklasse mit isotonem* DQ *in T sowie P_ϑ^T für jedes $\vartheta \in \Theta$ eine stetige Verteilung. Dann gibt es für $\gamma(\vartheta) = \vartheta$ eine gleichmäßig beste untere $(1-\alpha)$-Konfidenzschranke $\underline{\vartheta}(\cdot)$. Bezeichnet $c(\vartheta')$ für jedes $\vartheta' \in \Theta$ eine Lösung von $P_{\vartheta'}(T > c(\vartheta')) = \alpha$, und ist $c^{-1}(t) := \inf\{\vartheta \in \Theta: c(\vartheta) \geqslant t\}$, so ergibt sich $C(x) = \{\vartheta' \in \Theta: \underline{\vartheta}(x) \underset{(=)}{<} \vartheta'\}$ zu vorgegebener Beobachtung $x \in \mathfrak{X}$ aus den Annahmebereichen $A(\vartheta')$ der optimalen einseitigen Tests* (2.2.2–3) *für $\mathbf{H}_{\vartheta'}: \vartheta \leqslant \vartheta'$ gegen $\mathbf{K}_{\vartheta'}: \vartheta > \vartheta'$ gemäß*

$$C(x) = \{\vartheta' \in \Theta: A(\vartheta') \ni x\} = \{\vartheta' \in \Theta: T(x) \leqslant c(\vartheta')\} = \{\vartheta' \in \Theta: c^{-1}(T(x)) \underset{(=)}{<} \vartheta'\}.$$

Beweis: Der Annahmebereich eines gleichmäßig besten α-Niveau Tests φ^* für $\mathbf{H}_{\vartheta'}: \vartheta \leqslant \vartheta'$ gegen $\mathbf{K}_{\vartheta'}: \vartheta > \vartheta'$ kann wegen der Stetigkeit von P_ϑ^T in der Form $A(\vartheta') = \{x: T(x) \leqslant c(\vartheta')\}$ angenommen werden. Die strenge Isotonie der Gütefunktion des Tests φ^* besagt $P_\vartheta(T > c(\vartheta')) > \alpha$ für $\vartheta > \vartheta'$. Hieraus ergibt sich $c(\vartheta) > c(\vartheta')$, denn aus $c(\vartheta) \leqslant c(\vartheta')$ würde

$$\alpha = P_\vartheta(T > c(\vartheta)) \geqslant P_\vartheta(T > c(\vartheta')) > \alpha$$

folgen. Also ist $c(\cdot)$ streng isoton, und der gleichmäßig beste Konfidenzschätzer $C(x) = \{\vartheta': T(x) \leqslant c(\vartheta')\}$ ist je nach den (Stetigkeits-)Eigenschaften der Funktion $c(\cdot)$ an der Stelle $\underline{\vartheta}(x) = c^{-1}(T(x))$ von der Form $\{\vartheta': \underline{\vartheta}(x) \leqslant \vartheta'\}$ oder $\{\vartheta': \underline{\vartheta}(x) < \vartheta'\}$; vgl. Aufgabe 2.28. $\underline{\vartheta}(x) = c^{-1}(T(x))$ ist also eine gleichmäßig beste untere $(1-\alpha)$-Konfidenzschranke. □

Zur praktischen Bestimmung von $\underline{\vartheta}(x)$ sei noch das folgende angemerkt: Gibt es für jedes $x \in \mathfrak{X}$ einen Wert $\tilde{\vartheta}(x) \in \Theta$ derart, daß für die VF F_ϑ^T gilt:

$$F_{\tilde{\vartheta}(x)}^T(T(x)) = 1 - \alpha, \tag{2.6.21}$$

so ist $\tilde{\vartheta} = \underline{\vartheta}$. Es ist nämlich $F_\vartheta^T(t) = 1 - P_\vartheta(T > t)$ eine streng antitone Funktion von ϑ, so daß es für jedes $x \in \mathfrak{X}$ höchstens eine Lösung $\tilde{\vartheta}(x)$ von (2.6.21) gibt. Andererseits gilt $F_{\vartheta'}^T(c(\vartheta')) = 1 - \alpha$ nach Definition von $c(\vartheta')$ für alle $\vartheta' \in \Theta$, insbesondere also $F_{\underline{\vartheta}(x)}^T(c(\underline{\vartheta}(x))) = 1 - \alpha$ mit $\underline{\vartheta}(x) = c^{-1}(T(x))$. Wegen $c(\underline{\vartheta}(x)) = T(x)$ folgt $F_{\underline{\vartheta}(x)}^T(T(x)) = 1 - \alpha = F_{\tilde{\vartheta}(x)}^T(T(x))$ für jedes $x \in \mathfrak{X}$ und damit die Behauptung.

Um die Existenz einer gleichmäßig besten unteren $(1-\alpha)$-Konfidenzschranke zu sichern, sind für diskrete Verteilungen im Gegensatz zu stetigen Verteilungen Zusatzbetrachtungen erforderlich.

Beispiel 2.106 Sei $\mathfrak{P} = \{P_\pi: 0 \leqslant \pi \leqslant 1\}$ die Klasse der $\mathfrak{B}(n, \pi)$-Verteilungen bei festem $n \in \mathbb{N}$. Gesucht sind gleichmäßig beste untere bzw. obere $(1-\alpha)$-Konfidenzschranken für den Parameter $\pi \in [0,1]$. Hierzu ordnen wir zunächst einer jeden $\mathfrak{B}(n, \pi)$-verteilten ZG X eine stetig verteilte ZG V zu, $V := X + U$. Dabei sind X und U st.u., $0 \leqslant U < 1$ und $\mathfrak{L}(U) = \mathfrak{R}(0,1)$. Diese Zuordnung ist auch eindeutig umkehrbar, denn mit der Abkürzung $[v]$ für die größte ganze Zahl $m \leqslant v$ gilt $X = [V]$, $U = V - [V]$. Die Klasse der Verteilungen von V besitzt einen isotonen DQ in $T(v) = v$ mit stetigen P_π^T, denn die $\lambda\!\!\lambda$-Dichte lautet $\binom{n}{[v]} \pi^{[v]}(1-\pi)^{n-[v]}$ für $0 \leqslant v < n+1$, und 0 sonst. Die für $0 \leqslant v < n+1$ durch

$$F_\pi(v) = \sum_{i=0}^{[v]-1} \binom{n}{i} \pi^i (1-\pi)^{n-i} + (v - [v]) \binom{n}{[v]} \pi^{[v]}(1-\pi)^{n-[v]} \tag{2.6.22}$$

gegebenen (stetigen) VF F_π bilden nach Satz 2.28 eine geordnete Klasse in v; $F_\pi(v)$ ist also bei festem v eine antitone Funktion von π. Darüberhinaus ist $F_\pi(v)$ für festes $v \in (0, n+1)$ eine stetige Funktion von $\pi \in (0,1)$ mit $F_\pi(v) \to \min\{1, v\}$ für $\pi \to 0$ bzw. $F_\pi(v) \to \max\{0, v-n\}$ für $\pi \to 1$. Folglich gibt es für alle $\alpha \in (0,1)$ und alle $v \in (1-\alpha, n+1-\alpha)$ bzw. $v \in (\alpha, n+\alpha)$ Lösungen $\underline{\pi}(v)$ und $\bar{\pi}(v)$ von

$$F_{\underline{\pi}(v)}(v) = 1 - \alpha, \quad F_{\bar{\pi}(v)}(v) = \alpha, \tag{2.6.23}$$

die nach Satz 2.105 Werte gleichmäßig bester unterer bzw. oberer $(1-\alpha)$-Konfidenzschranken für π sind.

Da zur Bestimmung von $\underline{\pi}(v)$ bzw. $\bar{\pi}(v)$ algebraische Gleichungen n-ten Grades zu lösen sind, verwendet man an Stelle der Werte dieser optimalen Konfidenzschranken vielfach die *Clopper-Pearson-Werte*

$$\underset{\sim}{\pi}(v) := \underline{\pi}([v]), \qquad \tilde{\pi}(v) := \bar{\pi}([v]+1).$$

Diese sind nach (2.6.23) Lösungen von

$$F_{\underset{\sim}{\pi}(v)}([v]) = 1-\alpha, \qquad F_{\tilde{\pi}(v)}([v]+1) = \alpha \tag{2.6.24}$$

und somit auch Werte unterer bzw. oberer $(1-\alpha)$-Konfidenzschranken; wegen $[v] \leqslant v < [v]+1$ folgt nämlich aus (2.6.23–24) $\underset{\sim}{\pi}(v) \leqslant \underline{\pi}(v)$, $\tilde{\pi}(v) \geqslant \bar{\pi}(v)$, wenn man beachtet, daß die VF geordnet sind in v. Wie auch Abb. 15 zeigt, sind die Clopper-Pearson-Werte im allgemeinen schlechter als die durch

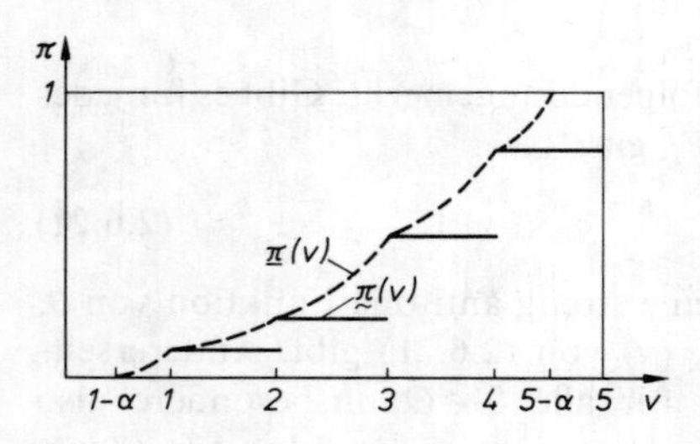

Abb. 15
Gleichmäßig beste untere Konfidenzschranke $\underline{\pi}(v)$ sowie untere Konfidenzschranke $\underset{\sim}{\pi}(v)$ nach Clopper und Pearson für $n=4$

(2.6.23) definierten Werte $\underline{\pi}(v)$ und $\bar{\pi}(v)$ gleichmäßig bester $(1-\alpha)$-Konfidenzschranken; sie lassen sich jedoch leichter berechnen und sind deshalb für die Anwendungen geeigneter. Gemäß (2.6.24) und (1.2.74) ist etwa $\underset{\sim}{\pi}(v)$ Lösung von

$$F_\pi([v]) = \sum_{i=0}^{[v]-1} \binom{n}{i} \pi^i (1-\pi)^{n-i} = \frac{n!}{([v]-1)!\,(n-[v])!} \int_\pi^1 y^{[v]-1}(1-y)^{n-[v]}\,\mathrm{d}y = 1-\alpha$$

und somit das $(1-\alpha)$-Fraktil der $\boldsymbol{B}_{[v],\,n-[v]+1}$-Verteilung. Dieses läßt sich durch dasjenige einer zentralen $\mathrm{F}_{2[v],\,2n-2[v]+2}$-Verteilung und dieses wiederum durch das (häufig vertafelte) α-Fraktil einer zentralen $\mathrm{F}_{2n-2[v]+2,\,2[v]}$-Verteilung ausdrücken. Aus Anmerkung 1.48 folgt nämlich

$$\boldsymbol{B}_{r,s;\,1-\alpha} = r/(r + s\mathrm{F}_{2s,\,2r;\,\alpha}).$$

Entsprechend ist $\tilde{\pi}(v) = \bar{\pi}([v]+1)$ Lösung von

$$F_\pi([v]+1) = \sum_{i=0}^{[v]} \binom{n}{i} \pi^i (1-\pi)^{n-i} = \frac{n!}{[v]!\,(n-[v]-1)!} \int_\pi^1 y^{[v]}(1-y)^{n-[v]-1}\,\mathrm{d}y = \alpha,$$

also das α-Fraktil der $\boldsymbol{B}_{[v]+1,\,n-[v]}$-Verteilung. Somit gilt

$$\underset{\sim}{\pi}(v) = \frac{[v]}{[v] + (n-[v]+1)\,\mathrm{F}_{2n-2[v]+2,\,2[v];\,\alpha}},$$

$$\tilde{\pi}(v) = \frac{([v]+1)\,\mathrm{F}_{2[v]+2,\,2n-2[v];\,\alpha}}{([v]+1)\,\mathrm{F}_{2[v]+2,\,2n-2[v];\,\alpha} + (n-[v])}.$$

Der Übergang von der diskret verteilten ZG X zur stetig verteilten ZG V entspricht gerade dem Zulassen randomisierter Tests. Umgekehrt gewinnt man die Clopper-Pearson-Werte aus einer

Familie nicht-randomisierter α-Niveau Tests, bei denen der zugelassene Wert α durch die Fehler-WS 1. Art im allgemeinen nicht ausgeschöpft wird; die Konfidenzschätzungen $[\underline{\vartheta}(x),\infty)$ bzw. $(-\infty,\bar{\vartheta}(x)]$ werden also in der Regel die Werte $[\underline{\vartheta}(x),\infty)$ bzw. $(-\infty,\bar{\vartheta}(x)]$ der gleichmäßig besten Lösungen echt umfassen. Vertafelungen von Clopper-Pearson-Werten findet man z.B. bei Owen [1]. □

Satz 2.107 *Es seien* $\mathfrak{P}=\{P_\zeta:\zeta\in Z\}$ *eine einparametrige Exponentialfamilie in* ζ *und* T *sowie* P_ζ^T *für jedes* $\zeta\in Z$ *eine stetige Verteilung. Dann gibt es für* $\gamma(\zeta)=\zeta$ *ein gleichmäßig bestes unverfälschtes* $(1-\alpha)$*-Konfidenzintervall* $C(x)=\{\zeta'\in Z:\ \zeta_1(x)\underset{(-)}{<}\zeta'\underset{(-)}{<}\zeta_2(x)\}$. *Bezeichnet* $A(\zeta')=\{x\in\mathfrak{X}: c_1(\zeta')\leqslant T(x)\leqslant c_2(\zeta')\}$ *den Annahmebereich eines optimalen zweiseitigen Tests* (2.4.20–21) *für* $\mathbf{H}_{\zeta'}:\zeta=\zeta'$ *gegen* $\mathbf{K}_{\zeta'}:\zeta\neq\zeta'$ *und gilt*

$$c_1^{-1}(t)=\sup\{\zeta': c_1(\zeta')\leqslant t\}\quad \text{und}\quad c_2^{-1}(t)=\inf\{\zeta': c_2(\zeta')\geqslant t\},$$

so ergibt sich $C(x)$ *gemäß*

$$C(x)=\{\zeta': x\in A(\zeta')\}=\{\zeta': c_1(\zeta')\leqslant T(x)\leqslant c_2(\zeta')\}=\{\zeta': c_2^{-1}(T(x))\underset{(-)}{<}\zeta'\underset{(-)}{<}c_1^{-1}(T(x))\}.$$

Beweis: Wegen der Korrespondenz optimaler Konfidenzschätzer mit den Annahmebereichen optimaler (nicht-randomisierter) Tests bleibt nur die strenge Isotonie der Funktionen $c_1(\cdot)$ und $c_2(\cdot)$ zu zeigen, also die Gültigkeit von $c_1(\zeta')<c_1(\zeta'')$ *und* $c_2(\zeta')<c_2(\zeta'')$ für $\zeta'<\zeta''$. Die gegenteilige Annahme, daß mindestens eine der Beziehungen $c_1(\zeta')\geqslant c_1(\zeta'')$ oder $c_2(\zeta')\geqslant c_2(\zeta'')$ erfüllt ist, impliziert nämlich die Gültigkeit von $c_1(\zeta')>c_1(\zeta'')$ und $c_2(\zeta')>c_2(\zeta'')$ *oder*, daß einer der beiden Annahmebereiche

$$A(\zeta')=\{x: c_1(\zeta')\leqslant T(x)\leqslant c_2(\zeta')\}\quad \text{und}\quad A(\zeta'')=\{x: c_1(\zeta'')\leqslant T(x)\leqslant c_2(\zeta'')\}$$

der Tests (2.4.20–21) mit $\zeta_0=\zeta'$ bzw. $\zeta_0=\zeta''$ im anderen enthalten ist. Beide Implikationen führen aber auf einen Widerspruch, wie nun gezeigt werden soll. Mit $\varphi_{\zeta'}^*:=1-\mathbb{1}_{A(\zeta')}$ und $\varphi_{\zeta''}^*:=1-\mathbb{1}_{A(\zeta'')}$ würde aus deren strenger Unverfälschtheit für $\psi:=\varphi_{\zeta'}^*-\varphi_{\zeta''}^*$ folgen

$$E_{\zeta'}\psi=\alpha-E_{\zeta'}\varphi_{\zeta''}^*<0<E_{\zeta''}\varphi_{\zeta'}^*-\alpha=E_{\zeta''}\psi. \tag{2.6.25}$$

Hieraus ergibt sich einerseits wegen

$$E_\zeta\psi=E_\zeta(\mathbb{1}_{A(\zeta'')}(X)-\mathbb{1}_{A(\zeta')}(X))=P_\zeta(A(\zeta''))-P_\zeta(A(\zeta')),$$

daß weder $A(\zeta')$ in $A(\zeta'')$ noch $A(\zeta'')$ in $A(\zeta')$ enthalten sein kann, da andernfalls stets $\psi\geqslant 0$ bzw. $\psi\leqslant 0$ wäre. Es folgt aber auch, daß nicht $c_1(\zeta')>c_1(\zeta'')$ und $c_2(\zeta')>c_2(\zeta'')$ gelten kann. In einem solchen Fall wäre nämlich $\psi(x)\geqslant 0$ für $T(x)<c':=c_1(\zeta')$ und $\psi(x)\leqslant 0$ für $T(x)\geqslant c'$, so daß bei Benutzen der ν-Dichte $p_\zeta(x)=C(\zeta)\,\mathrm{e}^{\zeta T(x)}$ mit $q:=H_{\zeta',\zeta''}(c')>0$ wegen (2.2.1) gelten würde

$$\begin{aligned}E_{\zeta''}\psi&=\int_{\{T<c'\}}\psi\,(p_{\zeta''}/p_{\zeta'})\,p_{\zeta'}\,\mathrm{d}\nu+\int_{\{T\geqslant c'\}}\psi\,(p_{\zeta''}/p_{\zeta'})\,p_{\zeta'}\,\mathrm{d}\nu\\&\leqslant q\int_{\{T<c'\}}\psi\,p_{\zeta'}\,\mathrm{d}\nu+q\int_{\{T\geqslant c'\}}\psi\,p_{\zeta'}\,\mathrm{d}\nu=qE_{\zeta'}\psi.\end{aligned}$$

Aus $E_{\zeta'}\psi<0$ würde also $E_{\zeta''}\psi<0$ folgen in Widerspruch zu (2.6.25). □

Anmerkung 2.108 Es gilt ein zu Satz 2.103 analoger Korrespondenzsatz, wenn man im Sinne der Definition 1.59 + 1.60 die globalen Nebenbedingungen (1.3.14 + 16) durch die lokalen Nebenbedingungen (1.3.22 + 25) ersetzt. Insbesondere sind die untere Konfidenzschranke aus Satz 2.105 und das Konfidenzintervall aus Satz 2.107 Lösungen derartiger Optimalitätsprobleme.

Abschließend soll noch ein Zusammenhang zwischen der (geeignet definierten geometrischen) Größe des Konfidenzbereichs und der (geeignet gemittelten) Überdeckungs-WS falscher Parameterwerte hergestellt werden. Wir beschränken uns dabei auf den Fall $\gamma(\vartheta) = \vartheta$. Bezeichnet nämlich $\varrho \in \mathfrak{M}^1(\Theta, \mathfrak{A}_\Theta)$ eine a priori Verteilung, so läßt sich $\varrho(C(x))$ als zufallsabhängige – und somit $\int \varrho(C(x))\,\mathrm{d}P_\vartheta(x)$ als erwartete – Größe des Konfidenzbereichs interpretieren; andererseits stellt $\int_{\{\vartheta' \neq \vartheta\}} P_\vartheta(\{x: C(x) \ni \vartheta'\})\,\mathrm{d}\varrho(\vartheta')$ eine mittlere Überdeckungs-WS falscher Parameterwerte dar. Die Gleichheit der beiden Größen beinhaltet der

Satz 2.109 *Seien* $\mathfrak{P} = \{P_\vartheta : \vartheta \in \Theta\}$ *eine Klasse von Verteilungen,* $x \mapsto C(x)$ *ein Bereichsschätzer für den Parameter* $\vartheta \in \Theta$ *derart, daß gilt* $(x, \vartheta) \mapsto \mathbb{1}_{C(x)}(\vartheta) \in \mathfrak{B} \otimes \mathfrak{A}_\Theta$, $\tilde{\mathbf{H}}_\vartheta = \{\vartheta\}$ *und* $\tilde{\mathbf{K}}_\vartheta = \Theta - \{\vartheta\}$. *Weiter sei* $\varrho \in \mathfrak{M}^1(\Theta, \mathfrak{A}_\Theta)$ *mit* $\varrho(\{\vartheta\}) = 0 \quad \forall \vartheta \in \Theta$. *Dann gilt*

$$\int_{\mathfrak{X}} \varrho(C(x))\,\mathrm{d}P_\vartheta(x) = \int_{\{\vartheta' \neq \vartheta\}} P_\vartheta(\{x: C(x) \ni \vartheta'\})\,\mathrm{d}\varrho(\vartheta') \qquad \forall \vartheta \in \Theta. \tag{2.6.26}$$

Beweis: Nach dem Satz von Fubini gilt wegen $\varrho(\{\vartheta\}) = 0 \ \forall \vartheta \in \Theta$

$$\begin{aligned}\int_{\mathfrak{X}} \varrho(C(x))\,\mathrm{d}P_\vartheta(x) &= \int_{\mathfrak{X}} \int_{\Theta} \mathbb{1}_{C(x)}(\vartheta')\,\mathrm{d}\varrho(\vartheta')\,\mathrm{d}P_\vartheta(x) \\ &= \int_{\{\vartheta' \neq \vartheta\}} \left[\int_{\mathfrak{X}} \mathbb{1}_{C(x)}(\vartheta')\,\mathrm{d}P_\vartheta(x)\right] \mathrm{d}\varrho(\vartheta') \\ &= \int_{\{\vartheta' \neq \vartheta\}} P_\vartheta(\{x: C(x) \ni \vartheta'\})\,\mathrm{d}\varrho(\vartheta').\end{aligned}$$ □

Aufgabe 2.24 Es seien X eine $\mathfrak{P}(\lambda)$-verteilte ZG, $\lambda > 0$, und $\alpha \in (0,1)$.

a) Man bestimme gleichmäßig beste untere und obere $(1-\alpha)$-Konfidenzschranken für λ.

b) Man wende die Vorgehensweise aus Beispiel 2.106 an zur Gewinnung von Näherungswerten unterer bzw. oberer $(1-\alpha)$-Konfidenzschranken für λ.

Hinweis: Die Werte der VF einer $\mathfrak{P}(\lambda)$-Verteilung lassen sich durch diejenigen der VF einer zentralen χ^2-Verteilung ausdrücken.

Aufgabe 2.25 Man bestimme ein gleichmäßig bestes unverfälschtes $(1-\alpha)$-Konfidenzintervall, $\alpha = 0{,}01$, für den Parameter λ einer $\mathfrak{P}(\lambda)$-Verteilung, $\lambda > 0$.

Aufgabe 2.26 Eine Information über den Parameter λ einer $\mathfrak{P}(\lambda)$-Verteilung, etwa über die Intensität eines radioaktiven Präparats, läßt sich auch durch eine inverse Stichprobenentnahme gewinnen, d.h. durch Beobachten der Zeit T bis zur m-ten Emission. (Es gilt also $T = \sum_{i=1}^{m} T_i$, wenn $T_1, T_2, \ldots, T_m$ st.u. ZG mit derselben $\lambda\!\!\!\lambda$-Dichte $f(t) = \lambda e^{-\lambda t}\,\mathbb{1}_{(0,\infty)}(t)$, $\lambda > 0$, sind.) Man zeige:

a) $2T$ genügt einer gestreckten χ^2_{2m}-Verteilung mit dem Streckungsparameter $1/\lambda$.

b) $\chi^2_{2m;\alpha}/2T$ ist eine gleichmäßig beste obere $(1-\alpha)$-Konfidenzschranke für λ.

Aufgabe 2.27 $X_1, \ldots, X_n$ seien st.u. ZG mit derselben VF $F_\vartheta(t) = F(t-\vartheta)$, wobei $\vartheta \in \mathbb{R}$ und die stetige VF F mit $F(t) = 1 - F(-t)$ unbekannt sind. Es ist plausibel, zum Prüfen von $\mathbf{H}: \vartheta = \vartheta_0$ gegen

K: $\vartheta \neq \vartheta_0$ die Prüfgröße $T(x) = \sum_{j=1}^{n} \operatorname{sgn}(x_j - \vartheta_0)$ zu verwenden. Man bestimme einen kritischen Wert $c \in \mathbb{R}$, für den der Test $\varphi(x) = \mathbb{1}_{(c,\infty)}(|T(x)|)$ ein vorgegebenes Niveau $\alpha \in (0,1)$ einhält und konstruiere das zugehörige Konfidenzintervall.

Aufgabe 2.28 Sei $\mathfrak{L}_\vartheta(X) = \mathfrak{N}(\vartheta + \operatorname{sgn} \vartheta, 1)$, $\vartheta \in \mathbb{R}$, $\operatorname{sgn} 0 := 0$. Man bestimme eine gleichmäßig beste untere $(1-\alpha)$-Konfidenzschranke.

2.7 Optimale Punktschätzfunktionen

Bereits in 1.1.3 wurde betont, daß die verschiedenartige mathematische Behandlung von Schätz- und Testproblemen wesentlich in den unterschiedlichen Typen der jeweiligen Verlustfunktionen begründet ist. So führt die Verwendung der Gauß-Verlustfunktion beim Schätzen auf den mittleren quadratischen Fehler und damit bei erwartungstreuen Schätzern auf Varianzen, die dann zu minimieren sind. Solche Probleme lassen sich vielfach nach Einbettung in einen geeigneten $\mathbb{L}_2$, z.B. mit dem klassischen Approximationssatz für Hilbert-Räume, behandeln. Demgegenüber führte die Neyman-Pearson-Verlustfunktion beim Testen auf Fehler-WS, deren Minimierung häufig mit variationstheoretischen Argumenten, etwa dem Neyman-Pearson-Lemma, erfolgen kann. Die Verschiedenartigkeit der Verlustfunktionen spiegelt sich auch in unterschiedlichen Hilfsmitteln beim Beweis der für Existenzaussagen wichtigen Kompaktheitssätze 2.117 bzw. 2.14 oder auch bei der Charakterisierung lokal optimaler Schätzer bzw. bester Tests bei einfacher Gegenhypothese in Satz 2.111 bzw. beim Fundamentallemma wider. Unterschiede ergeben sich aber auch daraus, daß sich Testprobleme der Neyman-Pearson-Theorie vielfach auf solche mit endlich vielen Nebenbedingungen reduzieren und somit vermöge des einfachen Dualitätsatzes 1.71 behandeln lassen. Demgegenüber können etwa Fragestellungen der Theorie der erwartungstreuen Schätzer typischerweise nicht auf solche mit endlich vielen Nebenbedingungen reduziert werden.

Die Beschränkung auf erwartungstreue Schätzer, die in einem festen Punkt $\vartheta_0 \in \Theta$ endliche Varianz haben, gestattet es, diese als Elemente des $\mathbb{L}_2(\vartheta_0)$ aufzufassen. Dieses wiederum ermöglicht es, in 2.7.1 die lokale Optimalität derartiger Schätzer im Sinne kleinster Varianz zu diskutieren. Zum einen wird in Satz 2.111 eine einfache Charakterisierung lokal optimaler erwartungstreuer Schätzer hergeleitet; zum anderen wird in Satz 2.119 die Existenz eines in ϑ_0 lokal optimalen erwartungstreuen Schätzers nachgewiesen, sofern zusätzlich $\mathfrak{P} \ll P_{\vartheta_0}$ und $L_{\vartheta_0,\vartheta} \in \mathbb{L}_2(\vartheta_0)$ ist. Dabei beachte man, daß die lokale Optimalität erwartungstreuer Schätzer der Optimalität von Tests bei einfacher Gegenhypothese und *nicht* der in 2.2.4 bzw. 2.4.3 diskutierten lokalen Optimalität von Tests entspricht. Durch Spezialisierung auf zweielementige Verteilungsklassen $\mathfrak{P} = \{P_{\vartheta_0}, P_\vartheta\}$ ergeben sich untere Schranken für die Varianz erwartungstreuer Schätzer. Diese lassen sich verschärfen, sofern die Verteilungsklasse zusätzlich im Punkte ϑ_0 in geeignetem Sinne differenzierbar ist, wie in 2.7.2 gezeigt werden soll. Auch können die Aussagen aus 2.7.1 und 2.7.2 häufig leicht auf den Fall l-dimensionaler Schätzer verallgemeinert werden; vgl. Satz 2.114 und 2.133. Schließlich werden in 2.7.3 noch die Ausführungen aus 1.4.2 über Bayes- und Minimax-Verfahren auf den Fall der Schätztheorie spezialisiert und damit zugleich verschiedene Überlegungen in 3.5.6 und 3.5.7 vorbereitet.

2.7.1 Erwartungstreue Schätzer mit endlichen Varianzen

Wie in 1.2.2 bereits erwähnt wurde, ist nicht jedes Funktional bei vorgegebener Verteilungsannahme erwartungstreu schätzbar; für andere Funktionale wiederum können erwartungstreue Schätzer leicht explizit angegeben werden. So ist etwa

$$\gamma(\vartheta) := \int \dots \int \psi(x_1, \dots, x_m) \, \mathrm{d}F_\vartheta(x_1) \dots \mathrm{d}F_\vartheta(x_m)$$

durch die zugehörige U-Statistik (1.2.25) bzw. (1.2.27+26) erwartungstreu schätzbar, falls st.u. gemäß F_ϑ verteilte ZG $X_1, \dots, X_n$ zugrunde liegen und $n \geqslant m$ ist. Für verschiedene Aussagen über erwartungstreue Schätzer wird nur benötigt, daß überhaupt ein derartiger Schätzer existiert. So ist die explizite Gestalt der als existierend vorausgesetzten Schätzer etwa bei den Sätzen 2.119 bzw. 3.27 und 3.35 ohne Relevanz. In solchen Fällen sprechen wir kurz von einem *erwartungstreu schätzbaren Funktional* und bezeichnen die Gesamtheit aller für ein solches Funktional $\gamma: \Theta \to \Gamma$ erwartungstreuen Schätzer mit $\overline{\mathfrak{E}}_\gamma$. Speziell sprechen wir von einem *erwartungstreu* $\mathbb{L}_2(\vartheta_0)$- bzw. $\mathbb{L}_2$-*schätzbaren Funktional*, wenn es einen erwartungstreuen Schätzer gibt, der in einem festen Punkt $\vartheta_0 \in \Theta$ bzw. in allen Punkten $\vartheta \in \Theta$ endliche Momente zweiter Ordnung besitzt. Die Gesamtheit aller derartigen für ein Funktional γ erwartungstreuen Schätzer bezeichnen wir mit $\mathfrak{E}_\gamma(\vartheta_0)$ bzw. mit $\mathfrak{E}_\gamma$. Es gilt also $\mathfrak{E}_\gamma = \bigcap_{\vartheta \in \Theta} \mathfrak{E}_\gamma(\vartheta)$.

Die Beschränkung auf erwartungstreue Schätzer ist zur Auszeichnung optimaler Elemente häufig zweckmäßig; vgl. auch 1.3.1. Wie bereits Beispiel 1.54 gezeigt hat, können hierdurch jedoch gegebenenfalls auch „sinnvolle" Schätzer ausgeschlossen werden. Dies zeigt ebenfalls das

Beispiel 2.110 $X_1, \dots, X_n$ seien st.u. $\mathfrak{B}(1,\pi)$-verteilte ZG, $\pi \in [0,2/3]$. Dann ist $g^*(x) = \bar{x}$ ein naheliegender und – wie in Beispiel 2.112 gezeigt werden wird – auch „optimaler" erwartungstreuer Schätzer für $\gamma(\pi) = \pi$. Für diesen gilt $E_\pi g^* = \pi$, $Var_\pi g^* = \pi(1-\pi)/n$ $\forall \pi \in [0,2/3]$. Obwohl $\tilde{g}(x) = \dfrac{n}{n+1}\bar{x}$ nicht erwartungstreu für γ ist, hat $\tilde{g}$ jedoch für $\pi < 2/3$ eine gleichmäßig kleinere erwartete quadratische Abweichung als g^*. Für diese Werte von π gilt nämlich

$$E_\pi(\tilde{g}-\pi)^2 = E_\pi\left[\frac{n}{n+1}(g^*-\pi) - \frac{\pi}{n+1}\right]^2 = \left(\frac{n}{n+1}\right)^2 E_\pi(g^*-\pi)^2 + \frac{\pi^2}{(n+1)^2} < E_\pi(g^*-\pi)^2. \quad \square$$

Erwartungstreue Schätzer lassen sich insbesondere dann einfach behandeln, wenn man sich auf solche mit endlichen zweiten Momenten beschränkt. Betrachtet man etwa das Problem des im Sinne kleinster Varianz bzw. kleinster Kovarianzmatrix in einem Punkt $\vartheta_0 \in \Theta$ lokal optimalen erwartungstreuen Schätzers, so lassen sich die zugelassenen Schätzer[1]) als Elemente der Räume $\mathbb{L}_2(\vartheta_0)$ bzw. $\mathbb{L}_2^l(\vartheta_0)$ auffassen. Dann kann die lokale Optimalität eines derartigen Schätzers g^* durch die Orthogonalität bzw. Unkorreliertheit zu allen $\mathbb{L}_2(\vartheta_0)$-Nullschätzern im Sinne von

$$\langle g^*, \hat{o}\rangle_{\mathbb{L}_2(\vartheta_0)} := \int g^* \hat{o} \, \mathrm{d}P_{\vartheta_0} = 0 \quad \text{bzw.} \quad \int g^* \hat{o}^\top \mathrm{d}P_{\vartheta_0} = \mathcal{O}$$

charakterisiert werden. Dabei heißt $\hat{o} \in \mathfrak{B}$ ein $\mathbb{L}_2(\vartheta_0)$-*Nullschätzer*, wenn gilt $E_\vartheta \hat{o} = 0$ $\forall \vartheta \in \Theta$ und $Var_{\vartheta_0} \hat{o} < \infty$ bzw. $\mathscr{Cov}_{\vartheta_0} \hat{o} \in \mathbb{R}^{l \times l}$. Hierzu werde die Gesamtheit aller der-

---

[1]) Für $l = 1$ können auch solche Schätzer zugelassen werden, deren zweite Momente an der Stelle ϑ_0 unendlich sind. Wir schreiben deshalb etwa in (2.7.1) nicht $\forall g \in \mathfrak{E}_\gamma(\vartheta_0)$, sondern $\forall g \in \overline{\mathfrak{E}}_\gamma$. In den betreffenden Beweisen kann man sich auf Vergleichsschätzer g aus $\mathfrak{E}_\gamma(\vartheta_0)$ beschränken, da für $E_{\vartheta_0} g^2 = \infty$ die betreffenden Aussagen trivialerweise erfüllt sind.

artigen Nullschätzer mit $\mathfrak{E}_0(\vartheta_0)$ bezeichnet, wobei also $0 \in \mathbb{R}$ bzw. $0 \in \mathbb{R}^l$ sein kann. Offenbar bildet $\mathfrak{E}_0(\vartheta_0)$ einen linearen Teilraum und allgemeiner $\mathfrak{E}_\gamma(\vartheta_0)$ einen affinen Teilraum von $\mathbb{L}_2(\vartheta_0)$, d.h. mit $g_0 \in \mathfrak{E}_\gamma(\vartheta_0)$ gilt $g \in \mathfrak{E}_\gamma(\vartheta_0)$ genau dann, wenn es ein $\hat{o} \in \mathfrak{E}_0(\vartheta_0)$ gibt mit $g = g_0 + \hat{o}$.

Gleichmäßige Optimalität ist definitionsgemäß äquivalent mit lokaler Optimalität in jedem Punkt $\vartheta_0 \in \Theta$. Somit ergeben sich aus den Kriterien für lokale Optimalität sofort solche für gleichmäßige Optimalität. Vorsorglich sei jedoch bemerkt, daß die Existenz gleichmäßig optimaler Schätzer $g^* \in \mathfrak{E}_\gamma$ nicht typisch ist, auch wenn die Beispiele 2.112, 2.113 und 2.116 derartige (in 3.2.2 näher diskutierte) Situationen behandeln.

Der Einfachheit halber betrachten wir zunächst den Fall $l = 1$:

Satz 2.111 (Rao) *Es seien* $\mathfrak{P} = \{P_\vartheta : \vartheta \in \Theta\}$ *eine Klasse von Verteilungen über* $(\mathfrak{X}, \mathfrak{B})$, $\gamma: \Theta \to \mathbb{R}$ *ein zu schätzendes Funktional,* $\vartheta_0 \in \Theta$ *und* $g^* \in \mathfrak{E}_\gamma(\vartheta_0)$. *Dann sind äquivalent:*

a) $$Var_{\vartheta_0} g^* \leqslant Var_{\vartheta_0} g \quad \forall g \in \overline{\mathfrak{E}}_\gamma, \tag{2.7.1}$$

b) $$\langle g^*, \hat{o} \rangle_{\mathbb{L}_2(\vartheta_0)} := E_{\vartheta_0} g^* \hat{o} = Cov_{\vartheta_0}(g^*, \hat{o}) = 0 \quad \forall \hat{o} \in \mathfrak{E}_0(\vartheta_0). \tag{2.7.2}$$

Insbesondere hat $g^* \in \mathfrak{E}_\gamma$ *genau dann gleichmäßig kleinste Varianz unter allen Schätzern* $g \in \overline{\mathfrak{E}}_\gamma$, *wenn* g^* *für jedes* $\vartheta_0 \in \Theta$ *der Bedingung* (2.7.2) *genügt.*

Beweis: Zum Nachweis von a) $\Rightarrow$ b) sei $g^* \in \mathfrak{E}_\gamma(\vartheta_0)$ und $\hat{o} \in \mathfrak{E}_0(\vartheta_0)$. Also gilt $g := g^* + t\hat{o} \in \mathfrak{E}_\gamma(\vartheta_0) \quad \forall t \in \mathbb{R}$ und somit wegen a)

$$0 \leqslant \frac{1}{t}\,[Var_{\vartheta_0}(g^* + t\hat{o}) - Var_{\vartheta_0} g^*] = 2\,Cov_{\vartheta_0}(g^*, \hat{o}) + t\,Var_{\vartheta_0}\hat{o} \qquad \forall t > 0.$$

Für $t \to 0$ folgt hieraus $Cov_{\vartheta_0}(g^*, \hat{o}) \geqslant 0$ und damit auch $Cov_{\vartheta_0}(g^*, \hat{o}) = 0$, denn mit $\hat{o} \in \mathfrak{E}_0(\vartheta_0)$ gilt auch $-\hat{o} \in \mathfrak{E}_0(\vartheta_0)$. Ist umgekehrt für $g^* \in \mathfrak{E}_\gamma(\vartheta_0)$ (2.7.2) erfüllt, so folgt für $g \in \mathfrak{E}_\gamma(\vartheta_0)$ mit $\hat{o} := g - g^* \in \mathfrak{E}_0(\vartheta_0)$ wegen $Var_{\vartheta_0}\hat{o} \geqslant 0$

$$Var_{\vartheta_0} g = Var_{\vartheta_0}(g^* + \hat{o}) = Var_{\vartheta_0} g^* + 2\,Cov_{\vartheta_0}(g^*, \hat{o}) + Var_{\vartheta_0}\hat{o} \geqslant Var_{\vartheta_0} g^*. \qquad \square$$

Beispiel 2.112 $X_1, \ldots, X_n$ seien st.u. $\mathfrak{B}(1,\pi)$-verteilte ZG, $\vartheta = \pi \in [0,1]$. Dann ist $g^*(x) := \bar{x}$ erwartungstreuer Schätzer für $\gamma(\pi) = \pi$ mit gleichmäßig kleinster Varianz. Einerseits ist offenbar $E_\pi g^*(X) = E_\pi \overline{X} = \pi \quad \forall \pi \in [0,1]$. Andererseits folgt (2.7.2) für $\pi = 0$ und $\pi = 1$ trivialerweise[1]) sowie für $\pi \in (0,1)$ durch Differentiation aus

$$f(\pi) := E_\pi \hat{o}(X) = \sum_{x \in \mathfrak{X}} \hat{o}(x)\,\pi^{\sum x_j}(1-\pi)^{n-\sum x_j} = 0. \tag{2.7.3}$$

Für jedes $\pi \in (0,1)$ ergibt sich nämlich

$$\begin{aligned} 0 = \nabla f(\pi) &= \sum_{x \in \mathfrak{X}} \hat{o}(x) \left(\frac{\sum x_j}{\pi} - \frac{n - \sum x_j}{1-\pi} \right) \pi^{\sum x_j}(1-\pi)^{n-\sum x_j} \\ &= \frac{n}{\pi(1-\pi)}\,E_\pi \hat{o}(X)\,(\overline{X} - \pi) = \frac{n}{\pi(1-\pi)}\,Cov_\pi(\overline{X}, \hat{o}(X)). \end{aligned} \tag{2.7.4}$$

---

[1]) Man beachte, daß für $\pi = 0$ und $\pi = 1$ alle Funktionen P_π-f.ü. konstant sind, $P_\pi := \bigotimes \mathfrak{B}(1,\pi)$. Damit gilt $\hat{o} = 0 \quad [P_\pi]$, also (2.7.2).

Analog erweist sich $\hat{\sigma}^2(x) = \frac{n}{n-1}\bar{x}(1-\bar{x})$ als erwartungstreuer Schätzer mit gleichmäßig kleinster Varianz für $\gamma(\pi) = \pi(1-\pi)$. Zum einen ist $\hat{\sigma}^2(x)$ nach Beispiel 1.24a erwartungstreu für γ; zum anderen ergibt sich durch nochmalige Differentiation von (2.7.4)

$$0 = \nabla\nabla f(\pi) = \sum_{x\in\mathfrak{X}} \hat{o}(x)\left[\left(\frac{\sum x_j}{\pi} - \frac{n-\sum x_j}{1-\pi}\right)^2 + \left(-\frac{\sum x_j}{\pi^2} - \frac{n-\sum x_j}{(1-\pi)^2}\right)\right]\pi^{\sum x_j}(1-\pi)^{n-\sum x_j}. \tag{2.7.5}$$

Hieraus und aus (2.7.3 + 4) folgt $Cov_\pi(\hat{\sigma}^2(X), \hat{o}(X)) = 0$, da sich $\hat{\sigma}^2(x)$ als Polynom zweiten Grades in $\sum x_j$ als Linearkombination von $[\ldots]$ in (2.7.5), $(\ldots)$ in (2.7.4) und der Konstanten 1, die an der entsprechenden Stelle in (2.7.3) steht, darstellen läßt.

Allgemeiner folgt so durch entsprechend mehrfache Differentiation für jede reellwertige Funktion $g \in \mathfrak{B}$, die ein Polynom in $\sum x_j$ ist, die Gültigkeit von

$$E_\pi g(X)\,\hat{o}(X) = 0 \qquad \forall \hat{o} \in \mathfrak{E}_0(\pi) \quad \forall \pi \in (0,1). \tag{2.7.6}$$

Damit ist jede derartige Funktion $g \in \mathfrak{B}$ ein erwartungstreuer Schätzer für ihren EW mit gleichmäßig kleinster Varianz bei $\pi \in (0,1)$ und damit wegen $Var_0\, g(X) = Var_1\, g(X) = 0$ auch bei $\pi \in [0,1]$. □

Beispiel 2.113 $X_1, \ldots, X_n$ seien st.u. $\mathfrak{R}(0,\vartheta)$-verteilte ZG, $\vartheta > 0$. Dann ist $g^*(x) = \frac{n+1}{n} x_{\uparrow n}$ ein erwartungstreuer Schätzer für $\gamma(\vartheta) = \vartheta$, denn mit der in Beispiel 2.10 ermittelten λ-Dichte von $X_{\uparrow n}$ gilt

$$E_\vartheta X_{\uparrow n} = n\int_0^\vartheta z\,\frac{z^{n-1}}{\vartheta^n}\,dz = \frac{n}{n+1}\,\vartheta \qquad \forall \vartheta > 0.$$

Der Nachweis der Optimalität kann wieder mit Satz 2.111 erfolgen. Hierzu beachte man, daß sich die einen Nullschätzer definierende Bedingung durch Zerlegung des Integrationsbereichs in die Mengen $\{0 < x_{i_1} < \ldots < x_{i_n} < \vartheta\}$, $\pi := (i_1, \ldots, i_n) \in \mathfrak{S}_n$, unter Verwenden der Kurzschreibweise $\pi x = (x_{i_1}, \ldots, x_{i_n})$ wie folgt umformen läßt:

$$\begin{aligned}
0 = E_\vartheta \hat{o}(X) &= \frac{1}{\vartheta^n}\int_0^\vartheta \ldots \int_0^\vartheta \hat{o}(x)\,dx_1 \ldots dx_n \\
&= \frac{1}{\vartheta^n}\sum_{\pi\in\mathfrak{S}_n}\int_0^\vartheta \int_0^{x_{i_n}} \ldots \int_0^{x_{i_2}} \hat{o}(x)\,dx_{i_1} \ldots dx_{i_{n-1}}\,dx_{i_n} \\
&= \frac{1}{\vartheta^n}\int_0^\vartheta\left[\int_0^{z_n} \ldots \int_0^{z_2} \sum_{\pi\in\mathfrak{S}_n} \hat{o}(\pi^{-1}z)\,dz_1 \ldots dz_{n-1}\right] dz_n \qquad \forall \vartheta > 0,
\end{aligned}$$

wobei natürlich $\sum_{\pi\in\mathfrak{S}_n} \hat{o}(\pi^{-1}z) = \sum_{\pi\in\mathfrak{S}_n} \hat{o}(\pi z)$ ist. Dieses impliziert

$$\int_0^{z_n} \ldots \int_0^{z_2} \sum_{\pi\in\mathfrak{S}_n} \hat{o}(\pi z)\,dz_1 \ldots dz_{n-1} = 0 \quad [\lambda] \quad \forall z_n > 0. \tag{2.7.7}$$

Damit folgt für $g(x) := x_{\uparrow n}$ und analog für jede Funktion $g \in \mathfrak{B}$, die über $x_{\uparrow n}$ gemäß $g(x) = h(x_{\uparrow n})$ meßbar faktorisiert,

$$\begin{aligned}
E_\vartheta g(X)\,\hat{o}(X) &= \frac{1}{\vartheta^n}\int_0^\vartheta \ldots \int_0^\vartheta h(x_{\uparrow n})\,\hat{o}(x)\,dx_1 \ldots dx_n \\
&= \frac{1}{\vartheta^n}\int_0^\vartheta h(z_n)\int_0^{z_n} \ldots \int_0^{z_2} \sum_{\pi\in\mathfrak{S}_n} \hat{o}(\pi z)\,dz_1 \ldots dz_{n-1}\,dz_n = 0.
\end{aligned}$$

Also besitzt jeder erwartungstreue Schätzer, der von x nur über $T(x) = x_{\uparrow n}$ abhängt, gleichmäßig kleinste Varianz für seinen EW. □

Eine Satz 2.111 entsprechende Charakterisierung gilt auch im Fall $l > 1$, wenn man die Forderung kleinster Kovarianzmatrix im Sinne der bereits in 1.3.1 eingeführten Löwner-Ordnung

$$\mathscr{S} \leqslant \mathscr{T} \quad :\Leftrightarrow \quad u^{\top}(\mathscr{T} - \mathscr{S})u \geqslant 0 \quad \forall u \in \mathbb{R}^l \tag{2.7.8}$$

versteht. Dann läßt sich nämlich zeigen, daß $g^* \in \mathfrak{E}_\gamma(\vartheta_0)$ genau dann im Punkte ϑ_0 kleinste Kovarianzmatrix hat, wenn g^* im Punkte ϑ_0 komponentenweise kleinste Varianz besitzt bzw. orthogonal zu allen $\mathbb{L}_2(\vartheta_0)$-Nullschätzern ist.

Satz 2.114 (Rao) *Es seien* $\mathfrak{P} = \{P_\vartheta : \vartheta \in \Theta\}$ *eine Klasse von Verteilungen über* $(\mathfrak{X}, \mathfrak{B})$, $\gamma: \Theta \to \mathbb{R}^l$, $l \geqslant 1$, *ein zu schätzendes Funktional,* $\vartheta_0 \in \Theta$ *und* $g^* \in \mathfrak{E}_\gamma(\vartheta_0)$. *Dann sind äquivalent:*

a) $\mathscr{C}ov_{\vartheta_0} g^* \leqslant \mathscr{C}ov_{\vartheta_0} g \qquad \forall g \in \mathfrak{E}_\gamma(\vartheta_0),$ (2.7.9)

b) $Var_{\vartheta_0} g_i^* \leqslant Var_{\vartheta_0} g_i \qquad \forall g_i \in \mathfrak{E}_{\gamma_i}(\vartheta_0) \qquad \forall i = 1, \ldots, l,$ (2.7.10)

c) $Cov_{\vartheta_0}(g_i^*, \hat{o}) = E_{\vartheta_0} g_i^* \hat{o} = 0 \qquad \forall \hat{o} \in \mathfrak{E}_0(\vartheta_0) \subset \mathbb{L}_2(\vartheta_0) \qquad \forall i = 1, \ldots, l,$ (2.7.11)

d) $E_{\vartheta_0} g^* \hat{o}^{\top} = \mathscr{O} \qquad \forall \hat{o} \in \mathfrak{E}_0(\vartheta_0) \subset \mathbb{L}_2^l(\vartheta_0).$ (2.7.12)

Insbesondere hat $g^* \in \mathfrak{E}_\gamma$ *genau dann gleichmäßig kleinste Kovarianzmatrix unter allen Schätzern* $g \in \mathfrak{E}_\gamma$, *wenn* g^* *komponentenweise gleichmäßig kleinste Varianz hat.*

Beweis: a) $\Rightarrow$ b) ergibt sich aus (2.7.8), wenn man $u = (\delta_{1i}, \ldots, \delta_{li})^{\top}$ setzt, $i = 1, \ldots, l$; b) $\Leftrightarrow$ c) folgt aus Satz 2.111; c) $\Rightarrow$ d) ist trivial. Schließlich ergibt sich d) $\Rightarrow$ a) analog zum Beweis von Satz 2.111. Sind nämlich $g^* \in \mathfrak{E}_\gamma(\vartheta_0)$ und $g \in \mathfrak{E}_\gamma(\vartheta_0)$, also $\hat{o} := g - g^* \in \mathfrak{E}_0(\vartheta_0)$, so gilt $E_{\vartheta_0} g^* \hat{o}^{\top} = \mathscr{O}$ und damit

$$\begin{aligned}\mathscr{C}ov_{\vartheta_0} g &= \mathscr{C}ov_{\vartheta_0}(g^* + \hat{o}) = E_{\vartheta_0}(g^* - \gamma + \hat{o})\,(g^* - \gamma + \hat{o})^{\top} \\ &= \mathscr{C}ov_{\vartheta_0} g^* + E_{\vartheta_0} \hat{o}\,(g^* - \gamma)^{\top} + E_{\vartheta_0}(g^* - \gamma)\,\hat{o}^{\top} + E_{\vartheta_0} \hat{o}\,\hat{o}^{\top} \\ &= \mathscr{C}ov_{\vartheta_0} g^* + E_{\vartheta_0} \hat{o}\,\hat{o}^{\top} \geqslant \mathscr{C}ov_{\vartheta_0} g^*.\end{aligned}$$ □

In Analogie zu Beispiel 2.112 ergibt sich das wichtige

Korollar 2.115 *Es seien* $\mathfrak{F} = \{F_\zeta : \zeta \in \mathring{Z}_*\}$ *eine Exponentialfamilie in* ζ *und* T, *wobei* Z_* *den natürlichen Parameterraum bezeichnet,* $X_1, \ldots, X_n$ st.u. ZG *mit derselben Verteilung* $F_\zeta \in \mathfrak{F}$ *sowie* $T_{(n)}(x) := \sum_{j=1}^{n} T(x_j)$. *Dann gilt:*

a) $g^*(x) := T_{(n)}(x)/n$ *ist ein erwartungstreuer Schätzer mit komponentenweise gleichmäßig kleinster Varianz für das Mittelwertfunktional* $\chi(\zeta) := E_\zeta T$.

b) *Jede Funktion* $g \in \mathfrak{B}$, *die über* $T_{(n)}$ *als Polynom faktorisiert, ist ein erwartungstreuer Schätzer mit komponentenweise gleichmäßig kleinster Varianz für ihren* EW.

Beweis: a) Nach Satz 1.157 ist die Verteilung $P_\zeta = F_\zeta^{(n)}$ von $X = (X_1, \ldots, X_n)$ Element einer Exponentialfamilie $\mathfrak{P}$ in ζ und $T_{(n)}$. Ist $\hat{o}$ ein beliebiger Nullschätzer, so gilt wegen

$E_\zeta \hat{o} = 0 \quad \forall \zeta \in \mathring{Z}_*$ nach Satz 1.164c

$$\mathbb{O} = \nabla E_\zeta \hat{o}^\top = E_\zeta T_{(n)} \hat{o}^\top - E_\zeta T_{(n)} E_\zeta \hat{o}^\top \qquad \forall \zeta \in \mathring{Z}_* . \tag{2.7.13}$$

Hieraus folgt wegen $E_\zeta \hat{o}^\top = 0$, (2.7.12) und $g^* \in \mathfrak{E}_\chi$ die Behauptung.

b) Liest man die aus (2.7.13) resultierende Beziehung $E_\zeta T_{(n)} \hat{o}^\top = 0$ für die Komponenten $T_{(n)i}$ von $T_{(n)}$, so ergibt sich aus dieser durch nochmalige Differentiation $E_\zeta \hat{o} T_{(n)i} T_{(n)j} = 0 \quad \forall i, j \in \{1, \dots, k\}$ und entsprechend

$$E_\zeta \hat{o} T_{(n)i_1} \dots T_{(n)i_m} = 0 \quad \forall (i_1, \dots, i_m) \in \{1, \dots, k\}^m \quad \forall m \in \mathbb{N},$$

für $k = 1$ also $E_\zeta \hat{o} T_{(n)}^m = 0 \quad \forall m \in \mathbb{N}$. Folglich gilt $E_\zeta g \hat{o}^\top = 0 \quad \forall \zeta \in \mathring{Z}_*$ für jede Funktion g, die vermöge eines Polynoms über $T_{(n)}$ faktorisiert. □

Beispiel 2.116 $X_1, \dots, X_n$ seien st. u. $\mathfrak{N}(\mu, \sigma^2)$-verteilte ZG, $\vartheta = (\mu, \sigma^2) \in \mathbb{R} \times (0, \infty)$. Dann ist $\tilde{g}(x) = (\bar{x}, \sum (x_j - \bar{x})^2/(n-1))$ ein erwartungstreuer Schätzer für $\vartheta = (\mu, \sigma^2)$ mit komponentenweise gleichmäßig kleinster Varianz. Dabei ergibt sich die Optimalität wie folgt: Nach 1.7.1 ist die gemeinsame Verteilung $\mathfrak{L}_\vartheta(X)$ Element einer zweiparametrigen Exponentialfamilie in $\zeta(\vartheta) = (\mu/\sigma^2, -1/2\sigma^2)$ und $T_{(n)}(x) = (\sum x_j, \sum x_j^2)$, $n^{-1} E_\vartheta T_{(n)}(X) = (\mu, \sigma^2 + \mu^2)$. Also sind $g_1^*(x) = \bar{x} = \sum x_j/n$ und $g_2^*(x) = \sum x_j^2/n$ erwartungstreue Schätzer für $\chi_1(\vartheta) = \mu$ bzw. $\chi_2(\vartheta) = \sigma^2 + \mu^2$ mit gleichmäßig kleinster Varianz. Damit ist auch $\hat{\sigma}^2(x) := \sum (x_j - \bar{x})^2/(n-1) = \sum x_j^2/(n-1) - (\sum x_j)^2/n(n-1)$ ein erwartungstreuer Schätzer mit gleichmäßig kleinster Varianz für σ^2, da $\hat{\sigma}^2(x)$ vermöge eines Polynoms 2. Grades über $T_{(n)}(x)$ faktorisiert. □

Sieht man von Exponentialfamilien und einigen wenigen weiteren Verteilungsklassen ab, so wird es nur solche erwartungstreuen Schätzer geben, die in einem einzelnen Punkt $\vartheta_0 \in \Theta$ die Varianz bzw. die Kovarianzmatrix minimieren. Die Existenz solcher, in ϑ_0 lokal optimaler erwartungstreuer Schätzer läßt sich wie diejenige bester α-Niveau Tests zeigen, sofern $\mathfrak{P} \ll P_{\vartheta_0}$ und $L_{\vartheta_0, \vartheta} \in \mathbb{L}_2(\vartheta_0) \quad \forall \vartheta \in \Theta$ ist. Wir beschränken uns dabei auf den Fall $l = 1$ und beweisen hierzu zunächst in Analogie zu Satz 2.14, daß für jedes $\mu \in \mathfrak{M}^\sigma(\mathfrak{X}, \mathfrak{B})$ und jedes $\varrho \in (0, \infty)$ die Menge $\mathfrak{G}_\varrho$ der Schätzer $g \in \mathfrak{B}$ mit $\int g^2 \, d\mu \leqslant \varrho^2$ *schwach folgenkompakt* ist, d.h. daß es zu jeder Folge $(g_n) \subset \mathfrak{G}_\varrho$ eine Teilfolge $(g_{n,n}) \subset (g_n)$ und einen Schätzer $g' \in \mathfrak{G}_\varrho$ gibt mit

$$\int g_{n,n}(x) f(x) \, d\mu \to \int g'(x) f(x) \, d\mu \quad \forall f \in \mathbb{L}_2(\mu) := \mathbb{L}_2(\mathfrak{X}, \mathfrak{B}, \mu). \tag{2.7.14}$$

Satz 2.117 *Es seien $\mu \in \mathfrak{M}^\sigma(\mathfrak{X}, \mathfrak{B})$, $\varrho \in (0, \infty)$ und $\mathfrak{G}_\varrho := \{g \in \mathfrak{B}: \int g^2 \, d\mu \leqslant \varrho^2\}$. Dann ist $\mathfrak{G}_\varrho$ schwach folgenkompakt.*

Beweis: Dieser erfolgt analog demjenigen von Satz 2.14. Sei wieder o. E. $\mu \in \mathfrak{M}^1(\mathfrak{X}, \mathfrak{B})$. Weiter sei $(g_n) \subset \mathfrak{G}_\varrho$ eine gegebene Folge und $\mathfrak{B}'$ die von den g_n, $n \in \mathbb{N}$, induzierte σ-Algebra. Dann ist $\mathfrak{B}'$ abzählbar erzeugt und $\mathfrak{L}_2 := \mathbb{L}_2(\mathfrak{X}, \mathfrak{B}', \mu)$ besitzt nach Hilfssatz 1.144a eine separierende Teilmenge $\mathfrak{L}_2' = \{f_1', f_2', \dots\}$. Nach der Cauchy-Schwarz-Ungleichung gilt somit für jedes $k \in \mathbb{N}$

$$\left| \int g_n f_k' \, d\mu \right| \leqslant \left(\int g_n^2 \, d\mu\right)^{1/2} \left(\int f_k'^2 \, d\mu\right)^{1/2} \leqslant \varrho \left(\int f_k'^2 \, d\mu\right)^{1/2} < \infty \quad \forall n \in \mathbb{N}.$$

Folglich gibt es wie beim Beweis von Satz 2.14 für jedes $k \in \mathbb{N}$ eine Teilfolge $(g_{k,n}) \subset (g_{k-1,n})$, $(g_{0,n}) := (g_n)$ derart, daß für die Diagonalfolge $(g_{n,n})$ gilt

$$\Psi(f_k') := \lim_{n \to \infty} \int g_{n,n}(x) f_k'(x) \, d\mu \in \mathbb{R} \quad \forall k \in \mathbb{N}.$$

Zu jedem $f' \in \mathfrak{L}_2$ und jedem $\varepsilon > 0$ gibt es ein $f_k' \in \mathfrak{L}_2'$ mit $(\int (f' - f_k')^2 \, d\mu)^{1/2} \leqslant \varepsilon$. Folglich existiert wie beim Beweis von Satz 2.14 auch

$$\Psi(f') := \lim_{n \to \infty} \int g_{n,n}(x) f'(x) \, d\mu \in \mathbb{R} \quad \forall f' \in \mathfrak{L}_2, \tag{2.7.15}$$

und es gilt $|\Psi(f')| \leqslant \varrho (\int f'^2 \, d\mu)^{1/2}$.

Die durch $\psi(B) := \Psi(\mathbb{1}_B)$, $B \in \mathfrak{B}'$, definierte Mengenfunktion ist wegen (2.7.15) endlich additiv und genügt der Beziehung

$$|\psi(B)| \leqslant \varrho (\mu(B))^{1/2} \quad \forall B \in \mathfrak{B}'.$$

Damit gilt $\psi \ll \mu$ und wie bei Satz 2.14 folgt, daß ψ σ-additiv ist. Somit gibt es wie dort nach dem Satz von Radon-Nikodym ein $g' \in \mathfrak{B}'$ mit

$$\psi(B) = \int_B g'(x) \, d\mu \quad \forall B \in \mathfrak{B}'. \tag{2.7.16}$$

Zum Nachweis von $g' \in \mathfrak{G}_\varrho$ und zugleich von (2.7.14) für ein beliebiges $f' \in \mathfrak{L}_2$ wählt man zunächst zu jedem $\varepsilon > 0$ eine primitive Funktion $\tilde{f} \in \mathfrak{L}_2$ mit $(\int (f' - \tilde{f})^2 \, d\mu)^{1/2} < \varepsilon$ sowie unabhängig hiervon ein $M \in (0, \infty)$. Dann gilt nach der Dreiecks- und Cauchy-Schwarz-Ungleichung

$$\begin{aligned} &\left| \int_{\{|g'| \leqslant M\}} g_{n,n} f' \, d\mu - \int_{\{|g'| \leqslant M\}} g' f' \, d\mu \right| \\ &\leqslant \left| \int_{\{|g'| \leqslant M\}} g_{n,n}(f' - \tilde{f}) \, d\mu \right| + \left| \int_{\{|g'| \leqslant M\}} (g_{n,n} - g') \tilde{f} \, d\mu \right| + \left| \int_{\{|g'| \leqslant M\}} g'(\tilde{f} - f') \, d\mu \right| \\ &\leqslant \varrho\varepsilon + \left| \int (g_{n,n} - g') \tilde{f} \mathbb{1}_{\{|g'| \leqslant M\}} \, d\mu \right| + M\varepsilon. \end{aligned} \tag{2.7.17}$$

Da die Gültigkeit von (2.7.14) für Indikatorfunktionen $\mathbb{1}_B$, $B \in \mathfrak{B}'$, und damit für primitive Funktionen bereits aus (2.7.15 + 16) folgt, wird auch der mittlere Term für $n \to \infty$ beliebig klein. Aus (2.7.17) folgt also für jedes $M \in (0, \infty)$

$$\lim_{n \to \infty} \int_{\{|g'| \leqslant M\}} g_{n,n}(x) f'(x) \, d\mu = \int_{\{|g'| \leqslant M\}} g'(x) f'(x) \, d\mu \quad \forall f' \in \mathfrak{L}_2. \tag{2.7.18}$$

Zum Nachweis von $g' \in \mathfrak{G}_\varrho$ setzt man in (2.7.18) $f' = g' \mathbb{1}_{\{|g'| \leqslant M\}} \in \mathfrak{L}_2$. Dann folgt nach der Cauchy-Schwarz-Ungleichung

$$\int_{\{|g'| \leqslant M\}} g'^2 \, d\mu = \lim_{n \to \infty} \int_{\{|g'| \leqslant M\}} g_{n,n} g' \, d\mu \leqslant \varrho \left(\int_{\{|g'| \leqslant M\}} g'^2 \, d\mu \right)^{1/2}$$

und damit $\left(\int_{\{|g'| \leqslant M\}} g'^2 \, d\mu \right)^{1/2} \leqslant \varrho \quad \forall M > 0$, also auch $(\int g'^2 \, d\mu)^{1/2} \leqslant \varrho$. Damit gilt $g' \in \mathfrak{G}_\varrho$ und der dritte Term in (2.7.17) läßt sich unabhängig von dem speziellen Wert $M \in (0, \infty)$ abschätzen auf $\varrho\varepsilon$. Da auch für den ersten Term in (2.7.17) die Schranke unabhängig von $M > 0$ ist und der zweite Term für $M = \infty$ wegen (2.7.15 + 16) für $n \to \infty$ beliebig klein wird, gilt (2.7.14) somit für jedes $f' \in \mathfrak{L}_2$.

Auch der letzte Schritt aus dem Beweis von Satz 2.14 läßt sich übertragen: Hierzu sei $f \in \mathbb{L}_2(\mu)$ beliebig und $f' := E_\mu(f \mid \mathfrak{B}')$. Dann gilt nach der bedingten Jensen-Ungleichung 1.120k

$$f'^2 \leqslant E_\mu(f^2 \mid \mathfrak{B}') \quad [\mu] \quad \text{und damit} \quad \int f'^2 \,\mathrm{d}\mu \leqslant \int f^2 \,\mathrm{d}\mu < \infty,$$

also $f' \in \mathfrak{L}_2$. Wegen $E_\mu(gf \mid \mathfrak{B}') = gf' \quad [\mu] \quad \forall g \in \mathfrak{B}'$ gemäß Satz 1.120g folgt aus der bereits zuvor bewiesenen Gültigkeit von (2.7.14) für f'

$$\int g_{n,n} f \,\mathrm{d}\mu = \int g_{n,n} f' \,\mathrm{d}\mu \to \int g' f' \,\mathrm{d}\mu = \int g' f \,\mathrm{d}\mu \qquad \forall f \in \mathbb{L}_2(\mu). \qquad \square$$

Anmerkung[1]) **2.118** Die Aussage von Satz 2.117 folgt aus einem bekannten Resultat der Funktionalanalysis. Allgemein gilt nämlich der Satz von Pettis: Eine Teilmenge eines reflexiven Banachraums ist (relativ) schwach folgenkompakt genau dann, wenn sie beschränkt ist. Setzt man in der Terminologie der Anmerkung 2.19 $\mathbb{F} = \mathbb{L}_r(\mu)$, $1 < r < \infty$, so zeigt der Darstellungssatz von Riesz, daß jede stetige Linearform Ψ auf $\mathbb{L}_r(\mu)$ die Gestalt hat

$$\Psi(f) = \int g f \,\mathrm{d}\mu \quad \exists g \in \mathbb{L}_s(\mu), \qquad \frac{1}{r} + \frac{1}{s} = 1.$$

Somit ist $\mathbb{L}_r(\mu)$ reflexiv mit dem Dualraum $\mathbb{L}_s(\mu)$. Dabei sind $\mathbb{L}_r(\mu)$ und $\mathbb{L}_s(\mu)$ mit der üblichen Topologie versehen. Im Spezialfall $r = s = 2$ ergibt sich also gemäß (2.1.38): $(g_n) \subset \mathbb{L}_2(\mu)$ ist schwach konvergent gegen $g \in \mathbb{L}_2(\mu)$ genau dann, wenn gilt

$$\int g_n f \,\mathrm{d}\mu \to \int g f \,\mathrm{d}\mu \quad \forall f \in \mathbb{L}_2(\mu).$$

Der Satz von Pettis liefert folglich gerade die Aussage von Satz 2.117. $\square$

Satz 2.119 *Es seien* $\mathfrak{P} = \{P_\vartheta : \vartheta \in \Theta\} \subset \mathfrak{M}^1(\mathfrak{X}, \mathfrak{B})$ *und* $\vartheta_0 \in \Theta$ *mit der Eigenschaft, daß* $\mathfrak{P} \ll P_{\vartheta_0}$ *und* $L_{\vartheta_0,\vartheta} \in \mathbb{L}_2(\vartheta_0) \quad \forall \vartheta \in \Theta$ *ist. Weiter sei* $\gamma: \Theta \to \mathbb{R}$ *ein erwartungstreu* $\mathbb{L}_2(\vartheta_0)$*-schätzbares Funktional. Dann gilt:*

a) *Es gibt einen im Punkt* ϑ_0 *lokal optimalen für* γ *erwartungstreuen Schätzer* g^*. *Dieser ist* P_{ϑ_0}*-bestimmt.*

b) *Bezeichnen* $\mathfrak{L} := \mathfrak{L}(\{L_{\vartheta_0,\vartheta} : \vartheta \in \Theta\})$ *den von den* DQ *aufgespannten linearen Teilraum von* $\mathbb{L}_2(\vartheta_0)$ *sowie* $\overline{\mathfrak{L}}$ *den (bzgl.* $\mathbb{L}_2(\vartheta_0)$ *gebildeten) Abschluß von* $\mathfrak{L}$, *so ist ein Schätzer* $g^* \in \mathfrak{E}_\gamma(\vartheta_0)$ *genau dann in* ϑ_0 *lokal optimal, wenn* $g^* \in \overline{\mathfrak{L}}$ *gilt.*

Beweis: a) Wegen $g \in \mathfrak{E}_\gamma(\vartheta_0)$ ist die Minimierung von $Var_{\vartheta_0} g = E_{\vartheta_0} g^2 - (\gamma(\vartheta_0))^2$ äquivalent mit derjenigen von $E_{\vartheta_0} g^2$. Sei also $s^2 := \inf_{g \in \mathfrak{E}_\gamma(\vartheta_0)} E_{\vartheta_0} g^2$. Dann gibt es eine Folge $(g_n) \subset \mathfrak{E}_\gamma(\vartheta_0)$ mit $\lim_{n\to\infty} E_{\vartheta_0} g_n^2 = s^2 \in \mathbb{R}$. Zu $\varepsilon > 0$ sei $n_\varepsilon \in \mathbb{N}$ gewählt mit $E_{\vartheta_0} g_n^2 \leqslant (s+\varepsilon)^2$ $\forall n \geqslant n_\varepsilon$, wobei o.E. $s \geqslant 0$ ist. Dann gilt $(g_n)_{n \geqslant n_\varepsilon} \subset \mathfrak{G}_{s+\varepsilon}$. Somit gibt es nach Satz 2.117 eine Teilfolge $(g_{n'}) \subset (g_n)$ und einen Schätzer $g^* \in \mathbb{L}_2(\vartheta_0)$ mit[2]) $E_{\vartheta_0} g^{*2} \leqslant (s+1)^2$ und

$$E_{\vartheta_0} g_{n'} f \to E_{\vartheta_0} g^* f \qquad \forall f \in \mathbb{L}_2(\vartheta_0). \tag{2.7.19}$$

[1]) Für eine detaillierte Diskussion vgl. N. Dunford, J. T. Schwartz: Linear Operators, Part I, New York 1966, Seiten 68, 286 und 289.

[2]) Um eine von ε unabhängige Konstruktion zu erhalten, sei zunächst $\varepsilon = 1$.

Analog gibt es für jedes $\varepsilon > 0$ eine von ε abhängende Teilfolge $(g_{n''}) \subset (g_{n'})$ und ein $\tilde{g}_\varepsilon \in \mathbb{L}_2(\vartheta_0)$ mit $E_{\vartheta_0}\tilde{g}_\varepsilon^2 \leqslant (s+\varepsilon)^2$ und

$$E_{\vartheta_0} g_{n''} f \to E_{\vartheta_0} \tilde{g}_\varepsilon f \qquad \forall f \in \mathbb{L}_2(\vartheta_0).$$

Wegen $(g_{n''}) \subset (g_{n'})$ folgt $E_{\vartheta_0} g^* f = E_{\vartheta_0} \tilde{g}_\varepsilon f \quad \forall f \in \mathbb{L}_2(\vartheta_0)$ und damit für $f = g^* - \tilde{g}_\varepsilon$

$$E_{\vartheta_0}(g^* - \tilde{g}_\varepsilon)^2 = E_{\vartheta_0} g^* f - E_{\vartheta_0} \tilde{g}_\varepsilon f = 0, \quad \text{also} \quad g^* = \tilde{g}_\varepsilon \quad [P_{\vartheta_0}] \quad \text{und} \quad E_{\vartheta_0} g^{*2} \leqslant (s+\varepsilon)^2.$$

Da $\varepsilon > 0$ beliebig und g^* unabhängig von ε war, gilt $E_{\vartheta_0} g^{*2} \leqslant s^2$.
Setzt man in (2.7.19) $f = L_{\vartheta_0, \vartheta}$, so erhält man nach der Kettenregel

$$\gamma(\vartheta) = E_\vartheta g_{n'} = E_{\vartheta_0} g_{n'} L_{\vartheta_0, \vartheta} \to E_{\vartheta_0} g^* L_{\vartheta_0, \vartheta} = E_\vartheta g^* \qquad \forall \vartheta \in \Theta.$$

Also ist g^* erwartungstreu für γ und aus

$$\begin{aligned} Var_{\vartheta_0} g^* &= E_{\vartheta_0} g^{*2} - (\gamma(\vartheta_0))^2 \leqslant s^2 - (\gamma(\vartheta_0))^2 \\ &= \inf_{g \in \mathfrak{E}_\gamma(\vartheta_0)} E_{\vartheta_0} g^2 - (\gamma(\vartheta_0))^2 = \inf_{g \in \mathfrak{E}_\gamma(\vartheta_0)} Var_{\vartheta_0} g \end{aligned}$$

ergibt sich die lokale Optimalität von $g^* \in \mathfrak{E}_\gamma(\vartheta_0)$ im Punkte ϑ_0.

Zum Nachweis der P_{ϑ_0}-Bestimmtheit bezeichne $\check{g} \in \mathfrak{E}_\gamma(\vartheta_0)$ einen weiteren, in ϑ_0 lokal optimalen Schätzer. Dann gilt nach Satz 2.111 wegen $g^* - \check{g} \in \mathfrak{E}_0(\vartheta_0)$

$$E_{\vartheta_0}(g^* - \check{g})^2 = E_{\vartheta_0} g^*(g^* - \check{g}) - E_{\vartheta_0} \check{g}(g^* - \check{g}) = 0, \qquad \text{also}^{1)} \quad g^* = \check{g} \quad [P_{\vartheta_0}].$$

b) Für festes $\vartheta \in \Theta$ werde mit $\mathfrak{L}_\vartheta$ der durch ein einzelnes $L_{\vartheta_0, \vartheta}$ erzeugte lineare Teilraum und mit $\mathfrak{L}^\perp$ der zu einem linearen Teilraum $\mathfrak{L} \subset \mathbb{L}_2(\vartheta_0)$ orthogonale Teilraum bezeichnet. Für $\hat{o} \in \mathfrak{E}_0(\vartheta_0)$ gilt dann nach der Kettenregel

$$0 = E_\vartheta \hat{o} = \int \hat{o}(x) \, \mathrm{d}P_\vartheta = \int \hat{o}(x) L_{\vartheta_0, \vartheta}(x) \, \mathrm{d}P_{\vartheta_0} = \langle \hat{o}, L_{\vartheta_0, \vartheta} \rangle_{\mathbb{L}_2(\vartheta_0)} \qquad \forall \vartheta \in \Theta,$$

also $\hat{o} \in \bigcap_{\vartheta \in \Theta} \mathfrak{L}_\vartheta^\perp$. Nach Satz 2.111 ist aber $g^* \in \mathfrak{E}_\gamma(\vartheta_0)$ genau dann lokal optimal, wenn gilt $\langle g^*, \hat{o} \rangle_{\mathbb{L}_2(\vartheta_0)} = 0 \quad \forall \hat{o} \in \mathfrak{E}_0(\vartheta_0)$, wenn also $g^* \in \left(\bigcap_{\vartheta \in \Theta} \mathfrak{L}_\vartheta^\perp \right)^\perp = \overline{\mathfrak{L}}$ ist. □

Der Beweis von Teil a) sollte die Analogie zu 2.1.3 betonen. Teil a) folgt jedoch auch aus Teil b), wenn man von einem $g \in \mathfrak{E}_\gamma(\vartheta_0)$ zu dessen Projektion auf $\overline{\mathfrak{L}}$ übergeht. Dieses Vorgehen ist im Spezialfall eines endlichen $\mathfrak{P}$ sogar konstruktiv[2]):

Satz 2.120 *Es sei* $\mathfrak{P} = \{P_{\vartheta_0}, \ldots, P_{\vartheta_m}\}$ *eine endliche Verteilungsklasse mit* $\mathfrak{P} \ll P_{\vartheta_0}$, $T := (1, L_{\vartheta_0, \vartheta_1}, \ldots, L_{\vartheta_0, \vartheta_m})^\top \in \mathbb{L}_2^{m+1}(\vartheta_0)$ *und* $\mathscr{F} := E_{\vartheta_0} T T^\top \in \mathbb{R}_{\text{p.d.}}^{(m+1) \times (m+1)}$. *Weiter seien* $\gamma: \{\vartheta_0, \ldots, \vartheta_m\} \to \mathbb{R}$ *ein erwartungstreu* $\mathbb{L}_2(\vartheta_0)$*-schätzbares Funktional und* $c := (\gamma(\vartheta_0), \ldots, \gamma(\vartheta_m))^\top \in \mathbb{R}^{m+1}$. *Dann gilt:*

---

[1]) Mit dem gleichen Beweis folgt, daß ein erwartungstreuer Schätzer mit gleichmäßig kleinster Varianz $\mathfrak{P}$-bestimmt ist, sofern er existiert.

[2]) Die Aussage von Satz 2.120 läßt sich auch mit optimierungstheoretischen Überlegungen herleiten, da es sich um ein Problem der Form ($P_=$) wie in Satz 1.71 a handelt; vgl. hierzu Aufgabe 2.31. Eine optimierungstheoretische Behandlung erweist sich jedoch bei derartigen Problemen erst dann als nützlich, wenn mehr als endlich viele Nebenbedingungen vorkommen.

a) *Es gibt einen in ϑ_0 lokal optimalen erwartungstreuen Schätzer $g^* \in \mathfrak{E}_\gamma(\vartheta_0)$ für γ, nämlich*

$$g^*(x) = c^\top \mathscr{F}^{-1} T(x). \tag{2.7.20}$$

b) $$Var_{\vartheta_0} g \geqslant c^\top \mathscr{F}^{-1} c - \gamma^2(\vartheta_0) \qquad \forall g \in \mathfrak{E}_\gamma(\vartheta_0) \tag{2.7.21}$$

Beweis: a) Nach Satz 2.119 gibt es einen in ϑ_0 lokal optimalen Schätzer g^* und es gilt

$$g^* \in \left(\bigcap_{i=0}^{m} \mathfrak{L}_{\vartheta_i}^\perp\right)^\perp = \overline{\mathfrak{L}_{\vartheta_0} + \ldots + \mathfrak{L}_{\vartheta_m}} := \overline{\mathfrak{L}(\mathfrak{L}_{\vartheta_0}, \ldots, \mathfrak{L}_{\vartheta_m})}.$$

Also ist g^* mit geeignetem $\beta \in \mathbb{R}^{m+1}$ von der Form $g^* = \beta^\top T$. Dabei ist β durch die Erwartungstreue von g^* bestimmt, nämlich durch die Gleichungen

$$\gamma(\vartheta_i) = E_{\vartheta_i} g^* = E_{\vartheta_0} g^* T_i = E_{\vartheta_0} T_i T^\top \beta, \qquad i = 0, \ldots, m, \quad \text{d.h. durch } c = \mathscr{F}\beta.$$

Diese sind wegen $|\mathscr{F}| \neq 0$ eindeutig auflösbar zu $\beta = \mathscr{F}^{-1} c$, d.h. es gilt

$$g^*(x) = c^\top \mathscr{F}^{-1} T(x) \quad \text{mit} \quad E_{\vartheta_0} g^{*2} = c^\top \mathscr{F}^{-1} c.$$

b) Aus a) folgt für jedes $g \in \mathfrak{E}_\gamma(\vartheta_0)$

$$Var_{\vartheta_0} g \geqslant Var_{\vartheta_0} g^* = E_{\vartheta_0} g^{*2} - (E_{\vartheta_0} g^*)^2 = c^\top \mathscr{F}^{-1} c - \gamma^2(\vartheta_0). \qquad \square$$

Wegen $\mathfrak{P} \ll P_{\vartheta_0}$ gilt $E_{\vartheta_0} T = \mathbb{1}_{m+1}$. Im Spezialfall $m = 1$ folgt mit $\vartheta := \vartheta_1$ und $K := E_{\vartheta_0} L^2_{\vartheta_0, \vartheta}$ zunächst $K - 1 = Var_{\vartheta_0} L_{\vartheta_0, \vartheta}$. Damit ergibt sich

$$\mathscr{F} = \begin{pmatrix} 1 & 1 \\ 1 & K \end{pmatrix}, \qquad \mathscr{F}^{-1} = \frac{1}{K-1} \begin{pmatrix} K & -1 \\ -1 & 1 \end{pmatrix}$$

und $$c^\top \mathscr{F}^{-1} c = \frac{\gamma^2(\vartheta_0) K - 2\gamma(\vartheta_0)\gamma(\vartheta) + \gamma^2(\vartheta)}{K-1},$$

wobei $K \neq 1$ ist wegen $P_\vartheta \neq P_{\vartheta_0}$. Also gilt

$$Var_{\vartheta_0} g^* = \frac{(\gamma(\vartheta) - \gamma(\vartheta_0))^2}{Var_{\vartheta_0} L_{\vartheta_0, \vartheta}} \quad \text{oder} \quad Var_{\vartheta_0} g \geqslant \frac{(\gamma(\vartheta) - \gamma(\vartheta_0))^2}{Var_{\vartheta_0} L_{\vartheta_0, \vartheta}} \qquad \forall g \in \mathfrak{E}_\gamma(\vartheta_0).$$

Die zweite Beziehung ergibt sich auch mit der Cauchy-Schwarz-Ungleichung aus

$$\gamma(\vartheta) - \gamma(\vartheta_0) = E_\vartheta g - E_{\vartheta_0} g = E_{\vartheta_0} g [L_{\vartheta_0, \vartheta} - 1] = E_{\vartheta_0}[g - \gamma(\vartheta_0)][L_{\vartheta_0, \vartheta} - 1], \tag{2.7.22}$$

falls $L_{\vartheta_0, \vartheta} \in \mathbb{L}_2(\vartheta_0)$ ist und trivialerweise sonst.

Satz 2.121 (Chapman-Robbins-Ungleichung) *Für $\mathfrak{P} = \{P_\vartheta : \vartheta \in \Theta\} \subset \mathfrak{M}^1(\mathfrak{X}, \mathfrak{B})$ sei $\gamma: \Theta \to \mathbb{R}$ ein erwartungstreu schätzbares Funktional. Dann gilt für jedes $g \in \overline{\mathfrak{E}}_\gamma$ und jedes $\vartheta_0 \in \Theta$ mit $\Theta_0 := \{\vartheta \in \Theta - \{\vartheta_0\} : P_\vartheta \ll P_{\vartheta_0}, L_{\vartheta_0, \vartheta} \in \mathbb{L}_2(\vartheta_0)\} \neq \emptyset$*

$$Var_{\vartheta_0} g \geqslant \sup_{\vartheta \in \Theta_0} \frac{(\gamma(\vartheta) - \gamma(\vartheta_0))^2}{Var_{\vartheta_0} L_{\vartheta_0, \vartheta}}. \tag{2.7.23}$$

Beweis: Ist $E_{\vartheta_0} g^2 = \infty$, so ist die Ungleichung trivialerweise erfüllt. Für $g \in \mathbb{L}_2(\vartheta_0)$ ergibt sich (2.7.23) mit der Cauchy-Schwarz-Ungleichung aus (2.7.22). $\square$

Die rechte Seite der Ungleichung (2.7.23) heißt *Chapman-Robbins-Schranke*. Wird für einen erwartungstreuen Schätzer g^* für jedes $\vartheta_0 \in \Theta$ (oder für einen einzelnen Wert $\vartheta_0 \in \Theta$) diese untere Schranke angenommen, so besitzt g^* gleichmäßig (oder in ϑ_0 lokal) kleinste Varianz.

Beispiel 2.122 Sei $\mathfrak{P} = \{\mathfrak{G}(\vartheta^{-1}): \vartheta > 0\}$ die einparametrige Exponentialfamilie mit den $\lambda\!\!\!\lambda$-Dichten $p_\vartheta(x) = \vartheta^{-1} \exp(-x/\vartheta)\, \mathbb{1}_{(0,\infty)}(x)$. Dann ist mit $\vartheta_0 > 0$

$$E_{\vartheta_0} L^2_{\vartheta_0,\vartheta} = \frac{\vartheta_0}{\vartheta^2} \int_0^\infty \exp\left[-x\left(\frac{2}{\vartheta} - \frac{1}{\vartheta_0}\right)\right] d\lambda\!\!\!\lambda = \begin{cases} \dfrac{\vartheta_0^2}{\vartheta(2\vartheta_0 - \vartheta)} & \text{für } 0 < \vartheta < 2\vartheta_0, \\ \infty & \text{sonst}, \end{cases}$$

also $Var_{\vartheta_0} L_{\vartheta_0,\vartheta} = \dfrac{\vartheta_0^2}{\vartheta(2\vartheta_0 - \vartheta)} - 1 = \dfrac{(\vartheta_0 - \vartheta)^2}{\vartheta(2\vartheta_0 - \vartheta)}$ für $0 < \vartheta < 2\vartheta_0$. Damit lautet die Chapman-Robbins-Ungleichung zum Schätzen von $\gamma: \Theta \to \mathbb{R}$ für $g \in \overline{\mathfrak{E}}_\gamma$

$$Var_{\vartheta_0} g \geq \sup_{0 < \vartheta < 2\vartheta_0} \left[\frac{(\gamma(\vartheta) - \gamma(\vartheta_0))^2}{(\vartheta - \vartheta_0)^2}\, \vartheta(2\vartheta_0 - \vartheta)\right].$$

a) Sei speziell $\gamma(\vartheta) = \vartheta$. Dann ergibt sich als Chapman-Robbins-Schranke

$$\sup_{0 < \vartheta < 2\vartheta_0} \vartheta(2\vartheta_0 - \vartheta) = \vartheta_0^2 \quad \forall \vartheta_0 > 0.$$

Diese wird für jedes $\vartheta_0 > 0$ angenommen durch den Schätzer $g^*(x) = x$ gemäß $E_\vartheta g^* = \vartheta \quad \forall \vartheta > 0$, $Var_\vartheta g^* = \vartheta^2 \quad \forall \vartheta > 0$. Also besitzt $g^* \in \overline{\mathfrak{E}}_\gamma$ gleichmäßig kleinste Varianz.

b) Sei $\gamma(\vartheta) = 1/\vartheta$. Dann ergibt sich als Chapman-Robbins-Schranke

$$\sup_{0 < \vartheta < 2\vartheta_0} \frac{1}{\vartheta^2 \vartheta_0^2}\, \vartheta(2\vartheta_0 - \vartheta) = \infty \quad \forall \vartheta_0 > 0.$$

Es existiert also kein erwartungstreuer Schätzer mit endlicher Varianz. □

Beispiel 2.123 Es seien $\mathfrak{P} = \{\mathfrak{R}(0,\vartheta): \vartheta > 0\}$ und $\vartheta_0 > 0$. Offenbar gilt $\mathfrak{R}(0,\vartheta) \ll \mathfrak{R}(0,\vartheta_0)$ bei $\vartheta \neq \vartheta_0$ genau dann, wenn $\vartheta < \vartheta_0$ ist. Für solche Werte ϑ ist

$$E_{\vartheta_0} L^2_{\vartheta_0,\vartheta} = \frac{\vartheta_0^2}{\vartheta^2} E_{\vartheta_0} \mathbb{1}_{[0,\vartheta]} = \frac{\vartheta_0}{\vartheta}, \qquad Var_{\vartheta_0} L_{\vartheta_0,\vartheta} = \frac{\vartheta_0 - \vartheta}{\vartheta}.$$

Somit gilt für jeden erwartungstreuen Schätzer $g \in \overline{\mathfrak{E}}_\gamma$

$$Var_{\vartheta_0} g \geq \sup_{0 < \vartheta < \vartheta_0} \frac{(\gamma(\vartheta_0) - \gamma(\vartheta))^2}{\vartheta_0 - \vartheta}\, \vartheta,$$

im Spezialfall $\gamma(\vartheta) = \vartheta$ also $Var_{\vartheta_0} g \geq \sup_{0 < \vartheta < \vartheta_0} (\vartheta_0 - \vartheta)\vartheta = \vartheta_0^2/4$. Diese untere Schranke wird nicht angenommen, denn nach Beispiel 2.113 (für $n = 1$) ist $g^*(x) = 2x$ bester erwartungstreuer Schätzer und für diesen gilt $Var_{\vartheta_0} g^* = \vartheta_0^2/3$. □

Unter Zusatzvoraussetzungen läßt sich durch Abschätzen der Chapman-Robbins-Schranke eine im allgemeinen leichter handhabbare – vielfach jedoch schlechtere – untere Schranke für die Varianz erwartungstreuer Schätzer gewinnen, nämlich die mit der Fisher-Information $J(\vartheta_0)$ gebildete *Cramér-Rao-Schranke* $(\nabla\gamma(\vartheta_0))^2/J(\vartheta_0)$.

Satz 2.124 (Cramér-Rao-Ungleichung) *Es sei* $\mathfrak{P}$ *eine einparametrige im starken Sinne* $\mathbb{L}_2(\vartheta_0)$*-differenzierbare Verteilungsklasse mit Fisher-Information* $J(\vartheta_0) > 0$, *für die überdies gelte* $P_\vartheta \ll P_{\vartheta_0}$ *und* $L_{\vartheta_0,\vartheta} \in \mathbb{L}_2(\vartheta_0)$ $\forall \vartheta \in U_\varepsilon(\vartheta_0)$, $\varepsilon > 0$. *Weiter sei* γ *ein reellwertiges, im Punkte* ϑ_0 *differenzierbares erwartungstreu schätzbares Funktional mit Ableitung* $\nabla\gamma(\vartheta_0)$. *Dann gilt für jeden Schätzer* $g \in \overline{\mathfrak{E}}_\gamma$

$$Var_{\vartheta_0} g \geqslant (\nabla\gamma(\vartheta_0))^2 / J(\vartheta_0). \tag{2.7.24}$$

Beweis: Zunächst folgt aus Satz 1.199 mit dem Satz von Vitali für $\vartheta \to \vartheta_0$

$$\frac{Var_{\vartheta_0} L_{\vartheta_0,\vartheta}}{(\vartheta-\vartheta_0)^2} = E_{\vartheta_0}\left(\frac{L_{\vartheta_0,\vartheta}-1}{\vartheta-\vartheta_0}\right)^2 \to E_{\vartheta_0} \breve{L}_{\vartheta_0}^2 = E_{\vartheta_0} \dot{L}_{\vartheta_0}^2 = J(\vartheta_0).$$

Für Θ_0 aus Satz 2.121 und hinreichend kleines $\varepsilon > 0$ gilt $U'_\varepsilon := U_\varepsilon(\vartheta_0) - \{\vartheta_0\} \subset \Theta_0$ und damit nach (2.7.23) für $\varepsilon \to 0$

$$Var_{\vartheta_0} g \geqslant \sup_{\vartheta \in \Theta_0} \frac{(\gamma(\vartheta)-\gamma(\vartheta_0))^2}{Var_{\vartheta_0} L_{\vartheta_0,\vartheta}} \geqslant \sup_{\vartheta \in U'_\varepsilon} \frac{(\gamma(\vartheta)-\gamma(\vartheta_0))^2/(\vartheta-\vartheta_0)^2}{Var_{\vartheta_0} L_{\vartheta_0,\vartheta}/(\vartheta-\vartheta_0)^2} \to \frac{(\nabla\gamma(\vartheta_0))^2}{J(\vartheta_0)}. \qquad \square$$

Beispiel 2.125 Für $\mathfrak{P} = \{\mathfrak{G}(\vartheta^{-1}): \vartheta > 0\}$ wie in Beispiel 2.122 sind die Voraussetzungen aus Satz 2.124 erfüllt. Wegen $J(\vartheta_0) = 1/\vartheta_0^2$ lautet die Cramér-Rao-Schranke $\vartheta_0^2 (\nabla\gamma(\vartheta_0))^2$. Diese stimmt im Spezialfall $\gamma(\vartheta) = \vartheta$ also mit der Chapman-Robbins-Schranke überein; für $\gamma(\vartheta) = 1/\vartheta$ ist sie dagegen echt schlechter; vgl. Beispiel 2.122. □

Die Cramér-Rao-Ungleichung läßt sich wie die Chapman-Robbins-Ungleichung dazu verwenden, die Optimalität eines erwartungstreuen Schätzers nachzuweisen. Das gilt in gleicher Weise für alle verwandten Ungleichungen. In 2.7.2 soll deshalb zunächst die Cramér-Rao-Ungleichung unter anderen Voraussetzungen – nämlich unter schwächeren an die Verteilungsklasse und stärkeren [1]) an den Schätzer – hergeleitet werden. Das dabei verwendete Prinzip ist genereller Natur und ermöglicht die Gewinnung von Verschärfungen wie mehrdimensionalen Verallgemeinerungen.

2.7.2 Verallgemeinerungen der Cramér-Rao-Ungleichung

Liegt eine Verteilungsklasse $\mathfrak{P} = \{P_\vartheta: \vartheta \in \Theta\}$ zugrunde, die in einem festen Punkt $\vartheta_0 \in \mathring{\Theta}$ in einem geeigneten Sinne mehrfach differenzierbar ist, so läßt sich für viele Schätzer $g \in \mathfrak{E}_\gamma(\vartheta_0)$ eines reellwertigen Funktionals γ die Cramér-Rao-Schranke aus Satz 2.124 leicht verbessern und zwar nach folgendem zweistufigen Prinzip:

I) Man faßt den bzgl. ϑ_0 zentrierten Schätzer $\tilde{g} := g - E_{\vartheta_0} g$ auf als Element des $\mathbb{L}_2(\vartheta_0)$ und ersetzt ihn durch seine Projektion $\pi\tilde{g}$ auf einen endlich-dimensionalen linearen Teilraum $\mathfrak{L} \subset \mathbb{L}_2(\vartheta_0)$, also durch ein Element $\pi\tilde{g} \in \mathfrak{L}$ mit

$$\|\tilde{g} - \pi\tilde{g}\|_{\mathbb{L}_2(\vartheta_0)} = \inf_{h \in \mathfrak{L}} \|\tilde{g} - h\|_{\mathbb{L}_2(\vartheta_0)}. \tag{2.7.25}$$

[1]) Diese Vertauschungsbedingung (2.7.33) wird sich später als nicht relevant erweisen; vgl. Satz 2.136. Die Gültigkeit der Cramér-Rao-Ungleichung auf dem Komplement einer $\lambda\!\!\lambda$-Nullmenge läßt sich übrigens auch unter Verzicht auf jegliche Differenzierbarkeitsvoraussetzungen gewinnen; vgl. Aufgabe 2.33.

Dann ist nämlich $\tilde{g} - \pi\tilde{g}$ orthogonal zu $\pi\tilde{g}$, so daß gilt

$$\|\tilde{g}\|^2_{\mathbb{L}_2(\vartheta_0)} = \|\pi\tilde{g}\|^2_{\mathbb{L}_2(\vartheta_0)} + \|\tilde{g} - \pi\tilde{g}\|^2_{\mathbb{L}_2(\vartheta_0)}. \qquad (2.7.26)$$

Damit ergibt sich eine untere Schranke für die Varianz von $g \in \mathfrak{E}_\gamma(\vartheta_0)$ gemäß

$$Var_{\vartheta_0} g = Var_{\vartheta_0} \tilde{g} = E_{\vartheta_0} |\tilde{g}|^2 = \|\tilde{g}\|^2_{\mathbb{L}_2(\vartheta_0)} \geqslant \|\pi\tilde{g}\|^2_{\mathbb{L}_2(\vartheta_0)} = Var_{\vartheta_0}(\pi\tilde{g}). \qquad (2.7.27)$$

Offenbar ist diese Schranke scharf genau dann, wenn gilt $\tilde{g} = \pi\tilde{g}$, d.h. wenn der zentrierte Schätzer $\tilde{g}$ selber bereits Element von $\mathfrak{L}$ ist.

Zur praktischen Bestimmung einer derartigen unteren Schranke seien $h_1, \dots, h_m \in \mathbb{L}_2(\vartheta_0)$ vorgegebene Funktionen mit $E_{\vartheta_0} h_i = 0 \quad \forall i = 1, \dots, m$ und $\mathfrak{L} := \mathfrak{L}(h_1, \dots, h_m)$ der durch diese aufgespannte lineare Teilraum. Denkt man sich die Elemente von $\mathfrak{L}$ mit Vektoren $c = (c_1, \dots, c_m)^\top \in \mathbb{R}^m$ dargestellt in der Form $\sum c_i h_i$, so beruht die Bestimmung der Projektion $\pi\tilde{g} = \sum \tilde{c}_i h_i$ auf derjenigen des Vektors $\tilde{c} = (\tilde{c}_1, \dots, \tilde{c}_m)^\top$. Dabei ergibt sich $\tilde{c}$ durch Minimieren des Abstandsquadrats

$$\left\| \tilde{g} - \sum_{i=1}^m c_i h_i \right\|^2_{\mathbb{L}_2(\vartheta_0)} = \left\langle \tilde{g} - \sum_{i=1}^m c_i h_i, \tilde{g} - \sum_{i=1}^m c_i h_i \right\rangle_{\mathbb{L}_2(\vartheta_0)}, \qquad (2.7.28)$$

also $\tilde{c}_1, \dots, \tilde{c}_m$ aus dem hieraus durch Differentiation nach $c_1, \dots, c_m$ und Nullsetzen der Ableitungen gewonnenen linearen Gleichungssystem

$$\langle \tilde{g}, h_i \rangle_{\mathbb{L}_2(\vartheta_0)} = \sum_{j=1}^m \tilde{c}_j \langle h_j, h_i \rangle_{\mathbb{L}_2(\vartheta_0)}, \qquad i = 1, \dots, m. \qquad (2.7.29)$$

Das System dieser *Normalgleichungen* ist stets lösbar und zwar wie folgt: Mit

$$h := (h_1, \dots, h_m)^\top, \qquad \mathscr{H}(\vartheta_0) := E_{\vartheta_0} h h^\top \quad \text{und} \quad \eta(\vartheta_0) := E_{\vartheta_0} \tilde{g} h$$

– wegen $E_{\vartheta_0} h = 0$ gilt also auch $\eta(\vartheta_0) = E_{\vartheta_0} g h$ – lautet das System (2.7.29) $\eta(\vartheta_0) = \mathscr{H}(\vartheta_0)\tilde{c}$. Hat speziell die *Gram-Matrix* $\mathscr{H}(\vartheta_0)$ den Rang m, sind also $h_1, \dots, h_m$ P_{ϑ_0}-f.ü. linear unabhängig, so ist die Lösung $\tilde{c}$ von (2.7.29) eindeutig bestimmt zu $\tilde{c} = \mathscr{H}(\vartheta_0)^{-1} \eta(\vartheta_0)$; damit gilt für die P_{ϑ_0}-f.ü. bestimmte Projektion $\pi\tilde{g} = \tilde{c}^\top h = \eta(\vartheta_0)^\top \mathscr{H}(\vartheta_0)^{-1} h$. Ist $\operatorname{Rg} \mathscr{H}(\vartheta_0) = r < m$, so besitzt das System (2.7.29) ebenfalls eine Lösung; jedoch ist diese – im Gegensatz zur Projektion $\sum \tilde{c}_i h_i$ – nicht mehr eindeutig bestimmt.

II) Unter geeigneten Voraussetzungen an die zugrundeliegende Verteilungsklasse lassen sich die Funktionen $h_1, \dots, h_m$ und damit der durch sie aufgespannte lineare Raum $\mathfrak{L}$ derart wählen, daß die untere Schranke $Var_{\vartheta_0}(\pi\tilde{g}) = \|\sum \tilde{c}_i h_i\|^2_{\mathbb{L}_2(\vartheta_0)}$ für eine große Teilklasse von Schätzern $g \in \mathfrak{E}_\gamma(\vartheta_0)$ unabhängig ist vom speziell betrachteten g. Dieses ist wegen (2.7.29) offenbar dann der Fall, wenn $\langle \tilde{g}, h_i \rangle_{\mathbb{L}_2(\vartheta_0)}$ für $i = 1, \dots, m$ unabhängig ist von g. Zu einer zugleich statistisch sinnvollen Wahl derartiger $h_1, \dots, h_m$ kommt man durch die Forderung, daß der Raum $1 + \mathfrak{L}(h_1, \dots, h_m)$ den Raum $\bar{\mathfrak{L}}$ aus Satz 2.119 lokal im Punkte ϑ_0 möglichst gut approximiert. Ist etwa $\Theta \subset \mathbb{R}$ und besitzt der DQ $L_{\vartheta_0, \vartheta} \in \mathbb{L}_2(\vartheta_0)$ in der Umgebung der Stelle ϑ_0 eine Entwicklung der Form

$$L_{\vartheta_0, \vartheta} = 1 + (\vartheta - \vartheta_0)\dot{L}_{\vartheta_0} + \frac{1}{2}(\vartheta - \vartheta_0)^2 \ddot{L}_{\vartheta_0} + \dots + \frac{1}{m!}(\vartheta - \vartheta_0)^m L^{(m)}_{\vartheta_0} + R^{(m)}_{\vartheta_0, \vartheta}$$

mit $L^{(i)}_{\vartheta_0} \in \mathbb{L}_2(\vartheta_0)$ für $i = 1, \dots, m$ und $\|R^{(m)}_{\vartheta_0, \vartheta}\|_{\mathbb{L}_2(\vartheta_0)} = o(|\vartheta - \vartheta_0|^m)$ für $\vartheta \to \vartheta_0$ (vgl. etwa

(1.8.66) bzw. S. 186), so bieten sich für $h_1, \ldots, h_m$ die Funktionen $\dot{L}_{\vartheta_0}, \ldots, L_{\vartheta_0}^{(m)}$ an. Zum einen wird nämlich in Analogie zu Hilfssatz 1.178a vielfach $E_{\vartheta_0} L_{\vartheta_0}^{(i)} = 0$, $i = 1, \ldots, m$, gelten; zum anderen legt Hilfssatz 1.179a die Vermutung nahe, daß häufig die Vertauschungsbedingung

$$\langle g, L_{\vartheta_0}^{(i)} \rangle = \nabla^{(i)} \langle g, L_{\vartheta_0, \vartheta} \rangle \,|_{\vartheta = \vartheta_0} = \nabla^{(i)} \gamma(\vartheta_0), \qquad i = 1, \ldots, m$$

gelten wird. Dieses ist insbesondere dann der Fall, wenn $\mathfrak{P}$ *im Punkte* $\vartheta_0 \in \mathring{\Theta}$ *m-fach differenzierbar* ist in folgendem Sinn: $\mathfrak{P}$ ist dominiert und es existiert eine Version der μ-Dichten p_ϑ mit folgenden beiden Eigenschaften:

1) Es gibt eine (von $\vartheta_0 \in \mathring{\Theta}$, nicht aber von $\vartheta \in \Theta$ abhängige) μ-Nullmenge $N \in \mathfrak{B}$ derart, daß für alle $x \in N^c$ und alle $\vartheta \in U(\vartheta_0)$ gilt

$$p_\vartheta(x) > 0, \qquad \nabla^{(i)} p_\vartheta(x) \quad \text{ist erklärt und stetig in } \vartheta, \quad i = 1, \ldots, m.$$

2) Mit den Abkürzungen $L_{\vartheta_0}^{(i)}(x) := \nabla^{(i)} p_{\vartheta_0}(x) / p_{\vartheta_0}(x)$, $i = 1, \ldots, m$, und $S_{\vartheta_0}(x) := (L_{\vartheta_0}^{(1)}(x), \ldots, L_{\vartheta_0}^{(m)}(x))^\top$ gilt

$$E_{\vartheta_0} S_{\vartheta_0} = 0, \tag{2.7.30}$$

$$\mathscr{K}(\vartheta_0) := \mathscr{C}ov_{\vartheta_0} S_{\vartheta_0} \in \mathbb{R}_{\text{p.d.}}^{m \times m}. \tag{2.7.31}$$

Ist nämlich $\mathfrak{P}$ in diesem Sinne im Punkte ϑ_0 m-fach differenzierbar und sind für den Schätzer $g \in \mathfrak{E}_\gamma(\vartheta_0)$ und $i = 1, \ldots, m$ die Vertauschungsbedingungen

$$\nabla^{(i)} \gamma(\vartheta_0) = \nabla^{(i)} \int g p_{\vartheta_0} \mathrm{d}\mu = \int g \nabla^{(i)} p_{\vartheta_0} \mathrm{d}\mu = \int g L_{\vartheta_0}^{(i)} \mathrm{d}P_{\vartheta_0} \tag{2.7.32}$$

erfüllt, so ist $\langle \tilde{g}, h_i \rangle_{\mathbb{L}_2(\vartheta_0)} = E_{\vartheta_0} \tilde{g} h_i$ bei $h_i := L_{\vartheta_0}^{(i)}$ unabhängig von g gemäß

$$\langle \tilde{g}, h_i \rangle_{\mathbb{L}_2(\vartheta_0)} = \int (g - \gamma(\vartheta_0)) L_{\vartheta_0}^{(i)} \mathrm{d}P_{\vartheta_0} = \int g L_{\vartheta_0}^{(i)} \mathrm{d}P_{\vartheta_0} = \int g \nabla^{(i)} p_{\vartheta_0} \mathrm{d}\mu = \nabla^{(i)} \gamma(\vartheta_0).$$

Damit ist auch die Lösung $\tilde{c}_1, \ldots, \tilde{c}_m$ von (2.7.29) unabhängig von dem speziell betrachteten $g \in \mathfrak{E}_\gamma(\vartheta_0)$ und folglich auch die Projektion $\pi \tilde{g} = \sum \tilde{c}_i h_i$. Die Festsetzung $h_i := L_{\vartheta_0}^{(i)}$, $i = 1, \ldots, m$, führt also unter den angegebenen Voraussetzungen zu einer vom speziellen $g \in \mathfrak{E}_\gamma(\vartheta_0)$ unabhängigen Schranke.

Wir betrachten zunächst den Fall $m = 1$ (sowie weiterhin das Schätzen von $\gamma: \Theta \to \mathbb{R}$ bei $\Theta \subset \mathbb{R}$). Dann lassen sich die Bedingungen (2.7.30–32) abschwächen zu denjenigen einer $\mathbb{L}_2(\vartheta_0)$-differenzierbaren Verteilungsklasse mit Ableitung $\dot{L}_{\vartheta_0}$ bzw. eines Schätzers $g \in \mathfrak{E}_\gamma(\vartheta_0)$ mit der Vertauschungsbedingung [1])

$$\nabla \gamma(\vartheta_0) = \nabla E_{\vartheta_0} g = \int g \dot{L}_{\vartheta_0} \mathrm{d}P_{\vartheta_0} = E_{\vartheta_0} g \dot{L}_{\vartheta_0}. \tag{2.7.33}$$

Satz 2.126 (Cramér-Rao-Ungleichung) $\mathfrak{P} = \{P_\vartheta : \vartheta \in \Theta\}$ *sei eine einparametrige* $\mathbb{L}_2(\vartheta_0)$*-differenzierbare Verteilungsklasse mit Ableitung* $\dot{L}_{\vartheta_0}$ *und Fisher-Information* $J(\vartheta_0) > 0$. *Weiter sei* γ *ein reellwertiges, im Punkte* ϑ_0 *differenzierbares erwartungstreu* $\mathbb{L}_2(\vartheta_0)$*-schätzbares Funktional mit Ableitung* $\nabla \gamma(\vartheta_0)$. *Dann gilt für jeden Schätzer* [2]) $g \in \mathfrak{E}_\gamma(\vartheta_0)$, *für den überdies die Vertauschungsbedingung* (2.7.33) *erfüllt ist,*

$$Var_{\vartheta_0} g \geqslant (\nabla \gamma(\vartheta_0))^2 / J(\vartheta_0). \tag{2.7.34}$$

---

[1]) Wir werden in Satz 2.136 zeigen, daß bei $\mathbb{L}_2(\vartheta_0)$-differenzierbaren Verteilungsklassen andernfalls $Var_\vartheta g$ in der Umgebung von ϑ_0 unbeschränkt wächst.

[2]) Die Ungleichung (2.7.34) ist wieder trivialerweise erfüllt für $g \in \overline{\mathfrak{E}}_\gamma$ mit $E_{\vartheta_0} g^2 = \infty$.

Diese Ungleichung ist scharf genau dann, wenn gilt

$$g - \gamma(\vartheta_0) \in \mathfrak{L}(\dot{L}_{\vartheta_0}) \quad [P_{\vartheta_0}]. \tag{2.7.35}$$

Beweis: Wegen $m = 1$, $h_1 = \dot{L}_{\vartheta_0}$ und $E_{\vartheta_0} \dot{L}_{\vartheta_0} = 0$ lautet (2.7.29)

$$\int (g(x) - \gamma(\vartheta_0))\, \dot{L}_{\vartheta_0}(x)\, \mathrm{d}P_{\vartheta_0} = \int g(x)\, \dot{L}_{\vartheta_0}(x)\, \mathrm{d}P_{\vartheta_0} = \tilde{c}_1\, J(\vartheta_0).$$

Damit gilt nach (2.7.33)

$$\tilde{c}_1 = J(\vartheta_0)^{-1} \int g(x)\, \dot{L}_{\vartheta_0}(x)\, \mathrm{d}P_{\vartheta_0} = J(\vartheta_0)^{-1}\, \nabla\gamma(\vartheta_0).$$

Somit folgt aus (2.7.27) wegen $\pi\tilde{g} = g - \gamma(\vartheta_0) = \tilde{c}_1 \dot{L}_{\vartheta_0}$ wie behauptet

$$Var_{\vartheta_0} g \geqslant Var_{\vartheta_0} \pi\tilde{g} = Var_{\vartheta_0}[J(\vartheta_0)^{-1}\, \nabla\gamma(\vartheta_0)\, \dot{L}_{\vartheta_0}] = (\nabla\gamma(\vartheta_0))^2 / J(\vartheta_0).$$

(2.7.35) ist äquivalent damit, daß $\tilde{g}$ mit seiner Projektion $\pi\tilde{g}$ P_{ϑ_0}-f.ü. übereinstimmt. Wegen $\pi\tilde{g} = \tilde{c}_1 \dot{L}_{\vartheta_0}$ ist dieses wiederum gleichwertig mit

$$g(x) - \gamma(\vartheta_0) = \nabla\gamma(\vartheta_0)\; J(\vartheta_0)^{-1}\; \dot{L}_{\vartheta_0}(x) \qquad [P_{\vartheta_0}]. \qquad \square \tag{2.7.36}$$

Nach Beispiel 1.184 bzw. Satz 1.164c ist eine Exponentialfamilie in ζ und T bei natürlicher Parametrisierung stets $\mathbb{L}_2(\zeta)$-differenzierbar und die Vertauschungsbedingung (2.7.33) bei Exponentialfamilien für jeden Schätzer $g \in \overline{\mathfrak{E}}_\gamma$ erfüllt, sofern nur $\zeta \in \mathring{Z}_*$ ist. Folglich gilt die Cramér-Rao-Ungleichung in jedem Punkt $\zeta \in \mathring{Z}_*$. Entsprechendes gilt für die Frage, ob bzw. wann die untere Schranke angenommen wird. Nach Satz 1.170 ist nämlich die Bedingung (2.7.35) in einem Punkt ζ erfüllt, falls g P_ζ-f.ü. gleich der erzeugenden Statistik T ist oder P_ζ-f.ü. affin über dieser faktorisiert. Wegen der paarweisen Äquivalenz der Verteilungen $P_\zeta \in \mathfrak{P}$ gilt auch dies unabhängig von dem speziellen $\zeta \in \mathring{Z}_*$. Dabei beachte man, daß g genau dann $\mathfrak{P}$-affin über T faktorisiert, wenn $\gamma(\zeta)$ eine affine Funktion von $\chi(\zeta) := E_\zeta T$ ist. Zusammengefaßt ergibt sich unter Beachten von (1.7.42) also das

Korollar 2.127 *Es seien $\mathfrak{P} = \{P_\zeta : \zeta \in Z_*\}$ eine einparametrige Exponentialfamilie in ζ und T sowie $\gamma: Z_* \to \mathbb{R}$ ein erwartungstreu $\mathbb{L}_2$-schätzbares Funktional. Dann gilt in jedem Punkt $\zeta \in \mathring{Z}_*$ die Cramér-Rao-Ungleichung* (2.7.34) *für jedes $g \in \mathfrak{E}_\gamma$ und zwar mit $J(\zeta) = Var_\zeta T$. Sie ist scharf für alle $\zeta \in \mathring{Z}_*$ genau dann, wenn g $\mathfrak{P}$-affin über T faktorisiert oder äquivalent, wenn $\gamma(\zeta)$ eine affine Funktion von $\chi(\zeta) := E_\zeta T$ ist.*

Beispiel 2.128 a) $X_1, \ldots, X_n$ seien st.u. $\mathfrak{B}(1,\pi)$-verteilte ZG, $\pi \in (0,1)$. Dann gilt für jeden erwartungstreuen Schätzer von $\gamma(\pi) = \pi$ bzw. $\gamma(\pi) = \pi(1-\pi)$ wegen $J(\pi) = n/\pi(1-\pi)$

$$Var_\pi g(X) \geqslant \pi(1-\pi)/n \quad \text{bzw.} \quad Var_\pi g(X) \geqslant (1-2\pi)^2\, \pi(1-\pi)/n.$$

Die untere Schranke wird im ersten Fall, nicht dagegen im zweiten Fall angenommen, denn für die nach Beispiel 2.112 optimalen erwartungstreuen Schätzer $g^*(x) = \bar{x}$ bzw. $g^*(x) = \hat{\sigma}^2(x) = \frac{n}{n-1}\, \bar{x}(1-\bar{x})$ ergeben elementare Rechnungen

$$Var_\pi g^*(X) = \pi(1-\pi)/n \quad \text{bzw.} \quad Var_\pi g^*(X) > (1-2\pi)^2\, \pi(1-\pi)/n.$$

Offenbar faktorisiert $\bar{x}$ $\mathfrak{P}$-affin über $T(x) = \sum x_j$, nicht dagegen $\hat{\sigma}^2(x)$, oder äquivalent: $\gamma(\pi) = \pi$ ist eine affine Funktion von $\chi(\pi) = n\pi$, nicht dagegen $\gamma(\pi) = \pi(1-\pi)$.

b) In Beispiel 2.125 liegt eine einparametrige Exponentialfamilie in $\zeta(\vartheta) = -\vartheta^{-1}$ und $T(x) = x$ zugrunde. Somit ist $\gamma(\vartheta) = \vartheta$ eine affine Funktion von $\chi(\vartheta) = \vartheta$, nicht dagegen $\gamma(\vartheta) = 1/\vartheta$. Folglich ist die Cramér-Rao-Ungleichung im ersten Fall scharf, nicht dagegen im zweiten Fall. □

Anmerkung 2.129 a) Wird die Cramér-Rao-Schranke in (2.7.34) durch einen erwartungstreuen Schätzer g^* für jedes (oder für ein einzelnes) $\vartheta_0 \in \mathring{\Theta}$ angenommen, so besitzt g^* gleichmäßig (bzw. in ϑ_0 lokal) kleinste Varianz unter allen $g \in \mathfrak{E}_\gamma$ (bzw. unter allen $g \in \mathfrak{E}_\gamma(\vartheta_0)$), welche die Vertauschungsbedingung (2.7.33) für alle (bzw. für das betrachtete) $\vartheta_0 \in \mathring{\Theta}$ erfüllen.

b) Der Zähler der Cramér-Rao-Schranke hängt ausschließlich vom zu schätzenden Funktional, der Nenner ausschließlich von der Verteilungsannahme ab. Im Spezialfall $\gamma(\vartheta) = \vartheta$ reduziert sich die Cramér-Rao-Ungleichung auf

$$Var_{\vartheta_0} g \geqslant 1/J(\vartheta_0). \tag{2.7.37}$$

Diese Form ergibt sich auch bei anderen Funktionalen $\gamma: \Theta \to \mathbb{R}$, wenn man $\gamma := \gamma(\vartheta)$ als neuen Parameter einführen kann. Unter den Voraussetzungen von Satz 1.167b folgt dann nämlich mit $\gamma_0 := \gamma(\vartheta_0)$ gemäß (1.7.39)

$$Var_{\gamma_0} g \geqslant 1/\tilde{J}(\gamma_0). \tag{2.7.38}$$

c) Liegen speziell st.u. ZG $X_1, \ldots, X_n$ mit derselben Verteilung aus einer $\mathbb{L}_2(\vartheta_0)$-differenzierbaren Verteilungsklasse mit Fisher-Information $J(\vartheta_0)$ zugrunde, so lautet die Cramér-Rao-Ungleichung nach Korollar 1.195

$$Var_{\vartheta_0} g \geqslant (\nabla\gamma(\vartheta_0))^2/nJ(\vartheta_0). \tag{2.7.39}$$

d) Exponentialfamilien sind im wesentlichen die einzigen Verteilungsklassen, in denen die Cramér-Rao-Schranke angenommen wird. Liegt nämlich eine dominierte Verteilungsklasse zugrunde, deren μ-Dichten $p_\vartheta(x)$ so gewählt werden können, daß $\vartheta \mapsto p_\vartheta(x)$ positiv und stetig differenzierbar ist für alle $x \in \mathfrak{X}$, so ist im Spezialfall $\gamma(\vartheta) = \vartheta$ (2.7.36) mit ϑ statt ϑ_0 äquivalent zu

$$\nabla \log p_\vartheta(x) = J(\vartheta)\,(g(x) - \vartheta) \quad [P_\vartheta].$$

Faßt man diese aufgrund ihrer Herleitung lokale Beziehung – sie gilt in jedem Punkt ϑ, in dem die Voraussetzung (2.7.33) erfüllt ist – bei gegebenem $J(\vartheta)$ und $g(x)$ als eine global für alle $\vartheta \in \mathring{\Theta}$ gültige Beziehung auf, so stellt sie für jedes feste x eine Differentialgleichung dar, deren Lösung $p_\vartheta(x)$ gerade die Dichte einer einparametrigen Exponentialfamilie in $\zeta(\vartheta)$ und $g(x)$ mit $\nabla\zeta(\vartheta) = J(\vartheta)$ ist[1]).

e) Die Ungleichung (2.7.34) läßt sich auch bei nicht-erwartungstreuen Schätzern anwenden, etwa beim Schätzen des Parameters ϑ mit der Verzerrung $b(\vartheta) = \gamma(\vartheta) - \vartheta$. Dann ist nämlich $\nabla\gamma(\vartheta_0) = 1 + \nabla b(\vartheta_0)$ und damit

$$E_{\vartheta_0}(g - \vartheta_0)^2 \geqslant b^2(\vartheta_0) + (1 + \nabla b(\vartheta_0))^2/J(\vartheta_0). \quad \square \tag{2.7.40}$$

Wie die Diskussion unter I gezeigt hat, wird die Güte der Cramér-Rao-Ungleichung allein durch den Approximationsfehler (2.7.25) bestimmt. Sie läßt sich also bei Wahl von $m = 1$ und $\mathfrak{L} = \mathfrak{L}(L_{\vartheta_0}^{(1)})$ nicht weiter verbessern. Dies ist nur möglich durch Erweiterung des Erzeugendensystems von $\mathfrak{L}$, wobei sich wie unter II erläutert die Funktionen $h_i = L_{\vartheta_0}^{(i)}$, $i = 2, \ldots, m$, anbieten.

Satz 2.130 (Bhattacharyya-Ungleichung) $\mathfrak{P} = \{P_\vartheta: \vartheta \in \Theta\}$ *sei eine einparametrige im Punkte* $\vartheta_0 \in \mathring{\Theta}$ *m-fach differenzierbare Verteilungsklasse mit Ableitungsvektor*

[1]) Einen strengen Beweis findet man bei R.J. Wijsman: Ann. Statist. **1** (1974) 538–542.

$S_{\vartheta_0}(x) := (L_{\vartheta_0}^{(1)}(x), \ldots, L_{\vartheta_0}^{(m)}(x))^\top$ *und* $\mathscr{K}(\vartheta_0) := E_{\vartheta_0} S_{\vartheta_0} S_{\vartheta_0}^\top \in \mathbb{R}_{\text{p.d.}}^{m \times m}$. *Weiter sei* γ *ein reellwertiges, im Punkte* ϑ_0 *m-fach differenzierbares erwartungstreu* $\mathbb{L}_2(\vartheta_0)$*-schätzbares Funktional mit Ableitungsvektor* $\eta(\vartheta_0) = (\nabla\gamma(\vartheta_0), \ldots, \nabla^{(m)}\gamma(\vartheta_0))^\top \in \mathbb{R}^m$. *Dann gilt für jeden Schätzer* $g \in \mathfrak{E}_\gamma(\vartheta_0)$, *für den überdies die Vertauschungsbedingungen* (2.7.32) *erfüllt sind,*

$$Var_{\vartheta_0} g \geqslant \eta^\top(\vartheta_0)\, \mathscr{K}(\vartheta_0)^{-1}\, \eta(\vartheta_0). \tag{2.7.41}$$

Diese Ungleichung ist scharf genau dann, wenn gilt

$$g - \gamma(\vartheta_0) \in \mathfrak{L}(L_{\vartheta_0}^{(1)}, \ldots, L_{\vartheta_0}^{(m)}) \quad [P_{\vartheta_0}]. \tag{2.7.42}$$

Beweis: Aus den Vertauschungsbedingungen (2.7.32) folgt

$$E_{\vartheta_0} \tilde{g} S_{\vartheta_0} = E_{\vartheta_0}(g - \gamma(\vartheta_0)) S_{\vartheta_0} = E_{\vartheta_0} g S_{\vartheta_0} = \eta(\vartheta_0). \tag{2.7.43}$$

Die Normalgleichungen (2.7.29) lassen sich zusammenfassen zu $E_{\vartheta_0}(\tilde{g} - \pi\tilde{g}) S_{\vartheta_0} = 0$, ergeben also wegen $\pi\tilde{g} = \tilde{c}^\top S_{\vartheta_0}$ und (2.7.43) das Gleichungssystem

$$\eta(\vartheta_0) = \mathscr{K}(\vartheta_0)\, \tilde{c} \quad \text{mit der Lösung} \quad \tilde{c} = \mathscr{K}(\vartheta_0)^{-1}\, \eta(\vartheta_0).$$

Somit lautet die Projektion $\pi\tilde{g} = \eta^\top(\vartheta_0)\, \mathscr{K}(\vartheta_0)^{-1} S_{\vartheta_0}$ $[P_{\vartheta_0}]$ und nach (2.7.27) gilt

$$Var_{\vartheta_0} g \geqslant Var_{\vartheta_0}(\pi\tilde{g}) = \|\pi\tilde{g}\|_{\mathbb{L}_2(\vartheta_0)} = E_{\vartheta_0}[\eta^\top(\vartheta_0)\, \mathscr{K}(\vartheta_0)^{-1} S_{\vartheta_0}]^2 = \eta^\top(\vartheta_0)\, \mathscr{K}(\vartheta_0)^{-1}\, \eta(\vartheta_0).$$

(2.7.42) ist äquivalent mit $\tilde{g} = \pi\tilde{g}$ $[P_{\vartheta_0}]$ und dieses wegen der soeben ermittelten expliziten Darstellung der Projektion $\pi\tilde{g}$ mit

$$g(x) - \gamma(\vartheta_0) = \eta^\top(\vartheta_0)\, \mathscr{K}(\vartheta_0)^{-1} S_{\vartheta_0}(x) \quad [P_{\vartheta_0}]. \quad \square \tag{2.7.44}$$

Anmerkung 2.131 a) Die Anmerkung 2.129 überträgt sich sinngemäß. Insbesondere besitzt ein Schätzer $g^* \in \mathfrak{E}_\gamma$ bzw. $g^* \in \mathfrak{E}_\gamma(\vartheta_0)$, dessen Varianz die *Bhattacharyya-Schranke* $\eta^\top(\vartheta_0)\, \mathscr{K}(\vartheta_0)^{-1}\, \eta(\vartheta_0)$ für jedes $\vartheta_0 \in \mathring{\Theta}$ (oder für ein einzelnes $\vartheta_0 \in \mathring{\Theta}$) annimmt, gleichmäßig (bzw. in ϑ_0 lokal) kleinste Varianz unter allen Schätzern $g \in \mathfrak{E}_\gamma$ bzw. $g \in \mathfrak{E}_\gamma(\vartheta_0)$, welche die Vertauschungsbedingung (2.7.32) erfüllen.

b) Im Spezialfall $\gamma(\vartheta) = \vartheta$ vereinfacht sich (2.7.41) wegen $\eta(\vartheta_0) = (1,0, \ldots, 0)^\top =: q_1$ zu

$$Var_{\vartheta_0} g \geqslant q_1^\top\, \mathscr{K}(\vartheta_0)^{-1}\, q_1. \tag{2.7.45}$$

c) Liegt eine dominierte m-fach differenzierbare Verteilungsklasse mit μ-Dichten p_ϑ zugrunde, so ist es häufig zweckmäßig, die Funktionen $L_\vartheta^{(i)}$ über die punktweise gebildeten Ableitungen von $L_\vartheta^{(1)}(x) = \nabla \log p_\vartheta(x)$ zu gewinnen, etwa $L_\vartheta^{(2)}$ gemäß

$$L_\vartheta^{(2)}(x) = \frac{\nabla^{(2)} p_\vartheta(x)}{p_\vartheta(x)} = (\nabla \log p_\vartheta(x))^2 + \nabla^{(2)} \log p_\vartheta(x).$$

In diesem Spezialfall stellt bei $\gamma(\vartheta) = \vartheta$ die analog Anmerkung 2.129d gemäß

$$g(x) - \gamma(\vartheta) = q_1^\top\, \mathscr{K}(\vartheta)^{-1}\, (L_\vartheta^{(1)}(x), \ldots, L_\vartheta^{(m)}(x))^\top \quad \forall \vartheta \in \mathring{\Theta}$$

verschärfte Bedingung (2.7.44) wegen $L_\vartheta^{(i)}(x) = \nabla^{(i)} p_\vartheta(x)/p_\vartheta(x)$, $i = 1, \ldots, m$, für jedes $x \in \mathfrak{X}$ eine lineare Differentialgleichung m-ter Ordnung für $p_\vartheta(x)$ dar. $\square$

Beispiel 2.132 $X_1, \ldots, X_n$ seien st.u. $\mathfrak{P}(\lambda)$-verteilte ZG, $\vartheta = \lambda > 0$. Dann ist nach Satz 1.157 die Klasse der gemeinsamen Verteilungen eine einparametrige Exponentialfamilie. Somit sind nach

Satz 1.164c für jedes erwartungstreu schätzbare Funktional γ, für jedes $g \in \mathfrak{E}_\gamma$ und jedes $\lambda > 0$ die Vertauschungsbeziehungen (2.7.33) bzw. (2.7.32) erfüllt und damit die Cramér-Rao-Ungleichung (2.7.34) sowie für jedes $m \in \mathbb{N}$ die Bhattacharyya-Ungleichung (2.7.41) gültig.

a) Sei $\gamma(\vartheta) = \lambda$. Dann lautet wegen $\nabla\gamma(\vartheta) \equiv 1$ und $J(\vartheta) = \lambda^{-1}$ die Cramér-Rao-Ungleichung (2.7.39)

$$Var_\lambda g \geqslant \lambda/n \quad \forall \lambda > 0 \quad \forall g \in \mathfrak{E}_\lambda .$$

Für $g^*(x) = \bar{x}$ gilt offenbar $g^* \in \mathfrak{E}_\lambda$ und $Var_\lambda g^* = \lambda/n$. Also ist der Standardschätzer $g^*(x) = \bar{x}$ optimal im Sinne gleichmäßig kleinster Varianz; vgl. Korollar 2.115.

b) Sei $\gamma(\vartheta) = \lambda^2$, also $\eta(\vartheta) = (2\lambda, 2)^\top$. Durch elementare Rechnung folgt

$$L_\vartheta^{(1)}(x) = \frac{\sum x_j - n\lambda}{\lambda} \quad [P_\vartheta], \quad L_\vartheta^{(2)}(x) = -\frac{n}{\lambda} - \frac{\sum x_j - n\lambda}{\lambda^2} + \frac{(\sum x_j - n\lambda)^2}{\lambda^2} \quad [P_\vartheta]$$

und damit $E_\vartheta (L_\vartheta^{(1)})^2 = n/\lambda$, $E_\vartheta L_\vartheta^{(1)} L_\vartheta^{(2)} = 0$, $E_\vartheta (L_\vartheta^{(2)})^2 = 2n^2/\lambda^2$, also

$$\mathscr{K}(\vartheta) = \begin{pmatrix} n/\lambda & 0 \\ 0 & 2n^2/\lambda^2 \end{pmatrix} \quad \text{und} \quad \eta^\top(\vartheta)\, \mathscr{K}(\vartheta)^{-1}\, \eta(\vartheta) = \frac{4\lambda^3}{n} + \frac{2\lambda^2}{n^2}.$$

Damit lautet die Bhattacharyya-Ungleichung

$$Var_\lambda g \geqslant \frac{4\lambda^3}{n} + 2\frac{\lambda^2}{n^2} \quad \forall g \in \mathfrak{E}_\gamma \quad \forall \lambda > 0 .$$

Durch elementare Rechnungen verifiziert man für $g^*(x) = \bar{x}^2 - \bar{x}/n$:

$$E_\vartheta g^* = \lambda^2, \quad Var_\vartheta g^* = \frac{4\lambda^3}{n} + 2\frac{\lambda^2}{n^2} \quad \forall \lambda > 0 .$$

Also ist g^* erwartungstreuer Schätzer mit gleichmäßig kleinster Varianz.

c) Es gilt $\tilde{g}(x) := \bar{x} - \lambda \in \mathfrak{L}(L_\vartheta^{(1)})$ bzw. $\tilde{g}(x) := \bar{x}^2 - \bar{x}/n - \lambda^2 \in \mathfrak{L}(L_\vartheta^{(1)}, L_\vartheta^{(2)})$, jeweils für alle $\lambda > 0$. Somit folgt bereits aus der Herleitung der Cramér-Rao- bzw. Bhattacharyya-Ungleichung ohne explizite Berechnung von $Var_\vartheta g$ und der jeweiligen unteren Schranke, daß $g^*(x) = \bar{x}$ bzw. $g^*(x) = \bar{x}^2 - \bar{x}/n$ erwartungstreue Schätzer für $\gamma(\vartheta) = \lambda$ bzw. $\gamma(\vartheta) = \lambda^2$ mit gleichmäßig kleinster Varianz sind. □

Auf entsprechende Weise lassen sich auch leicht untere Schranken für die Kovarianzmatrix erwartungstreuer Schätzer von l-dimensionalen Funktionalen $\gamma: \Theta \to \mathbb{R}^l$ eines k-dimensionalen Parameters $\vartheta \in \Theta$ herleiten. Wir beschränken uns dabei auf die Verallgemeinerung der Cramér-Rao-Ungleichung. Eine solche ergibt sich, wenn man die zentrierten Schätzer $u^\top \tilde{g}$, $u \in \mathbb{R}^l$, durch ihre Projektionen auf denjenigen linearen Teilraum ersetzt, der durch die k Komponenten von[1] $\dot{L}_{\vartheta_0} \in \mathbb{L}_2^k(\vartheta_0)$ aufgespannt wird. Vorauszusetzen ist die (2.7.33) entsprechende Vertauschungsbedingung

$$\mathscr{G}(\vartheta_0) = E_{\vartheta_0} g \dot{L}_{\vartheta_0}^\top \quad \text{mit} \quad \mathscr{G}(\vartheta_0) := (\nabla\gamma^\top(\vartheta_0))^\top = (\nabla E_{\vartheta_0} g^\top)^\top. \tag{2.7.46}$$

---

[1]) Bei Herleitung einer mehrdimensionalen Bhattacharyya-Ungleichung hat man noch Komponenten von $\ddot{L}_{\vartheta_0}$ und gegebenenfalls höhere Ableitungen hinzuzunehmen.

Beim folgenden Beweis beachte man, daß sich auch im Fall $k = l = 1$ die Cramér-Rao-Ungleichung (2.7.34) allein aus der Vertauschungsbedingung (2.7.33) folgern läßt und zwar mit der Cauchy-Schwarz-Ungleichung gemäß

$$(\nabla\gamma(\vartheta_0))^2 = [\int (g(x) - \gamma(\vartheta_0))\, \dot{L}_{\vartheta_0}(x)\, \mathrm{d}P_{\vartheta_0}]^2 \leqslant Var_{\vartheta_0} g J(\vartheta_0). \tag{2.7.47}$$

Satz 2.133 (Mehrdimensionale Cramér-Rao-Ungleichung) *$\mathfrak{P} = \{P_\vartheta : \vartheta \in \Theta\}$ sei eine k-parametrige $\mathbb{L}_2(\vartheta_0)$-differenzierbare Verteilungsklasse mit Ableitung $\dot{L}_{\vartheta_0}$ und Informationsmatrix $\mathscr{J}(\vartheta_0) := E_{\vartheta_0} \dot{L}_{\vartheta_0} \dot{L}_{\vartheta_0}^\top \in \mathbb{R}^{k \times k}_{\text{p.d.}}$. Weiter sei γ ein l-dimensionales, im Punkte ϑ_0 differenzierbares erwartungstreu $\mathbb{L}_2(\vartheta_0)$-schätzbares Funktional mit Jacobi-Matrix $\mathscr{G}(\vartheta_0) := (\nabla\gamma^\top(\vartheta_0))^\top \in \mathbb{R}^{l \times k}$. Dann gilt für jeden l-dimensionalen Schätzer $g \in \mathfrak{E}_\gamma(\vartheta_0)$, für den überdies die Vertauschungsbedingung* (2.7.46) *erfüllt ist,*

$$\mathscr{C}ov_{\vartheta_0} g \geqslant \mathscr{G}(\vartheta_0)\, \mathscr{J}(\vartheta_0)^{-1}\, \mathscr{G}^\top(\vartheta_0). \tag{2.7.48}$$

Diese Ungleichung ist scharf genau dann, wenn die l Komponenten von $g - \gamma(\vartheta_0)$ in dem von den k Komponenten von $\dot{L}_{\vartheta_0}$ aufgespannten k-dimensionalen linearen Teilraum liegen, d.h. wenn gilt

$$g(x) - \gamma(\vartheta_0) = \mathscr{G}(\vartheta_0)\, \mathscr{J}(\vartheta_0)^{-1}\, \dot{L}_{\vartheta_0}(x) \quad [P_{\vartheta_0}]. \tag{2.7.49}$$

Beweis: Aus der Vertauschungsbedingung (2.7.46) folgt für jedes $u \in \mathbb{R}^l$

$$E_\vartheta[[u^\top(g - \gamma(\vartheta_0))]\, [\dot{L}_{\vartheta_0}^\top \mathscr{J}(\vartheta_0)^{-1}\, \mathscr{G}^\top(\vartheta_0)\, u]] = u^\top \mathscr{G}(\vartheta_0)\, \mathscr{J}(\vartheta_0)^{-1}\, \mathscr{G}^\top(\vartheta_0)\, u$$

und damit nach der Cauchy-Schwarz-Ungleichung

$$[u^\top \mathscr{G}(\vartheta_0)\, \mathscr{J}(\vartheta_0)^{-1}\, \mathscr{G}^\top(\vartheta_0)\, u]^2 \leqslant [u^\top(\mathscr{C}ov_{\vartheta_0} g)\, u]\, [u^\top \mathscr{G}(\vartheta_0)\, \mathscr{J}(\vartheta_0)^{-1}\, \mathscr{G}^\top(\vartheta_0)\, u]. \tag{2.7.50}$$

Dieses wiederum impliziert die Gültigkeit von

$$u^\top \mathscr{G}(\vartheta_0)\, \mathscr{J}(\vartheta_0)^{-1}\, \mathscr{G}^\top(\vartheta_0)\, u \leqslant u^\top(\mathscr{C}ov_{\vartheta_0} g)\, u \qquad \forall u \in \mathbb{R}^l; \tag{2.7.51}$$

entweder ist nämlich $u^\top \mathscr{G}(\vartheta_0) \neq 0$ und damit $u^\top \mathscr{G}(\vartheta_0)\, \mathscr{J}(\vartheta_0)^{-1}\, \mathscr{G}^\top(\vartheta_0)\, u > 0$, so daß (2.7.51) aus (2.7.50) folgt; oder es ist $u^\top \mathscr{G}(\vartheta_0) = 0$ und damit (2.7.51) trivialerweise erfüllt. In jedem Fall folgt (2.7.48).

Zum Nachweis des Zusatzes und damit von (2.7.49) zeigen wir zunächst, daß (2.7.48) die bei Verwenden von $\dot{L}_{\vartheta_0} \in \mathbb{L}_2^k(\vartheta_0)$ best-mögliche untere Schranke für $\mathscr{C}ov_{\vartheta_0} g$ ist. Um diese zu erhalten, hat man nämlich wegen (1.8.34) und (2.7.25) $\tilde{g} = g - \gamma(\vartheta_0)$ komponentenweise durch die Projektion $\pi\tilde{g}$ auf den durch die k Komponenten von $\dot{L}_{\vartheta_0}$ aufgespannten k-dimensionalen linearen Teilraum zu ersetzen und dann $\mathscr{C}ov_{\vartheta_0}(\pi\tilde{g})$ zu bestimmen. Setzt man demgemäß $\pi\tilde{g}$ mit geeigneter $l \times k$-Matrix $\mathscr{C}$ an in der Form $\tilde{\mathscr{C}}\dot{L}_{\vartheta_0}$, so ergibt sich $\tilde{\mathscr{C}}$ durch Minimieren von

$$E_{\vartheta_0}[(g - \gamma(\vartheta_0)) - \tilde{\mathscr{C}}\dot{L}_{\vartheta_0}]^\top [(g - \gamma(\vartheta_0)) - \tilde{\mathscr{C}}\dot{L}_{\vartheta_0}]. \tag{2.7.52}$$

Also folgt $\tilde{\mathscr{C}}$ analog (2.7.29) aus dem hieraus durch Differentiation nach den lk Elementen von $\tilde{\mathscr{C}}$ und Nullsetzen der Ableitungen gewonnenen linearen Gleichungssystem[1])

$$E_{\vartheta_0}[(g - \gamma(\vartheta_0)) - \tilde{\mathscr{C}}\dot{L}_{\vartheta_0}]\, \dot{L}_{\vartheta_0}^\top = \mathscr{O}. \tag{2.7.53}$$

---

[1]) Man beachte hierzu, daß (2.7.53) mit $(S_1, \ldots, S_k) := \dot{L}_{\vartheta_0}$ äquivalent ist mit den linearen Gleichungen ($r = 1, \ldots, l$, $t = 1, \ldots, k$)

$$-\frac{1}{2}\, \partial_{c_{rt}} E_{\vartheta_0}\left(\sum_{i=1}^{l} \left[(g_i - \gamma_i(\vartheta_0)) - \sum_{j=1}^{k} c_{ij} S_j \right]^2 \right) = E_{\vartheta_0}\left[(g_r - \gamma_r(\vartheta_0)) - \sum_{j=1}^{k} c_{rj} S_j \right] S_t = 0.$$

Dieses lautet wegen (2.7.46), $E_{\vartheta_0}\dot{L}_{\vartheta_0}=0$ und $E_{\vartheta_0}\dot{L}_{\vartheta_0}\dot{L}_{\vartheta_0}^{\top}=\mathscr{J}(\vartheta_0)$

$$\mathscr{G}(\vartheta_0)=\tilde{\mathscr{C}}\mathscr{J}(\vartheta_0). \quad \text{Somit ist} \quad \tilde{\mathscr{C}}=\mathscr{G}(\vartheta_0)\,\mathscr{J}(\vartheta_0)^{-1}$$

und damit $\pi\tilde{g}(x)=\tilde{\mathscr{C}}\dot{L}_{\vartheta_0}(x)=\mathscr{G}(\vartheta_0)\,\mathscr{J}(\vartheta_0)^{-1}\,\dot{L}_{\vartheta_0}(x)$, d.h.

$$\mathscr{C}\!ov_{\vartheta_0}\pi\tilde{g}=\mathscr{G}(\vartheta_0)\,\mathscr{J}(\vartheta_0)^{-1}\,\mathscr{G}^{\top}(\vartheta_0). \tag{2.7.54}$$

Diese *mehrdimensionale Cramér-Rao-Schranke* wird also genau dann angenommen, wenn $\tilde{g}$ aus dem von den Komponenten von $\dot{L}_{\vartheta_0}$ aufgespannten linearen Teilraum ist, woraus wie im Fall $k=1$ wiederum (2.7.49) folgt. □

Ist speziell $\gamma: \Theta \to \Gamma \subset \mathbb{R}^l$ bijektiv mit $|\mathscr{G}(\vartheta)| \neq 0 \quad \forall \vartheta \in \mathring{\Theta}$ und bezeichnet $\tilde{\mathscr{J}}(\gamma)$ die Informationsmatrix bzgl. γ, so ist nach Satz 1.167b die Gültigkeit von (2.7.48) für jedes $\vartheta \in \mathring{\Theta}$ äquivalent mit derjenigen von

$$\mathscr{C}\!ov_\gamma\, g \geqslant \tilde{\mathscr{J}}(\gamma)^{-1} \quad \forall \gamma \in \mathring{\Gamma}. \tag{2.7.55}$$

Auch die sonstigen Aussagen der Anmerkung 2.129 sowie das Korollar 2.127 übertragen sich sinngemäß. Der Vollständigkeit halber formulieren wir noch das Korollar 2.115 entsprechende

Korollar 2.134 *Es seien $\mathfrak{P}=\{P_\zeta: \zeta \in \mathring{Z}_*\}$ eine Exponentialfamilie in ζ und T, wobei Z_* den natürlichen Parameterraum bezeichnet. Dann ist T ein erwartungstreuer Schätzer mit gleichmäßig kleinster Kovarianzmatrix für das Mittelwertfunktional $\chi(\zeta) := E_\zeta T$.*

Beweis: Nach Beispiel 1.184 gilt für jedes $\zeta \in \mathring{Z}_*$ $\dot{L}_\zeta(x)=T(x)-\chi(\zeta)$ $[P_\zeta]$ und $\mathscr{G}(\zeta)=\mathscr{J}(\zeta)$. Weiter ist nach Satz 1.164 für jeden Schätzer $g \in \mathfrak{E}_\chi$ die Vertauschungsbeziehung (2.7.46) erfüllt. Also folgt aus (2.7.48)

$$\mathscr{C}\!ov_\zeta\, g \geqslant \mathscr{J}(\zeta) \quad \forall \zeta \in \mathring{Z}_* \quad \forall g \in \mathfrak{E}_\chi. \tag{2.7.56}$$

Andererseits gilt ebenfalls nach Satz 1.170 $\mathscr{C}\!ov_\zeta T=\mathscr{J}(\zeta) \quad \forall \zeta \in \mathring{Z}_*$. Somit hat T gleichmäßig kleinste Kovarianzmatrix unter allen für χ erwartungstreuen Schätzern. □

Beispiel 2.135 $X_1, \ldots, X_n$ seien st.u. $\mathfrak{N}(\mu,\sigma^2)$-verteilte ZG, $\vartheta=(\mu,\sigma^2) \in \mathbb{R} \times (0,\infty)$. Zugrunde liegt also eine zweiparametrige Exponentialfamilie in $\zeta(\vartheta)=(n\mu/\sigma^2, -n/2\sigma^2)$ und $T(x)=(\sum x_j/n, \sum x_j^2/n)$, so daß alle Voraussetzungen von Korollar 2.134 zum Schätzen von $\gamma(\vartheta)=(\gamma_1(\vartheta), \gamma_2(\vartheta)) = (\mu,\sigma^2)$ erfüllt sind. Nach Beispiel 1.168 bzw. Korollar 1.195 gilt für die Informationsmatrix

$$\mathscr{J}(\vartheta)=\begin{pmatrix} n/\sigma^2 & 0 \\ 0 & n/2\sigma^4 \end{pmatrix} \quad \text{und damit} \quad \mathscr{C}\!ov_\vartheta\, g(X) \geqslant \begin{pmatrix} \sigma^2/n & 0 \\ 0 & 2\sigma^4/n \end{pmatrix}$$

für alle $g \in \mathfrak{E}_\gamma$ und alle $\vartheta \in \mathbb{R} \times (0,\infty)$. Folglich zerfällt die Cramér-Rao-Ungleichung für $g \in \mathfrak{E}_\gamma$ in zwei Ungleichungen für die beiden Komponenten g_1 und g_2 von g, nämlich in

$$Var_\vartheta\, g_1(X) \geqslant \sigma^2/n \quad \forall g_1 \in \mathfrak{E}_{\gamma_1} \quad \text{und} \quad Var_\vartheta\, g_2(X) \geqslant 2\sigma^4/n \quad \forall g_2 \in \mathfrak{E}_{\gamma_2}.$$

Wegen $Var_\vartheta \bar{X}=\sigma^2/n$ ist die erste Ungleichung scharf. Dagegen gilt in der zweiten Ungleichung für keinen erwartungstreuen Schätzer das Gleichheitszeichen, denn nach Beispiel 2.116 ist (bei unbekanntem $\mu \in \mathbb{R}$) $\hat{\sigma}^2(x)=\sum(x_j-\bar{x})^2/(n-1)$ erwartungstreuer Schätzer mit gleichmäßig kleinster Varianz und für diesen gilt

$$Var_\vartheta\, \hat{\sigma}^2(X)=2\sigma^4/(n-1) > 2\sigma^4/n \quad \forall \vartheta=(\mu,\sigma^2) \in \mathbb{R} \times (0,\infty). \tag{2.7.57}$$

Die zweite Ungleichung läßt sich jedoch analog Satz 2.130 noch verbessern. Nimmt man nämlich zur Approximation von $\tilde{g}_2(x) = g_2(x) - \sigma^2$ noch die drei Funktionen $\nabla_1^{(2)} p_{\vartheta_0}(x)/p_{\vartheta_0}(x)$, $\nabla_2^{(2)} p_{\vartheta_0}(x)/p_{\vartheta_0}(x)$ und $\nabla_1 \nabla_2 p_{\vartheta_0}(x)/p_{\vartheta_0}(x)$ hinzu, so ergibt sich durch einfache Rechnungen die Bhattacharyya-Ungleichung

$$Var_\vartheta g_2(X) \geq 2\sigma^4/(n-1) \tag{2.7.58}$$

Diese Ungleichung ist scharf, denn die untere Schranke $2\sigma^4/(n-1)$ wird angenommen und zwar für den Standardschätzer $g_2^*(x) = \hat{\sigma}^2(x)$, der sich somit nochmals als erwartungstreuer Schätzer im Sinne gleichmäßig kleinster Varianz erweist. □

Wie die bisherigen Überlegungen in 2.7.2 gezeigt haben, beruhen die Cramér-Rao-Typ-Ungleichungen bei $\mathbb{L}_2(\vartheta_0)$-differenzierbaren Verteilungsklassen wesentlich auf den Vertauschungsbedingungen (2.7.32), (2.7.33) bzw. (2.7.46). Diese sind zwar in Exponentialfamilien gemäß Satz 1.164 stets erfüllt, nicht jedoch in beliebigen $\mathbb{L}_2(\vartheta_0)$-differenzierbaren Verteilungsklassen (vgl. Aufgabe 2.36). Die folgende hinreichende Bedingung (2.7.59) läßt sich jedoch etwa im Fall $l = 1$ dahingehend interpretieren, daß die Cramér-Rao-Schranke im Punkte ϑ_0 von einem Schätzer $g \in \mathfrak{E}_\gamma(\vartheta_0)$ nur dann unterschritten wird, wenn $E_\vartheta g^2$ und damit $Var_\vartheta g$ in jeder Umgebung von ϑ_0 beliebig groß, der Schätzer g dort also beliebig schlecht wird.

Satz 2.136 *Es seien $\mathfrak{P} = \{P_\vartheta : \vartheta \in \Theta\}$ eine k-parametrige Verteilungsklasse und $\gamma: \Theta \to \mathbb{R}^l$. Dabei sei $\mathfrak{P}$ in einem Punkt $\vartheta_0 \in \mathring{\Theta}$ $\mathbb{L}_2(\vartheta_0)$-differenzierbar mit Ableitung $\dot{L}_{\vartheta_0}$ und es gebe einen Schätzer $g \in \mathfrak{E}_\gamma$, dessen 2. Momente in einer Umgebung $U(\vartheta_0)$ von ϑ_0 beschränkt sind, d.h. mit*

$$E_\vartheta g_i^2 \leq M < \infty \quad \forall i = 1, \ldots, l \quad \forall \vartheta \in U(\vartheta_0) \subset \Theta. \tag{2.7.59}$$

Dann ist auch die Abbildung $\gamma: \Theta \to \mathbb{R}^l$ im Punkte ϑ_0 differenzierbar und mit der $l \times k$-Jacobi-Matrix $\mathscr{G}(\vartheta_0) = (\nabla \gamma^\top(\vartheta_0))^\top$ gilt für g die Vertauschungsbeziehung (2.7.46).

Beweis: Wegen $\gamma(\vartheta) = \int g \, dP_\vartheta$ gilt mit $\mathscr{G}(\vartheta_0) = E_{\vartheta_0} g \dot{L}_{\vartheta_0}^\top$ und $\Delta := \vartheta - \vartheta_0$

$$|\Delta|^{-1}[\gamma(\vartheta_0 + \Delta) - \gamma(\vartheta_0) - \mathscr{G}(\vartheta_0)\Delta] = |\Delta|^{-1}[\int g \, dP_{\vartheta_0+\Delta} - \int g \, dP_{\vartheta_0} - \int g \dot{L}_{\vartheta_0}^\top \Delta \, dP_{\vartheta_0}]$$
$$= |\Delta|^{-1} \int g [L_{\vartheta_0, \vartheta_0+\Delta} - 1 - \Delta^\top \dot{L}_{\vartheta_0}] \, dP_{\vartheta_0} + |\Delta|^{-1} \int g \mathbb{1}_{N_{\vartheta_0, \vartheta_0+\Delta}} dP_{\vartheta_0+\Delta}.$$

Für den P_{ϑ_0}-singulären Anteil gilt komponentenweise für $i = 1, \ldots, l$ nach der Cauchy-Schwarz-Ungleichung und (2.7.59) bzw. (1.8.37)

$$\left| |\Delta|^{-1} \int g_i \mathbb{1}_{N_{\vartheta_0, \vartheta_0+\Delta}} dP_{\vartheta_0+\Delta} \right| \leq |\Delta|^{-1} [E_{\vartheta_0+\Delta} g_i^2 \cdot P_{\vartheta_0+\Delta}(N_{\vartheta_0, \vartheta_0+\Delta})]^{1/2} = o(1).$$

Für den P_{ϑ_0}-stetigen Anteil folgt für $i = 1, \ldots, l$ und jedes $c > 0$

$$\left| \int g_i \left[\frac{L_{\vartheta_0, \vartheta_0+\Delta} - 1}{|\Delta|} - \frac{\Delta^\top}{|\Delta|} \dot{L}_{\vartheta_0} \right] dP_{\vartheta_0} \right|$$
$$\leq \int_{\{|g_i| \leq c\}} |g_i| \left| \frac{L_{\vartheta_0, \vartheta_0+\Delta} - 1}{|\Delta|} - \frac{\Delta^\top}{|\Delta|} \dot{L}_{\vartheta_0} \right| dP_{\vartheta_0}$$
$$+ \int_{\{|g_i| > c\}} |g_i| \left| \frac{L_{\vartheta_0, \vartheta_0+\Delta} - 1}{|\Delta|} \right| dP_{\vartheta_0} + \int_{\{|g_i| > c\}} |g_i| \left| \frac{\Delta^\top}{|\Delta|} \dot{L}_{\vartheta_0} \right| dP_{\vartheta_0}.$$

Hier läßt sich der erste Summand der rechten Seite abschätzen durch

$$c \left\| \frac{L_{\vartheta_0, \vartheta_0+\Delta} - 1}{|\Delta|} - \frac{\Delta^\top}{|\Delta|} \dot{L}_{\vartheta_0} \right\|_{\mathbb{L}_1(\vartheta_0)};$$

er strebt also wegen Satz 1.190 für jedes $c > 0$ gegen 0 für $\Delta \to 0$. Es soll nun gezeigt werden, daß man den zweiten und dritten Summanden für jedes $c > 0$ vermöge der Cauchy-Schwarz-Ungleichung abschätzen kann auf ein Produkt zweier Faktoren derart, daß der eine Faktor unabhängig von $c > 0$ ist sowie beschränkt bei $\Delta \to 0$ mit $\Delta/|\Delta| \to \eta$ und der andere Faktor durch geeignete Wahl von $c > 0$ beliebig klein gemacht werden kann. Für die beim zweiten Summanden, also bei

$$\int |g_i| \frac{1}{2} | L^{1/2}_{\vartheta_0, \vartheta_0+\Delta} + 1 | \left| 2 \frac{L^{1/2}_{\vartheta_0, \vartheta_0+\Delta} - 1}{|\Delta|} \right| \mathbb{1}_{\{|g_i| > c\}} \, \mathrm{d}P_{\vartheta_0}$$

auftretenden Integrale gilt nämlich bei jedem $\Delta \in \mathbb{R}^k$

$$\int \left[g_i \frac{1}{2} (L^{1/2}_{\vartheta_0, \vartheta_0+\Delta} + 1) \right]^2 \mathrm{d}P_{\vartheta_0} \leqslant \int g_i^2 \frac{1}{4} [2 L_{\vartheta_0, \vartheta_0+\Delta} + 2] \, \mathrm{d}P_{\vartheta_0}$$

$$\leqslant \frac{1}{2} \int g_i^2 \, \mathrm{d}P_{\vartheta_0+\Delta} + \frac{1}{2} \int g_i^2 \, \mathrm{d}P_{\vartheta_0} \leqslant M$$

bzw. nach dem Satz von Vitali für $|\Delta| \to 0$ mit $\Delta/|\Delta| \to \eta$

$$\int\limits_{\{|g_i| > c\}} \left| 2 \frac{L^{1/2}_{\vartheta_0, \vartheta_0+\Delta} - 1}{|\Delta|} \right|^2 \mathrm{d}P_{\vartheta_0} \to \int\limits_{\{|g_i| > c\}} |\eta^\top \dot{L}_{\vartheta_0}|^2 \, \mathrm{d}P_{\vartheta_0} = \eta^\top \int\limits_{\{|g_i| > c\}} \dot{L}_{\vartheta_0} \dot{L}^\top_{\vartheta_0} \, \mathrm{d}P_{\vartheta_0} \eta .$$

Für die bei der Abschätzung des dritten Summanden, also von

$$\int |g_i| \mathbb{1}_{\{|g_i| > c\}} \left| \frac{\Delta^\top}{|\Delta|} \dot{L}_{\vartheta_0} \right| \mathrm{d}P_{\vartheta_0},$$

auftretenden Integrale gilt

$$\int \left| \frac{\Delta^\top}{|\Delta|} \dot{L}_{\vartheta_0} \right|^2 \mathrm{d}P_{\vartheta_0} = \frac{\Delta^\top}{|\Delta|} E_{\vartheta_0} \dot{L}_{\vartheta_0} \dot{L}^\top_{\vartheta_0} \frac{\Delta}{|\Delta|} = \frac{\Delta^\top}{|\Delta|} \mathscr{J}(\vartheta_0) \frac{\Delta}{|\Delta|}$$

bzw. $\quad E_{\vartheta_0} |g_i \mathbb{1}_{\{|g_i| > c\}}|^2 = E_{\vartheta_0} g_i^2 \mathbb{1}_{\{|g_i| > c\}}$.

Insgesamt lassen sich also der zweite und dritte Summand bei jedem $c > 0$ asymptotisch für $\Delta \to 0$ mit $\Delta/|\Delta| \to \eta$ abschätzen durch

$$\left[M \eta^\top \int\limits_{\{|g_i| > c\}} \dot{L}_{\vartheta_0} \dot{L}^\top_{\vartheta_0} \, \mathrm{d}P_{\vartheta_0} \eta \right]^{1/2} + \left[\eta^\top \mathscr{J}(\vartheta_0) \eta \int\limits_{\{|g_i| > c\}} g_i^2 \, \mathrm{d}P_{\vartheta_0} \right]^{1/2}$$

und somit für $\Delta \to 0$ mit $\Delta/|\Delta| \to \eta$ durch geeignete Wahl von $c > 0$ wegen $\mathscr{J}(\vartheta_0) \in \mathbb{R}^{k \times k}$ bzw. (2.7.59) beliebig klein machen. □

2.7.3 Bayes- und Minimax-Schätzer

Abschließend sollen noch die Überlegungen aus 1.4.2 auf den Spezialfall der Schätztheorie angewendet werden. Demgemäß wird jetzt im Gegensatz zu 2.7.1+2 die Klasse $\mathfrak{E}$ *aller* Schätzer zugelassen. Der Einfachheit halber beschränken wir uns dabei auf das Schätzen von $\gamma(\vartheta) = \vartheta$. Folglich seien $\mathfrak{A}_\Theta$ eine σ-Algebra über Θ und $\mathfrak{P} = \{P_\vartheta : \vartheta \in \Theta\}$ eine Klasse von Verteilungen mit der Eigenschaft, daß $(\vartheta, B) \mapsto P_\vartheta(B)$ ein Markov-Kern von $(\Theta, \mathfrak{A}_\Theta)$ nach $(\mathfrak{X}, \mathfrak{B})$ ist. Bezeichnet dann wie in 1.4.2 $\varrho \in \mathfrak{M}^1(\Theta, \mathfrak{A}_\Theta)$ eine a priori Verteilung, so gibt es gemäß (1.4.29) ein WS-Maß $Q^{X,\theta} \in \mathfrak{M}^1(\mathfrak{X} \times \Theta, \mathfrak{B} \otimes \mathfrak{A}_\Theta)$ derart, daß $\varrho = Q^\theta$ die zweite[1]) Randverteilung von $Q^{X,\theta}$ und $P_\vartheta = Q^{X|\theta=\vartheta}$ die bedingte Randverteilung von X bei gegebenem $\theta = \vartheta$ ist. Mit diesem WS-Maß $Q^{X,\theta}$ läßt sich das bzgl. ϱ gemittelte Risiko eines Schätzers $g \in \mathfrak{E}$ schreiben als

$$R(\varrho, g) = \int R(\vartheta, g)\,d\varrho(\vartheta) = \iint \Lambda(\vartheta, g(x))\,dP_\vartheta(x)\,d\varrho(\vartheta) = \int \Lambda(\vartheta, g(x))\,dQ^{X,\theta}(x, \vartheta). \tag{2.7.60}$$

Von besonderer Bedeutung für die explizite Bestimmung von *Bayes-Schätzern*, also gemäß 1.4.2 (mit $\Delta = \Theta$) von Schätzern $g_\varrho \in \mathfrak{E}$ mit

$$R(\varrho, g_\varrho) = \inf_{g \in \mathfrak{E}} R(\varrho, g), \tag{2.7.61}$$

ist die a posteriori Verteilung. Diese ist nach 1.4.2 definiert als bedingte (Rand-)Verteilung $Q^{\theta|X=x}$ bei gegebenem $X = x$. Besitzt diese für jedes $x \in \mathfrak{X}$ eine λ-Dichte $h^{\theta|X=x}(\vartheta)$ bzgl. eines σ-endlichen Maßes $\lambda \in \mathfrak{M}^\sigma(\Theta, \mathfrak{A}_\Theta)$, so lautet das a posteriori Risiko

$$R_\varrho^x(g) = \int_\Theta \Lambda(\vartheta, g(x))\,dQ^{\theta|X=x}(\vartheta) = \int_\Theta \Lambda(\vartheta, g(x))\,h^{\theta|X=x}(\vartheta)\,d\lambda(\vartheta). \tag{2.7.62}$$

Die Existenz einer a posteriori Verteilung ist nach Satz 1.122 gesichert, wenn $(\Theta, \mathfrak{A}_\Theta)$ ein euklidischer Raum ist, oder nach Satz 1.126, wenn $\mathfrak{P}$ und ϱ dominiert sind durch σ-endliche Maße μ bzw. λ.

Hilfssatz 2.137 *Es seien* $\mathfrak{P} \subset \mathfrak{M}^1(\mathfrak{X}, \mathfrak{B})$ *mit* $\mathfrak{P} \ll \mu$ *und* $\mathfrak{B} \otimes \mathfrak{A}_\Theta$*-meßbaren* μ*-Dichten* $p(x, \vartheta)$, $\vartheta \in \Theta$, ϱ *eine a priori Verteilung mit* $\varrho \ll \lambda$ *und* λ*-Dichte* $h(\vartheta)$ *sowie* $R(\varrho, g)$ *das gemäß* (2.7.60) *erklärte Bayes-Risiko. Dann gilt*:

a) *Das durch* (1.4.29) *definierte Maß* $Q^{X,\theta}$ *hat die* $\mu \otimes \lambda$*-Dichte*

$$q(x, \vartheta) = p(x, \vartheta)\,h(\vartheta) \quad [\mu \otimes \lambda]. \tag{2.7.63}$$

b) (Bayes-Formel) *Die a posteriori Verteilung* $Q^{\theta|X=x}$ *hat eine* λ*-Dichte, nämlich*

$$h^{\theta|X=x}(\vartheta) = \frac{p(x, \vartheta)\,h(\vartheta)}{\int_\Theta p(x, \xi)\,h(\xi)\,d\lambda(\xi)} \quad \textit{für} \quad \int_\Theta p(x, \xi)\,h(\xi)\,d\lambda(\xi) > 0, \tag{2.7.64}$$

---

[1]) Die erste Randverteilung Q^X von $Q^{X,\theta}$ ist die durch Mittelung der vorgegebenen Verteilungen P_ϑ bzgl. ϱ entstehende Verteilung, die also unter der Voraussetzung von Hilfssatz 2.137 die Dichte $q_1(x) = \int_\Theta p(x, \xi)\,h(\xi)\,d\lambda(\xi)$ hat.

und gleich einer beliebigen λ-Dichte auf der Q^X-Nullmenge $\left\{x\colon \int_\Theta p(x,\xi)\,h(\xi)\,\mathrm{d}\lambda(\xi)=0\right\}$.

c) *Das Bayes-Risiko bzw. das a posteriori-Risiko eines Schätzers $g \in \mathfrak{E}$ lautet*

$$R(\varrho, g) = \int_{\mathfrak{X}} \int_\Theta \Lambda(\vartheta, g(x))\, p(x,\vartheta)\, h(\vartheta)\,\mathrm{d}\lambda(\vartheta)\,\mathrm{d}\mu(x), \tag{2.7.65}$$

$$R_\varrho^x(g) = \frac{\int_\Theta \Lambda(\vartheta, g(x))\, p(x,\vartheta)\, h(\vartheta)\,\mathrm{d}\lambda(\vartheta)}{\int_\Theta p(x,\xi)\, h(\xi)\,\mathrm{d}\lambda(\xi)} \quad [Q^X]. \tag{2.7.66}$$

Beweis: a) folgt nach A6.6 und damit b) als bedingte Randdichte gemäß (1.6.74) bzw. c) nach (2.7.60 + 62). □

Wie in 1.4.2 bereits erwähnt wurde, kann bei Kenntnis einer a posteriori Verteilung die Minimierung des Bayes-Risikos (2.7.60) durch diejenige des a posteriori Risikos (2.7.62) für Q^X-f.a. x ersetzt und so bei hinreichend einfachen Verlustfunktionen der Bayes-Schätzer explizit bestimmt werden.

Satz 2.138 *Es existiere eine a posteriori Verteilung $Q^{\theta|X=x}$. Dann gilt*:

a) *$g^* \in \mathfrak{E}$ ist Bayes-Schätzer für $\gamma(\vartheta) = \vartheta$ genau dann, wenn g^* Q^X-f.ü. das a posteriori Risiko minimiert, d.h. wenn $g^*(x)$ für Q^X-f.a. x Lösung ist von*

$$\int_\Theta \Lambda(\vartheta, g^*(x))\,\mathrm{d}Q^{\theta|X=x}(\vartheta) = \inf_{a\in\Theta} \int_\Theta \Lambda(\vartheta, a)\,\mathrm{d}Q^{\theta|X=x}(\vartheta). \tag{2.7.67}$$

b) *Ist $\Theta \subset \mathbb{R}$, $\Lambda(\vartheta, a) = (\vartheta - a)^2$ und $\int \vartheta\,\mathrm{d}Q^{\theta|X=x}(\vartheta) \in \mathbb{R}$ $[Q^X]$, so ist der Bayes-Schätzer*

$$g^*(x) = \int_\Theta \vartheta\,\mathrm{d}Q^{\theta|X=x}(\vartheta) = E(\theta\,|\,X=x) \quad [Q^X]. \tag{2.7.68}$$

Sind speziell die Voraussetzungen von Hilfssatz 2.137 erfüllt, so gilt

$$g^*(x) = \int_\Theta \vartheta h^{\theta|X=x}(\vartheta)\,\mathrm{d}\lambda(\vartheta) \quad [Q^X], \quad h^{\theta|X=x}(\vartheta) = \frac{p(x,\vartheta)\,h(\vartheta)}{\int_\Theta p(x,\xi)\,h(\xi)\,\mathrm{d}\lambda(\xi)} \quad [Q^X]. \tag{2.7.69}$$

c) *Ist $\Theta \subset \mathbb{R}$ und $\Lambda(\vartheta, a) = |\vartheta - a|$, so ist jeder Median der a posteriori Verteilung von θ bei gegebenem $X = x$ ein Bayes-Schätzer für ϑ.*

Beweis: a) Nach A6.6 bzw. Satz 1.126b folgt aus (2.7.60)

$$R(\varrho, g) = \int_\Theta \int_{\mathfrak{X}} \Lambda(\vartheta, g(x))\,\mathrm{d}P_\vartheta(x)\,\mathrm{d}\varrho(\vartheta) = \int_{\mathfrak{X}} \left[\int_\Theta \Lambda(\vartheta, g(x))\,\mathrm{d}Q^{\theta|X=x}(\vartheta)\right] \mathrm{d}Q^X(x).$$

Folglich wird das Bayes-Risiko $R(\varrho, g)$ genau dadurch hinsichtlich g minimiert, daß der Integrand [...] des letzten Integrals durch geeignete Wahl von $g(x)$ für Q^X-f.a. x minimiert wird.

b) Im Spezialfall $\Lambda(\vartheta, a) = (\vartheta - a)^2$ lautet (2.7.67)

$$\int_\Theta (\vartheta - g^*(x))^2\,\mathrm{d}Q^{\theta|X=x}(\vartheta) = \inf_{a\in\Theta} \int_\Theta (\vartheta - a)^2\,\mathrm{d}Q^{\theta|X=x}(\vartheta).$$

Wegen (1.3.3) ist der Mittelwert $\int \vartheta \, dQ^{\theta|X=x}(\vartheta)$ der a posteriori Verteilung eine Lösung. Dieser ist nach Satz 1.126a eine meßbare Funktion.

Unter den Voraussetzungen von Hilfssatz 2.137 folgt (2.7.69) aus (2.7.68).

c) Analog ist im Spezialfall $\Lambda(\vartheta, a) = |\vartheta - a|$ jeder Median der a posteriori Verteilung eine Lösung von (2.7.67). □

Beispiel 2.139 Es seien $X_1, \ldots, X_n$ st.u. $\mathfrak{B}(1,\vartheta)$-verteilte ZG mit unbekanntem $\vartheta \in [0,1]$, also $\mathfrak{P} = \{\bigotimes \mathfrak{B}(1,\vartheta)\colon \vartheta \in [0,1]\}$. Bezeichnet $\#$ das Zählmaß von $\mathfrak{X} = \{0,1\}^n$, so gilt also $\mathfrak{P} \ll \#$ mit der $\#$-Dichte $p(x,\vartheta) = \vartheta^{\sum x_j}(1-\vartheta)^{n-\sum x_j}$, $x \in \mathfrak{X} = \{0,1\}^n$, $\vartheta \in [0,1]$.

ϱ sei eine $B_{\varkappa,\lambda}$-Verteilung, $\varkappa > 0$, $\lambda > 0$. Für die $\lambda\!\!\lambda$-Dichte von ϱ gilt also

$$h(\vartheta) = \frac{1}{B(\varkappa,\lambda)} \vartheta^{\varkappa-1}(1-\vartheta)^{\lambda-1} \mathbb{1}_{(0,1)}(\vartheta), \tag{2.7.70}$$

und damit für den Mittelwert und die Varianz der a priori Verteilung

$$E_{\varkappa,\lambda}\theta = \frac{\varkappa}{\varkappa+\lambda}, \qquad Var_{\varkappa,\lambda}\theta = \frac{\varkappa\lambda}{(\varkappa+\lambda)^2(\varkappa+\lambda+1)}.$$

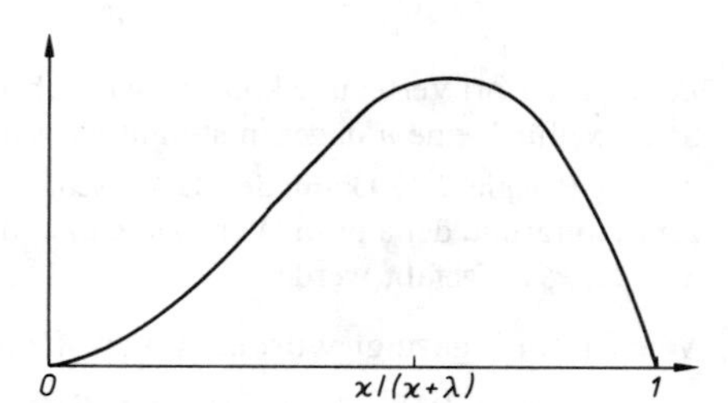

Abb. 16
$\lambda\!\!\lambda$-Dichte einer $B_{\varkappa,\lambda}$-Verteilung für $\varkappa = 3$, $\lambda = 2$.

Für Parameter $\varkappa$ und λ mit $\dfrac{\varkappa}{\varkappa+\lambda} = \vartheta$ konzentriert sich diese Verteilung auf eine Umgebung der Stelle ϑ und zwar um so mehr, je größer $\varkappa + \lambda$ ist. Für die (gemeinsame) $\# \otimes \lambda\!\!\lambda$-Dichte (2.7.63) gilt

$$q(x,\vartheta) = \frac{1}{B(\varkappa,\lambda)} \vartheta^{\sum x_j + \varkappa - 1}(1-\vartheta)^{n-\sum x_j+\lambda-1} \mathbb{1}_{(0,1)}(\vartheta)$$

und damit für die $\lambda\!\!\lambda$-Dichte (2.7.64) der a posteriori Verteilung

$$h^{\theta|X=x}(\vartheta) = \frac{1}{B(\sum x_j + \varkappa, n - \sum x_j + \lambda)} \vartheta^{\sum x_j+\varkappa-1}(1-\vartheta)^{n-\sum x_j+\lambda-1} \mathbb{1}_{(0,1)}(\vartheta). \tag{2.7.71}$$

Die a posteriori Verteilung ist also eine $B_{\sum x_j+\varkappa,\, n-\sum x_j+\lambda}$-Verteilung. Wegen

$$E_{\varkappa,\lambda}(\theta|X=x) = \frac{\sum x_j + \varkappa}{n+\varkappa+\lambda}, \qquad Var_{\varkappa,\lambda}(\theta|X=x) = \frac{(\sum x_j+\varkappa)(n-\sum x_j+\lambda)}{(n+\varkappa+\lambda)^2(n+\varkappa+\lambda+1)}$$

konzentriert sie sich auf eine Umgebung des Mittelwerts

$$g_{\varkappa,\lambda;n}(x) := \frac{\sum x_j + \varkappa}{n+\varkappa+\lambda} = \frac{\varkappa+\lambda}{\varkappa+\lambda+n}\,\frac{\varkappa}{\varkappa+\lambda} + \frac{n}{\varkappa+\lambda+n}\,\frac{\sum x_j}{n} \tag{2.7.72}$$

und zwar bei festem $\varkappa$ und λ umso mehr, je größer n ist. (2.7.72) zeigt sehr deutlich, daß für wachsende

n der Einfluß der Beobachtung x größer wird, daß dagegen für kleine n und damit für kleine $\sum x_j$ bzw. kleine $n - \sum x_j$ die a priori Verteilung durch x nur unwesentlich verändert wird.

Bei der Gauß-Verlustfunktion ist also $g_{\varkappa, \lambda; n}(x)$ Bayes-Schätzer des Parameters $\vartheta \in [0,1]$. Er ist eine Konvexkombination des „Standardschätzers" $\bar{x} = \sum x_j/n$ und des „a priori Schätzers" $\varkappa/(\varkappa + \lambda)$, d.h. des Mittelwerts der a priori Verteilung. (2.7.72) zeigt, daß der Einfluß der Beobachtungen $x_1, \ldots, x_n$ mit wachsendem n zunimmt. □

Beispiel 2.140 Es seien $X_1, \ldots, X_n$ st.u. $\mathfrak{N}(\vartheta, \sigma_0^2)$-verteilte ZG mit unbekanntem $\vartheta \in \mathbb{R}$ und bekanntem $\sigma_0^2 > 0$, also $\mathfrak{P} = \{\bigotimes \mathfrak{N}(\vartheta, \sigma_0^2) : \vartheta \in \mathbb{R}\}$ mit $\lambda\!\!\lambda^n$-Dichten

$$p(x, \vartheta) = \left(\frac{1}{\sqrt{2\pi\sigma_0^2}}\right)^n \exp\left[-\sum_j \frac{(x_j - \vartheta)^2}{2\sigma_0^2}\right], \quad \vartheta \in \mathbb{R}. \tag{2.7.73}$$

Für die a priori Verteilung $\varrho = \mathfrak{N}(\mu, \tau_0^2)$, $\tau_0^2 > 0$, ergibt sich als a posteriori Verteilung über deren $\lambda\!\!\lambda$-Dichte gemäß (2.7.64)

$$Q^{\theta \mid X = x} = \mathfrak{N}\left(g_{\mu, \tau_0^2}(x), \frac{1}{(n/\sigma_0^2) + (1/\tau_0^2)}\right) \quad [Q^X]$$

mit
$$g_{\mu, \tau_0^2}(x) = \frac{(n\bar{x}/\sigma_0^2) + (\mu/\tau_0^2)}{(n/\sigma_0^2) + (1/\tau_0^2)} = \frac{(n/\sigma_0^2)}{(n/\sigma_0^2) + (1/\tau_0^2)}\,\bar{x} + \frac{(1/\tau_0^2)}{(n/\sigma_0^2) + (1/\tau_0^2)}\,\mu. \tag{2.7.74}$$

Die a posteriori Verteilung konzentriert sich also für große n im wesentlichen auf eine Umgebung der Stelle $\bar{x}$; für kleine n dagegen stimmt sie weitgehend mit der a priori Verteilung $\mathfrak{N}(\mu, \tau_0^2)$ überein. Analog Beispiel 2.139 kann der Bayes-Schätzer (2.7.74) wieder als Modifizierung des Standardschätzers $\bar{x}$ aufgrund der a priori Verteilung bzw. des „a priori Schätzers" μ aufgrund der Beobachtungen $x_1, \ldots, x_n$ aufgefaßt werden. □

Wie in 1.4.2 gezeigt wurde, stehen *Minimax-Schätzer*, also Lösungen $g^* \in \mathfrak{E}$ von

$$\sup_{\vartheta \in \Theta} R(\vartheta, g^*) = \inf_{g \in \mathfrak{E}} \sup_{\vartheta \in \Theta} R(\vartheta, g), \tag{2.7.75}$$

in engem Zusammenhang mit Bayes-Schätzern. Mit $\mathfrak{M} := \mathfrak{M}^1(\Theta, \mathfrak{A}_\Theta)$ gilt zunächst in Korrespondenz zu (1.4.26)

$$\sup_{\varrho \in \mathfrak{M}} R(\varrho, g) = \sup_{\vartheta \in \Theta} R(\vartheta, g) \quad \forall g \in \mathfrak{E}. \tag{2.7.76}$$

Somit ist ein *Minimax-Schätzer* auch charakterisiert als Lösung $g^* \in \mathfrak{E}$ von

$$\sup_{\varrho \in \mathfrak{M}} R(\varrho, g^*) = \inf_{g \in \mathfrak{E}} \sup_{\varrho \in \mathfrak{M}} R(\varrho, g). \tag{2.7.77}$$

Analog ist eine *ungünstigste a priori Verteilung* definiert als Lösung $\varrho^* \in \mathfrak{M}$ von

$$\inf_{g \in \mathfrak{E}} R(\varrho^*, g) = \sup_{\varrho \in \mathfrak{M}} \inf_{g \in \mathfrak{E}} R(\varrho, g). \tag{2.7.78}$$

Beide Begriffe stehen nach 1.4.2 in engem Zusammenhang mit dem eines *Sattelpunkts* der Funktion[1]) $R(\varrho, g)$, also eines Punktes $(\varrho^*, g^*) \in \mathfrak{M} \times \mathfrak{E}$ mit

$$R(\varrho, g^*) \leqslant R(\varrho^*, g^*) \leqslant R(\varrho^*, g) \quad \forall \varrho \in \mathfrak{M} \quad \forall g \in \mathfrak{E}. \tag{2.7.79}$$

---

[1]) Eine Einführung randomisierter Schätzer wäre hier also gerechtfertigt, wenn durch diese Erweiterung ein Sattelpunkt existieren würde. Die Überlegungen in 3.5.7 werden jedoch zeigen, daß man auch bei Minimax-Aussagen häufig mit nicht-randomisierten Schätzern auskommt.

In Analogie zu den Sätzen 1.73 und 1.78 gilt nämlich der

Satz 2.141 *Sei* $(\varrho^*, g^*) \in \mathfrak{M} \times \mathfrak{E}$ *ein Sattelpunkt der Funktion* $R(\varrho, g)$. *Dann gilt:*

a) g^* *ist Minimax-Schätzer,*

b) ϱ^* *ist ungünstigste a priori Verteilung,*

c) g^* *ist Bayes-Schätzer zur ungünstigsten a priori Verteilung.*

Beweis: a) Aus (2.7.79) folgt die Gültigkeit von (2.7.77) gemäß

$$\sup_{\varrho \in \mathfrak{M}} R(\varrho, g^*) = \inf_{g \in \mathfrak{E}} R(\varrho^*, g) \leqslant \inf_{g \in \mathfrak{E}} \sup_{\varrho \in \mathfrak{M}} R(\varrho, g).$$

b) Analog a) folgt die Gültigkeit von (2.7.78) aus (2.7.79) gemäß

$$\inf_{g \in \mathfrak{E}} R(\varrho^*, g) = \sup_{\varrho \in \mathfrak{M}} R(\varrho, g^*) \geqslant \sup_{\varrho \in \mathfrak{M}} \inf_{g \in \mathfrak{E}} R(\varrho, g).$$

c) g^* ist gemäß (2.7.79) Lösung von

$$R(\varrho^*, g^*) = \inf_{g \in \mathfrak{E}} R(\varrho^*, g). \qquad \square$$

Eine einfache hinreichende Bedingung dafür, daß eine Verteilung $\varrho^* \in \mathfrak{M}$ eine ungünstigste a priori Verteilung und der zugehörige Bayes-Schätzer g_{ϱ^*} Minimax-Schätzer ist, enthält das

Korollar 2.142 *Sei* $\varrho^* \in \mathfrak{M}$ *und* g_{ϱ^*} *der zugehörige Bayes-Schätzer. Dann folgt aus*

$$\int_{\Theta} R(\vartheta, g_{\varrho^*}) \, \mathrm{d}\varrho^*(\vartheta) = \sup_{\vartheta \in \Theta} R(\vartheta, g_{\varrho^*}) \tag{2.7.80}$$

oder der hierzu äquivalenten Beziehung

$$R(\vartheta, g_{\varrho^*}) = \sup_{\xi \in \Theta} R(\xi, g_{\varrho^*}) \quad [\varrho^*]: \tag{2.7.81}$$

a) g_{ϱ^*} *ist ein Minimax-Schätzer.*

b) ϱ^* *ist ungünstigste a priori Verteilung.*

c) *Ist* g_{ϱ^*} *als Bayes-Schätzer eindeutig bestimmt, so auch als Minimax-Schätzer.*

Beweis: Die Äquivalenz von (2.7.80) und (2.7.81) ist offensichtlich. Aus (2.7.80) folgt wegen (2.7.76)

$$R(\varrho^*, g_{\varrho^*}) = \sup_{\varrho \in \mathfrak{M}} R(\varrho, g_{\varrho^*}).$$

Hieraus und aus der Tatsache, daß g_{ϱ^*} Bayes-Schätzer ist, folgt (2.7.79) mit ϱ^* und $g^* := g_{\varrho^*}$ als Sattelpunkt und damit die Behauptung. $\square$

Beispiel 2.143 Wie in Beispiel 2.139 sei $\mathfrak{P} = \{\bigotimes \mathfrak{B}(1, \vartheta): \vartheta \in [0,1]\}$ und $\Lambda(\vartheta, a)$ die Gauß-Verlustfunktion. Also ist nach Beispiel 2.139 $g_{\varkappa, \lambda; n}(x) = (\sum x_j + \varkappa)/(\varkappa + \lambda + n)$ der – eindeutig bestimmte – Bayes-Schätzer für ϑ zur a priori Verteilung $\varrho = B_{\varkappa, \lambda}$. Wählt man $\varkappa = \lambda = \sqrt{n}/2$, so ist für $g^* := g_{\sqrt{n}/2, \sqrt{n}/2; n}$ die Risikofunktion $\vartheta \mapsto R(\vartheta, g^*)$ konstant

$$R(\vartheta, g^*) = E_\vartheta (g^* - \vartheta)^2 = \frac{1}{(n + \varkappa + \lambda)^2} E_\vartheta \big(\sum X_j - n\vartheta + \varkappa(1 - \vartheta) - \lambda\vartheta\big)^2 = \frac{\varkappa^2}{(n + \varkappa + \lambda)^2} = \frac{n}{4(n + \sqrt{n})^2}.$$

Somit ist $g^*(x) = (\sum x_j + \sqrt{n}/2)/(\sqrt{n}+n)$ eindeutig bestimmter Minimax-Schätzer; vgl. auch Satz 1.81 b. Insbesondere ist also der Standardschätzer $g(x) = \bar{x}$ damit *nicht* Minimax-Schätzer. Durch einfache Rechnungen verifiziert man überdies

$$R(\vartheta, g^*) = \frac{1}{4(1+\sqrt{n})^2} < \frac{1}{4n} = \sup_{\xi \in [0,1]} \frac{\xi(1-\xi)}{n} = \sup_{\xi \in [0,1]} R(\xi, g) \quad \forall \vartheta \in [0,1].$$

Hieraus ergibt sich auch, daß bei festem $n \in \mathbb{N}$ für hinreichend kleines bzw. hinreichend großes ϑ der erwartete Verlust $\vartheta(1-\vartheta)/n$ des Standardschätzers $\bar{x}$ kleiner ist als derjenige des Minimax-Schätzers g^*.

Analog folgt, daß $\varrho^* := B_{\sqrt{n}/2, \sqrt{n}/2}$ ungünstigste a priori Verteilung ist. Das minimale Bayes-Risiko $\inf_{g \in \mathfrak{E}} R(\varrho, g)$ ist also gemäß (2.7.78) maximal für $\varrho = \varrho^*$. □

Bei vielen Problemstellungen existiert eine ungünstige a priori Verteilung, die man überdies häufig erraten kann. Bei anderen Fragestellungen läßt sich die ungünstigste Situation nicht in Form einer a priori Verteilung (d.h. in Form eines WS-Maßes $\varrho \in \mathfrak{M}$) quantifizieren. So sind etwa in Beispiel 2.140 alle Werte $\vartheta \in \mathbb{R}$ gleichberechtigt; damit wären auch bei einer ungünstigsten Situation alle $\vartheta \in \mathbb{R}$ gleichberechtigt. Die „Gleichverteilung" über $\mathbb{R}$ ist aber keine Verteilung, d.h. kein WS-Maß. Solche „Verteilungen" sind daher nur als *uneigentliche a priori Verteilungen* auffaßbar. Häufig lassen sich aber solche ungünstigsten Situationen durch Folgen von a priori Verteilungen approximieren. Wir nennen dann (im Einklang mit der Sprechweise „optimierende Folge" von 1.3.2) eine Folge $(\varrho_m) \subset \mathfrak{M}$ eine *ungünstigste Folge von a priori Verteilungen*, wenn mit $r_\varrho := \inf_{g \in \mathfrak{E}} R(\varrho, g)$ gilt:

1) Die Folge der minimalen Bayes-Risiken $r_m := r_{\varrho_m}$ konvergiert, d.h. $\exists\, r \in \mathbb{R}$ mit $r_m \to r$ für $m \to \infty$.

2) $\quad r_\varrho \leqslant r \quad \forall \varrho \in \mathfrak{M}$. (2.7.82)

Satz 2.144 *Sei $(\varrho_m^*) \subset \mathfrak{M}$ eine Folge von a priori Verteilungen und $(r_m) \subset \mathbb{R}$ mit $r_m := r_{\varrho_m^*}$ die korrespondierende Folge der minimalen Bayes-Risiken. Dann gilt mit $r_m \to r$ für $m \to \infty$ und $g^* \in \mathfrak{E}$ mit*

$$\sup_{\vartheta \in \Theta} R(\vartheta, g^*) = r: \tag{2.7.83}$$

a) *g^* ist Minimax-Schätzer,*

b) *(ϱ_m^*) ist ungünstigste Folge von a priori Verteilungen.*

Beweis: a) Wegen $r_m \to r$ und (2.7.83) gilt für jedes $g \in \mathfrak{E}$

$$\sup_{\vartheta \in \Theta} R(\vartheta, g) \geqslant \int_\Theta R(\vartheta, g)\, d\varrho_m^*(\vartheta) \geqslant r_m \to r = \sup_{\vartheta \in \Theta} R(\vartheta, g^*).$$

Also ist (2.7.75) erfüllt, d.h. g^* ein Minimax-Schätzer.

b) Sei $\varrho \in \mathfrak{M}$. Dann gilt nach Definition von r_ϱ bzw. nach (2.7.83)

$$r_\varrho \leqslant \int_\Theta R(\vartheta, g^*)\, d\varrho(\vartheta) \leqslant \sup_{\vartheta \in \Theta} R(\vartheta, g^*) = r;$$

also ist (2.7.82) erfüllt, d.h. (ϱ_m^*) eine ungünstigste Folge. □

Beispiel 2.145 Wie in Beispiel 2.140 sei $\mathfrak{P} = \{\bigotimes \mathfrak{N}(\vartheta, \sigma_0^2) \colon \vartheta \in \mathbb{R}\}$ mit bekanntem $\sigma_0^2 > 0$. $\Lambda(\vartheta, a)$ sei die Gauß-Verlustfunktion. Für $\varrho = \mathfrak{N}(0, \tau_0^2)$ gilt dann bei festem $n \in \mathbb{N}$ nach (2.7.74) für den Bayes-Schätzer bzw. dessen Bayes-Risiko

$$g_{\tau_0^2}(x) = \frac{n\tau_0^2}{n\tau_0^2 + \sigma_0^2}\,\bar{x}, \qquad r_{\tau_0^2} = \frac{\tau_0^2 \sigma_0^2}{n\tau_0^2 + \sigma_0^2} \to \frac{\sigma_0^2}{n} \quad \text{für} \quad \tau_0^2 \to \infty .$$

Der Standardschätzer $g^*(x) = \bar{x}$ ist also Minimax-Schätzer, da wegen

$$R(\vartheta, g^*) = E_\vartheta(g^* - \vartheta)^2 = \sigma_0^2/n \quad \text{gilt} \quad \sup_{\vartheta \in \mathbb{R}} R(\vartheta, g^*) = \sigma_0^2/n. \qquad \square$$

Aufgabe 2.29 Für $i = 1, \ldots, l$ seien $\gamma_i \colon \Theta \to \mathbb{R}$ erwartungstreu $\mathbb{L}_2$-schätzbare Funktionale, $\hat{\gamma}_i \colon (\mathfrak{X}, \mathfrak{B}) \to (\mathbb{R}, \mathbb{B})$ erwartungstreue Schätzer für γ_i mit gleichmäßig kleinster Varianz sowie $c_i \in \mathbb{R}$. Man zeige $\hat{\gamma}(x) := \sum_{i=1}^{l} c_i \hat{\gamma}_i(x)$ ist ein erwartungstreuer Schätzer mit gleichmäßig kleinster Varianz für $\gamma := \sum_{i=1}^{l} c_i \gamma_i$.

Aufgabe 2.30 $X_1, \ldots, X_n$ seien st. u. $\mathfrak{R}(\vartheta_1, \vartheta_2)$-verteilte ZG, $-\infty < \vartheta_1 < \vartheta_2 < +\infty$.

a) Man bestimme einen erwartungstreuen Schätzer mit komponentenweise gleichmäßig kleinster Varianz für $\gamma(\vartheta) = \vartheta := (\vartheta_1, \vartheta_2)$.

b) Man zeige, daß jeder Schätzer $g \colon (\mathbb{R}^n, \mathbb{B}^n) \to (\mathbb{R}, \mathbb{B})$, der meßbar über $T(x) = (x_{\uparrow 1}, x_{\uparrow n})$ faktorisiert, erwartungstreu mit gleichmäßig kleinster Varianz ist für $\gamma(\vartheta) := E_\vartheta g$.

Hinweis zu a): Man bestimme zunächst $E_\vartheta X_{\uparrow 1}$ und $E_\vartheta X_{\uparrow n}$. – Aus

$$\int\limits_{\vartheta_1 < z_1 < z_n < \vartheta_2} h(z_1, z_n)\, \mathrm{d}\lambda\!\!\lambda^2(z_1, z_n) = 0 \quad \forall \vartheta_1 < \vartheta_2$$

folgt $h(z_1, z_n) = 0 \quad [\lambda\!\!\lambda^2]$ für $z_1 < z_n$, etwa mit dem Satz von Radon-Nikodym.

Aufgabe 2.31 Man formuliere zum Schätzproblem aus Satz 2.120 die duale Optimierungsaufgabe und zeige, daß diese ebenfalls eine quadratische Zielfunktion besitzt.

Aufgabe 2.32 $X_1, \ldots, X_n$ seien st. u. ZG mit derselben Verteilung F_ϑ. Man vergleiche die Chapman-Robbins-Schranke mit der Cramér-Rao-Schranke in den folgenden Situationen:

a) $F_\vartheta = \mathfrak{N}(\mu, \sigma_0^2)$, $\vartheta = \mu \in \mathbb{R}$, $\sigma_0^2 > 0$ bekannt, $\gamma(\vartheta) = \mu$;

b) $F_\vartheta = \mathfrak{N}(\mu_0, \sigma^2)$, $\vartheta = \sigma^2 > 0$, $\mu_0 \in \mathbb{R}$ bekannt, $\gamma(\vartheta) = \sigma^2$;

c) $F_\vartheta = \mathfrak{N}(\mu_0, \sigma^2)$, $\vartheta = \sigma^2 > 0$, $\mu_0 \in \mathbb{R}$ bekannt, $\gamma(\vartheta) = \sigma$.

Aufgabe 2.33 a) Man verifiziere die Gültigkeit der Ungleichung

$$\frac{1}{2}[Var_\vartheta g + Var_{\vartheta_0} g] \geqslant \frac{[\gamma(\vartheta) - \gamma(\vartheta_0)]^2}{8H^2(\vartheta, \vartheta_0)} - \frac{1}{4}[\gamma(\vartheta) - \gamma(\vartheta_0)]^2 \qquad \forall g \in \mathfrak{E}_\gamma(\vartheta) \cap \mathfrak{E}_\gamma(\vartheta_0).$$

Hinweis: Bezeichnen μ ein P_ϑ und P_{ϑ_0} dominierendes Maß sowie p_ϑ bzw. p_{ϑ_0} μ-Dichten von P_ϑ bzw. P_{ϑ_0}, so wende man zur Vermeidung der Voraussetzung $P_\vartheta \ll P_{\vartheta_0}$ mit $L_{\vartheta_0, \vartheta} \in \mathbb{L}_2(\vartheta_0)$ die Cauchy-Schwarz-Ungleichung bei zunächst beliebigem $c \in \mathbb{R}$ an auf

$$\begin{aligned}\gamma(\vartheta) - \gamma(\vartheta_0) &= \int (g(x) - c)\,(p_\vartheta(x) - p_{\vartheta_0}(x))\,\mathrm{d}\mu \\ &= \int (g(x) - c)\,(p_\vartheta^{1/2}(x) + p_{\vartheta_0}^{1/2}(x))\,(p_\vartheta^{1/2}(x) - p_{\vartheta_0}^{1/2}(x))\,\mathrm{d}\mu\end{aligned}$$

Bei Vorliegen produktmeßbarer Dichten und Verwenden des Satzes von Lusin läßt sich so für differenzierbare Funktionale $\vartheta \mapsto \gamma(\vartheta)$ ohne die Voraussetzung einer $\mathbb{L}_2(\vartheta_0)$-differenzierbaren Verteilungsklasse die Gültigkeit von (2.7.24) für $\lambda\!\!\lambda$-f. a. ϑ_0 herleiten.

Aufgabe 2.34 $X_1, \dots, X_n$ seien st. u. $\Gamma_{\varkappa,\sigma}$-verteilte ZG; vgl. Aufg. 1.2. Man bestimme (bei festem $\varkappa > 0$) einen erwartungstreuen Schätzer für $\gamma(\vartheta) = \sigma$ mit gleichmäßig kleinster Varianz. Man verifiziere, daß die Cramér-Rao-Schranke angenommen wird.

Aufgabe 2.35 Zugrundeliege ein lineares Modell mit Normalverteilungsannahme (1.5.15). Man zeige, etwa unter Verwenden der kanonischen Darstellung (1.5.17):

a) $\gamma(\vartheta) := (v_1, \dots, v_k, \sigma^2)$ ist erwartungstreu schätzbar.

b) Man bestimme einen erwartungstreuen Schätzer für $\gamma(\vartheta)$ mit komponentenweise gleichmäßig kleinster Varianz.

c) Die $k+1$-dimensionale Cramér-Rao-Ungleichung für $g \in \mathfrak{E}_\gamma$ zerfällt in $k+1$ eindimensionale Ungleichungen, von denen k Ungleichungen scharf sind.

d) Man gebe für die $(k+1)$-te dieser Ungleichungen eine Bhattacharyya-Verbesserung an, die scharf ist.

Hinweis zu b) bzw. d): Man verallgemeinere die Beispiele 2.116 bzw. 2.132.

Aufgabe 2.36 Es seien $\mathfrak{P} = \{P_\vartheta \colon \vartheta \in \Theta\}$ eine einparametrige $\mathbb{L}_r(\vartheta_0)$-differenzierbare Verteilungsklasse mit $r > 1$ sowie $s^{-1} := 1 - r^{-1}$. Man zeige:

a) Ist g eine reellwertige Statistik mit Momenten s-ter Ordnung, die in einer geeigneten Umgebung $U(\vartheta_0)$ beschränkt sind, so ist $\vartheta \mapsto \gamma(\vartheta) := E_\vartheta g$ in ϑ_0 differenzierbar und zwar unter dem Integralzeichen.

b) Für die in Aufgabe 1.46 definierte einparametrige Verteilungsklasse mit $\delta = 3/2$ und $r \in (1, 3/2)$ sowie für $g(x) := (x-1)^{-1/2} \mathbb{1}_{(1,\infty)}(x)$ gilt: Die s-ten Momente sind nicht lokal beschränkt; die Abbildung $\vartheta \mapsto \gamma(\vartheta) := E_\vartheta g$ ist in $\vartheta_0 = 0$ nicht differenzierbar.

Aufgabe 2.37 Es seien $\mathfrak{L}_\vartheta(X) = \mathfrak{R}(0, \vartheta)$, $\vartheta > 0$, und ϱ eine $\lambda\!\!\!\lambda$-stetige a priori Verteilung mit der Dichte $h(\vartheta) = \vartheta e^{-\vartheta} \mathbb{1}_{(0,\infty)}(\vartheta)$. Man bestimme einen Bayes-Schätzer für die Verlustfunktionen $\Lambda(\vartheta, a) = (\vartheta - a)^2$ und $\Lambda(\vartheta, a) = |\vartheta - a|$.

Aufgabe 2.38 Es sei $\mathfrak{P} = \{\mathfrak{H}(N, \vartheta, n) \colon \vartheta = 0, \dots, N\}$ mit $N > n+1$.

a) Man bestimme einen Bayes-Schätzer für ϑ bei quadratischem Verlust $\Lambda(\vartheta, a) = (\vartheta - a)^2$ zur a priori Verteilung

$$\varrho_{\varkappa,\lambda}(\theta = \vartheta) = \int_0^1 \binom{N}{\vartheta} \frac{\pi^\vartheta (1-\pi)^{N-\vartheta}}{B(\vartheta, N-\vartheta)} \pi^{\varkappa-1} (1-\pi)^{\lambda-1} \mathrm{d}\pi \quad \text{mit} \quad \varkappa, \lambda > 0.$$

b) Für welche $a, b \in \mathbb{R}$ hat der Schätzer $g(x) := ax + b$ für $\gamma(\vartheta) = \vartheta$ konstantes Risiko unter der a priori Verteilung $\varrho_{\varkappa,\lambda}$?

c) Wie lautet der Minimax-Schätzer für ϑ/n?

Aufgabe 2.39 $X_1, \dots, X_n$, $Y_1, \dots, Y_n$ seien st. u. ZG mit $\mathfrak{L}(X_j) = \mathfrak{N}(\mu, \sigma^2)$, $\mathfrak{L}(Y_j) = \mathfrak{N}(\mu, \tau^2)$, $j = 1, \dots, n$, und unbekanntem $\vartheta = (\mu, \sigma^2, \tau^2) \in \mathbb{R} \times (0, \infty)^2 =: \Theta$. Man zeige: Bei der Verlustfunktion $\Lambda(\vartheta, a) = (\vartheta - a)^2 / \max\{\sigma^2, \tau^2\}$ ist $g^*(x, y) := (\bar{x} + \bar{y})/2$ ein Minimax-Schätzer für μ. Hinweis: Man verifiziere $\sup_{\vartheta \in \Theta} R(\vartheta, (\bar{x} + \bar{y})/2) = 1/2n$ und untersuche zu $\varrho_k := \mathfrak{N}(0, k) \otimes \varepsilon_1 \otimes \varepsilon_1$ die Schätzer $(\bar{x} + \bar{y})/(2 + n^{-1} k^{-1})$.

3 Reduktionsprinzipien: Suffizienz und Invarianz

3.1 Suffiziente σ-Algebren und suffiziente Statistiken

Bei vielen Verteilungsklassen $\mathfrak{P} \subset \mathfrak{M}^1(\mathfrak{X}, \mathfrak{B})$ gibt es Statistiken $T: (\mathfrak{X}, \mathfrak{B}) \to (\mathfrak{T}, \mathfrak{D})$ derart, daß man sich bei der Suche nach optimalen Lösungen eines statistischen Entscheidungsproblems auf solche beschränken kann, die von der Beobachtung x nur über $T(x)$ abhängen. So wurde in 2.2.1 bzw. 2.4.2 für verschiedene Testprobleme bei Klassen mit isotonem DQ in T bzw. bei einparametrigen Exponentialfamilien in ζ und T gezeigt, daß es beste Tests gibt, die über T meßbar faktorisieren. Ein analoges Resultat wurde in Korollar 2.115 für Schätzprobleme bei Exponentialfamilien hergeleitet. Allgemeiner läßt sich für viele Entscheidungsprobleme zeigen, daß es zu jeder Lösung g eine nicht schlechtere der Form $h \circ T$ gibt. Hierdurch wird das Problem der praktischen Bestimmung optimaler Lösungen erleichtert, sofern die Statistik T niederdimensionaler als x oder die Klasse $\mathfrak{P}^T \subset \mathfrak{M}^1(\mathfrak{T}, \mathfrak{D})$ in anderer Weise einfacher ist als die Ausgangsklasse $\mathfrak{P}$. Man braucht dann nämlich beste Lösungen nur noch unter den Funktionen $h \circ T$, also unter den Funktionen h einer gegebenenfalls sogar nur eindimensionalen Veränderlichen zu suchen.

Man wird also bestrebt sein, das Beobachtungsmaterial durch Übergang zu einer Statistik T möglichst weit zu reduzieren. Andererseits darf T die Beobachtung x auch nur so weit zusammenfassen, daß keine von der in x enthaltenen, für die zugrundeliegende Verteilung P_ϑ relevante Information verloren geht. Eine derartige „Suffizienz" einer Statistik T wird in 3.1.2 durch die Forderung präzisiert, daß die bedingte Verteilung $P_\vartheta(\cdot | T = t)$ unabhängig von $\vartheta \in \Theta$ gleich einer Verteilung $P_\bullet(\cdot | T = t)$ gewählt werden kann. Bei Testproblemen etwa rechtfertigt die so präzisierte Suffizienz den Übergang von einem beliebigen Test φ zu dem neuen Test $E_\bullet(\varphi | T) = \psi \circ T$, der die gleiche Gütefunktion hat wie φ. Ähnlich kann man einen Punktschätzer g vielfach durch Übergang zum Punktschätzer $E_\bullet(g | T)$ sogar verbessern. Diese Anwendungen des Begriffs Suffizienz auf Schätz- und Testprobleme sowie auf allgemeinere Entscheidungsprobleme werden in 3.1.4 betrachtet. Zuvor wird in 3.1.3 gezeigt, daß sich bei dominierten Verteilungsklassen die Suffizienz dadurch charakterisieren läßt, daß die Dichte bzgl. eines beliebigen dominierenden Maßes geeignet faktorisiert. Für die beiden wichtigsten Spezialfälle wird dieses sog. Neyman-Kriterium bereits in 3.1.1 im Rahmen einführender Überlegungen bewiesen.

Liegt wie in den meisten Beispielen eine ZG X zugrunde, so schreiben wir statt P_ϑ und $E_\vartheta g$ auch $\mathbb{P}_\vartheta^X$ bzw. $E_\vartheta g(X)$ sowie statt $P_\vartheta(\cdot | T = t)$ und $E_\vartheta(g | T = t)$ auch $\mathbb{P}_\vartheta^{X | T(X) = t}$ bzw. $E_\vartheta(g(X) | T(X) = t)$ oder kürzer $\mathbb{P}_\vartheta^{X | T = t}$ bzw. $E_\vartheta(g(X) | T = t)$. Entsprechend verwenden wir für bedingte WS bzw. bedingte EW bei gegebener σ-Algebra $\mathfrak{C} \subset \mathfrak{B}$ die Notation $\mathbb{P}_\vartheta^{X | \mathfrak{C}}$ bzw. $E_\vartheta(g(X) | \mathfrak{C})$. Dabei wird jeweils der Index ϑ durch eine Teilmenge $\mathbf{J} \subset \Theta$ ersetzt, wenn die betreffende Festlegung der bedingten WS bzw. des bedingten EW unabhängig ist von dem speziellen Wert $\vartheta \in \mathbf{J}$, also etwa $\mathbb{P}_\mathbf{J}^{X | \mathfrak{C}}$ oder $E_\mathbf{J}(g(X) | T = t)$. Ist $\mathbf{J} = \Theta$ oder ist aufgrund der jeweiligen Fragestellung klar, um welche Teilmenge $\mathbf{J}$ es sich handelt, so schreiben wir auch kurz $\mathbb{P}_\bullet^{X | \mathfrak{C}}$ oder $E_\bullet(g(X) | T = t)$.

3.1.1 Einführende Überlegungen und Beispiele

Zur Präzisierung der Aussage „die Statistik T enthält alle Information über die zugrundeliegende Verteilung $P_\vartheta \in \mathfrak{P}$" bietet sich folgende Überlegung an: Ist S irgendeine andere auf $(\mathfrak{X}, \mathfrak{B})$ definierte Statistik (mit Werten in einem Raum $(\mathfrak{U}, \mathfrak{G})$), dann ist zunächst (T, S) sicherlich nicht weniger informativ als T allein. Soll nun die Kenntnis von T schon erschöpfend für $P_\vartheta \in \mathfrak{P}$ sein, dann darf die Kenntnis von S bei gegebenem $T = t$ keinen Rückschluß mehr auf den zugrundeliegenden Parameter $\vartheta \in \Theta$ erlauben; die bedingte WS $P_\vartheta(S \in G \mid T = t)$ muß also für jedes $G \in \mathfrak{G}$ unabhängig von $\vartheta \in \Theta$ (wählbar) sein. Da S beliebig war, werden wir deshalb die Suffizienz einer Statistik T dadurch definieren, daß $P_\vartheta(\cdot \mid T = t)$ unabhängig von ϑ (wählbar) ist. T ist also genau dann suffizient für $\vartheta \in \Theta$, wenn die genaue Lage von x auf der Teilmenge $\{T = t\}$ keine weitere Information über den zugrundeliegenden Parameter ϑ enthält. Die folgenden Beispiele erläutern anhand einfacher Situationen die „Suffizienz" einiger Statistiken T. Sie sollen zugleich an bekannte oder intuitiv einsichtige Sachverhalte erinnern.

Beispiel 3.1 Hat man n unabhängige Wiederholungen ein und desselben Versuchs, bei dessen Ausgang nur „Erfolg" oder „Nichterfolg" interessiert, so wird es wegen der vorausgesetzten Unabhängigkeit nicht auf die Reihenfolge der Versuchsergebnisse $x_1, \ldots, x_n \in \{0, 1\}$, sondern nur auf die Gesamtzahl der Erfolge ankommen. Man wird also vermuten, daß $T(x) = \sum x_j$ eine „suffiziente" Statistik ist. In dieser Situation verifiziert man besonders leicht, daß die bedingte Verteilung von X bei gegebenem $T(X) = t$ unabhängig ist von $\vartheta \in \Theta$. Bezeichnen nämlich $X_1, \ldots, X_n$ st.u. $\mathfrak{B}(1, \pi)$-verteilte ZG, also Indikatorvariablen für „Erfolg", so hängt die Dichte der gemeinsamen Verteilung

$$p_\vartheta(x) = \mathbb{P}_\vartheta^X(\{x\}) = \prod \mathbb{P}_\vartheta^{X_j}(\{x_j\}) = \pi^{\sum x_j}(1-\pi)^{n-\sum x_j}, \qquad \vartheta = \pi \in [0, 1], \tag{3.1.1}$$

nur von der Gesamtzahl der Erfolge $\sum x_j$ ab. Folglich ist die bedingte WS

$$\mathbb{P}_\vartheta(X = x \mid T(X) = t) = \frac{\mathbb{P}_\vartheta(X = x, T(X) = t)}{\mathbb{P}_\vartheta(T(X) = t)} = \frac{\mathbb{P}_\vartheta(X = x)}{P_\vartheta(T = t)} = \frac{\pi^{\sum x_j}(1-\pi)^{n-\sum x_j}}{\binom{n}{t}\pi^t(1-\pi)^{n-t}} = \frac{1}{\binom{n}{t}} \tag{3.1.2}$$

für $T(x) = t$ und $\mathbb{P}_\vartheta(X = x \mid T(X) = t) = 0$ für $T(x) \neq t$ unabhängig von $\pi \in [0, 1]$. Dabei beachte man die Konvention $0^0 := 1$. □

Beispiel 3.2 Allgemeiner als in Beispiel 3.1 seien $x_1, \ldots, x_n$ Realisierungen von st.u. gemäß einer VF $F \in \mathfrak{F}$ verteilten ZG $X_1, \ldots, X_n$, etwa die Meßwerte bei n unabhängigen Wiederholungen ein und desselben Experiments. Dann besitzen alle $n!$ möglichen Anordnungen von $x_1, \ldots, x_n$ die gleiche WS und zwar unabhängig von dem speziellen $F \in \mathfrak{F}$. Also wird es auch hier nicht auf die spezielle Reihenfolge der Versuchsergebnisse, sondern nur auf deren Gesamtheit $\{x_1, \ldots, x_n\}$ (einschließlich ihrer Vielfachheit) ankommen. Diese können somit in irgendeiner Weise, im Falle reeller Beobachtungen zum Beispiel nach wachsender Größe, angeordnet werden. Bei st.u. ZG $X_1, \ldots, X_n$ mit derselben eindimensionalen Verteilung $F \in \mathfrak{F}$ wird sich deshalb die geordnete Statistik $T(x) = x_\uparrow = (x_{\uparrow 1}, \ldots, x_{\uparrow n})$, d.h. das Tupel der nach wachsender Größe geordneten Beobachtungswerte, als „suffizient" für $F \in \mathfrak{F}$ erweisen.

Auch hier sind die von $F \in \mathfrak{F}$ unabhängigen WS bedingte WS, nämlich solche für spezielle Anordnungen von $x_1, \ldots, x_n$ bei gegebener Gesamtheit $\{x_1, \ldots, x_n\}$ bzw. bei gegebener geordneter

Statistik T. In Beispiel 3.7a wird nämlich gezeigt werden, daß sich in diesem Fall die bedingten WS wie folgt wählen lassen:

$$\mathbb{P}_\vartheta(X=x \mid T(X)=t) = \frac{1}{n!} \quad \text{bzw.} \quad 0 \quad \text{für} \quad T(x)=t \quad \text{bzw.} \quad T(x) \neq t. \quad \square \qquad (3.1.3).$$

Natürlich liegt die Frage nahe, welche Statistiken T in dem angegebenen Sinne suffizient sind. Diese Frage läßt sich etwa für Klassen diskreter Verteilungen leicht beantworten. T ist nämlich genau dann suffizient, wenn die Dichte $p_\vartheta(x) = P_\vartheta(\{x\})$ bezüglich des Zählmaßes $\mu = \#$ der (von $\vartheta \in \Theta$) unabhängigen Trägermenge $\mathfrak{X}'$ von der Form ist

$$p_\vartheta(x) = q_\vartheta(T(x))\, r(x) \quad [\mu]. \qquad (3.1.4)$$

Bei $P_\vartheta(T=t) > 0$ ist dann nämlich die bedingte WS unabhängig von $\vartheta \in \Theta$ gemäß

$$\mathbb{P}_\vartheta(X=x \mid T(X)=t) = \frac{\mathbb{P}_\vartheta(X=x)}{P_\vartheta(T=t)} = \frac{q_\vartheta(T(x))\, r(x)}{q_\vartheta(t) \sum\limits_{T(x')=t} r(x')} = \frac{r(x)}{\sum\limits_{T(x')=t} r(x')}$$

für $T(x)=t$ und gleich 0 für $T(x) \neq t$; ist umgekehrt die bedingte WS unabhängig von $\vartheta \in \Theta$, so folgt mit $q_\vartheta(t) := P_\vartheta(T=t)$ sowie mit

$$r(x) := \mathbb{P}_\bullet(X=x \mid T(X)=t) \quad \text{bzw.} \quad 0 \quad \text{für} \quad T(x)=t \quad \text{bzw.} \quad T(x) \neq t \qquad (3.1.5)$$

$$\mathbb{P}_\vartheta(X=x) = \sum_{t' \in T(\mathfrak{X})} \mathbb{P}_\bullet(X=x \mid T(X)=t')\, P_\vartheta(T=t') = q_\vartheta(T(x))\, r(x).$$

In 3.1.3 wird allgemeiner gezeigt werden, daß eine Faktorisierung der μ-Dichten gemäß (3.1.4) bei einer beliebigen dominierten Verteilungsklasse notwendig und hinreichend für die Suffizienz der Statistik T ist.

Relativ einfach ist der Nachweis der Suffizienz von T auch bei Klassen $\mathfrak{P} \subset \mathfrak{M}^1(\mathbb{R}^n, \mathbb{B}^n)$ mit $\lambda\!\!\lambda^n$-Dichten von der Form (3.1.4), also mit $\mu = \lambda\!\!\lambda^n$. Hierzu sei T eine k-dimensionale Statistik derart, daß es eine $(n-k)$-dimensionale Statistik S gibt mit der Eigenschaft, daß $(T,S): \mathbb{R}^n \to \mathbb{R}^n$ bijektiv und stetig differenzierbar ist. Bezeichnet weiter $\mathscr{B}(t,s)$ die Jacobi-Matrix der Umkehrabbildung $(t,s) \mapsto x(t,s)$ von $x \mapsto (T(x), S(x))$ an der Stelle (t,s), so gilt nach A4.5 für die $\lambda\!\!\lambda^n$-Dichte von $\mathfrak{L}_\vartheta(T,S)$

$$p_\vartheta^{T,S}(t,s) = p_\vartheta(x(t,s))\, |\mathscr{B}(t,s)| = q_\vartheta(t)\, \tilde{r}(t,s) \quad [\lambda\!\!\lambda^n], \qquad \tilde{r}(t,s) := r(x(t,s))\, |\mathscr{B}(t,s)|.$$

Hieraus ergibt sich nach 1.6.4 zunächst die Randdichte von T zu

$$p_\vartheta^T(t) = \int p_\vartheta^{T,S}(t,s)\, d\lambda\!\!\lambda^{n-k}(s) = q_\vartheta(t) \int \tilde{r}(t,s)\, d\lambda\!\!\lambda^{n-k}(s) \quad [\lambda\!\!\lambda^k].$$

Damit lautet eine von $\vartheta \in \Theta$ unabhängige Festlegung der bedingten Randdichte von S bei gegebenem $T=t$ gemäß (1.6.74)

$$p_\vartheta^{S|T=t}(s) = \frac{\tilde{r}(t,s)}{\int \tilde{r}(t,s')\, d\lambda\!\!\lambda^{n-k}(s')} \quad [\lambda\!\!\lambda^{n-k}] \quad \text{für} \quad \int \tilde{r}(t,s')\, d\lambda\!\!\lambda^{n-k}(s') > 0 \qquad (3.1.6)$$

und gleich einer beliebigen $\lambda\!\!\lambda^{n-k}$-Dichte sonst. Somit läßt sich gemäß Satz 1.126 die bedingte Verteilung $P_\vartheta^{(T,S)|T=t}$ und damit auch $\mathbb{P}_\vartheta^{X|T=t}$ unabhängig von $\vartheta \in \Theta$ wählen.

Entsprechendes gilt nach A4.5, wenn die Umkehrabbildung von $(T, S): \mathbb{R}^n \to \mathbb{R}^n$ m-deutig ist.

Beispiel 3.3 Bei der Auswertung von Versuchen, die den Realisierungen $x_1, \ldots, x_n$ von st.u. ZG $X_1, \ldots, X_n$ mit derselben $\mathfrak{N}(\mu, \sigma^2)$-Verteilung entsprechen, werden üblicherweise nur solche Statistiken verwendet, die Funktionen des Stichprobenmittels $\bar{x}$ und der Stichprobenstreuung $\hat{\sigma}^2(x)$ sind. Als relevant für die „Suffizienz" von $T(x) = (\bar{x}, \hat{\sigma}^2(x))$ erweist sich hier die Tatsache, daß die λ^n-Dichte $p_\vartheta(x)$ der gemeinsamen Verteilung von X nur über $T(x)$ von x abhängt,

$$p_\vartheta(x) = \left(\frac{1}{\sqrt{2\pi\sigma^2}}\right)^n \exp\left[\frac{\sum(x_j - \bar{x})^2}{2\sigma^2} - n\frac{(\bar{x} - \mu)^2}{2\sigma^2}\right], \qquad \vartheta = (\mu, \sigma^2). \tag{3.1.7}$$

Hieraus folgt nämlich, wie zuvor gezeigt wurde, daß die bedingte Verteilung von X bei gegebenem $T = t$ unabhängig wählbar ist von $\vartheta = (\mu, \sigma^2) \in \mathbb{R} \times (0, \infty)$. □

Beispiel 3.4 In Beispiel 3.2 sei die Klasse $\mathfrak{F}$ der zugelassenen Verteilungen durch ein Maß μ dominiert. Dann ergibt sich die Suffizienz von T aus der Faktorisierung der Dichten gemäß (3.1.4). Bezeichnet nämlich f eine (von j unabhängige) μ-Dichte von X_j, so hängt die gemeinsame Dichte $p(x) = \prod_{j=1}^n f(x_j)$ $[\mu^{(n)}]$ nicht von der Reihenfolge der Faktoren ab, im Spezialfall reellwertiger ZG also gemäß $p(x) = \prod_{j=1}^n f(x_{\uparrow j})$ $[\mu^{(n)}]$ nur von $T(x) = x_\uparrow$. □

Aus den vorangegangenen Beispielen ersieht man bereits, daß man sich bei der Bestimmung optimaler Lösungen von Entscheidungsproblemen vielfach o.E. auf Funktionen beschränken kann, die über T meßbar faktorisieren. So gibt es etwa in Beispiel 3.1 zu dem für $\gamma(\pi) = \pi$ erwartungstreuen Schätzer $g(x) = x_1$ einen erwartungstreuen Schätzer, der nur von $\sum x_j$ abhängt und eine nicht-größere Varianz hat; für $h(T(x)) = \sum x_j/n = \bar{x}$ gilt nämlich bei $\pi \in [0, 1]$ und $n \geqslant 1$

$$Var_\pi h(T(X)) = Var_\pi \bar{X} = \frac{\pi(1-\pi)}{n} \leqslant \pi(1-\pi) = Var_\pi X_1 = Var_\pi g(X).$$

Für $\pi \in (0, 1)$ und $n > 1$ gilt sogar $Var_\pi h(T(X)) < Var_\pi g(X)$.
Ist allgemeiner $g(x_1, \ldots, x_n)$ ein erwartungstreuer Schätzer für ein beliebiges eindimensionales Funktional γ, so ist auch $k(x) = h(T(x))$ mit

$$h(t) := \frac{1}{\binom{n}{t}} \sum_{\sum x_j = t} g(x_1, \ldots, x_n), \qquad t = 0, 1, \ldots, n, \tag{3.1.8}$$

erwartungstreu für γ und hat eine nicht-größere Varianz als $g(x_1, \ldots, x_n)$. Dieses ergibt sich am einfachsten dadurch, daß man die Statistik $k(x) = h(T(x))$ auffaßt als Spezialfall einer Statistik der Form

$$k(x) = \frac{1}{q} \sum_{\pi \in \mathfrak{Q}} g(\pi x). \tag{3.1.9}$$

Dabei ist hier $\mathfrak{Q} = \mathfrak{S}_n$ die Permutationsgruppe von n Elementen bzw. $q = n!$ deren Ordnung; $\pi x = (x_{i_1}, \ldots, x_{i_n})$ bezeichnet die durch eine Permutation der Koordinaten

$x_1, \ldots, x_n$ erzeugte meßbare Abbildung des $(\mathbb{R}^n, \mathbb{B}^n)$ auf sich. Dann besitzen nämlich $X = (X_1, \ldots, X_n)$ und $\pi X = (X_{i_1}, \ldots, X_{i_n})$ für jedes $\pi \in \mathfrak{S}_n$ die gleiche Verteilung, so daß für $g \in \mathbb{L}_1(\vartheta)$ bzw. $g \in \mathbb{L}_2(\vartheta)$ gilt

$$E_\vartheta k(X) = \frac{1}{q} \sum_\pi E_\vartheta g(\pi X) = E_\vartheta g(X), \tag{3.1.10}$$

$$\begin{aligned} Var_\vartheta k(X) &= \frac{1}{q^2}\left[\sum_\pi Var_\vartheta g(\pi X) + \sum_{\pi \neq \pi'} Cov_\vartheta(g(\pi X), g(\pi' X))\right] \\ &\leqslant \frac{1}{q^2}[q\, Var_\vartheta g(X) + q(q-1)\, Var_\vartheta g(X)] = Var_\vartheta g(X). \end{aligned} \tag{3.1.11}$$

In gleicher Weise ergibt sich zu jedem Test $\varphi(x)$ ein Test $\psi(\sum x_j)$, der wegen (3.1.10) die gleiche Gütefunktion besitzt wie $\varphi(x)$.

Auch in Beispiel 3.2 sieht man so sehr leicht, daß es zu jedem für ein Funktional γ erwartungstreuen Schätzer $g(x)$ einen nur von $x_\uparrow$ abhängenden erwartungstreuen Schätzer $k(x) = h(x_\uparrow)$ mit nicht-größerer Varianz gibt, nämlich den aus $g(x)$ durch „Symmetrisierung" bzgl. $\mathfrak{S}_n$ gewonnenen Schätzer

$$k(x) := h(x_\uparrow) := \frac{1}{n!} \sum_{\pi \in \mathfrak{S}_n} g(\pi x) \tag{3.1.12}$$

Eine andere Möglichkeit, die Suffizienz einer Statistik T zu rechtfertigen, bestünde im Nachweis, daß der Übergang von x zu $T(x)$ keinen „Verlust an Information" über den zugrundeliegenden Parameter $\vartheta \in \Theta$ bedeutet. Zwar genügt die in 1.8.4 allgemein eingeführte Informationsmatrix nicht allen an ein Informationsmaß sinnvollerweise zu stellenden Anforderungen; auch läßt sich mit ihr die Präzisierung der Suffizienz nicht in voller Strenge durchführen. Dennoch soll auf den Zusammenhang der beiden Begriffe kurz eingegangen und damit die historisch bedingte Bezeichnung Informationsmatrix gerechtfertigt werden. Dabei setzen wir die k-parametrige, für jedes $\vartheta \in \mathring{\Theta}$ $\mathbb{L}_2(\vartheta)$-differenzierbare Verteilungsklasse $\mathfrak{P} = \{P_\vartheta : \vartheta \in \Theta\}$ der Einfachheit halber als dominiert und Θ als offen voraus. Mit einer beliebigen Statistik $T: (\mathfrak{X}, \mathfrak{B}) \to (\mathfrak{T}, \mathfrak{D})$ ist nach Satz 1.193 auch $\mathfrak{P}^T = \{P_\vartheta^T : \vartheta \in \Theta\}$ für jedes $\vartheta \in \Theta$ $\mathbb{L}_2(\vartheta)$-differenzierbar. Hieraus folgt für die Informationsmatrizen $\mathscr{J}^X(\vartheta)$ bzw. $\mathscr{J}^T(\vartheta)$ von $\mathfrak{P}$ bzw. $\mathfrak{P}^T$

$$\mathscr{J}^T(\vartheta) \leqslant \mathscr{J}^X(\vartheta) \quad \forall \vartheta \in \Theta \tag{3.1.13}$$

mit Gleichheit für jedes $\vartheta \in \Theta$ im wesentlichen genau dann, wenn T suffizient für $\vartheta \in \Theta$ ist. Dabei ist der Nachweis von (3.1.13) sowie derjenige von

$$\mathscr{J}^T(\vartheta) = \mathscr{J}^X(\vartheta) \quad \forall \vartheta \in \Theta, \tag{3.1.14}$$

falls T suffizient für $\vartheta \in \Theta$ ist, in Strenge möglich; bei der Umkehrung hat man sich auf eine Plausibilitätsbetrachtung zu beschränken. Seien also wie in 1.8.3 $\dot{L}_\vartheta(x)$ und $\dot{l}_\vartheta(t)$ die $\mathbb{L}_2(\vartheta)$-Ableitungen von $\mathfrak{P}$ bzw. $\mathfrak{P}^T$. Dann gilt wegen Satz 1.193 und den Grundeigenschaften 1.120a + g bedingter EW für jedes $\vartheta \in \Theta$

$$E_\vartheta[\dot{L}_\vartheta(X)\, \dot{l}_\vartheta^\top(T(X))] = E_\vartheta[E_\vartheta(\dot{L}_\vartheta(X) \mid T(X))\, \dot{l}_\vartheta^\top(T(X))] = \mathscr{J}^T(\vartheta)$$

und damit im Sinne der Löwner-Ordnung (2.7.8)

$$0 \leqslant \mathscr{Cov}_\vartheta[\dot{L}_\vartheta(X) - \dot{l}_\vartheta(T(X))] = \mathscr{J}^X(\vartheta) - \mathscr{J}^T(\vartheta) - \mathscr{J}^T(\vartheta) + \mathscr{J}^T(\vartheta) = \mathscr{J}^X(\vartheta) - \mathscr{J}^T(\vartheta).$$

In dieser Beziehung und damit in (3.1.13) gilt Gleichheit genau für

$$\dot{L}_\vartheta(x) = \dot{l}_\vartheta(T(x)) \quad [P_\vartheta]. \tag{3.1.15}$$

Wie behauptet ist nun (3.1.15) und damit (3.1.14) erfüllt, falls T suffizient für $\vartheta \in \Theta$ ist. Bezeichnet nämlich ν ein dominierendes Maß der speziellen Form (1.6.88), so wird für die ν-Dichte von P_ϑ in Satz 3.18 gezeigt werden, daß mit geeignetem $q_\vartheta \in \mathfrak{D}$ gilt $p_\vartheta(x) = q_\vartheta(T(x)) \quad [\nu]$. Damit ergibt sich für die ν^T-Dichte von P_ϑ^T nach der Transformationsformel A4.5 $p_\vartheta^T(t) = q_\vartheta(t) \quad [\nu^T]$ und folglich für die DQ $L_{\vartheta,\vartheta+\Delta}(x)$ von $P_{\vartheta+\Delta}$ bzgl. P_ϑ und $l_{\vartheta,\vartheta+\Delta}(t)$ von $P_{\vartheta+\Delta}^T$ bzgl. P_ϑ^T

$$L_{\vartheta,\vartheta+\Delta}(x) = l_{\vartheta,\vartheta+\Delta}(T(x)) \quad [P_\vartheta + P_{\vartheta+\Delta}] \quad \forall \vartheta,\ \vartheta+\Delta \in \Theta. \tag{3.1.16}$$

Da $\mathfrak{P}$ und $\mathfrak{P}^T$ voraussetzungsgemäß $\mathbb{L}_2(\vartheta)$-Ableitungen $\dot{L}_\vartheta(x)$ bzw. $\dot{l}_\vartheta(t)$ besitzen und $\dot{L}_\vartheta(x)$ P_ϑ-bestimmt ist, ergibt sich (3.1.15) nach der Transformationsformel A4.5 gemäß

$$E_\vartheta\left[2\,\frac{L_{\vartheta,\vartheta+\Delta}^{1/2}(X) - 1}{|\Delta|} - \frac{\Delta^\top}{|\Delta|}\,\dot{l}_\vartheta(T(X))\right]^2 = E_\vartheta\left[2\,\frac{l_{\vartheta,\vartheta+\Delta}^{1/2}(T(X)) - 1}{|\Delta|} - \frac{\Delta^\top}{|\Delta|}\,\dot{l}_\vartheta(T(X))\right]^2$$

$$= E_\vartheta\left[2\,\frac{l_{\vartheta,\vartheta+\Delta}^{1/2}(T) - 1}{|\Delta|} - \frac{\Delta^\top}{|\Delta|}\,\dot{l}_\vartheta(T)\right]^2 \to 0 \quad \text{für } \Delta \to 0.$$

Umgekehrt folgt aus (3.1.14) bzw. (3.1.15) im wesentlichen die Suffizienz von T für $\vartheta \in \Theta$. Verschärft man nämlich analog Anmerkung 2.129d die Beziehung (3.1.15) zu einer solchen, die auf dem Komplement einer festen ν-Nullmenge N für alle $\vartheta \in \Theta$ gilt, und wählt für $\dot{L}_\vartheta(x)$ und $\dot{l}_\vartheta(t)$ die durch Satz 1.194 nahegelegten Versionen, so stellt (3.1.15) eine Beziehung zwischen den punktweise gebildeten logarithmischen Ableitungen der Dichten $p_\vartheta(x)$ und $q_\vartheta(t)$ dar. Aus diesen folgt durch Integration für jedes feste $x \in N^c$ mit geeigneten Integrationskonstanten $s(x)$ bzw. $r(x)$ für $x \in N^c$

$$\log p_\vartheta(x) = \log q_\vartheta(T(x)) + s(x) \quad \text{oder} \quad p_\vartheta(x) = q_\vartheta(T(x))\,r(x).$$

3.1.2 Definition und Übergang zu Bedingungskernen

Wie in 3.1.1 erläutert wird von einer Beobachtung x nur der Wert $T(x)$ für die statistische Entscheidung von Bedeutung sein, falls die bedingten P_ϑ-WS bei gegebenem $T = t$ unabhängig sind von der Verteilung $P_\vartheta \in \mathfrak{P}$. Nach 1.6.3 hängen aber bedingte WS nicht so sehr von der speziellen Wahl der Statistik T als vielmehr von der induzierten σ-Algebra $T^{-1}(\mathfrak{D})$ ab. Deshalb ist auch die Suffizienz einer Statistik T eigentlich eine Eigenschaft der induzierten σ-Algebra $T^{-1}(\mathfrak{D})$, d.h. der Abbildung $T\colon \mathfrak{X} \to \mathfrak{T}$ *und* der σ-Algebra $\mathfrak{D}$ über $\mathfrak{T}$. Da jedoch die σ-Algebra $\mathfrak{D}$ im folgenden meist kanonisch vorgezeichnet ist, werden wir kurz von einer suffizienten Statistik T sprechen und im Hinblick auf die praktischen Anwendungen vorwiegend mit dieser arbeiten.

Definition 3.5 $\mathfrak{P} = \{P_\vartheta: \vartheta \in \Theta\}$ *sei eine Klasse von Verteilungen über* $(\mathfrak{X}, \mathfrak{B})$.
a) *Eine* σ*-Algebra* $\mathfrak{C} \subset \mathfrak{B}$ *heißt* suffizient für[1]) $\vartheta \in \Theta$ *bzw.* für $P \in \mathfrak{P}$, *wenn es für alle* $B \in \mathfrak{B}$ *eine von* $\vartheta \in \Theta$ *unabhängige Festlegung der bedingten* P_ϑ-WS $E_\vartheta(\mathbb{1}_B | \mathfrak{C})$ *gibt, d.h. wenn für alle* $B \in \mathfrak{B}$ *ein* $k_B \in \mathfrak{C}$ *existiert mit* $k_B = E_\vartheta(\mathbb{1}_B | \mathfrak{C}) \quad [P_\vartheta^{\mathfrak{C}}] \quad \forall \vartheta \in \Theta$.
b) *Eine Statistik* T: $(\mathfrak{X}, \mathfrak{B}) \to (\mathfrak{T}, \mathfrak{D})$ *heißt* suffizient für $\vartheta \in \Theta$ *bzw.* für $P \in \mathfrak{P}$, *wenn die induzierte* σ*-Algebra* $T^{-1}(\mathfrak{D})$ *suffizient ist für* $\vartheta \in \Theta$ *bzw. für* $P \in \mathfrak{P}$.

Definitionsgemäß ist also eine σ-Algebra $\mathfrak{C} \subset \mathfrak{B}$ genau dann suffizient, wenn für alle $B \in \mathfrak{B}$ eine von $\vartheta \in \Theta$ unabhängige Funktion $k_B \in \mathfrak{C}$ existiert mit

$$E_\vartheta(\mathbb{1}_B | \mathfrak{C})(x) = k_B(x) \quad [P_\vartheta^{\mathfrak{C}}] \quad \forall \vartheta \in \Theta. \tag{3.1.17}$$

Folglich ist nach dem Faktorisierungslemma eine Statistik T: $(\mathfrak{X}, \mathfrak{B}) \to (\mathfrak{T}, \mathfrak{D})$ genau dann suffizient, wenn es für alle $B \in \mathfrak{B}$ und alle $\vartheta \in \Theta$ eine von ϑ unabhängige Funktion $h_B \in \mathfrak{D}$ gibt mit

$$E_\vartheta(\mathbb{1}_B | T = t) = h_B(t) \quad [P_\vartheta^T] \quad \forall \vartheta \in \Theta. \tag{3.1.18}$$

Eine Vielzahl wichtiger Beispiele beruht auf Symmetrieeigenschaften der einzelnen zugrundeliegenden Verteilungen. Ist nämlich P_ϑ für jedes $\vartheta \in \Theta$ invariant gegenüber den Transformationen π einer endlichen Gruppe $\mathfrak{Q}$, gilt also

$$P_\vartheta = P_\vartheta^\pi \quad \forall \pi \in \mathfrak{Q} \quad \forall \vartheta \in \Theta, \tag{3.1.19}$$

so hat x die gleiche Information wie jeder andere Wert πx, $\pi \in \mathfrak{Q}$. Bei $P_\vartheta = \mathbb{P}_\vartheta^X$ heißt dies, daß X und πX für jedes $\pi \in \mathfrak{Q}$ die gleiche Verteilung besitzen. Somit liegt es nahe, bei der Bildung von $E_\vartheta(g | \mathfrak{C})$ an der Stelle x die Funktionswerte $g(\pi x)$, $\pi \in \mathfrak{Q}$, mit gleichen Gewichten zu berücksichtigen, also $\mathfrak{C}$ als invariante σ-Algebra $\mathfrak{C}(\mathfrak{Q})$ zu wählen, und so gemäß (3.1.9) zu einer von $\vartheta \in \Theta$ unabhängigen Festlegung zu kommen.

In allen solchen Fällen definiert $\mathfrak{Q}$ eine Zerlegung von $\mathfrak{X}$ in die Bahnen $\{\pi x': \pi \in \mathfrak{Q}\}$. Man wird deshalb wegen der Invarianz der P_ϑ erwarten, daß für optimale statistische Entscheidungen garnicht die genaue Kenntnis von x benötigt wird, sondern nur diejenige, in welcher Bahn der Punkt x liegt. Diese Information ist dann auch in $T(x)$ enthalten, wenn T eine Statistik[2]) ist, die genau auf den Bahnen $\{\pi x': \pi \in \mathfrak{Q}\}$ konstant sind. Es wird also T suffizient sein für $P \in \mathfrak{P}$, wenn $\mathfrak{P}$ eine beliebige Teilmenge der unter $\pi \in \mathfrak{Q}$ invarianten WS-Maße bezeichnet. In Beispiel 3.2 ist $T(x) = x_\uparrow$ eine derartige Statistik, denn $x_\uparrow$ ändert genau dann den Wert nicht, wenn die Koordinaten $x_1, \ldots, x_n$ permutiert werden. Das gleiche gilt in Beispiel 3.1. In diesem Fall ist aber $x_\uparrow$ mit $\sum x_j$ äquivalent, denn

---

[1]) Offensichtlich ist die Suffizienz eine Eigenschaft der Klasse $\mathfrak{P}$, d.h. unabhängig von der speziellen Parametrisierung. Statt von „Suffizienz für $P \in \mathfrak{P}$" sprechen wir jedoch im vorliegenden Band meist von „Suffizienz für $\vartheta \in \Theta$", da nahezu alle Verteilungsklassen in parametrisierter Form diskutiert werden.

[2]) Zur Diskussion derartiger Statistiken vgl. 3.5.2. – Diese Überlegungen zeigen auch, daß es garnicht so sehr das spezielle Bildungsgesetz der Statistik T ist, das die Suffizienz von T impliziert, als vielmehr die Tatsache, daß T die Mengen $\{\pi x': \pi \in \mathfrak{Q}\}$ charakterisiert. Mit T ist deshalb auch jede andere Statistik $\tilde{T}$ suffizient für $P \in \mathfrak{P}$, die dieselben Konstanzbereiche wie T hat oder genauer, welche die gleiche σ-Algebra induziert.

ein geordnetes n-Tupel x_τ von Nullen und Einsen ist schon durch die Anzahl t der Einsen charakterisiert. Folglich ist in Beispiel 3.1 auch $T(x) = \sum x_j$ eine suffiziente Statistik für $\pi \in [0,1]$ und damit nach dem Faktorisierungslemma allgemeiner auch jede Statistik, welche die gleiche σ-Algebra induziert.

Satz 3.6 *Es seien $\mathfrak{P} = \{P_\vartheta : \vartheta \in \Theta\} \subset \mathfrak{M}^1(\mathfrak{X}, \mathfrak{B})$, $\mathfrak{Q}$ eine Gruppe endlicher Ordnung q meßbarer Transformationen π von $(\mathfrak{X}, \mathfrak{B})$ auf sich und $\mathfrak{C}(\mathfrak{Q})$ die σ-Algebra der gegenüber den Transformationen $\pi \in \mathfrak{Q}$ invarianten Mengen $C \in \mathfrak{B}$,*

$$\mathfrak{C}(\mathfrak{Q}) = \{C \in \mathfrak{B} : \pi C = C \quad \forall \pi \in \mathfrak{Q}\}. \tag{3.1.20}$$

Ist dann $P_\vartheta \in \mathfrak{P}$ für jedes $\vartheta \in \Theta$ invariant gegenüber $\pi \in \mathfrak{Q}$, so gilt:

a) *Für $g \in \bigcap_{\vartheta \in \Theta} \mathbb{L}_1(\vartheta)$ (oder allgemeiner für jede Funktion $g \in \mathfrak{B}$, für die $E_\vartheta g$ existiert für alle $\vartheta \in \Theta$), gibt es eine von $\vartheta \in \Theta$ unabhängige Festlegung k von $E_\vartheta(g \mid \mathfrak{C}(\mathfrak{Q}))$, nämlich*

$$k(x) = \frac{1}{q} \sum_{\pi \in \mathfrak{Q}} g(\pi x).$$

b) *Die σ-Algebra $\mathfrak{C}(\mathfrak{Q})$ ist suffizient für $\vartheta \in \Theta$.*

c) *Jede $\mathfrak{C}(\mathfrak{Q})$ induzierende Statistik $T: (\mathfrak{X}, \mathfrak{B}) \to (\mathfrak{T}, \mathfrak{D})$ ist suffizient für $\vartheta \in \Theta$.*

d) *Für jedes $\vartheta \in \Theta$ und jedes $g \in \mathbb{L}_1(\vartheta)$ gilt $E_\vartheta k = E_\vartheta g$; für $g \in \mathbb{L}_2(\vartheta)$ gilt überdies*

$$Var_\vartheta k \leq Var_\vartheta g. \tag{3.1.21}$$

Beweis: a) folgt unmittelbar aus Satz 1.124a für $\mu = P = P_\vartheta$ und $p(x) \equiv 1$.
Im Hinblick auf die zahlreichen Anwendungen geben wir noch einen direkten Beweis. Wegen $k \in \mathfrak{B}$ und $k \circ \pi = k \quad \forall \pi \in \mathfrak{Q}$ gilt $k \in \mathfrak{C}(\mathfrak{Q})$; der Nachweis, daß k für jedes $\vartheta \in \Theta$ eine Festlegung des bedingten EW von g bei gegebenem $\mathfrak{C}(\mathfrak{Q})$ unter P_ϑ ist, ergibt sich mit der Transformationsformel A4.5 aus der Invarianz von $C \in \mathfrak{C}(\mathfrak{Q})$ und von $P_\vartheta \in \mathfrak{P}$ gegenüber $\pi \in \mathfrak{Q}$ gemäß

$$\begin{aligned} \int_C k(x)\,\mathrm{d}P_\vartheta^{\mathfrak{C}} &= \int_C k(x)\,\mathrm{d}P_\vartheta = \frac{1}{q} \sum_{\pi \in \mathfrak{Q}} \int_C g(\pi x)\,\mathrm{d}P_\vartheta = \frac{1}{q} \sum_{\pi \in \mathfrak{Q}} \int_{\pi C} g(x)\,\mathrm{d}P_\vartheta^{\pi} \\ &= \frac{1}{q} \sum_{\pi \in \mathfrak{Q}} \int_C g(x)\,\mathrm{d}P_\vartheta = \int_C g(x)\,\mathrm{d}P_\vartheta \quad \forall C \in \mathfrak{C}(\mathfrak{Q}) \quad \forall \vartheta \in \Theta. \end{aligned} \tag{3.1.22}$$

b) und c) folgen aus a) nach Definition der Suffizienz.
d) wurde bereits in (3.1.10) bzw. (3.1.11) gezeigt. □

Beispiel 3.7 a) Wie in Beispiel 3.2 seien $X_1, \ldots, X_n$ st.u. ZG mit derselben Verteilung $F \in \mathfrak{F}$. Mit $\mathfrak{S}_n$ wie in 3.1.1 sind dann die gemeinsamen Verteilungen $F^{(n)} \in \mathfrak{M}^1(\mathfrak{X}, \mathfrak{B})$ für jedes $F \in \mathfrak{F}$ invariant gegenüber den $n!$ Transformationen $\pi \in \mathfrak{S}_n$. Invariant gegenüber $\mathfrak{Q} := \mathfrak{S}_n$ ist die σ-Algebra $\mathfrak{C}(\mathfrak{Q})$ derjenigen meßbaren Teilmengen von $\mathfrak{X}$, die mit $x = (x_1, \ldots, x_n) \in \mathfrak{X}$ auch alle durch Permutation der n Koordinaten hervorgehenden Punkte $\pi x = (x_{i_1}, \ldots, x_{i_n})$, $\pi \in \mathfrak{S}_n$, enthalten. Somit ist $\mathfrak{C}(\mathfrak{Q})$ eine für $F \in \mathfrak{F}$ suffiziente σ-Algebra, und zwar für jede Teilgesamtheit derartiger Verteilungen $F^{(n)}$. Dieses wurde bereits in Beispiel 3.2 vermutet.

Sind speziell $X_1, \ldots, X_n$ reellwertige ZG, also $(\mathfrak{X}, \mathfrak{B}) = (\mathbb{R}^n, \mathbb{B}^n)$, so wird offenbar $\mathfrak{C}(\mathfrak{Q})$ durch die geordnete Statistik $T(x) = x_\uparrow$ induziert; also ist T bei $\mathfrak{D} = T(\mathbb{R}^n)\,\mathbb{B}^n$ über $\mathfrak{T} = T(\mathbb{R}^n)$ suffizient für $F \in \mathfrak{F}$. Dieses wurde ebenfalls bereits in Beispiel 3.2 vermutet.

b) Es seien $\mathfrak{F} \subset \mathfrak{M}^1(\mathbb{R}, \mathbb{B})$ eine Teilmenge der bzgl. 0 symmetrischen Verteilungen und X eine gemäß $F \in \mathfrak{F}$ verteilte ZG, also $\mathfrak{L}_F(X) = \mathfrak{L}_F(-X)$. Bezeichnet $\mathfrak{Q} = \{\mathrm{id}, \sigma\}$ die Gruppe der meßbaren Transformationen $\pi\colon \mathbb{R} \to \mathbb{R}$, die aus der Identität und der Spiegelung σ am Nullpunkt besteht, so sind die Verteilungen $F \in \mathfrak{F}$ (elementweise) invariant gegenüber den Transformationen $\pi \in \mathfrak{Q}$. Invariant gegenüber $\mathfrak{Q}$ ist die σ-Algebra der bezüglich 0 symmetrischen Borelmengen von $\mathbb{R}$, also $\mathfrak{C}(\mathfrak{Q}) = \{B \in \mathbb{B}\colon B = -B\}$. Somit ist $\mathfrak{C}(\mathfrak{Q})$ suffizient für $F \in \mathfrak{F}$.

Offenbar wird $\mathfrak{C}(\mathfrak{Q})$ induziert durch die Statistik $T(x) = |x|$, aufgefaßt als Abbildung von $(\mathbb{R}, \mathbb{B})$ in $([0, \infty), [0, \infty)\,\mathbb{B})$. Folglich ist $T(x) = |x|$ bei $\mathfrak{D} = [0, \infty)\,\mathbb{B}$ über $\mathfrak{T} = [0, \infty)$ eine suffiziente Statistik für $F \in \mathfrak{F}$.

c) Für $F \in \mathfrak{F}$ seien $X_1, \ldots, X_n$ st.u. ZG mit derselben eindimensionalen, bezüglich 0 symmetrischen Verteilung F. Dann sind die gemeinsamen Verteilungen $P = F^{(n)}$ (elementweise) invariant gegenüber der Gruppe $\mathfrak{Q}$, die den $n!$ Permutationen der Koordinaten und den 2^n Vorzeichenvertauschungen entsprechen. Invariant gegenüber $\mathfrak{Q}$ ist die σ-Algebra $\mathfrak{C}(\mathfrak{Q})$ derjenigen Borelmengen des $\mathbb{R}^n$, die mit einem Punkt $x = (x_1, \ldots, x_n)$ auch alle durch Permutationen und Vorzeichenwechsel der n Koordinaten hervorgehenden Punkte $\pi x = (\pm x_{i_1}, \ldots, \pm x_{i_n})$, $\pi \in \{\mathrm{id}, \sigma\}^n \times \mathfrak{S}_n$, enthalten. Folglich ist $\mathfrak{C}(\mathfrak{Q})$ suffizient für $F \in \mathfrak{F}$.

Offenbar wird $\mathfrak{C}(\mathfrak{Q})$ bei $\mathfrak{D} = \mathfrak{T}\,\mathbb{B}^n$ induziert durch die Statistik $T(x) = |x|_\uparrow := (|x|_{\uparrow 1}, \ldots, |x|_{\uparrow n})$, also durch das nach wachsender Größe geordnete Tupel der Beträge. Daher ist T eine suffiziente Statistik. □

Die in Beispiel 3.7c auftretende Gruppe $\mathfrak{Q}$ läßt sich auffassen als kleinste Gruppe von Transformationen π des $(\mathbb{R}^n, \mathbb{B}^n)$ auf sich, welche die den $n!$ Koordinatenpermutationen bzw. den 2^n Vorzeichenwechseln entsprechenden Gruppen $\mathfrak{Q}_1$ und $\mathfrak{Q}_2$ umfaßt. Auch in anderen Situationen sind häufig die Verteilungen $P_\vartheta = \mathfrak{L}_\vartheta(X)$ der zugrundeliegenden ZG X für jedes $\vartheta \in \Theta$ invariant gegenüber Transformationen $\pi_1 \in \mathfrak{Q}_1$ und $\pi_2 \in \mathfrak{Q}_2$. Dabei seien $\mathfrak{Q}_i$ Gruppen endlicher Ordnung q_i meßbarer Transformationen π_i von $(\mathfrak{X}, \mathfrak{B})$ auf sich, $i = 1,2$, die (bis auf die Identität) disjunkt sind. Überdies gebe es für je zwei Elemente $\pi_1 \in \mathfrak{Q}_1$ und $\pi_2 \in \mathfrak{Q}_2$ Elemente $\pi_1' \in \mathfrak{Q}_1$ und $\pi_2' \in \mathfrak{Q}_2$ mit $\pi_1 \pi_2 = \pi_2' \pi_1'$, so daß die kleinste Gruppe $\mathfrak{Q}$, die $\mathfrak{Q}_1$ und $\mathfrak{Q}_2$ umfaßt, die Ordnung $q = q_1 q_2$ und die Elemente $\pi_1 \pi_2$, $\pi_1 \in \mathfrak{Q}_1$, $\pi_2 \in \mathfrak{Q}_2$, hat. Dann ist nach Satz 3.6 die σ-Algebra der gegenüber den Transformationen $\pi_1 \in \mathfrak{Q}_1$ und $\pi_2 \in \mathfrak{Q}_2$ invarianten Mengen suffizient für $P \in \mathfrak{P}$, und es ist nach (3.1.9)

$$k(x) = \frac{1}{q_1 q_2} \sum_{\pi_1 \in \mathfrak{Q}_1} \sum_{\pi_2 \in \mathfrak{Q}_2} g(\pi_1 \pi_2 x) \tag{3.1.23}$$

eine von $\vartheta \in \Theta$ unabhängige Festlegung von $E_\vartheta(g \,|\, \mathfrak{C}(\mathfrak{Q}))$ für jede $\mathfrak{B}$-meßbare Funktion g, für die $E_\vartheta g$ existiert für alle $\vartheta \in \Theta$.

Beispiel 3.8 (Zweistichprobenproblem) $X_{11}, \ldots, X_{1n_1}, X_{21}, \ldots, X_{2n_2}$ seien st.u. ZG, wobei X_{ij} eine von j unabhängige Verteilung $F_{i,\vartheta}$ hat. Dann sind die gemeinsamen Verteilungen $P_\vartheta = F_{1,\vartheta}^{(n_1)} \otimes F_{2,\vartheta}^{(n_2)}$ (elementweise) invariant gegenüber den Transformationen $\pi_i \in \mathfrak{Q}_i$, die den $n_i!$ Permutationen der Koordinaten $x_{i1}, \ldots, x_{in_i}$, $i = 1,2$, entsprechen. Invariant gegenüber der durch $\mathfrak{Q}_1$ und $\mathfrak{Q}_2$ erzeugten Gruppe $\mathfrak{Q}$ ist die σ-Algebra $\mathfrak{C}(\mathfrak{Q})$ derjenigen meßbaren Mengen, die mit $x = (x_{11}, \ldots, x_{1n_1},$

$x_{21}, \ldots, x_{2n_2}) \in \mathfrak{X}$ auch alle durch Permutation der ersten n_1 bzw. letzten n_2 Koordinaten hervorgehenden Punkte πx, $\pi \in \mathfrak{Q}$, enthält. Sind die ZG X_{ij} speziell reellwertig, so wird diese σ-Algebra $\mathfrak{C}(\mathfrak{Q})$ induziert durch die Statistik $T(x) = (x_{n_1\uparrow}^{(1)}, x_{n_2\uparrow}^{(2)})$, wobei $x_{n_i\uparrow}^{(i)}$ das nach wachsender Größe geordnete n_i-Tupel $(x_{i1}, \ldots, x_{in_i})$ bezeichnet, $i = 1,2$. Also ist das n-Tupel der „stichprobenweise geordneten" Beobachtungen suffizient für $\vartheta \in \Theta$. □

Die Definition 3.5 impliziert unmittelbar, daß aus der Suffizienz von $\mathfrak{C}$ bzw. T für $P \in \mathfrak{P}$ diejenige für $P \in \mathfrak{P}'$ folgt, falls $\mathfrak{P}' \subset \mathfrak{P}$ ist; auch ergibt sich trivialerweise, daß mit T eine Statistik $\tilde{T}$ suffizient ist, sofern T und $\tilde{T}$ die gleichen σ-Algebren induzieren.

Beispiel 3.9 $X_{11}, \ldots, X_{1n_1}, X_{21}, \ldots, X_{2n_2}$ seien st.u. ZG mit $\mathfrak{L}(X_{ij}) = \mathfrak{B}(1, \pi_i)$, $j = 1, \ldots, n_i$, $\pi_i \in [0,1]$, $i = 1,2$. Dann ist $T(x) = (\sum x_{1j}, \sum x_{2j})$ eine suffiziente Statistik für $\vartheta = (\pi_1, \pi_2) \in [0,1] \times [0,1]$. Zum einen ist nach Beispiel 3.8 $\tilde{T}(x) = (x_{n_1\uparrow}^{(1)}, x_{n_2\uparrow}^{(2)})$ suffizient; zum anderen sind die geordneten n_i-Tupel von Nullen und Einsen bereits durch $\sum_j x_{ij}$, also durch die Anzahl der Einsen in der i-ten Stichprobe bestimmt, $i = 1,2$.

Analog Beispiel 3.1 ergibt sich die Suffizienz von T aber auch daraus, daß es eine von ϑ unabhängige Festlegung der – gemäß (1.6.40) elementar – definierten P_ϑ-WS gibt; für $B \subset \{0,1\}^{n_1+n_2}$ und $t = (t_1, t_2)$ gilt nämlich

$$\mathbb{P}_\vartheta^X(B \mid T = t) = \frac{\sum_{T(x)=t} \mathbb{1}_B(x) \pi_1^{\sum x_{1j}} (1-\pi_1)^{n_1 - \sum x_{1j}} \pi_2^{\sum x_{2j}} (1-\pi_2)^{n_2 - \sum x_{2j}}}{\binom{n_1}{t_1} \pi_1^{t_1} (1-\pi_1)^{n_1 - t_1} \binom{n_2}{t_2} \pi_2^{t_2} (1-\pi_2)^{n_2 - t_2}} = \frac{\sum_{T(x)=t} \mathbb{1}_B(x)}{\binom{n_1}{t_1}\binom{n_2}{t_2}}. \qquad \square$$

In Beispiel 3.9 sind die σ-Algebren über den Wertebereichen der (diskret verteilten) Statistiken als Potenzmengen kanonisch vorgezeichnet. Im allgemeinen ist die Wahl der σ-Algebren von entscheidender Bedeutung.

Satz 3.10 *Bezeichnet b eine bijektive Abbildung von $\mathfrak{T} = T(\mathfrak{X})$ auf $\tilde{\mathfrak{T}} = \tilde{T}(\mathfrak{X})$ mit $\tilde{T} = b \circ T$, so ist mit $T: (\mathfrak{X}, \mathfrak{B}) \to (\mathfrak{T}, \mathfrak{D})$ auch $\tilde{T}: (\mathfrak{X}, \mathfrak{B}) \to (\tilde{\mathfrak{T}}, \tilde{\mathfrak{D}})$ suffizient, sofern gilt $\tilde{\mathfrak{D}} = b(\mathfrak{D})$.*

Beweis: Beide Statistiken induzieren die gleiche σ-Algebra

$$\tilde{T}^{-1}(\tilde{\mathfrak{D}}) = T^{-1}(b^{-1}(b(\mathfrak{D}))) = T^{-1}(\mathfrak{D}). \qquad \square$$

Beispiel 3.11 In Beispiel 3.7b ist mit $T(x) = |x|$ auch $\tilde{T}(x) = x^2$, jeweils aufgefaßt als meßbare Abbildung von $(\mathbb{R}, \mathbb{B})$ nach $([0,\infty), [0,\infty)\mathbb{B})$, suffizient. Einerseits gilt offenbar $\tilde{T} = b \circ T$ mit der für $t \geq 0$ bijektiven Funktion $b(t) = t^2$; andererseits gilt $T^{-1}([0,\infty)\mathbb{B}) = \tilde{T}^{-1}([0,\infty)\mathbb{B}) = \{B \in \mathbb{B}: B = -B\}$. □

Beispiel 3.12 $X_1, \ldots, X_n$ seien st.u. reellwertige ZG mit derselben Verteilung. Dann ist mit der geordneten Statistik $T(x) = x_\uparrow = (x_{\uparrow 1}, \ldots, x_{\uparrow n})$, vgl. Beispiel 3.7a, auch die Statistik der Potenzsummen $U(x) = (\sum x_j, \sum x_j^2, \ldots, \sum x_j^n)$ wie auch diejenige der elementarsymmetrischen Funktionen $V(x) = \left(\sum_i x_i, \sum_{i<j} x_i x_j, \sum_{i<j<k} x_i x_j x_k, \ldots, \prod_i x_i\right)$ suffizient. Hierzu zeigen wir, daß für T und V sowie für V und U die Voraussetzungen von Satz 3.10 erfüllt sind, sofern $\mathfrak{D}$ und $\tilde{\mathfrak{D}}$ als Borel-σ-Algebren gewählt werden. Dabei folgt die Bedingung $\tilde{\mathfrak{D}} = b(\mathfrak{D})$ jeweils aus der Bistetigkeit von b.

1) Sei $b: T(\mathbb{R}^n) \to V(\mathbb{R}^n)$ mit $b(t) := V(t)$. Dann ist b surjektiv und stetig und es gilt $V(x) = V(T(x)) = b(T(x))$ $\forall x \in \mathbb{R}^n$.

Zum Nachweis der Injektivität seien $t, s \in T(\mathbb{R}^n)$ geordnete n-Tupel mit $b(t) = b(s) = v := (v_1, \ldots, v_n)$. Dann gilt für alle $y \in \mathbb{R}$ die Identität

$$\prod_j (y - t_j) = y^n - y^{n-1} v_1 + y^{n-2} v_2 - + \ldots + (-1)^{n-1} y v_{n-1} + (-1)^n v_n = \prod_j (y - s_j). \qquad (3.1.24)$$

Da die Nullstellen eines Polynoms eindeutig bestimmt sind, ist $t = (t_1, \ldots, t_n)$ eine Permutation von $s = (s_1, \ldots, s_n)$. Wegen $t_1 \leqslant \ldots \leqslant t_n$ und $s_1 \leqslant \ldots \leqslant s_n$ gilt somit auch $t_1 = s_1, \ldots, t_n = s_n$, also $t = s$.

Damit ergibt sich auch die Stetigkeit von b^{-1}. Ist nämlich $(v^{(k)})_{k \in \mathbb{N}} \subset V(\mathbb{R}^n)$ eine Folge mit $v^{(k)} \to v^{(0)}$ für $k \to \infty$, so folgt einerseits aus (3.1.24), daß die Folge der $t^{(k)} := b^{-1}(v^{(k)})$ beschränkt ist; andererseits ergibt sich aus der Stetigkeit von b, daß für zwei Häufungspunkte t und s von $(t^{(k)})$ gilt $b(t) = v^{(0)} = b(s)$ und damit wegen der Bijektivität $t = s$.

2) Sei $f: V(\mathbb{R}^n) \to U(\mathbb{R}^n)$ mit $f(v) := U(b^{-1}(v))$. Dann gilt $U(x) = U(T(x)) = U(b^{-1}(V(x))) = f(V(x)) \quad \forall x \in \mathbb{R}^n$; außerdem ist f surjektiv und stetig.

Zum Nachweis der Injektivität seien $v, w \in V(\mathbb{R}^n)$ mit $f(v) = f(w) = u := (u_1, \ldots, u_n)$. Dann erfüllen sowohl das Paar (u, v) als auch das Paar (u, w) die Newton-Relationen [1])

$$\forall k \leqslant n: \quad u_k - v_1 u_{k-1} + v_2 u_{k-2} - + \ldots + (-1)^{k-1} v_{k-1} u_1 + (-1)^k v_k = 0, \qquad (3.1.25)$$

so daß $v = w$ gilt. Da sich die Newton-Relationen als lineares Gleichungssystem für $u_1, \ldots, u_n$ bei gegebenem $v_1, \ldots, v_n$ und als lineares Gleichungssystem für $v_1, \ldots, v_n$ bei gegebenem $u_1, \ldots, u_n$ auffassen lassen, folgt aus (3.1.25) auch die Stetigkeit von $v \mapsto f(v)$ wie auch diejenige von $u \mapsto f^{-1}(u)$. □

Für die statistischen Anwendungen der Suffizienz interessieren weniger von $\vartheta \in \Theta$ unabhängige Festlegungen der bedingten WS $P_\vartheta(B \mid T) \in \mathfrak{C}$ von Mengen $B \in \mathfrak{B}$ als vielmehr diejenigen der bedingten EW $E_\vartheta(g \mid T) \in \mathfrak{C}$ von $\mathfrak{B}$-meßbaren Funktionen g, deren EW unter allen P_ϑ, $\vartheta \in \Theta$, existieren. Derartige, durch Bedingen an einer suffizienten σ-Algebra $\mathfrak{C}$ bzw. an einer suffizienten Statistik T gewonnene „Vergröberungen" ermöglichen es nämlich, aus Entscheidungsfunktionen $g \in \mathfrak{B}$ neue Entscheidungsfunktionen $k \in \mathfrak{C}$ bzw. $h \circ T \in \mathfrak{C}$ zu gewinnen. Bei der Bildung dieser bedingten EW wird von der Suffizienz von $\mathfrak{C}$ bzw. T wesentlich Gebrauch gemacht. Einerseits erhält man nur so wieder eine Entscheidungsfunktion, d.h. eine von $\vartheta \in \Theta$ unabhängige Festlegung; andererseits vergröbert man gleichzeitig bzgl. allen P_ϑ, $\vartheta \in \Theta$. Somit bleiben sämtliche für die Klasse $\mathfrak{P} = \{P_\vartheta : \vartheta \in \Theta\}$ wesentlichen Eigenschaften der Entscheidungsfunktion erhalten wie etwa der EW, der wegen der Grundeigenschaft 1.120a unter keiner Verteilung P_ϑ, $\vartheta \in \Theta$, geändert wird. Dieser Sachverhalt wird uns den Nachweis dafür ermöglichen, daß man sich bei den wichtigsten Entscheidungsproblemen auf die im allgemeinen kleinere Klasse der $\mathfrak{C}$-meßbaren bzw. über T faktorisierenden Entscheidungsfunktionen beschränken kann. Hierin zeigt sich die große Bedeutung des Bedingens an einer suffizienten σ-Algebra bzw. an einer suffizienten Statistik.

Satz 3.13 *Es seien $\mathfrak{P} = \{P_\vartheta : \vartheta \in \Theta\} \subset \mathfrak{M}^1(\mathfrak{X}, \mathfrak{B})$, $\mathfrak{C} \subset \mathfrak{B}$ eine σ-Algebra bzw. $T: (\mathfrak{X}, \mathfrak{B}) \to (\mathfrak{T}, \mathfrak{D})$ eine Statistik sowie $g \in \mathfrak{B}$ eine weitere Statistik, für die $E_\vartheta g$ existiert für alle $\vartheta \in \Theta$. Dann gilt:*

---

[1]) Vgl. R. Kochendörffer: Determinanten und Matrizen, Stuttgart, 1970; S. 7–8.

a) *Ist* $\mathfrak{C}$ *suffizient für* $\vartheta \in \Theta$, *so gibt es eine von* ϑ *unabhängige Festlegung* k *des bedingten* EW $E_\vartheta(g \mid \mathfrak{C})$, *d.h. es gibt ein* $k \in \mathfrak{C}$ *mit*

$$E_\vartheta(g \mid \mathfrak{C})(x) = k(x) \quad [P_\vartheta^{\mathfrak{C}}] \quad \forall \vartheta \in \Theta. \tag{3.1.26}$$

b) *Ist* T *suffizient für* $\vartheta \in \Theta$, *so gibt es eine von* ϑ *unabhängige Festlegung* $h(t)$ *des bedingten* EW $E_\vartheta(g \mid T = t)$, *d.h. es gibt ein* $h \in \mathfrak{D}$ *mit*

$$E_\vartheta(g \mid T = t) = h(t) \quad [P_\vartheta^T] \quad \forall \vartheta \in \Theta. \tag{3.1.27}$$

c) *Für diese Festlegungen* k *bzw.* h *des bedingten* EW *von* g *gilt*

$$E_\vartheta k = E_\vartheta h \circ T = E_\vartheta g \quad \forall \vartheta \in \Theta. \tag{3.1.28}$$

Beweis: a) Die Behauptung der Existenz einer von $\vartheta \in \Theta$ unabhängigen $\mathfrak{C}$-meßbaren Lösung k von (3.1.26) gilt nach Voraussetzung (3.1.17) für Indikatorfunktion $g = \mathbb{1}_B$ und damit nach dem Aufbau meßbarer Funktionen für alle $g \in \mathfrak{B}$, für die $E_\vartheta g$ existiert für alle $\vartheta \in \Theta$. Dabei beachte man, daß $E_\vartheta g^+$ oder $E_\vartheta g^-$ endlich ist für jedes $\vartheta \in \Theta$, also $k = k^+ - k^-$ außerhalb der $\mathfrak{P}$-Nullmenge $\{x\colon k^+(x) = k^-(x) = \infty\}$ wohldefiniert ist.
b) folgt mit dem Faktorisierungslemma 1.118 aus a).
c) ergibt sich unmittelbar aus der Grundeigenschaft 1.120a. □

Eine von $\vartheta \in \Theta$ unabhängige Lösung $k \in \mathfrak{C}$ von (3.1.26) ist $\mathfrak{P}^{\mathfrak{C}}$-*bestimmt*, d.h. zu je zwei Lösungen $k \in \mathfrak{C}$ und $\tilde{k} \in \mathfrak{C}$ gibt es eine Menge $N \in \mathfrak{C}$ mit

$$k(x) = \tilde{k}(x) \quad \forall x \notin N, \qquad P_\vartheta^{\mathfrak{C}}(N) = 0 \quad \forall \vartheta \in \Theta, \tag{3.1.29}$$

und umgekehrt ist mit $k \in \mathfrak{C}$ auch jede derartige Funktion $\tilde{k} \in \mathfrak{C}$ eine Lösung. Wegen (1.6.20) folgt nämlich analog 1.6.2: Sind $k \in \mathfrak{C}$ und $\tilde{k} \in \mathfrak{C}$ zwei von ϑ unabhängige Festlegungen von (3.1.26), so gilt für sie als Festlegungen von $E_\vartheta(g \mid \mathfrak{C})$

$$N := \{x\colon k(x) \neq \tilde{k}(x)\} \in \mathfrak{C}, \qquad P_\vartheta^{\mathfrak{C}}(N) = 0 \quad \forall \vartheta \in \Theta;$$

umgekehrt ist mit $k \in \mathfrak{C}$ jede Funktion $\tilde{k} \in \mathfrak{C}$ mit (3.1.29) auch eine Festlegung des bedingten EW $E_\vartheta(g \mid \mathfrak{C})$ für alle $\vartheta \in \Theta$. Entsprechend ist eine von ϑ unabhängige Festlegung $h \in \mathfrak{D}$ von (3.1.27) $\mathfrak{P}^T$-*bestimmt*. Für von $\vartheta \in \Theta$ unabhängige Festlegungen der bedingten EW $E_\vartheta(g \mid \mathfrak{C})$ bzw. $E_\vartheta(g \mid T = t)$, die nicht näher bezeichnet werden sollen, verwenden wir die Symbole $E_\Theta(g \mid \mathfrak{C})$ bzw. $E_\Theta(g \mid T = t)$ oder – wenn keine Mißverständnisse zu befürchten sind – $E_\bullet(g \mid \mathfrak{C})$ bzw. $E_\bullet(g \mid T = t)$. Mit speziellen derartigen Versionen k bzw. h gilt also bei Verwenden der Kurzschreibweise $f = g\,[\mathfrak{P}]$ für $\mathfrak{P}(f \neq g) = 0$

$$E_\Theta(g \mid \mathfrak{C})(x) = k(x) \quad [\mathfrak{P}^{\mathfrak{C}}], \quad \text{kurz:} \quad E_\bullet(g \mid \mathfrak{C})(x) = k(x) \quad [\mathfrak{P}^{\mathfrak{C}}], \tag{3.1.30}$$

bzw.

$$E_\Theta(g \mid T = t) = h(t) \quad [\mathfrak{P}^T], \quad \text{kurz:} \quad E_\bullet(g \mid T = t) = h(t) \quad [\mathfrak{P}^T]. \tag{3.1.31}$$

Beispiel 3.14 Im Modell aus Satz 3.6 gibt es für jedes $B \in \mathfrak{B}$ eine Festlegung von $E_\bullet(\mathbb{1}_B \mid \mathfrak{C}(\mathfrak{Q}))$, nämlich (3.1.9) mit $g(x) = \mathbb{1}_B(x)$, d.h.

$$k_B(x) = \frac{1}{q} \sum_{\pi \in \mathfrak{Q}} \mathbb{1}_B(\pi x).$$

Nach dem Aufbau meßbarer Funktionen folgt hieraus für jede Funktion $g \in \mathfrak{B}$, für die $E_\vartheta g$ existiert für alle $\vartheta \in \Theta$, wiederum (3.1.9) als Festlegung von $E_{\bullet}(g \mid \mathfrak{C}(\mathfrak{Q}))$. Speziell ergibt sich im Einstichprobenproblem aus Beispiel 3.7a bei reellwertigen ZG $X_1, \ldots, X_n$ für $g(x) = x_1$

$$k(x) = E_{\bullet}(X_1 \mid T)(x) = \frac{1}{n!} \sum_{\pi \in \mathfrak{Q}} g(\pi x) = \frac{1}{n} \sum_{j=1}^{n} x_j = \bar{x},$$

also $h(t) = t/n$ bei $T(x) = \sum_{j=1}^{n} x_j$. Für $\mathfrak{B}(1, \pi)$-verteilte ZG folgt dies auch aus der gemäß (1.6.40) elementar definierten bedingten WS

$$h(t) = E_{\bullet}(X_1 \mid T = t) = \mathbb{P}_{\bullet}(X_1 = 1 \mid T = t) = \frac{\mathbb{P}_\vartheta\left(X_1 = 1, \sum_{j=2}^{n} X_j = t-1\right)}{\mathbb{P}_\vartheta\left(\sum_{j=1}^{n} X_j = t\right)}$$

$$= \frac{\pi \binom{n-1}{t-1} \pi^{t-1}(1-\pi)^{n-t}}{\binom{n}{t} \pi^t (1-\pi)^{n-t}} = \frac{t}{n},$$

wobei $\vartheta = \pi \in [0, 1]$ ist. Analog ergibt sich im Zweistichprobenproblem aus Beispiel 3.8 nach (3.1.23) für $g(x) = x_{11} - x_{12}$

$$k(x) = E_{\bullet}(X_{11} - X_{12} \mid T)(x) = \frac{1}{n_1!\, n_2!} \sum_{\pi_1 \in \mathfrak{Q}_1} \sum_{\pi_2 \in \mathfrak{Q}_2} g(\pi_1 \pi_2 x)$$

$$= \frac{1}{n_1} \sum_{j=1}^{n_1} x_{1j} - \frac{1}{n_2} \sum_{j=1}^{n_2} x_{2j} = \bar{x}_{1\cdot} - \bar{x}_{2\cdot}. \qquad \square$$

Beim Beweis von Satz 3.13 war es gänzlich unwichtig, ob es unter den Festlegungen von $x \mapsto E_{\bullet}(\mathbb{1}_B \mid \mathfrak{C})(x)$, $B \in \mathfrak{B}$, solche gibt, die bei festem x als Funktionen von B eine Verteilung bilden, für die also $(x, B) \mapsto K_{\bullet}(x, B) := E_{\bullet}(\mathbb{1}_B \mid \mathfrak{C})(x)$ ein von $\vartheta \in \Theta$ unabhängiger Bedingungskern ist. Demgegenüber ist es in Verallgemeinerung von 1.6.2–4 zur Bestimmung von – sowie zum Arbeiten mit – solchen bedingten EW nützlich, die Existenz einer von $\vartheta \in \Theta$ unabhängigen Festlegung eines Bedingungskernes voraussetzen zu können.

Satz 3.15 *Es seien $\mathfrak{P} = \{P_\vartheta : \vartheta \in \Theta\} \subset \mathfrak{M}^1(\mathfrak{X}, \mathfrak{B})$ und $\mathfrak{C} \subset \mathfrak{B}$ eine für $\vartheta \in \Theta$ suffiziente σ-Algebra über $\mathfrak{X}$. Weiter seien $(\mathfrak{U}, \mathfrak{G})$ ein euklidischer Raum und $U: (\mathfrak{X}, \mathfrak{B}) \to (\mathfrak{U}, \mathfrak{G})$. Dann gilt:*

a) *Es gibt stets einen von $\vartheta \in \Theta$ unabhängigen Bedingungskern $P_{\bullet}^{U \mid \mathfrak{C}}$ von U bei gegebenem $\mathfrak{C}$.*

b) *Ist $g \in \mathfrak{G}$ eine Funktion, für die $E_\vartheta g(U) = \int g(u)\, \mathrm{d}P_\vartheta^U$ für alle $\vartheta \in \Theta$ existiert, so gilt*

$$E_{\bullet}(g(U) \mid \mathfrak{C}) = \int g(u)\, \mathrm{d}P_{\bullet}^{U \mid \mathfrak{C}} \quad [\mathfrak{P}^{\mathfrak{C}}]. \tag{3.1.32}$$

Beweis: a) Der Nachweis der Existenz von $P_{\bullet}^{U \mid \mathfrak{C}}$ verläuft wie derjenige von $P^{U \mid \mathfrak{C}}$ im Beweis von Satz 1.117a, wenn man für jedes $z \in \mathbb{Q}^k$ eine von $\vartheta \in \Theta$ unabhängige Festlegung $E_{\bullet}(\mathbb{1}_{(-\infty, z]} \circ U \mid \mathfrak{C})$ an Stelle von $E(\mathbb{1}_{(-\infty, z]} \circ U \mid \mathfrak{C})$ verwendet und berücksichtigt, daß auch für derartige, von $\vartheta \in \Theta$ unabhängige Festlegungen bedingter EW die Grundeigenschaften aus Satz 1.120 gelten.

b) Die Beziehung (3.1.32) wird für jedes $\vartheta \in \Theta$ gesondert verifiziert. □

Für die späteren Überlegungen interessieren besonders von $\vartheta \in \Theta$ unabhängige Festlegungen des bedingten EW einer Statistik $U: (\mathfrak{X}, \mathfrak{B}) \to (\mathfrak{U}, \mathfrak{G})$ bei gegebener suffizienter Statistik $V: (\mathfrak{X}, \mathfrak{B}) \to (\mathfrak{V}, \mathfrak{H})$ und demgemäß von $\vartheta \in \Theta$ unabhängige Festlegungen der Bedingungskerne $P_{\bullet}^{U|V=v}$ und $P_{\bullet}^{(U,V)|V=v}$. Diese sind in Analogie zu (1.6.60) bzw. (1.6.61) wieder als von $\vartheta \in \Theta$ unabhängige Markov-Kerne von $(\mathfrak{V}, \mathfrak{H})$ nach $(\mathfrak{U}, \mathfrak{G})$ bzw. nach $(\mathfrak{U} \times \mathfrak{V}, \mathfrak{G} \otimes \mathfrak{H})$ erklärt, die bei festem $G \in \mathfrak{G}$ bzw. bei festem $D \in \mathfrak{G} \otimes \mathfrak{H}$ Lösungen sind der Radon-Nikodym-Gleichungen

$$P_{\vartheta}^{U,V}(G \times H) = \int_H P_{\bullet}^{U|V=v}(G) \, dP_{\vartheta}^V(v) \quad \forall H \in \mathfrak{H} \quad \forall \vartheta \in \Theta \tag{3.1.33}$$

bzw.

$$P_{\vartheta}^{U,V}(D \cap (\mathfrak{U} \times H)) = \int_H P_{\bullet}^{(U,V)|V=v}(D) \, dP_{\vartheta}^V(v) \quad \forall H \in \mathfrak{H} \quad \forall \vartheta \in \Theta . \tag{3.1.34}$$

Dabei ergibt sich $P_{\bullet}^{U|V=v}$ auch aus $P_{\bullet}^{(U,V)|V=v}$ analog (1.6.62) gemäß

$$P_{\bullet}^{U|V=v}(G) = P_{\bullet}^{(U,V)|V=v}(G \times \mathfrak{V}), \quad G \in \mathfrak{G} . \tag{3.1.35}$$

Dann lassen sich die Aussagen 1.122 und 1.126 über die Existenz von Bedingungskernen bzw. deren explizite Gestalt bei Vorliegen von Dichten auf den Fall einer suffizienten bedingenden Statistik verallgemeinern; vgl. auch Satz 3.26.

Satz 3.16 *Es seien* $\mathfrak{P} = \{P_{\vartheta}: \vartheta \in \Theta\} \subset \mathfrak{M}^1(\mathfrak{X}, \mathfrak{B})$, $V: (\mathfrak{X}, \mathfrak{B}) \to (\mathfrak{V}, \mathfrak{H})$ *eine für* $\vartheta \in \Theta$ *suffiziente Statistik und* $U: (\mathfrak{X}, \mathfrak{B}) \to (\mathfrak{U}, \mathfrak{G})$ *eine weitere Statistik.*

a) *Ist* $(\mathfrak{U}, \mathfrak{G})$ *ein euklidischer Raum, so existiert stets ein von* $\vartheta \in \Theta$ *unabhängiger Bedingungskern* $(v, G) \mapsto P^{U|V=v}(G)$ *von* U *bei gegebenem* $V = v$.

b) *Es existiere ein von* $\vartheta \in \Theta$ *unabhängiger Bedingungskern* $(v, G) \mapsto P_{\bullet}^{U|V=v}(G)$ *von* U *bei gegebenem* $V = v$. *Dann gilt*:

1)
$$(v, D) \mapsto P_{\bullet}^{(U,V)|V=v}(D) := P_{\bullet}^{U|V=v}(D_v) \tag{3.1.36}$$

ist ein von $\vartheta \in \Theta$ *unabhängiger Bedingungskern von* (U, V) *bei gegebenem* $V = v$.

2) *Für jede Funktion* $g \in \mathfrak{G} \otimes \mathfrak{H}$, *für die* $E_{\vartheta} g(U, V)$ *existiert für alle* $\vartheta \in \Theta$, *gilt*:

$$E_{\bullet}(g(U, V) \mid V = v) = \int_{\mathfrak{U}} g_v(u) \, dP_{\bullet}^{U|V=v}(u) \quad [\mathfrak{P}^V], \tag{3.1.37}$$

$$\int_{G \times H} g(u, v) \, dP_{\vartheta}^{U,V}(u, v) = \int_H \int_G g_v(u) \, dP_{\bullet}^{U|V=v}(u) \, dP_{\vartheta}^V(v) \quad \forall G \in \mathfrak{G} \quad \forall H \in \mathfrak{H} \quad \forall \vartheta \in \Theta . \tag{3.1.38}$$

Beweis: a) folgt wie Satz 1.122a mit $E_{\bullet}(\mathbb{1}_{(-\infty, z]} \circ U \mid V = v)$ statt $E(\mathbb{1}_{(-\infty, z]} \circ U \mid V = v)$.
b) beweist man wie Satz 1.122b. □

Auch der Beweis von Satz 1.123 läßt sich sinngemäß übertragen:

Satz 3.17 *Es seien* $\mathfrak{P} = \{P_{\vartheta}: \vartheta \in \Theta\} \subset \mathfrak{M}^1(\mathfrak{X}, \mathfrak{B})$ *sowie* U *und* V *Statistiken auf* $(\mathfrak{X}, \mathfrak{B})$ *mit Werten in* $(\mathfrak{U}, \mathfrak{G})$ *bzw.* $(\mathfrak{V}, \mathfrak{H})$. V *sei suffizient für* $\vartheta \in \Theta$ *und es gebe eine von* $\vartheta \in \Theta$

unabhängige Festlegung $P_{\bullet}^{U|V=v}$ *des Bedingungskerns von* U *bei gegebenem* $V = v$. *Dann sind die folgenden drei Aussagen äquivalent*:

1) U *und* V *sind* st.u. *unter jedem* $P_\vartheta \in \mathfrak{P}$ *und die Verteilung von* U *ist unabhängig von* $\vartheta \in \Theta$.
2) $P_{\bullet}^{U|V=v}$ *ist unabhängig von* v *wählbar.*
3) *Die Verteilung von* U *ist unabhängig von* $\vartheta \in \Theta$, *und es gilt* $P_{\bullet}^{U|V=v} = P_{\bullet}^{U} \quad [\mathfrak{P}^V]$.

3.1.3 Suffizienz bei dominierten Klassen; Neyman-Kriterium

Sieht man von den Situationen ab, in denen sich Suffizienz vermöge Satz 3.6 verifizieren läßt, so gibt es bei beliebigen nicht-dominierten Verteilungsklassen kein Verfahren, die Suffizienz einer vorgelegten Statistik bzw. σ-Algebra ohne weitere Rechnung zu erkennen. Dagegen läßt sich – wie in 3.1.1 erwähnt – bei einer dominierten Klasse von Verteilungen $\mathfrak{P} = \{P_\vartheta : \vartheta \in \Theta\}$ aus dem Bildungsgesetz der Dichten (bzgl. eines beliebigen dominierenden Maßes μ) unmittelbar ablesen, welche Statistiken T für $\vartheta \in \Theta$ suffizient sind. Ein derartiges, einfach anzuwendendes Kriterium ist besonders deshalb wichtig, weil ja nicht irgendeine suffiziente Statistik interessiert, sondern eine solche, die eine möglichst weitgehende Reduktion gestattet. Daher möchte man bei einem statistischen Problem die Gesamtheit *aller* suffizienten Statistiken T leicht übersehen können. Dieses zuerst von J. Neyman angegebene und in Spezialfällen bereits in 3.1.1 bewiesene Kriterium soll nun unter Verwendung maßtheoretischer Hilfsmittel in voller Allgemeinheit bewiesen werden. Dabei wird wesentlich von Satz 1.136b Gebrauch gemacht, d.h. von der Existenz eines mit $\mathfrak{P}$ äquivalenten WS-Maßes ν der Form

$$\nu = \sum_{i=1}^{\infty} c_i P_{\vartheta_i}, \quad c_i > 0, \quad \sum_{i=1}^{\infty} c_i = 1, \quad P_{\vartheta_i} \in \mathfrak{P}. \tag{3.1.39}$$

Wir arbeiten deshalb zunächst mit den ν-Dichten der P_ϑ und beweisen für diese die folgende „Vorstufe zum Neyman-Kriterium".

Satz 3.18 (Halmos-Savage) *Es seien* $\mathfrak{P} = \{P_\vartheta : \vartheta \in \Theta\} \subset \mathfrak{M}^1(\mathfrak{X}, \mathfrak{B})$ *eine dominierte Klasse und* ν *ein zu* $\mathfrak{P}$ *äquivalentes* WS-*Maß der Form* (3.1.39). *Dann gilt*:

a) *Eine* σ-*Algebra* $\mathfrak{C} \subset \mathfrak{B}$ *ist genau dann suffizient für* $\vartheta \in \Theta$, *wenn es für jedes* $\vartheta \in \Theta$ *eine* $\mathfrak{C}$-*meßbare Funktion* p_ϑ *gibt mit*

$$\frac{\mathrm{d}P_\vartheta}{\mathrm{d}\nu}(x) = p_\vartheta(x) \quad [\nu]. \tag{3.1.40}$$

Dieses ist äquivalent mit $\mathrm{d}P_\vartheta/\mathrm{d}\nu = \mathrm{d}P_\vartheta^{\mathfrak{C}}/\mathrm{d}\nu^{\mathfrak{C}} \quad [\nu]$.

b) *Eine Statistik* $T : (\mathfrak{X}, \mathfrak{B}) \to (\mathfrak{T}, \mathfrak{D})$ *ist genau dann suffizient für* $\vartheta \in \Theta$, *wenn es für jedes* $\vartheta \in \Theta$ *eine* $\mathfrak{D}$-*meßbare Funktion* q_ϑ *gibt mit*

$$\frac{\mathrm{d}P_\vartheta}{\mathrm{d}\nu}(x) = q_\vartheta(T(x)) \quad [\nu]. \tag{3.1.41}$$

Beweis: Wegen des Faktorisierungslemmas 1.118 reicht es, a) zu beweisen. Dabei folgt der Zusatz analog Satz 1.121b.

„⇒“ Sei $\mathfrak{C}$ suffizient für $\vartheta \in \Theta$. Dann gibt es definitionsgemäß für jedes $B \in \mathfrak{B}$ eine (von ϑ unabhängige) $\mathfrak{C}$-meßbare Lösung k_B der Gleichung

$$\int_C k_B \mathrm{d}P_\vartheta^{\mathfrak{C}} = \int_C \mathbb{1}_B \mathrm{d}P_\vartheta \quad \forall C \in \mathfrak{C} \quad \forall \vartheta \in \Theta. \tag{3.1.42}$$

Dann gilt wegen (3.1.39) und A4.3 auch

$$\int_C k_B \mathrm{d}\nu^{\mathfrak{C}} = \int_C \mathbb{1}_B \mathrm{d}\nu \quad \forall C \in \mathfrak{C}$$

und damit wegen $k_B \in \mathfrak{C} \quad \forall B \in \mathfrak{B}$ nach der Definition bedingter EW

$$k_B = E_\nu(\mathbb{1}_B | \mathfrak{C}) \quad [\nu^{\mathfrak{C}}].$$

Bezeichnet p_ϑ eine Version von $\mathrm{d}P_\vartheta^{\mathfrak{C}}/\mathrm{d}\nu^{\mathfrak{C}}$, so folgt wegen $p_\vartheta \in \mathfrak{C}$ nach der Grundeigenschaft 1.120g $k_B p_\vartheta = E_\nu(\mathbb{1}_B p_\vartheta | \mathfrak{C}) \quad [\nu^{\mathfrak{C}}]$ oder äquivalent

$$\int_C k_B p_\vartheta \mathrm{d}\nu^{\mathfrak{C}} = \int_C \mathbb{1}_B p_\vartheta \mathrm{d}\nu \quad \forall C \in \mathfrak{C}. \tag{3.1.43}$$

Aus (3.1.42 + 43), jeweils für $C = \mathfrak{X}$, folgt mit der Kettenregel

$$P_\vartheta(B) = \int_{\mathfrak{X}} \mathbb{1}_B \mathrm{d}P_\vartheta = \int_{\mathfrak{X}} k_B \mathrm{d}P_\vartheta^{\mathfrak{C}} = \int_{\mathfrak{X}} k_B p_\vartheta \mathrm{d}\nu^{\mathfrak{C}} = \int_{\mathfrak{X}} \mathbb{1}_B p_\vartheta \mathrm{d}\nu = \int_B p_\vartheta \mathrm{d}\nu \quad \forall B \in \mathfrak{B}$$

und damit definitionsgemäß $\mathrm{d}P_\vartheta/\mathrm{d}\nu = p_\vartheta \quad [\nu]$.

„⇐“ p_ϑ sei für jedes $\vartheta \in \Theta$ eine $\mathfrak{C}$-meßbare Festlegung der ν-Dichte. Zum Nachweis der Suffizienz von $\mathfrak{C}$ zeigen wir, daß jede Festlegung k_B von $E_\nu(\mathbb{1}_B | \mathfrak{C})$ eine (von ϑ unabhängige) $\mathfrak{C}$-meßbare Lösung von (3.1.42) ist. Mit Grundeigenschaften von Integralen bzw. bedingten EW ergibt sich dies für jedes $B \in \mathfrak{B}$ aus

$$\begin{aligned}\int_C k_B \mathrm{d}P_\vartheta^{\mathfrak{C}} &= \int_C k_B \mathrm{d}P_\vartheta = \int_C E_\nu(\mathbb{1}_B | \mathfrak{C})\, p_\vartheta \mathrm{d}\nu = \int_C E_\nu(\mathbb{1}_B p_\vartheta | \mathfrak{C}) \mathrm{d}\nu \\ &= \int_C \mathbb{1}_B p_\vartheta \mathrm{d}\nu = \int_C \mathbb{1}_B \mathrm{d}P_\vartheta \quad \forall C \in \mathfrak{C} \quad \forall \vartheta \in \Theta.\end{aligned}$$ □

Satz 3.18 stellt ein formal relativ einfaches Kriterium für die Suffizienz von $\mathfrak{C}$ bzw. T dar. Es ist aber für praktische Anwendungen weniger geeignet, da die Dichten bezüglich eines speziellen, im allgemeinen nicht explizit bekannten Maßes ν vorliegen müssen. Wir werden deshalb unser bereits gewonnenes Resultat noch auf Dichten bezüglich eines beliebigen dominierenden Maßes μ umschreiben. Dabei tritt nach der Kettenregel zu den ν-Dichten (3.1.40) bzw. (3.1.41) ein von $\vartheta \in \Theta$ unabhängiger Faktor $\mathrm{d}\nu/\mathrm{d}\mu$ hinzu, so daß die Dichten $\mathrm{d}P_\vartheta/\mathrm{d}\mu$ eine Produktdarstellung erhalten. Bei dieser ist der von ϑ abhängige Faktor für jedes $\vartheta \in \Theta$ $\mathfrak{C}$-meßbar bzw. wegen des Faktorisierungslemmas 1.118 eine $\mathfrak{D}$-meßbare Funktion von T.

Satz 3.19 (Neyman-Kriterium) $\mathfrak{P} = \{P_\vartheta : \vartheta \in \Theta\}$ *sei eine dominierte Klasse von Verteilungen über* $(\mathfrak{X}, \mathfrak{B})$, μ *ein* $\mathfrak{P}$ *dominierendes Maß. Dann gilt*:

a) *Eine* σ-*Algebra* $\mathfrak{C} \subset \mathfrak{B}$ *ist genau dann suffizient für* $\vartheta \in \Theta$, *wenn es eine* $\mathfrak{B}$-*meßbare Funktion* r *und für jedes* $\vartheta \in \Theta$ *eine* $\mathfrak{C}$-*meßbare Funktion* p_ϑ *gibt mit*

$$\frac{\mathrm{d}P_\vartheta}{\mathrm{d}\mu}(x) = p_\vartheta(x)\, r(x) \quad [\mu]. \tag{3.1.44}$$

b) *Eine Statistik* $T: (\mathfrak{X}, \mathfrak{B}) \to (\mathfrak{T}, \mathfrak{D})$ *ist genau dann suffizient für* $\vartheta \in \Theta$, *wenn es eine* $\mathfrak{B}$*-meßbare Funktion* r *und für jedes* $\vartheta \in \Theta$ *eine* $\mathfrak{D}$*-meßbare Funktion* q_ϑ *gibt mit*

$$\frac{\mathrm{d}P_\vartheta}{\mathrm{d}\mu}(x) = q_\vartheta(T(x))\, r(x) \quad [\mu]. \tag{3.1.45}$$

Beweis: Für das nach Satz 1.136b existierende zu $\mathfrak{P}$ äquivalente WS-Maß ν der Form (3.1.39) gilt $\nu \ll \mu$. Der Beweis besteht aus einer Zurückführung auf Satz 3.18. Dabei können wir uns wieder auf denjenigen von Teil a beschränken.

„$\Rightarrow$" Nach der Kettenregel gilt wegen $P_\vartheta \ll \nu \ll \mu$ für jedes $\vartheta \in \Theta$

$$\frac{\mathrm{d}P_\vartheta}{\mathrm{d}\mu}(x) = \frac{\mathrm{d}P_\vartheta}{\mathrm{d}\nu}(x)\, \frac{\mathrm{d}\nu}{\mathrm{d}\mu}(x) \quad [\mu].$$

Wegen der Suffizienz von $\mathfrak{C}$ kann $\mathrm{d}P_\vartheta/\mathrm{d}\nu$ nach Satz 3.18 als $\mathfrak{C}$-meßbare Funktion p_ϑ gewählt werden. Mit $r := \mathrm{d}\nu/\mathrm{d}\mu$ folgt dann die Behauptung.

„$\Leftarrow$" Gilt (3.1.44), so kann man o.E. $p_\vartheta(x) \geqslant 0 \quad \forall \vartheta \in \Theta$ und $r(x) \geqslant 0$ annehmen. Aus (3.1.39) folgt dann

$$\frac{\mathrm{d}\nu}{\mathrm{d}\mu}(x) = \sum_{i=1}^{\infty} c_i \frac{\mathrm{d}P_{\vartheta_i}}{\mathrm{d}\mu}(x) = \sum_{i=1}^{\infty} c_i\, p_{\vartheta_i}(x)\, r(x) \quad [\mu]. \tag{3.1.46}$$

Dieses liefert zusammen mit (3.1.44) und der Kettenregel

$$p_\vartheta(x)\, r(x) = \frac{\mathrm{d}P_\vartheta}{\mathrm{d}\nu}(x) \left(\sum_{i=1}^{\infty} c_i\, p_{\vartheta_i}(x) \right) r(x) \quad [\mu].$$

Hieraus folgt wegen $\nu(\{x: r(x) = 0\}) = 0$ und wegen $\nu \ll \mu$

$$p_\vartheta(x) = \frac{\mathrm{d}P_\vartheta}{\mathrm{d}\nu}(x) \sum_{i=1}^{\infty} c_i\, p_{\vartheta_i}(x) \quad [\nu].$$

Nach (3.1.46) ist aber auch $\nu(\{x: \sum c_i\, p_{\vartheta_i}(x) = 0\}) = 0$; es gibt also eine $\mathfrak{C}$-meßbare Funktion c mit $c(x) > 0$ und $c(x) = \sum c_i\, p_{\vartheta_i}(x) \quad [\nu^{\mathfrak{C}}]$. Damit gilt

$$\frac{\mathrm{d}P_\vartheta}{\mathrm{d}\nu}(x) = \frac{p_\vartheta(x)}{c(x)} \quad [\nu].$$

Aus $p_\vartheta/c \in \mathfrak{C}$ für jedes $\vartheta \in \Theta$ folgt die Behauptung. □

Korollar 3.20 (Suffizienz in Exponentialfamilien) $\mathfrak{P} = \{P_\vartheta: \vartheta \in \Theta\} \subset \mathfrak{M}^1(\mathfrak{X}, \mathfrak{B})$ *sei eine Exponentialfamilie in* ζ *und* T. *Dann gilt:*

a) T *ist suffizient für* $\vartheta \in \Theta$.

b) $X_1, \ldots, X_n$ *seien* st.u. ZG *mit derselben Verteilung* $P \in \mathfrak{P}$. *Dann ist* $\sum T(x_j)$ *suffizient für* $\vartheta \in \Theta$. *Ist speziell* $\mathfrak{P}$ *eine k-parametrige Exponentialfamilie, so gibt es also eine k-dimensionale suffiziente Statistik und zwar unabhängig vom Stichprobenumfang* $n \in \mathbb{N}$.

Beweis: Dieser ergibt sich unmittelbar aus der funktionalen Form der Dichte (1.7.1) einer Exponentialfamilie bzw. aus Satz 1.157. □

Beispiel 3.21 a) Wie in Beispiel 3.1 seien $X_1, \ldots, X_n$ st.u. $\mathfrak{B}(1,\pi)$-verteilte ZG. Dann ist gemäß (3.1.1) $T(x) = \sum x_j$ suffizient für $\pi \in (0,1)$, desgleichen $\bar{x}$ und jede andere Funktion, die dieselbe σ-Algebra induziert. Dies folgt auch aus Beispiel 3.7a, und zwar sogar für $\pi \in [0,1]$.

b) $\mathfrak{P}$ sei die in Beispiel 3.3 betrachtete Klasse aller durch n st.u. $\mathfrak{N}(\mu, \sigma^2)$-verteilte ZG über $(\mathbb{R}^n, \mathbb{B}^n)$ induzierten Verteilungen. Dann ist $\tilde{T}(x) = (\bar{x}, \hat{\sigma}^2(x))$ suffizient für $\vartheta = (\mu, \sigma^2) \in \mathbb{R} \times (0, \infty)$. Die Klasse dieser Verteilungen bildet nämlich nach Beispiel 1.151 eine zweiparametrige Exponentialfamilie in $\zeta(\vartheta) = (\mu/\sigma^2, -1/2\sigma^2)$ und $T(x) = (\sum x_j, \sum x_j^2)$; T und $\tilde{T}$ induzieren die gleiche σ-Algebra. Die Behauptung ergibt sich auch aus den $\lambda\!\!\lambda^n$-Dichten (3.1.7), die vermöge einer $\mathbb{B}^2$-meßbaren Funktion q_ϑ über $\tilde{T}$ faktorisieren. □

Beispiel 3.22 a) Beschränkt man sich in Beispiel 3.7a auf eine dominierte Teilklasse $\mathfrak{F}$, so läßt sich der Nachweis der Suffizienz von $T(x) = x_\uparrow$ bzw. von $\mathfrak{C}(\mathfrak{Q})$, $\mathfrak{Q} = \mathfrak{S}_n$, auch vermöge des Neyman-Kriteriums führen; vgl. Beispiel 3.4.

b) Auch in Beispiel 3.7b läßt sich für dominierte Teilklassen die Suffizienz von $\mathfrak{C}(\mathfrak{Q}) = \{B \in \mathbb{B}: B = -B\}$ bzw. $T(x) = |x|$ mit Hilfe des Neyman-Kriteriums beweisen. Bezeichnet nämlich μ ein zum Nullpunkt symmetrisches dominierendes Maß einer eindimensionalen, zum Nullpunkt symmetrischen Verteilung, so gibt es eine Festlegung $p(x)$ der μ-Dichte, die eine gerade Funktion von x, also eine $\mathbb{B}$-meßbare Funktion von $|x|$ ist. Die weitere Anwendung von Satz 3.19 erfolgt wie in Beispiel 3.4. □

Beispiel 3.23 Bei der in Beispiel 1.5 betrachteten Stichprobenentnahme aus einer endlichen Grundgesamtheit sind $X_1, \ldots X_n$ st. abhängige $\mathfrak{B}(1,\pi)$-verteilte ZG, $\pi = M/N$ = relativer Anteil defekter Exemplare. Jede mögliche Verteilung von $X = (X_1, \ldots, X_n)$ wird also durch das Zählmaß $\#$ der Menge der Eckpunkte des n-dimensionalen Einheitswürfels dominiert. Gemäß (1.1.4) hängt die $\#$-Dichte $\mathbb{P}_M(X = x)$ nur von der Gesamtzahl $T(x) = \sum x_j$ der entnommenen defekten Exemplare ab, nicht jedoch davon, in welcher Reihenfolge defekte und heile Exemplare entnommen wurden; vgl. Beispiel 1.13. Folglich ist die Statistik $T(x) = \sum x_j$ suffizient für $\vartheta = M \in \{0, \ldots, N\}$. □

Zum Nachweis der Suffizienz bei dominierten Verteilungsklassen $\mathfrak{P}$ reicht es, die *paarweise Suffizienz* zu verifizieren, d.h. die Suffizienz für jede zweielementige Teilklasse $\{P_{\vartheta_0}, P_{\vartheta_1}\} \subset \mathfrak{P}$. Dies beinhaltet der

Satz 3.24 *Es seien $\mathfrak{P} = \{P_\vartheta: \vartheta \in \Theta\}$ eine dominierte Verteilungsklasse über $(\mathfrak{X}, \mathfrak{B})$, $\mathfrak{C} \subset \mathfrak{B}$ eine σ-Algebra und $T: (\mathfrak{X}, \mathfrak{B}) \to (\mathfrak{T}, \mathfrak{D})$ eine Statistik. Dann gilt:*

a) *$\mathfrak{C}$ ist suffizient für $\vartheta \in \Theta \;\Leftrightarrow\; \mathfrak{C}$ ist paarweise suffizient für $\vartheta \in \Theta$.*

b) *T ist suffizient für $\vartheta \in \Theta \;\Leftrightarrow\; T$ ist paarweise suffizient für $\vartheta \in \Theta$.*

Beweis: O.E. reicht der Beweis von a). „$\Rightarrow$“ ist trivial. Zum Nachweis von „$\Leftarrow$“ seien $v := \sum c_i P_{\vartheta_i}$ ein nach Satz 1.136b existierendes, mit $\mathfrak{P}$ äquivalentes WS-Maß der Form (3.1.39) und p_ϑ für $\vartheta \in \Theta$ eine v-Dichte von P_ϑ. Es gilt also

$$\sum c_i p_{\vartheta_i} = 1 \quad [v]. \tag{3.1.47}$$

Weiter seien $\bar{p}_i \in \mathfrak{C}$ für $i \in \mathbb{N}$ Festlegungen von $E_v(p_{\vartheta_i} | \mathfrak{C})$, also mit

$$\sum c_i \bar{p}_i = 1 \quad [v^{\mathfrak{C}}]. \tag{3.1.48}$$

Für alle $B \in \mathfrak{B}$ ist nun zu zeigen, daß für jedes $\vartheta \in \Theta$ eine von ϑ unabhängige Festlegung $k_B \in \mathfrak{C}$ von $E_\vartheta(\mathbb{1}_B | \mathfrak{C})$ existiert. Es wird sich ergeben, daß jede Festlegung von $E_v(\mathbb{1}_B | \mathfrak{C})$

eine solche ist. Zum Nachweis sei $B \in \mathfrak{B}$ fest. Aufgrund der paarweisen Suffizienz von T existiert für jedes $\vartheta \in \Theta$ und jedes $i \in \mathbb{N}$ eine Funktion $k_B^{(\vartheta,i)} \in \mathfrak{C}$, die Festlegung von $E_\vartheta(\mathbb{1}_B|\mathfrak{C})$ *und* von $E_{\vartheta_i}(\mathbb{1}_B|\mathfrak{C})$ ist. Insbesondere gilt also $k_B^{(\vartheta,i)} = E_\vartheta(\mathbb{1}_B|\mathfrak{C}) \quad [P_\vartheta^{\mathfrak{C}}] \quad \forall i \in \mathbb{N}$ und damit

$$k_B^{(\vartheta,j)} = k_B^{(\vartheta,i)} \quad [P_\vartheta^{\mathfrak{C}}] \quad \forall j \neq i. \tag{3.1.49}$$

Für festes $\vartheta \in \Theta$ sei nun

$$k_B^{(\vartheta)} := \sum c_i \bar{p}_i k_B^{(\vartheta,i)}. \tag{3.1.50}$$

Dann gilt $k_B^{(\vartheta)} \in \mathfrak{C}$ sowie wegen (3.1.49) und (3.1.48)

$$k_B^{(\vartheta)} = k_B^{(\vartheta,i)} \quad [P_\vartheta^{\mathfrak{C}}] \quad \forall i \in \mathbb{N}.$$

$k_B^{(\vartheta)}$ ist also nach Definition der $k_B^{(\vartheta,i)}$ eine Festlegung des bedingten EW $E_\vartheta(\mathbb{1}_B|\mathfrak{C})$ und zwar für jedes $i \in \mathbb{N}$. $k_B^{(\vartheta)}$ läßt sich aber auch unabhängig von $\vartheta \in \Theta$ wählen; es gilt nämlich

$$k_B^{(\vartheta)} = E_\nu(\mathbb{1}_B|\mathfrak{C}) \quad [\nu^{\mathfrak{C}}]. \tag{3.1.51}$$

Hierzu beachte man, daß aus Satz 1.121 bzw. nach Definition von $\bar{p}_i$ und $k^{(\vartheta,i)}$ folgt

$$E_\nu(\mathbb{1}_B p_{\vartheta_i}|\mathfrak{C}) = E_\nu(p_{\vartheta_i}|\mathfrak{C}) E_{\vartheta_i}(\mathbb{1}_B|\mathfrak{C}) = \bar{p}_i k_B^{(\vartheta,i)} \quad [\nu^{\mathfrak{C}}] \quad \forall i \in \mathbb{N} \tag{3.1.52}$$

und damit wegen der Linearität des bedingten EW sowie wegen (3.1.47 + 52 + 50)

$$E_\nu(\mathbb{1}_B|\mathfrak{C}) = \sum E_\nu(c_i \mathbb{1}_B p_{\vartheta_i}|\mathfrak{C}) = \sum c_i \bar{p}_i k_B^{(\vartheta,i)} = k_B^{(\vartheta)} \quad [\nu^{\mathfrak{C}}].$$

Also ist $E_\nu(\mathbb{1}_B|\mathfrak{C})$ wegen (3.1.51) für jedes $\vartheta \in \Theta$ eine Festlegung von $E_\vartheta(\mathbb{1}_B|\mathfrak{C})$. □

Beispiel 3.25 $\mathfrak{P} = \{P_\vartheta: \vartheta \in \Theta\}$ sei eine einparametrige Verteilungsklasse mit isotonem DQ in T. Dann ist T paarweise suffizient für $\vartheta \in \Theta$. Zum Nachweis seien ϑ_0 und ϑ_1 zwei beliebige Elemente von Θ mit $\vartheta_0 < \vartheta_1$ sowie $\mu := P_{\vartheta_0} + P_{\vartheta_1}$. Wählt man nun μ-Dichten p_0 und p_1 von P_{ϑ_0} und P_{ϑ_1}, so gilt wegen $p_0 + p_1 = 1 \quad [\mu]$, (1.6.29) und (2.2.1)

$$p_0 = \frac{p_0}{p_0 + p_1} = \frac{1}{1 + p_1/p_0} = \frac{1}{1 + H_{\vartheta_0,\vartheta_1} \circ T} = q_0 \circ T \quad [\mu], \qquad q_0(t) := \frac{1}{1 + H_{\vartheta_0,\vartheta_1}(t)},$$

$$p_1 = \frac{p_1}{p_0 + p_1} = \frac{1}{1 + p_0/p_1} = \frac{1}{1 + 1/H_{\vartheta_0,\vartheta_1} \circ T} = q_1 \circ T \quad [\mu], \qquad q_1(t) := \frac{H_{\vartheta_0,\vartheta_1}(t)}{1 + H_{\vartheta_0,\vartheta_1}(t)}.$$

Somit ist T nach dem Neyman-Kriterium paarweise suffizient.

Ist $\mathfrak{P}$ überdies dominiert, so folgt hieraus mit Satz 3.24 die Suffizienz von T. □

Das Neyman-Kriterium ermöglicht auch den bereits bei Satz 3.16 angekündigten konstruktiven Nachweis der Existenz von Bedingungskernen $P_\bullet^{U|V=v}$ bzw. $P_\bullet^{(U,V)|V=v}$ bei Suffizienz von V und Vorliegen von $\lambda \otimes \nu$-Dichten. Dieser beruht auf der Existenz einer von $\vartheta \in \Theta$ unabhängigen Festlegung $p_\bullet^{U|V=v}$ der bedingten Dichte (1.6.74). Wegen der Suffizienz von $\tau(u,v) = v$ gibt es nämlich eine Funktion $r \in \mathfrak{G} \otimes \mathfrak{H}$ sowie für jedes $\vartheta \in \Theta$ eine Funktion $q_\vartheta \in \mathfrak{H}$ mit

$$p_\vartheta^{U,V}(u,v) = q_\vartheta(v) r(u,v) \quad [\lambda \otimes \nu]. \tag{3.1.53}$$

Dann gilt $p_\vartheta^V(v) = q_\vartheta(v) \int r(u,v)\,\mathrm{d}\lambda(u) \quad [v]$ und wegen (1.6.74)

$$p_\bullet^{U|V=v}(u) = \frac{r(u,v)}{\int r(u',v)\,\mathrm{d}\lambda(u')} \quad [\lambda] \quad \text{für} \quad \int r(u',v)\,\mathrm{d}\lambda(u') > 0 \tag{3.1.54}$$

und gleich einer beliebigen λ-Dichte sonst.

Satz 3.26 *Es seien* $\mathfrak{P} = \{P_\vartheta : \vartheta \in \Theta\} \subset \mathfrak{M}^1(\mathfrak{X}, \mathfrak{B})$, $V: (\mathfrak{X}, \mathfrak{B}) \to (\mathfrak{V}, \mathfrak{H})$ *eine für* $\vartheta \in \Theta$ *suffiziente Statistik und* $U: (\mathfrak{X}, \mathfrak{B}) \to (\mathfrak{U}, \mathfrak{G})$ *eine weitere Statistik. Ist dann* $\mathfrak{P}^{U,V} \ll \lambda \otimes \nu$ *mit* $\lambda \otimes \nu$*-Dichten* $p_\vartheta^{U,V}(u,v)$ *und σ-endlichen Maßen* λ *und* ν, *so gilt*:

a) *Es gibt von* $\vartheta \in \Theta$ *unabhängige Bedingungskerne* $(v, G) \mapsto P_\bullet^{U|V=v}(G)$ *und* $(v, D) \mapsto P_\bullet^{(U,V)|V=v}(D)$. *Diese lassen sich explizit angeben und zwar gilt mit* $p_\bullet^{U|V=v}$ *gemäß* (3.1.54)

$$P_\bullet^{U|V=v}(G) = \int_G p_\bullet^{U|V=v}(u)\,\mathrm{d}\lambda(u) \quad \forall G \in \mathfrak{G}, \tag{3.1.55}$$

$$P_\bullet^{(U,V)|V=v}(D) = \int_{D_v} p_\bullet^{U|V=v}(u)\,\mathrm{d}\lambda(u) \quad \forall D \in \mathfrak{G} \otimes \mathfrak{H}. \tag{3.1.56}$$

b) *Für jede Funktion* $g \in \mathfrak{G} \otimes \mathfrak{H}$, *für die* $E_\vartheta\, g(U,V)$ *existiert für alle* $\vartheta \in \Theta$, *gilt*

$$E_\bullet(g(U,V) \mid V = v) = \int g_v(u)\, p_\bullet^{U|V=v}(u)\,\mathrm{d}\lambda(u) \quad [\mathfrak{P}^V], \tag{3.1.57}$$

$$\int_{G \times H} g(u,v)\, p_\vartheta^{U,V}(u,v)\,\mathrm{d}\lambda \otimes \nu = \int_H \left[\int_G g_v(u)\, p_\bullet^{U|V=v}(u)\,\mathrm{d}\lambda(u) \right] p_\vartheta^V(v)\,\mathrm{d}\nu(v)$$

$$\forall G \in \mathfrak{G} \quad \forall H \in \mathfrak{H} \quad \forall \vartheta \in \Theta. \tag{3.1.58}$$

Beweis: Dieser erfolgt wie derjenige von Satz 1.126. □

3.1.4 Erste Anwendungen in der Statistik

Bei Vorliegen einer suffizienten Statistik T ist es häufig gerechtfertigt, von Entscheidungsfunktionen bzw. Entscheidungskernen auszugehen, die über einer suffizienten Statistik meßbar faktorisieren. Durch Bedingen an einer derartigen Statistik T wird nämlich etwa jeder $\mathbb{R}^l$-wertigen $\mathfrak{B}$-meßbaren Funktion g (für die $E_\vartheta g$ existiert für jedes $\vartheta \in \Theta$) gemäß $h \circ T := E_\bullet(g \mid T) \quad [\mathfrak{P}^{\mathfrak{C}}]$ eine (von $\vartheta \in \Theta$ unabhängige) $\mathbb{R}^l$-wertige Funktion zugeordnet, die über T meßbar faktorisiert. Lassen sich g und $h \circ T$ als (nicht-randomisierte) Entscheidungsfunktionen interpretieren, so ist – wie bereits Satz 3.6d zeigt – $h \circ T$ bei vielen Verlustfunktionen mindestens ebenso gut wie g. In einem solchen Fall kann man sich bei der Suche nach besten Entscheidungsfunktionen von Anfang an auf solche beschränken, die von x nur über eine suffiziente Statistik $T(x)$ abhängen. Diese *Reduktion durch Suffizienz* ist offenbar umso stärker, je „gröber“ $T^{-1}(\mathfrak{D})$ ist, d.h. je „weniger“ Werte T annimmt.

In der Theorie der erwartungstreuen Schätzer ist eine derartige Reduktion etwa dann gerechtfertigt, wenn beim Schätzen eines l-dimensionalen Funktionals γ eine für jedes $\vartheta \in \Theta$ konvexe Verlustfunktion $\Lambda(\vartheta, \cdot)$ zugrundegelegt wird. Diese Voraussetzung ist bei

$l = 1$ z.B. für die Gauß-Verlustfunktion $\Lambda(\vartheta, a) = (a - \gamma(\vartheta))^2$ erfüllt, wenn also die Güte eines Schätzers g durch die Varianz $Var_\vartheta g = E_\vartheta(g - \gamma(\vartheta))^2$ gemessen wird. Wie in 2.7.1 bezeichnen wir die Gesamtheit aller für γ erwartungstreuen Schätzer $g \in \mathfrak{B}$ mit $\overline{\mathfrak{E}}_\gamma$. Mißt man jedoch für $l > 1$ die Güte eines Schätzers $g \in \mathfrak{E}_\gamma$ durch die Kovarianzmatrix $\mathscr{Cov}_\vartheta g$, so hat man sicherzustellen, daß diese für jedes $\vartheta \in \Theta$ existiert. Wir beschränken uns deshalb hierbei auf die bereits in 2.7 verwendete Teilgesamtheit $\mathfrak{E}_\gamma$ aller derjenigen Schätzer $g \in \overline{\mathfrak{E}}_\gamma$, für die $\mathscr{Cov}_\vartheta g$ für jedes $\vartheta \in \Theta$ existiert und endlich ist.

Satz 3.27 (Rao-Blackwell) *Es seien $\mathfrak{P} = \{P_\vartheta : \vartheta \in \Theta\} \subset \mathfrak{M}^1(\mathfrak{X}, \mathfrak{B})$ eine Verteilungsklasse und $T: (\mathfrak{X}, \mathfrak{B}) \to (\mathfrak{T}, \mathfrak{D})$ eine suffiziente Statistik für $\vartheta \in \Theta$ mit $\mathfrak{C} := T^{-1}(\mathfrak{D})$. Weiter seien $\gamma: \Theta \to \mathbb{R}^l$ ein erwartungstreu schätzbares Funktional und Λ eine Verlustfunktion, für die $\Lambda(\vartheta, \cdot)$ für jedes $\vartheta \in \Theta$ konvex ist. Dann gibt es zu jedem Schätzer $g \in \overline{\mathfrak{E}}_\gamma$ einen Schätzer $h \circ T \in \overline{\mathfrak{E}}_\gamma$ mit gleichmäßig nicht-größerer Risikofunktion*

$$E_\vartheta \Lambda(\vartheta, h \circ T) \leqslant E_\vartheta \Lambda(\vartheta, g) \quad \forall \vartheta \in \Theta, \tag{3.1.59}$$

nämlich eine jede (von $\vartheta \in \Theta$ unabhängige) Festlegung $h \circ T$ von $E_\bullet(g \mid T)$.
Ist $\Lambda(\vartheta, \cdot)$ für jedes $\vartheta \in \Theta$ strikt konvex und gilt $E_\vartheta \Lambda(\vartheta, g) < \infty \quad \forall \vartheta \in \Theta$, so steht in (3.1.59) *das Gleichheitszeichen genau dann, wenn gilt*

$$g = h \circ T \quad [\mathfrak{P}]. \tag{3.1.60}$$

Beweis: Nach (3.1.28) ist $k := E_\bullet(g \mid T) \quad [\mathfrak{P}^{\mathfrak{C}}]$ wieder erwartungstreu. Aus der Konvexität von $\Lambda(\vartheta, \cdot)$ folgt nach der bedingten Jensen-Ungleichung 1.120k

$$\Lambda(\vartheta, E_\bullet(g \mid T)(x)) \leqslant E_\bullet(\Lambda(\vartheta, g) \mid T)(x) \quad [P_\vartheta^{\mathfrak{C}}] \quad \forall \vartheta \in \Theta \tag{3.1.61}$$

und daraus durch Bildung des Erwartungswerts die Behauptung (3.1.59). Offenbar steht in (3.1.59) das Gleichheitszeichen genau dann, wenn es in (3.1.61) steht; dieses ist nach dem Zusatz zur bedingten Jensen-Ungleichung wiederum genau dann der Fall, wenn (3.1.60) gilt. □

Korollar 3.28 (Rao-Blackwell) a) *Für $l = 1$, $g \in \overline{\mathfrak{E}}_\gamma$ und $h \circ T := E_\bullet(g \mid T) \quad [\mathfrak{P}^{\mathfrak{C}}]$ gilt*

$$Var_\vartheta h \circ T \leqslant Var_\vartheta g \quad \forall \vartheta \in \Theta. \tag{3.1.62}$$

Ist $g \in \mathfrak{E}_\gamma$, so gilt Gleichheit in (3.1.62) *genau für* (3.1.60).
b) *Es seien $l > 1$ und $\gamma: \Theta \to \mathbb{R}^l$ ein erwartungstreu $\mathbb{L}_2$-schätzbares Funktional. Dann gilt für $g \in \mathfrak{E}_\gamma$ und $h \circ T = E_\bullet(g \mid T) \quad [\mathfrak{P}^{\mathfrak{C}}]$*

$$\mathscr{Cov}_\vartheta h \circ T \leqslant \mathscr{Cov}_\vartheta g \quad \forall \vartheta \in \Theta. \tag{3.1.63}$$

Dabei steht in (3.1.63) *das Gleichheitszeichen genau dann, wenn* (3.1.60) *gilt.*

Beweis: a) ergibt sich aus Satz 3.27 für die Verlustfunktion $\Lambda(\vartheta, a) = (a - \gamma(\vartheta))^2$.
b) Sei $g \in \mathfrak{E}_\gamma$. Für jedes feste $u \in \mathbb{R}^l$ ist dann $u^\top g \in \mathfrak{E}_{u^\top \gamma}$ sowie $u^\top h \circ T$ eine Festlegung von $E_\bullet(u^\top g \mid T)$. Also gilt nach (3.1.62) für jedes $u \in \mathbb{R}^l$

$$u^\top(\mathscr{Cov}_\vartheta h(T))\, u = Var_\vartheta(u^\top h(T)) \leqslant Var_\vartheta(u^\top g) = u^\top(\mathscr{Cov}_\vartheta g)\, u \tag{3.1.64}$$

und damit (3.1.63) im Sinne der Löwner-Ordnung (2.7.8). □

Der Satz von Rao-Blackwell besagt etwa im Fall $l = 1$, daß man durch Bildung des bedingten EW bei gegebener suffizienter Statistik T aus einem Schätzer $g \in \overline{\mathfrak{E}}_\gamma$ einen „besseren" Schätzer $h \circ T \in \overline{\mathfrak{E}}_\gamma$ gewinnt, falls nicht bereits (3.1.60) gilt. Durch eine zweite Bildung des bedingten EW bezüglich derselben suffizienten Statistik T kommt man jedoch nicht zu einer weiteren Verbesserung, da der beim ersten Schritt ermittelte Schätzer bereits über T meßbar faktorisiert und sich somit durch nochmaliges Bedingen an T keine Verringerung der Varianz mehr ergibt. Hat man jedoch noch eine weitere suffiziente Statistik T' derart, daß $h \circ T$ nicht bereits über T' meßbar faktorisiert, so kann man den Schätzer durch Bedingen an T' weiter verbessern.

Von großem Interesse ist natürlich eine maximale Reduktion, um einen möglichst guten Schätzer, d.h. einen solchen mit möglichst kleiner Varianz zu erhalten. Dabei bleiben im Moment zwei Fragen offen: Gibt es immer eine „gröbste" suffiziente oder, wie man sagt, eine „minimalsuffiziente" Statistik T^*? Wenn ja, ist der so gewonnene erwartungstreue Schätzer unabhängig von der speziellen Wahl von g und damit ein erwartungstreuer Schätzer mit gleichmäßig kleinster Varianz? Auf diese Fragen werden wir in 3.2.3 zurückkommen.

Beispiel 3.29 In Beispiel 3.1 ist $g(x) = x_1$ ein erwartungstreuer Schätzer für $\gamma(\pi) = \pi$ und $T(x) = \sum x_j$ suffizient für $\pi \in [0, 1]$. Nach Beispiel 3.14 ist $h(T(x)) = \bar{x}$ eine Festlegung von $E_\bullet(X_1 \mid T)(x)$. Also ist $k(x) = \bar{x}$ auch ein erwartungstreuer Schätzer für $\gamma(\pi) = \pi$ und das Bedingen an der Statistik T führt hier tatsächlich zu einer Verringerung der Varianz, falls $n > 1$ ist. In diesem Beispiel wird sich $k(x) = \bar{x}$ in 3.2.2 als erwartungstreuer Schätzer mit gleichmäßig kleinster Varianz (und $T(x) = \sum x_j$ in 3.2.3 als „minimalsuffiziente" Statistik) erweisen.

Für $n \geq 3$ ist ebenfalls die Statistik $\tilde{T}(x) = \left(\sum_{j=1}^{2} x_j, \sum_{j=3}^{n} x_j \right)$ suffizient für $\pi \in [0, 1]$, wie man in Analogie zu Beispiel 3.1 oder über das Neyman-Kriterium sofort verifiziert. Dann ist $\tilde{k}(x) = (x_1 + x_2)/2$ eine Festlegung von $E_\bullet(X_1 \mid \tilde{T})(x)$. Jedoch ist eine Reduktion auf Statistiken der Form $\tilde{h}\left(\sum_{j=1}^{2} x_j, \sum_{j=3}^{n} x_j \right)$ bei weitem nicht so wirkungsvoll wie auf solche der Form $h\left(\sum_{j=1}^{n} x_j \right)$: Einerseits hat man nämlich bei der Suche nach optimalen Lösungen noch Funktionen zweier Variabler zu diskutieren; andererseits gilt

$$Var_\pi(X_1 + X_2)/2 = \pi(1 - \pi)/2 > \pi(1 - \pi)/n = Var_\pi \bar{X} \qquad \text{für } \pi \in (0, 1) \text{ und } n > 2. \qquad \square$$

Auch aus einer Testfunktion φ läßt sich durch Bedingen an einer suffizienten Statistik T wieder eine Testfunktion gewinnen, die von x nur über $T(x)$ abhängt, nämlich $\psi \circ T = E_\bullet(\varphi \mid T) \quad [\mathfrak{P}^{\mathfrak{C}}]$, $\mathfrak{C} = T^{-1}(\mathfrak{D})$. Im Gegensatz zur Situation bei erwartungstreuen Schätzern bleibt hier jedoch das Gütemaß, nämlich die Gütefunktion, erhalten.

Satz 3.30 *Es seien $\mathfrak{P} = \{P_\vartheta : \vartheta \in \Theta\}$ eine Verteilungsklasse über $(\mathfrak{X}, \mathfrak{B})$ und $T: (\mathfrak{X}, \mathfrak{B}) \to (\mathfrak{T}, \mathfrak{D})$ eine suffiziente Statistik für $\vartheta \in \Theta$ mit $\mathfrak{C} := T^{-1}(\mathfrak{D})$. Dann gibt es zu jedem Test φ einen über T meßbar faktorisierenden Test $\psi \circ T$, der dieselbe Gütefunktion besitzt, nämlich $\psi \circ T = E_\bullet(\varphi \mid T) \quad [\mathfrak{P}^{\mathfrak{C}}]$. Dabei ist ψ eine Version von $E_\bullet(\varphi \mid T = \cdot)$ mit $0 \leq \psi(t) \leq 1 \quad \forall t \in \mathfrak{T}$.*

Beweis: Für $\psi(t) := E_\bullet(\varphi \mid T = t) \quad [\mathfrak{P}^T]$ folgt aus $0 \leq \varphi(x) \leq 1 \quad \forall x \in \mathfrak{X}$ zunächst $0 \leq \psi(T(x)) \leq 1 \quad [\mathfrak{P}^{\mathfrak{C}}]$. Durch geeignete Festlegung der $\mathfrak{C}$-meßbaren Funktion $\psi \circ T$

läßt sich also erreichen, daß für alle $x \in \mathfrak{X}$ gilt $0 \leqslant \psi(T(x)) \leqslant 1$. Diese Version ist wegen (3.1.28) dann ein Test mit

$$E_\vartheta \varphi = E_\vartheta \psi \circ T \quad \forall \vartheta \in \Theta . \qquad \square \qquad (3.1.65)$$

Wird die Güte eines Tests φ durch Eigenschaften der Gütefunktion $\vartheta \mapsto E_\vartheta \varphi$ gemessen, so kann man sich also bei der Suche nach besten Lösungen von Testproblemen von Anfang an auf Tests beschränken, die über einer suffizienten Statistik T meßbar faktorisieren. Liegen speziell st.u. $\mathfrak{B}(1, \pi)$-verteilte ZG $X_1, \ldots, X_n$ zugrunde, so besagt die Reduktion durch Suffizienz: Man braucht nur Tests $\psi \circ T$ zu betrachten, d.h. Tests $\psi(\cdot)$ der einen Veränderlichen $T(x) = \sum x_j$ und nicht auch solche der n Veränderlichen $x_1, \ldots, x_n$. Die mit Bedingen von φ an T im allgemeinen verbundene Verringerung der Varianz kommt hier nicht zum Tragen, da sich die Gütefunktion gemäß (3.1.65) nicht ändert.

Beispiel 3.31 In Beispiel 3.8 besitzt der Test $\varphi(x) = \mathbb{1}_{\{x_{11} > x_{21}\}}(x)$ die Gütefunktion $P \mapsto E_P \varphi(X) = P(x_{11} > x_{21})$. Diese Gütefunktion hat auch der nur von $T(x) = (x^{(1)}_{n_1\uparrow}, x^{(2)}_{n_2\uparrow})$ abhängende Test

$$\psi(T(x)) = \frac{1}{n_1 n_2} \sum_{j_1} \sum_{j_2} \mathbb{1}_{\{x_{1j_1} > x_{2j_2}\}}(x) = E_\bullet(\varphi \mid T)(x) \quad [\mathfrak{P}^{\mathfrak{C}}].$$

Für diesen gilt $Var_P \psi(T(X)) < Var_P \varphi(X)$, falls $n_1 > 1$ oder $n_2 > 1$ ist. Dieses Beispiel zeigt, daß durch Bedingen an einer suffizienten Statistik ein nicht-randomisierter Test in einen randomisierten Test übergehen kann. $\square$

Anmerkung 3.32 Ist allgemeiner δ ein Entscheidungskern und liegt eine für $\vartheta \in \Theta$ suffiziente Statistik T vor, so gibt es für jedes $A \in \mathfrak{A}_\Delta$ eine von $\vartheta \in \Theta$ unabhängige Festlegung des bedingten EW

$$\sigma_T(x, A) := \sigma(T(x), A) = E_\bullet(\delta(X, A) \mid T)(x), \qquad A \in \mathfrak{A}_\Delta; \qquad (3.1.66)$$

Dabei ist jedoch die Abbildung $A \mapsto \sigma_T(x, A)$ bei festem $x \in \mathfrak{X}$ nicht notwendig wieder eine Verteilung über $(\Delta, \mathfrak{A}_\Delta)$. Ist aber $(\Delta, \mathfrak{A}_\Delta)$ ein euklidischer Entscheidungsraum, ist also $\Delta \in \mathbb{B}^k$ und $\mathfrak{A}_\Delta = \Delta \mathbb{B}^k$ bei geeignetem $k \in \mathbb{N}$, so kann die Festlegung so gewählt werden, daß σ_T ein Markov-Kern von $(\mathfrak{X}, \mathfrak{C})$ nach $(\Delta, \mathfrak{A}_\Delta)$ ist. Der Beweis [1]) beruht auf einer Verallgemeinerung des Beweises von Satz 3.16, der als Spezialfall für $\delta(x, A) = \mathbb{1}_A(x)$ und spezielle Wahl von $(\Delta, \mathfrak{A}_\Delta)$ in dieser Aussage enthalten ist. Wegen (3.1.28) gilt für den Entscheidungskern σ_T

$$Q_\vartheta(\sigma_T, A) = E_\vartheta \sigma_T(X, A) = E_\vartheta \sigma(T(X), A) = E_\vartheta \delta(X, A) = Q_\vartheta(\delta, A) \quad \forall \vartheta \in \Theta . \qquad (3.1.67)$$

Der durch Bedingen aus δ gewonnene Entscheidungskern σ_T ist also zu δ äquivalent in dem Sinne, daß seine Entscheidungen die gleiche Verteilung (1.2.95) besitzen. Es sei jedoch bemerkt, daß dieser Satz von Bahadur *nicht* den Satz von Rao-Blackwell als Spezialfall enthält. Eine (nicht-randomisierte) Entscheidungsfunktion g – gemäß $(x, A) \mapsto \mathbb{1}_A(g(x))$ aufgefaßt als Entscheidungskern – geht nämlich durch Bedingen gemäß (3.1.66) in einen Entscheidungskern über, der im allgemeinen *nicht* von der speziellen Form $\mathbb{1}_A(h(T(x)))$ ist, d.h. im allgemeinen sind $(x, A) \mapsto E_\bullet(\mathbb{1}_A(g) \mid T)(x)$ und $(x, A) \mapsto \mathbb{1}_A(E_\bullet(g \mid T)(x))$ voneinander verschiedene Entscheidungskerne.

Aufgabe 3.1 Es seien $\mathfrak{P} = \{P_\vartheta \colon \vartheta \in \Theta\} \subset \mathfrak{M}^1(\mathfrak{X}, \mathfrak{B})$ und T eine suffiziente Statistik für $\vartheta \in \Theta$. Man zeige: Einer Reduktion durch Suffizienz im Stichprobenraum entspricht keine Reduktion im Parameterraum, d.h. aus $P_\vartheta \neq P_{\vartheta'}$ folgt $P^T_\vartheta \neq P^T_{\vartheta'}$.

---

[1]) Vgl. R.R. Bahadur: Ann. Math. Statist. **25** (1954), 423–462.

Aufgabe 3.2 a) $X_1, \ldots, X_n$ seien st.u. $\mathfrak{R}(0, \vartheta)$-verteilte ZG, $\vartheta > 0$. Man zeige: $T(x) := \max_{1 \leq j \leq n} x_j$ ist suffizient für $\vartheta > 0$.

b) $X_1, \ldots, X_n$ seien st.u. $\mathfrak{R}(\vartheta_1, \vartheta_2)$-verteilte ZG, $-\infty < \vartheta_1 < \vartheta_2 < +\infty$. Man bestimme eine zweidimensionale suffiziente Statistik (vgl. auch Aufg. 2.30).

Aufgabe 3.3 $X_1, \ldots, X_n$ seien st.u. ZG mit der $\lambda\!\!\lambda$-Dichte $f_\vartheta(z) = \frac{1}{\sigma} \exp\left[-\frac{z-\mu}{\sigma}\right] \mathbb{1}_{[\mu,\infty)}(z)$, $\vartheta = (\mu, \sigma) \in \mathbb{R} \times (0, \infty)$. Man zeige: $T(x) = \left(x_{\uparrow 1}, \sum_{j=2}^{n} x_{\uparrow j}\right)$ ist eine suffiziente Statistik für $\vartheta \in \mathbb{R} \times (0, \infty)$.

Aufgabe 3.4 Y_1, Y_2 seien st.u. $\mathfrak{P}(\lambda)$-verteilte ZG, $\lambda > 0$. Weiter seien $X_i := 2\mathbb{1}_{\{Y_i \geq 2\}} + Y_i \mathbb{1}_{\{Y_i < 2\}}$, $i = 1, 2$. Man zeige: $T(x) := x_1 + x_2$ ist nicht suffizient für $P \in \{\mathfrak{L}_\lambda(X_1, X_2) \colon \lambda > 0\}$, wohl aber für $P \in \{\mathfrak{L}_\lambda(Y_1, Y_2) \colon \lambda > 0\}$.

Aufgabe 3.5 Es seien $\mathfrak{Q}$ eine Gruppe meßbarer Transformationen von $(\mathfrak{X}, \mathfrak{B})$ auf sich und $P \in \mathfrak{M}^1(\mathfrak{X}, \mathfrak{B})$. Dann heißt eine Funktion $f \in \mathfrak{B}$ bzw. eine Menge $B \in \mathfrak{B}$ *P-fast invariant gegenüber* $\mathfrak{Q}$, falls für alle $\pi \in \mathfrak{Q}$ gilt $f(x) = f(\pi x)$ $[P]$ bzw. $P(B \triangle \pi B) = 0$. Man zeige:

a) Die Gesamtheit der P-fast invarianten Mengen bildet eine σ-Algebra $\mathfrak{C} \subset \mathfrak{B}$.

b) f ist genau dann P-fast invariant, wenn gilt $f \in \mathfrak{C}$.

c) $\mathfrak{P} \subset \mathfrak{M}^1(\mathfrak{X}, \mathfrak{B})$ sei eine dominierte Klasse derart, daß jedes $P \in \mathfrak{P}$ invariant ist gegenüber $\mathfrak{Q}$, d.h. $P^\pi = P \ \ \forall \pi \in \mathfrak{Q}$. Ist dann ν ein zu $\mathfrak{P}$ äquivalentes WS-Maß der Form (3.1.39), so ist die σ-Algebra der ν-fast invarianten Mengen suffizient für $P \in \mathfrak{P}$.

Aufgabe 3.6 Es seien $\mathfrak{P} \subset \mathfrak{M}^1(\mathfrak{X}, \mathfrak{B})$ separabel und $\mathfrak{P}' \subset \mathfrak{P}$ eine separierende Menge von $\mathfrak{P}$. Man zeige: Ist T eine für $P \in \mathfrak{P}'$ suffiziente Statistik, so ist T auch suffizient für $P \in \mathfrak{P}$.

Hinweis: Man zeige, daß eine von $P \in \mathfrak{P}'$ unabhängige Festlegung k_B von $E_P(\mathbb{1}_B | T)$, $B \in \mathfrak{B}$, eine Festlegung des bedingten EW für alle $P \in \mathfrak{P}$ ist. Hierzu nutze man aus, daß das System der Dichten $\mathrm{d}P/\mathrm{d}\nu$, $P \in \mathfrak{P}$, ebenfalls separabel ist, sofern $\mathfrak{P} \ll \nu$ gilt.

Aufgabe 3.7 Es seien $(\mathfrak{X}, \mathfrak{B}, \mathfrak{P})$ ein statistischer Raum und $T\colon (\mathfrak{X}, \mathfrak{B}) \to (\mathfrak{T}, \mathfrak{D})$ eine Statistik. Weiter seien $\mathfrak{D}' \subset \mathfrak{D}$ eine σ-Algebra und $\mathfrak{C}' := T^{-1}(\mathfrak{D}')$. Man zeige:

a) $\mathfrak{C}'$ ist suffizient für $P \in \mathfrak{P} \Rightarrow \mathfrak{D}'$ ist suffizient für $Q \in \mathfrak{P}^T$.

b) Ist zusätzlich T suffizient für $P \in \mathfrak{P}$, so gilt:

$$\mathfrak{C}' \text{ ist suffizient für } P \in \mathfrak{P} \Leftrightarrow \mathfrak{D}' \text{ ist suffizient für } Q \in \mathfrak{P}^T.$$

c) $\{\emptyset, \mathfrak{X}\}$ ist suffizient für $P \in \mathfrak{P} \Leftrightarrow \mathfrak{P}$ ist einelementig.

Aufgabe 3.8 Es seien $(\mathfrak{X}, \mathfrak{B}, \mathfrak{P})$ ein statistischer Raum und $\mathfrak{C}_n$ für jedes $n \in \mathbb{N}$ eine für $P \in \mathfrak{P}$ suffiziente σ-Algebra. Man zeige:

a) Ist $(\mathfrak{C}_n)_{n \in \mathbb{N}}$ isoton, so ist $\sigma(\{\mathfrak{C}_n \colon n \in \mathbb{N}\})$ suffizient für $P \in \mathfrak{P}$.

b) Ist $(\mathfrak{C}_n)_{n \in \mathbb{N}}$ antiton, so ist $\bigcap_{n \in \mathbb{N}} \mathfrak{C}_n$ suffizient für $P \in \mathfrak{P}$.

Hinweis: Man verwende die jeweiligen Martingalkonvergenzsätze.

3.2 Vollständige Verteilungsklassen

Seine volle Bedeutung erlangt der Begriff der Suffizienz erst durch Hinzunahme des Begriffs der Vollständigkeit. Dieser wird in 3.2.1 eingeführt und auf den Nachweis der Optimalität erwartungstreuer Schätzer angewendet. 3.2.2 enthält die beiden wichtigsten hinreichenden Bedingungen für Vollständigkeit. In 3.2.3 schließlich wird die bereits in 3.1.4 aufgeworfene Frage der maximalen Reduktion durch Suffizienz diskutiert.

3.2.1 Definition; Anwendung in der Schätztheorie

In 3.1.4 wurde gezeigt, daß ein erwartungstreuer Schätzer für ein Funktional $\gamma: \Theta \to \mathbb{R}^l$ durch Bedingen an einer suffizienten Statistik T häufig verbessert wird. Im folgenden wird die Optimalität des so gewonnenen Schätzers vielfach durch den Nachweis verifiziert, daß es im wesentlichen nur *einen* von x über $T(x)$ abhängenden erwartungstreuen Schätzer für $\gamma(\vartheta)$ gibt, daß also für alle $\mathfrak{D}$-meßbaren Funktionen h_1 und h_2 gilt

$$E_\vartheta h_1(T) = E_\vartheta h_2(T) \quad \forall \vartheta \in \Theta \quad \Rightarrow \quad h_1(t) = h_2(t) \quad [\mathfrak{P}^T]. \tag{3.2.1}$$

Definition 3.33 $\mathfrak{P} = \{P_\vartheta : \vartheta \in \Theta\}$ *sei eine Klasse von Verteilungen über* $(\mathfrak{X}, \mathfrak{B})$.

a) *Die Klasse* $\mathfrak{P}$ *heißt* vollständig, *wenn für jede* [1]) $\mathfrak{B}$*-meßbare Funktion* g *gilt*

$$E_\vartheta g = 0 \quad \forall \vartheta \in \Theta \quad \Rightarrow \quad g(x) = 0 \quad [\mathfrak{P}]. \tag{3.2.2}$$

b) *Eine Statistik* $T: (\mathfrak{X}, \mathfrak{B}) \to (\mathfrak{T}, \mathfrak{D})$ *heißt* vollständig für $\vartheta \in \Theta$ *bzw.* für $P \in \mathfrak{P}$, *wenn die Klasse* $\mathfrak{P}^T$ *vollständig ist.*

Definitionsgemäß ist also eine Statistik T vollständig für $\vartheta \in \Theta$ bzw. $P \in \mathfrak{P}$, wenn für jede $\mathfrak{D}$-meßbare Funktion h gilt

$$E_\vartheta h(T) = 0 \quad \forall \vartheta \in \Theta \quad \Rightarrow \quad h(t) = 0 \quad [\mathfrak{P}^T]. \tag{3.2.3}$$

Offenbar sind (3.2.1) und (3.2.3) äquivalent.

Vollständigkeit einer Klasse $\mathfrak{P}$ besagt im wesentlichen, daß $\mathfrak{P}$ „hinreichend groß" ist, um die Implikation (3.2.2) zu erzwingen. Dazu ist zu bemerken, daß mit einer Vergrößerung von $\mathfrak{P}$ eine Verkleinerung des Systems der $\mathfrak{P}$-Nullmengen verbunden sein kann, d.h. daß bei $\mathfrak{P} \subset \mathfrak{P}'$ aus $P(\{g \neq 0\}) = 0 \quad \forall P \in \mathfrak{P}$ nicht notwendig folgt $P(\{g \neq 0\}) = 0 \quad \forall P \in \mathfrak{P}'$. Somit impliziert die Vollständigkeit von $\mathfrak{P}$ im allgemeinen weder bei $\mathfrak{P}' \subset \mathfrak{P}$ noch bei $\mathfrak{P}' \supset \mathfrak{P}$ diejenige von $\mathfrak{P}'$; jedoch ergibt sich die Vollständigkeit von $\mathfrak{P}' \supset \mathfrak{P}$ aus derjenigen von $\mathfrak{P}$, falls $\mathfrak{P}$ und $\mathfrak{P}'$ äquivalent sind. Die Vollständigkeit ist also die Eigenschaft einer Verteilungsklasse und steht somit im Gegensatz zur Suffizienz, die bei gegebener Klasse $\mathfrak{P}$ diejenige einer σ-Algebra bzw. einer Statistik ist. Dennoch sprechen wir der Einfachheit halber – in Analogie zu der bei der Suffizienz gebräuchlichen Ausdrucksweise – von einer für $\vartheta \in \Theta$ bzw. für $P \in \mathfrak{P}$ vollständigen Statistik. Gemeinsam ist beiden Begriffen, daß sie unabhängig sind von einer speziellen Parametrisierung. Auch gilt analog Satz 3.10 die

[1]) Genauer wird hier $g \in \bigcap_{\vartheta \in \Theta} \mathbb{L}_1(\vartheta)$ vorausgesetzt. Bei testtheoretischen Anwendungen in 3.3 reicht es vielfach, (3.2.2) nur für beschränkte Funktionen $g \in \mathfrak{B}$ zu fordern; vgl. Aufgabe 3.14.

Anmerkung 3.34 *Bezeichnet b eine bijektive Abbildung von* $\mathfrak{T} = T(\mathfrak{X})$ *auf* $\tilde{\mathfrak{T}} = \tilde{T}(\mathfrak{X})$ *mit* $\tilde{T} = b \circ T$, *so ist mit* $T: (\mathfrak{X}, \mathfrak{B}) \to (\mathfrak{T}, \mathfrak{D})$ *auch* $\tilde{T}: (\mathfrak{X}, \mathfrak{B}) \to (\tilde{\mathfrak{T}}, \tilde{\mathfrak{D}})$ *suffizient bzw. vollständig, sofern gilt* $\tilde{\mathfrak{D}} = b(\mathfrak{D})$.

Weiter sei einleitend darauf hingewiesen, daß zwar $T(x) = x$ bei $(\mathfrak{T}, \mathfrak{D}) = (\mathfrak{X}, \mathfrak{B})$ für jede Klasse $\mathfrak{P} \subset \mathfrak{M}^1(\mathfrak{X}, \mathfrak{B})$ suffizient ist, daß aber die Identität häufig nicht vollständig ist. Sind nämlich $X_1, \ldots, X_n$ st.u. ZG mit derselben Verteilung $F \in \mathfrak{F}$, so ist $T(x) = x = (x_1, \ldots, x_n)$ bei $n > 1$ nicht vollständig. Es gilt nämlich z.B. $E_F(g(X_1) - g(X_2)) = 0 \quad \forall F \in \mathfrak{F}$ für jede Funktion $g \in \mathbb{L}_1(F) \quad \forall F \in \mathfrak{F}$.

Die folgenden beiden Aussagen stellen eine für die späteren Anwendungen wichtige Ergänzung des Satzes von Rao-Blackwell für den Fall dar, daß die bedingende Statistik auch vollständig ist. Sie lehnt sich deshalb in der Formulierung an diejenige von Satz 3.27 bzw. Korollar 3.28 an.

Satz 3.35 (Lehmann-Scheffé) *Es seien* $\mathfrak{P} = \{P_\vartheta: \vartheta \in \Theta\} \subset \mathfrak{M}^1(\mathfrak{X}, \mathfrak{B})$ *eine Verteilungsklasse und* $T: (\mathfrak{X}, \mathfrak{B}) \to (\mathfrak{T}, \mathfrak{D})$ *eine suffiziente und vollständige Statistik für* $\vartheta \in \Theta$ *mit* $\mathfrak{C} := T^{-1}(\mathfrak{D})$. *Weiter seien* $\gamma: \Theta \to \mathbb{R}^l$ *ein erwartungstreu schätzbares Funktional und* Λ *eine Verlustfunktion derart, daß* $\Lambda(\vartheta, \cdot)$ *für jedes* $\vartheta \in \Theta$ *konvex ist. Dann gilt:*

a) *Ein Schätzer* $k \in \overline{\mathfrak{E}}_\gamma$ *der Form* $k = h \circ T \quad [\mathfrak{P}]$ *mit* $h \in \mathfrak{D}$ *hat gleichmäßig kleinste Risikofunktion unter allen Schätzern* $g \in \overline{\mathfrak{E}}_\gamma$.

b) *Es existiert stets ein Schätzer* $k \in \overline{\mathfrak{E}}_\gamma$ *der Form* $k = h \circ T \quad [\mathfrak{P}]$ *mit* $h \in \mathfrak{D}$.

c) *Ist* $\Lambda(\vartheta, \cdot)$ *für jedes* $\vartheta \in \Theta$ *strikt konvex, so ist ein Schätzer* $g_1 \in \overline{\mathfrak{E}}_\gamma$ *mit gleichmäßig kleinster Risikofunktion unter allen Schätzern* $g \in \overline{\mathfrak{E}}_\gamma$ $\mathfrak{P}$*-bestimmt, sofern gilt* $E_\vartheta \Lambda(\vartheta, g_1) < \infty \quad \forall \vartheta \in \Theta$.

Beweis: a) Sei $g_1 \in \overline{\mathfrak{E}}_\gamma$ und $h_1 \circ T := E_\bullet(g_1 \mid T) \quad [\mathfrak{P}^{\mathfrak{C}}]$. Dann gilt wegen (3.2.1) $h = h_1 \quad [\mathfrak{P}^T]$ und damit nach dem Satz von Rao-Blackwell

$$E_\vartheta \Lambda(\vartheta, g_1) \geqslant E_\vartheta \Lambda(\vartheta, h_1 \circ T) = E_\vartheta \Lambda(\vartheta, h \circ T) \quad \forall \vartheta \in \Theta.$$

b) Sei $g \in \overline{\mathfrak{E}}_\gamma$. Dann ist $h \circ T \in \overline{\mathfrak{E}}_\gamma$ bei $h \circ T := E_\bullet(g \mid T) \quad [\mathfrak{P}^{\mathfrak{C}}]$, und es gilt $h \in \mathfrak{D}$.

c) Seien $g_1 \in \overline{\mathfrak{E}}_\gamma$ sowie nach a) auch $k = h \circ T \in \overline{\mathfrak{E}}_\gamma$ Schätzer mit gleichmäßig kleinster Risikofunktion unter allen Schätzern $g \in \overline{\mathfrak{E}}_\gamma$. Dann ist nach dem Satz von Rao-Blackwell auch $h_1 \circ T \in \overline{\mathfrak{E}}_\gamma$ bei $h_1 \circ T := E_\bullet(g_1 \mid T) \quad [\mathfrak{P}^{\mathfrak{C}}]$ ein Schätzer mit gleichmäßig kleinster Risikofunktion. Damit gilt nach dem Zusatz in Satz 3.27 $g_1 = h_1 \circ T \quad [\mathfrak{P}]$ und nach (3.2.1) damit $g_1 = h \circ T \quad [\mathfrak{P}]$. □

Korollar 3.36 (Lehmann-Scheffé) *T sei suffizient und vollständig für* $\vartheta \in \Theta$.

1) $(l = 1)$ $\gamma: \Theta \to \mathbb{R}$ *sei ein erwartungstreu schätzbares Funktional. Dann gilt: Ein Schätzer* $k \in \overline{\mathfrak{E}}_\gamma$ *der Form* $k = h \circ T \quad [\mathfrak{P}]$ *mit* $h \in \mathfrak{D}$ *besitzt gleichmäßig kleinste Varianz unter allen Schätzern* $g \in \overline{\mathfrak{E}}_\gamma$. *Er ist* $\mathfrak{P}$*-bestimmt, sofern* $\mathfrak{E}_\gamma \neq \emptyset$ *ist.*

2) $(l \in \mathbb{N})$ $\gamma: \Theta \to \mathbb{R}^l$ *sei ein erwartungstreu* $\mathbb{L}_2$*-schätzbares Funktional. Dann gilt:*

a) *Ein Schätzer* $k \in \mathfrak{E}_\gamma$ *der Form* $k = h \circ T \quad [\mathfrak{P}]$ *mit* $h \in \mathfrak{D}$ *hat gleichmäßig kleinste Kovarianzmatrix unter allen Schätzern* $g \in \mathfrak{E}_\gamma$.

b) *Ein Schätzer* $k \in \mathfrak{E}_\gamma$ *mit gleichmäßig kleinster Kovarianzmatrix unter allen Schätzern* $g \in \mathfrak{E}_\gamma$ *ist* $\mathfrak{P}$*-bestimmt.*

Beweis: 1) folgt aus Satz 3.35 für die Verlustfunktion $\Lambda(\vartheta, a) = (a - \gamma(\vartheta))^2$. 2) ergibt sich, wenn man im Beweis von Satz 3.35a) bzw. c) $\overline{\mathfrak{E}}_\gamma$ durch $\mathfrak{E}_\gamma$ und $E_\vartheta \Lambda(\vartheta, g)$ durch $\mathscr{C}ov_\vartheta\, g$ ersetzt sowie „ $\geqslant$" im Sinne der Löwner-Ordnung (2.7.8) interpretiert. □

Beispiel 3.37 $X_1, \ldots, X_n$ seien st.u. $\mathfrak{B}(1, \pi)$-verteilte ZG, $\pi \in [0,1]$. Dann ist $T(x) = \sum x_j$ vollständig für $\pi \in [0,1]$. Man verifiziert nämlich

$$E_\pi h(T) = \sum_{j=0}^{n} h(j) \binom{n}{j} \pi^j (1-\pi)^{n-j} = 0 \quad \forall \pi \in [0,1] \quad \Rightarrow \quad h(j) = 0 \quad \forall j = 0, \ldots, n,$$

indem man die Summe als Polynom n-ten Grades in $\pi/(1-\pi)$ auffaßt. $k_1(x) = \bar{x}$ und $k_2(x) = \hat{\sigma}^2(x)$ sind erwartungstreu für $\gamma_1(\pi) = E_\pi X_1 = \pi$ bzw. $\gamma_2(\pi) = Var_\pi X_1 = \pi(1-\pi)$. Beide Schätzer hängen nur von $T(x) = \sum x_j$ ab; wegen $x_j^2 = x_j$ gilt nämlich $\sum (x_j - \bar{x})^2 = \sum x_j - (\sum x_j)^2/n$. Folglich sind k_1 und k_2 beste Schätzer im Sinne des Satzes von Lehman-Scheffé. □

Beispiel 3.38 a) $X_1, \ldots, X_n$ seien st.u. $\mathfrak{R}(0, \vartheta)$-verteilte ZG, $\vartheta > 0$. Dann ist $T(x) = x_{\uparrow n}$ suffizient und vollständig für $\vartheta > 0$. Dabei ergibt sich die Suffizienz mit dem Neyman-Kriterium aus der $\lambda\!\!\lambda^n$-Dichte von $P_\vartheta = \bigotimes \mathfrak{R}(0, \vartheta)$, also aus der Gestalt von

$$p_\vartheta(x) = \prod_{j=1}^{n} f_\vartheta(x_j) = \frac{1}{\vartheta^n} \prod_{j=1}^{n} \mathbb{1}_{[0,\vartheta]}(x_j) = \frac{1}{\vartheta^n} \mathbb{1}_{[0,\vartheta]}(x_{\uparrow n}) \mathbb{1}_{[0,\infty)}(x_{\uparrow 1}) \quad [\lambda\!\!\lambda^n].$$

Nach Beispiel 2.10 besitzt T die $\lambda\!\!\lambda$-Dichte $p_\vartheta^T(t) = n \dfrac{t^{n-1}}{\vartheta^n} \mathbb{1}_{[0,\vartheta]}(t)$; damit ergibt sich die Vollständigkeit von T gemäß

$$E_\vartheta h(T) = \frac{n}{\vartheta^n} \int_{(0,\vartheta)} h(t)\, t^{n-1}\, \mathrm{d}t = 0 \quad \forall \vartheta > 0 \quad \Rightarrow \quad h(t) = 0 \quad [\lambda\!\!\lambda] \text{ für } t > 0 \quad \Leftrightarrow \quad h(t) = 0 \quad [\mathfrak{P}^T].$$

Wegen $E_\vartheta T = \dfrac{n}{n+1} \vartheta \quad \forall \vartheta > 0$ ist also $g(x) = \dfrac{n+1}{n} x_{\uparrow n}$ nach Korollar 3.36 erwartungstreuer Schätzer mit gleichmäßig kleinster Varianz für $\gamma(\vartheta) = \vartheta$.

b) $X_1, \ldots, X_n$ seien st.u. gemäß F_ϑ verteilte ZG, wobei F_ϑ die $\lambda\!\!\lambda$-Dichte $f_\vartheta(z) = \mathrm{e}^{-(z-\vartheta)} \mathbb{1}_{[\vartheta,\infty)}(z)$, $\vartheta \in \mathbb{R}$, besitzt. Dann ist $T(x) = x_{\uparrow 1}$ suffizient und vollständig für $\vartheta \in \mathbb{R}$. Dabei ergibt sich analog a) die Suffizienz wieder aus der $\lambda\!\!\lambda^n$-Dichte von $P_\vartheta = F_\vartheta^{(n)}$, nämlich aus

$$p_\vartheta(x) = \prod_{j=1}^{n} f_\vartheta(x_j) = \mathrm{e}^{-\sum x_j} \mathrm{e}^{n\vartheta} \mathbb{1}_{[\vartheta,\infty)}(x_{\uparrow 1}) \quad [\lambda\!\!\lambda^n]$$

und die Vollständigkeit wegen $p_\vartheta^T(t) = n\mathrm{e}^{-n(t-\vartheta)} \mathbb{1}_{[\vartheta,\infty)}(t) \quad [\lambda\!\!\lambda]$ gemäß

$$E_\vartheta h(T) = n\mathrm{e}^{n\vartheta} \int_{[\vartheta,\infty)} h(t) \mathrm{e}^{-nt} \mathrm{d}t = 0 \quad \forall \vartheta \in \mathbb{R} \quad \Rightarrow \quad h(t) = 0 \quad [\lambda\!\!\lambda] \quad \Leftrightarrow \quad h(t) = 0 \quad [\mathfrak{P}^T].$$

Aus $E_\vartheta T = \vartheta + 1/n \quad \forall \vartheta \in \mathbb{R}$ folgt somit, daß $g(x) = x_{\uparrow 1} - 1/n$ bester Schätzer im Sinne des Satzes von Lehmann-Scheffé ist für $\gamma(\vartheta) = \vartheta$. □

3.2.2 Exponentialfamilien und Klassen von Produktmaßen

Die Bedeutung des Satzes von Lehmann-Scheffé für die Anwendungen liegt darin, daß man für wichtige Verteilungsannahmen leicht suffiziente und vollständige Statistiken und damit vielfach optimale Schätzer angeben kann. Dies gilt speziell für Modelle mit

Exponentialfamilien wie auch für Modelle, denen n-fache Produkte von (gruppenweise) gleichen eindimensionalen Randverteilungen zugrundeliegen. So ist für k-parametrige Exponentialfamilien in ζ und T nach dem Neyman-Kriterium die k-dimensionale Statistik $T = (T_1, \ldots, T_k)$ suffizient für $\zeta \in Z$; sie ist auch vollständig, falls Z ein nicht-leeres Inneres, d.h. ein nicht-entartetes k-dimensionales Intervall enthält [1]). Nach Satz 1.161 ist dies zumindest für den natürlichen Parameterraum erfüllt.

Satz 3.39 (Vollständigkeit in Exponentialfamilien) $\mathfrak{P} = \{P_\vartheta : \vartheta \in \Theta\}$ *sei eine k-parametrige Exponentialfamilie in ζ und T. Dann ist die k-dimensionale suffiziente Statistik T vollständig für $\vartheta \in \Theta$, falls $Z := \zeta(\Theta) \subset \mathbb{R}^k$ ein nicht-leeres Inneres besitzt.*

Beweis: Da Exponentialfamilien mit μ-Dichten (1.7.1) invariant sind gegenüber affinen Transformationen, kann man o.E. annehmen, daß Z ein nicht-entartetes k-dimensionales Intervall der Form $I = (-a, +a)^k$, $a > 0$, enthält. Zum Nachweis der Vollständigkeit haben wir dann wegen (1.7.15) und der Äquivalenz von $\mathfrak{P}^T$ und ν^T zu zeigen

$$E_\zeta h(T) = \int h(t)\, C(\zeta)\, \mathrm{e}^{\sum \zeta_j t_j}\, \mathrm{d}\nu^T = 0 \quad \forall \zeta \in I \quad \Rightarrow \quad h(t) = 0 \quad [\nu^T]. \tag{3.2.4}$$

Hier ist die Voraussetzung $E_\zeta h(T) = 0 \quad \forall \zeta \in I$ mit $h = h^+ - h^-$ äquivalent zu

$$\int h^+(t)\, \mathrm{e}^{\sum \zeta_j t_j}\, \mathrm{d}\nu^T = \int h^-(t)\, \mathrm{e}^{\sum \zeta_j t_j}\, \mathrm{d}\nu^T \quad \forall \zeta \in I. \tag{3.2.5}$$

Aus $\zeta_0 := (0, \ldots, 0) \in I$ folgt also insbesondere $\int h^+(t)\, \mathrm{d}\nu^T = \int h^-(t)\, \mathrm{d}\nu^T =: w$. Die Behauptung $h(t) = 0 \quad [\nu^T]$ oder äquivalent $h^+(t) = h^-(t) = 0 \quad [\nu^T]$ resultiert also trivialerweise im Fall $w = 0$. Ist dagegen $w > 0$, so ergibt sich der Beweis wie folgt: Zunächst ist $w < \infty$, da anderenfalls $E_{\zeta_0} h(T) = \int h(t)\, \mathrm{d}\nu^T$ nicht existieren würde. Somit werden durch

$$\varkappa^+(D) := \int_D h^+(t)\, \mathrm{d}\nu^T / w, \qquad \varkappa^-(D) := \int_D h^-(t)\, \mathrm{d}\nu^T / w, \qquad D \in \mathfrak{D},$$

zwei WS-Maße über $(\mathfrak{T}, \mathfrak{D}) = (\mathbb{R}^k, \mathbb{B}^k)$ definiert; mit diesen besagt die linke Seite von (3.2.4)

$$\int \mathrm{e}^{\sum \zeta_j t_j}\, \mathrm{d}\varkappa^+ = \int \mathrm{e}^{\sum \zeta_j t_j}\, \mathrm{d}\varkappa^- \quad \forall \zeta \in I. \tag{3.2.6}$$

Dagegen ist die rechte Seite äquivalent mit $h^+(t) = h^-(t) \quad [\nu^T]$ und dieses wiederum nach Definition der Maße $\varkappa^+$ und $\varkappa^-$ mit

$$\varkappa^+(D) = \varkappa^-(D) \quad \forall D \in \mathfrak{D}.$$

Zum Nachweis der Vollständigkeit bleibt also zu zeigen, daß aus (3.2.6) die Gültigkeit von $\varkappa^+ = \varkappa^-$ folgt. Hierzu verifiziert man, daß die charakteristischen Funktionen der WS-Maße $\varkappa^+$ und $\varkappa^-$ übereinstimmen,

$$\int \mathrm{e}^{\mathrm{i} \sum \eta_j t_j}\, \mathrm{d}\varkappa^+ = \int \mathrm{e}^{\mathrm{i} \sum \eta_j t_j}\, \mathrm{d}\varkappa^- \quad \forall (\eta_1, \ldots, \eta_k) \in \mathbb{R}^k. \tag{3.2.7}$$

---

[1]) Die Vollständigkeit einer k-parametrigen Exponentialfamilie impliziert also die strikte k-Parametrigkeit; die Umkehrung gilt im allgemeinen nicht (vgl. etwa Beispiel 3.40c).

Seien nämlich $\xi_j = \zeta_j + i\eta_j$, $j = 1, \ldots, k$, komplexe Variablen. Dann sind

$$\beta^+(\xi_1, \ldots, \xi_k) := \int e^{\sum \xi_j t_j} d\varkappa^+, \qquad \beta^-(\xi_1, \ldots, \xi_k) := \int e^{\sum \xi_j t_j} d\varkappa^-,$$

nach Hilfssatz 1.162 holomorphe Funktionen jeder Variablen ξ_j im Streifen $-a < \zeta_j < +a$, $-\infty < \eta_j < +\infty$ bei festgehaltenen restlichen Variablen ξ_m, $m \neq j$. Für festes $(\zeta_2, \ldots, \zeta_k)$, $-a < \zeta_j < +a, j = 2, \ldots, k$, stimmen nun nach (3.2.6) die Funktionen $\beta^+(\xi_1, \zeta_2, \ldots, \zeta_k)$ und $\beta^-(\xi_1, \zeta_2, \ldots, \zeta_k)$ für reelle Werte $\xi_1 = \zeta_1$, $-a < \zeta_1 < +a$, und damit wegen der Eindeutigkeit der analytischen Fortsetzung auch für rein imaginäre Werte $\xi_1 = i\eta_1$, $-\infty < \eta_1 < +\infty$, überein. Indem man das gleiche Verfahren auf ξ_2 bei festgehaltenen $\xi_1, \zeta_3, \ldots, \zeta_k$ anwendet und entsprechend dann auf $\xi_3, \ldots, \xi_k$ bei festgehaltenen restlichen Variablen, folgt die Gleichheit der charakteristischen Funktionen (3.2.7) von $\varkappa^+$ und $\varkappa^-$ und damit nach A8.7 auch diejenige von $\varkappa^+$ und $\varkappa^-$. □

Beispiel 3.40 a) $X_1, \ldots, X_n$ seien st.u. $\mathfrak{N}(\mu, \sigma^2)$-verteilte ZG. Dann ist nach Beispiel 3.21 b $T(x) = (\sum x_j, \sum x_j^2)$ suffizient für $\vartheta = (\mu, \sigma^2) \in \mathbb{R} \times (0, \infty)$. Da die Parameter $\zeta_1(\vartheta) = \mu/\sigma^2$ und $\zeta_2(\vartheta) = -1/2\sigma^2$ unabhängig voneinander nicht-entartete Intervalle durchlaufen, ist $T(x)$ auch vollständig für $\vartheta = (\mu, \sigma^2) \in \mathbb{R} \times (0, \infty)$. Folglich sind

$$k_1(x) = \bar{x} \quad \text{bzw.} \quad k_2(x) = \sum (x_j - \bar{x})^2/(n-1) = (\sum x_j^2 - n\bar{x}^2)/(n-1)$$

als erwartungstreue Schätzer für $\gamma_1(\vartheta) = \mu$ bzw. $\gamma_2(\vartheta) = \sigma^2$, die nur von $T(x)$ abhängen, solche mit gleichmäßig kleinster Varianz. Analog ist nach Korollar 3.36 $k(x) = (k_1(x), k_2(x))$ erwartungstreuer Schätzer für $\gamma(\vartheta) = (\mu, \sigma^2)$ mit gleichmäßig kleinster Kovarianzmatrix.

b) Sind $X_{11}, \ldots, X_{1n_1}, X_{21}, \ldots, X_{2n_2}$ st.u. ZG mit $\mathfrak{L}_\vartheta(X_{ij}) = \mathfrak{N}(\mu_i, \sigma^2)$, $j = 1, \ldots, n_i$, $i = 1, 2$, so lautet mit $\vartheta = (\mu_1, \mu_2, \sigma^2) \in \mathbb{R}^2 \times (0, \infty)$ die $\lambda\!\!\lambda^{n_1+n_2}$-Dichte

$$p_\vartheta(x) = C(\vartheta) \exp\left[-\frac{1}{2\sigma^2}(\sum x_{1j}^2 + \sum x_{2j}^2) + \frac{\mu_1}{\sigma^2}\sum x_{1j} + \frac{\mu_2}{\sigma^2}\sum x_{2j}\right], \quad \vartheta = (\mu_1, \mu_2, \sigma^2) \in \mathbb{R}^2 \times (0, \infty).$$

Damit ist die Statistik $T(x) = (\sum x_{1j}^2 + \sum x_{2j}^2, \sum x_{1j}, \sum x_{2j})$ suffizient und vollständig für $\vartheta = (\mu_1, \mu_2, \sigma^2) \in \mathbb{R}^2 \times (0, \infty)$. Also sind mit $\bar{x}_{i\cdot} := \sum_j x_{ij}/n_i$, $i = 1, 2$,

$$k_1(x) = \bar{x}_{1\cdot} - \bar{x}_{2\cdot} \quad \text{bzw.} \quad k_2(x) = [\sum (x_{1j} - \bar{x}_{1\cdot})^2 + \sum (x_{2j} - \bar{x}_{2\cdot})^2]/(n_1 + n_2 - 2)$$

erwartungstreue Schätzer für $\gamma_1(\vartheta) = \mu_1 - \mu_2$ bzw. $\gamma_2(\vartheta) = \sigma^2$ mit gleichmäßig kleinster Varianz und $k(x) = (k_1(x), k_2(x))$ ein erwartungstreuer Schätzer für $\gamma(\vartheta) = (\mu_1 - \mu_2, \sigma^2)$ mit gleichmäßig kleinster Kovarianzmatrix.

c) Sind dagegen $X_{11}, \ldots, X_{1n_1}, X_{21}, \ldots, X_{2n_2}$ st.u. ZG mit $\mathfrak{L}_\vartheta(X_{ij}) = \mathfrak{N}(\mu, \sigma_i^2)$, $j = 1, \ldots, n_i$, $i = 1, 2$, so lautet mit $\vartheta = (\mu, \sigma_1^2, \sigma_2^2) \in \mathbb{R} \times (0, \infty)^2$ die $\lambda\!\!\lambda^{n_1+n_2}$-Dichte

$$p_\vartheta(x) = C(\vartheta) \exp\left[-\frac{1}{2\sigma_1^2}\sum x_{1j}^2 - \frac{1}{2\sigma_2^2}\sum x_{2j}^2 + \frac{\mu}{\sigma_1^2}\sum x_{1j} + \frac{\mu}{\sigma_2^2}\sum x_{2j}\right].$$

Dieses sind die Dichten einer strikt vierparametrigen Exponentialfamilie mit der suffizienten Statistik $T(x) = (\sum x_{1j}^2, \sum x_{2j}^2, \sum x_{1j}, \sum x_{2j})$; da σ_1^2 und σ_2^2 unabhängig voneinander variieren, ist $T(x)$ aber *nicht* vollständig, denn es gilt z.B. $E_\vartheta(\bar{X}_{1\cdot} - \bar{X}_{2\cdot}) = 0 \quad \forall \vartheta \in \mathbb{R} \times (0, \infty)^2$

d) Nach Beispiel 1.155c bildet ein lineares Modell mit Normalverteilungsannahme (1.5.15) eine $(k+1)$-parametrige Exponentialfamilie in

$$\zeta(\vartheta) = \left(\frac{v_1}{\sigma^2}, \ldots, \frac{v_k}{\sigma^2}, -\frac{1}{2\sigma^2}\right) \quad \text{und} \quad T(x) = (y_1(x), \ldots, y_k(x), \sum_{j=1}^{n} y_j^2(x)).$$

Folglich ist $T(x)$ und damit nach Anmerkung 3.34 auch $\tilde{T}(x) = (y_1(x), \ldots, y_k(x), \sum_{j=k+1}^{n} y_j^2(x))$ eine vollständige suffiziente Statistik für $(v_1, \ldots, v_k, \sigma^2) \in \mathbb{R}^k \times (0, \infty)$, da $v_1, \ldots, v_k, \sigma^2$ unabhängig voneinander nicht-degenerierte Intervalle durchlaufen. □

Beispiel 3.41 Allgemeiner seien $\mathfrak{F} = \{F_\zeta : \zeta \in Z_*\}$ eine strikt k-parametrige Exponentialfamilie in ζ und T mit Dichten $f(z, \zeta)$, Mittelwertfunktional $\chi(\cdot)$ und Z_* als natürlichem Parameterraum; weiter bezeichne $M \subset \mathbb{R}^k$ die kleinste abgeschlossene konvexe Menge mit $\mathfrak{F}^T(M) = 1$, in die also T mit F_ϑ-WS 1 fällt $\forall \vartheta \in \Theta$. Wie bereits im Anschluß an Satz 1.170 bemerkt wurde, läßt sich $\mathfrak{F}$ auch in Mittelwertparametrisierung darstellen, d.h. mit Dichten $\tilde{f}(z, \chi) := f(z, \zeta(\chi))$.
Sind nun $X_1, \ldots, X_n$ st.u. ZG mit derselben Verteilung F_ζ, $\zeta \in Z_*$, ist also $\mathfrak{P} = \{F_\zeta^{(n)} : \zeta \in Z_*\}$ und $\tilde{p}(x, \chi) := \prod \tilde{f}(x_j, \chi)$, so lauten die Likelihood-Gleichungen (1.2.38) für den Mittelwertparameter wegen Satz 1.170b und c

$$0 = \nabla_\chi \log \tilde{p}(x, \chi) = \tilde{\mathscr{J}}(\chi) \left(\sum T(x_j)/n - \chi\right).$$

Sie besitzen die Lösung $\hat{\chi}(x) = \sum T(x_j)/n$. Diese entspricht einem Maximum, da $\nabla_\zeta \nabla_\zeta^\top \log p(x, \hat{\zeta}(x)) = n \nabla_\zeta \nabla_\zeta^\top \log C(\zeta)$ nach Satz 1.164 negativ definit ist. $\hat{\chi}$ ist auch im Sinne der Definition aus 1.2.2 ein ML-Schätzer, falls die folgenden beiden Bedingungen erfüllt sind:

1) Z_* ist offen; 2) Es ist $\mathfrak{P}^T(\partial M) = 0$.

Nach Definition von M gilt nämlich $\hat{\chi}(x) \in M$ $[\mathfrak{P}]$ und damit wegen 2) auch $\hat{\chi}(x) \in \mathring{M}$ $[\mathfrak{P}]$. Wegen 1) und 2) gilt[1]) $\mathring{M} = X := \chi(Z_*)$ und damit auch $\hat{\chi}(x) \in X$ $[\mathfrak{P}]$; nach Abänderung auf einer $\mathfrak{P}$-Nullmenge gilt also $\hat{\chi} : (\mathfrak{X}, \mathfrak{B}) \to (X, X\mathbb{B}^k)$.
$\hat{\chi}$ hängt nur von der suffizienten und vollständigen Statistik $\sum T(x_j)$ ab und ist erwartungstreu für $\chi(\zeta)$. Folglich hat $\hat{\chi}$ gleichmäßig kleinste Kovarianzmatrix unter allen für $\chi(\zeta)$ erwartungstreuen Schätzern.
Vermöge Satz 1.31 läßt sich auch der ML-Schätzer für den natürlichen Parameter ζ angeben und zwar als $\hat{\zeta}(x) = \zeta(\hat{\chi}(x))$, wobei $\zeta(\cdot)$ die Umkehrabbildung des Mittelwertfunktionals $\chi(\cdot)$ bezeichnet. □

Aus Satz 3.39 folgt leicht die zweite wichtige Vollständigkeitsaussage:

Satz 3.42 *Es seien $\mu \in \mathfrak{M}^1(\mathbb{R}, \mathbb{B})$, $\mathfrak{F}_\mu$ die Klasse aller eindimensionalen μ-stetigen Verteilungen und $\mathfrak{P} := \{F^{(n)} : F \in \mathfrak{F}_\mu\}$ die Klasse aller Produktmaße mit gleichen μ-stetigen Randverteilungen. Dann ist $T(x) = x_\uparrow$ suffizient und vollständig für $F \in \mathfrak{F}_\mu$.*

Beweis: Die Suffizienz von $T(x) = x_\uparrow$ wurde bereits in Beispiel 3.7a gezeigt. Die Vollständigkeit folgt wegen Anmerkung 3.34 und Beispiel 3.12 aus derjenigen von

[1]) Vgl. O. Barndorff-Niellsen, Information and Exponential Families in Statistical Theory, Wiley (1978), Corollary 9.6, p. 153. – Zur Voraussetzung 1) vgl. Fußnote 1) S. 157.

$U(x) = (\sum x_j, \sum x_j^2, \ldots, \sum x_j^n)$. Hierzu beachte man, daß $\mathfrak{F}_\mu$ für jedes $a \in (0, \infty)$ bei geeignetem $r(z) > 0$ die n-parametrige Exponentialfamilie mit μ-Dichten

$$\frac{\mathrm{d}F_\vartheta}{\mathrm{d}\mu}(z) = C(\vartheta) \exp[\vartheta_1 z + \vartheta_2 z^2 + \ldots + \vartheta_n z^n] r(z) \quad [\mu], \qquad \vartheta \in I := (-a, +a)^n, \tag{3.2.8}$$

enthält. Dabei läßt sich r wie folgt wählen: Seien $\varkappa$ ein mit μ äquivalentes endliches Maß, q eine überall endliche und positive Festlegung von $\mathrm{d}\mu/\mathrm{d}\varkappa$, $\varkappa_j := \varkappa([j, j+1))$,

$$e_j := \sup_{\vartheta \in I} \sup_{z \in [j, j+1)} \exp[\vartheta_1 z + \vartheta_2 z^2 + \ldots + \vartheta_n z^n], \qquad j = 0, \pm 1, \pm 2, \ldots,$$

und $r_j > 0$ mit $\sum_{j=-\infty}^{+\infty} e_j r_j \varkappa_j < \infty$. Dann gilt für $r(z) = \sum_{j=-\infty}^{+\infty} r_j \mathbb{1}_{[j,j+1)}(z)/q(z)$

$$\int \exp[\vartheta_1 z + \ldots + \vartheta_n z^n] \, r(z) \, \mathrm{d}\mu \leqslant \sum_{j=-\infty}^{+\infty} e_j r_j \varkappa_j < \infty,$$

so daß (3.2.8) bei geeigneter Wahl von $C(\vartheta)$, $\vartheta \in I$, wie behauptet die μ-Dichte eines WS-Maßes F_ϑ ist.

Definiert man nun ein Maß ν über $(\mathbb{R}, \mathbb{B})$ durch $\mathrm{d}\nu/\mathrm{d}\mu(z) = r(z)$, so hat mit F_ϑ gemäß (3.2.8) die Verteilung $P_\vartheta := F_\vartheta^{(n)}$ bzgl. $\nu^{(n)}$ die Dichte

$$\frac{\mathrm{d}P_\vartheta}{\mathrm{d}\nu^{(n)}}(x) = C^n(\vartheta) \exp[\vartheta_1 \sum x_j + \vartheta_2 \sum x_j^2 + \ldots + \vartheta_n \sum x_j^n] \quad [\nu^{(n)}], \qquad \vartheta \in I.$$

Nach Satz 3.39 ist U für die so definierte Exponentialfamilie vollständig. Wegen $r(z) > 0 \quad \forall z \in \mathbb{R}$ ist aber $h(u) = 0 \quad [(\nu^{(n)})^U]$ äquivalent mit

$$h(u) = 0 \quad [(\mu^{(n)})^U] \qquad \text{oder mit} \qquad h(u) = 0 \quad [\mathfrak{P}^U]. \qquad \square$$

Satz 3.43 *Es seien $\mathfrak{F}_C$ die Klasse aller eindimensionalen stetigen Verteilungen und $\mathfrak{P} = \{F^{(n)}: F \in \mathfrak{F}_C\}$ die Klasse aller Produktmaße mit gleichen Randverteilungen $F \in \mathfrak{F}_C$. Dann ist $T(x) = x_\uparrow$ suffizient und vollständig für $F \in \mathfrak{F}_C$.*

Beweis: Die Suffizienz von $T(x) = x_\uparrow$ folgt wieder aus Beispiel 3.7a. Zum Beweis der Vollständigkeit betrachte man zunächst ein spezielles Maß $\mu \in \mathfrak{F}_C$ und die zugehörige Klasse $\mathfrak{F}_{C,\mu}$ aller durch μ dominierten (stetigen) Verteilungen. Dann folgt aus $E_F h(T) = 0 \quad \forall F \in \mathfrak{F}_{C,\mu}$ wegen der Äquivalenz von $\mathfrak{F}_\mu$ und μ nach Satz 3.42 $h(t) = 0 \quad [(\mu^{(n)})^T]$ oder ausführlicher geschrieben $(\mu^{(n)})^T(\{t: h(t) \neq 0\}) = 0$. Dieses gilt für jedes $\mu \in \mathfrak{F}_C$. $\square$

Korollar 3.44 (U-Statistiken) *$X_1, \ldots, X_n$ seien* st.u. ZG *mit derselben eindimensionalen* VF *$F \in \mathfrak{F}$, wobei $\mathfrak{F} = \mathfrak{F}_\mu$ oder $\mathfrak{F} = \mathfrak{F}_C$ ist. Weiter sei $\gamma: \mathfrak{F} \to \mathbb{R}$ ein erwartungstreu schätzbares Funktional, d.h. es gebe einen Kern $\psi(x_1, \ldots, x_m)$ der Länge m, $m \leqslant n$, mit $\gamma(F) = E_F \psi(X_1, \ldots, X_m)$ für $F \in \mathfrak{F}$. Dann läßt sich die* U*-Statistik $k(x) = \tilde{\gamma}(\hat{F}_x)$ gemäß* (1.2.25) *aus dem Kern ψ, aufgefaßt als Schätzer für γ, durch Bedingen an der suffizienten und vollständigen Statistik $T(x) = x_\uparrow$ gewinnen, d.h. es gilt*

$$\tilde{\gamma}(\hat{F}_x) = E_\bullet(\psi \mid T)(x) \quad [\mathfrak{F}^{(n)}]. \tag{3.2.9}$$

$\tilde{\gamma}(\hat{F}_x)$ ist also ein erwartungstreuer Schätzer für γ mit gleichmäßig kleinster Varianz bzw. gleichmäßig kleinster Risikofunktion bzgl. konvexer Verlustfunktionen.

Beweis: Mit $g(x_1, \ldots, x_n) := \psi(x_1, \ldots, x_m)$ gilt nach Beispiel 3.7a

$$E_\bullet(g \mid T)(x) = \frac{1}{n!} \sum_{(i_1, \ldots, i_n) \in \mathfrak{S}_n} \ldots \sum g(x_{i_1}, \ldots, x_{i_n})$$

$$= \frac{1}{n(n-1)\ldots(n-m+1)} \sum_{i_j \neq i_l \text{ für } j \neq l} \ldots \sum \psi(x_{i_1}, \ldots, x_{i_m}) = \tilde{\gamma}(\hat{F}_x).$$

Der Zusatz folgt aus dem Satz von Lehmann-Scheffé. □

Beispiel 3.45 $X_1, \ldots, X_n$ seien st.u. ZG mit derselben eindimensionalen Verteilung $F \in \mathfrak{F}$, wobei $\mathfrak{F} = \mathfrak{F}_\mu$ bzw. $\mathfrak{F} = \mathfrak{F}_C$ ist.

a) Für festes $B \in \mathfrak{B}$ ist $\psi(x_1) = \mathbb{1}_B(x_1)$ ein Kern für das Funktional $\gamma(F) = F(B)$. Die zugehörige U-Statistik ist die relative Häufigkeit

$$k(x) = \frac{1}{n!} \sum_{\pi \in \mathfrak{S}_n} g(\pi x) = \frac{1}{n} \sum_{j=1}^{n} \mathbb{1}_B(x_j).$$

b) $\mathfrak{F}_{(1)} \subset \mathfrak{F}$ und $\mathfrak{F}_{(2)} \subset \mathfrak{F}$ seien die Teilklassen derjenigen VF F, für die $\gamma_1(F) := E_F X_1$ bzw. $\gamma_2(F) := Var_F X_1$ existieren und endlich sind. Dann sind $\psi_1(x_1) = x_1$ und $\psi_2(x_1, x_2) = x_1^2 - x_1 x_2$ sowie die hieraus durch Symmetrisierung gewonnene Funktion $\chi_2(x_1, x_2) = \frac{1}{2}(x_1 - x_2)^2$ Kerne für γ_1 bzw. γ_2. Damit sind die zugehörigen U-Statistiken

$$k_1(x) = \frac{1}{n} \sum_{j=1}^{n} \psi_1(x_j) = \frac{1}{n} \sum_{j=1}^{n} x_j = \bar{x},$$

$$k_2(x) = \frac{1}{\binom{n}{2}} \sum_{i<j} \chi_2(x_i, x_j) = \frac{1}{n-1} \sum_{j=1}^{n} (x_j - \bar{x})^2 = \hat{\sigma}^2(x)$$

beste erwartungstreue Schätzer im Sinne des Satzes von Lehmann-Scheffé. Dabei läßt sich die Vollständigkeit von $\mathfrak{F}_{(1)}$ bzw. $\mathfrak{F}_{(2)}$ wie diejenige von $\mathfrak{F}$ in den Sätzen 3.42 und 3.43 zeigen, wenn man $r(z)$ sinngemäß durch $r(z)|z|$ bzw. $r(z)z^2$ ersetzt. Stichprobenmittel und -streuung hängen also wie die relative Häufigkeit nur von der suffizienten und vollständigen Statistik $T(x) = x_\uparrow$ ab, sind also erwartungstreue Schätzer mit gleichmäßig kleinster Varianz für ihre EW. □

Die Aussage von Korollar 3.44 läßt sich unmittelbar auf l-Stichprobenprobleme übertragen. Dabei ist etwa für $l = 2$ zum einen die in Beispiel 3.8 eingeführte Statistik $T(x) = (x^{(1)}_{n_1\uparrow}, x^{(2)}_{n_2\uparrow})$ suffizient und vollständig für $\vartheta = (F_1, F_2) \in \mathfrak{F} \times \mathfrak{F}$, falls wieder $\mathfrak{F} = \mathfrak{F}_\mu$ oder $\mathfrak{F} = \mathfrak{F}_C$ ist; zum anderen läßt sich der Begriff der U-Statistik wie folgt in kanonischer Weise verallgemeinern: $\psi(x_{11}, \ldots, x_{1m_1}, x_{21}, \ldots, x_{2m_2})$ bezeichne eine Funktion von $m_1 + m_2$ Variablen und $\chi(x_{11}, \ldots, x_{1m_1}, x_{21}, \ldots x_{2m_2})$ die aus dieser durch Symmetrisierung in den ersten m_1 und in den letzten m_2 Variablen hervorgehende Funktion. Ist dann $n_1 \geqslant m_1$ und $n_2 \geqslant m_2$ sowie

$$g(x_{11}, \ldots, x_{1n_1}, x_{21}, \ldots, x_{2n_2}) := \chi(x_{11}, \ldots, x_{1m_1}, x_{21}, \ldots, x_{2m_2}),$$

so heißt

$$k(x_{11}, \ldots, x_{1n_1}, x_{21}, \ldots, x_{2n_2}) = \frac{1}{n_1!\, n_2!} \sum_{\pi_1 \in \mathfrak{S}_{n_1}} \ldots \sum_{\pi_2 \in \mathfrak{S}_{n_2}} g(\pi_1 \pi_2 x)$$

$$= \frac{1}{\binom{n_1}{m_1}} \frac{1}{\binom{n_2}{m_2}} \sum_{\substack{1 \leqslant j_1 < \ldots < j_{m_1} \leqslant n_1 \\ 1 \leqslant l_1 < \ldots < l_{m_2} \leqslant n_2}} \ldots \sum \chi(x_{1j_1}, \ldots, x_{1j_{m_1}}, x_{2l_1}, \ldots, x_{2l_{m_2}}) \tag{3.2.10}$$

die zum Kern ψ gehörende *Zweistichproben*-U-*Statistik*. Diese ist gemäß Beispiel 3.8 unter der dort formulierten Verteilungsannahme eine Festlegung von $E_{\bullet}(g \mid T)(x)$ mit $T(x) = (x_{n_1\uparrow}^{(1)}, x_{n_2\uparrow}^{(2)})$.

Beispiel 3.46 $X_{11}, \ldots, X_{1n_1}, X_{21}, \ldots, X_{2n_2}$ seien st.u. ZG mit $\mathfrak{L}(X_{ij}) = F_i$, $j = 1, \ldots, n_i$, $i = 1{,}2$, wobei $F_i \in \mathfrak{F}_\mu$ oder $F_i \in \mathfrak{F}_C$ ist. Weiter sei $F := F_1 \otimes F_2$.

a) $\psi(x_{11}, x_{21}) = 1$ bzw. 0 für $x_{11} > x_{21}$ bzw. $x_{11} \leqslant x_{21}$ ist ein Kern für das Funktional $\gamma(F) = F(x_{11} > x_{21})$. Wegen $m_1 = m_2 = 1$ ist ψ trivialerweise in den ersten m_1 sowie in den letzten m_2 Veränderlichen symmetrisch. Somit lautet die zugehörige Zweistichproben-U-Statistik nach (3.2.10)

$$k(x) = \frac{1}{n_1 n_2} \sum_{j=1}^{n_1} \sum_{l=1}^{n_2} \mathbb{1}_{\{x_{1j} > x_{2l}\}}(x). \tag{3.2.11}$$

b) Es sei $\mathfrak{F}_{(1)}$ die Teilklasse derjenigen Produktmaße F eindimensionaler Verteilungen, für die $E_F(X_{11}, X_{21})$ existiert und endlich ist. Dann ist $\psi(x_{11}, x_{21}) = x_{11} - x_{21}$ ein Kern für das Funktional $\gamma(F) = E_F(X_{11} - X_{21})$. Die zugehörige Zweistichproben-U-Statistik lautet somit nach (3.2.10) wegen $m_1 = m_2 = 1$

$$k(x) = \frac{1}{n_1 n_2} \sum_{j=1}^{n_1} \sum_{l=1}^{n_2} (x_{1j} - x_{2l}) = \frac{1}{n_1} \sum_{j=1}^{n_1} x_{1j} - \frac{1}{n_2} \sum_{l=1}^{n_2} x_{2l} = \bar{x}_{1\bullet} - \bar{x}_{2\bullet}\,. \tag{3.2.12}$$

(3.2.11 + 12) sind erwartungstreue Schätzer für $\gamma(F) = F(x_{11} > x_{21})$ bzw. $\gamma(F) = E_F(X_{11} - X_{21})$, die nur von der suffizienten und für $F \in \mathfrak{F}$ bzw. $F \in \mathfrak{F}_{(1)}$ vollständigen Statistik $T(x) = (x_{n_1\uparrow}^{(1)}, x_{n_2\uparrow}^{(2)})$ abhängen. Sie besitzen somit gleichmäßig kleinste Varianz, die insbesondere kleiner ist als diejenige von ψ, sofern $n_1 > 1$ oder $n_2 > 1$ ist. □

3.2.3 Minimalsuffizienz und Vollständigkeit

Die statistischen Anwendungen der Theorie der Suffizienz beruhen darauf, durch Bedingen an einer suffizienten Statistik T (bzw. an einer suffizienten σ-Algebra $\mathfrak{C}$) ein statistisches Problem zu vereinfachen. Demgemäß liegt die Frage nahe, ob es eine maximale Reduktion durch eine suffiziente Statistik gibt, die man dann eine „minimalsuffiziente" Statistik nennen wird. Es zeigt sich, daß die diesbezüglichen Betrachtungen für σ-Algebren leichter durchzuführen sind als für Statistiken. Deshalb soll zunächst der Begriff einer minimalsuffizienten σ-Algebra präzisiert werden. Dabei ist zu beachten, daß mit einer σ-Algebra $\mathfrak{C}$ auch jede σ-Algebra $\mathfrak{C}'$ suffizient ist, deren Elemente sich von denen von $\mathfrak{C}$ nur um $\mathfrak{P}$-Nullmengen unterscheiden. Wir schreiben deshalb gemäß A2.2 $\mathfrak{C} \subset \mathfrak{C}'$ $[\mathfrak{P}]$, falls es zu jedem $C \in \mathfrak{C}$ ein $C' \in \mathfrak{C}'$ gibt mit

$$P_\vartheta(C \triangle C') = P_\vartheta(\{x : \mathbb{1}_C(x) \neq \mathbb{1}_{C'}(x)\}) = 0 \quad \forall \vartheta \in \Theta, \tag{3.2.13}$$

und $\mathfrak{C} = \mathfrak{C}' \quad [\mathfrak{P}]$, falls $\mathfrak{C} \subset \mathfrak{C}' \quad [\mathfrak{P}]$ und $\mathfrak{C}' \subset \mathfrak{C} \quad [\mathfrak{P}]$ gilt. Die obige Behauptung, daß mit $\mathfrak{C}$ auch jede σ-Algebra $\mathfrak{C}'$ mit $\mathfrak{C}' = \mathfrak{C} \quad [\mathfrak{P}]$ suffizient ist, beruht auf

Hilfssatz 3.47 *Sei $\mathfrak{C} \subset \mathfrak{C}' \quad [\mathfrak{P}]$. Dann gibt es zu jeder $\mathfrak{C}$-meßbaren Funktion f eine $\mathfrak{C}'$-meßbare Funktion g mit*

$$f(x) = g(x) \quad [\mathfrak{P}]. \tag{3.2.14}$$

Beweis: Wegen $\mathfrak{C} \subset \mathfrak{C}' \quad [\mathfrak{P}]$ gibt es zu jedem $C \in \mathfrak{C}$ ein $C' \in \mathfrak{C}'$ mit (3.2.13). (3.2.14) gilt also für Indikatorfunktionen und damit nach dem Aufbau meßbarer Funktionen für beliebige $f \in \mathfrak{C}$, denn es werden jeweils nur abzählbar viele Nullmengen ausgeschlossen. □

Hilfssatz 3.48 *Ist $\mathfrak{C}$ suffizient und gilt $\mathfrak{C} = \mathfrak{C}' \quad [\mathfrak{P}]$, so ist auch $\mathfrak{C}'$ suffizient.*

Beweis: Da $\mathfrak{C}$ suffizient ist, gibt es für jedes $B \in \mathfrak{B}$ eine $\mathfrak{C}$-meßbare Funktion k_B mit

$$\int_C \mathbb{1}_B(x)\, \mathrm{d}P_\vartheta = \int_C k_B(x)\, \mathrm{d}P_\vartheta^{\mathfrak{C}} \quad \forall C \in \mathfrak{C} \quad \forall \vartheta \in \Theta .$$

Wegen $\mathfrak{C} \subset \mathfrak{C}' \quad [\mathfrak{P}]$ gibt es dann nach Hilfssatz 3.47 auch eine $\mathfrak{C}'$-meßbare Funktion $\tilde{k}_B$ mit $k_B(x) = \tilde{k}_B(x) \quad [\mathfrak{P}]$. Wegen $\mathfrak{C}' \subset \mathfrak{C} \quad [\mathfrak{P}]$ gibt es aber auch zu jedem $C' \in \mathfrak{C}'$ ein $C \in \mathfrak{C}$ mit (3.2.13), so daß für alle $\vartheta \in \Theta$ gilt

$$\int_{C'} \mathbb{1}_B(x)\, \mathrm{d}P_\vartheta = \int_C \mathbb{1}_B(x)\, \mathrm{d}P_\vartheta = \int_C k_B(x)\, \mathrm{d}P_\vartheta^{\mathfrak{C}} = \int_C k_B(x)\, \mathrm{d}P_\vartheta = \int_C \tilde{k}_B(x)\, \mathrm{d}P_\vartheta = \int_{C'} \tilde{k}_B(x)\, \mathrm{d}P_\vartheta^{\mathfrak{C}'} .$$

Da $B \in \mathfrak{B}$ und $C' \in \mathfrak{C}'$ beliebig gewählt waren, ist $\mathfrak{C}'$ suffizient. □

Definition 3.49 *Eine suffiziente σ-Algebra $\mathfrak{C}^*$ heißt* minimalsuffizient für $\vartheta \in \Theta$ *bzw.* für $P \in \mathfrak{P}$, *wenn für jede suffiziente σ-Algebra $\mathfrak{C}$ gilt*

$$\mathfrak{C}^* \subset \mathfrak{C} \quad [\mathfrak{P}]. \tag{3.2.15}$$

Diese Definition erscheint nach Hilfssatz 3.48 dem Sachverhalt angemessen. Mit $\mathfrak{C}^*$ ist also auch eine σ-Algebra $\mathfrak{C}^{**}$ mit $\mathfrak{C}^* = \mathfrak{C}^{**} \quad [\mathfrak{P}]$ minimalsuffizient. Die Existenz minimalsuffizienter σ-Algebren läßt sich für dominierte Klassen relativ leicht nachweisen:

Satz 3.50 $\mathfrak{P} = \{P_\vartheta : \vartheta \in \Theta\}$ *sei eine dominierte Klasse von Verteilungen über $(\mathfrak{X}, \mathfrak{B})$. Dann gibt es eine für $\vartheta \in \Theta$ minimalsuffiziente σ-Algebra $\mathfrak{C}^*$.*

Beweis: Nach Satz 1.136b gibt es ein WS-Maß ν, das mit $\mathfrak{P}$ äquivalent ist. Es kann also statt $[\mathfrak{P}]$ stets $[\nu]$ geschrieben werden und umgekehrt. Seien p_ϑ^* eine Festlegung von $\mathrm{d}P_\vartheta/\mathrm{d}\nu$, $\vartheta \in \Theta$, und $\mathfrak{C}^*$ die kleinste σ-Algebra über $\mathfrak{X}$, bezüglich der die Funktionen p_ϑ^*, $\vartheta \in \Theta$, meßbar sind. Dann ist $\mathfrak{C}^*$ nach dem Satz von Halmos-Savage 3.18 suffizient. $\mathfrak{C}^*$ ist aber auch minimalsuffizient, d.h. es gilt $\mathfrak{C}^* \subset \mathfrak{C} \quad [\nu]$ für jede suffiziente σ-Algebra $\mathfrak{C}$. Sei $\mathfrak{C}$ eine beliebige suffiziente σ-Algebra. Dann folgt mit dem Satz von Halmos-Savage, daß es eine $\mathfrak{C}$-meßbare Festlegung p_ϑ von $\mathrm{d}P_\vartheta/\mathrm{d}\nu$ gibt. Insbesondere ergibt sich für festes $y > 0$ und $\vartheta \in \Theta$

$$C_{\vartheta, y} := \{x : p_\vartheta(x) \leqslant y\} \in \mathfrak{C} . \tag{3.2.16}$$

Die σ-Algebra $\mathfrak{C}^*$ wird durch die Mengen

$$C^*_{\vartheta,y} := \{x: p^*_\vartheta(x) \leqslant y\}, \quad \vartheta \in \Theta, \quad y > 0 \tag{3.2.17}$$

erzeugt. Es genügt deshalb zu zeigen, daß es zu jeder derartigen Menge $C^*_{\vartheta,y} \in \mathfrak{C}^*$ eine Menge $C \in \mathfrak{C}$ gibt mit $\nu(C \triangle C^*_{\vartheta,y}) = 0$. Da p_ϑ und p^*_ϑ ν-f.ü. übereinstimmen, gilt aber für $C^*_{\vartheta,y} \in \mathfrak{C}$ und $C := C_{\vartheta,y}$

$$\nu(C \triangle C^*_{\vartheta,y}) \leqslant \nu(\{x: p_\vartheta(x) \neq p^*_\vartheta(x)\}) = 0. \qquad \square \tag{3.2.18}$$

Wie aus dem Beweisgang dieses Satzes hervorgeht, kann aus den Festlegungen p^*_ϑ der ν-Dichten von P_ϑ eine minimalsuffiziente σ-Algebra konstruiert werden. Diese Vorgehensweise ist jedoch im allgemeinen recht umständlich. Man wird deshalb nach hinreichenden Bedingungen fragen, unter denen eine suffiziente σ-Algebra $\mathfrak{C}$ auch minimalsuffizient ist. Eine solche stellt die Vollständigkeit der Klasse $\mathfrak{P}^{\mathfrak{C}}$ dar.

Satz 3.51 *Es seien $\mathfrak{C}$ eine suffiziente σ-Algebra und $\mathfrak{P}^{\mathfrak{C}}$ vollständig. Dann ist $\mathfrak{C}$ minimalsuffizient für $\vartheta \in \Theta$.*

Beweis: Sei $\mathfrak{C}_1$ eine beliebige suffiziente σ-Algebra. Zum Nachweis von $\mathfrak{C} \subset \mathfrak{C}_1 \quad [\mathfrak{P}]$ ist zu zeigen, daß es zu jedem $C \in \mathfrak{C}$ ein $C_1 \in \mathfrak{C}_1$ gibt mit

$$P(C \triangle C_1) = 0 \quad \forall P \in \mathfrak{P}. \tag{3.2.19}$$

Hierzu genügt es, eine $\mathfrak{C}_1$-meßbare Funktion f_1 anzugeben mit

$$\mathbb{1}_C(x) = f_1(x) \quad [\mathfrak{P}], \tag{3.2.20}$$

denn die Menge $C_1 := f_1^{-1}(\{1\})$ erfüllt dann (3.2.19). Wir weisen nun nach, daß die Funktion $f_1 := E_\bullet(\mathbb{1}_C | \mathfrak{C}_1)$ der Gleichung (3.2.20) genügt. Mit der Funktion $g := E_\bullet(f_1 | \mathfrak{C})$ gilt nach (3.1.28)

$$E_P g = E_P f_1 = E_P \mathbb{1}_C \quad \forall P \in \mathfrak{P}. \tag{3.2.21}$$

Da g und $\mathbb{1}_C$ $\mathfrak{C}$-meßbare Funktionen sind, folgt aus der Vollständigkeit von $\mathfrak{P}^{\mathfrak{C}}$

$$\mathbb{1}_C(x) = g(x) \quad [\mathfrak{P}^{\mathfrak{C}}].$$

Hieraus ergibt sich mit der Grundeigenschaft 1.120g

$$\mathbb{1}_C(x) = \mathbb{1}_C^2(x) = \mathbb{1}_C(x)\, g(x) = E_\bullet(\mathbb{1}_C f_1 | \mathfrak{C})(x) \quad [\mathfrak{P}^{\mathfrak{C}}]$$

und daher nach (3.2.21) und der Grundeigenschaft 1.120a

$$E_P f_1 = E_P \mathbb{1}_C = E_P \mathbb{1}_C f_1 \quad \forall P \in \mathfrak{P}.$$

Dies liefert

$$0 = E_P f_1 (1 - \mathbb{1}_C) = E_P \mathbb{1}_C (1 - f_1) \quad \forall P \in \mathfrak{P}.$$

Diese Beziehung kann aber wegen $0 \leqslant f_1(x) \leqslant 1 \quad [\mathfrak{P}^{\mathfrak{C}_1}]$ nur gelten, wenn

$$0 = f_1(x)\,(1 - \mathbb{1}_C(x)) = \mathbb{1}_C(x)\,(1 - f_1(x)) \quad [\mathfrak{P}]$$

und damit (3.2.20) erfüllt ist. $\square$

Beispiel 3.52 $X_1, \ldots, X_n$ seien st.u. $\mathfrak{N}(0, \sigma^2)$-verteilte ZG, $\sigma^2 > 0$. Dann ist $T(x) = \sum x_j^2$ nach Korollar 3.20 und Satz 3.39 suffizient und vollständig. Somit ist die durch die Kugeln $\{x: \sum x_j^2 \leqslant r^2\}$ erzeugte σ-Algebra $T^{-1}(\mathbb{B})$ minimalsuffizient. □

Beispiel 3.53 $X_1, \ldots, X_n$ seien st.u. ZG mit der gleichen Verteilung $F \in \mathfrak{F}_\mu$. Hier ist nach Satz 3.42 $T(x) = x_\uparrow$ suffizient und vollständig. Also ist die σ-Algebra derjenigen Borelmengen des $\mathbb{R}^n$, die gegenüber allen $n!$ Permutationen der Koordinaten invariant sind, minimalsuffizient. □

Die Sätze 3.50 und 3.51 rechtfertigen die Einführung des Begriffs einer minimalsuffizienten σ-Algebra gemäß Definition 3.49. Dieser Sachverhalt läßt sich aber nicht durch Statistiken erfassen. Deshalb wird eine minimalsuffiziente Statistik *nicht* als eine Statistik T^* definiert, für die bei geeigneter Wahl von $\mathfrak{D}^*$ die induzierte σ-Algebra $T^{*-1}(\mathfrak{D}^*)$ minimalsuffizient ist (vgl. jedoch den Hinweis zu Aufgabe 3.16). Andererseits sollte sie eine möglichst große Reduktion bewirken. Es erscheint daher zweckmäßig, eine minimalsuffiziente Statistik als eine suffiziente Statistik zu definieren, die „möglichst wenig" Werte annimmt.

Definition 3.54 *Eine suffiziente Statistik T^* heißt* minimalsuffizient für $\vartheta \in \Theta$, *wenn sie über jeder suffizienten Statistik T faktorisiert,*

$$T^*(x) = h(T(x)) \quad [\mathfrak{P}]. \tag{3.2.22}$$

Man kann nun zeigen, daß für eine dominierte Klasse $\mathfrak{P} = \{P_\vartheta: \vartheta \in \Theta\} \subset \mathfrak{M}^1(\mathfrak{X}, \mathfrak{B})$, die überdies separabel ist im Sinne von 1.6.6, eine für $\vartheta \in \Theta$ minimalsuffiziente Statistik T^* existiert (vgl. Aufgabe 3.17). Dabei ist zu bemerken, daß nach Satz 1.145 eine dominierte Klasse über einem meßbaren Raum $(\mathfrak{X}, \mathfrak{B})$ mit abzählbar erzeugter σ-Algebra $\mathfrak{B}$ stets separabel ist, so daß insbesondere für Probleme über dem $(\mathbb{R}^n, \mathbb{B}^n)$ die Separabilität von $\mathfrak{P}$ keine zusätzliche Voraussetzung darstellt. Für k-parametrige Exponentialfamilien in ζ und T auf diesen Räumen kann man zeigen, daß T eine minimalsuffiziente Statistik ist, falls Z ein nicht-leeres Inneres besitzt (vgl. Aufgabe 3.16). Entsprechend ist unter den Voraussetzungen der Sätze 3.42 und 3.43 $T(x) = x_\uparrow$ minimalsuffizient.

Aufgabe 3.9 $X_1, \ldots, X_m$, $m > 1$, seien st.u. $\mathfrak{B}(n, \pi)$-verteilte ZG, $\pi \in (0,1)$, $n \geqslant 2$. Man bestimme einen erwartungstreuen Schätzer mit gleichmäßig kleinster Varianz für $\gamma(\pi) := \sum_{j=0}^{2} \binom{n}{j} \pi^j (1-\pi)^{n-j}$.

Aufgabe 3.10 $X_1, \ldots, X_n$ seien st.u. $\mathfrak{P}(\lambda)$-verteilte ZG, $\lambda > 0$, $n \geqslant 2$. Man bestimme erwartungstreue Schätzer mit gleichmäßig kleinster Varianz für $\gamma_1(\lambda) = \lambda$, $\gamma_2(\lambda) = \lambda^2$, $\gamma_3(\lambda) = \mathrm{e}^{-\lambda}$ und $\gamma_4(\lambda) = \mathrm{e}^{-\lambda}(1+\lambda)$.

Aufgabe 3.11 $X_1, \ldots, X_n$, $n \geqslant 3$, seien st.u. $\mathfrak{G}(\lambda)$-verteilte ZG, $\lambda > 0$. Man zeige:

$$g(x) := \frac{1}{n-1} \left(\sum_{j=1}^{n} x_j \right)^{-1}$$

ist ein erwartungstreuer Schätzer für $\gamma(\lambda) = \lambda$ mit gleichmäßig kleinster Varianz, für den aber die Cramér-Rao-Schranke nicht angenommen wird.

Aufgabe 3.12 $X_1, \ldots, X_n$ seien st.u. $\mathfrak{R}(\vartheta_1, \vartheta_2)$-verteilte ZG und $T_1(x) := x_{\uparrow 1}$, $T_2(x) := x_{\uparrow n}$. Man zeige:

a) T_2 ist suffizient und vollständig, falls $\vartheta_1 = 0, \vartheta_2 = \vartheta > 0$.

b) (T_1, T_2) ist suffizient und vollständig, falls $-\infty < \vartheta_1 < \vartheta_2 < \infty$.

c) (T_1, T_2) ist suffizient, aber nicht vollständig, falls $\vartheta_1 = \vartheta - 1/2$ und $\vartheta_2 = \vartheta + 1/2$ bei $\vartheta \in \mathbb{R}$.

Gibt es erwartungstreue Schätzer mit gleichmäßig kleinster Varianz für $\gamma(\vartheta) = \vartheta$ im Fall a), $\gamma_1(\vartheta_1, \vartheta_2) = \vartheta_1$ bzw. $\gamma_2(\vartheta_1, \vartheta_2) = (\vartheta_1 + \vartheta_2)/2$ im Fall b) sowie $\gamma(\vartheta) = \vartheta$ im Fall c)?

Aufgabe 3.13 $\mathfrak{P} = \{P_k : k \geqslant 1\}$ sei die Klasse diskreter Verteilungen mit $P_k(\{m\}) = 1/k$ für $1 \leqslant m \leqslant k$. Weiter seien $X_1, \ldots, X_n$ st.u. ZG mit derselben Verteilung $P \in \mathfrak{P}$. Man zeige: $T(x) = x_{\uparrow n}$ ist suffizient und vollständig. Gilt dies auch, wenn man aus $\mathfrak{P}$ eine einzige Verteilung herausnimmt?

Aufgabe 3.14 $\mathfrak{P} \subset \mathfrak{M}^1(\mathfrak{X}, \mathfrak{B})$ heißt *beschränkt vollständig*, wenn für jede beschränkte Funktion $g \in \mathfrak{B}$ mit $E_\vartheta g = 0 \quad \forall \vartheta \in \Theta$ gilt $g(x) = 0 \quad [\mathfrak{P}]$. Die Klasse $\mathfrak{P} = \{P_\pi : \pi \in (0,1)\}$ über $(\mathbb{N}_0, \mathbf{P}(\mathbb{N}_0))$ sei gegeben durch

$$P_\pi(\{0\}) = 1 - \pi, \qquad P_\pi(\{j\}) = \pi^2 (1-\pi)^{j-1}, \quad j = 1, 2, \ldots, \quad \pi \in (0,1).$$

Man zeige, daß $\mathfrak{P}$ beschränkt vollständig, aber nicht vollständig ist.

Aufgabe 3.15 Auf $\mathfrak{X} = \{-1, 0, 1, 2, \ldots\}$ sei für $\vartheta \in (0,1)$ die Verteilung P_ϑ definiert durch $P_\vartheta(\{-1\}) = \vartheta$ und $P_\vartheta(\{k\}) = (1-\vartheta)^2 \vartheta^k$ für $k = 0, 1, \ldots$. $X_1, \ldots, X_n$ seien st.u. P_ϑ-verteilte ZG und es sei $S(x) := \sum \mathbb{1}_{\{-1\}}(x_j)$ und $T(x) = \sum x_j \mathbb{1}_{[0,\infty)}(x_j)$. Man zeige:

a) $\{P_\vartheta : \vartheta \in (0,1)\}$ ist beschränkt vollständig, aber nicht vollständig.

b) $(S(x), T(x))$ ist suffizient für $\vartheta \in (0,1)$, aber nicht vollständig.

c) $\mathfrak{L}(S(X)) = \mathfrak{B}(n, \vartheta)$; $\mathfrak{L}(T(X) \mid S(X) = s) = \mathfrak{B}^-(n-s, 1-\vartheta)$.

d) $g_1(x) := T(x)/n$ ist erwartungstreu für ϑ.

e) Sei $g_1(x) := \mathbb{1}_{\{-1\}}(x_1)$. Dann ist $g_2(x) := E_\bullet(g_1(X) \mid (S,T))(x)$ besser als $g_1(x)$, besitzt aber nicht gleichmäßig kleinste Varianz.

f) Für festes $\vartheta_0 \in (0,1)$ läßt sich g_2 zu einem Schätzer g_3 verbessern, der unter ϑ_0 kleinere Varianz hat als g_2.

Aufgabe 3.16 Man zeige, daß unter der zusätzlichen Voraussetzung $\mathfrak{T} \in \mathbb{B}^k$, $\mathfrak{D} = \mathfrak{T}\mathbb{B}^k$ eine vollständige suffiziente Statistik T minimalsuffizient ist.

Hinweis: Bei $\mathfrak{T} \in \mathbb{B}^k$ und $\mathfrak{D} = \mathfrak{T}\mathbb{B}^k$ ist mit $T^{-1}(\mathfrak{D})$ auch T minimalsuffizient. Hierzu verwende man das Faktorisierungslemma und Hilfssatz 3.47

Aufgabe 3.17 Es seien $\mathfrak{P} \subset \mathfrak{M}^1(\mathfrak{X}, \mathfrak{B})$ separabel, $\mathfrak{P}' = \{P_1, P_2, \ldots\} \subset \mathfrak{P}$ eine separierende Menge von $\mathfrak{P}$ und $\nu := \sum c_i P_i$ mit $c_i > 0$, $\sum c_i = 1$. Man zeige: Die Statistik $T = (\mathrm{d}P_1/\mathrm{d}\nu, \mathrm{d}P_2/\mathrm{d}\nu, \ldots)$ ist minimalsuffizient für $P \in \mathfrak{P}$ bei $(\mathfrak{T}, \mathfrak{D}) = (\times \mathbb{R}, \otimes \mathbb{B})$.

Hinweis: T ist minimalsuffizient für $P \in \mathfrak{P}'$. Da T auch suffizient ist für $P \in \mathfrak{P}$, vgl. Aufgabe 3.6, erhält man die Behauptung, wenn man beachtet, daß $\mathfrak{P}$ und $\mathfrak{P}'$ äquivalent sind.

3.3 Optimale Tests in mehrparametrigen Exponentialfamilien

Bisher wurden optimale Tests im wesentlichen nur für einparametrige Verteilungsklassen hergeleitet; vgl. 2.2 und 2.4. Aber bereits Zweistichprobenprobleme führen auf mehrparametrige Verteilungsklassen. Es soll nun gezeigt werden, daß sich in Exponentialfamilien viele derartige Testprobleme mit den in 3.1 und 3.2 eingeführten Begriffen der Suffizienz und Vollständigkeit auf solche in einparametrigen Exponentialfamilien reduzieren lassen. Betrachtet man etwa den Vergleich zweier Binomial-WS π_1 und π_2 aufgrund unabhängiger Stichproben, so liegt es nahe, für diesen die relativen Anzahlen von Erfolg in den beiden Stichproben zu verwenden. Dieses ist äquivalent damit, die Anzahl U der Erfolge in der ersten Stichprobe mit der Gesamtzahl V der Erfolge in beiden Stichproben zu vergleichen. Da die Verteilung einer jeden derartigen Prüfgröße auf dem Rand $\mathbf{J}: \pi_1 = \pi_2 =: \pi$ noch vom speziellen Punkt $(\pi, \pi) \in \mathbf{J}$ abhängt, die Statistik V aber suffizient für $(\pi, \pi) \in \mathbf{J}$ ist, bietet es sich an, diesen Vergleich bedingt bei gegebenem $V = v$ durchzuführen. Man verwendet demgemäß U als Prüfgröße und etwa beim einseitigen Test das α-Fraktil $c(v)$ der bedingten Randverteilung von U bei gegebenem $V = v$ als kritischen Wert. Es soll nun gezeigt werden, daß sich der so intuitiv gewonnene Test auch im Rahmen der Neyman-Pearson-Theorie rechtfertigen läßt, wenn man die frühere Vorgehensweise kanonisch verallgemeinert. Diese bestand darin, zunächst ein geeignetes, konstruktiv lösbares Hilfsproblem zu betrachten und dessen Lösung als solche des gegebenen Testproblems zu verifizieren. So wurden in 2.2.1 und 2.4.2 bei der Bestimmung gleichmäßig optimaler Tests in speziellen einparametrigen Verteilungsklassen statt aller Nebenbedingungen zunächst nur diejenigen berücksichtigt, die sich aus dem Testproblem für den gemeinsamen Rand $\mathbf{J}$ von $\mathbf{H}$ und $\mathbf{K}$ ergaben. Da dort $\mathbf{J}$ ein- oder höchstens zweielementig war, ließ sich sowohl für die einseitige wie für die zweiseitige Fragestellung vermöge des Fundamentallemmas ein Test angeben, der gegen eine einzelne, aus der Gegenhypothese herausgegriffene Verteilung P_{ϑ_1} optimal war.

Eine entsprechende Vorgehensweise führt wie im oben erwähnten Spezialfall vielfach auch dann zum Ziel, wenn $\mathbf{J}$ aus mehr als endlich vielen Elementen besteht. Existiert nämlich eine für $\vartheta \in \mathbf{J}$ suffiziente und vollständige Statistik $V: (\mathfrak{X}, \mathfrak{B}) \to (\mathfrak{V}, \mathfrak{H})$, die nicht auch suffizient für $\vartheta \in \mathbf{J} + \{\vartheta_1\}$ ist, so läßt sich das Hilfsproblem des gegen P_{ϑ_1} optimalen, auf $\mathbf{J}$ α-ähnlichen Tests in eine Schar „bedingter Testprobleme" über den Mengen $V^{-1}(\{v\}) \subset \mathfrak{X}$, $v \in \mathfrak{V}$, zerlegen, die mit Hilfe des Fundamentallemmas eine explizite Lösung φ_v, $v \in \mathfrak{V}$, gestatten. Der aus diesen „bedingten Tests" φ_v gemäß $\varphi(x) := \varphi_{V(x)}(x)$ gewonnene Test φ erweist sich dann unter geeigneten Voraussetzungen als Lösung des Hilfsproblems. Mit der bereits in 2.2.1 bzw. 2.4.2 benutzten Argumentation kann φ dann als unabhängig von der speziell herausgegriffenen Verteilung P_{ϑ_1} und damit als Lösung des gegebenen Testproblems verifiziert werden.

Wesentlich bei dieser im einzelnen in 3.3.1 diskutierten Vorgehensweise ist also die Tatsache, daß die Abhängigkeit des Hilfsproblems vom unbekannten Wert des Nebenparameters $\vartheta \in \mathbf{J}$ ersetzt wird durch eine solche vom Wert $v = V(x)$ der beobachtbaren bedingenden Statistik V. Sie läßt sich insbesondere zur Herleitung optimaler Tests bei k-parametrigen Exponentialfamilien verwenden; vgl. 3.3.2. Bei diesen Problemen sind zwei zusätzliche Eigenschaften erfüllt: Zum einen gibt es eine für $\vartheta \in \Theta$ suffiziente Statistik $T: (\mathfrak{X}, \mathfrak{B}) \to (\mathfrak{T}, \mathfrak{D})$, so daß das Testproblem auf ein solches über dem Raum $(\mathfrak{T}, \mathfrak{D})$ reduziert werden kann; dabei läßt sich die für $\vartheta \in \mathbf{J}$ suffiziente und vollständige Statistik V vermöge einer Funktion $\tau: (\mathfrak{T}, \mathfrak{D}) \to (\mathfrak{V}, \mathfrak{H})$ über T meßbar faktorisieren, d.h. das Testproblem in solche über den Mengen $\tau^{-1}(\{v\}) \subset \mathfrak{T}$, $v \in \mathfrak{V}$, zerlegen. Zum anderen kann der Parameterraum Θ in disjunkte Mengen $\Theta(\eta)$, $\eta \in \mathbb{R}$, zerlegt werden derart, daß die folgenden drei Eigenschaften erfüllt sind: $\mathbf{J}$ ist eine einzelne dieser Mengen, etwa $\mathbf{J} = \Theta(\eta_0)$; $\mathbf{H}$ und $\mathbf{K}$ sind Vereinigungen von Mengen $\Theta(\eta)$; $V = \tau \circ T$ ist für jedes feste $\eta \in \mathbb{R}$ suffizient für $\vartheta \in \Theta(\eta)$. Wir werden deshalb die Vorgehens- und Bezeichnungsweise sogleich auf diesen, die Überlegungen in 3.3.2 vereinfachenden Spezialfall zuschneiden. Nach Spezialisierung der Aussagen auf den Fall k-parametriger Exponentialfamilien in 3.3.2 werden in 3.3.3 einige für die praktische Statistik relevante bedingte Tests bei diskret verteilten ZG angegeben und in 3.3.4 der Übergang zu den entsprechenden Konfidenzschätzern vollzogen.

In 3.3 wie auch in 3.4 werden die Aussagen je nach Zweckmäßigkeit auf dem zugrundeliegenden Raum $(\mathfrak{X}, \mathfrak{B})$ oder auf dem Wertebereich $(\mathfrak{T}, \mathfrak{D})$ der suffizienten Statistik T gelesen. Dazu werden die Prüfgröße $U: (\mathfrak{X}, \mathfrak{B}) \to (\mathfrak{U}, \mathfrak{G})$, die bedingende Statistik $V: (\mathfrak{X}, \mathfrak{B}) \to (\mathfrak{V}, \mathfrak{H})$ und der Test $\varphi: (\mathfrak{X}, \mathfrak{B}) \to ([0,1], [0,1]\mathbb{B})$ vermöge der Funktionen $\sigma: (\mathfrak{T}, \mathfrak{D}) \to (\mathfrak{U}, \mathfrak{G})$, $\tau: (\mathfrak{T}, \mathfrak{D}) \to (\mathfrak{V}, \mathfrak{H})$ und $\psi: (\mathfrak{T}, \mathfrak{D}) \to ([0,1], [0,1]\mathbb{B})$ über der Statistik T faktorisiert gemäß $U = \sigma \circ T$, $V = \tau \circ T$ und $\varphi = \psi \circ T$. Ab 3.3.2 ist T von der Form $T = (U, V)$. Demgemäß sind σ und τ dann die erste bzw. zweite Koordinatenprojektion. Für $\Theta(\eta)$ schreiben wir auch $\mathbf{K}(\eta)$ und $\mathbf{H}(\eta)$, falls $\Theta(\eta) \subset \mathbf{K}$ bzw. $\Theta(\eta) \subset \mathbf{H}$ gilt. Dabei ist ab 3.3.2 der Parameterraum Θ eine Teilmenge Z eines Produktraums mit Elementen (η, ξ) und der Zerlegung

$$Z = \sum_{\eta} Z(\eta), \qquad Z(\eta) = \{\eta\} \times Z_\eta, \qquad Z_\eta = \{\xi: (\eta, \xi) \in Z\}.$$

3.3.1 Tests mit Neyman-Struktur

Betrachtet werde das folgende Hilfsproblem: Über dem Wertebereich $(\mathfrak{T}, \mathfrak{D})$ einer – z.B. für das Ausgangsproblem suffizienten – Statistik T seien zwei Klassen von WS-Maßen $\mathfrak{P}_{\mathbf{J}}^T = \{P_\vartheta^T: \vartheta \in \mathbf{J}\}$ sowie $\mathfrak{P}_{\mathbf{K}(\eta)}^T = \{P_\vartheta^T: \vartheta \in \mathbf{K}(\eta)\}$ gegeben und es sei Ψ die Menge aller Tests auf $(\mathfrak{T}, \mathfrak{D})$. Gesucht ist ein gegen $\mathbf{K}(\eta)$ gleichmäßig bester, auf $\mathbf{J}$ α-ähnlicher Test, also eine Lösung ψ^* von

$$E_\vartheta \psi^*(T) \geqslant E_\vartheta \psi(T) \quad \forall \psi \in \Psi_{\mathbf{J}}(\alpha) \quad \forall \vartheta \in \mathbf{K}(\eta), \tag{3.3.1}$$

$$\psi^* \in \Psi_{\mathbf{J}}(\alpha) := \{\psi \in \Psi: E_\vartheta \psi(T) = \alpha \quad \forall \vartheta \in \mathbf{J}\}. \tag{3.3.2}$$

Ist $\tau: (\mathfrak{T}, \mathfrak{D}) \to (\mathfrak{V}, \mathfrak{H})$ eine beliebige Statistik und $V := \tau \circ T$, so kann die Gütefunktion eines jeden Tests $\psi \in \Psi$ für jedes $\vartheta \in \mathbf{J} \cup \mathbf{K}(\eta)$ zweistufig berechnet werden und zwar gemäß $E_\vartheta \psi(T) = \int E_\vartheta(\psi(T) \mid V = v) \, \mathrm{d}P_\vartheta^V$. Ist speziell τ für $P^T \in \mathfrak{P}_{\mathbf{J}}^T$ suffizient[1]), so kann der bedingte (innere) EW durch eine von $\vartheta \in \mathbf{J}$ unabhängige Festlegung $E_{\mathbf{J}}(\psi(T) \mid V = v)$ ersetzt werden. Dann liegt es nahe, neben dem Hilfsproblem (3.3.1–2) das folgende Testproblem zu betrachten[2])

$$E_\vartheta(\psi'(T) \mid V = v) \geqslant E_\vartheta(\psi(T) \mid V = v) \quad [P_\vartheta^V] \quad \forall \psi \in \Psi_{\mathbf{J}}^{\mathfrak{V}}(\alpha) \quad \forall \vartheta \in \mathbf{K}(\eta), \tag{3.3.3}$$

$$\psi' \in \Psi_{\mathbf{J}}^{\mathfrak{V}}(\alpha) := \{\psi \in \Psi: E_{\mathbf{J}}(\psi(T) \mid V = v) = \alpha \quad [\mathfrak{P}_{\mathbf{J}}^V]\}. \tag{3.3.4}$$

Über den Zusammenhang dieser beiden Testprobleme gilt der

Hilfssatz 3.55 *Sei $\tau: (\mathfrak{T}, \mathfrak{D}) \to (\mathfrak{V}, \mathfrak{H})$ eine vollständige suffiziente Statistik für $\vartheta \in \mathbf{J}$. Dann haben die beiden Testprobleme* (3.3.1–2) *und* (3.3.3–4) *dieselben optimalen Lösungen.*

Beweis: Wegen der Vollständigkeit von τ gilt $\Psi_{\mathbf{J}}(\alpha) = \Psi_{\mathbf{J}}^{\mathfrak{V}}(\alpha)$.
Ist nun ψ' eine optimale Lösung von (3.3.3–4) und $\psi \in \Psi_{\mathbf{J}}(\alpha)$ ein Vergleichstest, so folgt

---

[1]) Sei T suffizient für $P \in \mathfrak{P}_{\mathbf{J}}$ und $V = \tau \circ T$. Dann gilt $E_\vartheta(g \mid V) = E_\vartheta(E_\cdot(g \mid T) \mid V)$ und $E_\vartheta(h \circ T \mid V) = E_\vartheta(h \mid \tau) \circ T$. Somit ist τ genau dann suffizient für $P^T \in \mathfrak{P}_{\mathbf{J}}^T$, wenn V suffizient ist für $P \in \mathfrak{P}_{\mathbf{J}}$. Entsprechend ist τ genau dann vollständig für $P^T \in \mathfrak{P}_{\mathbf{J}}^T$, wenn V vollständig ist für $P \in \mathfrak{P}_{\mathbf{J}}$.

[2]) Ist τ überdies suffizient für $\vartheta \in \mathbf{K}(\eta)$, so reduzieren sich die Optimierungsforderungen (3.3.3) auf eine einzige Bedingung und zwar mit einer von $\vartheta \in \mathbf{K}(\eta)$ unabhängigen Festlegung $E_{\mathbf{K}(\eta)}(\psi(T) \mid V = v)$.

durch Integration bezüglich P_ϑ^V für jedes $\vartheta \in \mathbf{K}(\eta)$:

$$E_\vartheta(\psi'(T) \mid V=v) \geqslant E_\vartheta(\psi(T) \mid V=v) \quad [P_\vartheta^V] \quad \Rightarrow \quad E_\vartheta \psi'(T) \geqslant E_\vartheta \psi(T),$$

d.h. ψ' ist auch optimale Lösung von (3.3.1–2).
Umgekehrt sei ψ^* ein Test mit (3.3.1–2), der also auch (3.3.4) genügt. Würde ψ^* nicht (3.3.3) erfüllen, so gäbe es ein $\psi_1 \in \Psi_\mathbf{J}^\mathfrak{B}(\alpha)$ und ein $\vartheta_1 \in \mathbf{K}(\eta)$ mit

$$P_{\vartheta_1}^V(H) > 0, \qquad H := \{v \in \mathfrak{B}: E_{\vartheta_1}(\psi_1(T) \mid V=v) > E_{\vartheta_1}(\psi^*(T) \mid V=v)\}.$$

Für den Test $\tilde{\psi} := \mathbb{1}_{\tau^{-1}(H)} \psi_1 + \mathbb{1}_{\tau^{-1}(H^c)} \psi^*$ gilt dann

$$E_\vartheta(\tilde{\psi}(T) \mid V=v) = \mathbb{1}_{V^{-1}(H)} E_\vartheta(\psi_1(T) \mid V=v) + \mathbb{1}_{V^{-1}(H^c)} E_\vartheta(\psi^*(T) \mid V=v).$$

Für $\vartheta \in \mathbf{J}$ folgt hieraus $\tilde{\psi} \in \Psi_\mathbf{J}^\mathfrak{B}(\alpha)$; für $\vartheta = \vartheta_1$ ergibt sich wegen $P_{\vartheta_1}^V(H) > 0$ aber $E_{\vartheta_1} \tilde{\psi} > E_{\vartheta_1} \psi^*$ und damit ein Widerspruch zu (3.3.1). □

Vielfach existieren bedingte Verteilungen $P_\mathbf{J}^{T|V=v}$ und $P_\vartheta^{T|V=v}$ (für jedes $\vartheta \in \mathbf{K}(\eta)$), vgl. Sätze 3.16 + 3.26 bzw. 1.122 + 1.126. Dann schreibt sich (3.3.3–4) als

$$\int \psi'(t) \, \mathrm{d}P_\vartheta^{T|V=v} \geqslant \int \psi(t) \, \mathrm{d}P_\vartheta^{T|V=v} \quad [P_\vartheta^V] \quad \forall \psi \in \Psi_\mathbf{J}^\mathfrak{B}(\alpha) \quad \forall \vartheta \in \mathbf{K}(\eta), \tag{3.3.5}$$

$$\psi' \in \Psi_\mathbf{J}^\mathfrak{B}(\alpha) := \{\psi \in \Psi: \int \psi(t) \, \mathrm{d}P_\mathbf{J}^{T|V=v} = \alpha \quad [\mathfrak{P}_\mathbf{J}^V]\}. \tag{3.3.6}$$

Tests ψ mit (3.3.6) nennt man auch *Tests mit Neyman-Struktur bezüglich V für $\vartheta \in \mathbf{J}$*. Ihre Bedeutung liegt darin, daß sie den Übergang zu konstruktiv angebbaren „bedingten Tests" ermöglichen. Zunächst erscheint jedoch die Bestimmung eines optimalen Tests mit Neyman-Struktur bezüglich V gemäß (3.3.5–6) nicht einfacher als die Bestimmung eines optimalen α-ähnlichen Tests gemäß (3.3.1–2). Zwar tritt der (unbekannte) Parameter ϑ nicht mehr in den Nebenbedingungen auf (bei Suffizienz von V für $\vartheta \in \mathbf{K}(\eta)$ auch nicht mehr in der Optimierungsforderung); dafür haben wir aber eine Abhängigkeit von dem (beobachtbaren) Wert $v = V(x)$ und zwar in den Nebenbedingungen wie in der Optimierungsforderung. Insbesondere haben wir ψ nun so zu bestimmen, daß für jedes $\vartheta \in \mathbf{K}(\eta)$ die (von ψ abhängende) Funktion $v \mapsto \int \psi(t) \, \mathrm{d}P_\vartheta^{T|V=v}$ P_ϑ^V-f.ü. maximiert wird unter der Nebenbedingung, daß die (von ψ abhängende) Funktion $v \mapsto \int \psi(t) \, \mathrm{d}P_\mathbf{J}^{T|V=v}$ $\mathfrak{P}_\mathbf{J}^V$-f.ü. einen vorgegebenen Wert α hat. Überdies ist die auftretende $\mathfrak{P}_\mathbf{J}^V$-Nullmenge möglicherweise bei jedem $\psi \in \Psi_\mathbf{J}^\mathfrak{B}(\alpha)$ eine andere; auch können die P_ϑ^V-Nullmengen aus (3.3.5) noch von ψ und ψ' abhängen.

Das Problem wäre jedoch vereinfacht, wenn wir das Optimierungsproblem (3.3.5–6) nicht als ein solches für eine Funktion von v zu betrachten bräuchten, sondern bei festem v lesen und dessen Lösung zur Festlegung eines optimalen Tests ψ auf der Menge $\tau^{-1}(\{v\}) = \{t: \tau(t) = v\}$ verwenden könnten. Demgemäß betrachten wir die durch $v \in \mathfrak{B}$ indizierte Familie der *bedingten Testprobleme* $\{P_\mathbf{J}^{T|V=v}\}$ gegen $\{P_\vartheta^{T|V=v}: \vartheta \in \mathbf{K}(\eta)\}$, suchen also für jedes $v \in \mathfrak{B}$ eine optimale Lösung ψ_v zu bestimmen von

$$\int \psi_v(t) \, \mathrm{d}P_\vartheta^{T|V=v} \geqslant \int \psi(t) \, \mathrm{d}P_\vartheta^{T|V=v} \quad \forall \psi \in \Psi_\mathbf{J}^v(\alpha) \quad \forall \vartheta \in \mathbf{K}(\eta), \tag{3.3.7}$$

$$\psi_v \in \Psi_\mathbf{J}^v(\alpha) := \{\psi \in \Psi: \int \psi(t) \, \mathrm{d}P_\mathbf{J}^{T|V=v} = \alpha\}. \tag{3.3.8}$$

Besitzt dieses Testproblem für alle $v \notin N$, $\mathfrak{P}_{\mathbf{J}}^{V}(N) = 0$, eine Lösung ψ_v, so liegt es nahe, daß unter geeigneten Regularitätsannahmen die Funktion

$$\psi^*(t) := \psi_{\tau(t)}(t)\, \mathbb{1}_{N^c}(\tau(t)) + \alpha \mathbb{1}_N(\tau(t)) \tag{3.3.9}$$

das anfängliche Hilfsproblem (3.3.1–2) löst. Die für einen solchen Schluß benötigten Voraussetzungen sollen nun zusammengestellt werden.

Satz 3.56 *Seien* $\mathfrak{P}_{\mathbf{J}}^{T}$ *und* $\mathfrak{P}_{\mathbf{K}(\eta)}^{T}$ *zwei Klassen von* WS-*Maßen über* $(\mathfrak{T}, \mathfrak{D})$ *sowie* $\tau: (\mathfrak{T}, \mathfrak{D}) \to (\mathfrak{V}, \mathfrak{H})$ *eine Statistik, die vollständig und suffizient ist für* $\vartheta \in \mathbf{J}$ *und zu der bedingte Verteilungen* $P_{\mathbf{J}}^{T|V=v}$ *bzw.* $P_{\vartheta}^{T|V=v}$ *existieren für jedes* $\vartheta \in \mathbf{K}(\eta)$. *Gibt es dann für jedes* $v \in N^c$, $\mathfrak{P}_{\mathbf{J}}^{V}(N) = 0$, *einen gegen* $\{P_{\vartheta}^{T|V=v}: \vartheta \in \mathbf{K}(\eta)\}$ *gleichmäßig besten, auf* $\{P_{\mathbf{J}}^{T|V=v}\}$ α*-ähnlichen Test, so ist* (3.3.9) *ein gegen* $\mathbf{K}(\eta)$ *gleichmäßig bester, auf* $\mathbf{J}$ α*-ähnlicher Test, falls* ψ^* $\mathfrak{D}$*-meßbar und jede* $\mathfrak{P}_{\mathbf{J}}^{V}$*-Nullmenge eine* $\mathfrak{P}_{\mathbf{K}(\eta)}^{V}$*-Nullmenge ist.*

Beweis: Wegen Hilfssatz 3.55 reicht der Nachweis, daß ψ^* eine Lösung von (3.3.5–6) ist. Dieser ergibt sich wie folgt: Einerseits ist $\psi^* \in \Psi_{\mathbf{J}}^{\mathfrak{B}}(\alpha)$ wegen $\psi_v \in \Psi_{\mathbf{J}}^{v}(\alpha)$ $\forall v \in N^c$ und $\mathfrak{P}_{\mathbf{J}}^{V}(N) = 0$. Andererseits folgt für einen beliebigen Test $\psi \in \Psi_{\mathbf{J}}^{\mathfrak{B}}(\alpha)$ wegen (3.3.6)

$$\mathfrak{P}_{\mathbf{J}}^{V}(N(\psi)) = 0\,, \qquad N(\psi) := \{v \in \mathfrak{V}\colon \textstyle\int \psi(t)\, \mathrm{d}P_{\mathbf{J}}^{T|V=v} \neq \alpha\}\,.$$

Für alle $v \in N^c \cap N(\psi)^c$ ist also ψ ein auf $\{P_{\mathbf{J}}^{T|V=v}\}$ α-ähnlicher Test. Für alle solchen v ist somit ψ ein der Nebenbedingung (3.3.8) genügender Test, so daß nach Konstruktion von ψ^* gilt

$$\int \psi^*(t)\, \mathrm{d}P_{\vartheta}^{T|V=v} \geqslant \int \psi(t)\, \mathrm{d}P_{\vartheta}^{T|V=v} \quad [\mathfrak{P}_{\mathbf{J}}^{V}] \quad \forall \vartheta \in \mathbf{K}(\eta)\,.$$

Da jede $\mathfrak{P}_{\mathbf{J}}^{V}$-Nullmenge eine $\mathfrak{P}_{\mathbf{K}(\eta)}^{V}$-Nullmenge ist, folgt hieraus wie behauptet

$$\int \psi^*(t)\, \mathrm{d}P_{\vartheta}^{T|V=v} \geqslant \int \psi(t)\, \mathrm{d}P_{\vartheta}^{T|V=v} \quad [P_{\vartheta}^{V}] \quad \forall \vartheta \in \mathbf{K}(\eta)\,.$$

□

Ist speziell τ auch suffizient für $\vartheta \in \mathbf{K}(\eta)$ (dieses ist insbesondere erfüllt, wenn $\mathbf{K}(\eta)$ einelementig ist), so reduzieren sich die Optimierungsforderungen (3.3.3) bzw. (3.3.5) bzw. (3.3.7) auf eine einzige Bedingung, etwa (3.3.7) auf

$$\int \psi_v(t)\, \mathrm{d}P_{\mathbf{K}(\eta)}^{T|V=v} \geqslant \int \psi(t)\, \mathrm{d}P_{\mathbf{K}(\eta)}^{T|V=v} \qquad \forall \psi \in \Psi_{\mathbf{J}}^{v}(\alpha)\,. \tag{3.3.10}$$

Dabei bezeichnet $P_{\mathbf{K}(\eta)}^{T|V=v}$ eine voraussetzungsgemäß existierende, von $\vartheta \in \mathbf{K}(\eta)$ unabhängige Festlegung der bedingten Verteilung. Dann handelt es sich also bei dem bedingten Testproblem (3.3.8 + 10) für jedes $v \in \mathfrak{V}$ um die Bestimmung eines besten Tests für zwei einfache Hypothesen, etwa in der in 2.1.2 eingeführten Kurzschreibweise um eine Lösung von

$$\int \psi_v(t)\, \mathrm{d}P_{\mathbf{K}(\eta)}^{T|V=v} = \sup_{\psi_v}\,, \tag{3.3.11}$$

$$\int \psi_v(t)\, \mathrm{d}P_{\mathbf{J}}^{T|V=v} = \alpha\,, \tag{3.3.12}$$

$$\psi_v \in \Psi\,. \tag{3.3.13}$$

Dieses ist für jedes feste v von der Form (2.1.15–17). Also kann ψ_v mit Hilfe des Neyman-Pearson-Lemmas explizit angegeben werden.

Wir werden in 3.3.2 sehen, daß bei einseitigen Testproblemen in mehrparametrigen Exponentialfamilien und geeigneter Wahl von $\mathbf{K}(\eta)$ die Lösung ψ_v von (3.3.11–13) unabhängig ist von dem speziellen Wert η und das zugelassene Niveau über $\mathbf{H}$ einhält. Die bedingende Statistik V ist dabei eine $(k-1)$-dimensionale Komponente der für $\vartheta \in \Theta$ suffizienten Statistik T. Es gilt also $T=(U,V)$ bzw. $U=\sigma\circ T$ und $V=\tau\circ T$ mit $\sigma(u,v)=u$ und $\tau(u,v)=v$. Dabei existieren bedingte Verteilungen $P_{\mathbf{J}}^{T|V=v}$ und $P_{\mathbf{K}(\eta)}^{T|V=v}$, die nach den Sätzen 3.16 und 3.26 bereits durch die bedingten Randverteilungen $P_{\mathbf{J}}^{U|V=v}$ und $P_{\mathbf{K}(\eta)}^{U|V=v}$ bestimmt sind. Mit $\chi_v(u):=\psi_v(t)$ und X als Menge aller Tests auf $(U(\mathfrak{X}), U(\mathfrak{X})\,\mathbb{B})$ ist somit das Testproblem (3.3.11–13) nach den Sätzen 3.16 und 3.26 äquivalent mit der Lösung des bedingten Testproblems

$$\int \chi_v(u)\,\mathrm{d}P_{\mathbf{K}(\eta)}^{U|V=v} = \sup_{\chi_v}, \tag{3.3.14}$$

$$\int \chi_v(u)\,\mathrm{d}P_{\mathbf{J}}^{U|V=v} = \alpha, \tag{3.3.15}$$

$$\chi_v \in X. \tag{3.3.16}$$

Auch dieses ist für jedes feste $v\in\mathfrak{B}$ von der Form (2.1.15–17). Für $\chi_v(u)$ schreiben wir ab 3.3.2 wieder kurz $\psi(u,v)$.

Zunächst betrachten wir ein einfaches Beispiel, bei dem alle auftretenden Verteilungen diskret und paarweise äquivalent sind, so daß weder Meßbarkeitsschwierigkeiten auftreten noch anderweitig auszuschließende Nullmengen die grundsätzliche Vorgehensweise überdecken.

Beispiel 3.57 $X_{11},\dots,X_{1n_1}$, $X_{21},\dots,X_{2n_2}$ seien st.u. ZG mit $\mathfrak{L}_\vartheta(X_{ij})=\mathfrak{P}(\lambda_i)$, $j=1,\dots,n_i$, $i=1,2$; $\vartheta=(\lambda_1,\lambda_2)\in\Theta:=(0,\infty)^2$. Gesucht ist ein gleichmäßig bester auf $\mathbf{J}$ α-ähnlicher Test für $\mathbf{H}\colon \lambda_1\leqslant\lambda_2$ gegen $\mathbf{K}\colon\lambda_1>\lambda_2$. Dieses Testproblem läßt sich zunächst durch Suffizienz gemäß Satz 3.30 reduzieren: Aufgrund des Neyman-Kriteriums ist nämlich $\tilde{T}(x)=(\sum x_{1j},\sum x_{2j})$ und damit nach Satz 3.10 auch $T(x)=(U(x),V(x))=(\sum x_{1j},\sum x_{1j}+\sum x_{2j})$ suffizient für $\vartheta\in\Theta$. Da $\sum X_{1j}$ und $\sum X_{2j}$ st.u. $\mathfrak{P}(n_1\lambda_1)$- bzw. $\mathfrak{P}(n_2\lambda_2)$-verteilte ZG sind, gilt mit $t=(u,v)$ für $u=0,1,\dots,v$, $v=0,1,2,\dots$

$$P_\vartheta(T=t)=P_\vartheta(U=u,V=v)=P_{\lambda_1}(\textstyle\sum X_{1j}=u)\,P_{\lambda_2}(\sum X_{2j}=v-u)$$

$$=\mathrm{e}^{-n_1\lambda_1}\frac{(n_1\lambda_1)^u}{u!}\,\mathrm{e}^{-n_2\lambda_2}\frac{(n_2\lambda_2)^{v-u}}{(v-u)!}=\frac{\mathrm{e}^{-(n_1\lambda_1+n_2\lambda_2)}}{u!\,(v-u)!}\left(\frac{n_1\lambda_1}{n_2\lambda_2}\right)^u(n_2\lambda_2)^v. \tag{3.3.17}$$

Für $\vartheta\in\mathbf{J}\colon\lambda_1=\lambda_2$ ist somit nach dem Neyman-Kriterium bzw. Satz 3.39 die Statistik $\tau(t)=v$ suffizient und vollständig. Diese Statistik ist auch für $\vartheta\in\Theta(\eta):=\{(\lambda_1,\lambda_2)\in\Theta\colon n_1\lambda_1/n_2\lambda_2=\mathrm{e}^\eta\}$ suffizient, und zwar für jedes feste $\eta\in\mathbb{R}$. Also liegt es nahe, die Gegenhypothese $\mathbf{K}$ in die Mengen $\mathbf{K}(\eta):=\Theta(\eta)$, $\eta>\log(n_1/n_2)$, zu zerlegen und als Hilfsproblem die Bestimmung eines gegen $\mathbf{K}(\eta)$ gleichmäßig besten, auf $\mathbf{J}$ α-ähnlichen Tests zu betrachten. Dieses ist von der Form (3.3.1–2), also nach Hilfssatz 3.55 mit (3.3.3–4) oder wegen der Existenz bedingter Verteilungen bzw. wegen $u=\sigma(t)$, $v=\tau(t)$ mit (3.3.11–13) bzw. (3.3.14–16) äquivalent.

Zur expliziten Angabe der Lösungen χ_v benötigen wir somit nur noch die bedingte Verteilung von U bei gegebenem $V = v$ unter $\vartheta \in \Theta(\eta)$. Für beliebiges $\vartheta \in \Theta$ ergibt sich für jedes feste $v = 0,1, \ldots$

$$P_\vartheta^{U|V=v}(\{u\}) = \frac{P_\vartheta(U=u, V=v)}{P_\vartheta(V=v)} = \frac{\mathrm{e}^{-n_1\lambda_1}\dfrac{(n_1\lambda_1)^u}{u!}\,\mathrm{e}^{-n_2\lambda_2}\dfrac{(n_2\lambda_2)^{v-u}}{(v-u)!}}{\mathrm{e}^{-(n_1\lambda_1+n_2\lambda_2)}\dfrac{(n_1\lambda_1+n_2\lambda_2)^v}{v!}}$$

$$= \binom{v}{u}\left(\frac{\varrho}{1+\varrho}\right)^u\left(\frac{1}{1+\varrho}\right)^{v-u}, \quad u = 0,1,\ldots,v; \quad \varrho := \mathrm{e}^\eta = \frac{n_1\lambda_1}{n_2\lambda_2}. \tag{3.3.18}$$

$P_\vartheta^{U|V=v}$ hängt also für $\vartheta \in \Theta(\eta)$ nur noch von η, nicht jedoch von dem speziellen – auch nach Fixierung von η noch unbekannten – Wert ϑ ab. (3.3.18) ist also eine Festlegung von $P_{\Theta(\eta)}^{U|V=v}$ und zwar für jedes $v = 1,2, \ldots$ eine $\mathfrak{B}(v,\pi)$-Verteilung, $\pi = \varrho/(1+\varrho)$. Für $v = 0$ und jedes $\vartheta \in \Theta$ ist offenbar $P_\vartheta^{U|V=v} = \varepsilon_0$. Wegen $\mathbf{J}$: $\lambda_1 = \lambda_2$ ist $\mathbf{J} = \Theta(\eta_0)$ mit $\eta_0 = \log\varrho_0 = \log(n_1/n_2)$. Das bedingte Testproblem (3.3.14–16) besteht somit für jedes $v = 1,2, \ldots$ aus der Bestimmung eines besten α-ähnlichen Tests χ_v für eine $\mathfrak{B}(v,\pi_0)$- gegen eine $\mathfrak{B}(v,\pi_1)$-Verteilung, $\pi_1 > \pi_0 := \varrho_0/(1+\varrho_0) = n_1/(n_1+n_2)$. Ein solcher lautet – und zwar unabhängig von dem speziellen Wert $\pi_1 > \pi_0$ –

$$\chi_v^*(u) = \mathbb{1}_{(c(v),\infty)}(u) + \bar{\gamma}(v)\mathbb{1}_{\{c(v)\}}(u), \tag{3.3.19}$$

wobei $c(v)$ das α-Fraktil der $\mathfrak{B}(v,\pi_0)$-Verteilung ist; für $v = 0$ ergibt sich trivialerweise der Test $\chi_0 \equiv \alpha$. Somit ist auch der Test

$$\psi^*(u,v) = \chi_v^*(u)\mathbb{1}_{(0,\infty)}(v) + \alpha\mathbb{1}_{\{0\}}(v), \tag{3.3.20}$$

d.h. $\quad \varphi^*(x) = \psi^*(U(x), V(x)) \quad$ mit $\quad U(x) = \sum x_{1j}, \quad V(x) = \sum x_{1j} + \sum x_{2j}$

unabhängig von dem speziellen Wert $\varrho > \varrho_0$. Nach Satz 2.24 ist aber (3.3.19) in der Klasse aller $\mathfrak{B}(v,\pi)$-Verteilungen, $\pi \in (0,1)$, zum Testen von $\mathbf{H}'$: $\pi \leqslant \pi_0$ gegen $\mathbf{K}'$: $\pi > \pi_0$ sogar ein α-Niveau Test, der unter allen für $\mathbf{J}'$: $\pi = \pi_0$ α-ähnlichen Tests die Fehler-WS 1. Art und 2. Art für $\pi < \pi_0$ bzw. $\pi > \pi_0$ gleichmäßig minimiert. Wegen Hilfssatz 3.55 hat somit der Test (3.3.20) die gleichen Eigenschaften für das Ausgangsproblem und er minimiert auch die Fehler-WS 1. Art.

Übrigens ergibt sich durch Vergleich mit dem Test $\psi \equiv \alpha$, daß ψ^* und damit φ^* unverfälschte α-Niveau Tests sind für $\mathbf{H}$ gegen $\mathbf{K}$. Da jeder unverfälschte α-Niveau Test für $\mathbf{H}$ gegen $\mathbf{K}$ wegen der Stetigkeit der Gütefunktionen, vgl. Satz 1.164c, α-ähnlich auf $\mathbf{J}$ ist, folgt mit Hilfssatz 2.3, daß ψ^* und damit φ^* auch gleichmäßig beste unverfälschte α-Niveau Tests für $\mathbf{H}$ gegen $\mathbf{K}$ sind.

Abschließend veranschaulichen wir uns den Test noch in einer $(\tilde{t}_1, \tilde{t}_2)$-Ebene, $\tilde{t}_1 = \sum x_{1j}$, $\tilde{t}_2 = \sum x_{2j}$. Den Mengen $\{t: \tau(t) = v\}$ entsprechen hier die Geraden $\tilde{t}_1 + \tilde{t}_2 = v$, auf denen also ψ^* getrennt definiert wird. In Abb. 17 auf S. 372 sind die Bereiche strikter Ablehnung bzw. Annahme wiedergegeben, die sich bei $n_1 = 8$, $n_2 = 12$ ergeben. Für die (einmalige) Anwendung genügt es, ψ^* auf derjenigen Geraden zu definieren, die dem beobachteten Wert $v = \tau(t)$ entspricht. □

Zur Bestimmung eines optimalen zweiseitigen Tests reicht wie bei einparametrigen Exponentialfamilien in 2.4.2 auch bei mehrparametrigen Exponentialfamilien die Beschränkung auf ähnliche Tests nicht aus. Man fordert deshalb wie dort in (2.4.21) die durch (1.3.23) eingeführte lokale Unverfälschtheit. Bezeichnet etwa ϑ einen k-dimensionalen Parameter, T eine k-dimensionale suffiziente Statistik, σ (bzw. τ) die Projektionen auf die erste (bzw. auf die letzten $k-1$) Koordinaten und η_0 einen inneren Punkt von $\sigma(\Theta)$, so ergibt sich bei den zweiseitigen Hypothesen $\mathbf{H}$: $\sigma(\vartheta) = \eta_0$,

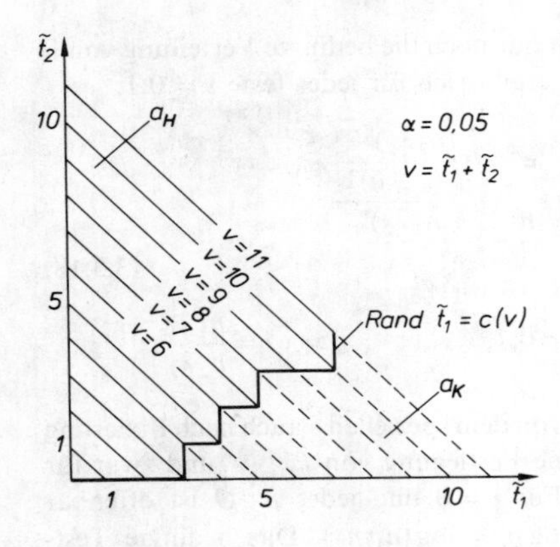

Abb. 17
Test mit Neyman-Struktur für den Vergleich zweier Poisson-Verteilungen

$\mathbf{K}: \sigma(\vartheta) \neq \eta_0$ neben $E_\vartheta \psi(T) = \alpha \quad \forall \vartheta \in \mathbf{J}$ in (3.3.2) durch Differentiation gemäß Satz 1.164c die weitere Nebenbedingung

$$E_\vartheta(\sigma(T)\,\psi(T)) = \alpha E_\vartheta \sigma(T) \quad \forall \vartheta \in \mathbf{J}. \tag{3.3.21}$$

Die Aussagen von Hilfssatz 3.55 und Satz 3.56 lassen sich auf dieses zweiseitige Testproblem unmittelbar übertragen. Wegen der Suffizienz und Vollständigkeit von τ für $\vartheta \in \mathbf{J}$ ist nämlich (3.3.21) äquivalent mit

$$E_{\mathbf{J}}(\sigma(T)\,\psi(T) \mid V = v) = \alpha E_{\mathbf{J}}(\sigma(T) \mid V = v) \quad [\mathfrak{P}_{\mathbf{J}}^V],$$

so daß zu (3.3.8) und analog zu (3.3.12) bzw. (3.3.15) die weitere Nebenbedingung

$$\int \sigma(t)\,\psi_v(t)\,\mathrm{d}P_{\mathbf{J}}^{T|V=v} = \alpha \int \sigma(t)\,\mathrm{d}P_{\mathbf{J}}^{T|V=v} \tag{3.3.22}$$

hinzutritt; alle weiteren Überlegungen bleiben unberührt.

Beispiel 3.58 Wie in Beispiel 3.57 seien X_{ij} für $j = 1, \ldots, n_i$, $i = 1,2$, st.u. $\mathfrak{P}(\lambda_i)$-verteilte ZG. Gesucht ist ein gleichmäßig bester lokal unverfälschter α-Niveau Test für die zweiseitigen Hypothesen $\mathbf{H}: \lambda_1 = \lambda_2$ gegen $\mathbf{K}: \lambda_1 \neq \lambda_2$. Nach (3.3.17) ist die zugrundeliegende Verteilungsklasse eine zweiparametrige Exponentialfamilie in $(\eta, \xi) = (\log \varrho, \log(n_2 \lambda_2))$ und $(U(x), V(x)) = (\sum x_{1j}, \sum x_{1j} + \sum x_{2j})$, wobei $\varrho := n_1 \lambda_1 / n_2 \lambda_2$ ist. Nach Satz 1.164c sind somit die Gütefunktionen $\beta(\lambda_2, \varrho)$ aller Tests – aufgefaßt als Funktion von (λ_2, ϱ) – stetig differenzierbar. Somit ist jeder gegen $\mathbf{K}$ unverfälschte Test auf $\mathbf{J}: \lambda_1 = \lambda_2$ lokal unverfälscht in dem Sinne, daß jeder Schnitt $\beta(\lambda_2, \cdot)$ in $\varrho_0 = n_1/n_2$ eine horizontale Tangente besitzt. Da nach (3.3.17) gilt

$$\nabla_\varrho \beta(\lambda_2, \varrho) = \sum_{u,v} \left(\frac{u}{\varrho} - n_2 \lambda_2\right) \psi(u, v)\, \mathrm{e}^{-n_2 \lambda_2 (1+\varrho)} \varrho^u (n_2 \lambda_2)^v \frac{1}{u!\,(v-u)!},$$

ergibt sich wegen $n_2 \lambda_2 \varrho = n_1 \lambda_1 = E_{\lambda_2 \varrho} \sigma(T)$ als Bedingung der lokalen Unverfälschtheit neben (3.3.2) die Forderung (3.3.21) bzw. (3.3.22). Diese ist als zusätzliche Nebenbedingung zu (3.3.6) aufzufassen. Das bedingte Testproblem besteht somit aus der Bestimmung einer Testfunktion χ_v für jedes $v \in \mathfrak{V}$, die unter den Nebenbedingungen (3.3.15) und

$$\int u \chi_v(u)\,\mathrm{d}P_{\mathbf{J}}^{U|V=v} = \alpha \int u\,\mathrm{d}P_{\mathbf{J}}^{U|V=v} \tag{3.3.23}$$

das Integral (3.3.14) maximiert. Wegen $P_{\lambda_2 \varrho}^{U|V=v} = \mathfrak{B}(v, \pi)$, $\pi = \varrho/(1+\varrho)$, für $v = 1,2,\ldots$ handelt es sich bei dem Hilfsproblem (3.3.14 + 15 + 16 + 23) um die Bestimmung eines gleichmäßig besten lokal unverfälschten α-ähnlichen Tests für das zweiseitige Problem in einer einparametrigen Exponentialfamilie. Nach Satz 2.70 lautet demnach für $v = 1,2, \ldots$ die Lösung

$$\chi_v^*(u) = \mathbb{1}_{(-\infty, c_1(v))}(u) + \mathbb{1}_{(c_2(v), \infty)}(u) + \sum_{i=1}^{2} \bar{\gamma}_i(v) \mathbb{1}_{\{c_i(v)\}}(u), \tag{3.3.24}$$

wobei $(c_i(v), \bar{\gamma}_i(v))$, $i = 1,2$, analog (2.4.21) zu bestimmen sind; für $v = 0$ ergibt sich wieder $\chi_0^* \equiv \alpha$. Der analog (3.3.20) gebildete Test $\varphi^* = \psi^* \circ (U, V)$ ist dann gleichmäßig bester Test unter allen auf $\mathbf{J}$ lokal unverfälschten α-ähnlichen Tests und mit derselben Argumentation wie in Beispiel 3.57 auch gleichmäßig bester unverfälschter α-Niveau Test. □

Die Beispiele 3.57–58 sind deshalb besonders instruktiv, weil sich – wie stets bei diskreten WS – die bedingten Verteilungen $P_{\mathbf{J}}^{T|V=v}$ und $P_{\mathbf{K}(\eta)}^{T|V=v}$ für jedes $v \in \mathfrak{V}$ auf die Menge $\tau^{-1}(\{v\})$ konzentrieren und sich damit das Hilfsproblem – der einleitenden Motivierung entsprechend – in Teilprobleme über den Mengen $\tau^{-1}(\{v\})$ zerlegen läßt. Wie Satz 3.56 zeigt, wäre dies zur Bestimmung des besten Tests als bedingter Test an sich nicht notwendig; es würde reichen, daß es bedingte Verteilungen $P_{\mathbf{J}}^{T|V=v}$ und $P_{\mathbf{K}(\eta)}^{T|V=v}$ gibt und für diese einen von η unabhängigen Test ψ_v $\forall v \in \mathfrak{V}$. Die Einsetzungsregel (1.6.82) zeigt jedoch, daß sich bedingte Verteilungen $P^{T|V=v}$ häufig derart wählen lassen, daß sie sich auf die Mengen $\tau^{-1}(\{v\})$ konzentrieren, so daß auch in anderen Beispielen die Festlegung von ψ_v als Test auf der Menge $\tau^{-1}(\{v\})$ gerechtfertigt ist.

3.3.2 Bedingte Tests in Exponentialfamilien

Die in 3.3.1 entwickelte Theorie der bedingten Tests ermöglicht eine allgemeine und zugleich einfache Lösung solcher Testprobleme in k-parametrigen Exponentialfamilien[1]) in ζ und T, deren Hypothesen sich auf das Prüfen eindimensionaler Komponenten des natürlichen Parameters ζ beziehen, nämlich auf das Prüfen von

$$\mathbf{H}: \eta \leqslant \eta_0, \ \mathbf{K}: \eta > \eta_0 \quad \text{bzw.} \quad \mathbf{H}: \eta = \eta_0, \ \mathbf{K}: \eta \neq \eta_0. \tag{3.3.25}$$

Dabei sei η o.E. die erste Komponente[2]) von ζ; der Vektor der restlichen Komponenten $\zeta_2, \ldots, \zeta_k$ von ζ, also der Nebenparameter $\xi = (\xi_2, \ldots, \xi_k) := (\zeta_2, \ldots, \zeta_k)$ geht in die Formulierung der Hypothesen nicht explizit ein und wird deshalb wie in (3.3.25) bei der Formulierung der Hypothesen meist der Kürze halber weggelassen; genauer lauten etwa die Hypothesen des einseitigen Testproblems

$$\mathbf{H} = \{(\eta, \xi) \in Z: \eta \leqslant \eta_0\}, \qquad \mathbf{K} = \{(\eta, \xi) \in Z: \eta > \eta_0\}.$$

Der Aufspaltung $\zeta = (\eta, \xi)$ des natürlichen Parameters entsprechend ist es zweckmäßig, auch die erzeugende Statistik T bzw. deren Werte $t = T(x)$ in gleicher Weise zu zerlegen.

---

[1]) Nach Satz 3.30 können also alle Überlegungen über $(\mathfrak{T}, \mathfrak{D}) = (\mathbb{R}^k, \mathbb{B}^k)$ durchgeführt werden.

[2]) Da der natürliche Parameter $\zeta = (\zeta_1, \ldots, \zeta_k)$ einer k-parametrigen Exponentialfamilie nur bis auf affine Transformationen bestimmt ist, lassen sich die folgenden Überlegungen allgemein zum Prüfen solcher Hypothesen der Form (3.3.25) anwenden, bei denen η eine Linearkombination von $\zeta_1, \ldots, \zeta_k$ ist. In einem solchen Fall setzen wir (nach geeigneter Indizierung der Komponenten von ζ)

$$\eta = \zeta_1 + \sum_{i=2}^{k} a_i \zeta_i, \ \xi_i = \zeta_i, \ i = 2, \ldots, k; \qquad u = t_1, \ v_i = t_i - a_i t_1, \ i = 2, \ldots, k.$$

Wir bezeichnen hierzu die Projektionen des $\mathbb{R}^k$ auf die erste bzw. auf die letzten $k-1$ Koordinaten mit σ bzw. τ, so daß mit $t=(t_1,\ldots,t_k)$ bzw. mit $u:=t_1$ und $v=(v_2,\ldots,v_k)$ $:=(t_2,\ldots,t_k)$ gilt

$$\sigma(t)=t_1, \quad \tau(t)=(t_2,\ldots,t_k) \quad \text{oder} \quad \sigma(u,v)=u, \quad \tau(u,v)=v.$$

Analog schreiben wir für die Komponenten der erzeugenden Statistik

$$U(x)=T_1(x)=\sigma(T(x)), \quad V(x)=(T_2(x),\ldots,T_k(x))=\tau(T(x)).$$

Dann ergibt sich als Dichte (1.7.3) mit der Abkürzung $\langle\xi,v\rangle:=\sum_{i=2}^{k}\xi_i v_i$

$$p_{\eta\xi}(x)=C(\eta,\xi)\exp[\eta U(x)+\langle\xi,V(x)\rangle] \quad [\nu], \qquad (\eta,\xi)\in Z\subset\mathbb{R}^k, \tag{3.3.26}$$

oder nach Reduktion durch Suffizienz auf die k-dimensionale Statistik T

$$p_{\eta\xi}^T(u,v)=C(\eta,\xi)\exp[\eta u+\langle\xi,v\rangle] \quad [\nu^T], \qquad (\eta,\xi)\in Z\subset\mathbb{R}^k. \tag{3.3.27}$$

Offenbar lautet der gemeinsame Rand der einseitigen wie zweiseitigen Hypothesen $\mathbf{J}: \eta=\eta_0$. Nach dem Neyman-Kriterium bzw. Satz 3.39 ist die Statistik $\tau(u,v)=v$ für $\xi\in Z_{\eta_0}$ suffizient und vollständig, sofern $\mathring{Z}_{\eta_0}\neq\emptyset$ ist; nach dem Neyman-Kriterium ist $\tau(u,v)=v$ auch suffizient für $\xi\in Z_\eta$ bei jedem festen Wert $\eta\in\sigma(Z)$, denn für festes η bilden die Dichten (3.3.27) eine – bei $\mathring{Z}_\eta\neq\emptyset$ $(k-1)$-parametrige – Exponentialfamilie in ξ und τ. Der Vorgehensweise in 3.3.1 entsprechend denken wir uns deshalb den Parameterraum zerlegt in die Mengen $Z(\eta):=\{\eta\}\times Z_\eta$, $\eta\in\sigma(Z)$. Dann lauten die Hypothesen (3.3.25)

$$\mathbf{H}=\bigcup_{\eta\leqslant\eta_0}Z(\eta), \ \mathbf{K}=\bigcup_{\eta>\eta_0}Z(\eta) \quad \text{bzw.} \quad \mathbf{H}=Z(\eta_0), \ \mathbf{K}=\bigcup_{\eta\neq\eta_0}Z(\eta)$$

und der Rand der Hypothesen $\mathbf{J}: \eta=\eta_0$ genauer auch $\mathbf{J}=Z(\eta_0)$. Um jedoch die Terminologie nicht zu überladen und insbesondere die Formeln (3.3.32–35) und (3.3.36–39) einprägsam zu schreiben, verwenden wir im folgenden statt $E_{Z(\eta)}(\psi(U,V)\mid V=v)$ vielfach die suggestivere Schreibweise $E_{\eta\bullet}(\psi(U,V)\mid V=v)$ sowie entsprechend statt $P_{Z(\eta)}^{U\mid V=v}$ auch $P_{\eta\bullet}^{U\mid V=v}$.

Zunächst seien die der Reduktion von Testproblemen in 3.3.1 entsprechenden Schritte für die beiden Hypothesen (3.3.25) nochmals wiederholt.

Hilfssatz 3.59 *Es seien $\mathfrak{P}=\{P_{\eta\xi}:(\eta,\xi)\in Z\}$ eine k-parametrige Exponentialfamilie in (η,ξ) und (U,V), $\eta_0\in\sigma(\mathring{Z})$ und $\alpha\in(0,1)$. Weiter seien $Q\in\mathfrak{P}$ fest sowie $\mathbf{H}$ und $\mathbf{K}$ die einseitigen bzw. zweiseitigen Hypothesen* (3.3.25). *Dann gilt*:

a) *$\tau(u,v)=v$ ist bei jedem festen η eine suffiziente Statistik für $\xi\in Z_\eta$ sowie bei $\eta=\eta_0$ eine suffiziente und vollständige Statistik für $\xi\in Z_{\eta_0}$.*

b) *Von den Forderungen*

$$E_{\eta\xi}\psi(U,V)=\inf_\psi \quad \forall\xi\in Z_\eta \quad \forall\eta\in\mathbf{H} \tag{3.3.28}$$

$$E_{\eta\xi}\psi(U,V)=\sup_\psi \quad \forall\xi\in Z_\eta \quad \forall\eta\in\mathbf{K} \tag{3.3.29}$$

$$E_{\eta\xi}\psi(U,V) = \alpha \qquad \forall \xi \in Z_\eta \quad \textit{für } \eta = \eta_0 \tag{3.3.30}$$

$$E_{\eta\xi}U\psi(U,V) = \alpha E_{\eta\xi}U \quad \forall \xi \in Z_\eta \quad \textit{für } \eta = \eta_0 \tag{3.3.31}$$

und den diesen zunächst formal entsprechenden Bedingungen

$$E_{\eta\bullet}(\psi(U,V) \mid V=v) = \inf_\psi \qquad [Q^V] \quad \forall \eta \in \mathbf{H} \tag{3.3.32}$$

$$E_{\eta\bullet}(\psi(U,V) \mid V=v) = \sup_\psi \qquad [Q^V] \quad \forall \eta \in \mathbf{K} \tag{3.3.33}$$

$$E_{\eta\bullet}(\psi(U,V) \mid V=v) = \alpha \qquad [Q^V] \quad \textit{für } \eta = \eta_0 \tag{3.3.34}$$

$$E_{\eta\bullet}(U\psi(U,V) \mid V=v) = \alpha E_{\eta\bullet}(U \mid V=v) \quad [Q^V] \quad \textit{für } \eta = \eta_0 \tag{3.3.35}$$

sind (3.3.30) *und* (3.3.31) *einzeln äquivalent mit* (3.3.34) *und* (3.3.35). *Jede Lösung von* (3.3.32–34) *genügt auch* (3.3.28–30) *und umgekehrt. Entsprechend erfüllt jede Lösung von* (3.3.33–35) *die Gleichungen* (3.3.29–31) *und umgekehrt.*

c) *Sind $\psi_v^*(u)$ für alle v Lösungen der Systeme* (3.3.36–38) *bzw.* (3.3.37–39),

$$\int \psi_v(u)\, \mathrm{d}P_{\eta\bullet}^{U|V=v} = \inf_{\psi_v} \qquad \forall \eta \in \mathbf{H} \tag{3.3.36}$$

$$\int \psi_v(u)\, \mathrm{d}P_{\eta\bullet}^{U|V=v} = \sup_{\psi_v} \qquad \forall \eta \in \mathbf{K} \tag{3.3.37}$$

$$\int \psi_v(u)\, \mathrm{d}P_{\eta\bullet}^{U|V=v} = \alpha \qquad \textit{für } \eta = \eta_0 \tag{3.3.38}$$

$$\int u\psi_v(u)\, \mathrm{d}P_{\eta\bullet}^{U|V=v} = \alpha \int u\, \mathrm{d}P_{\eta\bullet}^{U|V=v} \quad \textit{für } \eta = \eta_0 \tag{3.3.39}$$

und ist $\psi^*(u,v) := \psi_v^*(u)$ eine $\mathbb{B}^k$-meßbare Funktion, so erfüllt $\psi^*(u,v)$ (3.3.32–34) *bzw.* (3.3.33–35) *und damit* (3.3.28–30) *bzw.* (3.3.29–31).

Beweis: a) folgt mit dem Neyman-Kriterium bzw. mit Satz 3.39 aus (3.3.27). Dabei beachte man, daß $\mathring{Z}_{\eta_0} \neq \emptyset$ aus $\eta_0 \in \sigma(\mathring{Z})$ folgt.

b) Alle Verteilungen einer Exponentialfamilie sind untereinander äquivalent; damit gilt insbesondere $\mathfrak{P}_{\mathbf{K}}^V \ll Q^V$, $\mathfrak{P}_{\mathbf{J}}^V \ll Q^V$ bzw. $\mathfrak{P}_{\mathbf{H}}^V \ll Q^V$. Wegen der Vollständigkeit von $\tau(u,v) = v$ sind (3.3.30) und (3.3.34), (3.3.31) und (3.3.35) sowie nach Hilfssatz 3.55 für jedes einzelne feste $\eta \in \mathbf{K}$ die Testprobleme (3.3.29 + 30) und (3.3.33 + 34) äquivalent. Ebenso beweist man für jedes feste $\eta \in \mathbf{H}$ die Äquivalenz der Testprobleme (3.3.28 + 30) und (3.3.32 + 34) sowie diejenige von (3.3.29–31) und (3.3.33–35).

c) Wegen der Suffizienz von $\tau(u,v) = v$ für $\xi \in Z_\eta$ folgt analog (1.6.64)

$$E_{\eta\bullet}(\psi(U,V) \mid V=v) = \int \psi_v(u)\, \mathrm{d}P_{\eta\bullet}^{U|V=v} \quad [Q^V]. \tag{3.3.40}$$

Die Behauptung folgt dann wie in der Argumentation zu Satz 3.56. □

Wir betrachten nun zunächst das einseitige Testproblem $\mathbf{H}: \eta \leqslant \eta_0$, $\mathbf{K}: \eta > \eta_0$ und erinnern hierzu an den in 2.2.1 betrachteten Spezialfall einer einparametrigen Exponentialfamilie in η und U. In diesem gibt es nach Satz 2.24 einen Test $\varphi^* = \psi^* \circ U$, der die Fehler-WS 1. und 2. Art unter der Nebenbedingung $E_{\eta_0}\psi = \alpha$ gleichmäßig minimiert. Eine entsprechende Aussage soll nun für $k > 1$ bewiesen werden. Im Gegensatz zum Fall

$k = 1$ ist jener Test für $k > 1$ jedoch im allgemeinen kein gleichmäßig bester α-Niveau Test, so daß wir in Teil b) der folgenden Aussage zusätzlich die Unverfälschtheit fordern.

Satz 3.60 *Es seien $\mathfrak{P} = \{P_{\eta\xi}: (\eta, \xi) \in Z\}$ eine k-parametrige Exponentialfamilie in (η, ξ) und (U, V), $\eta_0 \in \sigma(\mathring{Z})$ und $\alpha \in (0,1)$. Dann gilt für das einseitige Testproblem $\mathbf{H}: \eta \leqslant \eta_0$, $\mathbf{K}: \eta > \eta_0$: Es existiert ein Test $\varphi^* = \psi^* \circ (U, V)$,*

$$\psi^*(u, v) = \mathbb{1}_{(c(v), \infty)}(u) + \bar{\gamma}(v)\, \mathbb{1}_{\{c(v)\}}(u), \tag{3.3.41}$$

wobei $c(v) \in \mathbb{R}$ und $\bar{\gamma}(v) \in [0,1]$ für jedes $v \in \mathfrak{V}$ Lösungen sind von

$$\int \psi^*(u, v)\, \mathrm{d}P_{\eta_0 \bullet}^{U|V=v} = P_{\eta_0 \bullet}^{U|V=v}((c(v), \infty)) + \bar{\gamma}(v)\, P_{\eta_0 \bullet}^{U|V=v}(\{c(v)\}) = \alpha\,. \tag{3.3.42}$$

Für diesen Test φ^* gilt:

a) *φ^* ist gleichmäßig bester auf $\mathbf{J}: \eta = \eta_0$ α-ähnlicher Test für $\mathbf{H}$ gegen $\mathbf{K}$.*

b) *φ^* ist gleichmäßig bester unverfälschter α-Niveau Test für $\mathbf{H}$ gegen $\mathbf{K}$.*

Beweis: a) Gesucht ist eine Lösung von (3.3.28–30). Diese Forderungen sind nach Hilfssatz 3.59 erfüllt bei einer Funktion $\psi^*(u, v)$, wenn $\psi_v^*(u) := \psi^*(u, v)$ für alle v den Bedingungen (3.3.36–38) genügt und $\mathbb{B}^k$-meßbar ist. Zur Bestimmung von $\psi_v^*(u)$ beachte man, daß nach Satz 1.174b eine Festlegung der bedingten Verteilung $P_{\eta \bullet}^{U|V=v}$ existiert, die für jedes v eine Exponentialfamilie in η und $\mathrm{id}_{\mathfrak{U}}$ ist. Es gibt somit für jedes feste v nach Satz 2.24a eine $\mathbb{B}$-meßbare Funktion $\psi_v^*(u)$, die Lösung von (3.3.36–38) ist, nämlich der Test (3.3.41–42). Wie im folgenden Hilfssatz 3.61 gezeigt werden wird, ist die durch $\psi^*(u, v) := \psi_v^*(u)$ definierte Funktion $\mathbb{B}^k$-meßbar und damit Lösung von (3.3.28–30).

b) Nach Satz 1.164c ist die Gütefunktion eines jeden Tests bei Exponentialfamilien stetig, also jeder unverfälschte α-Niveau Test für $\mathbf{H}$ gegen $\mathbf{K}$ α-ähnlich auf $\mathbf{J}$. Unter diesen Tests ist aber (3.3.41–42) nach Teil a) eine Lösung, welche die Fehler-WS 1. und 2. Art gleichmäßig minimiert. Als solcher ist er nach Hilfssatz 2.2 ein unverfälschter α-Niveau Test für $\mathbf{H}$ gegen $\mathbf{K}$. Folglich ergibt sich $\psi^*(u, v)$ nach Hilfssatz 2.3 als gleichmäßig bester unverfälschter α-Niveau Test. □

Hilfssatz 3.61 *$P_{\eta_0 \bullet}^{U|V=v}$ sei eine Festlegung der von $\xi \in Z_{\eta_0}$ unabhängigen bedingten Verteilung*[1]) *von U bei gegebenem $V = v$. Die Funktionen $\psi^*(u, v)$, $c(v)$ und $\bar{\gamma}(v)$ seien durch (3.3.41–42) gegeben. Dann gilt:*

a) *$F_v(u) := P_{\eta_0 \bullet}^{U|V=v}((-\infty, u])$ und $F_v(u-0) = P_{\eta_0 \bullet}^{U|V=v}((-\infty, u))$ sind $\mathbb{B}^k$-meßbare Funktionen von (u, v).*

b) *$F_v^{-1}(y) := \inf\{u: F_v(u) \geqslant y\}$ ist bei festem y eine $\mathbb{B}^{k-1}$-meßbare Funktion von v.*

c) *$c(v)$ und $\bar{\gamma}(v)$ sind $\mathbb{B}^{k-1}$-meßbare Funktionen von v.*

d) *$\psi^*(u, v)$ ist eine $\mathbb{B}^k$-meßbare Funktion von (u, v).*

Beweis: a) $F_v(u)$ ist definitionsgemäß für jedes u eine $\mathbb{B}^{k-1}$-meßbare Funktion von v und für festes v eine VF in u. Also gilt genau dann $F_v(u) \geqslant c$, wenn es zu jedem n eine

---

[1]) Im Hinblick auf die Anwendung in 3.4.1 beachte man, daß bei dieser Aussage die Klasse der Verteilungen von (U, V) nicht notwendig eine Exponentialfamilie sein muß.

rationale Zahl r mit $u \leqslant r \leqslant u + 1/n$ und $F_v(r) \geqslant c$ gibt. Damit erhält man

$$\{(u,v)\colon F_v(u) \geqslant c\} = \bigcap_n \bigcup_r B_{r,n}, \qquad B_{r,n} := \left\{(u,v)\colon r - \frac{1}{n} \leqslant u \leqslant r,\ F_v(r) \geqslant c\right\}.$$

Hier ist $B_{r,n}$ eine $\mathbb{B}^k$-meßbare Menge für jedes $c \in \mathbb{R}$, so daß $F_v(u)$ eine $\mathbb{B}^k$-meßbare Funktion von (u,v) ist. Entsprechend verläuft der Beweis bei $F_v(u-0)$.

b) Da $F_v(c)$ eine $\mathbb{B}^{k-1}$-meßbare Funktion von v ist für jedes $c \in \mathbb{R}$, gilt nach Hilfssatz 1.17a

$$\{v\colon F_v^{-1}(y) \leqslant c\} = \{v\colon F_v(c) \geqslant y\} \in \mathbb{B}^{k-1} \quad \forall c \in \mathbb{R} \quad \forall y \in [0,1].$$

c) Nach (3.3.42) ist $c(v) := F_v^{-1}(1-\alpha)$, so daß $c(v)$ nach b) $\mathbb{B}^{k-1}$-meßbar ist.
$\bar{\gamma}(v)$ ist für $v \in A := \{v\colon F_v(c(v)) = F_v(c(v)-0)\} \in \mathbb{B}^{k-1}$ erklärt durch $\bar{\gamma}(v) = 0$ und für $v \notin A$ nach (3.3.42) durch $\bar{\gamma}(v) = (F_v(c(v)) - (1-\alpha))/(F_v(c(v)) - F_v(c(v)-0))$, also jeweils durch $\mathbb{B}^{k-1}$-meßbare Funktionen; $\bar{\gamma}(v)$ ist somit nach A3.2 $\mathbb{B}^{k-1}$-meßbar.

d) Die Menge $\{(u,v)\colon u < c(v)\}$ ist $\mathbb{B}^k$-meßbar. Mit $r \in \mathbb{Q}$ ist nämlich

$$\begin{aligned}\{(u,v)\colon u < c(v)\} &= \bigcup_r \{(u,v)\colon u < r,\ r < c(v)\}\\ &= \bigcup_r [\{u\colon u < r\} \times \{v\colon r < c(v)\}] \in \mathbb{B} \otimes \mathbb{B}^{k-1} = \mathbb{B}^k,\end{aligned}$$

da $c(v)$ nach c) $\mathbb{B}^{k-1}$-meßbar ist. Entsprechend zeigt man $\{(u,v)\colon u > c(v)\} \in \mathbb{B}^k$, woraus $\{(u,v)\colon u = c(v)\} \in \mathbb{B}^k$ folgt. Da auch $\bar{\gamma}(v)$ $\mathbb{B}^{k-1}$-meßbar ist, gilt

$$\{(u,v)\colon \psi^*(u,v) \leqslant y\} = \{(u,v)\colon u < c(v)\} + \{(u,v)\colon u = c(v), \bar{\gamma}(v) \leqslant y\} \in \mathbb{B}^k, \quad 0 \leqslant y < 1. \qquad \square$$

Beim zweiseitigen Testproblem $\mathbf{H}\colon \eta = \eta_0$ gegen $\mathbf{K}\colon \eta \neq \eta_0$ ist in Analogie zur Situation bei $k=1$ (vgl. Satz 2.70) die Ähnlichkeitsforderung (3.3.30) allein zu schwach, um die Existenz eines Tests zu sichern, der die Fehler-WS 2. Art gleichmäßig minimiert. Nach Satz 3.60 gibt es zwar unter allen Tests mit (3.3.30) einen in diesem Sinne optimalen Test für $\mathbf{H}$ gegen $\mathbf{K}_1\colon \eta > \eta_0$ und entsprechend einen solchen für $\mathbf{H}$ gegen $\mathbf{K}_2\colon \eta < \eta_0$, aber diese sind voneinander verschieden. Es liegt deshalb wieder nahe, sich auf unverfälschte α-Niveau Tests zu beschränken, also auf Tests ψ mit

$$E_{\eta_0\xi}\psi(U,V) \leqslant \alpha \quad \forall \xi \in Z_{\eta_0}, \qquad E_{\eta\xi}\psi(U,V) \geqslant \alpha \quad \forall \xi \in Z_\eta \quad \forall \eta \neq \eta_0.$$

Wegen Satz 1.164c ergeben sich aus diesen Forderungen analog (2.4.14) als lokale Nebenbedingungen die α-Ähnlichkeit und lokale Unverfälschtheit,

$$E_{\eta_0\xi}\psi(U,V) = \alpha \quad \forall \xi \in Z_{\eta_0}, \qquad E_{\eta_0\xi}(U\psi(U,V)) = \alpha E_{\eta_0\xi}U \quad \forall \xi \in \mathring{Z}_{\eta_0}.$$

Satz 3.62 *Es seien $\mathfrak{P} = \{P_{\eta\xi}\colon (\eta,\xi) \in Z\}$ eine k-parametrige Exponentialfamilie in (η,ξ) und (U,V), $\eta_0 \in \sigma(\mathring{Z})$ und $\alpha \in (0,1)$. Dann gilt für das zweiseitige Testproblem $\mathbf{H}\colon \eta = \eta_0$, $\mathbf{K}\colon \eta \neq \eta_0$: Es existiert ein Test $\varphi^* = \psi^* \circ (U,V)$,*

$$\psi^*(u,v) = \mathbb{1}_{(-\infty, c_1(v))}(u) + \mathbb{1}_{(c_2(v),\infty)}(u) + \sum_{i=1}^{2} \bar{\gamma}_i(v)\,\mathbb{1}_{\{c_i(v)\}}(u), \tag{3.3.43}$$

wobei $c_i(v) \in \mathbb{R}$ *und* $\bar{\gamma}_i(v) \in [0,1]$, $i = 1,2$ *für jedes* $v \in \mathfrak{V}$ *Lösungen sind von*

$$\int \psi^*(u,v)\,\mathrm{d}P_{\eta_0\bullet}^{U|V=v} = \alpha\,, \qquad \int u\psi^*(u,v)\,\mathrm{d}P_{\eta_0\bullet}^{U|V=v} = \alpha \int u\,\mathrm{d}P_{\eta_0\bullet}^{U|V=v}. \tag{3.3.44}$$

Für diesen Test φ^* *gilt*:

a) φ^* *ist gleichmäßig bester auf* $\mathbf{J}: \eta = \eta_0$ α*-ähnlicher lokal unverfälschter Test für* **H** *gegen* **K**.

b) φ^* *ist gleichmäßig bester unverfälschter* α*-Niveau Test für* **H** *gegen* **K**.

Beweis: a) Die Forderungen (3.3.29–31) sind nach Hilfssatz 3.59 erfüllt bei einer Funktion $\psi^*(u,v)$, wenn $\psi_v^*(u) := \psi^*(u,v)$ für alle v (3.3.37–39) genügt und $\mathbb{B}^k$-meßbar ist. Da es nach Satz 1.174b eine Festlegung der bedingten Verteilung $P_{\eta\bullet}^{U|V=v}$ gibt, die für jedes v eine Exponentialfamilie in η und $\mathrm{id}_{\mathfrak{U}}$ ist, existiert nach Satz 2.70 für jedes v eine $\mathbb{B}$-meßbare Lösung ψ_v^* von (3.3.37–39), nämlich der Test (3.3.43–44). Mit Hilfe einer Erweiterung des Beweises zu Hilfssatz 3.61 zeigt man, daß die durch $\psi^*(u,v) := \psi_v^*(u)$ definierte Funktion $\mathbb{B}^k$-meßbar und damit die gesuchte Lösung von (3.3.29–31) ist.

b) Wegen Satz 1.164c erfüllt die Gütefunktion eines jeden unverfälschten Tests für **H** gegen **K** die Forderungen (3.3.30–31). Unter den diesen Nebenbedingungen genügenden Tests ist aber (3.3.43–44) nach Teil a) eine Lösung, welche die Fehler-WS 2. Art gleichmäßig minimiert, und als solche ein unverfälschter α-Niveau Test, wie sich durch Vergleich mit dem Test $\psi(u,v) \equiv \alpha$ ergibt. Folglich ist $\psi^*(u,v)$ nach Hilfssatz 2.3 ein gleichmäßig bester unverfälschter α-Niveau Test. □

Wie im einparametrigen Fall liegen die Schwierigkeiten bei der praktischen Bestimmung des zweiseitigen Tests in der expliziten Angabe der kritischen Werte $c_1(v)$ und $c_2(v)$. Während im allgemeinen die Gleichungen (3.3.44) nicht explizit lösbar sind, lassen sich im Spezialfall einer bezüglich einer Stelle $m(v)$ symmetrischen bedingten Verteilung $P_{\eta_0\bullet}^{U|V=v}$ die kritischen Werte $c_1(v)$ und $c_2(v)$ als unteres bzw. oberes $\alpha/2$-Fraktil von $P_{\eta_0\bullet}^{U|V=v}$ wählen. Dies beinhaltet das

Korollar 3.63 *Ist* $P_{\eta_0\bullet}^{U|V=v}$ *für jedes* $v \in \mathfrak{V}$ *symmetrisch bezüglich einer Stelle* $m(v)$, *so gilt*: *Der Test* (3.3.43–44) *ist wählbar in der Form*

$$\psi^*(u,v) = \mathbb{1}_{(c(v),\,\infty)}(|u - m(v)|) + \bar{\gamma}(v)\,\mathbb{1}_{\{c(v)\}}(|u - m(v)|)\,, \tag{3.3.45}$$

wobei $c(v) \in \mathbb{R}$ *und* $\bar{\gamma}(v) \in [0,1]$ *für jedes* $v \in \mathfrak{V}$ *Lösungen sind von*

$$\frac{1}{2}\int \psi^*(u,v)\,\mathrm{d}P_{\eta_0\bullet}^{U|V=v} = P_{\eta_0\bullet}^{U|V=v}((m(v)+c(v),\infty)) + \bar{\gamma}(v)\,P_{\eta_0\bullet}^{U|V=v}(\{m(v)+c(v)\}) = \frac{\alpha}{2}. \tag{3.3.46}$$

Beweis: Die beiden Gleichungen (3.3.44) sind äquivalent mit

$$\int \psi^*(u,v)\,\mathrm{d}P_{\eta_0\bullet}^{U|V=v} = \alpha\,, \quad \int (u - m(v))\,\psi^*(u,v)\,\mathrm{d}P_{\eta_0\bullet}^{U|V=v} = \alpha \int (u - m(v))\,\mathrm{d}P_{\eta_0\bullet}^{U|V=v}. \tag{3.3.47}$$

Ist $P_{\eta_0\bullet}^{U|V=v}$ symmetrisch bezüglich $m(v)$, so ist die rechte Seite der zweiten Gleichung (3.3.47) gleich Null; dasselbe gilt für die linke Seite, falls $\psi^*(u,v)$ von der Form (3.3.45) ist. (3.3.45) erfüllt auch die erste der Gleichungen (3.3.47), falls $c(v)$ aus (3.3.46) bestimmt wird. □

Bei Vorliegen einer bezüglich einer Stelle $m(v)$ symmetrischen bedingten Verteilung $P_{\eta_0 \cdot}^{U|V=v}$ reduziert sich der Aufwand zur praktischen Bestimmung eines zweiseitigen Tests wie im Fall $k=1$ auf den eines einseitigen Tests, da die Auflösung des Gleichungssystems (3.3.44) durch die Fraktilbestimmung (3.3.46) ersetzt werden kann. Dieses ist bei einer einmaligen Anwendung des Tests (3.3.43–44) schon dann möglich, wenn die zur Fraktilfestlegung benötigte bedingte Verteilung $P_{\eta_0 \cdot}^{U|V=v_0}$ für $v_0 = V(x)$ symmetrisch bezüglich einer Stelle $m(v_0)$ ist. In diesem Fall ergeben sich also die kritischen Werte zu

$$c_1(v_0) = 2m(v_0) - F_{v_0}^{-1}(1-\alpha/2), \qquad c_2(v_0) = F_{v_0}^{-1}(1-\alpha/2). \tag{3.3.48}$$

Wegen der Schwierigkeiten bei der praktischen Bestimmung von $c_1(v_0)$ und $c_2(v_0)$ aus (3.3.44) wird man mit diesen Werten häufig auch dann arbeiten, wenn die bedingte Verteilung $P_{\eta_0 \cdot}^{U|V=v}$ für $v = v_0$ nur annähernd symmetrisch ist.

3.3.3 Die Tests von Fisher und McNemar

Um die Tests aus 3.3.2 in einem konkreten Problem anwenden zu können, hat man drei Dinge zu verifizieren:

1) Zugrunde liegt eine k-parametrige Exponentialfamilie;
2) Zu testen ist eine eindimensionale Komponente des natürlichen Parameters;
3) Der Schnitt Z_{η_0} hat ein nicht-leeres Inneres.

Neben der expliziten Angabe der Statistiken U und V sind dann nur noch die bedingte Verteilung $P_{\mathbf{J}}^{U|V=v}$ bzw. deren Fraktile zu bestimmen. Dabei beruhen einseitige und zweiseitige Tests für die jeweiligen Hypothesen (3.3.25) auf derselben Prüfgröße, nämlich auf $U(x) = \sigma(T(x))$, und die kritischen Werte sind für beide Tests aus derselben bedingten Verteilung $P_{\mathbf{J}}^{U|V=v}$ zu ermitteln.

Es sollen nun drei spezielle Testprobleme behandelt werden, in welchen die obigen Eigenschaften 1)–3) erfüllt sind und bei denen wie in den Beispielen 3.57 und 3.58 ganzzahlige ZG zugrundeliegen. Damit die Verteilungsklassen Exponentialfamilien bilden, beschränken wir uns etwa in Beispiel 3.64 auf $\Theta = (0,1)^2$ als Parameterraum für $\vartheta = (\pi_1, \pi_2)$. Dies ist auch von den Anwendungen her gerechtfertigt, da die Werte $\pi_i = 0$ und $\pi_i = 1$, $i = 1,2$, bei praktischen Problemen uninteressant sind. Entsprechendes gilt in den folgenden Beispielen. Die resultierenden gleichmäßig besten unverfälschten α-Niveau Tests stimmen jeweils mit seit langem bekannten, auf heuristischer Basis gewonnenen Tests überein. Ihrer praktischen Relevanz wegen werden diese Beispiele in großer Ausführlichkeit diskutiert.

Beispiel 3.64 (Exakter Test von Fisher zum Vergleich zweier Binomial-WS) Aufgrund von n_1 bzw. n_2 unabhängigen Überprüfungen zweier Behandlungsmethoden I und II mit nur zwei Ergebnismöglichkeiten, nämlich Erfolg (mit WS π_1 bzw. π_2) und Mißerfolg (mit WS $1-\pi_1$ bzw. $1-\pi_2$), sei zu entscheiden, ob die Methode I besser ist als die Methode II oder nicht. Demgemäß nehmen wir als Modell $n = n_1 + n_2$ st.u. ZG $X_{11}, \ldots, X_{1n_1}, X_{21}, \ldots, X_{2n_2}$ an mit $\mathfrak{L}_\vartheta(X_{ij}) = \mathfrak{B}(1, \pi_i), j = 1, \ldots, n_i$, $i = 1,2$; $\vartheta = (\pi_1, \pi_2) \in (0,1)^2$ und formulieren als Hypothesen $\mathbf{H}: \pi_1 \leqslant \pi_2$, $\mathbf{K}: \pi_1 > \pi_2$. Hierfür gilt:

1) Die ZG $X = (X_{11}, \ldots, X_{1n_1}, X_{21}, \ldots, X_{2n_2})$ hat die gemeinsame Verteilung

$$\mathbb{P}_\vartheta^X(\{x\}) = \pi_1^{\sum x_{1j}}(1-\pi_1)^{n_1 - \sum x_{1j}} \pi_2^{\sum x_{2j}}(1-\pi_2)^{n_2 - \sum x_{2j}}$$
$$= (1-\pi_1)^{n_1}(1-\pi_2)^{n_2} \exp\left[\sum x_{1j} \log \frac{\pi_1}{1-\pi_1} + \sum x_{2j} \log \frac{\pi_2}{1-\pi_2}\right];$$

diese ist Element einer zweiparametrigen Exponentialfamilie in

$$\zeta(\vartheta) = (\zeta_1(\vartheta), \zeta_2(\vartheta)) = \left(\log \frac{\pi_1}{1-\pi_1},\ \log \frac{\pi_2}{1-\pi_2}\right) \quad \text{und} \quad T(x) = (T_1(x), T_2(x)) = (\sum x_{1j}, \sum x_{2j}).$$

2) Die Hypothesen sind von der Form **H**: $\eta \leqslant 0$, **K**: $\eta > 0$ mit

$$\eta = \zeta_1 - \zeta_2 = \log \frac{\pi_1}{1-\pi_1} \frac{1-\pi_2}{\pi_2}, \qquad \xi = \zeta_2 = \log \frac{\pi_2}{1-\pi_2}.$$

Folglich lautet die erzeugende Statistik $(U(x), V(x)) = (\sum x_{1j}, \sum x_{1j} + \sum x_{2j})$.

3) Es ist

$$Z_{\eta_0} = \left\{\xi = \log \frac{\pi_2}{1-\pi_2} : \pi_2 \in (0,1)\right\} = \mathbb{R}.$$

Somit ist zur expliziten Angabe des Tests nur noch die bedingte Verteilung $P_{\eta_0 \bullet}^{U|V=v}$ zu bestimmen. Diese ergibt sich für die Werte $v = 0,1, \ldots, n$ zu

$$P_{\eta_0 \bullet}^{U|V=v}(\{u\}) = \frac{P_{\eta_0 \xi}(U=u, V=v)}{P_{\eta_0 \xi}(V=v)} = \frac{P_{\pi_1}(\sum X_{1j} = u)\, P_{\pi_1}(\sum X_{2j} = v-u)}{P_{\pi_1}(V=v)}$$

$$= \frac{\binom{n_1}{u} \pi_1^u (1-\pi_1)^{n_1-u} \binom{n_2}{v-u} \pi_1^{v-u} (1-\pi_1)^{n_2-v+u}}{\binom{n}{v} \pi_1^v (1-\pi_1)^{n-v}} = \frac{\binom{n_1}{u}\binom{n_2}{v-u}}{\binom{n}{v}} =: h_{n, n_1, v}(u). \tag{3.3.49}$$

Für jedes $v \in \{1, \ldots, n\}$ ist also $c(v)$ das α-Fraktil der hypergeometrischen Verteilung $\mathfrak{H}(n, n_1, v)$; im Fall $v = 0$ verfährt man wie bei (3.3.20).

Entsprechend führt die Frage, ob zwischen den Methoden I und II ein Qualitätsunterschied besteht, d.h. ob **H**: $\pi_1 = \pi_2$ oder **K**: $\pi_1 \neq \pi_2$ gilt, unter der gleichen Verteilungsannahme und mit den gleichen Bezeichnungen auf das zweiseitige Testproblem **H**: $\eta = 0$, **K**: $\eta \neq 0$. Auch sind $U(x)$ und $V(x)$ sowie die zur Festlegung von $(c_i(v); \bar{\gamma}_i(v))$, $i = 1,2$, benötigte bedingte Verteilung von U bei gegebenem $V = v$ für $\eta_0 = 0$ die gleichen wie beim einseitigen Test.

Da die Tests bedingt bei gegebenem $V(x) = \sum x_{1j} + \sum x_{2j} = v$ durchzuführen sind, ist

$$\tilde{U}(x) := \bar{x}_{1\cdot} - \bar{x}_{2\cdot} = \frac{n_1 + n_2}{n_1 n_2} \sum x_{1j} - \frac{1}{n_2} (\sum x_{1j} + \sum x_{2j})$$

eine zu $\sum x_{1j}$ äquivalente Prüfgröße. Auch wenn diese intuitiv naheliegt, ist ihr Wert – etwa im einseitigen Fall – in Strenge nicht mit einem festen kritischen Wert zu vergleichen; vielmehr erfolgt die Entscheidung aufgrund eines Vergleichs mit dem noch von der Beobachtung x gemäß $v = V(x)$ abhängenden α-Fraktil der bedingten Verteilung $P_{\eta_0 \bullet}^{U|V=v}$. Entsprechendes gilt im zweiseitigen Fall. Insofern unterscheiden sich – zumindest unter der vorliegenden Verteilungsannahme – die Zweistichprobentests von den entsprechenden Einstichprobentests.

Die praktische Durchführung der Tests erfolgt zweckmäßigerweise anhand einer 2 × 2-*Feldertafel*, in der man sich für die Methoden I und II die Anzahl der Erfolge und Mißerfolge (+ bzw. −) sowie die Zeilen- und Spaltensummen notiert.

	+	−	
I	$\sum x_{1j}$	$n_1 - \sum x_{1j}$	n_1
II	$\sum x_{2j}$	$n_2 - \sum x_{2j}$	n_2
	v	$n - v$	n

Eine solche Matrix ist bei vorgegebenen n_1 und n_2 durch (u, v), also durch die Angabe der Erfolgshäufigkeiten in den beiden Stichproben charakterisiert. Die Entscheidung im Punkte (u_0, v_0) besteht dann darin, alle Punkte (u, v) zu vergleichen, welche die Bedingung $\tau(u, v) = v_0$ erfüllen. Die durch die Beobachtungen bestimmte 2 × 2-Feldertafel wird also mit allen jenen verglichen, die nicht nur die gleichen Zeilensummen n_1 und n_2, sondern auch die gleichen Spaltensummen v und $n - v$ haben. Dieser Vergleich – genauer die Bestimmung von $c(v_0)$ bzw. $c_1(v_0)$ und $c_2(v_0)$ – erfolgt aufgrund der Verteilung (3.3.49).

Zusammenfassung Der *exakte Test von Fisher zum Vergleich zweier Binomial*-WS ergibt sich als bedingter Test. Dieser beruht auf einem Vergleich der Prüfgröße $U(x) = \sum x_{1j}$ im einseitigen Fall mit dem α-Fraktil und im zweiseitigen Fall mit den angenähert als unteres bzw. oberes $\alpha/2$-Fraktil der $\mathfrak{H}(n, n_1, v)$-Verteilung bestimmten kritischen Werten. Es wird also die zur Beobachtung gehörende 2 × 2-Feldertafel nur mit solchen verglichen, die zu denselben Zeilen- und Spaltensummen führen.

Für nicht mehr vertafelte[1]) Werte setzt man üblicherweise $\bar{\gamma}(v) = 0$ und

$$c(v) = \frac{n_1}{n} v + \sqrt{v \frac{n_1}{n} \frac{n_2}{n} \frac{n-v}{n-1}}\, \mathrm{u}_\alpha - \frac{1}{2}, \tag{3.3.50}$$

wobei u_α das α-Fraktil der $\mathfrak{N}(0,1)$-Verteilung ist bzw. $\bar{\gamma}_1(v) = \bar{\gamma}_2(v) = 0$ und

$$c_{1,2}(v) = \frac{n_1}{n} v \mp \sqrt{v \frac{n_1}{n} \frac{n_2}{n} \frac{n-v}{n-1}}\, \mathrm{u}_{\alpha/2} \pm \frac{1}{2}, \tag{3.3.51}$$

was sich vielfach asymptotisch rechtfertigen läßt (vgl. 5.1 bzw. 7.1 bzw. S. 379).

Numerisches Beispiel: Die Methode I habe bei 8 unabhängigen Überprüfungen 7 Erfolge, die Methode II bei 11 unabhängigen Überprüfungen 4 Erfolge geliefert. Diese Werte sind in nachstehender 2 × 2-Feldertafel wiedergegeben.

---

[1]) Vertafelungen der hypergeometrischen Verteilung: Owen [1] für $n \leqslant 20$. – Liebermann-Owen [4] für $n \leqslant 50$; $n = 60, 70, 80, 90, 100$. In diesen beiden Tafeln sind auch die Werte der VF angegeben. – Pearson-Hartley [2]; hier ist neben α-Fraktilen, $\alpha = 0{,}05;\ 0{,}025;\ 0{,}01;\ 0{,}005$, für $n \leqslant 30$ auch $\log n!$ für $n \leqslant 1000$ vertafelt, womit eine relativ einfache Berechnung von (3.3.49) möglich ist. – Finney u.a. [9]; α-Fraktile wie bei Pearson-Hartley [2] für $n \leqslant 80$.

7	1	8
4	7	11
11	8	19

Um zu entscheiden, ob I bei $\alpha = 0{,}05$ signifikant besser ist als II, haben wir die folgenden 2×2-Feldertafeln zu vergleichen:

$$\begin{pmatrix}8&0\\3&8\end{pmatrix}\ \begin{pmatrix}7&1\\4&7\end{pmatrix}\ \begin{pmatrix}6&2\\5&6\end{pmatrix}\ \begin{pmatrix}5&3\\6&5\end{pmatrix}\ \begin{pmatrix}4&4\\7&4\end{pmatrix}\ \begin{pmatrix}3&5\\8&3\end{pmatrix}\ \begin{pmatrix}2&6\\9&2\end{pmatrix}\ \begin{pmatrix}1&7\\10&1\end{pmatrix}\begin{pmatrix}0&8\\11&0\end{pmatrix}.$$

Die zugehörigen hypergeometrischen WS $h_{19,8,11}(u)$ lauten für $u = 8, \ldots, 0$

0,0022 0,0349 0,1712 0,3423 0,3056 0,1223 0,0204 0,0012 $13 \cdot 10^{-6}$

Für $\alpha = 0{,}05$ ergibt sich demnach $c(11) = \inf\left\{t\colon \sum_{u>t} h_{19,8,11}(u) \leqslant 0{,}05\right\} = 6$; wegen $u = 7 > 6 = c(11)$ ist also die Methode I signifikant besser als die Methode II. Soll aufgrund der Beobachtungen entschieden werden, ob Unterschiede zwischen den Methoden I und II bei $\alpha = 0{,}05$ statistisch gesichert sind, so erfolgt die Entscheidung aufgrund des zweiseitigen Tests, für den sich $c_1(11) = 3$, $c_2(11) = 7$, $\bar{\gamma}_1(11) = 0{,}023$, $\bar{\gamma}_2(11) = 0{,}669$ ergibt. (Diese Werte $c_1(11)$ und $c_2(11)$ stimmen hier mit den aus (3.3.48) ermittelten überein; vgl. jedoch Aufgabe 3.19). Wegen $u = 7 = c_2(11)$ ist also bei $\alpha = 0{,}05$ der Unterschied zwischen den Methoden I und II nicht (strikt) gesichert. □

Beispiel 3.65 (Exakter Test von Fisher zur Prüfung auf stochastische Unabhängigkeit) Aufgrund von n unabhängigen Wiederholungen eines (zufallsabhängigen) Experiments sei zu entscheiden, ob zwei hierbei interessierende Ereignisse A und B st.u. sind oder nicht, d.h. ob $P(AB) = P(A)P(B)$ gilt oder $P(AB) \neq P(A)P(B)$. Zum Nachweis, daß dieses ein Testproblem mit den eingangs formulierten Eigenschaften 1), 2) und 3) ist, bezeichnen wir die WS der Ereignisse AB, A^cB, AB^c und A^cB^c mit $\pi_{11}, \pi_{21}, \pi_{12}$ und π_{22} und die der Ereignisse A, A^c, B und B^c mit $\pi_{1\cdot}, \pi_{2\cdot}, \pi_{\cdot 1}$ und $\pi_{\cdot 2}$, so daß $\pi_{i\cdot} := \sum_j \pi_{ij}$ und $\pi_{\cdot j} := \sum_i \pi_{ij}$ die Zeilen- bzw. Spaltensummen zur Matrix (π_{ij}) sind; schließlich ist $\pi_{\cdot\cdot} := \sum_i \sum_j \pi_{ij} = 1$.

	B	B^c	
A	π_{11}	π_{12}	$\pi_{1\cdot}$
A^c	π_{21}	π_{22}	$\pi_{2\cdot}$
	$\pi_{\cdot 1}$	$\pi_{\cdot 2}$	1

Bei jedem Versuchsausgang wird beobachtet, welches der Ereignisse AB, A^cB, AB^c und A^cB^c eingetreten ist. Sei $x_l = (x_{l1}, \ldots, x_{l4})$ der Indikator dieser Ereigniszerlegung für die l-te Versuchswiederholung, also $x_l = (1,0,0,0), (0,1,0,0), (0,0,1,0)$ oder $(0,0,0,1)$, je nachdem ob bei der l-ten Überprüfung AB, A^cB, AB^c oder A^cB^c eingetreten ist, $l = 1, \ldots, n$. Dann gibt

$$(h_{11}, h_{21}, h_{12}, h_{22}) := \sum x_l = \left(\sum x_{l1}, \sum x_{l2}, \sum x_{l3}, \sum x_{l4}\right)$$

die Häufigkeiten der Ereignisse AB, A^cB, AB^c und A^cB^c bei den n Versuchswiederholungen an, $h_{ij} \geqslant 0$, $h_{ij} \in \mathbb{N}_0$, $\sum_i \sum_j h_{ij} = n$. Diese Ergebnisse hält man zweckmäßigerweiser wieder in Form einer

2×2-Feldertafel oder *Kontingenztafel* fest, deren Zeilen- bzw. Spaltensummen die Häufigkeiten der Ereignisse A, A^c, B und B^c angeben.

	B	B^c	
A	h_{11}	h_{12}	$h_{1\bullet}$
A^c	h_{21}	h_{22}	$h_{2\bullet}$
	$h_{\bullet 1}$	$h_{\bullet 2}$	n

Es liegen also n st.u. $\mathfrak{M}(1; \pi_{11}, \pi_{21}, \pi_{12}, \pi_{22})$-verteilte ZG $X_1, \ldots, X_n$ zugrunde. Bei

$$\vartheta = (\pi_{11}, \pi_{21}, \pi_{12}) \quad \text{und} \quad \Theta = \{(\vartheta_1, \vartheta_2, \vartheta_3) : \vartheta_i > 0, \textstyle\sum \vartheta_i < 1\}$$

hat dann $X = (X_1, \ldots, X_n)$ die gemeinsame Verteilung

$$\mathbb{P}_\vartheta^X(\{x\}) = \prod_{l=1}^n \mathbb{P}_\vartheta^{X_l}(\{x_l\}) = \prod_{i,j} \pi_{ij}^{h_{ij}} = \pi_{22}^n \exp\left[h_{11} \log \frac{\pi_{11}}{\pi_{22}} + h_{21} \log \frac{\pi_{21}}{\pi_{22}} + h_{12} \log \frac{\pi_{12}}{\pi_{22}}\right]$$

1) Diese Verteilungen bilden eine dreiparametrige Exponentialfamilie mit

$$\zeta_1(\vartheta) = \log(\pi_{11}/\pi_{22}), \qquad \zeta_2(\vartheta) = \log(\pi_{21}/\pi_{22}), \qquad \zeta_3(\vartheta) = \log(\pi_{12}/\pi_{22}),$$
$$T_1(x) = h_{11}, \qquad T_2(x) = h_{21}, \qquad T_3(x) = h_{12}.$$

Folglich können wir uns nach Satz 3.30 auf Tests der Form $\psi(t_1, t_2, t_3)$ beschränken. Zur Vereinfachung der folgenden Rechnungen setzen wir außerdem $T_4(x) = h_{22}$; dann gilt nämlich $\mathfrak{L}_\vartheta(T_1, T_2, T_3, T_4) = \mathfrak{M}(n; \pi_{11}, \pi_{21}, \pi_{12}, \pi_{22})$.

2) Gesucht ist ein optimaler Test für $\mathbf{H}: \pi_{11} = \pi_{1\bullet}\pi_{\bullet 1}$ gegen $\mathbf{K}: \pi_{11} \neq \pi_{1\bullet}\pi_{\bullet 1}$. Wegen

$$\pi_{1\bullet}\pi_{\bullet 1} = (\pi_{11} + \pi_{12})(\pi_{11} + \pi_{21}) = \pi_{11} - (\pi_{11}\pi_{22} - \pi_{12}\pi_{21})$$

sind diese Hypothesen von der Form der zweiseitigen Hypothesen (3.3.25) mit $\eta_0 = 0$ und

$$\eta = \zeta_1 - \zeta_2 - \zeta_3 = \log \frac{\pi_{11}\pi_{22}}{\pi_{12}\pi_{21}}, \qquad \xi_2 = \zeta_2 = \log \frac{\pi_{21}}{\pi_{22}}, \qquad \xi_3 = \zeta_3 = \log \frac{\pi_{12}}{\pi_{22}},$$
$$U(x) = h_{11}, \qquad V_2(x) = h_{11} + h_{21} = h_{\bullet 1}, \qquad V_3(x) = h_{11} + h_{12} = h_{1\bullet}.$$

3) Da für $\eta = 0$ die Parameter ξ_2 und ξ_3 unabhängig voneinander ein Intervall durchlaufen, enthält Z_{η_0} ein zweidimensionales Intervall, so daß die Statistik $V(x) = (h_{\bullet 1}, h_{1\bullet})$ auch vollständig für $\xi \in Z_{\eta_0}$ ist. Der Test (3.3.43–44) beruht also auch in diesem Fall auf einem Vergleich aller 2×2-Feldertafeln mit festen Zeilen- und Spaltensummen.

Die zur Bestimmung von $(c_i(v); \bar{\gamma}_i(v))$, $i = 1, 2$, benötigte bedingte Verteilung ergibt sich elementar nach (1.6.40) als $\mathfrak{H}(n, h_{1\bullet}, h_{\bullet 1})$-Verteilung und zwar für $v_2, v_3 = 0, \ldots, n$ gemäß

$$P_{\eta_0\bullet}^{U|V=v}(\{u\}) = \frac{P_{\eta_0\xi_2\xi_3}(U = u, V_2 = v_2, V_3 = v_3)}{P_{\eta_0\xi_2\xi_3}(V_2 = v_2, V_3 = v_3)} = \frac{\binom{v_3}{u}\binom{n - v_3}{v_2 - u}}{\binom{n}{v_2}} = h_{n, v_3, v_2}(u). \tag{3.3.52}$$

Für $\eta_0 = 0$, also für $\pi_{11}\pi_{22} = \pi_{12}\pi_{21}$, gilt nämlich

$$P_{\eta_0\xi_2\xi_3}(U=u, V_2=v_2, V_3=v_3) = P_{\eta_0\xi_2\xi_3}(T_1=u, T_2=v_2-u, T_3=v_3-u, T_4=n-v_2-v_3+u)$$
$$= h_{n,v_3,v_2}(u)\binom{n}{v_3}\binom{n}{v_2}\left(\frac{\pi_{21}}{\pi_{22}}\right)^{v_2}\left(\frac{\pi_{12}}{\pi_{22}}\right)^{v_3}\pi_{22}^n .$$

Wegen $\sum_u h_{n,v_3,v_2}(u) = 1$ folgt hieraus wie behauptet

$$P_{\eta_0\xi_2\xi_3}(U=u, V_2=v_2, V_3=v_3) = h_{n,v_3,v_2}(u)\, P_{\eta_0\xi_2\xi_3}(V_2=v_2, V_3=v_3).$$

Die Festlegung der kritischen Werte erfolgt also wie in Beispiel 3.64, denn v_2 und v_3 geben wie dort $h_{\bullet 1}$ und $h_{1\bullet}$ die Werte der ersten Spalten- bzw. Zeilensumme der 2×2-Feldertafel an. Die Tatsache, daß sich für die gänzlich verschiedenen Fragestellungen der gleiche Test ergibt, erklärt sich aus

$$P_{\eta\xi_2}^{(T_1,T_2)|V_3=v_3}(t_1,t_2) = \binom{v_3}{t_1}\left(\frac{\pi_{11}}{\pi_{1\bullet}}\right)^{t_1}\left(\frac{\pi_{12}}{\pi_{1\bullet}}\right)^{v_3-t_1}\binom{n-v_3}{t_2}\left(\frac{\pi_{21}}{\pi_{2\bullet}}\right)^{t_2}\left(\frac{\pi_{22}}{\pi_{2\bullet}}\right)^{n-v_3-t_2}$$

Die ZG (T_1, T_2) ist also bei gegebenem $V_3 = v_3$ unter (η, ξ_2) verteilt wie die in Beispiel 3.64 verwendete Statistik (T_1, T_2) unter (π_1, π_2), wenn man $\pi_1 = \pi_{11}/\pi_{1\bullet}$, $\pi_2 = \pi_{21}/\pi_{2\bullet}$ setzt und $n_1 = v_3$, $n_2 = n - v_3$ ist.

Entsprechend führt die Frage, ob zwischen den Ereignissen A und B positive st. Abhängigkeit besteht oder nicht, d.h. ob $\mathbf{H}$: $P(AB) \leqslant P(A)P(B)$ oder $\mathbf{K}$: $P(AB) > P(A)P(B)$ gilt, auf das einseitige Testproblem $\mathbf{H}$: $\eta \leqslant 0$, $\mathbf{K}$: $\eta > 0$. Somit sind Prüfgrößen und bedingte Verteilung die gleichen wie im zweiseitigen Fall.

Zusammenfassung Der *exakte Test von Fisher zur Prüfung auf* st. *Unabhängigkeit* ergibt sich als bedingter Test. Dieser beruht auf einem Vergleich der Prüfgröße $U(x) = h_{11}$ im einseitigen Fall mit dem α-Fraktil der $\mathfrak{H}(n, h_{1\bullet}, h_{\bullet 1})$-Verteilung und im zweiseitigen Fall mit den angenähert als unteres bzw. oberes $\alpha/2$-Fraktil der $\mathfrak{H}(n, h_{1\bullet}, h_{\bullet 1})$-Verteilung bestimmten kritischen Werten. Es wird also die zur Beobachtung gehörende 2×2-Feldertafel nur mit solchen verglichen, die zu denselben Zeilen- und Spaltensummen führen.

Numerisches Beispiel: Bei 38 unabhängigen Versuchswiederholungen seien die Ereignisse AB, A^cB, AB^c bzw. A^cB^c 15, 4, 8 bzw. 11 mal aufgetreten.

15	8	23
4	11	15
19	19	38

Bei $\alpha = 0{,}05$ interessiere, ob st. Abhängigkeit der Ereignisse A und B statistisch gesichert ist oder nicht. Zu diesen Beobachtungswerten gehört die obenstehende Kontingenztafel, so daß die kritischen Werte aufgrund einer $\mathfrak{H}(38, 23, 19)$-Verteilung festzulegen sind. Diese ist nach (3.3.52) wegen $v_2 = n/2 = 19$ symmetrisch bezüglich 23/2, so daß sich beim zweiseitigen Test $c_1(23, 19)$ und $c_2(23, 19)$ exakt als $(1-\alpha/2)$- und $\alpha/2$-Fraktil ergeben. Zur Bestimmung des 0,025-Fraktils $c_2(23,19) = \inf\left\{t\colon \sum_{u>t} h_{38,23,19}(u) \leqslant 0{,}025\right\}$ notieren wir für die Kontingenztafeln mit den gleichen

Zeilen- und Spaltensummen, bei (dem größtmöglichen Wert) $u = 19$ beginnend, die nach (3.3.52) zugeordneten WS, bis der zugelassene Wert $\alpha/2 = 0{,}025$ erreicht bzw. überschritten ist:

$$\begin{pmatrix} 19 & 4 \\ 0 & 15 \end{pmatrix} \quad \begin{pmatrix} 18 & 5 \\ 1 & 14 \end{pmatrix} \quad \begin{pmatrix} 17 & 6 \\ 2 & 13 \end{pmatrix} \quad \begin{pmatrix} 16 & 7 \\ 3 & 12 \end{pmatrix} \quad \begin{pmatrix} 15 & 8 \\ 4 & 11 \end{pmatrix} \quad \begin{pmatrix} 14 & 9 \\ 5 & 10 \end{pmatrix}$$

$$25 \cdot 10^{-8} \quad 14 \cdot 10^{-6} \quad 0{,}0003 \quad 0{,}0032 \quad 0{,}0189 \quad 0{,}0694\,.$$

Wegen $\sum_{u>14} h_{38,23,19}(u) = 0{,}0224 < 0{,}025 < 0{,}0918 = \sum_{u>13} h_{38,23,19}(u)$ ist also $c_2(23,19) = 14$, so daß st. Abhängigkeit bei $\alpha = 0{,}05$ statistisch gesichert ist.

Soll dagegen aufgrund der vorliegenden Beobachtungswerte entschieden werden, ob positive st. Abhängigkeit vorliegt oder nicht, so ist auch diese bei $\alpha = 0{,}05$ statistisch gesichert, denn es ist $\sum_{u>14} h_{38,23,19}(u) = 0{,}0224 < 0{,}025 < 0{,}05$. (Überdies gilt $c(23,19) = 14$, da der Wert $h_{38,23,19}(14) = 0{,}0694$ ist.) □

Beispiel 3.66 (Test von Mc Nemar zur Prüfung auf Symmetrie in einer 2×2-Feldertafel). Aufgrund von n unabhängigen Wiederholungen eines Zufallsexperiments sei zu entscheiden, ob (bei Verwenden der Terminologie aus Beispiel 3.65) gilt $\mathbf{H}\colon \pi_{12} = \pi_{21}$ oder $\mathbf{K}\colon \pi_{12} \neq \pi_{21}$ bzw. $\mathbf{H}\colon \pi_{12} \leqslant \pi_{21}$ oder $\mathbf{K}\colon \pi_{12} > \pi_{21}$. Ein derartiger Test interessiert etwa, wenn man zur Bewertung der Schwierigkeit zweier Aufgaben A und B die Anzahl derjenigen Versuchspersonen, die A, aber nicht B, mit derjenigen, die B, aber nicht A, lösen können, vergleicht. Auch bei diesem Testproblem sind die eingangs formulierten Eigenschaften 1) bis 3) erfüllt: Wie in Beispiel 3.65 liegt eine dreiparametrige Exponentialfamilie (3.3.26) zugrunde, wobei wir die Komponenten η und $\xi = (\xi_2, \xi_3)$ bzw. die Statistiken $U(x)$ und $V(x) = (V_2(x), V_3(x))$ nun (abweichend von Fußnote S. 373) wählen gemäß

$$\eta = \zeta_3 - \zeta_2 = \log \frac{\pi_{12}}{\pi_{21}}, \qquad \xi_2 = \zeta_2 = \log \frac{\pi_{21}}{\pi_{22}}, \qquad \xi_3 = \zeta_1 = \log \frac{\pi_{11}}{\pi_{22}},$$
$$U(x) = h_{12}, \qquad V_2(x) = h_{12} + h_{21}, \qquad V_3(x) = h_{11}\,.$$

Dann sind die Hypothesen mit $\eta_0 = 0$ von der Form (3.3.25) und es gilt $\mathring{Z}_{\eta_0} \neq \emptyset$, da ξ_2 und ξ_3 bei $\eta = 0$ unabhängig voneinander nicht-degenerierte Intervalle durchlaufen. Die Prüfverteilung ergibt sich analog Beispiel 3.65 bei $\pi_{12} = \pi_{21}$ als $\mathfrak{B}(v_2, 1/2)$-Verteilung gemäß

$$P_{\eta_0 \bullet}^{U|V=v}(\{u\}) = \frac{P_{\eta_0 \xi_2 \xi_3}(h_{12} = u, h_{21} = v_2 - u, h_{11} = v_3)}{P_{\eta_0 \xi_2 \xi_3}(h_{12} + h_{21} = v_2, h_{11} = v_3)} = \frac{v_2!}{u!\,(v_2 - u)!} \left(\frac{1}{2}\right)^{v_2}.$$

Wegen der Symmetrie der $\mathfrak{B}(v_2, 1/2)$-Verteilung ergibt sich also der zweiseitige Test in der speziellen Form (3.3.45–46), wobei $c_1(v)$ und $c_2(v)$ das untere bzw. obere $\alpha/2$-Fraktil der $\mathfrak{B}(v_2, 1/2)$-Verteilung ist. Im Fall $v_2 = 0$ kann man wieder nur randomisieren.

Zusammenfassung Der *Test von Mc Nemar zur Prüfung auf Symmetrie in einer 2×2-Feldertafel* ergibt sich als bedingter Test. Dieser beruht auf einem Vergleich der Prüfgröße $U(x) = h_{12}$ im einseitigen Fall mit dem α-Fraktil und im zweiseitigen Fall mit den als unteres bzw. oberes $\alpha/2$-Fraktil der $\mathfrak{B}(v_2, 1/2)$-Verteilung bestimmten kritischen Werten. Dabei werden die beobachteten Häufigkeiten nur mit solchen verglichen, die zum selben Wert von $v_2 = h_{12} + h_{21}$ führen. □

3.3.4 Konfidenzschätzer bei mehrparametrigen Exponentialfamilien

Mit den in 3.3.2 hergeleiteten Aussagen über optimale Tests haben wir nach 2.6 zugleich solche über optimale Konfidenzbereiche für eindimensionale Komponenten η des natürlichen Parameters $\zeta = (\eta, \xi)$ gewonnen. Dabei gehen wir bei Z vom natürlichen Parameterraum Z_* aus und setzen diesen als offen voraus; vgl. Fußnote 1, S. 358. Führt man nämlich eine Hilfsgröße η' ein, die in der Projektion $\sigma(Z)$ variiert, so ergeben sich aus den Annahmebereichen der in den Sätzen 3.60 und 3.62 bzw. in Korollar 3.63 angegebenen optimalen Tests mit η' statt η_0 nach (2.6.11) optimale Konfidenzbereiche. Um Aussagen über deren Form zu erhalten, nehmen wir in Analogie zu 2.6 an, daß die zur Bestimmung der Tests $\psi^*(u, v)$ benutzte Festlegung der bedingten Verteilung $P_{\eta'\bullet}^{U|V=v}$ für jeden dieser Werte η' und alle v eine stetige Verteilung ist. Dann sind die optimalen Tests nicht-randomisiert, d.h. es kann $\bar{\gamma}(v) = 0$ bzw. $\bar{\gamma}_1(v) = \bar{\gamma}_2(v) = 0$ gesetzt werden und der Annahmebereich ist durch

$$A(\eta') = \{(u, v): u \leqslant c_v(\eta')\} \quad \text{bzw.} \quad A(\eta') = \{(u, v): c_{1v}(\eta') \leqslant u \leqslant c_{2v}(\eta')\}$$

gegeben. Hier werden $c_v(\eta')$ bzw. $c_{1v}(\eta')$ und $c_{2v}(\eta')$ bei festem v aus (3.3.42) bzw. (3.3.44) (gegebenenfalls aus (3.3.46), jeweils mit η' an Stelle von η_0) bestimmt. Diese Größen sind also nach den Beweisen der Sätze 2.105 bzw. 2.107 bei festem v streng isotone Funktionen von η', denn die Funktionen $\psi^*(u, v)$ wurden ja bei festem v als Tests in einparametrigen Exponentialfamilien $P_{\eta_0\bullet}^{U|V=v}$ festgelegt. Folglich ergeben sich nach (2.6.11) vermöge der verallgemeinerten Inversen

$$c_v^{-1}(u) = \inf\{\eta': c_v(\eta') \geqslant u\},$$
$$c_{1v}^{-1}(u) = \sup\{\eta': c_{1v}(\eta') \leqslant u\}, \qquad c_{2v}^{-1}(u) = \inf\{\eta': c_{2v}(\eta') \geqslant u\}$$

als Konfidenzbereiche

$$C(u, v) = \{\eta': (u, v) \in A(\eta')\} = \{\eta': u \leqslant c_v(\eta')\} = \{\eta': c_v^{-1}(u) \underset{(=)}{<} \eta'\} \tag{3.3.53}$$

bzw.
$$C(u, v) = \{\eta': c_{1v}(\eta') \leqslant u \leqslant c_{2v}(\eta')\} = \{\eta': c_{2v}^{-1}(u) \underset{(=)}{<} \eta' \underset{(=)}{<} c_{1v}^{-1}(u)\}. \tag{3.3.54}$$

Dem einseitigen Test (3.3.41–42) entspricht somit eine untere Konfidenzschranke, dem zweiseitigen Test (3.3.43–44) ein Konfidenzintervall.

Satz 3.67 *Es seien* $\mathfrak{P} = \{P_{\eta\xi}: (\eta, \xi) \in Z_*\}$ *eine k-parametrige Exponentialfamilie in* (η, ξ) *und* (U, V) *derart, daß die bedingte Verteilung* $P_{\eta\bullet}^{U|V=v}$ *für jedes* $\eta \in \sigma(Z_*)$ *eine stetige Verteilung ist. Dann gilt für* $1 - \alpha \in (0,1)$:

a) *Für die Komponente* η *gibt es eine gleichmäßig beste unverfälschte untere* $(1-\alpha)$-*Konfidenzschranke, nämlich* $\underline{\eta}(u, v) = c_v^{-1}(u)$. *Dabei ergibt sich der zugehörige* $(1-\alpha)$-*Konfidenzbereich* $C(u, v) = \{\eta': \underline{\eta}(u, v) \underset{(=)}{<} \eta'\}$ *aus den Annahmebereichen der Tests* (3.3.41–42) *für* $\mathbf{H}_{\eta'}: \eta \leqslant \eta'$ *gegen* $\mathbf{K}_{\eta'}: \eta > \eta'$ *gemäß* (3.3.53).

b) *Für die Komponente* η *gibt es ein gleichmäßig bestes unverfälschtes* $(1-\alpha)$-*Konfidenzintervall, nämlich* $C(u, v) = \{\eta': \eta_2(u, v) \underset{(=)}{<} \eta' \underset{(=)}{<} \eta_1(u, v)\}$ *mit* $\eta_1(u, v) = c_{1v}^{-1}(u)$ *und*

$\eta_2(u,v) = c_{2v}^{-1}(u)$. *Dieses ergibt sich aus den Annahmebereichen* $A(\eta')$ *der Tests* (3.3.43–44) *für* $\mathbf{H}_{\eta'}: \eta = \eta'$ *gegen* $\mathbf{K}_{\eta'}: \eta \neq \eta'$ *gemäß* (3.3.54).

Anmerkung: Sind die bedingten Verteilungen $P_{\eta \bullet}^{U|V=v}$ für $\eta \in \sigma(Z_*)$ diskret, so lassen sich untere Konfidenzschranken und Konfidenzintervalle aus optimalen Tests vielfach dadurch gewinnen, daß man geeignete Hilfsvariable einführt, und so das Problem für jedes v auf eines mit einer stetigen Verteilung reduziert (vgl. hierzu Beispiel 2.106).

Aufgabe 3.18 $X_{11}, \ldots, X_{1n_1}, X_{21}, \ldots, X_{2n_2}$ seien st.u. ZG mit $\mathfrak{L}_\vartheta(X_{ij}) = \mathfrak{B}^-(1, \pi_i)$, $j = 1, \ldots, n_i$, $i = 1,2$; $\vartheta = (\pi_1, \pi_2) \in (0,1)^2$. Man bestimme einen gleichmäßig besten unverfälschten α-Niveau Test für $\mathbf{H}: \pi_1 \leqslant \pi_2$, $\mathbf{K}: \pi_1 > \pi_2$.

Aufgabe 3.19 Eine Behandlung I hat unter 11 unabhängigen Überprüfungen 7 Erfolge, eine Behandlung II unter 9 unabhängigen Überprüfungen 1 Erfolg geliefert. Man verifiziere, daß

a) I bei $\alpha = 0{,}025$ signifikant besser ist als II,

b) I und II bei $\alpha = 0{,}05$ nicht (strikt) signifikant voneinander verschieden sind.

Dieses Beispiel zeigt, daß die Bestimmung von $c_1(v)$ und $c_2(v)$ als $(1 - \alpha/2)$- bzw. $\alpha/2$-Fraktil zu anderen Entscheidungen führen kann. Bei einer solchen Festlegung von $c_1(v)$ und $c_2(v)$ ist nämlich die Abweichung bei $\alpha = 0{,}05$ (zweiseitig) signifikant.

Aufgabe 3.20 Zwei Behandlungsmethoden I und II haben bei 55 bzw. 35 unabhängigen Überprüfungen zu 4 bzw. 10 Mißerfolgen geführt. Man zeige, daß

a) I bei $\alpha = 0{,}05$ signifikant von II verschieden ist,

b) I bei $\alpha = 0{,}01$ signifikant besser ist als II.

Aufgabe 3.21 Es soll überprüft werden, ob zwei Übungsaufgaben I und II denselben Schwierigkeitsgrad aufweisen. Wie hat man zu entscheiden, wenn bei einer zugelassenen Irrtums-WS $\alpha = 0{,}05$ von 45 Teilnehmern 7 I und II, 7 I und nicht II, 13 II und nicht I sowie 18 weder I noch II lösen?

3.4 Ein- und zweiseitige Tests bei Normalverteilungen

Insbesondere unter Normalverteilungsannahmen ist es vielfach möglich, die in 3.3 hergeleiteten bedingten Tests in nicht-bedingte überzuführen. Durch geeignete Transformation der Prüfgrößen läßt sich nämlich häufig erreichen, daß die zur Festlegung der kritischen Werte benötigten bedingten Verteilungen nicht-bedingt wählbar sind. Auf diese Weise können die in 2.1.3 unter 2) und 4)–8) auf intuitiver Basis angegebenen einseitigen t-, χ^2- und F-Tests als gleichmäßig beste unverfälschte α-Niveau Tests nachgewiesen werden. Dies gilt auch für die entsprechenden zweiseitigen Tests. Dazu hat man jedoch bei nicht-symmetrisch verteilter Prüfgröße die durch (3.3.44) bzw. (2.4.21) definierten exakten kritischen Werte c_1 und c_2 und nicht die unteren bzw. oberen $\alpha/2$-Fraktile zu benutzen. Als Spezialfälle ergeben sich so eine Reihe wichtiger Tests, nämlich in 3.4.2 die Tests zur Prüfung einer Varianz bzw. zum Vergleich zweier Varianzen, in 3.4.3 die t-Tests in linearen Modellen und in 3.4.4 damit speziell die Student-t-Tests zum Prüfen von Mittelwerten. Als weitere Anwendung werden in 3.4.5 die t-Tests zur Prüfung von Regressions- und Korrelationskoeffizienten als optimale Tests hergeleitet.

3.4.1 Transformation auf nicht-bedingte Tests

Die in 3.3.2 hergeleiteten bedingten Tests sind zumindest bei mehrfacher Anwendung aufwendiger als nicht-bedingte Tests, weil die kritischen Werte $c(v)$ bzw. $c_1(v)$, $c_2(v)$ im allgemeinen gemäß $v := V(x)$ noch von der Beobachtung x abhängen. Man hat also entweder die kritischen Werte bei jeder einzelnen Anwendung neu zu berechnen oder aber Vertafelungen anzulegen, die wegen der Abhängigkeit von v wesentlich umfangreicher sein werden als solche, die für die in 2.2.1 bzw. 2.4.2 hergeleiteten nicht-bedingten Tests benötigt werden. Die Tests sind jedoch nur deshalb bedingte Tests, weil die kritischen Werte und Randomisierungsgrößen aufgrund bedingter Verteilungen festgelegt werden. Die Tests wären nämlich nicht-bedingt wählbar, wenn es von v unabhängige Versionen der Prüfverteilungen $P_{\eta_0 \bullet}^{U|V=v}$ gäbe. Nun ist die Form der Tests aus 3.3.2 bei festem v gleich derjenigen der entsprechenden Tests in einparametrigen Exponentialfamilien und somit nach den Sätzen 2.26, 2.72 bzw. 2.73b invariant gegenüber geeigneten streng isotonen Transformationen der Prüfgröße. Folglich liegt die Frage nahe, ob es Transformationen $(u, v) \mapsto (h_v(u), v)$ gibt, welche die bedingten Tests in nicht-bedingte überführen. Dieses ist tatsächlich vielfach der Fall. Zu diesem Zweck soll zunächst eine notwendige und hinreichende Bedingung angegeben werden dafür, daß bedingte Verteilungen $P_{\eta_0 \bullet}^{U|V=v}$ unabhängig von v wählbar sind. Diese verwendet die in 3.3.2 benötigte Voraussetzung der Suffizienz und Vollständigkeit von V für $\xi \in Z_{\eta_0}$, *nicht* jedoch die Eigenschaft einer Exponentialfamilie. Dieses ist wesentlich, da nur die erste, nicht dagegen die zweite dieser Eigenschaften unter den betrachteten Transformationen erhalten bleibt.

Satz 3.68 $\mathfrak{P} = \{P_{\eta\xi}: (\eta, \xi) \in Z\} \subset \mathfrak{M}^1(\mathfrak{X}, \mathfrak{B})$ *sei eine k-parametrige Verteilungsklasse mit suffizienter Statistik* $T: (\mathfrak{X}, \mathfrak{B}) \to (\mathbb{R}^k, \mathbb{B}^k)$ *derart, daß* $V = \tau \circ T$ *suffizient und vollständig ist für* $\xi \in Z_{\eta_0}$. *Weiter sei* $\mathbf{J} = \{\eta_0\} \times Z_{\eta_0}$. *Dann sind äquivalent*:

a) *Die Verteilung von U ist für* $\eta = \eta_0$ *unabhängig von* $\xi \in Z_{\eta_0}$.

b) *Die bedingte Verteilung* $P_{\eta_0 \bullet}^{U|V=v}$ *ist unabhängig von v wählbar.*

Jede dieser Aussagen impliziert die Gültigkeit der folgenden beiden Aussagen:

c) *U und V sind* st.u. *für* $\eta = \eta_0$ *und alle* $\xi \in Z_{\eta_0}$.

d) *Die Tests aus* 3.3.2 *sind für alle* $\alpha \in (0, 1)$ *als nicht-bedingte Tests wählbar.*

Beweis: a) $\Rightarrow$ b) Gilt $P_{\eta_0\xi}^U = P_{\eta_0}^U \quad \forall \xi \in Z_{\eta_0}$, so ist wegen der Suffizienz von V für $\xi \in Z_{\eta_0}$ für jedes $G \in \mathbb{B}$

$$P_{\eta_0}^U(G) = P_{\eta_0\xi}^{U,V}(G \times \mathfrak{B}) = E_{\eta_0\xi} E_{\eta_0 \bullet}(\mathbb{1}_G(U) \mid V) = E_{\eta_0\xi} P_{\eta_0 \bullet}^{U|V}(G) \quad \forall \xi \in Z_{\eta_0} \quad (3.4.1)$$

Hieraus folgt wegen der Vollständigkeit von V für $\xi \in Z_{\eta_0}$

$$P_{\eta_0 \bullet}^{U|V=v}(G) = P_{\eta_0}^U(G) \quad [\mathfrak{P}_{\mathbf{J}}^V] \quad \forall G \in \mathbb{B}. \quad (3.4.2)$$

b) $\Rightarrow$ a) sowie b) $\Rightarrow$ c) folgen nach Satz 3.17.

b) $\Rightarrow$ d) Die kritischen Werte und Randomisierungsgrößen sind Lösungen der gemäß b) von v unabhängigen Gleichungen (3.3.42), (3.3.44) bzw. (3.3.46). □

Im allgemeinen wird $P_{\eta_0\xi}^U$ für die gegebene Verteilungsklasse nicht unabhängig von $\xi \in Z_{\eta_0}$ und damit $P_{\eta_0 \bullet}^{U|V=v}$ nicht unabhängig von v wählbar sein. Da Satz 3.68 jedoch keine

Exponentialfamilie voraussetzt, ist er auch bei solchen Verteilungsklassen anwendbar, die sich aus der gegebenen Verteilungsklasse nach Anwendung einer Transformation $u \mapsto h_v(u)$ bei festem v ergeben, sofern nur $\tau(u,v) = v$ weiterhin eine suffiziente und vollständige Statistik für $\xi \in Z_{\eta_0}$ ist. Wir wollen zunächst zeigen, daß dies bei Transformationen der angegebenen Form der Fall ist.

Hilfssatz 3.69 *Es seien $\mathfrak{P}^T = \{P^T_{\eta\xi}: (\eta,\xi) \in Z\} \subset \mathfrak{M}^1(\mathbb{R}^k, \mathbb{B}^k)$ eine k-parametrige dominierte Verteilungsklasse, wobei $T = (U, V)$ eine $\mathbb{R} \times \mathbb{R}^{k-1}$-wertige Statistik ist. Weiter seien die Abbildung $(u,v) \mapsto k(u,v) := (h_v(u), v)$ $\mathbb{B}^k$-meßbar, $\tilde{U} := h_V(U)$ und $\tilde{T} := (\tilde{U}, V) = k(U,V)$. Dann gilt: Ist τ suffizient und vollständig für $P^T \in \mathfrak{P}^T_{\mathbf{J}} = \{P^T_{\eta_0\xi}: \xi \in Z_{\eta_0}\}$, so auch für $P^{\tilde{T}} \in \mathfrak{P}^{\tilde{T}}_{\mathbf{J}} := \{P^{\tilde{T}}_{\eta_0\xi}: \xi \in Z_{\eta_0}\}$.*

Beweis: Aufgrund der Suffizienz von τ für $P^T \in \mathfrak{P}^T_{\mathbf{J}}$ gibt es nach dem Satz von Halmos-Savage (bezüglich eines geeigneten Maßes μ^T) Dichten von $P^{U,V}_{\eta_0\xi}$ der Form $q_{\eta_0\xi}(\tau(t))$, so daß für $B \in \mathbb{B}^k$ wegen $\tau \circ k = \tau$ gilt

$$P^{\tilde{T}}_{\eta_0\xi}(B) = P^T_{\eta_0\xi}(k^{-1}(B)) = \int_{k^{-1}(B)} q_{\eta_0\xi}(\tau(t))\,\mathrm{d}\mu^T = \int_{k^{-1}(B)} q_{\eta_0\xi}(\tau(k(t)))\,\mathrm{d}\mu^T$$

$$= \int_B q_{\eta_0\xi}(\tau(\tilde{t}))\,\mathrm{d}\mu^{\tilde{T}}.$$

Damit folgt nach dem Neyman-Kriterium die Suffizienz von τ für $P^{\tilde{T}} \in \mathfrak{P}^{\tilde{T}}_{\mathbf{J}}$; in gleicher Weise ergibt sich die Vollständigkeit. □

Offenbar ist die Form der einseitigen Tests aus 3.3.2 invariant gegenüber Transformationen $u \mapsto \tilde{u} := h_v(u)$ bei festem v, falls $h_v(\cdot)$ streng isoton ist. Dann ist nämlich analog Satz 2.26 $u > c(v)$ äquivalent mit

$$\tilde{u} = h_v(u) > h_v(c(v)) =: \tilde{c}(v),$$

und analog $u < c(v)$ bzw. $u = c(v)$ mit $\tilde{u} < \tilde{c}(v)$ bzw. $\tilde{u} = \tilde{c}(v)$. Die Möglichkeit, daß sich die Tests aus 3.3.2 in verschiedenen Situationen in nicht-bedingte Tests transformieren und als solche bestimmen lassen, beruht nun darauf, daß man $\tilde{c}(v)$ und die zugehörige Randomierungsgröße $\tilde{\gamma}(v)$ auch als Lösungen der (3.3.42) entsprechenden Gleichung in den neuen Koordinaten gewinnen kann. Wir werden nun nämlich zeigen, daß jeder Test

$$\tilde{\psi}^*(\tilde{u},v) := \mathbb{1}_{(\tilde{c}(v),\infty)}(\tilde{u}) + \tilde{\gamma}(v)\,\mathbb{1}_{\{\tilde{c}(v)\}}(\tilde{u}), \tag{3.4.3}$$

$$P^{\tilde{U}|V=v}_{\eta_0 \bullet}((\tilde{c}(v),\infty)) + \tilde{\gamma}(v)\,P^{\tilde{U}|V=v}_{\eta_0 \bullet}(\{\tilde{c}(v)\}) = \alpha \tag{3.4.4}$$

äquivalent ist zu dem ursprünglichen Test $\psi^*(u,v)$ im Sinne von

$$\tilde{\psi}^*(h_v(u),v) = \psi^*(u,v) \quad [\mathfrak{P}^T], \tag{3.4.5}$$

daß also beide Tests die gleiche Gütefunktion und damit auch die gleichen Optimalitätseigenschaften haben. Entsprechend brauchen wir im Falle eines zweiseitigen Tests die kritischen Werte $\tilde{c}_i(v)$ nicht durch Transformation der kritischen Werte $c_i(v)$ gemäß $\tilde{c}_i(v) = h_v(c_i(v))$, $i = 1, 2$, zu gewinnen, sondern können sie auch direkt bestimmen aus den den Gleichungen (3.3.44) und (3.3.46) entsprechenden Beziehungen (3.4.7) bzw. (3.4.9). Die durch

$$\tilde{\psi}^*(\tilde{u}, v) := \mathbb{1}_{(-\infty, \tilde{c}_1(v))}(\tilde{u}) + \mathbb{1}_{(\tilde{c}_2(v), \infty)}(\tilde{u}) + \sum_{i=1}^{2} \tilde{\gamma}_i(v) \mathbb{1}_{\{\tilde{c}_i(v)\}}(\tilde{u}), \tag{3.4.6}$$

$$\int \tilde{\psi}^*(\tilde{u}, v) \, \mathrm{d}P_{\eta_0 \bullet}^{\tilde{U}|V=v} = \alpha, \qquad \int \tilde{u} \, \tilde{\psi}^*(\tilde{u}, v) \, \mathrm{d}P_{\eta_0 \bullet}^{\tilde{U}|V=v} = \alpha \int \tilde{u} \, \mathrm{d}P_{\eta_0 \bullet}^{\tilde{U}|V=v} \tag{3.4.7}$$

und im Falle einer bzgl. einer Stelle $m(v)$ symmetrischen Verteilung durch

$$\tilde{\psi}^*(\tilde{u}, v) := \mathbb{1}_{(\tilde{c}(v), \infty)}(|\tilde{u} - m(v)|) + \tilde{\gamma}(v) \mathbb{1}_{\{\tilde{c}(v)\}}(|\tilde{u} - m(v)|), \tag{3.4.8}$$

$$P_{\eta_0 \bullet}^{\tilde{U}|V=v}((m(v) + \tilde{c}(v), \infty)) + \tilde{\gamma}(v) P_{\eta_0 \bullet}^{\tilde{U}|V=v}(\{m(v) + \tilde{c}(v)\}) = \alpha/2 \tag{3.4.9}$$

definierten Tests $\tilde{\psi}^*$ erweisen sich nämlich als zu den analog definierten Tests ψ^* in den ursprünglichen Koordinaten äquivalent.

Satz 3.70 *Es seien die Abbildung* $(u, v) \mapsto h_v(u)$ $\mathbb{B}^k$*-meßbar und* $\tilde{u}$ *bei festem* v *definiert durch*

$$\tilde{u} = h_v(u). \tag{3.4.10}$$

Bezeichnet dann N *eine* $\mathfrak{P}^V$*-Nullmenge, so gilt:*

a) *Ist* $h_v(u)$ *für festes* $v \notin N$ *eine streng isotone Funktion von* u *und sind* $\psi^*(u, v)$ *bzw.* $\tilde{\psi}^*(\tilde{u}, v)$ *Lösungen von* (3.3.41–42) *bzw.* (3.4.3–4), *so sind diese Tests äquivalent im Sinne von* (3.4.5).

b) *Ist* $h_v(u)$ *für festes* $v \notin N$ *eine affine, streng isotone Funktion von* u *und sind* $\psi^*(u, v)$ *bzw.* $\tilde{\psi}^*(\tilde{u}, v)$ *Lösungen von* (3.3.43–44) *bzw.* (3.4.6–7), *so sind diese Tests äquivalent im Sinne von* (3.4.5).

c) *Ist* $h_v(u)$ *für festes* $v \notin N$ *eine ungerade, streng isotone Funktion von* $u - m(v)$ *und sind* $\psi^*(u, v)$ *bzw.* $\tilde{\psi}^*(\tilde{u}, v)$ *Lösungen von* (3.3.45–46) *bzw.* (3.4.8–9), *so sind diese Tests äquivalent im Sinne von* (3.4.5).

Beweis: Da v fest ist, folgt die Behauptung aus den entsprechenden Sätzen 2.26, 2.72 und 2.73b für einparametrige Verteilungsklassen. □

Nach der Herleitung eines bedingten Tests stellen sich somit jeweils die folgenden Fragen: Ist der Test durch geeignete Wahl der Funktionen h_v nicht-bedingt wählbar? Ist der zweiseitige Test durch geeignete Wahl von h_v in der symmetrischen Form wählbar? Läßt sich h_v so wählen, daß die kritischen Werte des einseitigen (und speziellen zweiseitigen) Tests die Fraktile vertafelter Verteilungen sind?

Wir werden in 3.4.2 bis 3.4.5 zeigen, daß es etwa für die in 2.1.3 aufgeführten Fragestellungen bei st. u. normalverteilten ZG Transformationen $(u, v) \mapsto (h_v(u), v)$ gibt, welche die in 3.3.2 hergeleiteten Tests in eine von v unabhängige Form überführen. Da τ auch für $P^{\tilde{T}} \in \mathfrak{P}_{\mathrm{J}}^{\tilde{T}}$ suffizient und vollständig ist, braucht $h_{\bullet}(\cdot)$ nach Satz 3.68 nur so gewählt werden, daß die Verteilung der ZG $\tilde{U} = h_V(U)$ für $\eta = \eta_0$ unabhängig von ξ ist. Derartige Funktionen werden aber durch die Verteilungsaussagen aus 1.2.4 nahegelegt. Die so gewonnenen ZG $\tilde{U}$ sind stetig verteilt und unter $\eta = \eta_0$ häufig auch symmetrisch bzgl. 0 verteilt, so daß $\tilde{\gamma}(v) = 0$ gesetzt und vielfach der zweiseitige Test (3.3.43–44) in der speziellen Form (3.3.45–46) mit $m(v) = 0$ gewählt werden kann.

Beispiel 3.71 $X_{11}, \ldots, X_{1n_1}, X_{21}, \ldots, X_{2n_2}$ seien st.u. ZG mit $\mathfrak{L}_\vartheta(X_{ij}) = \mathfrak{G}(\lambda_i)$, $j = 1, \ldots, n_i$, $i = 1, 2$; $\vartheta = (\lambda_1, \lambda_2) \in (0, \infty)^2$. Es liegt also eine zweiparametrige Exponentialfamilie in (η, ξ) und (U, V) vor mit $\eta(\vartheta) = \lambda_1 - \lambda_2$, $\xi(\vartheta) = \lambda_2$, $U(x) = -\sum x_{1j}$, $V(x) = -\sum x_{1j} - \sum x_{2j}$. Somit gibt es nach den Sätzen 3.60 und 3.62 gleichmäßig beste unverfälschte α-Niveau Tests für die Hypothesen $\mathbf{H}$: $\lambda_1 \leqslant \lambda_2$, $\mathbf{K}$: $\lambda_1 > \lambda_2$ bzw. $\mathbf{H}$: $\lambda_1 = \lambda_2$, $\mathbf{K}$: $\lambda_1 \neq \lambda_2$. Offenbar sind $U(X)$ und $V(X)$ für $\vartheta \in \mathbf{J}$: $\lambda_1 = \lambda_2$ st. abhängig; somit hängen die kritischen Werte $c(v)$ bzw. $c_1(v)$ und $c_2(v)$ von $v := V(x)$ ab. Jedoch genügt $\tilde{U}(X) = \sum X_{1j}/(\sum X_{1j} + \sum X_{2j})$ für $\vartheta \in \mathbf{J}$ einer vom speziellen Wert $\vartheta \in \mathbf{J}$ unabhängigen Verteilung, nämlich einer B_{n_1, n_2}-Verteilung. (Einerseits ist die Verteilung von $\tilde{U}(X)$ invariant gegenüber Transformationen $X' = cX$, $c \neq 0$, so daß o.E. $\lambda_1 = \lambda_2 = 1/2$ gewählt werden kann; andererseits ist $\mathfrak{L}_{1/2}(X_{ij})$ eine zentrale χ_2^2-Verteilung.) Es liegt deshalb nahe, die Transformation (3.4.10) mit $h_v(u) = \frac{u}{v} \mathbb{1}_{(0,\infty)}(v)$ auszuführen. Diese erfüllt die Voraussetzungen von Satz 3.70a und b mit der $\mathfrak{P}^V$-Nullmenge $N = \{0\}$. Nach Satz 3.68 lassen sich also die Tests aus den Sätzen 3.60 und 3.62 äquivalent in der nicht-bedingten Form

$$\tilde{\varphi}^*(x) = \mathbb{1}_{(\tilde{c}, \infty)}(\tilde{U}(x)) \quad \text{bzw.} \quad \tilde{\varphi}^*(x) = \mathbb{1}_{(-\infty, \tilde{c}_1)}(\tilde{U}(x)) + \mathbb{1}_{(\tilde{c}_2, \infty)}(\tilde{U}(x))$$

wählen. Dabei ist $\tilde{U}(x) = \sum x_{1j}/(\sum x_{1j} + \sum x_{2j})$, $\tilde{c}$ das α-Fraktil der B_{n_1, n_2}-Verteilung und $(\tilde{c}_1, \tilde{c}_2)$ gemäß (2.4.21) über Vertafelungen der B_{n_1, n_2}-Verteilung zu ermitteln.

Eine weitere Möglichkeit besteht darin, zusätzlich noch die Transformation

$$\tilde{\tilde{u}} = n_2 \tilde{u} / n_1 (1 - \tilde{u}) \mathbb{1}_{(0,1)}(\tilde{u})$$

durchzuführen. Einerseits erfüllt sie die Voraussetzungen von Satz 3.70a; andererseits genügt $\tilde{\tilde{U}}(X) = \frac{1}{n_1} \sum X_{1j} \Big/ \frac{1}{n_2} \sum X_{2j}$ für $\vartheta \in \mathbf{J}$ einer zentralen $F_{2n_1, 2n_2}$-Verteilung, deren Fraktile umfangreicher vertafelt sind als diejenigen der B_{n_1, n_2}-Verteilung. □

3.4.2 Tests zur Prüfung von Varianzen

Wichtige Beispiele für gleichmäßig beste unverfälschte Tests in Exponentialfamilien, die aus zunächst bedingten Tests durch eine Transformation (3.4.10) als nicht-bedingte Tests hervorgehen, sind der χ^2-Test zur Prüfung einer Varianz sowie der F-Test zum Vergleich zweier Varianzen. Diese bereits in 2.1.3 unter 4) bzw. 8) angegebenen Tests werden angewendet, wenn bei zwei Produktionsverfahren I und II neben Aussagen über den durchschnittlichen Wert auch solche über die Schwankung interessieren und die Normalverteilungsannahme als erfüllt angesehen werden kann.

Beispiel 3.72 (χ^2-Test zur Prüfung einer Varianz) Aufgrund von n unabhängigen Überprüfungen $x_1, \ldots, x_n$ eines Herstellungsverfahrens, die als Realisierungen st.u. $\mathfrak{N}(\mu, \sigma^2)$-verteilter ZG $X_1, \ldots, X_n$ aufgefaßt werden können, sei bei einer zugelassenen Fehler-WS 1. Art $\alpha \in (0, 1)$ zwischen $\mathbf{H}$: $\sigma^2 \leqslant \sigma_0^2$ und $\mathbf{K}$: $\sigma^2 > \sigma_0^2$ bzw. zwischen $\mathbf{H}$: $\sigma^2 = \sigma_0^2$ und $\mathbf{K}$: $\sigma^2 \neq \sigma_0^2$ zu entscheiden. Nach Modellannahme ist die gemeinsame Verteilung Element einer zweiparametrigen Exponentialfamilie, die wir in der Form (3.3.26) schreiben können mit

$$\eta = -\frac{1}{2\sigma^2}, \qquad \xi = \frac{\mu}{\sigma^2}, \qquad U(x) = \sum x_j^2, \qquad V(x) = \sum x_j. \tag{3.4.11}$$

Dann sind die Hypothesen von der Form (3.3.25) mit $\eta_0 = -1/2\sigma_0^2$ und es gilt $Z_{\eta_0} = \{\xi = \mu/\sigma_0^2 : \mu \in \mathbb{R}\} = \mathbb{R}$. Somit gibt es gemäß Satz 3.60 bzw. Satz 3.62 für beide Testprobleme gleichmäßig beste unverfälschte α-Niveau Tests.

Äquivalente nicht-bedingte Tests ergeben sich durch die Transformation

$$\tilde{u} = h_v(u) = \left(u - \frac{v^2}{n}\right) \Big/ \sigma_0^2, \tag{3.4.12}$$

wobei $u - v^2/n = \sum (x_j - \bar{x})^2$ ist. Die Abbildung $(u, v) \mapsto h_v(u)$ erfüllt nämlich mit $N = \emptyset$ die Voraussetzungen von Satz 3.70 und die ZG

$$\tilde{U} = h_V(U) = \sum (X_j - \bar{X})^2/\sigma_0^2$$

genügt nach Korollar 1.44c für $\sigma^2 = \sigma_0^2$ der von $\xi = \mu/\sigma_0^2$ unabhängigen zentralen χ_{n-1}^2-Verteilung. Also gibt es nach 3.4.1 für das einseitige wie für das zweiseitige Testproblem äquivalente Tests $\tilde{\psi}^*(\tilde{u}, v)$, die in $\tilde{u}, v$ die Gestalt (3.3.41–42) bzw. (3.3.43–44) haben, bei denen aber die kritischen Werte unabhängig sind von v. Da jedoch die χ_{n-1}^2-Verteilung bezüglich keiner Stelle $m \in \mathbb{R}$ symmetrisch ist, gibt es keine Transformation, die den zweiseitigen Test in die spezielle Form (3.3.45–46) überführt.

Zusammenfassung Der *χ^2-Test zur Prüfung einer Varianz* ist ein nicht-bedingter Test. Er beruht auf einem Vergleich der Prüfgröße $\tilde{U}(x) = \sum (x_j - \bar{x})^2/\sigma_0^2$ im einseitigen Fall mit dem α-Fraktil und im zweiseitigen Fall mit den gemäß (3.3.44) bestimmten kritischen Werten oder angenähert mit dem unteren bzw. oberen $\alpha/2$-Fraktil der χ_{n-1}^2-Verteilung.

Numerisches Beispiel: Zur Entscheidung, ob die Qualität einer Herstellungsmethode I stärker schwankt als diejenige einer Methode II, d.h. ob $\mathbf{H}$: $\sigma^2 \leqslant \tau^2$ oder $\mathbf{K}$: $\sigma^2 > \tau^2$ gilt, wurden $n = 10$ unabhängige Überprüfungen von I vorgenommen und zwar mit folgenden Ergebnissen: 18,6; 20,3; 18,3; 17,3; 18,9; 19,8; 15,7; 16,5; 21,7; 17,9. Sieht man – etwa aufgrund eines umfangreichen Beobachtungsmaterials – die Schwankung τ^2 von II als bekannt an, nämlich zu $\tau^2 = 1{,}3$, so ist bei $\alpha = 0{,}05$ die Hypothese $\mathbf{H}$ abzulehnen wegen $\tilde{u} = 22{,}32 > 16{,}92 = \chi^2_{9;0,05}$. □

Beispiel 3.73 (F-Test zum Vergleich zweier Varianzen) Zur Überprüfung der Schwankungen zweier Herstellungsmethoden I und II werden $n_1 + n_2$ unabhängige Überprüfungen vorgenommen mit den Ergebnissen $x_{11}, \ldots, x_{1n_1}, x_{21}, \ldots, x_{2n_2}$, und es sei gerechtfertigt, diese als Realisierungen st.u. $\mathfrak{N}(\mu_i, \sigma_i^2)$-verteilter ZG $X_{ij}, j = 1, \ldots, n_i, i = 1, 2$, aufzufassen; $\vartheta = (\mu_1, \mu_2, \sigma_1^2, \sigma_2^2) \in \mathbb{R}^2 \times (0, \infty)^2$. Die gemeinsame Verteilung ist also Element einer vierparametrigen Exponentialfamilie, die sich mit

$$\begin{aligned} &\eta = -\frac{1}{2\sigma_1^2} + \frac{1}{2\sigma_2^2}, \quad \xi_2 = -\frac{1}{2\sigma_2^2}, \quad \xi_3 = \frac{\mu_1}{\sigma_1^2}, \quad \xi_4 = \frac{\mu_2}{\sigma_2^2}, \\ &U(x) = \sum x_{1j}^2, \quad V_2(x) = \sum x_{1j}^2 + \sum x_{2j}^2, \quad V_3(x) = \sum x_{1j}, \quad V_4(x) = \sum x_{2j} \end{aligned} \tag{3.4.13}$$

in der Form (3.3.26) schreiben läßt. Dann sind die Hypothesen

$$\mathbf{H}: \sigma_1^2 \leqslant \sigma_2^2, \quad \mathbf{K}: \sigma_1^2 > \sigma_2^2 \quad \text{bzw.} \quad \mathbf{H}: \sigma_1^2 = \sigma_2^2, \quad \mathbf{K}: \sigma_1^2 \neq \sigma_2^2$$

von der Form (3.3.25) mit $\eta_0 = 0$. Da ξ_2, ξ_3 und ξ_4 unabhängig voneinander nicht-degenerierte Intervalle durchlaufen, gibt es nach den Sätzen 3.60 und 3.62 gleichmäßig beste unverfälschte α-Niveau Tests. Äquivalente nicht-bedingte Tests erhalten wir durch die Transformation

$$\tilde{u} = h_v(u) = \left(u - \frac{v_3^2}{n_1}\right) \Big/ \left(v_2 - \frac{v_3^2}{n_1} - \frac{v_4^2}{n_2}\right).$$

Wegen $v_2 - v_3^2/n_1 - v_4^2/n_2 = \sum (x_{1j} - \bar{x}_{1\cdot})^2 + \sum (x_{2j} - \bar{x}_{2\cdot})^2$ erfüllt $(u, v) \mapsto h_v(u)$ die Voraussetzungen von Satz 3.70a und 3.70b mit $N = \{v: v_2 - v_3^2/n_1 - v_4^2/n_2 = 0\}$, so daß die Form der Tests erhalten bleibt. Andererseits ist die bedingte Verteilung von

$$\tilde{U} = h_V(U) = \frac{\sum (X_{1j} - \bar{X}_1.)^2}{\sum (X_{1j} - \bar{X}_1.)^2 + \sum (X_{2j} - \bar{X}_2.)^2} = \frac{Y_{12}^2 + \ldots + Y_{1n_1}^2}{Y_{12}^2 + \ldots + Y_{1n_1}^2 + Y_{22}^2 + \ldots + Y_{2n_2}^2} \tag{3.4.14}$$

bei gegebenem $V = v$ für $\eta = 0$ unabhängig von v wählbar, da $\tilde{U}$ für $\sigma_1^2 = \sigma_2^2$ einer $B_{(n_1-1)/2,(n_2-1)/2}$-Verteilung genügt. Dabei sind $Y_{11}, \ldots, Y_{2n_2}$ die in Beispiel 1.100 eingeführten ZG. Also ist der kritische Wert $\tilde{c}(v)$ des einseitigen Tests unabhängig von v das α-Fraktil der $B_{(n_1-1)/2,(n_2-1)/2}$-Verteilung. Da diese Verteilung nur für $n_1 = n_2$ symmetrisch ist, gibt es nur für diesen einen Fall einen (nicht-bedingten) Test der speziellen Form (3.3.45–46).

Meist benutzt man statt der $B_{(n_1-1)/2,(n_2-1)/2}$-verteilten Prüfgröße $\tilde{U}(x)$ die Prüfgröße $\tilde{\tilde{U}}(x) = (n_2 - 1)\tilde{U}(x)/(n_1 - 1)(1 - \tilde{U}(x))$, da

$$\tilde{\tilde{U}}(X) = \frac{(n_2 - 1)\tilde{U}(X)}{(n_1 - 1)(1 - \tilde{U}(X))} = \frac{\frac{1}{n_1 - 1}\sum (X_{1j} - \bar{X}_1.)^2}{\frac{1}{n_2 - 1}\sum (X_{2j} - \bar{X}_2.)^2} = \frac{\frac{1}{n_1 - 1}(Y_{12}^2 + \ldots + Y_{1n_1}^2)}{\frac{1}{n_2 - 1}(Y_{22}^2 + \ldots + Y_{2n_2}^2)}$$

einer häufiger vertafelten (zentralen) F_{n_1-1,n_2-1}-Verteilung genügt. Bei dieser Transformation bleibt die Gestalt der einseitigen Tests erhalten; jedoch sind auch die zentralen F-Verteilungen bzgl. keiner Stelle m symmetrisch, so daß auch der auf der Prüfgröße $\tilde{\tilde{U}}(x)$ aufbauende Test nicht in der speziellen symmetrischen Form aus Korollar 3.63 gewählt werden kann.

Zusammenfassung Der F-*Test zum Vergleich zweier Varianzen* ist ein nicht-bedingter Test. Er beruht auf einem Vergleich der Prüfgröße

$$\tilde{\tilde{U}}(x) = \frac{1}{n_1 - 1}\sum (x_{1j} - \bar{x}_1.)^2 \Big/ \frac{1}{n_2 - 1}\sum (x_{2j} - \bar{x}_2.)^2$$

im einseitigen Fall mit dem α-Fraktil und im zweiseitigen Fall mit den gemäß (3.3.44) bestimmten kritischen Werten oder angenähert mit dem unteren bzw. oberen $\alpha/2$-Fraktil der F_{n_1-1,n_2-1}-Verteilung.

Numerisches Beispiel: Kennt man in der Situation von Beispiel 3.72 auch τ^2 nicht, beruht der Wert $\tau^2 = 1{,}3$ vielmehr auf einer Schätzung bei nur $n_2 = 21$ unabhängigen Überprüfungen mit den Werten 15,5; 16,3; 17,9; 16,2; 14,3; 14,9; 15,9; 17,3; 17,7; 15,8; 15,1; 16,7; 14,6; 16,4; 17,6; 14,9; 15,4; 16,9; 15,6; 18,1; 17,1, so liegt ein Zweistichprobenproblem vor. Aufgrund dieser $n_1 + n_2 = 31$ Werte ist **H**: $\sigma^2 \leqslant \tau^2$ gegenüber **K**: $\sigma^2 > \tau^2$ bei $\alpha = 0{,}05$ abzulehnen, da für (3.4.14) gilt

$$\tilde{u} = 0{,}53 > 0{,}52 = B_{9/2,10;0,05}. \qquad \square$$

3.4.3 t-Tests in linearen Modellen

Eine weitere Klasse wichtiger Probleme, auf die sich die in 3.3.2 und 3.4.1 entwickelte Theorie anwenden läßt, bezieht sich auf das Prüfen eindimensionaler Komponenten des Mittelwertvektors in einem linearen Modell mit Normalverteilungsannahme (1.5.15). Hier können die zweiseitigen optimalen Tests sogar in solche mit symmetrisch verteilter Prüfgröße transformiert werden. Sei also

$$\mathfrak{L}_\vartheta(X) = \mathfrak{N}(\mu, \sigma^2 \mathscr{I}_n), \qquad \vartheta = (\mu, \sigma^2) \in \mathfrak{L}_k \times (0, \infty), \tag{3.4.15}$$

wobei X eine $\mathbb{R}^n$-wertige ZG, $\mu \in \mathbb{R}^n$ und $\mathfrak{L}_k$ ein linearer Teilraum des $\mathbb{R}^n$ ist. Die Hypothesen über den Mittelwertvektor $\mu \in \mathfrak{L}_k$ seien vermöge eines geeigneten Vektors $e \in \mathfrak{L}_k$ mit $|e| = 1$ darstellbar in der Form

$$\mathbf{H}: \langle e, \mu \rangle \leqslant 0, \mathbf{K}: \langle e, \mu \rangle > 0 \quad \text{bzw.} \quad \mathbf{H}: \langle e, \mu \rangle = 0, \mathbf{K}: \langle e, \mu \rangle \neq 0. \tag{3.4.16}$$

Bezeichnet $\mathscr{T}$ eine orthogonale $n \times n$-Matrix, in deren k-ter Zeile die Komponenten von e^{T} stehen, so lauten die Hypothesen gemäß Korollar 1.99

$$\mathbf{H}: v_k \leqslant 0, \mathbf{K}: v_k > 0 \quad \text{bzw.} \quad \mathbf{H}: v_k = 0, \mathbf{K}: v_k \neq 0\,. \tag{3.4.17}$$

Satz 3.74 *Gegeben seien ein lineares Modell* (3.4.15), *ein Vektor* $e \in \mathfrak{L}_k \subset \mathbb{R}^n$ *mit* $|e| = 1$ *und* $\alpha \in (0, 1)$. *Bezeichnet dann* $\hat{\mu}(x)$ *die orthogonale Projektion von* $x \in \mathbb{R}^n$ *auf den* $\mathfrak{L}_k$, *also*

$$\hat{\mu}(x) \in \mathfrak{L}_k, \qquad |x - \hat{\mu}(x)|^2 = \min_{\mu \in \mathfrak{L}_k} |x - \mu|^2, \tag{3.4.18}$$

so gilt mit der Prüfgröße

$$\tilde{\tilde{U}}(x) = \frac{\langle e, x \rangle}{\sqrt{\dfrac{1}{n-k}\,|x - \hat{\mu}(x)|^2}}: \tag{3.4.19}$$

a) *Für das einseitige Testproblem* $\mathbf{H}: \langle e, \mu \rangle \leqslant 0, \mathbf{K}: \langle e, \mu \rangle > 0$ *gibt es einen gleichmäßig besten, auf* $\mathbf{J}: \langle e, \mu \rangle = 0$ α*-ähnlichen Test, nämlich den einseitigen* t*-Test*

$$\varphi(x) = \mathbb{1}_{(\mathrm{t}_{n-k;\alpha}, \infty)}(\tilde{\tilde{U}}(x)). \tag{3.4.20}$$

b) *Für das zweiseitige Testproblem* $\mathbf{H}: \langle e, \mu \rangle = 0, \mathbf{K}: \langle e, \mu \rangle \neq 0$ *gibt es einen gleichmäßig besten, auf* $\mathbf{J}: \langle e, \mu \rangle = 0$ α*-ähnlichen lokal unverfälschten Test, nämlich den zweiseitigen* t*-Test*

$$\varphi(x) = \mathbb{1}_{(\mathrm{t}_{n-k;\alpha/2}, \infty)}(|\tilde{\tilde{U}}(x)|). \tag{3.4.21}$$

c) *Beide Tests sind für die jeweiligen Testprobleme gleichmäßig beste unverfälschte* α*-Niveau Tests.*

Beweis: Beide Testprobleme sind von der in 3.3.2 betrachteten Form. Wie in Beispiel 1.155c angegeben ist nämlich die gemeinsame Dichte (1.7.12) mit $y = Y(x)$ von der Form (3.3.26) mit $k+1$ an Stelle von k sowie mit

$$\begin{aligned} &\eta = \frac{v_k}{\sigma^2}, \qquad \xi_j = \frac{v_{j-1}}{\sigma^2} \quad \text{für} \quad j = 2, \ldots, k, \qquad \xi_{k+1} = -\frac{1}{2\sigma^2}, \\ &u = y_k, \qquad v_j = y_{j-1} \quad \text{für} \quad j = 2, \ldots, k, \qquad v_{k+1} = \sum_{j=1}^{n} y_j^2\,. \end{aligned} \tag{3.4.22}$$

Andererseits sind die Hypothesen (3.4.16) wegen (3.4.17) von der Form (3.3.25) mit $\eta_0 = 0$ und es gilt $\mathring{Z}_{\eta_0} \neq \emptyset$, da $\xi_2, \ldots, \xi_{k+1}$ unabhängig voneinander nicht-degenerierte Intervalle durchlaufen. Somit gibt es nach den Sätzen 3.60 bzw. 3.62 Tests mit den behaupteten Optimalitätseigenschaften.

Diese Tests sind nicht-bedingt wählbar, da sich Funktionen $(u,v) \mapsto h_v(u)$ angeben lassen, welche die Voraussetzungen von Satz 3.70 erfüllen. Hierzu beachte man, daß $U = Y_k$ unter $\vartheta \in \mathbf{J}$, also unter $v_k = 0$, $\mathfrak{N}(0,\sigma^2)$-verteilt ist. Folglich genügt $Y_k \Big/ \sqrt{\sum_{j=k+1}^{n} Y_j^2 + Y_k^2}$ unter $\vartheta \in \mathbf{J}$ einer von $(v_1,\ldots,v_{k-1},\sigma^2) \in \mathbb{R}^{k-1} \times (0,\infty)$, d.h. vom Nebenparameter $\xi \in Z_{\eta_0}$ unabhängigen Verteilung. Andererseits gilt

$$\frac{Y_k}{\sqrt{\sum_{j=k+1}^{n} Y_j^2 + Y_k^2}} = \frac{Y_k}{\sqrt{\sum_{j=1}^{n} Y_j^2 - \sum_{j=1}^{k-1} Y_j^2}} = \frac{U}{\sqrt{V_{k+1} - \sum_{j=2}^{k} V_j^2}} = h_V(U) \tag{3.4.23}$$

mit $h_v(u) = u \Big/ \sqrt{v_{k+1} - \sum_{j=2}^{k} v_j^2}$. Diese Abbildung $(u,v) \mapsto h_v(u)$ erfüllt die Voraussetzungen von Satz 3.70: Sie ist für $v \notin N := \left\{ v \in \mathbb{R}^k : v_{k+1} = \sum_{j=2}^{k} v_j^2 \right\}$, $\mathfrak{P}^V(N) = 0$, erklärt und dort $\mathbb{B}^{k+1}$-meßbar; außerdem ist $u \mapsto h_v(u)$ bei festem $v \notin N$ streng isoton und linear. Also lassen sich die Tests (3.3.41–42) und (3.3.43–44) nicht-bedingt wählen und zwar mit der Prüfgröße

$$\tilde{U}(x) = \frac{y_k}{\sqrt{\sum_{j=k+1}^{n} y_j^2 + y_k^2}} = \frac{\langle e,x \rangle}{\sqrt{|x - \hat{\mu}(x)|^2 + \langle e,x \rangle^2}}.$$

Dabei gilt die zweite Umformung wegen $y_k = \langle e,x \rangle$ und

$$\sum_{j=k+1}^{n} y_j^2 = \min_{v \in \mathscr{T}\mathfrak{L}_k} |y - v|^2 = \min_{\mu \in \mathfrak{L}_k} |x - \mu|^2 = |x - \hat{\mu}(x)|^2.$$

Aus (3.4.23) folgt überdies, daß die Verteilung von $\tilde{U}(X)$ für $\vartheta \in \mathbf{J}$, also für $v_k = 0$, symmetrisch bezüglich 0 ist. Somit ist Korollar 3.63 anwendbar und der zweiseitige Test in der symmetrischen Form $\varphi(x) = \mathbb{1}_{(c,\infty)}(|\tilde{U}(x)|)$ wählbar, wobei c das $\alpha/2$-Fraktil der Verteilung von $\tilde{U}(X)$ unter $v_k = 0$ ist. Da jedoch die Fraktile dieser Verteilung nicht vertafelt sind, führt man noch die weitere Transformation

$$\tilde{\tilde{u}} = \frac{\tilde{u}}{\sqrt{\frac{1}{n-k}(1 - \tilde{u}^2)}} = \frac{u}{\sqrt{\frac{1}{n-k}\left(v_{k+1} - \sum_{j=2}^{k} v_j^2 - u^2\right)}}$$

durch. Diese ist für $|\tilde{u}| < 1$, also $\mathfrak{P}^{\tilde{U},V}$-f.ü., erklärt und dort ungerade und streng isoton. Sie erfüllt also einerseits die Voraussetzungen von Satz 3.70c; andererseits genügt unter $v_k = 0$

$$\tilde{\tilde{U}}(X) = \frac{Y_k}{\sqrt{\frac{1}{n-k}\left(\sum_{j=1}^{n} Y_j^2 - \sum_{j=1}^{k-1} Y_j^2 - Y_k^2\right)}} = \frac{Y_k}{\sqrt{\frac{1}{n-k}\sum_{j=k+1}^{n} Y_j^2}} \tag{3.4.24}$$

einer zentralen t_{n-k}-Verteilung. Folglich sind (3.4.20) bzw. (3.4.21) äquivalent zu den in den Sätzen 3.60 bzw. 3.62 angegebenen Tests. □

Ihrer Bedeutung entsprechend werden nun zwei Sonderfälle betrachtet.

3.4.4 t-Tests zur Prüfung von Mittelwerten

Zunächst sollen die in 2.1.3 unter 2) bzw. 6) angegebenen t-Tests als gleichmäßig beste unverfälschte α-Niveau Tests verifiziert werden.

Beispiel 3.75 (Einstichproben t-Test) $X_1, \ldots, X_n$ seien st.u. $\mathfrak{N}(\bar{\mu}, \sigma^2)$-verteilte ZG, $(\bar{\mu}, \sigma^2) \in \mathbb{R} \times (0, \infty)$, $n \geqslant 1$, also $\mu = (\bar{\mu}, \ldots, \bar{\mu})^\top \in \mathfrak{L}_1$ und $k = 1$. Somit sind sowohl die einseitigen Hypothesen $\mathbf{H}$: $\bar{\mu} \leqslant 0$, $\mathbf{K}$: $\bar{\mu} > 0$ als auch die zweiseitigen Hypothesen $\mathbf{H}$: $\bar{\mu} = 0$, $\mathbf{K}$: $\bar{\mu} \neq 0$ von der Form (3.4.16) und zwar mit $e = (1, \ldots, 1)^\top/\sqrt{n}$. Aus (3.4.18) folgt $\hat{\bar{\mu}}(x) = \bar{x}$; andererseits gilt $\langle e, x \rangle = \sqrt{n}\,\bar{x}$ und

$$\sum_{j=2}^{n} y_j^2 = \sum_{j=1}^{n} y_j^2 - y_1^2 = \sum_{j=1}^{n} x_j^2 - n\bar{x}^2 = \sum_{j=1}^{n} (x_j - \bar{x})^2 .$$

Somit lautet die Prüfgröße des Einstichproben t-Tests

$$\tilde{\tilde{U}}(x) = \frac{\sqrt{n}\,\bar{x}}{\sqrt{\dfrac{1}{n-1} \sum (x_j - \bar{x})^2}} \tag{3.4.25}$$

und die kritischen Werte sind $t_{n-1;\alpha}$ bzw. $\mp t_{n-1;\alpha/2}$.
Lauten die Hypothesen allgemeiner $\mathbf{H}$: $\bar{\mu} \leqslant \mu'$, $\mathbf{K}$: $\bar{\mu} > \mu'$ oder $\mathbf{H}$: $\bar{\mu} = \mu'$, $\mathbf{K}$: $\bar{\mu} \neq \mu'$, so lassen sich hieraus Hypothesen der Form (3.4.16) gewinnen durch Übergang zu den ZG $X_j' = X_j - \mu'$, $j = 1, \ldots, n$.

Zusammenfassung Der *Einstichproben* t-*Test zum Prüfen eines Mittelwerts* (*Student*-t-*Test*) ist ein nicht-bedingter Test. Er beruht auf dem Vergleich der Prüfgröße (3.4.25) im einseitigen Fall mit dem α-Fraktil und im zweiseitigen Fall mit dem unteren bzw. oberen $\alpha/2$-Fraktil der zentralen t_{n-1}-Verteilung.

Numerisches Beispiel: Bei $n = 10$ unabhängigen paarweisen Beobachtungen zweier Methoden I und II haben sich für die Differenzen $x_j = x_{1j} - x_{2j}$, $j = 1, \ldots, 10$ die folgenden Werte ergeben: 1,8; 3,0; −0,5; 1,3; 5,2; −0,1; 0,4; −1,3; 2,2; 1,0. Es sei gerechtfertigt, diese Werte als Realisierungen st.u. $\mathfrak{N}(\mu_1 - \mu_2, \sigma^2)$-verteilter ZG $X_1, \ldots, X_{10}$ anzusehen. Die Entscheidung, ob bei einer zugelassenen Irrtums-WS 1. Art $\alpha = 0{,}05$ I besser ist als II oder nicht, läßt sich also vermöge des Einstichproben-t-Tests durchführen und zwar erweist sich I als signifikant besser als II wegen

$$\tilde{\tilde{u}} = \sqrt{10}\,\frac{1{,}3}{\sqrt{32{,}09/9}} = 2{,}18 > 1{,}83 = t_{9;0{,}05} .$$

Interessierte dagegen die Frage, ob zwischen I und II Qualitätsunterschiede bestehen, so ergäbe sich aus $\tilde{\tilde{u}} = 2{,}18 < 2{,}26 = t_{9;0{,}025}$, daß ein solcher Unterschied bei $\alpha = 0{,}05$ statistisch nicht gesichert ist. □

Beispiel 3.76 (Zweistichproben-t-Test) $X_{11}, \ldots, X_{1n_1}$, $X_{21}, \ldots, X_{2n_2}$ seien st.u. ZG mit $\mathfrak{L}_\vartheta(X_{ij}) = \mathfrak{N}(\mu_i, \sigma^2)$, $j = 1, \ldots, n_i$, $i = 1,2$; $\vartheta = (\mu_1, \mu_2, \sigma^2) \in \mathbb{R}^2 \times (0, \infty)$. Also liegt ein lineares Modell vor mit $\mu = (\mu_1, \ldots, \mu_1, \mu_2, \ldots, \mu_2)^\top \in \mathfrak{L}_2$ und $k = 2$. Die einseitigen Hypothesen $\mathbf{H}$: $\mu_1 \leqslant \mu_2$, $\mathbf{K}$: $\mu_1 > \mu_2$ wie die zweiseitigen Hypothesen $\mathbf{H}$: $\mu_1 = \mu_2$, $\mathbf{K}$: $\mu_1 \neq \mu_2$ sind von der Form (3.4.16) und zwar mit

$$e = (1/n_1, \ldots, 1/n_1, -1/n_2, \ldots, -1/n_2)^\top \sqrt{n_1 n_2/(n_1 + n_2)} .$$

Also gilt nach (3.4.18) $\hat{\mu}(x) = (\bar{x}_1.,\ldots,\bar{x}_1.,\bar{x}_2.,\ldots,\bar{x}_2.)^\mathsf{T}$ und bei $n := n_1 + n_2$ mit

$$y_1 = (\sum x_{1j} + \sum x_{2j})/\sqrt{n} \quad \text{und} \quad y_2 = \langle e, x \rangle = (\bar{x}_1. - \bar{x}_2.)\sqrt{n_1 n_2/(n_1+n_2)}$$

$$\sum_{j=3}^{n} y_j^2 = \sum_{j=1}^{n} y_j^2 - y_1^2 - y_2^2 = \sum_{i=1}^{2}\sum_{j=1}^{n_i} x_{ij}^2 - \frac{(\sum x_{1j} + \sum x_{2j})^2}{n} - (\bar{x}_1. - \bar{x}_2.)^2 \frac{n_1 n_2}{n_1+n_2}$$

$$= \sum_{i=1}^{2}\sum_{j=1}^{n_i} (x_{ij} - \bar{x}_i.)^2.$$

Somit lautet die Prüfgröße des Zweistichproben-t-Tests

$$\tilde{\tilde{U}}(x) = \sqrt{\frac{n_1 n_2}{n_1+n_2}} \frac{\bar{x}_1. - \bar{x}_2.}{\sqrt{\frac{1}{n_1+n_2-2}(\sum(x_{1j}-\bar{x}_1.)^2 + \sum(x_{2j}-\bar{x}_2.)^2)}} \tag{3.4.26}$$

und die kritischen Werte sind $\mathrm{t}_{n_1+n_2-2;\alpha}$ bzw. $\mp \mathrm{t}_{n_1+n_2-2;\alpha/2}$.

Zusammenfassung Der *Zweistichproben-*t*-Test zum Vergleich zweier Mittelwerte* (*Student-*t*-Test*) ist ein nicht-bedingter Test. Er beruht auf dem Vergleich der Prüfgröße (3.4.26) im einseitigen Fall mit dem α-Fraktil und im zweiseitigen Fall mit dem unteren bzw. oberen $\alpha/2$-Fraktil der zentralen $\mathrm{t}_{n_1+n_2-2}$-Verteilung. □

3.4.5 t-Tests zur Prüfung von Regressions- und Korrelationskoeffizienten

Bei vielen praktischen Problemstellungen interessiert die Frage, ob eine Abhängigkeit von unterschiedlichen Versuchsbedingungen vorliegt oder nicht. Ein weiterer wichtiger t-Test ist deshalb derjenige zum Prüfen des Regressionskoeffizienten in einem linearen Modell mit linearer Regression.

Beispiel 3.77 (t-Test zur Prüfung des Regressionskoeffizienten) $X_1,\ldots,X_n$ seien st.u. ZG mit $\mathfrak{L}(X_j) = \mathfrak{N}(\bar{\mu} + \varkappa s_j, \sigma^2)$, $j = 1,\ldots,n$, wobei $s_1,\ldots,s_n$ vorgegebene reelle Zahlen mit $\sum(s_j - \bar{s})^2 > 0$ sind. Bei dieser Verteilungsannahme handelt es sich gemäß Beispiel 1.101 um ein lineares Modell (3.4.15) mit $\mu = \bar{\mu}\mathbb{1}_n + \varkappa s$, wobei $\mathbb{1}_n$ und $s := (s_1,\ldots,s_n)^\mathsf{T}$ wegen $\sum(s_j - \bar{s})^2 > 0$ linear unabhängig sind, d.h. $k = 2$ ist. Die vornehmlich interessierenden Hypothesen, ob eine (positive) Regressionsabhängigkeit vorliegt oder nicht, also

$$\mathbf{H}: \varkappa \leqslant 0,\ \mathbf{K}: \varkappa > 0 \quad \text{bzw.} \quad \mathbf{H}: \varkappa = 0,\ \mathbf{K}: \varkappa \neq 0, \tag{3.4.27}$$

sind von der Form (3.4.16) mit $e = (s_1 - \bar{s},\ldots,s_n - \bar{s})^\mathsf{T}/\sqrt{\sum(s_j - \bar{s})^2}$. Demgemäß werden gleichmäßig beste unverfälschte α-Niveau Tests durch (3.4.20) und (3.4.21) gegeben. Dabei folgt $\hat{\mu}(x) = \hat{\bar{\mu}}(x)\mathbb{1}_n + \hat{\varkappa}(x)s$ gemäß (3.4.18) aus

$$\sum(x_j - \hat{\bar{\mu}}(x) - \hat{\varkappa}(x)s_j)^2 = \min_{\bar{\mu},\varkappa} \sum(x_j - \bar{\mu} - \varkappa s_j)^2$$

und damit durch Nullsetzen der Ableitungen nach $\bar{\mu}$ und $\varkappa$ zu

$$\hat{\varkappa}(x) = \frac{\sum(x_j - \bar{x})(s_j - \bar{s})}{\sum(s_j - \bar{s})^2} \quad \text{bzw.} \quad \hat{\bar{\mu}}(x) = \bar{x} - \hat{\varkappa}(x)\bar{s}. \tag{3.4.28}$$

Insgesamt folgt also

$$|x - \hat{\mu}(x)|^2 = \sum [(x_j - \bar{x}) - \hat{\varkappa}(x)(s_j - \bar{s})]^2 = \sum (x_j - \bar{x})^2 - \hat{\varkappa}^2(x) \sum (s_j - \bar{s})^2.$$

Andererseits ergibt sich mit dem *Stichprobenregressionskoeffizienten* $\hat{\varkappa}(x)$

$$\langle e, x \rangle = \sum (s_j - \bar{s}) x_j / \sqrt{\sum (s_j - \bar{s})^2} = \hat{\varkappa}(x) \sqrt{\sum (s_j - \bar{s})^2}$$

und damit die Prüfgröße (3.4.19) zu

$$\tilde{\tilde{U}}(x) = \sqrt{n-2} \, \frac{\hat{\varkappa}(x) \sqrt{\sum (s_j - \bar{s})^2}}{\sqrt{\sum [(x_j - \bar{x}) - \hat{\varkappa}(x)(s_j - \bar{s})]^2}}. \tag{3.4.29}$$

Zusammenfassung Der t-*Test zum Prüfen des Regressionskoeffizienten* ist ein nicht-bedingter Test. Er beruht auf dem Vergleich der Prüfgröße (3.4.29) im einseitigen Fall mit dem α-Fraktil und im zweiseitigen Fall mit dem unteren bzw. oberen $\alpha/2$-Fraktil der zentralen t_{n-2}-Verteilung. □

Anmerkung 3.78 Allgemeiner sind in einem linearen Modell mit der polynomialen Regression $t \mapsto \varkappa_0 + \varkappa_1 t + \ldots + \varkappa_m t^m$ die Hypothesen

$$\mathbf{H}: \varkappa_m \leqslant 0, \mathbf{K}: \varkappa_m > 0 \quad \text{bzw.} \quad \mathbf{H}: \varkappa_m = 0, \mathbf{K}: \varkappa_m \neq 0 \tag{3.4.30}$$

von der Form (3.4.16). Gleichmäßig beste unverfälschte α-Niveau Tests werden deshalb auch für diese Hypothesen durch (3.4.20) bzw. (3.4.21) gegeben.

Eine weitere Anwendung der in 3.3.2 und 3.4.1 entwickelten Theorie ist diejenige des t-Tests zum Prüfen des Korrelationskoeffizienten ϱ einer zweidimensionalen Normalverteilung, nämlich der Hypothesen

$$\mathbf{H}: \varrho \leqslant 0, \mathbf{K}: \varrho > 0 \quad \text{bzw.} \quad \mathbf{H}: \varrho = 0, \mathbf{K}: \varrho \neq 0. \tag{3.4.31}$$

Beispiel 3.79 (t-Test zum Prüfen des Korrelationskoeffizienten) $(X_1, Y_1), \ldots, (X_n, Y_n)$ seien st. u. $\mathfrak{N}(\mu_1, \mu_2; \sigma_1^2, \sigma_2^2, \varrho)$-verteilte ZG, $\vartheta = (\mu_1, \mu_2; \sigma_1^2, \sigma_2^2, \varrho) \in \mathbb{R}^2 \times (0, \infty)^2 \times (-1, +1)$, $n > 1$. Die gemeinsame Verteilung ist also von der Form (3.3.26) mit [1])

$$\eta = \frac{\varrho}{\sigma_1 \sigma_2 (1 - \varrho^2)}, \quad U(x, y) = \sum x_j y_j,$$

$$\xi_2 = \frac{-1}{2(1-\varrho^2)\sigma_1^2}, \quad \xi_3 = \frac{-1}{2(1-\varrho^2)\sigma_2^2}, \quad \xi_4 = \frac{1}{1-\varrho^2}\left(\frac{\mu_1}{\sigma_1^2} - \frac{\varrho\mu_2}{\sigma_1\sigma_2}\right), \quad \xi_5 = \frac{1}{1-\varrho^2}\left(\frac{\mu_2}{\sigma_2^2} - \frac{\varrho\mu_1}{\sigma_1\sigma_2}\right) \tag{3.4.32}$$

$$V_2(x, y) = \sum x_j^2, \quad V_3(x, y) = \sum y_j^2, \quad V_4(x, y) = \sum x_j, \quad V_5(x, y) = \sum y_j.$$

Dann sind die Hypothesen (3.4.31) mit $\eta_0 = 0$ von der Form (3.3.25) und wegen $Z_{\eta_0} = (-\infty, 0)^2 \times \mathbb{R}^2$ gilt $\mathring{Z}_{\eta_0} \neq \emptyset$. Somit sind die zur Anwendung der Theorie aus 3.3.2 erforderlichen Voraussetzungen erfüllt.

Die in 3.3.2 hergeleiteten bedingten Tests lassen sich gemäß Satz 3.70 in nicht-bedingte Tests überführen und zwar vermöge der Transformation

$$\tilde{u} = h_v(u) = \frac{u - v_4 v_5 / n}{\sqrt{(v_2 - v_4^2/n)(v_3 - v_5^2/n)}}. \tag{3.4.33}$$

---

[1]) Der Variablen x in (3.3.26) entspricht hier die Variable $(x, y) = (x_1, \ldots, x_n, y_1, \ldots, y_n)$.

Einerseits ist nämlich die Abbildung $(u, v) \mapsto h_v(u)$ $\mathbb{B}^5$-meßbar sowie wegen $v_2 > v_4^2/n$ $[\mathfrak{P}^V]$ und $v_3 > v_5^2/n$ $[\mathfrak{P}^V]$ der Schnitt $u \mapsto h_v(u)$ für $\mathfrak{P}^V$-f.a. v affin und streng isoton. Andererseits ergibt sich mit (3.4.32) als transformierte Prüfgröße

$$\tilde{U}(x,y) = \frac{\sum x_j y_j - \sum x_j \sum y_j/n}{\sqrt{(\sum x_j^2 - (\sum x_j)^2/n)(\sum y_j^2 - (\sum y_j)^2/n)}} = \frac{\sum (x_j - \bar{x})(y_j - \bar{y})}{\sqrt{\sum (x_j - \bar{x})^2 \sum (y_j - \bar{y})^2}}$$

der *Stichprobenkorrelationskoeffizient*. Da die Verteilung von $\tilde{U} = h_V(U)$ für $\varrho = 0$ vom Nebenparameter $(\mu_1, \mu_2, \sigma_1^2, \sigma_2^2) \in \mathbb{R}^2 \times (0, \infty)^2$ unabhängig ist[1]), sind nach Satz 3.68 die bedingte Verteilung von $\tilde{U}$ bei gegebenem $V = v$ und damit die Tests aus 3.3.2 nicht-bedingt wählbar. Da $\tilde{U}$ außerdem für $\varrho = 0$ einer bezüglich Null symmetrischen Verteilung genügt (dies folgt wegen der st. U. der X_j und Y_j für $\varrho = 0$ aus der gleichen Eigenschaft der X_j und der Y_j), ist der zweiseitige Test von der speziellen Form (3.3.45–46).

Diese Eigenschaften bleiben auch erhalten bei der Transformation

$$\tilde{\tilde{u}} = \sqrt{n-2}\,\frac{\tilde{u}}{\sqrt{1-\tilde{u}^2}}. \tag{3.4.34}$$

Die so gewonnene Zufallsgröße

$$\tilde{\tilde{U}}(X,Y) = \sqrt{n-2}\,\frac{\hat{\varkappa}_Y(X)\sqrt{\sum (Y_j - \bar{Y})^2}}{\sqrt{\sum (X_j - \bar{X})^2 - \hat{\varkappa}_Y^2(X) \sum (Y_j - \bar{Y})^2}}, \qquad \hat{\varkappa}_Y(X) := \frac{\sum (X_j - \bar{X})(Y_j - \bar{Y})}{\sum (Y_j - \bar{Y})^2},$$

genügt aber für $\varrho = 0$ einer zentralen t_{n-2}-Verteilung. Nach Satz 1.95 sind nämlich unter $\varrho = 0$ für jedes feste j die ZG X_j und Y_j und damit auch $X := (X_1, \ldots, X_n)$ und $Y := (Y_1, \ldots, Y_n)$ st.u., so daß nach der Einsetzungsregel 1.129 gilt

$$P_\vartheta^{f(X,Y)\mid Y=y}(C) = P_\vartheta^{f(X,y)}(C) \quad [P_\vartheta^Y] \quad \forall C \in \mathbb{B}, \quad \vartheta \in \mathbb{R}^2 \times (0,\infty)^2 \times \{0\}. \tag{3.4.35}$$

Dabei ist

$$f(x,s) := \sqrt{n-2}\,\frac{\hat{\varkappa}_s(x)\sqrt{\sum (s_j - \bar{s})^2}}{\sqrt{\sum (x_j - \bar{x})^2 - \hat{\varkappa}_s^2(x) \sum (s_j - \bar{s})^2}}$$

die Prüfgröße (3.4.29) des t-Tests zur Prüfung eines Regressionskoeffizienten. Diese genügt nach Beispiel 3.77 unter $\varkappa = 0$ einer zentralen t_{n-2}-Verteilung. (Wie dort für $\varkappa = 0$ sind hier $X_1, \ldots, X_n$ st.u. $\mathfrak{N}(\mu_1, \sigma_1^2)$-verteilte ZG. Folglich ist $P_\vartheta^{f(X,Y)\mid Y=y}$ unabhängig von y wählbar, nämlich als zentrale t_{n-2}-Verteilung, so daß nach Satz 1.123 auch $\tilde{\tilde{U}} = f(X,Y)$ unter $\varrho = 0$ einer zentralen t_{n-2}-Verteilung genügt.)

Zusammenfassung Der t-*Test zum Prüfen des Korrelationskoeffizienten* ist ein nicht-bedingter Test. Er beruht auf dem Vergleich der Prüfgröße (3.4.34) im einseitigen Fall mit dem α-Fraktil und im zweiseitigen Fall mit dem unteren bzw. oberen $\alpha/2$-Fraktil der zentralen t_{n-2}-Verteilung. □

Auch wenn es sich bei der Prüfung eines Korrelationskoeffizienten und der eines Regressionskoeffizienten um gänzlich verschiedene Probleme handelt, so führen sie doch auf formal gleiche Tests. Dies erklärt sich daraus, daß nach Satz 1.97 bei einer zweidimensionalen Normalverteilung $\mathfrak{L}(X,Y) = \mathfrak{N}(\mu, \mathscr{S})$ die bedingte Verteilung von X bei gegebenem $Y = y$ als eindimensionale Normalverteilung gewählt werden kann, bei

[1]) $\tilde{U}$ ändert bei der Transformation $X_j' = (X_j - \mu_1)/\sigma_1$, $Y_j' = (Y_j - \mu_2)/\sigma_2$ seine Gestalt nicht.

welcher der Mittelwert eine affine Funktion von y und die Streuung konstant ist. Dies entspricht aber genau der Annahme des in Beispiel 1.101 benutzten linearen Regressionsmodells. Ein analoger Zusammenhang ergab sich auch zwischen Beispiel 3.65 und 3.64 durch die bedingte Verteilung (3.3.49).

Abschließend sei betont, daß bei $\varrho_0 \neq 0$ die Hypothesen

$$\mathbf{H}: \varrho \leqslant \varrho_0, \mathbf{K}: \varrho > \varrho_0 \quad \text{bzw.} \quad \mathbf{H}: \varrho = \varrho_0, \mathbf{K}: \varrho \neq \varrho_0$$

nicht von der Form (3.3.25) sind; folglich gibt es für den Korrelationskoeffizienten ϱ weder gleichmäßig beste unverfälschte $(1-\alpha)$-Konfidenzschranken noch gleichmäßig beste unverfälschte $(1-\alpha)$-Konfidenzintervalle.

Aufgabe 3.22 $\mathfrak{P}^{U,V} = \{P_{\eta\xi}^{UV}: (\eta, \xi) \in Z\}$ sei eine k-parametrige Klasse derart, daß aus $P_{\eta_0\xi_1}^{V}(D) = 1$, $D \in \mathbb{B}^{k-1}$, folgt $P_{\eta_0\xi_2}^{V}(D) > 0$, $\xi_1, \xi_2 \in Z_{\eta_0}$. Man beweise die folgende Umkehrung von Satz 3.68: Sind U und V st.u. für $\eta = \eta_0$ und ist V eine vollständige suffiziente Statistik für $\xi \in Z_{\eta_0}$, so ist die Verteilung von U für $\eta = \eta_0$ unabhängig von ξ.

Aufgabe 3.23 Man gebe ein Gegenbeispiel zu folgender Aussage: Sind U und V st.u. für $\eta = \eta_0$ und ist V suffizient für $\xi \in Z_{\eta_0}$, so ist die Verteilung von U für $\eta = \eta_0$ unabhängig von ξ.

Hinweis: Man betrachte eine Urne von n Kugeln, die mit $\xi + 1, \ldots, \xi + n$ numeriert seien, $\xi \in \{0, n, 2n, \ldots\} (= Z_{\eta_0})$. (U, V) seien die ZG, die der „zufälligen" Entnahme mit Zurücklegen von zwei Kugeln entsprechen.

Aufgabe 3.24 $X_1, \ldots, X_n$ seien st.u. ZG mit derselben $\Gamma_{\varkappa,\sigma}$-Verteilung, $(\varkappa, \sigma) \in (0, \infty)^2$; vgl. Beispiel 1.156a. Man gebe in nicht-bedingter Form einen gleichmäßig besten unverfälschten α-Niveau Test an für $\mathbf{H}: \varkappa = 1$, $\mathbf{K}: \varkappa \neq 1$.

Hinweis: Man benutze (ohne Beweis), daß die charakteristische Funktion der Verteilung von $T(X) := \sum_{i=1}^{n} \log\left(X_i \Big/ \sum_{j=1}^{n} X_j\right)$ für $\varkappa = 1$ unabhängig von σ ist. Unter Ausnutzen von $T(cx) = T(x)$ $\forall c \neq 0$ zeige man, daß $T(X)$ und $\sum_{i=1}^{n} X_i$ st.u. sind.

Aufgabe 3.25 $X_{11}, \ldots, X_{1n_1}, X_{21}, \ldots, X_{2n_2}$ seien st.u. ZG mit $\mathfrak{L}_\vartheta(X_{ij}) = \mathfrak{N}(\mu_i + \varkappa_i s_{ij}, \sigma^2)$, $j = 1, \ldots, n_i$, $i = 1,2$; $\vartheta = (\mu_1, \mu_2, \varkappa_1, \varkappa_2, \sigma^2) \in \mathbb{R}^4 \times (0, \infty)$, $\sum (s_{ij} - \bar{s}_{i\cdot})^2 > 0$, $i = 1,2$.

a) Man geben einen (nicht-bedingten) gleichmäßig besten unverfälschten α-Niveau Test an für $\mathbf{H}: \varkappa_1 \leqslant \varkappa_2$, $\mathbf{K}: \varkappa_1 > \varkappa_2$. Wie lautet die Gütefunktion?

b) Man gebe ein gleichmäßig bestes unverfälschtes $(1-\alpha)$-Konfidenzintervall an für $\Delta := \varkappa_1 - \varkappa_2$.

Hinweis: Sind $\hat{\varkappa}_1(x)$ und $\hat{\varkappa}_2(x)$ stichprobenweise gemäß (3.4.28) definiert, so genügt bei geeignet gewählter Konstanten c die ZG $c(\hat{\varkappa}_1(X) - \hat{\varkappa}_2(X))/\sqrt{\sum(X_{1j} - \bar{X}_{1\cdot})^2 + \sum(X_{2j} - \bar{X}_{2\cdot})^2}$ einer zentralen $\mathrm{t}_{n_1+n_2-4}$-Verteilung.

Aufgabe 3.26 $X_1, \ldots, X_n$ seien st.u. ZG mit $\mathfrak{L}_\vartheta(X_j) = \mathfrak{N}(\mu + \varkappa s_j + \lambda s_j^2, \sigma^2)$, $j = 1, \ldots, n$; $\vartheta = (\mu, \varkappa, \lambda, \sigma^2) \in \mathbb{R}^3 \times (0, \infty)$. Man bestimme (nicht-bedingte) gleichmäßig beste unverfälschte α-Niveau Tests für $\mathbf{H}: \lambda = 0$ gegen $\mathbf{K}: \lambda \neq 0$ bzw. für $\mathbf{H}: \varkappa = 0$ gegen $\mathbf{K}: \varkappa \neq 0$. Dabei seien die Vektoren $\mathbb{1}_n, s := (s_1, \ldots, s_n)^\top$ und $t := (s_1^2, \ldots, s_n^2)^\top$ linear unabhängig.

Aufgabe 3.27 Zur Entscheidung zwischen $\mathbf{H}: \varrho \leqslant 0$ und $\mathbf{K}: \varrho > 0$ wurden $n = 6$ unabhängige Versuchswiederholungen durchgeführt und dabei die folgenden Ergebnisse erhalten: (8,7; 2,6), (8,5; 1,8), (8,9; 2,0), (7,3; 1,6), (7,9; 2,3), (9,7; 3,5). Ist unter der Annahme einer $\mathfrak{N}(\mu_1, \mu_2; \sigma_1^2, \sigma_2^2, \varrho)$-Verteilung die Gültigkeit von $\varrho > 0$ bei $\alpha = 0{,}05$ statistisch gesichert?

3.5 Reduktion durch Invarianz

Vielen statistischen Entscheidungsproblemen liegen Beobachtungen zugrunde, denen durch die Wahl des speziellen Meßsystems (etwa des Nullpunkts oder der Einheit einer linearen Skala) eine gewisse Willkür anhaftet. Es ist dann eine naheliegende Forderung, daß die zu treffende Entscheidung von dieser Wahl nicht abhängt bzw. diese in adäquater Weise berücksichtigt. So wird man bei dem Vergleich zweier Längen μ_1 und μ_2 – etwa in einem physikalischen Experiment aufgrund zweier unabhängiger Stichproben vom Gesamtumfang n – verlangen, daß die zu treffende Entscheidung unabhängig von der speziell gewählten Meßskala ist. Sie soll also invariant sein gegenüber allen affinen Transformationen $x \mapsto u\mathbb{1}_n + vx$, $(u, v) \in \mathbb{R} \times (0, \infty)$, wobei wieder $\mathbb{1}_n = (1, \ldots, 1)^\top \in \mathbb{R}^n$ ist. Eine solche Beschränkung ist natürlich nur dann sinnvoll, wenn das statistische Problem in einem geeigneten Sinne invariant ist. Tatsächlich bleibt bei den genannten Transformationen z.B. die Hypothese $\mu_1 \leqslant \mu_2$ unverändert. Das gleiche gilt für die Verteilungsannahme, wenn mit $\mathfrak{L}(X)$ auch $\mathfrak{L}(u\mathbb{1}_n + vX)$ für alle $(u, v) \in \mathbb{R} \times (0, \infty)$ zugelassen ist. Interessiert dagegen – unter der Annahme eines Einstichprobenproblems – nur die Größe des Mittelwerts μ, so wird man verlangen, daß der Schätzer $\hat{\mu}$ äquivariant ist, d.h. beim Übergang von x zu $u\mathbb{1}_n + vx$ transformiert wird gemäß $\hat{\mu}(u\mathbb{1}_n + vx) = u + v\hat{\mu}(x)$.

Ausgangspunkt unserer Überlegungen sind Gruppen $\mathfrak{Q}$, welche das statistische Problem invariant lassen. Die Beschränkung auf invariante Tests bzw. äquivariante Schätzer, die in solchen Fällen gerechtfertigt erscheint, läßt sich auffassen als eine Datenreduktion im Sinne von 1.1.3. Eine derartige *Reduktion durch Invarianz* wird die Auszeichnung eines optimalen Verfahrens ermöglichen, sofern $\mathfrak{Q}$ hinreichend groß ist und demgemäß das Modell hinreichend stark vergröbert wird. Ist dieses sogar schon bei einer „nicht zu großen" Gruppe der Fall, so kann man vielfach zeigen, daß die optimale invariante Lösung minimax-optimal ist bzgl. der Klasse *aller* Entscheidungsverfahren. Wir werden in 3.5.5+7 für den Spezialfall von invarianten Test- bzw. Schätzproblemen Bedingungen angeben, unter denen eine derartige zusätzliche Rechtfertigung der Reduktion durch Invarianz möglich ist. Zunächst werden in 3.5.1 die mit der Reduktion durch Invarianz verbundenen Begriffe präzisiert. In 3.5.2 wird eine Charakterisierung aller invarianten Statistiken hergeleitet; diese wird in 3.5.3 auf die Herleitung optimaler invarianter Tests in Lokations- bzw. Lokations-Skalenmodellen sowie einiger optimaler äquivarianter Bereichsschätzer angewendet. Entsprechend werden in 3.5.6 zunächst optimale translationsäquivariante Schätzer allgemein diskutiert. Das an mehreren Stellen benötigte Faktum, daß eine $\mathfrak{P}$-fast invariante Statistik unter schwachen Voraussetzungen $\mathfrak{P}$-f.ü. mit einer invarianten Statistik übereinstimmt, wird in 3.5.4 bewiesen.

3.5.1 Invariante Entscheidungsprobleme

Zur Diskussion der Reduktion durch Invarianz gehen wir aus von einer Klasse von Verteilungen $\mathfrak{P} = \{P_\vartheta : \vartheta \in \Theta\}$ über einem Stichprobenraum $(\mathfrak{X}, \mathfrak{B})$. Weiter sei $\mathfrak{Q}$ eine Gruppe meßbarer Transformationen [1]) π von $(\mathfrak{X}, \mathfrak{B})$ auf sich, so daß jedes $\pi \in \mathfrak{Q}$ insbesondere eine bimeßbare [2]) Abbildung von $(\mathfrak{X}, \mathfrak{B})$ auf sich ist. Jedes $\pi \in \mathfrak{Q}$ induziert dann eine Klasse $\mathfrak{P}^\pi := \{P_\vartheta^\pi : \vartheta \in \Theta\}$ von Verteilungen über $(\mathfrak{X}, \mathfrak{B})$ gemäß

$$P_\vartheta^\pi(B) := P_\vartheta(\pi^{-1} B), \qquad B \in \mathfrak{B}, \qquad \vartheta \in \Theta. \tag{3.5.1}$$

[1]) Zur Forderung, daß $\mathfrak{Q}$ eine Gruppe ist, vgl. Aufgabe 3.30 – Unter dem Produkt $\pi\pi'$ verstehen wir die Komposition der Abbildungen, d.h. $\pi\pi' := \pi \circ \pi'$.

[2]) Eine Abbildung π heißt *bimeßbar*, wenn sie bijektiv ist sowie π und π^{-1} meßbar sind.

Während im allgemeinen $\mathfrak{P}^\pi \neq \mathfrak{P}$ gilt, interessieren hier Situationen mit $\mathfrak{P}^\pi = \mathfrak{P}$ $\forall \pi \in \mathfrak{Q}$. Der Spezialfall, daß die Verteilungen $P_\vartheta \in \mathfrak{P}$ sogar elementweise invariant sind, daß also $P_\vartheta^\pi = P_\vartheta \quad \forall \pi \in \mathfrak{Q} \quad \forall \vartheta \in \Theta$ gilt, wurde bereits in 3.1.2 behandelt; er ermöglichte eine Reduktion durch Suffizienz.

Definition 3.80 *Es seien $\mathfrak{Q}$ eine Gruppe meßbarer Transformationen von $(\mathfrak{X}, \mathfrak{B})$ auf sich und $\mathfrak{P} = \{P_\vartheta : \vartheta \in \Theta\}$ eine Klasse von Verteilungen über $(\mathfrak{X}, \mathfrak{B})$. Dann heißt $\mathfrak{P}$* invariant gegenüber $\mathfrak{Q}$, *wenn gilt $\mathfrak{P}^\pi = \mathfrak{P} \quad \forall \pi \in \mathfrak{Q}$.*

Zum Nachweis der Invarianz von $\mathfrak{P}$ genügt es, $\mathfrak{P}^\pi \subset \mathfrak{P} \quad \forall \pi \in \mathfrak{Q}$ zu zeigen, denn daraus folgt bereits $\mathfrak{P} = (\mathfrak{P}^{\pi^{-1}})^\pi \subset \mathfrak{P}^\pi$ und damit $\mathfrak{P}^\pi = \mathfrak{P} \quad \forall \pi \in \mathfrak{Q}$.

In 1.1.2 wurde vorausgesetzt, daß eine Parametrisierung stets injektiv ist, daß also jeder Parameter *identifizierbar* ist im Sinne von

$$P_\vartheta = P_{\vartheta'} \Rightarrow \vartheta = \vartheta'. \tag{3.5.2}$$

Somit ist $\mathfrak{P} = \{P_\vartheta : \vartheta \in \Theta\}$ genau dann invariant, wenn es zu jedem $\pi \in \mathfrak{Q}$ und jedem $\vartheta \in \Theta$ genau ein Element $\overline{\vartheta} = \overline{\vartheta}(\pi, \vartheta) \in \Theta$ gibt mit

$$P_\vartheta^\pi = P_{\overline{\vartheta}}. \tag{3.5.3}$$

Jedem $\pi \in \mathfrak{Q}$ wird damit eine Abbildung $\bar{\pi}$ von Θ in sich zugeordnet gemäß $\bar{\pi}\vartheta = \overline{\vartheta}$. Die Gesamtheit $\overline{\mathfrak{Q}}$ dieser Abbildungen $\bar{\pi}$ ist das homomorphe Bild von $\mathfrak{Q}$, daher insbesondere wieder eine Gruppe eineindeutiger Abbildungen von Θ auf sich. Aus (3.5.1 + 3) folgt nämlich $P_\vartheta(\pi^{-1} B) = P_{\bar{\pi}\vartheta}(B)$ und hieraus für $\pi_1, \pi_2 \in \mathfrak{Q}$

$$P_{\overline{\pi_1 \circ \pi_2}\,\vartheta}(B) = P_\vartheta(\pi_2^{-1} \circ \pi_1^{-1} B) = P_{\bar{\pi}_2\vartheta}(\pi_1^{-1} B) = P_{\bar{\pi}_1 \circ \bar{\pi}_2 \vartheta}(B) \quad \forall B \in \mathfrak{B} \quad \forall \vartheta \in \Theta,$$

mit (3.5.2) also $\overline{\pi_1 \circ \pi_2} = \bar{\pi}_1 \circ \bar{\pi}_2$. Ist speziell P_ϑ die Verteilung einer ZG X, dann ist (3.5.3) so zu lesen: Hat X die Verteilung mit dem Parameter ϑ, so genügt πX der Verteilung, die X unter dem Parameter $\bar{\pi}\vartheta$ hat.

Beispiel 3.81 X sei eine n-dimensionale ZG mit einer permutationsinvarianten Verteilung $P \in \mathfrak{P} \subset \mathfrak{M}^1(\mathbb{R}^n, \mathbb{B}^n)$, also mit $P^\pi = P$ oder $\mathfrak{L}(\pi X) = \mathfrak{L}(X) \quad \forall \pi \in \mathfrak{S}_n$. Dabei bezeichnet $\mathfrak{S}_n$ wie in 3.1 die Gruppe, die den Permutationen der Koordinaten $x_1, \ldots, x_n$ entspricht. Die Voraussetzung der Permutationsinvarianz ist insbesondere dann erfüllt, wenn $X = (X_1, \ldots, X_n)$ ein n-Tupel st.u. ZG $X_1, \ldots, X_n$ mit derselben Verteilung $F \in \mathfrak{M}^1(\mathbb{R}, \mathbb{B})$ ist. Je nach Wahl von $\mathfrak{P}$ ist neben der definitionsgemäß vorliegenden (elementweisen) Invarianz gegenüber der Gruppe $\mathfrak{S}_n$, vgl. Satz 3.6, die Klasse $\mathfrak{P}$ noch invariant gegenüber einer weiteren, die Permutationsinvarianz erhaltenden Gruppe $\mathfrak{Q}$. Diese besteht aus Transformationen π, bei denen alle Koordinaten derselben Transformation $\tau: \mathbb{R} \to \mathbb{R}$ unterworfen werden,

$$\pi x = (\tau x_1, \ldots, \tau x_n). \tag{3.5.4}$$

Dabei ist $\mathfrak{Q}$ typischerweise umso größer wählbar, je größer $\mathfrak{P}$ ist.

a) (Lokationsmodell) Bei festem $P \in \mathfrak{M}^1(\mathbb{R}^n, \mathbb{B}^n)$ sei $\mathfrak{P} = \{P_\vartheta : P_\vartheta(B) = P(B - \mu \mathbb{1}_n),\ B \in \mathbb{B}^n,\ \vartheta = \mu \in \mathbb{R}\}$, d.h. $P_0 = P$. Dann ist $\mathfrak{P}$ invariant gegenüber der Klasse $\mathfrak{Q}$ aller Transformationen (3.5.4), bei denen τ eine Translation $\tau z = z + u$, $u \in \mathbb{R}$, ist. Somit gilt:

$$P_\vartheta^\pi(B) = P_\vartheta(\pi^{-1} B) = P_\vartheta(B - u \mathbb{1}_n) = P(B - (\vartheta + u)\mathbb{1}_n) \quad \forall B \in \mathfrak{B} \quad \forall \vartheta \in \mathbb{R}.$$

Damit ist $\bar{\pi}\vartheta = \vartheta + u$, $\vartheta \in \mathbb{R}$. $\overline{\mathfrak{Q}}$ ist also zu $\mathfrak{Q}$ isomorph.

b) (Lokations-Skalenmodell) Bei festem $P \in \mathfrak{M}^1(\mathbb{R}^n, \mathbb{B}^n)$ sei $\mathfrak{P} = \{P_\vartheta : P_\vartheta(B) = P((B - \mu \mathbb{1}_n)/\sigma)$, $B \in \mathbb{B}^n$, $\vartheta = (\mu, \sigma^2) \in \mathbb{R} \times (0, \infty)\}$, d.h. $P_{(0,1)} = P$. Dann ist $\mathfrak{P}$ invariant gegenüber der Klasse $\mathfrak{Q}$ aller Transformationen (3.5.4), bei denen τ eine isotone affine Transformation $\tau z = u + vz$, $(u, v) \in \mathbb{R} \times (0, \infty)$, ist; es gilt nämlich

$$P_\vartheta^\pi(B) = P_\vartheta(\pi^{-1} B) = P_\vartheta\left(\frac{B - u \mathbb{1}_n}{v}\right) = P\left(\left[\frac{B - u \mathbb{1}_n}{v} - \mu \mathbb{1}_n\right] \Big/ \sigma\right) = P\left(\frac{B - (v\mu + u) \mathbb{1}_n}{v\sigma}\right).$$

Also ist $\bar{\pi}\vartheta = (u + v\mu, v^2\sigma^2)$, $\vartheta \in \mathbb{R} \times (0, \infty)$ und $\bar{\mathfrak{Q}}$ folglich auch hier isomorph zu $\mathfrak{Q}$.

c) (Nichtparametrisches Modell) $\mathfrak{P}$ sei die Klasse aller n-dimensionalen stetigen Verteilungen. Dann ist $\mathfrak{P}$ invariant gegenüber der Klasse $\mathfrak{Q}$ aller Transformationen (3.5.4), bei denen τ eine beliebige stetige streng isotone Abbildung von $\mathbb{R}$ auf sich ist. Faßt man die (n-dimensionalen) VF G der Elemente von $\mathfrak{P}$ als Parameter auf, so ist $P_G^\pi(B) = P_G(\pi^{-1} B)$. Für $B = (-\infty, x]$ ergibt sich also speziell $G^\pi(x) = G(\pi^{-1} x)$, $x \in \mathbb{R}^n$, d.h. $\bar{\pi} G = G \circ \pi^{-1}$. Auch hier ist somit $\bar{\mathfrak{Q}}$ isomorph zu $\mathfrak{Q}$. □

Um das statistische Entscheidungsproblem bezüglich $\mathfrak{Q}$ reduzieren zu können, muß auch die Verlustfunktion in einem entsprechenden Sinne invariant sein.

Definition 3.82 *Es seien $\mathfrak{Q}$ eine Gruppe meßbarer Transformationen von $(\mathfrak{X}, \mathfrak{B})$ auf sich und $\mathfrak{P} = \{P_\vartheta : \vartheta \in \Theta\} \subset \mathfrak{M}^1(\mathfrak{X}, \mathfrak{B})$ eine gegenüber $\mathfrak{Q}$ invariante Verteilungsklasse. Dann heißt eine Verlustfunktion $\Lambda : \Theta \times \Delta \to [0, \infty)$* strikt invariant gegenüber $\mathfrak{Q}$, *wenn es für jedes $\pi \in \mathfrak{Q}$ und jedes $a \in \Delta$ genau ein*[1]) *Element $\check{a} = \check{a}(\pi, a) \in \Delta$ gibt mit*

$$\Lambda(\bar{\pi}\vartheta, \check{a}) = \Lambda(\vartheta, a) \quad \forall \vartheta \in \Theta. \tag{3.5.5}$$

Jedem $\pi \in \mathfrak{Q}$ wird damit gemäß $\check{\pi} a = \check{a}$ eine Abbildung $\check{\pi}$ von Δ in sich zugeordnet. Auch deren Gesamtheit $\check{\mathfrak{Q}}$ ist ein homomorphes Bild von $\mathfrak{Q}$ und folglich eine Gruppe, denn für jedes $\vartheta \in \Theta$ gilt

$$\Lambda((\bar{\pi}_1 \circ \bar{\pi}_2)\vartheta, \check{\pi}_1(\check{\pi}_2 a)) = \Lambda(\bar{\pi}_1(\bar{\pi}_2\vartheta), \check{\pi}_1(\check{\pi}_2 a)) = \Lambda(\bar{\pi}_2\vartheta, \check{\pi}_2 a) = \Lambda(\vartheta, a).$$

Hieraus folgt wegen $\overline{\pi_1 \circ \pi_2} = \bar{\pi}_1 \circ \bar{\pi}_2$ und (3.5.5) wie behauptet $(\pi_1 \circ \pi_2)^\vee = \check{\pi}_1 \circ \check{\pi}_2$. Der Kürze halber wurde wie in 3.1 meist πx für $\pi(x)$ und analog $\bar{\pi}\vartheta$ für $\bar{\pi}(\vartheta)$ sowie $\check{\pi} a$ für $\check{\pi}(a)$ geschrieben. Um zu betonen, daß $\mathfrak{Q}$ nicht nur die Elemente von $\mathfrak{X}$, sondern auch diejenigen von Θ und Δ permutiert, schreiben wir im folgenden auch $\pi\vartheta$ für $\bar{\pi}\vartheta$ sowie πa für $\check{\pi} a$ und analog $\mathfrak{Q}$ für $\bar{\mathfrak{Q}}$ bzw. $\check{\mathfrak{Q}}$. Mit dieser Festsetzung operiert[2]) $\mathfrak{Q}$ simultan auf $\mathfrak{X}$, Θ und Δ. (3.5.5) drückt dann aus, daß Λ *invariant ist gegenüber* $\mathfrak{Q}$, d.h. daß gilt

$$\Lambda(\pi\vartheta, \pi a) = \Lambda(\vartheta, a) \quad \forall \vartheta \in \Theta \quad \forall a \in \Delta \quad \forall \pi \in \mathfrak{Q}. \tag{3.5.6}$$

In der vorliegenden Darstellung steht die Behandlung von Test- und Schätzproblemen im Vordergrund. Bei diesen ist unabhängig von der speziellen Verlustfunktion die Operation von $\mathfrak{Q}$ auf Δ (und damit die Gruppe $\check{\mathfrak{Q}}$) vorgezeichnet. Wir lassen deshalb im folgenden allgemeiner solche Verlustfunktionen Λ zu, die im Sinne von (3.5.6) invariant sind, verzichten also auf die Eindeutigkeitsforderung aus Definition 3.82.

---

[1]) Diese Forderung der Eindeutigkeit von $\check{a}$ entspricht der Bedingung (3.5.3).

[2]) Eine Gruppe $\mathfrak{Q}$ *operiert auf einer Menge* $\mathfrak{Y}$, falls eine Abbildung $(\pi, y) \mapsto \pi \cdot y$ von $\mathfrak{Q} \times \mathfrak{Y}$ nach $\mathfrak{Y}$ definiert ist, für die stets gilt $\mathrm{id} \cdot y = y$, $\pi_1 \cdot (\pi_2 \cdot y) = (\pi_1 \circ \pi_2) \cdot y$. Dabei ist $\circ$ die Verknüpfung in der Gruppe und $\mathrm{id} = \mathrm{id}_\mathfrak{Y}$ das Einheitselement von $\mathfrak{Q}$. Für $\pi \cdot y$ schreiben wir meist kurz πy.

Bei Testproblemen etwa ist $\Delta = \{a_{\mathbf{H}}, a_{\mathbf{K}}\}$, so daß für $\check{\mathfrak{Q}}$ lediglich die Gruppen $\{\mathrm{id}\}$ und $\mathfrak{S}_2$ in Frage kommen. Da jedoch die tatsächlich getroffene Entscheidung invariant sein soll gegen $\pi \in \mathfrak{Q}$, interessiert allein die Gruppe $\check{\mathfrak{Q}} = \{\mathrm{id}\}$. Bei Testproblemen verlangen wir also, daß $\mathfrak{Q}$ *trivial auf Δ operiert*, d.h. daß gilt $\pi a = a \quad \forall a \in \Delta \quad \forall \pi \in \mathfrak{Q}$. Dann reduziert sich (3.5.6) auf

$$\Lambda(\pi\vartheta, a) = \Lambda(\vartheta, a) \quad \forall \vartheta \in \Theta \quad \forall a \in \Delta \quad \forall \pi \in \mathfrak{Q}. \tag{3.5.7}$$

Bei der Neyman-Pearson-Verlustfunktion (1.1.16) ist diese Bedingung erfüllt, falls gilt $\pi\mathbf{H} = \mathbf{H} \quad \forall \pi \in \mathfrak{Q}$ und damit $\pi\mathbf{K} = \mathbf{K} \quad \forall \pi \in \mathfrak{Q}$. Ist o.E. $\Lambda_0 > 0$, so ergibt sich aus (3.5.7) umgekehrt auch die Invarianz von $\mathbf{H}$ gemäß

$$\pi\vartheta \in \mathbf{H} \quad \Leftrightarrow \quad \Lambda(\pi\vartheta, a_{\mathbf{K}}) = \Lambda_0 \quad \Leftrightarrow \quad \Lambda(\vartheta, a_{\mathbf{K}}) = \Lambda_0 \quad \Leftrightarrow \quad \vartheta \in \mathbf{H},$$

d.h. $\pi\mathbf{H} = \mathbf{H} \quad \forall \pi \in \mathfrak{Q}$ und damit $\pi\mathbf{K} = \mathbf{K} \quad \forall \pi \in \mathfrak{Q}$. Demgemäß nennt man ein Testproblem *invariant gegenüber* $\mathfrak{Q}$, wenn gilt $\mathfrak{P}_{\mathbf{H}}^{\pi} = \mathfrak{P}_{\mathbf{H}} \quad \forall \pi \in \mathfrak{Q}$ und $\mathfrak{P}_{\mathbf{K}}^{\pi} = \mathfrak{P}_{\mathbf{K}} \quad \forall \pi \in \mathfrak{Q}$. Wie bei Definition 3.80 ist dies äquivalent mit $\mathfrak{P}_{\mathbf{H}}^{\pi} \subset \mathfrak{P}_{\mathbf{H}}$ bzw. $\mathfrak{P}_{\mathbf{K}}^{\pi} \subset \mathfrak{P}_{\mathbf{K}} \quad \forall \pi \in \mathfrak{Q}$.

Beispiel 3.83 (Testen des Typs einer Verteilung) F_0 und F_1 seien zwei eindimensionale VF verschiedenen Typs, d.h. es gibt keine $c > 0$, $d \in \mathbb{R}$ mit $F_1(z) = F_0(cz + d) \quad \forall z \in \mathbb{R}$. $X_1, \ldots, X_n$ seien st.u. ZG mit derselben VF $F \in \mathbf{H} + \mathbf{K}$, wobei

$$\mathbf{H} = \left\{F\colon F(z) = F_0\left(\frac{z-\mu}{\sigma}\right), (\mu, \sigma^2) \in \mathbb{R} \times (0, \infty)\right\},$$

$$\mathbf{K} = \left\{F\colon F(z) = F_1\left(\frac{z-\mu}{\sigma}\right), (\mu, \sigma^2) \in \mathbb{R} \times (0, \infty)\right\}.$$

Die Verteilungsannahme sowie die Verteilungsklassen $\mathfrak{P}_{\mathbf{H}}$ und $\mathfrak{P}_{\mathbf{K}}$ sind invariant gegenüber koordinatenweise isotonen affinen Transformationen. Bei Wahl der Neyman-Pearson-Verlustfunktion (1.1.16) ist also das Testproblem invariant. □

Beim Schätzen des Parameters ϑ ist $\Delta = \Theta$, so daß man kanonisch verlangen wird, daß auch die Operation von $\mathfrak{Q}$ auf Δ mit derjenigen auf Θ zusammenfällt. Demgemäß nennt man ein Schätzproblem *invariant gegenüber* $\mathfrak{Q}$, wenn bei dieser Festsetzung der Operation von $\mathfrak{Q}$ auf Δ die Eigenschaft (3.5.6) erfüllt ist. Entsprechendes gilt beim Schätzen eines Funktionals $\gamma(\vartheta)$.

Beispiel 3.84 (Schätzen eines Lageparameters) Seien F eine eindimensionale VF und $X_1, \ldots, X_n$ st.u. ZG mit derselben VF $F \in \mathfrak{F} := \{F_\mu\colon F_\mu(z) = F(z-\mu), \mu \in \mathbb{R}\}$. Wählt man die Verlustfunktion Λ gemäß $\Lambda(\vartheta, a) = \Lambda_0(a - \vartheta)$ und $\mathfrak{Q}$ gemäß Beispiel 3.81 a, so ist (3.5.6) wegen $\pi\vartheta = \vartheta + u$ erfüllt bei $\pi a := a + u$ gemäß $\Lambda(\pi\vartheta, \pi a) = \Lambda_0((a+u) - (\vartheta + u)) = \Lambda_0(a - \vartheta) = \Lambda(\vartheta, a) \quad \forall \pi \in \mathfrak{Q}$. □

Die obigen Bemerkungen zur Invarianz von Test- und Schätzproblemen motivieren die folgende, sich auf beliebige Entscheidungsprobleme beziehende [1])

Definition 3.85 *$\mathfrak{Q}$ sei eine Gruppe, die simultan auf $\mathfrak{X}$, Θ und Δ operiert derart, daß die Abbildungen $x \mapsto \pi x$ und $a \mapsto \pi a$ für jedes $\pi \in \mathfrak{Q}$ bimeßbar sind. Dann heißt ein statistisches Entscheidungsproblem mit Verteilungsannahme $\mathfrak{P} = \{P_\vartheta\colon \vartheta \in \Theta\}$, Entscheidungsraum $(\Delta, \mathfrak{A}_\Delta)$ und Verlustfunktion Λ* invariant gegenüber $\mathfrak{Q}$ *oder kurz* invariant, *wenn $\mathfrak{P}$ und Λ invariant sind gegenüber $\mathfrak{Q}$.*

---

[1]) Die Definition bleibt sinnvoll, wenn man Θ durch den Wertebereich Γ eines Funktionals γ ersetzt. Typischerweise ist die Operation von $\mathfrak{Q}$ auf Γ durch $\pi\gamma(\vartheta) = \gamma(\pi\vartheta)$ erklärt.

Bei invarianten Entscheidungsproblemen liegt es nahe, sich auf Entscheidungskerne zu beschränken, die mit der Invarianzstruktur verträglich sind.

Definition 3.86 *Zugrunde liege ein Entscheidungsproblem, das invariant ist im Sinne von Definition* 3.85. *Dann heißt ein Entscheidungskern* δ *von* $(\mathfrak{X}, \mathfrak{B})$ *nach* $(\Delta, \mathfrak{A}_\Delta)$ invariant gegenüber $\mathfrak{Q}$ *oder kurz* invariant, *falls gilt*

$$\delta(\pi x, \pi A) = \delta(x, A) \quad \forall x \in \mathfrak{X} \quad \forall A \in \mathfrak{A}_\Delta \quad \forall \pi \in \mathfrak{Q}. \tag{3.5.8}$$

Operiert $\mathfrak{Q}$ trivial auf Δ, dann reduziert sich (3.5.8) auf

$$\delta(\pi x, A) = \delta(x, A) \quad \forall x \in \mathfrak{X} \quad \forall A \in \mathfrak{A}_\Delta \quad \forall \pi \in \mathfrak{Q}. \tag{3.5.9}$$

Im Spezialfall einer Entscheidungsfunktion $e: (\mathfrak{X}, \mathfrak{B}) \to (\Delta, \mathfrak{A}_\Delta)$, also von $\delta(x, A) = \varepsilon_{e(x)}(A)$, $A \in \mathfrak{A}_\Delta$, lassen sich die linke und rechte Seite von (3.5.8) bzw. (3.5.9) äquivalent umformen, im Fall von (3.5.8) gemäß

$$e(\pi x) \in \pi A \Leftrightarrow e(x) \in A.$$

Gilt zusätzlich $\{a\} \in \mathfrak{A}_\Delta \quad \forall a \in \Delta$, so ist also (3.5.8) gleichwertig mit

$$e(\pi x) = \pi e(x) \quad \forall x \in \mathfrak{X} \quad \forall \pi \in \mathfrak{Q}. \tag{3.5.10}$$

Eine solche Entscheidungsfunktion e heißt *äquivariant gegenüber* $\mathfrak{Q}$. Entsprechend führt (3.5.9) bei $\delta(x, A) = \varepsilon_{e(x)}(A)$ und $\{a\} \in \mathfrak{A}_\Delta \quad \forall a \in \Delta$ auf

$$e(\pi x) = e(x) \quad \forall x \in \mathfrak{X} \quad \forall \pi \in \mathfrak{Q}. \tag{3.5.11}$$

Eine derartige Entscheidungsfunktion e heißt *invariant gegenüber* $\mathfrak{Q}$.
Die Äquivarianz bzw. Invarianz eines Entscheidungsverfahrens spiegelt sich auch im Verhalten der Risikofunktion wider. Bezeichnet man mit $\mathfrak{Q}\vartheta := \{\pi\vartheta : \pi \in \mathfrak{Q}\}$ die *Bahn* des Punktes $\vartheta \in \Theta$ unter der Gruppe $\mathfrak{Q}$ und mit $\mathfrak{I}$ die Gesamtheit der invarianten Entscheidungskerne, so gilt der

Satz 3.87 *Zugrunde liege ein invariantes Entscheidungsproblem. Dann gilt: Zu jedem invarianten Entscheidungskern* δ *ist die Risikofunktion auf den Bahnen in* Θ *konstant, d.h.*

$$R(\pi\vartheta, \delta) = R(\vartheta, \delta) \quad \forall \pi \in \mathfrak{Q} \quad \forall \delta \in \mathfrak{I}. \tag{3.5.12}$$

Beweis: Aus der Invarianz von Λ, δ und $\mathfrak{P}$ folgt wegen (1.2.96), vgl. auch (1.2.106),

$$\begin{aligned} R(\pi\vartheta, \delta) &= \int\int \Lambda(\pi\vartheta, a)\, \mathrm{d}\delta_x(a)\, \mathrm{d}P_{\pi\vartheta}(x) = \int\int \Lambda(\vartheta, \pi^{-1} a)\, \mathrm{d}\delta_x(a)\, \mathrm{d}P_{\pi\vartheta}(x) \\ &= \int\int \Lambda(\vartheta, a)\, \mathrm{d}\delta_{\pi^{-1}x}(a)\, \mathrm{d}P_\vartheta^\pi(x) = \int\int \Lambda(\vartheta, a)\, \mathrm{d}\delta_x(a)\, \mathrm{d}P_\vartheta(x) = R(\vartheta, \delta). \end{aligned}$$ □

Nach diesem Satz ist die Risikofunktion konstant, wenn $\mathfrak{Q}$ *transitiv auf* Θ *operiert*, d.h. wenn es zu je zwei Punkten $\vartheta, \vartheta' \in \Theta$ ein $\pi \in \mathfrak{Q}$ gibt mit $\vartheta' = \pi\vartheta$ und somit Θ nur aus einer einzigen Bahn besteht. Ist dies bei einem Schätzproblem der Fall, so ist also zur Bestimmung eines besten äquivarianten Schätzers das Risiko nur unter einer einzigen Verteilung zu minimieren; vgl. 3.5.6. Entsprechend wird die Herleitung eines besten invarianten Tests für zwei zusammengesetzte Hypothesen **H** und **K** auf diejenige eines besten Tests zweier einfacher Hypothesen reduziert, wenn $\mathfrak{Q}$ auf **H** und auf **K** transitiv operiert; vgl. Satz 3.103 b. Bei den in 3.4.2–4 behandelten mehrparametrigen Verteilungsklassen treten zwar unendlich viele Bahnen auf; die Reduktion durch Invarianz führt jedoch auf einparametrige Verteilungsklassen mit isotonem DQ und damit auf Fragestellungen, wie sie in 2.2.1 beantwortet bzw. in Anmerkung 2.75 erwähnt wurden; vgl. Beispiele 3.100 und 3.101. Bei nichtparametrischen Modellen wie etwa in Beispiel 3.81 c ergeben sich jedoch auch nach Reduktion durch Invarianz keine parametrischen Verteilungsklassen; deshalb sollen derartige Schätz- und Testprobleme erst in Kap. 7 behandelt werden.

3.5.2 Maximalinvariante Statistiken

Zur Diskussion invarianter Entscheidungskerne und invarianter bzw. äquivarianter Entscheidungsfunktionen ist es zweckmäßig, zunächst die Gesamtheit aller invarianten Statistiken zu charakterisieren. Dabei heißt eine Statistik $T: (\mathfrak{X}, \mathfrak{B}) \to (\mathfrak{T}, \mathfrak{D})$ *gegenüber einer Gruppe* $\mathfrak{Q}$ *invariant* oder kurz *invariant*, wenn gilt

$$T(\pi x) = T(x) \quad \forall x \in \mathfrak{X} \quad \forall \pi \in \mathfrak{Q}. \tag{3.5.13}$$

Von besonderem Interesse sind *maximalinvariante Statistiken*, d.h. invariante Statistiken, für die überdies gilt

$$T(x) = T(x') \quad \Rightarrow \quad \exists \pi \in \mathfrak{Q}: x' = \pi x. \tag{3.5.14}$$

Allgemein heißt eine (nicht notwendig meßbare) Funktion $T: \mathfrak{X} \to \mathfrak{T}$ *maximalinvariant*, wenn sie invariant ist und wenn (3.5.14) gilt. Offenbar ist eine Abbildung T genau dann maximalinvariant gegenüber einer Gruppe $\mathfrak{Q}$, wenn ihre Konstanzbereiche $T^{-1}(\{t\})$, $t \in T(\mathfrak{X})$, exakt die Bahnen $\mathfrak{Q}x = \{\pi x: \pi \in \mathfrak{Q}\}$ der Punkte $x \in \mathfrak{X}$ sind. Jeder Punkt x ist offenbar bestimmt durch seine Bahn $T(x)$ und seine Position auf der Bahn, also durch den Wert $t = T(x)$ sowie (nach Auszeichnung eines Repräsentanten x_0 auf der Bahn) durch das Element $\pi \in \mathfrak{Q}$ mit $x = \pi x_0$.

Eine Menge $B \subset \mathfrak{X}$ ist genau dann invariant, wenn sie eine Vereinigung von Bahnen ist. Besteht $\mathfrak{X}$ nur aus einer einzigen Bahn, operiert also die Gruppe $\mathfrak{Q}$ transitiv auf $\mathfrak{X}$, so sind alle Maximalinvarianten konstant. Ein einfaches Beispiel ist die Gruppe der Transformationen des $\mathbb{R}^n$, bei denen x_j um eine beliebige Zahl $u_j \in \mathbb{R}$ translatiert wird, $j = 1, \ldots, n$. Die Bahnen sind einelementig, also $\mathfrak{Q}x = \{x\}$, genau dann, wenn die Gruppe trivial auf $\mathfrak{X}$ operiert, d.h. wenn gilt $\pi x = x \quad \forall x \in \mathfrak{X} \quad \forall \pi \in \mathfrak{Q}$. Maximalinvariant ist in diesem Fall die Identität.

Beispiel 3.88 a) Betrachtet werde die Gruppe $\mathfrak{Q}$ aus Beispiel 3.81 a. Maximalinvariant ist die Statistik $T(x) = (x_2 - x_1, \ldots, x_n - x_1)$, denn sie ist invariant gemäß $T(x + u\mathbb{1}_n) = T(x) \quad \forall u \in \mathbb{R}$ und aus $T(x) = T(x')$, also aus $x_j - x_1 = x_j' - x_1' \quad \forall j = 2, \ldots, n$, folgt $x_j' = x_j + u \quad \forall j = 2, \ldots, n$ mit $u := x_1' - x_1$.

b) Betrachtet werde die Gruppe $\mathfrak{Q}$ aller Transformationen (3.5.4) mit $\pi x = vx, v > 0$. Dann ist die durch $T(x) = (\operatorname{sgn} x_1, x_2/x_1, \ldots, x_n/x_1)$ für $x_1 \neq 0$ definierte Statistik maximalinvariant, falls man für die Punkte $x = (x_1, \ldots, x_n)$ mit $x_1 = 0$ eine geeignete Festsetzung trifft [1]), etwa bei $n = 2$

$$T(x) = \infty \quad \text{für } x_2 > 0, \qquad T(x) = -\infty \quad \text{für } x_2 < 0, \qquad T(x) = \sqrt{-1} \quad \text{für } x_2 = 0.$$

Man verifiziert leicht, daß diese Statistik invariant ist und daß es zu je zwei Punkten x und x' mit $T(x) = T(x')$ eine Zahl $v > 0$ gibt mit $x' = vx$. In analoger, jedoch formal aufwendigerer Weise läßt sich auch für $n > 2$ eine maximalinvariante Statistik angeben.

c) Betrachtet werde die Gruppe $\mathfrak{Q}$ aus Beispiel 3.81c. Wegen $\mathbb{P}(X_i = X_j \quad \exists i \neq j) = 0$ können wir uns auf Punkte $x \in \mathbb{R}^n$ mit $x_i \neq x_j$ für $i \neq j$ beschränken. Für solche Punkte $x = (x_1, \ldots, x_n) \in \mathbb{R}^n$ bleibt die Anordnung der Koordinaten $x_1, \ldots, x_n$ oder das diese charakterisierende Rangtupel $(r_1, \ldots, r_n) \in \mathfrak{S}_n$ invariant. Dabei heißt $r_j \in \{1, \ldots, n\}$ *Rangzahl von* x_j, wenn gilt $x_j = x_{\uparrow r_j}$, wenn also x_j bei der Anordnung der Komponenten von x nach wachsender Größe an der Stelle r_j steht, $j = 1, \ldots, n$. Die so definierte *Rangstatistik* $T(x) = (r_1, \ldots, r_n)$ ist auch maximalinvariant. Definiert man nämlich für zwei Punkte x und x' mit $T(x) = T(x')$ etwa $\tau: \mathbb{R} \to \mathbb{R}$ zwischen je zwei größenmäßig benachbarten Beobachtungen linear und stetig sowie für $z \leqslant x_{\uparrow 1}$ und $z \geqslant x_{\uparrow n}$ durch $\tau z = x'_{\uparrow 1} + (z - x_{\uparrow 1})$ bzw. $\tau z = x'_{\uparrow n} + (z - x_{\uparrow n})$, so gilt für π gemäß (3.5.4) $x' = \pi x$. □

Beispiel 3.89 a) Es seien $\mathfrak{X} = \mathbb{R}^n$, $\mathfrak{L}_k \subset \mathbb{R}^n$ ein k-dimensionaler linearer Teilraum und $\mathfrak{Q}$ die Gruppe der den $\mathfrak{L}_k$ invariant lassenden Translationen des $\mathbb{R}^n$, also der Transformationen $\pi x = x + u$, $u \in \mathfrak{L}_k$. Bezeichnet $\mathscr{P}$ die Matrix zur (orthogonalen) Projektion auf den $\mathfrak{L}_k$, so ist $T(x) = x - \mathscr{P}x$ maximalinvariant: Einerseits ist $T(x)$ invariant wegen $T(\pi x) = x + u - \mathscr{P}(x + u) = x - \mathscr{P}x = T(x) \quad \forall u \in \mathfrak{L}_k$; andererseits ist $T(x)$ auch maximalinvariant, denn aus $x - \mathscr{P}x = x' - \mathscr{P}x'$ folgt $x' = x + u$ mit $u = \mathscr{P}x' - \mathscr{P}x$.

b) Es seien $\mathfrak{X} = \mathbb{R}^n$ und $\mathfrak{Q}$ die Gruppe der orthogonalen Transformationen des $\mathbb{R}^n$. Dann ist $T(x) = x^\top x$ maximalinvariant gegenüber $\mathfrak{Q}$. Wegen $T(\mathscr{Q}x) = x^\top \mathscr{Q}^\top \mathscr{Q}x = x^\top x = T(x) \quad \forall \mathscr{Q} \in \mathbb{R}^{n \times n}_{\text{orth}}$ ist nämlich T invariant und auch maximalinvariant, da aus $T(x) = T(x')$ bekanntlich die Existenz einer Matrix $\mathscr{Q} \in \mathbb{R}^{n \times n}_{\text{orth}}$ mit $x' = \mathscr{Q}x$ folgt. □

Eine maximalinvariante Funktion existiert stets; wir brauchen nur etwa als $T(x)$ den Wert eines Repräsentanten der Bahn $\mathfrak{Q}x$ auszuwählen. Jedes maximalinvariante T ist meßbar, wenn man als σ-Algebra über $\mathfrak{T}$ die größte σ-Algebra wählt, bezüglich der T meßbar ist, also die „finale σ-Algebra"

$$\mathfrak{B}_T^{\mathfrak{T}} := \{D \subset \mathfrak{T}: T^{-1}(D) \in \mathfrak{B}\}. \tag{3.5.15}$$

Analog zur Suffizienz läßt sich auch die Invarianz durch Meßbarkeitseigenschaften charakterisieren. Dazu zeigen wir zunächst den folgenden Hilfssatz, der sich auf beliebige (also nicht notwendige $\bar{\mathbb{R}}^l$-wertige) Statistiken bezieht und somit von Hilfssatz 1.118 leicht abweicht.

Hilfssatz 3.90 (Faktorisierungslemma) *Es seien $T: (\mathfrak{X}, \mathfrak{B}) \to (\mathfrak{T}, \mathfrak{D})$ eine beliebige Statistik mit $\mathfrak{T} = T(\mathfrak{X})$ und $k: (\mathfrak{X}, \mathfrak{B}) \to (\mathfrak{Y}, \mathfrak{A}_{\mathfrak{Y}})$ eine weitere Statistik mit $\{y\} \in \mathfrak{A}_{\mathfrak{Y}} \quad \forall y \in \mathfrak{Y}$.*

---

[1]) Bei den meisten statistischen Anwendungen haben die Punkte x mit $x_j = 0 \quad \exists j = 1, \ldots, n$ unter jeder Verteilung des Modells die WS 0, so daß man darauf verzichten kann, eine Festsetzung auf der Ausnahmemenge explizit anzugeben. Als Stichprobenraum kann man dann o.E. den um diese Punkte verkleinerten Raum verwenden.

Dann gilt

$$k: (\mathfrak{X}, T^{-1}(\mathfrak{D})) \to (\mathfrak{Y}, \mathfrak{A}_{\mathfrak{Y}}) \Leftrightarrow \begin{cases} \exists h: (\mathfrak{T}, \mathfrak{D}) \to (\mathfrak{Y}, \mathfrak{A}_{\mathfrak{Y}}) \\ \textit{mit } k = h \circ T. \end{cases}$$

Ist $P \in \mathfrak{M}^1(\mathfrak{X}, \mathfrak{B})$, so ist k (als $T^{-1}(\mathfrak{D})$-meßbare Funktion) genau dann P-bestimmt, wenn h (als $\mathfrak{D}$-meßbare Funktion) P^T-bestimmt ist.

Beweis: „$\Leftarrow$" ist trivial gemäß $k^{-1}(\mathfrak{A}_{\mathfrak{Y}}) = T^{-1}(h^{-1}(\mathfrak{A}_{\mathfrak{Y}})) \subset T^{-1}(\mathfrak{D})$.
„$\Rightarrow$" folgt vermöge der Meßbarkeitsvoraussetzungen. Aus $k^{-1}(\mathfrak{A}_{\mathfrak{Y}}) \subset T^{-1}(\mathfrak{D})$ und $\{y\} \in \mathfrak{A}_{\mathfrak{Y}} \quad \forall y \in \mathfrak{Y}$ folgt nämlich, daß es zu jedem $y \in \mathfrak{Y}$ ein $D(y) \in \mathfrak{D}$ gibt mit $k^{-1}(\{y\}) = T^{-1}(D(y))$. Diese Mengen bilden eine Zerlegung von $\mathfrak{T}$, denn die Operationstreue impliziert

$$T^{-1}(D(y)D(y')) = k^{-1}(\{y\}\{y'\}) = \emptyset \quad \text{für } y \neq y'$$

$$\text{und} \quad \sum_{y \in \mathfrak{Y}} T^{-1}(D(y)) = \sum_{y \in \mathfrak{Y}} k^{-1}(\{y\}) = \mathfrak{X},$$

wegen der Surjektivität also $\sum_{y \in \mathfrak{Y}} D(y) = \mathfrak{T}$. Die durch $h(t) := y$ für $t \in D(y)$ definierte Funktion $h: \mathfrak{T} \to \mathfrak{Y}$ genügt offenbar der Beziehung $h \circ T = k$, denn für $x \in k^{-1}(\{y\})$ ist $T(x) \in D(y)$, also $h(T(x)) = y$. Sie ist auch wie angegeben meßbar: Aus der Surjektivität von T folgt nämlich $T(T^{-1}(D)) = D$; wegen $k^{-1}(\mathfrak{A}_{\mathfrak{Y}}) \subset T^{-1}(\mathfrak{D})$ gibt es also zu jedem $C \in \mathfrak{A}_{\mathfrak{Y}}$ ein $D \in \mathfrak{D}$ mit $k^{-1}(C) = T^{-1}(D)$. Mit diesem gilt

$$h^{-1}(C) = \{t: h(t) \in C\} = \{T(x): \exists x \in \mathfrak{X} \text{ mit } k(x) \in C\} = T(k^{-1}(C)) = T(T^{-1}(D)) = D \in \mathfrak{D}.$$

Der Zusatz ergibt sich unmittelbar aus der Definition. □

Wir wollen nun zeigen, daß eine beliebige (nicht notwendige $\bar{\mathbb{R}}^l$-wertige, $l \geqslant 1$) Statistik $k: (\mathfrak{X}, \mathfrak{B}) \to (\mathfrak{Y}, \mathfrak{A}_{\mathfrak{Y}})$ genau dann invariant ist, wenn sie über der maximalinvarianten Statistik $T: (\mathfrak{X}, \mathfrak{B}) \to (\mathfrak{T}, \mathfrak{B}_T^{\mathfrak{T}})$ meßbar faktorisiert, wenn also gilt $k^{-1}(\mathfrak{A}_{\mathfrak{Y}}) \subset T^{-1}(\mathfrak{B}_T^{\mathfrak{T}})$. Dabei wird sich $T^{-1}(\mathfrak{B}_T^{\mathfrak{T}})$ als *invariante σ-Algebra über* $\mathfrak{X}$ erweisen, also als Gesamtheit der bzgl. $\mathfrak{Q}$ invarianten meßbaren Mengen

$$\mathfrak{C}(\mathfrak{Q}) := \{C \in \mathfrak{B}: \pi C = C \quad \forall \pi \in \mathfrak{Q}\}. \tag{3.5.16}$$

Satz 3.91 *Es seien $\mathfrak{Q}$ eine Gruppe meßbarer Transformationen von $(\mathfrak{X}, \mathfrak{B})$ auf sich, $T: (\mathfrak{X}, \mathfrak{B}) \to (\mathfrak{T}, \mathfrak{B}_T^{\mathfrak{T}})$ eine maximalinvariante Statistik und $\mathfrak{C}(\mathfrak{Q})$ die invariante σ-Algebra über $\mathfrak{X}$. Weiter seien k eine beliebige Abbildung von $\mathfrak{X}$ nach $\mathfrak{Y}$ und $\mathfrak{A}_{\mathfrak{Y}}$ eine σ-Algebra über $\mathfrak{Y}$. Dann gilt:*

a) *k invariant* $\Leftrightarrow$ $\exists h: \mathfrak{T} \to \mathfrak{Y}$ *mit* $k = h \circ T$

b) $$\left.\begin{array}{l} k \textit{ invariant} \\ k: (\mathfrak{X}, \mathfrak{B}) \to (\mathfrak{Y}, \mathfrak{A}_{\mathfrak{Y}}) \end{array}\right\} \Leftrightarrow \begin{cases} \exists h: (\mathfrak{T}, \mathfrak{B}_T^{\mathfrak{T}}) \to (\mathfrak{Y}, \mathfrak{A}_{\mathfrak{Y}}) \\ \textit{mit } k = h \circ T \end{cases}$$

c) $$\mathfrak{C}(\mathfrak{Q}) = T^{-1}(\mathfrak{B}_T^{\mathfrak{T}})$$

d) *Ist zusätzlich $\{y\} \in \mathfrak{A}_{\mathfrak{Y}} \quad \forall y \in \mathfrak{Y}$ und $\mathfrak{T} = T(\mathfrak{X})$, so gilt:*

$$\left.\begin{array}{l} k \textit{ invariant,} \\ k: (\mathfrak{X}, \mathfrak{B}) \to (\mathfrak{Y}, \mathfrak{A}_{\mathfrak{Y}}) \end{array}\right\} \Leftrightarrow k: (\mathfrak{X}, \mathfrak{C}(\mathfrak{Q})) \to (\mathfrak{Y}, \mathfrak{A}_{\mathfrak{Y}}).$$

Beweis: a) „⇐" ist trivial; „⇒": Auf $T(\mathfrak{X})$ definiert man $h(t) := k(x)$ für $x \in T^{-1}(\{t\})$; diese Festsetzung ist unabhängig von dem speziellen Punkt $x \in T^{-1}(\{t\})$, da k auf den Bahnen $\mathfrak{Q}x$ konstant ist. Auf $\mathfrak{T} - T(\mathfrak{X})$ setzt man $h(t) := y_0$ mit beliebigem $y_0 \in \mathfrak{Y}$.

b) „⇐" ist wieder trivial; „⇒": Wegen a) ist $k = h \circ T$, also $T^{-1}(h^{-1}(\mathfrak{A}_{\mathfrak{Y}})) = k^{-1}(\mathfrak{A}_{\mathfrak{Y}}) \subset \mathfrak{B}$, d.h. $h^{-1}(\mathfrak{A}_{\mathfrak{Y}}) \subset \mathfrak{B}_T^{\mathfrak{T}}$.

c) Sei zunächst $C \in T^{-1}(\mathfrak{B}_T^{\mathfrak{T}})$, d.h. $C = T^{-1}(D)$ mit $D \in \mathfrak{B}_T^{\mathfrak{T}}$. Dann gilt sowohl $T^{-1}(D) \in \mathfrak{B}$ nach (3.5.15) als auch $\pi^{-1}(T^{-1}(D)) = (T \circ \pi)^{-1}(D) = T^{-1}(D)$ wegen $T \circ \pi = T$, also $C \in \mathfrak{C}(\mathfrak{Q})$. Ist umgekehrt $C \in \mathfrak{C}(\mathfrak{Q})$, also $C \in \mathfrak{B}$ und $\pi C = C \quad \forall \pi \in \mathfrak{Q}$, so ist C eine Vereinigung von Bahnen. Somit existiert ein $D \subset \mathfrak{T}$ mit $C = \bigcup_{t \in D} T^{-1}(\{t\}) = T^{-1}(D)$. Wegen $C \in \mathfrak{B}$ ist $D \in \mathfrak{B}_T^{\mathfrak{T}}$ nach (3.5.15) und damit $C \in T^{-1}(\mathfrak{B}_T^{\mathfrak{T}})$.

d) folgt wegen b) und c) aus dem Faktorisierungslemma 3.90. □

Ist die maximalinvariante Statistik T speziell eine meßbare Abbildung von $(\mathfrak{X}, \mathfrak{B})$ in einen meßbaren Raum $(\mathfrak{T}, \mathfrak{D})$, so legt Satz 3.91 die Frage nahe, ob man über $T(\mathfrak{X})$ statt der σ-Algebra $T(\mathfrak{X})\mathfrak{B}_T^{\mathfrak{T}}$ auch die Spur-σ-Algebra $T(\mathfrak{X})\mathfrak{D}$ verwenden kann. Hierfür ist hinreichend [1]), daß sich ein Repräsentantensystem für die Bahnen meßbar auswählen läßt. Dies beinhaltet der

Satz 3.92 *Es sei T: $(\mathfrak{X}, \mathfrak{B}) \to (\mathfrak{T}, \mathfrak{D})$ eine Statistik mit $T(\mathfrak{X}) \in \mathfrak{D}$. Weiter gebe es eine Abbildung*

$$T^-: (T(\mathfrak{X}), T(\mathfrak{X})\mathfrak{D}) \to (\mathfrak{X}, \mathfrak{B}) \tag{3.5.17}$$

derart, daß $T \circ T^-$ die Identität auf $T(\mathfrak{X})$ ist. Dann gilt:

$$T(\mathfrak{X})\mathfrak{B}_T^{\mathfrak{T}} = T(\mathfrak{X})\mathfrak{D}. \tag{3.5.18}$$

Ist speziell T maximalinvariant gegenüber einer Gruppe $\mathfrak{Q}$, so läßt sich in Satz 3.91 b+c die σ-Algebra $\mathfrak{B}_T^{\mathfrak{T}}$ durch die σ-Algebra $\mathfrak{D}$ ersetzen. Überdies kann eine Funktion h in Satz 3.91 b explizit angegeben werden, nämlich mit beliebigem $y_0 \in \mathfrak{Y}$:

$$h(t) = \begin{cases} k(T^-(t)) & \text{für } t \in T(\mathfrak{X}), \\ y_0 & \text{für } t \notin T(\mathfrak{X}). \end{cases} \tag{3.5.19}$$

Beweis: Beim Nachweis von (3.5.18) ist „⊃" wegen $\mathfrak{D} \subset \mathfrak{B}_T^{\mathfrak{T}}$ nach (3.5.15) trivial; für „⊂" beachte man, daß T stets meßbar ist im Sinne von

$$T: (\mathfrak{X}, \mathfrak{B}) \to (T(\mathfrak{X}), T(\mathfrak{X})\mathfrak{B}_T^{\mathfrak{T}}).$$

Somit folgt wegen der Meßbarkeit von T^-

$$T \circ T^-: (T(\mathfrak{X}), T(\mathfrak{X})\mathfrak{D}) \to (T(\mathfrak{X}), T(\mathfrak{X})\mathfrak{B}_T^{\mathfrak{T}}).$$

Da $T \circ T^-$ die Identität auf $T(\mathfrak{X})$ ist, folgt hieraus „⊂".

---

[1]) In geeignetem topologischen Rahmen läßt sich diese Aussage auch durch Verwendung perfekter Maße zeigen; vgl. P.L. Hennequin, A. Tortrat: Théorie des Probabilités et quelques applications, Paris, 1965; § 22–1.

Für die Funktion (3.5.19) gilt h: $(\mathfrak{T}, \mathfrak{D}) \to (\mathfrak{Y}, \mathfrak{A}_{\mathfrak{Y}})$. Zum Nachweis von $h \circ T = k$ bei vorgegebenem k sei $x \in \mathfrak{X}$ beliebig, $t := T(x)$ und $\tilde{x} := T^-(t)$. Dann gilt nach Voraussetzung

$$T(\tilde{x}) = T(T^-(t)) = t = T(x).$$

Da k invariant und T maximalinvariant ist, folgt hieraus $k(\tilde{x}) = k(x)$. Somit ergibt sich insbesondere

$$k(x) = k(\tilde{x}) = k(T^-(t)) = h(t) = h(T(x)).$$ □

Die Meßbarkeit von T^- ist trivialerweise gegeben, wenn die Spur-σ-Algebra $T(\mathfrak{X})\,\mathfrak{D}$ die Potenzmenge über $T(\mathfrak{X})$ ist; dies wird insbesondere dann erfüllt sein, wenn T nur abzählbar viele Werte annimmt; vgl. Beispiel 3.88c.

Beispiel 3.93 a) Die Voraussetzungen von Satz 3.92 sind auch in den Beispielen 3.88a und b erfüllt: In beiden Situationen ist nämlich T meßbar und $T(\mathfrak{X}) \in \mathfrak{D}$ wegen $T(\mathfrak{X}) = \mathbb{R}^{n-1}$ bzw. $T(\mathfrak{X}) = \{+1, -1\} \times \mathbb{R}^{n-1}$. Auch läßt sich T^- jeweils unmittelbar angeben und zwar in a) zu $T^-(t) = (0, t_2, \ldots, t_n)$ für $t = (t_2, \ldots, t_n)$ und in b) zu $T^-(t) = (+1, t_2, \ldots, t_n)$ für $t = (+1, t_2, \ldots, t_n)$ bzw. $T^-(t) = (-1, -t_2, \ldots, -t_n)$ für $t = (-1, t_2, \ldots, t_n)$.

b) In den drei Situationen aus Beispiel 3.7 ist $T(x) = x_\uparrow$ bzw. $T(x) = |x|$ bzw. $T(x) = |x|_\uparrow$ maximalinvariant gegenüber $\mathfrak{Q} = \mathfrak{S}_n$ bzw. $\mathfrak{Q} = \{\mathrm{id}, \sigma\}$ bzw. $\mathfrak{Q} = \{\mathrm{id}, \sigma\}^n \times \mathfrak{S}_n$. Offenbar sind jeweils die Voraussetzungen von Satz 3.92 erfüllt. Bei Beschränkung auf den Stichprobenraum $\mathfrak{X}' = \{x \in \mathbb{R}^n\colon x_i \neq x_j \text{ für } 1 \leqslant i \neq j \leqslant n\}$ mit der σ-Algebra $\mathfrak{B}' := \mathfrak{X}'\,\mathbb{B}^n$ ist nämlich etwa im ersten Fall $T(\mathfrak{X}') = \mathfrak{T} = \{x \in \mathbb{R}^n\colon x_1 < \ldots < x_n\} \in \mathbb{B}^n$ und $T^-(t) = t$. Also induzieren die Statistiken die in Beispiel 3.7 angegebenen σ-Algebren $\mathfrak{C}(\mathfrak{Q})$. □

Vielfach sind Entscheidungsprobleme gegenüber zwei Gruppen $\mathfrak{Q}_1, \mathfrak{Q}_2$ von Transformationen über $(\mathfrak{X}, \mathfrak{B})$ und damit gegenüber der durch diese erzeugte Gruppe $g(\{\mathfrak{Q}_1, \mathfrak{Q}_2\})$ invariant. Dann liegt die Frage nahe, ob man die Reduktionen gegenüber $\mathfrak{Q}_1$ und $\mathfrak{Q}_2$ nacheinander durchführen kann, d.h. diejenige gegenüber $\mathfrak{Q}_2$ auf dem Wertebereich der gegenüber $\mathfrak{Q}_1$ maximalinvarianten Statistik T_1. Dazu ist zunächst notwendig, daß jedes $\pi_2 \in \mathfrak{Q}_2$ auf dem Wertebereich $(\mathfrak{T}_1, \mathfrak{D}_1)$ von T_1 eine Transformation π_2^* induziert gemäß

$$\pi_2^* T_1(x) = T_1(\pi_2 x) \quad \forall x \in \mathfrak{X}, \tag{3.5.20}$$

und daß $\pi_2 \mapsto \pi_2^*$ homomorph ist. Dies wiederum impliziert, daß die $\mathfrak{Q}_1$-Bahnen durch die Transformationen $\pi_2 \in \mathfrak{Q}_2$ in $\mathfrak{Q}_1$-Bahnen übergehen. Aus $T_1(x) = T_1(x')$, d.h. aus der Existenz eines $\pi_1 \in \mathfrak{Q}_1$ mit $x = \pi_1 x'$, und aus (3.5.20) folgt nämlich

$$T_1(\pi_2 x) = \pi_2^* T_1(x) = \pi_2^* T_1(x') = T_1(\pi_2 x')$$

und damit die Existenz eines $\pi_1' \in \mathfrak{Q}_1$ mit $\pi_2 x = \pi_1'(\pi_2 x')$. Diese Bedingung wird sich auch als hinreichend erweisen. Man nennt deshalb eine Gruppe $\mathfrak{Q}$ meßbarer Transformationen von $(\mathfrak{X}, \mathfrak{B})$ auf sich *verträglich mit einer Statistik* T, wenn gilt [1])

$$T(x) = T(x') \Rightarrow T(\pi x) = T(\pi x') \quad \forall \pi \in \mathfrak{Q}. \tag{3.5.21}$$

[1]) Offenbar ist jede gegenüber einer Gruppe $\mathfrak{Q}$ im Sinne von (3.5.10) äquivariante Statistik T mit $\mathfrak{Q}$ verträglich, denn aus $T(y) = T(x)$ folgt $T(\pi y) = \pi T(y) = \pi T(x) = T(\pi x) \quad \forall \pi \in \mathfrak{Q}$.

Satz 3.94 *Gegeben seien eine Statistik* $T_1: (\mathfrak{X}, \mathfrak{B}) \to (\mathfrak{T}_1, \mathfrak{D}_1)$ *mit* $T_1(\mathfrak{X}) = \mathfrak{T}_1$ *und* $\mathfrak{D}_1 = \mathfrak{B}_{T_1}^{\mathfrak{T}_1}$ *sowie eine mit* T_1 *verträgliche Gruppe* $\mathfrak{Q}_2$ *meßbarer Transformationen* π_2 *von* $(\mathfrak{X}, \mathfrak{B})$ *auf sich. Dann gilt:*

a) *Durch* (3.5.20) *wird eine Gruppe* $\mathfrak{Q}_2^*$ *meßbarer Transformationen von* $(\mathfrak{T}_1, \mathfrak{D}_1)$ *auf sich definiert.*

b) *Ist* $T_2^*: (\mathfrak{T}_1, \mathfrak{D}_1) \to (\mathfrak{T}, \mathfrak{D})$ *maximalinvariant gegenüber* $\mathfrak{Q}_2^*$ *und* T_1 *maximalinvariant gegenüber einer Gruppe* $\mathfrak{Q}_1$ *meßbarer Transformationen* π_1 *von* $(\mathfrak{X}, \mathfrak{B})$ *auf sich, so ist* $T_2^* \circ T_1: (\mathfrak{X}, \mathfrak{B}) \to (\mathfrak{T}, \mathfrak{D})$ *maximalinvariant gegenüber* $g(\{\mathfrak{Q}_1, \mathfrak{Q}_2\})$.

Beweis: a) Wegen (3.5.21) ist π_2^* durch (3.5.20) wohldefiniert, d.h. unabhängig von der speziellen Wahl des Punktes x mit $T_1(x) = t$. Für $\pi_2, \pi_2' \in \mathfrak{Q}_2$ folgt dann

$$(\pi_2' \circ \pi_2)^* T_1(x) = T_1(\pi_2' \circ \pi_2 x) = \pi_2'^* T_1(\pi_2 x) = \pi_2'^* \circ \pi_2^* T_1(x) \quad \forall x \in \mathfrak{X}$$

und damit $(\pi_2' \circ \pi_2)^* = \pi_2'^* \circ \pi_2^*$. Also ist $\mathfrak{Q}_2^*$ ein homomorphes Bild von $\mathfrak{Q}_2$ und somit wieder eine Gruppe.

Die Transformationen π_2^* von $\mathfrak{T}_1$ auf sich sind auch meßbar bzgl. der σ-Algebra $\mathfrak{D}_1$. Für $D \in \mathfrak{D}_1$ ist nämlich definitionsgemäß $T_1^{-1}(D) \in \mathfrak{B}$, d.h. auch $\pi_2^{-1}(T_1^{-1}(D)) \in \mathfrak{B}$. Da mit $T_1^{-1}(D)$ auch $\pi_2^{-1}(T_1^{-1}(D))$ eine Vereinigung von Bahnkurven ist, gibt es eine Menge $D_1 \subset \mathfrak{T}_1$ mit $T_1^{-1}(D_1) = \pi_2^{-1}(T_1^{-1}(D))$. Also gilt $T_1^{-1}(D_1) \in \mathfrak{B}$ und damit $D_1 \in \mathfrak{D}_1$. Hieraus folgt für alle $D \in \mathfrak{D}_1$

$$\begin{aligned}\pi_2^{*-1}(D) &= \{t_1 \in \mathfrak{T}_1: \pi_2^*(t_1) \in D\} = \{T_1(x): \exists x \in \mathfrak{X} \quad \text{mit} \quad \pi_2^*(T_1(x)) \in D\} \\ &= T_1(\{x: T_1(\pi_2 x) \in D\}) = T_1(\pi_2^{-1}(T_1^{-1}(D))) = T_1(T_1^{-1}(D_1)) = D_1 \in \mathfrak{D}_1.\end{aligned}$$

b) $g(\{\mathfrak{Q}_1, \mathfrak{Q}_2\})$ besteht aus der Gesamtheit der Transformationen π von $(\mathfrak{X}, \mathfrak{B})$ auf sich, für die es eine Zahl $k \in \mathbb{N}$, Elemente $\sigma_1, \ldots, \sigma_k \in \mathfrak{Q}_1$ sowie Elemente $\tau_1, \ldots, \tau_k \in \mathfrak{Q}_2$ gibt mit $\pi = \sigma_k \circ \tau_k \circ \ldots \circ \sigma_1 \circ \tau_1$. Die Gesamtheit dieser Elemente bildet nämlich offenbar die kleinste Gruppe, die $\mathfrak{Q}_1$ und $\mathfrak{Q}_2$ enthält. Da definitionsgemäß gilt

$$T_1 \circ \sigma_i = T_1 \quad \text{bzw.} \quad (T_2^* \circ T_1) \circ \tau_i = T_2^* \circ \tau_i^* \circ T_1 = T_2^* \circ T_1 \qquad i = 1, \ldots, k,$$

folgt die Invarianz von $T_2^* \circ T_1$ gegenüber $g(\{\mathfrak{Q}_1, \mathfrak{Q}_2\})$ gemäß

$$(T_2^* \circ T_1) \circ (\sigma_k \circ \tau_k \circ \ldots \circ \sigma_1 \circ \tau_1) = (T_2^* \circ T_1) \circ (\sigma_{k-1} \circ \tau_{k-1} \circ \ldots \circ \sigma_1 \circ \tau_1) = \ldots = T_2^* \circ T_1.$$

$T_2^* \circ T_1$ ist auch maximalinvariant gegenüber $g(\{\mathfrak{Q}_1, \mathfrak{Q}_2\})$, denn aus $T_2^*(T_1(x)) = T_2^*(T_1(x'))$ folgt wegen der Maximalinvarianz von T_2^* gegenüber $\mathfrak{Q}_2^*$ die Existenz eines $\pi_2^* \in \mathfrak{Q}_2^*$ mit $T_1(x') = \pi_2^*(T_1(x))$ und damit wegen (3.5.20) und der Maximalinvarianz von T_1 gegenüber $\mathfrak{Q}_1$ die Existenz eines $\pi_1 \in \mathfrak{Q}_1$ mit $x' = \pi_1 \pi_2 x$. □

Beispiel 3.95 Die Gruppe $\mathfrak{Q}$ aus Beispiel 3.81 b wird erzeugt durch die Untergruppen $\mathfrak{Q}_1$ der Translationen aller Komponenten um $u \in \mathbb{R}$ und $\mathfrak{Q}_2$ der Streckungen aller Komponenten um $v > 0$. Maximalinvariant gegenüber $\mathfrak{Q}_1$ ist $T_1(x) = (x_2 - x_1, \ldots, x_n - x_1)$. $\mathfrak{Q}_2$ ist mit T_1 verträglich. Die auf dem Wertebereich $\mathbb{R}^{n-1}$ von T_1 induzierte Gruppe $\mathfrak{Q}_2^*$ mit den Elementen $\pi_2^*(t_1, \ldots, t_{n-1}) = (vt_1, \ldots, vt_{n-1})$ besitzt die maximalinvariante Statistik

$$T_2^*(t) = \left(\operatorname{sgn} t_1, \frac{t_2}{t_1}, \ldots, \frac{t_{n-1}}{t_1}\right), \qquad \text{falls } t_1 \neq 0.$$

Damit ergibt sich als gegenüber $\mathfrak{Q} = g(\{\mathfrak{Q}_1, \mathfrak{Q}_2\})$ maximalinvariante Statistik

$$T(x) = T_2^*(T_1(x)) = \left(\operatorname{sgn}(x_2 - x_1), \frac{x_3 - x_1}{x_2 - x_1}, \ldots, \frac{x_n - x_1}{x_2 - x_1}\right), \quad \text{falls } x_2 \neq x_1 .$$

Hier ist die Reihenfolge der Reduktionen *nicht* vertauschbar. Eine spezielle gegenüber $\mathfrak{Q}_2$ maximalinvariante Statistik ist nämlich

$$T_2(x) = \left(\operatorname{sgn} x_1, \frac{x_2}{x_1}, \ldots, \frac{x_n}{x_1}\right), \quad \text{falls } x_1 \neq 0;$$

$\mathfrak{Q}_1$ ist mit T_2 nicht verträglich, denn für $u \neq 0$ gilt

$$\left(\frac{x_2}{x_1}, \ldots, \frac{x_n}{x_1}\right) = \left(\frac{x_2'}{x_1'}, \ldots, \frac{x_n'}{x_1'}\right) \not\Rightarrow \left(\frac{x_2 + u}{x_1 + u}, \ldots, \frac{x_n + u}{x_1 + u}\right) = \left(\frac{x_2' + u}{x_1' + u}, \ldots, \frac{x_n' + u}{x_1' + u}\right). \quad \square$$

Einfache Beispiele verträglicher Gruppen $\mathfrak{Q}_1$ und $\mathfrak{Q}_2$ über $(\mathbb{R}^n, \mathbb{B}^n)$ sind solche, bei denen $\mathfrak{Q}_1$ etwa auf $x_1, \ldots, x_s$ und $\mathfrak{Q}_2$ auf $x_{s+1}, \ldots, x_n$ mit $1 < s < n$ wirkt.

Beispiel 3.96 Betrachtet werden die in 3.4.3 behandelten Probleme des einseitigen bzw. zweiseitigen t-Tests in linearen Modellen. Bei Verwenden der analog Korollar 1.99 eingeführten kanonischen ZG handelt es sich um die folgenden Testprobleme:

$$Y_1, \ldots, Y_n \text{ st. u. ZG}; \quad \mathfrak{L}(Y_j) = \mathfrak{N}(v_j, \sigma^2),\ j = 1, \ldots, n:\ v_{k+1} = \ldots = v_n = 0, \tag{3.5.22}$$

$$\mathbf{H}: v_k \leqslant 0,\ \mathbf{K}: v_k > 0 \quad \text{bzw.} \quad \mathbf{H}: v_k = 0,\ \mathbf{K}: v_k \neq 0. \tag{3.5.23}$$

Diese Testprobleme sind invariant gegenüber den folgenden drei Gruppen affiner Transformationen des Stichprobenraums $(\mathbb{R}^n, \mathbb{B}^n)$ auf sich [1]); dabei bezeichnet q_j den Einheitsvektor des $\mathbb{R}^n$, dessen j-te Koordinate gleich 1 ist, $j = 1, \ldots, n$.

1) $\mathfrak{Q}_1$ = Gruppe der orthogonalen Transformationen des $\mathbb{R}^n$, bei denen die ersten k Koordinaten fest bleiben, also $\pi y = \mathscr{Q} y$ mit $\mathscr{Q} \in \mathbb{R}^{n \times n}_{\text{orth}}$: $\mathscr{Q}|_{\mathfrak{L}_k} = \text{id}$.

2) $\mathfrak{Q}_2$ = Gruppe der Translationen der ersten $k-1$ Koordinaten $y_1, \ldots, y_{k-1}$ von $y \in \mathbb{R}^n$, also $\pi y = y + u$ mit $u = \sum_{j=1}^{k-1} u_j q_j$, $u_j \in \mathbb{R}$ für $j = 1, \ldots, k-1$.

3) $\mathfrak{Q}_3$ = Gruppe der Streckungen aller Koordinaten um denselben Faktor $v > 0$ bzw. [2]) $v \neq 0$.

Man verifiziert leicht unter Beachtung von Beispiel 3.89b: $T_1(y) = \left(y_1, \ldots, y_k, \sum_{j=k+1}^{n} y_j^2\right)$ ist maximalinvariant gegenüber $\mathfrak{Q}_1$; $\mathfrak{Q}_2$ ist verträglich mit T_1; $\mathfrak{Q}_2^*$ ist die Gruppe der die letzten beiden

---

[1]) Beide Testprobleme sind auch invariant gegenüber der (für $k > 1$ größeren) Gruppe $\check{\mathfrak{Q}} = g(\{\check{\mathfrak{Q}}_1, \mathfrak{Q}_2, \mathfrak{Q}_3\})$. Dabei bezeichnet $\check{\mathfrak{Q}}_1$ die Gruppe aller orthogonalen Transformationen $\pi y = \mathscr{Q} y$, $\mathscr{Q} \in \mathbb{R}^{n \times n}_{\text{orth}}$, mit $\mathscr{Q}(\mathfrak{L}_{k-1}) = \mathfrak{L}_{k-1}$, $\mathscr{Q}|_{\mathfrak{L}(q_k)} = \text{id}$ und $\mathscr{Q}(\mathfrak{L}_{n-k}) = \mathfrak{L}_{n-k}$. Zwar ist gegenüber $\check{\mathfrak{Q}}_1$ nicht $T_1(y)$ maximalinvariant, sondern etwa $\tilde{T}_1(y) := \left(\sum_{j=1}^{k-1} y_j^2, y_k, \sum_{j=k+1}^{n} y_j^2\right)$; doch ist $\tilde{T}_2(y) = \left(y_k, \sum_{j=k+1}^{n} y_j^2\right)$ maximalinvariant sowohl gegenüber $g(\{\mathfrak{Q}_1, \mathfrak{Q}_2\})$ als auch gegenüber $g(\{\check{\mathfrak{Q}}_1, \mathfrak{Q}_2\})$ und damit das jeweilige $\tilde{T}_3(y)$ gegenüber $\mathfrak{Q}$ wie gegenüber $\check{\mathfrak{Q}}$. Zur Wahl von $\mathfrak{Q}$ und $\check{\mathfrak{Q}}$ vgl. auch Anmerkung 4.14b.

[2]) Das zweiseitige Testproblem unterscheidet sich also vom einseitigen dadurch, daß es auch gegenüber den Spiegelungen am Nullpunkt invariant ist.

Koordinaten invariant lassenden Translationen von $(\mathfrak{T}_1, \mathfrak{D}_1) = (\mathbb{R}^k \times \mathbb{R}_+, \mathbb{B}^k \otimes \mathbb{R}_+\mathbb{B})$; maximalinvariant gegenüber $\mathfrak{Q}_2^*$ ist

$$T_2^*(t_1, \ldots, t_k, t_{k+1}) = (t_k, t_{k+1}), \quad \text{also} \quad \tilde{T}_2(y) = T_2^*(T_1(y)) = \left(y_k, \sum_{j=k+1}^n y_j^2\right).$$

Ebenso offensichtlich ist, daß $\mathfrak{Q}_3$ im einseitigen wie im zweiseitigen Fall mit $\tilde{T}_2$ verträglich und $\mathfrak{Q}_3^*$ die Gruppe der Streckungen der Koordinaten $w_1 = y_k$ um den Faktor $v > 0$ bzw. $v \neq 0$ und $w_2 = \sum_{j=k+1}^n y_j^2$ um den Faktor $v^2 > 0$ ist. Somit ergibt sich gegenüber $\mathfrak{Q}_3^*$ als maximalinvariant

$$T_3^*(w_1, w_2) = w_1/\sqrt{w_2} \quad \text{für } w_2 \neq 0 \quad \text{bzw.} \quad T_3^*(w_1, w_2) = |w_1|/\sqrt{w_2} \quad \text{für } w_2 \neq 0,$$

d.h. gegenüber $\mathfrak{Q} := g(\{\mathfrak{Q}_1, \mathfrak{Q}_2, \mathfrak{Q}_3\})$ als maximalinvariant

$$\tilde{T}_3(y) = y_k \Big/ \sqrt{\sum_{j=k+1}^n y_j^2} \quad \text{bzw.} \quad \tilde{T}_3(y) = |y_k| \Big/ \sqrt{\sum_{j=k+1}^n y_j^2} \quad \text{für} \quad \sum_{j=k+1}^n y_j^2 > 0. \qquad \square$$

Bisher wurde das Operieren von $\mathfrak{Q}$ nur auf dem Stichprobenraum $(\mathfrak{X}, \mathfrak{B})$ diskutiert. Wir wollen nun zeigen, daß die Verteilung der maximalinvarianten Statistik nur vom *maximalinvarianten Funktional* γ abhängt, d.h. unter der Verteilung P_ϑ nur vom Wert $\gamma(\vartheta)$ einer gegenüber $\mathfrak{Q}$ maximalinvarianten Funktion γ auf Θ.

Satz 3.97 *Es seien $\mathfrak{Q}$ eine Gruppe meßbarer Transformationen von $(\mathfrak{X}, \mathfrak{B})$ auf sich, T eine maximalinvariante Statistik auf $(\mathfrak{X}, \mathfrak{B})$, $\mathfrak{P} = \{P_\vartheta : \vartheta \in \Theta\} \subset \mathfrak{M}^1(\mathfrak{X}, \mathfrak{B})$ eine gegenüber $\mathfrak{Q}$ invariante Klasse von Verteilungen und $\gamma: \Theta \to \Gamma$ ein maximalinvariantes Funktional. Dann gilt*

$$\gamma(\vartheta) = \gamma(\vartheta') \Rightarrow P_\vartheta^T = P_{\vartheta'}^T. \tag{3.5.24}$$

Beweis: Aus $\gamma(\vartheta) = \gamma(\vartheta')$ folgt die Existenz eines Elementes $\pi \in \mathfrak{Q}$ mit $\vartheta' = \pi\vartheta$ und damit aus der Invarianz von $\mathfrak{P}$ bzw. T sowie aus (3.5.3)

$$P_{\vartheta'}^T = P_{\pi\vartheta}^T = P_\vartheta^{T \circ \pi} = P_\vartheta^T. \qquad \square$$

Operiert $\mathfrak{Q}$ transitiv auf Θ, so ist jedes auf Θ maximalinvariante Funktional konstant. Also ist die Verteilung einer jeden maximalinvarianten Statistik unabhängig von $\vartheta \in \Theta$; vgl. auch Satz 3.87 und 3.124.

Beispiel 3.98 In Beispiel 3.96 hängt die Verteilung der maximalinvarianten Statistik $\tilde{T}_3$ gemäß Definition 2.38 nur vom Nichtzentralitätsparameter $\delta = v_k/\sigma$ bzw. $|\delta| = |v_k|/\sigma$ ab. Hierzu beachte man zunächst, daß $\mathfrak{Q}_1, \mathfrak{Q}_2$ und $\mathfrak{Q}_3$ auf Θ als Identität bzw. gemäß

$$\pi(v_1, \ldots, v_{k-1}, v_k, \sigma^2) = (v_1 + u_1, \ldots, v_{k-1} + u_{k-1}, v_k, \sigma^2) \quad \text{für} \quad \pi y = y + \sum_{j=1}^{k-1} u_j q_j$$

bzw. gemäß

$$\pi(v_1, \ldots, v_k, \sigma^2) = (v v_1, \ldots, v v_k, v^2\sigma^2) \quad \text{für} \quad \pi y = v y$$

operieren. Analog Beispiel 3.96 verifiziert man dann, daß $\gamma_1(\vartheta) = \vartheta := (v_1, \ldots, v_k, \sigma^2)$ ein gegenüber $\mathfrak{Q}_1$, $\gamma_2(\vartheta) = (v_k, \sigma^2)$ ein gegenüber $g(\{\mathfrak{Q}_1, \mathfrak{Q}_2\})$ und $\gamma(\vartheta) = v_k/\sigma$ bzw. $\gamma(\vartheta) = |v_k|/\sigma$ ein gegenüber $g(\{\mathfrak{Q}_1, \mathfrak{Q}_2, \mathfrak{Q}_3\})$ maximalinvariantes Funktional auf Θ ist. $\square$

Beispiel 3.99 Bei einem linearen Modell mit Normalverteilungsannahme (3.4.15) interessiere ein optimaler Test für die Hypothesen **H**: $\sigma^2 \leqslant \sigma_0^2$, **K**: $\sigma^2 > \sigma_0^2$, wobei $\sigma_0^2 > 0$ bekannt ist. Bei Verwenden der kanonischen ZG (3.5.22) ist dieses Testproblem invariant gegenüber den Gruppen $\mathfrak{Q}_1$ bzw. $\mathfrak{Q}_4$ der orthogonalen Transformationen bzw. der Translationen des $\mathbb{R}^n$, bei denen die ersten k bzw. letzten $n-k$ Koordinaten fest bleiben. Analog den Beispielen 3.96 verifiziert man, daß $T_1(y) = (y_1, \ldots, y_k, \sum_{j=k+1}^{n} y_j^2)$ maximalinvariant gegenüber $\mathfrak{Q}_1$, $\mathfrak{Q}_4$ mit T_1 verträglich und $\tilde{T}_4(y) = \sum_{j=k+1}^{n} y_j^2$ maximalinvariant gegenüber $g(\{\mathfrak{Q}_1, \mathfrak{Q}_4\})$ ist. Entsprechend erweisen sich $\gamma_1(\vartheta) = \vartheta = (v_1, \ldots, v_k, \sigma^2)$ als gegenüber $\mathfrak{Q}_1$ sowie $\gamma(\vartheta) = \sigma^2$ als gegenüber $g(\{\mathfrak{Q}_1, \mathfrak{Q}_4\})$ maximalinvariante Funktionale. Offenbar hängt die Verteilung von $\tilde{T}_4(Y)$ nur von σ^2 ab. □

Man beachte, daß in den Beispielen 3.96 bzw. 3.98 $\gamma_1(\vartheta) = \vartheta$, d.h. mit der Reduktion durch Invarianz gegenüber $\mathfrak{Q}_1$ keine Reduktion im Parameterraum verbunden ist. Dieses liegt daran, daß die gegenüber $\mathfrak{Q}_1$ maximalinvariante Statistik T_1 auch suffizient für $\vartheta \in \Theta$ ist. Wir werden in Satz 3.111 zeigen, daß man auch unter dieser Voraussetzung zunächst die Reduktion auf T_1 (also diejenige durch Suffizienz) und anschließend die Reduktion durch Invarianz gegenüber $\mathfrak{Q}_2$ (auf dem Wertebereich der Statistik T_1) vornehmen kann.

3.5.3 Einige invariante Tests und äquivariante Bereichsschätzer

Sind Testprobleme in mehrparametrigen Verteilungsklassen gegenüber einer hinreichend großen Gruppe von Transformationen invariant, so lassen sie sich durch Invarianz vielfach auf solche in einparametrigen Verteilungsklassen reduzieren und so einer Lösung zugänglich machen. Häufig kann man Gruppen angeben, für die das maximalinvariante Funktional $\gamma(\cdot)$ reellwertig und die gemäß Satz 3.97 durch γ parametrisierte Klasse der Verteilungen der maximalinvarianten Statistik T eine solche mit isotonem DQ in der Identität ist. In einem derartigen Fall ist das Testproblem durch Invarianz auf ein solches in einer einparametrigen Verteilungsklasse reduziert, für das es bei einseitigen Hypothesen einen gleichmäßig besten α-Niveau Test ψ^* gibt. Gemäß $\psi^* \circ T$ erhält man also einen *gleichmäßig besten invarianten α-Niveau Test*, d.h. einen invarianten α-Niveau Test, der unter allen invarianten α-Niveau Tests die Schärfe gleichmäßig maximiert. Unter Zusatzannahmen, vgl. Anmerkung 2.75, gibt es vielfach auch für die zweiseitigen Hypothesen $\mathbf{H}: \gamma(\vartheta) = \gamma_0$, $\mathbf{K}: \gamma(\vartheta) \neq \gamma_0$ bei vorgegebenem γ_0 einem optimalen Test. Läßt sich ϑ mit geeignetem $\xi := \xi(\vartheta)$ schreiben in der Form $\vartheta = (\gamma, \xi)$, so stellt also die Reduktion durch Invarianz neben der Theorie der bedingten Tests eine Möglichkeit dar, Nebenparameter zu eliminieren.

Beispiel 3.100 a) Betrachtet werde das in 3.4.3 behandelte Problem der t-Tests in linearen Modellen. In Beispiel 3.96 wurde gezeigt, daß sowohl das einseitige wie auch das zweiseitige Testproblem invariant ist gegenüber einer Gruppe $\mathfrak{Q} := g(\{\mathfrak{Q}_1, \mathfrak{Q}_2, \mathfrak{Q}_3\})$ affiner Transformationen, und daß in der dort verwendeten Terminologie die Statistiken

$$T(y) = y_k \Big/ \sqrt{\frac{1}{n-k} \sum_{j=k+1}^{n} y_j^2} \quad \text{bzw.} \quad T(y) = |y_k| \Big/ \sqrt{\frac{1}{n-k} \sum_{j=k+1}^{n} y_j^2}$$

maximalinvariant sind gegenüber $\mathfrak{Q}$. Dabei sind Y_k und $\sum_{j=k+1}^{n} Y_j^2$ st.u. ZG mit $\mathfrak{L}_{v,\sigma^2}(Y_k/\sigma) = \mathfrak{N}(v_k/\sigma, 1)$, $\mathfrak{L}_{v,\sigma^2}\left(\sum_{j=k+1}^{n} Y_j^2/\sigma^2\right) = \chi^2_{n-k}$. Die erste dieser Statistiken genügt somit nach Definition 2.38 einer nichtzentralen t_{n-k}-Verteilung mit dem Nichtzentralitätsparameter $\delta = v_k/\sigma$. Diese Verteilungen haben nach Satz 2.39 isotonen DQ in der Identität. Folglich gibt es für die einseitigen Hypothesen (3.5.23) einen gleichmäßig besten invarianten α-Niveau Test, nämlich den einseitigen t-Test (3.4.20).

Für die zweiseitigen Hypothesen (3.5.23) ist der zweiseitige t-Test (3.4.21) gleichmäßig bester invarianter α-Niveau Test; die in diesem Fall mit $T(y)$ äquivalente Statistik $T^2(y)$ genügt nämlich einer nichtzentralen $F_{1,n-k}$-Verteilung mit dem Nichtzentralitätsparameter $\delta^2 = v_k^2/\sigma^2$. Auch diese Verteilungen haben nach Satz 2.36b isotonen DQ in der Identität.

In beiden Fällen werden also die Nebenparameter $\xi_2(\vartheta) := (v_1, \dots, v_{k-1})$ und $\xi_3(\vartheta) := \sigma^2$ bzw. $\xi_3(\vartheta) := (\sigma^2, \operatorname{sgn} v_k)$ vermöge Reduktion durch Invarianz gegenüber $\mathfrak{Q}_2$ und dem jeweiligen $\mathfrak{Q}_3$ eliminiert und damit der Parameter ϑ auf den jeweiligen Hauptparameter $\gamma(\vartheta) := v_k/\sigma$ bzw. $\gamma(\vartheta) := |v_k|/\sigma$ reduziert.

b) Werden allgemeiner als in a) bei beliebigem $\gamma' \in \mathbb{R}$ die Hypothesen

$$\mathbf{H}_{\gamma'}: v_k \leqslant \gamma', \ \mathbf{K}_{\gamma'}: v_k > \gamma' \quad \text{bzw.} \quad \mathbf{H}_{\gamma'}: v_k = \gamma', \ \mathbf{K}_{\gamma'}: v_k \neq \gamma' \tag{3.5.25}$$

betrachtet (und zwar unter derselben Verteilungsannahme), so lassen sich diese durch Transformation der kanonischen ZG (3.5.22) gemäß

$$Y_j' := Y_j \quad \text{für} \quad j \neq k, \qquad Y_k' := Y_k - \gamma', \tag{3.5.26}$$

auf die Hypothesen (3.5.23) zurückführen. Somit ist das Testproblem (3.5.22+25) invariant gegenüber $\mathfrak{Q}(\gamma') := g(\{\mathfrak{Q}_1, \mathfrak{Q}_2, \mathfrak{Q}_3(\gamma')\})$, wobei $\mathfrak{Q}_3(\gamma')$ die Gruppe der Streckungen aller Koordinaten y_j' um den Faktor $v > 0$ bzw. $v \neq 0$ ist. Für $\pi \in \mathfrak{Q}_3(\gamma')$ und $y' = (y_1', \dots, y_n')$ gilt also $\pi y' = v y'$, d.h. $\pi y = v(y - \gamma' q_k) + \gamma' q_k$ mit $v > 0$ bzw. $v \neq 0$. Mit der Abkürzung[1] $|\tilde{v}(y)|^2 = \sum_{j=k+1}^{n} y_j^2$ lauten demnach Annahmebereiche gleichmäßig bester gegenüber $\mathfrak{Q}(\gamma')$ invarianter α-Niveau Tests

$$A^*(\gamma') = \left\{ y \in \mathbb{R}^n : \frac{y_k - \gamma'}{\sqrt{\frac{1}{n-k} |\tilde{v}(y)|^2}} \leqslant t_{n-k;\alpha} \right\}$$

bzw.
$$A^*(\gamma') = \left\{ y \in \mathbb{R}^n : \frac{|y_k - \gamma'|}{\sqrt{\frac{1}{n-k} |\tilde{v}(y)|^2}} \leqslant t_{n-k;\alpha/2} \right\}. \qquad \square$$

Beispiel 3.101 Beim Testproblem aus Beispiel 3.99 hängt die Verteilung der gegenüber $\mathfrak{Q}_1$ maximalinvarianten Statistik $T_1(y) = (y_1, \dots, y_k, \sum_{j=k+1}^{n} y_j^2)$ vom Hauptparameter $\gamma(\vartheta) = \sigma^2$ und vom Nebenparameter $\xi(\vartheta) = (v_1, \dots, v_k)$ ab. $\xi(\vartheta)$ läßt sich durch Reduktion durch Invarianz gegenüber $\mathfrak{Q}_4$ eliminieren. Die Verteilung der gegenüber $g(\{\mathfrak{Q}_1, \mathfrak{Q}_4\})$ maximalinvarianten Statistik $T(y) = |\tilde{v}(y)|^2 = \sum_{j=k+1}^{n} y_j^2$ ist nach Definition 2.32a eine gestreckte χ^2_{n-k}-Verteilung mit dem Streckungsparameter $\delta^2 = \sigma^2$. Also ist das Testproblem durch Invarianz auf ein solches in einer einparametrigen Verteilungsklasse mit dem Parameter $\gamma(\vartheta) = \sigma^2$ reduziert. Die Klasse dieser

---

[1]) Mit $\tilde{v}(y) := (0, \dots, 0, y_{k+1}, \dots, y_n)^T$ wird die Projektion von y auf den zum $\mathfrak{L}_k$ orthogonalen Teilraum $\mathfrak{L}_{n-k}$ des $\mathbb{R}^n$ bezeichnet; in der Terminologie von 3.4.3, vgl. auch 4.2.1, ist also $\tilde{v}(y) = y - \hat{v}(y)$ und damit $|\tilde{v}(y)|^2/(n-k) = |x - \hat{\mu}(x)|^2/(n-k)$ ein bester Schätzer für σ^2.

Verteilungen ist nach Satz 2.33a eine einparametrige Exponentialfamilie in $\zeta(\vartheta) = -1/2\sigma^2$ und der Identität. Folglich gilt:

a) Für jedes $\gamma' \in (0, \infty)$ gibt es einen gleichmäßig besten invarianten α-Niveau Test für $\mathbf{H}_{\gamma'}: \sigma^2 \leqslant \gamma'$, $\mathbf{K}_{\gamma'}: \sigma^2 > \gamma'$, nämlich den nicht-randomisierten Test mit dem Annahmebereich

$$A^*(\gamma') = \{y \in \mathbb{R}^n: |\tilde{v}(y)|^2 \leqslant \gamma' \chi^2_{n-k;\alpha}\}.$$

b) Für jedes $\gamma' \in (0, \infty)$ gibt es für die zweiseitigen Hypothesen $\mathbf{H}_{\gamma'}: \sigma^2 = \gamma'$, $\mathbf{K}_{\gamma'}: \sigma^2 \neq \gamma'$ einen gleichmäßig besten unverfälschten α-Niveau Test unter allen invarianten α-Niveau Tests, nämlich denjenigen mit dem Annahmebereich

$$A^*(\gamma') = \{y \in \mathbb{R}^n: c_1\gamma' \leqslant |\tilde{v}(y)|^2 \leqslant c_2\gamma'\}.$$

Dabei sind c_1 und c_2 in Strenge gemäß Satz 2.70 zu bestimmen; sie lassen sich jedoch – wie in 2.4.2 erläutert – näherungsweise durch das untere bzw. obere $\alpha/2$-Fraktil der χ^2_{n-k}-Verteilung ersetzen. Man beachte, daß im Gegensatz zu Beispiel 3.100 sowohl in a) wie in b) die Gruppe $\mathfrak{Q}(\gamma') = g(\{\mathfrak{Q}_1, \mathfrak{Q}_4\})$ unabhängig von $\gamma' \in (0, \infty)$ ist. □

Bei der folgenden Diskussion von Lokations-Skalenmodellen wie auch bei den meisten Überlegungen in 3.5.6 nehmen wir λ^n als dominierendes Maß an. Dies ist dadurch gerechtfertigt, daß man in den üblichen Modellen von st.u. ZG mit derselben eindimensionalen Verteilung F_ϑ ausgeht, also von Verteilungen $P_\vartheta = F_\vartheta^{(n)}$; für derartige Lokationsfamilien $\mathfrak{P}$ folgt $\mathfrak{P} \ll \lambda^n$ aus dem

Hilfssatz 3.102 *Es sei $F \in \mathfrak{M}^1(\mathbb{R}, \mathbb{B})$ und $\mathfrak{F} = \{F_\vartheta: F_\vartheta(B) = F(B - \vartheta), B \in \mathbb{B}, \vartheta \in \mathbb{R}\}$ die durch F definierte einparametrige Lokationsfamilie. Ist dann $\mathfrak{F}$ dominiert durch ein Maß $\mu \in \mathfrak{M}^\sigma(\mathbb{R}, \mathbb{B})$, so wird $\mathfrak{F}$ auch dominiert durch das Lebesgue-Maß $\lambda \in \mathfrak{M}^\sigma(\mathbb{R}, \mathbb{B})$.*

Beweis: Sei $B \in \mathbb{B}$ mit $\lambda(B) = 0$ und folglich $\lambda(B - \xi) = 0 \quad \forall \xi \in \mathbb{R}$. Weiter sei ϑ eine beliebige, aber feste reelle Zahl. Zum Nachweis von $F_\vartheta(B) = 0$ beachte man, daß nach der Faltungsformel A6.9 gilt

$$\int \mu(B - \xi)\,\mathrm{d}\lambda(\xi) = \int \lambda(B - \xi)\,\mathrm{d}\mu(\xi) = 0$$

und somit $\mu(B - \xi) = 0$ für λ-f.a. $\xi \in \mathbb{R}$. Folglich gibt es ein $\xi \in \mathbb{R}$ mit $\mu(B - \xi) = 0$. Hieraus ergibt sich wegen $F_{\vartheta-\xi} \ll \mu$ zunächst $F_{\vartheta-\xi}(B - \xi) = 0$ und damit wegen der Annahme einer Translationsfamilie $F_\vartheta(B) = F_{\vartheta-\xi}(B - \xi) = 0$. □

In den Beispielen 3.100–101 konnte die Verteilung der maximalinvarianten Statistik T dank spezieller Eigenschaften der Normalverteilung explizit angegeben werden. Auch bei einigen allgemeineren Modellen läßt sich für die Verteilung von T – oder äquivalent für die auf die invariante σ-Algebra $\mathfrak{C}(\mathfrak{Q})$ eingeschränkte Verteilung – ein geschlossener Ausdruck herleiten. Dies ist insbesondere der Fall bei Testproblemen, deren Hypothesen durch WS-Maße P_0 und P_1 sowie eine Gruppe $\mathfrak{Q}$ gemäß $\mathfrak{P}_0 = \{P_0^\pi: \pi \in \mathfrak{Q}\}$ bzw. $\mathfrak{P}_1 = \{P_1^\pi: \pi \in \mathfrak{Q}\}$ erzeugt werden.

Satz 3.103 *Es seien $\mathfrak{Q}$ die Gruppe der über $(\mathfrak{X}, \mathfrak{B}) = (\mathbb{R}^n, \mathbb{B}^n)$, $n \geqslant 3$, definierten affinen Transformationen der Form (3.5.4) und $\mathfrak{C} := \mathfrak{C}(\mathfrak{Q})$ die invariante σ-Algebra. Weiter seien P_0, P_1 zwei Verteilungen über $(\mathfrak{X}, \mathfrak{B})$ mit λ^n-Dichten p_0 bzw. p_1. Dann gilt mit*

$$\bar{p}_i(x_1, \ldots, x_n) := \int_0^\infty \int_{-\infty}^{+\infty} p_i(vx_1 + u, \ldots, vx_n + u)\, v^{n-2}\,\mathrm{d}u\,\mathrm{d}v, \qquad i = 0, 1: \quad (3.5.27)$$

a) $$\bar{L}(x) := \frac{\bar{p}_1(x)}{\bar{p}_0(x)} \mathbb{1}_{\{\bar{p}_0 > 0\}}(x) + \infty \, \mathbb{1}_{\{\bar{p}_0 = 0, \bar{p}_1 > 0\}}(x) \tag{3.5.28}$$

ist eine Festlegung des DQ *von* $P_1^{\mathfrak{C}}$ *bzgl.* $P_0^{\mathfrak{C}}$.

b) *Bezeichnen* $\mathfrak{P}_0 := \{P_0^\pi : \pi \in \mathfrak{Q}\}$ *und* $\mathfrak{P}_1 := \{P_1^\pi : \pi \in \mathfrak{Q}\}$ *die durch* P_0 *bzw.* P_1 *erzeugten, gegenüber* $\mathfrak{Q}$ *invarianten Verteilungsklassen, dann gibt es einen gleichmäßig besten invarianten* α*-Niveau Test für* **H**: $P \in \mathfrak{P}_0$ *gegen* **K**: $P \in \mathfrak{P}_1$, *nämlich den* α*-Niveau Test mit der Prüfgröße* $\bar{L}$.

Beweis: a) Sei P eine Verteilung über $(\mathbb{R}^n, \mathbb{B}^n)$ mit $\lambda\!\!\lambda^n$-Dichte $p(x)$. Um die Dichte $\bar{p}(x)$ der auf die invariante σ-Algebra $\mathfrak{C}$ vergröberten Verteilung $P^{\mathfrak{C}}$ zu ermitteln, führt man durch einen Diffeomorphismus $(x_1, \ldots, x_n) \mapsto (z_1, \ldots, z_n)$ neue Koordinaten ein derart, daß $(z_3, \ldots, z_n)$ maximalinvariant gegenüber $\mathfrak{Q}$ ist. Dann besteht nämlich die invariante σ-Algebra aus den entsprechenden $(n-2)$-dimensionalen Zylindermengen $\mathbb{R}^2 \times C, C \in \mathbb{B}^{n-2}$, und die $\lambda\!\!\lambda^{n-2}$-Dichte $\bar{f}(z_3, \ldots, z_n)$ der vergröberten Verteilung berechnet sich als Randdichte aus der transformierten $\lambda\!\!\lambda^n$-Dichte $f(z_1, \ldots, z_n)$ von P durch Integration bzgl. z_1, z_2. Dabei erhält man $f(z_1, \ldots, z_n)$ mit der Transformationsformel A4.5 aus der gegebenen Dichte $p(x)$ gemäß $f(z) = p(x(z))|\partial_z x(z)|$. Schließlich lassen sich in $\bar{f}(z_3, \ldots, z_n)$ die z-Koordinaten wieder durch die x-Koordinaten ausdrücken.

Um $(z_3, \ldots, z_n)$ als maximalinvariante Statistik zu erhalten, werfen wir zunächst wie bei Korollar 1.44 den Effekt der Translation $(x_1, \ldots, x_n) \mapsto (x_1 + u, \ldots, x_n + u)$, $u \in \mathbb{R}$, durch eine orthogonale Transformation $y = \mathscr{T}x$ auf die erste Koordinate. Dann gilt also für jedes $u \in \mathbb{R}$

$$(y_1, \ldots, y_n)^\top = \mathscr{T}(x_1, \ldots, x_n)^\top \Rightarrow (y_1 + \sqrt{n}u, y_2, \ldots, y_n)^\top = \mathscr{T}(x_1 + u, \ldots, x_n + u)^\top.$$

Damit sich auch die Streckungen $(x_1, \ldots, x_n) \mapsto (vx_1, \ldots, vx_n)$, $v > 0$, allein in den ersten beiden Koordinaten widerspiegeln, setzen wir anschließend $z_1 = y_1$ und führen im $(y_2, \ldots, y_n)$-Raum Polarkoordinaten $(z_2, \ldots, z_n)$ ein gemäß

$$\begin{aligned} y_2 &= z_2 \cos z_3, \\ y_j &= z_2 \sin z_3 \ldots \sin z_j \cos z_{j+1}, \qquad j = 3, \ldots, n-1, \\ y_n &= z_2 \sin z_3 \ldots \sin z_{n-1} \sin z_n, \end{aligned}$$

$(z_2, \ldots, z_n) \in (0, \infty) \times M$ mit $M := (0, \pi)^{n-3} \times (0, 2\pi)$. Durch Komposition dieser beiden Abbildungen $x \mapsto y = \mathscr{T}x$ und $y \mapsto z = \sigma y$ wird eine Abbildung $x \mapsto z = \sigma \mathscr{T} x$ definiert. Diese ist für $z_2 \neq 0$ (d.h. $\lambda\!\!\lambda^n$-f.ü.) diffeomorph und für alle $u \in \mathbb{R}, v > 0$, gilt

$$\begin{aligned} &(z_1, \ldots, z_n)^\top = \sigma \mathscr{T}(x_1, \ldots, x_n)^\top \\ &\quad \Rightarrow \ (vz_1 + \sqrt{n}u, vz_2, z_3, \ldots, z_n)^\top = \sigma \mathscr{T}(vx_1 + u, \ldots, vx_n + u)^\top. \end{aligned} \tag{3.5.29}$$

Wegen

$$|\partial_z x(y(z))| = |\partial_y x(y)| \, |\partial_z y(z)| = 1 \cdot z_2^{n-2} (\sin z_3)^{n-3} \ldots \sin z_{n-1} =: z_2^{n-2} k(z_3, \ldots, z_n)$$

lautet dann die $\lambda\!\!\lambda^n$-Dichte $f(z)$ von $P^{\sigma\mathcal{T}}$ nach der Transformationsformel A4.5

$$f(z) = p(x(z))\,|\partial_z x(z)| = p(\mathcal{T}^{-1}\sigma^{-1}z)\, z_2^{n-2}\, k(z_3,\ldots,z_n)\, \mathbb{1}_{(0,\infty)}(z_2)\, \mathbb{1}_M(z_3,\ldots,z_n)$$

und damit die $\lambda\!\!\lambda^{n-2}$-Dichte von $P^{\tau\sigma\mathcal{T}}$ als Randdichte

$$\bar{f}(z_3,\ldots,z_n) = \int_0^\infty \int_{-\infty}^{+\infty} p(\mathcal{T}^{-1}\sigma^{-1}(t,s,z_3,\ldots,z_n))\, s^{n-2}\, k(z_3,\ldots,z_n)\, \mathrm{d}t\,\mathrm{d}s\; \mathbb{1}_M(z_3,\ldots,z_n),$$

wobei τ die Projektion auf die letzten $n-2$ Koordinaten bezeichnet. Um nun die z-Koordinaten wieder durch x-Koordinaten ausdrücken zu können, führen wir bei festem x und $z := \sigma\mathcal{T}x$ statt t und s neue Integrationsvariablen ein, für die wir wieder die Symbole u und v verwenden, also

$$v z_1 + \sqrt{n}\,u = t, \qquad v z_2 = s.$$

Wegen $|\partial_{(u,v)}(t(u,v), s(u,v))| = \sqrt{n}\,z_2$ und (3.5.29) folgt dann

$$\begin{aligned}\bar{f}(z_3,\ldots,z_n) &= k(z_3,\ldots,z_n)\sqrt{n}\,z_2^{n-1}\int_0^\infty\int_{-\infty}^{+\infty} p(\mathcal{T}^{-1}\sigma^{-1}(vz_1+\sqrt{n}\,u, vz_2, z_3,\ldots,z_n)v^{n-2}\,\mathrm{d}u\,\mathrm{d}v\\ &= k(z_3,\ldots,z_n)\sqrt{n}\,z_2^{n-1}\int_0^\infty\int_{-\infty}^{+\infty} p(vx_1+u,\ldots,vx_n+u)v^{n-2}\,\mathrm{d}u\,\mathrm{d}v\\ &= k(z_3,\ldots,z_n)\sqrt{n}\,z_2^{n-1}\bar{p}(x_1,\ldots,x_n),\end{aligned}$$

d.h. $\quad \bar{f}(\tau\sigma\mathcal{T}x) = \bar{k}(\sigma\mathcal{T}x)\,\bar{p}(x) \quad$ mit $\quad \bar{k}(z) := k(z_3,\ldots,z_n)\sqrt{n}\,z_2^{n-1}$.

Setzt man für P nun P_i, $i=0,1$, so ist $\bar{f}_i(\tau\sigma\mathcal{T}x) = \bar{k}(\sigma\mathcal{T}x)\,\bar{p}_i(x)$ die $\lambda\!\!\lambda^{n-2}$-Dichte von $P_i^{\tau\sigma\mathcal{T}}$, $i=0,1$, und der eigentliche Beweis ergibt sich wie folgt: Zu jedem $B \in \mathfrak{C}(\mathfrak{Q})$ gibt es nach Definition von σ und $\mathcal{T}$ ein $C \in \mathbb{B}^{n-2}$ mit $B = (\sigma\mathcal{T})^{-1}(\mathbb{R}^2 \times C)\quad [\lambda\!\!\lambda^n]$, und es gilt

$$\begin{aligned}P_1(B) &= P_1^{\sigma\mathcal{T}}(\mathbb{R}^2\times C) = P_1^{\tau\sigma\mathcal{T}}(C) = \int_{C\{\bar{f}_0>0\}} \bar{f}_1(z_3,\ldots,z_n)\,\mathrm{d}\lambda\!\!\lambda^{n-2} + P_1^{\tau\sigma\mathcal{T}}(C\{\bar{f}_0=0\})\\ &= \int_C \frac{\bar{f}_1(z_3,\ldots,z_n)}{\bar{f}_0(z_3,\ldots,z_n)}\,\mathrm{d}P_0^{\tau\sigma\mathcal{T}} + P_1(B\cap(\tau\sigma\mathcal{T})^{-1}(\{\bar{f}_0=0\}))\\ &= \int_B \frac{\bar{f}_1(\tau\sigma\mathcal{T}x)}{\bar{f}_0(\tau\sigma\mathcal{T}x)}\,\mathrm{d}P_0 + P_1(B\{\bar{p}_0=0\}) = \int_B \frac{\bar{p}_1(x)}{\bar{p}_0(x)}\,\mathrm{d}P_0 + P_1(B\{\bar{p}_0=0\})\\ &= \int_B \bar{L}(x)\,\mathrm{d}P_0 + P_1(B\{\bar{L}=\infty\}).\end{aligned}$$

Dabei beachte man die Gültigkeit von $\bar{k}(z)>0\quad[\lambda\!\!\lambda^n]$ für $z_2>0$ und $(z_3,\ldots,z_n)\in M$ sowie von

$$P_0(\bar{L}=\infty) = P_0(\bar{p}_0=0) \leqslant P_0(\bar{f}_0(\tau\sigma\mathcal{T}x)=0) = P_0^{\tau\sigma\mathcal{T}}(\bar{f}_0=0) = 0.$$

b) folgt aus a) mit dem Neyman-Pearson-Lemma und Satz 3.91 d. □

Beispiel 3.104 Betrachtet werde das Testproblem aus Beispiel 3.83 mit $F_0 = \mathfrak{N}(0,1)$ und $F_1 = \mathfrak{G}(1)$. Dann ergibt sich mit $p_0(x) = (2\pi)^{-n/2}\exp\left[-\frac{1}{2}\sum x_j^2\right]$ aus (3.5.27)

$$\bar{p}_0(x) = (2\pi)^{-n/2} \int_0^\infty \left[\int_{-\infty}^{+\infty} \exp\left[-\frac{n}{2}(u + v\bar{x})^2 \right] du \right] \exp\left[-\frac{1}{2} v^2 \sum (x_j - \bar{x})^2 \right] v^{n-2} dv$$

$$= (2\pi)^{-n/2} \left(\frac{2\pi}{n}\right)^{1/2} \int_0^\infty \exp\left[-\frac{1}{2} w^2 \right] w^{n-2} dw \left(\sum (x_j - \bar{x})^2\right)^{-(n-1)/2}$$

$$= \frac{1}{2} n^{-1/2} \pi^{-(n-1)/2} (n-1)^{-(n-1)/2} \Gamma\left(\frac{n-1}{2}\right) \hat{\sigma}(x)^{-n+1}.$$

Analog folgt mit $p_1(x) = e^{-\sum x_j} \mathbb{1}_{(0,\infty)}(x_{\uparrow 1})$ aus (3.5.27)

$$\bar{p}_1(x) = \int_0^\infty \left[\int_{-vx_{\uparrow 1}}^\infty e^{-nu} du \right] e^{-nv\bar{x}} v^{n-2} dv = n^{-1} \int_0^\infty e^{-nv(\bar{x} - x_{\uparrow 1})} v^{n-2} dv$$

$$= n^{-1} \int_0^\infty e^{-w} w^{n-2} dw \, [n(\bar{x} - x_{\uparrow 1})]^{-n+1} = n^{-1} \Gamma(n-1) \, [n(\bar{x} - x_{\uparrow 1})]^{-n+1}.$$

Also lautet mit geeignetem $c(n) \in \mathbb{R}$ eine Prüfgröße des besten invarianten Tests für $\mathfrak{P}_0$ gegen $\mathfrak{P}_1$

$$\overline{L}(x) = c(n) \, [(\bar{x} - x_{\uparrow 1})/\hat{\sigma}(x)]^{-n+1} \quad \text{oder} \quad T(x) = (\bar{x} - x_{\uparrow 1})/\hat{\sigma}(x). \qquad \square$$

Bei reinen Normalverteilungsmodellen ermöglicht es Satz 3.103, die Prüfgröße des (gleichmäßig) besten invarianten Tests ohne Übergang zu den kanonischen ZG zu bestimmen.

Beispiel 3.105 Das Problem des einseitigen Zweistichproben-t-Tests aus Beispiel 3.76 ist ein Testproblem in einer dreiparametrigen Klasse von Normalverteilungen. Es ist invariant gegenüber der Gruppe $\mathfrak{Q}$ der affinen streng isotonen Transformationen der Form (3.5.4) und läßt sich somit auf ein Testproblem in einer einparametrigen Verteilungsklasse mit dem maximalinvarianten Funktional $\gamma(\vartheta) = (\mu_1 - \mu_2)/\sigma$ als eindimensionalen Parameter reduzieren. Um Satz 3.103 anwenden zu können, betrachten wir zunächst das Hilfsproblem $\mathbf{H}_0: \mu_1 = \mu_2$, $\mathbf{K}_0: \mu_1 = \mu_2 + \delta\sigma$ mit festem $\delta > 0$. Dabei wählen wir als p_0 bzw. p_1 die $(n_1 + n_2)$-dimensionalen Normalverteilungen aus Beispiel 3.76 mit $\mu_1 = \mu_2 = 0$, $\sigma = 1$ bzw. $\mu_1 = \delta$, $\mu_2 = 0$, $\sigma = 1$ und als $\mathfrak{P}_0$ bzw. $\mathfrak{P}_1$ die durch P_0 bzw. P_1 definierten Verteilungsklassen $\mathfrak{P}_i = \{P_i^\pi : \pi \in \mathfrak{Q}\}$, $i = 0, 1$. Dann ist mit $n := n_1 + n_2$

$$\bar{p}_1(x) = (2\pi)^{-n/2} \int_0^\infty \int_{-\infty}^{+\infty} \exp\left[-\frac{1}{2} \sum_{j=1}^{n_1} (vx_{1j} + u - \delta)^2 - \frac{1}{2} \sum_{j=1}^{n_2} (vx_{2j} + u)^2 \right] v^{n-2} du dv.$$

Hier läßt sich das innere Integral wie in Beispiel 3.104 durch quadratische Ergänzung des Exponenten in u exakt berechnen und dann das äußere Integral auf eine zur Anwendung von Satz 3.103 geeignete Form bringen. So ergibt sich

$$\bar{p}_1(x) = n^{-1/2} (2\pi)^{-(n-1)/2} \int_0^\infty \exp\left[-\frac{1}{2} \sum_{j=1}^{n_1} (vx_{1j} - \delta)^2 + \sum_{j=1}^{n_2} (vx_{2j})^2 - \frac{1}{n} (vn\bar{x}_{\cdot\cdot} - n_1\delta)^2 \right] v^{n-2} dv$$

$$= n^{-1/2} (2\pi)^{-(n-1)/2} \left[\sum_{i=1}^{2} \sum_{j=1}^{n_i} (x_{ij} - \bar{x}_{i\cdot})^2 \right]^{-(n-1)/2} \exp\left(-\frac{1}{2} \frac{n_1 n_2}{n} \delta^2 \right) I(x),$$

$$I(x) := \int_0^\infty v^{n-2} \exp\left[-\frac{1}{2}v^2 + v\delta\tilde{T}(x)\right] \mathrm{d}v, \qquad \tilde{T}(x) := \frac{n_1 n_2}{n_1 + n_2} \frac{\bar{x}_{1\bullet} - \bar{x}_{2\bullet}}{\sqrt{\sum\sum (x_{ij} - \bar{x}_{\bullet\bullet})^2}}.$$

Analog folgt $\bar{p}_0(x)$ für $\delta = 0$ und damit $\bar{L}(x)$ wegen $\bar{p}_0(x) > 0 \quad [\lambda^n]$ zu

$$\bar{L}(x) = \bar{p}_1(x)/\bar{p}_0(x)$$
$$= \exp\left[-\frac{1}{2}\frac{n_1 n_2}{n}\delta^2\right] \int_0^\infty v^{n-2} \exp\left[-\frac{1}{2}v^2 + v\,\delta\,\tilde{T}(x)\right] \mathrm{d}v \Big/ \int_0^\infty v^{n-2} \exp\left[-\frac{1}{2}v^2\right] \mathrm{d}v.$$

Dabei ist unter Verwenden der kanonischen Variablen aus Beispiel 3.76

$$\tilde{T}(x) = \frac{n_1 n_2}{n_1 + n_2} \frac{\bar{x}_{1\bullet} - \bar{x}_{2\bullet}}{\sqrt{\sum\sum (x_{ij} - \bar{x}_{\bullet\bullet})^2}} = \sqrt{\frac{n_1 n_2}{n_1 + n_2}} \frac{y_2}{\sqrt{\sum_{j=2}^{n} y_j^2}},$$

d.h. $\tilde{T}(x)$ und damit $\bar{L}(x)$ ist eine streng isotone Funktion von

$$T(x) = \frac{y_2}{\sqrt{\frac{1}{n-2}\sum_{j=3}^{n} y_j^2}} = \sqrt{\frac{n_1 n_2}{n_1 + n_2}} \frac{\bar{x}_{1\bullet} - \bar{x}_{2\bullet}}{\sqrt{\frac{1}{n_1 + n_2 - 2}\sum\sum (x_{ij} - \bar{x}_{i\bullet})^2}}.$$

Folglich ist der einseitige Zweistichproben t-Test aus Beispiel 3.76 bester invarianter α-Niveau Test für $\mathfrak{P}_0$ gegen $\mathfrak{P}_1$ und damit aufgrund des isotonen DQ der Klasse der Verteilungen von $T(X)$ gleichmäßig bester invarianter α-Niveau Test für das einseitige Testproblem $\mathbf{H}$: $\mu_1 \leqslant \mu_2$ gegen $\mathbf{K}$: $\mu_1 > \mu_2$. □

In den Beispielen 3.100 b und 3.101 wurden gleichmäßig beste invariante α-Niveau Tests für Familien von Testproblemen hergeleitet. Genauer wurden für jeden Wert eines Hilfsparameters $\gamma' \in \Gamma := \gamma(\Theta)$ eine Gruppe $\mathfrak{Q}(\gamma')$ sowie invariante Testprobleme mit einseitigen bzw. zweiseitigen Hypothesen

$$\mathbf{H}_{\gamma'}: \gamma(\vartheta) \leqslant \gamma', \mathbf{K}_{\gamma'}: \gamma(\vartheta) > \gamma' \quad \text{bzw.} \quad \mathbf{H}_{\gamma'}: \gamma(\vartheta) = \gamma', \mathbf{K}_{\gamma'}: \gamma(\vartheta) \neq \gamma'$$

betrachtet und jeweils gleichmäßig beste invariante α-Niveau Tests in nicht-randomisierter Form angeben. Die Überlegungen aus 2.6 legen somit die Frage nahe, ob die aus den jeweiligen Annahmebereichen $A(\gamma')$ gemäß

$$C(x) = \{\gamma' \in \Gamma: x \in A(\gamma')\} \tag{3.5.30}$$

gewonnenen Bereichsschätzer automatisch gleichmäßig beste äquivariante $(1-\alpha)$-Konfidenzbereiche sind. Dabei heißt ein Bereichsschätzer C für $\gamma(\vartheta)$ *äquivariant gegenüber einer Gruppe* $\mathfrak{Q}_e$ oder kurz *äquivariant*, wenn gilt

$$C(\pi x) = \pi C(x) \quad \forall x \in \mathfrak{X} \quad \forall \pi \in \mathfrak{Q}_e. \tag{3.5.31}$$

Damit eine derartige Aussage gelten kann, muß sich die Äquivarianz auf eine durch die $\mathfrak{Q}(\gamma')$, $\gamma' \in \Gamma$, bestimmte, hinreichend große Gruppe $\mathfrak{Q}_e$ beziehen. Hierfür bietet sich

$\mathfrak{Q}_e := g(\{\mathfrak{Q}(\gamma')\colon \gamma' \in \Gamma\})$ an. Über diese (auf $\mathfrak{X}$ und Θ operierende) Gruppe $\mathfrak{Q}_e$ ist vorauszusetzen, daß sie mit γ verträglich ist im Sinne von

$$\gamma(\vartheta) = \gamma(\vartheta') \quad \Rightarrow \quad \gamma(\pi\vartheta) = \gamma(\pi\vartheta') \quad \forall \pi \in \mathfrak{Q}_e. \tag{3.5.32}$$

Dieses ist nämlich analog (3.5.20–21) äquivalent damit, daß $\mathfrak{Q}_e$ auch auf Γ operiert gemäß

$$\pi\gamma(\vartheta) = \gamma(\pi\vartheta) \quad \forall \vartheta \in \Theta \quad \forall \pi \in \mathfrak{Q}_e, \tag{3.5.33}$$

womit also $\pi\gamma'$ für $\gamma' \in \Gamma$ erklärt ist. Diese Äquivarianzbedingung ermöglicht es nun, die wesentliche Forderung zu formulieren, nämlich daß die Annahmebereiche $A(\gamma')$, $\gamma' \in \Gamma$, bzgl. $\mathfrak{Q}_e$ äquivariant sind, d.h. daß gilt

$$\pi A(\gamma') = A(\pi\gamma') \quad \forall \pi \in \mathfrak{Q}_e \quad \forall \gamma' \in \Gamma. \tag{3.5.34}$$

Da $\mathfrak{Q}_e$ gleich der Gesamtheit aller endlichen Kompositionen $\pi_1 \circ \pi_2 \circ \ldots \circ \pi_m$ mit $\pi_i \in \mathfrak{Q}(\gamma_i''), \gamma_i'' \in \Gamma, i = 1, \ldots, m$, ist – diese Transformationen bilden offenbar eine Gruppe und zwar die kleinste, welche alle $\mathfrak{Q}(\gamma'')$, $\gamma'' \in \Gamma$, enthält –, läßt sich die Verträglichkeitsbedingung (3.5.34) äquivalent auch so formulieren

$$\pi A(\gamma') = A(\pi\gamma') \quad \forall \pi \in \mathfrak{Q}(\gamma'') \quad \forall \gamma'' \in \Gamma \quad \forall \gamma' \in \Gamma.$$

Satz 3.106 *Für jedes $\gamma' \in \Gamma$ seien $\mathfrak{Q}(\gamma')$ eine Gruppe meßbarer Transformationen von $(\mathfrak{X}, \mathfrak{B})$ auf sich, $\mathbf{H}_{\gamma'}$ und $\mathbf{K}_{\gamma'}$ Hypothesen eines gegenüber $\mathfrak{Q}(\gamma')$ invarianten Testproblems, $A(\gamma')$ der Annahmebereich eines nicht-randomisierten invarianten α-Niveau Tests für $\mathbf{H}_{\gamma'}$ gegen $\mathbf{K}_{\gamma'}$ und die Verträglichkeitsbedingungen* (3.5.32) *und* (3.5.34) *mit $\mathfrak{Q}_e := g(\{\mathfrak{Q}(\gamma')\colon \gamma' \in \Gamma\})$ erfüllt. Dann gilt:*

a) *Der Bereichsschätzer $C(x) := \{\gamma' \in \Gamma\colon x \in A(\gamma')\}$ ist gegenüber $\mathfrak{Q}_e$ äquivariant.*

b) *Ist $A^*(\gamma')$ für jedes $\gamma' \in \Gamma$ der Annahmebereich eines gleichmäßig besten gegenüber $\mathfrak{Q}(\gamma')$ invarianten nicht-randomisierten α-Niveau Tests für $\mathbf{H}_{\gamma'}$ gegen $\mathbf{K}_{\gamma'}$, so ist $C^*(x) := \{\gamma' \in \Gamma\colon x \in A^*(\gamma')\}$ ein gleichmäßig bester gegenüber $\mathfrak{Q}_e$ äquivarianter $(1-\alpha)$-Konfidenzschätzer für $\tilde{\mathbf{H}}_\vartheta := \{\gamma' \in \Gamma\colon \mathbf{H}_{\gamma'} \ni \vartheta\}$ als Menge der „richtigen" und $\tilde{\mathbf{K}}_\vartheta := \{\gamma' \in \Gamma\colon \mathbf{K}_{\gamma'} \ni \vartheta\}$ als Menge der „falschen" Parameterwerte.*

Beweis: a) Aus (3.5.30) und (3.5.34) folgt für jedes $\pi \in \mathfrak{Q}_e$

$$\begin{aligned} C(\pi x) &= \{\gamma' \in \Gamma\colon \pi x \in A(\gamma')\} = \{\gamma' \in \Gamma\colon x \in \pi^{-1} A(\gamma')\} \\ &= \{\gamma' \in \Gamma\colon x \in A(\pi^{-1}\gamma')\} = \pi\{\pi^{-1}\gamma' \in \Gamma\colon x \in A(\pi^{-1}\gamma')\} = \pi C(x) \quad \forall x \in \mathfrak{X}. \end{aligned}$$

b) Gemäß (3.5.30) ist $C^*(x)$ ein $(1-\alpha)$-Konfidenzschätzer. Bezeichnet $A(\gamma')$, $\gamma' \in \Gamma$, eine weitere Familie von Annahmebereichen invarianter, nicht-randomisierter α-Niveau Tests, so ist auch $C(x) := \{\gamma'\colon x \in A(\gamma')\}$ gemäß (3.5.30) ein $(1-\alpha)$-Konfidenzschätzer und es gilt

$$P_\vartheta(\{x\colon C^*(x) \ni \gamma'\}) = P_\vartheta(A^*(\gamma')) \leqslant P_\vartheta(A(\gamma')) = P_\vartheta(\{x\colon C(x) \ni \gamma'\}) \quad \forall \gamma' \in \Gamma \quad \forall \vartheta \in \Theta. \quad \square$$

Beispiel 3.107 Betrachtet werde ein lineares Modell in der kanonischen Form (3.5.22). Gesucht ist ein gleichmäßig bester äquivarianter Bereichsschätzer für das Funktional $\gamma(\vartheta) = v_k$, $\vartheta = (v_1, \ldots, v_k, \sigma^2) \in \mathbb{R}^k \times (0, \infty)$, und zwar mit

$$\tilde{\mathbf{H}}_\vartheta = [v_k, \infty), \; \tilde{\mathbf{K}}_\vartheta = (-\infty, v_k) \quad \text{bzw.} \quad \tilde{\mathbf{H}}_\vartheta = \{v_k\}, \; \tilde{\mathbf{K}}_\vartheta = \mathbb{R} - \{v_k\} \tag{3.5.35}$$

als Menge der bei Zugrundeliegen von ϑ „richtigen“ bzw. „falschen“ Parameterwerte. Hierfür sind (3.5.25) die Hypothesen der korrespondierenden Testprobleme. Für diese wurden in Beispiel 3.100b gleichmäßig beste gegenüber der Gruppe $\mathfrak{Q}(\gamma') = g(\{\mathfrak{Q}_1, \mathfrak{Q}_2, \mathfrak{Q}_3(\gamma')\})$ invariante α-Niveau Tests in nicht-randomisierter Form angegeben. Zum Nachweis der Verträglichkeitsbedingungen (3.5.32+34) leiten wir zunächst eine konstruktive Darstellung von $\mathfrak{Q}_e$ her. Hierzu bezeichne $\mathfrak{Q}_4$ die Gruppe der Translationen $\pi y = y + u$ mit $u = \sum_{j=1}^{k} u_j q_j$, $u_j \in \mathbb{R}$, $j = 1, \ldots, k$. Dann gilt $\mathfrak{Q}_e = \mathfrak{Q}_0 := g(\{\mathfrak{Q}_1, \mathfrak{Q}_4, \mathfrak{Q}_3\})$, d.h. $\mathfrak{Q}_e$ besteht aus den Transformationen

$$\pi y = v \mathscr{Q} y + u, \quad v > 0 \quad \text{bzw.} \quad v \neq 0, \quad u \in \mathfrak{L}_k, \quad \mathscr{Q} \in \mathbb{R}^{n \times n}_{\text{orth}} \quad \text{mit}^{1)} \quad \mathscr{Q}|_{\mathfrak{L}_k} = \text{id}. \quad (3.5.36)$$

Zum Nachweis von $\mathfrak{Q}_e \subset \mathfrak{Q}_0$ reicht derjenige von $\mathfrak{Q}_3(\gamma') \subset \mathfrak{Q}_0 \quad \forall \gamma' \in \Gamma$. Dieser folgt daraus, daß die Elemente von $\mathfrak{Q}_3(\gamma')$ definitionsgemäß von der Form $\pi y = v y + (1 - v)\gamma' q_k$, wegen $q_k \in \mathfrak{L}_k$ also von der Form (3.5.36) sind. Umgekehrt ergibt sich $\mathfrak{Q}_0 \subset \mathfrak{Q}_e$ aus $g(\{\mathfrak{Q}_4, \mathfrak{Q}_3\}) \subset \mathfrak{Q}_e$, also aus dem Nachweis, daß $\pi y = v y + u$ mit $u \in \mathfrak{L}_k$ und $v > 0$ bzw. $v \neq 0$ zu $\mathfrak{Q}_e$ gehört. Dabei können wir uns wegen $\mathfrak{Q}_2 \subset \mathfrak{Q}_e$ auf Transformationen der Form $\pi y = v y + u_k q_k$ mit $u_k \in \mathbb{R}$ und $v > 0$ bzw. $v \neq 0$ beschränken. Für derartige π gilt aber $\pi \in \mathfrak{Q}(\gamma')$, $\gamma' := u_k/(1 - v)$, falls $v \neq 1$ ist. Dieses impliziert auch $\pi \in \mathfrak{Q}_e$ für $v = 1$, denn mit beliebigem $v_0 \notin \{0, 1\}$ gilt

$$\pi y = y + u_k q_k = \pi_2 \circ \pi_1 y \quad \text{mit} \quad \pi_1 y = v_0^{-1} y, \qquad \pi_2 y = v_0 y + u_k q_k.$$

Es ist also $\pi_1, \pi_2 \in \mathfrak{Q}_e$ und damit $\pi \in \mathfrak{Q}_e$.

Mit der Darstellung (3.5.36) lassen sich nun die Verträglichkeitsbedingungen wie folgt verifizieren: Aus (3.5.36) folgt zum einen mit $u = \sum_{j=1}^{k} u_j q_j$

$$\pi\vartheta = (v v_1 + u_1, \ldots, v v_k + u_k, v^2\sigma^2) \quad \text{und damit} \quad \gamma(\pi\vartheta) = v v_k + u_k = v\gamma(\vartheta) + u_k =: \pi\gamma(\vartheta),$$

woraus sich (3.5.33) sowie $\pi\gamma' = v\gamma' + u_k$ ergibt. Zum anderen folgt aus (3.5.36) für $\pi \in \mathfrak{Q}_e$ $\pi y_k = v y_k + u_k$ und $|\tilde{v}(\pi y)|^2 = v^2 |\tilde{v}(y)|^2$, so daß sich mit $\pi\gamma' = v\gamma' + u_k$ etwa im einseitigen Fall ergibt

$$\pi A^*(\gamma') = \left\{ v\mathscr{Q} y + u \in \mathbb{R}^n \colon \frac{y_k - \gamma'}{\sqrt{\frac{1}{n-k}|\tilde{v}(y)|^2}} \leqslant \mathrm{t}_{n-k;\alpha} \right\}$$

$$= \left\{ y \in \mathbb{R}^n \colon \frac{\frac{y_k - u_k}{v} - \gamma'}{\sqrt{\frac{1}{n-k}\left|\frac{\tilde{v}(y)}{v}\right|^2}} \leqslant \mathrm{t}_{n-k;\alpha} \right\} = A^*(\pi\gamma').$$

Also ergeben sich gemäß (3.5.30) nach Satz 3.106 gleichmäßig beste gegenüber $\mathfrak{Q}_0$ äquivariante $(1-\alpha)$-Konfidenzschätzer und zwar im einseitigen Fall

$$C^*(y) = \left\{ \gamma' \in \mathbb{R} \colon \frac{y_k - \gamma'}{\sqrt{\frac{1}{n-k}|\tilde{v}(y)|^2}} \leqslant \mathrm{t}_{n-k;\alpha} \right\} = \left[y_k - \mathrm{t}_{n-k;\alpha}\sqrt{\frac{1}{n-k}|\tilde{v}(y)|^2}, \infty \right)$$

bzw. im zweiseitigen Fall

---

1) Ersetzt man $\mathfrak{Q}_1$ gemäß Fußnote 1), S 412, durch $\check{\mathfrak{Q}}_1$, so hat man die Bedingung $\mathscr{Q}|_{\mathfrak{L}_k} = \text{id}$ zu ersetzen durch $\mathscr{Q}(\mathfrak{L}_k) = \mathfrak{L}_k$. Wesentlich ist, daß in beiden Fällen gilt $\mathscr{Q}(\mathfrak{L}_{n-k}) = \mathfrak{L}_{n-k}$.

$$C^*(y) = \left\{ \gamma' \in \mathbb{R}: \frac{|y_k - \gamma'|}{\sqrt{\frac{1}{n-k}|\tilde{v}(y)|^2}} \leqslant \mathrm{t}_{n-k;\alpha/2} \right\}$$

oder
$$C^*(y) = \left[y_k - \mathrm{t}_{n-k;\alpha/2} \sqrt{\frac{1}{n-k}|\tilde{v}(y)|^2},\ y_k + \mathrm{t}_{n-k;\alpha/2} \sqrt{\frac{1}{n-k}|\tilde{v}(y)|^2} \right]. \qquad \square$$

Beispiel 3.108 Betrachtet werde wieder die Verteilungsannahme (3.5.22) eines linearen Modells; gesucht wird ein gleichmäßig bester äquivarianter $(1-\alpha)$-Konfidenzschätzer für $\gamma(\vartheta) = \sigma^2$ bei

$$\tilde{\mathbf{H}}_\vartheta = [\sigma^2, \infty),\ \tilde{\mathbf{K}}_\vartheta = (0, \sigma^2) \quad \text{bzw.} \quad \tilde{\mathbf{H}}_\vartheta = \{\sigma^2\},\ \tilde{\mathbf{K}}_\vartheta = (0,\infty) - \{\sigma^2\}$$

als Menge der „richtigen" bzw. „falschen" Parameterwerte. Für die korrespondierenden Testprobleme wurden in Beispiel 3.101 a bzw. 3.101 b gleichmäßig beste invariante α-Niveau Tests in nicht-randomisierter Form angegeben. In diesem Fall ist $\mathfrak{Q}(\gamma') = g(\{\mathfrak{Q}_1, \mathfrak{Q}_4\})$ unabhängig von $\gamma' \in (0,\infty)$ und diese Gruppe besitzt die Elemente

$$\pi y = \mathscr{Q} y + u, \qquad u \in \mathfrak{L}_k, \qquad \mathscr{Q} \in \mathbb{R}^{n\times n}_{\mathrm{orth}} \quad \text{mit} \quad \mathscr{Q}|_{\mathfrak{L}_k} = \mathrm{id}.$$

Mit $u = \sum_{j=1}^{k} u_j q_j$ gilt also $\pi\vartheta = (v_1 + u_1, \ldots, v_k + u_k, \sigma^2)$ und damit $\gamma(\pi\vartheta) = \sigma^2 = \gamma(\vartheta)$. Also sind (3.5.33) sowie wegen $\pi\gamma' = \gamma'$ auch (3.5.34) trivialerweise erfüllt. Aus den Annahmebereichen $A^*(\gamma')$, $\gamma' \in (0,\infty)$ folgen gemäß Satz 3.106 als gleichmäßig beste äquivariante $(1-\alpha)$-Konfidenzschätzer

$$C^*(y) = \{\gamma' \in (0,\infty): |\tilde{v}(y)|^2 \leqslant \gamma' \chi^2_{n-k;\alpha}\} = [|\tilde{v}(y)|^2/\chi^2_{n-k;\alpha}, \infty)$$

bzw.
$$C^*(y) = \{\gamma' \in (0,\infty): c_1\gamma' \leqslant |\tilde{v}(y)|^2 \leqslant c_2\gamma'\} = [|\tilde{v}(y)|^2/c_2, |\tilde{v}(y)|^2/c_1]. \qquad \square$$

3.5.4 $\mathfrak{P}$-fast invariante Statistiken

Liegt eine gegenüber einer Gruppe $\mathfrak{Q}$ invariante Verteilungsklasse $\mathfrak{P}$ zugrunde, so interessieren letztlich nur invariante[1]) Statistiken T (also solche mit $T \circ \pi = T \quad \forall \pi \in \mathfrak{Q}$). Bei Beweisführungen ergeben sich jedoch vielfach zunächst Statistiken T, die nur *$\mathfrak{P}$-fast invariant* sind im Sinne von $T \circ \pi = T \quad [\mathfrak{P}]$. Bei diesen gibt es also definitionsgemäß zu jedem $\pi \in \mathfrak{Q}$ eine $\mathfrak{P}$-Nullmenge N_π mit

$$T(\pi x) = T(x) \quad \forall x \notin N_\pi. \tag{3.5.37}$$

Derartige Statistiken T stimmen aber, wie nun gezeigt werden soll, unter schwachen Zusatzvoraussetzungen und sofern sie $(\bar{\mathbb{R}}, \bar{\mathbb{B}})$-wertig sind, $\mathfrak{P}$-f.ü. mit einer invarianten Statistik überein, d.h. es gibt eine invariante Statistik $\bar{T}$ und eine $\mathfrak{P}$-Nullmenge $N \in \mathfrak{B}$ mit

$$T(x) = \bar{T}(x) \quad \forall x \notin N. \tag{3.5.38}$$

Zum Nachweis dieser Äquivalenz betrachten wir zunächst nur Indikatorfunktionen, also nur nicht-randomisierte Tests. Dann spezialisiert sich (3.5.37) zu einer Aussage über *$\mathfrak{P}$-fast invariante Mengen*, d.h. über Mengen $B \in \mathfrak{B}$ mit

---

[1]) Die analoge Fragestellung für äquivariante Statistiken läßt sich auf diejenige für invariante Statistiken zurückführen; vgl. Satz 3.123 und Anmerkung 3.132 bzw. den Beweis von Satz 3.127.

$$P_\vartheta(B \triangle \pi^{-1} B) = 0 \quad \forall \vartheta \in \Theta \quad \forall \pi \in \mathfrak{Q}. \tag{3.5.39}$$

Demgegenüber entsprechen der Beziehung (3.5.38) Mengen $B \in \mathfrak{B}$, die $\mathfrak{P}$-fast gleich einer invarianten Menge sind, für die es also eine Menge $C \in \mathfrak{C}(\mathfrak{Q})$ gibt mit

$$P_\vartheta(B \triangle C) = 0 \quad \forall \vartheta \in \Theta. \tag{3.5.40}$$

Wäre $\mathfrak{Q} = \{\pi^n : n \in \mathbb{Z}\}$ die von einem Element π erzeugte Gruppe, so ließe sich die Äquivalenz von (3.5.39) und (3.5.40) sehr einfach zeigen: Mit

$$\mathfrak{C}(\pi) := \{B \in \mathfrak{B}: B = \pi^{-1} B\} \quad \text{und} \quad \tilde{\mathfrak{C}}(\pi) := \{B \in \mathfrak{B}: \exists C \in \mathfrak{C}(\pi) \quad \text{mit} \quad \mathfrak{P}(B \triangle C) = 0\}$$

wäre nämlich nur für jedes $\pi \in \mathfrak{Q}$ die folgende Gleichheit zu verifizieren:

$$\tilde{\mathfrak{C}}(\pi) = \{B \in \mathfrak{B}: \mathfrak{P}(B \triangle \pi^{-1} B) = 0\}. \tag{3.5.41}$$

Diese ergibt sich wie folgt: Aus $P_\vartheta(B \triangle \pi^{-1} B) = 0 \quad \forall \vartheta \in \Theta$ resultiert durch vollständige Induktion $P_\vartheta(B \triangle \pi^n B) = 0 \quad \forall \vartheta \in \Theta \quad \forall n \in \mathbb{Z}$ (wegen der Invarianz von $\mathfrak{P}$) und damit

$$P_\vartheta(B \triangle C) = 0 \quad \forall \vartheta \in \Theta \tag{3.5.42}$$

für $C := \bigcap_{n \in \mathbb{Z}} \pi^n B$. Wegen $C \in \mathfrak{C}(\pi)$ gilt also „$\supset$".

Umgekehrt folgt aus der Existenz eines $C \in \mathfrak{C}(\pi)$ mit $\mathfrak{P}(B \triangle C) = 0$

$$P_\vartheta(B \triangle \pi^{-1} B) \leqslant P_\vartheta(B \triangle C) + P_\vartheta(C \triangle \pi^{-1} B) = P_\vartheta(B \triangle C) + P_{\pi\vartheta}(C \triangle B) = 0 \quad \forall \vartheta \in \Theta.$$

Ist nun $\mathfrak{Q}$ eine beliebige Gruppe, so ist $\bigcap_{\pi \in \mathfrak{Q}} \tilde{\mathfrak{C}}(\pi)$ gerade die Gesamtheit der durch (3.5.39) charakterisierten $\mathfrak{P}$-fast invarianten Mengen. Dagegen fällt

$$\tilde{\mathfrak{C}}(\mathfrak{Q}) := \{B \in \mathfrak{B}: \exists C \in \mathfrak{C}(\mathfrak{Q}) \quad \text{mit} \quad \mathfrak{P}(B \triangle C) = 0\}$$

mit dem System der (3.5.40) erfüllenden Mengen zusammen und die unter den schwachen Zusatzvoraussetzungen, vgl. Satz 3.109, zu verifizierende Gleichheit lautet

$$\tilde{\mathfrak{C}}(\mathfrak{Q}) = \bigcap_{\pi \in \mathfrak{Q}} \tilde{\mathfrak{C}}(\pi). \tag{3.5.43}$$

Satz 3.109 *Es seien $\mathfrak{Q}$ eine Gruppe meßbarer Transformationen von $(\mathfrak{X}, \mathfrak{B})$ auf sich und $\mathfrak{P} \subset \mathfrak{M}^1(\mathfrak{X}, \mathfrak{B})$ eine gegenüber $\mathfrak{Q}$ invariante Verteilungsklasse. Weiter sei $\mathfrak{A}_\mathfrak{Q}$ eine σ-Algebra über $\mathfrak{Q}$ derart, daß die folgenden Voraussetzungen erfüllt sind:*

1) *$(\pi, x) \mapsto \pi x$ ist eine meßbare Abbildung von $(\mathfrak{Q} \times \mathfrak{X}, \mathfrak{A}_\mathfrak{Q} \otimes \mathfrak{B})$ nach $(\mathfrak{X}, \mathfrak{B})$,*
2) *$A \in \mathfrak{A}_\mathfrak{Q}$, $\pi \in \mathfrak{Q} \quad \Rightarrow \quad A\pi \in \mathfrak{A}_\mathfrak{Q}$,*
3) *$\exists \nu \in \mathfrak{M}^1(\mathfrak{Q}, \mathfrak{A}_\mathfrak{Q})$: $\nu(A) = 0 \quad \Rightarrow \quad \nu(A\pi) = 0 \quad \forall \pi \in \mathfrak{Q}$.*

Dann gibt es[1] *zu jeder gegenüber $\mathfrak{Q}$ $\mathfrak{P}$-fast invarianten Statistik T: $(\mathfrak{X}, \mathfrak{B}) \to (\bar{\mathbb{R}}, \bar{\mathbb{B}})$ eine gegenüber $\mathfrak{Q}$ invariante Statistik $\bar{T}$: $(\mathfrak{X}, \mathfrak{B}) \to (\bar{\mathbb{R}}, \bar{\mathbb{B}})$ und eine $\mathfrak{P}$-Nullmenge N mit $T(x) = \bar{T}(x) \quad \forall x \notin N$.*

---

[1]) Die Umkehrung gilt trivialerweise und zwar folgt (3.5.37) mit $N_\pi := N \cup \pi^{-1} N$.

Beweis: Wir zeigen zunächst die Gültigkeit von (3.5.43). Dabei ist diejenige von „$\subset$" wieder trivial, denn aus $\mathfrak{C}(\mathfrak{Q}) \subset \mathfrak{C}(\pi) \quad \forall \pi \in \mathfrak{Q}$ folgt $\bar{\mathfrak{C}}(\mathfrak{Q}) \subset \bar{\mathfrak{C}}(\pi) \quad \forall \pi \in \mathfrak{Q}$ und damit $\bar{\mathfrak{C}}(\mathfrak{Q}) \subset \bigcap_{\pi \in \mathfrak{Q}} \bar{\mathfrak{C}}(\pi)$. Zum Nachweis von „$\supset$" seien $B \in \bigcap_{\pi \in \mathfrak{Q}} \bar{\mathfrak{C}}(\pi)$ und

$$C := \{x \in \mathfrak{X}: \int_{\mathfrak{Q}} \mathbb{1}_B(\pi x)\, \mathrm{d}\nu(\pi) = 1\}. \tag{3.5.44}$$

Dann gilt $C \in \mathfrak{B}$ nach Voraussetzung 1) und dem Satz von Fubini. Zum Nachweis von $C = \pi^{-1} C \quad \forall \pi \in \mathfrak{Q}$ reicht derjenige von $C \subset \pi^{-1} C \quad \forall \pi \in \mathfrak{Q}$, da dann auch $\pi C \subset \pi(\pi^{-1} C) = C \quad \forall \pi \in \mathfrak{Q}$ gilt. Weiter beachte man, daß wegen $\nu \in \mathfrak{M}^1(\mathfrak{Q}, \mathfrak{A}_{\mathfrak{Q}})$ und $0 \leqslant \mathbb{1}_B \leqslant 1$ gilt

$$x \in C \quad \Leftrightarrow \quad \exists N_x \in \mathfrak{A}_{\mathfrak{Q}}: \nu(N_x) = 0 \quad \text{und} \quad \pi' x \in B \quad \forall \pi' \in N_x^c. \tag{3.5.45}$$

Seien nun $x \in C$ und $\pi \in \mathfrak{Q}$. Dann folgt mit N_x aus (3.5.45), $\pi' \in N_x^c$ und $\pi'' := \pi' \pi^{-1}$ die Gültigkeit von $\pi' x = \pi''(\pi x) \in B \quad \forall \pi'' \in N_x^c \pi^{-1}$. Weiter gilt nach den Voraussetzungen 2) und 3) $N_x \pi^{-1} \in \mathfrak{A}_{\mathfrak{Q}}$ und $\nu(N_x \pi^{-1}) = \nu(N_x) = 0$. Mit $N_{\pi x} := N_x \pi^{-1}$ ist also die rechte Seite von (3.5.45) für πx (an Stelle von x) erfüllt. Somit gilt $\pi x \in C$.

Zum Nachweis von $P_\vartheta(B \triangle C) = 0 \quad \forall \vartheta \in \mathfrak{Q}$ beachte man, daß nach (3.5.41) gilt

$$B \in \bigcap_{\pi \in \mathfrak{Q}} \bar{\mathfrak{C}}(\pi) \quad \Leftrightarrow \quad P_\vartheta(B \triangle \pi^{-1} B) = \int_{\mathfrak{X}} |\mathbb{1}_B(x) - \mathbb{1}_B(\pi x)|\, \mathrm{d}P_\vartheta(x) = 0 \quad \forall \vartheta \in \Theta \quad \forall \pi \in \mathfrak{Q}.$$

Hieraus folgt nach Integration bzgl. ν und dem Satz von Fubini

$$\int_{\mathfrak{X}} \int_{\mathfrak{Q}} |\mathbb{1}_B(x) - \mathbb{1}_B(\pi x)|\, \mathrm{d}\nu(\pi)\, \mathrm{d}P_\vartheta(x) = 0 \quad \forall \vartheta \in \Theta.$$

Es gibt also für jedes $\vartheta \in \Theta$ eine Menge $M_\vartheta \in \mathfrak{B}$, $P_\vartheta(M_\vartheta) = 0$, mit

$$\int_{\mathfrak{Q}} |\mathbb{1}_B(x) - \mathbb{1}_B(\pi x)|\, \mathrm{d}\nu(\pi) = 0 \quad \forall x \in M_\vartheta^c.$$

Aus dieser Beziehung wiederum ergibt sich

$$\mathbb{1}_B(x) = \mathbb{1}_B(\pi x) \quad [\nu] \quad \forall x \in M_\vartheta^c.$$

Für $x \in M_\vartheta^c \cap B$ gilt also $\int_{\mathfrak{Q}} \mathbb{1}_B(\pi x)\, \mathrm{d}\nu(\pi) = \mathbb{1}_B(x)\, \nu(\mathfrak{Q}) = 1$ und damit $x \in C$ *und* $x \in B$.

Für $x \in M_\vartheta^c \cap B^c$ folgt analog $\int_{\mathfrak{Q}} \mathbb{1}_B(\pi x)\, \mathrm{d}\nu(\pi) = \mathbb{1}_B(x)\, \nu(\mathfrak{Q}) = 0$, d.h. $x \in C^c$ *und* $x \in B^c$. Insgesamt ergibt sich also

$$M_\vartheta^c = (M_\vartheta^c \cap B) + (M_\vartheta^c \cap B^c) \subset (C \cap B) + (C^c \cap B^c) = (C \triangle B)^c,$$

d.h. $C \triangle B \subset M_\vartheta$ und damit, wie behauptet, $P_\vartheta(C \triangle B) \leqslant P_\vartheta(M_\vartheta) = 0 \quad \forall \vartheta \in \Theta$.

Aus (3.5.43) ergibt sich die Behauptung, wenn man beachtet, daß dann auch die bzgl. $\bar{\mathfrak{C}}(\mathfrak{Q})$ bzw. $\bigcap_{\pi \in \mathfrak{Q}} \bar{\mathfrak{C}}(\pi)$ meßbaren Funktionen übereinstimmen und daß gilt:

$$T \quad \mathfrak{P}\text{-fast invariant} \quad \Leftrightarrow \quad T \in \bigcap_{\pi \in \mathfrak{Q}} \bar{\mathfrak{C}}(\pi) \tag{3.5.46}$$

$$T = \bar{T} \quad [\mathfrak{P}], \ \bar{T} \text{ invariant} \quad \Leftrightarrow \quad T \in \bar{\mathfrak{C}}(\mathfrak{Q}). \qquad \square \tag{3.5.47}$$

Anmerkung [1]) **3.110** In den uns interessierenden Anwendungsbeispielen liegen jeweils topologische Gruppen zugrunde, so daß neben 1) auch die Voraussetzungen 2) und 3) aus Satz 3.109 stets erfüllt sind. Zum einen ist nämlich in einer derartigen Gruppe die Rechtsmultiplikation mit einem festen Element immer stetig und damit 2) automatisch erfüllt. Zum anderen sind alle vorkommenden Gruppen lokalkompakt und σ-kompakt. Damit gibt es ein rechtsinvariantes σ-endliches Haar-Maß λ. Bezeichnet nun $\{I_n, n \in \mathbb{N}\}$ eine disjunkte Zerlegung der Gruppe $\mathfrak{Q}$ mit $0 < \lambda(I_n) < \infty \quad \forall n \in \mathbb{N}$ und setzt man dann

$$\nu(A) := \sum_{n=1}^{\infty} \frac{\lambda(A \cap I_n)}{\lambda(I_n)} 2^{-n}, \quad A \in \mathfrak{A}_{\mathfrak{Q}},$$

so ist ν ein mit λ äquivalentes WS-Maß über $(\mathfrak{Q}, \mathfrak{A}_{\mathfrak{Q}})$, für das auch 3) erfüllt ist gemäß

$$\nu(A) = 0 \iff \lambda(A) = 0 \iff \lambda(A\pi) = 0 \iff \nu(A\pi) = 0, \quad A \in \mathfrak{A}_{\mathfrak{Q}}. \qquad \square$$

Satz 3.109 besitzt eine Reihe wichtiger Anwendungen. Wir beantworten zunächst die am Schluß von 3.5.2 aufgetretene Frage, ob sich eine Reduktion durch Invarianz auch nach einer Reduktion durch Suffizienz durchführen läßt. Unter den Voraussetzungen von Satz 3.109 ist auch hier die Verträglichkeitsbedingung (3.5.21) nicht nur notwendig, sondern auch hinreichend.

Satz 3.111 *$\mathfrak{Q}$ sei eine Gruppe meßbarer Transformationen π von $(\mathfrak{X}, \mathfrak{B})$ auf sich, für welche die Voraussetzungen von Satz* 3.109 *erfüllt sind. $\mathfrak{P} \subset \mathfrak{M}^1(\mathfrak{X}, \mathfrak{B})$ sei eine (gegenüber $\mathfrak{Q}$) invariante Verteilungsklasse mit suffizienter Statistik S: $(\mathfrak{X}, \mathfrak{B}) \to (\mathfrak{Y}, \mathfrak{A}_{\mathfrak{Y}})$ und $\mathfrak{P}_{\mathbf{H}}$ gegen $\mathfrak{P}_{\mathbf{K}}$ ein (gegenüber $\mathfrak{Q}$) invariantes Testproblem. Ist dann $\mathfrak{Q}$ mit S verträglich im Sinne von* (3.5.21) *und ψ^* ein gleichmäßig bester (gegenüber $\mathfrak{Q}^*$) invarianter α-Niveau Test für $\mathfrak{P}^S_{\mathbf{H}}$ gegen $\mathfrak{P}^S_{\mathbf{K}}$, so ist $\psi^* \circ S$ ein gleichmäßig bester (gegenüber $\mathfrak{Q}$) invarianter α-Niveau Test für $\mathfrak{P}_{\mathbf{H}}$ gegen $\mathfrak{P}_{\mathbf{K}}$.*

Beweis: Bezeichnet $\Phi_\alpha(\mathfrak{Q})$ bzw. $\Psi_\alpha(\mathfrak{Q}^*)$ die Menge aller gegenüber $\mathfrak{Q}$ bzw. $\mathfrak{Q}^*$ invarianten auf $(\mathfrak{X}, \mathfrak{B})$ bzw. $(\mathfrak{Y}, \mathfrak{A}_{\mathfrak{Y}})$ definierten α-Niveau Tests, so gilt offenbar $\psi^* \in \Psi_\alpha(\mathfrak{Q}^*) \Rightarrow \psi^* \circ S \in \Phi_\alpha(\mathfrak{Q})$; aus der Invarianz von ψ^* gegenüber $\mathfrak{Q}^*$ folgt nämlich $\psi^* \circ S \circ \pi = \psi^* \circ \pi^* \circ S = \psi^* \circ S \quad \forall \pi \in \mathfrak{Q}$ und aus der Transformationsformel ergibt sich $\int \psi^* \, \mathrm{d}P^S_\vartheta = \int \psi^* \circ S \, \mathrm{d}P_\vartheta \quad \forall \vartheta \in \Theta$. Zum Nachweis, daß $\psi^* \circ S$ gleichmäßig bester invarianter α-Niveau Test für $\mathfrak{P}_{\mathbf{H}}$ gegen $\mathfrak{P}_{\mathbf{K}}$ ist, sei $\varphi \in \Phi_\alpha(\mathfrak{Q})$ ein beliebiger Vergleichstest. Zum Beweis, daß $\psi^* \circ S$ über $\mathbf{K}$ nicht schlechter ist als φ, definieren wir einen Test $\tilde{\psi} \in \Psi_\alpha$ durch

$$\tilde{\psi}(s) := E_{\bullet}(\varphi \mid S = s) \quad [\mathfrak{P}^S]. \tag{3.5.48}$$

Dann hat $\tilde{\psi} \circ S$ nach Satz 3.30 die gleiche Gütefunktion wie φ; $\tilde{\psi}$ ist im allgemeinen jedoch nur noch $\mathfrak{P}^S$-fast invariant im Sinne von (3.5.37), d.h.

$$\forall \pi^* \in \mathfrak{Q}^* \quad \exists N_{\pi^*} \in \mathfrak{A}_{\mathfrak{Y}} \quad \text{mit} \quad \mathfrak{P}^S(N_{\pi^*}) = 0: \tilde{\psi}(\pi^* s) = \tilde{\psi}(s) \quad \forall s \notin N_{\pi^*}. \tag{3.5.49}$$

Zum Nachweis dieser Beziehung sei $C \in \mathfrak{A}_{\mathfrak{Y}}$ beliebig und $\tilde{C} := \pi^*(C)$, also

$$S^{-1}(C) = S^{-1}(\pi^{*-1}(\tilde{C})) = (\pi^* \circ S)^{-1}(\tilde{C}) = (S \circ \pi)^{-1}(\tilde{C}) = \pi^{-1}(S^{-1}(\tilde{C})).$$

---

[1]) Zu den nachfolgenden Begriffen topologische Gruppe und rechtsinvariantes Haar-Maß vgl. Anmerkung 3.117.

Wegen (3.5.48), der Invarianz von φ und der Transformationsformel A4.5 gilt hiermit für jedes $C \in \mathfrak{A}_{\mathfrak{Y}}$

$$\int_C \tilde{\psi}\,\mathrm{d}P_\vartheta^S = \int_{S^{-1}(C)} \varphi\,\mathrm{d}P_\vartheta = \int_{\pi^{-1}(S^{-1}(\tilde{C}))} \varphi \circ \pi\,\mathrm{d}P_\vartheta = \int_{S^{-1}(\tilde{C})} \varphi\,\mathrm{d}P_\vartheta^\pi$$

und durch nochmalige Anwendung von (3.5.48) bzw. der Transformationsformel

$$\int_C \tilde{\psi}\,\mathrm{d}P_\vartheta^S = \int_{\tilde{C}} \tilde{\psi}\,\mathrm{d}(P_\vartheta^\pi)^S = \int_{\tilde{C}} \tilde{\psi}\,\mathrm{d}P_\vartheta^{\pi^* \circ S} = \int_C \tilde{\psi} \circ \pi^*\,\mathrm{d}P_\vartheta^S \quad \forall C \in \mathfrak{A}_{\mathfrak{Y}}.$$

Wegen der P_ϑ^S-Bestimmtheit der Radon-Nikodym-Ableitung folgt also (3.5.49) und damit nach Satz 3.109 die Existenz eines $\mathfrak{Q}^*$-invarianten Tests $\bar{\psi}$ mit

$$\tilde{\psi} = \bar{\psi} \quad [\mathfrak{P}^S], \quad \text{d.h. mit} \quad \tilde{\psi} \circ S = \bar{\psi} \circ S \quad [\mathfrak{P}].$$

Damit bzw. nach Voraussetzung und Satz 1.120a gilt also

$$E_\vartheta \psi^* \circ S \geqslant E_\vartheta \bar{\psi} \circ S = E_\vartheta \tilde{\psi} \circ S = E_\vartheta \varphi \quad \forall \vartheta \in \mathbf{K}. \qquad \square$$

Beispiel 3.112 $X_j = (Y_j, Z_j), j = 1, \ldots, n$, seien st.u. ZG mit st.u. Komponenten Y_j und Z_j, $\mathfrak{L}(Y_j) = \mathfrak{N}(\mu_1, \sigma_0^2)$, $\mathfrak{L}(Z_j) = \mathfrak{N}(\mu_2, \sigma_0^2)$, $j = 1, \ldots, n$, und unbekanntem $\vartheta = (\mu_1, \mu_2) \in \mathbb{R}^2$; $\sigma_0^2 > 0$ sei bekannt. Betrachtet werde das Testproblem $\mathbf{H}$: $\mu_1 = \mu_2 = 0$, $\mathbf{K}$: $\mu_1^2 + \mu_2^2 > 0$. Dieses ist invariant gegenüber der Gruppe $\mathfrak{Q}$ der orthogonalen Transformationen des $\mathbb{R}^{2n}$, welche für jedes $j = 1, \ldots, n$ die zweidimensionalen ZG X_j orthogonal transformieren. Außerdem ist $S(x) = (\bar{y}, \bar{z})$ suffizient für $\vartheta \in \mathbb{R}^2$. Offenbar gilt: $\mathfrak{Q}$ ist mit S verträglich, die auf $(\mathfrak{Y}, \mathfrak{A}_{\mathfrak{Y}}) = (\mathbb{R}^2, \mathbb{B}^2)$ induzierte Gruppe ist diejenige der orthogonalen Transformationen und $T^*(s_1, s_2) = n(s_1^2 + s_2^2)/\sigma_0^2$ ist eine gegenüber $\mathfrak{Q}^*$ maximalinvariante Statistik. Da $T(X) = T^* \circ S(X) = n(\bar{Y}^2 + \bar{Z}^2)/\sigma_0^2$ einer nichtzentralen χ_2^2-Verteilung mit dem Nichtzentralitätsparameter $\delta^2 := n(\mu_1^2 + \mu_2^2)/\sigma_0^2$ genügt und die Klasse dieser Verteilungen nach Satz 2.36a einen isotonen DQ in der Identität besitzt, gibt es nach Reduktion durch Suffizienz einen gegenüber $\mathfrak{Q}^*$ gleichmäßig besten invarianten α-Niveau Test für $\mathbf{H}$ gegen $\mathbf{K}$, nämlich $\psi^*(t) = \mathbb{1}_{(\chi^2_{2;\alpha}, \infty)}(t)$. Folglich ist nach Satz 3.111 $\varphi^*(x) = \psi^*(T(x)) = \mathbb{1}_{(\chi^2_{2;\alpha}, \infty)}(T(x))$ ein gleichmäßig bester invarianter α-Niveau Test für $\mathbf{H}$: $\delta^2 = 0$, $\mathbf{K}$: $\delta^2 > 0$. $\square$

Anmerkung 3.113 Ist S sowohl suffizient für $\vartheta \in \Theta$ als auch maximalinvariant gegenüber einer Gruppe $\mathfrak{Q}$, so führen beide Reduktionen zum selben Test; vgl. etwa $S := T_1$ in den Beispielen 3.96 und 3.99. Die Reduktion durch Suffizienz liefert jedoch eine stärkere Aussage als diejenige durch Invarianz, weil sich die Optimalitätsaussage auf eine größere Klasse von zum Vergleich zugelassenen Tests bezieht. Deshalb interessiert bei der Auszeichnung eines optimalen Verfahrens letztlich auch weniger die größte Gruppe, bzgl. der ein Testproblem invariant ist, als vielmehr die kleinste Gruppe, welche eine hinreichend weitgehende Reduktion leistet.

Als weitere Anwendung von Satz 3.109 betrachten wir den Zusammenhang der Reduktion durch Invarianz mit der Reduktion durch Unverfälschtheit bei Testproblemen. Wie ein Vergleich der Beispiele 3.100a und 3.101 mit den Ergebnissen aus 3.4.3 zeigt, führen beide Reduktionen vielfach zu den gleichen Tests. Dies ist Ausdruck des folgenden allgemeinen Sachverhalts.

Satz 3.114 *Zugrunde liege ein gegenüber einer Gruppe $\mathfrak{Q}$ invariantes Testproblem für zwei Hypothesen $\mathfrak{P}_\mathbf{H}$ und $\mathfrak{P}_\mathbf{K}$, und es sei $\mathfrak{P} := \mathfrak{P}_\mathbf{H} + \mathfrak{P}_\mathbf{K}$. Es gebe sowohl einen $\mathfrak{P}$-bestimmten gleichmäßig besten unverfälschten α-Niveau Test $\tilde{\varphi}$ als auch einen gleichmäßig besten invarianten α-Niveau Test φ^*. Sind dann die Voraussetzungen von Satz* 3.109 *erfüllt, so ist auch φ^* $\mathfrak{P}$-bestimmt, und es gilt $\tilde{\varphi}(x) = \varphi^*(x) \quad [\mathfrak{P}]$.*

Beweis: $T := \Phi_{\alpha,\alpha}$ bezeichne die Klasse der unverfälschten α-Niveau Tests. Dann gilt wegen der Invarianz von $\mathfrak{P}_\mathbf{H}$ und $\mathfrak{P}_\mathbf{K}$ zunächst $\varphi \in T \Leftrightarrow \varphi \circ \pi \in T$ und damit

$$E_\vartheta \tilde{\varphi} \circ \pi = E_{\pi\vartheta} \tilde{\varphi} = \sup_{\varphi \in T} E_{\pi\vartheta} \varphi = \sup_{\varphi \in T} E_\vartheta \varphi \circ \pi = \sup_{\varphi \circ \pi \in T} E_\vartheta \varphi \circ \pi = E_\vartheta \tilde{\varphi} \quad \forall \vartheta \in \mathbf{K}.$$

Also ist mit $\tilde{\varphi}$ auch $\tilde{\varphi} \circ \pi$ ein gleichmäßig bester unverfälschter α-Niveau Test. Dieser ist aber nach Voraussetzung $\mathfrak{P}$-bestimmt, d.h. $\tilde{\varphi}$ ist $\mathfrak{P}$-fast invariant. Somit existiert nach Satz 3.109 ein invarianter Test $\bar{\varphi}$ mit $\bar{\varphi} = \tilde{\varphi} \quad [\mathfrak{P}]$. Es gilt also $E_\vartheta \bar{\varphi} = E_\vartheta \tilde{\varphi} \quad \forall \vartheta \in \Theta$ und deshalb $E_\vartheta \tilde{\varphi} \leqslant E_\vartheta \varphi^* \quad \forall \vartheta \in \mathbf{K}$ (nach Definition von φ^*). Andererseits ist $\varphi \equiv \alpha$ ein invarianter α-Niveau Test, d.h. es gilt $E_\vartheta \varphi^* \geqslant \alpha \quad \forall \vartheta \in \mathbf{K}$ und daher $E_\vartheta \tilde{\varphi} \geqslant E_\vartheta \varphi^*$ $\forall \vartheta \in \mathbf{K}$ (nach Definition von $\tilde{\varphi}$). Folglich ist $E_\vartheta \tilde{\varphi} = E_\vartheta \varphi^* \quad \forall \vartheta \in \mathbf{K}$ und damit auch φ^* gleichmäßig bester unverfälschter α-Niveau Test. Da dieser $\mathfrak{P}$-bestimmt ist, folgt also $\tilde{\varphi} = \varphi^* \quad [\mathfrak{P}]$. □

Eine entsprechende Aussage über den Zusammenhang von besten äquivarianten und besten erwartungstreuen Schätzern wird in Satz 3.127 bewiesen werden. Eine weitere Anwendung von Satz 3.109 enthält der Beweis von Satz 3.120.

3.5.5 Der Satz von Hunt-Stein

Auch wenn es durchaus plausibel ist, sich bei invarianten Entscheidungsproblemen auf invariante Entscheidungskerne zu beschränken, so ist eine weitergehende Rechtfertigung dieser Vorgehensweise sicherlich wünschenswert. Dies ist bereits im Rahmen der finiten Statistik möglich, sofern die Verteilungsklasse gegenüber einer nicht zu großen Gruppe $\mathfrak{Q}$ invariant ist und die Güte eines Entscheidungskerns δ durch das maximale Risiko $\sup_{\vartheta \in \Theta} R(\vartheta, \delta)$ (im Spezialfall eines α-Niveau Tests φ durch die minimale Schärfe $\inf_{\vartheta \in \mathbf{K}} E_\vartheta \varphi$) gemessen wird. Das zugrundeliegende Prinzip, nämlich durch Mittelbildung jedem Entscheidungskern δ einen nicht-schlechteren Kern $\bar{\delta}$ zuzuordnen, läßt sich anhand endlicher Gruppen $\mathfrak{Q}$ der Ordnung q besonders einfach aufzeigen. Ist nämlich δ ein beliebiger Entscheidungskern, so ist

$$\bar{\delta}(x, A) := \frac{1}{q} \sum_{\pi \in \mathfrak{Q}} \delta(\pi x, \pi A) \tag{3.5.50}$$

wieder ein Entscheidungskern. Dieser ist invariant, denn es gilt für alle $\pi \in \mathfrak{Q}$

$$\bar{\delta}(\pi x, \pi A) = \frac{1}{q} \sum_{\tilde{\pi} \in \mathfrak{Q}} \delta(\tilde{\pi}\pi x, \tilde{\pi}\pi A) = \frac{1}{q} \sum_{\tilde{\pi} \in \mathfrak{Q}} \delta(\tilde{\pi} x, \tilde{\pi} A) = \bar{\delta}(x, A). \tag{3.5.51}$$

Wegen (1.2.96) und der Invarianz von Λ und $\mathfrak{P}$ gilt für sein Risiko bei jedem $\vartheta \in \Theta$

$$\begin{aligned} R(\vartheta, \bar{\delta}) &= \iint \Lambda(\vartheta, a) \, \mathrm{d}\bar{\delta}_x(a) \, \mathrm{d}P_\vartheta(x) = \frac{1}{q} \sum_{\pi \in \mathfrak{Q}} \iint \Lambda(\vartheta, \pi^{-1} a) \, \mathrm{d}\delta_{\pi x}(a) \, \mathrm{d}P_\vartheta(x) \\ &= \frac{1}{q} \sum_{\pi \in \mathfrak{Q}} \iint \Lambda(\pi\vartheta, a) \, \mathrm{d}\delta_x(a) \, \mathrm{d}P_{\pi\vartheta}(x) = \frac{1}{q} \sum_{\pi \in \mathfrak{Q}} R(\pi\vartheta, \delta). \end{aligned} \tag{3.5.52}$$

Hieraus folgt wie auch bereits aus Satz 3.87, daß das Risiko von $\overline{\delta}$ auf der Bahn $\mathfrak{Q}\vartheta = \{\pi\vartheta : \pi \in \mathfrak{Q}\}$ konstant ist. Bezeichnet man dessen Wert mit $R(\mathfrak{Q}\vartheta, \overline{\delta})$ und die Gesamtheit *aller* Entscheidungskerne wieder mit $\mathfrak{K}$, so gilt nach (3.5.52) für jedes $\delta \in \mathfrak{K}$

$$\inf_{\pi \in \mathfrak{Q}} R(\pi\vartheta, \delta) \leqslant R(\mathfrak{Q}\vartheta, \overline{\delta}) \leqslant \sup_{\pi \in \mathfrak{Q}} R(\pi\vartheta, \delta) \quad \forall \vartheta \in \Theta \tag{3.5.53}$$

und damit $\sup_{\vartheta \in \Theta} R(\mathfrak{Q}\vartheta, \overline{\delta}) \leqslant \sup_{\vartheta \in \Theta} R(\vartheta, \delta)$. Wegen $\mathfrak{J} \subset \mathfrak{K}$ bzw. Satz 3.87 folgt damit

$$\inf_{\overline{\delta} \in \mathfrak{J}} \sup_{\vartheta \in \Theta} R(\mathfrak{Q}\vartheta, \overline{\delta}) \leqslant \inf_{\delta \in \mathfrak{K}} \sup_{\vartheta \in \Theta} R(\vartheta, \delta) \leqslant \inf_{\delta \in \mathfrak{J}} \sup_{\vartheta \in \Theta} R(\vartheta, \delta) = \inf_{\delta \in \mathfrak{J}} \sup_{\vartheta \in \Theta} R(\mathfrak{Q}\vartheta, \delta),$$

also
$$\inf_{\delta \in \mathfrak{J}} \sup_{\vartheta \in \Theta} R(\mathfrak{Q}\vartheta, \delta) = \inf_{\delta \in \mathfrak{K}} \sup_{\vartheta \in \Theta} R(\vartheta, \delta). \tag{3.5.54}$$

Existiert nun ein Entscheidungskern $\delta^* \in \mathfrak{J}$, der unter allen invarianten Entscheidungskernen minimax-optimal ist, also ein $\delta^* \in \mathfrak{J}$ mit

$$\sup_{\vartheta \in \Theta} R(\mathfrak{Q}\vartheta, \delta^*) = \inf_{\delta \in \mathfrak{J}} \sup_{\vartheta \in \Theta} R(\mathfrak{Q}\vartheta, \delta), \tag{3.5.55}$$

so ist δ^* bereits minimax-optimal bzgl. $\mathfrak{K}$. Zur Bestimmung eines Minimax-Verfahrens stellt also eine Reduktion durch Invarianz keine Einschränkung dar.

Nun sind endliche Gruppen nur selten statistisch relevant. Jedoch wurde die Endlichkeit von $\mathfrak{Q}$ nur dazu verwendet, um durch Mittelung jedem $\delta \in \mathfrak{K}$ einen im Minimax-Sinne nicht-schlechteren invarianten Kern $\overline{\delta} \in \mathfrak{J}$ zuzuordnen. Relevant ist allein, daß es ein invariantes WS-Maß λ über $(\mathfrak{Q}, \mathfrak{A}_{\mathfrak{Q}})$ gibt, im Fall einer endlichen Gruppe $\mathfrak{Q}$ eben $\lambda = \frac{1}{q} \sum_{\pi \in \mathfrak{Q}} \varepsilon_\pi$. Dabei heißt $\lambda \in \mathfrak{M}(\mathfrak{Q}, \mathfrak{A}_{\mathfrak{Q}})$ *(rechts-)invariant gegenüber* $\mathfrak{Q}$, wenn gilt

$$\lambda(A\pi) = \lambda(A) \quad \forall A \in \mathfrak{A}_{\mathfrak{Q}} \quad \forall \pi \in \mathfrak{Q}. \tag{3.5.56}$$

Ein invariantes WS-Maß existiert etwa auch bei der Gruppe der orthogonalen Transformationen des $\mathbb{R}^n$. Dagegen gibt es für die anderen, im folgenden benötigten Gruppen $\mathfrak{Q}$ nur σ-endliche invariante Maße λ. Diese Gruppen besitzen jedoch zumeist die Eigenschaft, daß es Folgen von WS-Maßen [1] $\lambda_n \in \mathfrak{M}^1(\mathfrak{Q}, \mathfrak{A}_{\mathfrak{Q}})$ gibt, die *asymptotisch invariant* sind in dem Sinne, daß für $n \to \infty$ gilt

$$\lambda_n(A\pi) - \lambda_n(A) \to 0 \quad \forall A \in \mathfrak{A}_{\mathfrak{Q}} \quad \forall \pi \in \mathfrak{Q}. \tag{3.5.57}$$

Solche Folgen von WS-Maßen lassen sich vielfach in naheliegender Weise gewinnen: Man betrachtet das vorliegende invariante σ-endliche Maß $\lambda \in \mathfrak{M}^\sigma(\mathfrak{Q}, \mathfrak{A}_{\mathfrak{Q}})$ nur über Mengen $K_n \in \mathfrak{A}_{\mathfrak{Q}}$ mit $K_n \uparrow \mathfrak{Q}$, $\lambda(K_n) \in (0, \infty)$, und definiert die WS-Maße $\lambda_n \in \mathfrak{M}^1(\mathfrak{Q}, \mathfrak{A}_{\mathfrak{Q}})$ durch Normierung dieser Werte $\lambda(A \cap K_n)$ gemäß

$$\lambda_n(A) := \frac{\lambda(A \cap K_n)}{\lambda(K_n)}, \qquad A \in \mathfrak{A}_{\mathfrak{Q}}. \tag{3.5.58}$$

---

[1]) Wir verwenden für die σ-Algebra über $\mathfrak{Q}$ bzw. deren Elemente die Bezeichnungen $\mathfrak{A}_{\mathfrak{Q}}$ bzw. A, um Verwechselungen mit den Notationen $B \in \mathfrak{B}$ und $C \in \mathfrak{C}(\mathfrak{Q})$ zu vermeiden. Es sei jedoch bemerkt, daß es sich hier und im folgenden bei $\mathfrak{A}_{\mathfrak{Q}}$ meist um die Borel-σ-Algebra über $\mathfrak{Q}$ handelt, da sich letztlich nur für topologische Gruppen $\mathfrak{Q}$ mit der Borel-σ-Algebra die Bedingung (3.5.57) der asymptotischen Invarianz verifizieren läßt; vgl. Anmerkung 3.117.

Man kann dann nämlich in den hier betrachteten Fällen zeigen, daß die so definierten WS-Maße der Bedingung (3.5.57) genügen (und zwar gleichmäßig in $A \in \mathfrak{A}_{\mathfrak{Q}}$).

Beispiel 3.115 Sei $\mathfrak{Q}$ die Gruppe der Translationen aus Beispiel 3.81 a, also $\mathfrak{Q} = \mathbb{R}$ mit der Addition als Gruppenverknüpfung. Dann ist das Lebesgue-Maß $\lambda\!\!\lambda$ über $(\mathfrak{Q}, \mathfrak{A}_{\mathfrak{Q}}) = (\mathbb{R}, \mathbb{B})$ invariant. Dieses ist nicht endlich, sondern nur σ-endlich. Wählt man $K_n = [-n, +n]$, so ist $\lambda_n = \mathfrak{R}(-n, +n)$, d.h. es gilt $\lambda_n(A) = \frac{1}{2n} \lambda\!\!\lambda(A \cap [-n, +n])$ und

$$\sup_{A \in \mathfrak{A}_{\mathfrak{Q}}} |\lambda_n(A) - \lambda_n(A+u)| \leqslant \frac{|u|}{n} \to 0 \quad \forall u \in \mathbb{R} \quad \text{für} \quad n \to \infty. \qquad \square \tag{3.5.59}$$

Beispiel 3.116 Sei $\mathfrak{Q}$ die Gruppe der affinen isotonen Transformationen aus Beispiel 3.81 b, also $\mathfrak{Q} = \mathbb{R} \times (0, \infty)$ mit der Verknüpfung $(u,v)(s,t) = (u + vs, vt)$. Hier ist das Produktmaß $\lambda := \lambda\!\!\lambda \otimes \tilde{\lambda}$ über $(\mathfrak{Q}, \mathfrak{A}_{\mathfrak{Q}}) = (\mathbb{R} \times (0, \infty), \ \mathbb{B} \otimes (0, \infty) \mathbb{B})$ mit $(\mathrm{d}\tilde{\lambda}/\mathrm{d}\lambda\!\!\lambda)(v) = v^{-1} \mathbb{1}_{(0,\infty)}(v)$ invariant. Wählt man $K_n = [-n, +n] \times [n^{-1}, n]$, und definiert die WS-Maße λ_n gemäß (3.5.58), so ist (3.5.57) gleichmäßig erfüllt. Zunächst gilt nämlich mit $c_n := (4n \log n)^{-1}$ für alle $(u,v) \in \mathfrak{Q}$ und alle $A \in \mathfrak{A}_{\mathfrak{Q}}$

$$|\lambda_n(A(u,v)) - \lambda_n(A)| \leqslant c_n \lambda(K_n \triangle K_n(u,v)^{-1}).$$

Dabei läßt sich die rechte Seite wegen $\lambda = \lambda_{(1)} \otimes \lambda_{(2)}$ zweistufig berechnen:

$$\begin{aligned} c_n \lambda(K_n \triangle K_n(u,v)^{-1}) = {} & c_n \int \lambda_{(1)}([K_n \setminus K_n(u,v)^{-1}]_y) \, \mathrm{d}\lambda_{(2)}(y) \\ & + c_n \int \lambda_{(1)}([K_n(u,v)^{-1} \setminus K_n]_y) \, \mathrm{d}\lambda_{(2)}(y). \end{aligned} \tag{3.5.60}$$

Für die Integranden verifiziert man

$$\lambda_{(1)}([K_n \setminus K_n(u,v)^{-1}]_y) = \begin{cases} 2n & \text{für } y \in \left[\frac{1}{n}, n\right] \setminus \left[\frac{1}{vn}, \frac{n}{v}\right], \\ |u| y & \text{für } y \in \left[\frac{1}{n}, n\right] \cap \left[\frac{1}{vn}, \frac{n}{v}\right], \\ 0 & \text{für } y \notin \left[\frac{1}{n}, n\right], \end{cases}$$

$$\lambda_{(1)}([K_n(u,v)^{-1} \setminus K_n]_y) = \begin{cases} 2n & \text{für } y \in \left[\frac{1}{vn}, \frac{n}{v}\right] \setminus \left[\frac{1}{n}, n\right], \\ |u| y & \text{für } y \in \left[\frac{1}{vn}, \frac{n}{v}\right] \cap \left[\frac{1}{n}, n\right], \\ 0 & \text{für } y \notin \left[\frac{1}{vn}, \frac{n}{v}\right]. \end{cases}$$

Damit ergibt sich aus (3.5.60)

$$c_n \lambda(K_n \triangle K_n(u,v)^{-1}) \leqslant \frac{|\log v| + |u|}{\log n} = o(1),$$

insgesamt also für jedes $(u,v) \in \mathbb{R} \times (0, \infty)$

$$\sup_{A \in \mathfrak{A}_{\mathfrak{Q}}} |\lambda_n(A(u,v)) - \lambda_n(A))| \to 0 \quad \text{für} \quad n \to \infty. \qquad \square \tag{3.5.61}$$

Ein direkter Nachweis dafür, daß gemäß (3.5.58) gebildete Folgen von WS-Maßen asymptotisch invariant sind, wird für kompliziertere Gruppen schnell sehr aufwendig. Deshalb stützt man sich auf entsprechende allgemeine Aussagen, deren wichtigste enthalten sind in der folgenden

Anmerkung[1]) **3.117** Unter einer *topologischen Gruppe* $\mathfrak{Q}$ versteht man eine Gruppe, die zugleich ein topologischer Raum ist und für welche die Zuordnung $(\pi_1, \pi_2) \mapsto \pi_1 \circ \pi_2^{-1}$ stetig ist. Von besonderem Interesse sind solche topologischen Gruppen, deren Topologie wie diejenige der Gruppe $\mathbb{R}^n$ – mit der Addition als Gruppenverknüpfung und versehen mit der üblichen euklidischen Topologie – lokalkompakt und Hausdorffsch ist. Für derartige Gruppen $\mathfrak{Q}$ existiert nämlich ein Maß $\lambda \in \mathfrak{M}(\mathfrak{Q}, \mathfrak{A}_{\mathfrak{Q}})$, $\lambda \neq 0$, das wie das Lebesgue-Maß über $(\mathbb{R}^n, \mathbb{B}^n)$ rechtsinvariant ist gegenüber den „Translationen um $\pi \in \mathfrak{Q}$“ im Sinne von (3.5.56). Dabei bezeichnet $\mathfrak{A}_{\mathfrak{Q}}$ die Borel-σ-Algebra über $\mathfrak{Q}$. Ein solches *rechtsinvariantes Haar-Maß* ist im wesentlichen eindeutig, d.h. zwei solche Maße unterscheiden sich nur um eine positive multiplikative Konstante. (Dabei sind „pathologische“ invariante Maße wie etwa das durch $\lambda(A) := 0$ für $A = \emptyset$ und $\lambda(A) := \infty$ für $A \neq \emptyset$ definierte Maß λ auszuschließen.) λ ist endlich genau dann, wenn $\mathfrak{Q}$ kompakt ist, und σ-endlich, wenn $\mathfrak{Q}$ σ-kompakt ist, d.h. wenn $\mathfrak{Q}$ die isotone Vereinigung von abzählbar vielen kompakten Mengen ist. Insbesondere ist also λ nur dann als WS-Maß über $(\mathfrak{Q}, \mathfrak{A}_{\mathfrak{Q}})$ wählbar, wenn $\mathfrak{Q}$ kompakt ist. Entsprechendes gilt für *linksinvariante Haar-Maße*.

Die einfachsten Beispiele bilden die mit der diskreten Topologie versehenen abzählbaren Gruppen. Für diese ergibt sich das Zählmaß $\#$ als Haar-Maß λ. Dieses ist genau dann endlich – und damit auch als WS-Maß wählbar –, wenn die Gruppe endlich ist. Hiervon haben wir etwa in (3.5.50) bzw. bei Satz 3.6 im Zusammenhang mit endlichen Gruppen Gebrauch gemacht. Weiter sind neben der schon erwähnten Gruppe $\mathbb{R}^n$ für die Mathematische Statistik die folgenden einfachen Beispiele von besonderem Interesse; allen liegt hierbei die euklidische Topologie zugrunde.

a1) $\mathfrak{Q}$ ist die Gruppe $(0, \infty)$ mit der üblichen Multiplikation als Verknüpfung. Es gilt $(\mathrm{d}\lambda/\mathrm{d}\lambda\!\!\!\lambda)(v) = v^{-1} \mathbb{1}_{(0,\infty)}(v)$.

a2) $\mathfrak{Q}$ ist die Gruppe $\mathbb{R} \times (0, \infty)$ mit der Verknüpfung $(u, v)(s, t) := (u + vs,\ vt)$. Es gilt $(\mathrm{d}\lambda/\mathrm{d}\lambda\!\!\!\lambda^2)(u, v) = v^{-1} \mathbb{1}_{(0,\infty)}(v)$, also $\lambda = \lambda_{(1)} \otimes \lambda_{(2)}$ mit $\lambda_{(1)} = \lambda\!\!\!\lambda$ und $(\mathrm{d}\lambda_{(2)}/\mathrm{d}\lambda\!\!\!\lambda)(v) = v^{-1} \mathbb{1}_{(0,\infty)}(v)$. Die Gruppe $\mathbb{R} \times (0, \infty)$ läßt sich auch mit der Matrizengruppe $\left\{\begin{pmatrix} v & u \\ 0 & 1 \end{pmatrix} : (u, v) \in \mathbb{R} \times (0, \infty)\right\}$ identifizieren bzw. mit der Gruppe der affinen isotonen Transformationen auf $\mathbb{R}$. Bezeichnet nämlich $T_{(u,v)}(z) = u + vz$, $z \in \mathbb{R}$, eine beliebige affine isotone Transformation, so gilt

$$T_{(u,v)} \circ T_{(s,t)}(z) = T_{(u,v)}(s + tz) = (u + vs + vtz) = T_{(u,v)(s,t)}(z).$$

Dies ist übrigens das einfachste Beispiel dafür, daß das hier betrachtete rechtsinvariante Haar-Maß λ von dem entsprechend definierten linksinvarianten Haar-Maß $\varkappa$ abweicht, denn es gilt $(\mathrm{d}\varkappa/\mathrm{d}\lambda\!\!\!\lambda^2)(u, v) = v^{-2} \mathbb{1}_{(0,\infty)}(v)$.

Diese Gruppen spielen eine Rolle bei reinen Skalen- bzw. Lokations-Skalenmodellen.

b1) $\mathfrak{Q}$ sei die „allgemeine lineare Gruppe“ $\mathrm{GL}(n)$, also die Gruppe der nicht-singulären $n \times n$-Matrizen $\mathscr{V}$ mit der üblichen Matrizenmultiplikation als Verknüpfung. In diesem Fall gilt $(\mathrm{d}\lambda/\mathrm{d}\lambda\!\!\!\lambda^{n^2})(\mathscr{V}) = 1/|\det \mathscr{V}|^n$.

---

[1]) Für eine ausführliche Darstellung der hier nur gelisteten Aussagen über topologische Gruppen vgl. etwa das Buch E. Hewitt, H.A. Ross: Abstract harmonic analysis I, Berlin-Göttingen-Heidelberg, 1963.

b2) $\mathfrak{Q}$ sei die „allgemeine affine Gruppe" GA(n), also die Gruppe $\mathfrak{Q} = \mathbb{R}^n \times \mathrm{GL}(n)$ der nichtsingulären Transformationen $(u, \mathscr{V})$ mit der Verknüpfung $(u, \mathscr{V})(s, \mathscr{T}) = (u + \mathscr{V}s, \mathscr{V}\mathscr{T})$. In diesem Fall gilt $(\mathrm{d}\lambda/\mathrm{d}(\lambda\!\!\lambda^n \otimes \lambda\!\!\lambda^{n^2}))(u, \mathscr{V}) = 1/|\det \mathscr{V}|^n$.
Diese Gruppen bzw. ihre Untergruppen sind bei linearen Modellen und in der multivariaten Analyse von Bedeutung.

c1) Es seien $\mathfrak{Q}$ der Rand des Einheitskreises in der komplexen Ebene mit der komplexen Multiplikation als Verknüpfung. Diese orthogonalen Transformationen des $\mathbb{R}^2$ bilden eine kompakte Gruppe. Hier gilt $(\mathrm{d}\lambda/\mathrm{d}\lambda\!\!\lambda)(\cdot) = 1$, wobei mit $\lambda\!\!\lambda$ das Lebesgue-Maß auf der „abgerollten Kreislinie $[0, 2\pi)$" bezeichnet wird.

c2) $\mathfrak{Q}$ sei die Gruppe der orthogonalen Abbildungen des $\mathbb{R}^n$ (mit der Matrizenmultiplikation als Gruppenverknüpfung). Dies ist eine Untergruppe von GL(n), deren (als WS-Maß wählbares) Haar-Maß λ jedoch nur auf kompliziertere Weise angebbar ist.
Diese und andere Gruppen, die Drehungen beschreiben, treten etwa bei der Behandlung von statistischen Problemen mit sphärischen Daten auf.

Eine lokalkompakte und σ-kompakte Gruppe mit der Eigenschaft (3.5.57) wird in der Literatur üblicherweise als[1]) „amenable group" bezeichnet. (Auf die Forderung der σ-Kompaktheit kann dabei verzichtet werden, wenn man durchgehend Folgen durch Netze ersetzt.) Die Eigenschaft (3.5.57) ist z. B. immer dann erfüllt, wenn $\mathfrak{Q}$ zusätzlich abelsch oder kompakt ist. Sie gilt aber auch für andere Gruppen, z. B. für GA(1) (vgl. Beispiel 3.116) und läßt sich auch für einige Untergruppen von GA(n), $n > 1$, verifizieren. Dazu sei zunächst bemerkt, daß es sich bei b2) um ein spezielles semidirektes Produkt zweier Gruppen handelt. Dabei ist das semidirekte Produkt $\mathfrak{Q} = \mathfrak{U} \times \mathfrak{V}$ zweier Gruppen $\mathfrak{U}$ und $\mathfrak{V}$ mittels einer homomorphen Abbildung j von $\mathfrak{V}$ in die Automorphismengruppe von $\mathfrak{U}$ wie folgt definiert: $(u, v)(s, t) = (uj_v(s), vt)$. Dieses ist eine Gruppe, die sich im Fall $j_v = \mathrm{id}_{\mathfrak{U}} \quad \forall v \in \mathfrak{V}$ auf das übliche direkte Produkt zweier Gruppen reduziert. Das semidirekte Produkt zweier lokalkompakter Gruppen ist selbst wieder eine lokalkompakte Gruppe und das rechtsinvariante Haar-Maß gerade das Produktmaß der einzelnen rechtsinvarianten Haar-Maße. Auch das linksinvariante Haar-Maß läßt sich leicht aus den entsprechenden Faktormaßen gewinnen.

Speziell interessiert der folgende Typ semidirekter Produkte: $\mathfrak{U}$ ist ein linearer Raum $\mathfrak{L}_h \subset \mathbb{R}^n$ mit der Addition als Gruppenverknüpfung, $\mathfrak{V}$ ist eine Untergruppe von GL(n) derart, daß $\mathscr{V}(\mathfrak{L}_h) = \mathfrak{L}_h$ $\forall \mathscr{V} \in \mathfrak{V}$ ist und j ordnet jedem $\mathscr{V} \in \mathfrak{V}$ den Automorphismus $j_{\mathscr{V}}: u \mapsto \mathscr{V}u$ zu. In diesem Fall ist die Multiplikation des semidirekten Produkts gerade die unter b2) angegebene Verknüpfungsregel von GA(n). Für $\mathfrak{U} = \mathbb{R}^n$ und $\mathfrak{V} = \mathrm{GL}(n)$ ergibt sich die ganze Gruppe GA(n). Diese besitzt zwar die Eigenschaft (3.5.57) nicht, wohl aber die meisten ihrer interessierenden Untergruppen. Für diese ergibt sich (3.5.57) aus folgendem Satz: a) Das semidirekte Produkt zweier Gruppen mit asymptotisch invarianten WS-Maßen ist wieder eine Gruppe mit dieser Eigenschaft; b) abgeschlossene Untergruppen von Gruppen mit asymptotisch invarianten WS-Maßen besitzen wieder diese Eigenschaft. □

Eine Rechtfertigung der Reduktion durch Invarianz mit Hilfe der oben beschriebenen Mittelbildungen läßt sich am leichtesten in der Testtheorie durchführen. Dabei ist vorauszusetzen, daß die Gruppe $\mathfrak{Q}$ *meßbar auf $\mathfrak{X}$ operiert*, d.h. daß die Abbildung $(\pi, x) \mapsto \pi x$ und damit die Abbildung $(\pi, x) \mapsto \varphi(\pi x)$ für jedes $\varphi \in \Phi$ meßbar ist, und daß $\mathfrak{P}$ invariant gegenüber $\mathfrak{Q}$ ist.

---

[1]) vgl. etwa J.V. Bondar, V. Milnes: Amenability: A Survey for Statistical Applications of Hunt-Stein and Related Conditions and Groups, Z. Wahrscheinlichkeitstheorie verw. Geb. **57** (1981), 103–128.

Ist $\mathfrak{Q}$ endlich oder kompakt, so gibt es ein invariantes WS-Maß λ und jedem Test $\varphi \in \Phi$ läßt sich analog (3.5.50) ein invarianter Test $\bar{\varphi} \in \Phi$ zuordnen,

$$\bar{\varphi}(x) = \int_{\mathfrak{Q}} \varphi(\pi x) \, d\lambda(\pi). \tag{3.5.62}$$

Ist $\mathfrak{Q}$ eine Gruppe mit einer asymptotisch invarianten Folge $(\lambda_n) \subset \mathfrak{M}^1(\mathfrak{Q}, \mathfrak{A}_{\mathfrak{Q}})$, so wird jedem Test $\varphi \in \Phi$ eine Folge von Tests φ_n zugeordnet gemäß

$$\varphi_n(x) = \int_{\mathfrak{Q}} \varphi(\pi x) \, d\lambda_n(\pi), \quad n \in \mathbb{N}. \tag{3.5.63}$$

Aus einer solchen Folge von Tests läßt sich – als Limes längs geeigneter Teilfolgen – zunächst nur ein $\mathfrak{P}$-fast invarianter Test $\tilde{\varphi}$ gewinnen, der dann jedoch unter der Voraussetzung von Satz 3.109 $\mathfrak{P}$-f.ü. mit einem invarianten Test $\bar{\varphi}$ übereinstimmt. Damit kann gezeigt werden, daß ein (maximin-)optimaler invarianter α-Niveau Test unter geeigneten Bedingungen auch (maximin-)optimal bzgl. der Klasse *aller* α-Niveau Tests ist. Wir knüpfen dazu an die Ungleichung (3.5.53) und die anschließenden Rechnungen an. Mit einer Argumentation wie bei (3.5.53–55) ergibt sich der

Satz 3.118 *Zugrunde liege ein gegenüber einer Gruppe $\mathfrak{Q}$ invariantes Testproblem mit den folgenden beiden Eigenschaften*:

a) *Es existiert ein Maximin-α-Niveau Test φ_0*;

b) *Zu jedem Test $\varphi \in \Phi$ gibt es einen invarianten Test $\bar{\varphi} \in \Phi$ mit*

$$\inf_{\pi \in \mathfrak{Q}} E_{\pi\vartheta} \varphi \leqslant E_{\mathfrak{Q}\vartheta} \bar{\varphi} \leqslant \sup_{\pi \in \mathfrak{Q}} E_{\pi\vartheta} \varphi \quad \forall \vartheta \in \Theta. \tag{3.5.64}$$

Dann gilt: *Jeder Maximin-α-Niveau Test unter allen invarianten α-Niveau Tests ist auch Maximin-α-Niveau Test bzgl. der Gesamtheit aller α-Niveau Tests.*

Beweis: Sei $\Phi_\alpha(\mathfrak{Q})$ wieder die Menge aller gegenüber $\mathfrak{Q}$ invarianten α-Niveau Tests und $\bar{\varphi}_0$ ein zu φ_0 gehörender invarianter α-Niveau Test mit (3.5.64). Dann gilt wegen der Invarianz von **H** und **K**

$$E_{\mathfrak{Q}\vartheta} \bar{\varphi}_0 \leqslant \sup_{\pi \in \mathfrak{Q}} E_{\pi\vartheta} \varphi_0 \leqslant \alpha \quad \forall \vartheta \in \mathbf{H}, \qquad E_{\mathfrak{Q}\vartheta} \bar{\varphi}_0 \geqslant \inf_{\pi \in \mathfrak{Q}} E_{\pi\vartheta} \varphi_0 \quad \forall \vartheta \in \mathbf{K}.$$

Insbesondere gilt also $\bar{\varphi}_0 \in \Phi_\alpha(\mathfrak{Q})$. Weiter sei $\tilde{\varphi}$ ein invarianter Maximin-α-Niveau Test, d.h. $\tilde{\varphi} \in \Phi_\alpha(\mathfrak{Q})$ mit der Maximin-Eigenschaft bzgl. $\Phi_\alpha(\mathfrak{Q})$. Dann gilt wegen $\bar{\varphi}_0 \in \Phi_\alpha(\mathfrak{Q}) \subset \Phi_\alpha$

$$\inf_{\vartheta \in \mathbf{K}} E_\vartheta \bar{\varphi}_0 \leqslant \sup_{\varphi \in \Phi_\alpha(\mathfrak{Q})} \inf_{\vartheta \in \mathbf{K}} E_\vartheta \varphi = \inf_{\vartheta \in \mathbf{K}} E_\vartheta \tilde{\varphi} \leqslant \sup_{\varphi \in \Phi_\alpha} \inf_{\vartheta \in \mathbf{K}} E_\vartheta \varphi = \inf_{\vartheta \in \mathbf{K}} E_\vartheta \varphi_0 \leqslant \inf_{\vartheta \in \mathbf{K}} E_\vartheta \bar{\varphi}_0.$$

Also besitzt $\tilde{\varphi} \in \Phi_\alpha$ auch die Maximin-Eigenschaft bzgl. Φ_α. □

Somit besteht die angestrebte Rechtfertigung der Reduktion durch Invarianz letztlich in der Angabe von Bedingungen, unter denen die Voraussetzungen von Satz 3.118 erfüllt sind. Ist $\lambda \in \mathfrak{M}^1(\mathfrak{Q}, \mathfrak{A}_{\mathfrak{Q}})$ ein invariantes WS-Maß, so besitzt zu vorgegebenem $\varphi \in \Phi$ der Test (3.5.62) diese Eigenschaften. Es gilt nämlich $0 \leqslant \bar{\varphi} \leqslant 1$ sowie nach dem Satz von Fubini auch (3.5.64) wegen

$$E_\vartheta \bar{\varphi} = \int_{\mathfrak{Q}} \int_{\mathfrak{X}} \varphi(\pi x) \, dP_\vartheta(x) \, d\lambda(\pi) = \int_{\mathfrak{Q}} E_{\pi\vartheta} \varphi \, d\lambda(\pi) \quad \forall \vartheta \in \Theta.$$

Beispiel 3.119 Betrachtet werde das Testproblem aus Beispiel 3.112, jedoch mit den modifizierten Hypothesen $\mathbf{H}$: $\delta^2 = 0$, $\mathbf{K}_1: \delta^2 \geqslant \delta_1^2 > 0$. Für dieses sind die Voraussetzungen von Satz 3.118 erfüllt: Es ist invariant gegenüber der in Beispiel 3.112 angegebenen Gruppe $\mathfrak{Q}$, nach Satz 2.17 existiert ein Maximin-α-Niveau Test und zu jedem Test φ gibt es einen gemäß (3.5.62) gebildeten Test $\bar{\varphi}$ mit (3.5.64). Dabei sind λ und π wie folgt erklärt: Die orthogonalen Transformationen bilden eine kompakte topologische Gruppe $\mathfrak{Q}$, so daß nach Anmerkung 3.117 das Haar-Maß als WS-Maß λ über $(\mathfrak{Q}, \mathfrak{A}_{\mathfrak{Q}})$ gewählt werden kann. Bezeichnet τ eine orthogonale Transformation des $\mathbb{R}^2$, so sei π die hierdurch gemäß $\pi x = (\tau x_1, \ldots, \tau x_n)$ definierte orthogonale Transformation auf $(\mathfrak{X}, \mathfrak{B}) = (\mathbb{R}^{2n}, \mathbb{B}^{2n})$. Ein invarianter Maximin-α-Niveau Test läßt sich wie folgt angeben: Eine maximalinvariante Statistik, die über der für $\vartheta = (\mu_1, \mu_2) \in \mathbb{R}^2$ suffizienten Statistik $S(x) = (\bar{y}, \bar{z})$ meßbar faktorisiert, ist $T(x) = n(\bar{y}^2 + \bar{z}^2)/\sigma_0^2$. Da $\mathfrak{P}^T = \{\mathfrak{L}_\vartheta(T): \vartheta = (\mu_1, \mu_2) \in \mathbb{R}^2\}$ nach Beispiel 3.112 eine durch $\delta^2 = n(\mu_1^2 + \mu_2^2)/\sigma_0^2 \in [0, \infty)$ parametrisierte Klasse mit isotonem DQ in der Identität ist, gibt es nach Satz 2.24d einen invarianten Maximin-α-Niveau Test für $\mathbf{H}$: $\delta^2 = 0$, $\mathbf{K}_1$: $\delta^2 \geqslant \delta_1^2$, nämlich den in Beispiel 3.112 angegebenen Test φ^*. Dieser ist nach Satz 3.118 also auch Maximin-α-Niveau Test bzgl der Klasse aller α-Niveau Tests. □

Um Satz 3.118 auch auf Gruppen anwenden zu können, die nur eine asymptotisch invariante Folge $(\lambda_n) \subset \mathfrak{M}^1(\mathfrak{Q}, \mathfrak{A}_{\mathfrak{Q}})$ besitzen, beweisen wir den

Satz 3.120 (Hunt-Stein) *Es seien $\mathfrak{Q}$ eine Gruppe meßbarer Transformationen von $(\mathfrak{X}, \mathfrak{B})$ auf sich und $\mathfrak{P} = \{P_\vartheta: \vartheta \in \Theta\}$ eine dominierte, gegenüber $\mathfrak{Q}$ invariante Verteilungsklasse über $(\mathfrak{X}, \mathfrak{B})$. Weiter seien die Meßbarkeitsvoraussetzungen* 1) *und* 2) *aus Satz* 3.109 *erfüllt. Dann gilt:*

a) *Existiert eine asymptotisch invariante Folge $(\lambda_n) \subset \mathfrak{M}^1(\mathfrak{Q}, \mathfrak{A}_{\mathfrak{Q}})$, so gibt es zu jedem Test $\varphi \in \Phi$ einen $\mathfrak{P}$-fast invarianten Test $\tilde{\varphi} \in \Phi$ mit* (3.5.64).

b) *Ist zusätzlich die Voraussetzung* 3) *aus Satz* 3.109 *erfüllt, so gibt es zu jedem Test $\varphi \in \Phi$ einen invarianten Test $\bar{\varphi} \in \Phi$ mit* (3.5.64).

Beweis: a) Sei $\varphi \in \Phi$. Dann wird nach dem Satz von Fubini durch (3.5.63) eine Folge (φ_n) von Tests definiert. Folglich gibt es aufgrund der schwachen Folgenkompaktheit von Φ eine Teilfolge $(\varphi_{n,n}) \subset (\varphi_n)$ und ein $\tilde{\varphi} \in \Phi$ mit

$$\int_B \varphi_{n,n}(x)\, \mathrm{d}P_\vartheta \to \int_B \tilde{\varphi}(x)\, \mathrm{d}P_\vartheta \quad \forall \vartheta \in \Theta \quad \forall B \in \mathfrak{B}, \tag{3.5.65}$$

speziell also mit

$$E_\vartheta \varphi_{n,n}(X) \to E_\vartheta \tilde{\varphi}(X) \quad \forall \vartheta \in \Theta. \tag{3.5.66}$$

Nach dem Satz von Fubini bzw. wegen $\mathfrak{L}_\vartheta(\pi X) = \mathfrak{L}_{\pi\vartheta}(X) \quad \forall \pi \in \mathfrak{Q}$ gilt

$$E_\vartheta \varphi_{n,n}(X) = \int E_\vartheta \varphi(\pi X)\, \mathrm{d}\lambda_{n,n}(\pi) = \int E_{\pi\vartheta} \varphi(X)\, \mathrm{d}\lambda_{n,n}(\pi) \quad \forall \vartheta \in \Theta$$

und damit nach (3.5.66) die Behauptung (3.5.64), denn für jedes $n \in \mathbb{N}$ gilt

$$\inf_{\pi \in \mathfrak{Q}} E_{\pi\vartheta} \varphi(X) \leqslant E_\vartheta \varphi_{n,n}(X) \leqslant \sup_{\pi \in \mathfrak{Q}} E_{\pi\vartheta} \varphi(X) \quad \forall \vartheta \in \Theta.$$

Zum Nachweis, daß $\tilde{\varphi}$ $\mathfrak{P}$-fast invariant gegenüber $\mathfrak{Q}$ ist, wird $\mathfrak{Q}$ für festes $x \in \mathfrak{X}$ und jedes $m \in \mathbb{N}$ zerlegt in die Mengen

$$A_{m,j} := \left\{\pi \in \mathfrak{Q}: \frac{j-1}{m} < \varphi(\pi x) \leqslant \frac{j}{m}\right\}, \qquad j = 0, \ldots, m.$$

Dann gilt $\varphi_{n,n}(x) = \sum_{j=0}^{m} \int_{A_{m,j}} \varphi(\tilde{\pi}x)\,\mathrm{d}\lambda_{n,n}(\tilde{\pi})$ und wegen $\lambda_{n,n} \in \mathfrak{M}^1(\mathfrak{Q}, \mathfrak{A}_{\mathfrak{Q}})$

$$0 \leqslant \sum_{j=0}^{m} \int_{A_{m,j}} \varphi(\tilde{\pi}x)\,\mathrm{d}\lambda_{n,n}(\tilde{\pi}) - \sum_{j=0}^{m} \frac{j-1}{m} \lambda_{n,n}(A_{m,j}) \leqslant \frac{1}{m}.$$

Analog gilt $\varphi_{n,n}(\pi x) = \sum_{j=0}^{m} \int_{A_{m,j}\pi^{-1}} \varphi(\tilde{\pi}x)\,\mathrm{d}\lambda_{n,n}(\tilde{\pi})$ sowie

$$0 \leqslant \sum_{j=0}^{m} \int_{A_{m,j}\pi^{-1}} \varphi(\tilde{\pi}x)\,\mathrm{d}\lambda_{n,n}(\tilde{\pi}) - \sum_{j=0}^{m} \frac{j-1}{m} \lambda_{n,n}(A_{m,j}\pi^{-1}) \leqslant \frac{1}{m}.$$

Aus diesen beiden Abschätzungen ergibt sich

$$|\varphi_{n,n}(\pi x) - \varphi_{n,n}(x)| \leqslant \sum_{j=0}^{m} \frac{j-1}{m} |\lambda_{n,n}(A_{m,j}\pi^{-1}) - \lambda_{n,n}(A_{m,j})| + \frac{1}{m}.$$

Wegen der asymptotischen Invarianz strebt der erste Summand gegen 0 für $n \to \infty$ und zwar für jedes $m \in \mathbb{N}$. Da m beliebig gewählt ist, gilt also

$$\varphi_{n,n}(\pi x) - \varphi_{n,n}(x) \to 0 \quad \forall x \in \mathfrak{X} \quad \forall \pi \in \mathfrak{Q}.$$

Hieraus folgt nach dem Satz von der beschränkten Konvergenz für $n \to \infty$

$$\int_B [\varphi_{n,n}(\pi x) - \varphi_{n,n}(x)]\,\mathrm{d}P_\vartheta(x) \to 0 \quad \forall B \in \mathfrak{B} \quad \forall \pi \in \mathfrak{Q} \quad \forall \vartheta \in \Theta$$

und damit aufgrund der schwachen Folgenkompaktheit (3.5.65)

$$\int_B \tilde{\varphi}(\pi x)\,\mathrm{d}P_\vartheta(x) = \int_B \tilde{\varphi}(x)\,\mathrm{d}P_\vartheta(x) \quad \forall B \in \mathfrak{B} \quad \forall \pi \in \mathfrak{Q} \quad \forall \vartheta \in \Theta$$

oder wegen der P_ϑ-Bestimmtheit der Radon-Nikodym-Ableitung für jedes $\vartheta \in \Theta$

$$\tilde{\varphi}(\pi x) = \tilde{\varphi}(x) \quad [\mathfrak{P}] \quad \forall \pi \in \mathfrak{Q}.$$

b) folgt mit a) aus Satz 3.109. □

Korollar 3.121 (Hunt-Stein) *Zugrunde liege ein invariantes Testproblem, für das die Obervoraussetzungen von Satz* 3.120 *erfüllt seien. Außerdem gebe es ein gegenüber* $\mathfrak{Q}$ *invariantes σ-endliches Maß* $\lambda \in \mathfrak{M}^\sigma(\mathfrak{Q}, \mathfrak{A}_{\mathfrak{Q}})$ *und eine Folge* $(K_n) \subset \mathfrak{A}_{\mathfrak{Q}}$ *mit* $0 < \lambda(K_n) < \infty$ $\forall n \in \mathbb{N}$, *so daß die gemäß* (3.5.58) *definierten* WS-*Maße* λ_n *der Bedingung* (3.5.57) *genügen. Existiert dann ein Maximin-α-Niveau Test, so kann dieser invariant gewählt und als invarianter Maximin-α-Niveau Test gewonnen werden. Eine Reduktion durch Invarianz bedeutet in diesem Fall also keine Einschränkung.*

Beweis: Dieser ergibt sich unmittelbar aus den Sätzen 3.118 und 3.120b. □

Speziell folgt also aus Korollar 3.121, daß die in 3.5.3 für einseitige Hypothesen $\mathbf{H}: \gamma(\vartheta) \leqslant \gamma_0$, $\mathbf{K}: \gamma(\vartheta) > \gamma_0$ hergeleiteten besten invarianten α-Niveau Tests in Lokations-

bzw. Lokations-Skalenmodellen Maximin-α-Niveau Tests sind für die „getrennten" Hypothesen $\mathbf{H}$: $\gamma(\vartheta) \leqslant \gamma_0$, $\mathbf{K}_1$: $\gamma(\vartheta) \geqslant \gamma_1$ und zwar für jedes $\gamma_1 > \gamma_0$. Insbesondere gilt dies für die Beispiele 3.100, 3.101 und 3.105. Entsprechend wird sich in Satz 4.13 der F-Test für lineare Hypothesen in linearen Modellen nicht nur als gleichmäßig bester invarianter α-Niveau Test (für die „ungetrennten" Hypothesen), sondern auch als Maximin-α-Niveau Test für die „getrennten" Hypothesen in der Klasse aller α-Niveau Tests erweisen. Eine weitere Anwendung enthält schließlich das

Beispiel 3.122 Betrachtet werde das Testproblem aus den Beispielen 3.83 und 3.104. Da $\mathfrak{P} = \mathfrak{P}_{\mathbf{H}} \cup \mathfrak{P}_{\mathbf{K}}$ dominiert ist, existiert nach Satz 2.17 stets ein Maximin-α-Niveau Test. Außerdem sind nach Beispiel 3.116 die Voraussetzungen von Satz 3.120b erfüllt. Also ist der invariante α-Niveau Test mit der in Beispiel 3.104 angegebenen Prüfgröße $\bar{L}$ Maximin-α-Niveau Test bezüglich der Klasse aller α-Niveau Tests. □

3.5.6 Pitman-Schätzer

Bei der Herleitung optimaler äquivarianter Punktschätzer beschränken wir uns weitgehend auf das Lokationsmodell

$$\mathfrak{P} = \{P_\vartheta \in \mathfrak{M}^1(\mathbb{R}^n, \mathbb{B}^n): P_\vartheta(B) := P(B - \vartheta \mathbb{1}_n),\ B \in \mathbb{B}^n,\ \vartheta \in \Theta := \mathbb{R}\}, \tag{3.5.67}$$

wobei $P \in \mathfrak{M}^1(\mathbb{R}^n, \mathbb{B}^n)$ fest ist. Wegen $P_0 = P$ wird mit Eg bzw. $Var\, g$ der unter P_0 gebildete EW bzw. die unter P_0 gebildete Varianz von $g \in \mathbb{B}^n$ bezeichnet. Bei Verwenden von ZG X ist die Verteilungsannahme (3.5.67) äquivalent mit

$$\mathfrak{L}_\vartheta(X) = \mathfrak{L}(X + \vartheta \mathbb{1}_n) \quad \forall \vartheta \in \mathbb{R}. \tag{3.5.68}$$

Sie ist invariant gegenüber der Gruppe $\mathfrak{Q}$ der Transformationen der Form (3.5.4) mit $\tau z = z + u$, $u \in \mathbb{R}$. Für $\pi \in \mathfrak{Q}$ schreiben wir auch

$$\pi x = x + u \mathbb{1}_n, \qquad x \in \mathbb{R}^n, \qquad u \in \mathbb{R}. \tag{3.5.69}$$

Demgemäß ist eine Statistik g: $(\mathbb{R}^n, \mathbb{B}^n) \to (\mathbb{R}, \mathbb{B})$ äquivariant, wenn gilt

$$g(x + u \mathbb{1}_n) = g(x) + u \quad \forall x \in \mathbb{R}^n \quad \forall u \in \mathbb{R}. \tag{3.5.70}$$

Die Gesamtheit aller äquivarianten Statistiken werde mit $\mathfrak{E}(\mathfrak{Q})$ bezeichnet.

Satz 3.123 *Es seien $\mathfrak{Q}$ die Gruppe der Transformationen* (3.5.69), e: $(\mathbb{R}^n, \mathbb{B}^n) \to (\mathbb{R}, \mathbb{B})$ *eine äquivariante und S eine invariante Statistik. Dann gilt:*

a) $$\left.\begin{array}{l} g \textit{ äquivariant}, \\ g: (\mathbb{R}^n, \mathbb{B}^n) \to (\mathbb{R}, \mathbb{B}) \end{array}\right\} \Leftrightarrow \left\{\begin{array}{l} \exists k: (\mathbb{R}^n, \mathbb{B}^n) \to (\mathbb{R}, \mathbb{B}) \\ k \textit{ invariant mit } g = e + k. \end{array}\right.$$

b) $$g := e - E(e|S) \quad [P] \tag{3.5.71}$$

ist äquivariant und erwartungstreu für $\vartheta \in \mathbb{R}$, falls gilt $e \in \mathbb{L}_1(P)$.

c) *Eine maximalinvariante Statistik lautet*

$$T(x) = x - e(x) \mathbb{1}_n, \qquad x \in \mathbb{R}^n. \tag{3.5.72}$$

Beweis: a) folgt sofort aus (3.5.70).

b) Die Invarianz von S impliziert nach (1.6.54), daß $h(S) := E(e|S)$ invariant und deshalb mit e auch g äquivariant ist. Wegen (3.5.68+70) bzw. $Eh(S) = EE(e|S) = Ee$ folgt aus (3.5.71)

$$E_\vartheta g = E_\vartheta e - E_\vartheta h(S) = Ee + \vartheta - Eh(S) = \vartheta \quad \forall \vartheta \in \mathbb{R}.$$

c) Die Statistik (3.5.72) ist invariant, denn wegen (3.5.70) gilt

$$T(x + u\mathbb{1}_n) = x + u\mathbb{1}_n - e(x + u\mathbb{1}_n)\,\mathbb{1}_n = x + u\mathbb{1}_n - (e(x) + u)\,\mathbb{1}_n = T(x) \quad \forall u \in \mathbb{R},$$

und aus $x - e(x)\,\mathbb{1}_n = x' - e(x')\,\mathbb{1}_n$ folgt $x' = x + u\mathbb{1}_n$ mit $u := e(x') - e(x)$. □

Satz 3.124 *Für das Lokationsmodell* (3.5.67) *gilt:*

a) *Jeder äquivariante Schätzer hat konstante Verzerrung und konstante Varianz (sofern diese Größen existieren).*

b) *Bezeichnet* $\Lambda_0: \mathbb{R} \to [0, \infty)$ *eine meßbare Funktion und* $\Lambda: \mathbb{R} \times \mathbb{R} \to [0, \infty)$ *die gemäß*

$$\Lambda(\vartheta, a) = \Lambda_0(a - \vartheta), \qquad (\vartheta, a) \in \mathbb{R} \times \mathbb{R} \tag{3.5.73}$$

erklärte zugehörige invariante Verlustfunktion, so ist das Risiko für jeden äquivarianten Schätzer g und allgemeiner für jeden invarianten Schätzkern[1]) δ *unabhängig von* $\vartheta \in \mathbb{R}$. *Insbesondere ist jeder unter* $\vartheta = 0$ *optimale Schätzer gleichmäßig optimal für alle* $\vartheta \in \mathbb{R}$.

Beweis: a) ergibt sich unter Verwendung von ZG aus (3.5.68+70) gemäß

$$E_\vartheta g(X) - \vartheta = E_\vartheta g(X - \vartheta\mathbb{1}_n) = Eg(X) \quad \forall \vartheta \in \mathbb{R}. \tag{3.5.74}$$

Analog folgt $Var_\vartheta g(X) = E_\vartheta(g(X) - \vartheta)^2 = Eg^2(X) = Var\, g(X) \quad \forall \vartheta \in \mathbb{R}$.

b) folgt aus Satz 3.87 oder etwa für $g \in \mathfrak{E}(\mathfrak{Q})$ wie unter a) gemäß

$$R(\vartheta, g) = E_\vartheta \Lambda_0(g(X) - \vartheta) = E\Lambda_0(g(X)) =: R(g) \quad \forall \vartheta \in \mathbb{R}. \qquad \square \tag{3.5.75}$$

Für das weitere seien $e \in \mathfrak{E}(\mathfrak{Q})$ beliebig, aber fest, etwa $e(x) = x_1$ oder $e(x) = \bar{x}$, und T die durch (3.5.72) definierte zugehörige maximalinvariante Statistik, also etwa[2]) $T(x) = (x_2 - x_1, \ldots, x_n - x_1)$ bzw. $T(x) = (x_1 - \bar{x}, \ldots, x_n - \bar{x})$. Um eine vom Spezialfall unabhängige Terminologie zu haben, bezeichnen wir das Bild von T mit $\mathfrak{T}$; weiter sei $\mathfrak{D} := \mathfrak{B}_T^{\mathfrak{T}}$.

Bei den hier betrachteten Verlustfunktionen können wir uns auf nicht-randomisierte Schätzer beschränken und zwar bei Funktionen $\Lambda(\vartheta, a)$, für die $\Lambda(\vartheta, \cdot)$ konvex ist $\forall \vartheta \in \mathbb{R}$, nach (1.2.98) o.E. bzw. bei Funktionen (3.5.84) durch zusätzliche Überlegungen, da sich der optimale Schätzer als nicht-randomisiert erweisen wird. Wegen Satz 3.124b bzw. 3.123a läßt sich hierbei die Bestimmung eines besten äquivarianten Schätzers g^*

---

[1]) Es sei daran erinnert, daß nach (3.5.10) bzw. der Definition 3.86 die Äquivarianz eines (nicht-randomisierten) Schätzers der Invarianz eines Schätzkerns entspricht.

[2]) Genauer wäre $T(x) = (0, x_2 - x_1, \ldots, x_n - x_1)$; wir verzichten im folgenden auf die Angabe der 0.

dann auf diejenige einer unter $\vartheta = 0$ optimalen invarianten Funktion k^* reduzieren. Für ein optimales $g^* = e + k^*$ gilt nämlich

$$R(g^*) = \inf\{R(g): g \text{ äquivariant}\} = \inf\{E(\Lambda_0(e+k)): k \text{ invariant}\}.$$

Nach Faktorisierung von k über T gemäß $k = h(T)$ ist dies wegen

$$R(g) = \int \Lambda_0(e+h(T))\,\mathrm{d}P = \int \Lambda_0(z+h(t))\,\mathrm{d}P^{(e,T)}(z,t) = \int\int \Lambda_0(z+h(t))\,\mathrm{d}P^{e|T=t}(z)\,\mathrm{d}P^T(t)$$

äquivalent mit der Minimierungsaufgabe

$$\begin{aligned} R(g^*) &= E[E(\Lambda_0(e+h^*(T))|T)] \\ &= \inf\{\int[\int \Lambda_0(z+h(t))\,\mathrm{d}P^{e|T=t}(z)]\,\mathrm{d}P^T(t): h \in \mathfrak{D}\}. \end{aligned} \tag{3.5.76}$$

Zur Konstruktion eines optimalen Schätzers $g^* = e + h^*(T)$ reicht es, das innere Integral für P^T-f.a. $t \in \mathfrak{T}$ zu minimieren. Wird dieses Minimum angenommen, so spricht man von einem *verallgemeinerten Pitman-Schätzer*. Ist speziell $\Lambda_0(z) = z^2$ und $e \in \mathbb{L}_2(P)$, so läßt sich $h^*(t)$ explizit angeben zu $h^*(t) = -E(e|T=t)$ $[P^T]$. Der hierbei resultierende optimale Schätzer $g^* = e - E(e|T)$ $[P]$ heißt *Pitman-Schätzer*. Auf ihn bezieht sich der

Satz 3.125 *Betrachtet werde das Lokationsmodell* (3.5.67) *mit der Verlustfunktion* $\Lambda(\vartheta, a) = (a-\vartheta)^2$; *für das ausgezeichnete* $e \in \mathfrak{E}(\mathfrak{Q})$ *gelte* $R(e) < \infty$. *Dann gilt*:

a) *Der Pitman-Schätzer existiert und ist P-bestimmt. Er ist erwartungstreu für* $\vartheta \in \mathbb{R}$ *und besitzt definitionsgemäß unter allen äquivarianten Schätzern kleinstes quadratisches Risiko.*

b) g^* *ist Pitman-Schätzer genau dann, wenn er die Darstellung* (3.5.71) *mit* $S = T$ *gemäß* (3.5.72) *besitzt und zwar unabhängig von der speziell gewählten äquivarianten Statistik e.*

c) *Bezeichnet* $p(x_1, \ldots, x_n)$ *eine* $\lambda\!\!\lambda^n$*-Dichte von P, so gilt für den Pitman-Schätzer* g^*

$$g^*(x) = \frac{\int_{-\infty}^{+\infty} \vartheta p(x_1-\vartheta, \ldots, x_n-\vartheta)\,\mathrm{d}\vartheta}{\int_{-\infty}^{+\infty} p(x_1-\vartheta, \ldots, x_n-\vartheta)\,\mathrm{d}\vartheta} \quad [P]. \tag{3.5.77}$$

Beweis: a) Der bedingte EW in (3.5.76) wird bei $\Lambda_0(z) = z^2$ für P^T-f.a. $t \in \mathfrak{T}$ minimiert durch $h^*(T) = -E(e|T)$ $[P]$. Der beste äquivariante Schätzer ist also P-bestimmt, von der Form (3.5.71) und somit nach Satz 3.123b erwartungstreu.

b) folgt aus a) sowie mit Satz 3.91 aus Satz 3.123a.

c) Der Pitman-Schätzer läßt sich wegen (3.5.71), (1.6.54) und (1.6.74) explizit angeben. Hierzu sei etwa $e(x) = x_1$, also $T^\top(x) = (x_2 - x_1, \ldots, x_n - x_1)$. Dann gilt $(e(x), T^\top(x))^\top = (x_1, x_2 - x_1, \ldots, x_n - x_1)^\top =: \mathscr{T}x$, wobei $\mathscr{T} = (t_{ij})$ mit $t_{ii} = 1$, $t_{i1} = -1$ für $2 \leqslant i \leqslant n$ sowie $t_{ij} = 0$ sonst ist. Folglich gilt nach der Transformationsformel A4.5 wegen $|\mathscr{T}| = 1$ mit $t := (t_2, \ldots, t_n)$

$$p^{(e,T)}(z,t) = \frac{\mathrm{d}P^{(e,T)}}{\mathrm{d}\lambda\!\!\lambda^n}(z,t) = p(x(z,t)) \cdot 1 = p(z, z+t_2, \ldots, z+t_n) \quad [\lambda\!\!\lambda^n]. \tag{3.5.78}$$

Nach (1.6.74) ergibt sich dann als bedingte Dichte von e bei gegebenem $T = t$

$$p^{e|T=t}(z) = \frac{\mathrm{d}P^{e|T=t}}{\mathrm{d}\lambda\!\!\lambda}(z) = \frac{p(z, z+t_2, \ldots, z+t_n)}{\int p(\tilde{z}, \tilde{z}+t_2, \ldots, \tilde{z}+t_n)\,\mathrm{d}\lambda\!\!\lambda(\tilde{z})} \quad [P^T] \tag{3.5.79}$$

und damit nach (1.6.77) der bedingte EW

$$\begin{aligned} E(e|T=t) &= \int z\,\mathrm{d}P^{e|T=t}(z) = \int z p^{e|T=t}(z)\,\mathrm{d}\lambda\!\!\lambda(z) \\ &= \frac{\int z p(z, z+t_2, \ldots, z+t_n)\,\mathrm{d}\lambda\!\!\lambda(z)}{\int p(z, z+t_2, \ldots, z+t_n)\,\mathrm{d}\lambda\!\!\lambda(z)} \quad [P^T]. \end{aligned}$$

Hieraus folgt, wenn man noch $z = x_1 - \vartheta$ setzt und $t_j = x_j - x_1, j = 2, \ldots, n$, beachtet,

$$\begin{aligned} g^*(x) &= x_1 - \frac{\int z p(z, z+t_2, \ldots, z+t_n)\,\mathrm{d}z}{\int p(z, z+t_2, \ldots, z+t_n)\,\mathrm{d}z} \\ &= \frac{\int \vartheta p(x_1-\vartheta, \ldots, x_n-\vartheta)\,\mathrm{d}\vartheta}{\int p(x_1-\vartheta, \ldots, x_n-\vartheta)\,\mathrm{d}\vartheta} \quad [P]. \end{aligned}$$

□

Von besonderer Bedeutung ist das Lokationsmodell (3.5.67) mit $P = F^{(n)}$, wobei F eine $\lambda\!\!\lambda$-Dichte f besitzt. Dieses kann man äquivalent so formulieren:

$$X_1, \ldots, X_n \quad \text{seien st.u. ZG mit derselben } \lambda\!\!\lambda\text{-Dichte} \quad f(z, \vartheta) = f(z-\vartheta), \quad \vartheta \in \mathbb{R}. \tag{3.5.80}$$

Hierfür läßt sich der Pitman-Schätzer häufig leicht ausrechnen.

Beispiel 3.126 Zugrunde liege ein Modell der Form (3.5.80).

a) $f(z)$ sei die $\lambda\!\!\lambda$-Dichte einer $\mathfrak{N}(0, \sigma_0^2)$-Verteilung mit bekanntem $\sigma_0^2 > 0$. In diesem Fall läßt sich (3.5.71) vermöge $e(x) = \bar{x}$ und $T(x) = (x_1 - \bar{x}, \ldots, x_n - \bar{x})$ wie folgt berechnen: Unter $\vartheta = 0$ sind $\overline{X}$ und $X_j - \overline{X}, j = 1, \ldots, n$, unkorreliert und somit st.u.. Folglich sind auch $\overline{X}$ und $T(X)$ st.u., d.h. nach Satz 1.123 gilt $E(\overline{X}|T(X) = t) = E\overline{X} = 0 \quad [P^T]$. Damit folgt aus (3.5.71) $g^*(x) = \bar{x}$.

b) Es sei $f(z) := \exp[-z]\,\mathbb{1}_{[0,\infty)}(z)$. Dann ergibt sich aus (3.5.77)

$$\begin{aligned} g^*(x) &= \frac{\int_{-\infty}^{+\infty} \vartheta \exp[-\sum(x_j - \vartheta)] \prod_{j=1}^n \mathbb{1}_{[\vartheta,\infty)}(x_j)\,\mathrm{d}\vartheta}{\int_{-\infty}^{+\infty} \exp[-\sum(x_j - \vartheta)] \prod_{j=1}^n \mathbb{1}_{[\vartheta,\infty)}(x_j)\,\mathrm{d}\vartheta} = \frac{\int_{-\infty}^{x_{\uparrow 1}} \vartheta \exp[n\vartheta]\,\mathrm{d}\vartheta}{\int_{-\infty}^{x_{\uparrow 1}} \exp[n\vartheta]\,\mathrm{d}\vartheta} \\ &= x_{\uparrow 1} - \frac{1}{n} \quad [P]. \end{aligned}$$

□

Offenbar stimmen die in Teil a) und b) angegebenen Pitman-Schätzer mit den in den Beispielen 3.40a bzw. 3.38b hergeleiteten erwartungstreuen Schätzern mit gleichmäßig kleinster Varianz überein. Analog Satz 3.114 gilt allgemein, daß die Reduktion auf erwartungstreue Schätzer und diejenige durch Invarianz zum selben Ergebnis führen, sofern beide Prinzipien anwendbar sind.

Satz 3.127 *Betrachtet werde das Lokationsmodell (3.5.67) mit der Verlustfunktion $\Lambda(\vartheta, a) = (a - \vartheta)^2$; es existiere ein $e \in \mathfrak{E}(\mathfrak{Q})$ mit $R(e) < \infty$ und damit ein Pitman-Schätzer g^*. Darüberhinaus gebe es einen erwartungstreuen Schätzer $\tilde{g}$ mit gleichmäßig kleinster Varianz. Dann gilt $\tilde{g}(x) = g^*(x) \quad [\mathfrak{P}]$.*

Beweis: Für $g: (\mathbb{R}^n, \mathbb{B}^n) \to (\mathbb{R}, \mathbb{B})$ und $\xi \in \mathbb{R}$ sei $g_\xi(x) := g(x + \xi \mathbb{1}_n) - \xi$, $x \in \mathbb{R}^n$. Dann gilt mit $\gamma = \mathrm{id}_{\mathbb{R}}$

$$g \in \mathfrak{E}_\gamma \quad \Leftrightarrow \quad g_\xi \in \mathfrak{E}_\gamma \quad \forall \xi \in \mathbb{R}. \tag{3.5.81}$$

Ist nämlich $g \in \mathfrak{E}_\gamma$, so gilt für jedes $\xi \in \mathbb{R}$ wegen (3.5.68)

$$E_\vartheta g_\xi(X) = E_{\vartheta+\xi} g(X) - \xi = (\vartheta + \xi) - \xi = \vartheta \quad \forall \vartheta \in \mathbb{R}. \tag{3.5.82}$$

(Die Umkehrung ist trivial.) Hieraus folgt analog für alle $\vartheta \in \mathbb{R}$

$$\begin{aligned} Var_\vartheta g_\xi(X) &= E_\vartheta g_\xi^2(X) - \vartheta^2 = E_{\vartheta+\xi}(g(X) - \xi)^2 - \vartheta^2 \\ &= E_{\vartheta+\xi} g^2(X) - 2\xi(\vartheta + \xi) + \xi^2 - \vartheta^2 = E_{\vartheta+\xi} g^2(X) - (\vartheta + \xi)^2 \\ &= Var_{\vartheta+\xi} g(X). \end{aligned} \tag{3.5.83}$$

Wegen $g^* \in \mathfrak{E}_\gamma$ gemäß Satz 3.125a gilt nach Definition von $\tilde{g}$

$$Var_\vartheta g^* \geqslant Var_\vartheta \tilde{g} \quad \forall \vartheta \in \mathbb{R}$$

sowie durch mehrfache Anwendung von (3.5.83) bzw. der Definition von $\tilde{g}$

$$Var_\vartheta \tilde{g}_\xi = Var_{\vartheta+\xi} \tilde{g} = \inf_{g \in \mathfrak{E}_\gamma} Var_{\vartheta+\xi} g = \inf_{g_\xi \in \mathfrak{E}_\gamma} Var_\vartheta g_\xi = \inf_{g \in \mathfrak{E}_\gamma} Var_\vartheta g = Var_\vartheta \tilde{g} \quad \forall \vartheta \in \mathbb{R}.$$

Also ist mit $\tilde{g}$ auch $\tilde{g}_\xi$ für jedes $\xi \in \mathbb{R}$ ein erwartungstreuer Schätzer mit gleichmäßig kleinster Varianz. Somit gilt wegen der $\mathfrak{P}$-Bestimmtheit von $\tilde{g}$, vgl. Fußnote 1, S. 307, $\tilde{g}_\xi = \tilde{g}$ $[\mathfrak{P}]$, d.h. für jedes $\xi \in \mathbb{R}$ gibt es eine $\mathfrak{P}$-Nullmenge N_ξ mit

$$\tilde{g}_\xi(x) = \tilde{g}(x) \quad \forall x \in N_\xi^c, \quad \text{d.h. mit} \quad \tilde{g}(x + \xi \mathbb{1}_n) = \tilde{g}(x) + \xi \quad \forall x \in N_\xi^c.$$

Da auch g^* und damit g_ξ^* äquivariant ist, folgt hieraus

$$\tilde{g}(x + \xi \mathbb{1}_n) - g^*(x + \xi \mathbb{1}_n) = \tilde{g}(x) - g^*(x) \quad \forall x \in N_\xi^c.$$

Also ist $h := \tilde{g} - g^*$ eine $\mathfrak{P}$-fast invariante Funktion. Nach Satz 3.109 gibt es somit eine invariante Funktion $\bar{h} \in \mathfrak{B}$ mit $h(x) = \bar{h}(x)$ $[\mathfrak{P}]$. Folglich ist $\bar{g}(x) := g^*(x) + \bar{h}(x)$ äquivariant und somit nach Definition von g^*

$$Var_\vartheta \tilde{g} = Var_\vartheta \bar{g} = R(\bar{g}) \geqslant R(g^*) = Var_\vartheta g^* \quad \forall \vartheta \in \mathbb{R}.$$

Da $\tilde{g}$ $\mathfrak{P}$-bestimmt ist, gilt also $\tilde{g}(x) = g^*(x)$ $[\mathfrak{P}]$. □

Auch bei anderen als Gauß-Verlustfunktionen läßt sich die durch punktweise Minimierung des inneren Integrals in (3.5.76) für P^T-f.a. $t \in \mathfrak{T}$ gewonnene Funktion $\tilde{h}(t)$ in der Regel meßbar wählen; vgl. hierzu Kap. 5. Dann ist $\tilde{g} = e + \tilde{h}(T)$ ein äquivarianter Schätzer mit kleinstem Risiko. Ein derartiger verallgemeinerter Pitman-Schätzer interessiert etwa für die Verlustfunktion $\Lambda_0(\vartheta, a) = |\vartheta - a|$, aber auch für gewisse nichtkonvexe, dafür aber beschränkte Verlustfunktionen der Form (3.5.73). In solchen Fällen hat man zunächst auch invariante Schätzkerne zuzulassen. Wir betrachten hier nur eine spezielle derartige Verlustfunktion und zwar in Verallgemeinerung von (1.1.14) bei vorgegebenem $\varepsilon > 0$ und $\eta \in (0,1)$ die dreiwertige Funktion

$$\Lambda(\vartheta, a) = \eta \mathbb{1}_{(-\infty, -\varepsilon]}(a - \vartheta) + 0 \cdot \mathbb{1}_{(-\varepsilon, +\varepsilon]}(a - \vartheta) + (1 - \eta) \mathbb{1}_{(\varepsilon, \infty)}(a - \vartheta). \tag{3.5.84}$$

Zur Bestimmung eines optimalen invarianten Schätzkerns – der sich dann als nicht-randomisiert erweisen wird – leiten wir zunächst in Satz 3.128 eine untere Schranke für das Risiko eines beliebigen invarianten Schätzkerns her, beweisen also ein Analogon zur Cramér-Rao-Ungleichung. Dabei gehen wir wie folgt vor: Jedem invarianten Schätzkern δ ordnen wir einen Test φ zu, nämlich $\varphi(x) := \delta(x, (0, \infty))$, im Spezialfall eines äquivarianten Schätzers g gemäß (1.2.94) also den Test $\varphi(x) = \mathbb{1}_{(0,\infty)}(g(x))$. Der Sinn dieser Festsetzung besteht darin, das Risiko $R(\delta) := R(0, \delta)$ als Bayes-Risiko des zugehörigen Tests φ für das Testen von $\mathbf{H} = \{P_{-\varepsilon}\}$ gegen $\mathbf{K} = \{P_\varepsilon\}$ bei der Vorbewertung $(1 - \eta, \eta)$ aufzufassen. Für das Bayes-Risiko von φ kann leicht eine untere Schranke angegeben werden, nämlich in Form des minimalen Bayes-Risikos. Letzteres wird angenommen durch den zugehörigen Bayes-Test $\tilde{\varphi}$. Dieser kann nach Satz 2.48 stets nicht-randomisiert gewählt werden. Die Aufgabe besteht also im weiteren darin, einen äquivarianten nicht-randomisierten Schätzer $\tilde{g}$ zu konstruieren, dessen zugeordneter Test $\tilde{\varphi}(x) = \mathbb{1}_{(0,\infty)}(\tilde{g}(x))$ gerade dieser Bayes-Test ist.

Satz 3.128 *Betrachtet werden das Lokationsmodell* (3.5.67) *mit der invarianten Verlustfunktion* (3.5.84), *wobei* $\varepsilon > 0$ *und* $\eta \in (0, 1)$ *ist. Weiter seien* $\tilde{\varphi} := \varphi_{(\varepsilon,\eta)}$ *der Bayes-Test für die beiden einfachen Hypothesen* $\mathbf{H} = \{P_{-\varepsilon}\}$ *und* $\mathbf{K} = \{P_{+\varepsilon}\}$ *zur Vorbewertung* $(1 - \eta, \eta)$ *und* L *der zugehörige* DQ. *Dann gilt für das Risiko eines beliebigen invarianten Schätzkerns* δ

$$R(\delta) \geqslant (1-\eta)\, E_{-\varepsilon}\tilde{\varphi} + \eta E_\varepsilon (1 - \tilde{\varphi}) = (1-\eta)\, P_{-\varepsilon}(L > (1-\eta)/\eta) + \eta P_\varepsilon (L \leqslant (1-\eta)/\eta).$$

Beweis: Nach Satz 3.124b, (1.2.96) und (3.5.84) gilt

$$\begin{aligned} R(\delta) &= \int\int \Lambda_0(a)\,\mathrm{d}\delta_x(a)\,\mathrm{d}P(x) = (1-\eta)\int \delta(x, (\varepsilon, \infty))\,\mathrm{d}P(x) + \eta\int\delta(x, (-\infty, -\varepsilon])\,\mathrm{d}P(x)\\ &= (1-\eta)\int\delta(x - \varepsilon\mathbb{1}_n, (0,\infty))\,\mathrm{d}P(x) + \eta\int\delta(x + \varepsilon\mathbb{1}_n, (-\infty, 0])\,\mathrm{d}P(x)\\ &= (1-\eta)\int\delta(x, (0,\infty))\,\mathrm{d}P_{-\varepsilon}(x) + \eta\int\delta(x, (-\infty, 0])\,\mathrm{d}P_\varepsilon(x). \end{aligned}$$

Mit $\varphi(x) := \delta(x, (0, \infty))$ und dem nicht-randomisierten Bayes-Test $\tilde{\varphi} = \mathbb{1}_{\{L > (1-\eta)/\eta\}}$, vgl. Satz 2.48, gilt also

$$R(\delta) = (1-\eta) E_{-\varepsilon}\varphi + \eta E_\varepsilon (1 - \varphi) \geqslant (1-\eta) E_{-\varepsilon}\tilde{\varphi} + \eta E_\varepsilon(1 - \tilde{\varphi}). \qquad \square$$

Zur Konstruktion eines optimalen äquivarianten Schätzers $\tilde{g}(x)$, vermöge dessen sich $\tilde{\varphi}(x)$ darstellen läßt in der Form $\tilde{\varphi}(x) = \mathbb{1}_{(0,\infty)}(\tilde{g}(x))$, betrachten wir das spezielle Lokationsmodell (3.5.80), bei dem zusätzlich f streng unimodal ist. Dabei heißt eine λ-Dichte f *streng unimodal* [1]), wenn ein offenes Intervall $I \subset \mathbb{R}$ existiert mit $\int_I f\,\mathrm{d}\lambda = 1$ derart, daß die Abbildung $z \mapsto -\log f(z)$ konvex und endlich ist auf I. Für solche λ-Dichten gilt der

Hilfssatz 3.129 $f: \mathbb{R} \to [0, \infty)$ *sei eine streng unimodale* λ*-Dichte und es sei* $\psi_\varepsilon: \mathbb{R} \to \mathbb{R}$ *erklärt durch* $\psi_\varepsilon(z) := \log[f(z - \varepsilon)/f(z + \varepsilon)]$, $\varepsilon > 0$. *Dann gilt*:

a) f *ist lokal absolut stetig und für die* λ-f.ü. *existierende Ableitung läßt sich eine Version* f' *wählen, so daß* $z \mapsto -f'(z)/f(z)$ *isoton ist.*

b) *Für jedes* $\varepsilon > 0$ *und jedes feste* $z \in \mathbb{R}$ *ist* $t \mapsto \psi_\varepsilon(z + t)$ *isoton.*

---

[1]) Die Namensgebung ergibt sich daraus, daß eine derartige λ-Dichte f speziell *unimodal* ist im Sinne von: Es existiert ein $z_0 \in \mathbb{R}$ derart, daß $z \mapsto f(z)$ isoton bzw. antiton ist für $z \leqslant z_0$ bzw. $z \geqslant z_0$.

Beweis: Zu a) vgl. das im Anhang zitierte Buch von Hewitt-Stromberg, insbesondere die Abschnitte (17.37) und (18.43); b) folgt aus a). □

Für die späteren Umformungen benötigen wir noch den folgenden

Hilfssatz 3.130 *Betrachtet werde das Lokationsmodell* (3.5.67), *und es sei* $g: (\mathbb{R}^n, \mathbb{B}^n) \to (\mathbb{R}, \mathbb{B})$ *gegenüber* $\mathfrak{Q}$ *äquivariant. Dann gilt für alle* $B \in \mathbb{B}$

a) $\lambda(B) = 0 \quad \Rightarrow \quad \lambda^n(\{x \in \mathbb{R}^n: g(x) \in B\}) = 0.$ (3.5.85)

b) $P \ll \lambda^n \quad \Rightarrow \quad P^g \ll \lambda$

Beweis: a) Nach dem Satz von Fubini sowie wegen der Translationsinvarianz des Lebesgue-Maßes λ^{n-1} und der Äquivarianz von g gilt

$$\begin{aligned}\lambda^n(\{x: g(x) \in B\}) &= \int \lambda^{n-1}(\{(x_1,\ldots,x_{n-1}): g(x_1,\ldots,x_n) \in B\})\,\mathrm{d}\lambda(x_n)\\ &= \int \lambda^{n-1}(\{(x_1,\ldots,x_{n-1}): g(x_1+x_n,\ldots,x_{n-1}+x_n,x_n) \in B\})\,\mathrm{d}\lambda(x_n)\\ &= \int \lambda^{n-1}(\{(x_1,\ldots,x_{n-1}): g(x_1,\ldots,x_{n-1},0) \in B - x_n\})\,\mathrm{d}\lambda(x_n).\end{aligned}$$

Hieraus ergibt sich durch nochmalige Anwendung des Satzes von Fubini bzw. wegen der Translationsinvarianz des Lebesgue-Maßes λ

$$\lambda^n(\{x: g(x) \in B\}) = \int \lambda(\{x_n: x_n \in B - g(x_1,\ldots,x_{n-1},0)\})\,\mathrm{d}\lambda^{n-1} = \int \lambda(B)\,\mathrm{d}\lambda^{n-1} = 0$$

b) folgt aus a) wegen $P^g(B) = P(\{x \in \mathbb{R}^n: g(x) \in B\})$. □

Zum Nachweis, daß es im speziellen Lokationsmodell (3.5.80) mit streng unimodalem f einen Bayes-Test mit äquivarianter Prüfgröße $\tilde{g}$ gibt, seien

$$S(x) := \log L(x) = \sum_{j=1}^{n} \psi_\varepsilon(x_j), \qquad L(x) := \prod_{j=1}^{n} \frac{f(x_j - \varepsilon)}{f(x_j + \varepsilon)}$$

und $\quad \tilde{g}(x) := \sup\{\xi \in \mathbb{R}: S(x - \xi \mathbf{1}_n) > \log[(1-\eta)/\eta]\}, \qquad x \in \mathbb{R}^n.$ (3.5.86)

Dieses ist ein M-Schätzer im Sinne von (1.2.44) mit $\psi_{\varepsilon,\eta}(x) = \psi_\varepsilon(x) - \log[(1-\eta)/\eta]$.

Satz 3.131 *Unter der Modellannahme* (3.5.80) *mit streng unimodalem* f *gilt für jedes* $\varepsilon > 0$ *und jedes* $\eta \in (0,1)$:

a) *Die durch* (3.5.86) *definierte Statistik* $\tilde{g}$ *ist äquivariant*;

b) *Bezüglich der Verlustfunktion* (3.5.84) *ist* $\tilde{g}$ *verallgemeinerter Pitman-Schätzer.*

Beweis: a) Die Äquivarianz folgt trivialerweise aus (3.5.86) gemäß

$$\begin{aligned}\tilde{g}(x + \vartheta \mathbf{1}_n) &= \sup\{\xi: S(x - (\xi - \vartheta)\mathbf{1}_n) > \log[(1-\eta)/\eta]\}\\ &= \vartheta + \sup\{\xi: S(x - \xi \mathbf{1}_n) > \log[(1-\eta)/\eta]\} = \vartheta + \tilde{g}(x), \qquad \vartheta \in \mathbb{R}, \quad x \in \mathbb{R}^n.\end{aligned}$$

$\tilde{g}$ ist auch meßbar, wie in Kap. 5 gezeigt werden wird.

b) Aus der Definition (3.5.86) von $\tilde{g}$ folgt weiter

$$\{x: \tilde{g}(x) > 0\} \subset \{x: S(x) > \log[(1-\eta)/\eta]\} \subset \{x: \tilde{g}(x) \geqslant 0\}.$$

Nach Hilfssatz 3.130 hat die Differenz der beiden äußeren Terme und damit diejenige des linken vom mittleren Term die gleiche $F^{(n)}$-WS. Somit gilt $F^{(n)}$-f.s.

$$\tilde{g}(x) > 0 \quad \Leftrightarrow \quad S(x) > \log[(1-\eta)/\eta] \quad \Leftrightarrow \quad L(x) > (1-\eta)/\eta.$$

Also ist auch der mit der äquivarianten Prüfgröße $\tilde{g}$ gebildete Test $\tilde{\varphi} := \mathbb{1}_{\{\tilde{g}>0\}}$ Bayes-Test für $\{P_{-\varepsilon}\}$ gegen $\{P_{+\varepsilon}\}$ zur Vorbewertung $((1-\eta),\eta)$. □

Die bisherigen Überlegungen sind nicht auf das Translationsmodell (3.5.67) beschränkt. Wir betrachten deshalb noch das Skalenmodell

$$\mathfrak{P} = \{P_\vartheta \in \mathfrak{M}^1(\mathbb{R}^n, \mathbb{B}^n) \colon P_\vartheta(B) = P(B/\vartheta),\ B \in \mathbb{B}^n,\ \vartheta \in \Theta := (0,\infty)\}, \tag{3.5.87}$$

wobei $P \in \mathfrak{M}^1(\mathbb{R}^n, \mathbb{B}^n)$ fest ist mit $P((0,\infty)^n) = 1$. Dieses ist invariant gegenüber der Gruppe $\mathfrak{Q}$ der Transformationen der Form (3.5.4) mit $\tau z = vz, v > 0$; es ist also $\mathfrak{Q} = (0,\infty)$ mit der Multiplikation als Gruppenverknüpfung. $e\colon (\mathbb{R}^n, \mathbb{B}^n) \to ((0,\infty), (0,\infty)\mathbb{B})$ bezeichne wieder eine feste äquivariante Statistik, d.h. eine Statistik mit $e(vx) = ve(x) \quad \forall x \in \mathbb{R}^n \quad \forall v > 0$, etwa $e(x) = x_1$ oder $e(x) = \bar{x}$. Dann gilt in Analogie zu Satz 3.123a

$$\left.\begin{array}{l} g \text{ äquivariant,} \\ g\colon (\mathbb{R}^n, \mathbb{B}^n) \to ((0,\infty),(0,\infty)\mathbb{B}) \end{array}\right\} \Leftrightarrow \left\{\begin{array}{l} \exists k\colon (\mathbb{R}^n, \mathbb{B}^n) \to ((0,\infty),(0,\infty)\mathbb{B}), \\ k \text{ invariant mit } g = ek. \end{array}\right. \tag{3.5.88}$$

Da $T(x) = x/e(x)$ wie (3.5.72) maximalinvariant ist, gilt hierbei $k = h \circ T$ und damit $g = e\ h \circ T$.

Mit beliebiger Funktion $\Lambda_0\colon [0,\infty) \to [0,\infty)$ lautet eine invariante Verlustfunktion $\Lambda(\vartheta, a) = \Lambda_0(a/\vartheta)$ und für alle äquivarianten Schätzer g gilt in Analogie zu (3.5.75)

$$\begin{aligned} R(\vartheta, g) &= E_\vartheta \Lambda_0(g/\vartheta) = \int \Lambda_0(g(x)/\vartheta)\, \mathrm{d}P_\vartheta = \int \Lambda_0(g(x/\vartheta))\, \mathrm{d}P_\vartheta \\ &= \int \Lambda_0(g(x))\, \mathrm{d}P =: R(g) \quad \forall \vartheta \in (0,\infty). \end{aligned}$$

Ein bester äquivarianter Schätzer ergibt sich also wegen

$$R(g) = \int \Lambda_0(zh(t))\, \mathrm{d}P^{(e,T)}(z,t) = \int \left[\int \Lambda_0(zh(t))\, \mathrm{d}P^{e|T=t}(z)\right] \mathrm{d}P^T(t)$$

bereits durch Minimierung des inneren Integrals für P^T-f.a. $t \in \mathfrak{T}$. Wird dieses Minimum für $h^*(t)$ angenommen, so ist $g^* = eh^*(T)$ verallgemeinerter Pitman-Schätzer.

Im Spezialfall $\Lambda_0(z) = (z-1)^2$ und $e \in \mathbb{L}_2(P)$ läßt sich $h^*(t)$ wieder explizit angeben. Das innere Integral

$$\int \Lambda_0(zh(t))\, \mathrm{d}P^{e|T=t}(z) = \int (h(t) - z^{-1})^2 z^2\, \mathrm{d}P^{e|T=t}(z) \quad [P^T]$$

wird nämlich wegen der Minimaleigenschaft des Mittelwerts minimiert durch

$$h^*(t) = \frac{\int z^{-1} z^2\, \mathrm{d}P^{e|T=t}(z)}{\int z^2\, \mathrm{d}P^{e|T=t}(z)} = \frac{E(e \mid T=t)}{E(e^2 \mid T=t)} \quad [P^T]. \tag{3.5.89}$$

Demgemäß lautet in diesem Spezialfall der Pitman-Schätzer

$$g^* = eh^*(T) = \frac{e\,E(e \mid T)}{E(e^2 \mid T)} \quad [P]. \tag{3.5.90}$$

Besitzt P eine $\lambda\!\!\lambda^n$-Dichte p, so ergibt sich analog (3.5.79) mit $e(x) = x_1$ und der zugehörigen Maximalinvarianten[1]) $T(x) = (x_2/x_1, \ldots, x_n/x_1)$

$$p^{e|T=t}(z) = \frac{\mathrm{d}P^{e|T=t}}{\mathrm{d}\lambda\!\!\lambda}(z) = \frac{z^{n-1}p(z, zt_2, \ldots, zt_n)}{\int_0^\infty \tilde{z}^{n-1}p(\tilde{z}, \tilde{z}t_2, \ldots, \tilde{z}t_n)\,\mathrm{d}\tilde{z}}\,\mathbb{1}_{(0,\infty)}(z) \quad [P^T]. \tag{3.5.91}$$

Hieraus folgt mit $z = \vartheta x_1$ und $t_i = x_i/x_1$, $i = 2, \ldots, n$,

$$g^*(x) = x_1 \frac{\int_0^\infty z z^{n-1} p(z, zt_2, \ldots, zt_n)\,\mathrm{d}z}{\int_0^\infty z^2 z^{n-1} p(z, zt_2, \ldots, zt_n)\,\mathrm{d}z} = \frac{\int_0^\infty \vartheta^n p(\vartheta x_1, \ldots, \vartheta x_n)\,\mathrm{d}\vartheta}{\int_0^\infty \vartheta^{n+1} p(\vartheta x_1, \ldots, \vartheta x_n)\,\mathrm{d}\vartheta} \quad [P]. \tag{3.5.92}$$

Anmerkung 3.132 Wie bereits die Diskussion des Skalenmodells (3.5.87) gezeigt hat, ist die Vorgehensweise dieses Abschnitts nicht auf Lokationsmodelle beschränkt. Sie kann in folgendem allgemeineren Rahmen durchgeführt werden: Es seien $(\mathfrak{X}, \mathfrak{B})$ ein meßbarer Raum, P ein WS-Maß über $(\mathfrak{X}, \mathfrak{B})$ und $\mathfrak{Q}$ eine lokalkompakte topologische Gruppe mit linksinvariantem Maß $\varkappa$, die meßbar auf $(\mathfrak{X}, \mathfrak{B})$ operiert. Dann läßt sich analog (3.5.67) bzw. (3.5.87) eine Klasse $\mathfrak{P} \subset \mathfrak{M}^1(\mathfrak{X}, \mathfrak{B})$ definieren durch $\mathfrak{P} = \{P_\pi := P^\pi, \pi \in \mathfrak{Q}\}$. Diese ist trivialerweise invariant gegenüber $\mathfrak{Q}$ und ihr Parameterraum fällt mit der Gruppe und dem Entscheidungsraum (für das Schätzproblem) zusammen. Insbesondere läßt sich also der Parameter ϑ mit dem Gruppenelement π identifizieren.
Ist e: $(\mathfrak{X}, \mathfrak{B}) \to (\mathfrak{Q}, \mathfrak{A}_{\mathfrak{Q}})$ eine feste äquivariante Statistik, so gilt analog Satz 3.123a bzw. (3.5.88)

$$\left.\begin{array}{l} g \text{ äquivariant,} \\ g\colon (\mathfrak{X}, \mathfrak{B}) \to (\mathfrak{Q}, \mathfrak{A}_{\mathfrak{Q}}) \end{array}\right\} \Leftrightarrow \left\{\begin{array}{l} \exists k\colon (\mathfrak{X}, \mathfrak{B}) \to (\mathfrak{Q}, \mathfrak{A}_{\mathfrak{Q}}), \\ k \text{ invariant mit } g = ek. \end{array}\right.$$

Bezeichnet $e^-(x)$ das zu $e(x)$ inverse Gruppenelement, so läßt sich also k explizit darstellen in der Form $k(x) = e^-(x)\,g(x)$. Analog (3.5.72) kann zu einer fest vorgegebenen äquivarianten Statistik e wieder eine maximalinvariante Statistik T gewonnen werden, nämlich gemäß $T(x) = e^-(x)x \in \mathfrak{X}$. Mit dieser gilt

$$x = e(x)\,T(x).$$

Diese Identität spiegelt die Tatsache wider, daß x durch seine Bahn – nämlich $\{\pi T(x)\colon \pi \in \mathfrak{Q}\}$ – und seine Position auf dieser – nämlich $e(x)$ – eindeutig bestimmt ist.
Schließlich läßt sich die Form der Verlustfunktion (3.5.73) in kanonischer Weise verallgemeinern, d.h. eine invariante Verlustfunktion vermöge einer meßbaren Funktion Λ_0: $\mathfrak{Q} \to [0, \infty)$ erklären durch

$$\Lambda(\vartheta, a) = \Lambda_0(\vartheta^{-1}a), \qquad (\vartheta, a) \in \mathfrak{Q} \times \mathfrak{Q}.$$

Dann führt die Bestimmung eines besten äquivarianten Schätzers $g^* = ek^* = eh^*(T)$ analog (3.5.76) auf die Minimierungsaufgabe

$$R(g^*) = \inf\{R(g)\colon g \text{ äquivariant}\} = \inf\{E\Lambda_0(eh(T))\colon h \in \mathfrak{B}_T^{\mathfrak{T}}\}.$$

Hinreichend zur Bestimmung von g^* ist somit die Minimierung des bedingten EW

$$E(\Lambda_0(eh(T))\,|\,T = t) = \int_{\mathfrak{Q}} \Lambda_0(\pi h(t))\,\mathrm{d}P^{e|T=t}(\pi) \quad \text{für } \mu\text{-f.a. } t \in \mathfrak{T}. \tag{3.5.93}$$

---

[1]) Genauer wäre $T(x) = (1, x_2/x_1, \ldots, x_n/x_1)$; wir verzichten auf die Angabe der 1.

Dabei ist $\mu := P_\vartheta^T$ die (wegen der Transitivität von $\mathfrak{Q}$) von $\vartheta \in \Theta$ unabhängige Verteilung der Maximalinvarianten T.

Wie etwa bereits die Darstellung (3.5.77) zeigt, kann man den Pitman-Schätzer g^* formal als Mittelwert einer a posteriori Verteilung auffassen und damit als Bayes-Schätzer bzgl. einer ungünstigsten a priori Verteilung ϱ^*, sofern man für ϱ^* auch σ-endliche Maße zuläßt. Man braucht dazu nur in (2.7.69) $h(\vartheta) = 1$ und $\lambda = \lambda\!\!\lambda$ zu setzen. Auch dieser Sachverhalt ist allgemeiner Natur, d.h. der verallgemeinerte Pitman-Schätzer g^* kann auch in allgemeineren Modellen bei geeigneter Wahl einer uneigentlichen a priori Verteilung λ durch Minimierung des zugehörigen a posteriori Risikos gewonnen werden. Hierzu identifiziert man noch x mit dem Paar $(\pi, t) := (e(x), T(x))$ und demgemäß $(\mathfrak{X}, \mathfrak{B})$ mit dem Produktraum $(\mathfrak{Q} \times \mathfrak{T}, \mathfrak{A}_{\mathfrak{Q}} \otimes \mathfrak{D})$, wobei $\mathfrak{T} := T(\mathfrak{X})$ und $\mathfrak{D} = \mathfrak{B}_T^{\mathfrak{T}}$ ist. (Ohne sonst weiter auf maßtheoretische Aspekte einzugehen, sei bemerkt, daß in den wichtigsten Beispielen Satz 3.92 anwendbar ist.) Die Operation von $\mathfrak{Q}$ auf $\mathfrak{X}$ geht damit in eine solche von $\mathfrak{Q}$ auf $\mathfrak{Q} \times \mathfrak{T}$ über und zwar gemäß $\vartheta(\pi, t) = (\vartheta\pi, t)$. Setzt man zusätzlich $\mathfrak{P}^{(e,T)} \ll \varkappa \otimes \mu$ voraus, so folgt aus dem Bildungsgesetz $P_\vartheta = P^\vartheta$, daß die $\varkappa \otimes \mu$-Dichte $p_\vartheta^{(e,T)}(\pi, t)$ von $P_\vartheta^{(e,T)}$ nur über $\vartheta^{-1}\pi$ von ϑ und π abhängt, d.h. von der Form $p(\vartheta^{-1}\pi, t)$ ist. Als uneigentliche a priori Verteilung λ wählt man das $\varkappa$ entsprechende rechtsinvariante Haar-Maß, $\lambda(A) := \varkappa(A^{-1})$, wobei $A^{-1} := \{\pi^{-1} : \pi \in A\}$ und $A \in \mathfrak{A}_{\mathfrak{Q}}$ ist. Um Rechtstranslationen durch Linkstranslationen ausdrücken bzw. den Effekt von Invertierungen rechnerisch handhaben zu können, benötigt man noch die *Modularfunktion* $\delta: \mathfrak{Q} \to (0, \infty)$. Diese erfüllt die folgenden drei Eigenschaften

$$\delta(\pi_1\pi_2) = \delta(\pi_1)\,\delta(\pi_2) \quad \forall \pi_1, \pi_2 \in \mathfrak{Q}, \tag{3.5.94}$$

$$\varkappa(A\pi) = \delta(\pi)\,\varkappa(A) \quad \forall A \in \mathfrak{A}_{\mathfrak{Q}} \quad \forall \pi \in \mathfrak{Q}, \tag{3.5.95}$$

$$\frac{\mathrm{d}\varkappa}{\mathrm{d}\lambda}(\pi) = \delta(\pi) \quad [\lambda]. \tag{3.5.96}$$

Wie im Fall eigentlicher a priori Verteilungen, vgl. (2.7.64), bildet man daraus formal die a posteriori Dichte (bzgl. λ) durch Normierung, also gemäß

$$p^{\theta|(e,T)=(\pi,t)}(\vartheta) = p(\vartheta^{-1}\pi, t)\,\delta(\pi). \tag{3.5.97}$$

Es gilt nun die weiter unten zu beweisende *Pitman-Identität*, die einen Zusammenhang herstellt zwischen dem bei der Bestimmung des Pitman-Schätzers zu minimierenden bedingten Risiko (3.5.93) und dem Bayes-Risiko zur a priori Verteilung λ, nämlich

$$\int \Lambda_0(\vartheta^{-1}\pi h(t))\,\mathrm{d}P_\vartheta^{e|T=t}(\pi) = \int \Lambda_0(\vartheta^{-1}\pi h(t))\,p^{\theta|(e,T)=(\pi,t)}(\vartheta)\,\mathrm{d}\lambda(\vartheta) \quad [\mu]. \tag{3.5.98}$$

Bei dieser hält man also die Bahn t fest und integriert auf der linken Seite bei festem Parameter ϑ über alle Positionen π und auf der rechten Seite bei fester Position π über alle möglichen Parameterwerte ϑ. Somit ist die linke Seite unabhängig von ϑ und die rechte Seite, also das a posteriori Risiko, unabhängig von π. Zum Nachweis von (3.5.98)beachte man, daß $P_\vartheta^{e|T=t}$ die $\varkappa$-Dichte $p(\vartheta^{-1}\pi, t)$ besitzt: $Q_\vartheta(t, C) := \int_C p(\vartheta^{-1}\pi, t)\,\mathrm{d}\varkappa(\pi)$ ist nämlich eine Festlegung von $P_\vartheta(e \in C \mid T = t)$ gemäß

$$\int_D Q_\vartheta(t, C)\,\mathrm{d}\mu(t) = \int_{C \times D} p(\vartheta^{-1}\pi, t)\,\mathrm{d}\varkappa \otimes \mu(\pi, t) = P_\vartheta(e \in C, T \in D) \quad \forall C \in \mathfrak{A}_{\mathfrak{Q}} \quad \forall D \in \mathfrak{D}.$$

Wegen der Linksinvarianz von $\varkappa$ stimmt die linke Seite von (3.5.98) also überein mit

$$\int_{\mathfrak{Q}} \Lambda_0(\vartheta^{-1}\pi h(t))\,p(\vartheta^{-1}\pi, t)\,\mathrm{d}\varkappa(\pi) = \int_{\mathfrak{Q}} \Lambda_0(\pi' h(t))\,p(\pi', t)\,\mathrm{d}\varkappa(\pi').$$

In der rechten Seite von (3.5.98) ersetzt man zunächst ϑ^{-1} durch ϑ und damit definitionsgemäß λ durch $\varkappa$; dann substituiert man $\vartheta\pi$ durch ϑ' und wendet (3.5.95) an. Mit $\varkappa_{\pi^{-1}}(A) := \varkappa(A\pi^{-1})$,

$A \in \mathfrak{A}_{\mathfrak{Q}}$, ergibt sich daher

$$\int_{\mathfrak{Q}} \Lambda_0(\vartheta\pi h(t))\, p(\vartheta\pi, t)\, \delta(\pi)\, \mathrm{d}\varkappa(\vartheta) = \int_{\mathfrak{Q}} \Lambda_0(\vartheta' h(t))\, p(\vartheta', t)\, \delta(\pi)\, \mathrm{d}\varkappa_{\pi^{-1}}(\vartheta')$$

$$= \int_{\mathfrak{Q}} \Lambda_0(\vartheta' h(t))\, p(\vartheta', t)\, \mathrm{d}\varkappa(\vartheta')$$

Die Pitman-Identität (3.5.98) ist dahingehend zu interpretieren, daß ein verallgemeinerter Pitman-Schätzer $g^* = eh^* \circ T$ als Bayes-Lösung bzgl. der uneigentlichen (und zwar der „diffusen") a priori Verteilung λ aufgefaßt werden kann; $h^*(t)$ ist nämlich gemäß (3.5.98) für μ-f.a. $t \in \mathfrak{T}$ Lösung von

$$\int \Lambda_0(\vartheta^{-1}\pi h(t))\, p^{\theta|(e,T)=(\pi,t)}(\vartheta)\, \mathrm{d}\lambda(\vartheta) = \inf_{h(t)}. \qquad \square$$

3.5.7 Der Satz von Girshick-Savage

Aus der Tatsache, daß das Risiko eines äquivarianten Schätzers bei invarianter Verlustfunktion unabhängig von $\vartheta \in \Theta$ ist, folgt, daß ein bester äquivarianter Schätzer zugleich Minimax-Schätzer unter allen äquivarianten Schätzern ist. Wie in 3.5.5 stellt sich somit die Frage, ob ein solcher Schätzer auch Minimax-Schätzer ist in der Klasse *aller* Schätzer. Dieses ist bei den in Satz 3.125 und 3.131 betrachteten Verlustfunktionen tatsächlich der Fall. Hierzu beweisen wir in Analogie zum Satz von Hunt-Stein den folgenden

Satz 3.133 (Girshick-Savage) *Betrachtet werde das Lokationsmodell* (3.5.67) *mit einer Verlustfunktion* $\Lambda(\vartheta, a) = \Lambda_0(a - \vartheta)$. *Dabei sei für die Funktion* $\Lambda_0\colon \mathbb{R} \to [0, \infty)$ *eine der beiden folgenden Voraussetzungen erfüllt*:

a) Λ_0 *ist meßbar und beschränkt*; *oder*

b) $\Lambda_0(z) = z^2$ *und für das ausgezeichnete* $e \in \mathfrak{E}(\mathfrak{Q})$ *gilt* $R(e) < \infty$.

Dann ist das Minimax-Risiko endlich, und es gilt mit $\mathfrak{M} := \mathfrak{M}^1(\mathbb{R}, \mathbb{B})$:

$$\sup_{\varrho \in \mathfrak{M}} \inf_{g \in \mathfrak{E}} R(\varrho, g) = \inf_{g \in \mathfrak{E}} \sup_{\varrho \in \mathfrak{M}} R(\varrho, g) = \inf_{g \in \mathfrak{E}(\mathfrak{Q})} R(g). \qquad (3.5.99)$$

Beweis: Für $g \in \mathfrak{E}(\mathfrak{Q})$ ist $R(\varrho, g) = \int R(\vartheta, g)\, \mathrm{d}\varrho(\vartheta) = R(g)$, vgl. (3.5.75), und damit auch $\sup_{\varrho \in \mathfrak{M}} R(\varrho, g) = R(g)$. Folglich gilt wegen $\mathfrak{E}(\mathfrak{Q}) \subset \mathfrak{E}$ trivialerweise

$$\sup_{\varrho \in \mathfrak{M}} \inf_{g \in \mathfrak{E}} R(\varrho, g) \leqslant \inf_{g \in \mathfrak{E}} \sup_{\varrho \in \mathfrak{M}} R(\varrho, g) \leqslant \inf_{g \in \mathfrak{E}(\mathfrak{Q})} R(g) < \infty$$

und es bleibt unter a) wie unter b) zu zeigen

$$\inf_{g \in \mathfrak{E}(\mathfrak{Q})} R(g) \leqslant \sup_{\varrho \in \mathfrak{M}} \inf_{g \in \mathfrak{E}} R(\varrho, g). \qquad (3.5.100)$$

Für das ausgezeichnete $e \in \mathfrak{E}(\mathfrak{Q})$ definieren wir dazu noch die Mengen $I_M = \{x\colon |e(x)| \leqslant M\}$, $M > 0$. Zumindest für alle hinreichend großen M ist $P(I_M) > 0$ und damit ein WS-Maß P_M definiert durch

$$\frac{\mathrm{d}P_M}{\mathrm{d}P}(x) = \frac{\mathbb{1}_{I_M}(x)}{P(I_M)}. \qquad (3.5.101)$$

Der erste Beweisschritt von a) ist der wesentliche; alle folgenden werden durch geeignetes Verkürzen auf diesen zurückgeführt. Mit $\|\cdot\|_\infty$ werde die Supremums-Norm bezeichnet.

a) Wir setzen zunächst voraus, daß für ein $M > 0$ gilt $P(I_M) = 1$. Einem beliebig vorgegebenen $g \in \mathfrak{E}$ ordnen wir die Schätzer $\bar{g}(x) = g(x) - e(x)$ bzw. $g_\eta(x) = \bar{g}(x + (\eta - e(x))\mathbb{1}_n) + e(x)$, $\eta \in \mathbb{R}$, zu. Dabei ist $g_\eta \in \mathfrak{E}(\mathfrak{Q})$, denn wegen $e \in \mathfrak{E}(\mathfrak{Q})$ und der Invarianz von $x - e(x)\mathbb{1}_n$ ist bei festem η auch $\bar{g}(x + \eta\mathbb{1}_n - e(x)\mathbb{1}_n)$ invariant. Mit $\varrho_m = \mathfrak{R}(-m, m)$ gilt dann wegen der Translationsinvarianz des Modells (3.5.67) bzw. wegen des Satzes von Fubini:

$$R(\varrho_m, g) = \frac{1}{2m} \int_{-m}^{+m} \int_{\mathfrak{X}} \Lambda_0(\bar{g}(x) + e(x) - \vartheta)\, \mathrm{d}P_\vartheta(x)\, \mathrm{d}\vartheta$$

$$= \frac{1}{2m} \int_{-m}^{+m} \int_{\mathfrak{X}} \Lambda_0(\bar{g}(x + \vartheta\mathbb{1}_n) + e(x))\, \mathrm{d}P(x)\, \mathrm{d}\vartheta$$

$$= \frac{1}{2m} \int_{\mathfrak{X}} \int_{-m}^{+m} \Lambda_0(\bar{g}(x + (\vartheta + e(x))\mathbb{1}_n - e(x)\mathbb{1}_n) + e(x))\, \mathrm{d}\vartheta\, \mathrm{d}P(x)$$

$$= \frac{1}{2m} \int_{\mathfrak{X}} \int_{-m+e(x)}^{+m+e(x)} \Lambda_0(g_\eta(x))\, \mathrm{d}\eta\, \mathrm{d}P(x).$$

Mit $\Lambda_0 \geqslant 0$ und $\|\Lambda_0\|_\infty < \infty$ ergibt sich bei festem x mit $e(x) > 0$

$$\frac{1}{2m} \int_{-m+e(x)}^{m+e(x)} \Lambda_0(g_\eta(x))\, \mathrm{d}\eta$$

$$= \frac{1}{2m} \int_{-m}^{+m} \Lambda_0(g_\eta(x))\, \mathrm{d}\eta + \frac{1}{2m} \int_{m}^{m+e(x)} \Lambda_0(g_\eta(x))\, \mathrm{d}\eta - \frac{1}{2m} \int_{-m}^{-m+e(x)} \Lambda_0(g_\eta(x))\, \mathrm{d}\eta$$

$$\geqslant \frac{1}{2m} \int_{-m}^{+m} \Lambda_0(g_\eta(x))\, \mathrm{d}\eta + 0 - \|\Lambda_0\|_\infty \frac{|e(x)|}{2m} \quad [P]$$

und analog für $e(x) < 0$. Zu jedem $\varepsilon > 0$ existiert ein $m_0 = m_0(\varepsilon, M, \Lambda_0) \in \mathbb{N}$, so daß $\|\Lambda_0\|_\infty M/2m < \varepsilon \quad \forall m \geqslant m_0$ ist. Damit ergibt sich für $m \geqslant m_0$ und jedes $g \in \mathfrak{E}$ wegen $P(I_M) = 1$

$$\frac{1}{2m} \int_{-m+e(x)}^{m+e(x)} \Lambda_0(g_\eta(x))\, \mathrm{d}\eta \geqslant \frac{1}{2m} \int_{-m}^{+m} \Lambda_0(g_\eta(x))\, \mathrm{d}\eta - \varepsilon \quad [P].$$

Durch nochmalige Anwendung des Satzes von Fubini folgt:

$$R(\varrho_m, g) = \frac{1}{2m}\int_{\mathfrak{X}}\int_{-m+e(x)}^{m+e(x)} \Lambda_0(g_\eta(x))\,d\eta\,dP(x) \geqslant \frac{1}{2m}\int_{\mathfrak{X}}\int_{-m}^{+m} \Lambda_0(g_\eta(x))\,d\eta\,dP(x) - \varepsilon$$

$$= \frac{1}{2m}\int_{-m}^{+m}\int_{\mathfrak{X}} \Lambda_0(g_\eta(x))\,dP(x)\,d\eta - \varepsilon = \frac{1}{2m}\int_{-m}^{+m} R(g_\eta)\,d\eta - \varepsilon \geqslant \inf_{\tilde{g}\in\mathfrak{E}(\mathfrak{Q})} R(\tilde{g}) - \varepsilon.$$

Diese Ungleichungskette gilt für alle $g \in \mathfrak{E}$, also

$$\inf_{g\in\mathfrak{E}(\mathfrak{Q})} R(g) - \varepsilon \leqslant \inf_{g\in\mathfrak{E}} R(\varrho_m, g) \leqslant \sup_{\varrho\in\mathfrak{M}} \inf_{g\in\mathfrak{E}} R(\varrho, g). \tag{3.5.102}$$

Sei nun $P \in \mathfrak{M}^1(\mathbb{R}^n, \mathbb{B}^n)$ beliebig und P_M gemäß (3.5.101) erklärt. Dann gilt für die Translationsfamilie $P_{\vartheta,M}(B) = P_M(B - \vartheta \mathbb{1}_n)$, $\vartheta \in \mathbb{R}$, bzgl. des Totalvariationsabstands (1.6.93)

$$\|P_\vartheta - P_{\vartheta,M}\| = \|P - P_M\| = P(I_M^c) = o(1) \quad \text{für } M \to \infty.$$

Wählt man $M \in (0, \infty)$ zu vorgegebenem $\varepsilon > 0$ derart, daß $\|\Lambda_0\|_\infty \|P - P_M\| \leqslant \varepsilon$, und bezeichnet man mit $R_{(M)}(\vartheta, g)$ bzw. $R_{(M)}(g)$ das unter $P_{\vartheta,M}$ gebildete Risiko von $g \in \mathfrak{E}$ bzw. $g \in \mathfrak{E}(\mathfrak{Q})$, so gilt für alle $g \in \mathfrak{E}$

$$R(\vartheta, g) = \int \Lambda_0(g(x) - \vartheta)\,dP_\vartheta = \int \Lambda_0(g(x) - \vartheta)\,dP_{\vartheta,M} + \int \Lambda_0(g(x) - \vartheta)(dP_\vartheta - dP_{\vartheta,M})$$
$$\geqslant R_{(M)}(\vartheta, g) - \|\Lambda_0\|_\infty \|P_\vartheta - P_{\vartheta,M}\| \geqslant R_{(M)}(\vartheta, g) - \varepsilon. \tag{3.5.103}$$

Damit gilt auch für die bzgl. $\varrho \in \mathfrak{M}$ gemittelte Risikofunktion

$$R(\varrho, g) \geqslant R_{(M)}(\varrho, g) - \varepsilon, \tag{3.5.104}$$

also nach dem unter der Voraussetzung $P(I_M) = 1$ bereits Bewiesenen auch

$$\sup_{\varrho\in\mathfrak{M}} \inf_{g\in\mathfrak{E}} R(\varrho, g) \geqslant \sup_{\varrho\in\mathfrak{M}} \inf_{g\in\mathfrak{E}} R_{(M)}(\varrho, g) - \varepsilon \geqslant \inf_{g\in\mathfrak{E}(\mathfrak{Q})} R_{(M)}(g) - \varepsilon.$$

Nach Definition des Infimums gibt es folglich ein $g_M \in \mathfrak{E}(\mathfrak{Q})$ mit

$$\sup_{\varrho\in\mathfrak{M}} \inf_{g\in\mathfrak{E}} R(\varrho, g) \geqslant R_{(M)}(g_M) - 2\varepsilon.$$

Analog (3.5.103) ergibt sich $R(g_M) \leqslant R_{(M)}(g_M) + \varepsilon$ und damit

$$\sup_{\varrho\in\mathfrak{M}} \inf_{g\in\mathfrak{E}} R(\varrho, g) \geqslant R(g_M) - 3\varepsilon \geqslant \inf_{g\in\mathfrak{E}(\mathfrak{Q})} R(g) - 3\varepsilon.$$

Da $\varepsilon > 0$ beliebig gewählt war, gilt also (3.5.100).

b) Wir setzen zunächst wieder $P(I_M) = 1$ für ein $M > 0$ voraus. Für den Pitman-Schätzer $g^* = e - E(e|T)$ folgt dann $\|g^*\|_{\mathbb{L}_\infty} \leqslant 2M$, d.h. $g^* \in \mathfrak{E}_M(\mathfrak{Q}) := \{g \in \mathfrak{E}(\mathfrak{Q}) : \|g\|_{\mathbb{L}_\infty} \leqslant 2M\}$. Trivialerweise gilt:

$$R(g^*) = \inf_{g\in\mathfrak{E}(\mathfrak{Q})} R(g) = \inf_{g\in\mathfrak{E}_M(\mathfrak{Q})} R(g).$$

Zu vorgegebenem $M \in (0, \infty)$ bezeichne weiter $\Lambda_{0,M}(z) := \min\{z^2, 4M^2\}$ die auf $4M^2$ verkürzte Funktion $\Lambda_0(z) = z^2$ sowie $R_M(\vartheta, g)$ bzw. $R_M(g)$ die mit $\Lambda_M(\vartheta, a) := \Lambda_{0,M}(a - \vartheta)$ gebildeten Risiken von $g \in \mathfrak{E}$ bzw. $g \in \mathfrak{E}_M(\mathfrak{Q})$. Dann gilt offenbar $R(g) = R_M(g)$ $\forall g \in \mathfrak{E}_M(\mathfrak{Q})$ und damit nach dem unter a) Bewiesenen bzw. wegen $R_M(\varrho, g) \leqslant R(\varrho, g)$ $\forall g \in \mathfrak{E}$ die Behauptung (3.5.100) gemäß

$$\inf_{g \in \mathfrak{E}(\mathfrak{Q})} R(g) = \inf_{g \in \mathfrak{E}_M(\mathfrak{Q})} R(g) = \inf_{g \in \mathfrak{E}_M(\mathfrak{Q})} R_M(g) = \sup_{\varrho \in \mathfrak{M}} \inf_{g \in \mathfrak{E}} R_M(\varrho, g) \leqslant \sup_{\varrho \in \mathfrak{M}} \inf_{g \in \mathfrak{E}} R(\varrho, g).$$

Sei nun wieder $P \in \mathfrak{M}^1(\mathbb{R}^n, \mathbb{B}^n)$ beliebig und P_M wieder gemäß (3.5.101) definiert. Wegen (3.5.71) folgt für den Pitman-Schätzer g^* zur Translationsfamilie von P

$$R(g^*) = \int [e - E_P(e|T)]^2 \, \mathrm{d}P \geqslant \int_{I_M} [e - E_P(e|T)]^2 \, \mathrm{d}P. \tag{3.5.105}$$

Aus (3.5.101), der Minimaleigenschaft des bedingten EW (1.6.36) bzw. nach (1.6.57) ergibt sich also

$$\begin{aligned} \infty > R(g^*) &\geqslant P(I_M) \int [e - E_P(e|T)]^2 \, \mathrm{d}P_M \geqslant P(I_M) \int [e - E_{P_M}(e|T)]^2 \, \mathrm{d}P_M \\ &= P(I_M) \int \left[e - \frac{E_P(e \mathbb{1}_{I_M}|T)}{E_P(\mathbb{1}_{I_M}|T)} \right]^2 \mathrm{d}P_M = \int \left[e - \frac{E_P(e \mathbb{1}_{I_M}|T)}{E_P(\mathbb{1}_{I_M}|T)} \right]^2 \mathbb{1}_{I_M} \mathrm{d}P. \end{aligned} \tag{3.5.106}$$

Bezeichnet $g_M^* = e - E_{P_M}(e|T)$ den Pitman-Schätzer bzgl. der durch P_M erzeugten Translationsfamilie, so gilt

$$R(g^*) \geqslant P(I_M) \, R_{(M)}(g_M^*).$$

Für $M \to \infty$ gilt $R_{(M)}(g_M^*) \to R(g^*)$: Nach Satz 1.120e+f konvergiert nämlich der Integrand aus dem letzten Ausdruck in (3.5.106) P-f.s. gegen denjenigen des zweiten von (3.5.105) und wegen der Abschätzung (3.5.106) ist auch die Voraussetzung c) aus dem Satz von Vitali 1.181 für $r = 2$ erfüllt.

Nach Definition von g_M^* bzw. dem bereits unter der Voraussetzung $P(I_M) = 1$ Bewiesenen sowie wegen (3.5.101) gilt also

$$R_{(M)}(g_M^*) = \inf_{g \in \mathfrak{E}(\mathfrak{Q})} R_{(M)}(g) = \sup_{\varrho \in \mathfrak{M}} \inf_{g \in \mathfrak{E}} R_{(M)}(\varrho, g) \leqslant \frac{1}{P(I_M)} \sup_{\varrho \in \mathfrak{M}} \inf_{g \in \mathfrak{E}} R(\varrho, g).$$

Mit $R_{(M)}(g_M^*) \to R(g^*)$ und $P(I_M) \to 1$ für $M \to \infty$ ergibt sich somit (3.5.100). □

Aus (3.5.99) bzw. den Sätzen 3.125 und 3.131 folgt dann das

Korollar 3.134 *Der Pitman-Schätzer g^* aus Satz* 3.125 *bzw. der verallgemeinerte Pitman-Schätzer $\tilde{g}$ aus Satz* 3.131 *ist bei Zugrundeliegen der Gauß-Verlustfunktion bzw. der Verlustfunktion* (3.5.84) *ein Minimax-Schätzer* (*bzgl. der Klasse aller nicht-randomisierten Schätzer*).

Der Satz von Girshick-Savage beinhaltet eine schwache Minimax-Aussage. Somit stellt sich die Frage, ob auch der starke Minimax-Satz gilt, d.h. ob es etwa bei $\Lambda_0(z) = z^2$ neben dem optimalen Schätzer g^* auch ein $\varrho^* \in \mathfrak{M}$ gibt mit

$$\sup_{\varrho \in \mathfrak{M}} R(\varrho, g^*) = R(\varrho^*, g^*).$$

In der Sprechweise von 1.4.2 oder 2.7.3 heißt dies: In wieweit läßt sich etwa der Pitman-Schätzer g^* als Bayes-Schätzer bzgl. einer ungünstigsten a priori Verteilung ϱ^* auffassen? Dieses ist – wie bereits in Anmerkung 3.132 kurz bemerkt – in Strenge nicht der Fall, wohl aber dann, wenn man formal für ϱ^* auch σ-endliche Maße zuläßt. Dabei ist es intuitiv naheliegend, daß die Wahl von $h(\vartheta) = 1$ und $\lambda = \mathbb{\lambda}$ in (2.7.69) einer ungünstigsten „a priori Verteilung" entspricht, da sie keine Präferenz für irgendeinen speziellen Wert zeigt.

Die Charakterisierung des Pitman-Schätzers g^* als Bayes-Schätzer läßt sich auch vermöge ungünstigster Folgen von a priori Verteilungen präzisieren. Hierzu knüpfen wir wie im Beweis von Satz 3.133 an die a priori Verteilungen $\varrho_m = \mathfrak{R}(-m, +m)$, $m \in \mathbb{N}$, an. Nach Satz 2.138 berechnen sich die zugehörigen Bayes-Schätzer g_m^* als Mittelwerte der jeweiligen a posteriori Verteilungen. Mit $\mathbb{\lambda}$-Dichte $h(\vartheta) = \frac{1}{2m} \mathbb{1}_{[-m,+m]}(\vartheta)$ und $p(x, \vartheta) = p(x - \vartheta \mathbb{1}_n)$ gilt somit nach (2.7.69) bzw. (3.5.77) für $m \to \infty$

$$g_m^*(x) = \int \vartheta h^{\theta|X=x}(\vartheta)\,\mathrm{d}\vartheta = \frac{\frac{1}{2m}\int_{-m}^{+m} \vartheta p(x - \vartheta \mathbb{1}_n)\,\mathrm{d}\vartheta}{\frac{1}{2m}\int_{-m}^{+m} p(x - \vartheta \mathbb{1}_n)\,\mathrm{d}\vartheta} \to \frac{\int_{-\infty}^{+\infty} \vartheta p(x - \vartheta \mathbb{1}_n)\,\mathrm{d}\vartheta}{\int_{-\infty}^{+\infty} p(x - \vartheta \mathbb{1}_n)\,\mathrm{d}\vartheta} = g^*(x). \tag{3.5.107}$$

Somit ist der Pitman-Schätzer g^* zugleich Minimax-Schätzer und Limes von Bayes-Schätzern g_m^* zu den a priori Verteilungen ϱ_m. Letztere bilden selbst wiederum eine ungünstigste Folge im Sinne von 2.7.3. Dieses kann man auch mit Satz 2.144 erschließen[1]). Aus dem Nachweis der Voraussetzungen jenes Satzes bestand nämlich letztlich gerade der obige Beweis des Satzes von Girshick-Savage. In gleicher Weise läßt sich die Bayes-Eigenschaft des verallgemeinerten Pitman-Schätzers auch für andere invariante Verlustfunktionen, etwa für (3.5.84), wie auch für Skalenmodelle oder die in Anmerkung 3.132 betrachteten allgemeineren Modelle bei geeigneter Verlustfunktion verifizieren.

Aufgabe 3.28 Es seien die Voraussetzungen von Satz 3.97 erfüllt. Man zeige: Aus $P_\vartheta^T = P_{\vartheta'}^T$ folgt nicht notwendig $\gamma(\vartheta) = \gamma(\vartheta')$.

Aufgabe 3.29 $x_1, \ldots, x_n$ bzw. $x_1', \ldots, x_n'$, $n \geqslant 2$, seien äquidistante Punkte auf den Kreisen $y^2 + z^2 = 4$ bzw. $y^2 + z^2 = 1$ und es sei $x_0 := (0,0)$. Die zweidimensionale ZG $X = (Y, Z)$ nehme diese $2n+1$ Werte mit den folgenden WS an:

$$\mathbb{P}_0(X = x_j) = \alpha/n, \quad \mathbb{P}_0(X = x_j') = (1 - 2\alpha)/n, \quad \mathbb{P}_0(X = x_0) = \alpha;$$
$$\mathbb{P}_\vartheta(X = x_j) = \vartheta_j/n, \quad \mathbb{P}_\vartheta(X = x_j') = 0, \quad \mathbb{P}_\vartheta(X = x_0) = (n-1)/n;$$
$$\vartheta \in \Theta = \{(\vartheta_1, \ldots, \vartheta_n) \colon \vartheta_j > 0, \textstyle\sum \vartheta_j = 1\}.$$

---

[1]) Zu einem Beweis, der sich direkter an Satz 2.144 anlehnt, vgl. E.L. Lehmann: Theory of Point Estimation, New York, 1983, Ch. 4.4. Einen wiederum etwas anderen Beweis findet man bei T.S. Ferguson: Mathematical Statistics, A Decision Theoretic Approach, New York, 1967.

Man bestimme einen gleichmäßig besten, gegenüber der Gruppe der Drehungen um x_0 um den Winkel $2k\pi/n$, $k = 0, 1, \ldots, n-1$, invarianten α-Niveau Test, $\alpha \in (0, 1/2]$, für $\{\mathbb{P}_0\}$ gegen $\{\mathbb{P}_\vartheta : \vartheta \in \Theta\}$.

Aufgabe 3.30 $\mathfrak{P} \subset \mathfrak{M}^1(\mathfrak{X}, \mathfrak{B})$ sei invariant gegenüber einer Menge $\tilde{\mathfrak{Q}}$ bimeßbarer Transformationen π von $(\mathfrak{X}, \mathfrak{B})$ auf sich. Man zeige: Dann ist $\mathfrak{P}$ auch invariant gegenüber der durch $\tilde{\mathfrak{Q}}$ erzeugten Gruppe $\mathfrak{Q}$.

Aufgabe 3.31 Man leite den einseitigen F-Test aus 3.4.2 als gleichmäßig besten invarianten α-Niveau-Test her.

Aufgabe 3.32 Unter der Annahme eines linearen Modells (3.5.22) bestimmt man einen gleichmäßig besten äquivarianten Bereichsschätzer für $\gamma(\vartheta) = \nu_k/\sigma$.

Aufgabe 3.33 Man beweise die Gültigkeit von (3.5.46) und (3.5.47).

Aufgabe 3.34 $X_1, \ldots, X_n$ seien st.u. $\mathfrak{R}\left(\vartheta - \frac{1}{2}, \vartheta + \frac{1}{2}\right)$-verteilte ZG, $\vartheta \in \mathbb{R}$. Man bestimme die verallgemeinerten Pitman-Schätzer zu den Verlustfunktionen
a) $\Lambda(\vartheta, a) = (a - \vartheta)^2$, b) $\Lambda(\vartheta, a) = |a - \vartheta|$, c) $\Lambda(\vartheta, a) = \mathbb{1}_{(c,\infty)}(|a - \vartheta|), c > 0$.

Aufgabe 3.35 $X_1, \ldots, X_n$ seien st.u. $\mathfrak{R}(\vartheta, 2\vartheta)$- verteilte ZG, $\vartheta > 0$. Man bestimme den Pitman-Schätzer zur Verlustfunktion $\Lambda(\vartheta, a) = ((a/\vartheta)^2 - 1)^2$.

4 Lineare Modelle und multivariate Verfahren

4.1 Schätztheorie in linearen Modellen

Die in 1.5 eingeführten linearen Modelle werden unter Normalverteilungsannahmen wie unter Momentenannahmen betrachtet. In 4.1.1 werden Optimalitätseigenschaften für den Kleinste-Quadrate-Schätzer $\hat{\mu}$ und den Residualschätzer $\hat{\sigma}^2$ hergeleitet. Zugleich wird gezeigt, daß sich $\hat{\mu}$ durch Ausnützen von Orthogonalitätsbeziehungen häufig einfach explizit angeben läßt. 4.1.2 enthält entsprechende Aussagen für allgemeinere lineare Modelle. Von zentraler Bedeutung ist die Invarianz eines linearen Modells gegenüber einer Gruppe $\mathfrak{Q}$ spezieller affiner Transformationen. Diese Überlegungen werden weitgehend unabhängig von den Invarianzbetrachtungen in 3.5 durchgeführt. Mit $\mathfrak{L}_k$ wird ein fester, das lineare Modell beschreibender linearer Teilraum des $\mathbb{R}^n$ der Dimension k, mit $\mathfrak{L}_{n-k}$ dessen orthogonales Komplement bzgl. des $\mathbb{R}^n$ sowie mit $\hat{\mu}(x)$ oder $\text{Proj}(x \mid \mathfrak{L}_k)$ die (orthogonale) Projektion von x auf den $\mathfrak{L}_k$ bezeichnet. Für lineare Teilräume des $\mathfrak{L}_k$ der Dimension h, $m-1$, $r-1, \ldots$ schreiben wir auch $\mathfrak{L}_h, \mathfrak{L}_{m-1}, \mathfrak{L}_{r-1}, \ldots$; speziell bezeichnet $\mathfrak{L}_{k-h}$ das orthogonale Komplement des $\mathfrak{L}_h$ bzgl. des $\mathfrak{L}_k$ und $\mathfrak{L}_1$ den durch $\mathbb{1}_n = (1, \ldots, 1)^\top$ erzeugten, einem mittleren Effekt entsprechenden linearen Teilraum.

4.1.1 Kleinste-Quadrate-Schätzer; Satz von Gauß-Markov

Betrachtet werden lineare Modelle $X = \mu + \sigma W$, $(\mu, \sigma^2) \in \mathfrak{L}_k \times (0, \infty)$, und zwar unter der Normalverteilungsannahme $\mathfrak{L}(W) = \mathfrak{N}(0, \mathscr{I}_n)$ wie unter der Annahme, daß die ersten beiden Momente – soweit benötigt auch höhere Momente – existieren und gleich denjenigen unter der Normalverteilungsannahme sind, also die beiden Modelle

$$X = \mu + \sigma W, \qquad (\mu, \sigma^2) \in \mathfrak{L}_k \times (0, \infty), \qquad \mathfrak{L}(W) = \mathfrak{N}(0, \mathscr{I}_n), \tag{4.1.1}$$

$$X = \mu + \sigma W, \qquad (\mu, \sigma^2) \in \mathfrak{L}_k \times (0, \infty), \qquad EW = 0, \ \mathscr{Cov}\, W = \mathscr{I}_n. \tag{4.1.2}$$

In Verallgemeinerung der Minimaleigenschaft des Mittelwerts (1.3.3) liegt es nahe [1]), für den Mittelwertvektor μ den *Kleinste-Quadrate-Schätzer* [2])

$$\hat{\mu}(x) \in \mathfrak{L}_k, \qquad |x - \hat{\mu}(x)|^2 = \min_{\mu \in \mathfrak{L}_k} |x - \mu|^2 \tag{4.1.3}$$

und für σ^2 dann den *Residualschätzer*

$$\hat{\sigma}^2(x) = \frac{1}{n-k} |x - \hat{\mu}(x)|^2 \tag{4.1.4}$$

---

[1]) Unter der Normalverteilungsannahme fällt der Kleinste-Quadrate-Schätzer $\hat{\mu}$ analog Beispiel 1.30 mit dem ML-Schätzer für $\mu \in \mathfrak{L}_k$ zusammen. Dagegen lautet für σ^2 der ML-Schätzer $\bar{\sigma}^2(x) = |x - \hat{\mu}(x)|^2/n$. Es gilt also $\bar{\sigma}^2(x) \neq \hat{\sigma}^2(x)$, (jedoch mit $\bar{\sigma}^2(x)/\hat{\sigma}^2(x) \to 1$ für $n \to \infty$); vgl. auch Beispiel 1.54 und Fußnote 2), S. 457.

[2]) Für (4.1.3) schreiben wir später in Einklang mit 1.3 auch kurz $|x - \mu|^2 = \min\limits_{\mu}$.

zu verwenden. Dabei ist $\hat{\mu}(x)$ die orthogonale Projektion von x auf den $\mathfrak{L}_k$, kurz: $\hat{\mu}(x) = \text{Proj}(x \mid \mathfrak{L}_k)$. Da beide Schätzer in den Anwendungen eine zentrale Rolle spielen und $\hat{\sigma}^2$ durch $\hat{\mu}$ bestimmt ist, soll die praktische Bestimmung von $\hat{\mu}$ diskutiert werden. Hierzu nehmen wir zunächst der Einfachheit halber an, daß der $\mathfrak{L}_k$ durch eine *Design-Matrix* $\mathscr{C} = (c_1, \ldots, c_k) \in \mathbb{R}^{n \times k}$ beschrieben wird, wobei $\mathscr{C}$ also den Rang k hat. Dann läßt sich der $\mathfrak{L}_k$ mittels der linearen Regression

$$\mu = \mathscr{C}\gamma = \sum_{i=1}^{k} \gamma_i c_i \tag{4.1.5}$$

durch einen Vektor $\gamma = (\gamma_1, \ldots, \gamma_k)^\top \in \mathbb{R}^k$ parametrisieren. Schreibt man demgemäß

$$\hat{\mu}(x) = \mathscr{C}\hat{\gamma}(x) = \sum_{j=1}^{k} \hat{\gamma}_j(x)\, c_j, \tag{4.1.6}$$

so ergibt sich für $\hat{\gamma}(x) \in \mathbb{R}^k$ durch Minimieren des Abstandsquadrats

$$\left| x - \sum_{j=1}^{k} \hat{\gamma}_j(x)\, c_j \right|^2 = \left(x - \sum_{j=1}^{k} \hat{\gamma}_j(x)\, c_j \right)^\top \left(x - \sum_{j=1}^{k} \hat{\gamma}_j(x)\, c_j \right)$$

das System von k linearen Gleichungen

$$\nabla_i \left| x - \sum_{j=1}^{k} \hat{\gamma}_j(x)\, c_j \right|^2 = -2c_i^\top \left(x - \sum_{j=1}^{k} \hat{\gamma}_j(x)\, c_j \right) = 0, \qquad i = 1, \ldots, k.$$

Für dieses System schreiben wir auch kurz

$$\nabla |x - \mathscr{C}\hat{\gamma}(x)|^2 = -2\mathscr{C}^\top (x - \mathscr{C}\hat{\gamma}(x)) = 0.$$

Der Vektor $\hat{\gamma}(x) \in \mathbb{R}^k$ ergibt sich also als Lösung der *Normalgleichungen*

$$\mathscr{C}^\top \mathscr{C}\hat{\gamma}(x) = \mathscr{C}^\top x. \tag{4.1.7}$$

$\hat{\gamma}(x)$ und damit $\hat{\mu}(x)$ lassen sich leicht explizit angeben (für $\text{Rg}\,\mathscr{C} < k$ vgl. S. 459–460):

Satz 4.1 *Zugrunde liege ein lineares Modell mit Momentenannahme* (4.1.2) *und es gelte* (4.1.5) *mit* $\text{Rg}\,\mathscr{C} = k$. *Dann gilt für den Kleinste-Quadrate-Schätzer*

$$\hat{\mu}(x) = \mathscr{C}\hat{\gamma}(x) \quad \textit{mit} \quad \hat{\gamma}(x) = (\mathscr{C}^\top \mathscr{C})^{-1} \mathscr{C}^\top x, \tag{4.1.8}$$

d.h. $\hat{\mu}(x) = \mathscr{P}x$, wobei $\mathscr{P} = \mathscr{C}(\mathscr{C}^\top \mathscr{C})^{-1} \mathscr{C}^\top$ *die Matrix der Projektion auf den* $\mathfrak{L}_k$ *ist.*

Beweis: Wegen $\mathscr{C} \in \mathbb{R}^{n \times k}$ und $\text{Rg}\,\mathscr{C} = k$ ist $\mathscr{C}^\top \mathscr{C}$ eine $k \times k$-Matrix vom Rang k. Also ist $\hat{\gamma}(x)$ die eindeutig bestimmte Lösung der Normalgleichungen (4.1.7). Offenbar ist $\mathscr{P}$ die Matrix der Projektion auf den $\mathfrak{L}_k$, denn $\mathscr{P}$ ist idempotent, symmetrisch und es gilt $\mathscr{P}\mathscr{C} = \mathscr{C}$ sowie wegen $\text{Rg}\,\mathscr{P} \leqslant k$ auch $\text{Rg}\,\mathscr{P} = k$. □

Insbesondere bei linearen Modellen mit ausschließlich qualitativen Faktoren läßt sich der $\mathfrak{L}_k$ häufig zwanglos schreiben als Summe zweier orthogonaler Teilräume $\mathfrak{L}_h$ und $\mathfrak{L}_{k-h}$ der Dimension h bzw. $k-h$, also $\mathfrak{L}_k = \mathfrak{L}_h \oplus \mathfrak{L}_{k-h}$.

Satz 4.2 *Zugrunde liege ein lineares Modell mit Momentenannahme* (4.1.2), *und es sei* $\mathfrak{L}_k = \mathfrak{L}_h \oplus \mathfrak{L}_{k-h}$. *Bezeichnen* $\hat{\hat{\mu}}(x) = \operatorname{Proj}(x \mid \mathfrak{L}_h)$ *und* $\tilde{\hat{\mu}}(x) = \operatorname{Proj}(x \mid \mathfrak{L}_{k-h})$ *die orthogonalen Projektionen von x auf den* $\mathfrak{L}_h$ *bzw.* $\mathfrak{L}_{k-h}$, *so gilt*

$$\hat{\mu}(x) = \hat{\hat{\mu}}(x) + \tilde{\hat{\mu}}(x). \tag{4.1.9}$$

Ist speziell $\mathfrak{L}_h = \mathfrak{L}(c_1, \ldots, c_h)$ *und* $\mathfrak{L}_{k-h} = \mathfrak{L}(c_{h+1}, \ldots, c_k)$, *so zerfällt das System der Normalgleichungen* (4.1.7) *in zwei Systeme von Normalgleichungen mit h bzw. k − h Unbekannten. Diese lauten mit* $\mathscr{C}_1 := (c_1, \ldots, c_h)$ *und* $\mathscr{C}_2 := (c_{h+1}, \ldots, c_k)$

$$\mathscr{C}_1^\top \mathscr{C}_1 \hat{\hat{\gamma}}(x) = \mathscr{C}_1^\top x, \qquad \mathscr{C}_2^\top \mathscr{C}_2 \tilde{\hat{\gamma}}(x) = \mathscr{C}_2^\top x, \tag{4.1.10}$$

wobei $\hat{\hat{\gamma}}(x) = (\hat{\gamma}_1(x), \ldots, \hat{\gamma}_h(x))^\top$ *und* $\tilde{\hat{\gamma}}(x) = (\hat{\gamma}_{h+1}(x), \ldots, \hat{\gamma}_k(x))^\top$ *ist. Es gilt*

$$\hat{\hat{\gamma}}(x) = (\mathscr{C}_1^\top \mathscr{C}_1)^{-1} \mathscr{C}_1^\top x, \qquad \tilde{\hat{\gamma}}(x) = (\mathscr{C}_2^\top \mathscr{C}_2)^{-1} \mathscr{C}_2^\top x$$

und damit für $\hat{\hat{\mu}}(x)$ *bzw.* $\tilde{\hat{\mu}}(x)$

$$\hat{\hat{\mu}}(x) = \mathscr{C}_1 \hat{\hat{\gamma}}(x) = \sum_{j=1}^{h} \hat{\gamma}_j(x)\, c_j, \qquad \tilde{\hat{\mu}}(x) = \mathscr{C}_2 \tilde{\hat{\gamma}}(x) = \sum_{j=h+1}^{k} \tilde{\hat{\gamma}}_j(x)\, c_j. \tag{4.1.11}$$

Beweis: Wegen der Orthogonalität des $\mathfrak{L}_{k-h}$ zum $\mathfrak{L}_h$ gilt $c_i^\top c_j = 0$ für $i = 1, \ldots, h$ bzw. $j = h+1, \ldots, k$, d.h. $\mathscr{C}_1^\top \mathscr{C}_2 = \mathscr{O}$ und damit

$$\mathscr{C}^\top \mathscr{C} = \begin{pmatrix} \mathscr{C}_1^\top \mathscr{C}_1 & \mathscr{O} \\ \mathscr{O} & \mathscr{C}_2^\top \mathscr{C}_2 \end{pmatrix}.$$

Mit $\hat{\gamma}(x) = (\hat{\hat{\gamma}}(x)^\top, \tilde{\hat{\gamma}}(x)^\top)^\top$ zerfällt also das System der Normalgleichungen (4.1.7) in die beiden Systeme (4.1.10) und für die Projektionen auf die Teilräume gilt (4.1.11). Aus der Orthogonalität folgt (4.1.9). □

Beispiel 4.3 a) In Beispiel 1.83 (m-Stichprobenproblem) gilt offenbar

$$|x - \mu|^2 = \sum_i \sum_j (x_{ij} - \mu_i)^2 = \min_{\mu} \quad \Leftrightarrow \quad \sum_j (x_{ij} - \mu_i)^2 = \min_{\mu_i} \quad \forall i = 1, \ldots, m$$

und damit nach der Minimaleigenschaft des Mittelwerts (1.3.3) $\hat{\mu}_i(x) = \bar{x}_{i\cdot}$. Das System (4.1.7) zerfällt hier wegen $\mathfrak{L}_m = \mathfrak{L}(q_{1\cdot}) \oplus \ldots \oplus \mathfrak{L}(q_{m\cdot})$ in die m Normalgleichungen $\sum_j (x_{ij} - \hat{\mu}_i(x)) = 0$, $i = 1, \ldots, m$, mit jeweils einer Unbekannten.

b) In Beispiel 1.84 (Lineare Regression) lauten die Normalgleichungen

$$\sum (\hat{v}(x) + \hat{\varkappa}(x) s_j) = \sum x_j, \qquad \sum s_j (\hat{v}(x) + \hat{\varkappa}(x) s_j) = \sum s_j x_j$$

und damit $\hat{v}(x) = \bar{x} - \hat{\varkappa}(x)\bar{s}$, $\hat{\varkappa}(x) = \sum (x_j - \bar{x})(s_j - \bar{s}) / \sum (s_j - \bar{s})^2$.

c) In Beispiel 1.86 (Ein qualitativer und ein quantitativer Faktor) ergeben sich $\hat{\varrho}_i(x)$ für $i = 1, \ldots, m$ und $\hat{\varkappa}(x)$ nach der Vorgehensweise aus a) und b) zu

$$\hat{\varrho}_i(x) = \bar{x}_{i\cdot} - \hat{\varkappa}(x)\bar{s}_{i\cdot}, \qquad \hat{\varkappa}(x) = \frac{\sum\sum (x_{ij} - \bar{x}_{i\cdot})(s_{ij} - \bar{s}_{i\cdot})}{\sum\sum (s_{ij} - \bar{s}_{i\cdot})^2}.$$ □

Beispiel 4.4 In den Beispielen 1.85 und 1.87 wird die Bestimmung von $\hat{\mu}(x)$ durch die angegebenen orthogonalen Zerlegungen des $\mathfrak{L}_k$ wesentlich vereinfacht. Derartige *orthogonale Versuchspläne* gibt es in der Regel nur bei Vorliegen von ausschließlich qualitativen Faktoren.

a) Nutzt man in Beispiel 1.83 die dort angegebene orthogonale Zerlegung $\mathfrak{L}_m = \mathfrak{L}_1 \oplus \mathfrak{L}_{m-1}$ aus, so ergibt sich wegen $\hat{\mu}_i(x) = \hat{\bar{\mu}}(x) + \hat{v}_i(x)$ zunächst

$$\hat{\bar{\mu}}(x)q_{\cdot\cdot} = \operatorname{Proj}(x \mid \mathfrak{L}_1) \quad \text{und} \quad \sum \hat{v}_i(x) q_{i\cdot} = \operatorname{Proj}(x \mid \mathfrak{L}_{m-1}).$$

Demgemäß folgt $\hat{\bar{\mu}}(x)$ aus $|x - \bar{\mu} q_{\cdot\cdot}|^2 = \sum_i \sum_j (x_{ij} - \bar{\mu})^2 = \min_{\bar{\mu}}$ zu $\hat{\bar{\mu}}(x) = \bar{x}_{\cdot\cdot}$ bzw. $\hat{v}_i(x)$ für $i = 1, \ldots, m$ aus

$$|x - \sum_i v_i q_{i\cdot}|^2 = \sum_i \sum_j (x_{ij} - v_i)^2 = \min_v, \qquad \sum n_i v_i = 0,$$

(etwa mit einem Lagrange-Multiplikator) zu $\hat{v}_i(x) = \bar{x}_{i\cdot} - \bar{x}_{\cdot\cdot}$, $i = 1, \ldots, m$.

b) In Beispiel 1.85 (Zwei qualitative Faktoren ohne Wechselwirkungen) lassen sich wegen der orthogonalen Zerlegung $\mathfrak{L}_{m+r-1} = \mathfrak{L}_1 \oplus \mathfrak{L}_{m-1} \oplus \mathfrak{L}_{r-1}$ die Schätzungen $\hat{\bar{\mu}}(x)$, $\hat{v}_i(x)$ und $\hat{\varkappa}_j(x)$ unabhängig voneinander bestimmen und zwar ergibt sich unter Verwenden von a) wegen

$$\hat{\bar{\mu}}(x) q_{\cdot\cdot\cdot} = \operatorname{Proj}(x \mid \mathfrak{L}_1): \qquad \hat{\bar{\mu}}(x) = \bar{x}_{\cdot\cdot\cdot},$$

$$\sum_i \hat{v}_i(x) q_{i\cdot\cdot} = \operatorname{Proj}(x \mid \mathfrak{L}_{m-1}): \qquad \hat{v}_i(x) = \bar{x}_{i\cdot\cdot} - \bar{x}_{\cdot\cdot\cdot}, \qquad i = 1, \ldots, m, \tag{4.1.12}$$

$$\sum_j \hat{\varkappa}_j(x) q_{\cdot j\cdot} = \operatorname{Proj}(x \mid \mathfrak{L}_{r-1}): \qquad \hat{\varkappa}_j(x) = \bar{x}_{\cdot j\cdot} - \bar{x}_{\cdot\cdot\cdot}, \qquad j = 1, \ldots, r.$$

c) In Beispiel 1.87 (Zwei qualitative Faktoren mit Wechselwirkungen) ist wegen der orthogonalen Zerlegung $\mathfrak{L}_{mr} = \mathfrak{L}_1 \oplus \mathfrak{L}_{m-1} \oplus \mathfrak{L}_{r-1} \oplus \mathfrak{L}_{(m-1)(r-1)}$ und b) nur noch

$$\sum_i \sum_j \hat{\varrho}_{ij}(x) q_{ij\cdot} = \operatorname{Proj}(x \mid \mathfrak{L}_{(m-1)(r-1)})$$

zu bestimmen. Diese Projektion ergibt sich nach (4.1.3) aus

$$\left| x - \sum_i \sum_j \varrho_{ij} q_{ij\cdot} \right|^2 = \sum_i \sum_j \sum_l (x_{ijl} - \varrho_{ij})^2 = \min_\varrho$$

unter den $(r + m - 1)$ Nebenbedingungen für die ϱ_{ij} aus Beispiel 1.87 – etwa mit der Methode der Lagrange-Multiplikatoren – zu

$$\hat{\varrho}_{ij}(x) = \bar{x}_{ij\cdot} - \bar{x}_{i\cdot\cdot} - \bar{x}_{\cdot j\cdot} + \bar{x}_{\cdot\cdot\cdot}, \qquad i = 1, \ldots, m, \qquad j = 1, \ldots, r. \qquad \square$$

Wie diese Beispiele zeigen ist die Bestimmung des Schätzers $\hat{\mu}$ und die Ausnutzung der Orthogonalität unabhängig von der Normalverteilungsannahme (4.1.1). Diese wird nur benötigt zum Nachweis stärkerer Optimalitätseigenschaften als sie unter den Momentenbedingungen (4.1.2) möglich sind. Im folgenden Satz fassen wir beide Arten von Aussagen zusammen: Unter der (relativ engen) Verteilungsannahme (4.1.1) erweist sich $\hat{\mu}$ als optimal in der (relativ großen) Klasse aller erwartungstreuen Schätzer für μ; unter der (relativ weiten) Momentenannahme (4.1.2) erweist sich $\hat{\mu}$ als optimal in der (relativ kleinen) Klasse aller erwartungstreuen linearen Schätzer für μ. Entsprechendes gilt für den quadratischen Schätzer $\hat{\sigma}^2$, je nachdem, ob man die Normalverteilungsannahme oder die dieser entsprechende Annahme über die dritten und vierten Momente zugrundelegt. Dabei versteht man unter einem *linearen* bzw. *quadratischen Schätzer* einen solchen der Form $l^\top x$ mit $l \in \mathbb{R}^n$ bzw. $x^\top \mathcal{Q} x$ mit $\mathcal{Q} \in \mathbb{R}^{n \times n}_{\text{sym}}$.

Satz 4.5 (Gauß-Markov) *Betrachtet werde ein lineares Modell* (4.1.1) *bzw.* (4.1.2). *Es seien $\hat{\mu}$ der Kleinste-Quadrate-Schätzer und $\hat{\sigma}^2$ der Residualschätzer.*

a) *Unter der Normalverteilungsannahme* $\mathfrak{L}(W) = \mathfrak{N}(0, \mathcal{I}_n)$ *gilt:* $\hat{\mu}$ *und* $\hat{\sigma}^2$ *sind* st.u. *und erwartungstreue Schätzer für* $\mu \in \mathfrak{L}_k$ *bzw.* $\sigma^2 \in (0, \infty)$ *mit gleichmäßig kleinster Kovarianzmatrix (jeweils unter allen erwartungstreuen Schätzern).*

b) *Unter der Annahme, daß die ersten vier Momente existieren und gleich denjenigen einer* $\mathfrak{N}(0, \mathcal{I}_n)$*-Verteilung sind, gilt:* $\hat{\mu}$ *und* $\hat{\sigma}^2$ *sind unkorreliert und erwartungstreue Schätzer für* $\mu \in \mathfrak{L}_k$ *bzw.* $\sigma^2 \in (0, \infty)$ *mit gleichmäßig kleinster Kovarianzmatrix unter allen linearen bzw. quadratischen erwartungstreuen Schätzern.*

Beweis: Dieser beruht auf der orthogonalen Transformation $y = \mathcal{T}x$, die in Korollar 1.99 dazu verwendet wurde, das lineare Modell (4.1.1) in die kanonische Gestalt (1.5.17) zu überführen. Dann ist nämlich unter a) wie unter b)

$$\hat{v}(y) = \operatorname{Proj}(y \mid \mathcal{T}\mathfrak{L}_k) = (y_1, \ldots, y_k, 0, \ldots, 0)^\top \tag{4.1.13}$$

erwartungstreu für $v = (v_1, \ldots, v_k, 0, \ldots, 0)^\top \in \mathcal{T}\mathfrak{L}_k$ und somit

$$\hat{\mu}(x) = \operatorname{Proj}(x \mid \mathfrak{L}_k) = \mathcal{T}^\top \hat{v}(y) = \mathcal{T}^\top (y_1, \ldots, y_k, 0, \ldots, 0)^\top \tag{4.1.14}$$

erwartungstreu für $\mu = \mathcal{T}^\top v \in \mathfrak{L}_k$. Andererseits gilt

$$x - \hat{\mu}(x) = \mathcal{T}^\top (y - \hat{v}(y)) = \mathcal{T}^\top (0, \ldots, 0, y_{k+1}, \ldots, y_n)^\top, \tag{4.1.15}$$

so daß $|x - \hat{\mu}(x)|^2/(n-k) = \sum_{j=k+1}^{n} y_j^2/(n-k)$ unter a) und unter b) erwartungstreu für σ^2 ist.

a) Aus (4.1.14–15) folgt weiter, daß $\hat{\mu}$ und $\hat{\sigma}^2$ nur von $(y_1, \ldots, y_k)$ bzw. $(y_{k+1}, \ldots, y_n)$ abhängen. Somit sind die beiden Schätzer st.u.. Überdies hängen $\hat{\mu}$ und $\hat{\sigma}^2$ nur von der nach Beispiel 3.40d suffizienten und vollständigen Statistik $T(y) = (y_1, \ldots, y_k, \sum_{j=k+1}^{n} y_j^2)$ ab. Somit ergibt sich die Optimalität aus dem Satz von Lehmann-Scheffé.

b) Die Unkorreliertheit ergibt sich wie folgt: Mit $\mathcal{P}$ gemäß Satz 4.1, $Y := X - \mu$, $|X - \hat{\mu}(X)|^2 = X^\top(\mathcal{I}_n - \mathcal{P})X$ sowie $(\mathcal{I}_n - \mathcal{P})\mu = 0$ gilt

$$(n-k)E(\hat{\mu} - \mu)\hat{\sigma}^2 = E\mathcal{P}Y[(Y+\mu)^\top(\mathcal{I}_n - \mathcal{P})(Y+\mu)] = \mathcal{P}EYY^\top(\mathcal{I}_n - \mathcal{P})Y.$$

Dies ist ein n-dimensionaler Vektor mit den Komponenten

$$\sum_i \sum_j (\delta_{ij} - \mathcal{P}_{ij}) E Y_i Y_j Y_l, \qquad l = 1, \ldots, n.$$

Da alle zentrierten Momente ungerader Ordnung verschwinden, gilt also

$$(n-k)E(\hat{\mu} - \mu)\hat{\sigma}^2 = 0.$$

Zur Optimalität reicht nach dem Satz von Rao 2.114 der Nachweis, daß $\hat{\mu}$ bzw. $\hat{\sigma}^2$ unkorreliert ist zu allen linearen bzw. quadratischen Nullschätzern $\hat{o}$, vgl. Aufgabe 4.3. Für diese schreiben wir $\hat{o}(x) = \mathcal{L}^\top x$ mit $\mathcal{L} \in \mathbb{R}^{n \times k}$ bzw. $\hat{o}(x) = x^\top \mathcal{Q} x$ mit $\mathcal{Q} \in \mathbb{R}^{n \times n}_{\text{sym}}$. Aus $\hat{o}(x) = \mathcal{L}^\top x$ mit $E_{\mu,\sigma^2}\hat{o} = E_{\mu,\sigma^2}\mathcal{L}^\top X = \mathcal{L}^\top \mathcal{C}\gamma = 0 \quad \forall (\mu, \sigma^2) \in \mathfrak{L}_k \times (0, \infty)$ folgt aber $\mathcal{L}^\top \mathcal{C} = \mathcal{O}$ und damit $\mathcal{L}^\top \mathcal{P} = \mathcal{O}$ oder wegen $\hat{\mu}(x) = \mathcal{P}x$ und $\mu = \mathcal{P}\mu$

$$E_{\mu,\sigma^2}(\hat{\mu} - \mu)\hat{o}^\top = \mathcal{P}E_{\mu,\sigma^2}(X - \mu)X^\top \mathcal{L} = \sigma^2 \mathcal{P}\mathcal{L} = \mathcal{O}.$$

Entsprechend folgen für $\hat{o}(x) = x^{\mathsf{T}} \mathscr{Q} x$ wegen $E_{\mu,\sigma^2} XX^{\mathsf{T}} = \mathscr{Cov}_{\mu,\sigma^2} X + \mu\mu^{\mathsf{T}}$ zunächst die Bedingungen $\operatorname{Sp} \mathscr{Q} = 0$ und $\mathscr{C}^{\mathsf{T}} \mathscr{Q} \mathscr{C} = 0$, denn es gilt

$$E_{\mu,\sigma^2} \hat{o}(X) = E_{\mu,\sigma^2} \operatorname{Sp} X^{\mathsf{T}} \mathscr{Q} X = E_{\mu,\sigma^2} \operatorname{Sp} \mathscr{Q} XX^{\mathsf{T}} = \operatorname{Sp} \mathscr{Q} (\mathscr{Cov}_{\mu,\sigma^2} X + \mu\mu^{\mathsf{T}})$$
$$= \sigma^2 \operatorname{Sp} \mathscr{Q} + \mu^{\mathsf{T}} \mathscr{Q} \mu = \sigma^2 \operatorname{Sp} \mathscr{Q} + \gamma^{\mathsf{T}} \mathscr{C}^{\mathsf{T}} \mathscr{Q} \mathscr{C} \gamma = 0 \quad \forall (\mu, \sigma^2) \in \mathfrak{L}_k \times (0, \infty).$$

Andererseits ergibt sich mit $\mathscr{M} := \mathscr{I}_n - \mathscr{P}$

$$|x - \hat{\mu}(x)|^2 = (x - \mathscr{P} x)^{\mathsf{T}} (x - \mathscr{P} x) = x^{\mathsf{T}} x - x^{\mathsf{T}} \mathscr{P} x = x^{\mathsf{T}} \mathscr{M} x.$$

Damit folgt die Unkorreliertheit, also $E(\hat{\sigma}^2 - \sigma^2)\hat{o} = 0$, wegen $\hat{\sigma}^2(x) = x^{\mathsf{T}} \mathscr{M} x/(n-k)$, Satz 1.98 und $\operatorname{Sp} \mathscr{P}\mathscr{Q} = \operatorname{Sp}(\mathscr{C}(\mathscr{C}^{\mathsf{T}}\mathscr{C})^{-1} \mathscr{C}^{\mathsf{T}} \mathscr{Q}) = \operatorname{Sp}((\mathscr{C}^{\mathsf{T}}\mathscr{C})^{-1} \mathscr{C}^{\mathsf{T}} \mathscr{Q} \mathscr{C}) = 0$ aus

$$Cov(X^{\mathsf{T}} \mathscr{M} X, X^{\mathsf{T}} \mathscr{Q} X) = 2 \operatorname{Sp}(\mathscr{M} \mathscr{Cov} X \mathscr{Q} \mathscr{Cov} X) = 2\sigma^4 \operatorname{Sp}(\mathscr{M}\mathscr{Q})$$
$$= 2\sigma^4 (\operatorname{Sp} \mathscr{Q} - \operatorname{Sp} \mathscr{P}\mathscr{Q}) = 0. \qquad \square$$

Aus Satz 4.5 folgt, etwa mit dem Satz von Rao 2.114, daß für jedes $l \in \mathbb{R}^n$ unter der Normalverteilungs- wie unter der Momentenannahme $l^{\mathsf{T}} \hat{\mu}$ ein erwartungstreuer Schätzer für $l^{\mathsf{T}} \mu$ ist mit gleichmäßig kleinster Varianz unter allen erwartungstreuen bzw. unter allen linearen erwartungstreuen Schätzern, z.B. y_k für $\gamma(\vartheta) = v_k$. Darüber hinaus hat $(\hat{\mu}, \hat{\sigma}^2)$ ein wichtiges Äquivarianzverhalten.

Satz 4.6 *$\mathfrak{Q}$ bezeichne die Gruppe der affinen Transformationen*

$$\pi x = v \mathscr{Q} x + u, \quad x \in \mathbb{R}^n, \quad v \in \mathbb{R} - \{0\}, \quad u \in \mathfrak{L}_k, \quad \mathscr{Q} \in \mathbb{R}^{n \times n}_{\text{orth}} \text{ mit } \mathscr{Q}(\mathfrak{L}_k) = \mathfrak{L}_k \tag{4.1.16}$$

bzw. die der Transformationen[1] $\pi(\mu, \sigma^2) = (v \mathscr{Q} \mu + u, v^2 \sigma^2)$ *über* $\mathfrak{L}_k \times (0, \infty)$. *Dann gilt:*

a) *Die linearen Modelle* (4.1.1–2) *sind invariant gegenüber* $\mathfrak{Q}$.

b) $(\hat{\mu}, \hat{\sigma}^2)$ *ist äquivariant*[2] *gegenüber* $\mathfrak{Q}$, *d.h. es gilt*

$$(\hat{\mu}(\pi x), \hat{\sigma}^2(\pi x)) = (\hat{\mu}(v \mathscr{Q} x + u), \hat{\sigma}^2(v \mathscr{Q} x + u))$$
$$= (v \mathscr{Q} \hat{\mu}(x) + u, v^2 \hat{\sigma}^2(x)) = \pi(\hat{\mu}(x), \hat{\sigma}^2(x)) \qquad \forall \pi \in \mathfrak{Q}.$$

Beweis: a) folgt aus Satz 1.95 bzw. Hilfssatz 1.88.

b) Bezeichnet $\mathfrak{L}_{n-k}$ das orthogonale Komplement des $\mathfrak{L}_k$ bzgl. $\mathfrak{L}_n$, so gilt offenbar mit $\mathscr{Q}(\mathfrak{L}_k) = \mathfrak{L}_k$ auch $\mathscr{Q}(\mathfrak{L}_{n-k}) = \mathfrak{L}_{n-k}$. Damit folgt aus $\mathscr{P} \mathscr{Q} \hat{\mu}(x) = \mathscr{Q} \hat{\mu}(x)$ und $\mathscr{P} \mathscr{Q}(x - \hat{\mu}(x)) = 0$, jeweils für alle $x \in \mathbb{R}^n$, bzw. aus $\mathscr{P} u = u$

$$\hat{\mu}(\pi x) = \mathscr{P}(v \mathscr{Q} x + u) = v \mathscr{P} \mathscr{Q} x + \mathscr{P} u = v \mathscr{Q} \hat{\mu}(x) + u = \pi \hat{\mu}(x) \qquad \forall \pi \in \mathfrak{Q}.$$

Hieraus ergibt sich nach Definition von $\hat{\sigma}^2$ für jedes $x \in \mathbb{R}^n$

$$\hat{\sigma}^2(\pi x) = \frac{1}{n-k} |\pi x - \hat{\mu}(\pi x)|^2 = \frac{1}{n-k} |v \mathscr{Q} x - v \mathscr{Q} \hat{\mu}(x)|^2 = v^2 \hat{\sigma}^2(x). \qquad \square$$

---

[1]) Diese folgen bei (4.1.1) wieder gemäß (3.5.3), bei (4.1.2) gemäß Fußnote S. 404.

[2]) Alle äquivarianten Schätzer sind von der Form $(\hat{\mu}(x), c\,|x - \hat{\mu}(x)|^2)$, $c > 0$. Dabei ergibt sich c entweder unter (4.1.2) durch die Forderung der Erwartungstreue zu $1/(n-k)$ oder unter (4.1.1) analog Beispiel 1.54 bei der Verlustfunktion $\Lambda(\vartheta, a) = \dfrac{(\vartheta_1 - a_1)^2}{\vartheta_2} + \left(\dfrac{a_2}{\vartheta_2} - 1\right)^2$ zu $1/(n-k+2)$.

4.1.2 Aitken-Schätzer und linear schätzbare Funktionale

Die Aussagen aus 4.1.1 lassen sich in verschiedener Hinsicht verallgemeinern. Wir betrachten zunächst den Fall, daß die Kovarianzmatrix von der Form $\sigma^2 \mathscr{S}_0$ mit bekannter symmetrischer positiv-definiter Matrix $\mathscr{S}_0$ und unbekanntem $\sigma^2 > 0$ ist. Der $\mathfrak{L}_k$ werde weiterhin durch eine Design-Matrix $\mathscr{C} \in \mathbb{R}^{n \times k}$ vom Rang k beschrieben, d.h. es sei wieder $\mathfrak{L}_k = \{\mu = \mathscr{C}\gamma : \gamma \in \mathbb{R}^k\}$ sowie $\mathscr{P} = \mathscr{C}(\mathscr{C}^\top \mathscr{C})^{-1} \mathscr{C}^\top$. Bezeichnet $\mathscr{S}_0^{-1/2}$ wie in Hilfssatz 1.90 die symmetrische positiv-definite $n \times n$-Matrix mit $\mathscr{S}_0^{-1/2}\, \mathscr{S}_0^{-1/2} = \mathscr{S}_0^{-1}$, so ergibt sich für $Y = \mathscr{S}_0^{-1/2} X$, $v = \mathscr{S}_0^{-1/2} \mu$, $\tilde{\mathscr{C}} = \mathscr{S}_0^{-1/2} \mathscr{C}$ mit Satz 1.95a bzw. Hilfssatz 1.88

$$\begin{aligned} &\mathfrak{L}(X) = \mathfrak{N}(\mu, \sigma^2 \mathscr{S}_0) &&\Rightarrow \mathfrak{L}(Y) = \mathfrak{N}(v, \sigma^2 \mathscr{J}_n), \\ &EX = \mu,\ \mathscr{C}ov\, X = \sigma^2 \mathscr{S}_0 &&\Rightarrow EY = v,\ \mathscr{C}ov\, Y = \sigma^2 \mathscr{J}_n, \\ &\mu = \mathscr{C}\gamma &&\Rightarrow v = \tilde{\mathscr{C}}\gamma . \end{aligned}$$

Insbesondere gilt $Y^\top Y = X^\top \mathscr{S}_0^{-1} X$, so daß dem Kleinste-Quadrate-Schätzer $\hat{v}(y)$ der wie folgt definierte *Aitken-Schätzer* $\check{\mu}(x)$ entspricht,

$$\check{\mu}(x) \in \mathfrak{L}_k, \qquad (x - \check{\mu}(x))^\top \mathscr{S}_0^{-1} (x - \check{\mu}(x)) = \min_{\mu \in \mathfrak{L}_k} (x - \mu)^\top \mathscr{S}_0^{-1} (x - \mu). \tag{4.1.17}$$

Wegen $\mu = \mathscr{C}\gamma$ lauten die Normalgleichungen $(\mathscr{C}^\top \mathscr{S}_0^{-1} \mathscr{C})\check{\gamma}(x) = \mathscr{C}^\top \mathscr{S}_0^{-1} x$ und folglich

$$\check{\mu}(x) = \mathscr{C}\check{\gamma}(x) \quad \text{mit} \quad \check{\gamma}(x) = (\mathscr{C}^\top \mathscr{S}_0^{-1} \mathscr{C})^{-1} \mathscr{C}^\top \mathscr{S}_0^{-1} x. \tag{4.1.18}$$

Analog (4.1.4) lautet der Residualschätzer in diesem Fall

$$\check{\sigma}^2(x) := \frac{1}{n-k} (x - \check{\mu}(x))^\top \mathscr{S}_0^{-1} (x - \check{\mu}(x)). \tag{4.1.19}$$

$\check{\mu}$ kann bzgl. des durch $\langle x, \tilde{x} \rangle = x^\top \mathscr{S}_0^{-1} \tilde{x}$ definierten Skalarprodukts als Projektion des $\mathbb{R}^n$ auf den $\mathfrak{L}_k$ aufgefaßt werden. Da $\hat{v}(y) = \mathscr{S}_0^{-1/2} \check{\mu}(x)$ der Kleinste-Quadrate-Schätzer im transformierten Modell $\mathfrak{L}(Y) = \mathfrak{N}(v, \sigma^2 \mathscr{J}_n)$, $(v, \sigma^2) \in \mathscr{S}_0^{-1/2}(\mathfrak{L}_k) \times (0, \infty)$ und $\hat{\sigma}^2(y) = \check{\sigma}^2(x)$ ist, ergeben sich aus Satz 4.5a + b leicht die entsprechenden Optimalitätsaussagen für $\check{\mu}$ bzw. $\check{\sigma}^2$ im Aitken-Modell $\mathfrak{L}(X) = \mathfrak{N}(\mu, \sigma^2 \mathscr{S}_0)$, $(\mu, \sigma^2) \in \mathfrak{L}_k \times (0, \infty)$; diese sind in den Teilen a) und b) des folgenden Satzes 4.7 zusammengefaßt. Dessen Teil c) beantwortet noch die für 4.3 wichtige Frage, unter welchen Bedingungen an $\mathscr{S}_0$ der Aitken-Schätzer $\check{\mu}$ gleich dem von $\mathscr{S}_0$ unabhängigen Kleinste-Quadrate-Schätzer $\hat{\mu}$ aus Satz 4.1, für welche $\mathscr{S}_0$ also mit $\check{\mu}$ auch $\hat{\mu}$ optimal für das Aitken-Modell ist.

Satz 4.7 *Sei $\mathscr{S}_0 \in \mathbb{R}^{n \times n}_{\text{p.d.}}$ bekannt. Zugrunde liege ein lineares Modell*

$$X = \mu + \sigma W, \qquad (\mu, \sigma^2) \in \mathfrak{L}_k \times (0, \infty), \tag{4.1.20}$$

mit $\mathfrak{L}(W) = \mathfrak{N}(0, \mathscr{S}_0)$ bzw. $EW = 0$ und $\mathscr{C}ov\, W = \mathscr{S}_0$. Es seien $\check{\mu}$ der durch (4.1.18) *definierte Aitken-Schätzer und $\check{\sigma}^2$ der durch* (4.1.19) *erklärte Residualschätzer.*

a) *Unter der Normalverteilungsannahme $\mathfrak{L}(W) = \mathfrak{N}(0, \mathscr{S}_0)$ gilt: $\check{\mu}$ und $\check{\sigma}^2$ sind* st.u. *und erwartungstreue Schätzer für $\mu \in \mathfrak{L}_k$ bzw. $\sigma^2 \in (0, \infty)$ mit gleichmäßig kleinster Kovarianzmatrix (jeweils unter allen erwartungstreuen Schätzern).*

b) *Unter der Annahme, daß die ersten vier Momente existieren und gleich denjenigen einer* $\mathfrak{N}(0, \mathscr{S}_0)$*-Verteilung sind, gilt:* $\check{\mu}$ *und* $\check{\sigma}^2$ *sind unkorreliert und erwartungstreue Schätzer für* $\mu \in \mathfrak{L}_k$ *bzw.* $\sigma^2 \in (0, \infty)$ *mit gleichmäßig kleinster Kovarianzmatrix unter allen linearen bzw. quadratischen erwartungstreuen Schätzern.*

c) *Unter der Normalverteilungsannahme wie unter der Momentenannahme ist der Kleinste-Quadrate-Schätzer* $\hat{\mu}$ *optimal im Sinne von* a) *bzw.* b) *genau dann, wenn gilt*

$$\mathscr{S}_0(\mathfrak{L}_k) \subset \mathfrak{L}_k. \tag{4.1.21}$$

Beweis: a) und b) ergeben sich unmittelbar aus Satz 4.5a bzw. Satz 4.5b.

c) Wegen a) bzw. b) ist $\hat{\mu}$ genau dann optimal, wenn $\hat{\mu} = \check{\mu}$, d.h. wenn $\hat{\gamma} = \check{\gamma}$ ist. Dieses ist nach (4.1.8) bzw. (4.1.18) äquivalent mit

$$\begin{aligned} \mathcal{O} &= (\mathscr{C}^\mathsf{T} \mathscr{S}_0^{-1} \mathscr{C})^{-1} \mathscr{C}^\mathsf{T} \mathscr{S}_0^{-1} - (\mathscr{C}^\mathsf{T} \mathscr{S}_0^{-1} \mathscr{C})^{-1} (\mathscr{C}^\mathsf{T} \mathscr{S}_0^{-1} \mathscr{C}) (\mathscr{C}^\mathsf{T} \mathscr{C})^{-1} \mathscr{C}^\mathsf{T} \\ &= (\mathscr{C}^\mathsf{T} \mathscr{S}_0^{-1} \mathscr{C})^{-1} \mathscr{C}^\mathsf{T} \mathscr{S}_0^{-1} (\mathscr{J}_n - \mathscr{P}), \end{aligned}$$

d.h. mit

$$\mathscr{C}^\mathsf{T} \mathscr{S}_0^{-1} (\mathscr{J}_n - \mathscr{P}) = \mathcal{O} \quad \text{bzw.} \quad (\mathscr{J}_n - \mathscr{P}) \mathscr{S}_0^{-1} \mathscr{C} = \mathcal{O}.$$

Dieses wiederum ist gleichwertig damit, daß $\mathscr{S}_0^{-1} \mathscr{C} = \mathscr{P} \mathscr{S}_0^{-1} \mathscr{C}$, d.h. daß das Bild des $\mathfrak{L}_k$ unter $\mathscr{S}_0^{-1}$ in $\mathfrak{L}_k$ liegt. Wegen $\operatorname{Rg}(\mathscr{S}_0) = n$ gilt

$$\mathscr{S}_0^{-1}(\mathfrak{L}_k) \subset \mathfrak{L}_k \Leftrightarrow \mathscr{S}_0^{-1}(\mathfrak{L}_k) = \mathfrak{L}_k \Leftrightarrow \mathfrak{L}_k = \mathscr{S}_0(\mathfrak{L}_k) \Leftrightarrow \mathscr{S}_0(\mathfrak{L}_k) \subset \mathfrak{L}_k. \quad \square$$

Anmerkung: Auch bei ausgearteter Kovarianzmatrix $\mathscr{S}_0$ gilt[1]): Der von $\mathscr{S}_0$ unabhängige Kleinste-Quadrate-Schätzer $\hat{\mu}$ ist für das Aitken-Modell genau dann optimal im Sinne von Satz 4.7a bzw. Satz 4.7b, wenn (4.1.21) gilt. □

Die zweite Verallgemeinerung bezieht sich auf die Darstellung des $\mathfrak{L}_k$. Im Gegensatz zu der im Beweis von Satz 4.1 benutzten Parametrisierung durch einen k-dimensionalen Parameter γ wurden in den Beispielen 1.85 und 1.87 überzählige Parameter verwendet; eine derartige Parametrisierung ist häufig durch die zugrundeliegende praktische Fragestellung vorgezeichnet. Demgemäß denken wir uns jetzt den $\mathfrak{L}_k$ mit einer beliebigen Design-Matrix $\mathscr{C} \in \mathbb{R}^{n \times t}$ vom Rang k dargestellt, wobei also $t \geqslant k$ ist. Dann ist auch die Matrix $\mathscr{C}^\mathsf{T} \mathscr{C} \in \mathbb{R}^{t \times t}$ vom Rang k und folglich bei $t > k$ nicht der gesamte Parameter $\gamma \in \mathbb{R}^t$ statistisch relevant, sondern nur diejenigen Komponenten oder diejenigen Linearformen, die sich als solche des Mittelwertvektors μ darstellen lassen[2]). Hieraus folgt, daß bei $t > k$ weder der gesamte Parameter $\gamma \in \mathbb{R}^t$ noch jede Linearform linear schätzbar ist. Dabei heißt eine Linearform $\mathscr{K}^\mathsf{T} \gamma$, $\mathscr{K} \in \mathbb{R}^{t \times s}$, *linear schätzbar*, wenn es einen erwartungstreuen linearen Schätzer $\mathscr{L}^\mathsf{T} x$, $\mathscr{L} \in \mathbb{R}^{n \times s}$, gibt mit

$$E_\gamma \mathscr{L}^\mathsf{T} X = \mathscr{K}^\mathsf{T} \gamma \quad \forall \gamma \in \mathbb{R}^t. \tag{4.1.22}$$

---

[1]) Vgl. F. Pukelsheim, Math. Operationsforschung Statist, Ser. Statistics, **12** (1981), 271–286; insbes. 273–274.

[2]) Die überzähligen Parameter wurden in den Beispielen 1.83–87 durch Orthogonalitätsforderungen festgelegt.

Bei $t = k$ ist $E_\gamma(\mathscr{C}^\top \mathscr{C})^{-1} \mathscr{C}^\top X = \gamma \quad \forall \gamma \in \mathbb{R}^k$, d.h. γ und damit jede Linearform $\mathscr{K}^\top \gamma$ linear schätzbar. Bei $t \geqslant k$ gilt der für den Spezialfall $\mathscr{S}_0 = \mathfrak{I}_n$ formulierte

Satz 4.8 *Sei* $\mathscr{C} \in \mathbb{R}^{n \times t}$ *mit* $\operatorname{Rg} \mathscr{C} = k$ *und* $\mathfrak{L}_k = \{\mu = \mathscr{C}\gamma : \gamma \in \mathbb{R}^t\}$. *Weiter sei* $\mathscr{K} \in \mathbb{R}^{t \times s}$. *Dann gilt*:

a) $\mathscr{K}^\top \gamma$ *ist linear schätzbar genau dann, wenn es eine Matrix* $\mathscr{L} \in \mathbb{R}^{n \times s}$ *gibt mit* $\mathscr{L}^\top \mathscr{C} = \mathscr{K}^\top$, *wenn also gilt* $\mathscr{L}^\top \mu = \mathscr{K}^\top \gamma \quad \forall \gamma \in \mathbb{R}^t$.

b) *Die Normalgleichungen* $(\mathscr{C}^\top \mathscr{C}) \hat{\gamma}(x) = \mathscr{C}^\top x$ *für* $\hat{\gamma}(x)$ *sind auch bei* $t > k$ *stets lösbar. Für linear schätzbare Linearformen* $\mathscr{K}^\top \gamma$ *ist* $\mathscr{K}^\top \hat{\gamma}(x)$ *eindeutig bestimmt, erwartungstreu für* $\mathscr{K}^\top \gamma$ *und besitzt unter der Normalverteilungsannahme* (4.1.1) *gleichmäßig kleinste Kovarianzmatrix unter allen erwartungstreuen Schätzern bzw. unter der Momentenbedingung* (4.1.2) *gleichmäßig kleinste Kovarianzmatrix unter allen linearen erwartungstreuen Schätzern.*

Beweis: a) (4.1.22) ist äquivalent mit $\mathscr{L}^\top \mathscr{C} \gamma = \mathscr{K}^\top \gamma \quad \forall \gamma \in \mathbb{R}^t$, d.h. mit $\mathscr{L}^\top \mathscr{C} = \mathscr{K}^\top$ oder mit $\mathscr{L}^\top \mu = \mathscr{K}^\top \gamma \quad \forall \gamma \in \mathbb{R}^t$. Die Existenz einer Matrix $\mathscr{L} \in \mathbb{R}^{n \times s}$ mit $\mathscr{C}^\top \mathscr{L} = \mathscr{K}$ besagt, daß sich die Spalten von $\mathscr{K}$ durch Linearkombination der Spalten von $\mathscr{C}^\top$ ergeben.
b) Sei $t > k$. Dann lassen sich die Normalgleichungen wie bei Satz 4.1 herleiten. Jedoch ist $\mathscr{C}^\top \mathscr{C}$ wegen $\operatorname{Rg} \mathscr{C}^\top \mathscr{C} = \operatorname{Rg} \mathscr{C}$ singulär. Die Normalgleichungen $\mathscr{C}^\top \mathscr{C} \hat{\gamma}(x) = \mathscr{C}^\top x$ sind stets – wenn auch nicht eindeutig – lösbar, da $\mathscr{C}^\top x$ für alle $x \in \mathbb{R}^n$ wegen $\operatorname{Rg} \mathscr{C}^\top \mathscr{C} = \operatorname{Rg} \mathscr{C}$ im Bild von $\mathscr{C}^\top \mathscr{C}$ liegt. Bezeichnet $\tilde{\gamma}(x)$ eine beliebige Lösung der homogenen Gleichungen $\mathscr{C}^\top \mathscr{C} \gamma = 0$, gilt also $\tilde{\gamma}^\top(x) \mathscr{C}^\top \mathscr{C} \tilde{\gamma}(x) = |\mathscr{C} \tilde{\gamma}(x)|^2 = 0$ oder $\mathscr{C} \tilde{\gamma}(x) = 0$, so folgt für linear schätzbares $\mathscr{K}^\top \gamma$ mit $\mathscr{K}^\top = \mathscr{L}^\top \mathscr{C}$ hieraus $\mathscr{K}^\top \tilde{\gamma}(x) = \mathscr{L}^\top \mathscr{C} \tilde{\gamma}(x) = 0$; $\mathscr{K}^\top \hat{\gamma}(x)$ ist also (im Gegensatz zu $\tilde{\gamma}(x)$) eindeutig bestimmt. Aus den Normalgleichungen folgt $(\mathscr{C}^\top \mathscr{C}) E_\gamma \hat{\gamma} = (\mathscr{C}^\top \mathscr{C}) \gamma \quad \forall \gamma \in \mathbb{R}^t$ und damit

$$(E_\gamma \hat{\gamma} - \gamma)^\top (\mathscr{C}^\top \mathscr{C}) (E_\gamma \hat{\gamma} - \gamma) = \mathcal{O} \quad \text{oder} \quad \mathscr{C}(E_\gamma \hat{\gamma} - \gamma) = 0 \quad \forall \gamma \in \mathbb{R}^t.$$

Für linear schätzbares $\mathscr{K}^\top \gamma$ mit $\mathscr{K}^\top = \mathscr{L}^\top \mathscr{C}$ gilt also

$$E_\gamma \mathscr{K}^\top \hat{\gamma} = \mathscr{L}^\top \mathscr{C} E_\gamma \hat{\gamma} = \mathscr{L}^\top \mathscr{C} \gamma = \mathscr{K}^\top \gamma \quad \forall \gamma \in \mathbb{R}^t.$$

$\mathscr{K}^\top \hat{\gamma}$ ist somit erwartungstreu für $\mathscr{K}^\top \gamma$ und hängt überdies nach (4.1.8) nur von der – unter der Normalverteilungsannahme (4.1.1) suffizienten und vollständigen – Statistik $(\mathscr{C}^\top x, |x - \hat{\mu}(x)|^2)$ ab.

Zur Optimalität unter allen linearen erwartungstreuen Schätzern reicht nach dem Satz von Rao 2.114 der Nachweis, daß $\mathscr{K}^\top \hat{\gamma}$ unkorreliert ist zu allen linearen Nullschätzern $\hat{o}$. Wegen $\mathscr{K}^\top = \mathscr{L}^\top \mathscr{C}$, also $\mathscr{K}^\top \hat{\gamma} = \mathscr{L}^\top \hat{\mu}$ und $\mathscr{K}^\top \gamma = \mathscr{L}^\top \mu$, und dem Beweis zu Satz 4.5b gilt aber

$$E_{\mu,\sigma^2} \mathscr{K}^\top (\hat{\gamma} - \gamma) \hat{o}^\top = \mathscr{L}^\top E_{\mu,\sigma^2} (\hat{\mu} - \mu) \hat{o}^\top = \mathcal{O} \quad \forall (\mu, \sigma^2) \in \mathfrak{L}_k \times (0, \infty). \qquad \square$$

Beispiel 4.9 Für das m-Stichprobenproblem wurde in Beispiel 4.4a die folgende Parametrisierung mit einem überzähligen Parameter verwendet:

$$\mu = \mathscr{C}\gamma \quad \text{mit} \quad \mathscr{C} = (\mathbb{1}_n, q_{1\cdot}, \ldots, q_{m\cdot}) \in \mathbb{R}^{n \times (m+1)}, \quad \operatorname{Rg} \mathscr{C} = m, \quad \gamma = (\bar{\mu}, v_1, \ldots, v_m)^\top \in \mathbb{R}^{m+1}.$$

Sei $\tilde{k} = (k_0, k_1, \ldots, k_m)^\top \in \mathbb{R}^{m+1}$. Dann ist nach Satz 4.8a $\tilde{k}^\top \gamma$ linear schätzbar genau dann, wenn $\tilde{k}$ im Bild von $\mathscr{C}^\top$ liegt, d.h. wenn $\tilde{k}$ zum Kern von $\mathscr{C}$ orthogonal ist. Da der Kern von $\mathscr{C}$ durch den Vektor $(1, -1, \ldots, -1)^\top$ aufgespannt wird, ist die lineare Schätzbarkeit von $\tilde{k}^\top \gamma$ wegen $(1, -1, \ldots, -1)\tilde{k} = k_0 - \sum_{i=1}^{m} k_i = 0$ gleichwertig mit der Gültigkeit von $k_0 = \sum_{i=1}^{m} k_i$. Damit ergibt sich

$$\tilde{k}^\top \gamma = k_0 \bar{\mu} + \sum k_i v_i = \sum k_i (\bar{\mu} + v_i) = l^\top \mu \quad \text{mit} \quad l_i = k_i, \qquad i = 1, \ldots, m. \qquad \square$$

Aufgabe 4.1 Im Modell aus Aufgabe 1.22 bestimme man den Kleinste-Quadrate-Schätzer für $(\bar{\mu}, v_i, \varkappa_j, \varrho_l)$.

Aufgabe 4.2 Für $\vartheta \in (0,1)$ sei $P_\vartheta \in \mathfrak{M}^1(\mathbb{R}, \mathbb{B})$ definiert durch $P_\vartheta(\{-1\}) = \vartheta$ und $P_\vartheta(\{i\}) = (1-\vartheta)^2 \vartheta^i$ für $i \in \mathbb{N}_0$. Die ZG $X_1, \ldots, X_n$ seien st.u. und gemäß P_ϑ verteilt. $\vartheta_0 \in (0,1)$ sei fest. Man bestimme einen erwartungstreuen Schätzer für $\vartheta \in (0,1)$, der unter ϑ_0 kleinste Varianz besitzt.

Hinweis: Man bestimme $E_\vartheta(S,T)^\top$ und $\mathscr{C}ov_\vartheta(S,T)^\top$ für

$$S(x) := \sum \mathbb{1}_{\{-1\}}(x_j)/n, \qquad T(x) := \sum x_j \mathbb{1}_{[0,\infty)}(x_j)/n$$

und zeige, daß der Aitken-Schätzer für ϑ unter ϑ_0 die Cramér-Rao-Schranke annimmt.

Aufgabe 4.3 Bei bekanntem $\mathscr{S}_0 \in \mathbb{R}^{n \times n}_{\text{p.s.}}$ sei X eine n-dimensionale ZG mit $EX = \mu$, $\mathscr{C}ov\, X = \sigma^2 \mathscr{S}_0$ und unbekanntem $(\mu, \sigma^2) \in \mathfrak{L}_k \times (0, \infty)$. Es seien $\tilde{\mu}$ ein erwartungstreuer linearer Schätzer für μ bzw. $\tilde{\sigma}^2$ ein erwartungstreuer quadratischer Schätzer für σ^2. Man zeige:

a) $\tilde{\mu}$ ist bester linearer erwartungstreuer Schätzer für μ genau dann, wenn $\tilde{\mu}$ unkorreliert ist mit allen linearen Nullschätzern;

b) $\tilde{\sigma}^2$ ist bester quadratischer erwartungstreuer Schätzer für σ^2 genau dann, wenn $\tilde{\sigma}^2$ unkorreliert ist mit allen quadratischen Nullschätzern.

4.2 Tests und Konfidenzschätzer bei linearen Hypothesen

Betrachtet wird das Testen von Hypothesen, unter denen der Mittelwertvektor μ Element eines h-dimensionalen linearen Teilraums $\mathfrak{L}_h \subset \mathfrak{L}_k$ mit $h < k$ und $\mathfrak{L}_k$ der das zugrundeliegende lineare Modell beschreibende lineare Teilraum des Stichprobenraums $\mathbb{R}^n$ ist. Um die Verteilung der intuitiv naheliegenden Prüfgröße (4.2.3) und damit die benötigten kritischen Werte hinreichend einfach berechnen zu können, wird nun ein lineares Modell *mit* Normalverteilungsannahme (4.1.1) vorausgesetzt. Diese spezielle Modellannahme ermöglicht es auch, den α-Niveau Test (4.2.10) als gleichmäßig besten invarianten α-Niveau Test sowie als Maximin-α-Niveau Test für die geeignet getrennten Hypothesen nachzuweisen. Aus den Annahmebereichen der α-Niveau Tests, die sich aus dem Test (4.2.10) durch Translation um $\gamma' \in \mathfrak{L}_{k-h}$ ergeben, wird ein gleichmäßig bester äquivarianter $(1-\alpha)$-Konfidenzbereich für die Projektion $\tilde{\hat{\mu}}(\mu)$ des Mittelwertvektors $\mu \in \mathfrak{L}_k$ auf den $\mathfrak{L}_{k-h}$ gewonnen. Durch Spezialisierung ergeben sich in 4.2.2 + 3 die wichtigsten Verfahren der Varianz-, Regressions- und Kovarianzanalyse. Das Testen von σ^2 in linearen Modellen mit Normalverteilungsannahme wurde bereits in Beispiel 3.101 behandelt.

Ergänzend zur Terminologie in 4.1 werden mit $\hat{\hat{\mu}}(x)$, $\tilde{\hat{\mu}}(x)$ und $\tilde{\mu}(x)$ die (orthogonalen) Projektionen von x auf den $\mathfrak{L}_h$, $\mathfrak{L}_{k-h}$ bzw. $\mathfrak{L}_{n-k}$ bezeichnet.

4.2.1 F-Tests und Konfidenzellipsoide

Zugrunde liege ein lineares Modell (4.1.1) mit Normalverteilungsannahme. Unter einer *linearen Hypothese* versteht man dann die Annahme, daß der Mittelwertvektor μ Element eines h-dimensionalen linearen Teilraums $\mathfrak{L}_h \subset \mathfrak{L}_k$ mit $h < k$ ist, $\mathbf{H}: \mu \in \mathfrak{L}_h$. Die Gegenhypothese $\mathbf{K}: \mu \in \mathfrak{L}_k - \mathfrak{L}_h$ ist dann keine lineare Hypothese. Testprobleme mit Hypothesen der Form

$$\mathbf{H}: \mu \in \mathfrak{L}_h, \qquad \mathbf{K}: \mu \in \mathfrak{L}_k - \mathfrak{L}_h \tag{4.2.1}$$

sind für die Anwendungen von großer Bedeutung. Um später in Satz 4.15 die korrespondierenden Konfidenzbereiche herleiten zu können, ist es zweckmäßig, die Hypothesen (4.2.1) in der folgenden äquivalenten Form zu schreiben

$$\mathbf{H}: \tilde{\tilde{\mu}}(\mu) = 0, \qquad \mathbf{K}: \tilde{\tilde{\mu}}(\mu) \neq 0\,. \tag{4.2.2}$$

Beispiel 4.10 (Einstichprobenproblem) Es seien $k = 1$ und $\mathfrak{L}_1 = \mathfrak{L}(\mathbb{1}_n)$, also $\mu = \bar{\mu}\, \mathbb{1}_n$ mit $\bar{\mu} \in \mathbb{R}$. Die einzige mögliche lineare Hypothese ist $\mathbf{H}: \mu \in \mathfrak{L}_0$, d.h. $\mathbf{H}: \mu = 0$. Alle anderen Hypothesen über den Mittelwertvektor sind nicht von der hier betrachteten Form, insbesondere nicht die einseitigen Hypothesen $\mathbf{H}: \bar{\mu} \leqslant \mu_0$, $\mathbf{K}: \bar{\mu} > \mu_0$ mit bekanntem $\mu_0 \in \mathbb{R}$; bei diesen durchläuft nämlich $\mu = \bar{\mu}\, \mathbb{1}_n$ weder unter $\mathbf{H}$ noch unter $\mathbf{K}$ einen linearen Teilraum. Jedoch lassen sich die zweiseitigen Testprobleme $\mathbf{H}: \bar{\mu} = \mu_0$, $\mathbf{K}: \bar{\mu} \neq \mu_0$ mit bekanntem $\mu_0 \in \mathbb{R}$ durch die Transformation $X_j' = X_j - \mu_0$, $j = 1, \ldots, n$, unter Erhaltung der speziellen Verteilungsannahme in die Gestalt (4.2.1) bringen. □

Beispiel 4.11 (Ein qualitativer und ein quantitativer Faktor) Wie in Beispiel 1.86 sei $\mathfrak{L}_k = \mathfrak{L}(q_1., \ldots, q_m., s)$, also $k = m + 1$ bei $n_i \geqslant 1 \;\; \forall i = 1, \ldots, m$ und $\sum\sum (s_{ij} - \bar{s}_i.)^2 > 0$. Dann gilt für den Mittelwertvektor mit den dortigen Bezeichnungen:

$$\mu = \sum \varrho_i q_i. + \varkappa \sum\sum s_{ij} q_{ij} = (\bar{\mu} + \varkappa \bar{s}..)\, q.. + \sum v_i q_i. + \varkappa (s - \bar{s}..q..), \qquad \sum n_i v_i = 0\,.$$

a) (Prüfen des qualitativen Faktors) Die Hypothese, daß zwischen den m Stufen des qualitativen Faktors kein Unterschied besteht, lautet $\mathbf{H}: \mu \in \mathfrak{L}_2 := \mathfrak{L}(q.., s)$, d.h. $\mathbf{H}: v_i = 0 \;\; \forall i = 1, \ldots, m$. Auch hier lassen sich die Hypothesen $\mathbf{H}: v_i = v_{i0} \;\; \forall i = 1, \ldots, m$, $\mathbf{K}: v_i \neq v_{i0} \;\; \exists i = 1, \ldots, m$ bei bekanntem $(v_{10}, \ldots, v_{m0}) \in \mathbb{R}^m$ mit $\sum n_i v_{i0} = 0$ durch die Transformation $X_{ij}' := X_{ij} - v_{i0}$, $j = 1, \ldots, n_i$, $i = 1, \ldots, m$, auf die lineare Hypothese $\mathbf{H}': v_i' = 0 \;\; \forall i = 1, \ldots, m$, $\mathbf{K}': v_i' \neq 0$ $\exists i = 1, \ldots, m$ (mit $v_i' := v_i - v_{i0}$) zurückführen.

b) (Prüfen des quantitativen Faktors) Die Hypothese, daß keine Regressionsabhängigkeit vorliegt, lautet $\mathbf{H}: \mu \in \mathfrak{L}_m := \mathfrak{L}(q_1., \ldots, q_m.)$ bzw. $\mathbf{H}: \varkappa = 0$. Auch hier läßt sich das Testproblem $\mathbf{H}: \varkappa = \varkappa_0$, $\mathbf{K}: \varkappa \neq \varkappa_0$ bei bekanntem $\varkappa_0 \in \mathbb{R}$ durch die Transformation $X_{ij}' = X_{ij} - \varkappa_0 s_{ij}$, $j = 1, \ldots, n_i$, $i = 1, \ldots, m$, auf die Hypothesen $\mathbf{H}': \varkappa' = 0$, $\mathbf{K}': \varkappa' \neq 0$ (mit $\varkappa' := \varkappa - \varkappa_0$) zurückführen. □

Für die Hypothesen (4.2.1) gibt es einen intuitiv naheliegenden Test: Nach dem Satz von Gauß-Markov ist $\hat{\mu}(x)$ ein optimaler Schätzer für $\mu \in \mathfrak{L}_k$ und somit auch $\hat{\hat{\mu}}(x)$ ein solcher für $\mu \in \mathfrak{L}_h$. Folglich ist $\tilde{\tilde{\mu}}(x) = \hat{\mu}(x) - \hat{\hat{\mu}}(x)$ ein optimaler Schätzer für $\tilde{\tilde{\mu}}(\mu)$ und $|\tilde{\tilde{\mu}}(x)|^2 = |\hat{\mu}(x) - \hat{\hat{\mu}}(x)|^2$ eine Maßzahl für die Abweichung von der Hypothese, falls das Modell gültig ist. Die Aussagekraft des Abstandsquadrats $|\tilde{\tilde{\mu}}(x)|^2$ hängt von der unbekannten Streuung σ^2 wie auch von der Zahl der Richtungen ab, in denen Abweichungen des Mittelwertvektors $\mu \in \mathfrak{L}_k$ von der Hypothese $\mu \in \mathfrak{L}_h$ möglich sind. Man dividiert deshalb $|\tilde{\hat{\mu}}(x)|^2$ sowohl durch $\hat{\sigma}^2(x) = |x - \hat{\mu}(x)|^2/(n-k)$ als auch durch die Anzahl $k - h$ der Freiheitsgrade, benutzt also die Prüfgröße

$$T^*(x) := \frac{\frac{1}{k-h}|\hat{\mu}(x) - \hat{\hat{\mu}}(x)|^2}{\frac{1}{n-k}|x - \hat{\mu}(x)|^2} \quad \text{für} \quad |x - \hat{\mu}(x)|^2 > 0. \tag{4.2.3}$$

Analog (1.6.29) bzw. Beispiel 3.88b kann man diese Festsetzung noch zu einer Abbildung $T^*: \mathbb{R}^n \to \bar{\mathbb{R}}$ ergänzen durch [1])

$$T^*(x) = \begin{cases} \infty & \text{für} \quad |x - \hat{\mu}(x)|^2 = 0, \quad |\hat{\mu}(x) - \hat{\hat{\mu}}(x)|^2 > 0, \\ -1 & \text{für} \quad |x - \hat{\mu}(x)|^2 = 0, \quad |\hat{\mu}(x) - \hat{\hat{\mu}}(x)|^2 = 0. \end{cases} \tag{4.2.4}$$

Zähler und Nenner von (4.2.3) ergeben sich durch die Zerlegung

$$|x - \hat{\hat{\mu}}(x)|^2 = |x - \hat{\mu}(x)|^2 + |\hat{\mu}(x) - \hat{\hat{\mu}}(x)|^2. \tag{4.2.5}$$

Die Beobachtung x zerfällt nämlich in ihre Projektionen $\tilde{\mu}(x) = x - \hat{\mu}(x)$, $\tilde{\hat{\mu}}(x) = \hat{\mu}(x) - \hat{\hat{\mu}}(x)$ und $\hat{\hat{\mu}}(x)$ auf die orthogonalen Teilräume $\mathfrak{L}_{n-k}$, $\mathfrak{L}_{k-h}$ und $\mathfrak{L}_h$ des $\mathbb{R}^n$, d.h. es gilt

$$x = \tilde{\mu}(x) + \tilde{\hat{\mu}}(x) + \hat{\hat{\mu}}(x). \tag{4.2.6}$$

Da $|x - \hat{\hat{\mu}}(x)|^2$ der Stichprobenstreuung unter **H** entspricht, nennt man die Zerlegung (4.2.5) sowie die Gewinnung eines Schätzers bzw. einer Prüfgröße vermöge (4.2.5) eine *Streuungszerlegung* oder *Varianzanalyse* im weiteren Sinne.

Die Prüfgröße (4.2.3) und der auf ihr aufbauende Test lassen sich analog [2]) Beispiel 3.100a durch Invarianzbetrachtungen auch mathematisch rechtfertigen:

Satz 4.12 *Für das Testen einer linearen Hypothese* (4.2.1) *in einem linearen Modell* (4.1.1) *gilt*:

a) *Das Testproblem ist invariant gegenüber der Gruppe* [2]) $\mathfrak{Q}$ *der affinen Transformationen*

$$x \mapsto v\mathcal{Q}x + u \quad \text{mit } v \in \mathbb{R} - \{0\}, \quad u \in \mathfrak{L}_h, \quad \mathcal{Q} \in \mathbb{R}^{n \times n}_{\text{orth}}: \mathcal{Q}(\mathfrak{L}_h) = \mathfrak{L}_h, \quad \mathcal{Q}(\mathfrak{L}_k) = \mathfrak{L}_k. \tag{4.2.7}$$

---

[1]) Man beachte, daß für jeden Wert $(\mu, \sigma^2) \in \mathfrak{L}_k \times (0, \infty)$ gilt $P_{\mu,\sigma^2}(|x - \hat{\mu}(x)|^2 = 0) = 0$. Wir werden deshalb im folgenden meist kurz (4.2.3) als Prüfgröße bezeichnen. Die Festsetzung von $T^*(x)$ für $|x - \hat{\mu}(x)|^2 = 0$ bzw. von $T^-(s)$ für $s = \infty$ bzw. $s = -1$ im Beweis von Satz 4.13 wäre also gemäß Fußnote S. 407 nicht erforderlich.

[2]) $\mathfrak{Q}$ ergibt sich also aus der Gruppe $\check{\mathfrak{Q}} = g(\{\check{\mathfrak{Q}}_1, \mathfrak{Q}_2, \mathfrak{Q}_3\})$ aus Fußnote 1), S. 412, wenn man $\mathfrak{Q}_2$ ersetzt durch die Gruppe der Translationen der ersten h Koordinaten und $\check{\mathfrak{Q}}_1$ durch die Gruppe aller orthogonalen Transformationen $\pi x = \mathcal{Q}x$, $\mathcal{Q} \in \mathbb{R}^{n \times n}_{\text{orth}}$ mit $\mathcal{Q}(\mathfrak{L}_{k-h}) = \mathfrak{L}_{k-h}$ und $\mathcal{Q}(\mathfrak{L}_{n-k}) = \mathfrak{L}_{n-k}$. – Das Testproblem ist auch invariant gegenüber der (kleineren) Gruppe $\hat{\mathfrak{Q}} = g(\{\hat{\mathfrak{Q}}_1, \mathfrak{Q}_2, \mathfrak{Q}_3\})$, bei der $\hat{\mathfrak{Q}}_1$ die Gruppe aller orthogonalen Transformationen $\pi x = \mathcal{Q}x$, $\mathcal{Q} \in \mathbb{R}^{n \times n}_{\text{orth}}$ mit $\mathcal{Q}|_{\mathfrak{L}_h} = \text{id}$, $\mathcal{Q}(\mathfrak{L}_{k-h}) = \mathfrak{L}_{k-h}$ und folglich auch $\mathcal{Q}(\mathfrak{L}_{n-k}) = \mathfrak{L}_{n-k}$ ist. Auch gegenüber dieser Gruppe ist T^* maximalinvariant; vgl. Anmerkung 4.14. Bei $h = k - 1$ kann für $\hat{\mathfrak{Q}}_1$ sogar die Untergruppe mit $\mathcal{Q}|_{\mathfrak{L}_k} = \text{id}$ gewählt werden; vgl. Beispiel 3.96.

b) *Die durch* (4.2.3–4) *definierte Statistik* T^* *ist gegenüber* $\mathfrak{Q}$ *maximalinvariant.*

Beweis: a) Mit Satz 1.95 folgt unter der Modellannahme (4.1.1)

$$\mathfrak{L}(v\mathbb{Q}X + u) = \mathfrak{N}(v\mathbb{Q}\mu + u, v^2\sigma^2\mathscr{I}_n), \qquad (\mu, \sigma^2) \in \mathfrak{L}_k \times (0, \infty).$$

Da für die orthogonale Matrix $\mathbb{Q}$ wegen (4.2.7) gilt

$$\mathbb{Q}(\mathfrak{L}_h) = \mathfrak{L}_h, \qquad \mathbb{Q}(\mathfrak{L}_{k-h}) = \mathfrak{L}_{k-h}, \qquad \mathbb{Q}(\mathfrak{L}_{n-k}) = \mathfrak{L}_{n-k} \tag{4.2.8}$$

sowie $u \in \mathfrak{L}_h$ und $\sigma^2 > 0$ unbekannt ist, bleiben die Verteilungsannahme $\mathfrak{P}$ sowie die Teilmenge der Verteilungen unter $\mathbf{H}$, also $\mathfrak{P}_\mathbf{H}$ invariant.

b) Um die Konstruktion von $T^*(x)$ zu verdeutlichen, gehen wir aus von der orthogonalen Zerlegung (4.2.6). Für $\pi \in \mathfrak{Q}$ folgt dann aus (4.2.8)

$$\hat{\hat{\mu}}(\pi x) = v\mathbb{Q}\hat{\hat{\mu}}(x) + u, \qquad \tilde{\hat{\mu}}(\pi x) = v\mathbb{Q}\tilde{\hat{\mu}}(x), \qquad \tilde{\mu}(\pi x) = v\mathbb{Q}\tilde{\mu}(x). \tag{4.2.9}$$

Wegen der Orthogonalität von $\mathbb{Q}$ und $v \neq 0$ ergibt sich hieraus einerseits

$$\tilde{\mu}(x) = 0 \iff \tilde{\mu}(\pi x) = 0, \qquad \tilde{\hat{\mu}}(x) = 0 \iff \tilde{\hat{\mu}}(\pi x) = 0$$

und andererseits $|\tilde{\hat{\mu}}(x)|^2/|\tilde{\mu}(x)|^2 = |\tilde{\hat{\mu}}(\pi x)|^2/|\tilde{\mu}(\pi x)|^2$ für $\tilde{\mu}(x) \neq 0$. Damit ist $T^*(\pi x) = T^*(x) \quad \forall x \in \mathbb{R}^n \quad \forall \pi \in \mathfrak{Q}$, d.h. T^* invariant gegenüber $\mathfrak{Q}$.

Es existiert auch zu je zwei Punkten $x, x' \in \mathbb{R}^n$ mit $T^*(x') = T^*(x) \in [0, \infty)$ immer ein $\pi \in \mathfrak{Q}$ mit $x' = \pi x$. Ist nämlich etwa $|\tilde{\hat{\mu}}(x')|^2/|\tilde{\mu}(x')|^2 = |\tilde{\hat{\mu}}(x)|^2/|\tilde{\mu}(x)|^2$, so gibt es ein $v \neq 0$ mit $|\tilde{\hat{\mu}}(x')|^2 = v^2|\tilde{\hat{\mu}}(x)|^2$, $|\tilde{\mu}(x')|^2 = v^2|\tilde{\mu}(x)|^2$. Weiter existieren eine orthogonale $n \times n$-Matrix $\mathbb{Q}$ mit (4.2.8) und $\tilde{\hat{\mu}}(x') = v\mathbb{Q}\tilde{\hat{\mu}}(x)$, $\tilde{\mu}(x') = v\mathbb{Q}\tilde{\mu}(x)$, denn $\tilde{\hat{\mu}}(x')$ und $v\tilde{\hat{\mu}}(x)$ (sowie $\tilde{\mu}(x')$ und $v\tilde{\mu}(x)$) sind jeweils Vektoren gleicher Länge und liegen in denselben bzw. zueinander orthogonalen Unterräumen $\mathfrak{L}_{k-h}$ (bzw. $\mathfrak{L}_{n-k}$). Mit $u := \hat{\hat{\mu}}(x') - v\mathbb{Q}\hat{\hat{\mu}}(x) \in \mathfrak{L}_h$ folgt also nach (4.2.6)

$$x' = \hat{\hat{\mu}}(x') + \tilde{\hat{\mu}}(x') + \tilde{\mu}(x') = \hat{\hat{\mu}}(x') + v\mathbb{Q}\tilde{\hat{\mu}}(x) + v\mathbb{Q}\tilde{\mu}(x) = v\mathbb{Q}x + u.$$

Für $T^*(x') = T^*(x) = \infty$ (bzw. -1) konstruiert man π in ähnlicher Weise. □

Satz 4.13 (F-Test der linearen Hypothese) *Für das Testen einer linearen Hypothese* (4.2.1) *in einem linearen Modell* (4.1.1) *seien*

$$\varphi^*(x) := \mathbb{1}_{(F_{k-h,n-k;\alpha}, \infty)}(T^*(x)) \tag{4.2.10}$$

ein mit T^* *gemäß* (4.2.3–4) *definierter Test,* $\delta^2 := |\tilde{\hat{\mu}}(\mu)|^2/\sigma^2$ *und* $\mathfrak{Q}$ *die in Satz* 4.12 *angegebene Gruppe affiner Transformationen. Dann gilt:*

a) φ^* *ist ein gleichmäßig bester gegenüber* $\mathfrak{Q}$ *invarianter α-Niveau Test für* $\mathbf{H}: \mu \in \mathfrak{L}_h$ *gegen* $\mathbf{K}: \mu \in \mathfrak{L}_k - \mathfrak{L}_h$, *d.h. für* $\mathbf{H}: \delta^2 = 0$ *gegen* $\mathbf{K}: \delta^2 > 0$.

b) φ^* *ist für jedes* $\delta_1^2 > 0$ *Maximin-α-Niveau Test für* $\mathbf{H}: \delta^2 = 0$ *gegen* $\mathbf{K}_1: \delta^2 \geqslant \delta_1^2$.

Beweis: $e_1, \ldots, e_n$ bezeichne eine Orthonormalbasis des $\mathbb{R}^n$ derart, daß $e_1, \ldots, e_h$ den $\mathfrak{L}_h$ und $e_{h+1}, \ldots, e_k$ den $\mathfrak{L}_{k-h}$ aufspannen.

Nach Satz 4.12 ist T^* maximalinvariant. Es existiert auch eine Abbildung T^-, welche die Voraussetzungen von Satz 3.92 erfüllt. T^* ist nämlich eine meßbare Abbildung von

$(\mathbb{R}^n, \mathbb{B}^n)$ nach $(T^*(\mathbb{R}^n), T^*(\mathbb{R}^n)\,\bar{\mathbb{B}})$ mit $T^*(\mathbb{R}^n) = [0, \infty] \cup \{-1\}$ und für die mit den Einheitsvektoren e_k und e_n durch

$$T^-(s) := \begin{cases} \sqrt{(k-h)}\,\sqrt{s}\,e_k + \sqrt{n-k}\,e_n & \text{für } 0 \leqslant s < \infty, \\ e_k & \text{für } s = \infty, \\ 0 & \text{für } s = -1 \end{cases}$$

definierte Abbildung von $(T^*(\mathbb{R}^n), T^*(\mathbb{R}^n)\,\bar{\mathbb{B}})$ nach $(\mathbb{R}^n, \mathbb{B}^n)$ gilt $T^*(T^-(s)) = s$ $\forall s \in T^*(\mathbb{R}^n)$. Somit ist jeder invariante Test von der Form $\varphi = \psi \circ T^*$ mit geeignetem $\psi: (T^*(\mathbb{R}^n), T^*(\mathbb{R}^n)\,\bar{\mathbb{B}}) \to ([0,1], [0,1]\,\mathbb{B})$.

Wir zeigen nun, daß T^* einer nichtzentralen $\mathrm{F}_{k-h,\,n-k}$-Verteilung genügt mit dem Nichtzentralitätsparameter $\delta^2 = |\mu - \hat{\hat{\mu}}(\mu)|^2/\sigma^2$. Hierzu führen wir analog Beispiel 3.96 das Testproblem durch eine orthogonale Transformation $Y = \mathscr{T}X$, $v = \mathscr{T}\mu$, in die folgende kanonische Gestalt:

$$\mathfrak{L}_{v,\sigma^2}(Y) = \mathfrak{N}(v, \sigma^2 \mathscr{I}_n), \qquad (v, \sigma^2) \in \mathbb{R}^n \times (0, \infty):\ v_{k+1} = \ldots = v_n = 0,$$

$$\mathbf{H}: v_j = 0 \quad \forall j = h+1, \ldots, k, \qquad \mathbf{K}: v_j \neq 0 \quad \exists j = h+1, \ldots, k.$$

Wählt man als $\mathscr{T} \in \mathbb{R}^{n \times n}_{\text{orth}}$ die $n \times n$-Matrix mit den Zeilen $e_1^\top, \ldots, e_n^\top$, dann gilt wie beim Beweis vom Satz von Gauß-Markov 4.5a

$$\hat{v}(y) = \operatorname{Proj}(y \mid \mathscr{T}\mathfrak{L}_k) = (y_1, \ldots, y_h, y_{h+1}, \ldots, y_k, 0, \ldots, 0)^\top,$$

$$\hat{\hat{v}}(y) = \operatorname{Proj}(y \mid \mathscr{T}\mathfrak{L}_h) = (y_1, \ldots, y_h, 0, \ldots, 0, 0, \ldots, 0)^\top$$

und damit $|\hat{v}(y) - \hat{\hat{v}}(y)|^2 = \sum\limits_{j=h+1}^{k} y_j^2$ sowie $\hat{\mu}(x) = \mathscr{T}^\top \hat{v}(y)$, $\hat{\hat{\mu}}(x) = \mathscr{T}^\top \hat{\hat{v}}(y)$. Aus der Orthogonalität von $\mathscr{T}$ folgt also für die Prüfgröße

$$T^*(x) = \frac{\frac{1}{k-h}|\hat{\mu}(x) - \hat{\hat{\mu}}(x)|^2}{\frac{1}{n-k}|x - \hat{\mu}(x)|^2} = \frac{\frac{1}{k-h}|\hat{v}(y) - \hat{\hat{v}}(y)|^2}{\frac{1}{n-k}|y - \hat{v}(y)|^2} = \frac{\frac{1}{k-h}\sum\limits_{j=h+1}^{k} y_j^2}{\frac{1}{n-k}\sum\limits_{j=k+1}^{n} y_j^2}, \tag{4.2.11}$$

falls $|y - \hat{v}(y)|^2 = \sum\limits_{j=k+1}^{n} y_j^2 > 0$ ist. Außerdem sind nach Korollar 1.99 $Y_1, \ldots, Y_n$ st.u. ZG mit $\mathfrak{L}(Y_j) = \mathfrak{N}(v_j, \sigma^2)$, $j = 1, \ldots, n$, wobei $v_{k+1} = \ldots = v_n = 0$ sowie unter $\mathbf{H}$ zusätzlich $v_{h+1} = \ldots = v_k = 0$ ist. Damit genügt T^* nach Definition 2.35b einer nichtzentralen $\mathrm{F}_{k-h,\,n-k}(\delta^2)$-Verteilung mit

$$\delta^2 = \frac{\sum\limits_{j=h+1}^{k} v_j^2}{\sigma^2} = \frac{|v - \hat{\hat{v}}(v)|^2}{\sigma^2} = \frac{|\mu - \hat{\hat{\mu}}(\mu)|^2}{\sigma^2} = \frac{|\tilde{\hat{\mu}}(\mu)|^2}{\sigma^2}. \tag{4.2.12}$$

Die Klasse dieser Verteilungen besitzt nach Satz 2.36b isotonen DQ in der Identität. Also folgt Teil a) aus Satz 2.24b.

b) Auch das modifizierte Testproblem $\mathbf{H}: \delta^2 = 0, \mathbf{K}_1: \delta^2 \geqslant \delta_1^2$ ist invariant gegenüber der in Satz 4.12 angegebenen Gruppe $\mathfrak{Q}$ affiner Transformationen, da die gemäß (3.5.3) auf dem Parameterraum induzierte Gruppe den Nichtzentralitätsparameter δ^2 invariant läßt. Für dieses modifizierte Testproblem sind die Voraussetzungen von Korollar 3.121 erfüllt: $\mathfrak{Q}$ besitzt nämlich eine asymptotisch invariante Folge von WS-Maßen. Dieses ergibt sich durch Anwendung des am Schluß der Anmerkung 3.117 zitierten Satzes (und zwar zweimal von Teil a, sowie einmal von Teil b). Dabei wählt man neben $\mathfrak{U} = \mathfrak{L}_h$ als $\mathfrak{V}$ das direkte Produkt der Gruppe der Streckungen um $v \in (0, \infty)$ und der Gruppe derjenigen orthogonalen Matrizen $\mathcal{Q} \in \mathbb{R}^{n \times n}_{\text{orth}}$, die den $\mathfrak{L}_h$ und $\mathfrak{L}_k$ invariant lassen. Überdies sind die Verteilungen eines linearen Modells (4.1.1) dominiert durch $\lambda\!\!\lambda^n$, so daß nach Satz 2.17 stets ein Maximin-α-Niveau Test für $\mathbf{H}$ gegen $\mathbf{K}_1$ existiert. Dieser kann gemäß Korollar 3.121 nach Reduktion durch Invarianz bestimmt werden. Da T^* maximalinvariant ist und die durch δ^2 parametrisierte Klasse der Verteilungen von T^* isotonen DQ in der Identität besitzt, ist nach Satz 2.24d der F-Test auch Maximin-α-Niveau Test für $\mathbf{H}: \delta^2 = 0$ gegen $\mathbf{K}_1: \delta^2 \geqslant \delta_1^2$. □

Anmerkung 4.14 a) Im Spezialfall $h = k - 1$ ergibt sich als F-Test der bereits in Beispiel 3.100a behandelte zweiseitige t-Test. Bei $h = k - 1$ ist nämlich $\mathfrak{L}_{k-h} = \mathfrak{L}(e_k)$ und somit $\tilde{\hat{\mu}}(x) = \langle e_k, x \rangle e_k$, d.h. die Prüfgröße (4.2.3) das Quadrat der Prüfgröße (3.4.19).

b) Die Gruppe $\mathfrak{Q}$ läßt sich verkleinern, wenn man die Suffizienz von $S(x) = (\hat{\mu}(x), |x - \hat{\mu}(x)|^2)$ oder äquivalent von $S(x) = (\hat{\hat{\mu}}(x), \hat{\mu}(x) - \hat{\hat{\mu}}(x), |x - \hat{\mu}(x)|^2)$ ausnutzt; vgl. den Beweis von Satz 4.5a. Sei nämlich $\mathfrak{Q}^*$ die Gruppe derjenigen affinen Transformationen $\pi x = v \mathcal{Q} x + u$ mit $v \neq 0$, $u \in \mathfrak{L}_h$, bei denen nur der mittlere Anteil $y_{h+1}, \ldots, y_k$ der kanonischen Koordinaten orthogonal transformiert wird, also mit $\mathcal{Q} \in \mathbb{R}^{n \times n}_{\text{orth}}$: $\mathcal{Q}|_{\mathfrak{L}_h} = \text{id}$, $\mathcal{Q}|_{\mathfrak{L}_{n-k}} = \text{id}$. Dann läßt sich die Reduktion auf $S(x)$ durch Suffizienz und anschließend diejenige auf $|\hat{\mu}(x) - \hat{\hat{\mu}}(x)|^2 / |x - \hat{\mu}(x)|^2$ gemäß Satz 3.111 durch Invarianz gegenüber $\mathfrak{Q}^*$ rechtfertigen; vgl. auch Anmerkung 3.113 und Fußnote S. 412. □

Um einen optimalen Konfidenzschätzer für die Projektion $\tilde{\hat{\mu}}(\mu) =: \gamma(\vartheta)$ des Mittelwertvektors $\mu \in \mathfrak{L}_k$ auf einen $(k-h)$-dimensionalen linearen Teilraum $\mathfrak{L}_{k-h} \subset \mathfrak{L}_k$ herleiten zu können, führen wir in Analogie zu 2.6 einen $(k-h)$-dimensionalen Hilfsparameter $\gamma' \in \mathfrak{L}_{k-h}$ ein. Dann sind die Hypothesen

$$\mathbf{H}_{\gamma'}: \tilde{\hat{\mu}}(\mu) = \gamma', \qquad \mathbf{K}_{\gamma'}: \tilde{\hat{\mu}}(\mu) \neq \gamma' \tag{4.2.13}$$

wegen der Linearität der Projektion $\tilde{\hat{\mu}}(\cdot)$ und wegen $\gamma' \in \mathfrak{L}_{k-h}$ äquivalent mit

$$\mathbf{H}_{\gamma'}: \mu - \gamma' \in \mathfrak{L}_h, \qquad \mathbf{K}_{\gamma'}: \mu - \gamma' \in \mathfrak{L}_k - \mathfrak{L}_h. \tag{4.2.14}$$

Da die ZG $X' := X - \gamma'$ ebenfalls dem linearen Modell (4.1.1) genügt, die Hypothesen (4.2.13) bei dieser Transformation jedoch überführt werden in (4.2.2), lautet der Annahmebereich des zugehörigen α-Niveau Tests

$$A^*(\gamma') = \left\{x \in \mathbb{R}^n : |\tilde{\hat{\mu}}(x) - \gamma'|^2 \leqslant \frac{k-h}{n-k} |x - \hat{\mu}(x)|^2 \, \mathrm{F}_{k-h, n-k; \alpha}\right\}. \tag{4.2.15}$$

Damit folgt für den korrespondierenden $(1-\alpha)$-Konfidenzschätzer bei $x \in \mathbb{R}^n$

$$C^*(x) = \left\{\gamma' \in \mathfrak{L}_{k-h} : |\gamma' - \tilde{\hat{\mu}}(x)|^2 \leqslant \frac{k-h}{n-k} |x - \hat{\mu}(x)|^2 \, \mathrm{F}_{k-h, n-k; \alpha}\right\}, \tag{4.2.16}$$

oder bei Verwenden von $y = \mathscr{T}x$ und $v = \mathscr{T}\mu$ gemäß dem Beweis von Satz 4.13

$$C^*(x(y)) = \{(v_{h+1}, \ldots, v_k)^\top \in \mathbb{R}^{k-h}: \sum_{j=h+1}^{k} (v_j - y_j)^2 \leqslant \frac{k-h}{n-k} \sum_{j=k+1}^{n} y_j^2 \, \mathrm{F}_{k-h, n-k; \alpha}\}.$$

(4.2.16) ist für jedes $x \in \mathbb{R}^n$ eine $(k-h)$-dimensionale Kugel oder allgemeiner ein $(k-h)$-dimensionales Ellipsoid im $\mathfrak{L}_{k-h} \subset \mathbb{R}^n$ mit Mittelpunkt $\tilde{\tilde{\mu}}(x)$. Wegen $P_{\mu,\sigma^2}(\{x: C^*(x) \ni \tilde{\tilde{\mu}}(\mu)\}) \geqslant 1-\alpha$ heißt deshalb (4.2.16) ein $(1-\alpha)$-*Konfidenzellipsoid* für $\tilde{\tilde{\mu}}(\mu)$.

Zur Präzisierung der Optimalität von C^* beachte man, daß das Testproblem (4.1.1), (4.2.13) für jedes $\gamma' \in \mathfrak{L}_{k-h}$ invariant ist gegenüber der Gruppe $\mathfrak{Q}(\gamma')$, die der Anwendung der Elemente $\pi \in \mathfrak{Q}$ auf die Größen $x' := x - \gamma'$ entspricht. $\mathfrak{Q}(\gamma')$ besteht also aus den Transformationen

$$\pi x = v\mathcal{Q}(x-\gamma') + \gamma' + u \quad \text{mit} \quad v \in \mathbb{R} - \{0\}, \quad u \in \mathfrak{L}_h,$$
$$\text{und} \quad \mathcal{Q} \in \mathbb{R}^{n \times n}_{\text{orth}}: \mathcal{Q}(\mathfrak{L}_h) = \mathfrak{L}_h, \quad \mathcal{Q}(\mathfrak{L}_{k-h}) = \mathfrak{L}_{k-h}. \tag{4.2.17}$$

Offenbar ist (4.2.15) der Annahmebereich eines nicht-randomisierten gleichmäßig besten gegenüber $\mathfrak{Q}(\gamma')$ invarianten α-Niveau Tests. Satz 3.106 führt so zum

Satz 4.15 *Für das Bereichsschätzen einer $(k-h)$-dimensionalen Projektion $\tilde{\tilde{\mu}}(\mu)$ des Mittelwertvektors $\mu \in \mathfrak{L}_k$ in einem linearen Modell* (4.1.1) *bezeichne $\mathfrak{Q}_0$ die Gruppe der Transformationen*

$$\pi x = v\mathcal{Q}x + u \quad \textit{mit} \quad v \in \mathbb{R} - \{0\}, \quad u \in \mathfrak{L}_k, \quad \mathcal{Q} \in \mathbb{R}^{n \times n}_{\text{orth}}: \mathcal{Q}(\mathfrak{L}_h) = \mathfrak{L}_h, \quad \mathcal{Q}(\mathfrak{L}_{k-h}) = \mathfrak{L}_{k-h}, \tag{4.2.18}$$

$\mathfrak{Q}(\gamma')$ die Gruppe der Transformationen (4.2.17) *und $\mathfrak{Q}_e := g(\{\mathfrak{Q}(\gamma'): \gamma' \in \mathfrak{L}_{k-h}\})$. Weiter sei C^* durch* (4.2.16) *definiert. Dann gilt*[1] *mit $\vartheta = (\mu, \sigma^2)$:*

a) $$\mathfrak{Q}_e = \mathfrak{Q}_0. \tag{4.2.19}$$

b) *C^* ist gleichmäßig bester gegenüber $\mathfrak{Q}_0$ äquivarianter $(1-\alpha)$-Konfidenzschätzer für $\tilde{\mathbf{H}}_\vartheta = \{\tilde{\tilde{\mu}}(\mu)\}$ als Menge der „richtigen" und $\tilde{\mathbf{K}}_\vartheta = \mathfrak{L}_{k-h} - \{\tilde{\tilde{\mu}}(\mu)\}$ als Menge der „falschen" Parameterwerte.*

Beweis: a) Für jede Transformation $\pi \in \mathfrak{Q}(\gamma')$ gilt nach (4.2.17)

$$\pi x = v\mathcal{Q}x + u' \quad \text{mit} \quad u' := u + \gamma' - v\mathcal{Q}\gamma' \in \mathfrak{L}_k, \quad v \in \mathbb{R} - \{0\},$$
$$\text{und} \quad \mathcal{Q} \in \mathbb{R}^{n \times n}_{\text{orth}}: \mathcal{Q}(\mathfrak{L}_h) = \mathfrak{L}_h, \quad \mathcal{Q}(\mathfrak{L}_{k-h}) = \mathfrak{L}_{k-h}.$$

Wegen (4.2.18) folgt also $\mathfrak{Q}(\gamma') \subset \mathfrak{Q}_0 \quad \forall \gamma' \in \mathfrak{L}_{k-h}$ und damit $\mathfrak{Q}_e \subset \mathfrak{Q}_0$.
Zum Nachweis von $\mathfrak{Q}_0 \subset \mathfrak{Q}_e$ schreibe man (4.2.18) in der Form

$$\pi = \pi_2 \circ \pi_1, \quad \pi_1 x = \mathcal{Q}x, \quad \pi_2 x = vx + u. \tag{4.2.20}$$

---

[1]) Die entsprechende Aussage gilt, wenn man die Gruppen $\mathfrak{Q}(\gamma')$, $\gamma' \in \mathfrak{L}_{k-h}$, und $\mathfrak{Q}_0$ durch die jeweiligen Untergruppen mit $\mathfrak{Q}|_{\mathfrak{L}_h} = \text{id}$ ersetzt.

Dabei gilt offenbar $\pi_1 \in \mathfrak{Q}(0) \subset \mathfrak{Q}_e$, so daß nur noch $\pi_2 \in \mathfrak{Q}_e$ zu zeigen bleibt. Dies ergibt sich für $v \neq 1$ mit $\gamma' := \tilde{\tilde{\mu}}(u)/(1-v)$ aus der Darstellung

$$\pi_2 x = v(x - \gamma') + \hat{\hat{\mu}}(u) + \tilde{\tilde{\mu}}(u) + v\gamma'; \tag{4.2.21}$$

wegen $\tilde{\tilde{\mu}}(u) + v\gamma' = \gamma' \in \mathfrak{L}_{k-h}$ folgt nämlich $\pi_2 \in \mathfrak{Q}(\gamma') \subset \mathfrak{Q}_e$ aus (4.2.17). Dieses impliziert auch $\pi_2 \in \mathfrak{Q}_e$ für $v = 1$, denn $\pi_2 x = x + u$ läßt sich bei beliebigem $v_0 \in \mathbb{R} - \{0, 1\}$ schreiben in der Form

$$\pi_2 = \pi_4 \circ \pi_3 \quad \text{mit} \quad \pi_3 x = v_0^{-1} x, \quad \pi_4 x = v_0 x + u; \tag{4.2.22}$$

dabei folgt $\pi_3, \pi_4 \in \mathfrak{Q}_e$ aus dem für $v_0 \notin \{0, 1\}$ zuvor Gezeigten.

b) Aus $P_\vartheta = \mathfrak{N}(\mu, \sigma^2)$, $\vartheta = (\mu, \sigma^2) \in \mathfrak{L}_k \times (0, \infty)$, und (4.2.18) folgt zunächst

$$\pi\vartheta = \pi(\mu, \sigma^2) = (v\mathcal{Q}\mu + u, v^2\sigma^2). \tag{4.2.23}$$

Für $\gamma(\vartheta) = \tilde{\tilde{\mu}}(\mu)$ resultiert hieraus wegen $\mathcal{Q}(\mathfrak{L}_{k-h}) = \mathfrak{L}_{k-h}$

$$\tilde{\tilde{\mu}}(v\mathcal{Q}\mu + u) = v\mathcal{Q}\tilde{\tilde{\mu}}(\mu) + \tilde{\tilde{\mu}}(u)$$

und damit die Verträglichkeitsbedingung (3.5.32). Wegen (3.5.33) gilt also

$$\pi\gamma' = v\mathcal{Q}\gamma' + \tilde{\tilde{\mu}}(u) \quad \forall \gamma' \in \mathfrak{L}_{k-h}. \tag{4.2.24}$$

Andererseits ergibt sich aus (4.2.18)

$$\tilde{\tilde{\mu}}(v\mathcal{Q}x + u) = v\mathcal{Q}\tilde{\tilde{\mu}}(x) + \tilde{\tilde{\mu}}(u), \qquad \tilde{\mu}(v\mathcal{Q}x + u) = v\mathcal{Q}\tilde{\mu}(x). \tag{4.2.25}$$

Damit ist auch die Verträglichkeitsbedingung (3.5.34) erfüllt gemäß

$$\begin{aligned}
\pi A^*(\gamma') &= \left\{ v\mathcal{Q}x + u : |\tilde{\tilde{\mu}}(x) - \gamma'|^2 \leqslant \frac{k-h}{n-k} |\tilde{\mu}(x)|^2 \right\} \\
&= \left\{ x : \left| \tilde{\tilde{\mu}}\left(\mathcal{Q}^{-1} \frac{x-u}{v} \right) - \gamma' \right|^2 \leqslant \frac{k-h}{n-k} \left| \tilde{\mu}\left(\mathcal{Q}^{-1} \frac{x-u}{v} \right) \right|^2 \right\} \\
&= \left\{ x : |\tilde{\tilde{\mu}}(x) - \tilde{\tilde{\mu}}(u) - v\mathcal{Q}\gamma'|^2 \leqslant \frac{k-h}{n-k} |\tilde{\mu}(x)|^2 \right\} = A^*(\pi\gamma') \quad \forall \pi \in \mathfrak{Q}_e.
\end{aligned}$$

Somit folgt aus Satz 3.106 die Behauptung (vgl. auch Beispiel 3.107). □

Abschließend sei noch auf eine andere Interpretation des Konfidenzellipsoids (4.2.16) hingewiesen. Führt der F-Test (4.2.10) im Fall $k - h > 1$ zu einer Ablehnung von $\mathbf{H}: \mu \in \mathfrak{L}_h$ zugunsten von $\mathbf{K}: \mu \in \mathfrak{L}_k - \mathfrak{L}_h$, so interessiert (etwa in den folgenden Beispielen), welche Richtung – repräsentiert durch einen Einheitsvektor $e \in \mathfrak{L}_{k-h}$ – für die Ablehnung „verantwortlich" ist. Jede Abweichung $e^\top \mu$ mit $e \in \mathfrak{L}_{k-h}$ heißt ein *linearer Kontrast*. Die Frage nach dem maximalen Kontrast läßt sich leicht durch Umformung des Konfidenzbereichs (4.2.16) für $\tilde{\tilde{\mu}}(\mu) \in \mathfrak{L}_{k-h}$ beantworten. Da $\tilde{\tilde{\mu}}(x)$ die Projektion von x auf den $\mathfrak{L}_{k-h}$ ist, gilt nämlich $|\tilde{\tilde{\mu}}(x)| = \sup_{e \in \mathfrak{L}_{k-h}} e^\top x$ wegen $e^\top x = e^\top \tilde{\tilde{\mu}}(x) \leqslant |\tilde{\tilde{\mu}}(x)|$. Also ist $|\tilde{\tilde{\mu}}(\mu' - x)|^2 = \sup\{[e^\top(\mu' - x)]^2 : e \in \mathfrak{L}_{k-h}\}$ und folglich (4.2.16) äquivalent mit

$$\{\tilde{\tilde{\mu}}(\mu') \in \mathfrak{L}_{k-h}: -\hat{\sigma}(x)\sqrt{(k-h)\mathrm{F}_{k-h,n-k;\alpha}} \leqslant e^\top \mu' - e^\top x \leqslant \hat{\sigma}(x)\sqrt{(k-h)\mathrm{F}_{k-h,n-k;\alpha}} \quad \forall e \in \mathfrak{L}_{k-h}\}. \tag{4.2.26}$$

Dies ist ein für alle Kontraste $e^{\mathrm{T}}\mu$ simultan gültiger (gleichmäßig bester invarianter) $(1-\alpha)$-Konfidenzbereich; also gilt (4.2.26) insbesondere auch für den aus der Stichprobe ermittelten Kontrast mit $\hat{e}(x) = \hat{\tilde{\mu}}(x)/|\hat{\tilde{\mu}}(x)|$.

4.2.2 Varianzanalyse

Unter Varianzanalyse im weiteren Sinne sollen nach 4.2.1 Test- und Schätzverfahren bei linearen Modellen verstanden werden, die sich aus der orthogonalen Zerlegung der Stichprobenstreuung (4.2.5) ergeben. Unter *Varianzanalyse* im engeren Sinne versteht man derartige statistische Verfahren bei Vorliegen von ausschließlich qualitativen Faktoren. Dann kann man nämlich häufig durch Wahl eines geeigneten Versuchsplans (d.h. durch geeignete Wahl der Häufigkeiten, mit denen die einzelnen Stufen beobachtet werden) eine weitergehende orthogonale Zerlegung des $\mathfrak{L}_{k-h}$ bzw. des $\mathfrak{L}_h$ erreichen und so die Bestimmung der Projektionen $\hat{\tilde{\mu}}(x)$ bzw. $\hat{\hat{\mu}}(x)$ gemäß Satz 4.2 vereinfachen.

Beispiel 4.16 (Ein qualitativer Faktor mit m Stufen; vgl. auch Beispiel 2.37) In der Terminologie von Beispiel 1.83 lautet der Mittelwertvektor $\mu = \sum \mu_i q_{i\cdot} = \bar{\mu} q_{\cdot\cdot} + \sum \nu_i q_{i\cdot}$. Wie in Beispiel 4.4a gezeigt wurde, ist es zweckmäßig, den Raum $\mathfrak{L}_m = \mathfrak{L}(q_{1\cdot}, \ldots, q_{m\cdot})$ in die Räume $\mathfrak{L}_1 = \mathfrak{L}(q_{\cdot\cdot})$ und $\mathfrak{L}_{m-1} := \{\sum \nu_i q_{i\cdot} : \sum n_i \nu_i = 0\}$ orthogonal zu zerlegen. Insbesondere lassen sich dann $\hat{\hat{\mu}}(x)$ und $(\hat{\nu}_1(x), \ldots, \hat{\nu}_m(x))$ aus getrennten Systemen von Normalgleichungen bestimmen und zwar zu $\hat{\bar{\mu}}(x) = \bar{x}_{\cdot\cdot}$, $\hat{\nu}_i(x) = \bar{x}_{i\cdot} - \bar{x}_{\cdot\cdot}$, $i = 1, \ldots, m$.

Die Frage, ob Behandlungsunterschiede vorliegen, führt auf die Hypothesen

$$\mathbf{H}: \mu \in \mathfrak{L}_1, \quad \mathbf{K}: \mu \in \mathfrak{L}_m - \mathfrak{L}_1 \quad \text{bzw.} \quad \mathbf{H}: \nu_i = \nu_j \quad \forall i \neq j, \quad \mathbf{K}: \nu_i \neq \nu_j \quad \exists i \neq j.$$

H ist also eine lineare Hypothese (4.2.1) mit $h = 1$ in einem linearen Modell mit $k = m$ und $n = n_{\cdot\cdot}$. Für die Projektionen auf den $\mathfrak{L}_h$ bzw. $\mathfrak{L}_{k-h}$ gilt

$$\hat{\hat{\mu}}(x) = \hat{\bar{\mu}}(x)\, q_{\cdot\cdot} = \bar{x}_{\cdot\cdot} q_{\cdot\cdot} \quad \text{bzw.} \quad \hat{\tilde{\mu}}(x) = \sum \hat{\nu}_i(x)\, q_{i\cdot} = \sum (\bar{x}_{i\cdot} - \bar{x}_{\cdot\cdot})\, q_{i\cdot}.$$

Also ist $\hat{\mu}(x) = \hat{\hat{\mu}}(x) + \hat{\tilde{\mu}}(x) = \sum \bar{x}_{i\cdot} q_{i\cdot}$ und somit nach (4.2.3)

$$T^*(x) = \frac{\frac{1}{m-1} |\sum (\bar{x}_{i\cdot} - \bar{x}_{\cdot\cdot})\, q_{i\cdot}|^2}{\frac{1}{n-m} |\sum\sum (x_{ij} - \bar{x}_{i\cdot})\, q_{ij}|^2} = \frac{\frac{1}{m-1} \sum n_i (\bar{x}_{i\cdot} - \bar{x}_{\cdot\cdot})^2}{\frac{1}{n-m} \sum\sum (x_{ij} - \bar{x}_{i\cdot})^2}. \tag{4.2.27}$$

Wegen $k = m$ und $h = 1$ ergibt sich der kritische Wert zu $\mathrm{F}_{m-1,n-m;\alpha}$. Damit lauten der Annahmebereich des Tests (4.2.10) bzw. das korrespondierende $(1-\alpha)$-Konfidenzellipsoid (4.2.16) für $(\nu_1, \ldots, \nu_m)^{\mathrm{T}}$ mit $\sum n_i \nu_i = 0$

$$A^*(0) = \{x \in \mathbb{R}^n : \sum n_i (\bar{x}_{i\cdot} - \bar{x}_{\cdot\cdot})^2 \leqslant \frac{m-1}{n-m} \sum\sum (x_{ij} - \bar{x}_{i\cdot})^2\, \mathrm{F}_{m-1,n-m;\alpha}\},$$

$$C^*(x) = \{\nu \in \mathbb{R}^m : \sum n_i \nu_i = 0, \sum n_i (\nu_i - \bar{x}_{i\cdot} + \bar{x}_{\cdot\cdot})^2 \leqslant \frac{m-1}{n-m} \sum\sum (x_{ij} - \bar{x}_{i\cdot})^2\, \mathrm{F}_{m-1,n-m;\alpha}\}.$$

Im Spezialfall $m = 2$ ist also $k - h = 1$, und man verifiziert

$$T^*(x) = \frac{\frac{n_1 n_2}{n_1 + n_2} (\bar{x}_{1\cdot} - \bar{x}_{2\cdot})^2}{\frac{1}{n_1 + n_2 - 2} [\sum (x_{1j} - \bar{x}_{1\cdot})^2 + \sum (x_{2j} - \bar{x}_{2\cdot})^2]}. \tag{4.2.28}$$

Dies ist das Quadrat der Prüfgröße (3.4.26); vgl. Anmerkung 4.14a.

Zähler und Nenner der Prüfgröße (4.2.27) ergeben sich hier analog (4.2.5) aus der *einfachen Streuungszerlegung* (hinsichtlich i)

$$\sum\sum(x_{ij}-\bar{x}_{\cdot\cdot})^2=\sum\sum(x_{ij}-\bar{x}_{i\cdot})^2+\sum n_i(\bar{x}_{i\cdot}-\bar{x}_{\cdot\cdot})^2.$$

Die Gesamtstreuung in der Stichprobe setzt sich also zusammen aus einem Term, der nur von der Streuung σ^2 der X_{ij} herrührt, und einem Term, der auch die Behandlungsunterschiede widerspiegelt. Es gilt nämlich

$$E_{\mu,\sigma^2}\sum\sum(X_{ij}-\bar{X}_{i\cdot})^2=(n-m)\sigma^2,\qquad E_{\mu,\sigma^2}\sum n_i(\bar{X}_{i\cdot}-\bar{X}_{\cdot\cdot})^2=\sum n_i v_i^2+(m-1)\sigma^2. \quad \square$$

Bei Mehrfaktormodellen können die Effekte der einzelnen Faktoren *additiv* oder mit *Wechselwirkungen* auftreten. Wir behandeln zunächst das

Beispiel 4.17 (Zwei qualitative Faktoren ohne Wechselwirkungen) Im Modell aus Beispiel 1.85 gilt gemäß (1.5.6) $\mu=\bar{\mu}q_{\cdot\cdot\cdot}+\sum v_i q_{i\cdot\cdot}+\sum \varkappa_j q_{\cdot j\cdot}$. Hier ist $k=m+r-1$. Bei Annahme eines proportionalen Versuchsplans (1.5.7) läßt sich der $\mathfrak{L}_{m+r-1}$ nach Beispiel 4.4b orthogonal zerlegen gemäß $\mathfrak{L}_{m+r-1}=\mathfrak{L}_1\oplus\mathfrak{L}_{m-1}\oplus\mathfrak{L}_{r-1}$. Damit folgt aus (4.2.5) die *zweifache Streuungszerlegung* (hinsichtlich i und j)

$$\sum\sum\sum(x_{ijl}-\bar{x}_{\cdot\cdot\cdot})^2=\sum\sum\sum(x_{ijl}-\bar{x}_{i\cdot\cdot}-\bar{x}_{\cdot j\cdot}+\bar{x}_{\cdot\cdot\cdot})^2+\sum n_{i\cdot}(\bar{x}_{i\cdot\cdot}-\bar{x}_{\cdot\cdot\cdot})^2 + \sum n_{\cdot j}(\bar{x}_{\cdot j\cdot}-\bar{x}_{\cdot\cdot\cdot})^2$$

Die Gesamtstreuung wird also in drei Anteile zerlegt, die der reinen Zufallsstreuung, den Unterschieden zwischen den m Stufen des ersten Faktors und den Unterschieden zwischen den r Stufen des zweiten Faktors entsprechen.

Die Frage, ob zwischen den m Stufen des ersten Faktors ein Unterschied vorliegt oder nicht, führt auf die Hypothesen $\mathbf{H}: v_i=v_j \quad \forall i\neq j$; $\mathbf{K}: v_i\neq v_j \quad \exists i\neq j$, also auf (4.2.1) bzw. (4.2.2) mit $k=m+r-1$ und $h=r$. Aus (4.1.12) ergibt sich

$$\hat{\mu}(x)=\operatorname{Proj}(x\mid\mathfrak{L}_1\oplus\mathfrak{L}_{r-1})=\sum\bar{x}_{\cdot j\cdot}q_{\cdot j\cdot},\qquad \hat{\tilde{\mu}}(x)=\operatorname{Proj}(x\mid\mathfrak{L}_{m-1})=\sum(\bar{x}_{i\cdot\cdot}-\bar{x}_{\cdot\cdot\cdot})q_{i\cdot\cdot}$$

und damit die Prüfgröße wegen $n=n_{\cdot\cdot}$ zu

$$T^*(x)=\frac{\frac{1}{m-1}\sum n_{i\cdot}(\bar{x}_{i\cdot\cdot}-\bar{x}_{\cdot\cdot\cdot})^2}{\frac{1}{n-r-m+1}\sum\sum\sum(x_{ijl}-\bar{x}_{i\cdot\cdot}-\bar{x}_{\cdot j\cdot}+\bar{x}_{\cdot\cdot\cdot})^2}. \tag{4.2.29}$$

Folglich lautet das korrespondierende $(1-\alpha)$-Konfidenzellipsoid für v

$$C^*(x)=\{v\in\mathbb{R}^m:\sum n_{i\cdot}v_i=0,\ \sum n_{i\cdot}(v_i-\bar{x}_{i\cdot\cdot}+\bar{x}_{\cdot\cdot\cdot})^2\leqslant(m-1)\hat{\sigma}^2(x)\,\mathrm{F}_{m-1,n-r-m+1;\alpha}\}$$

mit $$\hat{\sigma}^2(x):=\frac{1}{n-r-m+1}\sum\sum\sum(x_{ijl}-\bar{x}_{i\cdot\cdot}-\bar{x}_{\cdot j\cdot}+\bar{x}_{\cdot\cdot\cdot})^2.$$

Analog ergibt sich die Prüfgröße für die Hypothesen $\tilde{\mathbf{H}}: \varkappa_i=\varkappa_j \quad \forall i\neq j$, $\tilde{\mathbf{K}}: \varkappa_i\neq\varkappa_j \quad \exists i\neq j$ bzw. das $(1-\alpha)$-Konfidenzellipsoid für $\varkappa\in\mathbb{R}^r: \sum n_{\cdot j}\varkappa_j=0$.

Im Spezialfall $m=2$ ist wieder $k-h=1$. Bei $n_{ij}\equiv 1$ folgt mit $x_{ij}:=x_{ij1}$ aus (4.2.29)

$$T^*(x)=\frac{r(\bar{x}_{1\cdot}-\bar{x}_{2\cdot})^2}{\frac{1}{r-1}\sum[(x_{1j}-x_{2j})-(\bar{x}_{1\cdot}-\bar{x}_{2\cdot})]^2}. \tag{4.2.30}$$

Dies ist das Quadrat der Prüfgröße (3.4.25) des Einstichproben-t-Tests (mit $n = r$), wenn man die Beobachtungen x_{1j} und x_{2j} gemäß $x_j = x_{1j} - x_{2j}$, $j = 1, \ldots, n$, zu einer verbundenen Stichprobe zusammenfaßt; der Test (4.2.10 + 30) ist ein (zweiseitiger) Test zur Prüfung der Symmetrie bzgl. 0. □

Den Test (4.2.10 + 29) wird man etwa anwenden, wenn m verschiedene Behandlungen unter r verschiedenen Versuchsbedingungen verglichen werden sollen; eine wichtige Variante hiervon ist der Vergleich von m verschiedenen Behandlungen aufgrund von rm Beobachtungen, wobei jeweils m Versuchseinheiten – die man zu einem *Block* zusammenfaßt – als homogenes Material angesehen werden können. Innerhalb eines jeden Blocks wendet man jede Behandlung genau einmal an [1]). Unter der Annahme eines linearen Modells ohne Wechselwirkung ergibt sich dann der Test (4.2.10 + 29) als optimaler Test. Unterschiede zwischen den r Blöcken werden also formal wie solche zwischen r Versuchsbedingungen behandelt.

In Beispiel 4.17 wurden additive Effekte vorausgesetzt. Beeinflussen sich aber die beiden Faktoren, so wird man Wechselwirkungen zulassen.

Beispiel 4.18 (Zwei qualitative Faktoren mit Wechselwirkungen) In Beispiel 1.87 wurden die Mittelwerte μ_{ij} zerlegt gemäß $\mu_{ij} = \bar{\mu} + \nu_i + \varkappa_j + \varrho_{ij}$. Bei Vorliegen eines proportionalen Versuchsplans gilt $\mathfrak{L}_k = \mathfrak{L}_1 \oplus \mathfrak{L}_{m-1} \oplus \mathfrak{L}_{r-1} \oplus \mathfrak{L}_{(m-1)(r-1)}$. Damit sind die überzähligen Parameter eindeutig bestimmt und die Gesamtstreuung $\sum\sum\sum(x_{ijl} - \bar{x}_{\ldots})^2$ läßt sich zerlegen in

$$\sum\sum\sum(x_{ijl} - \bar{x}_{ij\cdot})^2 + \sum n_{i\cdot}(\bar{x}_{i\cdot\cdot} - \bar{x}_{\ldots})^2 + \sum n_{\cdot j}(\bar{x}_{\cdot j\cdot} - \bar{x}_{\ldots})^2 + \sum\sum n_{ij}(\bar{x}_{ij\cdot} - \bar{x}_{i\cdot\cdot} - \bar{x}_{\cdot j\cdot} + \bar{x}_{\ldots})^2 .$$

Dabei rühren die einzelnen Terme her von der Streuung σ^2 der ZG X_{ijl}, von den beiden Haupteffekten bzw. dem Wechselwirkungseffekt. Aus dieser Zerlegung folgen sofort die Prüfgrößen der F-Tests für die linearen Hypothesen

$$\mathbf{H}_1: \nu_i = 0 \quad \forall i = 1, \ldots, m, \qquad \mathbf{K}_1: \nu_i \neq 0 \quad \exists i = 1, \ldots, m,$$

$$\mathbf{H}_3: \varrho_{ij} = 0 \quad \forall (i,j) \in \{(1,1), \ldots, (m,r)\}, \qquad \mathbf{K}_3: \varrho_{ij} \neq 0 \quad \exists (i,j) \in \{(1,1), \ldots, (m,r)\}$$

mit den Dimensionen $h_1 = mr - (m-1)$ bzw. $h_3 = mr - (m-1)(r-1)$ mit $n := n_{\cdot\cdot}$ zu [2])

$$T_1^*(x) = \frac{\frac{1}{m-1}\sum n_{i\cdot}(\bar{x}_{i\cdot\cdot} - \bar{x}_{\ldots})^2}{\frac{1}{n-mr}\sum\sum\sum(x_{ijl} - \bar{x}_{ij\cdot})^2}, \tag{4.2.31}$$

[1]) Da im allgemeinen auch nach der Blockbildung noch gewisse (eventuell regelmäßig auftretende) Inhomogenitäten innerhalb der einzelnen Blöcke vorhanden sein werden, wendet man üblicherweise die m Behandlungen auf die m Versuchseinheiten nicht systematisch (d. h. jeweils die i-te Behandlung auf die i-te Versuchseinheit, $i = 1, \ldots, m$), sondern „zufällig" an, indem man etwa aufgrund der Entnahme von Zufallszahlen entscheidet, welche der $m!$ möglichen Zuordnungen im j-ten Block, $j = 1, \ldots, r$, benutzt wird. Bei einem derartigen *randomisierten Versuchsplan* spricht man von *randomisierten Blöcken*.

[2]) Wendet man φ_1^* und φ_3^* simultan an, so läßt sich wegen der st. Abhängigkeit von T_1^* und T_3^* nur schwer das Niveau bestimmen, mit dem eine Abweichung von $\mathbf{H}_1 \cap \mathbf{H}_3$ signifikant ist; man beachte jedoch, daß $\mathbf{H}_1 \cap \mathbf{H}_3$ als lineare Hypothese direkt mit einem F-Test (4.2.10) geprüft werden kann.

$$T_3^*(x) = \frac{\frac{1}{(r-1)(m-1)} \sum\sum n_{ij}(\bar{x}_{ij\cdot} - \bar{x}_{i\cdot\cdot} - \bar{x}_{\cdot j\cdot} + \bar{x}_{\cdot\cdot\cdot})^2}{\frac{1}{n-mr} \sum\sum\sum (x_{ijl} - \bar{x}_{ij\cdot})^2}. \tag{4.2.32}$$

Dabei weicht die Prüfgröße $T_1^*(x)$ von der Prüfgröße (4.2.29) – der unterschiedlichen Modellannahme entsprechend – durch einen anderen Schätzer für σ^2 ab. Als $(1-\alpha)$-Konfidenzellipsoid (4.2.16) ergibt sich etwa für $v = (v_1, \ldots, v_m)^{\mathrm{T}}$:

$$C_1^*(x) = \{v \in \mathbb{R}^m: \sum n_{i\cdot} v_{i\cdot} = 0, \sum n_{i\cdot}(v_i - \bar{x}_{i\cdot\cdot} + \bar{x}_{\cdot\cdot\cdot})^2 \leqslant (m-1)\,\hat{\sigma}^2(x)\,\mathrm{F}_{m-1,n-mr;\alpha}\}$$

mit $\quad \hat{\sigma}^2(x) := \frac{1}{n-mr} \sum\sum\sum (x_{ijl} - \bar{x}_{ij\cdot})^2.$

Diese Tests setzen $n > mr$, d.h. $n_{ij} > 1 \quad \exists (i,j)$ voraus. In den Anwendungen liegt jedoch häufig der Fall $n_{ij} = 1 \quad \forall (i,j)$ vor. Dann ist etwa zum Prüfen von $\mathbf{H}_1$ gegen $\mathbf{K}_1$ ein F-Test (4.2.10) nur anwendbar, wenn die Nichtexistenz von Wechselwirkungen vorausgesetzt werden kann; vgl. Beispiel 4.17. □

Die in den Beispielen 4.17 und 4.18 angegebenen Prüfgrößen entsprechen *vollständigen Versuchsplänen*, d.h. solchen bei denen zu jeder Kombination der Stufen der einzelnen Faktoren mindestens je eine Beobachtung durchgeführt wird. Die praktische Anwendung jener Tests und insbesondere die ihrer Verallgemeinerungen auf Mehrfaktorprobleme (vgl. auch Aufgabe 1.22) setzt also das Vorliegen einer großen Zahl homogener Versuchseinheiten voraus. Da zur Anwendung des F-Tests (4.2.10) jedoch nur $n \geqslant k+1$ Beobachtungen erforderlich sind, spielen auch *unvollständige Versuchspläne* in der praktischen Statistik eine große Rolle. Explizit lösbare Normalgleichungen (4.1.7) bzw. (4.1.10) sowie handliche Verfahren, d.h. einen orthogonalen Versuchsplan, erhält man hier im allgemeinen jedoch nur, wenn man jede Stufe eines jeden Faktors mit jeder Stufe eines jeden anderen Faktors gleich oft kombiniert. Ein wichtiges Beispiel gibt es bei drei Faktoren (ohne Wechselwirkungen) mit gleicher Stufenzahl $m \geqslant 3$. Hier sind bei geeigneter Kombination der Stufen nur m^2 und nicht – wie bei einem vollständigen Versuchsplan – mindestens m^3 Beobachtungen erforderlich.

Beispiel 4.19 (Drei qualitative Faktoren ohne Wechselwirkungen) Für $1 \leqslant i, j \leqslant m$ und $l = l_{ij} \in \{1, \ldots, m\}$ seien W_{ijl} st.u. $\mathfrak{N}(0,1)$-verteilte ZG und

$$X_{ijl} = \bar{\mu} + v_i + \varkappa_j + \varrho_l + \sigma W_{ijl}, \quad (\bar{\mu}, v_i, \varkappa_j, \varrho_l) \in \mathbb{R}^4, \quad \sigma^2 > 0.$$

Dabei seien $v_\cdot = \varkappa_\cdot = \varrho_\cdot = 0$, $m \geqslant 3$ und (l_{ij}) ein *lateinisches Quadrat*, d.h. l nehme jeden der Werte $1, \ldots, m$ genau einmal für jeden Wert i und genau einmal für jeden Wert j an. Diese Eigenschaft ist offenbar symmetrisch in den Variablen i, j und l, so daß z.B. auch $1 \leqslant i, l \leqslant m$ als unabhängige Veränderliche und (j_{il}) als lateinisches Quadrat hätte genommen werden können. Insbesondere ist eine Summation etwa über i bei festem j zugleich eine solche über l oder bei festem l zugleich eine solche über j. Demgemäß gilt

$$\mu = \bar{\mu} q_{\cdot\cdot\cdot} + \sum v_i q_{i\cdot\cdot} + \sum \varkappa_j q_{\cdot j\cdot} + \sum \varrho_l q_{\cdot\cdot l}$$

und der $\mathfrak{L}_k$ mit $k = 3m-2$ läßt sich durch die vier paarweise orthogonalen Teilräume $\mathfrak{L}_1 = \mathfrak{L}(q_{\cdot\cdot\cdot})$, $\mathfrak{L}_{m-1} = \mathfrak{L}(\sum v_i q_{i\cdot\cdot} : v_\cdot = 0)$, $\mathfrak{L}_{m-1} = \mathfrak{L}(\sum \varkappa_j q_{\cdot j\cdot} : \varkappa_\cdot = 0)$ und $\mathfrak{L}_{m-1} = \mathfrak{L}(\sum \varrho_l q_{\cdot\cdot l} : \varrho_\cdot = 0)$ aufspannen. Somit stellt etwa

$$\mathbf{H}: v_i = 0 \quad \forall i = 1, \ldots, m, \qquad \mathbf{K}: v_i \neq 0 \quad \exists i = 1, \ldots, m$$

eine lineare Hypothese mit $h = 2m - 1$ in einem linearen Modell (4.1.1) mit $n = m^2$ und $k = 3m - 2$ dar; die Prüfgröße ergibt sich durch eine Streuungszerlegung (4.2.5) zu

$$T^*(x) = \frac{\frac{1}{m-1} m \sum (\bar{x}_{i\cdot\cdot} - \bar{x}_{\cdot\cdot\cdot})^2}{\frac{1}{(m-1)(m-2)} \sum\sum (x_{ijl} - \bar{x}_{i\cdot\cdot} - \bar{x}_{\cdot j\cdot} - \bar{x}_{\cdot\cdot l} + 2\bar{x}_{\cdot\cdot\cdot})^2}.$$

Um systematische Verzerrungen zu vermeiden, wählt man üblicherweise aus der Gesamtheit aller möglichen lateinischen Quadrate das zu verwendende „zufällig" aus; man wendet also einen randomisierten Versuchsplan an. Ersetzt man die Beobachtungen x_{ijl} durch $x_{ijl} - v_i$, $v_\cdot = 0$, so ergibt sich als $(1 - \alpha)$-Konfidenzellipsoid für v

$$C^*(x) = \{v \in \mathbb{R}^m : v_\cdot = 0, \sum (v_i - \bar{x}_{i\cdot\cdot} + \bar{x}_{\cdot\cdot\cdot})^2 \leqslant \frac{m-1}{m} \hat{\sigma}^2(x) \mathrm{F}_{m-1, m^2-3m+2; \alpha}\},$$

mit $$\hat{\sigma}^2(x) := \frac{1}{(m-1)(m-2)} \sum\sum (x_{ijl} - \bar{x}_{i\cdot\cdot} - \bar{x}_{\cdot j\cdot} - \bar{x}_{\cdot\cdot l} + 2\bar{x}_{\cdot\cdot\cdot})^2. \qquad \square$$

Eine weitere wichtige Anwendung unvollständiger Versuchspläne gibt es bei Blockbildungen. Ein einfaches Beispiel *unvollständiger Blöcke* ist das folgende: Zum Vergleich von r Behandlungsmethoden mögen ms Versuchseinheiten zur Verfügung stehen, von denen aber jeweils nur $s < r$ Einheiten als homogen angesehen werden können. (Vielfach ist die Blockbildung auf natürliche Weise vorgezeichnet, z.B. die beiden Schuhe einer Versuchsperson beim Vergleich von Ledersohlen.) Faßt man diese s Einheiten zu einem Block zusammen, so läßt sich innerhalb eines Blocks nicht jede der r Behandlungen anwenden. Wendet man aber innerhalb eines jeden Blocks s verschiedene Verfahren an, so läßt sich – falls ms ein Vielfaches von r ist – erreichen, daß jede der r Behandlungen insgesamt gleich oft überprüft wird. Kommt insbesondere jedes Paar von Verfahren in der gleichen Anzahl von Blöcken vor, so gestaltet sich die Auswertung besonders einfach; man spricht in diesem Fall von einem *ausgewogenen* oder *balancierten Versuchsplan*.

Bei allen bisher betrachteten Versuchsplänen wird jede Stufe eines jeden Faktors mit jeder Stufe eines jeden anderen Faktors mindestens einmal kombiniert. Lineare Modelle ergeben sich aber auch bei Versuchsplänen, bei denen für die Faktoren eine Rangfolge vorgegeben ist und alle Stufen eines Faktors nur mit ein und derselben Stufe desjenigen Faktors kombiniert werden, der in der Rangfolge davor auftritt (bei statistischen Erhebungen z.B. Länder, Kreise und Gemeinden). Besondere Bedeutung haben derartige *hierarchische Anordnungen* bei Modellen mit zufallsabhängigen Effekten. Hierauf werden wir in 4.3 eingehen; vgl. Beispiel 4.23.

4.2.3 Regressions- und Kovarianzanalyse

Treten nicht nur qualitative Faktoren auf, so läßt sich Varianzanalyse im weiteren Sinne unterteilen in *Regressionsanalyse* mit ausschließlich quantitativen Faktoren und in *Kovarianzanalyse* [1]), bei der sowohl quantitative wie qualitative Faktoren vorkommen.

---

[1]) Korrekter wäre es, von Kovariablenanalyse zu sprechen, da sich die Schätz- und Prüfgrößen nicht vermöge einer Zerlegung der (Stichproben-) Kovarianz gewinnen lassen.

Als erstes betrachten wir den Fall eines einzigen quantitativen Faktors und nehmen dabei speziell an, daß die Annahme einer linearen Regression gerechtfertigt ist.

Beispiel 4.20 (Lineare Regression in einer Variablen) Mit den Bezeichnungen aus Beispiel 1.84 gilt $\mu = \nu \mathbb{1}_n + \varkappa s$. Also ist $\mu \in \mathfrak{L}_k$ mit $k = 2$, falls $\sum (s_i - \bar{s})^2 > 0$ ist. Das Testproblem, ob eine Regressionsabhängigkeit vorliegt oder nicht, ob also mit $\mathfrak{L}_1 := \mathfrak{L}(\mathbb{1}_n)$ gilt

$$\mathbf{H}: \mu \in \mathfrak{L}_1,\ \mathbf{K}: \mu \in \mathfrak{L}_2 - \mathfrak{L}_1 \quad \text{bzw.} \quad \mathbf{H}: \varkappa = 0,\ \mathbf{K}: \varkappa \neq 0$$

ist von der Form (4.2.1–2) mit $h = 1$. Für die Projektion gilt nach Beispiel 4.3b

$$\hat{\mu}(x) = \bar{x}\, \mathbb{1}_n, \quad \hat{\tilde{\mu}}(x) = \hat{\varkappa}(x)\, (s - \bar{s}\, \mathbb{1}_n) \quad \text{mit} \quad \hat{\varkappa}(x) = \sum (x_j - \bar{x})\, (s_j - \bar{s}) / \sum (s_j - \bar{s})^2 .$$

Damit lautet die Prüfgröße des F-Tests (4.2.10)

$$T^*(x) = \frac{\hat{\varkappa}^2(x) \sum (s_j - \bar{s})^2}{\frac{1}{n-2} \sum [(x_j - \bar{x}) - \hat{\varkappa}(x)\, (s_j - \bar{s})]^2} . \tag{4.2.34}$$

Als zugehöriges $(1-\alpha)$-Konfidenzellipsoid (4.2.16) folgt hieraus

$$C^*(x) = \left\{ \varkappa \in \mathbb{R}: (\varkappa - \hat{\varkappa}(x))^2 \sum (s_j - \bar{s})^2 \leqslant \frac{1}{n-2} \sum [(x_j - \bar{x}) - \hat{\varkappa}(x)\, (s_j - \bar{s})]^2\, \mathrm{F}_{1, n-2; \alpha} \right\} . \tag{4.2.35}$$

(4.2.34) ist das Quadrat der Prüfgröße (3.4.29) des t-Tests zur Prüfung eines Regressionskoeffizienten; vgl. Anmerkung 4.14a. □

Häufig muß eine allgemeinere Regressionsabhängigkeit angenommen werden. Wir betrachten deshalb den Fall, daß sich diese in Form eines $(m+1)$-gliedrigen Ansatzes $\varkappa_0 + \sum_{i=1}^{m} \varkappa_i f_i(s)$ charakterisieren läßt. Dabei hängt die (hier als bekannt angenommene) Wahl der Funktionen $f_1, \ldots, f_m$ (etwa als Polynome oder trigonometrische Funktionen) von dem zugrundeliegenden Problem und der Versuchsausführung ab. Werden dann n unabhängige Beobachtungen $x_1, \ldots, x_n$ vorgenommen, und zwar unter den Werten $s_1, \ldots, s_n$ der Regressionsvariablen s, so gilt also für die Mittelwerte μ_j der zugehörigen ZG X_j

$$\mu_j = \varkappa_0 + \sum_{i=1}^{m} \varkappa_i f_i(s_j), \qquad j = 1, \ldots, n . \tag{4.2.36}$$

Hierfür schreiben wir mit $s_{ij} := f_i(s_j)$ auch $\mu_j = \varkappa_0 + \sum \varkappa_i s_{ij}$ oder äquivalent

$$\mu = \varkappa_0\, \mathbb{1}_n + \sum_{i=1}^{m} \varkappa_i t_i, \qquad t_i := (s_{i1}, \ldots, s_{in})^\top, \qquad i = 1, \ldots, m . \tag{4.2.37}$$

Sind die Vektoren $\mathbb{1}_n, t_1, \ldots, t_m$ linear unabhängig und ist $n > m+1$, so liegt ein lineares Modell mit $k = m+1$ zugrunde. In (4.2.37) ist auch der Fall enthalten, daß eine lineare Regression in einer m-dimensionalen Variablen vorliegt [1]). Sieht man $\bar{\mu}\, \mathbb{1}_n$ mit

[1]) Entsprechend kann man Modelle mit l quantitativen Faktoren auch als Modelle mit einem quantitativen Faktor interpretieren.

$\bar{\mu} := \varkappa_0 + \sum \varkappa_i \bar{s}_{i\cdot}$ als mittleren Effekt an, d.h. als Effekt unter mittleren Werten $\bar{s}_{i\cdot}$ des i-ten Regressionsanteils t_i, und schreibt demgemäß (4.2.37) in der Form

$$\mu = \bar{\mu}\,\mathbb{1}_n + \sum_{i=1}^{m} \varkappa_i d_i, \qquad d_i := t_i - \bar{s}_{i\cdot}\,\mathbb{1}_n, \tag{4.2.38}$$

so gilt $\mathbb{1}_n^\top d_i = \sum_{j=1}^{n} s_{ij} - n\bar{s}_{i\cdot} = 0$, $i = 1, \ldots, m$. Daher läßt sich $\sum \varkappa_i d_i$ als Einfluß der Unterschiede in den Regressionsvariablen interpretieren, und der zugehörige m-dimensionale lineare Teilraum $\mathfrak{L}_m$ ist orthogonal zum $\mathfrak{L}_1$ des mittleren Effekts. Während sich diese Orthogonalisierung also auch bei quantitativen Faktoren leicht durchführen läßt, ist eine Orthogonalisierung der d_i durch einen geeigneten Versuchsplan, d.h. durch geeignete Wahl der s_{ij}, praktisch nicht möglich. Dies impliziert, daß sich die Projektion von x auf den durch den einzelnen Vektor d_i erzeugten eindimensionalen linearen Teilraum nicht ohne weiteres als Effekt des i-ten Regressionsanteils t_i interpretieren läßt; die Summe dieser Projektionen ergibt nämlich im allgemeinen nicht den Gesamteffekt $\sum \hat{\varkappa}_i(x)\, d_i$, da die Teilräume nicht orthogonal sind. Vielmehr sind $\hat{\varkappa}_1(x), \ldots, \hat{\varkappa}_m(x)$ simultan aus einem (4.1.7) entsprechenden System von m Normalgleichungen zu bestimmen; wegen der Orthogonalität von $\mathbb{1}_n$ zu allen d_i lautet dies

$$\sum_{j=1}^{m} \hat{\varkappa}_j(x)\, d_i^\top d_j = d_i^\top x, \qquad i = 1, \ldots, m. \tag{4.2.39}$$

Beispiel 4.21 (Regressionsanalyse bei m quantitativen Faktoren) Für $1 \leqslant j \leqslant n$ seien W_j st.u. $\mathfrak{N}(0,1)$-verteilte ZG und

$$X_j = \varkappa_0 + \sum_{i=1}^{m} \varkappa_i s_{ij} + \sigma W_j, \qquad (\varkappa_0, \ldots, \varkappa_m) \in \mathbb{R}^{m+1}, \qquad \sigma^2 > 0;$$

mit $t_i := (s_{i1}, \ldots, s_{in})^\top$, $i = 1, \ldots, m$, seien die (gegebenen) Vektoren $\mathbb{1}_n, t_1, \ldots, t_m$ linear unabhängig und es gelte $m + 1 < n$. Es sei zu testen, ob die letzten $m - r$ Faktoren einen Einfluß haben. Die Hypothesen lauten also

$$\mathbf{H}: \varkappa_i = 0 \quad \forall i = r+1, \ldots, m, \qquad \mathbf{K}: \varkappa_i \neq 0 \quad \exists i = r+1, \ldots, m.$$

Gegeben ist demnach ein lineares Modell mit dem Mittelwertvektor (4.2.38) und $k = m + 1$ sowie eine lineare Hypothese mit $h = r + 1$. Zur Bestimmung des F-Tests (4.2.10) benötigen wir die Projektionen

$$\hat{\mu}(x) = \hat{\bar{\mu}}(x)\,\mathbb{1}_n + \sum_{i=1}^{m} \hat{\varkappa}_i(x)\, d_i, \qquad \hat{\hat{\mu}}(x) = \hat{\hat{\bar{\mu}}}(x)\,\mathbb{1}_n + \sum_{i=1}^{r} \hat{\hat{\varkappa}}_i(x)\, d_i.$$

Wegen der Orthogonalität von $\mathbb{1}_n$ zu jedem der d_i ergibt sich $\hat{\hat{\bar{\mu}}}(x) = \hat{\bar{\mu}}(x) = \bar{x}$, für $\hat{\varkappa}_1(x), \ldots, \hat{\varkappa}_m(x)$ das System (4.2.39) und für $\hat{\hat{\varkappa}}_1(x), \ldots, \hat{\hat{\varkappa}}_r(x)$ das entsprechende System

$$\sum_{j=1}^{r} \hat{\hat{\varkappa}}_j(x)\, d_i^\top d_j = d_i^\top x, \qquad i = 1, \ldots, r. \tag{4.2.40}$$

Damit ergibt sich in Verallgemeinerung von (4.2.34) die Prüfgröße

$$T^*(x) = \frac{\dfrac{1}{m-r} \sum_{j=1}^{n} \left[\sum_{i=1}^{m} \hat{\varkappa}_i(x)\,(s_{ij} - \bar{s}_{i\cdot}) - \sum_{i=1}^{r} \hat{\hat{\varkappa}}_i(x)\,(s_{ij} - \bar{s}_{i\cdot}) \right]^2}{\dfrac{1}{n-m-1} \sum_{j=1}^{n} \left[(x_j - \bar{x}) - \sum_{i=1}^{m} \hat{\varkappa}_i(x)\,(s_{ij} - \bar{s}_{i\cdot}) \right]^2}. \tag{4.2.41}$$

Da die d_i nicht paarweise orthogonal sind, also kein orthogonaler Versuchsplan zugrundeliegt, lassen sich die Systeme (4.2.39–40) im Gegensatz zu den in 4.2.2 betrachteten Beispielen nicht geschlossen lösen. – Wäre speziell $\mathfrak{L}(d_{r+1}, \ldots, d_m)$ orthogonal zu $\mathfrak{L}(d_1, \ldots, d_r)$, so würde (4.2.39) zerfallen in (4.2.40) und ein entsprechendes System für $\hat{\varkappa}_{r+1}(x), \ldots, \hat{\varkappa}_m(x)$ und der Zähler von (4.2.41) hätte die einfachere Gestalt

$$\sum_{j=1}^{n} \sum_{i=r+1}^{m} [\hat{\varkappa}_i(x)(s_{ij} - \bar{s}_{i.})]^2/(m-r). \qquad \square$$

In Beispiel 4.16 wurde ein Verfahren angegeben zur Entscheidung der Frage, ob zwischen den m Stufen eines qualitativen Faktors ein Unterschied besteht oder nicht. Wesentliche Voraussetzung zur Anwendung jenes Verfahrens war, daß kein weiterer Faktor vorlag, da andernfalls Effekte des zweiten Faktors als solche des ersten interpretiert würden. Während in den Beispielen 4.17 und 4.19 das Vorliegen weiterer qualitativer Faktoren betrachtet wurde, soll nun ein quantitativer Faktor zusätzlich berücksichtigt werden. Dieser Fall hat besondere praktische Bedeutung: Häufig sind nämlich m Behandlungen zu vergleichen, ohne daß die sonstigen Versuchsbedingungen vollständig (oder in Blöcken) konstant gehalten werden können bzw. sollen. Wir wollen diesen Fall einer Kovarianzanalyse in dem folgenden Beispiel behandeln, eine Regression aber nur linear und nur in einer Variablen annehmen, um zu einfach angebbaren Verfahren zu kommen.

Beispiel 4.22 (Kovarianzanalyse bei einem qualitativen und einem quantitativen Faktor) Mit den Bezeichnungen aus Beispiel 1.86 ist

$$\mu = \sum \varrho_i q_{i.} + \varkappa s = \bar{\mu} q_{..} + \sum v_i q_{i.} + \varkappa s. \tag{4.2.42}$$

Dabei soll $\sum\sum (s_{ij} - \bar{s}_{i.})^2 > 0$ sowie $m > 1$ sein, damit weder ein reines Varianzanalysenproblem noch ein reines Regressionsanalysenproblem vorliegt; außerdem gelte $n_i \geqslant 2$ für mindestens zwei verschiedene Indizes i. Zu testen sei die Varianzanalysenfragestellung bzw. die Regressionsanalysenfragestellung

$$\mathbf{H}_1: \varrho_i = \varrho_j \quad \forall i \neq j, \qquad \mathbf{K}_1: \varrho_i \neq \varrho_j \quad \exists i \neq j \quad \text{bzw.} \quad \mathbf{H}_2: \varkappa = 0, \qquad \mathbf{K}_2: \varkappa \neq 0.$$

Die Dimensionen der linearen Hypothesen $\mathbf{H}_1$ und $\mathbf{H}_2$ sind $h_1 = 2$ bzw. $h_2 = m$.

Nimmt man $\bar{\mu} = \sum n_i \varrho_i / n + \varkappa \bar{s}_{..}$ als mittleren Effekt der m Behandlungen unter der mittleren Versuchsbedingung $\bar{s}_{..}$ an, so ist (4.2.42) äquivalent mit

$$\mu = (\bar{\mu} + \varkappa \bar{s}_{..}) q_{..} + \sum v_i q_{i.} + \varkappa d, \qquad d := s - \bar{s}_{..} q_{..}, \qquad \sum n_i v_i = 0. \tag{4.2.43}$$

Während somit der $\mathfrak{L}_{m-1}$ der Unterschiede zwischen den m Behandlungen orthogonal zum $\mathfrak{L}_1$ des mittleren Effekts ist, liegt im allgemeinen keine Orthogonalität der Vektoren $\sum v_i q_{i.}$ und $\varkappa d$ vor [1]). $\hat{v}_i(x)$ und $\hat{\varkappa}(x)$ können also nicht unabhängig voneinander als Projektionen von x auf die

---

[1]) Es liegt vielleicht nahe, von (4.2.42) zu der orthogonalen Zerlegung $\mu = \bar{\mu} q_{..} + \sum \tilde{v}_i q_{i.} + \varkappa \tilde{d}$ mit $\tilde{d} := s - \sum \bar{s}_{i.} q_{i.}$ und $\tilde{v}_i := \varrho_i - \bar{\mu} + \varkappa \bar{s}_{i.}$ mit $\sum n_i \tilde{v}_i = 0$ überzugehen; jedoch ist ein derartiger Ansatz zum Vergleich der m Behandlungen unbrauchbar, da er bei den einzelnen Behandlungen verschiedene mittlere Versuchsbedingungen $\bar{s}_{i.}$ zugrundelegt, d.h. die Hypothese gleicher Behandlungen nicht durch $\mathbf{H}: \tilde{v}_1 = \ldots = \tilde{v}_m$ wiedergegeben wird.

betreffenden $(m-1)$- bzw. eindimensionalen Teilräume bestimmt werden. Wir gehen deshalb auf den Ansatz (4.2.42) zurück und bestimmen $\hat{\varrho}_i(x)$ und $\hat{\varkappa}(x)$ aus

$$|x - \sum \varrho_i q_{i\cdot} - \varkappa s|^2 = \sum\sum (x_{ij} - \varrho_i - \varkappa s_{ij})^2 = \min_{\varrho,\varkappa}$$

zu
$$\hat{\varrho}_i(x) = \bar{x}_{i\cdot} - \hat{\varkappa}(x)\bar{s}_{i\cdot}, \qquad \hat{\varkappa}(x) = \frac{\sum\sum (x_{ij} - \bar{x}_{i\cdot})(s_{ij} - \bar{s}_{i\cdot})}{\sum\sum (s_{ij} - \bar{s}_{i\cdot})^2}. \tag{4.2.44}$$

Entsprechend folgen für die Varianzanalysenfragestellung aus $\sum\sum (x_{ij} - \varrho - \varkappa s_{ij})^2 = \min_{\varrho,\varkappa}$

$$\hat{\hat{\varrho}}(x) = \bar{x}_{\cdot\cdot} - \hat{\hat{\varkappa}}(x)\bar{s}_{\cdot\cdot}, \qquad \hat{\hat{\varkappa}}(x) = \frac{\sum\sum (x_{ij} - \bar{x}_{\cdot\cdot})(s_{ij} - \bar{s}_{\cdot\cdot})}{\sum\sum (s_{ij} - \bar{s}_{\cdot\cdot})^2} \tag{4.2.45}$$

und für die Regressionsanalysenfragestellung $\hat{\hat{\varrho}}_i(x) = \bar{x}_{i\cdot}$, $\hat{\hat{\varkappa}}(x) = 0$ aus $\sum\sum (x_{ij} - \varrho_i)^2 = \min_{\varrho_i}$. Mit $\hat{\varkappa}(x)$ aus (4.2.44) und $\hat{\hat{\varkappa}}(x)$ aus (4.2.45) lauten die Prüfgrößen (4.2.3)

$$T_1^*(x) = \frac{\frac{1}{m-1}\sum\sum [(\bar{x}_{i\cdot} - \bar{x}_{\cdot\cdot}) + \hat{\varkappa}(x)(s_{ij} - \bar{s}_{i\cdot}) - \hat{\hat{\varkappa}}(x)(s_{ij} - \bar{s}_{\cdot\cdot})]^2}{\frac{1}{n-m-1}\sum\sum [(x_{ij} - \bar{x}_{i\cdot}) - \hat{\varkappa}(x)(s_{ij} - \bar{s}_{i\cdot})]^2}, \tag{4.2.46}$$

$$T_2^*(x) = \frac{\hat{\varkappa}^2(x)\sum\sum (s_{ij} - \bar{s}_{i\cdot})^2}{\frac{1}{n-m-1}\sum\sum [(x_{ij} - \bar{x}_{i\cdot}) - \hat{\varkappa}(x)(s_{ij} - \bar{s}_{i\cdot})]^2}. \qquad \square \tag{4.2.47}$$

Aufgabe 4.4 $\mathfrak{Q}$ sei die in Satz 4.12 angegebene Gruppe. Man zeige:

a) $\mathfrak{Q}$ ist die Gesamtheit aller affinen Transformationen, gegenüber denen das lineare Modell (4.1.1) und die lineare Hypothese (4.2.1) invariant sind.

b) $\gamma(\mu,\sigma^2) = |\mu - \hat{\hat{\mu}}(\mu)|^2/\sigma^2$ ist ein gegenüber $\mathfrak{Q}$ maximalinvariantes Funktional.

Aufgabe 4.5 Zu $m > 1$ Versuchsbedingungen s_i liegen n_i Beobachtungen x_{ij} vor, $j = 1, \ldots n_i$, $i = 1, \ldots, m$. Die ZG X_{ij}, $j = 1, \ldots, n_i$, $i = 1, \ldots, m$ seien st.u. und normalverteilt mit derselben Varianz. Wie lautet der F-Test zur Prüfung, ob die Beobachtungen über eine lineare Regression $\bar{\mu} + \varkappa s$ von den Versuchsbedingungen abhängen?

Aufgabe 4.6 X_j mit $\mathfrak{L}(X_j) = \mathfrak{N}(\bar{\mu} + \varkappa s_j + \lambda s_j^2, \sigma^2)$, $(\bar{\mu}, \varkappa, \lambda, \sigma^2) \in \mathbb{R}^3 \times (0, \infty)$, $j = 1, \ldots, n$, seien st.u. ZG. Die Vektoren $\mathbb{1}_n$, $s := (s_1, \ldots, s_n)^\top$ und $t := (s_1^2, \ldots, s_n^2)^\top$ seien linear unabhängig.

a) Man bestimme den F-Test für $\mathbf{H}$: $\lambda = 0$, $\mathbf{K}$: $\lambda \neq 0$.

b) Wie lautet der Konfidenzbereich (4.2.16) für λ?

Aufgabe 4.7 Um die Genauigkeit einer Waage zu überprüfen werden 10 Messungen mit geeichten Gewichten durchgeführt. Diese lieferten die Daten $\bar{s} = 230{,}5$; $\bar{x} = 226{,}1$; $\sum(s_j - \bar{s})^2 = 1\,560{,}63$; $\sum(x_j - \bar{x})^2 = 1\,593{,}15$; $\sum(s_j - \bar{s})(x_j - \bar{x}) = 1\,532{,}41$. Bei exakt arbeitender Waage besteht zwischen Messungen und Eichgewichten die lineare Abhängigkeit $z = \alpha + \beta s$ mit $\alpha = 0$, $\beta = 1$.

a) Man berechne die Kleinste-Quadrate-Schätzung für (α, β).

b) Man teste, ob die Beobachtungen beim Niveau 0,01 signifikant von der Steigung 1 abweichen.

c) Man gebe das 0,95-Konfidenzintervall für die Steigung β an.

Aufgabe 4.8 Bei einer Prüfung dreier qualitativer Faktoren mit jeweils vier Stufen entsprechend nachstehendem lateinischen Quadrat haben sich die danebenstehenden Beobachtungen ergeben.

$$\begin{pmatrix} 2 & 4 & 1 & 3 \\ 3 & 1 & 2 & 4 \\ 4 & 2 & 3 & 1 \\ 1 & 3 & 4 & 2 \end{pmatrix} \qquad \begin{pmatrix} 9 & 12 & 6 & 9 \\ 15 & 8 & 12 & 17 \\ 14 & 10 & 13 & 11 \\ 9 & 11 & 11 & 7 \end{pmatrix}$$

Man zeige unter der Annahme des Modells aus Beispiel 4.19, daß bei $\alpha = 0{,}05$

a) Unterschiede in den Effekten des ersten Faktors statistisch gesichert sind,

b) Unterschiede in den Effekten des zweiten Faktors nicht statistisch gesichert sind,

c) Unterschiede in den Effekten des dritten Faktors statistisch gesichert sind.

Aufgabe 4.9 Eine Behandlungsmethode wird unter 6 vorgegebenen Versuchsbedingungen, die durch zwei reellwertige Parameter s_1 und s_2 charakterisiert sind, je einmal unabhängig überprüft. Man verifiziere, daß aufgrund der Beobachtungen x_j bei den Parameterwerten s_{1j}, s_{2j} unter der Annahme eines linearen Modells (4.1.1) bei $\alpha = 0{,}05$

x_j	s_{1j}	s_{2j}
3,3	0,5	1,8
0,5	1,0	2,5
4,7	1,5	0,9
6,8	2,0	1,2
5,5	2,5	1,5
9,2	3,0	0,5

a) eine Abhängigkeit von s_1 nicht statistisch gesichert ist,

b) eine Abhängigkeit von beiden Parametern signifikant ist.

Aufgabe 4.10 Drei Behandlungsmethoden wurden $n_1 = 6$ bzw. $n_2 = 4$ bzw. $n_3 = 5$ mal überprüft, wobei sich folgende Beobachtungswerte x_{ij} ergeben haben.

x_{1j}	s_{1j}	x_{2j}	s_{2j}	x_{3j}	s_{3j}
3,3	0,5	4,5	1,0	1,1	0
0,5	1,0	11,5	2,0	−1,7	0,5
4,7	1,5	6,5	2,5	2,0	1,0
6,8	2,0	8,8	3,0	6,3	2,0
5,5	2,5			3,3	2,5
9,2	3,0				

Die Versuchsbedingungen, unter denen x_{ij} gewonnen wurde, waren durch eine reelle Zahl s_{ij} charakterisiert. Man zeige unter der Annahme eines linearen Modells (4.1.1):

a) Ohne Berücksichtigung der unterschiedlichen Versuchsbedingungen sind die Unterschiede zwischen drei Behandlungsmethoden bei $\alpha = 0{,}05$ statistisch gesichert.

b) Bei Berücksichtigung einer linearen Regression sind die Unterschiede zwischen den drei Behandlungsmethoden bei $\alpha = 0{,}05$ nicht signifikant. (Sie lassen sich also durch die unterschiedlichen Versuchsbedingungen erklären.)

4.3 Varianzkomponenten-Modelle

4.3.1 Problemstellung und Hilfsmittel

Die Modellannahme des m-Stichprobenproblems aus Beispiel 1.83

$$X_{ij} = \bar{\mu} + v_i + \sigma W_{ij}, \quad j = 1, \ldots, n_i, \quad i = 1, \ldots, m, \tag{4.3.1}$$

geht davon aus, daß neben einem mittleren Effekt $\bar{\mu}$ noch m (feste) Effekte $v_1, \ldots, v_m$ der Behandlungsunterschiede vorliegen. Ein typisches Anwendungsbeispiel ist damit der Qualitätsvergleich von m bestimmten Maschinen zur Herstellung eines Serienguts aufgrund unabhängiger Stichproben.

Häufig interessiert nicht so sehr der Unterschied zwischen m bestimmten – etwa den uns zur Verfügung stehenden – Maschinen als vielmehr die Frage, ob zwischen den Maschinen eines bestimmten Typs ein Qualitätsunterschied besteht. Dann hat man m Maschinen „zufällig" aus der Gesamtheit aller möglichen Maschinen dieses Typs zu entnehmen (bzw. die zur Verfügung stehenden m Maschinen als Ergebnis einer derartigen „zufälligen" Entnahme zu betrachten) und demgemäß bei der Modellannahme die Effekte der Behandlungsunterschiede selber als ZG anzusehen. Anstelle des Modells (4.3.1) mit *festen Effekten* $v_1, \ldots, v_m$ führt dies zu einem Modell mit *zufälligen Effekten*. Diese wählen wir in der Form $\sigma_1 V_1, \ldots, \sigma_1 V_m$, wobei $\sigma_1^2 > 0$ unbekannt und $V_1, \ldots, V_m$ wie auch $W_{11}, \ldots, W_{mn_m}$ im folgenden meist st.u. $\mathfrak{N}(0,1)$-verteilte ZG sind. Dann lautet das Modell

$$X_{ij} = \bar{\mu} + \sigma_1 V_i + \sigma W_{ij}, \quad \bar{\mu} \in \mathbb{R}, \quad (\sigma_1^2, \sigma^2) \in (0, \infty)^2, \tag{4.3.2}$$

für $j = 1, \ldots n_i$, $i = 1, \ldots, m$, oder in der Terminologie aus 1.5.1 bzw. 4.1.1

$$X = \sum_{i=1}^{m} \sum_{j=1}^{n_i} X_{ij} q_{ij} = \bar{\mu} q_{..} + \sigma_1 V + \sigma W, \tag{4.3.3}$$

wobei $V := \sum_{i=1}^{m} V_i q_{i.}$ und $W := \sum_{i=1}^{m} \sum_{j=1}^{n_i} W_{ij} q_{ij}$ ist. Bezeichnet $\mathscr{V}$ die $n \times n$-Matrix mit den (von j unabhängigen) Elementen $Cov(V_i, V_k) = \delta_{ik}$, so gilt

$$\mathscr{C}\!ov\, X = \sigma_1^2 \mathscr{V} + \sigma^2 \mathscr{I}_n .$$

Dabei geben $\sigma_1^2 \mathscr{V}$ bzw. $\sigma^2 \mathscr{I}_n$ die Kovarianzmatrizen der zufälligen Effekte $\sigma_1 V$ bzw. der reinen Zufallsfehler σW an. Dies gilt auch, wenn $V_1, \ldots, V_m, W_{11}, \ldots, W_{mn_m}$ nur unkorrelierte ZG sind mit Mittelwert 0 und Streuung 1.

Allgemein spricht man von einem *Varianzkomponenten-Modell*, wenn in dem (4.3.3) entsprechenden Ansatz (4.3.4) neben $\sigma W = \sigma_l V^{(l)}$ mindestens ein (weiterer) zufälliger Effekt $\sigma_i V^{(i)}$ berücksichtigt wird. Es soll also mit $l := r + 1$ unbekannten *Varianzkomponenten* $\eta_i = \sigma_i^2$, $i = 1, \ldots, r$, $\eta_l = \sigma_l^2 = \sigma^2$ und geeignetem $\mathfrak{L}_k \subset \mathbb{R}^n$ gelten

$$X = \mu + \sum_{i=1}^{l} \sigma_i V^{(i)}, \quad \mu \in \mathfrak{L}_k, \quad \eta = (\sigma_1^2, \ldots, \sigma_r^2, \sigma_l^2) \in (0, \infty)^l . \tag{4.3.4}$$

Derartige Varianzkomponenten-Modelle kann man wie lineare Modelle sowohl unter Verteilungsannahmen als auch unter Momentenannahmen betrachten. Dabei interessiert der zweite Fall vornehmlich für Fragen der Schätztheorie. Bei diesem gilt typischerweise für die ZG $V^{(1)}, \ldots, V^{(l)}$ mit geeigneten, als bekannt angesehenen Kovarianzmatrizen $\mathscr{V}_1, \ldots, \mathscr{V}_r, \mathscr{V}_l = \mathscr{I}_n$

$$V^{(1)}, \ldots, V^{(l)} \quad \text{unkorreliert}, \qquad EV^{(i)} = 0, \qquad \mathscr{C}ov\, V^{(i)} = \mathscr{V}_i, \qquad i = 1, \ldots, l. \tag{4.3.5}$$

Da auch hier in beiden Fällen analoge Aussagen gelten, behandeln wir das Modell (4.3.4) zunächst nur für den ersten Fall, nämlich mit vorgegebenen $n \times n$-Matrizen $\mathscr{V}_1, \ldots, \mathscr{V}_l$ unter der Normalverteilungsannahme

$$V^{(1)}, \ldots, V^{(l)} \text{ st.u.}, \qquad \mathfrak{L}(V^{(i)}) = \mathfrak{N}(0, \mathscr{V}_i), \qquad i = 1, \ldots, l. \tag{4.3.6}$$

Unter beiden Annahmen gilt also $\mathscr{C}ov_{\gamma\eta} X = \sum_{i=1}^{l} \eta_i \mathscr{V}_i$, $(\gamma, \eta) \in \mathbb{R}^k \times (0, \infty)^l$.

Beispiel 4.23 Bei einer Personenbefragung werden zunächst m Landkreise „zufällig" ausgewählt, dann im i-ten dieser Landkreise – wiederum „zufällig" – r_i Gemeinden und schließlich in der j-ten Gemeinde des i-ten Landkreises – ebenfalls „zufällig" – n_{ij} Personen. Das Modell (4.3.4) lautet dann

$$X_{ijs} = \bar{\mu} + \sigma_1 U_i + \sigma_2 V_{ij} + \sigma W_{ijs}, \qquad \bar{\mu} \in \mathbb{R}, \qquad (\sigma_1^2, \sigma_2^2, \sigma^2) \in (0, \infty)^3, \tag{4.3.7}$$

für $s = 1, \ldots, n_{ij}, j = 1, \ldots, r_i, i = 1, \ldots, m$. Dieses ist von der Form (4.3.4) mit $k = 1$ und $l = 3$. Die Unterschiede zwischen den einzelnen Landkreisen bzw. zwischen den einzelnen Gemeinden spiegeln sich dann in den Varianzkomponenten σ_1^2 und σ_2^2 wider. Eine weitere Varianzkomponente ist die reine Zufallsstreuung. □

Beispiel 4.24 m Getreidesorten sollen verglichen und dabei der Einfluß der Bodenqualität berücksichtigt werden. Zu dem Zweck werden r verschiedene Äcker „zufällig" ausgewählt, so daß eine zweifache Zerlegung

$$X_{ij} = \bar{\mu} + v_i + \sigma_1 V_j + \sigma W_{ij}, \qquad (\bar{\mu}, v_1, \ldots, v_m) \in \mathbb{R}^{m+1}: v_{\bullet} = 0, \qquad (\sigma_1^2, \sigma^2) \in (0, \infty)^2, \tag{4.3.8}$$

für $j = 1, \ldots, r$, $i = 1, \ldots, m$, adäquat ist. Dabei bezeichnen $v_1, \ldots, v_m$ die als feste Effekte anzusehenden Qualitätsunterschiede der m Getreidesorten und $\sigma_1 V_1, \ldots, \sigma_1 V_r$ die als zufällige Effekte zu betrachtenden Einflüsse der einzelnen Bodentypen. (4.3.8) ist also ein Varianzkomponenten-Modell (4.3.4) mit $k = m$ und $l = 2$. □

Für (4.3.4 + 6) gilt nach Satz 1.95 mit geeigneter $n \times k$-Design-Matrix $\mathscr{C}$ vom Rang k, k-dimensionalem Mittelwertparameter γ und $\eta = (\eta_1, \ldots, \eta_l)^\top$ für die Verteilung[1])

$$\mathfrak{L}_{\gamma\eta}(X) = \mathfrak{N}(\mathscr{C}\gamma, \sum_{i=1}^{l} \eta_i \mathscr{V}_i), \qquad (\gamma, \eta) \in \mathbb{R}^k \times \mathbb{R}^l. \tag{4.3.9}$$

Wegen Satz 4.7a wird ein optimaler Schätzer für γ im allgemeinen von den Varianzkomponenten $\eta_1, \ldots, \eta_l$ abhängen. Unter speziellen Annahmen, welche die Gültigkeit der Bedingung (4.1.21) aus Satz 4.7c implizieren, wird es sich jedoch als optimal erweisen, wie im linearen Modell (4.1.1) den von $\eta_1, \ldots, \eta_l$ unabhängigen Kleinste-Quadrate-Schätzer zu verwenden, also

---

[1]) Lineare Methoden erfordern lineare Räume und nicht nur konvexe Kegel. Deshalb lassen wir im folgenden $\eta \in \mathbb{R}^l$ und $\mathscr{V}_i \in \mathbb{R}^{n \times n}_{\text{sym}}$, $i = 1, \ldots, l$, zu, wobei natürlich nur η und $\mathscr{V}_i$ mit $\sum \eta_i \mathscr{V}_i \in \mathbb{R}^{n \times n}_{\text{p.s.}}$ sinnvoll sind; vgl. auch Fußnote S. 484.

$$\hat{\gamma}(x) = (\mathscr{C}^\mathsf{T}\mathscr{C})^{-1}\mathscr{C}^\mathsf{T} x. \tag{4.3.10}$$

Beim Schätzen der Varianzkomponenten $\eta_1, \ldots, \eta_l$ liegt es nahe, sich auf solche Schätzer $\hat{\eta}_1, \ldots, \hat{\eta}_l$ zu beschränken, die vom Mittelwert $\mathscr{C}\gamma \in \mathfrak{L}_k$ unabhängig, d.h. invariant sind gegenüber der Gruppe der Translationen

$$\pi x = x + u, \qquad x \in \mathbb{R}^n, \qquad u \in \mathfrak{L}_k; \tag{4.3.11}$$

vgl. Satz 4.6b. Maximalinvariant gegenüber dieser Gruppe ist die Projektion $x - \mathscr{P}x$ auf den zu $\mathfrak{L}_k$ orthogonalen Teilraum $\mathfrak{L}_{n-k}$; vgl. Beispiel 3.89a.

Im folgenden bezeichnen $\mathcal{I}_n - \mathscr{P}$ die Matrix der orthogonalen Projektion auf den $\mathfrak{L}_{n-k}$ sowie $\tilde{x} := x - \mathscr{P}x = (\mathcal{I}_n - \mathscr{P})x$ und $\tilde{\mathscr{V}}_i := (\mathcal{I}_n - \mathscr{P})\mathscr{V}_i(\mathcal{I}_n - \mathscr{P}) \in \mathbb{R}^{n\times n}_{\text{sym}}$ für $i = 1, \ldots, l$ die aus x bzw. $\mathscr{V}_i$ bei dieser Projektion hervorgehenden reduzierten Beobachtungen bzw. Matrizen. Wegen $(\mathcal{I}_n - \mathscr{P})^2 = \mathcal{I}_n - \mathscr{P}$ gilt $x^\mathsf{T}\tilde{\mathscr{V}}_i x = \tilde{x}^\mathsf{T}\tilde{\mathscr{V}}_i\tilde{x} = \tilde{x}^\mathsf{T}\mathscr{V}_i\tilde{x}$. Für die ZG $\tilde{X} := (\mathcal{I}_n - \mathscr{P})X$ gilt nach Satz 1.95

$$\mathfrak{L}_\eta(\tilde{X}) = \mathfrak{N}\left(0, \sum_{i=1}^{l} \eta_i \tilde{\mathscr{V}}_i\right), \qquad \eta \in \mathbb{R}^l. \tag{4.3.12}$$

Die weitere Vorgehensweise beruht dann darauf, daß sich dieses *reduzierte Varianzkomponenten-Modell* als ein lineares Modell auffassen läßt. Geht man nämlich von der $\mathbb{R}^n$-wertigen ZG $\tilde{X}$ zur $\mathbb{R}^{n\times n}_{\text{sym}}$-wertigen ZG $U := \tilde{X}\tilde{X}^\mathsf{T}$ über, so ist

$$E_\eta U = \mathscr{C}\!ov_\eta \tilde{X} = \sum_{i=1}^{l} \eta_i \tilde{\mathscr{V}}_i, \qquad \eta \in \mathbb{R}^l. \tag{4.3.13}$$

Im reduzierten Modell (4.3.12) hat also die Kovarianzmatrix $\mathscr{C}\!ov_\eta \tilde{X}$ die gleiche lineare Darstellung vermöge vorgegebener Matrizen $\tilde{\mathscr{V}}_1, \ldots, \tilde{\mathscr{V}}_l \in \mathbb{R}^{n\times n}_{\text{sym}}$ wie im linearen Modell (4.1.1 + 5) der Mittelwertvektor $E_\gamma X$ mittels vorgegebener Vektoren $c_1, \ldots, c_k \in \mathbb{R}^n$. Somit liegt es nahe – und dieses wird sich unter Zusatzannahmen auch als optimal erweisen –, das Schätzproblem für $\eta \in \mathbb{R}^l$ wie dasjenige für $\gamma \in \mathbb{R}^k$ in 4.1 zu behandeln und auch hier wieder den Kleinste-Quadrate-Schätzer $\hat{\eta}$ zu benutzen. Dieser ist der Korrespondenz von (4.3.13) mit (4.1.5) entsprechend zu definieren, also für $\tilde{x} \in \mathbb{R}^n$ durch

$$\hat{\eta}(\tilde{x}) \in \mathbb{R}^l, \quad \left\| \tilde{x}\tilde{x}^\mathsf{T} - \sum_{i=1}^{l} \hat{\eta}_i(\tilde{x})\tilde{\mathscr{V}}_i \right\|^2 = \min_\eta \left\| \tilde{x}\tilde{x}^\mathsf{T} - \sum_{i=1}^{l} \eta_i \tilde{\mathscr{V}}_i \right\|^2. \tag{4.3.14}$$

Dabei ist die Matrizennorm $\|\mathscr{A}\|$ für $\mathscr{A} \in \mathbb{R}^{n\times n}$ definiert durch

$$\|\mathscr{A}\|^2 := \operatorname{Sp}(\mathscr{A}^\mathsf{T}\mathscr{A}) := \sum_i \sum_j a_{ij}^2. \tag{4.3.15}$$

Um $\hat{\eta}$ analog (4.1.6) explizit angeben und damit zeigen zu können, daß $\hat{\eta}$ erwartungstreu ist und nur von der sich später als suffizient und vollständig erweisenden Statistik $T(\tilde{x}) = (\tilde{x}^\mathsf{T}\tilde{\mathscr{V}}_1\tilde{x}, \ldots, \tilde{x}^\mathsf{T}\tilde{\mathscr{V}}_l\tilde{x})$ abhängt, führen wir auch formal das Schätzproblem (4.3.14) auf das Schätzproblem (4.1.3) zurück. Zu diesem Zweck ordnen wir jeder Matrix $\mathscr{A} = (a_{ij}) \in \mathbb{R}^{n\times p}$ einen Spaltenvektor $\operatorname{vec}\mathscr{A} \in \mathbb{R}^{np}$ zu gemäß

$$\operatorname{vec}\mathscr{A} := (a_{11}, \ldots, a_{1p}, a_{21}, \ldots, a_{2p}, \ldots, a_{n1}, \ldots, a_{np})^\mathsf{T} \tag{4.3.16}$$

und erklären über $\mathbb{R}^{n\times p}$ ein Skalarprodukt durch $\langle \mathscr{A}, \mathscr{B}\rangle := \operatorname{Sp}(\mathscr{A}^\top \mathscr{B})$. Weiter definieren wir das *Kronecker-Produkt* $\mathscr{A}\otimes \mathscr{B} \in \mathbb{R}^{ns\times pt}$ zweier Matrizen $\mathscr{A} = (a_{ij}) \in \mathbb{R}^{n\times p}$ und $\mathscr{B} \in \mathbb{R}^{s\times t}$ durch die *Blockmatrix*

$$\mathscr{A}\otimes \mathscr{B} := (a_{ij}\mathscr{B})\,. \tag{4.3.17}$$

Speziell gilt dann für Vektoren $x \in \mathbb{R}^n$, $y \in \mathbb{R}^p$

$$x \otimes y = (x_1 y_1, \ldots, x_1 y_p, x_2 y_1, \ldots, x_2 y_p, \ldots, x_n y_1, \ldots, x_n y_p)^\top\,. \tag{4.3.18}$$

Weiter verifiziert man mit Matrizen $\mathscr{C} \in \mathbb{R}^{p\times q}$ und $\mathscr{D} \in \mathbb{R}^{t\times u}$ die Rechenregeln

$$\begin{gathered}(\mathscr{A}\otimes \mathscr{B})\,(\mathscr{C}\otimes \mathscr{D}) = (\mathscr{A}\mathscr{C})\otimes(\mathscr{B}\mathscr{D}), \quad (\mathscr{A}\otimes \mathscr{B})^\top = \mathscr{A}^\top \otimes \mathscr{B}^\top,\\ (\mathscr{A}\otimes \mathscr{B})^{-1} = \mathscr{A}^{-1}\otimes \mathscr{B}^{-1}\,.\end{gathered} \tag{4.3.19}$$

Hilfssatz 4.25 *Die Abbildung* vec: $\mathbb{R}^{n\times p} \to \mathbb{R}^{np}$ *werde durch* (4.3.16) *definiert. Weiter seien* $\mathscr{A} \in \mathbb{R}^{n\times p}$, $\mathscr{B} \in \mathbb{R}^{p\times q}$, $\mathscr{C} \in \mathbb{R}^{q\times r}$, $\mathscr{V} \in \mathbb{R}^{n\times n}$, $x \in \mathbb{R}^n$ *und* $y \in \mathbb{R}^p$. *Dann gilt:*

a) *Die Abbildung* vec *ist linear, bijektiv, erhält das Skalarprodukt und es gilt*

$$\operatorname{vec} xy^\top = x \otimes y\,. \tag{4.3.20}$$

b) $$\operatorname{vec}(\mathscr{A}\mathscr{B}\mathscr{C}) = (\mathscr{A}\otimes \mathscr{C}^\top)\operatorname{vec}\mathscr{B}\,. \tag{4.3.21}$$

c) $$x^\top \mathscr{V} x = (x\otimes x)^\top \operatorname{vec}\mathscr{V}\,. \tag{4.3.22}$$

Beweis: a) Linearität und Bijektivität folgen unmittelbar aus (4.3.16). Die Skalarprodukttreue ergibt sich gemäß

$$\langle \mathscr{A}, \mathscr{B}\rangle = \operatorname{Sp}(\mathscr{A}^\top \mathscr{B}) = \sum_i \sum_j a_{ij} b_{ij} = \operatorname{vec}^\top \mathscr{A} \operatorname{vec}\mathscr{B}\,. \tag{4.3.23}$$

Schließlich resultiert (4.3.20) aus (4.3.16) für $\mathscr{A} = xy^\top$ und (4.3.18).

b) Bezeichnen e_i bzw. $\tilde{e}_j$ den p- bzw. q-dimensionalen Vektor, dessen i-te bzw. j-te Komponente gleich 1 und sonst gleich 0 ist, so gilt $\mathscr{B} = \sum_{i,j} b_{ij}\, e_i\, \tilde{e}_j^\top$. Hiermit folgt wegen der Linearität von vec und (4.3.20)

$$\begin{aligned}\operatorname{vec}(\mathscr{A}\mathscr{B}\mathscr{C}) &= \sum_{i,j} b_{ij} \operatorname{vec}[(\mathscr{A}e_i)\,(\tilde{e}_j^\top \mathscr{C})] = \sum_{i,j} b_{ij}\,(\mathscr{A}e_i)\otimes(\mathscr{C}^\top \tilde{e}_j) = \sum_{i,j} b_{ij}\,(\mathscr{A}\otimes \mathscr{C}^\top)\cdot(e_i\otimes \tilde{e}_j)\\ &= (\mathscr{A}\otimes \mathscr{C}^\top) \sum_{i,j} b_{ij} \operatorname{vec}(e_i\, \tilde{e}_j^\top) = (\mathscr{A}\otimes \mathscr{C}^\top)\operatorname{vec}\mathscr{B}.\end{aligned}$$

c) ist ein Spezialfall von b), wenn man $x^\top \mathscr{V} x = \operatorname{vec} x^\top \mathscr{V} x$ beachtet. □

Verwendet man diese Bezeichnungen zur Bestimmung des Kleinste-Quadrate-Schätzers (4.3.14), so ergibt sich wegen der Skalarprodukttreue (4.3.23)

$$\left\| \tilde{x}\tilde{x}^\top - \sum_{i=1}^{l} \eta_i \tilde{\mathscr{V}}_i \right\|^2 = \left| \operatorname{vec}(\tilde{x}\tilde{x}^\top) - \sum_{i=1}^{l} \eta_i \operatorname{vec}\tilde{\mathscr{V}}_i \right|^2 .$$

Mit $\mathscr{W} := (\operatorname{vec}\tilde{\mathscr{V}}_1, \ldots, \operatorname{vec}\tilde{\mathscr{V}}_l) \in \mathbb{R}^{n^2\times l}$ ist somit (4.3.14) äquivalent mit

$$\hat{\eta}(\tilde{x}) \in \mathbb{R}^l, \qquad |\tilde{x}\otimes \tilde{x} - \mathscr{W}\hat{\eta}(\tilde{x})|^2 = \min_\eta |\tilde{x}\otimes \tilde{x} - \mathscr{W}\eta|^2\,. \tag{4.3.24}$$

$\hat{\eta}(\tilde{x})$ ist also nach 4.1.1 eine Lösung der Normalgleichungen

$$\mathscr{W}^\mathsf{T}\mathscr{W}\hat{\eta}(\tilde{x}) = \mathscr{W}^\mathsf{T}\tilde{x}\otimes\tilde{x}. \tag{4.3.25}$$

Sind $\tilde{\mathscr{V}}_1, \ldots, \tilde{\mathscr{V}}_l$ und damit $\operatorname{vec}\tilde{\mathscr{V}}_1, \ldots, \operatorname{vec}\tilde{\mathscr{V}}_l$ linear unabhängig, so ist $\mathscr{W}^\mathsf{T}\mathscr{W} = (\operatorname{vec}^\mathsf{T}\tilde{\mathscr{V}}_i \operatorname{vec}\tilde{\mathscr{V}}_j)_{i,j=1,\ldots,l} \in \mathbb{R}^{l\times l}$ nicht-singulär, und damit

$$\hat{\eta}(\tilde{x}) = (\mathscr{W}^\mathsf{T}\mathscr{W})^{-1}\mathscr{W}^\mathsf{T}\tilde{x}\otimes\tilde{x}. \tag{4.3.26}$$

Wegen (4.3.20) bzw. $\operatorname{vec}^\mathsf{T}\tilde{\mathscr{V}}_i\operatorname{vec}(\tilde{x}\tilde{x}^\mathsf{T}) = \operatorname{Sp}(\tilde{\mathscr{V}}_i\tilde{x}\tilde{x}^\mathsf{T}) = \tilde{x}^\mathsf{T}\tilde{\mathscr{V}}_i\tilde{x}$ gilt

$$\mathscr{W}^\mathsf{T}\tilde{x}\otimes\tilde{x} = \begin{pmatrix}\operatorname{vec}^\mathsf{T}\tilde{\mathscr{V}}_1\\ \vdots \\ \operatorname{vec}^\mathsf{T}\tilde{\mathscr{V}}_l\end{pmatrix}\operatorname{vec}(\tilde{x}\tilde{x}^\mathsf{T}) = \begin{pmatrix}\operatorname{vec}^\mathsf{T}\tilde{\mathscr{V}}_1\operatorname{vec}(\tilde{x}\tilde{x}^\mathsf{T})\\ \vdots \\ \operatorname{vec}^\mathsf{T}\tilde{\mathscr{V}}_l\operatorname{vec}(\tilde{x}\tilde{x}^\mathsf{T})\end{pmatrix} = \begin{pmatrix}\tilde{x}^\mathsf{T}\tilde{\mathscr{V}}_1\tilde{x}\\ \vdots \\ \tilde{x}^\mathsf{T}\tilde{\mathscr{V}}_l\tilde{x}\end{pmatrix}. \tag{4.3.27}$$

Also hängen $\mathscr{W}^\mathsf{T}\tilde{x}\otimes\tilde{x}$ und damit $\hat{\eta}(\tilde{x})$ nur von $(\tilde{x}^\mathsf{T}\tilde{\mathscr{V}}_1\tilde{x}, \ldots, \tilde{x}^\mathsf{T}\tilde{\mathscr{V}}_l\tilde{x})$ ab.
(4.3.25) läßt sich dahingehend interpretieren, daß im reduzierten Modell (4.3.12) der Kleinste-Quadrate-Schätzer explizit angegeben werden kann, falls $\tilde{\mathscr{V}}_1, \ldots, \tilde{\mathscr{V}}_l$ linear unabhängig sind. Auch ohne (4.3.26) explizit auszunutzen läßt sich zeigen, daß unter dieser Voraussetzung η auch im Modell (4.3.9) erwartungstreu quadratisch schätzbar ist.

Hilfssatz 4.26 *Zugrunde liege das Varianzkomponenten-Modell* (4.3.9). *Dabei seien* $\tilde{\mathscr{V}}_1, \ldots, \tilde{\mathscr{V}}_l \in \mathbb{R}^{n\times n}_{\text{sym}}$ *linear unabhängig. Dann gilt für jedes* $\tilde{k} \in \mathbb{R}^l$: $\tilde{k}^\mathsf{T}\eta$ *ist erwartungstreu quadratisch schätzbar.*

Beweis: Wir zeigen, daß es zu jedem $\tilde{k} \in \mathbb{R}^l$ eine Matrix $\mathscr{A} \in \mathbb{R}^{n\times n}_{\text{sym}}$ gibt derart, daß $g(x) = x^\mathsf{T}\mathscr{A}x$ erwartungstreu ist für $\tilde{k}^\mathsf{T}\eta$. Dazu setzen wir $\mathscr{A}$ an in der Form $\mathscr{A} = \sum_{i=1}^{l}\lambda_i\tilde{\mathscr{V}}_i$. Aus $\mathscr{C}ov\, X = EXX^\mathsf{T} - EXEX^\mathsf{T}$ folgt dann

$$E_{\gamma\eta}X^\mathsf{T}\mathscr{A}X = E_{\gamma\eta}\operatorname{Sp}(\mathscr{A}XX^\mathsf{T}) = \operatorname{Sp}\left[\sum_{i=1}^{l}\lambda_i\tilde{\mathscr{V}}_i(\mathscr{C}ov_{\gamma\eta}X + \mathscr{C}\gamma\gamma^\mathsf{T}\mathscr{C}^\mathsf{T})\right].$$

Bezeichnet $\mathscr{P}$ wieder die Projektionsmatrix auf den $\mathfrak{L}_k$, so ist $(\mathscr{I}_n - \mathscr{P})\mathscr{C} = \mathscr{O}$ und damit $\tilde{\mathscr{V}}_i\mathscr{C} = \mathscr{O}$. Andererseits ergibt sich aus $\mathscr{I}_n - \mathscr{P} = (\mathscr{I}_n - \mathscr{P})^2$, $\operatorname{Sp}(\mathscr{A}\mathscr{B}) = \operatorname{Sp}(\mathscr{B}\mathscr{A})$ $\forall \mathscr{A}, \mathscr{B} \in \mathbb{R}^{n\times n}$ und nach Definition von $\mathscr{W}$

$$\operatorname{Sp}(\tilde{\mathscr{V}}_i\mathscr{V}_j) = \operatorname{Sp}[(\mathscr{I}_n - \mathscr{P})\mathscr{V}_i(\mathscr{I}_n - \mathscr{P})\mathscr{V}_j] = \operatorname{Sp}(\tilde{\mathscr{V}}_i\tilde{\mathscr{V}}_j) = (\mathscr{W}^\mathsf{T}\mathscr{W})_{i,j}.$$

Beachtet man noch die Darstellung $\mathscr{C}ov_{\gamma\eta}X = \sum_{j=1}^{l}\eta_j\mathscr{V}_j$, so folgt

$$E_{\gamma\eta}X^\mathsf{T}\mathscr{A}X = \sum_{i=1}^{l}\sum_{j=1}^{l}\lambda_i\eta_j\operatorname{Sp}(\tilde{\mathscr{V}}_i\mathscr{V}_j) = \sum_{i=1}^{l}\sum_{j=1}^{l}\lambda_i\eta_j(\mathscr{W}^\mathsf{T}\mathscr{W})_{i,j} = \lambda^\mathsf{T}\mathscr{W}^\mathsf{T}\mathscr{W}\eta.$$

Also ist $g(x) = x^\mathsf{T}(\sum\lambda_i\tilde{\mathscr{V}}_i)x$ mit $(\lambda_1, \ldots, \lambda_l)^\mathsf{T} = \lambda := (\mathscr{W}^\mathsf{T}\mathscr{W})^{-1}\tilde{k}$ erwartungstreu für $\tilde{k}^\mathsf{T}\eta$. □

Die Verwendung des Kronecker-Produkts vereinfacht auch die sonstige Behandlung von Varianzkomponenten-Modellen, sofern der Versuchsplan eine hinreichende Symmetrie besitzt. In den späteren Beispielen werden die folgenden Bezeichnungen verwendet: Für jedes $s \in \mathbb{N}$ werden die Matrizen der Projektion des $\mathbb{R}^s$ auf den $\mathfrak{L}_1 := \mathfrak{L}(\mathbb{1}_s)$ bzw. auf das orthogonale Komplement des $\mathfrak{L}_1$ bzgl. $\mathbb{R}^s$ bezeichnet mit

$$\overline{\mathscr{I}}_s := \frac{1}{s}\mathscr{I}_s, \qquad \mathscr{I}_s := \mathbb{1}_s \mathbb{1}_s^\top, \qquad \mathscr{K}_s := \mathscr{J}_s - \overline{\mathscr{I}}_s. \tag{4.3.28}$$

Offenbar gilt $\mathscr{K}_m \mathbb{1}_m = 0$, $\mathscr{K}_m \overline{\mathscr{I}}_m = \mathbb{O}$ und mit $n = mr$ auch $\mathscr{K}_n(\mathscr{J}_m \otimes \overline{\mathscr{I}}_r)\mathscr{K}_n = \mathscr{K}_m \otimes \overline{\mathscr{I}}_r$,

$$\mathscr{K}_n = \mathscr{K}_m \otimes \overline{\mathscr{I}}_r + \mathscr{J}_m \otimes \mathscr{K}_r = \mathscr{K}_m \otimes \overline{\mathscr{I}}_r + \overline{\mathscr{I}}_m \otimes \mathscr{K}_r + \mathscr{K}_m \otimes \mathscr{K}_r. \tag{4.3.29}$$

Besitzt ein Beobachtungsvektor x die Komponenten x_{ij}, $j = 1, \ldots, r$, $i = 1, \ldots, m$, und bezeichnen e_i bzw. $\tilde{e}_j$ die analog zum Beweis von Hilfssatz 4.25 erklärten m- bzw. r-dimensionalen Einheitsvektoren, so gilt $(e_i \otimes \tilde{e}_j)^\top x = x_{ij}$. Damit folgt

$$\begin{aligned}(e_i \otimes \tilde{e}_j)^\top(\mathscr{K}_m \otimes \overline{\mathscr{I}}_r)x &= (e_i \otimes \tilde{e}_j)^\top(\mathscr{J}_m \otimes \overline{\mathscr{I}}_r - \overline{\mathscr{I}}_m \otimes \overline{\mathscr{I}}_r)x \\ &= \frac{1}{r}(e_i \otimes \mathbb{1}_r)^\top x - \frac{1}{mr}(\mathbb{1}_m \otimes \mathbb{1}_r)^\top x = \bar{x}_{i\cdot} - \bar{x}_{\cdot\cdot}\end{aligned}$$

und somit

$$\begin{aligned}|(\mathscr{K}_m \otimes \overline{\mathscr{I}}_r)x|^2 &= \sum_i \sum_j |(e_i \otimes \tilde{e}_j)^\top[(\mathscr{J}_m - \overline{\mathscr{I}}_m) \otimes \overline{\mathscr{I}}_r]x|^2 \\ &= \sum_i \sum_j (\bar{x}_{i\cdot} - \bar{x}_{\cdot\cdot})^2 = r\sum_i (\bar{x}_{i\cdot} - \bar{x}_{\cdot\cdot})^2.\end{aligned}$$

Analog gilt $(e_i \otimes \tilde{e}_j)^\top(\mathscr{J}_m \otimes \mathscr{K}_r)x = x_{ij} - \bar{x}_{i\cdot}$ und damit

$$|(\mathscr{J}_m \otimes \mathscr{K}_r)x|^2 = \sum_i \sum_j (x_{ij} - \bar{x}_{i\cdot})^2.$$

Dieser Kalkül ermöglicht auch einen einfachen Nachweis dafür, daß bei $\mathfrak{L}(X) = \mathfrak{N}(0, \sigma^2 \mathscr{J}_n)$ etwa $X^\top(\mathscr{K}_m \otimes \overline{\mathscr{I}}_r)X/\sigma^2 = |(\mathscr{K}_m \otimes \overline{\mathscr{I}}_r)X|^2/\sigma^2$ einer χ^2_{m-1}-Verteilung genügt. Hierzu beachte man, daß $\mathscr{K}_m \otimes \overline{\mathscr{I}}_r$ eine Projektionsmatrix ist, also nur Eigenwerte 1 und 0 besitzt. Wegen $\operatorname{Sp}(\mathscr{K}_m \otimes \overline{\mathscr{I}}_r) = \operatorname{Sp}\mathscr{K}_m \cdot \operatorname{Sp}\overline{\mathscr{I}}_r = m - 1$ ergibt sich also eine χ^2_{m-1}-Verteilung; vgl. Aufgabe 1.25.

Zum Nachweis der Optimalität der Schätzer $\hat{\gamma}$ und $\hat{\eta}$ wie auch zur Herleitung optimaler Tests ist wesentlich, daß die Verteilungen (4.3.9) bzw. (4.3.12) unter gewissen Zusatzvoraussetzungen eine $(k+l)$-parametrige bzw. l-parametrige Exponentialfamilie bilden. Dieses soll in 4.3.2 gezeigt werden.

4.3.2 Varianzkomponenten-Modelle als Exponentialfamilien

Der Nachweis, daß die Verteilungen (4.3.9) bzw. (4.3.12) eine $(k+l)$- bzw. l-parametrige Exponentialfamilie bilden, beruht darauf, daß der von den Matrizen $\mathscr{V}_1, \ldots, \mathscr{V}_l$ bzw. $\tilde{\mathscr{V}}_1, \ldots, \tilde{\mathscr{V}}_l$ aufgespannte lineare Teilraum [1] $\mathfrak{B}_l \subset \mathbb{R}^{n \times n}_{\text{sym}}$ *quadratisch* ist, d.h. daß gilt

$$\mathscr{A} \in \mathfrak{B}_l \Rightarrow \mathscr{A}^2 \in \mathfrak{B}_l. \tag{4.3.30}$$

---

[1]) Da wir den durch $\mathscr{V}_1, \ldots, \mathscr{V}_l$ aufgespannten linearen Teilraum $\mathfrak{B}_l$ betrachten, setzen wir in der folgenden Theorie die Matrizen $\mathscr{V}_1, \ldots, \mathscr{V}_l$ nur als symmetrisch, nicht aber auch als positiv semidefinit (d.h. als Kovarianzmatrizen) voraus; vgl. jedoch die Voraussetzung (4.3.31). Entsprechend werden Schätzer für η als lineare Abbildungen in den $\mathbb{R}^l$ und nicht als Abbildungen in $(0, \infty)^l$ definiert, so daß negative Schätzungen für die Varianzkomponenten möglich sind.

Für einen durch ein Erzeugendensystem $\mathfrak{E} \subset \mathbb{R}^{n \times n}_{\text{sym}}$ erzeugten linearen Teilraum $\mathfrak{L}(\mathfrak{E}) \subset \mathbb{R}^{n \times n}_{\text{sym}}$ verifiziert man sehr leicht:

$$\begin{aligned} \mathfrak{L}(\mathfrak{E}) \text{ quadratischer Teilraum} \quad &\Leftrightarrow \quad (\mathscr{A} + \mathscr{B})^2 \in \mathfrak{L}(\mathfrak{E}) \quad \forall \mathscr{A}, \mathscr{B} \in \mathfrak{E} \\ &\Leftrightarrow \quad \mathscr{A}\mathscr{B} + \mathscr{B}\mathscr{A} \in \mathfrak{L}(\mathfrak{E}) \quad \forall \mathscr{A}, \mathscr{B} \in \mathfrak{E}. \end{aligned}$$

Hilfssatz 4.27 *Sei $\mathfrak{B} \subset \mathbb{R}^{n \times n}_{\text{sym}}$ ein quadratischer Teilraum. Dann gilt:*

a) $\quad \mathscr{A}, \mathscr{B} \in \mathfrak{B} \;\Rightarrow\; \mathscr{A}\mathscr{B}\mathscr{A} \in \mathfrak{B}, \qquad \mathscr{A} \in \mathfrak{B} \;\Rightarrow\; \mathscr{A}^i \in \mathfrak{B} \quad \forall i \in \mathbb{N}$

b) *Bezeichnen $\lambda_1, \ldots, \lambda_r$ die untereinander und von 0 verschiedenen Eigenwerte von $\mathscr{A} \in \mathfrak{B}$ und $\mathscr{P}_1, \ldots, \mathscr{P}_r$ die zur Spektraldarstellung* [1]) $\mathscr{A} = \sum_{i=1}^{r} \lambda_i \mathscr{P}_i$ *gehörenden Projektionsmatrizen, so gilt $\mathscr{P}_i \in \mathfrak{B} \quad \forall i = 1, \ldots, r$.*

c) *Ist $\mathscr{A} \in \mathfrak{B}$ nicht-singulär, so gilt*

$$\mathscr{A} \in \mathfrak{B} \Rightarrow \mathscr{A}^{-1} \in \mathfrak{B}, \qquad J_n \in \mathfrak{B}.$$

Beweis: a) Mit $\mathscr{A}$ und $\mathscr{B}$ enthält $\mathfrak{B}$ definitionsgemäß $\mathscr{A}^2$, $\mathscr{B}^2$ und $(\mathscr{A} + \mathscr{B})^2$ sowie damit auch $\mathscr{A}\mathscr{B} + \mathscr{B}\mathscr{A}$, $\mathscr{A}^2\mathscr{B} + \mathscr{B}\mathscr{A}^2$ und $\mathscr{A}(\mathscr{A}\mathscr{B} + \mathscr{B}\mathscr{A}) + (\mathscr{A}\mathscr{B} + \mathscr{B}\mathscr{A})\mathscr{A}$, also auch $\mathscr{A}\mathscr{B}\mathscr{A}$. Insbesondere ist $\mathscr{A}^3 \in \mathfrak{B}$ und entsprechend $\mathscr{A}^i \in \mathfrak{B} \quad \forall i \in \mathbb{N}$.

b) Sei $\mathscr{D} = (d_{ij}) \in \mathbb{R}^{r \times r}$ definiert durch $d_{ij} = (\lambda_i)^j$, $j = 1, \ldots, r$, $i = 1, \ldots, r$. Dann ist $\mathscr{D}$ nicht-singulär gemäß $\det \mathscr{D} = \left(\prod_i \lambda_i\right) \prod_{i > j} (\lambda_i - \lambda_j) \neq 0$. Für jedes $\alpha \in \mathbb{R}^r$ und $\beta := \mathscr{D}^{-1} \alpha \in \mathbb{R}^r$ gilt dann stets

$$\sum_{i=1}^{r} \beta_i \mathscr{A}^i = \sum_{i=1}^{r} \beta_i \left(\sum_{j=1}^{r} \lambda_j^i \mathscr{P}_j \right) = \sum_{j=1}^{r} \left(\sum_{i=1}^{r} \beta_i \lambda_j^i \right) \mathscr{P}_j = \sum_{j=1}^{r} \alpha_j \mathscr{P}_j.$$

Da $\alpha \in \mathbb{R}^r$ beliebig ist, ergibt sich wegen $\sum_{i=1}^{r} \beta_i \mathscr{A}^i \in \mathfrak{B}$ die Behauptung.

c) Aus $\mathscr{A} = \sum_{i=1}^{r} \lambda_i \mathscr{P}_i$ und b) folgt $\mathscr{A}^{-1} = \sum_{i=1}^{r} \lambda_i^{-1} \mathscr{P}_i \in \mathfrak{B}$. □

Satz 4.28 (Seely) *Zugrunde liege das Varianzkomponenten-Modell* (4.3.9). *Dabei seien $\mathscr{V}_1, \ldots, \mathscr{V}_l \in \mathbb{R}^{n \times n}_{\text{sym}}$ linear unabhängig. Der $\mathfrak{L}_k$ werde durch $\gamma \in \mathbb{R}^k$ parametrisiert gemäß $\mu = \mathscr{C}\gamma$ mit $\mathscr{C} \in \mathbb{R}^{n \times k}$, $\operatorname{Rg} \mathscr{C} = k$, und es sei*

$$Y_l := \left\{ \eta \in \mathbb{R}^l \colon \sum_{i=1}^{l} \eta_i \mathscr{V}_i \in \mathbb{R}^{n \times n}_{\text{p.s.}} \text{ mit } \operatorname{Rg}\left(\sum_{i=1}^{l} \eta_i \mathscr{V}_i \right) = n \right\} \neq \emptyset. \tag{4.3.31}$$

Dann gilt unter den beiden Voraussetzungen

$$\mathscr{V}_i(\mathfrak{L}_k) \subset \mathfrak{L}_k, \qquad i = 1, \ldots, l, \tag{4.3.32}$$

$$\mathfrak{B}_l := \mathfrak{L}(\mathscr{V}_1, \ldots, \mathscr{V}_l) \subset \mathbb{R}^{n \times n}_{\text{sym}} \quad \text{ist ein quadratischer Teilraum:} \tag{4.3.33}$$

a) *Die Verteilungen $\mathfrak{L}_{\gamma\eta}(X)$, $(\gamma, \eta) \in \mathbb{R}^k \times Y_l$, bilden eine strikt $(k + l)$-parametrige Exponentialfamilie mit der $(k + l)$-dimensionalen erzeugenden Statistik*

---

[1]) Deren Existenz folgt unmittelbar aus dem Satz von der Hauptachsentransformation.

$$T(x) = (\mathscr{C}^\top x, x^\top \mathscr{V}_1 x, \ldots, x^\top \mathscr{V}_l x). \tag{4.3.34}$$

Insbesondere ist die Statistik $T(x)$ suffizient und vollständig für $(\gamma, \eta) \in \mathbb{R}^k \times Y_l$.

b) *Die Statistik*

$$\tilde{T}(x) = (\mathscr{C}^\top x, x^\top \tilde{\mathscr{V}}_1 x, \ldots, x^\top \tilde{\mathscr{V}}_l x) = (\mathscr{C}^\top x, \tilde{x}^\top \mathscr{V}_1 \tilde{x}, \ldots, \tilde{x}^\top \mathscr{V}_l \tilde{x}) \tag{4.3.35}$$

ist suffizient und vollständig für $(\gamma, \eta) \in \mathbb{R}^k \times Y_l$.

Beweis: a) Wegen (4.3.31), Hilfssatz 4.27c und der linearen Unabhängigkeit von $\mathscr{V}_1, \ldots, \mathscr{V}_l$ existieren eindeutig bestimmte Funktionen $g_1, \ldots, g_l \colon Y_l \to \mathbb{R}$ mit

$$\left(\sum_{i=1}^{l} \eta_i \mathscr{V}_i\right)^{-1} = \sum_{i=1}^{l} g_i(\eta) \mathscr{V}_i \quad \forall \eta \in Y_l. \tag{4.3.36}$$

Damit folgt für die λ^n-Dichte von $\mathfrak{L}_{\gamma\eta}(X)$ mit geeigneten $C(\gamma, \eta)$, $\tilde{C}(\gamma, \eta) \in \mathbb{R}$

$$\begin{aligned} p_{\gamma\eta}(x) &= C(\gamma, \eta) \exp\left[-\frac{1}{2}(x - \mathscr{C}\gamma)^\top \sum_{i=1}^{l} g_i(\eta) \mathscr{V}_i (x - \mathscr{C}\gamma)\right] \\ &= \tilde{C}(\gamma, \eta) \exp\left[\sum_{i=1}^{l} g_i(\eta) \gamma^\top \mathscr{C}^\top \mathscr{V}_i x - \frac{1}{2} \sum_{i=1}^{l} g_i(\eta) x^\top \mathscr{V}_i x\right]. \end{aligned}$$

Zum Nachweis, daß der erste Summand des Exponenten bei festem (γ, η) nur eine Funktion von $\mathscr{C}^\top x$ ist, sei wieder $\mathscr{P} = \mathscr{C}(\mathscr{C}^\top \mathscr{C})^{-1} \mathscr{C}^\top$. Dann ist für $i = 1, \ldots, l$ das Bild von $\mathscr{V}_i \mathscr{P}$ nach (4.3.32) enthalten im Bild von $\mathscr{P}$ und damit $\mathscr{P}\mathscr{V}_i \mathscr{P} = \mathscr{V}_i \mathscr{P}$. Somit ist $\mathscr{V}_i \mathscr{P}$ symmetrisch, also $\mathscr{V}_i \mathscr{P} = \mathscr{P}\mathscr{V}_i$. Beachtet man noch $\mathscr{P}\mathscr{C} = \mathscr{C}$, so folgt

$$\mathscr{C}^\top \mathscr{V}_i = \mathscr{C}^\top \mathscr{P}\mathscr{V}_i = \mathscr{C}^\top \mathscr{V}_i \mathscr{P} = \mathscr{C}^\top \mathscr{V}_i \mathscr{C}(\mathscr{C}^\top \mathscr{C})^{-1} \mathscr{C}^\top.$$

Die λ^n-Dichte von X unter $(\gamma, \eta) \in \mathbb{R}^k \times Y_l$ lautet also

$$p_{\gamma\eta}(x) = \tilde{C}(\gamma, \eta) \exp\left[\left(\sum_{i=1}^{l} g_i(\eta)\, (\mathscr{C}^\top \mathscr{C})^{-1} \mathscr{C}^\top \mathscr{V}_i \mathscr{C}\gamma\right)^\top \mathscr{C}^\top x - \frac{1}{2} \sum_{i=1}^{l} g_i(\eta) x^\top \mathscr{V}_i x\right]. \tag{4.3.37}$$

Dieses sind wegen $\operatorname{Rg} \mathscr{C} = k$ die λ^n-Dichten einer Exponentialfamilie in

$$\zeta(\gamma, \eta) := \left((\mathscr{C}^\top \mathscr{C})^{-1} \mathscr{C}^\top \left(\sum_{i=1}^{l} g_i(\eta) \mathscr{V}_i\right) \mathscr{C}\gamma, -\frac{1}{2} g_1(\eta), \ldots, -\frac{1}{2} g_l(\eta)\right) \quad \text{und} \quad T(x).$$

Dabei durchläuft $\zeta(\gamma, \eta)$ ein nicht-degeneriertes $(k + l)$-dimensionales Intervall. Hierzu beachte man zunächst, daß wegen (4.3.36) $g := (g_1, \ldots, g_l)$ stetig differenzierbar ist. g ist auch injektiv, denn aus (4.3.36) folgt

$$\sum_{i=1}^{l} \eta_i \mathscr{V}_i = \left(\sum_{i=1}^{l} g_i(\eta) \mathscr{V}_i\right)^{-1} = \sum_{i=1}^{l} g_i(g(\eta)) \mathscr{V}_i, \tag{4.3.38}$$

d.h. $g_i(g(\eta)) = \eta_i \quad \forall i = 1, \ldots, l$ oder $g(g(\eta)) = \eta$. Aus $g(\eta) = g(\eta')$ erhält man also $\eta = g(g(\eta)) = g(g(\eta')) = \eta'$. Andererseits ist Y_l definitionsgemäß eine offene Menge und wegen (4.3.31) nicht leer. Folglich ist auch $g(Y_l)$ offen und nicht leer[1]). Somit durchläuft $g(\eta)$ ein nicht-degeneriertes l-dimensionales Intervall und für jedes $\eta \in Y_l$ ist $(\mathscr{C}^{\mathsf{T}}\mathscr{C})^{-1}\mathscr{C}^{\mathsf{T}}\left(\sum_{i=1}^{l} g_i(\eta)\mathscr{V}_i\right)\mathscr{C}$ eine $k \times k$-Matrix vom Rang k. Also variiert $\zeta(\gamma,\eta)$ in einem nicht-degenerierten $(k+l)$-dimensionalen Intervall. Damit ist T nach Satz 3.39 suffizient und vollständig für $(\gamma,\eta) \in \mathbb{R}^k \times Y_l$.

b) Sei wieder $\mathscr{P} = \mathscr{C}(\mathscr{C}^{\mathsf{T}}\mathscr{C})^{-1}\mathscr{C}^{\mathsf{T}}$. Dann ist mit (4.3.34) nach Anmerkung 3.34 auch

$$\tilde{T}(x) = (\mathscr{C}^{\mathsf{T}}x,\ x^{\mathsf{T}}\mathscr{V}_1 x - x^{\mathsf{T}}\mathscr{P}\mathscr{V}_1\mathscr{P}x, \ldots, x^{\mathsf{T}}\mathscr{V}_l x - x^{\mathsf{T}}\mathscr{P}\mathscr{V}_l\mathscr{P}x)$$

suffizient und vollständig für $(\gamma,\eta) \in \mathbb{R}^k \times Y_l$. Wegen (4.3.32) gilt wieder

$$\mathscr{P}\mathscr{V}_i = \mathscr{V}_i\mathscr{P} = \mathscr{P}\mathscr{V}_i\mathscr{P} \quad \text{und daher} \quad \mathscr{V}_i - \mathscr{P}\mathscr{V}_i\mathscr{P} = (\mathscr{J}_n - \mathscr{P})\mathscr{V}_i(\mathscr{J}_n - \mathscr{P}) = \tilde{\mathscr{V}}_i.$$

Die für $i = 1, \ldots, l$ dem Parameter η_i in $\tilde{T}(x)$ zugeordnete Statistik

$$x^{\mathsf{T}}\mathscr{V}_i x - x^{\mathsf{T}}\mathscr{P}\mathscr{V}_i\mathscr{P}x = x^{\mathsf{T}}(\mathscr{J}_n - \mathscr{P})\mathscr{V}_i(\mathscr{J}_n - \mathscr{P})x = \tilde{x}^{\mathsf{T}}\mathscr{V}_i\tilde{x} = \tilde{x}^{\mathsf{T}}\tilde{\mathscr{V}}_i\tilde{x}$$

ist also gegenüber Translationen (4.3.11) invariant. Die suffiziente und vollständige Statistik $\tilde{T}(x)$ schreibt sich somit in der Form (4.3.35). □

Sind die Voraussetzungen aus Satz 4.28 erfüllt, so folgt also mit Hilfe des Satzes von Lehmann-Scheffé, daß erwartungstreue Schätzer für γ bzw. η bereits dann gleichmäßig kleinste Kovarianzmatrix haben, wenn sie nur über die Statistiken (4.3.34) bzw. (4.3.35) von x abhängen. Insbesondere sind dann zum Schätzen von γ bzw. von $\mu = \mathscr{C}\gamma$ im Varianzkomponenten-Modell (4.3.9) die gleichen Schätzer optimal wie im linearen Modell $\mathfrak{L}_{\gamma,\sigma^2}(X) = \mathfrak{N}(\mathscr{C}\gamma, \sigma^2\mathscr{J}_n)$, $(\gamma,\sigma^2) \in \mathbb{R}^k \times (0,\infty)$; vgl. Satz 4.32.

Beispiel 4.29 Betrachtet werde das Varianzkomponenten-Modell (4.3.2) mit $n_i = r \quad \forall i = 1, \ldots, m$. Dieses ist von der Form (4.3.9) mit $k = 1$, $l = 2$, $n = mr$ und

$$\mathscr{V}_1 := \mathscr{Cov}\, V := \mathscr{Cov}\left(\sum_{i=1}^{m} V_i q_{i\cdot}\right) = \sum_{i=1}^{m}\sum_{j=1}^{m} EV_iV_j q_{i\cdot}q_{j\cdot}^{\mathsf{T}} = \sum_{i=1}^{m} q_{i\cdot}q_{i\cdot}^{\mathsf{T}} = \mathscr{J}_m \otimes \mathscr{I}_r,$$

$$\mathscr{V}_2 := \mathscr{Cov}\, W := \mathscr{Cov}\left(\sum_{i=1}^{m}\sum_{j=1}^{r} W_{ij}q_{ij}\right) = \mathscr{J}_n = \mathscr{J}_m \otimes \mathscr{J}_r = \mathscr{J}_m \otimes \bar{\mathscr{I}}_r + \mathscr{J}_m \otimes \mathscr{K}_r.$$

Somit sind die Voraussetzungen von Satz 4.28 erfüllt, nämlich (4.3.31) und wegen $\mathscr{V}_1^2 = r\mathscr{V}_1$, $\mathscr{V}_2^2 = \mathscr{V}_2$ bzw. $\mathfrak{L}_1 = \mathfrak{L}(\mathbb{1}_n)$ auch (4.3.32–33). Folglich ist nach Satz 4.28 b die dreidimensionale Statistik (4.3.35) suffizient und vollständig für $(\gamma,\eta) = (\bar{\mu}, \sigma_1^2, \sigma^2) \in \mathbb{R} \times (0,\infty)^2$. Wir geben nicht $\tilde{T}(x) = (\tilde{T}_1(x), \tilde{T}_2(x), \tilde{T}_3(x))$, sondern eine zu dieser äquivalente Statistik $S(x) = (S_1(x), S_2(x), S_3(x))$ explizit an. Hierzu beachte man die Gültigkeit von $\mathscr{P} = \bar{\mathscr{I}}_n$, also von $\tilde{T}_1(x) = \mathscr{C}^{\mathsf{T}}x = \mathbb{1}_n^{\mathsf{T}}x = n\bar{x}_{\cdot\cdot}$, sowie diejenige von $\tilde{T}_2(x) = x^{\mathsf{T}}\tilde{\mathscr{V}}_1 x$ und $\tilde{T}_3(x) = x^{\mathsf{T}}\tilde{\mathscr{V}}_2 x$ mit

$$\tilde{\mathscr{V}}_1 = \mathscr{K}_m \otimes \mathscr{I}_r \quad \text{bzw.} \quad \tilde{\mathscr{V}}_2 = \mathscr{K}_n = \mathscr{K}_m \otimes \bar{\mathscr{I}}_r + \mathscr{J}_m \otimes \mathscr{K}_r.$$

Da $\mathscr{K}_m \otimes \bar{\mathscr{I}}_r$ und $\mathscr{J}_m \otimes \mathscr{K}_r$ Projektionsmatrizen sind, gilt nach 4.3.1

$$S_2(x) := x^{\mathsf{T}}(\mathscr{K}_m \otimes \bar{\mathscr{I}}_r)x = |(\mathscr{K}_m \otimes \bar{\mathscr{I}}_r)x|^2 = r\sum_{i=1}^{m}(\bar{x}_{i\cdot} - \bar{x}_{\cdot\cdot})^2 = \frac{1}{r}\tilde{T}_2(x),$$

---

[1]) Vgl. W. Fleming, Functions of Several Variables, New York-Heidelberg-Berlin, 1977; S. 141.

$$S_3(x) := x^\top(\mathcal{I}_m \otimes \mathcal{K}_r)\,x = |(\mathcal{I}_m \otimes \mathcal{K}_r)\,x|^2 = \sum_{i=1}^{m}\sum_{j=1}^{r}(x_{ij} - \bar{x}_{i\cdot})^2 = \tilde{T}_3(x) - \frac{1}{r}\tilde{T}_2(x).$$

Mit $S_1(x) := \bar{x}_{\cdot\cdot} = \frac{1}{n}\tilde{T}_1(x)$ ist somit nach Anmerkung 3.34 auch

$$S(x) = (S_1(x), S_2(x), S_3(x)) = \left(\bar{x}_{\cdot\cdot},\ r\sum_{i=1}^{m}(\bar{x}_{i\cdot} - \bar{x}_{\cdot\cdot})^2,\ \sum_{i=1}^{m}\sum_{j=1}^{r}(x_{ij} - \bar{x}_{i\cdot})^2\right) \tag{4.3.39}$$

eine suffiziente und vollständige Statistik für $(\bar{\mu}, \sigma_1^2, \sigma^2) \in \mathbb{R} \times (0, \infty)^2$.

Zur expliziten Darstellung von (4.3.9) als Exponentialfamilie beachte man, daß mit $\mathcal{I}_s$, $\bar{\mathcal{J}}_s$ und $\mathcal{K}_s = \mathcal{I}_s - \bar{\mathcal{J}}_s$ für jedes $s \in \mathbb{N}$ auch $\mathcal{I}_m \otimes \bar{\mathcal{J}}_r$ und $\mathcal{I}_m \otimes \mathcal{K}_r$ wieder Projektionsmatrizen sind. Damit ergibt sich sofort die Spektraldarstellung

$$\begin{aligned}\sigma_1^2\mathscr{V}_1 + \sigma^2\mathscr{V}_2 &= r\sigma_1^2\,\mathcal{I}_m \otimes \bar{\mathcal{J}}_r + \sigma^2(\mathcal{I}_m \otimes \bar{\mathcal{J}}_r + \mathcal{I}_m \otimes \mathcal{K}_r)\\ &= \tau^2\,\mathcal{I}_m \otimes \bar{\mathcal{J}}_r + \sigma^2\,\mathcal{I}_m \otimes \mathcal{K}_r, \quad \tau^2 := r\sigma_1^2 + \sigma^2,\end{aligned}$$

und aus dieser unmittelbar die Inverse zu $(\sigma_1^2\mathscr{V}_1 + \sigma^2\mathscr{V}_2)^{-1} = \frac{1}{\tau^2}\mathcal{I}_m \otimes \bar{\mathcal{J}}_r + \frac{1}{\sigma^2}\mathcal{I}_m \otimes \mathcal{K}_r$. Für die (gemeinsame) Dichte von X unter $\vartheta = (\bar{\mu}, \tau^2, \sigma^2) \in \mathbb{R} \times (0, \infty)^2$ gilt also wegen $(\mathcal{I}_m \otimes \mathcal{K}_r)\mathbb{1}_n = 0$, $x^\top(\mathcal{I}_m \otimes \bar{\mathcal{J}}_r)\mathbb{1}_n = x^\top\mathbb{1}_n = n\bar{x}_{\cdot\cdot}$ und $x^\top(\bar{\mathcal{J}}_m \otimes \bar{\mathcal{J}}_r)\,x = n\bar{x}_{\cdot\cdot}^2$.

$$\begin{aligned}p_\vartheta(x) &= C(\vartheta)\exp\left[-\frac{1}{2}(x - \bar{\mu}\mathbb{1}_n)^\top\left(\frac{1}{\tau^2}\mathcal{I}_m \otimes \bar{\mathcal{J}}_r + \frac{1}{\sigma^2}\mathcal{I}_m \otimes \mathcal{K}_r\right)(x - \bar{\mu}\mathbb{1}_n)\right]\\ &= \tilde{C}(\vartheta)\exp\left[-\frac{1}{2\tau^2}x^\top(\mathcal{I}_m \otimes \bar{\mathcal{J}}_r)\,x - \frac{1}{2\sigma^2}x^\top\mathcal{I}_m \otimes \mathcal{K}_r\,x + \frac{\bar{\mu}}{\tau^2}x^\top\mathcal{I}_m \otimes \bar{\mathcal{J}}_r\mathbb{1}_n\right]\\ &= \tilde{C}(\vartheta)\exp\left[\frac{n\bar{\mu}}{\tau^2}\bar{x}_{\cdot\cdot} - \frac{1}{2\tau^2}(x^\top(\mathcal{K}_m \otimes \bar{\mathcal{J}}_r)\,x + n\bar{x}_{\cdot\cdot}^2) - \frac{1}{2\sigma^2}x^\top(\mathcal{I}_m \otimes \mathcal{K}_r)\,x\right].\end{aligned}$$

Somit liegt eine dreiparametrige Exponentialfamilie vor in

$$\left(\frac{n\bar{\mu}}{\tau^2}, -\frac{1}{2\tau^2}, -\frac{1}{2\sigma^2}\right) \quad \text{und} \quad (S_1(x), S_2(x) + nS_1^2(x), S_3(x)). \qquad \square \tag{4.3.40}$$

Da die quadratischen Formen in der suffizienten Statistik (4.3.35) alle translationsinvariant sind, stellt die Beschränkung auf translationsinvariante Schätzer für η, d.h. die Bestimmung von Schätzern für das reduzierte Varianzkomponenten-Modell (4.3.12), keine Einschränkung dar, falls die Voraussetzungen aus Satz 4.28 erfüllt sind. In einem solchen Fall ist also ein erwartungstreuer Schätzer für η mit gleichmäßig kleinster Kovarianzmatrix zugleich translationsinvariant. In manchen Situationen sind diese Voraussetzungen jedoch verletzt. Dann ist die Reduktion auf translationsinvariante Schätzer eine echte Restriktion. Aber auch in solchen Situationen gilt im reduzierten Modell (4.3.12) die folgende, zu Satz 4.28 analoge Aussage:

Satz 4.30 *Zugrunde liege das Varianzkomponenten-Modell* (4.3.9). *Im reduzierten Modell* (4.3.12) *seien dabei* $\tilde{\mathscr{V}}_1, \ldots, \tilde{\mathscr{V}}_l \in \mathbb{R}^{n\times n}_{\text{sym}}$ *linear unabhängig, und es sei*

$$\tilde{\mathscr{Y}}_l := \left\{\eta \in \mathbb{R}^l\colon \sum_{i=1}^{l}\eta_i\tilde{\mathscr{V}}_i \in \mathbb{R}^{n\times n}_{\text{p.s.}}\ \textit{mit}\ \operatorname{Rg}\left(\sum_{i=1}^{l}\eta_i\tilde{\mathscr{V}}_i\right) = n - k\right\} \neq \emptyset. \tag{4.3.41}$$

Dann gilt unter der Voraussetzung

$$\tilde{\mathfrak{V}}_l := \mathfrak{L}(\tilde{\mathscr{V}}_1, \ldots, \tilde{\mathscr{V}}_l) \subset \mathbb{R}^{n \times n}_{\text{sym}} \text{ ist ein quadratischer Teilraum:} \tag{4.3.42}$$

Die Verteilungen $\mathfrak{L}_\eta(\tilde{X})$, $\eta \in \tilde{Y}_l$, bilden eine strikt l-parametrige Exponentialfamilie mit der erzeugenden Statistik

$$R(\tilde{x}) = (\tilde{x}^\top \tilde{\mathscr{V}}_1 \tilde{x}, \ldots, \tilde{x}^\top \tilde{\mathscr{V}}_l \tilde{x}) = (x^\top \tilde{\mathscr{V}}_1 x, \ldots, x^\top \tilde{\mathscr{V}}_l x). \tag{4.3.43}$$

Insbesondere ist die Statistik $R(\tilde{x})$ im reduzierten Modell suffizient und vollständig für $\eta \in \tilde{Y}_l$ und es gilt $R(\tilde{x}) = R(x)$.

Beweis: Nach dem Satz von der Hauptachsentransformation gibt es zur Projektionsmatrix $\mathscr{I}_n - \mathscr{P}$ eine orthogonale $n \times n$-Matrix $\tilde{\mathscr{T}}$ und eine $n \times n$-Diagonalmatrix $\tilde{\mathscr{D}}$ derart, daß gilt

$$\mathscr{I}_n - \mathscr{P} = \tilde{\mathscr{T}} \tilde{\mathscr{D}} \tilde{\mathscr{T}}^\top.$$

Dabei sind $n - k$ Diagonalelemente von $\tilde{\mathscr{D}}$ gleich 1, die restlichen gleich 0. Also läßt sich $\tilde{\mathscr{D}}$ schreiben in der Form $\tilde{\mathscr{D}} = \mathscr{D}\mathscr{D}^\top$, wobei $\mathscr{D} = (d_{ij})$ eine $n \times (n-k)$-Matrix ist mit den Elementen $d_{ii} = 1$ für $i = 1, \ldots, n-k$ und $d_{ij} = 0$ sonst. Für $\mathscr{T} := \tilde{\mathscr{T}} \mathscr{D} \in \mathbb{R}^{n \times (n-k)}$ gilt somit

$$\mathscr{I}_n - \mathscr{P} = \mathscr{T}\mathscr{T}^\top, \qquad \mathscr{T}^\top \mathscr{T} = \mathscr{I}_{n-k}.$$

Die Verteilungen der $(n-k)$-dimensionalen ZG $\mathscr{T}^\top \tilde{X}$ lauten nach Satz 1.95b

$$\mathfrak{L}_\eta(\mathscr{T}^\top \tilde{X}) = \mathfrak{N}\left(0, \sum_{i=1}^{l} \eta_i \mathscr{T}^\top \tilde{\mathscr{V}}_i \mathscr{T}\right), \qquad \eta \in \tilde{Y}_l.$$

Für diese Verteilungsklasse sind die Voraussetzungen von Satz 4.28 erfüllt, so daß die Statistik (4.3.35) suffizient und vollständig ist für $\eta \in \tilde{Y}_l$. Wegen $\mathscr{T}\mathscr{T}^\top = \mathscr{I}_n - \mathscr{P}$ und $(\mathscr{I}_n - \mathscr{P})\tilde{\mathscr{V}}_i(\mathscr{I}_n - \mathscr{P}) = \tilde{\mathscr{V}}_i$ bzw. wegen $\mathscr{C}^\top(\mathscr{I}_n - \mathscr{P}) = \mathbb{O}$ sind also bereits die letzten l Komponenten von $\tilde{T}(x)$ suffizient und vollständig, d.h.

$$R(x) = R(\tilde{x}) = (\tilde{x}^\top \mathscr{T}\mathscr{T}^\top \tilde{\mathscr{V}}_1 \mathscr{T}\mathscr{T}^\top \tilde{x}, \ldots, \tilde{x}^\top \mathscr{T}\mathscr{T}^\top \tilde{\mathscr{V}}_l \mathscr{T}\mathscr{T}^\top \tilde{x}) = (\tilde{x}^\top \tilde{\mathscr{V}}_1 \tilde{x}, \ldots, \tilde{x}^\top \tilde{\mathscr{V}}_l \tilde{x}). \quad \square$$

Beispiel 4.31 Betrachtet werde ein Varianzkomponenten-Modell mit zwei zufälligen Effekten

$$X_{ij} = \bar{\mu} + \sigma_1 U_i + \sigma_2 V_j + \sigma W_{ij}, \qquad \bar{\mu} \in \mathbb{R}, \qquad (\sigma_1^2, \sigma_2^2, \sigma^2) \in (0, \infty)^3, \tag{4.3.44}$$

für $j = 1, \ldots, r$, $i = 1, \ldots, m$. Es ist also

$$X = \bar{\mu} + \sigma_1 U + \sigma_2 V + \sigma W \quad \text{mit} \quad U = \sum_{i=1}^{m} U_i q_{i\bullet}, \quad V = \sum_{j=1}^{r} V_j q_{\bullet j}, \quad W = \sum_{i=1}^{m} \sum_{j=1}^{r} W_{ij} q_{ij}$$

und analog Beispiel 4.29 somit

$$\mathscr{V}_1 := \mathscr{C}ov\, U = \mathscr{I}_m \otimes \mathscr{J}_r, \qquad \mathscr{V}_2 := \mathscr{C}ov\, V = \mathscr{J}_m \otimes \mathscr{I}_r, \qquad \mathscr{V}_3 := \mathscr{C}ov\, W = \mathscr{I}_n = \mathscr{I}_m \otimes \mathscr{I}_r.$$

Die zugrundeliegende Modellannahme lautet folglich mit $\gamma = \bar{\mu}$ und $\eta = (\sigma_1^2, \sigma_2^2, \sigma^2)$

$$\mathfrak{L}_{\gamma\eta}(X) = \mathfrak{N}(\bar{\mu}\mathbb{1}_n, \sigma_1^2 \mathscr{V}_1 + \sigma_2^2 \mathscr{V}_2 + \sigma^2 \mathscr{V}_3), \qquad \bar{\mu} \in \mathbb{R}, \qquad (\sigma_1^2, \sigma_2^2, \sigma^2) \in (0, \infty)^3. \tag{4.3.45}$$

Hier ist $\mathfrak{L}(\mathscr{V}_1, \mathscr{V}_2, \mathscr{V}_3)$ kein quadratischer Teilraum, denn es gilt z.B.

$$\mathscr{V}_1 \mathscr{V}_2 + \mathscr{V}_2 \mathscr{V}_1 = 2\mathscr{J}_m \otimes \mathscr{J}_r = 2\mathscr{J}_{mr} \notin \mathfrak{L}(\mathscr{V}_1, \mathscr{V}_2, \mathscr{V}_3).$$

Im reduzierten Modell (4.3.12) ist die entsprechende Bedingung jedoch erfüllt. Wegen $\mathscr{C} = \mathbb{1}_n$ ist nämlich $\mathscr{P} = \overline{\mathscr{J}}_n$, $\tilde{x} = (\mathscr{I}_n - \mathscr{P})x = x - \bar{x}_{\cdot\cdot}\mathbb{1}_n$ und

$$\tilde{\mathscr{V}}_1 = \mathscr{K}_n(\mathscr{I}_m \otimes \mathscr{J}_r)\mathscr{K}_n = \mathscr{K}_m \otimes \mathscr{J}_r, \qquad \tilde{\mathscr{V}}_2 = \mathscr{J}_m \otimes \mathscr{K}_r, \qquad \tilde{\mathscr{V}}_3 = \mathscr{K}_n.$$

Diese Matrizen bilden einen quadratischen Teilraum, denn es gilt

$$\tilde{\mathscr{V}}_1 \tilde{\mathscr{V}}_2 + \tilde{\mathscr{V}}_2 \tilde{\mathscr{V}}_1 = \mathscr{O}, \qquad \tilde{\mathscr{V}}_1 \tilde{\mathscr{V}}_3 + \tilde{\mathscr{V}}_3 \tilde{\mathscr{V}}_1 = 2\tilde{\mathscr{V}}_1, \qquad \tilde{\mathscr{V}}_2 \tilde{\mathscr{V}}_3 + \tilde{\mathscr{V}}_3 \tilde{\mathscr{V}}_2 = 2\tilde{\mathscr{V}}_2.$$

Ebenso leicht verifiziert man, daß die anderen Bedingungen aus Satz 4.30 erfüllt sind. Als dreidimensionale suffiziente und vollständige Statistik ergibt sich gemäß (4.3.43) diejenige mit den Komponenten

$$R_1(x) = x^\top \tilde{\mathscr{V}}_1 x = r x^\top (\mathscr{K}_m \otimes \overline{\mathscr{J}}_r) x = r |(\mathscr{K}_m \otimes \overline{\mathscr{J}}_r) x|^2 = r \sum_{i=1}^m \sum_{j=1}^r (\bar{x}_{i\cdot} - \bar{x}_{\cdot\cdot})^2 = r^2 \sum_{i=1}^m (\bar{x}_{i\cdot} - \bar{x}_{\cdot\cdot})^2,$$

$$R_2(x) = x^\top \tilde{\mathscr{V}}_2 x = m x^\top (\overline{\mathscr{J}}_m \otimes \mathscr{K}_r) x = m |(\overline{\mathscr{J}}_m \otimes \mathscr{K}_r) x|^2 = m \sum_{i=1}^m \sum_{j=1}^r (\bar{x}_{\cdot j} - \bar{x}_{\cdot\cdot})^2 = m^2 \sum_{j=1}^r (\bar{x}_{\cdot j} - \bar{x}_{\cdot\cdot})^2,$$

$$R_3(x) = x^\top \tilde{\mathscr{V}}_3 x = x^\top \mathscr{K}_n x = |\mathscr{K}_n x|^2 = \sum_{i=1}^m \sum_{j=1}^r (x_{ij} - \bar{x}_{\cdot\cdot})^2.$$

Auch hier soll noch das (reduzierte) Modell explizit als Exponentialfamilie dargestellt werden. Mit den Abkürzungen $\tau_1^2 := r\sigma_1^2 + \sigma^2$, $\tau_2^2 := m\sigma_2^2 + \sigma^2$ ergibt sich mit (4.3.29) wie in Beispiel 4.29 die Spektraldarstellung

$$\sigma_1^2 \tilde{\mathscr{V}}_1 + \sigma_2^2 \tilde{\mathscr{V}}_2 + \sigma^2 \tilde{\mathscr{V}}_3 = \tau_1^2 \mathscr{K}_m \otimes \overline{\mathscr{J}}_r + \tau_2^2 \overline{\mathscr{J}}_m \otimes \mathscr{K}_r + \sigma^2 \mathscr{K}_m \otimes \mathscr{K}_r.$$

Den auftretenden Projektionsmatrizen entsprechen die Statistiken

$$S_1(x) := |(\mathscr{K}_m \otimes \overline{\mathscr{J}}_r) x|^2 = \frac{1}{r} R_1(x),$$

$$S_2(x) := |(\overline{\mathscr{J}}_m \otimes \mathscr{K}_r) x|^2 = \frac{1}{m} R_2(x),$$

$$S_3(x) := |(\mathscr{K}_m \otimes \mathscr{K}_r) x|^2 = R_3(x) - \frac{1}{r} R_1(x) - \frac{1}{m} R_2(x).$$

Die Dichte der Verteilung von $\tilde{X}$ unter $\eta = (\sigma_1^2, \sigma_2^2, \sigma^2) \in (0, \infty)^3$ lautet also

$$p_\eta^{\tilde{X}}(\tilde{x}) = C(\eta) \exp\left[-\frac{1}{2} x^\top (\sigma_1^2 \tilde{\mathscr{V}}_1 + \sigma_2^2 \tilde{\mathscr{V}}_2 + \sigma^2 \tilde{\mathscr{V}}_3)^{-1} x \right]$$

$$= C(\eta) \exp\left[-\frac{1}{2\tau_1^2} S_1(x) - \frac{1}{2\tau_2^2} S_2(x) - \frac{1}{2\sigma^2} S_3(x) \right].$$

Das reduzierte Modell ist somit eine dreiparametrige Exponentialfamilie in

$$\left(-\frac{1}{2\tau_1^2}, -\frac{1}{2\tau_2^2}, -\frac{1}{2\sigma^2} \right) \quad \text{und} \quad (S_1(x), S_2(x), S_3(x)). \qquad \square$$

4.3.3 Schätzen und Testen in Varianzkomponenten-Modellen

Zunächst sollen die in 4.3.2 vorbereiteten Aussagen zur Schätztheorie unter Normalverteilungsannahme formuliert und bewiesen werden. Diesen Satz 4.5a entsprechenden (stärkeren) Optimalitätsaussagen stehen die Satz 4.5b analogen (schwächeren) Aussagen unter Momentenannahmen gegenüber. Bei deren Diskussion wird sich zeigen, daß nicht nur die Voraussetzung (4.3.32) an das dabei zugrundeliegende Modell (4.3.48), sondern im wesentlichen auch die Voraussetzung (4.3.33) an das durch Reduktion auf quadratische invariante Schätzer abgeleitete Modell (4.3.51) der Bedingung (4.1.21) aus Satz 4.7c entspricht.

Satz 4.32 *Zugrunde liege das Varianzkomponenten-Modell* (4.3.9). *Es seien* $\hat{\gamma}$ *der Kleinste-Quadrate-Schätzer* (4.3.10) *und* $\hat{\eta}$ *der Kleinste-Quadrate-Schätzer* (4.3.26).

a) *Unter den Voraussetzungen aus Satz* 4.28 *gilt mit* $\tilde{\eta}(x) := \hat{\eta}(\tilde{x})$:
$\hat{\gamma}$ *ist erwartungstreuer Schätzer für* $\gamma \in \mathbb{R}^k$ *mit gleichmäßig kleinster Kovarianzmatrix.*
$\tilde{\eta}$ *ist erwartungstreuer Schätzer für* $\eta \in Y_l$ *mit gleichmäßig kleinster Kovarianzmatrix und überdies translationsinvariant.*

b) *Unter den Voraussetzungen aus Satz* 4.30 *für das zugehörige reduzierte Varianzkomponenten-Modell* (4.3.12) *gilt*:
$\hat{\eta}$ *ist erwartungstreuer translationsinvarianter Schätzer für* $\eta \in \tilde{Y}_l$ *mit gleichmäßig kleinster Kovarianzmatrix unter allen translationsinvarianten Schätzern.*

Beweis: a) $\hat{\gamma}(x) = (\mathscr{C}^\top \mathscr{C})^{-1} \mathscr{C}^\top x$ ist erwartungstreu für $\gamma \in \mathbb{R}^k$ und hängt nur von der suffizienten und vollständigen Statistik (4.3.34) ab.
$\tilde{\eta}(x) = (\mathscr{W}^\top \mathscr{W})^{-1} \mathscr{W}^\top \tilde{x} \otimes \tilde{x}$ ist erwartungstreu für $\eta \in Y_l$ wegen

$$E_\eta \tilde{X} \otimes \tilde{X} = E_\eta \operatorname{vec} \tilde{X}\tilde{X}^\top = \operatorname{vec}(\mathscr{C}\!ov_\eta \tilde{X}) = \operatorname{vec}\left(\sum_{i=1}^{l} \eta_i \tilde{\mathscr{V}}_i \right) = \sum_{i=1}^{l} \eta_i \operatorname{vec} \tilde{\mathscr{V}}_i = \mathscr{W} \eta \tag{4.3.46}$$

und hängt gemäß (4.3.26–27) nur von der nach Satz 4.28 suffizienten und vollständigen Statistik (4.3.35) ab. Offenbar ist $\tilde{\eta}$ translationsinvariant.

b) Die Beschränkung auf translationsinvariante Schätzer ist äquivalent mit derjenigen auf das reduzierte Modell. Somit folgt der Beweis wie in a). □

Beispiel 4.33 Für das Modell aus Beispiel 4.29 sind die Voraussetzungen aus Satz 4.32 erfüllt. Somit stellen nach dem Satz von Lehmann-Scheffé $S_1(x)$, $S_2(x)$ und $S_3(x)$ erwartungstreue Schätzer für ihre EW mit gleichmäßig kleinster Varianz dar, also für

$$E_\vartheta S_1(X) = E_\vartheta \bar{X}_{\cdot\cdot} = \bar{\mu}, \quad E_\vartheta S_2(X) = E_\vartheta X^\top (\mathscr{K}_m \otimes \bar{\mathscr{J}}_r) X = (m-1)\tau^2,$$
$$E_\vartheta S_3(X) = E_\vartheta X^\top (\mathscr{I}_m \otimes \mathscr{K}_r) X = m(r-1)\sigma^2.$$

Beispielsweise erhält man wegen $E_\vartheta X = \bar{\mu} \mathbb{1}_n$, $\mathscr{K}_m \mathbb{1}_m = 0$ und $\bar{\mathscr{J}}_r \mathscr{K}_r = \mathscr{O}$

$$\begin{aligned} E_\vartheta S_2(X) &= E_\vartheta \operatorname{Sp} X^\top (\mathscr{K}_m \otimes \bar{\mathscr{J}}_r) X = E_\vartheta \operatorname{Sp} (\mathscr{K}_m \otimes \bar{\mathscr{J}}_r) X X^\top = \operatorname{Sp}(\mathscr{K}_m \otimes \bar{\mathscr{J}}_r)(\mathscr{C}\!ov_\vartheta X + E_\vartheta X E_\vartheta X^\top) \\ &= \operatorname{Sp}(\mathscr{K}_m \otimes \bar{\mathscr{J}}_r)(\sigma_1^2 \mathscr{V}_1 + \sigma^2 \mathscr{V}_2) = r\sigma_1^2 \operatorname{Sp}(\mathscr{K}_m \otimes \bar{\mathscr{J}}_r) + \sigma^2 \operatorname{Sp}(\mathscr{K}_m \otimes \bar{\mathscr{J}}_r)(\mathscr{I}_m \otimes \bar{\mathscr{J}}_r + \mathscr{I}_m \otimes \mathscr{K}_r) \\ &= r\sigma_1^2 \operatorname{Sp} \mathscr{K}_m \operatorname{Sp} \bar{\mathscr{J}}_r + \sigma^2 \operatorname{Sp} \mathscr{K}_m \operatorname{Sp} \bar{\mathscr{J}}_r = r\sigma_1^2 (m-1) + \sigma^2 (m-1) = (m-1)\tau^2. \end{aligned}$$

Somit lauten optimale erwartungstreue Schätzer für $\bar{\mu} \in \mathbb{R}$, $\tau^2 \in (0, \infty)$ bzw. $\sigma^2 \in (0, \infty)$

$$S_1(x) = \bar{x}_{..}, \quad \frac{1}{m-1} S_2(x) = \frac{r}{m-1} \sum_{i=1}^{m} (\bar{x}_{i.} - \bar{x}_{..})^2,$$

$$\frac{1}{m(r-1)} S_3(x) = \frac{1}{m(r-1)} \sum_{i=1}^{m} \sum_{j=1}^{r} (x_{ij} - \bar{x}_{i.})^2$$

und folglich für $\sigma_1^2 \in (0, \infty)$

$$\tilde{S}(x) = \frac{1}{r(m-1)} S_2(x) - \frac{1}{mr(r-1)} S_3(x).$$ □

Beispiel 4.34 Für Beispiel 4.31 ergibt sich beim reduzierten Modell mit $\vartheta = (\gamma, \eta)$

$$\frac{1}{r} E_\vartheta R_1(X) = E_\vartheta X^\top (\mathscr{K}_m \otimes \bar{\mathscr{J}}_r) X = r\sigma_1^2 \operatorname{Sp}(\mathscr{K}_m \otimes \bar{\mathscr{J}}_r) + \sigma^2 \operatorname{Sp}(\mathscr{K}_m \otimes \bar{\mathscr{J}}_r) = (m-1)(r\sigma_1^2 + \sigma^2),$$

$$\frac{1}{m} E_\vartheta R_2(X) = E_\vartheta X^\top (\bar{\mathscr{J}}_m \otimes \mathscr{K}_r) X = m\sigma_2^2 \operatorname{Sp}(\bar{\mathscr{J}}_m \otimes \mathscr{K}_r) + \sigma^2 \operatorname{Sp}(\bar{\mathscr{J}}_m \otimes \mathscr{K}_r) = (r-1)(m\sigma_2^2 + \sigma^2),$$

$$\begin{aligned} E_\vartheta R_3(X) &= E_\vartheta X^\top \mathscr{K}_n X = \operatorname{Sp}(\mathscr{K}_m \otimes \bar{\mathscr{J}}_r + \mathscr{I}_m \otimes \mathscr{K}_r)(\sigma_1^2 \mathscr{K}_m \otimes \mathscr{J}_r + \sigma_2^2 \mathscr{J}_m \otimes \mathscr{K}_r + \sigma^2 \mathscr{K}_n) \\ &= (m-1) r\sigma_1^2 + m(r-1)\sigma_2^2 + (n-1)\sigma^2. \end{aligned}$$

Aufgrund der Linearität der EW lassen sich nun leicht erwartungstreue Schätzer für die Parameter σ_1^2, σ_2^2 bzw. σ^2 angeben. Wegen der Suffizienz und Vollständigkeit von $R(x)$ haben diese gleichmäßig kleinste Varianz. □

Beispiel 4.35 Betrachtet werde das *gemischte* Varianzkomponenten-Modell aus Beispiel 4.24. Dieses läßt sich mit $\gamma_i := \bar{\mu} + v_i$, $i = 1, \ldots, m$, $\gamma := (\gamma_1, \ldots, \gamma_m)^\top$, $V := (V_1, \ldots, V_r)^\top$ und $W := (W_{11}, \ldots, W_{mr})^\top$ darstellen als

$$X = (\mathscr{I}_m \otimes \mathbb{1}_r)\gamma + \sigma_1 (\mathbb{1}_m \otimes \mathscr{I}_r) V + \sigma W.$$

Mit den Einheitsvektoren e_i und $\tilde{e}_j$ aus 4.3.1 gilt nämlich

$$X_{ij} = (e_i \otimes \tilde{e}_j)^\top X = e_i^\top \gamma + \sigma_1 \tilde{e}_j^\top V + \sigma W_{ij} = \gamma_i + \sigma_1 V_j + \sigma W_{ij}, \quad j = 1, \ldots, r, \quad i = 1, \ldots, m,$$

und damit (4.3.8). Es liegt also ein Varianzkomponenten-Modell (4.3.9) vor mit

$$\mathscr{C} = \mathscr{I}_m \otimes \mathbb{1}_r, \quad \mathscr{V}_1 = \mathscr{J}_m \otimes \mathscr{I}_r, \quad \mathscr{V}_2 = \mathscr{I}_m \otimes \mathscr{I}_r.$$

Dieses genügt den Voraussetzungen von Satz 4.28. Mit

$$\mathscr{P} = \mathscr{C}(\mathscr{C}^\top \mathscr{C})^{-1} \mathscr{C}^\top = \mathscr{I}_m \otimes \bar{\mathscr{J}}_r \quad \text{und} \quad \mathscr{I}_n - \mathscr{P} = \mathscr{I}_m \otimes \mathscr{K}_r$$

ergeben sich die reduzierten Kovarianzmatrizen $\tilde{\mathscr{V}}_i$ zu

$$\tilde{\mathscr{V}}_1 = m \bar{\mathscr{J}}_m \otimes \mathscr{K}_r \quad \text{und} \quad \tilde{\mathscr{V}}_2 = \mathscr{I}_m \otimes \mathscr{K}_r = \bar{\mathscr{J}}_m \otimes \mathscr{K}_r + \mathscr{K}_m \otimes \mathscr{K}_r.$$

Demnach ist die Statistik (4.3.35) und damit diejenige mit den Komponenten

$$S_1(x) := \mathscr{C}^\top x = (x_{1.}, \ldots, x_{m.})^\top,$$

$$S_2(x) := |(\bar{\mathscr{J}}_m \otimes \mathscr{K}_r) x|^2 = m \sum_{j=1}^{r} (\bar{x}_{.j} - \bar{x}_{..})^2,$$

$$S_3(x) := |(\mathscr{K}_m \otimes \mathscr{K}_r) x|^2 = \sum_{i=1}^{m} \sum_{j=1}^{r} (x_{ij} - \bar{x}_{i\cdot} - \bar{x}_{\cdot j} + \bar{x}_{\cdot\cdot})^2$$

suffizient und vollständig für $(\gamma, \sigma_1^2, \sigma^2) \in \mathbb{R}^m \times (0, \infty)^2$. Erwartungstreue Schätzer mit gleichmäßig kleinster Kovarianzmatrix für γ, $\tau^2 := m\sigma_1^2 + \sigma^2$ und σ^2 sind also

$$\hat{\gamma}(x) = (\bar{x}_{1\cdot}, \ldots, \bar{x}_{m\cdot})^\top = \frac{1}{r} S_1(x), \qquad \hat{\tau}^2(x) = \frac{1}{r-1} S_2(x),$$

$$\hat{\sigma}^2(x) = \frac{1}{(m-1)(r-1)} S_3(x).$$

Die Statistiken

$$\bar{x}_{\cdot\cdot} = \frac{1}{n} \mathbb{1}_n^\top (\bar{\mathscr{J}}_m \otimes \bar{\mathscr{J}}_r) x, \qquad \frac{m}{r-1} \sum_{j=1}^{r} (\bar{x}_{\cdot j} - \bar{x}_{\cdot\cdot})^2 = \frac{1}{r-1} |(\bar{\mathscr{J}}_m \otimes \mathscr{K}_r) x|^2,$$

$$\frac{1}{(m-1)(r-1)} \sum_{i=1}^{m} \sum_{j=1}^{r} (x_{ij} - \bar{x}_{i\cdot} - \bar{x}_{\cdot j} + \bar{x}_{\cdot\cdot})^2 = \frac{1}{(m-1)(r-1)} |(\mathscr{K}_m \otimes \mathscr{K}_r) x|^2,$$

treten im wesentlichen bereits in Beispiel 4.29 als optimale Schätzer der entsprechenden Parameter auf. Der von der orthogonalen Zerlegung

$$J_m \otimes J_r = \bar{\mathscr{J}}_m \otimes \bar{\mathscr{J}}_r + \mathscr{K}_m \otimes \bar{\mathscr{J}}_r + \bar{\mathscr{J}}_m \otimes \mathscr{K}_r + \mathscr{K}_m \otimes \mathscr{K}_r \tag{4.3.47}$$

übrig bleibende Anteil $(\mathscr{K}_m \otimes \bar{\mathscr{J}}_r) x = (\bar{x}_{1\cdot} - \bar{x}_{\cdot\cdot}, \ldots, \bar{x}_{m\cdot} - \bar{x}_{\cdot\cdot})^\top$ dient dagegen hier der Schätzung der festen Behandlungsunterschiede $(\gamma_1 - \bar{\mu}, \ldots, \gamma_m - \bar{\mu})^\top$, während in Beispiel 4.29 damit die dem ersten zufälligen Effekt entsprechende Varianzkomponente geschätzt wurde. Analog ist im Beispiel 4.3a $\hat{\gamma}_i$ optimaler Schätzer des festen Effekts $\gamma_i = \bar{\mu} + v_i$, $i = 1, \ldots, m$. Dies entspricht den ersten beiden Termen in (4.3.47); der dritte und vierte Term werden dort zusammen zur Schätzung von σ^2 benutzt, während sie hier einzeln zur Schätzung von σ_1^2 und σ^2 verwendet werden. □

In entsprechender Weise lassen sich die Sätze 4.28 und 4.30 zur Herleitung optimaler Tests verwenden. Dabei hat man zu beachten, daß im Gegensatz zu Modellen mit festen Effekten, bei denen sich die Hypothesen mit Komponenten des Mittelwertvektors ausdrücken lassen, die Hypothesen über zufällige Effekte mit Varianzkomponenten zu formulieren sind.

Beispiel 4.36 Um zu entscheiden, ob zwischen den Maschinen eines bestimmten Typs ein – im Vergleich zur reinen Zufallsstreuung – „großer" Qualitätsunterschied besteht oder nicht, werden m Maschinen des betreffenden Typs „zufällig" ausgewählt und jede r-fach überprüft. Unter der Annahme des in Beispiel 4.29 behandelten Varianzkomponenten-Modells (4.3.2) lauten die Hypothesen $\mathbf{H}$: $\sigma_1^2/\sigma^2 \leqslant \Delta_0$, $\mathbf{K}$: $\sigma_1^2/\sigma^2 > \Delta_0$, wobei also $(\Delta_0\sigma^2, \infty)$ die Gesamtheit relativ „großer" Werte von σ_1^2 bezeichnet.

Die Hypothesen lassen sich bei Verwenden von (4.3.40) und der Abkürzungen

$$\bar{\eta} := \frac{1}{r\Delta_0 + 1} \frac{1}{2\sigma^2} - \frac{1}{2\tau^2} = \zeta_2 - \frac{1}{r\Delta_0 + 1} \zeta_3, \qquad \xi_2 = \zeta_1, \qquad \xi_3 = \zeta_3$$

auch schreiben als $\mathbf{H}$: $\bar{\eta} \leqslant 0$, $\mathbf{K}$: $\bar{\eta} > 0$. Zur Anwendung der Theorie der bedingten Tests – wir schreiben für η aus 3.3.2 hier $\bar{\eta}$ und verwenden weiterhin $\vartheta = (\bar{\mu}, \tau^2, \sigma^2)$ – hat man noch zu setzen

$$U(x) = S_2(x) + nS_1^2(x), \quad V_2(x) = S_1(x), \quad V_3(x) = S_3(x) + \frac{1}{r\Delta_0 + 1} (S_2(x) + nS_1^2(x)).$$

Dabei ist (V_2, V_3) suffizient und vollständig für $\xi \in Z_0$. Folglich gibt es einen gleichmäßig besten unverfälschten α-Niveau Test, nämlich den Test (3.3.41–42). Nun ist aber $U(x)$ bei festem $(V_2(x), V_3(x))$ eine isotone Funktion von

$$T^*(x) := \frac{1}{r\Delta_0+1}\frac{1}{m-1} S_2(x) \Big/ \frac{1}{m(r-1)} S_3(x)$$
$$= \frac{1}{r\Delta_0+1}\frac{1}{m-1}\, r \sum_{i=1}^m (\bar{x}_{i\cdot} - \bar{x}_{\cdot\cdot})^2 \Big/ \frac{1}{m(r-1)} \sum_{i=1}^m \sum_{j=1}^r (x_{ij} - \bar{x}_{i\cdot})^2$$

Zum Nachweis, daß dieses die Prüfgröße eines nicht-bedingten Tests ist, wird gezeigt, daß $S_2(X)$ und $S_3(X)$ st.u. und $\tau^2\chi^2_{m-1}$- bzw. $\sigma^2\chi^2_{m(r-1)}$-verteilt sind. Für $\vartheta \in \mathbf{J}$ ist dann nämlich $\mathfrak{L}_\vartheta(T^*(X))$ unabhängig von ϑ eine zentrale $F_{(m-1),\, m(r-1)}$-Verteilung, so daß nach den Sätzen 3.68 bzw. 3.70 folgt, daß der *F-Test für Varianzkomponenten* $\varphi^* = \mathbb{1}_{\{T^* > F_{m-1,\, m(r-1);\, \alpha}\}}$ ein gleichmäßig bester unverfälschter α-Niveau Test für die Hypothesen $\mathbf{H}$ gegen $\mathbf{K}$ ist.

Die st. Unabhängigkeit von $S_2(X)$ und $S_3(X)$ folgt gemäß Beispiel 4.29 aus derjenigen von $(\mathscr{K}_m \otimes \bar{\mathscr{J}}_r)X$ und $(\mathscr{J}_m \otimes \mathscr{K}_r)X$ und diese wiederum aus deren Unkorreliertheit, die sich aus der speziellen Gestalt von $\mathscr{V}_1$, $\mathscr{V}_2$ und μ ergibt gemäß

$$E_\vartheta((\mathscr{K}_m \otimes \bar{\mathscr{J}}_r)X)((\mathscr{J}_m \otimes \mathscr{K}_r)X)^\top = (\mathscr{K}_m \otimes \bar{\mathscr{J}}_r)\, E_\vartheta XX^\top (\mathscr{J}_m \otimes \mathscr{K}_r)$$
$$= (\mathscr{K}_m \otimes \bar{\mathscr{J}}_r)(\sigma_1^2 \mathscr{V}_1 + \sigma^2 \mathscr{V}_2 + \mu\mu^\top)\,(\mathscr{J}_m \otimes \mathscr{K}_r) = \mathscr{O}.$$

Die Verteilung $\mathfrak{L}_\vartheta(S_2(X))$ etwa erhält man aus

$$\mathfrak{L}_\vartheta((\mathscr{K}_m \otimes \bar{\mathscr{J}}_r)X) = \mathfrak{N}((\mathscr{K}_m \otimes \bar{\mathscr{J}}_r)\bar{\mu}\mathbb{1}_n,\, (\mathscr{K}_m \otimes \bar{\mathscr{J}}_r)\,(\sigma_1^2\mathscr{V}_1 + \sigma^2\mathscr{V}_2)\,(\mathscr{K}_m \otimes \bar{\mathscr{J}}_r))$$
$$= \mathfrak{N}(0, \sigma_1^2\, \mathscr{K}_m \otimes \mathscr{J}_r + \sigma^2\, \mathscr{K}_m \otimes \bar{\mathscr{J}}_r)$$
$$= \mathfrak{N}(0, (r\sigma_1^2 + \sigma^2)\, \mathscr{K}_m \otimes \bar{\mathscr{J}}_r).$$

Man beachte, daß $\mathscr{K}_m \otimes \bar{\mathscr{J}}_r$ eine Projektionsmatrix vom Rang $(m-1)$ ist; also ist $S_2(X) = |(\mathscr{K}_m \otimes \bar{\mathscr{J}}_r)X|^2$ verteilt wie $\tau^2\chi^2_{m-1}$. Analog ergibt sich $\mathfrak{L}_\vartheta(S_3(X)) = \sigma^2\chi^2_{m(r-1)}$ wegen $S_3(X) = |(\mathscr{J}_m \otimes \mathscr{K}_r)X|^2$ aus

$$\mathfrak{L}_\vartheta((\mathscr{J}_m \otimes \mathscr{K}_r)X) = \mathfrak{N}((\mathscr{J}_m \otimes \mathscr{K}_r)\bar{\mu}\mathbb{1}_n, (\mathscr{J}_m \otimes \mathscr{K}_r)(\sigma_1^2\mathscr{V}_1 + \sigma^2\mathscr{V})(\mathscr{J}_m \otimes \mathscr{K}_r))$$
$$= \mathfrak{N}(0, \sigma^2\, \mathscr{J}_m \otimes \mathscr{K}_r).$$

Das Testproblem ist auch invariant gegenüber der mit $S(x) = (S_1(x), S_2(x), S_3(x))$ verträglichen Gruppe der Translationen $x'_{ij} = x_{ij} + u$, $u \in \mathbb{R}$, (mit der maximalinvarianten Statistik $\tilde{S}(x) = (S_2(x), S_3(x)))$ und der mit $\tilde{S}(x)$ verträglichen Gruppe der Streckungen $x'_{ij} = v x_{ij}$, $v > 0$ (mit der maximalinvarianten Statistik $T^*(x)$). Da die Klasse der Verteilungen von $T^*(X)$ die Klasse der gestreckten F-Verteilungen ist und diese nach 2.2.3 isotonen DQ in der Identität hat, ist φ^* auch gleichmäßig bester invarianter α-Niveau Test. □

Beispiel 4.37 Die Herleitung optimaler Tests im Modell (4.3.44) erfolgt wie im Beispiel 4.36. Wir betrachten das Testproblem $\mathbf{H}$: $\sigma_1^2/\sigma^2 \leqslant \Delta_0$ gegen $\mathbf{K}$: $\sigma_1^2/\sigma^2 > \Delta_0$. Wie dort lassen sich auch im hier vorliegenden Modell die Hypothesen schreiben als $\mathbf{H}$: $\bar{\eta} \leqslant 0$, $\mathbf{K}$: $\bar{\eta} > 0$ und zwar mit

$$\bar{\eta} := \frac{1}{r\Delta_0+1}\frac{1}{2\sigma^2} - \frac{1}{2\tau_1^2} = \zeta_1 - \frac{1}{r\Delta_0+1}\zeta_3, \qquad \xi_2 = \zeta_2, \qquad \xi_3 = \zeta_3.$$

(Weiter sei $\vartheta = (\bar{\mu}, \tau_1^2, \tau_2^2, \sigma^2)$.) Die den Parametern $\bar{\eta}, \xi_2, \xi_3$ entsprechenden Statistiken lauten

$$U(x) = S_1(x), \qquad V_2(x) = S_2(x), \qquad V_3(x) = S_3(x) + \frac{1}{r\Delta_0 + 1} S_1(x).$$

Im reduzierten Modell ist also der bedingte Test (3.3.41–42) gleichmäßig bester unverfälschter α-Niveau Test. Nun ist $U(x)$ bei festem $(V_2(x), V_3(x))$ eine isotone Funktion von

$$T^*(x) := \frac{1}{r\Delta_0 + 1} \frac{1}{m-1} S_1(x) \bigg/ \frac{1}{(m-1)(r-1)} S_3(x).$$

Dieses ist die Prüfgröße eines nicht-bedingten Tests, da für $\vartheta \in \mathbf{J}$ die Verteilung von $T^*(\tilde{X})$ unabhängig von ϑ eine $\mathrm{F}_{m-1,(m-1)(r-1)}$-Verteilung ist. Nach den Sätzen 3.68 und 3.70 ist also $\varphi^* = \mathbb{1}_{\{T^* > \mathrm{F}_{m-1,(m-1)(r-1);\alpha}\}}$ ein gleichmäßig bester unverfälschter α-Niveau Test für $\mathbf{H}$ gegen $\mathbf{K}$ im reduzierten Modell (4.3.12). Die im Vergleich zu Beispiel 4.36 neu hinzugetretene Varianzkomponente σ_2^2 hat also zu einem Verlust von $(r-1)$ Freiheitsgraden in der F-Verteilung und einem entsprechenden Schärfeverlust des besten Tests geführt. □

Wir betrachten abschließend noch das Schätzproblem unter der Momentenannahme (4.3.4+5). Für dieses Modell schreiben wir in formaler Analogie zu (4.3.9) auch

$$X \sim \left(\mathscr{C}\gamma, \sum_{i=1}^{l} \eta_i \mathscr{V}_i\right), \qquad (\gamma, \eta) \in \mathbb{R}^k \times \mathbb{R}^l. \tag{4.3.48}$$

Dann hängt der beste lineare Schätzer für γ gemäß Satz 4.7b im allgemeinen noch vom speziellen Wert η ab. Unter der Voraussetzung (4.3.32) ist dieser jedoch von η unabhängig; vgl. auch Satz 4.32a.

Satz 4.38 *Zugrunde liege das Varianzkomponenten-Modell* (4.3.48). *Dann ist der Kleinste-Quadrate-Schätzer $\hat{\gamma}$ erwartungstreuer linearer Schätzer für $\gamma \in \mathbb{R}^k$ mit gleichmäßig kleinster Kovarianzmatrix genau dann, wenn die Bedingung* (4.3.32) erfüllt ist.

Beweis: Nach Satz 4.7c ist $\hat{\gamma}$ optimal für alle $\eta \in \mathbb{R}^l$ genau dann, wenn gilt

$$\left(\sum_{i=1}^{l} \eta_i \mathscr{V}_i\right)(\mathfrak{L}_k) \subset \mathfrak{L}_k \qquad \forall (\eta_1, \ldots, \eta_l) \in \mathbb{R}^l.$$

Diese Bedingung ist offenbar mit (4.3.32) äquivalent. □

Ist (4.3.32) erfüllt, so liegt es also zur Schätzung von η nahe, zunächst zur ZG $\tilde{X} := X - \mathscr{C}\hat{\gamma}(X) = \mathscr{M}X$ überzugehen, wobei wieder $\mathscr{M} := J_n - \mathscr{P}$ ist. Dies ist nach den Überlegungen von 4.3.1 auch dann sinnvoll, wenn (4.3.32) nicht erfüllt ist, da $\tilde{x} = \mathscr{M}x$ eine gegenüber den Translationen des $\mathfrak{L}_k$ maximalinvariante Statistik ist; vgl. Satz 4.6b. Für die ZG $\tilde{X}$ gilt nach Satz 1.95a mit $\tilde{\mathscr{V}}_i := \mathscr{M}\mathscr{V}_i\mathscr{M}$, $i = 1, \ldots, l$, analog (4.3.12)

$$\tilde{X} \sim \left(0, \sum_{i=1}^{l} \eta_i \tilde{\mathscr{V}}_i\right), \qquad \eta \in \mathbb{R}^l. \tag{4.3.49}$$

Für dieses reduzierte Varianzkomponenten-Modell gilt gemäß (4.3.46)

$$E_\eta \tilde{X} \otimes \tilde{X} = \mathrm{vec}(\mathscr{C}\!ov_\eta \tilde{X}) = \sum_{i=1}^{l} \eta_i \,\mathrm{vec}\, \tilde{\mathscr{V}}_i = \mathscr{W}\eta.$$

Wie bereits im Anschluß an (4.3.13) mit anderen Worten gesagt wurde, besitzt also der

Erwartungswert $E_\eta \tilde{X} \otimes \tilde{X}$ im reduzierten Varianzkomponenten-Modell (4.3.49) die gleiche lineare Darstellung vermöge vorgegebener Vektoren $\operatorname{vec} \tilde{\mathscr{V}}_1, \ldots, \operatorname{vec} \tilde{\mathscr{V}}_l \in \mathbb{R}^{n^2}$ wie der Mittelwertvektor $E_\gamma X$ im linearen Modell (4.1.2+5) mittels vorgegebener Vektoren $c_1, \ldots, c_k \in \mathbb{R}^n$. Somit liegt es nahe, das Schätzproblem für $\eta \in \mathbb{R}^l$ wie dasjenige für $\gamma \in \mathbb{R}^k$ zu behandeln. Insbesondere liegt es auch aus diesem Grunde nahe, sich auf quadratische invariante Schätzer in x, d.h. gemäß

$$\tilde{x}^\top \mathscr{A} \tilde{x} = \operatorname{Sp}(\mathscr{A} \tilde{x} \tilde{x}^\top) = \operatorname{vec}^\top \mathscr{A} \cdot \tilde{x} \otimes \tilde{x}, \qquad \mathscr{A} \in \mathbb{R}^{n \times n}_{\text{sym}} \tag{4.3.50}$$

auf lineare Funktionen in $\tilde{x} \otimes \tilde{x}$ zu beschränken. Dieses Schätzproblem reduziert sich nämlich genau auf das in 4.1 behandelte Problem der Bestimmung eines besten linearen Schätzers. Unterstellt man, daß $\tilde{X}$ Momente 4. Ordnung wie unter der Normalverteilung (4.3.12) hat, so folgt zunächst aus Satz 1.95a, (4.3.21), Satz 1.98, (4.3.23) und nochmals (4.3.21) für beliebiges $\mathscr{A} \in \mathbb{R}^{n \times n}_{\text{sym}}$ mit der Abkürzung $\tilde{\mathscr{V}} := \mathscr{C}ov_\eta \tilde{X}$

$$\begin{aligned} \operatorname{vec}^\top \mathscr{A} \cdot \mathscr{C}ov_\eta \tilde{X} \otimes \tilde{X} \cdot \operatorname{vec} \mathscr{A} &= \mathscr{C}ov_\eta (\operatorname{vec}^\top \mathscr{A} \cdot \tilde{X} \otimes \tilde{X}) = Var_\eta (\tilde{X}^\top \mathscr{A} \tilde{X}) \\ &= 2 \operatorname{Sp}(\mathscr{A} \tilde{\mathscr{V}} \mathscr{A} \tilde{\mathscr{V}}) = 2 \operatorname{vec}^\top \mathscr{A} \cdot \operatorname{vec}(\tilde{\mathscr{V}} \mathscr{A} \tilde{\mathscr{V}}) \\ &= \operatorname{vec}^\top \mathscr{A} \cdot 2 \tilde{\mathscr{V}} \otimes \tilde{\mathscr{V}} \cdot \operatorname{vec} \mathscr{A} \end{aligned}$$

und damit

$$\mathscr{C}ov_\eta \tilde{X} \otimes \tilde{X} = 2 \tilde{\mathscr{V}} \otimes \tilde{\mathscr{V}} = 2 \sum_{i=1}^{l} \sum_{j=1}^{l} \eta_i \eta_j \tilde{\mathscr{V}}_i \otimes \tilde{\mathscr{V}}_j .$$

Die ZG $\tilde{X} \otimes \tilde{X}$ genügt also formal auch einem Varianzkomponenten-Modell, nämlich

$$\tilde{X} \otimes \tilde{X} \sim \left(\mathscr{W} \eta, \, 2 \sum_{i=1}^{l} \sum_{j=1}^{l} \eta_i \eta_j \tilde{\mathscr{V}}_i \otimes \tilde{\mathscr{V}}_j \right). \tag{4.3.51}$$

An dieser Beziehung zeigen sich die spezifischen Schwierigkeiten der Varianzkomponentenschätzung: Die unbekannten Varianzkomponenten $\eta_1, \ldots, \eta_l$ treten nicht nur in den Momenten 1. Ordnung, sondern auch in den Momenten 2. Ordnung auf. Zu jedem Tupel von a priori Werten für die in der Kovarianzmatrix von (4.3.51) auftretenden Parameter $\eta_1, \ldots, \eta_l$ gibt es also einen optimalen[1]) Schätzer. Gemäß Anmerkung[2]) zu Satz 4.7 ist dies der (von den a priori Werten unabhängige) Kleinste-Quadrate-Schätzer, falls für jede Kovarianzmatrix $2\tilde{\mathscr{V}} \otimes \tilde{\mathscr{V}}$, $\tilde{\mathscr{V}} \in \mathfrak{V}_l$, die (4.1.21) entsprechende Bedingung

$$2 \tilde{\mathscr{V}} \otimes \tilde{\mathscr{V}} (\tilde{\mathfrak{L}}_l) \subset \tilde{\mathfrak{L}}_l \tag{4.3.52}$$

erfüllt ist. Dabei bezeichnet $\tilde{\mathfrak{L}}_l := \mathfrak{L}(\operatorname{vec} \tilde{\mathscr{V}}_1, \ldots, \operatorname{vec} \tilde{\mathscr{V}}_l)$ den Bildbereich der Design-Matrix $\mathscr{W}$ des abgeleiteten Modells (4.3.51). Aus dem Beweis des folgenden Satzes wird sich ergeben, daß (4.3.52) unter einer schwachen Zusatzannahme mit der Bedingung (4.3.42) äquivalent ist; vgl. auch Satz 4.32b.

---

[1]) Wegen der Abhängigkeit von den a priori Werten ist dieses im allgemeinen nur ein lokal optimaler Schätzer. Ein wichtiges Beispiel hierfür ist der sog. MINQUE-Schätzer; vgl. C.R. Rao, J. Am. Statist. Assoc. **67** (1972), 112–115, insbes. 3.4.

[2]) Die Kovarianzmatrix $2\tilde{\mathscr{V}} \otimes \tilde{\mathscr{V}}$ in (4.3.51) ist wegen $\operatorname{Rg} \tilde{\mathscr{V}} \leqslant \operatorname{Rg} \mathscr{M} < n$ entartet.

Satz 4.39 *Zugrunde liege das Varianzkomponenten-Modell* (4.3.48) *mit vierten Momenten gemäß* (4.3.51) *und linear unabhängigen* $\mathscr{V}_1, \ldots, \tilde{\mathscr{V}}_l$. *Weiter gebe es Zahlen*[1]) $\eta_{10}, \ldots, \eta_{l0} \in \mathbb{R}$ *mit* $\sum_{i=1}^{l} \eta_{i0} \tilde{\mathscr{V}}_i = \mathscr{M}$. *Dann ist der Kleinste-Quadrate-Schätzer* $\hat{\eta}$ *erwartungstreuer quadratischer translationsinvarianter Schätzer für* $\eta \in \mathbb{R}^l$ *mit gleichmäßig kleinster Kovarianzmatrix genau dann, wenn die Bedingung* (4.3.42) *erfüllt ist.*

Beweis: Nach Anmerkung zu Satz 4.7 ist $\hat{\eta}$ für das abgeleitete Varianzkomponenten-Modell (4.3.51) mit der Kovarianzmatrix $2\tilde{\mathscr{V}} \otimes \tilde{\mathscr{V}} = 2\sum\sum \eta_i \eta_j \tilde{\mathscr{V}}_i \otimes \tilde{\mathscr{V}}_j$ (gleichmäßig) optimal, wenn (4.3.52) für jedes $\tilde{\mathscr{V}} \in \tilde{\mathfrak{V}}_l$ erfüllt ist. Dies ist nach Definition von $\tilde{\mathfrak{L}}_l$ äquivalent mit

$$\tilde{\mathscr{V}} \otimes \tilde{\mathscr{V}} \cdot \operatorname{vec} \tilde{\mathscr{V}}_j \in \tilde{\mathfrak{L}}_l \quad \forall j = 1, \ldots, l \quad \forall \tilde{\mathscr{V}} \in \tilde{\mathfrak{V}}_l .$$

Mit $\tilde{\mathscr{V}} \otimes \tilde{\mathscr{V}} \cdot \operatorname{vec} \tilde{\mathscr{V}}_j = \operatorname{vec}(\tilde{\mathscr{V}} \tilde{\mathscr{V}}_j \tilde{\mathscr{V}})$ gemäß (4.3.21) ist dieses gleichwertig mit

$$\tilde{\mathscr{V}} \tilde{\mathscr{V}}_j \tilde{\mathscr{V}} \in \tilde{\mathfrak{V}}_l \quad \forall j = 1, \ldots, l \quad \forall \tilde{\mathscr{V}} \in \tilde{\mathfrak{V}}_l .$$

Wegen $\sum \eta_{i0} \tilde{\mathscr{V}}_i = \mathscr{M}$ und $\tilde{\mathscr{V}} \mathscr{M} \tilde{\mathscr{V}} = \tilde{\mathscr{V}}^2 \quad \forall \tilde{\mathscr{V}} \in \tilde{\mathfrak{V}}_l$ ergibt sich hieraus

$$\tilde{\mathscr{V}}^2 \in \tilde{\mathfrak{V}}_l \quad \forall \tilde{\mathscr{V}} \in \tilde{\mathfrak{V}}_l ,$$

also (4.3.42). Die Umkehrung folgt mit Hilfssatz 4.27a. □

Aufgabe 4.11 (Hierarchische Zerlegung) In Beispiel 4.23 seien $n_{ij} \equiv t$, $r_i \equiv s$ und U_i, V_{ij}, W_{ijs} st.u. $\mathfrak{N}(0,1)$-verteilte ZG.

a) Man zeige, daß eine vierparametrige Exponentialfamilie zugrundeliegt.

b) Man gebe gleichmäßig beste unverfälschte α-Niveau Tests an für $\mathbf{H}_1: \sigma_1^2/(\sigma^2 + r\sigma_2^2) \leqslant \Delta$, $\mathbf{K}_1: \sigma_1^2/(\sigma^2 + r\sigma_2^2) > \Delta$ und $\mathbf{H}_2: \sigma_2^2/\sigma^2 \leqslant \Delta$, $\mathbf{K}_2: \sigma_2^2/\sigma^2 > \Delta$.

Aufgabe 4.12 Gegeben sei das gemischte Modell $X_{ijs} = \bar{\mu} + v_i + \sigma_1 V_{ij} + \sigma W_{ijs}$, $i = 1, \ldots, m$, $j = 1, \ldots, r$, $s = 1, \ldots, t$. Dabei seien $\bar{\mu}$ und v_i feste Effekte, σV_{ij} zufällige Effekte und σW_{ijs} zufällige Fehler. Die ZG V_{ij} und W_{ijs} seien gemeinsam st.u. und jeweils $\mathfrak{N}(0,1)$-verteilt.

a) Man bestimme beste erwartungstreue Schätzer für $\bar{\mu}$, v_i, σ_1^2 und σ^2.

b) Man gebe eine Prüfgröße für die lineare Hypothese $\mathbf{H}: v_1 = \ldots = v_m = 0$ an.

Aufgabe 4.13 Die $\mathbb{R}^n$-wertige ZG X sei symmetrisch um ihren Erwartungswert $\mathscr{C}\gamma$ verteilt; $\mathscr{C} \in \mathbb{R}^{n \times k}$ sei bekannt und vom Rang k. Sei $\hat{\mathscr{S}}(x)$ ein Schätzer für $\mathscr{C}ov_\vartheta X$, der translationsinvariant, für jedes $x \in \mathbb{R}^n$ positiv definit und überdies gerade sei, d.h. es gelte $\hat{\mathscr{S}}(x) = \hat{\mathscr{S}}(-x) \quad \forall x \in \mathbb{R}^n$. Man zeige, daß der Schätzer $\check{\gamma}(x) := (\mathscr{C}^\top \hat{\mathscr{S}}(x)^{-1} \mathscr{C})^{-1} \mathscr{C}^\top \hat{\mathscr{S}}(x)^{-1} x$ erwartungstreu für γ ist, und daß $\check{\gamma}(X)$ und $\hat{\mathscr{S}}(X)$ unkorreliert sind.

Hinweis: Die Behauptung folgt bereits daraus, daß $\check{\gamma}$ ungerade und äquivariant im Sinne von $\check{\gamma}(x + \mathscr{C}\gamma) = \check{\gamma}(x) + \gamma$ ist.

Aufgabe 4.14 Es seien X eine n-dimensionale ZG mit $\mathfrak{L}(X) = \mathfrak{N}\left(\mu, \sum_{j=1}^{l} \eta_j \mathscr{V}_j\right)$, $(\mu, \eta) \in \mathfrak{L}_k \times Y_l$ und (4.3.33) erfüllt. Der von $\mathscr{V}_1, \ldots, \mathscr{V}_l$ aufgespannte Matrizenraum $\mathfrak{V}$ sei ein quadratischer Teilraum der Dimension l und überdies *kommutativ*, d.h. es gelte $\mathscr{A}\mathscr{B} = \mathscr{B}\mathscr{A} \quad \forall \mathscr{A}, \mathscr{B} \in \mathfrak{V}$. Man zeige:

[1]) Diese Bedingung besagt also $\mathscr{M} \in \tilde{\mathfrak{V}}_l$. Sie ist insbesondere dann erfüllt, wenn (4.3.4) einen reinen Fehleranteil σW enthält, wenn also o.E. $\mathscr{V}_l = \mathscr{I}_n$ und damit $\tilde{\mathscr{V}}_l = \mathscr{M} \mathscr{I}_n \mathscr{M} = \mathscr{M}$ ist.

a) $\mathfrak{V}$ ist ein kommutativer Teilraum genau dann, wenn es eine Basis von paarweise orthogonalen Projektionsmatrizen $\mathscr{P}_1, \ldots, \mathscr{P}_l$ gibt; diese ist (bis auf Umnumerierung) eindeutig.

b) Ist $\mathscr{P}$ die Matrix der orthogonalen Projektion auf den $\mathfrak{L}_k$ und $\tilde{\mathscr{P}}_i = (\mathscr{I}_n - \mathscr{P})\, \mathscr{P}_i (\mathscr{I}_n - \mathscr{P})$, $i = 1, \ldots, l$, dann bilden die Bildräume von $\mathscr{P}, \tilde{\mathscr{P}}_1, \ldots, \tilde{\mathscr{P}}_l$ eine orthogonale Zerlegung des $\mathbb{R}^n$.

c) Der „Varianzanalysenschätzer" für eine Linearform $\sum_{j=1}^{l} \tilde{k}_j \eta_j$ ist diejenige Kombination $\sum_{j=1}^{l} \lambda_j \tilde{x}^\top \tilde{\mathscr{P}}_j \tilde{x} / r_j$, $\tilde{x} := (\mathscr{I}_n - \mathscr{P})\, x$, die erwartungstreu ist. Dabei ist $r_j := \operatorname{Rg} \tilde{\mathscr{P}}_j$. Man bestimme ein lineares Gleichungssystem für $\lambda_1, \ldots, \lambda_l$.

Aufgabe 4.15 Für die $\mathbb{R}^n$-wertige ZG X gelte $EX = \mu \in \mathfrak{L}_k$ und $\mathscr{C}ov\, X = \sum_{j=1}^{l} \eta_j \mathscr{V}_j$. Es sei $\mathscr{P}$ die Matrix der orthogonalen Projektion auf den $\mathfrak{L}_k$; der von den Matrizen $\tilde{\mathscr{V}}_1, \ldots, \tilde{\mathscr{V}}_l$ aufgespannte Teilraum $\tilde{\mathfrak{V}}$ sei quadratisch und von Dimension l. Schließlich seien $\hat{\eta}_j$ die besten quadratischen erwartungstreuen translationsinvarianten Schätzer für $\eta_j, j = 1, \ldots, l$.

a) Man zeige, daß die geschätzte Streuungsmatrix $\hat{\mathscr{S}}_{\tilde{\mathfrak{V}}} := \sum \hat{\eta}_j \tilde{\mathscr{V}}_j$ der Residualstatistik $T(x) = \tilde{x}$ positiv semidefinit ist.

b) Am Beispiel $EX = \bar{\mu} \mathbb{1}_n$, $\mathscr{C}ov\, X = (\sigma_i^2 \delta_{ij})$ demonstriere man, daß die geschätzte Streuungsmatrix $\hat{\mathscr{S}} := \sum \hat{\eta}_j \mathscr{V}_j$ nicht notwendig positiv semidefinit ist; $n = 3$.

Hinweis zu a): Man beweise zunächst, daß die orthogonale Projektion $\mathscr{T}$ auf $\tilde{\mathfrak{V}}$ positiv-semidefinite Matrizen in ebensolche überführt.

4.4 Elemente der multivariaten Analyse

Das Testen linearer Hypothesen in linearen Modellen läßt sich in kanonischer Weise auf mehrdimensional normalverteilte ZG übertragen, wenn auch zwangsläufig hiermit ein höherer formaler Aufwand verbunden ist. Wir beschränken uns deshalb auf die Erweiterung des (zweiseitigen) t-Tests (3.4.21), d.h. des F-Tests mit $h = k - 1$. Dieser T^2-Test wird in 4.4.2 als gleichmäßig bester invarianter α-Niveau Test hergeleitet. Die Verteilungstheorie hierzu wird in Analogie zu 3.4.5 vermöge Satz 1.97 auf diejenige eines niedriger dimensionalen Regressionsproblems zurückgeführt. Demgemäß werden in 4.4.1 zunächst die Überlegungen aus 4.1.1 über lineare Modelle auf den mehrdimensionalen Fall verallgemeinert, die auch für sich von praktischem Interesse sind.

4.4.1 Multivariate lineare Modelle

Die linearen Modelle aus 4.1.1 beschreiben Situationen, in denen bei jeder von n Versuchsausführungen jeweils nur ein einziges Merkmal gemessen wird. Führt jede der n Beobachtungen zu r Meßwerten, so werden als Modell r-dimensionale ZG $X_1, \ldots, X_n$ benötigt. Dabei hat X_j die Komponenten $X_{j1}, \ldots, X_{jr}$. Zur Behandlung solcher Modelle ist es zweckmäßig, die ZG zu einer $n \times r$-Matrix $\mathscr{X}$ zusammenzufassen,

$$\mathscr{X} = \begin{pmatrix} X_{11} & \ldots & X_{1r} \\ \vdots & & \vdots \\ X_{n1} & \ldots & X_{nr} \end{pmatrix} = \begin{pmatrix} X_1^\top \\ \vdots \\ X_n^\top \end{pmatrix} =: (\tilde{X}_1, \ldots, \tilde{X}_r). \tag{4.4.1}$$

In der l-ten Spalte von $\mathscr{X}$ steht also der Vektor $\tilde{X}_l$ der l-ten Komponenten der n Beobachtungen, $l = 1, \ldots, r$. Deshalb werden bei einer derartigen Schreibweise Transformationen, die auf alle r Komponenten gleichartig anzuwenden sind, formal beschrieben wie im Fall $r = 1$. Bezeichnet nämlich

$$\mathscr{Y} = \begin{pmatrix} Y_{11} & \ldots & Y_{1r} \\ \vdots & & \vdots \\ Y_{n1} & \ldots & Y_{nr} \end{pmatrix} = \begin{pmatrix} Y_1^\top \\ \vdots \\ Y_n^\top \end{pmatrix} =: (\tilde{Y}_1, \ldots, \tilde{Y}_r) \tag{4.4.2}$$

ein weiteres System derartiger ZG und $\mathscr{T}$ eine $n \times n$-Matrix, so gilt

$$\mathscr{Y} = \mathscr{T}\mathscr{X} \quad \Leftrightarrow \quad \tilde{Y}_l = \mathscr{T}\tilde{X}_l \quad \forall l = 1, \ldots, r. \tag{4.4.3}$$

Im folgenden betrachten wir stets Situationen, bei denen die r Meßwerte jeweils durch ein und dieselbe Versuchsausführung bestimmt sind, bei denen also die gleichen qualitativen bzw. quantitativen Faktoren zugrundeliegen. Ist dann in jeder der Komponenten eine lineare Regression gerechtfertigt, so kann auch jeweils dieselbe Design-Matrix verwendet werden. Ist dies wie in 4.1.1 eine $n \times k$-Matrix[1])

$$\mathscr{C} = (\tilde{c}_1, \ldots, \tilde{c}_k) =: (c_1, \ldots, c_n)^\top \in \mathbb{R}^{n \times k} \tag{4.4.4}$$

vom Rang k und $\Gamma = (\tilde{\gamma}_1, \ldots, \tilde{\gamma}_r)$ eine $k \times r$-Matrix von Regressionsparametern, so gilt analog (4.4.3)

$$E\mathscr{X} = \mathscr{C}\Gamma \quad \Leftrightarrow \quad E\tilde{X}_l = \mathscr{C}\tilde{\gamma}_l \quad \forall l = 1, \ldots, r. \tag{4.4.5}$$

Dabei bezeichnet $\tilde{\gamma}_l$ gerade den Einfluß der Versuchsbedingungen auf die l-ten Komponenten $\tilde{X}_l$, $l = 1, \ldots, r$. Eine Darstellung $E\mathscr{X} = \mathscr{C}\Gamma$ vermöge einer bekannten Matrix $\mathscr{C} \in \mathbb{R}^{n \times k}$ und einer unbekannten Matrix $\Gamma \in \mathbb{R}^{k \times r}$ bezeichnet man in Verallgemeinerung von (1.5.2) als eine *r-dimensionale lineare Regression*. Sie beschreibt also gerade die Tatsache, daß es sich um die Messung von r verschiedenen Größen bei denselben Versuchsausführungen handelt, wobei aber der zahlenmäßige Einfluß der einzelnen Faktoren auf die r Komponenten im allgemeinen verschieden ist. Umgeschrieben auf die zugrundeliegenden r-dimensionalen ZG $X_1, \ldots, X_n$ ist der Regressionsansatz $E\mathscr{X} = \mathscr{C}\Gamma$ wegen

$$E\mathscr{X}^\top = (EX_1, \ldots, EX_n) = \Gamma^\top \mathscr{C}^\top = \Gamma^\top (c_1, \ldots, c_n)$$

äquivalent mit

$$EX_j = \Gamma^\top c_j, \qquad j = 1, \ldots, n. \tag{4.4.6}$$

In Verallgemeinerung von (4.1.1) versteht man unter einem *multivariaten linearen Modell mit Normalverteilungsannahme*[2]) ein solches der Form

$$\mathscr{X} = \mathscr{C}\Gamma + \mathscr{W}\mathscr{S}^{1/2}, \tag{4.4.7}$$

---

[1]) Man beachte, daß die bei der Darstellung (1.5.2) verwendeten Vektoren $c_1, \ldots, c_k$ hier mit $\tilde{c}_1, \ldots, \tilde{c}_k$ bezeichnet werden, um Zeilen- und Spaltenvektoren in einer (4.4.1–2) entsprechenden Weise zu kennzeichnen.

[2]) Auch multivariate lineare Modelle mit Momentenannahme ließen sich analog 4.1.1 behandeln.

wobei $\mathscr{W} = (W_1, \ldots, W_n)^\top$ eine $n \times r$-Matrix von n st.u. r-dimensionalen $\mathfrak{N}(0, \mathscr{I}_r)$-verteilten ZG und $\mathscr{S} \in \mathbb{R}_{\mathrm{p.s.}}^{r \times r}$ (im folgenden o.E. $\mathscr{S} \in \mathbb{R}_{\mathrm{p.d.}}^{r \times r}$) ist. Wegen (4.4.6) ist ein r-dimensionales lineares Modell (4.4.7) gleichwertig beschrieben durch

$$X_1, \ldots, X_n \text{ st.u.}, \qquad \mathfrak{L}(X_j) = \mathfrak{N}(\Gamma^\top c_j, \mathscr{S}), \qquad j = 1, \ldots, n. \tag{4.4.8}$$

Um die bisherigen Bezeichnungen und Rechenregeln für mehrdimensionale Normalverteilungen anwenden zu können, ist neben der Zusammenfassung (4.4.1) zu einer $n \times r$-Matrix eine solche zu einem nr-dimensionalen Vektor zweckmäßig, etwa gemäß

$$X := \operatorname{vec} \mathscr{X} = (X_1^\top, \ldots, X_n^\top)^\top = (X_{11}, \ldots, X_{1r}, \ldots, X_{n1}, \ldots, X_{nr})^\top. \tag{4.4.9}$$

Mit $Y := \operatorname{vec} \mathscr{Y}$, $W := \operatorname{vec} \mathscr{W}$ und $\gamma := \operatorname{vec} \Gamma$ gilt dann nach Hilfssatz 4.25b

$$\mathscr{Y} = \mathscr{T} \mathscr{X} \qquad \Leftrightarrow \qquad Y = (\mathscr{T} \otimes \mathscr{I}_r) X, \tag{4.4.10}$$

$$\mathscr{X} = \mathscr{C}\Gamma + \mathscr{W} \mathscr{S}^{1/2} \qquad \Leftrightarrow \qquad X = (\mathscr{C} \otimes \mathscr{I}_r)\gamma + (\mathscr{I}_n \otimes \mathscr{S}^{1/2}) W, \tag{4.4.11}$$

$$\left.\begin{array}{c} X_1, \ldots, X_n \quad \text{st.u.} \\ \mathfrak{L}(X_j) = \mathfrak{N}(\mu_j, \mathscr{S}),\, j = 1, \ldots, n, \end{array}\right\} \Leftrightarrow \left\{\begin{array}{l} \mathfrak{L}(X) = \mathfrak{N}(\mu, \mathscr{I}_n \otimes \mathscr{S}), \\ \mu = \operatorname{vec}(\mu_1, \ldots, \mu_n)^\top. \end{array}\right. \tag{4.4.12}$$

Mit dieser Terminologie lassen sich in kanonischer Weise die Aussagen von Satz 1.42, Korollar 1.44 bzw. Satz 4.5 auf den Fall $r \geqslant 1$ verallgemeinern. Zunächst gilt der

Satz 4.40 *$X_1, \ldots, X_n$ seien* st.u. *r-dimensionale* ZG *mit* $\mathfrak{L}(X_j) = \mathfrak{N}(\mu_j, \mathscr{S})$, $j = 1, \ldots, n$. *Bezeichnet* $\mathscr{M} = (\mu_1, \ldots, \mu_n)^\top = (\tilde{\mu}_1, \ldots, \tilde{\mu}_r)$ *die $n \times r$-Matrix der Mittelwerte und $\mathscr{T}$ eine orthogonale $n \times n$-Matrix, so gilt für die durch* $\mathscr{Y} := \mathscr{T} \mathscr{X}$ *gemäß* (4.4.2+3) *definierten* ZG *und die durch* $\mathscr{N} := \mathscr{T} \mathscr{M} = (\nu_1, \ldots, \nu_n)^\top = (\tilde{\nu}_1, \ldots, \tilde{\nu}_r)$ *definierten Mittelwerte*

a) $\quad Y_1, \ldots, Y_n$ st.u., $\quad \mathfrak{L}(Y_j) = \mathfrak{N}(\nu_j, \mathscr{S}), \quad j = 1, \ldots, n;$

b) $\quad \sum Y_j Y_j^\top = \sum X_j X_j^\top.$

Beweis: a) Mit $X := \operatorname{vec} \mathscr{X}$ und $\mu := \operatorname{vec} \mathscr{M}$ gilt

$$\mathfrak{L}(X) = \mathfrak{N}(\mu, \mathscr{I}_n \otimes \mathscr{S}).$$

Die Annahme st.u. normalverteilter ZG mit der gleichen Kovarianzmatrix $\mathscr{S}$ spiegelt sich in der speziellen Form $\mathscr{I}_n \otimes \mathscr{S}$ der hochdimensionalen Kovarianzmatrix wider. $\mathscr{Y} = \mathscr{T}\mathscr{X}$ ist nach (4.4.10) äquivalent mit $Y = (\mathscr{T} \otimes \mathscr{I}_r) X$, so daß mit $\nu = (\mathscr{T} \otimes \mathscr{I}_r) \mu$ nach Satz 1.95 bzw. mit (4.3.19) gilt

$$\mathfrak{L}(Y) = \mathfrak{N}((\mathscr{T} \otimes \mathscr{I}_r) \mu, (\mathscr{T} \otimes \mathscr{I}_r)(\mathscr{I}_n \otimes \mathscr{S})(\mathscr{T}^\top \otimes \mathscr{I}_r)) = \mathfrak{N}(\nu, \mathscr{I}_n \otimes \mathscr{S}).$$

Bei der orthogonalen Transformation bleibt also wie behauptet die gemeinsame Normalverteilung einschließlich Kovarianzstruktur $\mathscr{I}_n \otimes \mathscr{S}$ erhalten und es gilt $\nu = (\mathscr{T} \otimes \mathscr{I}_r) \operatorname{vec} \mathscr{M} = \operatorname{vec}(\mathscr{T} \mathscr{M} \mathscr{I}_r) = \operatorname{vec}(\mathscr{T} \mathscr{M}) = \operatorname{vec} \mathscr{N}$.

b) folgt aus der Orthogonalität von $\mathscr{T}$ gemäß

$$\sum X_j X_j^\top = \mathscr{X}^\top \mathscr{X} = \mathscr{X}^\top \mathscr{T}^\top \mathscr{T} \mathscr{X} = \mathscr{Y}^\top \mathscr{Y} = \sum Y_j Y_j^\top. \qquad \square$$

Wie im Fall $r=1$ behandeln wir zunächst das Einstichprobenproblem, wobei wir wieder $\bar{\mu}$ statt μ_j schreiben und die Beobachtungen $x_j^\top = (x_{j1}, \dots, x_{jr})$, $j=1,\dots,n$, analog (4.4.1) zu einer $n \times r$-Matrix $x = (x_1, \dots, x_n)^\top =: (x_{jl})$ zusammenfassen.

Satz 4.41 *$X_1, \dots, X_n$ seien* st.u. *r-dimensionale* ZG *mit $\mathfrak{L}(X_j) = \mathfrak{N}(\bar{\mu}, \mathscr{S})$, $j=1,\dots,n$. Weiter bezeichnen $\bar{x}_{\bullet} := \sum x_j/n$ das (komponentenweise gebildete) Stichprobenmittel und*

$$\hat{\mathscr{S}}(x) = \frac{1}{n-1} \sum_j (x_j - \bar{x}_{\bullet})(x_j - \bar{x}_{\bullet})^\top \tag{4.4.13}$$

die Stichproben-Kovarianzmatrix. Dann gilt:

a) *Es gibt eine orthogonale $n \times n$-Matrix $\mathscr{T}$ derart, daß die durch $\mathscr{Y} = \mathscr{T}\mathscr{X}$ gemäß (4.4.2+3) definierten* ZG *$Y_1, \dots, Y_n$* st.u. *sind mit $\mathfrak{L}(Y_1) = \mathfrak{N}(\sqrt{n}\,\bar{\mu}, \mathscr{S})$, $\mathfrak{L}(Y_2) = \dots = \mathfrak{L}(Y_n) = \mathfrak{N}(0, \mathscr{S})$. Insbesondere gilt*

$$\sqrt{n}\,\bar{X}_{\bullet} = Y_1, \qquad \sum (X_j - \bar{X}_{\bullet})(X_j - \bar{X}_{\bullet})^\top = \sum_{j=2}^{n} Y_j Y_j^\top. \tag{4.4.14}$$

b) *$\bar{X}_{\bullet}$ und $\hat{\mathscr{S}}(\mathscr{X})$ sind* st.u. *und erwartungstreue Schätzer für $\bar{\mu} \in \mathbb{R}^r$ bzw. $\mathscr{S} \in \mathbb{R}^{r \times r}_{\text{p.d.}}$ mit gleichmäßig kleinster Kovarianzmatrix*[1]).

Beweis: a) $\bar{\mu} \in \mathbb{R}^r$ besitze die r eindimensionalen Komponenten $\bar{\mu}_1, \dots, \bar{\mu}_r$ und es sei $(\tilde{\mu}_1, \dots, \tilde{\mu}_r) = (\bar{\mu}, \dots, \bar{\mu})^\top \in \mathbb{R}^{n \times r}$. Wählt man $\mathscr{T} = (t_{ij}) \in \mathbb{R}^{n \times n}_{\text{orth}}$ mit $t_{1j} = n^{-1/2}$, $j = 1, \dots, n$, so gilt $\sum_{j=1}^{n} t_{ij} = 0 \quad \forall i = 2, \dots, n$ und damit nach Satz 4.40

$$\tilde{v}_l = \mathscr{T}\tilde{\mu}_l = (\sqrt{n}\,\bar{\mu}_l, 0, \dots, 0)^\top \quad \forall l = 1, \dots, r, \quad \text{d.h.} \quad v_1 = \sqrt{n}\,\bar{\mu}, \quad v_2 = \dots = v_n = 0.$$

Analog gilt $\tilde{Y}_l = \mathscr{T}\tilde{X}_l = \left(\sqrt{n}\,\bar{X}_{\bullet l}, \sum_j t_{2j} X_{jl}, \dots, \sum_j t_{nj} X_{jl}\right)^\top$ für $l = 1, \dots, r$ und somit $Y_1 = (\sqrt{n}\,\bar{X}_{\bullet 1}, \dots, \sqrt{n}\,\bar{X}_{\bullet r})^\top = \sqrt{n}\,\bar{X}_{\bullet}$ sowie wegen Satz 4.40 b

$$\sum_{j=1}^{n} (X_j - \bar{X}_{\bullet})(X_j - \bar{X}_{\bullet})^\top = \sum_{j=1}^{n} X_j X_j^\top - n\bar{X}_{\bullet}\bar{X}_{\bullet}^\top = \sum_{j=1}^{n} Y_j Y_j^\top - Y_1 Y_1^\top = \sum_{j=2}^{n} Y_j Y_j^\top. \tag{4.4.15}$$

b) Die st. Unabhängigkeit und die Erwartungstreue folgen aus (4.4.14). Zur Anwendung des Satzes von Lehmann-Scheffé beachte man die Gültigkeit von

$$\sum (x_j - \bar{\mu})^\top \mathscr{S}^{-1} (x_j - \bar{\mu}) = \operatorname{Sp} \mathscr{S}^{-1} \sum x_j x_j^\top - 2n \operatorname{Sp} \mathscr{S}^{-1} \bar{\mu} \bar{x}_{\bullet}^\top + n \bar{\mu}^\top \mathscr{S}^{-1} \bar{\mu}.$$

Nach Satz 3.39 ist also $(\bar{x}_{\bullet}, \sum x_j x_j^\top)$ und damit nach Anmerkung 3.34 auch $(\bar{x}_{\bullet}, \sum x_j x_j^\top - n\bar{x}_{\bullet}\bar{x}_{\bullet}^\top) = (\bar{x}_{\bullet}, \sum (x_j - \bar{x}_{\bullet})(x_j - \bar{x}_{\bullet})^\top)$ eine suffiziente und vollständige Statistik für $(\bar{\mu}, \mathscr{S}) \in \mathbb{R}^r \times \mathbb{R}^{r \times r}_{\text{p.d.}}$. □

Wir betrachten nun allgemeiner ein beliebiges r-dimensionales lineares Modell (4.4.7) mit einer Design-Matrix $\mathscr{C} \in \mathbb{R}^{n \times k}$ vom Rang k und einer Kovarianz-Matrix $\mathscr{S} \in \mathbb{R}^{r \times r}_{\text{p.d.}}$. Zur

[1]) Gemeint ist hier bzw. in Satz 4.42 b die Kovarianzmatrix von $\operatorname{vec}(\bar{X}_{\bullet}, \hat{\mathscr{S}}(\mathscr{X}))$, d.h. $\bar{x}_{\bullet}$ und $\hat{\mathscr{S}}(x)$ sind erwartungstreu mit komponentenweise gleichmäßig kleinster Varianz.

Schätzung verwenden wir den Kleinste-Quadrate-Schätzer $\hat{\Gamma}(x)$ bzw. den auf diesem aufbauenden Residualschätzer $\hat{\mathscr{S}}(x)$. Dabei sind $\hat{\Gamma}(x)$ und $\hat{\mathscr{S}}(x)$ in Verallgemeinerung von (4.1.3) bzw. (4.1.4) erklärt durch

$$\hat{\Gamma}(x) \in \mathbb{R}^{k \times r}, \qquad \| x - \mathscr{C}\hat{\Gamma}(x) \|^2 = \min_{\Gamma} \| x - \mathscr{C}\Gamma \|^2, \tag{4.4.16}$$

$$\hat{\mathscr{S}}(x) = \frac{1}{n-k} \sum (x_j - \hat{\Gamma}^\top(x) c_j)(x_j - \hat{\Gamma}^\top(x) c_j)^\top = \frac{1}{n-k} (x - \mathscr{C}\hat{\Gamma}(x))^\top (x - \mathscr{C}\hat{\Gamma}(x)). \tag{4.4.17}$$

(4.4.16) läßt sich auf zweifache Art umformen und so der expliziten Bestimmung von $\hat{\Gamma}(x)$ zuführen. Einerseits ist (4.4.16) für $n \times r$-Matrizen $(\tilde{a}_1, \ldots, \tilde{a}_r)$ wegen $\| (\tilde{a}_1, \ldots, \tilde{a}_r) \| = \sum_{l=1}^{r} | \tilde{a}_l |$ äquivalent mit

$$\hat{\tilde{\gamma}}_l(x) \in \mathbb{R}^k, \qquad | \tilde{x}_l - \mathscr{C}\hat{\tilde{\gamma}}_l(x) |^2 = \min_{\tilde{\gamma}_l} | \tilde{x}_l - \mathscr{C}\tilde{\gamma}_l |^2 \quad \forall l = 1, \ldots, r; \tag{4.4.18}$$

den einleitenden Bemerkungen über r-dimensionale lineare Modelle entsprechend läßt sich also der Kleinste-Quadrate-Schätzer $\hat{\Gamma} = (\hat{\tilde{\gamma}}_1, \ldots, \hat{\tilde{\gamma}}_r)$ komponentenweise bestimmen, d.h. $\hat{\tilde{\gamma}}_l$ für jedes $l = 1, \ldots, r$ aus dem jeweiligen eindimensionalen Problem. Für $\operatorname{Rg} \mathscr{C} = k$ gilt nach Satz 4.1 $\hat{\tilde{\gamma}}_l(x) = (\mathscr{C}^\top \mathscr{C})^{-1} \mathscr{C}^\top \tilde{x}_l$, $l = 1, \ldots, r$ und damit

$$\hat{\Gamma}(x) = (\mathscr{C}^\top \mathscr{C})^{-1} \mathscr{C}^\top x. \tag{4.4.19}$$

Andererseits kann (4.4.18) auch unter Verwendung der Isometrie der Abbildung vec und (4.3.21) verifiziert werden. Mit $x = \operatorname{vec} x$ und $\gamma = \operatorname{vec} \Gamma$ gilt nämlich

$$\| x - \mathscr{C}\Gamma \|^2 = | x - (\mathscr{C} \otimes \mathcal{I}_r)\gamma |^2.$$

$\hat{\Gamma}(x)$ läßt sich also aus $\hat{\gamma}(x) = \operatorname{vec} \hat{\Gamma}(x)$ bestimmen, wobei für den Kleinste-Quadrate-Schätzer $\hat{\gamma}(x)$ nach Satz 4.1 und (4.3.19) bzw. Hilfssatz 4.25 gilt

$$\begin{aligned} \hat{\gamma}(x) &= ((\mathscr{C}^\top \otimes \mathcal{I}_r)(\mathscr{C} \otimes \mathcal{I}_r))^{-1} (\mathscr{C}^\top \otimes \mathcal{I}_r) \operatorname{vec} x \\ &= ((\mathscr{C}^\top \mathscr{C})^{-1} \mathscr{C}^\top) \otimes \mathcal{I}_r \cdot \operatorname{vec} x = \operatorname{vec}((\mathscr{C}^\top \mathscr{C})^{-1} \mathscr{C}^\top x). \end{aligned}$$

Satz 4.42 $X_1, \ldots, X_n$ *seien* st.u. r-*dimensionale* ZG *mit* $\mathfrak{L}(X_j) = \mathfrak{N}(\Gamma^\top c_j, \mathscr{S})$, $j = 1, \ldots, n$. *Dabei sei die Design-Matrix* $\mathscr{C} = (\tilde{c}_1, \ldots, \tilde{c}_k) = (c_1, \ldots, c_n)^\top$ *bekannt und vom Rang* k. *Weiter bezeichne* $\hat{\Gamma}$ *den Kleinste-Quadrate-Schätzer und* $\hat{\mathscr{S}}$ *den Residualschätzer. Dann gilt*:

a) *Es gibt eine orthogonale* $n \times n$-*Matrix* $\mathscr{T}$ *derart, daß die durch* $\mathscr{Y} = \mathscr{T}\mathscr{X}$ *gemäß* (4.4.2+3) *definierten* ZG $Y_1, \ldots, Y_n$ st.u. *sind mit* $\mathfrak{L}(Y_j) = \mathfrak{N}(v_j, \mathscr{S})$, $j = 1, \ldots, n$, *und* $v_{k+1} = \ldots = v_n = 0$. *Insbesondere gilt*

$$\hat{\Gamma}^\top(\mathscr{X}) \mathscr{C}^\top \mathscr{C} \hat{\Gamma}(\mathscr{X}) = \sum_{j=1}^{k} Y_j Y_j^\top, \tag{4.4.20}$$

$$\begin{aligned} \sum_{j=1}^{n} (X_j - \hat{\Gamma}^\top(\mathscr{X}) c_j)(X_j - \hat{\Gamma}^\top(\mathscr{X}) c_j)^\top &= \sum_{j=1}^{n} X_j X_j^\top - \hat{\Gamma}^\top(\mathscr{X}) \mathscr{C}^\top \mathscr{C} \hat{\Gamma}(\mathscr{X}) \\ &= \sum_{j=k+1}^{n} Y_j Y_j^\top. \end{aligned} \tag{4.4.21}$$

b) *$\hat{\Gamma}(x)$ und $\hat{\mathscr{S}}(x)$ sind* st.u. *und erwartungstreue Schätzer für $\Gamma \in \mathbb{R}^{k \times r}$ bzw. $\mathscr{S} \in \mathbb{R}^{r \times r}_{\text{p.d.}}$ mit gleichmäßig kleinster Kovarianzmatrix.*

Beweis: a) Wegen (4.4.3+5) folgt die Existenz von $\mathscr{T}$ analog Korollar 1.99. Im Hinblick auf den Beweis von Satz 4.46 geben wir noch einen direkten Beweis. Sei $\mathscr{C}_1$ wie $\mathscr{C}$ eine $n \times k$-Matrix vom Rang k mit demselben Bild, aber mit orthonormalen Spalten. Sei weiter $\mathscr{C}_2$ eine $n \times (n-k)$-Matrix, deren $(n-k)$ Spalten die k Spalten von $\mathscr{C}_1$ zu einer Orthonormalbasis des $\mathbb{R}^n$ ergänzen. Schließlich sei $\mathscr{T}^{\mathsf{T}} := (\mathscr{C}_1, \mathscr{C}_2)$ die aus den Spalten von $\mathscr{C}_1$ und $\mathscr{C}_2$ gebildete orthogonale $n \times n$-Matrix. Dann ist

$$(Y_{k+1}, \ldots, Y_n)^{\mathsf{T}} = \mathscr{C}_2^{\mathsf{T}}(X_1, \ldots, X_n)^{\mathsf{T}} = \mathscr{C}_2^{\mathsf{T}} \mathscr{X}, \tag{4.4.22}$$

also $(v_{k+1}, \ldots, v_n)^{\mathsf{T}} = \mathscr{C}_2^{\mathsf{T}} E \mathscr{X} = \mathscr{C}_2^{\mathsf{T}} \mathscr{C} \Gamma = 0$, denn die Spalten von $\mathscr{C}_2$ sind nach Konstruktion orthogonal zu den Spalten von $\mathscr{C}_1$ und damit zu denjenigen von $\mathscr{C}$.
Die erste Gleichheit in (4.4.21) ergibt sich durch Ausmultiplizieren unter Ausnutzen von $\sum c_j c_j^{\mathsf{T}} = \mathscr{C}^{\mathsf{T}} \mathscr{C}$ bzw. von (4.4.19) und $\sum c_j X_j^{\mathsf{T}} = \mathscr{C}^{\mathsf{T}} \mathscr{X}$ gemäß

$$\hat{\Gamma}^{\mathsf{T}}(\mathscr{X}) \mathscr{C}^{\mathsf{T}} \mathscr{C} \hat{\Gamma}(\mathscr{X}) = \hat{\Gamma}^{\mathsf{T}}(\mathscr{X})(\mathscr{C}^{\mathsf{T}} \mathscr{C})(\mathscr{C}^{\mathsf{T}} \mathscr{C})^{-1} \mathscr{C}^{\mathsf{T}} \mathscr{X} = \hat{\Gamma}^{\mathsf{T}}(\mathscr{X}) \sum c_j X_j^{\mathsf{T}}. \tag{4.4.23}$$

Zum Nachweis von (4.4.20) beachte man, daß $\mathscr{C}_1 \mathscr{C}_1^{\mathsf{T}}$ symmetrisch und wegen $\mathscr{C}_1^{\mathsf{T}} \mathscr{C}_1 = \mathscr{J}_k$ auch idempotent ist. Also ist $\mathscr{C}_1 \mathscr{C}_1^{\mathsf{T}}$ eine Projektionsmatrix und zwar auf das Bild von $\mathscr{C}_1$, d.h. nach Konstruktion von $\mathscr{C}_1$ auf das Bild von $\mathscr{C}$. Somit gilt nach Satz 4.1

$$\mathscr{C}_1 \mathscr{C}_1^{\mathsf{T}} = \mathscr{C}(\mathscr{C}^{\mathsf{T}} \mathscr{C})^{-1} \mathscr{C}^{\mathsf{T}}.$$

Andererseits gilt analog (4.4.22)

$$(Y_1, \ldots, Y_k)^{\mathsf{T}} = \mathscr{C}_1^{\mathsf{T}}(X_1, \ldots, X_n)^{\mathsf{T}} = \mathscr{C}_1^{\mathsf{T}} \mathscr{X},$$

also wegen (4.4.19)

$$\begin{aligned} \hat{\Gamma}^{\mathsf{T}}(\mathscr{X}) \mathscr{C}^{\mathsf{T}} \mathscr{C} \hat{\Gamma}(\mathscr{X}) &= \mathscr{X}^{\mathsf{T}} \mathscr{C}(\mathscr{C}^{\mathsf{T}} \mathscr{C})^{-1}(\mathscr{C}^{\mathsf{T}} \mathscr{C})(\mathscr{C}^{\mathsf{T}} \mathscr{C})^{-1} \mathscr{C}^{\mathsf{T}} \mathscr{X} = \mathscr{X}^{\mathsf{T}} \mathscr{C}(\mathscr{C}^{\mathsf{T}} \mathscr{C})^{-1} \mathscr{C}^{\mathsf{T}} \mathscr{X} \\ &= \mathscr{X}^{\mathsf{T}} \mathscr{C}_1 \cdot \mathscr{C}_1^{\mathsf{T}} \mathscr{X} = \sum_{j=1}^{k} Y_j Y_j^{\mathsf{T}}. \end{aligned}$$

Hieraus und aus Satz 4.40 b folgt dann (4.4.21).

b) Die Erwartungstreue von $\hat{\Gamma}$ folgt aus (4.4.19), diejenige von $\hat{\mathscr{S}}$ aus (4.4.21). Nach (4.4.19), Konstruktion von $\mathscr{C}_1$ und (4.4.22) bzw. nach (4.4.21) hängen $\hat{\Gamma}(\mathscr{X})$ und $\hat{\mathscr{S}}(\mathscr{X})$ nur von $Y_1, \ldots, Y_k$ bzw. $Y_{k+1}, \ldots, Y_n$ ab, sind also st.u.. Die Optimalität ergibt sich mit Satz 3.35: $\hat{\Gamma}(x)$ hängt nur von $\mathscr{C}^{\mathsf{T}} x = \sum c_j x_j^{\mathsf{T}}$, $\hat{\mathscr{S}}(x)$ gemäß (4.4.21) nur von $\hat{\Gamma}(x)$ und $\sum x_j x_j^{\mathsf{T}}$ ab; $(\sum c_j x_j^{\mathsf{T}}, \sum x_j x_j^{\mathsf{T}})$ ist eine suffiziente und vollständige Statistik für $(\Gamma, \mathscr{S}) \in \mathbb{R}^{k \times r} \times \mathbb{R}^{r \times r}_{\text{p.d.}}$, denn analog zum Beweis von Satz 4.41 gilt

$$\sum (x_j - \Gamma^{\mathsf{T}} c_j)^{\mathsf{T}} \mathscr{S}^{-1}(x_j - \Gamma^{\mathsf{T}} c_j) = \operatorname{Sp} \mathscr{S}^{-1} \sum x_j x_j^{\mathsf{T}} - 2 \operatorname{Sp} \mathscr{S}^{-1} \Gamma^{\mathsf{T}}(\sum c_j x_j^{\mathsf{T}}) + \sum c_j^{\mathsf{T}} \Gamma \mathscr{S}^{-1} \Gamma^{\mathsf{T}} c_j. \quad \square$$

Beispiel 4.43 a) (Einstichprobenproblem) $X_1, \ldots, X_n$ seien st.u. r-dimensionale ZG mit $\mathfrak{L}(X_j) = \mathfrak{N}(\bar{\mu}, \mathscr{S})$, $j = 1, \ldots, n$. Zugrunde liegt also ein r-dimensionales lineares Modell (4.4.7) mit

$k=1$, $\mathscr{C}=\mathbb{1}_n \in \mathbb{R}^n$ und $\Gamma^\top = \bar{\mu} \in \mathbb{R}^r$. Somit ergibt sich als Kleinste-Quadrate-Schätzer für $\bar{\mu}$ wegen $\mathscr{C}^\top\mathscr{C} = \mathbb{1}_n^\top \mathbb{1}_n = n$ gemäß (4.4.19)

$$\hat{\mu}^\top(x) = \hat{\Gamma}(x) = (\mathscr{C}^\top\mathscr{C})^{-1}\mathscr{C}^\top x = n^{-1}\mathbb{1}_n^\top(\tilde{x}_1, \ldots, \tilde{x}_r) = (\bar{x}_{\cdot 1}, \ldots, \bar{x}_{\cdot r}) = \bar{x}_\cdot^\top$$

und hieraus wegen $c_1 = \ldots = c_n = 1$ als Residualschätzer für $\mathscr{S}$

$$\hat{\mathscr{S}}(x) = \frac{1}{n-1}\sum (x_j - \hat{\bar{\mu}}(x))(x_j - \hat{\bar{\mu}}(x))^\top = \frac{1}{n-1}\sum (x_j - \bar{x}_\cdot)(x_j - \bar{x}_\cdot)^\top.$$

b) (Zweistichprobenproblem) $X_{11}, \ldots, X_{1n_1}, X_{21}, \ldots, X_{2n_2}$ seien st. u. r-dimensionale ZG mit $\mathfrak{L}(X_{ij}) = \mathfrak{N}(\mu_i, \mathscr{S})$, $j = 1, \ldots, n_i$; $i = 1,2$. Dies ist ein r-dimensionales lineares Modell (4.4.7) mit $k = 2$, $\mathscr{C} = (q_{1\cdot}, q_{2\cdot})$ und $\Gamma^\top = (\mu_1, \mu_2)$. Folglich ist

$$\mathscr{C}^\top\mathscr{C} = \begin{pmatrix} n_1 & 0 \\ 0 & n_2 \end{pmatrix} \quad \text{und} \quad \begin{pmatrix} \hat{\mu}_1^\top(x) \\ \hat{\mu}_2^\top(x) \end{pmatrix} = \hat{\Gamma}(x) = (\mathscr{C}^\top\mathscr{C})^{-1}\mathscr{C}^\top x = \begin{pmatrix} n_1^{-1} & 0 \\ 0 & n_2^{-1} \end{pmatrix}\begin{pmatrix} x_{1\cdot}^\top \\ x_{2\cdot}^\top \end{pmatrix} = \begin{pmatrix} \bar{x}_{1\cdot}^\top \\ \bar{x}_{2\cdot}^\top \end{pmatrix},$$

d. h. $\hat{\mu}_i(x) = \bar{x}_{i\cdot}$, $i = 1,2$. Hieraus ergibt sich wegen $c_1 = \ldots = c_{n_1} = (1,0)^\top$, $c_{n_1+1} = \ldots = c_n = (0,1)^\top$ mit $n = n_1 + n_2$

$$\hat{\mathscr{S}}(x) = \frac{1}{n-2}\sum_{j=1}^{n}(x_j - \hat{\Gamma}^\top(x)c_j)(x_j - \hat{\Gamma}^\top(x)c_j)^\top = \frac{1}{n-2}\sum_{i=1}^{2}\sum_{j=1}^{n_i}(x_{ij} - \bar{x}_{i\cdot})(x_{ij} - \bar{x}_{i\cdot})^\top. \qquad \square$$

4.4.2 Hotelling T²-Test

Zugrunde liege ein r-dimensionales lineares Modell (4.4.7), wobei die Design-Matrix $\mathscr{C} = (c_1, \ldots, c_n)^\top \in \mathbb{R}^{n \times k}$ vom Rang k ist. Es lassen sich also gemäß Satz 4.42a durch eine (auf die einzelnen Komponenten wirkende) orthogonale Transformation der ZG $X_1, \ldots, X_n$ neue r-dimensionale ZG $Y_1, \ldots, Y_n$ einführen derart, daß $Y_1, \ldots, Y_n$ st. u. sind mit $\mathfrak{L}(Y_j) = \mathfrak{N}(v_j, \mathscr{S})$, $j = 1, \ldots, n$, und $v_{k+1} = \ldots = v_n = 0$. Es sollen nun solche Testprobleme betrachtet werden, deren Hypothesen sich durch eine derartige orthogonale Transformation überführen lassen in

$$\mathbf{H}: v_k = 0, \qquad \mathbf{K}: v_k \neq 0. \tag{4.4.24}$$

Dieses Problem wurde im Spezialfall $r = 1$ gelöst durch den zweiseitigen t-Test (3.4.21) oder nach Anmerkung 4.14a äquivalent durch den F-Test (4.2.10) mit $h = k-1$ und der Prüfgröße

$$T(y) = y_k^2/\hat{\sigma}^2(y), \qquad \hat{\sigma}^2(y) := \frac{1}{n-k}\sum_{j=k+1}^{n} y_j^2. \tag{4.4.25}$$

Im Fall $r > 1$ bietet sich somit als Prüfgröße an [1])

$$T(\mathscr{y}) = y_k^\top \hat{\mathscr{S}}(\mathscr{y})^{-1} y_k, \qquad \hat{\mathscr{S}}(\mathscr{y}) := \frac{1}{n-k}\sum_{j=k+1}^{n} y_j y_j^\top. \tag{4.4.26}$$

---

[1]) In der Literatur schreibt man statt $T(\mathscr{y})$ häufig $T^2(\mathscr{y})$ und spricht deshalb auch vom *Hotelling* T^2-*Test*.

Einerseits ist nämlich die Statistik $(y_k, \hat{\mathscr{S}}(\mathscr{y}))$ nach Satz 4.42b ein erwartungstreuer Schätzer mit gleichmäßig kleinster Kovarianzmatrix für $(v_k, \mathscr{S}) \in \mathbb{R}^r \times \mathbb{R}^{r\times r}_{\text{p.d.}}$; andererseits wird die quadratische Form nahegelegt durch den

Hilfssatz 4.44 *Seien V eine r-dimensionale* ZG *mit* $\mathfrak{L}(V) = \mathfrak{N}(v, \mathscr{S})$, $v \in \mathbb{R}^r$, $\mathscr{S} \in \mathbb{R}^{r\times r}_{\text{p.d.}}$. *Dann gilt*:

$$\mathfrak{L}(V^\top \mathscr{S}^{-1} V) = \chi^2_r(\delta^2), \qquad \delta^2 = v^\top \mathscr{S}^{-1} v.$$

Beweis: Sei $\check{V} := \mathscr{S}^{-1/2} V$. Dann gilt mit $\check{v} := \mathscr{S}^{-1/2} v$ nach Satz 1.95 $\mathfrak{L}(\check{V}) = \mathfrak{N}(\check{v}, J_r)$, d.h. $\check{V}^\top \check{V} = V^\top \mathscr{S}^{-1} V$ genügt nach Definition 2.35 einer nicht-zentralen $\chi^2_r(\delta^2)$-Verteilung mit $\delta^2 = \check{v}^\top \check{v} = v^\top \mathscr{S}^{-1} v$. □

Zur Herleitung der Verteilung der Prüfgröße (4.4.26) setzen wir abkürzend $V_j := Y_{k+j}$, $j = 0, 1, \dots, m$, mit $m := n - k$ und $v := v_k$. Der Beweis der Verteilungsaussage (4.4.28) wird dann darauf beruhen, nach geeigneter Transformation der ZG das Modell $(V_0, V_1, \dots, V_m)$ vermöge Satz 1.97 durch Bedingen an den $(r-1)$-dimensionalen Projektionen $V_1^{(2)}, \dots, V_m^{(2)}$ von $V_1, \dots, V_m$ auf ein eindimensionales Regressionsproblem zu reduzieren. Mit Satz 4.42a läßt sich so zunächst die bedingte Prüfverteilung bestimmen. Dies beinhaltet der

Hilfssatz 4.45 $V_1, \dots, V_m$ *seien* st.u. *r-dimensionale $\mathfrak{N}(0, \mathscr{S})$-verteilte* ZG *mit den ein- bzw. $(r-1)$-dimensionalen Komponenten $V_1^{(1)}, \dots, V_m^{(1)}$ bzw. $V_1^{(2)}, \dots, V_m^{(2)}$. Seien*

$$\mathscr{S}_{il} := E V_1^{(i)} V_1^{(l)\top} \quad \textit{bzw.} \quad \mathscr{V}_{il} := \sum_{j=1}^{m} V_j^{(i)} V_j^{(l)\top}, \qquad i, l = 1, 2,$$

die entsprechenden Blöcke der Matrizen

$$\mathscr{S} = \begin{pmatrix} \mathscr{S}_{11} & \mathscr{S}_{12} \\ \mathscr{S}_{21} & \mathscr{S}_{22} \end{pmatrix} \quad \textit{bzw.} \quad \mathscr{V} = \begin{pmatrix} \mathscr{V}_{11} & \mathscr{V}_{12} \\ \mathscr{V}_{21} & \mathscr{V}_{22} \end{pmatrix} := \begin{pmatrix} \sum V_j^{(1)} V_j^{(1)\top} & \sum V_j^{(1)} V_j^{(2)\top} \\ \sum V_j^{(2)} V_j^{(1)\top} & \sum V_j^{(2)} V_j^{(2)\top} \end{pmatrix}.$$

Weiter seien $\mathscr{S} \in \mathbb{R}^{r\times r}_{\text{p.d.}}$ sowie $W_1, \dots, W_{m-k}$, $k := r - 1$, st.u. *eindimensionale $\mathfrak{N}(0, \tilde{\mathscr{S}})$-verteilte* ZG, $\tilde{\mathscr{S}} := \mathscr{S}_{11} - \mathscr{S}_{12} \mathscr{S}_{22}^{-1} \mathscr{S}_{21}$. *Dann gilt*:

a) *Die bedingte Verteilung von $\tilde{\mathscr{V}} := \mathscr{V}_{11} - \mathscr{V}_{12} \mathscr{V}_{22}^{-1} \mathscr{V}_{21}$ bei gegebenen $V_j^{(2)} = c_j$, $j = 1, \dots, m$, ist unabhängig von $c_1, \dots, c_m$ wählbar und zwar als Verteilung von $\sum_{j=1}^{m-k} W_j W_j^\top$.*

b) $\tilde{\mathscr{V}} := \mathscr{V}_{11} - \mathscr{V}_{12} \mathscr{V}_{22}^{-1} \mathscr{V}_{21}$ *und* $\sum_{j=1}^{m-k} W_j W_j^\top$ *sind verteilungsgleich.*

Beweis: a) Mit der Terminologie aus Satz 4.42 läßt sich nach Satz 1.97 die bedingte Verteilung von r-dimensionalen st.u. $\mathfrak{N}(0, \mathscr{S})$-verteilten ZG $V_1, \dots, V_m$ bei gegebenen $(r-1)$-dimensionalen Komponenten $V_j^{(2)} = c_j$, $j = 1, \dots, m$, wählen als Verteilung von eindimensionalen st.u. $\mathfrak{N}(\Gamma^\top c_j, \tilde{\mathscr{S}})$-verteilten ZG X_j, $j = 1, \dots, m$. Dies ist ein eindimensionales lineares Modell (4.4.7), dessen Design-Matrix $\tilde{\mathscr{C}} := (c_1, \dots, c_m)^\top \in \mathbb{R}^{m\times k}$ f.s. den Rang $k := r - 1$ hat. Nach Satz 4.42a gibt es also st.u. eindimensionale $\mathfrak{N}(0, \tilde{\mathscr{S}})$-verteilte

ZG $W_1, \ldots, W_{m-k}$ derart, daß mit $\hat{\Gamma}(\mathscr{X}) = (\tilde{\mathscr{C}}^\top \tilde{\mathscr{C}})^{-1} \sum c_j X_j^\top$ und $\tilde{\mathscr{C}}^\top \tilde{\mathscr{C}} = \sum c_j c_j^\top$ gilt

$$\sum_{j=1}^{m} X_j X_j^\top - \hat{\Gamma}^\top(\mathscr{X}) \tilde{\mathscr{C}}^\top \tilde{\mathscr{C}} \hat{\Gamma}(\mathscr{X}) = \sum_{j=1}^{m} (X_j - \hat{\Gamma}^\top(\mathscr{X}) c_j)(X_j - \hat{\Gamma}^\top(\mathscr{X}) c_j)^\top$$
$$= \sum_{j=1}^{m-k} W_j W_j^\top \quad \text{f.s.}. \tag{4.4.27}$$

Nach Satz 4.42 besitzt diese quadratische Form eine von den speziellen Werten $c_1, \ldots, c_m$ unabhängige Verteilung. Ersetzt man somit die ZG X_j in (4.4.27) wieder durch die ZG $V_j^{(1)}$ und die Vektoren c_j durch die ZG $V_j^{(2)}$, so ist die bedingte Verteilung von

$$\sum_{j=1}^{m} V_j^{(1)} V_j^{(1)\top} - \sum_{j=1}^{m} V_j^{(1)} V_j^{(2)\top} \left(\sum_{j=1}^{m} V_j^{(2)} V_j^{(2)\top} \right)^{-1} \sum_{j=1}^{m} V_j^{(2)} V_j^{(1)\top} = \mathscr{V}_{11} - \mathscr{V}_{12} \mathscr{V}_{22}^{-1} \mathscr{V}_{21} = \tilde{\mathscr{V}}$$

bei gegebenen $V_j^{(2)} = c_j$, $j = 1, \ldots, m$, unabhängig von den speziellen Werten $c_1, \ldots, c_m$ wählbar als Verteilung von $\sum_{j=1}^{m-k} W_j W_j^\top$.

b) folgt aus a) mit Satz 1.123. □

Satz 4.46 (Hotelling) *$V_0, V_1, \ldots, V_m$ seien st.u. r-dimensionale ZG mit $\mathfrak{L}_{v,\mathscr{S}}(V_0) = \mathfrak{N}(v, \mathscr{S})$, $\mathfrak{L}_{v,\mathscr{S}}(V_j) = \mathfrak{N}(0, \mathscr{S})$, $j = 1, \ldots, m$, $(v, \mathscr{S}) \in \mathbb{R}^r \times \mathbb{R}^{r \times r}_{\text{p.d.}}$. Mit $\hat{\mathscr{S}} := \frac{1}{m} \sum_{j=1}^{m} V_j V_j^\top$ sei $T := V_0^\top \hat{\mathscr{S}}^{-1} V_0$. Dann gilt:*

$$\mathfrak{L}_{v,\mathscr{S}}\left(\frac{T}{m} \frac{m-r+1}{r} \right) = \mathrm{F}_{r, m-r+1}(\delta^2), \qquad \delta^2 = v^\top \mathscr{S}^{-1} v. \tag{4.4.28}$$

Beweis: Zunächst können wir o. E. $\mathscr{S} = \mathscr{I}_r$ annehmen. Andernfalls würden nämlich die ZG $\check{V}_j = \mathscr{S}^{-1/2} V_j$, $j = 0, 1, \ldots, m$, diese Eigenschaft besitzen und könnten an Stelle der ZG $V_0, V_1, \ldots, V_m$ benutzt werden wegen

$$\check{V}_0^\top \left(\sum_{j=1}^{m} \check{V}_j \check{V}_j^\top \right)^{-1} \check{V}_0 = V_0^\top \left(\sum_{j=1}^{m} V_j V_j^\top \right)^{-1} V_0.$$

Sei also $\mathscr{S} = \mathscr{I}_r$. Dann gibt es für P-f.a. Werte der ZG V_0, nämlich für $|V_0| \neq 0$, eine orthogonale $r \times r$-Matrix $\mathscr{T} = \mathscr{T}(V_0)$ derart, daß gilt $\tilde{V}_0 := \mathscr{T} V_0 = (\sqrt{V_0^\top V_0}, 0, \ldots, 0)^\top$; als $\mathscr{T}$ wähle man eine orthogonale $r \times r$-Matrix, deren erste Zeile gleich $V_0^\top / \sqrt{V_0^\top V_0}$ ist. Wir betrachten nun die ZG $\tilde{V}_j := \mathscr{T} V_j$, $j = 0, 1, \ldots, m$, sowie die Matrix $\mathscr{V} := \sum_{j=1}^{m} \tilde{V}_j \tilde{V}_j^\top$, die wir uns als Blockmatrix wie in Hilfssatz 4.45 geschrieben denken. Wegen der Orthogonalität von $\mathscr{T}$, der speziellen Gestalt von $\tilde{V}_0$ und der bei der Invertierung von Blockmatrizen gültigen Beziehung $(\mathscr{V}^{-1})_{11} = (\mathscr{V}_{11} - \mathscr{V}_{12} \mathscr{V}_{22}^{-1} \mathscr{V}_{21})^{-1} \in \mathbb{R}$ gilt

$$\frac{T}{m} = V_0^\top \left(\sum_{j=1}^{m} V_j V_j^\top \right)^{-1} V_0 = \tilde{V}_0^\top \left(\sum_{j=1}^{m} \tilde{V}_j \tilde{V}_j^\top \right)^{-1} \tilde{V}_0$$
$$= \tilde{V}_{01}^\top \left(\sum_{j=1}^{m} \tilde{V}_j \tilde{V}_j^\top \right)^{-1}_{11} \tilde{V}_{01} = \frac{\tilde{V}_{01}^2}{\mathscr{V}_{11} - \mathscr{V}_{12} \mathscr{V}_{22}^{-1} \mathscr{V}_{21}}. \tag{4.4.29}$$

Aus der st. Unabhängigkeit der ZG $V_0, V_1, \ldots, V_m$ folgt, daß die ZG $\tilde{V}_0, \tilde{V}_1, \ldots, \tilde{V}_m$ *bedingt stochastisch unabhängig* sind *gegeben* $V_0 = v_0$, d.h. daß es eine Festlegung der bedingten Verteilung $P^{(\tilde{V}_0, \tilde{V}_1, \ldots, \tilde{V}_m) | V_0 = v_0}$ gibt, die das Produktmaß ihrer Randverteilungen ist. Für jedes $V_0 = v_0$ sind aber die ZG $\tilde{V}_1, \ldots, \tilde{V}_m$ nach Satz 1.42 wieder st. u. $\mathfrak{N}(0, J_r)$-verteilt. Somit genügt der Nenner nach Hilfssatz 4.45 b für jedes $V_0 = v_0$ einer zentralen $\chi^2_{m-(r-1)}$-Verteilung. Also ist die Verteilung von T/m gleich derjenigen, die sich im Falle der st. Unabhängigkeit von Zähler und Nenner ergeben würde. Da der Zähler $\tilde{V}_{01}^2 = \tilde{V}_0^\top \tilde{V}_0 = V_0^\top V_0$ wegen $\mathscr{S} = J_r$ einer nichtzentralen χ^2_r-Verteilung mit dem Nichtzentralitätsparameter $\delta^2 = v^\top v$ genügt, ist dies nach Multiplikation mit dem Faktor $(m-r-1)/r$ eine nichtzentrale $\mathrm{F}_{r, m-r+1}(\delta^2)$-Verteilung. □

Zum Nachweis, daß der mit der Prüfgröße (4.4.26) gebildete Test gegenüber einer (noch zu präzisierenden, das Problem invariant lassenden) Gruppe $\mathfrak{Q}$ gleichmäßig bester invarianter Test ist, zeigen wir zunächst den

Hilfssatz 4.47 $Y_1, \ldots, Y_m$ *seien* st. u. *r-dimensionale* ZG *mit*

$$\mathfrak{L}(Y_j) = \mathfrak{N}(v_j, \mathscr{S}), \qquad j = 1, \ldots, m, \qquad (v_1, \ldots, v_m, \mathscr{S}) \in \mathbb{R}^{r \times m} \times \mathbb{R}^{r \times r}_{\text{p.d.}}.$$

Dann gilt:

$$\mathbb{P}(\mathrm{Rg}(Y_1, \ldots, Y_m) = m \wedge r) = 1. \tag{4.4.30}$$

Beweis: Für $m \leqslant r$ erfolgt dieser durch vollständige Induktion hinsichtlich m: Für $m = 1$ gilt $\mathbb{P}(\mathrm{Rg}(Y_1) = 1) = \mathbb{P}(Y_1 \neq 0) = 1$. Ist die Aussage für $m-1$ richtig, dann wird sich nach den Sätzen 1.122 und 1.123 ergeben:

$$\mathbb{P}(\mathrm{Rg}(Y_1, \ldots, Y_m) < m) = \int \mathbb{P}(\mathrm{Rg}(y_1, \ldots, y_{m-1}, Y_m) < m)\, \mathrm{d}\mathbb{P}^{Y_1, \ldots, Y_{m-1}}(y_1, \ldots, y_{m-1}) = 0.$$

Nach Induktionsvoraussetzung gilt nämlich $\mathrm{Rg}(Y_1, \ldots, Y_{m-1}) = m-1$ $[\mathbb{P}]$ und damit wegen $\mathrm{Rg}\,\mathscr{S} = r > m-1$ und Hilfssatz 1.90c

$$\mathbb{P}(\mathrm{Rg}(y_1, \ldots, y_{m-1}, Y_m) < m) = \mathbb{P}(Y_m \in \mathfrak{L}(y_1, \ldots, y_{m-1})) = 0 \quad \text{für } P\text{-f.a. } y_1, \ldots, y_{m-1}.$$

Für $m > r$ gilt, da $Y_1, \ldots, Y_m$ r-dimensionale ZG sind,

$$\mathbb{P}(\mathrm{Rg}(Y_1, \ldots, Y_m) \neq r) = \mathbb{P}(\mathrm{Rg}(Y_1, \ldots, Y_m) < r) \leqslant \mathbb{P}(\mathrm{Rg}(Y_1, \ldots, Y_r) < r) = 0. \quad \square$$

Satz 4.48 $Y_1, \ldots, Y_n$ *seien* st. u. *r-dimensionale* ZG *mit*

$$\mathfrak{L}(Y_j) = \mathfrak{N}(v_j, \mathscr{S}), \quad j = 1, \ldots, n: \; v_{k+1} = \ldots = v_n = 0, \quad (v_1, \ldots, v_k, \mathscr{S}) \in \mathbb{R}^{r \times k} \times \mathbb{R}^{r \times r}_{\text{p.d.}}$$

und es sei $n \geqslant k + r$. *Weiter seien T die durch* (4.4.26) *definierte Statistik und* $\mathfrak{Q}_1, \mathfrak{Q}_2, \mathfrak{Q}_3$ *die folgenden, auf dem Wertebereich* $(\mathbb{R}^{n \times r}, \mathbb{B}^{n \times r})$ *der* ZG $\mathscr{Y} := (Y_1, \ldots, Y_n)^\top$ *erklärten Gruppen*

$\mathfrak{Q}_1 :=$ *Gruppe aller orthogonalen Transformationen des* $\mathbb{R}^{n \times r}$ *der Form*[1])

$$\mathscr{Y} \mapsto \mathscr{Q}\mathscr{Y} \quad \text{mit} \quad \mathscr{Q} = \begin{pmatrix} J_k & \mathscr{O} \\ \mathscr{O} & \mathscr{Q}_1 \end{pmatrix}, \qquad \mathscr{Q}_1 \in \mathbb{R}^{(n-k) \times (n-k)}_{\text{orth}}; \tag{4.4.31}$$

---

[1]) Hier und im folgenden bezeichnet $\mathscr{O}$ wieder eine Nullmatrix, wobei die Anzahl der Reihen und Spalten jeweils vorgezeichnet ist.

$\mathfrak{Q}_2 :=$ *Gruppe aller Translationen des* $\mathbb{R}^{n\times r}$ *der Form*

$$\mathscr{y} \mapsto \mathscr{y} + \begin{pmatrix} \mathscr{u} \\ \mathscr{O} \end{pmatrix}, \qquad \mathscr{u} \in \mathbb{R}^{(k-1)\times r}; \tag{4.4.32}$$

$\mathfrak{Q}_3 :=$ *Gruppe aller Transformationen des* $\mathbb{R}^{n\times r}$ *der Form*

$$\mathscr{y} \mapsto \mathscr{y}\mathscr{V} \quad mit \quad \mathscr{V} \in \mathbb{R}^{r\times r}_{\text{n.e.}}, \tag{4.4.33}$$

sowie $\mathfrak{Q} := g(\mathfrak{Q}_1, \mathfrak{Q}_2, \mathfrak{Q}_3)$. *Dann gilt für das Testproblem* $\mathbf{H}$: $v_k = 0$, $\mathbf{K}$: $v_k \neq 0$, $\alpha \in (0,1)$:

a) *Das Testproblem ist invariant gegenüber* $\mathfrak{Q}$;

b) *T ist maximalinvariant gegenüber* $\mathfrak{Q}$;

c) $$\varphi^* := \mathbb{1}_{\{T>c\}} \quad mit \quad c := \frac{(n-k)\,r}{n-k-r+1}\, \mathrm{F}_{r,\,n-k-r+1;\,\alpha} \tag{4.4.34}$$

ist gleichmäßig bester gegenüber $\mathfrak{Q}$ *invarianter* α*-Niveau Test für* $\mathbf{H}$ *gegen* $\mathbf{K}$.

Beweis: An Stelle von $(\mathbb{R}^{n\times r}, \mathbb{B}^{n\times r})$ wird der Stichprobenraum $(\mathfrak{Y}, \mathfrak{Y}\,\mathbb{B}^{n\times r})$ mit

$$\mathfrak{Y} := \{\mathscr{y} = (y_1, \ldots, y_n)^\top \in \mathbb{R}^{n\times r} \text{ mit } y_k \neq 0,\ \mathrm{Rg}(y_{k+1}, \ldots, y_n) = r\}$$

verwendet; wegen $n-k \geqslant r$ gilt nämlich nach Hilfssatz 4.47 $\mathrm{Rg}(y_{k+1}, \ldots, y_n) = r \quad [P]$ und damit $P(\mathfrak{Y}) = 1 \quad \forall P \in \mathfrak{P}$.

a) Die Aussage ergibt sich unmittelbar, wenn man im Fall $\mathfrak{Q}_1$ den Satz 4.40 anwendet und im Fall $\mathfrak{Q}_3$ beachtet, daß alle n Zeilen $y_1^\top, \ldots, y_n^\top$ von $\mathscr{y}$ gleichartig transformiert werden.

b) Dieser Beweis wird Satz 3.94 entsprechend in mehrere Teilschritte zerlegt:

b1) Invariant gegenüber $\mathfrak{Q}_1$ ist die Statistik

$$T_1(\mathscr{y}) = \left(y_1, \ldots, y_k, \sum_{j=k+1}^{n} y_j y_j^\top\right) \in \mathbb{R}^{r\times(k+r)} \quad \text{wegen}$$

$$(y_{k+1}, \ldots, y_n)\, \mathscr{Q}_1^\top \mathscr{Q}_1 (y_{k+1}, \ldots, y_n)^\top = (y_{k+1}, \ldots, y_n)\,(y_{k+1}, \ldots, y_n)^\top = \sum_{j=k+1}^{n} y_j y_j^\top.$$

Zum Nachweis der Maximalinvarianz seien $\mathscr{y}, \mathscr{z} \in \mathfrak{Y}$ mit

$$(y_1, \ldots, y_k) = (z_1, \ldots, z_k) \quad \text{und} \quad \sum_{j=k+1}^{n} y_j y_j^\top = \sum_{j=k+1}^{n} z_j z_j^\top. \tag{4.4.35}$$

Da nach Voraussetzung $\mathrm{Rg}(y_{k+1}, \ldots, y_n)^\top = \mathrm{Rg}(z_{k+1}, \ldots, z_n)^\top = r$ gilt, gibt es orthogonale $(n-k)\times(n-k)$-Matrizen $\mathscr{A}$ und $\mathscr{B}$ sowie nicht-entartete $r\times r$-Matrizen $\check{\mathscr{y}}, \check{\mathscr{z}}$ derart, daß gilt

$$\mathscr{A}(y_{k+1}, \ldots, y_n)^\top = (\check{\mathscr{y}}^\top, \mathscr{O})^\top \quad \text{und} \quad \mathscr{B}(z_{k+1}, \ldots, z_n)^\top = (\check{\mathscr{z}}^\top, \mathscr{O})^\top.$$

Wegen der zweiten Beziehung (4.4.35) ist $\check{\mathscr{C}} := \check{\mathscr{z}}\,\check{\mathscr{y}}^{-1}$ orthogonal gemäß

$$\check{\mathscr{C}}^\top \check{\mathscr{C}} = (\check{\mathscr{y}}^{-1})^\top \check{\mathscr{z}}^\top \check{\mathscr{z}}\,\check{\mathscr{y}}^{-1} = (\check{\mathscr{y}}^{-1})^\top \left(\sum_{j=k+1}^{n} z_j z_j^\top\right) \check{\mathscr{y}}^{-1}$$

$$= (\check{\mathscr{y}}^{-1})^\top \left(\sum_{j=k+1}^{n} y_j y_j^\top\right) \check{\mathscr{y}}^{-1} = (\check{\mathscr{y}}^{-1})^\top \check{\mathscr{y}}^\top \check{\mathscr{y}}\,\check{\mathscr{y}}^{-1} = \mathscr{I}_r,$$

und es gilt $\check{\mathscr{C}}\check{y} = \check{z}\check{y}^{-1}\check{y} = \check{z}$. Für die orthogonale Matrix

$$\mathscr{Q}_1 := \mathscr{B}^{-1}\begin{pmatrix}\check{\mathscr{C}} & \mathscr{O} \\ \mathscr{O} & \mathscr{I}_{n-k-r}\end{pmatrix}\mathscr{A}$$

folgt dann $\mathscr{Q}_1(y_{k+1}, \ldots, y_n)^{\top} = (z_{k+1}, \ldots, z_n)^{\top}$ und damit für $\mathscr{Q}$ gemäß (4.4.31) $\mathscr{Q}y = z$.
b2) $\mathfrak{Q}_2$ ist verträglich mit T_1. Die gemäß Satz 3.94 auf dem Wertebereich von T_1 induzierte Gruppe $\mathfrak{Q}_2^*$ besteht aus den Translationen der Form

$$((y_1, \ldots, y_{k-1}), y_k, \mathscr{S}) \mapsto ((y_1, \ldots, y_{k-1}) + u^{\top}, y_k, \mathscr{S}), \qquad u \in \mathbb{R}^{(k-1)\times r}.$$

Offenbar ist $T_2^*(y_1, \ldots, y_k, \mathscr{S}) = (y_k, \mathscr{S})$ maximalinvariant gegenüber $\mathfrak{Q}_2^*$. Nach Satz 3.94 ist somit $\tilde{T}_2 := T_2^* \circ T_1$ maximalinvariant gegenüber $g(\{\mathfrak{Q}_1, \mathfrak{Q}_2\})$.
b3) $\mathfrak{Q}_3$ ist verträglich mit $\tilde{T}_2$. Der Wertebereich $\tilde{T}_2(\mathfrak{Y})$ besteht aus den Matrizen $(y_k, \mathscr{S}) \in \mathbb{R}^{r\times(1+r)}$ mit $y_k \in \mathbb{R}^r$-$\{0\}$ sowie $\mathscr{S} \in \mathbb{R}^{r\times r}_{\text{p.d.}}$; für $y = (y_1, \ldots, y_n)^{\top} \in \mathfrak{Y}$ ist nämlich $\operatorname{Rg}\left(\sum_{j=k+1}^{n} y_j y_j^{\top}\right) = \operatorname{Rg}(y_{k+1}, \ldots, y_n) = r$. Die gemäß Satz 3.94 auf $\tilde{T}_2(\mathfrak{Y})$ durch $\mathfrak{Q}_3$ induzierte Gruppe $\mathfrak{Q}_3^*$ enthält genau die Abbildungen der Form

$$(y_k, \mathscr{S}) \mapsto (\mathscr{V}^{\top} y_k, \mathscr{V}^{\top}\mathscr{S}\mathscr{V}) \quad \text{mit} \quad \mathscr{V} \in \mathbb{R}^{r\times r}_{\text{n.e.}}.$$

Zur Gewinnung einer gegenüber $\mathfrak{Q}_3^*$ maximalinvarianten Statistik betrachten wir die Lösungen $\lambda_1, \ldots, \lambda_r$ der Gleichung

$$\det(y_k y_k^{\top} - \lambda\mathscr{S}) = 0 \tag{4.4.36}$$

o.E. mit $\lambda_1 \leqslant \ldots \leqslant \lambda_r$. Diese sind invariant gegenüber $\mathfrak{Q}_3^*$, denn es gilt

$$0 = \det(\mathscr{V}^{\top} y_k y_k^{\top}\mathscr{V} - \lambda\mathscr{V}^{\top}\mathscr{S}\mathscr{V}) = (\det\mathscr{V})^2 \det(y_k y_k^{\top} - \lambda\mathscr{S}) \quad \Leftrightarrow \quad \det(y_k y_k^{\top} - \lambda\mathscr{S}) = 0.$$

Bekanntlich existiert zu $y_k \in \mathbb{R}^r$, $\mathscr{S} \in \mathbb{R}^{r\times r}_{\text{p.d.}}$ stets eine Matrix $\mathscr{U} \in \mathbb{R}^{r\times r}_{\text{n.e.}}$ mit

$$\mathscr{U}^{\top}\mathscr{S}\mathscr{U} = \mathscr{I}_r \quad \text{und} \quad \mathscr{U}^{\top} y_k y_k^{\top}\mathscr{U} = \sum_{l=1}^{r} \lambda_l e_l e_l^{\top} =: \mathscr{D}.$$

Dabei bezeichnet e_l wieder den r-dimensionalen Einheitsvektor, dessen l-te Komponente gleich 1 ist, $l = 1, \ldots, r$. Da $y_k y_k^{\top}$ positiv semidefinit ist, folgt $\lambda_1, \ldots, \lambda_r \geqslant 0$, so daß wegen $\operatorname{Rg}\mathscr{D} = \operatorname{Rg} y_k y_k^{\top} = 1$ gilt $0 = \lambda_1 = \ldots = \lambda_{r-1}, \lambda_r > 0$. Die durch $T_3^*(y_k, \mathscr{S}) := \lambda_r$ definierte Abbildung ist daher mit der Abbildung $(y_k, \mathscr{S}) \mapsto (\lambda_1, \ldots, \lambda_r)$ äquivalent sowie invariant gegenüber $\mathfrak{Q}_3^*$.
Zum Nachweis der Maximalinvarianz seien $(y_k, \mathscr{S}), (z_k, \mathscr{S}') \in \tilde{T}_2(\mathfrak{Y})$ mit $T_3^*(y_k, \mathscr{S}) = T_3^*(z_k, \mathscr{S}') =: d$. Dann existieren $\mathscr{U}, \mathscr{U}' \in \mathbb{R}^{r\times r}_{\text{n.e.}}$ mit

$$\mathscr{U}^{\top}\mathscr{S}\mathscr{U} = \mathscr{I}_r = \mathscr{U}'^{\top}\mathscr{S}'\mathscr{U}' \quad \text{und} \quad \mathscr{U}^{\top} y_k y_k^{\top}\mathscr{U} = d e_r e_r^{\top} = \mathscr{U}'^{\top} z_k z_k^{\top}\mathscr{U}'.$$

Für $\mathscr{V} := \mathscr{U}\mathscr{U}'^{-1} \in \mathbb{R}^{r\times r}_{\text{n.e.}}$ folgt dann

$$\mathscr{V}^{\top} y_k y_k^{\top}\mathscr{V} = (\mathscr{U}'^{-1})^{\top}\mathscr{U}^{\top} y_k y_k^{\top}\mathscr{U}\mathscr{U}'^{-1} = (\mathscr{U}'^{-1})^{\top}\mathscr{U}'^{\top} z_k z_k^{\top}\mathscr{U}'\mathscr{U}'^{-1} = z_k z_k^{\top} \tag{4.4.37}$$

und analog $\mathscr{V}^{\top}\mathscr{S}\mathscr{V} = \mathscr{S}'$. Aus (4.4.37) ergibt sich, wenn man zuerst die Diagonalelemente und dann die restlichen Elemente betrachtet, $z_k = \mathscr{V}^{\top} y_k$ oder $z_k = -\mathscr{V}^{\top} y_k$. Im zweiten Fall ersetzt man $\mathscr{V}$ durch $-\mathscr{V}$, was an der Beziehung $\mathscr{V}^{\top}\mathscr{S}\mathscr{V} = \mathscr{S}'$ nichts ändert.

Nach Satz 3.94 ist also $\tilde{T}_3 := T_3^* \circ \tilde{T}_2$ maximalinvariant gegenüber $\mathfrak{Q}$.
b4) Um $\tilde{T}_3$ konstruktiv angeben zu können, beachte man, daß $d := T_3^*(y_k, \mathscr{s})$ die einzige von Null verschiedene Lösung von (4.4.36) und damit von $\det(y_k y_k^\top \mathscr{s}^{-1} - \lambda \mathscr{I}_r) = 0$ ist. Das Polynom $\det(y_k y_k^\top \mathscr{s}^{-1} - \lambda \mathscr{I}_r)$ hat also mit geeignetem $c \in \mathbb{R}$ die Darstellung $c\lambda^{r-1}(\lambda - d)$. Ferner gilt nach Konstruktion bzw. nach den Rechenregeln für Determinanten

$$\det(y_k y_k^\top \mathscr{s}^{-1} - \lambda \mathscr{I}_r) = \sum_{l=0}^{r} a_l(-\lambda)^l \quad \text{mit} \quad a_r = 1,\ a_{r-1} = \operatorname{Sp}(y_k y_k^\top \mathscr{s}^{-1}),$$

d.h. es gilt $c = (-1)^r$ und $d = \operatorname{Sp}(y_k y_k^\top \mathscr{s}^{-1}) = \operatorname{Sp}(y_k^\top \mathscr{s}^{-1} y_k) = y_k^\top \mathscr{s}^{-1} y_k$. Somit ergibt sich

$$\tilde{T}_3(\mathscr{y}) = T_3^*(\tilde{T}_2(\mathscr{y})) = y_k^\top \left(\sum_{j=k+1}^{n} y_j y_j^\top \right)^{-1} y_k = \frac{1}{n-k} T(\mathscr{y});$$

also ist T maximalinvariant gegenüber $\mathfrak{Q}$.
c) Analog zum Beweis von Satz 4.13 beachte man zunächst, daß aufgrund der Sätze 3.91 und 3.92 jeder gegenüber $\mathfrak{Q}$ invariante Test φ über $T: (\mathfrak{Y}, \mathfrak{Y}\mathbb{B}^{n \times r}) \to ((0, \infty), (0, \infty)\mathbb{B})$ meßbar faktorisiert. Es läßt sich nämlich eine Abbildung $T^-: ((0, \infty), (0, \infty)\mathbb{B}) \to (\mathfrak{Y}, \mathfrak{Y}\mathbb{B}^{n \times r})$ mit $T \circ T^- = \mathrm{id}_{(0,\infty)}$ angeben und zwar $T^-(t) := (y_1, \ldots, y_n)^\top$ mit

$$y_1 = \ldots = y_{k-1} = 0, \qquad y_k = \sqrt{t/(n-k)}\, e_1,$$
$$y_{k+1} = e_1, \ldots, y_{k+r} = e_r, \quad y_{k+r+1} = \ldots = y_n = 0.$$

Wegen $\sum_{j=k+1}^{n} y_j y_j^\top = \sum_{l=1}^{r} e_l e_l^\top = \mathscr{I}_r$ gilt nämlich

$$T(T^-(t)) = (n-k) y_k^\top y_k = t e_1^\top e_1 = t, \quad \text{d.h.} \quad T \circ T^- = \mathrm{id}_{(0,\infty)}.$$

Wegen Satz 4.46 (mit $m = n - k$ und $\delta^2 = v_k^\top \mathscr{S}^{-1} v_k$) sowie Satz 2.36 b ist also (4.4.34) ein gleichmäßig bester invarianter α-Niveau Test für $\mathbf{H}$ gegen $\mathbf{K}$. □

Anmerkung 4.49 a) Für $k = 1$ entfällt die Reduktion gegenüber $\mathfrak{Q}_2$.
b) Wie in Beispiel 3.96 (vgl. auch Anmerkung 4.14 b)) läßt sich die Reduktion durch Invarianz gegenüber $\mathfrak{Q}_1$ ersetzen durch eine Reduktion durch Suffizienz, da $T_1(\mathscr{y}) = \left(y_1, \ldots, y_k, \sum_{j=k+1}^{n} y_j y_j^\top\right)$ nach dem Neyman-Kriterium wegen

$$p_\vartheta(\mathscr{y}) = \left(\frac{1}{\sqrt{(2\pi)^r |\mathscr{S}|}}\right)^n \exp\left[-\frac{1}{2}\sum_{j=1}^{k} (y_j - v_j)^\top \mathscr{S}^{-1} (y_j - v_j)\right] \exp\left[-\frac{1}{2}\sum_{j=k+1}^{n} y_j^\top \mathscr{S}^{-1} y_j\right]$$

und $\sum_{j=k+1}^{n} y_j^\top \mathscr{S}^{-1} y_j = \operatorname{Sp}\left(\mathscr{S}^{-1} \sum_{j=k+1}^{n} y_j y_j^\top\right)$ suffizient für $\vartheta = (v_1, \ldots, v_k, \mathscr{S}) \in \mathbb{R}^{r \times k} \times \mathbb{R}^{r \times r}_{\text{p.d.}}$ ist.
c) Für die nach Satz 4.13 b naheliegende und öfters geäußerte Vermutung, daß der Hotelling T^2-Test für jedes $\delta_1^2 > 0$ auch ein Maximin-α-Niveau Test ist für $\mathbf{H}: \delta^2 = 0$ gegen $\mathbf{K}_1: \delta^2 \geq \delta_1^2$, findet sich in der Literatur bisher wohl kein strenger Beweis.

Beispiel 4.50 a) (Einstichproben T^2-Test) $X_1, \ldots, X_n$ seien st.u. r-dimensionale ZG mit $\mathfrak{L}(X_j) = \mathfrak{N}(\bar{\mu}, \mathscr{S})$, $(\bar{\mu}, \mathscr{S}) \in \mathbb{R}^r \times \mathbb{R}^{r \times r}_{\text{p.d.}}$; $\mu_0 \in \mathbb{R}^r$ sei bekannt. Betrachtet werde das Testproblem $\mathbf{H}: \bar{\mu} = \mu_0$, $\mathbf{K}: \bar{\mu} \neq \mu_0$. Wendet man Satz 4.41 auf die zentrierten ZG $X_j - \mu_0$, $j = 1, \ldots, n$, an, so ergibt sich die Existenz st.u. ZG $Y_1, \ldots, Y_m$ mit $\mathfrak{L}(Y_1) = \mathfrak{N}(\sqrt{n}(\bar{\mu} - \mu_0), \mathscr{S})$ und $\mathfrak{L}(Y_2) = \ldots = \mathfrak{L}(Y_m) = \mathfrak{N}(0, \mathscr{S})$ derart, daß

$$\sqrt{n}(\bar{X}_{\bullet} - \mu_0) = Y_1 \quad \text{und} \quad \hat{\mathscr{S}}(\mathfrak{X}) = \frac{1}{n-1} \sum_{j=1}^{n} (X_j - \bar{X}_{\bullet})(X_j - \bar{X}_{\bullet})^{\mathsf{T}} = \frac{1}{n-1} \sum_{j=2}^{n} Y_j Y_j^{\mathsf{T}}$$

ist; vgl. Beispiel 4.43a. Somit genügt

$$\frac{T}{n-1} \frac{n-r}{r} \quad \text{mit} \quad T = \sqrt{n}(\bar{X}_{\bullet} - \mu_0)^{\mathsf{T}} \hat{\mathscr{S}}(\mathfrak{X})^{-1} \sqrt{n}(\bar{X}_{\bullet} - \mu_0) \quad [\mathbb{P}]$$

einer $\mathrm{F}_{r,n-r}(\delta^2)$-Verteilung mit $\delta^2 = \sqrt{n}(\bar{\mu} - \mu_0)^{\mathsf{T}} \mathscr{S}^{-1} \sqrt{n}(\bar{\mu} - \mu_0)$.

b) (Zweistichproben T^2-Test) $X_{11}, \ldots, X_{1n_1}, X_{21}, \ldots, X_{2n_2}$ seien st.u. r-dimensionale ZG mit $\mathfrak{L}(X_{ij}) = \mathfrak{N}(\mu_i, \mathscr{S})$, $j = 1, \ldots, n_i$, $i = 1,2$. Betrachtet werde das Testproblem $\mathbf{H}: \mu_1 = \mu_2$, $\mathbf{K}: \mu_1 \neq \mu_2$. Nach Satz 4.42 bzw. Beispiel 4.43b gibt es st.u. ZG $Y_1, \ldots, Y_{n_1+n_2}$ mit

$$\mathfrak{L}(Y_1) = \mathfrak{N}((n_1\mu_1 + n_2\mu_2)/\sqrt{n_1+n_2}, \mathscr{S}), \ \mathfrak{L}(Y_2) = \mathfrak{N}(\sqrt{(n_1 n_2)/(n_1+n_2)}\,(\mu_1 - \mu_2), \mathscr{S})$$

bzw. $\quad \mathfrak{L}(Y_3) = \ldots = \mathfrak{L}(Y_{n_1+n_2}) = \mathfrak{N}(0, \mathscr{S})$

derart, daß

$$\sqrt{\frac{n_1 n_2}{n_1+n_2}}\,(\bar{X}_{1\bullet} - \bar{X}_{2\bullet}) = Y_2,$$

$$\hat{\mathscr{S}}(\mathfrak{X}) = \frac{1}{n_1+n_2-2} \sum_{i=1}^{2} \sum_{j=1}^{n_i} (X_{ij} - \bar{X}_{i\bullet})(X_{ij} - \bar{X}_{i\bullet})^{\mathsf{T}} = \frac{1}{n_1+n_2-2} \sum_{j=3}^{n_1+n_2} Y_j Y_j^{\mathsf{T}}$$

ist. Somit genügt

$$\frac{T}{n_1+n_2-2} \frac{n_1+n_2-r-1}{r} \quad \text{mit} \quad T := \sqrt{\frac{n_1 n_2}{n_1+n_2}}\,(\bar{X}_{1\bullet} - \bar{X}_{2\bullet})^{\mathsf{T}} (\hat{\mathscr{S}}(\mathfrak{X}))^{-1} \sqrt{\frac{n_1 n_2}{n_1+n_2}}\,(\bar{X}_{1\bullet} - \bar{X}_{2\bullet})$$

einer $\mathrm{F}_{r, n_1+n_2-1-r}(\delta^2)$-Verteilung mit $\delta^2 = \sqrt{\frac{n_1 n_2}{n_1+n_2}}\,(\mu_1 - \mu_2)^{\mathsf{T}} \mathscr{S}^{-1} \sqrt{\frac{n_1 n_2}{n_1+n_2}}\,(\mu_1 - \mu_2)$. □

Aufgabe 4.16 $X_1, \ldots, X_n$ seien st.u. r-dimensionale ZG mit $\mathfrak{L}(X_j) = \mathfrak{N}(\nu + \varkappa s_j, \mathscr{S})$, $j = 1, \ldots, n$, $(\nu, \varkappa, \mathscr{S}) \in \mathbb{R}^r \times \mathbb{R}^r \times \mathbb{R}^{r \times r}_{\mathrm{p.d.}}$; dabei seien $s_1, \ldots, s_n \in \mathbb{R}$ fest vorgegeben mit $\sum_{j=1}^{n} (s_j - \bar{s}_{\bullet})^2 > 0$. Man bestimme die Prüfgröße des Hotelling T^2-Tests für $\mathbf{H}: \varkappa = 0$ gegen $\mathbf{K}: \varkappa \neq 0$.

Aufgabe 4.17 $X_1, \ldots, X_n$ seien st.u. $\mathfrak{N}(0, \mathscr{S})$-verteilte ZG, $\mathscr{S} \in \mathbb{R}^{r \times r}_{\mathrm{p.d.}}$. Man zeige, daß die charakteristische Funktion von $\mathscr{W} := \sum_{j=1}^{n} X_j X_j^{\mathsf{T}}$ an der Stelle $\mathscr{T} \in \mathbb{R}^{r \times r}$ gegeben ist durch $E\exp[\mathrm{i}\,\mathrm{Sp}(\mathscr{T}\mathscr{W})] = |\mathscr{I}_r - \mathrm{i}\,\mathscr{S}(\mathscr{T} + \mathscr{T}^{\mathsf{T}})|^{-n/2}$.
Hinweis: Man benutze die Existenz einer Matrix $\mathscr{V} \in \mathbb{R}^{r \times r}_{\mathrm{n.e.}}$, so daß $\mathscr{V}^{\mathsf{T}} \mathscr{S}^{-1} \mathscr{V}$ die $r \times r$-Einheitsmatrix und $\mathscr{V}^{\mathsf{T}} \mathscr{T} \mathscr{V}$ eine $r \times r$-Diagonalmatrix ist.

Anhang A: Wahrscheinlichkeitstheoretische Grundlagen in Stichworten

In diesem Anhang werden die benötigten Begriffe und Aussagen der Wahrscheinlichkeitstheorie kurz zusammengestellt. Auf größte Allgemeinheit sowie Systematik wird hierbei verzichtet. Einzelheiten und Beweise findet der Leser etwa in den Büchern:

Bauer, H.: Wahrscheinlichkeitstheorie und Grundzüge der Maßtheorie, 3. Aufl. Berlin, 1978

Chow, Y.S.-Teicher, H.: Probability Theory, New York-Heidelberg-Berlin, 1978

Gänssler, P.-Stute, W.: Wahrscheinlichkeitstheorie, Berlin-Heidelberg-New York, 1977

Loève, M.: Probability Theory I, II. 4. ed., New York-Heidelberg-Berlin, 1977/1978.

Einige Stichworte fallen in das Gebiet der Reellen Analysis; für diese sei verwiesen auf das Buch

Hewitt, E.-Stromberg, K.: Real and Abstract Analysis, 2. Aufl. Berlin, 1969.

Auch wenn die meisten Stichworte in mehreren dieser Lehrbücher diskutiert werden, ist häufig nur eine Belegstelle – durch ein Zitat B, CT, GS, LI, LII bzw. HS mit der jeweiligen Seitenzahl – angegeben. Umgekehrt beziehen sich diese Belegstellen vielfach nur auf Teile der zuvor genannten Aussagen.

Lediglich die Lebesgue-Zerlegung und der Satz von Radon-Nikodym sowie die auf diesen beruhenden Begriffe: Dichtequotient, Dichte und bedingter Erwartungswert, werden in der hier benötigten Form ausführlicher behandelt; vgl. 1.6.1-4.

A1 Meßbare Räume

A1.0 (Mengensysteme) $\mathfrak{X}$ sei eine nicht-leere Menge mit Potenzmenge $\mathbf{P}(\mathfrak{X})$. Dann heißt

a) $\emptyset \neq \mathfrak{G} \subset \mathbf{P}(\mathfrak{X})$ eine *Mengenalgebra* über $\mathfrak{X}$, wenn gilt: Aus $B \in \mathfrak{G}$ folgt $B^c \in \mathfrak{G}$, und aus $B_i \in \mathfrak{G}$, $i = 1, 2, \ldots, n$, folgt $\bigcup_{i=1}^{n} B_i \in \mathfrak{G}$. Insbesondere ist $\emptyset \in \mathfrak{G}$ und $\mathfrak{X} \in \mathfrak{G}$;

b) $\mathfrak{B} \subset \mathbf{P}(\mathfrak{X})$ eine *σ-Algebra* über $\mathfrak{X}$, wenn $\mathfrak{B}$ eine Mengenalgebra über $\mathfrak{X}$ ist mit $\bigcup_{i=1}^{\infty} B_i \in \mathfrak{B}$, falls $B_i \in \mathfrak{B}$, $i \in \mathbb{N}$;

c) $\emptyset \neq \mathfrak{M} \subset \mathbf{P}(\mathfrak{X})$ eine *monotone Klasse* über $\mathfrak{X}$, wenn gilt: Aus $M_1 \supset M_2 \supset \ldots$ bzw. $M_1 \subset M_2 \subset \ldots$, $M_i \in \mathfrak{M}$, $i \in \mathbb{N}$, folgt $\bigcap_{i=1}^{\infty} M_i \in \mathfrak{M}$ bzw. $\bigcup_{i=1}^{\infty} M_i \in \mathfrak{M}$.

Ist $\mathfrak{B}$ eine σ-Algebra über $\mathfrak{X}$, so heißt $(\mathfrak{X}, \mathfrak{B})$ ein *meßbarer Raum* und $B \in \mathfrak{B}$ *meßbare Menge.*

B 16–18, GS 11–16, LI 59–60

A1.1 (Erzeugung) Unter der durch ein System $\mathfrak{E}$ von Teilmengen von $\mathfrak{X}$ erzeugten Mengenalgebra $\alpha(\mathfrak{E})$, σ-Algebra $\sigma(\mathfrak{E})$ bzw. monotonen Klasse $m(\mathfrak{E})$ versteht man die kleinste Mengenalgebra $\mathfrak{G}$, σ-Algebra $\mathfrak{B}$ bzw. monotone Klasse $\mathfrak{M}$ mit $\mathfrak{E} \subset \mathfrak{G}$, $\mathfrak{E} \subset \mathfrak{B}$ bzw. $\mathfrak{E} \subset \mathfrak{M}$; $\mathfrak{E}$ heißt *Erzeugendensystem*. Es gilt $\sigma(\mathfrak{G}) = m(\mathfrak{G})$, falls $\mathfrak{G}$ eine Mengenalgebra ist, sowie $\sigma(\mathfrak{E}) = \sigma(\alpha(\mathfrak{E}))$. Ist $\mathfrak{E}$ abzählbar, so ist auch $\alpha(\mathfrak{E})$ abzählbar; $\sigma(\mathfrak{E})$ heißt dann *abzählbar erzeugt*.

Ist $\mathfrak{E} = \{\mathfrak{X}_1, \ldots, \mathfrak{X}_m\}$ eine endliche *Zerlegung* von $\mathfrak{X}$, d.h. gilt $\sum_{j=1}^{m} \mathfrak{X}_j = \mathfrak{X}$, $\mathfrak{X}_i \mathfrak{X}_j = \emptyset$ für $i \neq j$, so ist $\sigma(\mathfrak{E}) = \alpha(\mathfrak{E})$ und zwar das System aller (endlichen) Vereinigungen der Atome $\mathfrak{X}_j$ von $\sigma(\mathfrak{E})$. Dabei heißt eine nicht-leere Menge $A \in \mathfrak{B}$ ein *Atom* einer σ-Algebra $\mathfrak{B}$, wenn gilt: Aus $\emptyset \neq B \subset A$, $B \in \mathfrak{B}$, folgt $B = A$.

CT 7, GS 13, LI 60–61

A1.2 (Borelmengen) Sei $(\mathfrak{X}, d)$ ein metrischer Raum. Dann heißt die durch das System der offenen Mengen erzeugte σ-Algebra $\mathfrak{B}$ *Borel-σ-Algebra* und $B \in \mathfrak{B}$ *Borelmenge*. $\mathfrak{B}$ wird auch erzeugt durch das System der offenen Kugeln und ist die kleinste σ-Algebra, bzgl. der alle reellwertigen stetigen Funktionen meßbar sind.

B 195–199, GS 15

Konvention: Meßbarkeitsaussagen in metrischen Räumen beziehen sich stets auf die Borel-σ-Algebra. Im $\mathbb{R}^n$ legen wir stets die euklidische Metrik zugrunde.

A1.3 (Borelmengen des $\mathbb{R}^n$ bzw. $\bar{\mathbb{R}}^n$) Sei $\mathfrak{X} = \mathbb{R}^n$ bzw. $\bar{\mathbb{R}}^n$. Dann wird die Borel-σ-Algebra $\mathfrak{B}$ auch durch die Intervalle $(a, b] \subset \mathbb{R}^n$ bzw. $(a, b] \subset \bar{\mathbb{R}}^n$ mit $a, b \in \mathbb{R}^n$: $a < b$ oder auch mit $a, b \in \mathbb{Q}^n$: $a < b$ erzeugt. In diesem Fall schreiben wir für $\mathfrak{B}$ auch $\mathbb{B}^n$ bzw. $\bar{\mathbb{B}}^n$. Bezeichnet $\mathbb{G}^n$ bzw. $\bar{\mathbb{G}}^n$ das System der endlichen Intervallsummen des $\mathbb{R}^n$ bzw. $\bar{\mathbb{R}}^n$, so gilt $\mathbb{B}^n = \sigma(\mathbb{G}^n)$ bzw. $\bar{\mathbb{B}}^n = \sigma(\bar{\mathbb{G}}^n)$.

B 37–40, LI 93

A2 Maßräume und WS-Räume

A2.0 (Maße) $(\mathfrak{X}, \mathfrak{B})$ sei ein meßbarer Raum. Dann heißt μ: $\mathfrak{B} \to \bar{\mathbb{R}}$ ein *Maß* über $(\mathfrak{X}, \mathfrak{B})$ (geschrieben: $\mu \in \mathfrak{M}(\mathfrak{X}, \mathfrak{B})$), wenn gilt: $\mu(B) \geqslant 0$, $B \in \mathfrak{B}$; $\mu(\emptyset) = 0$; $\mu\left(\sum_{i=1}^{\infty} B_i\right) = \sum_{i=1}^{\infty} \mu(B_i)$ für paarweise disjunkte Mengen $B_i \in \mathfrak{B}$, $i \in \mathbb{N}$ (σ-Additivität). $\mu \in \mathfrak{M}(\mathfrak{X}, \mathfrak{B})$ heißt *endliches Maß* (kurz: $\mu \in \mathfrak{M}^e(\mathfrak{X}, \mathfrak{B})$), falls $\mu(\mathfrak{X}) < \infty$. μ heißt *σ-endliches Maß* (kurz: $\mu \in \mathfrak{M}^\sigma(\mathfrak{X}, \mathfrak{B})$), wenn es eine Zerlegung der Menge $\mathfrak{X}$ in meßbare Teilmengen $\mathfrak{X}_i$, $i \in \mathbb{N}$, gibt mit $\sum_{i=1}^{\infty} \mathfrak{X}_i = \mathfrak{X}$, $\mu(\mathfrak{X}_i) < \infty$, $i \in \mathbb{N}$.

μ heißt *Wahrscheinlichkeitsmaß* bzw. WS-*Maß* oder auch *normiertes Maß* (kurz: $\mu \in \mathfrak{M}^1(\mathfrak{X}, \mathfrak{B})$), falls $\mu(\mathfrak{X}) = 1$. Ein WS-Maß heißt auch *Verteilung* über $(\mathfrak{X}, \mathfrak{B})$, speziell eine *k-dimensionale Verteilung*, falls $(\mathfrak{X}, \mathfrak{B}) = (\mathbb{R}^k, \mathbb{B}^k)$ ist.

$(\mathfrak{X}, \mathfrak{B})$ sei ein meßbarer Raum. Dann heißt $(\mathfrak{X}, \mathfrak{B}, \mu)$ ein *Maßraum*, falls $\mu \in \mathfrak{M}(\mathfrak{X}, \mathfrak{B})$, ein *$\sigma$-endlicher Maßraum*, falls $\mu \in \mathfrak{M}^\sigma(\mathfrak{X}, \mathfrak{B})$ und ein *Wahrscheinlichkeitsraum* oder WS-*Raum*, falls $\mu \in \mathfrak{M}^1(\mathfrak{X}, \mathfrak{B})$ ist.

GS 25–28, LI 84+112+152

A2.1 (Monotonie; Stetigkeit) Seien $\mu \in \mathfrak{M}(\mathfrak{X}, \mathfrak{B})$ und $B_i \in \mathfrak{B}$, $i = 1,2$, mit $B_1 \supset B_2$. Dann gilt $\mu(B_1) \geqslant \mu(B_2)$. Ist zusätzlich $\mu(B_2) < \infty$, so gilt $\mu(B_1 - B_2) = \mu(B_1) - \mu(B_2)$. Für $\mu \in \mathfrak{M}(\mathfrak{X}, \mathfrak{B})$ und $B_i \in \mathfrak{B}$, $i \in \mathbb{N}$, gilt: Aus $B_1 \subset B_2 \subset \ldots$ (Isotonie) folgt $\mu(B_1) \leqslant \mu(B_2) \leqslant \ldots$ und $\lim_{i \to \infty} \mu(B_i) = \mu(\bigcup B_i)$; aus $B_1 \supset B_2 \supset \ldots$ (Antitonie) folgt $\lim_{i \to \infty} \mu(B_i) = \mu(\bigcap B_i)$, falls $\mu(B_1) < \infty$.

B 23–24, CT 21–23, LI 112–113

A2.2 (μ-Nullmengen) $(\mathfrak{X}, \mathfrak{B}, \mu)$ sei ein Maßraum. Dann heißt $N \in \mathfrak{B}$ eine *μ-Nullmenge*, wenn gilt $\mu(N) = 0$. Eine Aussage gilt *μ-fast überall* (kurz: μ-f.ü.) oder für *μ-fast alle x* (kurz: μ-f.a. x) genau dann, wenn sie auf dem Komplement einer μ-Nullmenge gilt. Für $\mu(f \neq g) = 0$ bzw. $\mu(F \triangle G) = \mu(\mathbb{1}_F \neq \mathbb{1}_G) = 0$ schreiben wir auch $f = g \quad [\mu]$ (oder: $f(x) = g(x) \quad [\mu]$) bzw. $F = G \quad [\mu]$. – Für σ-Algebren $\mathfrak{F}, \mathfrak{G} \subset \mathfrak{B}$ ist $\mathfrak{F} \subset \mathfrak{G} \quad [\mu]$ definiert durch: Für alle $F \in \mathfrak{F}$ existiert ein $G \in \mathfrak{G}$ mit $F = G \quad [\mu]$. Gilt $\mathfrak{F} \subset \mathfrak{G} \quad [\mu]$ und $\mathfrak{G} \subset \mathfrak{F} \quad [\mu]$, so schreiben wir $\mathfrak{F} = \mathfrak{G} \quad [\mu]$. – Ist $\mu \in \mathfrak{M}^1(\mathfrak{X}, \mathfrak{B})$, so sagen wir auch *$\mu$-fast sicher* (kurz: μ-f.s.) statt μ-fast überall.

B 67–68, GS 38–40

A2.3 (Vollständigkeit) Ein Maßraum $(\mathfrak{X}, \mathfrak{B}, \mu)$ heißt *vollständig*, wenn gilt: $M \subset N$, $N \in \mathfrak{B}, \mu(N) = 0 \Rightarrow M \in \mathfrak{B}$. Die *Vervollständigung* $\mathfrak{B}_\mu$ einer σ-Algebra $\mathfrak{B}$ bzgl. $\mu \in \mathfrak{M}(\mathfrak{X}, \mathfrak{B})$ ist die σ-Algebra $\mathfrak{B}_\mu := \{B \triangle M\colon B \in \mathfrak{B}$, es gibt eine μ-Nullmenge N mit $M \subset N\}$. Durch $\mu(B \triangle M) := \mu(B)$ wird μ zu einem Maß über $(\mathfrak{X}, \mathfrak{B}_\mu)$ fortgesetzt.

B 36, GS 34, LI 91

A2.4 (Maßerweiterungssatz) Sei $\mathfrak{G}$ eine Mengenalgebra über $\mathfrak{X}$. Dann läßt sich eine σ-additive Mengenfunktion $\mu\colon \mathfrak{G} \to [0, \infty]$ mit $\mu(\emptyset) = 0$ zu einem Maß μ über $(\mathfrak{X}, \sigma(\mathfrak{G}))$ erweitern. Die Erweiterung ist eindeutig, falls μ auf $\mathfrak{G}$ σ-endlich ist. Es gilt $\mu(B) = \inf \sum_{i=1}^{\infty} \mu(G_i)$, wobei das Infimum gebildet wird über $\sum_{i=1}^{\infty} G_i \supset B$, $G_i \in \mathfrak{G} \quad \forall i \in \mathbb{N}$.

B 31–35, CT 156–159, LI 88–91

(Approximationslemma) Ist μ endlich, $B \in \sigma(\mathfrak{G})$ und $\varepsilon > 0$, so gibt es ein $G \in \mathfrak{G}$ mit $\mu(B \triangle G) < \varepsilon$.

GS 29

(Lebesgue-Maß) Das bei $a = (a_1, \ldots, a_k) \in \mathbb{R}^k$, $b = (b_1, \ldots, b_k) \in \mathbb{R}^k$ mit $a < b$ durch $\lambda^k((a, b]) := \prod_{i=1}^{k} (b_i - a_i)$ über $(\mathbb{R}^k, \mathbb{B}^k)$ durch Maßerweiterung gewonnene Maß λ^k wie auch dessen Vervollständigung heißt *k-dimensionales Lebesgue-Maß*.

B 37, CT 160–161, GS 31–33

A2.5 (Signierte Maße) $(\mathfrak{X}, \mathfrak{B})$ sei ein meßbarer Raum. Dann heißt $\psi\colon \mathfrak{B} \to \bar{\mathbb{R}}$ ein *signiertes Maß*, wenn ψ σ-additiv mit $\psi(\emptyset) = 0$ ist und höchstens einen der Werte $+\infty$, $-\infty$ annimmt. ψ ist die Differenz zweier Maße, von denen mindestens eines endlich ist. Genauer gilt: Es gibt eine Menge $D \in \mathfrak{B}$ derart, daß $B \mapsto \psi^+(B) := \psi(BD^c)$ und $B \mapsto \psi^-(B) := -\psi(BD)$ Maße sind mit $\psi = \psi^+ - \psi^-$. Jede derartige Menge D heißt *Negativmenge* der *Jordan-Hahn-Zerlegung*. Für je zwei Negativmengen D_1 und D_2 gilt

$|\psi|(D_1 \triangle D_2) = 0$ bzw. $D_1 = D_2$ $[|\psi|]$. Es gilt $\psi(D) = \inf_{B \in \mathfrak{B}} \psi(B)$. ψ heißt *σ-endlich*, wenn es Mengen $\mathfrak{X}_i \in \mathfrak{B}$, $i \in \mathbb{N}$, gibt mit $\sum_i \mathfrak{X}_i = \mathfrak{X}$, $|\psi|(\mathfrak{X}_i) < \infty$, $i \in \mathbb{N}$. Dabei ist $B \mapsto |\psi|(B) := \psi^+(B) + \psi^-(B)$ das *Totalvariationsmaß*.

HS 304–310, LI 86

A2.6 (Träger) Sei $\mu \in \mathfrak{M}(\mathfrak{X}, \mathfrak{B})$. Dann heißt eine Menge $\mathfrak{X}' \in \mathfrak{B}$ ein *Träger von* μ, falls $\mu(\mathfrak{X}'^c) = 0$ ist. Im Spezialfall eines metrischen Raumes $(\mathfrak{X}, d)$ heißt $\mathfrak{X}''$ *topologischer Träger*, wenn $\mathfrak{X}''$ die kleinste abgeschlossene Menge ist, deren Komplement das μ-Maß 0 hat. Dieser Träger existiert stets und fällt mit der Menge der *Wachstumspunkte von* μ zusammen, d.h. der Gesamtheit aller Punkte x mit $\mu(\{y: d(x,y) \leqslant \varepsilon\}) > 0 \quad \forall \varepsilon > 0$.

CT 248, HS 122

A2.7 (Typen von Maßen) Ein Maß $\mu \in \mathfrak{M}(\mathfrak{X}, \mathfrak{B})$ heißt *diskret*, wenn μ einen abzählbaren Träger hat, d.h. wenn es eine abzählbare Menge $\{x^i: i \in \mathbb{N}\} \subset \mathfrak{X}$ gibt mit $\mu(B) = \sum \mu(\{x^i\}) \varepsilon_{x^i}(B)$, $B \in \mathfrak{B}$. Ein WS-Maß P ist diskret, wenn gilt $P(B) = \sum c_i \varepsilon_{x^i}(B)$, $c_i \geqslant 0$, $\sum c_i = 1$. Ein WS-Maß P über $(\mathbb{R}^k, \mathbb{B}^k)$ heißt *Lebesgue-stetig*, wenn es eine $\lambda\!\!\lambda^k$-Dichte p gibt mit $P(B) = \int_B p(x)\, d\lambda\!\!\lambda^k$, $B \in \mathbb{B}^k$; vgl. 1.6.1.

A2.8 (μ-Stetigkeit und μ-Singularität) Ist ψ ein signiertes Maß über $(\mathfrak{X}, \mathfrak{B})$ und $\mu \in \mathfrak{M}^\sigma(\mathfrak{X}, \mathfrak{B})$, so heißt ψ *μ-stetig* oder *dominiert durch* μ (kurz: $\psi \ll \mu$), wenn gilt $\mu(N) = 0 \Rightarrow \psi(N) = 0$ und μ-singulär (kurz: $\psi \perp \mu$), wenn es eine μ-Nullmenge N gibt mit $\psi(B) = \psi(BN) \quad \forall B \in \mathfrak{B}$. Zwei σ-endliche Maße μ, ψ heißen *äquivalent*, wenn gilt $\mu(N) = 0 \Leftrightarrow \psi(N) = 0$ (kurz: $\psi \equiv \mu$).

CT 191, HS 326, LI 130–131

A3 Meßbare Funktionen und Zufallsgrößen

A3.0 (Operationstreue) Sei $T: \mathfrak{X} \to \mathfrak{T}$. Dann ist $T^{-1}: \mathbf{P}(\mathfrak{T}) \to \mathbf{P}(\mathfrak{X})$ mit $T^{-1}(D) := \{x \in \mathfrak{X}: T(x) \in D\}$ *operationstreu*, d.h. vertauschbar mit den Mengenoperationen der Vereinigungs-, Durchschnitts- und Komplementbildung.

GS 5, LI 106

A3.1 (Meßbare Abbildungen) $(\mathfrak{X}, \mathfrak{B})$ und $(\mathfrak{T}, \mathfrak{D})$ seien meßbare Räume. Dann heißt $T: \mathfrak{X} \to \mathfrak{T}$ eine *$(\mathfrak{B}, \mathfrak{D})$-meßbare Abbildung*, kurz: *meßbare Abbildung* oder *meßbare Funktion* (geschrieben: $T: (\mathfrak{X}, \mathfrak{B}) \to (\mathfrak{T}, \mathfrak{D})$), wenn gilt $T^{-1}(D) \in \mathfrak{B} \quad \forall D \in \mathfrak{D}$, d.h. wenn für die *induzierte σ-Algebra* $T^{-1}(\mathfrak{D}) := \{T^{-1}(D): D \in \mathfrak{D}\}$ gilt $T^{-1}(\mathfrak{D}) \subset \mathfrak{B}$.

GS 16, LI 107

Sind $T: \mathfrak{X} \to \mathfrak{T}$ sowie eine σ-Algebra $\mathfrak{B}$ über $\mathfrak{X}$ vorgegeben, dann ist $\mathfrak{B}_T^{\mathfrak{T}} := \{D \subset \mathfrak{T}: T^{-1}(D) \in \mathfrak{B}\}$ die größte σ-Algebra über $\mathfrak{T}$, bzgl. der T meßbar ist („finale σ-Algebra"). Sind $T: \mathfrak{X} \to \mathfrak{T}$ sowie eine σ-Algebra $\mathfrak{D}$ über $\mathfrak{T}$ vorgegeben, dann ist $T^{-1}(\mathfrak{D})$ die kleinste σ-Algebra über $\mathfrak{X}$, bzgl. der T meßbar ist („initiale σ-Algebra").

GS 17–18

Aus $T: (\mathfrak{X}, \mathfrak{B}) \to (\mathfrak{T}, \mathfrak{D})$ und $h: (\mathfrak{T}, \mathfrak{D}) \to (\mathfrak{Y}, \mathfrak{C})$ folgt $h \circ T: (\mathfrak{X}, \mathfrak{B}) \to (\mathfrak{Y}, \mathfrak{C})$. Jede stetige Abbildung von einem metrischen Raum $(\mathfrak{X}, d)$ in einen metrischen Raum $(\mathfrak{T}, \varrho)$ ist meßbar (bzgl. der Borel-σ-Algebren). Speziell ist jede stetige Abbildung von $\mathbb{R}^k$ in $\mathbb{R}^n$ meßbar bzgl. der Borel-σ-Algebren $\mathbb{B}^k$ bzw. $\mathbb{B}^n$.

GS 16–18, LI 106–107

A3.2 ($\mathfrak{B}$-meßbare Funktionen) Eine *$\mathfrak{B}$-meßbare Funktion* $g(\cdot)$ (kurz: $g \in \mathfrak{B}$) ist eine meßbare Abbildung von $(\mathfrak{X}, \mathfrak{B})$ in $(\bar{\mathbb{R}}, \bar{\mathbb{B}})$. Sprechweise und Notation werden auch für meßbare Abbildungen in $(\bar{\mathbb{R}}^n, \bar{\mathbb{B}}^n)$, $n \geqslant 1$, verwendet. Eine Abbildung $g: \mathfrak{X} \to \bar{\mathbb{R}}$ bzw. $g: \mathfrak{X} \to \bar{\mathbb{R}}^n$ ist genau dann $\mathfrak{B}$-meßbar, wenn $g^{-1}([-\infty, y]) \in \mathfrak{B}$ für alle $y \in \mathbb{R}$ bzw. $y \in \mathbb{R}^n$ gilt. Mit $g(x)$ und $h(x)$ sind auch $g(x) \pm h(x)$, $g(x)h(x)$ und $g(x)/h(x)$ $\mathfrak{B}$-meßbare Funktionen (sofern sie erklärt sind). Mit $g(x)$ sind auch $g^+(x) := \max\{g(x), 0\}$ und $g^-(x) := \max\{-g(x), 0\}$ $\mathfrak{B}$-meßbar. (Zur Schreibweise $g(x)$ statt g vgl. Fußnote S. 15).
Ändert man eine $\mathfrak{B}$-meßbare Funktion $g(x)$ auf einer Menge $B \in \mathfrak{B}$ zu einer Konstanten d oder allgemeiner zu einer $\mathfrak{B}$-meßbaren Funktion $d(x)$ ab, so erhält man eine $\mathfrak{B}$-meßbare Funktion $h(x) = g(x)\mathbb{1}_{B^c}(x) + d(x)\mathbb{1}_B(x)$.
Ist $(g_n(x))_{n \in \mathbb{N}}$ eine Folge $\mathfrak{B}$-meßbarer Funktionen, so ist jede der folgenden Funktionen $\mathfrak{B}$-meßbar: $\sup_n g_n(x)$, $\inf_n g_n(x)$, $\varlimsup_{n\to\infty} g_n(x)$, $\varliminf_{n\to\infty} g_n(x)$ und auch $\lim_{n\to\infty} g_n(x)$, falls der Limes existiert.

B 52–55, GS 18–19, LI 107–109

A3.3 (Aufbau meßbarer Funktionen) Für *Indikatorfunktionen* $\mathbb{1}_B$ gilt $\mathbb{1}_B \in \mathfrak{B} \Leftrightarrow B \in \mathfrak{B}$. $\sum_{i=1}^{n} c_i \mathbb{1}_{B_i}(x)$ mit $c_i \in \bar{\mathbb{R}}$, $B_i \in \mathfrak{B}$, $i = 1, 2, \ldots, n$, $B_i B_j = \emptyset \quad \forall i \neq j$, heißt *primitive Funktion.*
Jede nicht-negative $\mathfrak{B}$-meßbare Funktion g ist Grenzwert einer isotonen Folge nicht-negativer primitiver Funktionen g_n, etwa

$$g_n(x) := \sum_{j=1}^{n2^n} \frac{j-1}{2^n} \mathbb{1}_{B_{n,j}}(x) + n\mathbb{1}_{\{x:\, n \leqslant g(x)\}}, \qquad B_{n,j} := \left\{x: \frac{j-1}{2^n} \leqslant g(x) < \frac{j}{2^n}\right\}.$$

Jede $\mathfrak{B}$-meßbare Funktion $g(x)$ läßt sich in *Positiv-* und *Negativteil* zerlegen, d.h. es gilt $g(x) = g^+(x) - g^-(x)$.

GS 19–21, LI 107–109

A3.4 (Approximierbarkeit) Jede nicht-negative beschränkte $\mathfrak{B}$-meßbare Funktion $g(x)$ läßt sich gleichmäßig approximieren durch primitive Funktionen.

GS 20

A3.5 Eine $\mathfrak{B}$-meßbare Funktion ist auf den Atomen von $\mathfrak{B}$ konstant. Besteht $\mathfrak{X}$ aus abzählbar vielen Atomen von $\mathfrak{B}$, so ist eine auf den Atomen konstante Funktion $\mathfrak{B}$-meßbar.

A3.6 Es seien (Θ, d) ein separabler metrischer Raum und $(\mathfrak{X}, \mathfrak{B})$ ein meßbarer Raum. $f(x, \vartheta)$ sei $\bar{\mathbb{R}}$-wertig und meßbar auf $\mathfrak{X}$ für jedes (feste) $\vartheta \in \Theta$ sowie stetig auf Θ für jedes (feste) $x \in \mathfrak{X}$. Dann ist auch $\sup_{\vartheta \in \Theta} f(x, \vartheta)$ meßbar.

LII 171

A3.7 (Induziertes Maß) Ist $\mu \in \mathfrak{M}(\mathfrak{X}, \mathfrak{B})$ und $T: (\mathfrak{X}, \mathfrak{B}) \to (\mathfrak{T}, \mathfrak{D})$, so heißt das durch $\mu^T(D) := \mu(T^{-1}(D))$, $D \in \mathfrak{D}$, definierte Maß μ^T das durch T *induzierte Maß*.

B 42, GS 52, LI 168

A3.8 (Zufallsgröße) Ist $(\Omega, \mathfrak{A}, \mathbb{P})$ ein WS-Raum und $X: (\Omega, \mathfrak{A}) \to (\mathfrak{X}, \mathfrak{B})$, so heißt X eine ($\mathfrak{X}$-wertige) *Zufallsgröße* (kurz: ZG). Ist $\mathfrak{X} = \bar{\mathbb{R}}^n$, so heißt X auch eine *n-dimensionale* ZG.
(Verteilung einer ZG) Das durch eine ZG X auf $(\Omega, \mathfrak{A}, \mathbb{P})$ über $(\mathfrak{X}, \mathfrak{B})$ gemäß $P(B) := \mathbb{P}(X^{-1}(B))$, $B \in \mathfrak{B}$, induzierte WS-Maß P heißt die *Verteilung von X*; für P schreiben wir auch $\mathbb{P}^X$ oder $\mathfrak{L}(X)$.
Unter der *gemeinsamen Verteilung* $\mathfrak{L}(X_1, \ldots, X_n)$ von ZG $X_1, \ldots, X_n$ versteht man die durch $X := (X_1, \ldots, X_n)$ induzierte Verteilung $\mathbb{P}^{(X_1, \ldots, X_n)}$.
Ein Wert $x = X(\omega)$, $\omega \in \Omega$, heißt *Realisierung der* ZG X.

B 137, CT 26, LI 152, 168

A4 Integrale und Erwartungswerte

A4.0 (Integral) Ist $\mu \in \mathfrak{M}(\mathfrak{X}, \mathfrak{B})$ und $g(x)$ eine nicht-negative $\mathfrak{B}$-meßbare Funktion mit $\sum_{j=1}^{n} c_{nj} \mathbb{1}_{B_{nj}}(x) \uparrow g(x)$, $c_{nj} \geqslant 0$, vgl. A3.3, so ist $\int g(x)\,\mathrm{d}\mu := \lim_{n\to\infty} \sum_{j=1}^{n} c_{nj}\,\mu(B_{nj})$. Dieser Wert ist von der speziellen Approximation unabhängig. Für $g(x) = g^+(x) - g^-(x)$ heißt $\int g(x)\,\mathrm{d}\mu := \int g^+(x)\,\mathrm{d}\mu - \int g^-(x)\,\mathrm{d}\mu$ das *Integral von g bzgl.* μ (kurz: μ-Integral oder Integral), falls $\int g^+(x)\,\mathrm{d}\mu$ *oder* $\int g^-(x)\,\mathrm{d}\mu$ endlich ist (kurz: $\int g(x)\,\mathrm{d}\mu$ existiert).
$g(x)$ heißt *μ-integrabel*, falls $\int g^+(x)\,\mathrm{d}\mu$ *und* $\int g^-(x)\,\mathrm{d}\mu$ endlich sind, oder äquivalent, wenn $\int |g(x)|\,\mathrm{d}\mu < \infty$ ist (kurz: $g \in \mathbb{L}_1(\mu)$). Es gilt $g \in \mathbb{L}_1(\mu) \Leftrightarrow |g| \in \mathbb{L}_1(\mu)$.
(Erwartungswert) Ist X eine $\bar{\mathbb{R}}$-wertige ZG auf $(\Omega, \mathfrak{A}, \mathbb{P})$, so heißt $EX := \int X\,\mathrm{d}\mathbb{P}$ *Erwartungswert* (kurz: EW) *von X* (falls $\int X\,\mathrm{d}\mathbb{P}$ existiert). Ist allgemeiner $X: (\Omega, \mathfrak{A}) \to (\mathfrak{X}, \mathfrak{B})$ und $g: (\mathfrak{X}, \mathfrak{B}) \to (\bar{\mathbb{R}}, \bar{\mathbb{B}})$, so ist $Eg := Eg(X) := \int g(X)\,\mathrm{d}\mathbb{P}$. Es gelten die Aussagen A4.1–9 sowie A5.4 über $\mathbb{P}$-Integrale. Insbesondere gilt $\int g(X)\,\mathrm{d}\mathbb{P} = \int g(x)\,\mathrm{d}P$, wobei $P = \mathbb{P}^X$ ist.
Ist X eine $\bar{\mathbb{R}}$-wertige ZG mit $EX \in \mathbb{R}$, so heißt $\mu := EX$ der *Mittelwert* und *Var* $X := E(X-\mu)^2$ die *Varianz von X*. Ist $\sigma^2 := Var\,X < \infty$, so heißt σ^2 *Streuung* und σ *Standardabweichung von X*. Für $k \in \mathbb{N}$ heißt $\alpha_k := EX^k$ *k-tes Moment von X* und $\mu_k := E(X-\mu)^k$ *k-tes zentrales Moment von X*, falls EX^k bzw. $E(X-\mu)^k$ existieren.
Sind X_1 und X_2 $\mathbb{R}$-wertige ZG mit $\mu_i := EX_i \in \mathbb{R}$ und $\sigma_i^2 := Var\,X_i \in (0, \infty)$, $i = 1,2$, so heißt $c := Cov(X_1, X_2) := E(X_1 - \mu_1)(X_2 - \mu_2)$ *Kovarianz* und $\varrho := c/\sigma_1\sigma_2$ *Korrelationskoeffizient von* X_1 *und* X_2. Ist $\varrho = 0$, so nennt man X_1 und X_2 *unkorreliert*.

B 56–65, CT 83–84, GS 35–36, LI 119–120, 153

A4.1 (Grundeigenschaften)
(Linearität) $\int [ag(x) + bh(x)]\,\mathrm{d}\mu = a\int g(x)\,\mathrm{d}\mu + b\int h(x)\,\mathrm{d}\mu$, falls $a, b \in \mathbb{R}$,
(Monotonie) $\int g(x)\,\mathrm{d}\mu \geqslant \int h(x)\,\mathrm{d}\mu$, falls $g(x) \geqslant h(x)$ $[\mu]$.
Aus $|f(x)| \leqslant g(x)$ $[\mu]$ und $g \in \mathbb{L}_1(\mu)$ folgt $f \in \mathbb{L}_1(\mu)$, falls $f \in \mathfrak{B}$.

B 65–66, CT 85–88, LI 120, 154

A4.2 (Unbestimmtes Integral) Seien $g \in \mathfrak{B}$ fest und $\int g(x)\,d\mu$ erklärt. Dann ist das durch $B \mapsto \int_B g(x)\,d\mu := \int g(x)\,\mathbb{1}_B(x)\,d\mu$ über $(\mathfrak{X}, \mathfrak{B})$ erklärte Maß genau dann für alle $B \in \mathfrak{B}$ endlich, wenn $g \in \mathbb{L}_1(\mu)$. Ist $\mu \in \mathfrak{M}^1(\mathfrak{X}, \mathfrak{B})$ und $g \in \mathfrak{B}$ mit $0 \leqslant g < \infty \quad [\mu]$, so ist $B \mapsto \int_B g(x)\,d\mu$ ein σ-endliches Maß.

(σ-Additivität) $\sum \int_{B_i} g(x)\,d\mu = \int_{\sum B_i} g(x)\,d\mu$, $B_i \in \mathfrak{B}$, $i \in \mathbb{N}$, wobei $B_i B_j = \emptyset$ für $i \neq j$.

(μ-Stetigkeit) Ist $\mu(B) = 0$, so gilt $\int_B g(x)\,d\mu = 0$.

(Eindeutigkeit) Ist μ σ-endlich oder ist $g \in \mathbb{L}_1(\mu)$, so gilt

$$\int_B g(x)\,d\mu = \int_B h(x)\,d\mu \quad \forall B \in \mathfrak{B} \quad \Leftrightarrow \quad g(x) = h(x) \quad [\mu].$$

B 65–66, CT 85–88, LI 130

A4.3 (Grundeigenschaften) Seien $\mathfrak{C}$ eine σ-Algebra mit $\mathfrak{C} \subset \mathfrak{B}$, $\mu^{\mathfrak{C}}$ die Restriktion von μ auf $\mathfrak{C}$ und $g(x)$ $\mathfrak{C}$-meßbar. Dann gilt $\int_C g(x)\,d\mu^{\mathfrak{C}} = \int_C g(x)\,d\mu$, $C \in \mathfrak{C}$.

Aus $\mu = \sum c_i \mu_i$, $c_i \geqslant 0$, $\mu_i \in \mathfrak{M}(\mathfrak{X}, \mathfrak{B})$, $i \in \mathbb{N}$, und $g \in \mathbb{L}_1(\mu)$ oder $g(x) \geqslant 0 \quad [\mu]$ folgt $\int g(x)\,d\mu = \sum c_i \int g(x)\,d\mu_i$.

Aus $\mu = \sum c_i \varepsilon_{x^i}$, $c_i \geqslant 0$ und $g \in \mathbb{L}_1(\mu)$ oder $g(x) \geqslant 0 \quad [\mu]$ folgt $\int_B g(x)\,d\mu = \sum_{x^i \in B} c_i\, g(x^i)$, $B \in \mathfrak{B}$.

A4.4 (Lebesgue-Stieltjes-Integral) Ist $(\mathfrak{X}, \mathfrak{B}, \mu) := (\mathbb{R}^k, \mathbb{B}^k, \mu)$ oder die Vervollständigung hiervon gemäß A 1.7, so heißt das μ-Integral auch *Lebesgue-Stieltjes-Integral* und speziell *Lebesgue-Integral*, falls $\mu = \lambda\!\!\lambda^k$ ist. Man schreibt auch $\int f\,dG$ für $\int f\,d\mu$, $\int f\,dx$ für $\int f\,d\lambda\!\!\lambda^k$ sowie $\int_a^b f\,dG$ für $\int_{[a,b]} f\,dG$. Dabei bezeichnet G die maßdefinierende Funktion von μ; vgl. A 8.1 + 3. Diese Schreibweise ist gerechtfertigt, da jede eigentlich oder absolut uneigentlich Riemann-integrierbare Funktion auch Lebesgue-integrierbar ist und zwar zum selben Wert.

B 81–85, LI 128

A4.5 (Transformationsformeln) Es seien $T\colon (\mathfrak{X}, \mathfrak{B}) \to (\mathfrak{T}, \mathfrak{D})$, $\mu \in \mathfrak{M}(\mathfrak{X}, \mathfrak{B})$ und μ^T das induzierte Maß. Für jede $\mathfrak{D}$-meßbare Funktion $g(t)$ gilt dann:

$$\int_D g(t)\,d\mu^T = \int_{T^{-1}(D)} g(T(x))\,d\mu, \quad D \in \mathfrak{D},$$

falls eines der beiden Integrale existiert.

Ist $g\colon (\mathfrak{X}, \mathfrak{B}) \to (\mathfrak{Y}, \mathfrak{C})$, so ergibt sich die Verteilung von $g(X)$ aus der Verteilung von X gemäß $\mathbb{P}^{g(X)}(C) = \mathbb{P}^X(g^{-1}(C))$, $C \in \mathfrak{C}$. Besitzt $\mathfrak{L}(X)$ die $\lambda\!\!\lambda^k$-Dichte $p(x)$ und ist $g(x)$ eine stetig differenzierbare, bijektive Abbildung des $(\mathbb{R}^k, \mathbb{B}^k)$ in den $(\mathbb{R}^k, \mathbb{B}^k)$, deren Umkehrabbildung $g^{-1}\colon \mathbb{R}^k \to \mathbb{R}^k$ die Jacobi-Matrix $\mathscr{B}(y) := (\partial_j g_i^{-1}(y))_{i,j=1,\ldots,k}$ hat, so besitzt $\mathfrak{L}(g(X))$ die $\lambda\!\!\lambda^k$-Dichte $f(y) = p(g^{-1}(y))\,|\mathscr{B}(y)|$ für $y \in g(\mathbb{R}^k)$ und 0 sonst; ist die Umkehrabbildung m-deutig, so ist über die m Zweige zu summieren.

B 95, GS 52, HS 342–344

A4.6 (Fatou) $\int \liminf g_n(x)\,\mathrm{d}\mu \leqslant \liminf \int g_n(x)\,\mathrm{d}\mu$, falls $g_n(x) \geqslant g_0(x)$ $[\mu]$ mit $g_0 \in \mathbb{L}_1(\mu)$. Entsprechend gilt $\limsup \int g_n(x)\,\mathrm{d}\mu \leqslant \int \limsup g_n(x)\,\mathrm{d}\mu$, falls $g_n(x) \leqslant g_0(x)$ $[\mu]$ $\forall n \in \mathbb{N}$ und $g_0 \in \mathbb{L}_1(\mu)$.

B 75, LI 126

A4.7 (Lebesgue; majorisierte Konvergenz) $\int g_n(x)\,\mathrm{d}\mu \to \int g(x)\,\mathrm{d}\mu$, falls $g_n(x) \to g(x)$ $[\mu]$ und $\underline{g}(x) \leqslant g_n(x) \leqslant \bar{g}(x)$ $[\mu]$ mit $\underline{g}, \bar{g} \in \mathbb{L}_1(\mu)$. Die Aussage gilt auch, wenn $g_n \to g$ $[\mu]$ ersetzt wird durch $g_n \underset{\mu}{\to} g$.

B 77, LI 126

A4.8 (B. Levi; monotone Konvergenz) $\int g_n(x)\,\mathrm{d}\mu \uparrow \int g(x)\,\mathrm{d}\mu$, falls $0 \leqslant g_n(x) \uparrow g(x)$ $[\mu]$ oder allgemeiner $\underline{g}(x) \leqslant g_n(x) \uparrow g(x)$ mit $\underline{g} \in \mathbb{L}_1(\mu)$.

B 61, LI 125

A4.9 (Pratt) $\int g_n(x)\,\mathrm{d}\mu \to \int g(x)\,\mathrm{d}\mu$, falls $g_n(x) \underset{\mu}{\to} g(x)$ sowie $\underline{g}_n(x) \leqslant g_n(x) \leqslant \bar{g}_n(x)$ $[\mu]$, $\underline{g}_n(x) \underset{\mu}{\to} \underline{g}(x)$, $\bar{g}_n(x) \underset{\mu}{\to} \bar{g}(x)$ mit $\underline{g} \in \mathbb{L}_1(\mu)$, $\bar{g} \in \mathbb{L}_1(\mu)$ und $\int \underline{g}_n(x)\,\mathrm{d}\mu \to \int \underline{g}(x)\,\mathrm{d}\mu$, $\int \bar{g}_n(x)\,\mathrm{d}\mu \to \int \bar{g}(x)\,\mathrm{d}\mu$.

GS 63

A 5 Ungleichungen und $\mathbb{L}_r$-Räume

A5.0 (Jensen) Seien X eine $\mathbb{R}^k$-wertige ZG auf $(\Omega, \mathfrak{A}, \mathbb{P})$ und $f\colon \mathbb{R}^k \to \mathbb{R}$ konvex. Ist dann $EX \in \mathbb{R}^k$, so gilt $f(EX) \leqslant Ef(X)$. Ist speziell f strikt konvex, so gilt $f(EX) = Ef(X)$ genau dann, wenn $\mathbb{P}^X$ eine Einpunktverteilung ist.

CT 102–103, LI 161

A5.1 (Tschebyschev) Sei X eine reellwertige ZG auf $(\Omega, \mathfrak{A}, \mathbb{P})$ mit endlicher Varianz. Dann gilt: $\mathbb{P}(|X - EX| \geqslant \varepsilon) \leqslant \mathit{Var}\, X/\varepsilon^2 \quad \forall \varepsilon > 0$.

(Markov) $\mathbb{P}(|X| > \varepsilon) \leqslant E|X|^r/\varepsilon^r \quad \forall \varepsilon > 0 \quad \forall r > 0$.

B 96, 173, GS 97–98, LI 160

A5.2 (Raum $\mathbb{L}_r(\mu)$) Für $\mu \in \mathfrak{M}^\sigma(\mathfrak{X}, \mathfrak{B})$ ist $\mathbb{L}_r := \mathbb{L}_r(\mu) := \mathbb{L}_r(\mathfrak{X}, \mathfrak{B}, \mu)$ erklärt als Gesamtheit der Äquivalenzklassen μ-f.ü. übereinstimmender $\mathfrak{B}$-meßbarer Funktionen h mit $\|h\|_{\mathbb{L}_r} := (\int |h|^r\,\mathrm{d}\mu)^{1/r} < \infty$, falls $1 \leqslant r < \infty$, bzw. $\|h\|_{\mathbb{L}_\infty} := \sup\{M\colon \mu(|h| > M) > 0\} < \infty$, falls $r = \infty$. $\mathbb{L}_r(\mu)$ ist ein Banach-Raum, d.h. ein linearer normierter vollständiger Raum mit der Norm $\|h\|_{\mathbb{L}_r}$. $\mathbb{L}_2(\mu)$ ist ein Hilbert-Raum mit dem Skalarprodukt $\langle g, h\rangle_{\mathbb{L}_2(\mu)} := \int gh\,\mathrm{d}\mu$. Konvergenz in der $\mathbb{L}_r$-Norm heißt $\mathbb{L}_r$-*Konvergenz*.

HS 188–195, LI 162–163

An Stelle von Äquivalenzklassen arbeiten wir mit Repräsentanten.

A5.3 (Raum $\mathbb{L}_r^k(\mu)$) Ist $\mu \in \mathfrak{M}^\sigma(\mathfrak{X}, \mathfrak{B})$, $r \geqslant 1$ und $k \in \mathbb{N}$, so ist auch der Produktraum $\mathbb{L}_r^k(\mu) := \bigtimes_{i=1}^{k} \mathbb{L}_r(\mu) = \{h = (h_1, \ldots, h_k)^\top\colon h_i \in \mathbb{L}_r(\mu),\ i = 1, \ldots, k\}$ ein Banach-Raum und zwar mit der Norm $\|h\|_{\mathbb{L}_r^k(\mu)} := \sum_{i=1}^{k} \|h_i\|_{\mathbb{L}_r(\mu)}$; vgl. 1.8.3.

A5.4 (Cauchy-Schwarz) Sind $f, g \in \mathbb{L}_2(\mu)$, so gilt $\int |fg| \,\mathrm{d}\mu \leqslant (\int f^2 \,\mathrm{d}\mu \int g^2 \,\mathrm{d}\mu)^{1/2}$ mit „=" $\Leftrightarrow$ $\exists a, b \in \mathbb{R}$: $af = bg$ $[\mu]$.

(Hölder) Sind $f \in \mathbb{L}_r(\mu)$, $g \in \mathbb{L}_s(\mu)$ mit $r^{-1} + s^{-1} = 1$, so gilt

$\int |fg| \,\mathrm{d}\mu \leqslant (\int |f|^r \,\mathrm{d}\mu)^{1/r} (\int |g|^s \,\mathrm{d}\mu)^{1/s}$ mit „=" $\Leftrightarrow$ $\exists a, b \in \mathbb{R}$: $a|f|^r = b|g|^s$ $[\mu]$.

(Minkowski) Sind $f, g \in \mathbb{L}_r(\mu)$, so gilt $(\int |f+g|^r \,\mathrm{d}\mu)^{1/r} \leqslant (\int |f|^r \,\mathrm{d}\mu)^{1/r} + (\int |g|^r \,\mathrm{d}\mu)^{1/r}$.

B 71–72, GS 70, HS 189–192, LI 158

A5.5 Ist $\mu \in \mathfrak{M}^\sigma(\mathbb{R}^k, \mathbb{B}^k)$, $k \in \mathbb{N}$, so liegen die stetigen und beschränkten Funktionen dicht in $\mathbb{L}_r(\mu)$, $1 \leqslant r < \infty$.

HS 197–198

A5.6 (Lebesgue-Punkte) Ist $(\mathfrak{X}, \mathfrak{B}, \mu) = (\mathbb{R}, \mathbb{B}, \lambda\!\!\lambda)$ und $b \in \mathbb{L}_1(\lambda\!\!\lambda)$, dann gilt für $\lambda\!\!\lambda$-fast alle Punkte $u \in \mathbb{R}$: $\lim\limits_{\varepsilon \to 0} \frac{1}{\varepsilon} \int\limits_{[0,\varepsilon]} |b(u+t) + b(u-t) - 2b(u)| \,\mathrm{d}t = 0$. Ist b stetig in u, so ist u ein derartiger *Lebesgue-Punkt*.

HS 276–278

A6 Produkträume und stochastische Unabhängigkeit

A6.0 (Produktraum) Unter dem *Produktraum* zweier meßbarer Räume $(\mathfrak{X}_j, \mathfrak{B}_j)$, $j = 1,2$, versteht man den meßbaren Raum $(\mathfrak{X}_1 \times \mathfrak{X}_2, \mathfrak{B}_1 \otimes \mathfrak{B}_2)$. Dabei sind definiert $\mathfrak{X}_1 \times \mathfrak{X}_2 := \{(x_1, x_2)\colon x_j \in \mathfrak{X}_j, j = 1,2\}$; $\mathfrak{B}_1 \otimes \mathfrak{B}_2 := \sigma(\{B_1 \times B_2\colon B_j \in \mathfrak{B}_j, j = 1,2\})$. $B_1 \times B_2$ heißt Rechteckmenge; $B_1 \times \mathfrak{X}_2$ heißt Zylindermenge mit der Basis B_1. Entsprechend sind n-fache Produkte $\left(\bigtimes\limits_{j=1}^{n} \mathfrak{X}_j, \bigotimes\limits_{j=1}^{n} \mathfrak{B}_j\right)$ und abzählbare Produkte $\left(\bigtimes\limits_{j=1}^{\infty} \mathfrak{X}_j, \bigotimes\limits_{j=1}^{\infty} \mathfrak{B}_j\right)$ erklärt. $(\mathbb{R}^n, \mathbb{B}^n)$ ist das n-fache Produkt von $(\mathbb{R}, \mathbb{B})$, analog $(\bar{\mathbb{R}}^n, \bar{\mathbb{B}}^n)$ von $(\bar{\mathbb{R}}, \bar{\mathbb{B}})$.

B 112, 157–158, GS 21–25, LI 62

A6.1 (Randverteilung) Ist $\mu \in \mathfrak{M}(\mathfrak{X}_1 \times \mathfrak{X}_2, \mathfrak{B}_1 \otimes \mathfrak{B}_2)$, so heißt das durch $\mu_1(B_1) := \mu(B_1 \times \mathfrak{X}_2)$, $B_1 \in \mathfrak{B}_1$, definierte Maß *Randmaß*. Ist $X = (X_1, X_2, \ldots)$ eine ZG auf $(\Omega, \mathfrak{A}, \mathbb{P})$ mit der Verteilung P über $(\bigtimes \mathfrak{X}_j, \bigotimes \mathfrak{B}_j)$, so heißt die Verteilung von $Y = (X_{i_1}, \ldots, X_{i_k})$ eine *k-dimensionale Randverteilung von P*. Ist speziell $i_j = j$ für $j = 1, \ldots, k$, so ist also die zugehörige k-dimensionale Randverteilung P_1 einer n-dimensionalen Verteilung $P \in \mathfrak{M}^1(\mathbb{R}^n, \mathbb{B}^n)$ definiert durch $P_1(C) := P(C \times \mathbb{R}^{n-k})$, $C \in \mathbb{B}^k$, $k < n$.

A6.2 (Produktmaßsatz) Sind μ_i σ-endliche Maße über $(\mathfrak{X}_j, \mathfrak{B}_j)$, $j = 1,2$, so gibt es genau ein (σ-endliches) Maß $\mu_1 \otimes \mu_2$ über dem Produktraum $(\mathfrak{X}_1 \times \mathfrak{X}_2, \mathfrak{B}_1 \otimes \mathfrak{B}_2)$ mit $\mu_1 \otimes \mu_2(B_1 \times B_2) = \mu_1(B_1)\mu_2(B_2)$, $B_j \in \mathfrak{B}_j$, $j = 1,2$. $\mu_1 \otimes \mu_2$ heißt *Produktmaß*. Entsprechendes gilt für $\mu_1 \otimes \ldots \otimes \mu_n$. Es ist $\lambda\!\!\lambda^n = \lambda\!\!\lambda \otimes \ldots \otimes \lambda\!\!\lambda$.

B 115–116, GS 46, LI 136

A6.3 (Produktwahrscheinlichkeitssatz) Sind P_j WS-Maße über $(\mathfrak{X}_j, \mathfrak{B}_j)$, $j \in \mathbb{N}$, so gibt es genau ein WS-Maß $P := \bigotimes P_j$ über dem Produktraum $(\bigtimes \mathfrak{X}_j, \bigotimes \mathfrak{B}_j)$, so daß für jedes

$k \in \mathbb{N}$ die k-dimensionalen Randverteilungen die entsprechenden Produktmaße der P_j sind. Insbesondere ist P_j die j-te Randverteilung von P, $j \in \mathbb{N}$.

B 162, GS 151, LI 92

A6.4 (Schnitt) Der Schnitt einer Menge B an der Stelle x_1 ist $B_{x_1} := \{x_2 : (x_1, x_2) \in B\}$. Es gilt $B_{x_1} \in \mathfrak{B}_2$, falls $B \in \mathfrak{B}_1 \otimes \mathfrak{B}_2$. Die Schnittbildung ist vertauschbar mit Vereinigungs-, Durchschnitts- und Komplementbildung. Unter dem Schnitt einer Funktion $g(x_1, x_2)$ an der Stelle x_1 versteht man die Funktion $g_{x_1}(x_2) := g(x_1, x_2)$; $g_{x_1}(x_2)$ ist $\mathfrak{B}_2$-meßbar, falls $g(x_1, x_2)$ $\mathfrak{B}_1 \otimes \mathfrak{B}_2$-meßbar ist.

HS 381–386, LI 135

A6.5 (Fubini) Sind μ_i σ-endliche Maße über $(\mathfrak{X}_i, \mathfrak{B}_i)$, $i = 1,2$ und ist $g(x_1, x_2)$ $\mathfrak{B}_1 \otimes \mathfrak{B}_2$-meßbar mit $\int |g(x_1, x_2)| \, \mathrm{d}\mu_1 \otimes \mu_2 < \infty$ oder ist $g(x_1, x_2) \geqslant 0$ $\mu_1 \otimes \mu_2$-f.ü., so gilt $\int g(x_1, x_2) \, \mathrm{d}\mu_1 \otimes \mu_2 = \int\int g_{x_1}(x_2) \, \mathrm{d}\mu_2 \, \mathrm{d}\mu_1$. Im ersten Fall ist $g_{x_1}(x_2)$ μ_2-integrabel $[\mu_1]$. Sind umgekehrt μ_1-f.a. Schnittfunktionen $g_{x_1}(x_2)$ μ_2-integrabel, so ist $g(x_1, x_2)$ $\mu_1 \otimes \mu_2$-integrabel, und es gilt $\int\int g_{x_1}(x_2) \, \mathrm{d}\mu_2 \, \mathrm{d}\mu_1 = \int g(x_1, x_2) \, \mathrm{d}\mu_1 \otimes \mu_2 = \int\int g_{x_2}(x_1) \, \mathrm{d}\mu_1 \, \mathrm{d}\mu_2$.

B 117, GS 46, HS 384–388, LI 137

A6.6 (Ionescu-Tulcea) Ist $P(y, B) =: P_y(B)$ ein Markov-Kern von $(\mathfrak{Y}, \mathfrak{C})$ nach $(\mathfrak{X}, \mathfrak{B})$, vgl. 1.2.5, und $\mu \in \mathfrak{M}^1(\mathfrak{Y}, \mathfrak{C})$, so wird durch $Q(C \times B) = \int_C P(y, B) \, \mathrm{d}\mu(y)$, $C \in \mathfrak{C}$, $B \in \mathfrak{B}$, ein WS-Maß $Q \in \mathfrak{M}^1(\mathfrak{Y} \times \mathfrak{X}, \mathfrak{C} \otimes \mathfrak{B})$ definiert, das μ als (erste) Randverteilung und $P(y, \cdot)$ als bedingte Verteilung bei gegebenem y besitzt. Für jede nicht-negative oder Q-integrable Funktion $g(y, x)$ gilt $\int_{\mathfrak{Y} \times \mathfrak{X}} g(y, x) \, \mathrm{d}Q(y, x) = \int_{\mathfrak{Y}} \int_{\mathfrak{X}} g(y, x) \, \mathrm{d}P_y(x) \, \mathrm{d}\mu(y)$.

GS 49, LI 137–138

A6.7 (Stochastische Unabhängigkeit) Zwei Systeme $\mathfrak{F}$, $\mathfrak{G} \subset \mathfrak{A}$ heißen *stochastisch unabhängig unter* $\mathbb{P} \in \mathfrak{M}^1(\Omega, \mathfrak{A})$ (kurz: st.u.), wenn gilt $\mathbb{P}(FG) = \mathbb{P}(F) \, \mathbb{P}(G)$ $\forall F \in \mathfrak{F}$ $\forall G \in \mathfrak{G}$. Speziell heißen zwei ZG X_1 und X_2 *stochastisch unabhängig unter* $\mathbb{P}$ (kurz: st.u.), wenn die induzierten σ-Algebren st.u. sind oder äquivalent: wenn für die gemeinsame Verteilung $\mathbb{P}^{X_1, X_2}$ gilt: $\mathbb{P}^{X_1, X_2}(B_1 \times B_2) = \mathbb{P}^{X_1}(B_1) \, \mathbb{P}^{X_2}(B_2)$ für alle $B_i \in \mathfrak{B}_i$, $i = 1,2$; im anderen Fall nennt man sie stochastisch abhängig. Sind g, h meßbare Abbildungen, so sind mit X_1 und X_2 auch $g(X_1)$ und $h(X_2)$ st.u..

X_i, $i \in \mathbb{N}$, heißen *stochastisch unabhängig* (kurz: st.u.), wenn je endlich viele st.u. sind, d.h. wenn gilt $\mathfrak{L}(X_{i_1}, \ldots, X_{i_k}) = \bigotimes_{j=1}^{k} \mathfrak{L}(X_{i_j})$ $\forall i_j \in \mathbb{N}$: $i_j \neq i_l$ für $j \neq l$ $\forall k \in \mathbb{N}$. Zu $P_i \in \mathfrak{M}^1(\mathfrak{X}_i, \mathfrak{B}_i)$, $i \in \mathbb{N}$, gibt es stets eine Folge st.u. ZG X_i mit $\mathfrak{L}(X_i) = P_i$, $i \in \mathbb{N}$.

B 146, 150, CT 186, GS 77–78, LI 235–237

A6.8 (Multiplikationssatz) Sind X_1 und X_2 st.u. reellwertige ZG, so gilt $EX_1X_2 = EX_1EX_2$, falls $X_1 \geqslant 0$, $X_2 \geqslant 0$ oder $E|X_1| < \infty$, $E|X_2| < \infty$. Unter entsprechenden Voraussetzungen gilt bei st. Unabhängigkeit $E \prod_{i=1}^{n} X_i = \prod_{i=1}^{n} EX_i$ für $n \geqslant 2$.

B 153, GS 80, LI 238

A6.9 (Faltung) Sind X_i, $i = 1,2$, st.u. ZG mit Verteilungen $P_i \in \mathfrak{M}^1(\mathbb{R}, \mathbb{B})$, so heißt $P := \mathfrak{L}(X_1 + X_2)$ *Summenverteilung von* X_1 *und* X_2 oder *Faltung von* P_1 *und* P_2, ge-

schrieben: $P = P_1 * P_2$. Sind X_1, X_2 diskret verteilt, so gilt $P(\{x\}) = \sum_y P_1(\{y\}) P_2(\{x-y\})$, $x \in \mathbb{R}$; besitzen X_1, X_2 λ-Dichten p_1 bzw. p_2, so hat $X_1 + X_2$ die λ-Dichte $p(x) = \int p_1(y) p_2(x-y)\,\mathrm{d}y$, $x \in \mathbb{R}$.
Für $\mu, \nu \in \mathfrak{M}^\sigma(\mathbb{R}, \mathbb{B})$ gilt $(\mu * \nu)(B) := \int \nu(B-t)\,\mathrm{d}\mu(t) = \int \mu(B-t)\,\mathrm{d}\nu(t)$. Besitzt ν die λ-Dichte $q(t)$, so gilt $(\mu * \nu)(B) = \int \mu(B-t)\,q(t)\,\mathrm{d}\lambda(t)$. Insbesondere ist also $\mu * \nu \ll \lambda$, falls $\nu \ll \lambda$.

B 122–126, CT 180, GS 53, 80, HS 396–399

A 7 Konvergenzarten von Zufallsgrößen

Im folgenden bezeichnen X_n, $n \in \mathbb{N}_0$, ZG über einem WS-Raum $(\Omega, \mathfrak{A}, \mathbb{P})$ mit Werten in $\mathbb{R}^k$. Auf $\mathbb{P}$-Nullmengen sind auch Werte in $\bar{\mathbb{R}}^k$ zugelassen. Die Limesaussagen beziehen sich auf den Grenzübergang $n \to \infty$.

A 7.0 (f.s.-Konvergenz) *X_n konvergiert gegen X_0 fast sicher* (genauer: $\mathbb{P}$-fast sicher, kurz: $\mathbb{P}$-f.s.), geschrieben: $X_n \to X_0$ $[\mathbb{P}]$, wenn eine Menge $N \in \mathfrak{A}$ existiert mit $\mathbb{P}(N) = 0$ und $X_n(\omega) \to X_0(\omega)$ $\forall \omega \in N^c$. Dies ist äquivalent mit jeder der folgenden Aussagen:

$$\mathbb{P}(\{\omega: X_n(\omega) \to X_0(\omega)\}) = 1; \quad \mathbb{P}\left(\bigcap_{l=1}^{\infty} \bigcup_{m=l}^{\infty} \{\omega: |X_m(\omega) - X_0(\omega)| \geqslant \varepsilon\}\right) = 0 \quad \forall \varepsilon > 0;$$

$$\mathbb{P}\left(\sup_{m \geqslant n} \{\omega: |X_m(\omega) - X_0(\omega)| \geqslant \varepsilon\}\right) = \mathbb{P}\left(\bigcup_{m=n}^{\infty} \{\omega: |X_m(\omega) - X_0(\omega)| \geqslant \varepsilon\}\right) \to 0 \quad \forall \varepsilon > 0.$$

GS 59–61, LI 114–116

A 7.1 (Konvergenz nach WS) *X_n konvergiert gegen X_0 nach* WS (genauer: nach $\mathbb{P}$-WS oder *$\mathbb{P}$-stochastisch*), geschrieben: $X_n \to X_0$ nach $\mathbb{P}$-WS oder $X_n \xrightarrow[\mathbb{P}]{} X_0$, wenn gilt $\mathbb{P}(\{\omega: |X_n(\omega) - X_0(\omega)| > \varepsilon\}) \to 0$ $\forall \varepsilon > 0$.

GS 61–62. LI 153

A 7.2 $X_n \xrightarrow[\mathbb{P}]{} X \Leftrightarrow \forall (n') \subset \mathbb{N}$ $\exists (n'') \subset (n')$: $X_{n''} \to X$ $[\mathbb{P}]$. Trivialerweise gilt dabei $X_n \to X$ $[\mathbb{P}] \Rightarrow X_n \xrightarrow[\mathbb{P}]{} X$.

CT 65–68, GS 61, LI 153

A 7.3 ($\mathbb{L}_r$-Konvergenz, $r \geqslant 1$) *X_n konvergiert gegen X_0 in $\mathbb{L}_r$* (genauer: in $\mathbb{L}_r^k(\mathbb{P})$), geschrieben: $X_n \to X_0$ in $\mathbb{L}_r$ oder $X_n \xrightarrow[\mathbb{L}_r]{} X_0$, wenn gilt $E|X_n - X_0|^r \to 0$ bzw. $\|X_n - X_0\|_{\mathbb{L}_r} \to 0$.

GS 69–72, LI 159, 163

A 7.4 Seien $k = 1$, $EX_n^2 < \infty$ $\forall n \in \mathbb{N}$ und $E(X_n - X_0)^2 \to 0$. Dann gilt $EX_0^2 < \infty$, $EX_n \to EX_0$, $EX_n^2 \to EX_0^2$, $Var\,X_n \to Var\,X_0$ und $X_n \to X_0$ nach $\mathbb{P}$-WS. Gilt überdies $EY_n^2 < \infty$ $\forall n \in \mathbb{N}$ und $E(Y_n - X_0)^2 \to 0$, so auch $E(X_n - Y_n)^2 \to 0$. Gilt überdies $E(Y_n - Y_0)^2 \to 0$, so auch $EX_nY_n \to EX_0Y_0$ und $Cov(X_n, Y_n) \to Cov(X_0, Y_0)$.

A7.5 (Verteilungskonvergenz) Für $n \in \mathbb{N}_0$ seien $P_n \in \mathfrak{M}^1(\mathbb{R}^k, \mathbb{B}^k)$ mit VF F_n. Dann heißt P_n *verteilungskonvergent gegen* P_0 (geschrieben: $P_n \underset{\mathfrak{L}}{\rightarrow} P_0$), oder auch F_n *verteilungskonvergent gegen* F_0 (geschrieben: $F_n \underset{\mathfrak{L}}{\rightarrow} F_0$), wenn $P_n(B) \rightarrow P_0(B) \quad \forall B \in \mathbb{B}^k\colon P_0(\partial B) = 0$ bzw. wenn $F_n(x) \rightarrow F_0(x) \quad \forall x \in C(F_0)$. Sind X_n, $n \in \mathbb{N}_0$, $\mathbb{R}^k$-wertige ZG, so heißt X_n *gegen* X_0 *nach Verteilung konvergent*, geschrieben: $X_n \underset{\mathfrak{L}}{\rightarrow} X_0$, wenn gilt: $\mathfrak{L}(X_n) \underset{\mathfrak{L}}{\rightarrow} \mathfrak{L}(X_0)$.
GS 66, LI 188–190

A7.6 (Gleichgradige Integrierbarkeit) $\{X_n\colon n \in \mathbb{N}\}$ heißt *r-fach gleichgradig integrierbar bezüglich* $\mathbb{P}$ oder äquivalent: $\{|X_n|^r\colon n \in \mathbb{N}\}$ heißt *gleichgradig integrierbar bezüglich* $\mathbb{P}$ oder äquivalent: $f(x) = x$ heißt *r-fach gleichgradig integrierbar bezüglich* $\{P_n := \mathbb{P}^{X_n}, n \in \mathbb{N}\}$, $r \geqslant 1$, genau dann, wenn gilt

$$\forall \varepsilon > 0 \quad \exists c < \infty \quad \int_{\{|X_n| > c\}} |X_n|^r \, d\mathbb{P} = \int_{\{|x| > c\}} |x|^r \, dP_n \leqslant \varepsilon \quad \forall n \in \mathbb{N}.$$

a) $X_n \rightarrow X$ nach $\mathbb{P}$-WS und $\{X_n\colon n \in \mathbb{N}\}$ r-fach gleichgradig integrierbar bzgl. $\mathbb{P} \Leftrightarrow X_n \rightarrow X$ in $\mathbb{L}_r(\mathbb{P})$; vgl. Satz 1.181 (Vitali).

b) Wegen $E|X_n|^r = r \int s^{r-1} \mathbb{P}(|X_n| > s)\, ds$ ist $\{X_n\colon n \in \mathbb{N}\}$ r-fach gleichgradig integrierbar, falls gilt: $\exists c < \infty \quad \exists \varepsilon > 0\colon \sup_{n \in \mathbb{N}} \mathbb{P}(|X_n| > s) \leqslant c s^{-r-\varepsilon}$.

c) Unter der Voraussetzung $\mathfrak{L}(X_n) \underset{\mathfrak{L}}{\rightarrow} \mathfrak{L}(X)$ gilt: $\{X_n\colon n \in \mathbb{N}\}$ gleichgradig integrierbar impliziert $EX_n \rightarrow EX$. Bei $X_n \geqslant 0 \quad \forall n \in \mathbb{N}$ gilt auch die Umkehrung.
CT 92–93, 253–255, GS 73–76, LI 164–166

A7.7 $X_n \rightarrow X_0$ nach $\mathbb{P}$-WS, f stetig $\Rightarrow f(X_n) \rightarrow f(X_0)$ nach $\mathbb{P}$-WS.
CT 68

A7.8 (Gesetz der großen Zahlen) (Chintschin, schwaches Gesetz) X_n, $n \in \mathbb{N}$, seien st.u. ZG mit derselben Verteilung, für die $\mu = EX_1 \in \mathbb{R}$ ist, und $\overline{X}_n := \sum_{i=1}^{n} X_i/n$. Dann gilt $\overline{X}_n \rightarrow \mu$ nach $\mathbb{P}$-WS.
B 182, GS 122–123, CT 125–127

(Kolmogorov, starkes Gesetz) X_n, $n \in \mathbb{N}$, seien st.u. ZG mit derselben Verteilung, für die $\mu = EX_1 \in \mathbb{R}$ ist. Dann gilt $\overline{X}_n \rightarrow \mu \quad [\mathbb{P}]$.
B 176, CT 122, GS 130

(Glivenko-Cantelli) X_n, $n \in \mathbb{N}$, seien st.u. k-dimensionale ZG mit derselben VF F; vgl. A 8.0. Bezeichnet $\hat{F}_n$ die für $n \in \mathbb{N}$ durch $\hat{F}_n(z) = \sum_{j=1}^{n} \mathbb{1}_{(-\infty, z]}(X_j)/n$, $z \in \mathbb{R}^k$, definierte *empirische* VF, so gilt $\sup_z |\hat{F}_n(z) - F(z)| \rightarrow 0 \quad [\mathbb{P}]$.
CT 261, GS 145

A7.9 (Lindeberg-Levy, zentraler Grenzwertsatz) X_n, $n \in \mathbb{N}$, seien st.u. reellwertige ZG mit derselben Verteilung, für die $\mu = EX_1$ und $\sigma^2 = Var\, X_1 > 0$ existieren und endlich sind. Dann gilt $\mathfrak{L}(n^{1/2}(\overline{X}_n - \mu)/\sigma) \underset{\mathfrak{L}}{\rightarrow} \mathfrak{N}(0,1)$.
GS 158, LII 43–44

A8 Verteilungsfunktionen und charakteristische Funktionen

A8.0 (Verteilungsfunktion) Eine *Verteilungsfunktion* (kurz: VF) F über $(\mathbb{R}, \mathbb{B})$ ist definiert als isotone, rechtsseitig stetige Funktion mit $F(-\infty) := \lim_{x \to -\infty} F(x) = 0$, $F(+\infty) := \lim_{x \to +\infty} F(x) = 1$. F kann als Abbildung von $(\bar{\mathbb{R}}, \bar{\mathbb{B}})$ in $([0,1], [0,1]\,\mathbb{B})$ aufgefaßt werden. Eine VF F über $(\mathbb{R}^k, \mathbb{B}^k)$ ist definiert als (schwach) $\triangle$-isotone Funktion mit $F(x_1, \ldots, x_k) \to 0$, falls $x_i \to -\infty \quad \exists i = 1, \ldots, k$ und $F(x_1, \ldots, x_k) \to 1$, falls $x_i \to +\infty \quad \forall i = 1, \ldots, k$. Dabei heißt F *$\triangle$-isoton*, falls der Zuwachs $\triangle_a^b F$ der Funktion F über jedem k-dimensionalen Intervall $(a, b]$ nicht-negativ ist, falls also gilt $\triangle_a^b F \geqslant 0 \quad \forall a, b \in \mathbb{R}^k\colon a \leqslant b$. Für $k = 2$ ist

$$\triangle_a^b F := \triangle_{a_1}^{b_1} \triangle_{a_2}^{b_2} F(x_1, x_2) = F(b_1, b_2) - F(b_1, a_2) - F(a_1, b_2) + F(a_1, a_2);$$

für $k \in \mathbb{N}$ ist $\triangle_a^b F$ analog erklärt.

CT 26 + 178, GS 55–58, LI 96–100

A8.1 (Funktionen beschränkter Variation) Eine Funktion $G\colon [a, b] \to \mathbb{R}$, $a, b \in \mathbb{R}$, $a < b$, heißt *von beschränkter Variation*, wenn gilt

$$V_{a,b}(G) := \sup\left\{ \sum_{j=1}^{k} |G(x_j) - G(x_{j-1})|\colon a = x_0 < x_1 < \ldots < x_k = b, k \in \mathbb{N} \right\} < \infty.$$

Ist allgemeiner G auf einem nicht-degenerierten (evtl. auch unendlichen) Intervall $I \subset \mathbb{R}$ definiert, dann heißt G *von beschränkter Variation*, wenn gilt

$$V(G) := \sup\{V_{a,b}(G)\colon a, b \in I,\ a < b\} < \infty.$$

G heißt *von lokal beschränkter Variation*, wenn G über jedem kompakten echten Teilintervall von I von beschränkter Variation ist. Diese Funktionen sind genau diejenigen, die sich als Differenz zweier isotoner Funktionen schreiben lassen. Eine Funktion $H\colon \mathbb{R} \to \mathbb{R}$ heißt *maßdefinierend*, wenn sie isoton, rechtsseitig stetig und beschränkt ist.

HS 266–287

A8.2 (Absolut stetige Funktionen) Eine Funktion $G\colon [a, b] \to \mathbb{R}$, $a, b \in \mathbb{R}$, $a < b$, heißt *absolut stetig*, wenn $\forall \varepsilon > 0 \quad \exists \delta > 0$ derart, daß für jede Wahl von nicht-leeren, disjunkten offenen Intervallen $(x_j, y_j) \subset [a, b]$, $1 \leqslant j \leqslant m$, gilt

$$\sum_{j=1}^{m} (y_j - x_j) < \delta \quad \Rightarrow \quad \sum_{j=1}^{m} |G(y_j) - G(x_j)| < \varepsilon.$$

Jede solche Funktion ist $\lambda\!\!\lambda$-f.ü. differenzierbar mit $\lambda\!\!\lambda$-integrierbarer Ableitung ∂G. Ist allgemeiner G auf einem nicht-degenerierten (evtl. auch unendlichen) Intervall $I \subset \mathbb{R}$ definiert, dann heißt G *absolut stetig*, wenn G auf jedem kompakten Teilintervall von I absolut stetig und ∂G über I integrierbar ist. G heißt *lokal absolut stetig*, wenn G über jedem kompakten echten Teilintervall von I absolut stetig ist. Diese Funktionen sind genau diejenigen, für die der Hauptsatz der Differential-Integralrechnung gilt, also die Aussage

$$\forall x, y \in \mathring{I},\ x < y: \quad G(y) - G(x) = \int_x^y \partial G(t)\,\mathrm{d}t.$$

Jede (lokal) absolut stetige Funktion ist (lokal) von beschränkter Variation, jede stetig differenzierbare Funktion ist lokal absolut stetig.

HS 282–286

A8.3 (Korrespondenzsatz) Die Verteilungen $P \in \mathfrak{M}^1(\mathbb{R}^k, \mathbb{B}^k)$ und die k-dimensionalen VF F entsprechen einander eineindeutig vermöge der Zuordnung $P((a,b]) = \triangle_a^b F$, $a, b \in \mathbb{R}^k$: $a < b$. Für $k = 1$ gilt: $P((a,b]) = F(b) - F(a)$.

Die endlichen Maße $\mu \in \mathfrak{M}^e(\mathbb{R}, \mathbb{B})$ und die eindimensionalen maßdefinierenden Funktionen G mit $G(-\infty) = 0$ entsprechen einander eineindeutig vermöge der Zuordnung $\mu((a,b]) = G(b) - G(a)$.

In gleicher Weise entsprechen die Funktionen von lokal beschränkter Variation den σ-endlichen signierten Maßen.

CT 178–179, GS 56, LI 97–100

A8.4 (Partielle Integration) Seien G, H: $\mathbb{R} \to \mathbb{R}$ isoton und μ, ν die von den maßdefinierenden Funktionen $G(x+0)$ bzw. $H(x+0)$ induzierten Maße. Dann gilt für alle $a < b,\ a, b \in \mathbb{R}$

$$\int_{[a,b]} H(x+0)\,\mathrm{d}\mu(x) + \int_{[a,b]} G(x-0)\,\mathrm{d}\nu(x) = G(b+0)\,H(b+0) - G(a-0)\,H(a-0).$$

Besitzen speziell μ, ν λ-Dichten g, h, so gilt für alle $a < b,\ a, b \in \mathbb{R}$:

$$\int_{[a,b]} H(x)\,g(x)\,\mathrm{d}x + \int_{[a,b]} G(x)\,h(x)\,\mathrm{d}x = G(b)\,H(b) - G(a)\,H(a).$$

HS 287, 419–420

A8.5 (Polya) Die Konvergenz $F_n \underset{\mathfrak{L}}{\to} F_0$ ist gleichmäßig, falls F_0 stetig ist.

B 229, CT 260

A8.6 (Helly) Zu jeder Folge (F_n) eindimensionaler VF gibt es eine Teilfolge (F_{n_k}) und eine isotone, rechtsseitig stetige Funktion G mit $0 \leqslant G(x) \leqslant 1 \quad \forall x \in \mathbb{R}$ und $F_{n_k}(x) \to G(x) \quad \forall x \in C(G)$.

CT 259, LI 181–182

A8.7 (Charakteristische Funktion) Jeder k-dimensionalen Verteilung P ist eineindeutig eine charakteristische Funktion zugeordnet durch $\varphi(t) = \int \mathrm{e}^{\mathrm{i}t^{\mathrm{T}}x}\mathrm{d}P$, $t \in \mathbb{R}^k$. Ist P die Verteilung einer $\mathbb{R}^k$-wertigen ZG X, so gilt also $\varphi(t) = E\mathrm{e}^{\mathrm{i}t^{\mathrm{T}}X} =: \varphi^X(t)$.

Bei affinen Transformationen $Y = \mathscr{A}X + b$ gilt $\varphi^Y(t) = \mathrm{e}^{\mathrm{i}b^{\mathrm{T}}t}\varphi^X(\mathscr{A}^{\mathrm{T}}t)$. Sind X_1 und X_2 st. u. $\mathbb{R}^k$-wertige ZG, so gilt $\varphi^{X_1+X_2}(t) = \varphi^{X_1}(t)\,\varphi^{X_2}(t)$.

B 238–241, CT 263–266, 285–287

A8.8 (Differenzierbarkeit) Existiert das m-te Moment $\alpha_m := EX^m$ einer eindimensionalen Verteilung und ist α_m endlich, so ist φ m-mal stetig differenzierbar mit $\varphi^{(m)}(t) = \mathrm{i}^m \int x^m \mathrm{e}^{\mathrm{i}tx} \mathrm{d}P$. Insbesondere ist also $\varphi^{(m)}(0) = \mathrm{i}^m \alpha_m$, und es gilt

$$\varphi(t) = \sum_{j=0}^{m} \varphi^{(j)}(0)\, t^j/j! + R(t) \quad \text{mit} \quad R(t) = o(|t|^m) \quad \text{für} \quad t \to 0.$$

Bei $E|X|^{m+\delta} < \infty$ mit $\delta \in [0, 1]$ gilt für das Restglied

$$R(t) = O(|t|^{m+\delta}) \leqslant 2^{1-\delta} E|X|^{m+\delta} |t|^{m+\delta} (1+\delta)^{-1} \dots (m+\delta)^{-1}.$$

Eine entsprechende Approximation durch das Taylorpolynom m-ter Ordnung folgt für k-dimensionale Verteilungen aus der Existenz und der Endlichkeit aller Momente m-ter Ordnung

$$\alpha_{i_1, \dots, i_k} := \int x_1^{i_1} \dots x_k^{i_k} \mathrm{d}P, \qquad i_j \in \mathbb{N}_0, \qquad j = 1, \dots, k, \qquad \sum_{j=1}^{k} i_j = m.$$

B 256–257, CT 272–274, GS 88–95

A8.9 (Lévy-Cramér) Für k-dimensionale Verteilungen P_n, $n \in \mathbb{N}_0$, gilt $P_n \underset{\mathfrak{L}}{\to} P_0$ genau dann, wenn für die zugehörigen charakteristischen Funktionen φ_n, $n \in \mathbb{N}$, gilt $\varphi_n(t) \to \varphi_0(t) \quad \forall t \in \mathbb{R}^k$, und $\varphi_0(t)$ eine in $t = 0$ stetige Funktion ist. Dann ist $\varphi_0(t)$ eine charakteristische Funktion, und zwar diejenige von P_0.

Diese Konvergenz ist *kompakt gleichmäßig*, d.h. gleichmäßig in jedem endlichen Intervall $[t_1, t_2]$, $t_1, t_2 \in \mathbb{R}^k$: $t_1 < t_2$.

CT 66–68, GS 357

Hinweise zur Lehrbuchliteratur

Zum ergänzenden und vertiefenden Studium geben wir aus der umfangreichen Lehrbuchliteratur noch die folgende Auswahl an, in der sich auch eine Vielzahl von Verweisen auf die Originalliteratur findet. Zunächst einige allgemeine Lehrbücher vergleichbaren Schwierigkeitsgrades:

Ferguson, T.S.: Mathematical Statistics, A Decision Theoretic Approach, New York, 1967.

Lehmann, E.L.: Testing Statistical Hypotheses, 5. Aufl., New York, 1970.

Lehmann, E.L.: Theory of Point Estimation, New York, 1983.

Rao, C.R.: Linear Statistical Inference and its Applications, 2. Aufl., New York, 1973.

Schmetterer, L.: Einführung in die mathematische Statistik, 2. Aufl., Wien, 1966. (Englische Ausgabe, New York, 1974).

Die folgenden Bücher betonen mehr die verschiedenen Grundauffassungen von Statistik oder arbeiten abstraktere Gesichtspunkte heraus:

Barndorff-Nielsen, O.: Information and Exponential Families in Statistical Theory, New York, 1978.

Barra, J.-R.: Mathematical Basis of Statistics, New York, 1981.

Berger, J. O.: Statistical Decision Theory, New York, 1980.

Heyer, H.: Theory of Statistical Experiments, New York, 1982.

Strasser, H.: Mathematical Theory of Statistics, Statistical Experiments and Asymptotic Decision Theory, Berlin, 1985.

Von den Büchern, die in Band I diskutierte Spezialgebiete zum Gegenstand haben, seien genannt:

Anderson, T.W.: An Introduction to Multivariate Statistical Analysis, New York, 1958.

Eaton, M.L.: Multivariate Statistics, New York, 1983.

Giri, N.C.: Multivariate Statistical Inference, New York, 1977.

Huber, P.: Robust Statistic, New York, 1981.

Scheffé H.: The Analysis of Variance, New York, 1961.

Searle, S.R.: Linear Models, New York, 1971.

Zacks, S.: The Theory of Statistical Inference, New York, 1971.

Über ein- und mehrdimensionale Verteilungen gibt das folgende vierbändige Standardwerk weitere Auskunft:

Johnson, N.L.; Kotz, S.: Distributions in Statistics:
(I) Discrete Distributions, Boston 1969.
(II) Continuous Univariate Distributions – 1, Boston, 1970.
(III) Continuous Univariate Distributions – 2, Boston, 1970.
(IV) Continuous Multivariate Distributions, New York, 1972.

Tafelwerke:

[1] Owen, D.B.: Handbook of Statistical Tables. Reading Mass. 1962.
[2] Pearson, E.S.; Hartley, H.O.: Biometrika Tables for Statisticians, Vol. I. 3. ed. Cambridge 1966, repr. 1970.
[3] Fisher, R.A.; Yates, F.: Statistical Tables. 6. ed. London 1963.
[4] Liebermann, G.J.; Owen, D.B.: Tables of the Hypergeometric Probability Distribution. Stanford Cal. 1961.
[5] Tables of the Binomial Probability Distribution. National Bureau of Standards, U.S. Department of Commerce. Washington 1950, repr. 1952.
[6] Romig, H.G.: 50–100 Binomial Tables. New York 1953.
[7] Pearson, K.: Tables of the Incomplete Beta-Function. Cambridge 1934, repr. 1956.
[8] Pearson, K.: Tables of the Incomplete Γ-Function, Cambridge 1922, repr. 1957.
[9] Finney, D.J.; Latscha, R.; Bennet, B.M.; Hsu, P.: Tables for Testing Significance in a 2×2 Contingency Table. Cambridge 1963.

Eine detaillierte Zusammenstellung der bis 1962 erschienenen statistischen Tafelwerke findet man in:

Greenwood, J.A.; Hartley, H.O.: Guide to Tables in Mathematical Statistics. Princeton N.J. 1962.

Sachverzeichnis [1])

Ablehnungsbereich 189 f
Ableitung (→ $\mathbb{L}_r$-Differenzierbarkeit; Radon-Nikodym; Verteilungsklasse)
Abstandsmaße 136 ff, 60, 182, 242 ff
Aitken-Schätzer 458 f
Alaoglu, Satz von 208, 271
Alternative (→ Gegenhypothese)
amenable group 432
Annahmebereich 190, 293 ff, 420 ff, 466 ff
Anpassungstest 8
Äquivalenzklassen | (bzgl. eines Maßes) 110, 163 (→ Festlegung)
– (im Stichprobenraum/Parameterraum) 54
äquivariant (→ Bereichsschätzer; Entscheidungsfunktion; Funktional; Konfidenzschätzer; Schätzer; Statistik)
asymptotisch invariante Folge 429 f, 433, 435, 466
Ausgangsmaterial, homogenes/inhomogenes 8, 92 ff, 470 ff
Auszahlungsfunktion 77 ff, 82 ff
Auszahlungsmatrix 80

Bahadur, Satz von 351
Bahn 335, 405 f, 429, 444
Bayes-Auffassung der Statistik 87
Bayes-Formel 321 f
Bayes-optimal 85 f
Bayes-Risiko 53, 86, 228 ff, 281 ff, 321 f, 441 ff
–, minimales 86, 228 f, 245, 282, 286, 441
Bayes-Schätzer 87, 321 ff, 327, 450
–, Limes von 326, 450
Bayes-Strategie 76 ff, 82
Bayes-Test 88, 227 ff, 233, 281 ff, 441
Bayes-Verfahren 86 ff, 140
–, zulässiges 88
Bedingen an einer (suffizienten) | σ-Algebra 114 ff, 335, 339
– Statistik 119 ff, 330 ff, 335, 339, 349 ff
bedingt (→ Dichte; stochastisch unabhängig; Test; Testproblem)
bedingter Erwartungswert (bei Suffizienz) 114 ff, 120 f, 340 ff, 348 ff
–, Einsetzungsregel 130, 125, 120, 373
–, elementar definierter 115
–, faktorisierter 119 ff, 129, 340 ff, 348 ff
–, Grundeigenschaften 120 f
–, Minimaleigenschaft 114
bedingte Verteilung (bei Suffizienz) 115 ff, 123 ff, 329 ff, 366 ff, 373, 388
– bei stochastischer Unabhängigkeit 126, 343
–, elementar definierte 115 f
–, faktorisierte 123, 342, 348
bedingte Wahrscheinlichkeit (bei Suffizienz) 114 ff, 330 f, 334 f, 368 ff
–, elementar definierte 115
Bedingungskern (bei Suffizienz) 116 ff, 123 ff, 341 ff
–, Existenz 124, 341 f
–, faktorisierter 123, 342
– für dominierte Klassen 127 ff, 347 ff
Behandlung (einer Versuchseinheit) 3, 8 ff, 92 ff
Behandlungen, Vergleich zweier 10
Behandlungseffekt, mittlerer 92
Behandlungsunterschiede 92
Bereich, Annahme- 190, 293 ff, 420 ff, 466 ff
–, kritischer oder Ablehnungs- 189 f
–, Randomisierungs- 189
–, Risiko- 88, 208 f
–, singulärer 105 ff
Bereichsschätzer 13 f, 289 ff, 386, 466 ff
–, äquivarianter 420 ff, 467 ff
–, Korrespondenzsatz 293, 420 ff, 466 ff
–, optimaler 292 ff, 386, 420 ff, 467 ff
–, randomisierter 34
Bereichsschätzfunktion (→ Bereichsschätzer)
Bereichsschätzproblem 2, 12 f, 289 ff, 386, 466 ff
Bereichsschätzung 11

[1]) Mit 430 f wird auf die Seiten 430 + 431, mit 430 ff auf die Seiten 430–432 oder auf die Seiten 430 und folgende verwiesen, wobei sich der Verweis jedoch höchstens bis zum Ende des betreffenden Unterabschnitts erstreckt. Dabei konnten nicht sämtliche Bezugstellen angegeben werden. Auch wurden die Stichworte des wahrscheinlichkeitstheoretischen Anhangs nicht nochmals mit aufgenommen. Andererseits wurden einige Bezugstellen aufgenommen, bei denen über das Stichwort – ohne dessen explizierte Nennung – eine wichtige Aussage gemacht wird.

bestimmt, μ-/$P_0 + P_1$- 105, 109 ff, 197, 210
–, P-/$P^{\mathfrak{C}}$-/P^T- 117, 119 ff, 408
–, $\mathfrak{P}$-/$\mathfrak{P}^{\mathfrak{C}}$-/$\mathfrak{P}^T$- 146, 340, 354, 427
B-Integral (vollständiges Beta-Integral) 49
Bewertung, a priori 228, 281
– –, ungünstigste 285 f
Bhattacharyya-Ungleichung 314 ff
bimeßbar 401
Blöcke 11, 471
–, randomisierte 471
–, unvollständige 473
Blockmatrix 102, 482
Borel-σ-Algebra 7, 429 ff

Cantor-Diskontinuum 142
Chapman-Robbins-Ungleichung 308 ff
Clopper-Pearson-Werte 296 f
Cramér-Rao-Ungleichung 309 f, 312 ff, 317 f, 441

Datenreduktion 15 f, 54, 401
Design-Matrix 453, 458 f, 499 ff
Dichte, bedingte 127 ff, 331, 347 f, 439
–, μ- 111 f, 131 ff
– –, $\mathbb{L}_r$-differenzierbare Klasse 184 f
–, produktmeßbare 140 f, 268 ff, 271 ff, 275 ff, 281 ff, 321 f
–, Rand- 128 f, 159 f, 331, 348
– –, bedingte 128 f, 331, 347 f, 439
–, (streng) unimodale 441 ff
Dichtequotient 112 f, 121 f, 153 f, 162 ff, 192 ff
–, isotoner 210 ff, 217 ff, 224, 251 f, 287, 294 ff, 347
–, verkürzter 242, 248 ff
Differenzierbarkeit, $\mathbb{L}_r$- 162 ff, 221 ff, 264 ff (→ Verteilungsklasse)
– – bei Klassen von Bildmaßen 172, 178
– – bei Klassen von Produktmaßen 168, 176
– – bei Regressionsmodellen 177
– – für dominierte Verteilungsklassen 170, 179, 184 f
– –, m-fache 186, 311 f
– –, starke (Fréchet-) 174, 183 f, 186
– –, zweifache 165
Dualitätssatz, schwacher 66 f, 72, 74, 256, 270, 273, 285
–, starker 66, 70, 74 f, 81, 270, 273 f, 277 f, 285
Dualproblem/Dualprogramm 66 ff, 72 ff, 81 f, 256, 268 ff, 272 ff, 283 ff
Dualraum 68 ff, 208
–, algebraischer/topologischer 70 f

Effekt, additiver 94, 470 ff
– einer Behandlung 92
Effekt, fester/zufälliger 479
Einpunktmaß/Einpunktverteilung 51 ff, 126
Einstichprobenproblem 9 f, 24, 148, 200 f, 253, 336 f, 341, 462, 503
empirische | Quantilfunktion 28 ff
– Verteilung (Verteilungsfunktion) 23 f, 26 ff
Entscheidung, randomisierte 38 f, 51, 83
–, statistische 2, 11
Entscheidungsfunktion 11
–, äquivariante 405 f
–, faktorisierte 15
–, gleichmäßig beste (unverzerrte) 16, 53, 56 ff
–, invariante 405 f
–, nicht-randomisierte 11, 51, 56
–, randomisierte 50
–, unverzerrte 56 ff
Entscheidungskern 50 ff, 83 f, 351, 428 ff
–, faktorisierter 54, 351
–, gleichmäßig bester (unverzerrter) 53, 56 ff
–, invarianter 405 f, 428
–, optimaler 53, 56 ff
–, unverzerrter 56 ff
–, Vergleich 52
–, vollständige Klasse 52 f
–, zulässiger 52, 88
Entscheidungsproblem, invariantes 404 f, 410 f, 428
–, statistisches 4, 11 f, 51, 83 f
Entscheidungsraum 11, 50
Entscheidungsregel 83 f
Ersetzung, verteilungsgleiche 216
erwartungstreu (→ schätzbar; Schätzer; Schätzkern)
Erweiterung, gemischte 79 ff, 83
Exponentialfamilie 143 ff
–, bedingte Randverteilungen 159 ff
–, einparametrige 144 ff, 171, 210, 256 ff
–, erzeugende Statistik 150 ff, 313
–, k-parametrige 144, 318, 373 ff, 386
– –, strikt 145 ff, 356, 358, 485 ff, 489 ff
–, Konfidenzschätzer in 297, 386, 467 ff
–, konjugierte 162
–, Kumulantentransformation 149 f, 153
–, natürlicher Parameter(-raum) 149 ff, 157 f, 303, 313 ff, 356 ff, 373 ff
–, Parametrigkeit 145 ff, 356 ff, 485 ff, 489 ff
–, Schätzer in 303, 313, 318, 354 ff
–, Suffizienz bei 345 f, 356 ff
–, Tests in 210 ff, 256 ff, 373 ff
–, Vollständigkeit in 356 ff
Extremalproblem, duales (→ Dualproblem)

Faktoren mit/ohne Wechselwirkungen 94 f, 455, 470 ff

Faktoren, qualitative/quantitative 93 f, 453 ff, 462, 469 ff, 473 ff, 476, 499
Faktorisierung, meßbare 15, 54, 119 ff, 329, 340 ff, 348 ff, 407
Faktorisierungslemma 119, 407 ff
Farkas-Alternative 75
Fehler (-wahrscheinlichkeit) 1./2. Art 36, 42, 59 ff, 188 ff, 211, 259, 375 ff
Fehlertheorie 7, 16
Feldertafel, 2×2- 381, 383, 385
Festlegung von | Bedingungskernen 116, 123
– bedingten Erwartungswerten 114, 120
– bedingten Wahrscheinlichkeiten 114
– Dichten 111
– Dichtequotienten 112
– Radon-Nikodym-Ableitungen 110
Fisher, exakte Tests von 379 ff, 382 ff
Fisher-Information 155, 181 f, 309 f, 312 ff
Fisher-Informationsmatrix 154 ff, 181 f, 317 f, 333 f
Folge, asymptotisch invariante 429 f, 433, 435, 466
–, optimierende 63 ff, 268 ff, 286, 326
–, ungünstigste 326, 450
folgenkompakt, schwach/schwach-* 204 ff, 233, 255, 270, 304 ff, 434 f
Fraktil, α- (oberes/unteres) 40 f, 46
Fundamentallemma 193 ff, 196 f, 255 ff
–, verallgemeinertes 255, 258, 261
Funktion, charakteristische 98
–, elementarsymmetrische 338
–, maximalinvariante 406
Funktional (l-dimensionales) 5
–, äquivariantes 23
–, erwartungstreu ($\mathbb{L}_2$-)schätzbares 25 f, 300, 312 ff, 317
–, M- 33 ff
–, maximalinvariantes 413 f, 477
–, Mittelwert- 157 f, 303, 358

Γ-Integral (vollständiges Gamma-Integral) 148
Gauß-Markov, Satz von 455 f, 458 f
Gauß-Test 36 f, 42 f, 48, 200 ff
Gauß-Verlustfunktion 12 ff, 57, 87, 322, 349
Gauß-Verteilung (→ Verteilung; Normalverteilung)
Gegenhypothese 190
–, einfache 192 ff, 207, 258 ff, 267 ff, 274 ff
–, zusammengesetzte 59 ff, 210 ff, 234 ff, 271 ff, 280 ff
geordnete Statistik 30, 128, 198, 302, 330 ff, 337 f, 358 ff
–, Linearkombination von 30
Girshick-Savage, Satz von 446
Glivenko-Cantelli, Satz von 23
Gram-Matrix 311
Grundannahme der Statistik 1
Grundgesamtheit, endliche/unendliche 6, 15
Gruppe | affiner Transformationen 403 f, 412 ff, 430 f, 457, 463 f, 467, 477
– endlicher Ordnung 127 f, 332 f, 335 ff, 340, 428
– meßbarer Transformationen 127 f, 335 ff, 401 ff, 421 ff, 457 f, 463 f
– stetiger streng isotoner Transformationen 403, 407
–, topologische 426, 429, 431 f, 444 f
–, Verträglichkeit mit einer Statistik 410 ff, 421 f
– von Streckungen 407, 412, 431, 443 f
– von Translationen 402 ff, 436 ff, 481 ff
Gütefunktion 36 ff, 42 ff, 52, 140, 151 ff, 202 ff, 350 f
–, isotone 42 ff, 210, 258, 260 f, 262
–, stetige/differenzierbare 140, 150 ff, 163 ff
Gütemaß 13 f, 24 f, 50 ff, 76, 82, 87, 290

Haar-Maß 426, 431 ff
Halmos-Savage, Satz von 343
Hauptparameter 5, 8, 45 ff, 373 ff, 414 f
Hellinger-Abstand 136 f, 182
Hesse-Matrix 154
Hotelling-T^2-Test 504 ff, 510 f
Hunt-Stein, Satz von 434 f
Hypothese 35 (→ Gegenhypothese; Nullhypothese)
–, Ablehnung/Annahme einer 190
–, einfache 35, 192 ff, 207, 267 ff, 274 ff
–, einseitige 36 f, 40 ff, 197 f, 210 ff, 376 ff
–, lineare 462 ff, 498, 504 ff
–, zusammengesetzte 35, 234 ff, 267 ff, 274 ff, 281 ff
–, zweiseitige 36, 41 ff, 198 f, 256 ff, 371 f, 377 ff

Indifferenzbereich 60
Information 3, 5, 16, 191, 330, 333 f
–, Fisher- 155, 181 f, 309 f, 312 ff
Informationsmatrix, (Fisher-) 154 ff, 181 f, 317 f, 333 f
invariant (→ Entscheidungsfunktion; Entscheidungskern; Entscheidungsproblem; Maß; σ-Algebra; Schätzkern; Schätzproblem; Statistik; Test; Testproblem; Verlustfunktion; Verteilung; Verteilungsklasse)
–, asymptotisch 429 f, 433, 435, 466
–, translations- 481 ff, 488 ff, 491 ff
invariante (meßbare) Menge 127, 336, 408

invariante (meßbare) Menge, P-fast 352
–, $\mathfrak{P}$-fast 423 f
Invarianz, Reduktion durch 16, 401 ff, 426 f, 435, 457, 463 f, 467 f, 481
Inverse, verallgemeinerte (einer VF) 20
Irrtumswahrscheinlichkeit 36, 39 f, 44, 195

Jacobi-Matrix 33, 154 ff
Jensen-Ungleichung, bedingte 121, 125 f, 306
Jordan-Hahn-Zerlegung 110 ff, 196, 228

Kern (→ Bedingungskern; Entscheidungskern; Markov-Kern; Schätzkern)
Kern | der Länge m 27
– einer U-Statistik 27 f, 359 ff
–, symmetrischer 28
Kettenregel (Radon-Nikodym) 110, 132
Klasse (→ Verteilungsklasse)
–, (minimal-)vollständige 52
– von Entscheidungsverfahren 52 ff, 56 ff (→ optimal; Reduktion)
Kleinste-Quadrate-Schätzer 32, 452 ff, 459, 480 ff, 491 ff, 495, 502 f
Konfidenzbereich, $(1-\alpha)$- 292 ff, 386, 420 ff, 467 ff
– –, gleichmäßig bester äquivarianter 420 ff
Konfidenzellipsoid, $(1-\alpha)$- 467 ff
Konfidenzintervall, $(1-\alpha)$- 292, 297, 386
– –, gleichmäßig bestes unverfälschtes 297, 386
Konfidenzniveau 291
Konfidenzschätzer, $(1-\alpha)$- 291 ff, 386, 420 ff, 466 ff
– –, gleichmäßig bester (unverfälschter) 292 ff, 386
– –, gleichmäßig bester äquivarianter 420 ff, 467 ff
– –, unverfälschter 292
Konfidenzschranke, $(1-\alpha)$- 292
– –, gleichmäßig beste (unverfälschte) untere/obere 292 ff, 386
Kontingenztafel 383
Kontrast, linearer 468
Korrelationskoeffizient 99, 129, 398 f
Korrespondenzsatz (→ Bereichsschätzer)
Kovarianzanalyse 473, 476 f
Kovarianzmatrix 58 f, 95 ff, 303, 317 f, 500
kritischer | Bereich 189
– Wert 38 ff, 44, 189, 192 ff, 260, 378, 388
Kronecker-Produkt 482 ff, 500 ff
Kumulantentransformation 149 f, 153

L-Statistik 28 ff
Lageparameter 8, 23, 28 f, 402 ff, 436 ff, 446 ff
Lagrange-Funktion 63 f, 68, 74
Lagrange-Problem 64 ff
Lebesgue-Maß 111, 131, 430 ff
Lebesgue-Zerlegung 105 ff, 163 ff
Lehmann-Scheffé, Satz von 354 ff, 456, 491 ff
Likelihood-Funktion 31 f, 225, 358
Likelihood-Gleichungen 31, 358
lineare Hypothese 462 ff, 498, 504 ff
lineares Modell (→ Modell)
Lösung (von Optimierungsproblemen)
–, optimale 63 ff, 72 ff, 268 ff, 274 ff, 284 ff
–, zulässige 63 ff, 70, 74, 268 ff
Löwner-Ordnung 59, 303
lokale | Optimalität von Schätzern 57 f, 304 ff, 496
– Optimalität von Tests 221 ff, 264 ff
– Unverfälschtheit von Tests 45, 61 f, 257 265
Lokationsmodell 7, 171, 181, 226, 402 ff, 416, 435 ff, 446 ff
Lokations-Skalenmodell 8, 16, 23, 182, 403, 416 ff, 431, 436

M-Funktional 33 ff
M-Statistik 33 ff, 442
Markov-Kern 50, 85, 115 f, 123 ff, 140, 342
Maß, äquivalentes 132 f, 143, 343
–, asymptotisch invariante Folge von 429 f, 433, 435, 466
–, dominierendes 131 ff, 144
–, dominiertes 109
–, Haar- 426, 431 ff
–, invariantes (links-/rechts-) 127, 426, 429 ff, 433, 444
–, Lebesgue- 111, 131, 430 ff
–, μ-singuläres 106
–, μ-stetiger/μ-singulärer Anteil 104 ff, 163 ff, 184
–, μ-stetiges 106, 109 ff
–, σ-endliches 106, 132, 426, 429 ff
–, signiertes 110, 114, 196, 228
–, Totalvariations- 196 f
–, Zähl- 111, 131, 431
Matrix-Spiele (Hauptsatz über) 80 f
maximalinvariant 406 ff, 413 f, 436 ff, 443, 463 f, 477, 481, 508 ff
Maximin-α-Niveau Test 60, 207, 211, 271 ff, 280, 433 ff, 464 ff
Maximum-Likelihood-Schätzer 31 ff, 358
McNemar-Test 385
Median 22 f, 28 f, 35, 55, 322
mediantreu (→ Schätzer)
Mehrfaktormodell 470 ff
Mehrstichprobenproblem (m-Stichprobenproblem) 9, 92, 102, 220, 360, 454, 460, 469

Mengenfunktion, zweifach alternierende/ zweifach monotone 239, 243
Methode der kleinsten Quadrate 32, 311, 452 ff, 458 f, 481 ff
minimalsuffizient (→ σ-Algebra; Statistik)
minimax-optimal 85 f, 88, 231, 401, 429
Minimax-Risiko 86, 446
Minimax-Satz (schwacher/starker) 77, 80, 449
Minimax-Schätzer 324 ff, 446 ff, 449 f
Minimax-Strategie 76 ff, 81 f
Minimax-Test 88, 227, 231 ff, 282 ff
Minimax-Verfahren 86, 429
–, zulässiges 88
MINQUE-Schätzer 496
Mittel, α-getrimmtes/α-Winsorisiertes 30
Mittelbildung 428 f, 433 f
Mittelwert 23 f
Mittelwertfunktional 157 f, 303, 358
Mittelwertparameter 157 f
Mittelwertparametrisierung 158, 358
Modell (→ Exponentialfamilie; Lokationsmodell; Lokations-Skalenmodell; Regressionsmodell; Skalenmodell; Varianzkomponentenmodell; Verteilungsklasse)
–, exaktes 242
–, lineares 90 ff, 102 f, 393 ff, 452 ff, 498 f
– – mit Momentenannahme 90 f, 453 ff, 480 ff, 495 ff
– – mit Normalverteilungsannahme 91 ff, 102 f, 147, 328, 358, 393 ff, 413 ff, 452 ff, 458 ff, 462 ff
– – –, kanonische Darstellung 102 f
– –, multivariates 499 ff
– mit festen/zufälligen Effekten 479
–, nichtparametrisches 183, 403
–, robustifiziertes 242
–, Umgebungs- 242 ff, 251 ff
Modellannahme 4, 90 f (→ Verteilungsannahme)
Modellbildung 3, 92 ff
Momente 23, 27, 101, 152 f, 496
Momentenannahme 91, 453 ff, 480 ff, 495 ff
multivariate Analyse 432, 498 ff
μ-Stetigkeit, ε-δ-Charakterisierung 109

natürlicher Parameter(-raum) 149 ff, 157 f, 303, 313 ff, 356 ff, 373 ff
Nebenparameter 5, 8, 45 ff, 373 ff, 414 f
Negativmenge (der Jordan-Hahn-Zerlegung) 228
von Neumann, Satz von 80
Neyman-Kriterium 331 f, 343 ff
Neyman-Pearson-Lemma für α-ähnliche Tests 196 f, 211, 222, 370
Neyman-Pearson-Lemma für α-Niveau Tests 193 ff, 212 f, 231
Neyman-Pearson-Verlustfunktion 13 f, 52, 59
Neyman-Struktur, Tests mit 367 ff
Nichtzentralitätsparameter 218 ff
Niveau (→ Irrtumswahrscheinlichkeit; Konfidenzniveau; Test)
Normalgleichungen 311, 453 ff, 458 f, 475, 483
Nullhypothese 190
Nullmenge, $\mathfrak{P}$- 132, 340
Nullschätzer 300 f, 303 f

operieren 403
–, meßbar 432
–, transitiv/trivial 404 f
optimale | Bereichsschätzer 292 ff, 386, 420 ff, 467 ff
– Entscheidungskerne 53, 56 ff
– Lösungen (von Optimierungsproblemen) 63 ff, 72 ff, 268 ff, 274 ff, 284 ff
– Schätzer 24 f, 57 ff, 85 ff, 299 ff, 314 ff, 354 ff, 452 ff, 491 ff, 501 ff
– Tests 59 ff, 88, 192 ff, 210 ff, 221 ff, 227 ff, 254 ff, 264 ff, 267 ff, 365 ff, 433 ff, 464 ff
Optimierungsproblem/Optimierungsaufgabe 62 ff, 72 ff, 192 ff, 254 ff, 267 ff, 281 ff
–, duales 66 ff, 72 ff, 81 f, 256, 268 ff, 272 ff, 283 ff
–, primales 62 ff, 72 ff, 267 ff, 271 ff, 283 ff
Ordnung | eines linearen Raumes, duale 68 f
–, Präferenz- 42
–, stochastische 213 ff
Ordnungskegel 75
Ordnungsstatistik 30, 128, 330 ff, 337 f, 358 ff
orthogonale | Transformation (bei Normalverteilungen) 45, 102 f, 427, 434, 456, 465
– Versuchspläne 454, 472, 476
– Zerlegungen 91 f, 454 f, 463, 469 ff

Paar, ungünstigstes 235 ff, 249 f, 252 f, 281
Parameter (k-dimensionaler) 5 f
–, identifizierbarer 402
–, Lage-/Lokations- 8, 23, 28 f, 402 ff, 436 ff, 446 ff
–, Mittelwert- 157 f
–, natürlicher 149, 157 f, 313 ff, 358, 373 ff
–, Nichtzentralitäts- 218 ff
–, Skalen- 8 f, 23
–, Streckungs- 217
Parameterraum 5
–, natürlicher 149 ff, 157 f, 356
–, separabler 139
Parameterwert, „falscher“/„richtiger“ (bei Bereichsschätzern) 290 ff, 421 f, 467

Parametrigkeit (strikte k-) 145 ff, 356 ff, 486 ff, 489 ff
Parametrisierung 5 ff
–, injektive 402
–, Mittelwert- 158, 358
–, stetige 60 f, 139 f, 174
Pettis, Satz von 306
Pitman-Identität 445 f
Pitman-Schätzer (verallgemeinerter) 438 ff, 442 f, 445 f, 449 f
Polya-Typ-III Familie 264
Primalproblem/Primalprogramm 62 ff, 72 ff, 81 f, 267 ff, 271 ff, 283 ff
Produktmaße, Klasse von 134 f, 168, 176 f, 358 ff
– –, $\mathbb{L}_r$-differenzierbare 168, 176
produktmeßbare Dichte (→ Dichte)
Prüfgröße 38, 42, 45, 189, 192, 233
–, verkürzte 242, 248 ff, 252
Prüfverteilung 39, 45
Punktschätzproblem (→ Schätzproblem)

Quadrat, lateinisches 472 f
qualitative/quantitative Faktoren 93 f, 453 ff, 462, 469 ff, 473 ff, 476, 499
Quantil, y- 18 ff
– –, empirisches 29
Quantilabstand, α- 23
Quantilfunktion 20 ff, 31, 40 f, 215 f
–, empirische 28 ff
Quartil 22
Quartilabstand 22, 30

Radon-Nikodym, Satz von 109
–, verallgemeinerte Ableitung 239, 248
Radon-Nikodym-Ableitung 110
Radon-Nikodym-Gleichung 110, 114 ff
Randdichte 128 f, 159 f, 331
–, bedingte 128 f, 331, 347 f, 439
randomisiert (→ Bereichsschätzer; Blöcke; Entscheidung; Entscheidungsfunktion; Schätzer; Test; Versuchsplan)
Randomisierung (nach einer Verteilung) 38, 51, 83
–, konstante 39 ff, 44 f, 192 ff, 197, 199, 210, 223
Randomisierungsbereich 189
Randverteilung 7 ff, 85, 128 f, 159 f, 358 f
Rangstatistik/Rangzahl 407
Rao, Satz von 301, 303
Rao-Blackwell, Satz von 349
Raum, Dual- 68 ff, 208
–, geordneter linearer 68 f
–, separabler metrischer 137 ff, 205
–, statistischer 5
Realisierung 4

Reduktion | auf eine Statistik 15 f, 54, 217
– auf eine Teilklasse 53 f
– durch Invarianz 16, 401 ff, 426 f, 435, 457, 463 f, 467 f, 481
– durch Suffizienz 16, 348 ff, 402, 414, 426 f
– durch Unverfälschtheit 60, 427
– durch Unverzerrtheit 54, 56 ff
– im Parameterraum 16, 54, 351, 414
– von Daten 15 f, 54, 401
Regression 9, 91 f, 100, 397 ff, 473 ff, 499 f
–, lineare 9, 91 f, 100, 103, 397 ff, 453 f, 474, 499 ff
– –, r-dimensionale 499 ff
–, nichtlineare 9, 398
–, polynomiale 398 ff
Regressionsanalyse 473 ff
Regressionsmodell 177
Regressionskoeffizient 177, 397, 474
Regressionsvariable 9
Residualschätzer 452, 455, 458, 502
Restriktionsmenge 88, 208, 254, 265
Risiko 51 ff, 86 ff, 437
–, a posteriori 86, 321 f, 445
–, Bayes- 53, 86, 228 ff, 281 ff, 321 f, 441, 445
– –, minimales 86, 228 ff, 245, 282, 286, 441
–, konstantes 88, 405, 437
–, maximales 53, 86, 227, 282, 428 ff
–, Minimax- 86, 446
–, r- 233 ff
Risikobereich 88, 208 f
Risikofunktion 14, 51 ff, 83 ff, 349, 354, 405, 428 ff, 446 ff
–, gemittelte 84 ff, 87
–, gleichmäßig kleinste 354
robust/Robustifizierung 242, 248 ff, 251 ff

Sattelpunkt 77 ff, 324 f
Schärfe (eines Tests) 39, 195
schätzbar, erwartungstreu ($\mathbb{L}_2$-) 25 f, 300, 312 f, 317
–, linear 455 ff, 459 f, 491 ff
–, quadratisch 455 f, 459, 483, 491 ff, 497
Schätzer 11, 24 ff
–, Aitken- 458 f
–, äquivarianter 26, 428, 436 ff, 446 ff, 457
–, Bayes- 87, 321 ff, 327, 450
– –, Limes von 326, 450
–, Bereichs- 13 f, 289 ff, 386, 466 ff
– –, äquivarianter 420 f, 467 ff
– –, randomisierter 34
–, erwartungstreuer 25 ff, 52, 57 ff, 299 ff, 348 ff, 353 ff, 428, 438 f, 456 ff, 491 ff
– –, lokal bester/optimaler 57, 62, 306 ff, 496 ff

Schätzer, erwartungstreuer, mit gleichmäßig kleinster Kovarianzmatrix 59, 303, 318 354 ff, 357 ff, 456 ff, 491 ff, 501 ff
– – mit gleichmäßig kleinster Risikofunktion 354
– – mit gleichmäßig kleinster Varianz 57, 301 f, 309, 313 ff, 357
– – mit komponentenweise gleichmäßig kleinster Varianz 303 f
– – mit lokal kleinster Varianz 57, 304 ff, 308 f
–, faktorisierter 348 ff, 354 ff, 456, 491
–, Kleinste-Quadrate- 32, 452 ff, 459, 480 ff, 491 ff, 495, 502 f
–, Konfidenz- 291 ff, 386, 420 ff, 466 ff
–, M- 33 f, 442
–, Maximum-Likelihood-/ML- 31 ff, 358, 452
–, mediantreuer 25 f, 58
– – mit gleichmäßig (lokal) kleinstem Risiko 58
–, Minimax- 324 ff, 446 ff, 449 f
– –, äquivarianter 446 ff
–, MINQUE- 496
–, nicht-randomisierter 24 ff, 52, 437
–, Null- ($\mathbb{L}_2$- bzw. $\mathbb{L}_2$ (ϑ_0)-) 300 f, 303 f
–, optimaler 24 f, 57 ff, 85 ff, 299 ff, 314 ff, 354 ff, 452 ff, 491 ff, 501 ff
–, (verallgemeinerter) Pitman- 438 ff, 442 f, 445 f, 449 f
–, Punkt- (→ Schätzer)
–, randomisierter 52, 437
–, Residual- 452, 455, 458, 502
–, translationsinvarianter 481 ff, 488 ff, 491 ff, 497
Schätzfunktion (→ Schätzer)
Schätzkern 52
–, erwartungstreuer 52
–, invarianter 437, 440 f
Schätzproblem 2, 11 f, 23 ff, 57 ff, 299 ff, 452 ff, 491 ff
–, invariantes 404, 457
Schätzung 24
Scheffé, Lemma von 137
Schranke, Bhattacharyya- 315, 328
–, Chapman-Robbins- 309
–, Cramér-Rao- 309 f, 318
–, Konfidenz- 292 ff, 386
schwach/schwach-* folgenkompakt 204 ff, 233, 255, 270, 304 ff, 434 f
Seely, Satz von 485
separabel (→ Parameterraum; Raum; Verteilungsklasse)
separierende Menge 137 ff, 352, 364 f
Sequentialverfahren 51
σ-Algebra, abzählbar erzeugte 138, 140, 364
σ-Algebra, Bedingen an einer (suffizienten) 114 ff, 335, 339
–, Borel- 7, 429 ff
– der bzgl. 0 symmetrischen Mengen 117, 120, 128, 337
–, finale 407, 14, 17
–, induzierte 128, 334 ff, 410
–, invariante 127 f, 336 f, 340 f, 408, 416
–, minimalsuffiziente 362 ff
–, suffiziente 335 ff, 339, 343 ff, 362 ff
signifikant zum Niveau α 189 f
Skalenmodell 181, 226, 443 f
Skalenparameter 8 f, 23
Spiel, definites/nicht definites 77 ff
Spieltheorie 76 ff, 81 ff, 274
Spielwert 77, 81
–, oberer/unterer 76 ff
Statistik 15
–, äquivariante 26, 405, 436 ff, 442 f
–, Bedingen an einer (suffizienten) 119 ff, 330 ff, 335, 339, 349 ff
–, erzeugende (einer Exponentialfamilie) 150 ff, 313
–, geordnete 30, 128, 198, 302, 330 ff, 337 f, 358 ff
– –, Linearkombination von 30
–, invariante 406 ff, 436
– –, $\mathfrak{P}$-fast 423 ff
–, L- 28 ff
–, M- 33 ff, 442
–, maximalinvariante 406 ff, 413 f, 436, 443, 464, 481, 508
–, minimalsuffiziente 350, 364 f
–, Ordnungs- 30, 128, 330 ff, 337 f, 358 ff
–, Rang- 407
–, suffiziente 329 ff, 335 ff, 343 ff, 348 ff, 354 ff, 366 ff, 374 ff, 388 f, 456, 486 ff
–, U- 27 f, 359 ff
–, V- 27 f
–, vollständige 353 ff, 366 ff, 374 ff, 388 f, 456, 486 ff
– –, beschränkt 365
–, Zweistichproben-U- 361
statistisch gesichert 189 f
Stetigkeit, μ- (ε-δ-Charakterisierung) 109
Stichprobe 4
–, unabhängige 10
–, verbundene 10, 471
–, vereinigte 9
–, zufällige 6 f
Stichprobenentnahme
–, direkte/inverse 17
– mit/ohne Zurücklegen 6, 15, 346
Stichprobenkorrelationskoeffizient 399

Stichprobenkovarianzmatrix 501
Stichprobenmedian 29, 35
Stichprobenmittel 16, 24, 27, 332, 360, 501
Stichprobenmoment 27
Stichprobenquartilabstand 30
Stichprobenraum 4
Stichprobenregressionskoeffizient 398
Stichprobenstreuung 16, 24, 58, 332, 360
Stichprobenumfang 51
stochastisch | abhängig (negativ/positiv) 129, 384 f
– geordnet/größer 213 ff
– unabhängig 126, 343, 382, 439, 456 ff, 480 ff
– –, bedingt 507
Strategie 76
–, Bayes-/Minimax- 76 ff, 81 f
–, gemischte/reine 78, 82 f
Streckungsparameter 217
Streuung 23 f (→ Varianz)
Streuungszerlegung 463, 469 ff
Student-t-Test 47 f, 201 ff, 396 f, 419 f, 469 ff
suffizient (→ σ-Algebra; Statistik)
–, paarweise 346 f
Suffizienz (→ Bedingungskern; bedingter Erwartungswert; Exponentialfamilie; Reduktion; bedingte Verteilung; bedingte Wahrscheinlichkeit)
Supremum, μ-wesentliches 105 ff

Teilraum, quadratischer 484 f, 489, 497
Test 38 ff
–, (auf **J**) α-ähnlicher 60 ff, 140
– –, bester 62 ff, 195 ff, 254 ff
– –, gleichmäßig bester 61, 191, 210 f, 224, 257 ff, 367 ff, 376 ff, 394
– – –, lokal unverfälschter 62
– –, lokal unverfälschter 45, 61 f, 257, 265
– –, lokal bester/optimaler 221 ff, 264 ff
–, α-Niveau 42 ff, 189 ff, 192 ff, 210 ff
– –, bester 59 ff, 193 ff, 197, 229 ff, 267 ff, 274 ff
– –, gleichmäßig bester 59, 191, 198 f, 210 ff, 256 f, 293
– –, gleichmäßig bester invarianter 414 ff, 426 f, 464 ff, 494, 508 ff
– –, Maximin- 60, 207, 211, 271 ff, 280, 433 ff, 464
– – –, invarianter 433 ff
– –, r-optimaler 233 ff, 252
– –, unverfälschter 42 ff, 140, 191, 288
– – –, gleichmäßig bester 60, 191, 258 ff, 293, 376 ff, 427, 494 f
– – –, strikt 44, 210, 258 ff
–, äquivalenter 197, 213, 262 f, 388 ff
–, Bayes- 88, 227 ff, 233, 281 ff, 441
Test, bedingter (in Exponentialfamilien) 366 ff, 373 ff, 388 ff, 414
– bei einfacher Gegenhypothese 62 f, 192 ff, 207, 267
–, bester/optimaler (gleichmäßig bzw. lokal) (→ α-ähnlicher Test; α-Niveau Test)
–, Binomial- 37, 43 ff, 197 f, 263 f
–, χ^2- (für Varianz) 48 f, 200 ff, 278 ff, 391 f
–, einseitiger 36 ff, 197 f, 201 ff, 210 ff, 221 ff, 370 ff, 412 ff
–, exakter (von Fisher) 379 ff, 382 ff
–, F- (lineare Hypothese) 464 ff
– – für Varianzkomponenten 494
– – für Varianzquotienten 49, 201 ff, 392 f
–, faktorisierter 329, 210 ff, 257 ff, 350 f, 376 ff, 414 ff, 465 ff
– für Symmetrie bzgl. 0 471
–, Gauß- 36 f, 42 f, 48, 200 ff
–, Hotelling-T^2- 504 ff, 510 f
–, invarianter 414 ff, 426 f, 433 ff, 464 ff, 494, 508 ff
– –, 𝔓-fast 434
–, lokal bester/optimaler 221 ff, 264 ff
–, Maximin- 60, 207, 211, 271 ff, 280, 433 ff, 464 ff
–, McNemar- 385
–, Minimax- 88, 227, 231 ff, 282 ff
– mit konstanter Randomisierung 39 ff, 44 f, 192 ff, 197, 199, 210, 223
– mit Neyman-Struktur 367 ff
– mit 0-1-Gestalt 38 ff, 193, 196, 210, 228 ff, 255 ff, 268 ff, 281 ff, 376 ff, 464
– –, Invarianz der Form 197, 213, 262 f
–, nicht-randomisierter 35 ff, 40, 43 f
–, optimaler 59 ff, 88, 192 ff, 210 ff, 227 ff, 254 ff, 267 ff, 365 ff, 433 ff, 464 ff
–, 𝔓-bestimmter 427
–, randomisierter 38 ff, 50, 193, 196
–, robuster/robustifizierter 242, 248 ff, 251 ff
–, r-optimaler 233 ff, 252 f
–, Signifikanz- 188 ff
–, t- (lineares Modell) 393 ff, 412 ff, 422 f, 466
– –, Einstichproben-(Student-) 47 f, 201 f, 396, 471
– – für Korrelationskoeffizienten 398 f
– – für Regressionskoeffizienten 397 f, 474
– –, Zweistichproben-(Student-) 201 ff, 396 f, 419 f, 469 f
–, unverfälschter (→ α-ähnlicher Test; α-Niveau Test)
– –, strikt 44, 211, 258 ff
–, Zeichen- 17, 298 f
–, zulässiger 88

Test, zweiseitiger 39 ff, 204, 256 ff, 265 f, 372 ff, 412 ff
Testfunktion (→ Test)
Testproblem 2, 11 ff, 35 ff, 59 ff, 188 ff
–, bedingtes 366 ff
–, einseitiges 36 f, 40 ff, 197 f, 210 ff, 376 ff
– in mehrparametrigen Verteilungsklassen 45 ff, 365 ff, 414 ff, 462 ff
–, invariantes 404, 414 ff, 426 f, 433 ff, 463 ff, 507 ff
–, korrespondierendes 293, 420 ff, 466 f
–, Niveau 42
–, zweiseitiges 36 f, 41 ff, 198 f, 256 ff, 377 ff, 392 ff
Testtheorie, Grundproblem (einfache Hypothesen) 192
Totalvariationsabstand 60, 136 ff, 242 ff
Transformation (→ Gruppe)
– auf nichtbedingte Tests 388 ff
–, orthogonale 45, 102 f, 427, 434, 456, 465
Translationsfamilie 7 (→ Lokationsmodell)
translationsinvariant 481 ff, 488 ff, 491 ff

U-Statistik 27 f, 359 ff
Überdeckungswahrscheinlichkeit 13 f, 290 ff, 298
Umgebungsmodell 242 ff, 251 ff
unabhängig, (𝔓-) affin 145 ff
–, stochastisch 126, 343, 382, 439, 456 ff, 480 ff
Ungleichung, Bhattacharyya- 314 ff
–, Chapman-Robbins- 308 ff
–, Cramér-Rao- 310, 312 ff, 317, 441
–, bedingte Jensen- 121, 125 f, 306
ungünstigste a priori Bewertung/Verteilung 82, 87, 275 ff, 285 f, 324 ff, 445, 450
ungünstigste Folge 326, 450
ungünstigstes Paar 235 ff, 249 f, 252 f, 281
unkorreliert 96, 100, 300 ff, 439, 452 ff, 456 ff, 480
unverfälscht 60, 427
unverzerrt 54, 56 ff

V-Statistik 27 f
Varianz 15, 437 (→ Streuung)
Varianzanalyse 463, 469 ff
Varianzkomponenten (-Modell) 479 ff, 491 ff
–, reduziertes 481 ff, 488, 491 ff
Vektor, stochastischer 80
Verfahren, Bayes- 86 ff, 140
– –, zulässiges 88
–, Minimax- 86, 429
– –, zulässiges 88
Vergleiche, paarweise 10
Vergleichssatz 70, 74, 268, 272, 284
Verlust, erwarteter 12 ff, 56 ff
Verlustfunktion 12 ff, 51 ff, 83 ff
–, Gauß- 12 ff, 57, 87, 322, 349
–, (strikt) invariante 403, 437 ff, 443 f, 446 ff
–, (strikt) konvexe 52, 348 f, 354
–, Neyman-Pearson- 13 f, 52, 59
Version (→ Festlegung)
Versuchsbedingung 92 ff
Versuchseinheit, homogene 3, 92 ff, 470 ff
Versuchsplan 10 f, 94
–, ausgewogener/balancierter 473
–, hierarchischer 473
–, orthogonaler 454, 472, 476
–, proportionaler 94 f, 470 ff
–, randomisierter 10, 471
–, vollständiger/unvollständiger 472
Verteilung 4
–, a posteriori 86 f, 321 ff, 445
–, a priori 82 f, 227, 274 ff, 321 ff
– –, uneigentliche 326, 445 f, 450
– –, ungünstigste 82, 87, 275 ff, 324 ff, 445, 450
– –, ungünstigste Folge von 326, 450
–, Beta- 49 f, 148, 323, 393
–, Binomial- 6, 15, 32, 37, 135, 144, 295 f, 300 f, 313, 323, 325, 330, 338, 341, 355, 379 f
– –, negative 17, 158
–, Cantor- 133
–, Cauchy- 55, 216
–, χ^2- (zentrale) 17, 46 f, 217, 392
– –, gestreckte 217 f, 298, 415, 494
– –, nichtzentrale 218 ff, 465, 505
–, diskrete 21, 111, 131
–, Doppelexponential- (translatierte) 174
–, Einpunkt- 51 ff, 126
–, empirische 27
–, Exponential- (translatierte) 144 (→ gedächtnislose Verteilung)
–, F- (zentrale) 46, 49 f, 217, 393, 464 ff, 494 f, 508
– –, gestreckte 217 f, 494
– –, nichtzentrale 218 ff, 415, 465, 506
–, Gamma- 17, 148
–, Gauß- (→ Normalverteilung)
–, gedächtnislose 7, 17, 129, 144, 186, 309 f, 314, 391, 439
–, hypergeometrische 6, 15, 113, 131, 145, 210, 380 ff
–, (permutations-) invariante 335 ff, 402
–, $\lambda\!\!\lambda^n$-stetige 111
–, Multinomial- 97, 149, 383
–, μ-stetige 109 ff, 132, 358 f

Verteilung, Normal-, eindimensionale 7, 25, 32, 36, 42 f, 45 ff, 58, 144, 200 ff, 278 f, 290, 294, 304, 318, 324, 327, 332, 346, 357, 364, 391 ff, 439, 452 ff
– –, inverse 161
– –, mehrdimensionale 98 ff, 147, 155 ff, 500 ff, 504 ff
– –, zweidimensionale 99, 129, 161, 398, 427, 434
–, Poisson- 148, 158, 161, 315 f, 370 ff
–, Prüf- 39, 45
–, Rand- 85, 128 f, 160
– –, bedingte 100, 128 f, 331, 347 f, 439
–, Rechteck- 34, 113, 131 f, 136, 145, 198, 210, 215, 302, 309, 352, 355
–, stetige 133 f
–, symmetrische (bzgl. 0) 22, 117, 120, 128, 337
–, t- (zentrale) 46 f, 394 ff
– –, nichtzentrale 221, 264, 415
–, Typ einer 404, 418, 436
–, Weibull- 7, 17
Verteilungsannahme 5 ff (→ Modell; Verteilungsklasse)
Verteilungsfunktion 18 ff, 213 ff
–, empirische 23 f, 26 ff
–, Pseudoinverse einer 20
Verteilungsklasse 5 ff (→ Modell)
–, abzählbare 133
–, äquivalente 132 f
–, beschränkt vollständige 365
–, dominierte 31, 131 ff, 170, 179, 184 ff, 207, 343 ff, 362
–, invariante 402 ff, 457
–, $\mathbb{L}_1$-differenzierbare 164 f, 168 ff, 222 ff, 264 ff
–, $\mathbb{L}_2$-differenzierbare 312 ff, 333
– –, stark 310
–, $\mathbb{L}_r$-differenzierbare 173 ff
– –, stark 183
–, mehrparametrige (*k*-parametrige) 5, 45 ff, 173 ff, 365 ff, 414 ff, 452 ff
–, *m*-fach differenzierbare 312 ff
– mit isotonem Dichtequotienten 210 ff, 217 ff, 251 f, 287, 406, 414 f, 427, 434, 465
Verteilungsklasse, μ-stetige 131
–, nicht-dominierte 133 f
–, nichtparametrische 8, 183, 403
–, parametrisierte 12, 39
–, Polya-Typ III- 264
–, separable 139, 352, 364
–, stetige Parametrisierung 60 f, 139 f, 174
–, stochastisch geordnete 213 ff
–, vollständige 353 ff
– von Produktmaßen 134 f, 168, 176 f, 358 ff
verträglich (Gruppe mit Statistik) 410 ff, 421 f
Verzerrung 25 f, 314, 437
Vitali, Satz von 166
vollständig (→ Entscheidungskern; Statistik; Verteilungsklasse)
–, minimal 52
Vollständigkeit in Exponentialfamilien 356 ff
Vorbewertung 228

Wahrscheinlichkeit, obere/untere 238 f, 243 ff
Wechselwirkung 94 f, 455, 470 ff
Wert, kritischer 38 ff, 44, 189, 192 ff, 260, 378, 388
–, optimaler 65
wesentliches Supremum, μ- 105 ff

Zählmaß 111, 131, 431
Zeichentest 17, 298 f
Zerlegung, Jordan-Hahn- 110 ff, 196, 228
–, Lebesgue- 105 ff, 163 ff
–, orthogonale 91 f, 454 f, 463, 469 ff
–, Streuungs- 463, 469 ff
Zielfunktion 63, 74, 196
–, duale 68, 74, 256
–, modifizierte 64
Zufallsgrößen, unkorrelierte 96, 100, 452 ff, 480 ff, 495 ff
Zufallszahl, (Pseudo-) 38, 471
zulässig (→ Entscheidungskern; Lösung; Test; Verfahren)
Zweientscheidungsproblem 188 ff
Zweipersonen-Nullsummenspiel 76
Zweistichprobenproblem 9 f, 201, 337 f, 341, 360 f, 370 ff, 379, 391, 504

Mathematische Leitfäden (Fortsetzung)

Garbentheorie
Von Dr. rer. nat. R. KULTZE, Prof. an der Universität Frankfurt/M.
179 Seiten mit 77 Aufgaben und zahlreichen Beispielen. Kart. DM 44,—

Differentialgeometrie
Von Dr. rer. nat. D. LAUGWITZ, Prof. an der Technischen Hochschule Darmstadt
3. Auflage. 183 Seiten mit 44 Bildern. Kart. DM 44,—

Kategorien und Funktoren
Von Dr. rer. nat. B. PAREIGIS, o. Prof. an der Universität München
192 Seiten mit 49 Aufgaben und zahlreichen Beispielen. Kart. DM 44,—

Lehrbuch der Algebra
Unter Einschluß der linearen Algebra
Von Dr. rer. nat. G. SCHEJA, o. Prof. an der Universität Tübingen und
Dr. rer. nat. U. STORCH, o. Prof. an der Universität Bochum
Teil 1: 408 Seiten mit 15 Bildern, 579 Aufgaben und 254 Beispielen. Kart. DM 48,—
Teil 3: 239 Seiten mit 21 Bildern, 258 Aufgaben und 53 Beispielen. Kart. DM 28,—

Einführung in die harmonische Analyse
Von Dr. rer. nat. W. SCHEMPP, ord. Prof. an der Universität Siegen (Gesamthochschule) und
Dr. sc. math. B. DRESELER, apl. Prof. an der Universität Siegen (Gesamthochschule)
298 Seiten mit 3 Bildern, 205 Aufgaben und 116 Beispielen. Kart. DM 54,—

Topologie
Eine Einführung
Von Dr. rer. nat. Dr. h.c. H. SCHUBERT, o. Prof. an der Universität Düsseldorf
4. Auflage. 328 Seiten mit 23 Bildern, 121 Aufgaben und zahlreichen Beispielen. Kart. DM 44,—

Lineare Operatoren in Hilberträumen
Von Dr. rer. nat. J. WEIDMANN, Prof. an der Universität Frankfurt/M.
368 Seiten mit 221 Aufgaben und 93 Beispielen. Kart. DM 58,—

Partielle Differentialgleichungen
Sobolevräume und Randwertaufgaben
Von Dr. rer. nat. J. WLOKA, o. Prof. an der Universität Kiel
500 Seiten mit 24 Bildern, 99 Aufgaben und zahlreichen Beispielen. Gebunden. DM 74,—

Preisänderungen vorbehalten

B. G. Teubner Stuttgart